최신 자동차공학시리즈-3

첨단 자동차전기·전자

공학박사 김 재 휘 · 著

GoldenBell
www.gbbook.co.kr

Preface

머 리 말

독자 여러분의 관심과 조언, 그리고 기술의 발전에 부응하고자 개정판을 쓸 때마다 새로운 내용을 추가하였습니다. 예상을 뛰어넘는 속도로 거의 모든 종류의 자동차들이 빠르게 전기/전자화되고 있습니다. 자동차 전기/전자화는 다음과 같은 목표에 크게 이바지하고 있습니다.

- 에너지 절약과 환경오염 특히 온실가스 저감
- 주행 안전성 및 주행 안정성 향상
- 주행 안락성 개선

이와 같은 목표에서 그리고 이로부터 파생된 다양한 관점에서 자동차 사용자들 그리고 이해당사자들은 자동차 전기/전자화에 대한 의미를 평가하고 있습니다.

소비자들은 안락성, 경제성(저연비), 안전성, 고출력, 내구성 등에 대한 욕구를 더욱더 강하게 표출하고 있으며, 당국은 안전도와 유해 배출물에 대한 기준을 더욱더 강화함은 물론이고, 궁극적으로는 완전 무공해 자동차(ZEV)를 요구하고 있습니다. 이와 같은 시대적 요구들을 만족시키기 위해서 자동차의 전기/전자화가 불가피한 현실입니다.

기관의 전기/전자화는 물론이고, 동력전달장치(변속기와 차동장치), 제동장치, 조향장치 그리고 현가장치까지도 이미 완전히 전기/전자화되었습니다. 또 내비게이션(navigation) 시스템과 CAN-Bus 시스템 등 데이터 통신시스템의 도입, 하이브리드/전기자동차와 연료전지 자동차의 양산 그리고 자율주행과 양방향 통신으로 대표되는 자동차의 전기/전자화는 전문가들조차도 그 발전속도를 가늠하기 어렵습니다.

이제는 전기/전자에 관한 튼튼한 기초지식 없이는 자동차를 이해할 수 없는 시대가 되었습니다. 아무리 강조해도 지나치지 않는 것은 튼튼한 기초지식입니다. 이 책은 이와 같은 현실에 근거하여, 전기/전자기술을 자동차에 쉽게 응용할 수 있는 기본능력 배양을 목표로 집필하였습니다.

이 책은 대학에서 자동차를 공부하는 학생, 그리고 현장기술자 등, 자동차 분야에 관심이 있는 다양한 계층이 읽을 수 있도록 기초부터 체계적으로 서술하였습니다. 다만 전기자동차, 하이브리드 자동차 그리고 연료전지 자동차 관련 내용은 지면의 제한으로 별도의 책으로 출간하였습니다.

이 책의 특징은 다음과 같습니다.

1. 외래어는 모두 외래어 표기법에 따랐으며, 단위는 SI 단위를 준용하였습니다.
2. 사용빈도가 높은 용어는 한자, 영어, 독일어를 (한자 : 영어 : 독일어)의 순으로, 때에 따라 독일어로만 표기할 때는 (: 독일어)의 형식으로 표기하였습니다.
3. 제1장 전기기초, 제2장 전자기초, 그리고 제3장 디지털 일렉트로닉 기초에서는 자동차 전기/전자기술의 이해에 필수적인 내용을 요약, 정리하였습니다.
4. 제4장부터 13장까지는 자동차의 주요 전기/전자 시스템에 대하여 설명하였습니다. 특히 발전 추세에 부응하고자 고주파기술과 전자적합, 데이터 통신, 주행정보 시스템 등에 대해서도 상세하게 설명하였습니다.

이 책이 자동차공업의 발전에 다소나마 기여할 수 있기를 기대하면서, 뜻하지 않은 오류가 있다면 독자 여러분의 기탄없는 질책과 조언을 수용하여, 수정해 나갈 것을 약속드립니다.

끝으로 이 책에 인용한 많은 참고문헌 및 논문의 저자들에게 감사드리며, 특히 이 책을 집필할 수 있도록 많은 참고문헌과 자료를 제공해 주신 O. Y. KIM께 깊은 감사를 드립니다.

아울러 어려운 여건임에도 불구하고, 독자 여러분을 위해 기꺼이 출판을 맡아주신 도서출판 골든벨 사장님 이하, 편집부 직원 여러분께 진심으로 감사를 드립니다.

그리고 소중한 내 마음의 보석, 연희와 정헌의 바르고 착한 심성은 집필하는 힘의 근원이었습니다. 두 사람의 밝은 미래와 행복을 기원합니다.

2021. 1. 25

저자 김 재 휘

Contents

차 례

제 1장 전기 기초이론

제 2장 전자 기초이론

제 3장 디지털 테크닉 기초

제 4장 축전지

제 5장 3상교류발전기-전원장치

제 6장 기동장치

제 7장 점화장치

제 8장 등화장치 및 신호장치

제 9장 고주파수 기술과 전자적합

제 10장 자동차에서의 데이터 통신

제 11장 주행정보 시스템

제 12장 안전장치 및 편의장치

제 13장 계측 테크닉

제1장

전기 기초이론

Basic theory of electricity : Grundlagen der Elektrik

제1장 전기 기초이론

제1절 기본 개념
(Basic concepts)

1. 전기의 본질

전기(電氣 : electricity)란 하나의 자연현상으로 사람의 눈으로는 볼 수 없는, 무형(無形)으로 존재하는 에너지(energy)*의 한 형태이다.

전기 에너지는 다른 에너지와 비교할 때, 다음과 같은 장점이 있다.

① 어디에든지 손쉽게 전달할 수 있다.
② 간단한 방법으로 다른 에너지의 형태로 변환시킬 수 있다.
  예 : 열에너지(전기난로), 빛 에너지(전등), 기계적 일(전동기) 등
③ 다른 형태의 에너지로 변환되는 과정은 대부분 환경 친화적이다.

(1) 마찰전기(friction electricity) 현상

기록에 의한 전기학의 기원은 기원전 600년경 탈레스(Thales)**가 호박(琥珀 : electron)단추를 의류로 마찰시키면 가벼운 종이나 깃털을 끌어당기는 현상을 발견하고, 이 흡인력의 원천을 전기(電氣 : electricity)라고 말한 데서부터 유래한다.

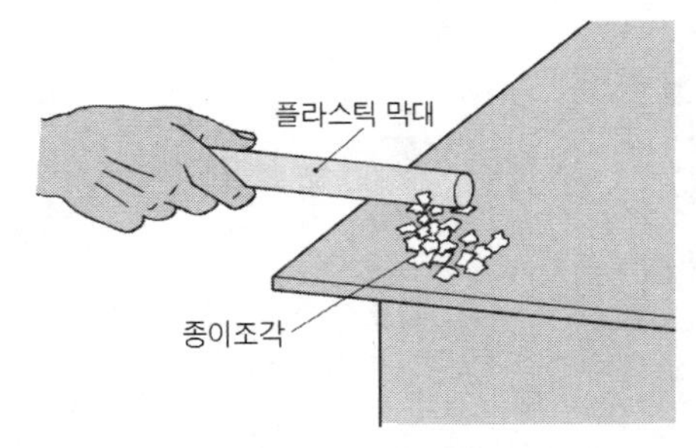

그림 1-1 마찰전기 현상

플라스틱 막대를 마른 모직물(또는 명주)로 마찰시킨 다음, 그림 1-1과 같이 종잇조각에 가까이 하면, 종잇조각은 플라스틱 막대에 달라붙는다. - 마찰전기

2개의 플라스틱 막대를 명주로 마찰시킨 다음, 그림 1-2(a)와 같이 1개를 명주실에 매달고 다른 1개를 매달린 플라스틱 막대에 근접시키면 서로 밀어낸다. - 반발.

* energy(그리스 어) : 일을 할 수 있는 능력. electron : 그리스어, 'ελετρον', 호박(琥珀).
** Thales : 그리스 철학자(BC624～BC546)

플라스틱 막대와 유리 막대를 각각 명주로 마찰시켜, 그림 1-2(b)와 같이 1개를 실에 매달고 다른 1개를 근접시키면 서로 끌어당긴다. - 흡인

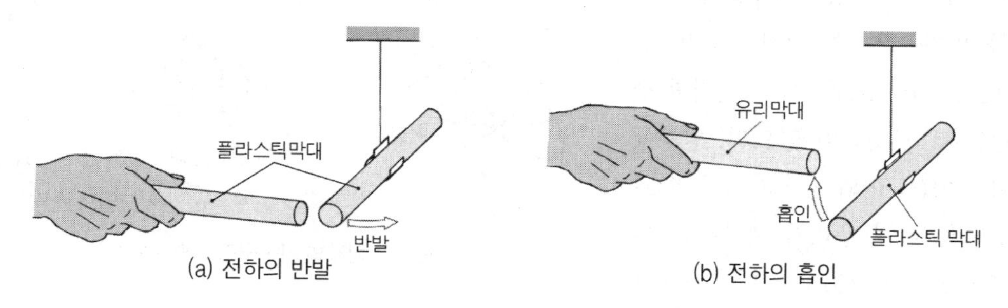

(a) 전하의 반발 (b) 전하의 흡인

그림 1-2 전하의 특성

이 사실로 부터 유리 막대나 플라스틱 막대를 명주(또는 모직물)로 마찰시키면 전기를 띠게 되며, 두 막대에서 발생된 전기가 같은 종류일 때는 반발하고, 다른 종류일 경우에는 끌어당긴다는 것을 확인할 수 있다. 전기를 띤 물체가 가지고 있는 전기량(quantity of electricity)을 **전하**(電荷 : electric charge)라고 한다.

(2) 전기의 극성

프랭클린(Franklin)*은 앞서의 실험에서 유리 막대에 나타난 전기에 양(+ : positive)의 극성을, 플라스틱 막대에 나타난 전기에 음(− : negative)의 극성을 부여하여 구별하였다.

그의 구별방법은 오늘날까지도 그대로 통용되고 있다.

모든 전기적 과정은 전기를 띤 입자(electrically charged particle)의 존재와 그 입자의 운동에 근거를 두고 있다. 또 이들 입자들은 서로 반대되는 극성 즉, (+)극성인 **양전기**(陽電氣 : positive electricity)를 띤 입자와 (−)극성인 **음전기**(陰電氣 : negative electricity)를 띤 입자로 구분된다. - 전자론(electronics : 電子論)

모든 물질들 즉, 고체나 액체, 그리고 기체까지도 이들 두 가지 종류의 전기를 띤 기본 미립자를 포함하고 있는 것으로 생각한다.

2. 물질의 구조

모든 물질은 기계적으로 더 이상 쪼갤 수 없는 최소 단위인 분자(分子 : molecule), 그리고 이들 분자들은 다시 화학적으로 더 이상 쪼갤 수 없는, 즉 물질의 성질을 상실한 가장 작은 입자인 원자(原子 : atom, 직경 약 1/10,000μm)**들로 구성되어 있다.

* Benjamin Franklin : 미국 정치가, 물리학자(1706~1790)
** atomos(그리스어) : 너무 작아서 더 이상 쪼갤 수 없는.

(1) 원자의 기본 구조

전자론(電子論 : electronics)에 의하면 이들 원자들은 양(+)전기를 띤 원자핵(atom nucleus)과 음(−)전기를 띤 전자(電子)로 구성되어 있으며, 원자핵은 다시 양자(陽子)와 중성자(中性子)로 나누어진다. 현재 우리가 사용하는 원자의 혹성모형은 1913년 보어(Bohr)* 가 제안한 것으로 간략화한 기본모형은 그림 1-3과 같다.

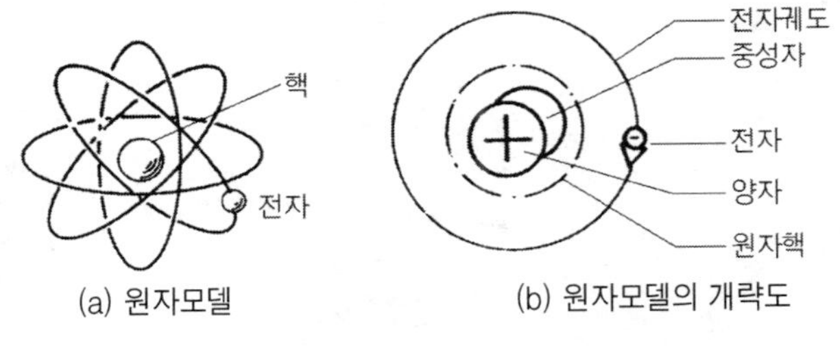

그림 1-3 원자의 기본구조(Bohr model)

원자를 구성하는 3개의 소립자(素粒子)에 대해 지금까지 확인된 성질은 다음과 같다.

① **양자**(proton : Protonen) : 최소량의 (+)전기를 가지고 있으며, 질량은 전자의 약 1,840배이고, 중성자와 함께 핵을 구성한다.

② **중성자**(neutron : Neutronen) : 질량은 양자와 거의 같으나, 전기적으로는 중성이며, 양자와 함께 핵을 구성한다.

③ **전자**(electron : Elektronen) : 최소량의 (−)전기를 가지고 있으며, 질량은 양자의 1/1,840이다. 원자핵의 주위를 원형 또는, 타원형 궤도를 따라 빛의 1/10 정도의 속도(약 2,200km/s)로 운동한다.

전자 1개와 양자 1개의 전기량은 서로 같으나, 극성(polarity)이 서로 다르다.

전자는 빠른 속도로 원자 주위의 궤도를 선회하므로 원심력이 발생하는 데, 이 원심력이 양자의 흡인력과 서로 평형을 유지하고 있다. 따라서 전자는 원자핵에 흡인되지 않고, 자신의 궤도를 선회하거나, 또는 쉽게 궤도를 이탈할 수 있다.

〔표 1-1〕 원자 내의 미립자

명 칭	기 호	전 하	질 량
전자	e−	1.60219×10^{-19}C(−)	9.108×10^{-31}kg
양자	p	1.60219×10^{-19}C(+)	1.672×10^{-27}kg
중성자	n	0	1.675×10^{-27}kg

참고 원자핵 내에는 양자(proton) 간의 반발력보다 훨씬 강한 핵력(核力)이 양자와 중성자를 결합시키고 있다고 생각한다. 현대 입자물리학에서는 양자, 중성자 및 기타 기본입자들은 쿼크(quark)라 부르는 조금 더 간단한 입자로 구성되어 있다고 생각하고, 이 쿼크는 $\pm\frac{e}{3}$ 또는 $\pm\frac{2e}{3}$의 값으로 양자화된 전하를 가지고 있는 것으로 가정한다.

* Niels Henrick David Bohr : 덴마크 물리학자(1885~1962).

(2) 원자번호(atom number)

원자번호는 각 원소의 원자 내에 존재하는 양자 또는 전자의 수를 말한다. 그림 1-4의 수소원자는 원자번호 1로서 1개의 양자와 1개의 전자가 서로 평형을 이루고 있음을 의미한다. 리튬원자는 원자번호가 3이므로 양자와 전자가 각각 3개씩 들어 있다.

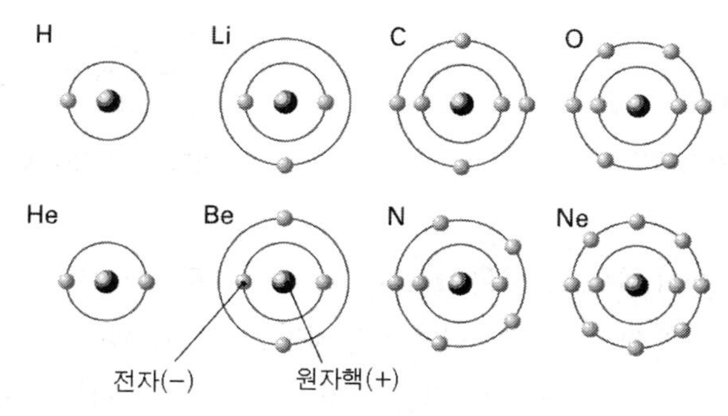

그림 1-4 원자의 혹성모형

(3) 원자가(原子價 : atomic value)

원자가란 가장 바깥 궤도의 전자 수, 또는 바깥 궤도의 전자수를 8개로 하는 데 필요한 전자수를 말한다. 전자를 많이 가지고 있는 원자는 그림 1-5와 같이 전자가 원자핵의 주위에 여러 겹으로 규칙적으로 배열되어 있는 것으로 생각한다. 궤도는 핵에서 가장 가까운 궤도부터 K, L, M, N, O, P, Q의 순으로 배열되며, 각 궤도에 들어 갈 수 있는 전자수는 '$2\times$(궤도의 순위)^2' 이다.

〔표 1-2〕 원자번호와 원자가

분류	원소	기호	원자번호	원자가
금속 도체	은	Ag	47	+1
	구리	Cu	29	+1
	금	Au	79	+1
	알루미늄	Al	13	+3
	철	Fe	26	+2
반도체	탄소	C	6	+4
	실리콘	Si	14	+4
	게르마늄	Ge	32	+4
활성 가스	수소	H	1	+1
	산소	O	8	−2
불활성 가스	헬륨	He	2	0
	네온	Ne	10	0

예를 들면, K궤도에는 2개, L궤도에는 $2\times2^2=8$개, M궤도에는 $2\times3^2=18$개의 전자가 들어 갈 수 있다. 그러나 가장 바깥 궤도에는 최고 8개의 전자가 들어 갈 수 있고, 8개가 아닌 경우에는 될 수 있으면 8개가 되어 안정된 상태를 유지하려는 특성이 있다. (단 K궤도만 있는 원자는 전자가 2개일 때 가장 안정된 상태임)

전자수가 29개인 구리의 경우, 각 궤도의 허용 최대 전자 수(K궤도에 2개, L궤도에 8개, M궤도에 18개)를 채우고 N궤도에는 1개의 전자가 들어가게 된다. 따라서 구리의 원자가는 +1(또는 −7)이 된다.(그림 1-6)

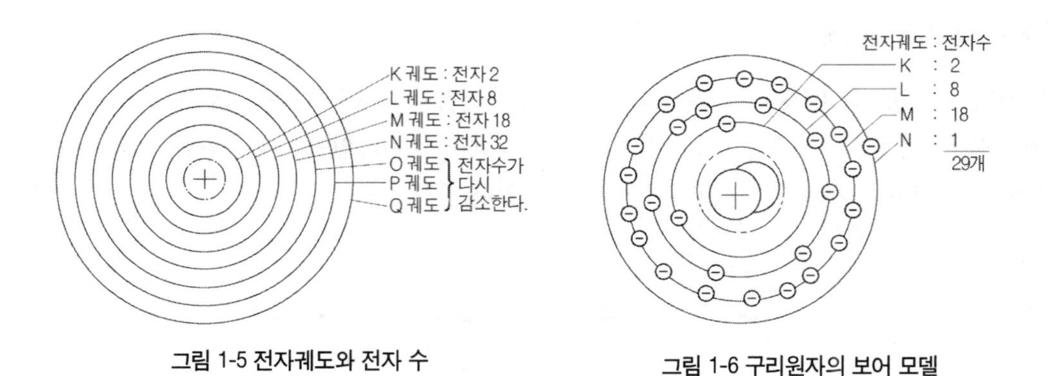

그림 1-5 전자궤도와 전자 수

그림 1-6 구리원자의 보어 모델

표 1-2에 보인 바와 같이 탄소, 실리콘, 게르마늄 등은 +4로 나타낼 수 있으며, 불활성 가스는 가장 바깥 궤도에 전자가 8개씩 들어있기 때문에 원자가는 '0' 이 된다. 또한 원자가는 "원자가 전자를 얼마나 쉽게 얻거나 잃는가?"를 표시한다. 원자가가 +1인 원자는 1개의 전자를 쉽게 버릴 수 있으나, 원자가가 +7(혹은 −1)인 원자는 전자를 버리기 보다는 전자를 1개 더 얻으려고 한다.

(4) 가전자(valency electron)와 자유전자(free electron)

① **가전자**(價電子 : valency electron) : 원자의 결합 정도나 전기적 성질은 핵으로부터 가장 바깥 궤도에 존재하는 전자에 의해서 결정된다. 따라서 가장 바깥 궤도에 존재하는 전자를 가전자(價電子)라 한다.

② **자유전자**(自由電子 ; free electron) : 가전자는 핵으로부터의 거리가 멀기 때문에 핵과의 결합력이 약하고, 또 외부의 영향을 가장 많이 받기 때문에 궤도를 쉽게 이탈한다. 이들 궤도를 이탈한 전자를 자유전자라고 하는데 이들은 물질내부에서 한 원자에서 다른 원자로 자유롭게 이동할 수 있다.

> 전기적 과정은 자유전자의 존재 및 운동에 근거를 두고 있다. 전기는 생성되는 것이 아니라, 모든 물질 내부에 존재한다.

3. 물질의 특성 - 도체, 절연체, 반도체

자유전자가 물질 내부에서 이동하는 자유도에 따라 물질의 특성을 구분하면 다음과 같다.

(1) 도체(導體 : conductor ; Leiter)

자유전자가 자유롭게 이동할 수 있는 물질로서, 대부분의 금속이 여기에 속한다.
예 : 은(Ag), 구리(Cu) 등.

(2) 절연체(絶緣體 : insulator ; Nichtleiter)

전자가 자신의 궤도에 머물러 있으려고 하는 원자로 구성된 물질로서, 전기가 쉽게 흐르지 않는 특성을 가지고 있다. 그러나 절연체는 전기를 축적하는 능력이 탁월하기 때문에 전하(電荷)를 저장할 수 있다. 유리, 플라스틱, 고무, 종이, 도자기, 운모 등과 같은 절연물질을 유전체(誘電體 : dielectrics)라 하는 데, 이들 유전체들은 축전기(condenser)와 같이 전하를 저장해야 할 필요가 있는 소자들의 재료로 사용된다.

(3) 반도체(半導體 : semi-conductor : Halbleiter)

도체와 절연체의 중간특성을 나타내는 물질로서, 주로 원자가 4인 물질들이 여기에 속한다.
(예 : 실리콘(Si), 게르마늄(Ge) 등)

4. 전기의 발생과 전하(electrification and electric charge)

(1) 전기의 발생 - 대전(帶電 : electrification)

일반적으로 원자핵은 자신의 주위를 돌고 있는 전자 수 만큼의 양자를 가지고 있으며, 양자 1개와 전자 1개의 전기량은 서로 같고 극성만 반대이다. 따라서 원자 자체로서는 중성상태가 되어, 외부로 전기적 성질을 나타내지 않는다.

그러나 전기적으로 안정된 중성상태의 원자에 외부로부터 마찰, 열, 자력 또는 빛 등의 자극을 가하여 전자 1개를 빼앗으면, 양자 1개가 많아지는 결과가 되어 물질은 (+)전기를, 반대로 외부로부터 자유전자가 들어오면 전자가 많아져, 물질은 (−)전기를 띠게 된다.

유전체에서의 마찰전기 현상을 전자론(電子論)으로는 다음과 같이 설명한다.

종잇조각이 유리 막대에 달라붙는 원인은 모직 천과 유리막대를 마찰시킬 때, 유리막대로부터 모직 천으로 전자가 이동하여, 유리막대는 전자 부족으로 양(+)전기를 띠게 되기 때문이다. 반대로 합성수지 막대와 모직 천을 마찰시키면 모직 천으로부터 합성수지 막대로 전자가 이동하여, 합성수지 막대는 전자수의 증가로 음(−)전기를 띠게 된다.

이와 같이 물질이 여분의 양자나 전자에 의해 양(+)전기나 음(−)전기를 띠게 되는 현상을, 그 물질이 양(+)이나 음(−)으로 대전(帶電) 또는 이온화(ionization)* 되었다고 한다.

(2) 전하(電荷 : electric charge)의 정의

전하(電荷) 즉, 대전된 물체가 가진 전기량으로서, 표시기호는 Q (quantity), 단위는 [C]

---

* ion : 그리스어 ionai(이동하다. 떠돌다)에서 유래

(coulomb ; 쿨롱)*을 사용한다.

> 1[C]은 도선 내에 1[A]의 정상전류(定常電流)가 흐를 때, 주어진 단면적의 도선을 통해 1초 동안에 흐르는 전하량이다. → 1[C]의 정의.

또 전자 1개의 기본전하(elementary electronic charge; e)는 $e = 1.60219 \times 10^{-19}$[C]의 음전기이다. 그 근본이 무엇이든 간에 물리적으로 존재하는 전하 Q는 '$n \cdot e$'로 표시할 수 있고, 여기서 전자수 n은 음(−) 또는 양(+)의 정수이다.

$$Q = n \cdot e, \qquad n = \frac{Q}{e}$$

따라서 1[C]은

$$n = \frac{1[\mathrm{C}]}{1.60219 \times 10^{-19}[\mathrm{C}]} \approx 6.24 \times 10^{18}$$ 개의 전자 부족에 의해 발생하는 전하이다.

(3) 1[A]의 정의 (단위는 [A](ampere : 암페어))

1[A](ampere)**란 1초 동안에 도체의 단면적을 통해 1[C]의 전하량(전자 6.24×10^{18} 개)이 이동할 때 생성되는 전류의 세기를 말한다.

$$Q = I \cdot t = 1[\mathrm{A}] \cdot 1[\mathrm{s}] = 1[\mathrm{As}] = 1[\mathrm{C}]$$
$$I = \frac{Q}{t} \Rightarrow 1[\mathrm{A}] = \frac{1[\mathrm{C}]}{1[\mathrm{s}]} = \frac{1[\mathrm{A} \cdot \mathrm{s}]}{1[\mathrm{s}]} = 1[\mathrm{A}]$$
$$1[\mathrm{Ah}] = 3{,}600[\mathrm{A} \cdot \mathrm{s}] = 3{,}600[\mathrm{C}]$$

5. 전기회로(electric circuit : elektrischer Stromkreis)

(1) 전류(electric current : elektrischer Strom)

그림 1-7(a)와 같이 건전지와 소형전구 및 스위치를 이용하여 회로를 결선하고, 스위치를 닫으면 전구는 점등되고, 스위치를 열면 전구가 소등되는 것을 확인할 수 있다. 이때 우리는 "건전지로부터 전구로 전류가 흘러 전구가 점등되었다."고 한다. 즉, 도체의 단면적을 통한 전하(電荷)의 흐름을 전류라고 한다.

---

* Charles Augustin de Coulomb : 프랑스 물리학자(1736~1806).

** André Marie Ampére : 프랑스 물리학자(1775~1836)

(2) 전원(電源), 부하(負荷), 전기회로(電氣回路), 스위치(switch), 퓨즈(fuse)

① **전원**(電源 : electric source : Erzeuger(Stromquelle))

그림 1-7(a)에서 건전지는 전구가 빛을 내는 데 소비하는 전기 에너지를 공급하는 에너지의 원천이다. 이를 전원이라고 한다.

② **부하**(負荷 : load : Verbraucher)

전원으로 부터 에너지를 공급받아 여러 가지 작용, 예를 들면, 전구와 같이 빛을 낸다든가, 전동기(electric motor)와 같이 기계적 일을 하는 것들을 부하라고 한다.

③ **전기회로**(電氣回路 : electric circuit : elektrischer Stromkreis)

전류는 전원으로 부터 부하를 거쳐 다시 전원으로 복귀하는 길이 연결되어 있을 경우에만 흐른다. 이와 같이 전류가 흐르는 길을 전기회로라고 한다.

전류는 전기회로가 닫혀 있을(ON) 경우에만 흐른다. 전기회로는 최소한 전원, 부하 및 이들을 폐쇄적으로 연결하는 전선으로 구성된다.

전기회로를 알기 쉽게, 그리고 간단히 나타내기 위해서 약속된 여러 가지 기호들을 사용한다. 그림 1-7(a)와 같은 회로를 이들 기호들을 사용하여 나타내면 그림 1-7(b)와 같은 간단한 회로도가 된다. 이를 등가회로(等價回路 : equivalent circuit)라 한다.

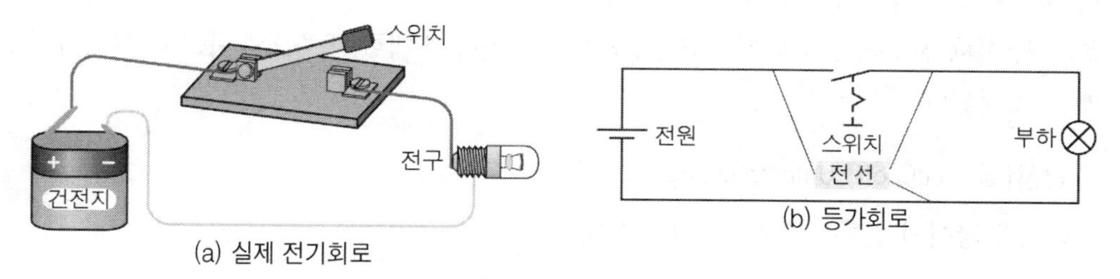

그림 1-7 전기회로

④ **스위치**(switch : Schalter)

회로 내에서 회로를 열거나(OFF), 닫는(ON) 기능을 하는 것들을 스위치라고 한다. 전구는 스위치가 닫혀(ON) 있을 때 점등되고, 스위치가 열려(OFF) 있을 때 소등된다. 즉, 스위치를 닫는 것은 전기 공급을, 스위치를 여는 것은 전기 차단을 의미한다.

스위치에는 기계식 또는 전자식이 있으며, 회로 내의 어디에나 설치할 수 있다. 일반적으로 스위치를 개폐(ON- OFF)하여 부하를 작동시키거나 부하의 작동을 정지시킨다.

⑤ **퓨즈**(fuse : Sicherung)

대부분의 전기회로 내에는 추가적으로 퓨즈를 설치한다. 전선보호 퓨즈는 과부하와 단락(短

絡)으로부터 전선을 보호하고, 기기보호 퓨즈는 기기 결합 시, 예를 들면 라다오의 결합 시, 라디오를 보호하는 기능을 한다.

〔표 1-3〕 표시기호(예)

명칭	그림	표시기호
도선		
도선교차		
도선연결(분기)		Form 2 Form 1
도선연결(+자)		Form 2 Form 1
축전지	+	
전구		
저항		
스위치		

(3) 단락(短絡 : short)과 단선(斷線 : cut off)

① **단락** (短絡 : short ; Kurzschluss)

회로는 닫혀 있으나 저항이 거의 '0'이 되어 급격하게 큰 전류가 흐르는 경우로서, 합선(合線)이라고도 한다. 도선의 피복이나 절연이 파괴되어 2개의 도선이 합선되면(=회로가 단락되면) 저항이 감소하여 한꺼번에 다량의 전류가 흐르게 된다.

예를 들면, 회로 중의 전구의 양단을 도선으로 연결하면 전구로는 거의 전류가 흐르지 않으나 도선에는 많은 전류가 흐른다. 이때 전구는 손상되지 않지만, 전선은 과전류에 대한 대책으로 퓨즈를 설치하지 않으면 과열, 소손된다.

② **단선** (斷線 : cut off : Unterbrechung)

회로가 끊어져 전류가 흐를 수 없는 상태.

(4) 개회로(開回路 : open circuit)와 폐회로(閉回路 : closed circuit)

① **개회로**(開回路 : open circuit) (**그림** 1-9(a) **참조**)

전기회로의 어느 한 점(주로 스위치)이 열려있어, 전류가 흐를 수 없는 회로.

② **폐회로**(閉回路 : closed circuit) (**그림** 1-9(b) **참조**)

전기회로가 완전히 닫혀있어(연결되어 있어) 전기가 흐를 수 있는 회로.

6. 전류(electric current : elektrischer Strom)

(1) 전자 전도와 이온 전도

① 전자 전도(electron conduction) ← 전자전류

모든 금속도체에서는 전자 전도가 이루어진다. 금속원자가 방출한 자유전자는 금속전선의 고정된 원자들 사이를 쉽게 이동할 수 있다. 모든 도선의 자유전자 및 전기부하의 자유전자는 전기회로가 닫히고, 전압이 인가되면 강제적으로 어느 한 방향으로 이동하게 된다. 이와 같이 금속도체의 단면적을 통해 자유전자가 이동할 때, 전류가 흐른다고 말한다.

② 이온 전도(ion conduction) ← 이온 전류

대전된 입자(이온)가 일정한 방향으로 이동하면, 전류의 흐름이 가능하게 된다. 이때 양(+)이온은 (−)전극으로, 음(−)이온은 (+)전극으로 이동한다.

이온 도체(ion conductor)란 (+)와 (−)로 분리된 성분요소의 화학적 연결을 말한다.

가스가 (−)입자와 (+)입자로 분할되면, 이를 이온화(ionization)되었다고 한다. 성분요소에 빛을 쪼이거나, 가열하거나, 전기장을 가하여 이온화시킬 수 있다. 예를 들어 스파크 플러그의 중심전극과 접지전극 사이에 존재하는 연료/공기 혼합기는 강한 전기장에 의해 이온화되어, 전기적으로 도체가 되어 스파크를 건너뛰게 한다.

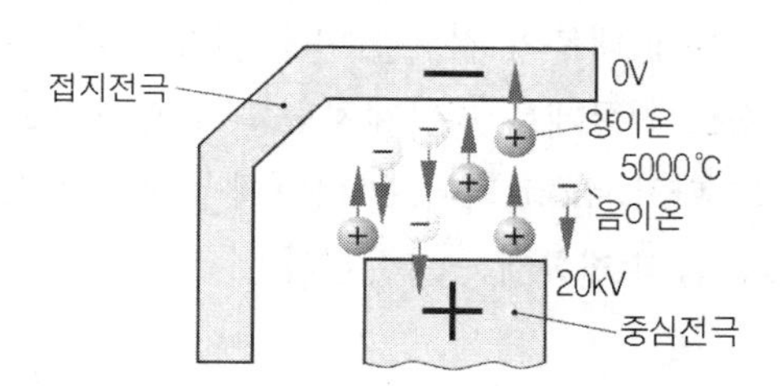

그림 1-8 스파크플러그에서의 이온화

(2) 전류의 방향

그림 1-9(a)와 같이 회로가 열려(open) 있을 경우에는 음극이 전자과잉 상태일지라도 전류는 흐르지 않는다. 그러나 그림 1-9(b)와 같이 회로가 닫히면(closed), 도체 내의 모든 자유전자는 평형을 이루려고 하는 전원의 전자펌프(electron pump)작용에 의해 동시에 이동하게 된다. 자유전자는 도선을 따라 음극에서 양극으로 이동하고, 양극에 모인 전자는 전원의 내부회로를 통해 다시 전원의 음극으로 흐른다.

전원의 전자펌프 기능에 의해 전자는 도체 내에서 이동하는데, 그 이동속도는 아주 느리다.
(전류밀도 $10A/mm^2$의 상태에서 약 0.7mm/s 정도).

전류가 흐르는 방향은 양(+)이온이 양극에서 음극으로 이동하는 현상을 근거로 정했다. 즉, 전자의 실제 이동방향과는 반대방향을 전류가 흐르는 방향으로 약속하였다.

> 전류(electric current)는 양극(+)에서 음극(-)으로 흐른다.
> 전자(electron)는 음극(-)에서 양극(+)으로 이동한다.

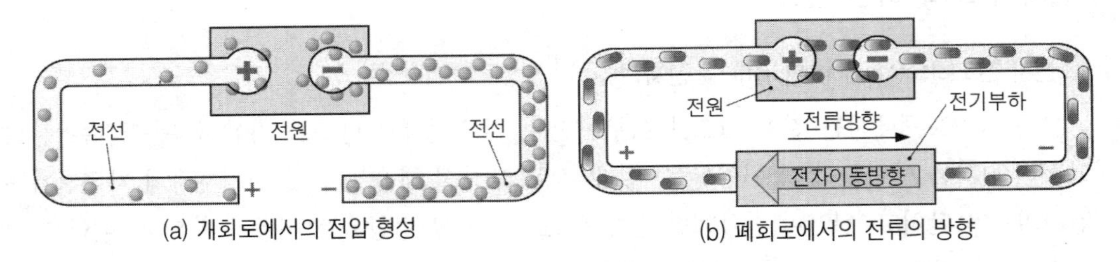

그림 1-9 개회로와 폐회로

(3) 전류의 측정

전류의 세기는 그림 1-10과 같이 전류계를 회로에 직렬로 연결하여 측정한다.

전류의 흐름의 저항을 가능한 한 적게 하기 위해 전류계 내부의 저항을 아주 작게 한다. 따라서 실수로 전류계를 전압계처럼 회로에 병렬로 접속하면 단락(short)되어, 한꺼번에 많은 전류가 전류계로 흘러 전류계는 파손된다.

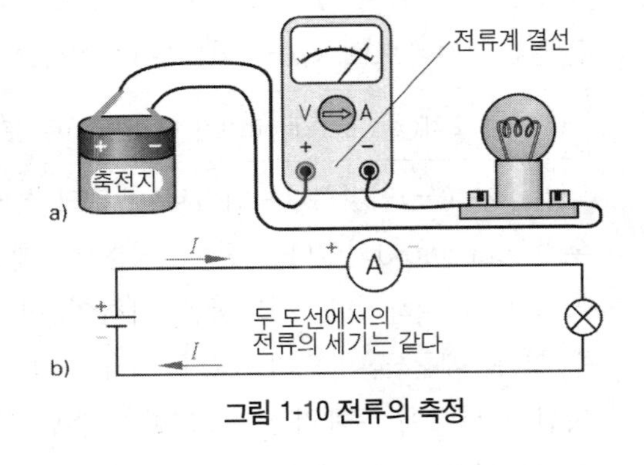

그림 1-10 전류의 측정

(4) 전류밀도(current density)(그림 1-11 참조)

소형전구에 흐르는 전류는 가느다란 필라멘트 코일을 가열, 하얗게 빛나도록 한다. 그러나 똑같은 전류가 흐르는 데도 소형전구와 연결된 전선은 전혀 가열되지 않는다.

그 이유는 전류의 세기가 같은 상태에서 도선의 단면적이 큰 부분과, 단면적이 작은 부분에 단위시간 당 같은 수의 전자가 통과하므로 단면적이 작은 부분에서는 단면적이 큰 부분에 비해 전자가 고속으로 흐르게 되어 도선이 가열되기 때문이다.

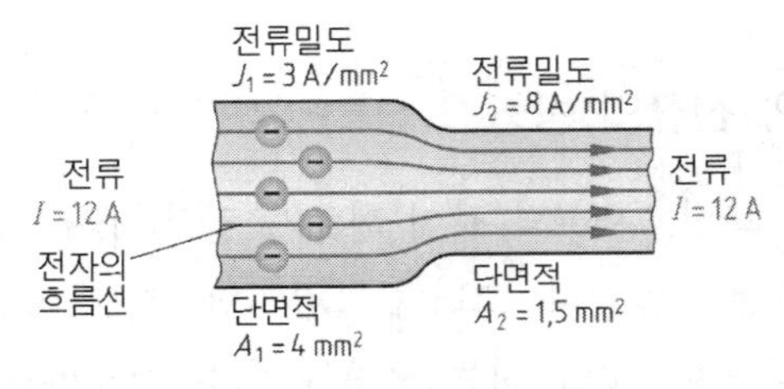

그림 1-11 도체의 단면적과 전류밀도

> 도체는 전류밀도가 높으면 높을수록 더 많이 가열된다.

전류밀도 J는 단위면적(mm^2) 당 전류의 세기[A]로 표시한다.

$$J = \frac{I}{A}[\text{A/mm}^2]$$

여기서 J : 전류밀도[A/mm²], I : 전류의 세기[A], A : 단면적[mm²]

예제1 소형전구에 전류 $I=0.2[\text{A}]$가 흐른다.

a) 도선의 단면적 1.5mm²일 경우,

b) 필라멘트 코일의 직경 0.03mm일 경우, 각각의 전류밀도 J는?

【풀이】 a) $J = \frac{I}{A} = \frac{0.2}{1.5} = 0.1333\left[\frac{\text{A}}{\text{mm}^2}\right]$

b) $A = \frac{\pi \cdot d^2}{4} = \frac{3.14 \times 0.03^2}{4} = 0.0007069[\text{mm}^2]$

$J = \frac{I}{A} = \frac{0.2}{0.0007069} = 283\left[\frac{\text{A}}{\text{mm}^2}\right]$

과열에 의한 도선의 절연 파괴 및 소손의 위험을 방지하기 위해서는 전선이나 코일, 변압기, 또는 전동기 권선의 상시 전류밀도가 허용값을 초과하지 않아야 한다.

직경이 큰 전선과 비교할 때, 직경이 작은 전선은 단면적에 비해 표면적이 아주 넓다. 단면적은 직경의 제곱에 비례하지만, 표면적은 직경에 1차적으로 비례하기 때문이다. 따라서 직경이 작은 전선은 직경이 큰 전선에 비해 냉각이 잘되므로, 단위 단면적당 허용 전류밀도가 높다. 허용 전류밀도는 전선의 직경, 재질 및 냉각성능에 따라 다르다.

(5) 전류의 종류

① **직류**(直流 ; direct current : DC)(**그림** 1-12(a))

계속적으로 한 방향으로만 흐르면서, 세기가 일정한 전류를 직류(DC)라 한다. 이때 자유전자는 계속해서 같은 방향으로 일정한 속도로 이동한다.(예 : 축전지, 어큐물레이터)

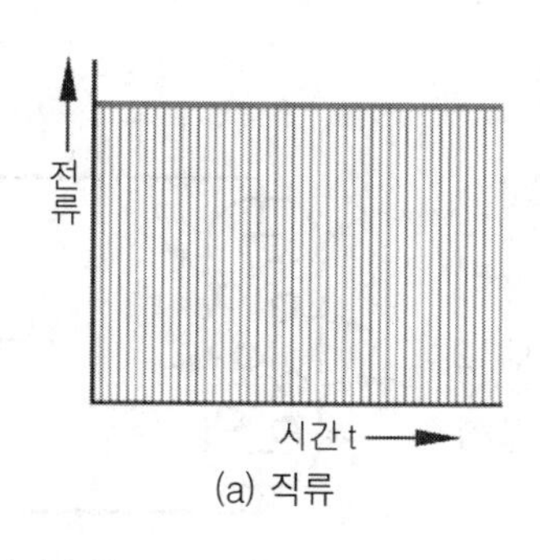

(a) 직류

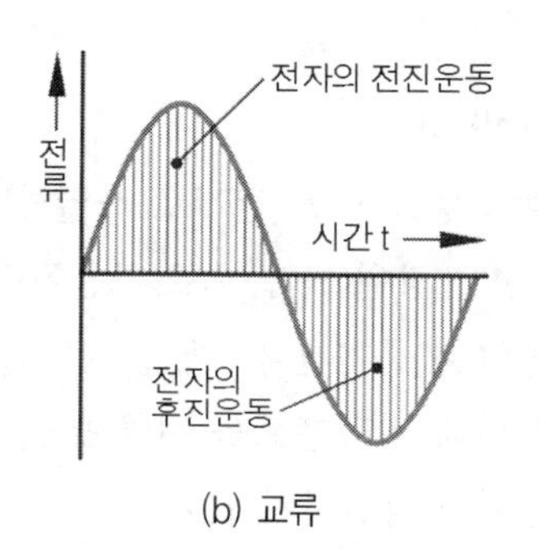

(b) 교류

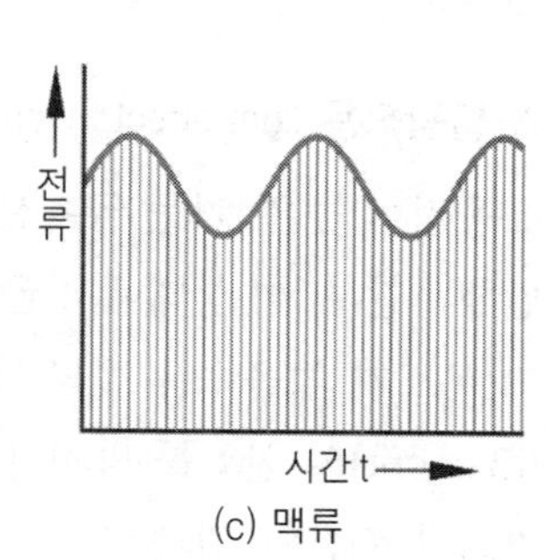

(c) 맥류

그림 1-12 전류의 종류

② **교류** (交流 ; alternating current : AC) (**그림** 1-12b)

교류(AC)란 흐르는 방향이 주기적으로 바뀌면서, 세기가 연속적으로 변화하는 전류이다. 이때 자유전자는 동일한 진폭으로 왕복, 진동한다.(예 : 일반전기, 교류전동기, 교류발전기)

이 진동사이클을 주기(period)라 하고, 1초 당 진동수를 주파수(frequency)라 한다. 주파수(f)의 단위는 [1/s] 또는 "Hz(herz ; 헤르츠)* "를 사용한다.

③ **맥류** (脈流 : universal current : UC) (**그림** 1-12c)

회로에 교류전원과 직류전원이 동시에 작용하면 맥류가 된다. 따라서 맥류를 혼합전류라고도 한다. 맥류에서 자유전자는 한 방향 또는 양 방향으로 속도차를 가지고 운동한다.

(6) 전류의 작용

전원으로부터 부하로 흐르는 전류는 다음과 같은 작용을 한다.

① **발열작용** (thermal effect : Wärmewirkung)

금속도체에 전류가 흐르면, 전자는 형성된 전기장(電氣場 : electric field)의 힘에 의해 가속되어, 각 원자 사이를 통과, 이동한다. 그러나 전자는 도체 내의 다른 기본구성요소들과 상호작용이 없이는 도체내부를 통과할 수 없다. 다른 입자들과 충돌, 반발, 흡인을 통해서 열을 발생시키면서 이동하므로 전자의 가속에너지는 열로 변환된다. 즉, 도체에 전류가 흐르면, 전자의 이동을 방해하는 도체 내부의 저항(抵抗 ; resistance) 때문에 도체에는 열이 발생된다.

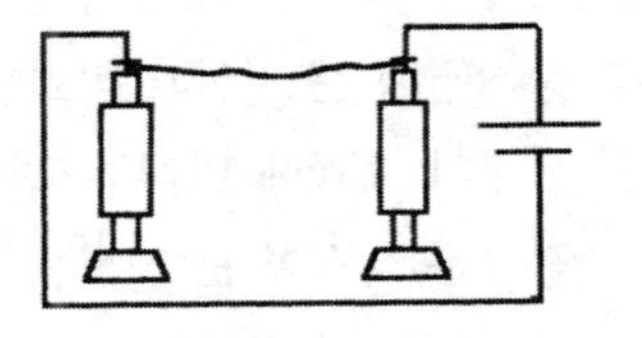
그림 1-13(a) 발열작용

전류가 흐를 때, 도체에는 열이 발생된다.

자동차에서 유리 열선, 시트 히터, 시가 라이터, 예열 플러그 등은 전류의 발열작용을 이용한 것들이다.

② **발광작용** (light effect : Lichtwirkung)

융점이 높은, 가는 금속선(예 : 텅스텐)을 전기로 가열하면 빛을 발생시킨다. 이 상태에서 금속선은 광원(光源)으로 사용된다. 그리고 온도가 높을수록 빛의 발생량은 증가한다. 백열등은 필라멘트(filament)의 산화를 방지하기 위해 필라멘트를 진공 또는 불활성 가스가 충전된, 밀폐된 전구 내에서 적열시킨다.

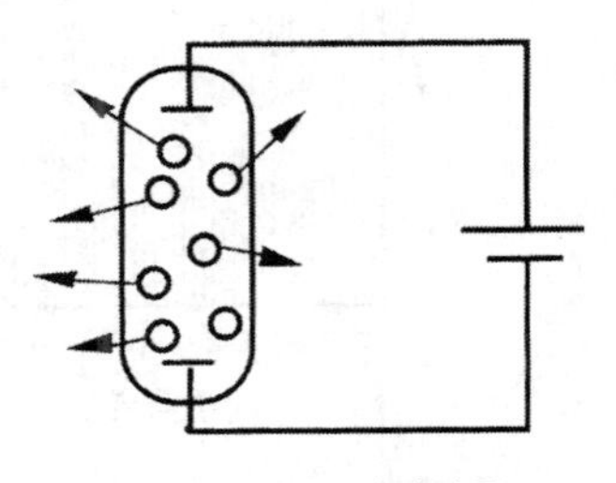
그림 1-13(b) 발광작용

* Heinrich Rudolf Hertz : 독일 물리학자(1857~1894)

형광등이나 가스 방전등에서는 전류가 가스 속을 흐를 때, 대전된 가스입자들이 서로 충돌하여 빛을 발생시킨다. 일반적으로 가스 방전등은 필라멘트전구에 비해 열 발생이 적기 때문에 효율이 더 높다. 조명등과 발광다이오드 등은 전류의 발광작용을 이용한 것들이다.

③ **화학작용** (chemical effect : chemische Wirkung)

산(酸 : acid), 염기(鹽基 : base), 소금(salt), 금속산화물 등이 녹은 것 또는 그 용액에서는 전기가 흐를 수 있다. 전기가 흐를 수 있는 용액을 전해액(electrolyte)이라 한다.

전해액은 직류전류가 흐를 때, 자신의 주 구성성분을 분해시킨다. - 해리(解離).

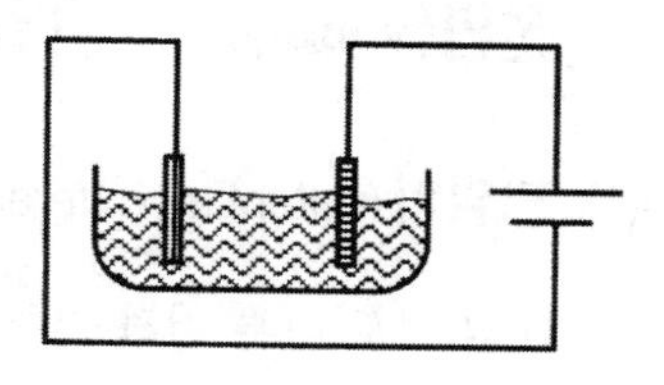

그림 1-13(c) 화학작용

예를 들면, 식염수에 2개의 백금전극을 넣고 전류를 흘리면, (−)극에서는 수소, (+)극에서는 염소가 발생되며, 또한 수산화나트륨이 생성된다. - 전기분해

전기분해와 같은 작용을 전류의 화학작용이라 한다. 전기분해, 전기도금, 전해재련(알루미늄 및 구리의 생산), 축전지 등은 전류의 화학작용을 이용한 것들이다.

모든 전해액에서는 주 구성성분으로부터 분자의 일정 양이 해리(解離 : dissociation)될 때, 주 구성성분은 각기 다른 수준으로 대전(帶電)된다. 전해액에 전압이 인가되면 주 구성성분들은 전기장(電氣場)의 영향을 받아 양(+) 또는 음(−)으로 대전, 운동하게 된다. - 이온화(ionization)

양(+)전하로 대전된 양(+)이온(cation)*은 음극에서 자유전자와 결합하여 전기적으로 중성이 되면서 음극에 부착된다.(석출된다.) - 모든 금속이온과 수소이온.

음(−)전하로 대전된 음(−)이온(anion)**은 양극으로 이동하여 양극에 과잉전자를 주고, 전기적으로 중성이 된다. 이때 금속이온은 분해될 수 있다. - 염기와 산소의 OH-그룹.

④ **전류의 자기(磁氣)작용** (magnetic effect : magnetische Wirkung)

전선이나 코일에 전류가 흐르면 그 주위공간에 자기(磁氣)현상이 나타난다. 자동차에서 발전기, 기동전동기, 전기식 연료펌프, 액추에이터 및 유도(induction)센서 등은 전류의 자기작용을 응용한 것들이다.

그림 1-13(d) 자기작용

⑤ **전류의 생리적 작용** (physiological effect : physiologische Wirkung)

사람이나 동물의 생체에 대한 전류의 작용을 말한다. 절연되지 않은 전선에 인체가 접촉되면, 인체를 통해 전류가 흐르게 된다. 이를 감전(感電)이라고 하며, 이때 사람은 전기충격을 받게 된다. 따

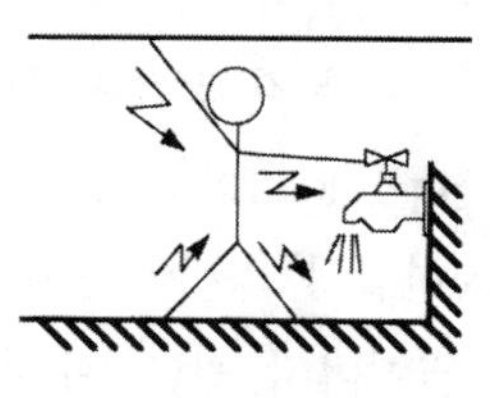

그림 1-13(e) 생리적 작용

* cation : 그리스어 cata(아래로)에서 유래 ** anion : 그리스어 ana(위로)에서 유래

라서 전기 취급 시에는 안전수칙을 반드시 준수해야 한다.

전류의 생리적 작용은 전기의학분야에서 전기충격요법과 같은 방법으로 치료에 이용된다. 또 목장의 전기 울타리, 가축의 전기마취 등도 전류의 생리작용을 응용한 것이다.

7. 전압(voltage) - 전위차[電位差 : electric potential difference]

(1) 전위차(potential difference) - 전압(電壓 : Voltage : Spannung)

2개의 서로 다른 전하 그룹 즉, 전자과잉 상태의 전하(음 전위)와 전자부족 상태의 전하(양 전위)를 금속선으로 연결시키면, 전자가 과잉된 부분(음극)에서 전자가 부족한 부분(양극)으로 자유전자가 이동하면서 전기적 일을 하게 된다. (그림 1-14 참조) 이때 2개의 전하 그룹 각각이 가지는 '일할 수 있는 능력' 을 전위(potential)라 하고, 두 전하 간의 '일할 수 있는 능력의 차이' 를 전위차(電位差) 또는 전압(電壓)이라 한다.

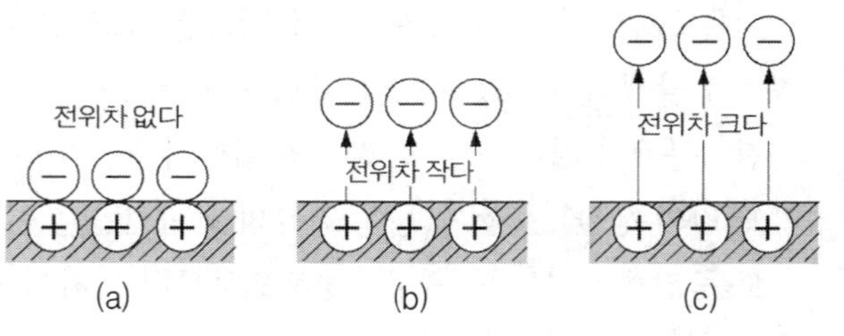

그림 1-14 전위차(=전압)

(2) 기전력(起電力 ; electric motive force : emf)과 전원(電源)

발전기가 작동되지 않을 때 발전기 단자에서는 전압이 발생되지 않는다. 이는 자유전자가 코일 속에 고루 분포되어 있어서 코일 자체가 전기적으로 중성상태이기 때문이다.

그러나 발전기 로터가 회전하기 시작하면 자유전자들은 음극(－)단자에 모이게 된다. 그러면 (－)단자에는 (＋)단자에 비해 전자가 과잉되어 전위차 즉, 전압이 발생된다.

> 전압은 전하의 분리(양 전하와 음 전하로)에 의해서 발생된다.
> 전압은 전자를 전기회로 내에서 이동시켜, 전류가 흐르도록 한다.
> 따라서 전류는 전압이 존재할 때만 흐른다.

축전지나 발전기는 에너지를 소비하면서 전하를 분리시키는 작용을 계속한다. 따라서 계속적으로 (－)극에서는 전자가 과잉되고 (＋)극에서는 전자가 부족하게 되어, 계속적으로 전압이 발생된다. 이와 같이 계속적으로 전압을 발생시키는 힘을 기전력(起電力), 기전력을 발생시키는 장치를 전원(electric source)이라 한다.

전하를 분리시키는 에너지로서 축전지는 화학적 에너지를, 발전기는 기계적 에너지를 사용한다. 열에너지, 광(光)에너지, 결정(結晶)변형 에너지로도 전압을 발생시킬 수 있다.

> 전원은 비 전기적 에너지를 전기에너지로 변환시킨다.

(3) 전압의 단위 → 표시기호 U, 단위 [V](volt)*

1 [C] (coulomb) 또는 1 [A·s] 의 전기량이 도체의 두 점 사이를 이동하여 1 [J] (joule)의 일을 할 때, 이 도체의 두 점 사이의 전압은 1V이다. – 1[V]의 정의

즉, "전압 1V는 1J(=1Nm)의 에너지로 전하 1[C](coulomb)을 분리시키거나, 또는 전달할 때의 전위차"이다. 또 "도체의 두 점 사이에서 시간적으로 일정한 전류 1[A]가 출력 1[W]로 변환될 때, 도체의 두 점 사이의 전압은 1[V]이다." 라고도 표현한다.

$$1\,\mathrm{C} = 1\,\mathrm{As}, \qquad 1\,\mathrm{J} = 1\,\mathrm{Nm} = 1\,\mathrm{Ws}$$

$$U = \frac{W}{Q}, \qquad U[\mathrm{V}] = \frac{1[\mathrm{Nm}]}{1[\mathrm{C}]} = \frac{1[\mathrm{VAs}]}{1[\mathrm{As}]} = 1[\mathrm{V}]$$

여기서 U : 전압, W : 일, Q : 전하

전압은 전압계를 전원 또는 부하에 병렬로 연결하여 측정한다. 이 때 전압계의 (+)단자가 항상 전원의 (+)단자와 가깝게 되도록 결선한다.(그림 1-15)

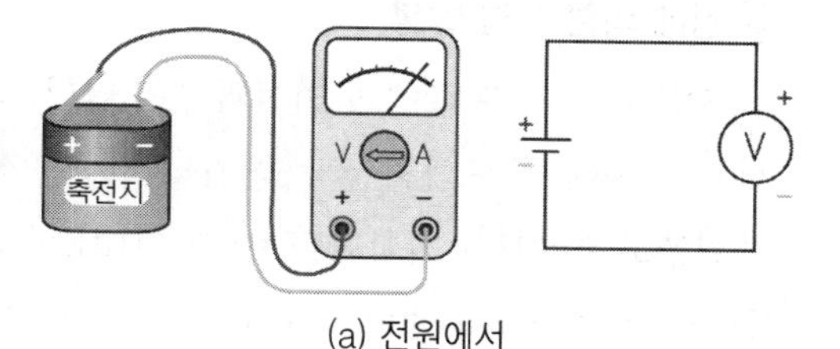

(a) 전원에서

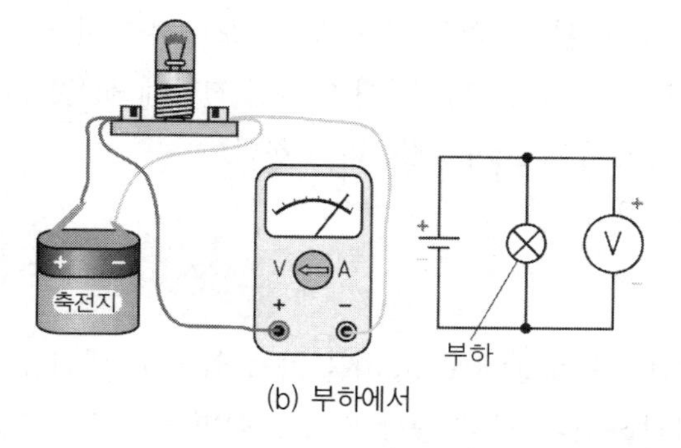

(b) 부하에서

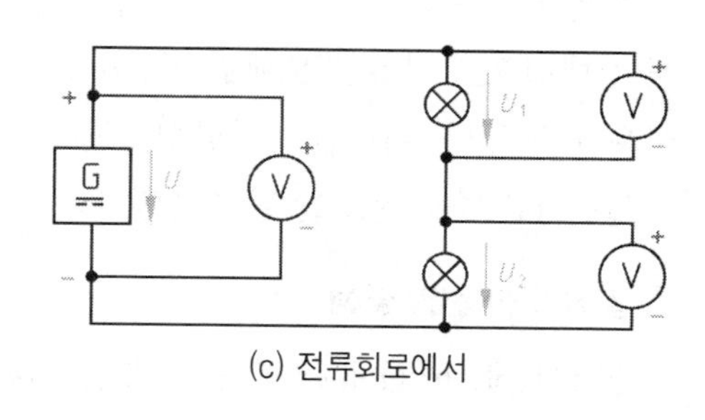

(c) 전류회로에서

그림 1-15 전압의 측정

(4) 전압을 발생시키는 방법(개요)

① 전자유도작용(electro magnetic induction: Induktion)**에 의한 전압 발생

그림 1-16(a)와 같이 코일에 검류계를 접속하고, 코일에 영구자석을 가까이 하거나, 다시 멀리 하면 그때마다 검류계의 지침은 방향을 바꿔가면서 좌우로 움직인다. 이와 같은 행위를 반복

* Volt : 이태리의 물리학자 Alessandro Volta(1745~1827)의 이름에서 유래.
** induction : 라틴어 inducere(유도하다)에서 유래

하면 코일에는 교류전압이 유도된다. (예 : 교류발전기).

② **전기화학작용(electro-chemical effect)에 의한 전압 발생**

재질이 서로 다른 두 금속판을 전해액에 담그고, 그림 1-16(b)와 같이 결선하면 두 금속 사이에 직류전압이 발생된다. 이때 두 금속판과 전해액을 갈바닉 요소(galvanic element)*라고 한다. - 축전지나 건전지

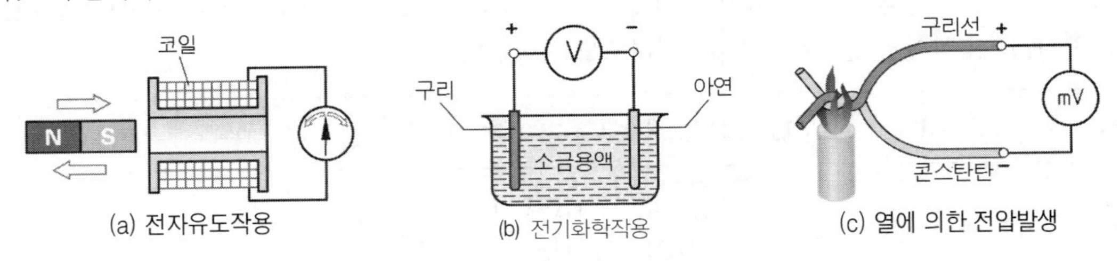

(a) 전자유도작용 (b) 전기화학작용 (c) 열에 의한 전압발생

그림 1-16 전압발생 방법

③ **열에 의한 전압 발생**

그림 1-16(c)와 같이 구리선과 콘스탄탄(constantan) 선을 결선하고 전압계(mV 단위)를 접속시킨 다음에 두 도선의 접점을 가열시키면 직류전압이 발생된다. 이 때 발생되는 전압의 크기는 가열온도에 따라 변화한다.(온도 1K(Kelvin)에 약 40μV 정도를 지시한다.) - 제벡 효과(Seebeck effect ; peltier effect, Thomson effect)

재질이 서로 다른 두 금속의 접점을 가열시키면 열류에 의해 자유전자는 보다 양호한 도체에서 상대적으로 불량한 도체로 이동하면서 전압을 발생시킨다. 이때 연결된 전압계를 온도계로 사용할 수 있다. 이러한 전압발생기구를 열전쌍(thermocouple)**이라고 한다.

열전쌍은 주로 온도를 원격 측정하는 데 사용한다.

④ **빛에 의한 전압 발생**

광소자(photo element)***는 대부분 기판(基板)에 셀렌(selenium)을 얇게 입히고, 셀렌 층 위에는 그림 1-16(d)와 같이 접촉 링(ring)을 부착하였다. 셀렌 층에 빛을 쪼이면 접촉 링과 기판 사이에서 전압이 발생한다.

광소자는 노출계(light meter), 인공위성의 전원, 디머 스위치(dimmer switch)와 같은 전기/전자 제어장치의 센서로 이용된다.

⑤ **결정(crystal)의 변형에 의한 전압발생**

수정(quartz), 전기석(tourmaline), 또는 로쉘-염(Rochelle-salt) 등의 결정(結晶)에 압축력 또

---

* galvanic : 이태리 의사 Luigi Galvani(1737～1798)에서 유래

** thermocouple : 그리스어 thermos(따뜻한)에서 유래 *** photo-element : 그리스어 phos(빛)에서 유래

는 인장력을 가하면, 힘의 작용방향에 대해 직각방향으로 전압이 발생된다.

결정에 작용하는 압력이 변화함에 따라 이에 대응되는 교류전압을 얻을 수 있다. 이와 같이 인장 또는 압축력을 가하면 전압이 발생되는 소자를 압전소자(piezo-element)*라 한다. 전압은 압전소자의 양단에 부착된 도체에 유기된다.

압전소자에 가해지는 압력이 급격히 변화할 경우에는 압력센서(예 : 노크센서, MAP-센서)로, 압전소자에 전기를 공급하면 액추에이터(예 : 피에조 인젝터)로 기능한다.

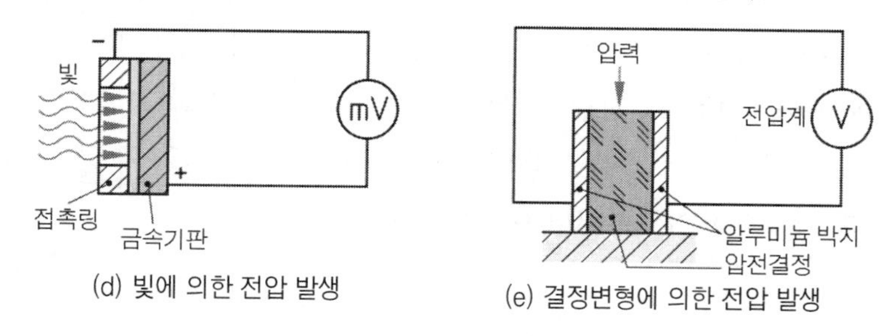

(d) 빛에 의한 전압 발생 (e) 결정변형에 의한 전압 발생

그림 1-16 전압발생 방법

이 외에도 유전체의 마찰 즉, 정전유도현상에 의해 전기가 발생된다. - 마찰전기.

마찰전기는 대부분 원하지 않는 형태의 전기이다. 예를 들면 자동차를 고속으로 주행한 다음에 문을 열면 전기충격을 느끼게 되는 경우가 있다. 이는 주행 중 공기와 차체표면 도료와의 마찰에 의해 차체표면에 정전기가 발생되었기 때문이다.

8. 전기 저항(electric resistance: elektrischer Widerstand)

(1) 저항(抵抗 : resistance : Widerstand) → 표시기호 R, 단위 [Ω](ohm)**

원자들은 보통의 온도에서도 정지해 있지 않고, 자신의 정지위치를 중심으로 항상 진동하고 있다. 따라서 자유전자가 도체 내를 이동할 때는 이들 원자들의 진동에 의한 방해를 받는다. 방해를 받는 정도는 전자수, 원자구조, 도체의 형상, 또는 온도에 따라 변화한다.

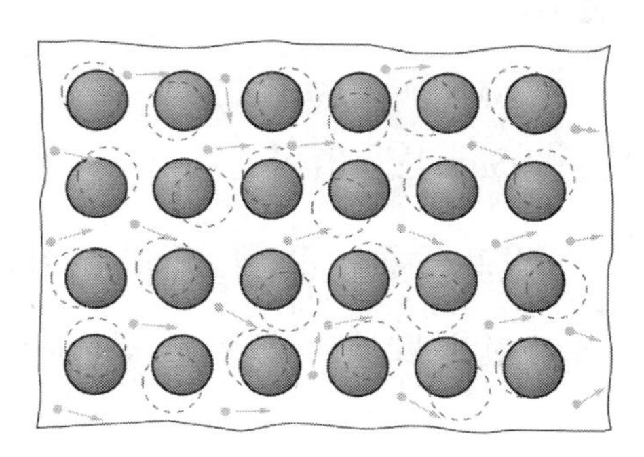
그림 1-17(a) 도체 내에서 원자의 진동 및 전자의 이동

이와 같이 도체 내의 전류의 흐름을 방해하는 성질을 저항이라 한다. 전류는 전압에 의해 전기저항이 극

* piezo effect : 그리스어 piezein(누르다)에서 유래

** Georg Simon Ohm : 독일 물리학자(1787～1854)

복될 때에만 흐른다.(그림 1-17(a) 참조)

> 저항 1[Ω]은 전압 1[V] 하에서 1[A]의 전류가 흐를 때, 도체의 저항을 말한다.

(2) **컨덕턴스**(conductance : Leitwert) : → 표시기호 G, 단위 [S](siemens)*

컨덕턴스는 저항의 역수이다. 저항값이 크면 클수록 컨덕턴스는 작아지며, 반대로 저항값이 작으면 작을수록 컨덕턴스는 커진다. 단위는 [S] (siemens)* 또는 저항의 단위 [Ω]을 역으로 표시한 [℧](mho) 또는 [Ω^{-1}]을 사용한다.

$$\text{컨덕턴스} = \frac{1}{\text{저항}}$$

$$G = \frac{1}{R}[\text{S}, \ ℧ \text{ 또는 } \Omega^{-1}]$$

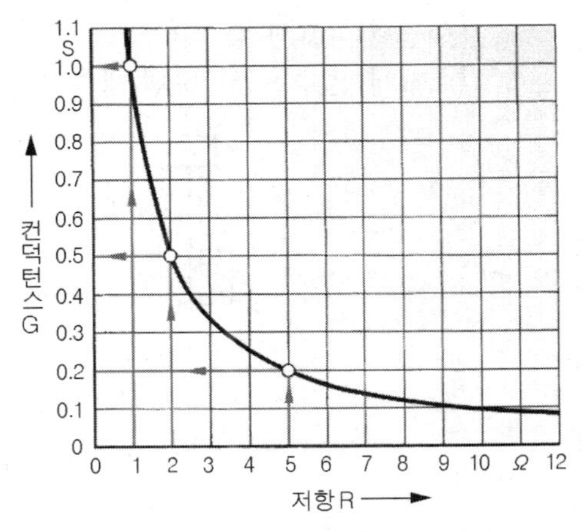

그림 1-17(b) 저항과 컨덕턴스의 관계

일반적으로 직렬회로에서는 저항(R)을, 병렬회로에서는 컨덕턴스(G)를 사용하는 것이 편리하다. 이유는 직렬회로에서 전압은 저항값에 비례하고, 병렬회로에서 각 지로전류는 컨덕턴스에 비례하기 때문이다.

예제2 저항 $R = 5\Omega$일 때, $G = ??$[S]

【풀이】 $G = \frac{1}{R} = \frac{1}{5} = 0.2[\text{S}]$

주 저항은 소자 즉, 부품인 저항기(resistor)와, 전류의 흐름을 방해하는 전기저항(electrical resistance)이라는 2개의 뜻을 가지고 있다. 이 책에서는 혼용한다.

9. 옴(Ohm)의 법칙

(1) 전압과 전류의 관계(온도가 일정할 때)

모든 전기회로에서 전압(U), 전류(I), 저항(R) 사이에는 일정한 관계가 성립한다.

* Werner von Siemens : 독일 엔지니어(1816~1892)

실험 그림 1-18과 같이 저항값 10Ω의 가변저항(또는 2Ω, 4Ω, … 10Ω의 개별 저항)과 전압을 0V에서 12V까지 조정할 수 있는 전원으로 구성된 회로에서, 전압계는 저항과 병렬로, 전류계는 전원과 저항 사이에 직렬로 연결하였다.(**전제조건 ; 온도 일정**)

1. 저항을 $R = 4\Omega$로 일정하게 유지하고, 전압을 2V 단위로 올려 가면서 전류를 측정.
2. 전압을 $U = 12\text{V}$로 일정하게 유지하고, 저항을 2Ω씩 12Ω까지 올려 가면서 전류를 측정

결과1 저항이 일정할 경우

전류(I)는 전압(U)에 비례한다.

전압[V]	전류[A]	저항[Ω]
2	0.5	4
4	1.0	4
6	1.5	4
8	2.0	4
10	2.5	4
12	3.0	4

결과2 전압이 일정할 경우

전류(I)는 저항(R)에 반비례한다.

전압[V]	저항[Ω]	전류[A]
12	2	6
12	4	3
12	6	2
12	8	1.5
12	10	1.2
12	–	–

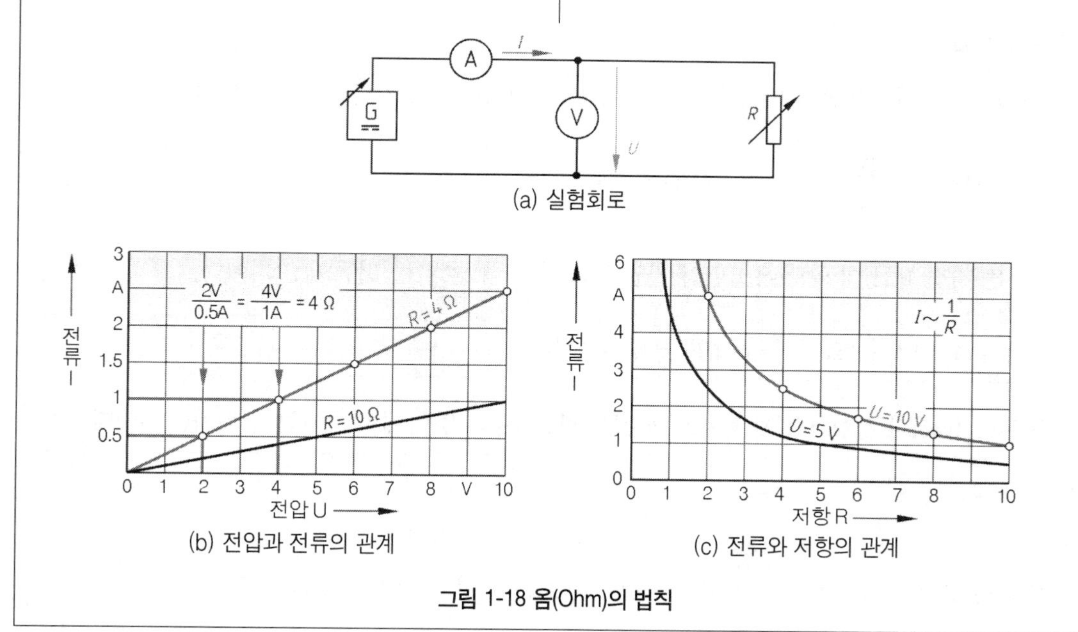

그림 1-18 옴(Ohm)의 법칙

(2) 옴(Ohm)의 법칙(Ohm's law)

위의 실험에서 확인한 바와 같이, 온도가 일정한 상태 하에서 부하에 흐르는 전류 I[A]는 전압 U[V]에 비례한다. 비례상수를 G라고 하면 다음과 같은 식이 성립한다.

$$I = G \cdot U[\mathrm{A}] \quad \cdots\cdots (1)$$

여기서 G : 컨덕턴스(conductance) ; $G = \frac{1}{R}$ 이므로

식 (1)은 다음과 같이 고쳐 쓸 수 있다.

$$I = \frac{U}{R} \quad \cdots\cdots (2)$$

여기서 I : 전류[A] U : 전압[V] R : 저항[Ω]

식 (2)로 표시되는 전류와 저항, 그리고 전압 간의 일정한 관계를 발견자의 이름을 붙여 옴(Ohm)의 법칙이라 한다. 옴의 법칙으로부터 다음 식 (3), (4)가 유도된다.

$$U = I \cdot R[\mathrm{V}] \quad \cdots\cdots (3)$$

$$R = \frac{U}{I}[\Omega] \quad \cdots\cdots (4)$$

(3) 기본단위와 배수단위

① 기본단위

옴(Ohm)의 법칙으로 부터 전압(U), 전류(I), 저항(R)의 기본단위를 정의할 수 있다.

$$1[\mathrm{A}] = \frac{1[\mathrm{V}]}{1[\Omega]}, \qquad 즉\ [\mathrm{A}] = \frac{[\mathrm{V}]}{[\Omega]}$$

1[A]는 저항 1[Ω]의 양단에 1[V]의 전압을 가했을 때, 흐르는 전류의 크기이다.

$$1\mathrm{V} = 1\mathrm{A} \cdot 1\Omega \qquad 즉,\ [\mathrm{V}] = [\mathrm{A} \cdot \Omega]$$

1[V]는 1[Ω]의 저항에 1[A]를 흐르게 했을 때, 저항의 양단에 나타나는 전위차(U)이다.

$$1\Omega = \frac{1\mathrm{V}}{1\mathrm{A}}, \qquad 즉\ [\Omega] = \frac{[\mathrm{V}]}{[\mathrm{A}]}$$

1[Ω]은 1[V]의 전압을 가하여 1[A]의 전류를 흐르게 하기 위한 저항값을 말한다.

예제3 12V 발전기의 여자코일(field coil)의 저항은 $R = 3[\Omega]$이다. 여자전류는 몇 [A]인가?

【풀이】 $I = \frac{U}{R} = \frac{12\mathrm{V}}{3\Omega} = 4[\mathrm{A}]$

예제4 상향전조등의 저항 $R = 2.4\Omega$, 전류 5A이면 전압(U)은?

【풀이】 $U = I \cdot R = 5\mathrm{A} \times 2.4\Omega = 12[\mathrm{V}]$

예제5 시가 라이터(cigar-lighter)에 12V, 8A의 전류가 흐른다. 이때 저항(R)은?

【풀이】 $R=\frac{U}{I}=\frac{12\text{V}}{8\text{A}}=1.5\,[\Omega]$

② 약수 단위와 배수 단위

기본단위인 [A](ampere), [V](volt), [Ω](ohm)이 대부분의 전기회로에 사용되지만 경우에 따라서는 너무 크거나 너무 작다. 따라서 기본단위에 대한 약수 단위와 배수 단위를 사용한다. 이들 약수 단위와 배수 단위는 모두 10진법에 기초를 두고 있다.(표 1-4 참조)

〔표1-4〕 약수단위와 배수단위

특성량	읽는 법	상호 관계
전류(I)	kilo-ampere ampere milli-ampere micro-ampere	1kA = 1,000A = 10^3A 1A 1mA = 0.001A = 10^{-3}A 1μA = 0.000001A = 10^{-6}A
전압(U)	kilo-volt volt milli-volt micro-volt	1kV = 1,000V = 10^3V 1V 1mV = 0.001V = 10^{-3}V 1μV = 0.000001V = 10^{-6}V
저항(R)	Mega-ohm kilo-ohm ohm	1MΩ = 1,000,000Ω = $10^6\Omega$ 1kΩ = 1,000Ω = $10^3\Omega$ 1Ω

③ SI 접두사

제 14회 국제도량형총회(1971년)에서는 앞서와 같은 경우에 편리하게 사용할 수 있도록 표 1-5와 같은 접두사를 추천하였다.

〔표 1-5〕 SI 접두사

인자	접두사	기호	인자	접두사	기호
10^{18}	exa	E	10^{-1}	deci	d
10^{15}	peta	P	10^{-2}	centi	c
10^{12}	tera	T	10^{-3}	milli	m
10^{9}	giga	G	10^{-6}	micro	μ
10^{6}	mega	M	10^{-9}	nano	n
10^{3}	kilo	k	10^{-12}	pico	p
10^{2}	hecto	h	10^{-15}	femto	f
10^{1}	deca	da	10^{-18}	atto	a

이들 접두사 중에서 대문자 M은 10^6, 소문자 m은 10^{-3}을 나타내고 있음에 유의하자.

예제6 저항 10kΩ의 양단에 8mA의 전류가 흐를 때의 전압은 몇 [V]인가?

【풀이】 $U = I \cdot R = (8 \times 10^{-3})\text{A} \times (10 \times 10^{3})\Omega = 80[\text{V}]$

예제7 저항 12kΩ의 양단에 12V의 전압을 가하면 몇 [A]의 전류가 흐르는가?

【풀이】 $I = \dfrac{U}{R} = \dfrac{12\text{V}}{12 \times 10^{3}\Omega} = 1 \times 10^{-3}[\text{A}] = 1[\text{mA}]$

10. 출력, 일, 효율(Power, Work, Efficiency)

(1) 일과 출력

① **힘**(force) ; F

질량(m)과 가속도(a)의 곱으로 표시되며, 단위는 [N](newton)*이다.

$$\text{힘} = \text{질량} \times \text{가속도}, \quad F = m \cdot a$$
$$= 1[\text{kg}] \cdot 1[\text{m/s}^2] = 1[\text{kg} \cdot \text{m/s}^2] = 1[\text{N}]$$

② **일**(work) ; W

물체 또는 부하가 힘(F)에 의해 이동한 거리(s)의 곱으로 표시된다. 단위는 Nm(newton meter) 또는 J(joule)**을 사용한다.

$$\text{일} = \text{힘} \times \text{거리}, \quad W = F \cdot s$$
$$= 1[\text{N}] \times 1[\text{m}] = 1[\text{Nm}] = 1[\text{J}]$$

여기서 F : 힘 [N], s : 이동거리 [m], W : 일 [Nm 또는 J]

③ **출력**(power) ; P

단위시간 당 일을 말한다. 단위는 [W](watt)***를 사용한다.

$$\text{출력} = \frac{\text{일}}{\text{시간}} \qquad P = \frac{W}{t}$$

여기서 P : 출력[W] W : 일[Nm 또는 J], t : 시간[s]

---

* Isaac Newton : 영국 물리학자, 수학자, 천문학자(1642～1727)

** James Prescott Joule : 영국 물리학자(1818～1889)

*** James Watt : 영국 발명가(1736～1819)

위 식으로부터 $W = P \cdot t$(일 = 출력 × 시간)

$1[J] = 1[W] \cdot 1[s] = 1[Ws]$ 임을 알 수 있다.

출력단위 [W]는 출력을 표시하는 데, 너무 작기 때문에 대부분 [kW]를 이용하여 출력을 표시한다.

1[kW] = 1,000[W]

(2) 전력과 전력량

① **전력** (電力 ; electric power : elektrische Leistung) → **기호는** P, **단위는** [W] (watt).

전력이란 단위시간 당 전기적 일을 말한다. 직류에서 전력 1[W]는 1초 동안에 1[V]의 전위차에 의해 1[C]의 전하를 이동시키는 데 소비된 일이다.

전력 = 전압 × 전류	$P = U \cdot I = 1[V] \cdot 1[A] = 1[V \cdot A] = 1[W]$

$$P = U \cdot I = \frac{U^2}{R} = I^2 R$$

기계적 영역과 전기적 영역에서 일과 출력의 단위는 아래와 같다.

	일	출력
기호	W	P
단위	일 1J(joule) ; 1 Nm (기계적 일) 1 Ws (전기적 일)	출력 1W(watt) ; 1 Nm/s = 1 J/s =1W(기계적 출력) 1 VA = 1 W (전기적 출력)

〔표 1-6〕 자동차용 전기장치 및 부품의 출력(예)

부품 및 장치명	출력(소비출력)	부품 및 장치명	출력(소비출력)
발전기	80~3,500W	제동등	각 18W
기동 전동기(승용차)	0.8~3.5kW	후진등	각 15~25W
(상용차)	2.5~15kW	계기등	각 2W
전조등(상향)-12V식	각각 45W	신호등	각 18~21W
-24V식	각각 55W	축전지 점화	15~20W
안개등	각각 35W	예열 플러그	60~100W
주차등	3~5W	경음기	각 30~80W
와이퍼	20~60W	주차등	3~5W
차폭등	각 2~21W	히터	20~70W

예제8 오토 리프터(auto-lifter)가 8,500N의 힘으로 자동차를 6초 만에 1.9m 높이로 올렸다. 오토 리프터가 한 일(W)과 출력(P)은?

【풀이】 일 $W = F \cdot s = 8{,}500\text{N} \times 1.9\text{m} = 16{,}150[\text{Nm}]$

출력 $P = \frac{W}{t} = \frac{16{,}150\text{Nm}}{6\text{s}} = 2{,}690\frac{\text{J}}{\text{s}} = 2{,}690\text{W} = 2.69\text{kW}$

예제9 12V식에서 45W-상향 전조등을 2개 점등시키면 흐르는 전류는 몇 [A]인가?

【풀이】 $I = \frac{P}{U} = \frac{45 \times 2}{12} = 7.5[\mathrm{A}]$

예제10 전압이 각각 12V, 24V일 때, 5W-전구의 저항은 각각 얼마인가?

【풀이】 1) 12V식에서 $R = \frac{U^2}{P} = \frac{12^2 \cdot \mathrm{V}^2}{5\mathrm{W}} = 28.8[\Omega]$

2) 24V식에서 $R = \frac{U^2}{P} = \frac{24^2 \cdot \mathrm{V}^2}{5\mathrm{W}} = 115.2[\Omega]$

예제11 계자코일의 저항은 3Ω이고, 계자전류가 4A일 때, 계자코일의 전력 P는?

【풀이】 $P = I^2 \cdot R = 4^2\mathrm{A}^2 \times 3\Omega = 48[\mathrm{W}]$

② 전력량 - 전기일

전력량이란 전기가 한 일(W)의 총량을 말한다. 출력에 대한 일반식($P = W/t$)으로부터 일은 $W = P \cdot t$로 표시할 수 있다. 이를 전기적 일(W)에 적용하면,

$$W = P \cdot t = U \cdot I \cdot t [\mathrm{Ws}, 또는 \mathrm{J}]$$

그리고 '$W = U \cdot I \cdot t$' 에 '$U = I \cdot R$' 을 대입하면 아래와 같다.

$$W = I^2 \cdot R \cdot t [\mathrm{Ws}, 또는 \mathrm{J}]$$

위 식은 전력량을 열량으로 표시한 것으로 줄 열(Joule heat)과 같다.

단위 [Ws](watt-second)는 실용상 너무 작기 때문에 [kWh]를 주로 사용한다.

$$1\ \mathrm{Wh} = 3{,}600\ \mathrm{Ws}, \qquad 1\ \mathrm{kWh} = 1{,}000\ \mathrm{Wh} = 10^3\ \mathrm{Wh}$$

예제12 저항 2.4Ω에 전류 5A를 40분 동안 흐르게 하였다. 소비된 전력량은?

【풀이】 $W = I^2 \cdot R \cdot t = 5^2\mathrm{A}^2 \times 2.4\Omega \times \frac{2}{3}\mathrm{h} = 40\mathrm{Wh} = 0.04[\mathrm{kWh}]$

(3) 전류와 열

전류가 흐르는 곳이면 어디든지 열이 발생한다. 열량(熱量)은 가열 시에 공급된, 또는 냉각 시에 방출된 열에너지를 뜻하며, 단위는 [Ws](watt-second)를 사용한다. 특정한 물질을 가열하는 데 필요한 열량은 요구되는 온도차와 물질의 비열(比熱)에 따라 결정된다.

열에너지 $Q[\mathrm{Ws}]$, 물질의 비열 $c[\mathrm{Ws/gK}]$, 물질의 질량 $m[\mathrm{g}]$, 온도차 $\Delta t[\mathrm{K}]$(kelvin)이라 할

때, 가열에 필요한 열에너지 Q는 다음 식으로 구한다.

$$Q = c \cdot m \cdot \Delta t \,[\mathrm{Ws}]$$

[K](켈빈)* 온도는 1기압 하에서 물의 비점을 373.16K, 빙점(3중점)을 273.16K으로, 셀시우스(celsius)** 온도는 1기압 하에서 물의 비점을 100℃, 빙점을 0℃로 정의한 온도체계이다.

〔표 1-7〕 물질의 비열(예)

물질	물	알루미늄	강	구리	폴리비닐클로라이드
비열[Ws/gK]	4.18	0.92	0.46	0.39	0.88

예제13 정류기 냉각체(알루미늄)의 질량 $m = 200\mathrm{g}$이고, 온도는 20℃이다. 잠시 후 냉각체의 온도가 80℃로 가열되었다. 공급열량은? (단, 알루미늄의 비열은 $c = 0.92\,[\mathrm{Ws/gK}]$ 이다.)

【풀이】 $Q = c \cdot m \cdot \Delta t\,[\mathrm{Ws}] = 0.92\mathrm{Ws/gK} \times 200\mathrm{g} \times (80-20)\mathrm{K} = 11{,}040\mathrm{Ws} = 11.04\,[\mathrm{kJ}]$

저항 $R\,[\Omega]$에 전압 $U\,[\mathrm{V}]$를 인가하여 전류 $I\,[\mathrm{A}]$가 $t\,[\mathrm{s}]$ 동안 흘러서, 모두 열로 변환되었다면, 발생 열량 $Q\,[\mathrm{J}]$는 다음 식으로 표시된다.

$$Q = I^2 \cdot R \cdot t\,[\mathrm{Ws}\ 또는\ \mathrm{J}] \quad \cdots\cdots\cdots\ \text{Joule-법칙}$$

위 식은 줄(Joule)이 전류에 의한 발열량을 정확히 조사하여 구한 식으로서, 발생열량 Q를 Joule-열이라 한다. 그리고 앞서의 전력량의 식 $W = I^2 \cdot R \cdot t\,[\mathrm{Ws},\ 또는\ \mathrm{J}]$에서 부하에 흐르는 전류가 모두 열로 변환되었다면 '$W = Q$(일=열)'이 되어 일과 열의 등가가 성립한다.

전류에 의해 발생된 열(예 : 발전기나 점화코일에서 발생된 열)은 손실을 의미할 수 있다. 줄 법칙에 따르면 열의 발생은 부하지속기간(t)에 비례함을 알 수 있다.

기동전동기에는 큰 전류가 흐르지만 지속기간(t)이 짧기 때문에 별도의 냉각이 필요 없으나, 전기자동차의 구동전동기에는 계속적으로 큰 부하가 걸리므로 별도의 냉각장치를 필요로 한다.

그러나 퓨즈(fuse)는 전류에 의해서 발생되는 열을 이용하는 대표적인 부품으로서 규정값 이상의 전류가 흐르면 녹아서 회로를 차단, 회로나 기기를 보호하는 기능을 한다.

(4) 효율 (efficiency : η)

공급된 에너지(Q_{in})와 그 중에서 유효한 일로 변환된 에너지(W_e) 간의 비를 말한다. 그리고

* Lord William Kelvin : 영국 물리학자, (1824~1907). ** Anders Celsius : 스웨덴 물리학자(1701~1744).

공급된 에너지(Q_{in})보다, 유효한 일로 변환된 에너지(W_e)는 항상 작다. 따라서 효율은 항상 1보다 작다. 즉, 효율 100%는 있을 수 없다.

예를 들면 전동기에서 전류에 의해 권선이 가열된다. 또 전기자(armature)의 철심과 스테이터(stator)는 역자기(magnetic reverse 또는 hysteresis loss)에 의해서 가열된다. 또 베어링의 마찰열이나 공기에 의한 냉각열도 무시할 수 없다. - 에너지 손실

$$\eta = \frac{W_e}{Q_{in}} = \frac{P_{out}}{P_{in}}$$

총 효율(η_{total})은 각각의 효율의 곱으로 표시된다.

$$\eta_{total} = \eta_1 \cdot \eta_2 \cdot \eta_3 \cdots\cdots\cdots\cdots \cdot \eta_n$$

예제14 하이브리드 자동차에서 내연기관으로 발전기를 구동, 발전한 다음, 여기서 발생된 전기로 전동기를 구동시킬 경우, 내연기관 효율 $\eta_E = 0.40$, 발전기 효율 $\eta_G = 0.75$, 컨버터 효율 $\eta_c = 0.95$, 전동기 효율 $\eta_M = 0.85$라면 총 효율 η_{total}은?

【풀이】 $\eta_{total} = \eta_E \cdot \eta_G \cdot \eta_C \cdot \eta_M = 0.40 \times 0.75 \times 0.95 \times 0.85 = 0.242 = 24.2\%$

참고 흔히 사용되는 전기기계 및 기구들의 효율은 대략 다음과 같다.

3상 교류발전기	약 0.65~0.75	백열전구	약 0.015
직류발전기	약 0.4~0.6	형광등	약 0.1
기동전동기	약 0.4	변압기	약 0.85~0.98
내연기관	약 0.30~0.45		

예제15 12V용 기동전동기가 전류 150A를 소비할 때 출력은 1kW이었다. 효율(η)과 출력손실(P_L)을 구하라.

【풀이】 공급전력 $P_{in} = U \cdot I = 12\text{V} \times 150\text{A} = 1{,}800[\text{W}]$

출력 $P_{out} = 1{,}000[\text{W}]$

효율 $\eta = P_{out}/P_{in} = 1{,}000/1{,}800 = 0.5555 \approx 55.6\%$

출력손실 $P_L = P_{in} - P_{out} = 1{,}800\text{W} - 1{,}000\text{W} = 800[\text{W}]$

제1장 전기 기초이론

제2절 도체의 저항과 저항기
(Resistance of conductor, and resistor)

개별 도체의 저항은 도체의 단면적, 길이, 재료 및 온도에 따라서 변화한다.

1. 고유저항과 도전율(specific resistance and conductivity)

(1) 고유저항(specific resistance : spezifischer Widerstand ; ρ)

실험1 각각 길이 1m, 직경 0.1mm인 a) 구리선과 b) 콘스탄탄 선을 그림 1-19와 같은 회로에 차례로 접속한 다음, 동시에 전류와 전압을 측정하여 옴의 법칙에 따라 저항값을 구한다.

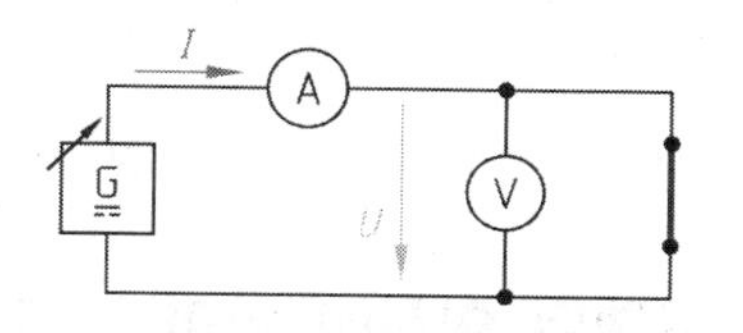

그림 1-19 도선의 저항 구하기

결과 구리의 저항 $R_{cu}=2.3\Omega$, 콘스탄탄 저항 $R_{con}=62.4\Omega$.
즉, 콘스탄탄의 저항은 구리보다 약 27배나 크다는 것을 확인할 수 있다.

재료마다 다른 저항의 고유특성을 고유저항이라 한다. 고유저항은 온도 293K에서 길이 1m, 단면적 1mm^2인 도선의 저항을 기본으로 한다. 기본단위는 $[\Omega \cdot \text{mm}^2/\text{m}]$이다.

(2) 도전율(conductivity : Leitfähigkeit ; γ)

전선의 경우, 전류가 통하기 어려운 정도를 나타내는 고유저항보다는, 전류를 통하기 쉬운 정도로 나타내는 것이 더 편리하다. 재료의 전류를 통하기 쉬운 정도를 도전율(導電率)이라고 한다.
도전율(γ)은 고유저항(ρ)의 역수이다. 기본단위는 $[\text{m}/\Omega \cdot \text{mm}^2]$이다.

$$\text{도전율} = \frac{1}{\text{고유저항}} \qquad \gamma = \frac{1}{\rho}[\text{m}/(\Omega \cdot \text{mm}^2)]$$

형상이나 크기가 같을 경우, 구리선이 알루미늄 선보다 전류가 더 잘 흐른다. 구리는 알루미늄보다 자유전자의 수가 더 많고, 고유저항이 적어 도전율이 더 높다(표 1-8참조).

물질의 고유저항과 도전율에 따라 용도가 다르다. 고유저항이 작고 도전율이 큰 재료(예 : 은)는 도전재료로, 고유저항이 대단히 크고 도전율이 아주 낮은 재료(예 ; 콘스탄탄)는 저항재료로, 고유저항이 대단히 크고 도전율도 거의 0에 가까운 재료(예 : 도자기)는 절연재료로 사용된다.

〔표 1-8〕 고유저항, 도전율, 온도계수(293K에서)

물질	고유저항 ρ $[\Omega \cdot mm^2/m]$	도전율 γ $[m/\Omega \cdot mm^2]$	온도계수 α $[K^{-1}]$	물질	고유저항 ρ $[\Omega \cdot mm^2/m]$	도전율 γ $[m/\Omega \cdot mm^2]$	온도계수 α $[K^{-1}]$
은(Ag)	0.0167	60.0	+0.0038	구리(Cu)	0.0178	56	+0.0039
알루미늄 (Al)	0.0278	36.0	+0.0040	금(Au)	0.022	45.45	+0.00398
콘스탄탄 WM 50	0.49	2.04	−0.000005	철(Fe)	0.13	7.7	+0.0066
레오탄 WM 50	0.5	2	−0.000005	크롬니켈 WM 100	1	1	+0.00025 중간값
니켈 WM 30	0.3	3.3	+0.0055 중간값	망간 WM 40	0.43	2.33	+0.00001
흑연 (탄소)	13~100	0.077~0.01	−0.00045 중간값	백금(Pt)	0.098	10.2	0.0038

※ WM 100 : 저항재료로서 고유저항값의 100배를 의미함.

2. 도체의 형상에 의한 저항(Resistance by shape of conductor)

실험2 앞서 그림 1-19와 같은 회로에서 콘스탄탄 선을 이용하여

1) 전선의 길이만을 1배, 2배, 3배로 하고
2) 단면적을 2배(전선 2개를 병렬), 3배(전선 3개를 병렬)로 하고 전압과 전류를 측정한 다음에 옴의 법칙을 적용하여 각각의 저항값을 구한다.

결과 1) 길이가 2배이면 저항값도 2배, 길이가 3배이면 저항값도 3배로 증가한다. 즉, $R \sim l$.
2) 단면적이 2배이면 저항값은 1/2로, 3배이면 저항값은 1/3로 감소한다. 즉, $R \sim (1/A)$

도체의 저항(R)은 도체의 고유저항(ρ)과 길이 l에 비례하고, 단면적(A)에 반비례한다.

이를 식으로 표시하면 다음과 같다.

$$R = \frac{\rho \cdot l}{A} \qquad R = \frac{\frac{\Omega \cdot mm^2}{m} \cdot m}{mm^2} = [\Omega]$$

여기서
R : 도체의 저항$[\Omega]$
ρ : 고유저항$[\Omega \cdot mm^2/m]$
γ : 도전율$[m/\Omega \cdot mm^2]$
A : 도체의 단면적 $[mm^2]$
l : 도체의 길이 [m]

$$R = \frac{l}{\gamma \cdot A} \qquad R = \frac{\mathrm{m}}{\frac{\mathrm{m}}{\Omega \cdot \mathrm{mm}^2} \cdot \mathrm{mm}^2} = [\Omega]$$

저항의 기본단위 1Ω은 수은(유리관 속의)을 이용하여 나타낼 수도 있다. 0℃(273.15K)에서 단면적 1mm², 길이 1.063m의 수은기둥의 저항은 1Ω이다.

예제1 발전기 코일을 새로 감고자 한다. 저항은 1.5Ω을 초과하지 않도록 하고, 사용하는 구리선의 직경 $d = 0.7\mathrm{mm}$ 이다. 필요한 구리선의 길이는? (단, 구리선의 도전율은 56[m/Ω · mm²]이다.)

【풀이】 $R = \frac{l}{\gamma \cdot A}$ 로부터 $l = R \cdot \gamma \cdot A$

$$A = \frac{\pi d^2}{4} = 0.785 \times (0.7\mathrm{mm})^2 = 0.385[\mathrm{mm}^2]$$

$$l = R \cdot \gamma \cdot A = 1.5\Omega \times 56\mathrm{m}/\Omega \cdot \mathrm{mm}^2 \times 0.385\mathrm{mm}^2 = 32.34[\mathrm{m}]$$

예제2 트럭의 기동전동기 (+)선이 알루미늄이다. 구리선으로 교체하되 전기적으로 등가가 되어야 한다. 알루미늄 선의 길이와 단면적은 각각 $l = 3\mathrm{m}$, $A = 50\mathrm{mm}^2$이다. 구리선의 단면적은? (단, 알루미늄과 구리의 고유저항은 각각 0.0278 [Ω · mm²/m], 0.0178 [Ω · mm²/m]이다.)

【풀이】 $$R = \frac{\rho \cdot l}{A_{AL}} = \frac{0.0278 \times 3}{50} = 0.001668[\Omega]$$

$$A_{Cu} = \frac{\rho \cdot l}{R} = \frac{0.0178 \times 3}{0.001668} = 32.014[\mathrm{mm}^2]$$

참고 단면적 35mm²인 구리선 사용. (전선의 단면적은 규격화되어 있다. 32.014mm² 등은 생산되지 않는다.)

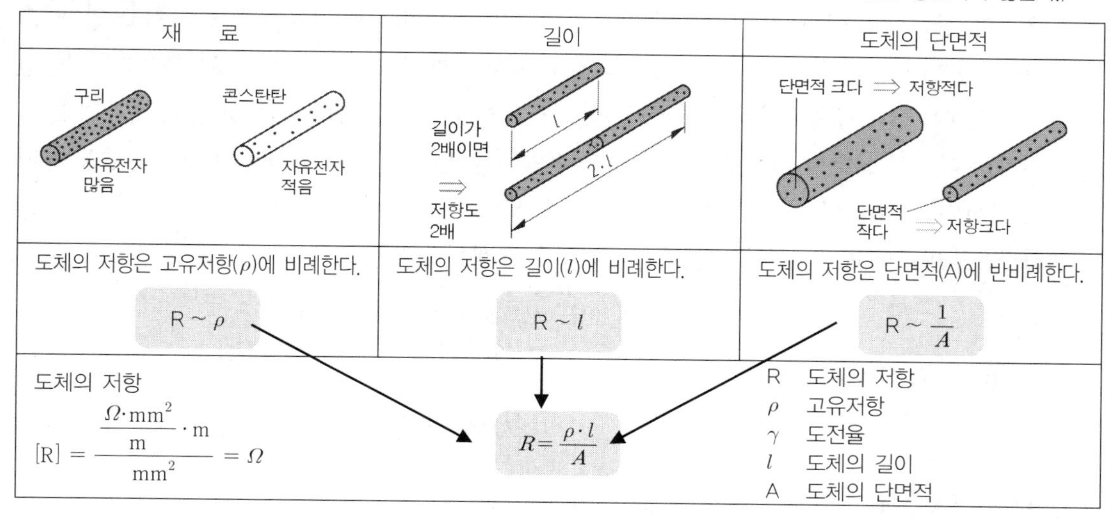

그림 1-20 도체의 저항 특성(요약)

3. 저항의 온도 의존성(Temperature-dependence of resistance)

물질의 저항은 대부분 온도나 습도, 압력에 따라 다양하게 변화한다. 고유저항이나 도전율은 대부분 20℃(293K)를 기준으로 표시한다. 물질의 저항의 온도 의존성은 물질에 따라 각기 다르다.

(1) 온도변화에 따른 저항의 변화

실험 그림 1-21과 같은 회로에 a) 금속 필라멘트 전구(230V/15W)와 b) 탄소 필라멘트 전구(230V/15W)를 차례로 접속한 다음, 각각 전원전압 10V와 230V에서 전류와 전압을 측정하여 저항값을 계산한다.

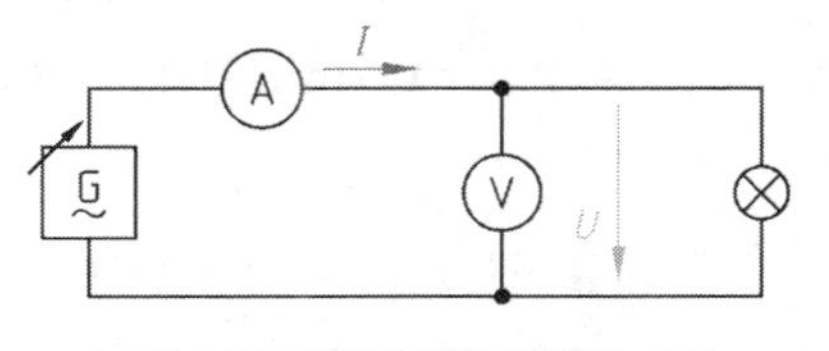

그림 1-21 전구에서의 저항값 계산

결과 전압 10V일 경우, 2개의 전구 모두가 점등되지 않는다. 필라멘트의 온도가 낮다.
230V의 경우, 2개의 전구는 모두 밝게 점등된다. 이때 필라멘트의 온도는 모두 높다.

금속 필라멘트는 온도가 낮을 때 저항이 작고, 온도가 상승하면 저항도 증가한다. - PTC.
탄소 필라멘트는 온도가 낮을 때 저항이 크고, 온도가 높아지면 저항이 감소한다. - NTC.

(2) 저항의 온도계수 → 표시기호는 α(alpha), 단위는 α_{20}[1/K]

저항기의 온도가 1K 상승 또는 하강할 때, 본래의 저항값에 대한 저항의 변화율을 말한다.

① 정(+)의 온도계수(positive temperature coefficient : PTC)

온도가 상승함에 따라 저항이 증가하는 경우, "물질은 정(+)의 온도계수를 가지고 있다."고 말한다. 물질이 가열되면 원자는 그 결정격자 내에서 원래의 위치를 중심으로 격렬하게 진동한다. 특히 대부분의 금속에서처럼 원자가 서로 조밀하게 결정(結晶)을 이루고 있는 경우에는 자유전자의 이동이 원자의 열운동에 의해서 크게 방해를 받는다. 이러한 물질의 저항은 온도에 따라 증가한다. 대부분의 금속이 여기에 해당되며, 온도가 높을 때보다는 낮을 때 전류가 더 잘 흐른다. 온도변화에 따른 저항의 변화는 다음 식으로 계산한다.

$$R_t = R_0 + R_0(\alpha \cdot \Delta t)$$

여기서 R_0: 20 ℃에서의 저항 [Ω]
R_t: 임의의 온도에서의 저항 [Ω]
α : 저항의 온도계수 [1/K]
t : 20℃를 기준한 온도차 [K]

② 부(−)의 온도계수(negative temperature coefficient : NTC)

탄소, 게르마늄이나 실리콘을 포함한 대부분의 반도체, 그리고 황산이나 물과 같은 전해질 용액 등은 부(−)의 온도계수를 갖는다. 탄소와 반도체, 그리고 액체에서는 원자 간의 거리가 멀어, 가열되면 원자의 진동이 빠르고 격렬하게 되면서 자유전자의 수가 증가하게 된다. 따라서 온도가 증가하면 저항이 감소한다. 이와 같이 온도가 상승함에 따라 저항이 감소하는 경우, "물질은 부(−)의 온도계수(NTC)를 가지고 있다."고 말한다.

NTC-저항의 경우는 온도가 낮을 때보다는 온도가 높을 때, 전류가 더 잘 흐른다. 예를 들면 기관의 냉각수 온도센서, 흡기온도 센서 등은 NTC-서미스터(thermistor)이다.

③ **0(zero)의 온도계수**(critical temperature coefficient : CTC)

0(zero)의 온도계수는 온도가 변화하여도 저항값이 일정한 경우를 말한다. 예를 들면 콘스탄탄과 망간 등은 온도계수가 거의 0에 가깝다. 주로 정밀 권선저항기의 재료로 이용된다.

(3) 임의의 온도에서의 저항값

어떤 온도 t_1에서의 저항값과 저항의 온도계수를 알면, 임의의 온도 t_2에서의 저항값은 다음 식을 이용하여 구한다.

$$\Delta R = \alpha \cdot R_1 \cdot \Delta t$$
$$R_2 = R_1 + \Delta R$$
$$R_2 = R_1(1 + \alpha \cdot \Delta t)$$

여기서 ΔR : $(t_2 - t_1)$에서의 저항변화[Ω]
R_1: 온도 t_1에서의 저항값[Ω]
R_2 : 온도 t_2에서의 저항값[Ω]
α : 저항의 온도계수 [1/K]
Δt : 온도차 $(t_2 - t_1)$[K]

예제3 온도 20℃에서 측정한 구리 코일의 저항은 30Ω이었다. 80℃에서 이 코일의 저항은? 단, α=0.0039[1/K]이다.

【풀이】 $\Delta R = \alpha \cdot R_1 \cdot \Delta t = 0.0039[1/\mathrm{K}] \times 30[\Omega] \times 60[\mathrm{K}] = 7.02[\Omega]$

$R_2 = R_1 + \Delta R = 30\Omega + 7.02\Omega = 37.02[\Omega]$

4. 저항기의 종류(Kinds of resistors)

옴(Ohm)의 법칙이 성립되는 저항을 옴저항기(ohm-resistor) 또는 무유도 저항기라 하고, 옴의 법칙이 적용되지 않는 저항기를 비-옴저항기(non-ohm resistor)라 한다. 또 제작형태에 따라 저항값이 고정된 형식과, 저항값을 기계적으로 변환시킬 수 있는 형식, 재료의 특성에 의해 저항값이 자동적으로 변화되는 형식 등이 있다. 옴저항기는 고정저항기 또는 가변저항기로 제작된다.

(1) 고정 저항기(fixed resistor)

고정저항기는 생산자에 의해 저항값이 고정된 저항기를 말한다.

일반적으로 저항값의 수열은 공차범위가 저항 스케일(resistor scale)을 모두 포함하도록 정해져 있다. 예를 들면 E12계열은 공차 10%로서 저항 스케일을 모두 포함할 수 있도록 수열이 짜여 있다.

〔표 1-9〕 DIN-IEC 수열(E6-E24)

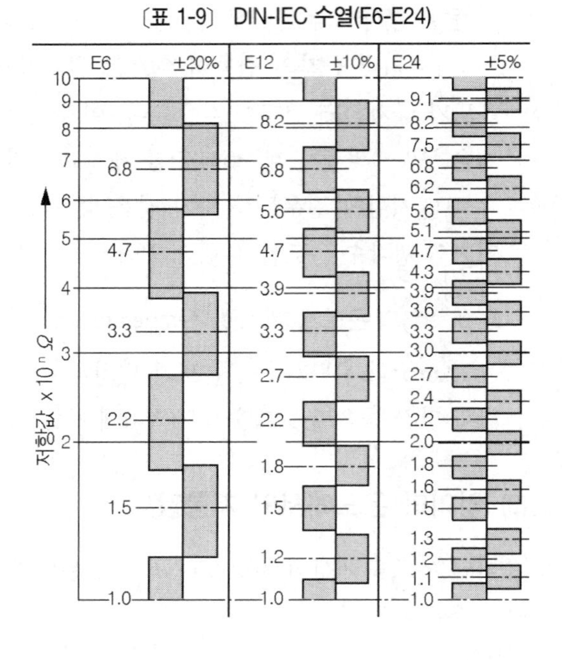

저항의 수열은 '$R = {}^{m}\sqrt{10^n}$'으로 구한다. 여기서 m은 표시문자 E 다음의 숫자를 의미한다. 예를 들면 E6은 $= {}^{6}\sqrt{10^n}$, E12는 $= {}^{12}\sqrt{10^n}$을 뜻한다. 그리고 n은 $0 \leq n \leq (m-1)$에 포함된 자연수이다. 따라서 공차범위는 E6(±20%), E12(±10%), E24(±5%), E48(±2%), E96(±1%), E192(±0.5)가 된다.(표 1-9 참조)

출력이 낮은 저항기에는 IEC* 수열 E6, E12, 그리고 E24가 주로 사용된다. 그리고 소형 저항기에는 저항값과 공차(tolerance)가 숫자 또는 색띠로 표시된다.(표 1-10참조)

〔표 1-10〕 저항의 색 부호

색 부호	첫째 수	둘째 수	10의 승수	공차(%)
	저항값 Ω			
없음(무색)	–	–	–	±20
은색(silver)	–	–	10^{-2}	±10
금색(gold)	–	–	10^{-1}	±5
흑색(black)	–	0	1	–
갈색(brown)	1	1	10^{1}	±1
적색(red)	2	2	10^{2}	±2
등색(orange)	3	3	10^{3}	–
황색(yellow)	4	4	10^{4}	–
녹색(green)	5	5	10^{5}	±0.5
청색(blue)	6	6	10^{6}	±0.25
자색(violet)	7	7	10^{7}	±0.1
회색(gray)	8	8	10^{8}	–
백색(white)	9	9	10^{9}	–

* IEC : International Electro-technical Commission(=CEI)

색띠(color coding)는 보통 저항기의 본체의 어느 한쪽에 치우쳐 인쇄된다. 그리고 치우쳐 있는 쪽부터 순서대로 판독하도록 규정되어 있다.

색띠가 4개일 경우, 첫 번째와 두 번째 색띠는 저항값을 나타내는 숫자부호, 세 번째 색띠는 10의 승수, 네 번째 색띠는 공차를 나타낸다. 예를 들면, 저항값 470Ω, 공차 ±10%의 저항이라면 황색, 자색, 갈색 그리고 은색의 순으로 색띠가 배열된다.

5개의 색띠를 가진 저항기(예 : E96계열)는 세 번째 색띠까지는 저항값 숫자, 네 번째 색띠는 10의 승수, 그리고 다섯 번째 색띠는 공차를 나타낸다.

저항기의 부하능력(=정격출력)은 "발생된 열(I^2R)을 어떻게 주위로 발산하는가?"에 달려 있다. 따라서 정격출력은 저항기의 구조 특히, 크기에 관계되는 물리적 성질이다.

① **탄소 저항기**(carbon resistor)

탄소저항기는 미세한 탄소나 흑연을 분말형태의 절연물질과 적당한 비율로 혼합하여 필요한 저항값을 갖도록 제작한 것이다. E24계열의 특성은 우측 표와 같다.

E24계열의 특성

저항값의 범위	1Ω ~ 10^4 MΩ
공차	±5% 및 ±10%
사용온도범위	−55℃ ~ 125℃
출력	0.1W ~ 1W

② **권선 저항기**(coil resistor)

권선 저항기는 저항선을 절연체 외부에 감은 구조로 되어 있다. 절연물질로는 도자기, 시멘트, 페놀수지 등이 사용되며, 권선을 보호하기 위해 외부에 페인트, 시멘트 또는 유리 등으로 피복한 것들이 많다. 권선 저항기의 특성값은 오른쪽 표와 같다.

권선저항기의 특성값

저항값의 범위	0.3 ~ 500kΩ
공차	±1%
사용 최대온도	150℃
출력	3W ~ 300W
저항의 온도계수	+0.02K^{-1}(20℃ ~ 130℃ 범위에서)

③ **피막 저항기**(film resistor)

탄소 피막저항기는 절연체 주위에 탄소피막을 입힌 것이며, 금속 피막저항기는 유리판 위에 도체성분을 피막(filming)한 것으로 저항값을 보다 정밀하게 제작할 수 있다.

금속 피막저항기의 특성값

저항값의 범위	0.1 ~ 100MΩ
공차	±1%
사용 최대온도	150℃
출력	0.05W ~ 2W
저항의 온도계수	+0.015 ~ +0.06K^{-1} (−40℃ ~ 150℃ 범위에서)

특히 고체 세라믹 기판 위에 가열된 탄소피막을 입힌 자기 피막저항기는 저항값이 정확하면

서도 안정성이 높다. 금속 피막저항기의 특성값은 P43의 맨 아래표와 같다.

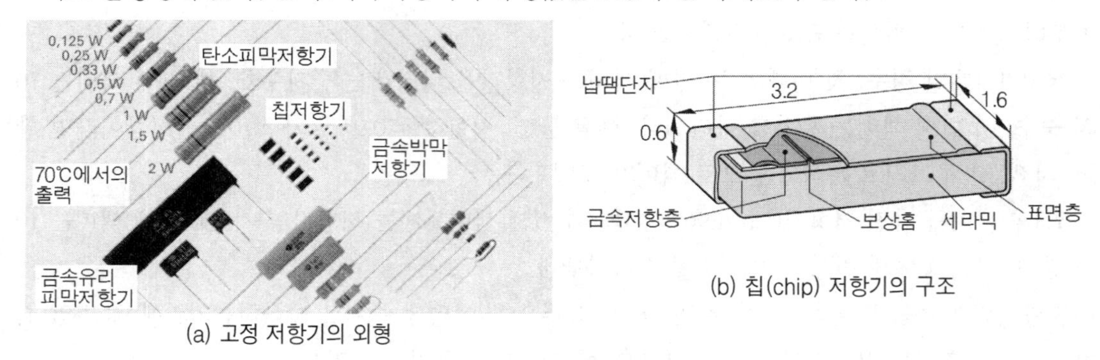

(a) 고정 저항기의 외형

(b) 칩(chip) 저항기의 구조

그림 1-22 고정 저항기의 외형 및 구조

(2) **가변 저항기**(variable resistors)

가변저항기는 탄소저항기, 권선저항기, 또는 피막저항기일 수 있다. 기계적으로 조작하여 저항값을 변화시킬 수 있는 구조로 되어 있는 저항기를 말한다.

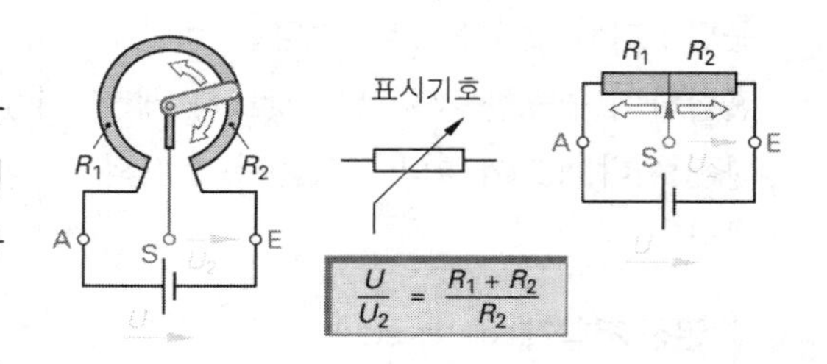

그림 1-23 가변저항기 - 포텐시오미터

용도에 따라 다양한 형태로 제작된다. 예를 들면 기관의 스로틀밸브 위치센서, 라디오의 음량 조절기, 히터의 송풍량 조절 스위치 등은 모두 가변 저항기의 일종이다.

(3) **비선형 저항기 - 비-옴(Ohm)저항기**

물리량이 변화하면 자동적으로 저항값이 변화하면서, 그 변화가 옴(Ohm)의 법칙에 일치하지 않는 저항기들을 말한다. 대부분의 반도체 저항기들이 여기에 속한다.

① **열에 의해 저항값이 변화하는 저항기**(thermistor)

- 저항의 온도계수가 부(－)일 경우 ; NTC-서미스터
- 저항의 온도계수가 정(＋)일 경우 ; PTC-서미스터

② **전압에 따라 저항값이 변화하는 저항기**(varistor)

VDR(voltage dependent resistor)

③ **광 저항기**(photo resistor)

빛의 조사량에 따라 저항값이 변화하는 저항기

④ **자력의 영향을 받는 저항기**(magneto-resistor)

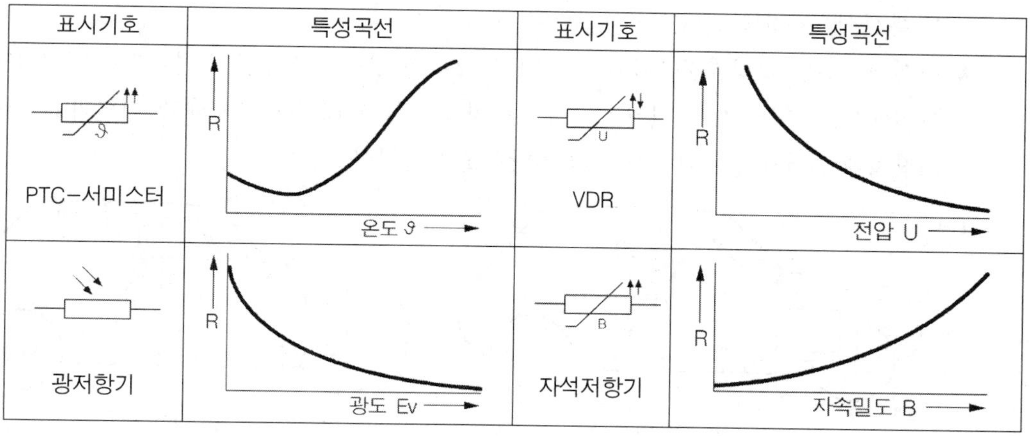

표시기호	특성곡선	표시기호	특성곡선
ϑ PTC-서미스터	R 온도 ϑ →	U VDR	R 전압 U →
광저항기	R 광도 Ev →	B 자석저항기	R 자속밀도 B →

그림 1-24 비선형 저항기의 특성곡선(예)

5. 전압 강하와 전압 손실

(1) 전압 강하(voltage drop)

1개의 저항(R)을 통해 일정한 전류(I)가 흐르기 위해서는 옴의 법칙에 따라 전압($U=I\cdot R$)이 필요하다. 여기서 저항(R)과 전류(I)의 곱을 저항기에서의 '전압 강하'라 한다.

전류의 세기가 같을 경우, 저항이 크면 클수록 전압 강하는 커진다.

(2) 전압 손실(voltage loss)

부하전류가 흐르면 도선에서는 전압 손실이 발생한다. 전압 손실은 이용할 수 없게 된 전압 강하로서 대부분 도선의 저항이 그 원인이다. 도선에서의 전압 손실은 부하전압을 그만큼 감소시킨다. 그리고 손실된 에너지는 도선에 열을 발생시킨다.

① **도선에서의 전압 손실**(U_L) **(= 전압 강하)**

$$U_L = I\cdot R_L = I\cdot \rho\cdot \frac{l}{A}$$

여기서 U_L : 도선에서의 전압강하[V] R_L : 도선의 저항[Ω] ρ : 고유저항[$\Omega\cdot mm^2/m$]
l : 도선의 길이 [m] A: 도선의 단면적[mm^2] I : 부하전류[A]

② **자동차에서의 배선 방식**

- 복선식 : 대부분의 국가들은 작동전압이 직류 60V이상이면 안전상의 이유에서 복선으로

배선하도록 규정하고 있다. 따라서 하이브리드 자동차나 전기자동차에서 고전압회로는 모두 복선식으로 배선한다.

- 단선식 : 전원의 정격전압이 6V, 12V 또는 24V인 경우는 대부분 단선식으로 배선한다. 단선식에서는 일반적으로 전원의 (−)선을 차체 또는 프레임에 접지하고, 전원의 (+)선을 전기장치에 연결하는 마이너스(−)접지방식을 사용한다.

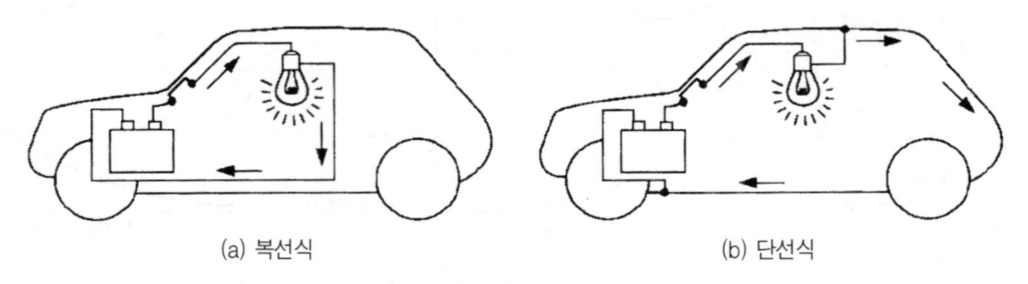

(a) 복선식 (b) 단선식

그림 1-25 자동차의 배선방식

③ 전압강하

차체의 저항은 (+)배선에 비해 아주 적기 때문에, 자동차에서의 전압강하는 대부분 (+)배선에서 발생된다. 물론 연결부분 즉, 축전지 단자, 스위치, 배선 접속부, 접지부 등에 원하지 않는 접촉저항이 형성되어 추가적으로 전압 강하가 발생할 수 있다. 특히 접속부의 표면이 산화되거나 오염되어 절연성의 산화피막이 형성되면, 접촉저항이 증대되어 고장의 원인이 될 수 있다.

전압 손실을 계산할 때는 자동차에서는 대부분 1선만 계산하면 되지만, 복선((+)선과 (−)선)으로 배선된 경우에는 길이를 l 대신에 $2l$로 하여 계산하여야 한다.

예제4 기동전동기가 24V, 200A의 전류를 소비한다. 길이 3m, 단면적 35mm^{2}의 구리선으로 배선되어 있을 경우, 도선에서의 전압 강하는? (구리선의 고유저항 $\rho = 0.0178[\Omega \cdot \text{mm}^2/\text{m}]$)

【풀이】 $U_L = I \cdot \rho \cdot \dfrac{l}{A} = 200\text{A} \times 0.0178(\Omega \cdot \text{mm}^2/\text{m}) \times \dfrac{3\text{m}}{35\text{mm}^2} \approx 0.305[\text{V}]$

도선의 단면적은 출력과 허용전압손실(=전압 강하)을 이용하여 계산한다. 실제로는 위의 식을 단면적(A)에 관하여 정리하거나, 전류(I) 대신에 '$I = P/U$'를 대입하여 구한다.

예제5 40W/12V 전구가 길이 3m의 구리선을 필요로 한다. 허용 전압 강하는 최대 0.4V이다. 구리선의 단면적은?(구리선의 고유저항 $\rho = 0.0178[\Omega \cdot \text{mm}^2/\text{m}]$이다.)

【풀이】 $A = \dfrac{P}{U} \cdot \dfrac{\rho \cdot l}{U_L} = \dfrac{40\text{W} \times 0.0178(\Omega \cdot \text{mm}^2/\text{m}) \times 3\text{m}}{12\text{V} \times 0.4\text{V}} = 0.445[\text{mm}^2]$

※ 실제로는 0.5mm^{2}의 선을 선택한다.

예제6 14V/55A 발전기에 길이 1.8m의 구리선으로 배선할 예정이다. 허용 전압 강하 U_L을 0.3V이하로 하고자 한다. 구리선의 단면적은? (구리선의 도전율은 $\gamma = 56\text{m}/\Omega \cdot \text{mm}^2$이다.)

【풀이】 $A = \dfrac{I \cdot l}{\gamma \cdot U_L} = \dfrac{55\text{A} \times 1.8\text{m}}{56[\text{m}/\Omega \cdot \text{mm}^2] \times 0.3\text{V}} \approx 5.89[\text{mm}^2]$

※ 실제로는 단면적 6mm^2인 구리선을 사용한다.

기동전동기의 배선을 계산할 때는 기동전동기의 단락전류를 이용할 수 있다. 단락전류는 대략 정격전압에서 기동전동기에 흐르는 전류로서 효율(η)은 $\eta = 0.25$ 정도이다.

예제7 0.44kW/12V의 기동전동기가 길이 3m인 선을 필요로 한다. 허용전압강하 U_L은 0.5V이다. 사용해야 할 구리선의 단면적은? ($\eta = 0.25$를 적용한다)

【풀이】 단락 전류 : $I = \dfrac{P_e}{U \cdot \eta} = \dfrac{440\text{W}}{12\text{V} \times 0.25} \approx 147[\text{A}]$

선의 단면적 :

$$A = \frac{I \cdot \rho \cdot l}{U_L} = \frac{147\text{A} \times 0.0178(\Omega \cdot \text{mm}^2/\text{m}) \times 3\text{m}}{0.5\text{V}} \approx 15.7\text{mm}^2$$

※ 실제로는 단면적이 16mm^2인 구리선을 선택한다.

예제8 기동전동기가 0.88kW/12V, 전압강하 $U_L = 0.25\text{V}$, 길이 $l = 3\text{m}$일 때 전선의 단면적 A는 얼마 이상이어야 하는가? ($\eta = 0.25$를 적용한다)

【풀이】 단락 전류 : $I = \dfrac{P_e}{U \cdot \eta} = \dfrac{880\text{W}}{12\text{V} \times 0.25} \approx 293[\text{A}]$

전선의 단면적 :

$$A = \frac{I \cdot \rho \cdot l}{U_L} = \frac{293\text{A} \times 0.0178(\Omega \cdot \text{mm}^2/\text{m}) \times 3\text{m}}{0.25\text{V}} = 62.58\text{mm}^2$$

※ 실제로는 전선의 단면적 70mm^2을 선택한다.

위의 두 예제에서 보면 다른 조건이 모두 같고 출력이 2배일 경우에, 전선의 단면적은 4배이어야 한다. (2배가 아니다.)

예제9 전원전압은 12V이고, 허용손실전압은 a) 발전기 0.3V, b) 기동전동기 0.5V, c) 기타 0.8V이다. 전원전압에 대한 각각의 손실률은?

【풀이】 a) $P_L = \dfrac{U_L}{U} \cdot 100 = \dfrac{0.3\text{V}}{12\text{V}} \times 100 = 2.5\%$

같은 방법으로 구하면 b) 4.16%, c) 6.67%가 된다.

참고 **자동차용 전선**

주행 중 계속적으로 발생되는 전선의 진동과 요동은 심선(心線)의 유연성과 절연 피복층의 견고성을 요구한다. 이와 같은 요구조건은 스프링 상에 설치된 전장품에서 특히 문제가 된다. 그러나 차체 각부의 비틀림과 진동도 전선의 계속적인 진동을 동반한다. 따라서 자동차용 일반전선은 유연성이 뛰어난 가는 금속선을 여러 겹으로 한 연선을 사용한다.

자동차용 일반전선의 절연층은 주로 합성수지(PVC, 폴리에틸렌, 실리콘 고무 등)이다. 절연층은 온도범위 −40 ~ +100℃에서도 탄성을 유지하고, 물, 오일, 휘발유, 경유, 먼지 등에 민감하지 않아야 한다.

용도에 따라 예를 들면 점화 고전압 배선, 기동전동기 배선, 발전기 (+)선, 축전지 접지선 등은 일반배선과는 차이가 있다.

전선의 단면적을 결정할 때는 3가지 사항을 고려하여야 한다.
① 가열에 의한 최대 허용전류
② 저항에 의한 최대 허용전압강하(전압손실)
③ 기준단면의 증가에 따른 가격상승

전선은 사용 중 너무 가열되어서는 안 된다. 지나치게 가열되면 필연적으로 절연층이 파손되기 때문이다. 단면적이 작은 전선은 단면적이 큰 전선에 비해 상대적으로 냉각표면적이 넓기 때문에 단위면적(mm^2)당 전류를 더 많이 흘릴 수 있다. 평균적으로 단면적 mm^2당 약 5A 정도의 최대 정격전류를 계산한다. 그러나 부하전류가 작아도 단면적 $0.5mm^2$ 이하의 전선은 자동차에는 별로 사용되지 않는다.

허용 전류밀도의 계산근거로서
① 단면적 $6mm^2$ 까지의 전선은 $10A/mm^2$ 까지
② 단면적 $35mm^2$ 까지의 전선은 $6A/mm^2$ 까지
③ 단면적 $120mm^2$ 까지의 전선은 $4A/mm^2$ 까지
④ 부하를 가하는 시간이 아주 짧은 전선은 $20A/mm^2$ 까지 부하를 가할 수 있는 것으로 본다.

일반적으로 기술적인 또는 완전한 작동을 보장하기 위해 기동전동기 또는 충전전선에는 퓨즈를 사용하지 않는다. 따라서 이들 전선은 다른 전선에 비해 관리를 철저히 하여야 한다. 점화장치 배선도 마찬가지이다.

[표 1] 자동차용 전선의 전류부하(예 : DIN)

<table>
<tr><td>규정단면적 [mm²]</td><td>0.5</td><td>0.75</td><td>1</td><td>1.5</td><td>2.5</td><td>4</td><td>6</td><td>10</td><td>16</td><td>25</td><td>35</td><td>50</td><td>70</td><td>95</td><td>120</td></tr>
<tr><td>전류밀도(Cu) [A/mm²]</td><td colspan="7">10</td><td colspan="4">6</td><td colspan="4">4</td></tr>
<tr><td>지속전류 (Cu) [A]</td><td colspan="2">5</td><td>10</td><td>16</td><td>25</td><td>35</td><td>50</td><td>65</td><td>85</td><td>120</td><td>160</td><td>200</td><td>250</td><td>300</td><td>350</td></tr>
<tr><td>퓨즈[A]</td><td colspan="3">5~8</td><td>20</td><td>25</td><td colspan="2">40</td><td colspan="8">퓨즈를 사용하지 않는 배선
충전 전선 : 4~25[mm²]
기동전동기 배선 : 16~120[mm²]
축전지 배선 : 4~10[mm²]</td></tr>
</table>

개개의 전기부하(부품 또는 장치)에는 일정한 전압이 인가된다. 이 정격전압은 동시에 전회로의 평균전압이다. 원활한 동작을 위해서는 규정 최저전압이하로 전압이 낮아져서는 안 된다. 그러므로 전선의 단면적은 허용 전압강하 최댓값을 벗어나지 않도록 결정되어야 한다.

허용전압강하 최댓값은
① 레귤레이터 ↔ 축전지 사이의 충전용 전선(정격전압의 3.3%)
6V 장치 : 0.2V, 12V 장치 : 0.4V
② 제어용 전선(예 : 릴레이 등)
6V 장치 : 0.3V, 12V 장치 : 0.5V, 24V 장치 : 1.0V
③ 단락전류가 흐르는 기동전동기 배선(정격전압의 4.16%)
6V 장치 : 0.25V, 12V 장치 : 0.5V, 24V 장치 : 1.0V
④ 모든 등화장치용 전선은 0.2V를 초과해서는 안 된다.

주로 사용하는 전선의 규격과 저항은 표 2와 같다.

[표 2] 전선의 규격과 저항

전선단면적 [mm^2]	직경 [mm]	심선 수 [가닥]	저항(293K) [mΩ/m]	전선단면적 [mm^2]	직경 [mm]	심선 수 [가닥]	저항(293K) [mΩ/m]
0.5	0.2	16	36.6	10	0.8	19	2.0
0.75	0.2	24	24.5	16	0.75	37	1.1
1.0	0.2	32	18.3	25	0.9	37	0.78
1.5	0.3	21	12.5	35	1.1	37	0.52
2.5	0.3	35	7.5	50	1.0	61	0.38
4.0	0.3	56	4.6	70	1.2	61	0.27
6.0	0.64	19	3.0				

(예) : 자동차용 전선은 대부분 외부 색깔로 용도를 표시한다. 그러나 회사에 따라 그 용도가 반드시 일치하는 것은 아니다.

제1장 전기 기초이론

제3절 저항회로

(Resistor circuit)

자동차 전기장치(다른 대부분의 전기장치들도)는 무수히 많은 저항(resistor), 예를 들면 코일(coil), 전구(lamp) 및 다수의 기기들로 구성된다. 이들 무수히 많은 저항들을 필요에 따라 직렬, 병렬 또는 직/병렬로 혼합, 접속하여 사용한다.

1. 저항의 직렬회로(series circuit of resistor)(그림 1-26 참조)

전원으로부터 흘러나오는 전류가 저항 1, 2, 3을 차례로 거쳐 다시 전원으로 복귀하는 저항의 접속방식을 직렬접속, 또는 저항의 직렬회로라 한다. 간단한 실험을 통하여 다음을 알 수 있다.

저항의 직렬회로에서는 각 저항을 흐르는 전류(I)의 크기가 어느 점에서나 동일하다.

우선 그림 1-26에서 전원전압 U와 각 저항에서의 전압강하(U_1, U_2, U_3)를 측정한다. 그 결과 전원전압 U는 각 저항에서의 전압강하 U_1, U_2, U_3의 합과 같다는 것을 알 수 있다.

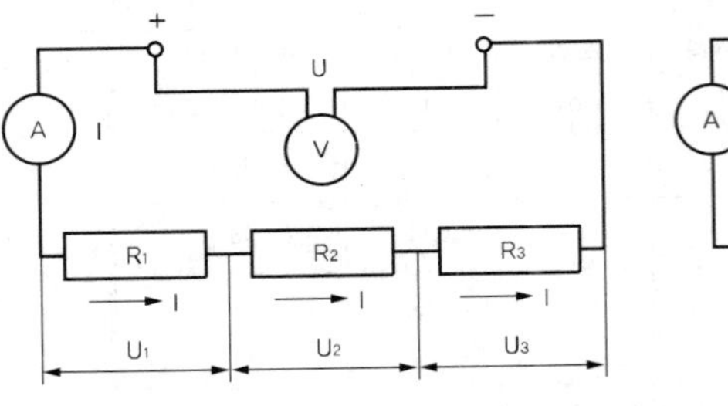

그림 1-26 저항의 직렬회로

이를 식으로 표시하면 다음과 같다.

$$U = U_1 + U_2 + U_3 + \cdot\cdot\cdot\cdot\cdot + U_n$$

옴(Ohm)의 법칙에 따라

$$I \cdot R = I \cdot R_1 + I \cdot R_2 + I \cdot R_3 + \cdot\cdot\cdot\cdot\cdot + I \cdot R_n$$

각 항을 전류 I로 나누면

$$R = R_1 + R_2 + R_3 + \cdot\cdot\cdot\cdot\cdot + R_n$$

여기서 R : 총 저항 또는 합성저항(resultant resistance)
$R_1, R_2, R_3 \cdots\cdots\cdots, R_n$: 개별 저항

저항의 직렬회로에서 합성저항 R은 개별저항 R_n의 총합과 같다.

그리고 위의 식을 종합, 정리하면

$$U = U_1 + U_2 + U_3 + \cdot\cdot\cdot + U_n = I \cdot R_1 + I \cdot R_2 + I \cdot R_3 + \cdot\cdot\cdot + I \cdot R_n$$
$$\Sigma U = \Sigma I \cdot R$$

즉, 임의의 폐회로 내의 전압강하의 총 대수합은 전원전압의 대수합과 같다. 이를 키르히호프의 제 2법칙 또는 키르히호프의 전압법칙(Kirchhof's voltage law)*이라 한다. 키르히호프의 제2법칙은 간단한 회로에서는 물론이고 복잡한 회로에서도 성립한다.

예제1 그림 1-26에서 저항 $R_1 = 2\Omega$, $R_2 = 4\Omega$, 그리고 $R_3 = 6\Omega$이다. 그리고 전원전압 $U = 24\text{V}$ 이다. a) 합성저항 R과, b) 전류 I, c) 각 저항에서의 전압강하 U_n은?

【풀이】 a) $R = R_1 + R_2 + R_3 = 2 + 4 + 6 = 12[\Omega]$

* Gustav R. Kirchhoff : 독일 물리학자(1824~1887)

b) $I = \dfrac{U}{R} = \dfrac{24\text{V}}{12\Omega} = 2[\text{A}]$

c) $U_1 = I \cdot R_1 = 2 \times 2 = 4[\text{V}]$

$U_2 = I \cdot R_2 = 2 \times 4 = 8[\text{V}]$

$U_3 = I \cdot R_3 = 2 \times 6 = 12[\text{V}]$

예제 1에서 보면 저항의 직렬회로에서 개별저항의 비는 각각의 전압강하의 비와 같다.

$$R_1 : R_2 : R_3 = U_1 : U_2 : U_3$$

이와 같이 저항의 직렬회로에서는 각 저항의 양단의 전압이 저항에 비례하므로, 저항이 클수록 저항 양단의 전압은 높다.

예제2 저항값이 똑같은 4개의 저항이 12V 전원에 직렬로 연결되어 있다. 회로에는 3A의 전류가 흐른다. 각 저항의 저항값은?

【풀이】 $R = \dfrac{U}{I} = \dfrac{12\text{V}}{3\text{A}} = 4[\Omega]$

$R = R_1 + R_2 + R_3 + R_4[\Omega]$ $\quad R_1 = R_2 = R_3 = R_4 = \dfrac{R}{n}$

$R_1 = R_2 = R_3 = R_4 = \dfrac{R}{n} = \dfrac{4\Omega}{4} = 1\Omega/\text{개}$

저항의 직렬회로는 보호저항(protective resistor : Vorwiderstand)을 사용하여 부하전류를 감소시키거나 또는 높은 전원전압과 부하(예 : 예열 플러그)를 일치시키는 데 사용한다. 또 전압계에서는 직렬저항을 추가하여 측정범위를 확장시킬 수 있다.(예제 3 참조)

예제3 측정범위 10V의 전압계로 40V를 측정하고자 한다. 전압계의 내부저항 $R_i = 6{,}000\Omega$이다. 외부 배율기(multiplier)의 저항 R_m은?

【풀이】 $U_m = U - U_i = 40\text{V} - 10\text{V} = 30\text{V}$

$R_m : R_i = U_m : U_i$ (저항의 직렬회로에서는 각 저항 양단의 전압이 저항에 비례하므로)

$R_m = \dfrac{R_i \cdot U_m}{U_i} = \dfrac{6{,}000\Omega \times 30\text{V}}{10\text{V}} = 18{,}000\Omega = 18\text{k}\Omega$

전압계(voltmeter)는 부하에 항상 병렬로 연결해야 한다. (그림 1-26 참조)

2. 저항의 병렬회로(parallel connection : Parallelschaltung)

그림 1-27(a)처럼 다수의 저항에 똑같은 크기의 전압이 인가되고, 전류는 전원으로부터 각 저항에 나누어 흐르고, 다시 합쳐져 전원으로 복귀하는 접속방식을 저항의 병렬회로라 한다.

(1) 키르히호프(Kirchhof)의 제1법칙

그림 1-27(a)에서, 회로를 흐르는 자유전자는 회로단면적 최소점(=저항 최대점)에서 정체될 수 있으며, 접속점 A와 B에서의 전류는 서로 같아야 한다는 것을 쉽게 알 수 있을 것이다.

접속점 A로 흘러 들어오는 전류 I는 접속점 A에서 흘러 나가는 전류 'I_1, I_2'의 합과 같다 ; 마찬가지로 접속점 B에서도 흘러 들어오는 전류 'I_1, I_2'의 합은 흘러 나가는 전류 I와 같다. 전류계를 이용하여 회로의 총 전류 I와 지로전류 'I_1, I_2'를 실제로 측정해 보면 쉽게 증명할 수 있다.

이와 같이 "어느 한 접속점에 흘러 들어오는 전류의 합은 흘러 나가는 전류의 합과 같다." 는 법칙을 키르히호프의 제1법칙 또는 키르히호프의 전류법칙(Kirchhof 's current law)이라 한다.

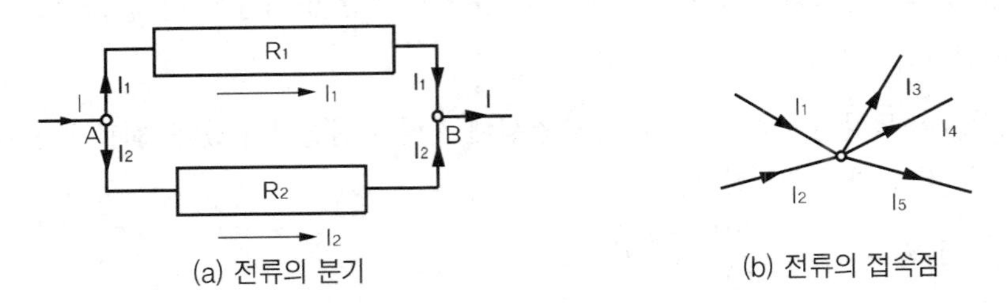

(a) 전류의 분기 (b) 전류의 접속점

그림 1-27 전류의 분기와 접속

접속점에 흘러 들어오는 전류를 (+), 흘러 나가는 전류를 (−)로 표시하면, 키르히호프의 제1법칙(전류평형의 법칙)은 다음과 같이 표시된다.

> 접속점에 흘러 들어오는 전류와 흘러 나가는 전류의 대수합은 0이다

그림 1-27(b)를 키르히호프의 제1법칙에 따라 식으로 표시하면 다음과 같다.

$I_1 + I_2 = I_3 + I_4 + I_5$ 또는 $I_1 + I_2 - I_3 - I_4 - I_5 = 0$

즉, $\Sigma I = 0$ .... 키르히호프의 제 1 법칙

(2) 저항의 병렬회로(그림 1-28 참조)

분기점(또는 접속점) A에서 여러 갈래로 나누어지므로 각 저항에 흐르는 전류는 똑같지 않다. 전류는 3개의 저항을 통해서 각각 다른 길(회로)로 흐른다.

$I = I_1 + I_2 + I_3 \pm$ .... 키르히호프의 제 1법칙

각 저항에 똑같은 전압이 인가되므로, 옴(Ohm)의 법칙을 적용하여

$$\frac{U}{R} = \frac{U}{R_1} + \frac{U}{R_2} + \frac{U}{R_3} + \cdots\cdots$$

위 식의 각 항을 U로 나누면, 저항의 병렬회로에서 합성저항 R의 역수는 개별저항(R_1, ……, R_n)의 역수의 합과 같다.

$$\frac{1}{R} = \frac{1}{R_1} + \frac{1}{R_2} + \frac{1}{R_3} + \cdots\cdots$$

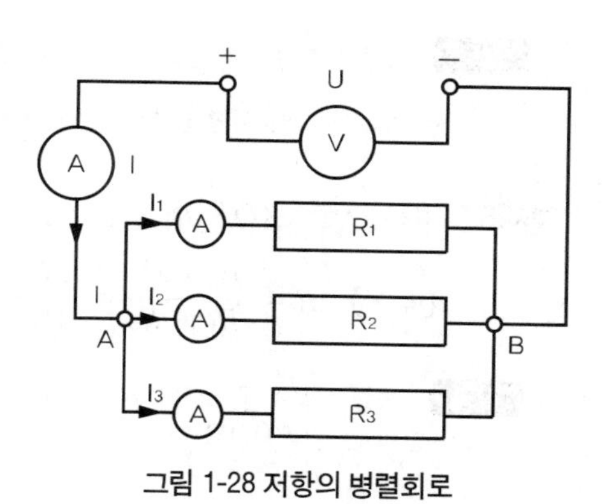

그림 1-28 저항의 병렬회로

저항의 역수인 컨덕턴스(conductance ; G)를 이용하면, $\frac{1}{R} = G$, $\frac{1}{R_1} = G_1$ 이므로,

위 식을 고쳐 쓰면, 저항의 병렬회로의 합성 컨덕턴스(G)는 다음과 같다.

$$G = G_1 + G_2 + G_3 + \cdots\cdots \left[\frac{1}{\Omega}\right] \text{ 또는 [S]}$$

저항의 병렬회로는 전자가 흐를 수 있는 길을 추가하는 것이 된다. 즉, 지로회로가 많으면 많을수록, 흐르는 전류의 양은 증가한다.

> 저항의 병렬회로에서 개별 저항에는 동일한 전압이 인가된다.
> 저항의 병렬회로에서 개별 지로전류는 저항값에 반비례한다.
> 합성저항은 개별저항기 중에서 저항값이 가장 작은 저항기보다도 저항값이 더 작다.

예제4 앞서 그림 1-28에서 저항 $R_1 = 2\Omega$, $R_2 = 4\Omega$, $R_3 = 6\Omega$이다. 그리고 전원전압 $U = 24V$이다. a) 합성저항 R과, b) 총 전류 I, c) 개별 전류를 각각 구하라.

【풀이】 a) $\frac{1}{R} = \frac{1}{R_1} + \frac{1}{R_2} + \frac{1}{R_3} = \frac{1}{2\Omega} + \frac{1}{4\Omega} + \frac{1}{6\Omega} = \frac{11}{12}$[S](siemens)

$$R = \frac{1}{G} = \frac{12}{11} = 1\frac{1}{11}[\Omega]$$

b) $I = \frac{U}{R} = \frac{24V}{12/11\Omega} = 24V \times \frac{11}{12}\left[\frac{1}{\Omega}\right] = 22[A]$

c) $I_1 = \frac{U}{R_1} = \frac{24}{2} = 12[A]$, $I_2 = \frac{U}{R_2} = \frac{24}{4} = 6[A]$, $I_3 = \frac{U}{R_3} = \frac{24}{6} = 4[A]$

$$I = I_1 + I_2 + I_3 = 12A + 6A + 4A = 22[A]$$

크기가 같은 저항 R_1을 여러 개 병렬로 연결하면, 전류는 여러 개의 똑같은 단면적을 통해서 흐르는 것과 같다. 따라서 합성저항은 1/2, 1/3, 1/4의 순으로 감소한다. 즉, $R = (R_1/n)$이 된다.

예제5 똑같은 크기의 저항 $R_1 = 2\Omega$을 5개 병렬로 연결하였다. 합성저항 R은?

【풀이】 $R = \dfrac{R_1}{n} = \dfrac{2\Omega}{5} = 0.4[\Omega]$

참고 똑같은 저항을 직렬로 5개 연결한 경우와 비교하면, 직렬회로의 합성저항은 $R = R_1 \cdot n = 2\Omega \times 5 = 10[\Omega]$
서로 크기가 다른 저항을 병렬로 연결하였을 경우에는 다음 식을 적용한다. $R = \dfrac{R_1 \cdot R_2}{R_1 + R_2}$

예제6 저항 $R_1 = 4\Omega$, $R_2 = 6\Omega$을 병렬로 접속하였다. 합성저항 R은?

【풀이】 $R = \dfrac{R_1 \cdot R_2}{R_1 + R_2} = \dfrac{4\Omega \times 6\Omega}{4\Omega + 6\Omega} = \dfrac{24\Omega^2}{10\Omega} = 2.4[\Omega]$

참고 병렬로 접속된 저항을 분류저항(shunt resistor: Nebenwiderstand)이라 한다. 전류계의 측정범위를 확장하고자 할 때는 분류저항을 사용한다.

예제7 측정범위 2.5A의 전류계로 10A 정도의 전류를 측정하고자 한다. 이 전류계의 내부저항 $R_i = 6\Omega$이라면, 분류저항 R_s는?

【풀이】 총 전류를 I라고 하면, $I_s = I - I_i = 10\text{A} - 2.5\text{A} = 7.5[\text{A}]$

$I_i : I_s = R_s : R_i$ (계기전류 I_i는 분류저항전류 I_s에 반비례하므로)

$R_s = \dfrac{I_i \cdot R_i}{I_s} = \dfrac{2.5\text{A} \times 6\Omega}{7.5\text{A}} = 2[\Omega]$

즉, 7.5A를 측정하기 위해서는 2Ω의 분류저항을 필요로 한다.

> 전류계(ammeter)는 부하와 항상 직렬로 연결해야 한다.(그림 1-28 참조)

3. 저항의 혼합회로 - 직/병렬 접속(series-parallel connection circuit)

그림 1-29와 같이 직렬접속과 병렬접속이 혼합된 회로를 말한다.

저항 R_1과 R_2는 병렬로, R_1, R_2와 R_3은 직렬로 접속되어 있다. 합성저항 R을 계산하기 위해서는 먼저 R_1과 R_2의 합성저항 R_{12}를 구하여, 그림 1-29(b)와 같이 합성회로를 만든 다음에, 그림 1-29(c)와 같이 R_{12}와 R_3을 합성저항 R로 대치시키면 된다.

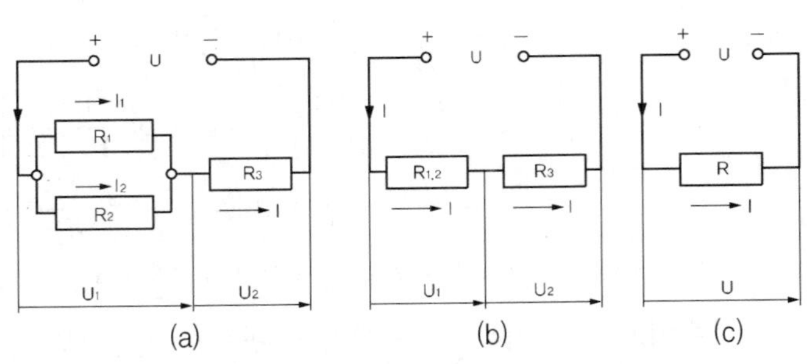

그림 1-29 저항의 혼합회로

$$R_{12} = \frac{R_1 \cdot R_2}{R_1 + R_2}, \quad \text{그리고 } R = R_{12} + R_3 \text{ 이므로 } \quad R = \frac{R_1 \cdot R_2}{R_1 + R_2} + R_3$$

예제8 그림 1-29(a)에서 저항 $R_1 = 8\Omega$, $R_2 = 12\Omega$, 그리고 $R_3 = 1.2\Omega$이다. 그리고 전원전압 $U = 12\text{V}$ 이다. a) 합성저항 R, b) 총 전류 I, c) 전압강하 U_1, U_2 d) 개별 지로전류 I_1, I_2는?

【풀이】 a) $R_{12} = \dfrac{R_1 \cdot R_2}{R_1 + R_2} = \dfrac{8\Omega \times 12\Omega}{8\Omega + 12\Omega} = \dfrac{96\Omega^2}{20\Omega} = 4.8[\Omega]$

$R = R_{12} + R_3 = 4.8\Omega + 1.2\Omega = 6[\Omega]$

b) $I = \dfrac{U}{R} = \dfrac{12\text{V}}{6\Omega} = 2[\text{A}]$

c) $U_1 = I \cdot R_{12} = 2\text{A} \times 4.8\Omega = 9.6\text{V}$

$U_2 = I \cdot R_3 = 2\text{A} \times 1.2\Omega = 2.4\text{V}$

$U = U_1 + U_2 = 9.6\text{V} + 2.4\text{V} = 12[\text{V}]$

d) $I_1 = \dfrac{U_1}{R_1} = \dfrac{9.6\text{V}}{8\Omega} = 1.2[\text{A}]$ $\quad I_2 = \dfrac{U_1}{R_2} = \dfrac{9.6\text{V}}{12\Omega} = 0.8[\text{A}]$

$I = I_1 + I_2 = 1.2\text{A} + 0.8\text{A} = 2.0[\text{A}]$

제1장 전기 기초이론

제4절 전원회로
(Power source circuit)

전지의 셀(cell)은 그림 1-30과 같이 직렬, 병렬, 또는 직/병렬 혼합으로 접속할 수 있다.

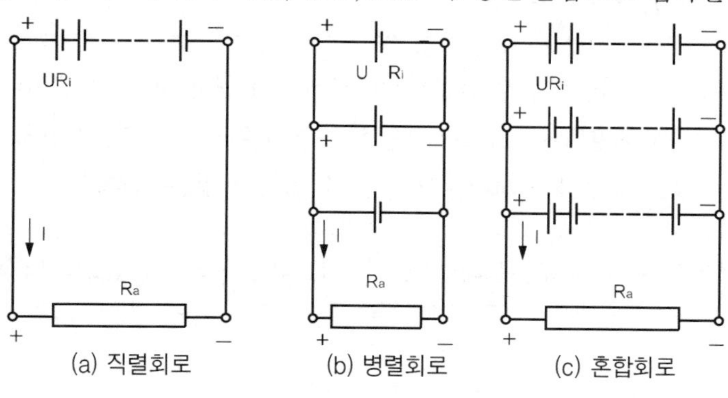

그림 1-30 전원회로

1. 전원의 직렬회로

그림 1-30(a)와 같이 1개의 전지의 (+)극과 다른 전지의 (−)극을 접속시키는 방식이다. 전압이 동일한 셀(cell)을 2, 3, 4개 직렬로 연결하면, 양단의 전압은 셀 전압의 2, 3, 4배로 증가한다. 즉, 전지(또는 축전지)를 직렬로 연결하면 전압은 상승한다.

자동차용 납축전지의 경우 단자전압이 2V인 셀을 3개 또는 6개를 직렬로 연결하여, 6V 또는 12V 축전지로 생산한다. 전원전압이 24V인 경우에는 12V 축전지 2개를 직렬로 결선한다.

물론 전압이 서로 다른 셀 또는 축전지를 직렬로 연결할 수 있다. 그러나 이 경우에는 반드시 전류의 세기가 서로 일치해야 한다. 즉, 6V의 축전지와 12V의 축전지를 직렬로 연결하면 양단의 전압은 18V가 된다.

전원의 직렬회로에서 총 전압은 연결된 셀(cell) 전압의 총 대수합과 같다.

- 셀 전압이 같을 경우 : $U = n \cdot U_1$
- 셀 전압이 서로 다를 경우 : $U = U_1 + U_2 + U_3 + \cdots\cdots\cdots$
- 또 이때 축전지의 내부저항은 각 셀의 내부저항의 합과 같다.

2. 전원의 병렬회로

그림 1-30b와 같이 각 셀의 (+)극은 (+)극 끼리, (−)극은 (−)극 끼리 연결하는 접속방식을 말한다. 직렬접속과는 달리 병렬접속 시에는 셀 전압이 반드시 서로 같아야 한다. 그렇지 않으면 전압이 높은 셀에서 전압이 낮은 셀로 전류가 흐르게 된다. - 전위차(voltage difference)

전지를 병렬로 접속하면 총 전압은 1개의 셀 전압과 동일하지만, 전류(I)는 각 셀 전류의 총 대수합과 같다.

전원의 병렬회로에서 총 전류 I는

$$I = I_1 + I_2 + I_3 + \cdots\cdots\cdots$$

그러나 실제 흐르는 전류는 외부저항(부하)에 크게 좌우된다. 따라서 셀이나 축전지를 병렬 연결하는 주된 이유는 부하용량(load capacity)을 확보하기 위해서 이다. 전원의 부하용량이란 전원의 셀을 손상시키지 않고 필요한 최대전류를 얻을 수 있는 용량을 말한다.

전원의 병렬회로의 총 내부저항은 내부저항이 가장 작은 셀의 저항값보다 더 작다.

3. 전원의 혼합회로 (그림 1-30(c) 참조)

직렬접속과 병렬접속이 혼합된 회로를 말한다. 높은 전압과 강한 전류를 얻기 위해서 다수의 셀을 직렬로 연결한 다음에, 이들을 다시 병렬로 연결한다. 총 전압은 직렬로 연결된 셀의 수에 따라, 최대전류는 병렬로 연결된 그룹의 수에 따라 결정된다.

특히 병렬접속된 각 지로의 전압이 서로 같지 않으면 전압이 높은 지로에서 전압이 낮은 지로로 평형전류가 흘러, 최악의 경우엔 셀이 파손된다.

직렬접속된 셀의 수에 따라 지로전압이 결정된다. 다수의 지로를 병렬접속해도 회로의 총 전압은 지로전압과 같다. 그리고 지로전류는 총 전류를 병렬로 연결된 지로의 수로 나눈 값과 같다.

제5절 전류와 자기
(Current and magnetism)

1. 자기(magnetism : Magnetismus)

금속(강철, 니켈, 코발트 등)을 끌어당기는 힘을 자기(磁氣 : magnetism)라 하고, 자기를 가지고 있는 물체를 자석(磁石 : magnet)이라 한다.

자기학(磁氣學)의 근원은 천연자석 즉, 철(鐵)을 끌어당기는 자철광(磁鐵鑛)을 발견했던 아주 옛날로 거슬러 올라간다. 자기(magnetism)란 말은 소아시아의 마그네시아(Magnesia)지방에서 유래된 것으로, 그 지역도 자철광이 발견된 지역 중의 하나라고 한다.

우리가 잘 알고 있는 막대자석과 말굽자석 등은 이들 천연자석으로 만들어진 것들이다. 그리고 또 하나의 천연자석은 지구 자체이다. 오늘날은 천연자석보다는 철, 니켈, 코발트 등의 금속을 인공적으로 자화(磁化)시킨 인공자석이 널리 사용되고 있다.

(1) 자석의 성질

① 자극(磁極 : magnetic pole)과 자기량(또는 자하 ; magnetic charge)

막대자석을 쇳가루 속이나 또는 압핀 통 속에 넣었다가 꺼내면, 자석의 양끝에 특히 많은 쇳가루나 압핀이 달라붙어 있을 것이다. 이와 같이 자기작용이 강한 자석의 양단을 자극(磁極)이라 한다. 자기작용은 자극에서 멀어질수록 감소하며, 양 자극의 중간지점에서는 거의 나타나지 않는다. 또 양 자극이 가지는 자기량(磁氣量)은 서로 같다.

막대자석을 수평으로 자유롭게 움직일 수 있도록 매달아 두면 언제나 지구의 남북을 가리킨다.(실제로는 약 11.5 ° 정도의 차이가 있다.) 이때 지구의 북쪽을 가리키는 극을 N극, 남쪽을 가리키는 극을 S극이라 한다.

그림 1-31(a)와 같이 2개의 막대자석을 서로 가까이 할 경우, 같은 극끼리는 서로 밀어내고, 다른 극끼리는 서로 끌어당기는 성질을 가지고 있음을 알 수 있다. 따라서 지구의 북극은 자기적으로는 S극, 남극은 자기적으로는 N극이다.

자극의 세기는 자극의 자기량(또는 자하)의 많고 적음에 의해 결정된다. 단위로는 [Wb](weber : 웨버)*를 사용한다. 1[Wb]는 세기가 같은 2개의 자극을 진공 중에 서로 1m의 거리가 되게 놓았을 때, 상호간에 6.33×10^{4}[N]의 힘이 작용하는 자극의 세기를 말한다.

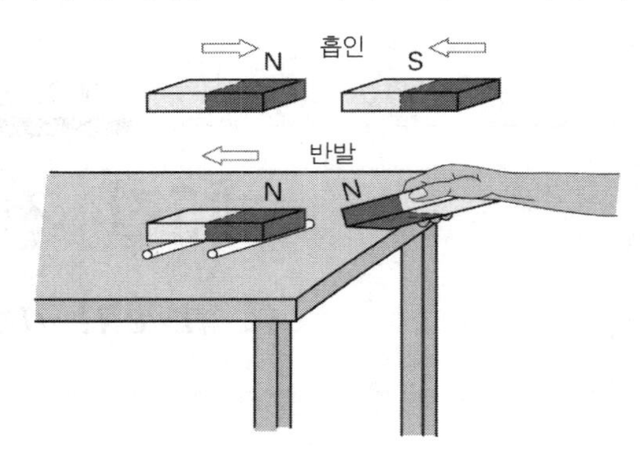

그림 1-31(a) 자석의 흡인과 반발

② 지구자기(地球磁氣 : magnetism of earth)

지구가 하나의 거대한 천연자석이라는 사실은 다 알지만, 이에 대해 만족할 만큼 상세한 설명은 없다. 그러나 이와 같은 현상은 지구가 자전함에 따라 지구중심부의 용암이 지구거죽과 마찰하여 전기를 발생시키고, 이때 발생된 전기가 지구내부를 흐르면서 지구를 1개의 거대한 자석으로 만드는 작용을 하기 때문인 것으로 알려져 있다.(전류가 흐르면 자력이 발생되는 현상에 대해서는 뒤에 자세히 설명한다.)

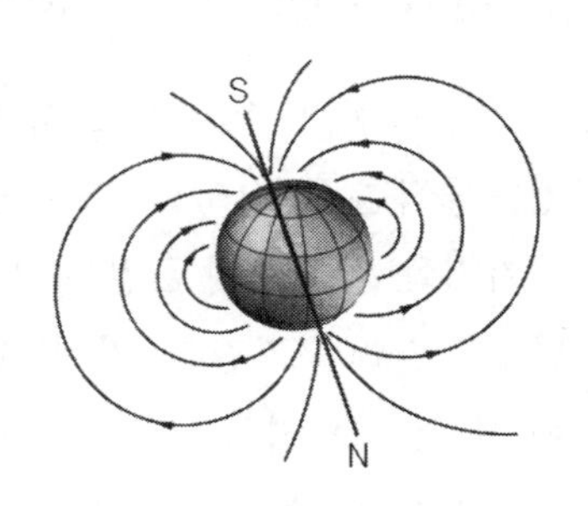

그림 1-31(b) 지구 자기

③ 자기 쌍극자 및 자기분자설

그림 1-32(a)와 같이 긴 자석을 차례로 잘게 나누면, 앞서 자기작용이 나타나지 않았던 분리

---

* Wilhelm Eduard Weber : 독일 물리학자(1804~1891). 이름을 말할 때는 영어의 V발음과 같이 '베버' 라고 읽는다.

지점에 반대 자극이 나타나게 되어, 분리된 작은 자석 하나하나에 각각 N극과 S극이 항상 함께 존재하게 된다. 즉, N극이나 S극은 개별적으로 분리되어 존재하지 않는다. -자기 쌍극자.

이와 같이 자석을 계속해서 잘게 나누어 가면 최종적으로 자기(磁氣)를 띤 아주 작은 분자자석(element magnet)의 결정(crystal)에 이르게 된다고 생각할 수 있다.

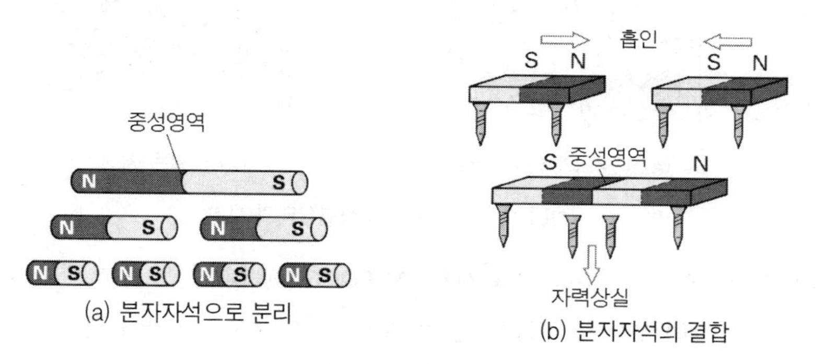

그림 1-32 분자자기

반대로 그림 1-32(b)와 같이 2개의 작은 막대자석의 양단에 각각 작은 못을 달라붙게 한 다음에, 서로 다른 극끼리 흡인시키면, 마주보는 극에 달라붙어 있던 못들이 떨어지게 될 것이다. 즉, 2개의 자석이 1개의 자석으로 변환되었다.

이와 같은 현상을 근거로 베버(Weber)는 "1개의 자석은 수많은 분자자석으로 구성되어 있다."는 소위 자기분자설(磁氣 分子說)을 주장하였다.

④ **자기유도**(磁氣誘導 : : magnetic induction)

막대자석의 한 끝에 철편을 가까이 하면 철편은 자석에 끌려가 달라붙는다. 이 상태로 철편을 압핀 통속에 넣으면 자석만을 넣을 때와 마찬가지로 철편에 압핀이 달라붙는 현상을 확인할 수 있다. 이는 자기에 의해 철편 자체가 하나의 자석이 되었기 때문이다.

이와 같이 자석이 아닌 물체에 자석의 영향으로 새롭게 자기가 나타나는 현상을 자기유도(磁氣誘導)*라 한다. 그리고 철편 자체가 하나의 자석처럼 된 것을 철편이 자기유도작용에 의해 자화(磁化 : magnetization)되었다고 한다. 이 상태에서 자석과 철편을 분리시키면 철편에 달라붙어있던 압핀의 대부분이 떨어질 것이다. 이제 철편은 자기의 대부분을 다시 상실하였다.

베버(Weber)의 자기분자설에 따르면 자화(磁化)란 분자자석이 질서정연하게 정렬된 상태이다.

자석에 잘 흡인되는 물질(예 : 철)은 자화되지 않은 상태에서는 분자자석들이 매우 불규칙하게 배열되어 있기 때문에, 각 분자자석의 자력은 서로 상쇄되어 외부적으로 자석의 성질을 나타내지 않는다. 그러나 이와 같은 물체를 자석에 근접시키면, 자석의 힘에 의해 분자자석이 바르

*유도(induction) : 물체 사이에 물리적인 접촉이 없이, 어느 한 물체가 다른 물체에 영향을 미치는 것을 말한다. (자기적 영향 → 자기유도)

게 정렬되어, 중간부분에서는 N극과 S극의 자력이 상쇄되고 양끝에서만 N극과 S극이 나타나게 된다. 또 자력이 제거되면 분자자석들은 다시 원래의 무질서한 상태로 복귀하기 때문에 외부에 대해서는 일정한 자극을 나타내지 않는다.

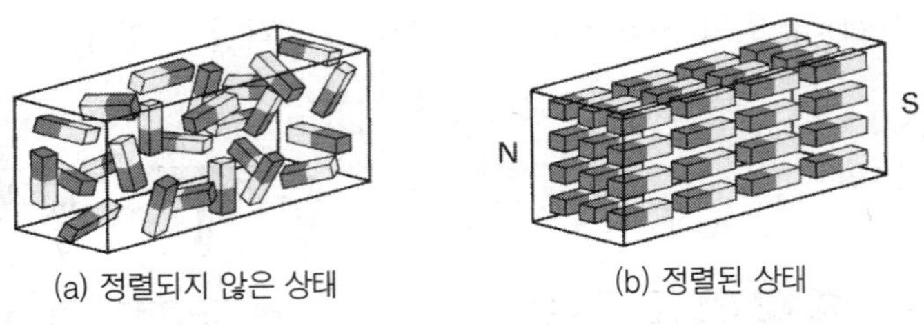

(a) 정렬되지 않은 상태 (b) 정렬된 상태

그림 1-33 분자자석의 정렬상태와 자기

⑤ **자기포화**(magnetic saturation)**와 잔류자기**(residual magnetism)

그림 1-33(b)와 같이 분자자석들이 바르게 정렬된 다음에는 더 강한 자석을 가까이 하여도 철편의 자기를 더 이상 강화시킬 수 없다. 이와 같이 자화력(magnetizing force)을 증가시켜도 더 이상 자기가 증가하지 않는 상태를 자기포화(磁氣飽和)라 한다. 또 자화력을 완전히 제거하여도 철편에 자기가 남아있는 경우, 이를 잔류자기(remanence)라 한다. 그리고 자화된 다음에 자기를 그대로 유지하는 물체를 강자성체(hard ferrite), 자화된 다음에 자기를 쉽게 상실하는 물체를 약자성체(soft ferrite)라 한다. 영구자석은 강자성체로 만든다.

자석을 일정온도 이상으로 가열시키면 분자구조가 재배열되어 자성을 상실하며, 냉각된 다음에도 자성이 회복되지 않는다. 이와 같이 자성을 가지고 있던 물질이 자신의 자성을 상실하는 온도를 큐리점(Curie point)*이라 한다. 참고로 순철의 큐리점은 1041K(768℃)이다. 또 강한 타격, 예를 들어 망치로 두들긴다든가, 강한 자계(磁界)를 역으로 작용시켜도 자성을 상실한다.

자석의 주요 성질을 요약하면 다음과 같다.

① 금속을 끌어당기는 힘을 자기(磁氣)라 하고, 자기를 가지고 있는 물체를 자석이라 한다.
② 자석은 상자성체 즉, 철, 니켈, 코발트 등을 흡인한다.
③ 1개의 자석에는 N극과 S극이 동시에 존재하며 N극은 북쪽, S극은 남쪽을 가리킨다.
④ 같은 극끼리는 서로 반발하고 다른 극끼리는 서로 흡인한다. 또 양 자극의 세기는 서로 같다.
⑤ 자력은 비자성체 즉, 유리나 종이 등을 투과한다.
⑥ 자기유도작용에 의해 자석이 아닌 금속을 자석으로 만들 수 있다.

(2) 자장과 자력선(magnetic field and line of magnetic force)

자석 위에 유리판을 올려놓고, 그 위에 미세한 철 또는 니켈 분말을 뿌린 다음, 가볍게 두들기면

* Pierre Curie(1859~1906)와 Marie Curie(1867~1934) : 프랑스 물리학자 부부

이들 분말은 그림 1-34와 같이 자석의 양쪽 극을 연결하는 곡선형태로 배열된다.

이와 같은 현상은 자력에 의해 이들 가루 하나하나가 모두 작은 자석이 되어 자력의 방향으로 배열된 것으로 생각된다. 따라서 자력의 방향을 나타내는 수많은 선을 가상하고, 이 가상의 선들을 자력선(磁力線)이라고 한다. 이에 대해 자석 내부의 자력선을 자화선(磁化線)이라고 한다.

자력선은 다음과 같은 성질을 가지는 것으로 가정한다. 자력선은

① N극에서 나와 S극으로 들어가며, 자석 내부에서는 S극에서 N극으로 연결된다. 중간에 단절되어 있지 않으며 폐회로를 형성한다. 따라서 절대적인 N극이나 S극은 없다.

② 팽팽하게 당겨진 고무줄과 같아서 그 자신은 수축하려 하고, 동시에 자력선들 상호간에는 압력스프링을 설치해 둔 것처럼 반발력이 작용하여 서로 밀어내려고 한다.

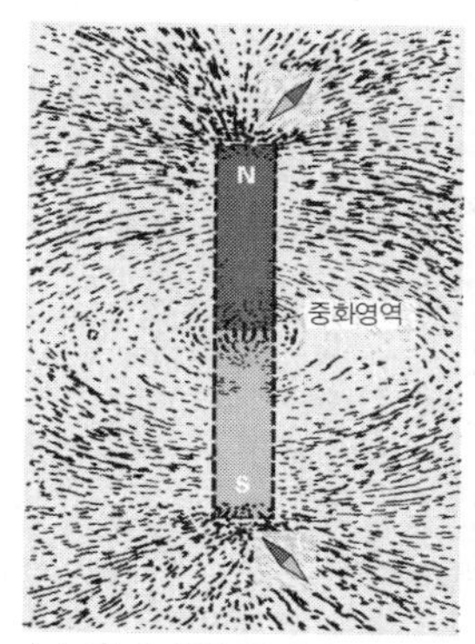

(a) 막대자석 주위의 자력선

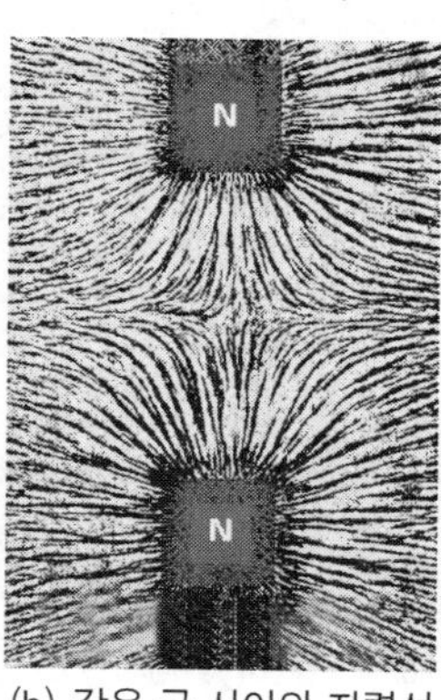

(b) 같은 극 사이의 자력선

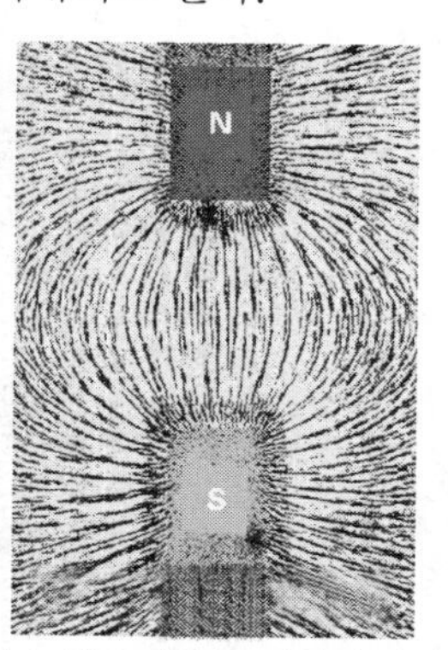

(c) 서로 다른 극 사이의 자력선

그림 1-34 자력선

자력은 유리판 위에 형성된 철편분말의 모양처럼 평면에 제한된 것이 아니고, 자극 주위의 일정한 공간에 작용한다. 자력이 미치는 공간을 자장(磁場), 자기장(磁氣場) 또는 자계(磁界)라 한다.

자장의 세기에 따라 자력선은 조밀하게, 또는 희박하게 존재한다. 유리판 위의 철분말의 분포상태를 보면, 자극에 가까울수록 철분말의 밀도가 높다. 이는 자극에서 자력선이 강하다는 것을 의미한다. 자장이 강할수록 자장의 특정위치를 통과하는 자력선의 수는 많아진다. 그리고 자장의 방향은 그 점을 통과하는 자력선의 방향으로 표시한다.

2. 전자기(電磁氣 : electromagnetism)

외르스테드(Oersted)*는 1824년에 도선(導線)에 전류가 흐르면 그 주위에 자장이 형성되는 현상을 발견, 전기와 자기 사이의 관계를 규명할 수 있는 획기적인 계기를 제공하였다.

도선에 전류가 흐르면, 그 주위에 자장이 형성되는 현상을 전자작용(電磁作用) 또는 전류의 자

* Hans Christian Oersted: 덴마크 물리학자(1777～1851)

기작용이라고 한다.

(1) 전류가 흐르는 직선도체 주위의 자장 - 전자작용(電磁作用)

그림 1-35와 같이 수직으로 서있는 직선도체에 직류전류를 연결하고, 자침(磁針)을 도체 주위의 원둘레 상에 놓으면, 자침은 항상 원둘레의 접선방향을 가리킨다. 전류의 방향을 바꾸면 자침은 앞에서와는 정반대 방향을 가리킨다. 이와 같은 실험으로 다음과 같은 사실을 알 수 있다.

도체에 전류가 흐르면 그 주위에 자장이 형성된다. 이때 자력선은 도체를 중심으로 동심원을 그린다. 자력선의 방향은 전류의 방향에 따라 변화한다. 자침의 N극이 자력선의 방향을 가리킨다.

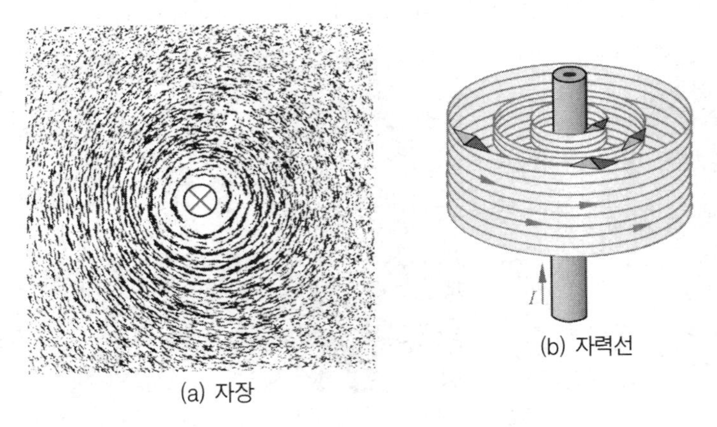

그림 1-35 전류가 흐르는 직선도체 주위의 자장

도체 내의 전류방향은, 전류가 관찰자의 방향으로 나올 때는 도체의 단면 ○에 ●을 찍어 ⊙, 관찰자 측으로부터 도체로 흘러들어 갈 때는 도체의 단면 ○에 ×표를 하여 ⊗로 표시한다.

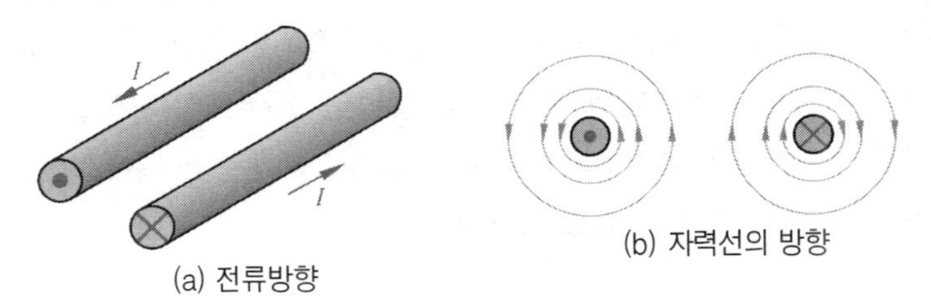

그림 1-36 전류와 자장의 방향 표시

전류가 흐르는 도체 주위의 자력선의 방향은 그림 1-37과 같으며, 따라서 오른 나사법칙이 적용된다. 오른 나사를 조일 때, 나사의 진행방향은 전류의 방향이, 나사의 회전방향은 자력선의 방향이 된다. - 앙페르의 오른 나사법칙(Ampere's right-handed screw rule)

기체상태 또는 액체상태의 도체 주위, 예를 들면 전기용접 시 아크(arc) 주위에도 자장이 형성된다. 교류전류가 흐르는 도체의 주위에도 물론 자장이 형성된다. 그러나 전류의 방향이 바뀔 때마다 자력의 방향도 동시에 바뀐다.

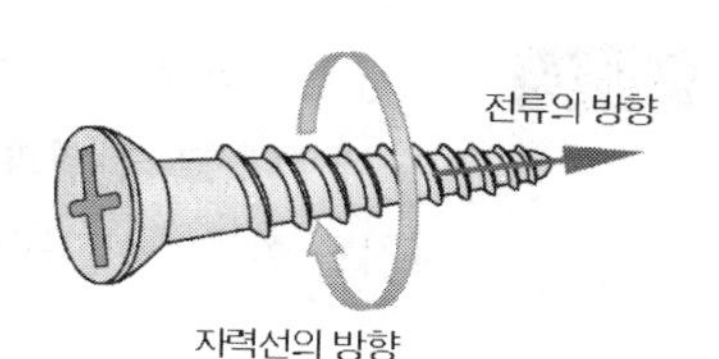

그림 1-37 자력선의 방향 - 앙페르의 오른 나사법칙

실험 2개의 얇은 철띠를 약간 느슨하게 고정하고, 그림 1-38과 같이 결선한다. 그리고 철띠를 거친 다음의 전류가 약 10A 정도가 되도록 전원의 저항을 조정한다.

결과 2개의 도선에 흐르는 전류의 방향이 같을 경우(그림 1-38(a)), 도체는 서로 흡인한다. 전류의 방향이 서로 다를 경우, 도체는 서로 반발하는 것을 관찰할 수 있다.

2개의 직선도체에 흐르는 전류의 방향이 같을 경우, 자장은 2개의 도체를 휘감는다.(그림 1-38(a)). 그리고 자력선이 짧아지려고 하기 때문에 2개의 도체 사이에는 흡인력이 발생한다.

2개의 도선에 흐르는 전류의 방향이 서로 반대일 경우, 발생된 자력선의 방향은 2개의 도체 사이에서는 서로 같다. (그림 1- 38(b)). 자력선의 방향이 같으므로 도체 사이에 직각방향으로 밀어내는 힘이 작용한다. 따라서 2개의 도체는 서로 반발한다.

전류가 흐르는 도체 사이의 자력은 전류의 방향과 세기 및 두 도체의 길이와 간격에 따라 변한다.

2개의 평행도체에 흐르는 전류의 방향이 같을 경우, 2개의 도체 사이에는 흡인력이, 전류의 방향이 서로 반대일 경우에는 반발력이 작용한다.

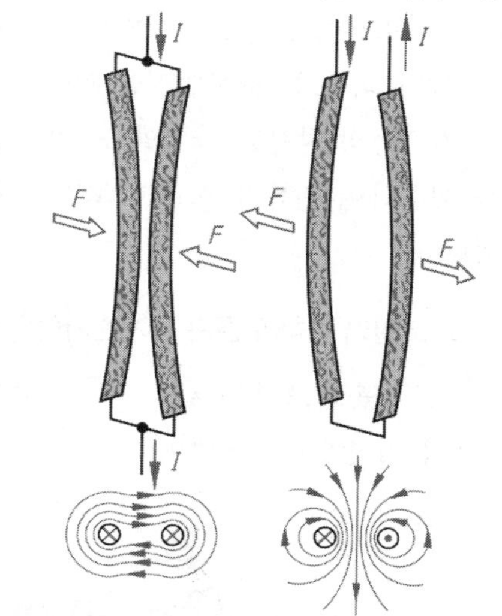

그림 1-38 두 도체 사이에 작용하는 힘

(2) 전류가 흐르는 코일의 자장

일반적으로 철선을 고리모양으로 감은 것을 코일(col)이라 하고, 감긴 선을 권선, 감긴 횟수를 권수(卷數)라 한다.

감은 형상이 직경보다 길이가 비교적 긴 코일을 솔레노이드(solenoid), 길이가 한정된 솔레노이드를 도넛(doughnut)처럼 원형으로 제작한 환상코일을 토로이드(toroid)라 한다.

실험 그림 1-39와 같이 철선을 고리모양으로 휜 다음에 나무판에 끼우고, 전원과 연결한다.
자침을 이용하여 자력선의 방향을 조사한다.

결과 고리모양의 철선에 자장이 형성되며. 이 자장은 짧은 막대자석과 같다는 것을 확인할 수 있을 것이다.

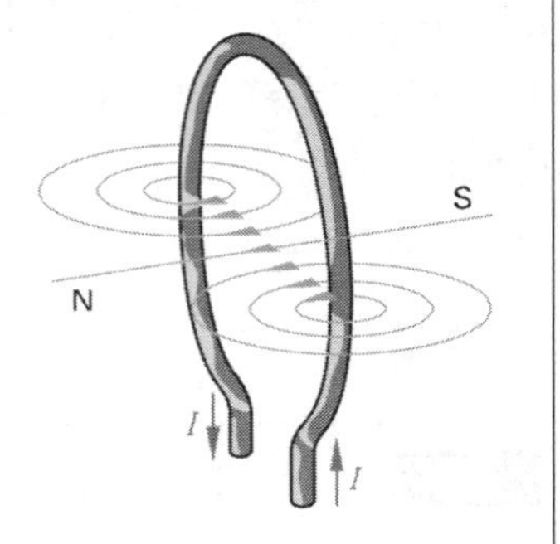

그림 1-39 고리모양의 도체 주위의 자장

코일에서는 각 권선에 발생된 자장이 공동의 자장을 형성한다. 자력선은 코일 내부에서는 평행하며 또 밀도가 같다. 즉, 코일 내부자장은 균일하다. 그리고 자력선이 코일로부터 나오는 부분을 N극, 자력선이 코일로 들어가는 부분을 S극이라 한다.

앙페르의 오른 나사법칙을 이용하여 전류가 흐르는 도체 주위의 자력선의 방향을 판별할 수 있다. 또 코일의 법칙(그림 1-41)을 이용하여 전류가 흐르는 코일에서 N극과 S극을 판별할 수도 있다.

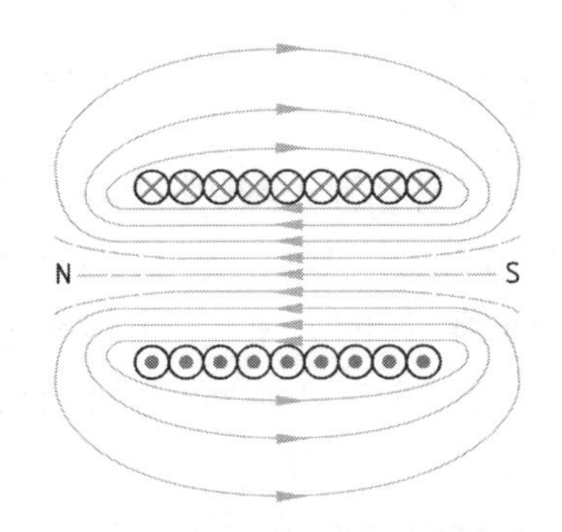

그림 1-40 전류가 흐르는 코일의 자력선

① 코일의 법칙(오른손 엄지손가락의 법칙)

오른손으로 손가락이 전류의 방향을 가리키도록 코일을 쥐면, 엄지손가락은 코일 내부의 자력선의 방향을 가리킨다.

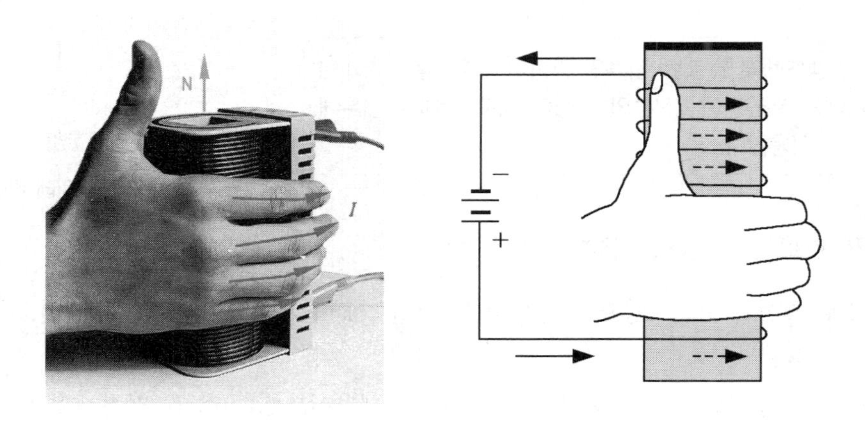

그림 1-41(a) 코일의 법칙

토로이드(toroid)에서 전류(I)와 자력선의 방향은 그림 1-41(b)와 같다. 그리고 앙페르의 법칙이 적용되는 유효길이(l)는 그림에서는 1점 쇄선으로 표시된 중심선이다.

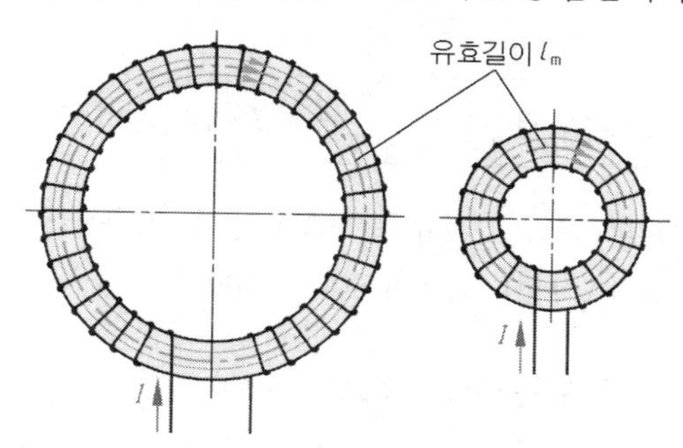

그림 1-41(b) 토로이드에서의 자장

(3) 자기(magnetism) 특성량

① 두 자극(磁極) 사이에 작용하는 힘(F) - 자극에 관한 쿨롱의 법칙(Coulomb's law)

그림 1-42와 같이 N극과 S극이 서로 마주 보고 있을 경우, 2개의 자극의 세기를 각각 m_1, m_2 라 하고, 2개의 자극 사이의 거리를 r[m], 진공의 투자율을 μ_0, 일반 매질의 투자율을 μ라고 하면, 두 자극 사이에 작용하는 힘 F[N]은 아래와 같다.($\mu_0 = 4\pi \cdot 10^{-7}$[(V · s)/(A · m)])

진공 또는 공기 중에서

$$F = \frac{1}{4\pi\mu_0} \cdot \frac{m_1 \cdot m_2}{r^2}[\mathrm{N}] = 6.33 \times 10^4 \times \frac{\mathrm{m_1 \cdot m_2}}{\mathrm{r^2}}[\mathrm{N}]$$

일반 매질에서

$$F = \frac{1}{4\pi\mu} \cdot \frac{m_1 \cdot m_2}{r^2}[\mathrm{N}] = \frac{1}{4\pi\mu_0\mu_r} \times \frac{\mathrm{m_1 \cdot m_2}}{\mathrm{r^2}}[\mathrm{N}]$$

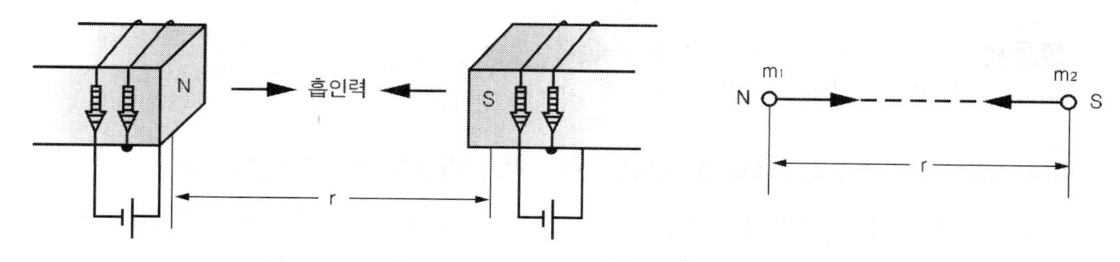

그림 1-42 자극에 작용하는 힘

② 기자력 (起磁力 : magnetic motive force : Elektrische Durchflutung ; Θ)

철심에 코일을 감고, 코일에 전류를 흘리면 철심에 자력이 발생한다. 자력은 코일의 권수(N)가 많을수록, 또 흐르는 전류(I)가 클수록 크다. 이와 같이 자력을 생성하는 원동력이 되는 힘을 기자력이라 하며, 기호는 Θ(theta), 단위는 [A](ampere)를 사용한다.

주 흔히 사용하는 단위 [AT](ampere-turn)은 ISO 단위가 아니다.

> 기자력 = 전류 × 코일의 권수 $\qquad \Theta = I \cdot N\,[\mathrm{A}]$

예제1 코일의 권수 5,000회, 흐르는 전류 $I = 0.1\mathrm{A}$ 일 때, 기자력은?

【풀이】 $\Theta = I \cdot N\,[\mathrm{A}] = 0.1\mathrm{A} \times 5{,}000 = 500\,[\mathrm{A}]$

③ 자장의 세기 → 기호는 H, 단위는 [A/m](ampere/meter)

자장의 세기(H[A/m])는 자기회로의 단위길이에 작용하는 기자력의 크기이다.

$$H = \frac{\Theta}{l} = \frac{I \cdot N}{l}\ [\mathrm{A/m}]$$

여기서 Θ : 기자력[A], l : 자기회로의 평균길이 [m], N : 권수, I : 전류[A]

참고 자기회로의 평균길이 l은 환형코일(토로이드)에서는 코일 중심선의 원둘레를, 직선형 코일에서는 직선의 길이를 평균길이 l로 대치한다.(그림 1-41(b) 참조)

예제2 코일의 권수 5,000회, 흐르는 전류 $I = 0.1\mathrm{A}$, 평균길이 $l = 0.2\mathrm{m}$ 일 때, 자장의 세기 H는?

【풀이】 $H = \dfrac{I \cdot N}{l} = \dfrac{0.1\mathrm{A} \times 5{,}000}{0.2\mathrm{m}} = 2{,}500\,[\mathrm{A/m}]$

④ 자속 (magnetic flux : Magnetische Flussdichte ; Φ(phi))

자장의 총 면적 A를 통과하는 자력선의 총합을 자속(磁束)이라 한다. 표시기호로는 Φ, 단위는 [Vs](volt-second) 또는 [Wb]를 사용한다.

> 자속 = 자속밀도 × 단면적, $\quad \Phi = B \cdot A, \quad [\mathrm{Wb}] = [\mathrm{T}] \cdot [\mathrm{m}^2] = [\mathrm{T} \cdot \mathrm{m}^2]$
>
> 여기서 Φ : 자속[Wb], B : 자속밀도[T] A : 단면적 [m^2]
>
> 1[Wb](weber) = 1[Vs](volt-second)

참고 이전에 사용했든 단위인 맥스웰(maxwell: Mx)* 과 [Wb]의 관계는 다음과 같다.
1 [Mx] = 10^{-8}[Wb], 1 [μWb] = 100[Mx]

⑤ 자속밀도 (magnetic flux density) → 표시기호는 B, 단위는 [Vs/m^2] 또는 [T](tesla)**

자석의 자기작용은 자속이 많을수록 강하고, 또 자속이 일정할 경우에는 자장의 넓이가 넓을수록 약해진다. 자력선에 직각인 단면적 $1\mathrm{m}^2$을 통과하는 자력선의 수를 자속밀도라 한다.

---

* James Clerk Maxwell : 스코틀랜드 수학, 물리학자(1831~1879)

** Nikolas Tesla : 크로아티아 태생, 미국 과학자(1856~1943)

$$B = \frac{\Phi}{A}[\mathrm{Vs/m^2} \text{ 또는 } \mathrm{T}]$$

여기서 Φ : 자속[Wb]　　A : 자력선에 직각인 단면적[m^2]
B : 자속밀도 [T] 또는 [Wb/m^2]　　1[T] = 1[Wb/m^2] = 1[Vs/m^2]

참고 이전에 사용했든 자속밀도의 단위 가우스(gaus : G)는 자장의 단면적 1cm^{2}에 1개의 자력선 즉, 1[Mx/cm^2]을 말한다. 1[G] = 10^{-4} [T], 1 [T] = 10^4 [Mx/cm^2], [T] (tesla)

예제3 자극의 단면적 $A = 25\mathrm{cm}^2$, 자속 $\Phi = 0.0025\mathrm{Wb}$인 자석이 있다. 자속밀도 B는?

【풀이】 $B = \frac{\Phi}{A} = \frac{0.0025\mathrm{Wb}}{25[\mathrm{cm}^2]} = \frac{0.0025\mathrm{Wb}}{0.0025\mathrm{m}^2} = 1[\mathrm{Vs/m^2}] = 1[\mathrm{T}]$

예제4 자극의 단면적 $A = 50\mathrm{mm} \times 30\mathrm{mm}$, 자속밀도 $B = 0.8\mathrm{T}$이다. 자속 Φ는?

【풀이】 $\Phi = B \cdot A = 0.8\mathrm{T} \times 0.0015\mathrm{m}^2 = 0.8\frac{\mathrm{Vs}}{\mathrm{m}^2} \times 0.0015\mathrm{m}^2 = 0.0012\mathrm{Vs}$
$= 1.2\mathrm{mVs} = 1.2[\mathrm{mWb}]$

강한 영구자석 예를 들면, 자석 클램프(clamp)의 경우 흡인력이 1,000N일 경우, 자속밀도는 약 0.5～1T 정도가 된다. 참고로 지구자장의 자속밀도는 약 0.05T 정도이다.
코일의 자속밀도는 코일 내에 철심의 유무에 따라 크게 좌우된다.

⑥ **투자율** (permeability : μ)**과 비-투자율** (relative permeability : μ_r)

자속밀도 B와 자장의 세기 H의 비(比)를 투자율(透磁率)이라 한다.

$$\mu = \frac{B}{H}[(\mathrm{V} \cdot \mathrm{s})/(\mathrm{A} \cdot \mathrm{m})] \qquad \mu = \frac{\left[\frac{\mathrm{Vs}}{\mathrm{m}^2}\right]}{\left[\frac{\mathrm{A}}{\mathrm{m}}\right]} = \left[\frac{\mathrm{Vs}}{\mathrm{Am}}\right]$$

그리고 특히 진공의 투자율(μ_0)과 물질의 투자율(μ)과의 비를 비-투자율(μ_r)이라 한다.

$$\mu_r = \frac{\mu}{\mu_0}$$

따라서 $\mu = \mu_0 \cdot \mu_r$

μ_0는 원래 진공의 투자율을 의미하지만 공기 중의 투자율과 거의 같다. 따라서 공기 중의 투자율을 나타낼 때도 그대로 사용한다. 진공의 투자율(μ_0)은 실험으로 구한 값이다.

$$\mu_0 = 4\pi \cdot 10^{-7}[(\mathrm{V} \cdot \mathrm{s})/(\mathrm{A} \cdot \mathrm{m})] \approx 1.257 \times 10^{-6}[(\mathrm{V} \cdot \mathrm{s})/(\mathrm{A} \cdot \mathrm{m})]$$

표 1-11은 여러 가지 물질들의 비-투자율이다. 순철이나 규소 등과 같이 비-투자율(μ_r)이 1보다 아주 큰 물질을 강자성체(ferromagnetic material), 알루미늄이나 백금과 같이 1보다 조금 큰

물질을 상자성체(paramagnetic material), 그리고 납이나 아연, 구리 등과 같이 1보다 조금 작은 물질을 반자성체(diamagnetic material)라 한다.

〔표 1-11〕 물질의 비-투자율(relative permeability : μ_r)

강자성체		상자성체		반자성체	
순철	6,000까지	공기	1.000 000 4	수은	0.999 975
전기강	6,500 이하	산소	1.000 000 3	은	0.999 981
니켈/철 합금	300,000까지	알루미늄	1.000 022	아연	0.999 988
연강	10,000 이하	백금	1.000 360	물	0.899 991

물질의 자성은 주파수와 온도에 따라 변화한다. 일반적으로 주파수가 높고 온도가 증가함에 따라 물질의 투자율은 낮아진다.

⑦ 공심(空心)코일의 자속밀도

코일 내에 철심이 들어 있는 코일을 철심코일, 철심이 들어있지 않은 코일을 공심코일이라 한다. 공심코일에서 자장의 세기(H), 자속밀도(B) 및 진공의 투자율(μ_0)사이에는 다음 식이 성립한다.

$$\mu_0 = \frac{B}{H} \qquad ※\ 1[\mathrm{T}] = 1\left[\frac{\mathrm{Vs}}{\mathrm{m}^2}\right]$$

예제5 공심코일의 권수는 600, 자장의 세기 $H = 2{,}500\mathrm{A/m}$ 이다. 자속밀도 $B[\mathrm{T}]$는?

【풀이】 $B = \mu_0 \cdot H = 1.257\times10^{-6}[\mathrm{Vs/Am}]\times2{,}500[\mathrm{A/m}] = 0.00314[\mathrm{Vs/m^2}]$
$= 0.00314[\mathrm{T}] = 3.14[\mathrm{mT}]$

(4) 코일의 자장 내의 철심

실험 코일을 핀(pin)이나 사무용 클램프(clamp)로부터 약 2~3cm 정도 위에 수직으로 설치하고, 코일에 직류전원을 연결한 다음, 허용전류 이내로 회로의 저항을 조정한다. 그 다음에 위에서 코일 안으로 철심을 삽입한다.

결과 철심에는 핀이나 클램프가 많이 달라붙게 된다.

이와 같은 현상은 철심이 전류가 흐르는 코일의 자속밀도를 크게 증가시키기 때문이다. 자속밀도가 증가하는 원인은 강자성체인 철심 내의 분자자석들이 코일-자장의 영향으로 코일의 자장과 같은 방향으로 정렬되기 때문이다. 철심 내의 분자자석들이 모두 코일의 자장과 같은 방향으로 정렬되면 즉, 철심이 자기적으로 포화되면 자장은 더 이상 증강되지 않는다.

철심이 자화될 때, 많은 자력선들이 추가로 생성된다. 그러므로 강자성체는 공기보다 자기를 전달하는 능력이 훨씬 더 크다.

① **자화곡선**(magnetization curve) - $B-H$ **곡선**(**그림** 1-43 **참조**)

공심코일에서는 전류(I)가 증가하여 자장의 세기(H)가 강해지면, 그에 비례해서 자속밀도(B)는 직선적으로 증가한다.

그러나 철심코일에서는 철심에 의해서 코일의 자장이 크게 강화되므로, 공심코일에서와는 달리 자속밀도(B)가 급격하게 증가한다. 전류가 증가함에 따라 철심 내의 분자자석들이 코일 자장의 방향으로 계속 정렬되어, 결국은 포화되게 된다. 철심이 포화된 시점부터는 자속밀도(B)는 공심코일에서와 마찬가지로 전류에 비례해서 직선적으로 증가한다.

자장의 세기(H)를 가로축으로, 자속밀도(B)를 세로축으로 하여 자장의 세기와 자속밀도의 관계를 표시한 곡선을 자화곡선($B-H$ curve)이라 한다.

자속밀도(B)와 자장의 세기(H)와의 상관관계는 사용되는 철심의 재질에 따라 각기 다르다.(그림 1-44참조). 따라서 자화곡선($B-H$ 곡선)은 실험으로 구한다.

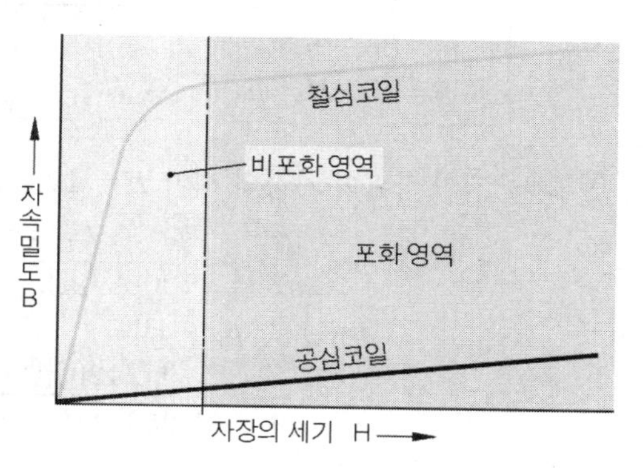

그림 1-43 $B-H$ 곡선(예)

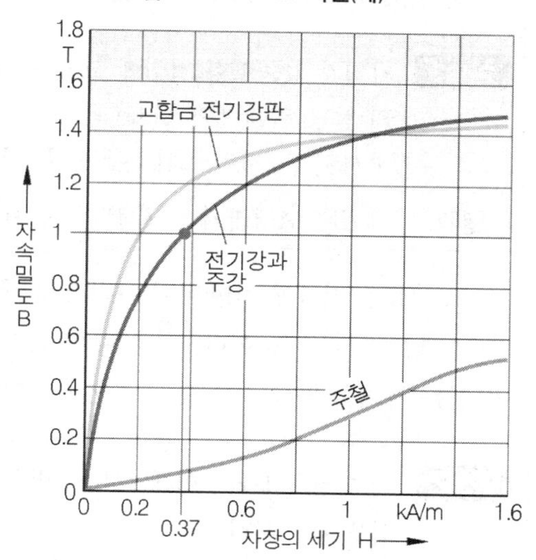

그림 1-44 여러 가지 철심의 자화곡선(예)

② **철심코일의 자속밀도**(**그림** 1-45 **참조**)

강자성체는 코일의 자장을 비-투자율(μ_r)만큼 강화시킨다. 철심의 투자율(μ)은 일정하지 않으며, 자장의 세기(H)에 따라서 변화한다. 따라서 초기투자율(μ_a)과 최대투자율(μ_{max})로 구분한다.

철심에 의한 자장의 강화효과는 철심 내의 분자자석들이 코일의 자장과 같은 방향으로 정렬되기 시작하여 포화될 때까지 계속된다. 철심이 포화된 다음에는 전류가 증가해도 투자율(μ)은 급격히 감소한다.

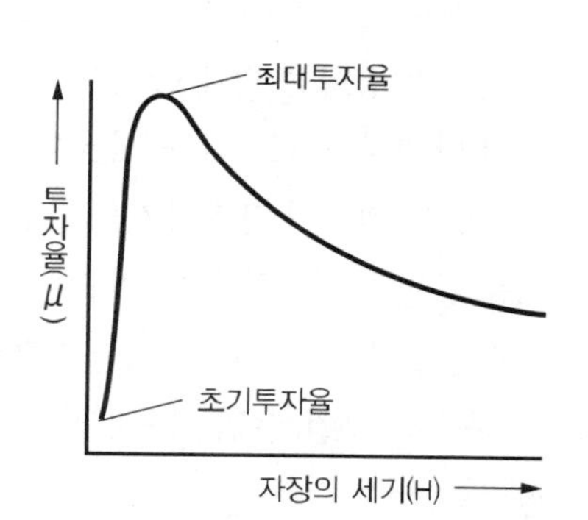

그림 1-45 다이나모 강판 IV1.1의 투자율 곡선(예)

앞서 공심코일에서는 진공의 투자율(μ_0)을 적용하여 자속밀도를 '$B = \mu_0 \cdot H$'로 정의하였다. 그러나 철심 코일에서는 철심의 비-투자율(μ_r)이 1이 아니므로 다음 식을 적용한다.

$$\mu = \mu_0 \cdot \mu_r$$
$$B = \mu \cdot H = \mu_0 \cdot \mu_r \cdot H$$

$$\mu = \frac{B}{H}\,[(\mathrm{V} \cdot \mathrm{s})/(\mathrm{A} \cdot \mathrm{m})]$$

예제6 전기 강판의 자장의 세기 $H = 120[\mathrm{A/m}]$, 자속밀도 $B = 1.0[\mathrm{T}]$이다. 비-투자율(μ_r)은?

【풀이】 $\mu = \dfrac{B}{H} = \dfrac{1[\mathrm{V \cdot s/m^2}]}{120[\mathrm{A/m}]} = \dfrac{1}{120}[(\mathrm{V} \cdot \mathrm{s})/(\mathrm{A} \cdot \mathrm{m})]$

$\mu = \mu_0 \cdot \mu_r$ 이므로

$$\mu_r = \frac{\mu}{\mu_0} = \frac{(1/120)[(\mathrm{V} \cdot \mathrm{s})/(\mathrm{A} \cdot \mathrm{m})]}{1.257 \times 10^{-6}[(\mathrm{V} \cdot \mathrm{s})/(\mathrm{A} \cdot \mathrm{m})]} = 6,630$$

③ **이력현상**(hysteresis phenomena)

실험1 자기가 없는 U형 철심에 코일을 300회 정도 감은 다음, 철심을 작업대에 고정한다. 철심의 양단 위에 계철(yoke)을 올려놓고, 코일에 약 2A 정도의 직류전류를 흘려 코일을 자화시킨 후, 전원 스위치를 연다. 이어서 계철을 떼어 본다.

결과 계철을 떼어내기 위해서는 상당히 큰 힘을 필요로 한다.

그 이유는 전류가 차단되어 자기장의 세기(H)는 0이 되었음에도 불구하고, 철심에는 자기(磁氣)가 남아있기 때문이다. 이와 같이 자기장(또는 자장)의 세기(H)는 0이 되어도 자성체에 남아있는 자기를 잔류자기, 또는 잔류자속밀도(remanence flux density : B_r)라 한다.

실험2 실험장치 1에서 이제 전류의 방향을 바꾼 다음, 전류를 천천히 증가시키면서 동시에 철심을 떼어 본다.

결과 반대방향으로 전류를 흘리기 시작한지 잠시 후에는, 계철을 쉽게 떼어 낼 수 있다.

전류의 방향을 반대로 하였기 때문에 자장의 방향도 실험 1에서와는 반대방향이 되었다. 따라서 반대방향으로 작용하는 자장에 의해 철심에 남아있던 잔류자기가 제거된 것이다.

코일은 철심의 잔류자기를 완전히 제거시키는 데 필요한 자력을 발생시켰다. 이와 같이 잔류자기를 완전히 제거하는 데 필요한 자장의 세기를 보자력(保磁力 ; coercive force : H_c)이라 한다.

실험 2에서 계철을 다시 올려놓고 계속해서 전류를 흘렸다가 전원을 차단하면, 반대방향임에도 불구하고 철심에는 다시 잔류자기가 남는다. 이를 제거하려면 다시 전류의 방향을 바꾸어야 한다.

자성체에 작용하는 자장의 방향이 바뀔 때, 자속밀도(B)와 자장의 세기(H)의 관계는 그림

1-46과 같이 자속밀도(+ B, − B)를 세로축으로, 자장의 세기(+ H, − H)를 가로축으로 하는 좌표 상에 나타내면 대단히 편리하다.

그림 1-46을 보면서 실험 1과 실험 2를 반복해 보자.

실험 1에서 전류를 증가시키면 자장의 세기(H)가 증가함에 따라 철심의 자속밀도(B)는 좌표의 원점 0에서 점선을 따라 급격히 증가하다가 점점 그 증가폭이 둔화된다. 철심 내에 분자자석이 완전히 정렬되어 포화되면, 자속밀도(B)는 더 이상 증가하지 않는다.(그림 1-46의 점1) - 포화점

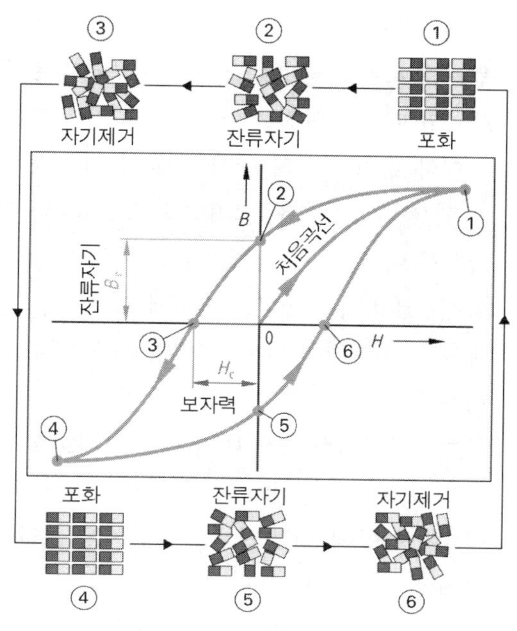

그림 1-46 이력(履歷)곡선

이제 반대로 전류를 천천히 0까지 감소시켜도 철심에는 아직도 잔류자기가 남아있기 때문에 여전히 자석의 기능을 한다.(점2). 즉, 자속밀도(B)는 점 1에서부터 처음 곡선을 따라 다시 원점(0)으로 복귀하는 것이 아니라, 실선을 따라 점 2로 변화한다.

잔류자기(0 ↔ 2)를 제거하려면 실험 2에서와 같이 전류의 방향을 바꾸어 주어야 한다. 전류의 방향을 바꿔, 천천히 전류를 증가시키면 곡선은 2 → 3으로 진행한다. 점 3에 이르면 잔류자기는 0이 되어 계철을 쉽게 떼어 낼 수 있다. 이때 보자력은 원점 0에서 점 3까지(0 ↔ 3)의 사이이다.

전류를 계속 증가시키면 철심의 자속도 계속 증가하여 다시 포화된다.(점 4). 이제 다시 전류를 천천히 0으로 감소시키면 곡선은 4 → 5로 진행된다. 점 5에서는 점 2와는 반대방향이나 철심에는 다시 잔류자기(0 ↔ 5)가 남아있게 된다.

다시 전류의 방향을 실험 1과 같은 방향으로 바꾸고 전류를 천천히 증가시키면 곡선은 5 → 6으로 진행되고, 점 6에서 철심의 잔류자기는 다시 0이 된다. 이때 필요한 보자력은 0 ↔ 6 사이가 된다.

전류를 계속 증가시키면 철심이 다시 포화될 때까지 자속밀도는 증가한다. 따라서 곡선은 6 → 1로 진행한다. 결과적으로 1 → 2 → 3 → 4 → 5 → 6으로 이어지는 폐곡선이 형성된다. 이와 같이 철심에서는 자장의 세기(H)를 증가시킬 때와 감소시킬 때에, 자속밀도(B)의 값에는 차이가 있다.

자속밀도(B)가 자장의 세기(H)에 따라 똑같이 변화하지 않는 이유는 철심 내 분자자석의 반

응에 지연이 따르기 때문이다. 외부의 자장에 의해 정렬된 분자자석은 자장이 제거되었을 때, 원래의 위치로 곧바로 정확히 복귀하지 못한다. 이는 분자자석이 원래의 위치로 복귀할 때, 내부마찰 때문에 완전한 탄력성을 갖지 못하기 때문이다.

이와 같이 자장의 세기(H)보다 자속밀도(B)가 늦어지는 현상을 이력현상 또는 히스테리시스 현상이라고 한다. 그리고 그림 1-46에서와 같이 1 → 2 → 3 → 4 → 5 → 6으로 이어지는 폐곡선을 이력곡선 또는 히스테리시스 곡선(hysteresis loop)이라 한다.

히스테리시스 곡선은 자성체의 자기특성을 명료하게 나타낸다. 히스테리시스 곡선과 좌표축과의 교점은 각각 잔류자속밀도(또는 잔류자기)(2 ↔ 0. 0 ↔ 5)와 보자력(3 ↔ 0, 0 ↔ 6)을 표시한다.

히스테리시스 곡선 내의 면적은 자화시키는 데 필요한 일의 척도이다. 히스테리시스 곡선을 1회 그리면, 곡선 내의 면적에 해당하는 만큼의 에너지가 철심(단위 부피)에서 손실된다. 따라서 1초 동안에 60회 곡선을 그리는 경우라면 폐곡선 면적의 60배에 해당하는 에너지가 1초 동안에 손실되는 셈이다. 그리고 손실되는 에너지는 열의 형태로 소산된다. 이와 같이 히스테리시스에 의해 손실되는 에너지를 히스테리시스 손실이라 한다.

④ 철심(core)과 영구자석

코일에 전류가 흐를 때, 철심은 자석과 같은 작용을 한다. 이와 같이 전류가 흐를 때 자석의 성질을 나타내는 것을 전자석(電磁石)이라 한다. 이에 반해 막대자석이나 말굽자석처럼 항상 자기(磁氣)를 띠고 있는 자석을 영구자석(permanent magnet)이라 한다.

대부분의 전기/전자장치에는 전자석이 많이 이용된다. 그러나 전자석에서는 히스테리시스 손실을 피할 수 없다. 히스테리시스 손실은 에너지손실일 뿐만 아니라 그 열에 의해 코일의 절연이 파괴되기도 한다. 따라서 철심 예를 들면, 발전기나 전동기의 계자철심(field core), 점화코일의 철심 등의 재료로는 보자력(H_c)과 잔류자기(B_r)가 작은 것들, 주로 약자성체가 이용된다(그림 1-47).

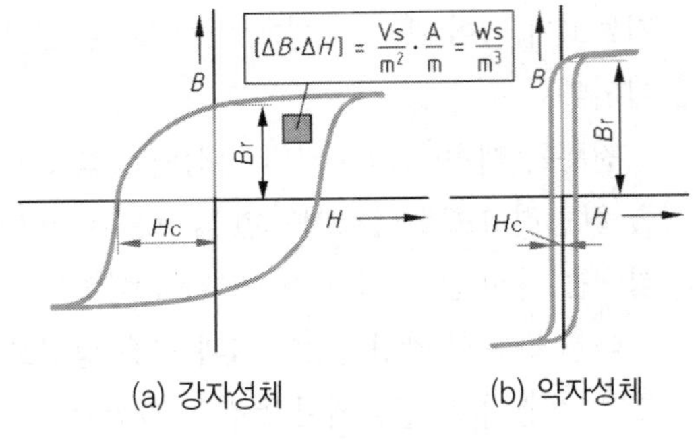

그림 1-47 자석 재료의 이력특성

반대로 영구자석은 한 번의 자화(磁化)로 가능한 한, 큰 잔류자기가 남아 있어야 한다. 그리고 이 잔류자기는 외부의 다른 자장의 영향을 받아도 감소되지 않아야 한다. 따라서 영구자석은 보자력(H_c)도 커야 한다. 따라서 영구자석의 재료로는 주로 강자성체가 사용된다.

⑤ **소자**(消磁 : demagnetization : Entmagnetisierung)

녹음테이프나 공구 등의 자성을 완전히 제거하려면 분자자석을 다시 무질서한 상태로 만들어야 한다. 자성체에서 자성을 완전히 제거하기 위해서는 잔류자기(B_r)가 0이 되어야 하는 데, 직류전류로는 그 목표를 달성할 수 없다. 그 이유는 자성체가 반대극성으로 다시 자화되기 때문이다.

자성을 제거하고자 하는 물체를 교류전류가 흐르는 코일 속에 넣고 교류전류를 천천히 감소시키거나, 물체를 코일 내에서 천천히 빼내는 방법이 주로 이용된다.

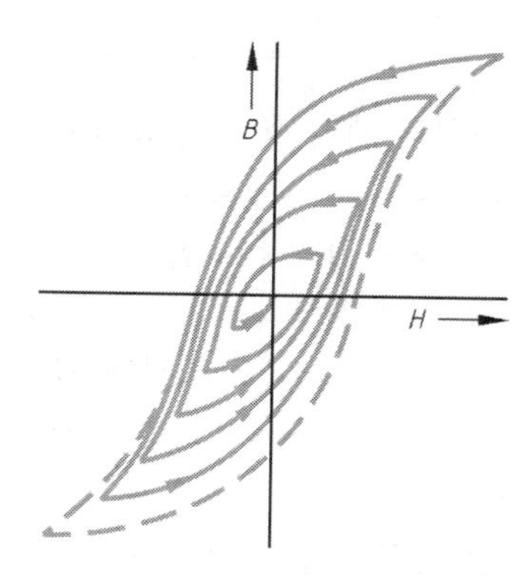

그림 1-48 소자(demagnetization)곡선

자장과 물체가 점점 멀어지거나 혹은 전류의 크기가 감소함에 따라 히스테리시스 곡선이 점점 작아져, 결국은 폐곡선이 실제적으로 0이 되면 잔류자기도 0이 되게 된다. (그림 1-48)

(5) 자기회로(磁氣回路 ; magnetic circuit)

닫혀 있는 자력선 즉, N극에서 흘러나와 S극으로 들어가는 자력선의 폐곡선을 자기회로라 한다. 자기회로와 전기회로를 서로 비교할 수 있다.(그림 1-49)

자속(Φ)의 근원이 되는 기자력(Θ)을 자위(磁位 : magnetic potential)라 한다. 이는 전기회로의 전위 즉, 전압에 대응되는 개념이다. 따라서 자속(Φ)은 전류에 대응되는 개념이다. 또 전기저항에 대응되는 개념으로는 자기저항(reluctance : R_m)을 고려할 수 있다.

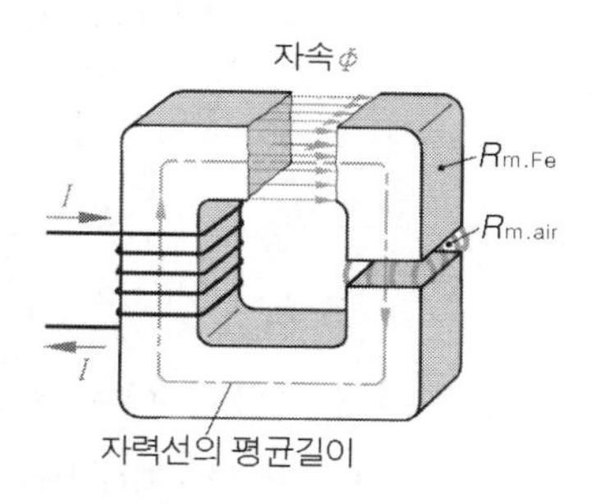

그림 1-49 자기회로

자속은 자성체 내의 자기저항($R_{m.Fe}$)과 공극(air gap)에서의 자기저항($R_{m.air}$)을 극복해야만 자기회로를 형성할 수 있다. 자동차 전기장치에서는 공극을 포함한 자기회로가 많이 이용된다. 공극이 아마추어(armature)의 행정으로 이용되는 경우는 솔레노이드 스위치, 릴레이, 경음기, 레귤레이터 등이고, 공극이 전기자의 회전을 가능하게 하도록 하기 위해서 이용되는 경우는 발전기나 기동전동기 및 와이퍼 모터 등이다.

공기의 투자율이 아주 낮기 때문에 공극이 있는 자기회로에서는 자력이 아주 약해진다. 공극이 1%이면, 자속은 약 50% 정도 감쇠된다.

공극이 있는 자기회로에서의 자위(또는 기자력 ; Θ(theta))와 자기저항(R_m), 자속(Φ) 간의 관계는 다음 식으로 표시된다.

자기저항 $R_m = R_{m.Fe} + R_{m.air}$	총 자위 $\Theta = \Theta_{Fe} + \Theta_{air}$

자장의 세기 $H = \dfrac{\Theta}{l}$ 로부터

$\Theta = H_1 \cdot l_1 + H_2 \cdot l_2$	$R_m = \dfrac{\Theta}{\Phi}$

여기서 R_m : 자기저항[A/Wb] Θ : 자위[A] Φ : 자속 [Wb]
$H_1,\ H_2$: 부분자장의 세기[A/m] $l_1,\ l_2$: 자력선의 평균길이[m]

총 자위는 부분 자위의 합과 같다. 즉, 자성체의 자위와 공극 자위의 합이 총 자위이다.

예제7 그림 1-49와 같은 자기회로에서 전기 강판 철심의 단면적 $A = 64\text{cm}^2$, 철심의 자력선의 길이 $l = 100\text{cm}$ 이다. 그리고 공극은 6mm이다. 철심에서의 자속은 $\Phi = 8[\text{mWb}]$ 이어야 한다. 필요한 자위(Θ)는? a) 철심의 자위, b) 공극의 자위 c) 총 자위

【풀이】 a) 철심에서 $B = \dfrac{\Phi}{A} = \dfrac{8\text{mWb}}{64\text{cm}^2} = \dfrac{0.008\text{Vs}}{0.0064\text{m}^2} = 1.25[\text{T}]$

[참고] 전기 강판의 자화곡선에서 자속밀도가 1.25T이면, 자장의 세기(H)는 약 800A/m가 된다. (표에서 찾는다.)

b) 공극에서 $B = \mu_0 \cdot H_{air}$ 로부터

$$H_{air} = \frac{B}{\mu_0} = \frac{1.25\text{T}}{1.257 \times 10^{-6}(\text{V} \cdot \text{s})/(\text{A} \cdot \text{m})} \approx 1{,}000{,}000\text{A/m} = 1{,}000[\text{kA/m}]$$

$$\Theta_{air} = H_{air} \cdot l_{air} = 1{,}000{,}000\text{A/m} \times 0.006\text{m} = 6{,}000[\text{A}]$$

c) 총 자위 $\Theta = \Theta_{Fe} + \Theta_{air} = 800\text{A} + 6{,}000\text{A} = 6{,}800[\text{A}]$

[참고] 자기회로에서 자위가 일정할 경우, 공극이 작으면 작을수록 자속은 커진다. 따라서 전자(電磁) 기구에서는 가능한 한, 공극을 작게 한다.

(6) 누설자속과 자기차폐

① 누설자속 (leakage flux)

코일에 전류가 흘러 자기회로에 자속이 통과하는 경우, 공극 영역에서는 자속이 흩어지려고 한다. 그리고 철심 내에 뿐만 아니라 공간에도 일부 자속이 흩어져 있다. 이와 같이 누설된 자속을 누설자속이라 한다. 누설자속은 공극이 없으면 아주 작아지며, 공극이 클수록 증가한다. 따라서 공극에서 일정한 자속이 필요할 경우에는 누설자속을 고려하여 기자력을 크게 한다.

② 자기차폐 (磁氣遮蔽 : magnetic shield)(그림 1-50 참조)

어떤 부품이나 측정기 등이 외부의 다른 자장의 영향을 받지 않도록 하는 것을 자기차폐라고 한다. 예를 들면 정교한 측정기를 외부자장의 영향을 받지 않도록 하기 위해서 강자성체의 하우

징으로 감싸면, 중공구체(中空球體)의 내부공간은 자장의 영향을 받지 않게 된다.

저주파수의 자기차폐는 상자성체를 컵 모양 또는 관 모양의 박막으로 한다. 측정기 외에도 전자관 등은 철망형태로 자기차폐한다. 자기차폐를 통해 지구자장의 영향을 받지 않도록 할 수도 있다.

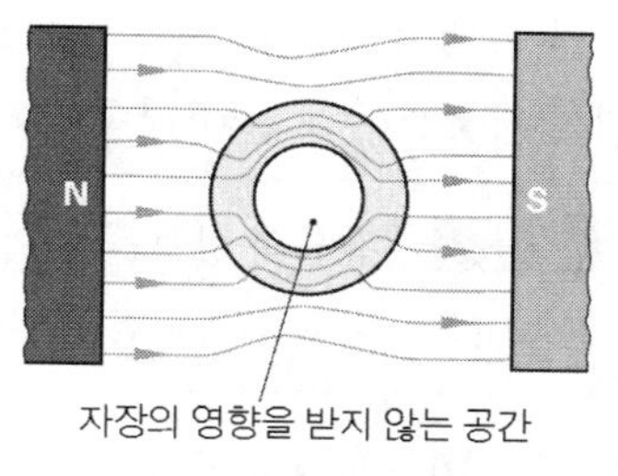

그림 1-50 자기차폐

〔표 1-12〕 자기 특성량 및 단위

명칭	기호	공식	단위	SI-단위
기자력(자위)	Θ	$\Theta = I \cdot N$	A	A
자장의 세기	H	$H = \frac{\Theta}{l} = \frac{I \cdot N}{l}$	A/m	A/m
자속	Φ	$\Phi = B \cdot A$	Wb ; V · s	Wb ; V · s
자속밀도	B	$B = \frac{\Phi}{A} = \mu H$	$T = [Wb/m^2]$ $= [V \cdot s/m^2]$	T
투자율	μ	$\mu = \mu_0 \cdot \mu_r = (B/H)$	$[(V \cdot s)/(A \cdot m)]$ $= Wb/A \cdot m$ $= \Omega \cdot s/m$	–
진공의 투자율	μ_0	$4\pi \times 10^{-7}$ $(\approx 1.257 \times 10^{-6})$	$[(V \cdot s)/(A \cdot m)]$ $= Wb/A \cdot m$ $= \Omega \cdot s/m$	Wb/A · m

3. 자장 내의 전류 - 전자력(電磁力 : Electromagnetic force)

(1) 자장(磁場) 내의 도체에 흐르는 전류 - 전자 작용(電磁 作用)

실험1 도체(알루미늄 파이프)를 금속띠를 이용하여 운동이 가능하도록 수평으로 매달고, 말굽자석을 그림 1-51과 같이 설치한다. 금속띠에 직류전원을 연결하고, 천천히 전류를 증가시킨다.

결과 도체는 말굽자석의 자장으로부터 밖으로 밀려 나오게 된다.

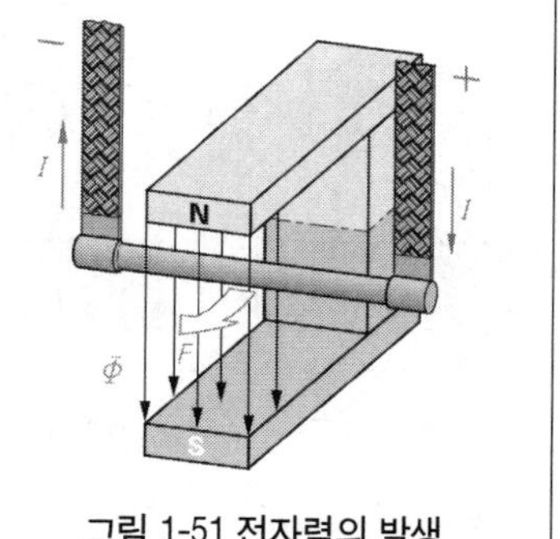

그림 1-51 전자력의 발생

자장 내의 도체에 전류가 흐르면 자력선의 방향과 직각으로, 그리고 도체에 대해 직각방향으로 힘이 작용한다. - 전자 작용(電磁 作用 ; electromagnetism)

실험2	전류의 방향을 실험1과 반대방향으로 한 다음에 실험을 반복한다.
결과	도체는 실험1에서와는 반대방향으로 움직이게 된다.

실험3	이제 말굽자석의 극을 바꾼 다음 실험1을 반복한다.
결과	도체는 실험1의 경우와 마찬가지로 말굽자석의 자장으로부터 밖으로 밀려 나온다.

전자력(電磁力)의 방향은 도체에 흐르는 전류의 방향과 자력선(자장)의 방향에 따라 변화 한다.

자석의 자장(그림 1-52(a))과 도체에 흐르는 전류에 의한 자장(그림 1-52(b))이 합성되어 그림 1-52(c)와 같은 합성자장이 형성된다.

합성자장(그림 1-52(c))에서는 도체의 한 쪽에는 도체 주위의 자력선과 자석의 자력선이 서로 반대가 되어 자속밀도가 약해지고, 반대쪽에서는 도체 주위의 자력선과 자장의 자력선이 서로 같은 방향이 되어 자속밀도가 증가한다. 즉, 한 쪽은 자속밀도가 약해지고, 그 반대쪽은 자속밀도가 증가한다. 자력선은 고무줄과 같이 짧아지려고 하므로 결국 도체는 자속밀도가 약한 쪽으로 밀려난다.

도체에 흐르는 전류의 방향이 바뀌면 합성자장은 앞에서와는 반대쪽의 자속밀도가 높게 되어 도체의 운동방향도 반대가 된다.(그림 1-52d)

도체에 흐르는 전류의 방향과 자석의 자장을 동시에 변환시키면, 도체의 운동방향은 변하지 않는다.(그림 1-52e)

> 자장 내의 도체에 전류가 흐르면 도체에는 전자력이 작용한다. 전자력의 방향은 자석에 의한 자장의 방향과 도체에 흐르는 전류의 방향에 따라 변화한다. – 전자 작용(電磁 作用)

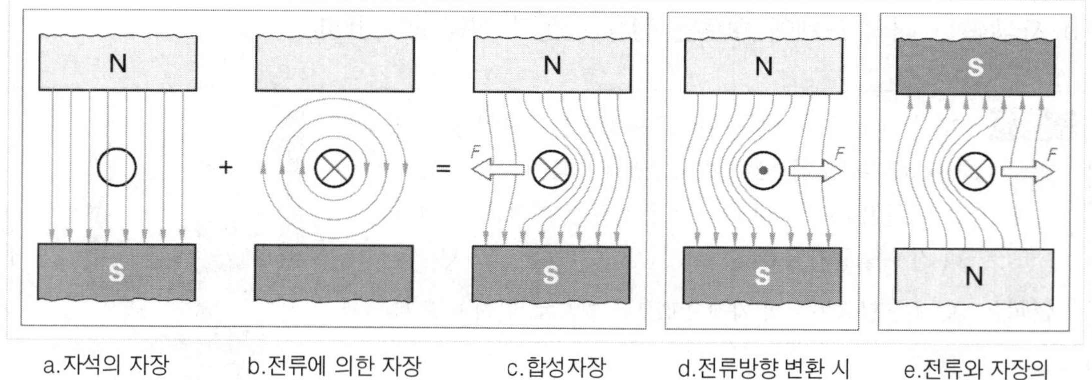

a.자석의 자장 b.전류에 의한 자장 c.합성자장 d.전류방향 변환 시 e.전류와 자장의 방향을 동시에 변환

그림 1-52 자장의 합성

전자력의 방향은 전동기 법칙(왼손 법칙)으로 쉽게 확인할 수 있다.(그림 1-53참조)

> 자력선이 왼손 손바닥을 통과하도록 하면, 바로 펴진 4개의 손가락은 전류의 방향이 되고, 옆으로 펴진 엄지손가락의 방향은 도체의 운동방향(=전자력의 방향)이 된다. – 왼손 법칙.

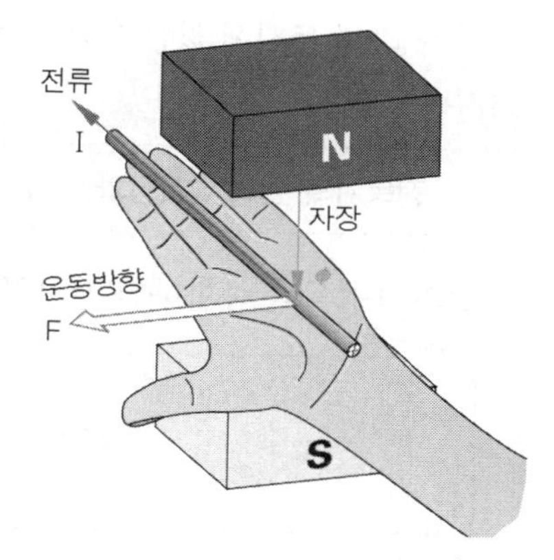

그림 1-53 왼손법칙 - 전자력의 방향

전자력은 도체 내의 전하에 작용하는 자장의 힘에 기인한다. 자장 내에서 운동하는 전하에 작용하는 힘을 로렌츠의 힘(Lorentz's force)*이라 한다.

실험4 실험1을 반복하고 전류를 천천히 증가시킨다.

결과 도체의 운동거리가 증가한다.

> 도체에 작용하는 전자력(電磁力)은 도체에 흐르는 전류에 비례하여 증가한다.

실험5 실험1을 반복한다. 이때 말굽자석의 양단을 얇은 금속띠로 연결한 다음에 도체의 운동거리를 관찰한다.

결과 도체의 운동거리가 감소한다.

자력선의 일부가 금속띠를 통해서 흐르므로 자속밀도가 감소하게 된다. 자속밀도가 감소함에 따라 도체에 작용하는 전자력(電磁力)도 따라서 감소하게 된다.

> 도체에 작용하는 전자력(電磁力)은 자속밀도에 비례한다.

실험6 실험1을 반복한다. 이때 처음 자석과 나란히 자석을 1개 더 설치하고 도체에 작용하는 전자력을 관찰한다.

결과 도체의 운동거리가 증가한다. 제 2의 자석에 의해 자석의 자장이 넓어져, 자장 내에 노출된 도체의 길이 소위, 유효길이가 길어졌기 때문이다.

> 전자력은 도체의 유효길이에 비례한다.

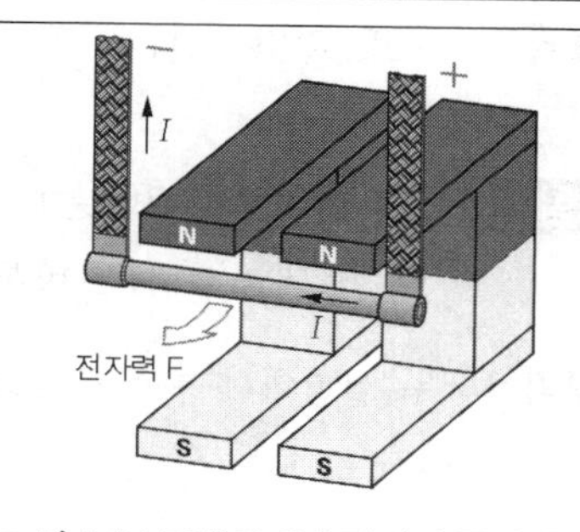

그림 1-54 도체의 유효길이의 증가 효과

* Hendrik A. Lorentz: 네덜란드 물리학자(1853~1928)

자장 내에 동시에 많은 도체를 설치하고 직류전류를 흘리면 도체의 수에 비례해서 전자력도 증가한다. - 직류 전동기

> 전동기의 원리 : 자장과 전류가 흐르는 도체는 운동을 발생시킨다.

위의 내용들을 종합하면 전자력(electro magnet force) F는 다음 식으로 표시된다.

$$F = B \cdot I \cdot l \cdot N$$

여기서 F : 전자력[N]　　B : 자속밀도[Vs/m²]　　I : 전류[A]
l : 도체의 유효길이[m]　　N : 도체의 수

예제8 공극(계자철심과 전기자의 간극)에서의 자속밀도가 0.8T인 직류전동기가 있다. 전기자 코일의 권수는 400이고, 코일에 흐르는 전류는 10A이다. 그리고 도체의 유효길이는 150mm이다. 전기자 주위에 작용하는 전자력은?

【풀이】 $F = B \cdot I \cdot l \cdot N$

$$= 0.8\frac{V \cdot s}{m^2} \times 10A \times 0.15m \times 400 = 480\frac{V \cdot s \cdot A}{m} = 480[N]$$

(2) 자장 내의 4각형 루프코일(loop coil)에 흐르는 전류 - 전동기의 원리

루프(loop)란 하나의 폐회로를 말하고, 4각형 루프(loop) 코일이란 그림 1-55에서와 같이 코일을 4각형 모양으로 만든 코일을 말한다.

실험1 말굽자석 사이에 4각형 루프(loop) 코일을 2개의 금속띠를 이용하여 그림 1-55와 같이 수직으로 매달고, 코일에 조정 가능한 직류전원을 연결한다.

결과 루프 코일에 전류를 흘리면 루프 코일은 회전하게 된다.

실험2 전류의 방향을 바꾸고 실험1을 반복한다. 또 자석의 극을 바꾸고 실험1을 반복한다.

결과 두 실험에서 루프 코일의 회전방향은 서로 반대가 된다.

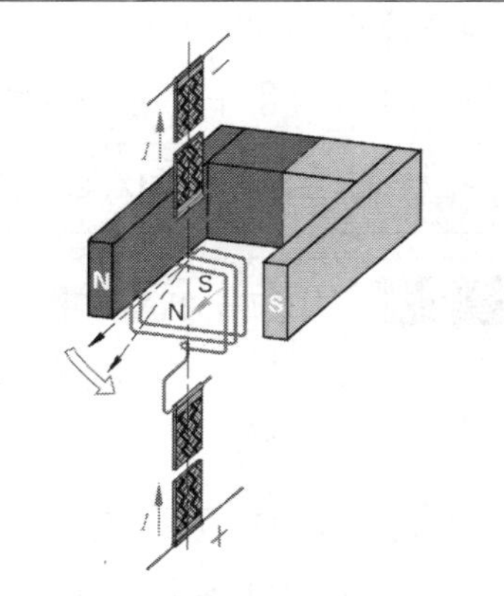

그림 1-55 자장내의 4각 루프(loop) 코일에 흐르는 전류

> 자장 내의 4각형 루프(loop) 코일에 전류를 흘리면 코일은 회전한다.
> 코일의 회전방향은 코일에 흐르는 전류의 방향과 자장의 방향에 따라 변화한다.

그림 1-56에서 코일에 흐르는 전류가 형성하는 자장(b)과 자석에 의한 자장(a)이 합성되면 그림 (c), (d)와 같은 합성자장을 형성하게 된다. 도체를 4각 루프(loop)형으로 만들면 도체의 양쪽의 전류의 방향이 서로 반대가 되기 때문에 코일에는 회전력이 작용한다. 그리고 회전력은 코일의 권수에 비례해서 증가한다.

코일에 전류가 흐르면 코일의 평면에 수직으로 작용하는 자장이 형성되고, 이 자장은 자석에 의한 자장과 방향이 같아질 때까지 코일을 회전시킨다.

(a) 자석의 자장 (b) 코일의 자장 (c) 합성자장 (d) 합성자장

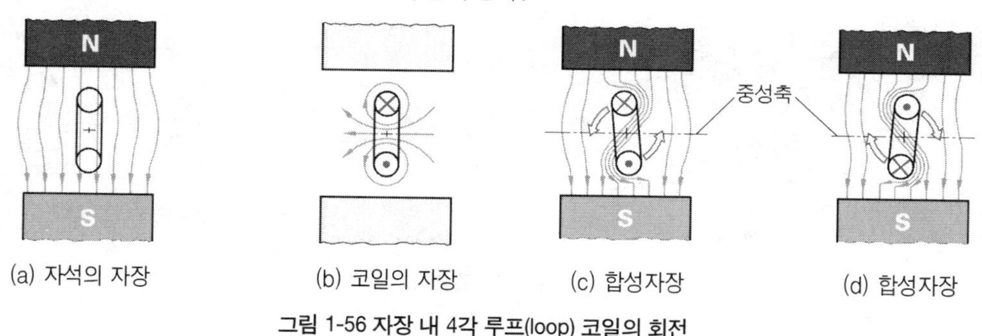

그림 1-56 자장 내 4각 루프(loop) 코일의 회전

4각 루프(loop) 코일의 양단에 각각 정류자편(commutator segment)을 부착하고 이를 통해 전류를 계속 공급하면 코일은 계속 회전하게 된다.(그림 1-58) - 전동기의 원리

2개의 정류자편은 구리로 된 반원형으로 서로 절연되어 있으며, 코일과 함께 회전한다. 그리고 전류는 고정된 브러시(brush)를 통해서 정류자편에 공급된다.

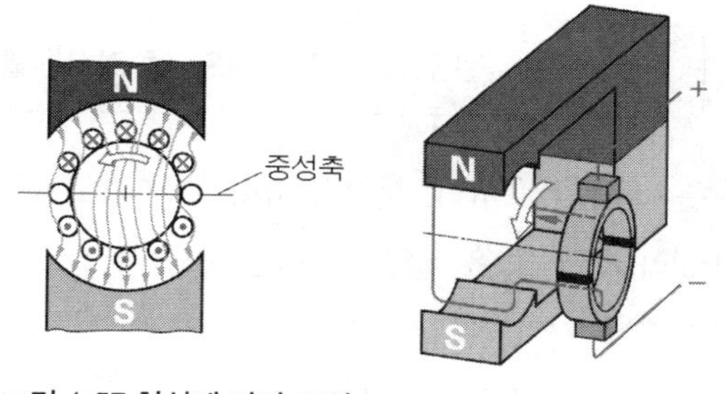

그림 1-57 철심에 감긴 코일

그림 1-58 정류자

전류가 흐르는 코일이 회전할 때, 코일의 회전진동에 의해 정류자는 순간적으로 브러시의 경계를 넘어서게 되어 자동적으로 코일의 전류방향이 바뀐다. 따라서 코일은 계속 회전하게 된다. 실제로는 코일의 권수를 증가시키고 정류자편의 폭을 좁게 하여 원활한 회전이 가능하게 제작한다.

(3) 홀 센서(Hall sensor)*

① 홀 센서의 구조 및 작동원리

홀(Hall) 센서는 아주 얇은 반도체[예: InAs(Indium-Arsenide), InSb(Indium-Antimonide)] 판으로 제작한다. 두께 약 0.5μm~100μm의 반도체 조각을 세라믹 또는 플라스틱 기판 위에

* Edwin Herbert Hall: 미국 물리학자(1855~1938)

부착시키거나, 기판 위에 약 2μm~3μm의 두께로 얇게 입힌다.

반도체 판의 길이방향(예 : 가로방향)으로 전압을 인가하면 전류(I)는 전자들을 아주 빠른 속도로 이동시킨다. 이때 전류에 수직방향으로 자속을 통과시키면 로렌츠의 힘에 의해 전하는 옆으로 편향된다. 따라서 기판의 다른 양단(예 : 세로방향)에는 수 100mV에 달하는 전압(U_H)이 발생된다. 이 전압을 홀 전압(Hall voltage)이라 한다.

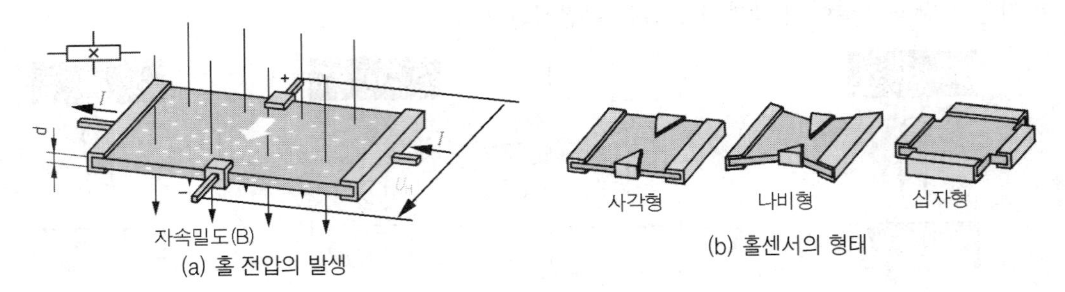

(a) 홀 전압의 발생
(b) 홀센서의 형태

그림 1-59 홀 센서

홀 전압(U_H)은 전류(I)와 자속밀도(B)에 비례하며, 반도체 재료(홀 상수 : R_H)와 반도체 판의 두께(d)에 따라 변화한다.

> 홀 센서는 전류(I)와 자속밀도(B)로부터 홀 전압(U_H)을 발생시킨다.

홀 전압을 U_H[V], 전류를 I[A], 자속밀도를 B[Wb], 홀 상수를 R_H[m^3/As], 반도체 판의 두께를 d[m]라고 하면, 홀 전압 U_H[V]는 다음 식으로 표시된다.

$$U_H = \frac{R_H}{d} \cdot I \cdot B \qquad \left[\frac{\mathrm{m}^3}{\mathrm{A \cdot s}}\right] \times \left[\frac{1}{\mathrm{m}}\right] \times [\mathrm{A}] \times \left[\frac{\mathrm{V \cdot s}}{\mathrm{m}^2}\right] = [\mathrm{V}]$$

② 홀 센서의 용도

- 자장 측정(=자속계)
- 전위가 없는 전류 측정
- 후크(Hook)형 전류계
- 무접점식 및 무접촉식 신호센서

자동차에서는 안전벨트 버클, 도어로크 시스템, 페달상태 인식, 변속기어 감지, 비접촉식 회전속도센서, 점화시기제어 등에 사용된다.

(4) 자장 저항기(MDR : Magnetic field Depending Resistor) - (그림 1-60)

이 저항기는 자기적(磁氣的)으로 제어 가능한 일종의 반도체 저항기로서 자속밀도(B)를 증가시킴에 따라 저항이 증가하는 저항기이다.

두께 약 25μm의 안티몬화 인듐(InSb) 판에 도전성이 아주 높은 안티몬화 니켈(NiSb) 침

(needle)을 마치 철로의 침목처럼 배열하였다. 이를 다시 포토-에칭(photo-etching) 방법으로 용도에 따라 적당한 형상으로 만든 다음, 절연기판에 접착하였다.

저항기 표면에 직각으로 자속을 가하면, 전하(電荷)는 자속에 비례해서 일정 각도로 방향을 전환한 상태로 1개의 침에서 다음 침으로 이동한다. 금속침(NiSb)에서는 전하밀도차가 곧바로 다시 평형을 이루게 된다. 자속밀도가 증가함에 따라 전류의 방향은 더욱더 심한 각도로 변환된다. 이렇게 되면 회로가 길어지는 결과가 되어 저항이 증대된다. 1T(tesla)의 자속으로 약 80°까지 변환시킬 수 있으며, 따라서 저항을 약 18배 정도까지 증가시킬 수 있다. ※ $1T = Wb/m^2 = (V.S)/m^2$

자장 저항기는 제어 가능한 무접촉 저항, 무접촉식 스위치, 자장의 측정, 회전속도 및 회전방향의 감지, 후크미터를 이용한 직류의 측정 등에 주로 이용된다. 자동차에서는 무접촉식 포텐시오미터 또는 크랭크축의 회전속도센서 등으로 이용된다. 특성은 다음과 같다.

ρ_{Insb} : 0.001~0.01Ω · cm

R_0 : 약 10^{-3} ~ $10^3 \Omega$ (자속이 작용하지 않을 때)

R_B : 약 (5~18) R_0(자속이 작용할 때) $B = 1\text{T}$에서

U : 5~10V

I : 수 mA

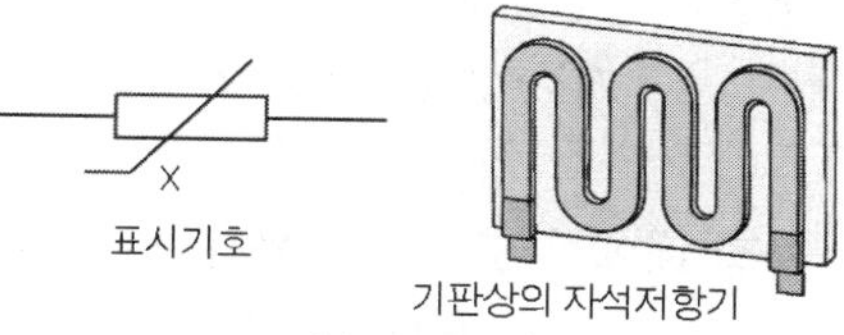

(a) 구조

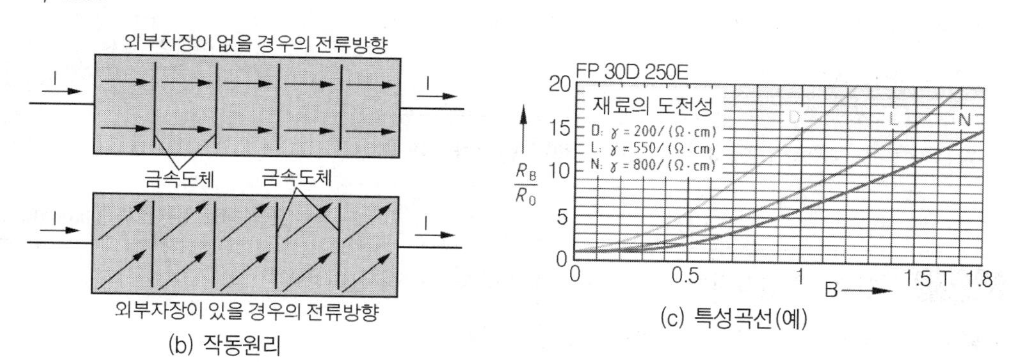

(b) 작동원리

(c) 특성곡선(예)

그림 1-60 자석 저항기(MDR)

4. 전자유도에 의한 전압발생 - 전자유도(電磁誘導 : electromagnetic induction)

(1) 자장 내에서 회전하는 도체에 의한 유도전압 - 발전기 원리

자장 내에서 운동하는 도체가 자력선과 쇄교할 때, 도체에는 전압이 유도된다. 이를 전자유도작용이라 하고, 이때 유도된 전압을 유도전압 또는 유도기전력이라 한다.

실험1 도체(알루미늄 파이프)를 자석 사이에 그림 1-61과 같이 금속띠를 이용하여 움직일 수 있도록 매달고, 금속띠에 mV(밀리볼트) 단위의 전압계를 연결한다. 정지상태에서 전압계의 지침이 정확히 중심에 오도록 조정한 다음, 도체를 자력선에 대해 직각방향으로 움직여 본다.

결과 도체가 자장 내에서 운동을 계속하는 한, 전압계의 지침도 따라서 움직인다.

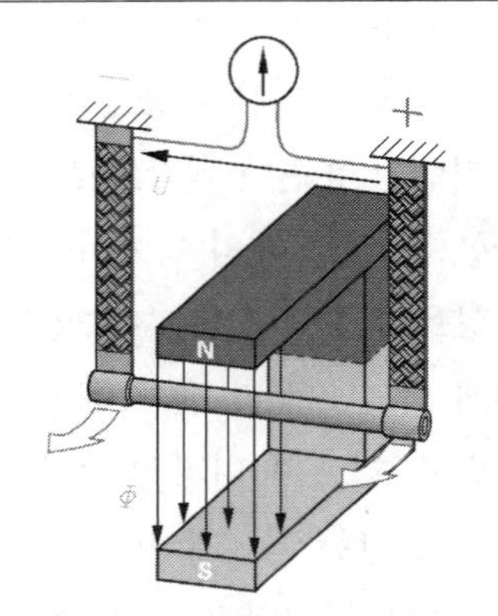

그림 1-61 자장 내에서 도체의 운동 - 전자유도

실험2 실험 1을 반복하되, 도체를 자력선과 같은 방향으로 움직여 본다. (자석을 상하 수직으로 움직여 본다)

결과 전압계의 지침은 움직이지 않는다. 자장 내에서 운동하는 도체가 자력선을 자르지 않기 때문이다. 도체가 자력선을 자르는 것을 쇄교(鎖交)라 한다.

자장 내에서 도체가 운동하면, 도체 내의 자유전자도 동시에 이동한다. 이때 전자는 로렌츠의 힘에 의해 도체의 운동방향에 대해 직각방향으로 이동한다. 이렇게 되면 도체의 한 쪽 끝에는 전자과잉, 반대쪽은 전자부족 상태가 되어 도체의 양단에 전압이 유도된다.(그림 1-62)

> 발전기 원리 : 자장 내에서 운동하는 도체는 전압을 유도한다.

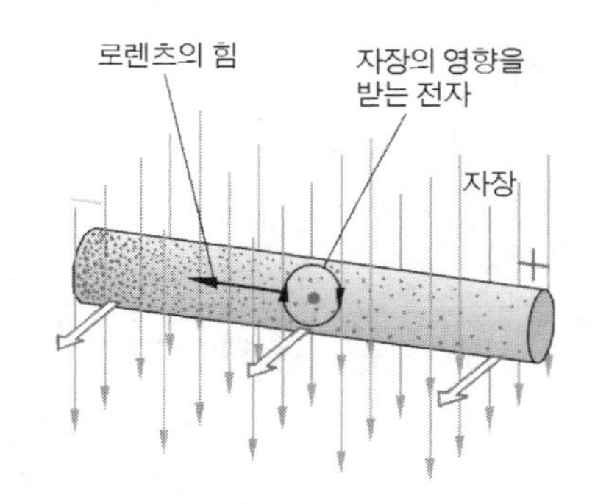

그림 1-62 로렌츠의 힘(Lorentz's force)

실험3 실험 1을 반복한다. 단, 도체를 반대방향으로 움직여 본다.

결과 전압계의 지침은 반대방향으로 움직이게 된다.

> 유도전압의 방향은 도체의 운동방향에 따라 변화한다.

실험4 말굽자석의 극을 바꾸고 실험 1을 반복한다.

결과 전압계의 지침은 반대방향으로 움직인다.

> 유도전압의 방향은 자장(또는 자력선)의 방향에 따라 변화한다.

실험5 실험 1의 실험장치에서 도체를 처음에는 천천히, 다음에는 빠르게 움직여 본다.

결과 도체의 운동속도가 빠르면 유도전압은 높아지게 된다.

> 유도전압은 도체의 운동속도에 비례한다.

도체를 고정시키고, 자장을 움직여도 똑같이 전압이 유도된다. 유도전압의 크기는 도체에 대한 자장의 상대속도에 따라 변화하며, 유도전압의 방향은 자장의 운동방향에 따라 변화한다.

유도전압은 도선을 루프(loop)형태로 하거나 코일을 이용하여 얻는다. 루프의 두 도선 중 하나가 다른 하나에 대해 반대편에 놓이면 전압이 유도된다. 이는 자장 내에서 루프코일이 회전할 때와 꼭 같다. 즉, 루프코일이 정지해 있고 자장이 회전하여도 루프코일 주위의 자속이 변화한다.

> 고정된 코일 주위의 자속이 변화할 때도, 코일에는 전압이 유도된다.

실험6 전압계(측정범위 3V)를 권수 300회의 코일에 연결한 다음에 코일을 말굽자석의 자극부분에서 자력선과 90° 방향으로 움직여 본다.

결과 전압계의 지침이 움직인다.

실험7 실험 6을 반복한다. 단, 이때 권수 600회, 1,200회의 코일을 차례로 사용해 본다.

결과 코일의 권수에 비례해서 전압계의 지침이 움직이는 정도가 변화하게 된다.

> 유도전압은 코일의 권수(즉, 도선의 수)에 비례해서 증가한다.

유도전압은 이 외에도 자속밀도와 자장 내 도체의 유효길이에 비례한다. 따라서 도선이 자력선과 직각으로 쇄교할 때, 도선에 유도되는 기전력 U_0의 크기는 다음과 같다.

$$U_0 = B \cdot l \cdot v \cdot N$$

여기서 U_0 : 유도전압[V]
B : 자속밀도[Vs/m²] 또는 [T]
l : 도체의 유효길이[m]
v : 도체의 운동속도[m/s]
N : 도체의 수(권선의 수)

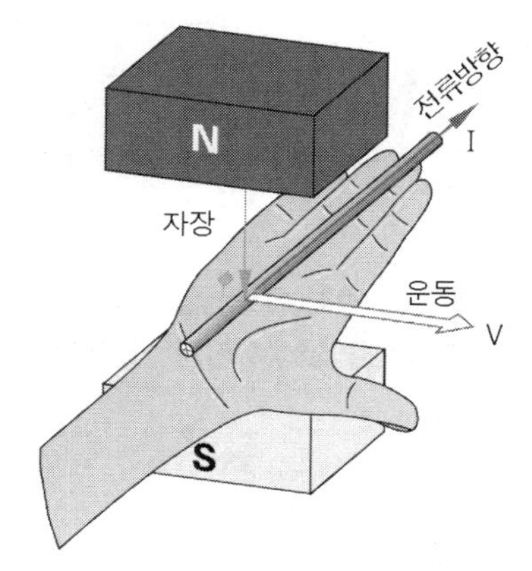

그림1-63 오른손법칙(발전기 법칙)

회로가 닫혀 있으면 유도전압은 전류를 흐르게 한다. 전류의 방향은 도체의 운동방향과 자력선의 방향에 의해 결정된다. 전류의 방향은 오른손 법칙(발전기 원리)으로 판별할 수

있다.(그림 1-63)

오른손 바닥에 자력선의 N극이 들어오도록 손을 펴면, 옆으로 펴진 엄지손가락은 도체의 운동 방향을, 바로 펴진 4개의 손가락은 전류의 방향을 가리킨다. - 오른손 법칙

유도전압을 발생시키는 장치의 대표적인 장치는 발전기이다.

(2) 렌츠의 법칙(Lenz's law)* - 유도전압의 방향

실험1	자전거에 부착된 발전기를 소형모터로 구동시킨다. 그리고 꼬마전구를 이용하여 발전기에 부하(load)를 가해 본다.
결과	꼬마전구의 스위치를 ON시키면, 모터 회전속도는 크게 감소한다.

자장 내에서 도체가 운동할 때, 도체에는 유도전압이 발생되며, 따라서 도체에는 유도전류가 흐르게 된다. 이때 도체에 흐르는 유도전류는 새롭게 도체 주위에 원형자장을 형성하게 되고(그림 1-64), 이 자장은 자석의 자장과 겹치게 된다.

유도전류에 의해 도체 주위에 새롭게 형성된 자장은 자석의 자장과 합성되어 도체의 운동방향의 자속밀도를 증가시킨다.(그림 1-65). 따라서 도체에는 운동을 방해하는 힘이 작용하게 된다.

즉, 도체에 발생되는 유도전압은 그 전압에 의해서 흐르는 전류가 도체 내의 자속변화를 방해하는 방향으로 발생된다. 이를 렌츠의 법칙(Lenz's law)이라 한다.

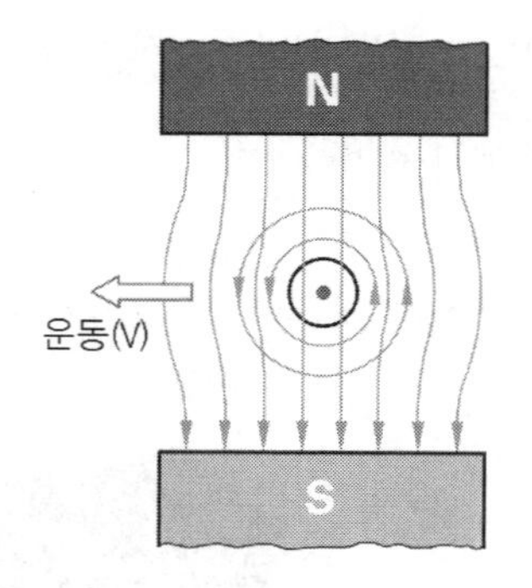

그림 1-64 자석의 자장과 도체 주위의 자장

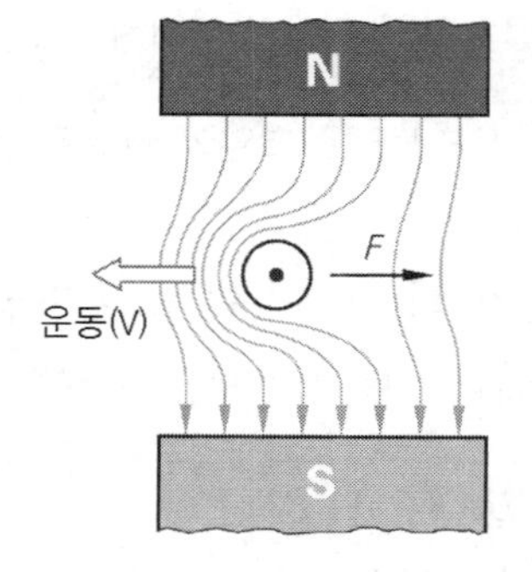

그림 1-65 합성자장 - 렌츠의 법칙 또는 유도기전력의 방향

- **렌츠의 법칙(유도전압의 방향)** : 유도기전력에 의해 코일에 흐르는 전류는 유도작용을 방해하는 자력선을 발생시키는 방향으로 흐른다.

* Heinrich Friedrich Emil Lenz : 독일 물리학자(1804～1865).

(3) 상호유도작용(mutual induction) - 변압기의 원리

실험1 권수가 같은 2개의 코일(예 : 600회)을 나란히 붙여 놓고, 코일1에 전류계와 조정이 가능한 저항, 그리고 축전지(또는 전원)와 스위치를 연결한다. 코일 2에는 전압계(mV 범위)를 연결하고 지침이 정확히 중간에 오도록 0점을 조정한다. 코일 1에 전류를 흐르게 한 다음, 조금 후에 스위치를 연다.(그림 1-66)

결과 스위치를

① 'ON' 하는 순간, 코일 2의 전압계의 지침이 움직였다가 원점으로 복귀한다.

② 'OFF' 하는 순간, 코일 2의 전압계 지침이 ①과는 반대방향으로 갔다가 원점으로 복귀한다.

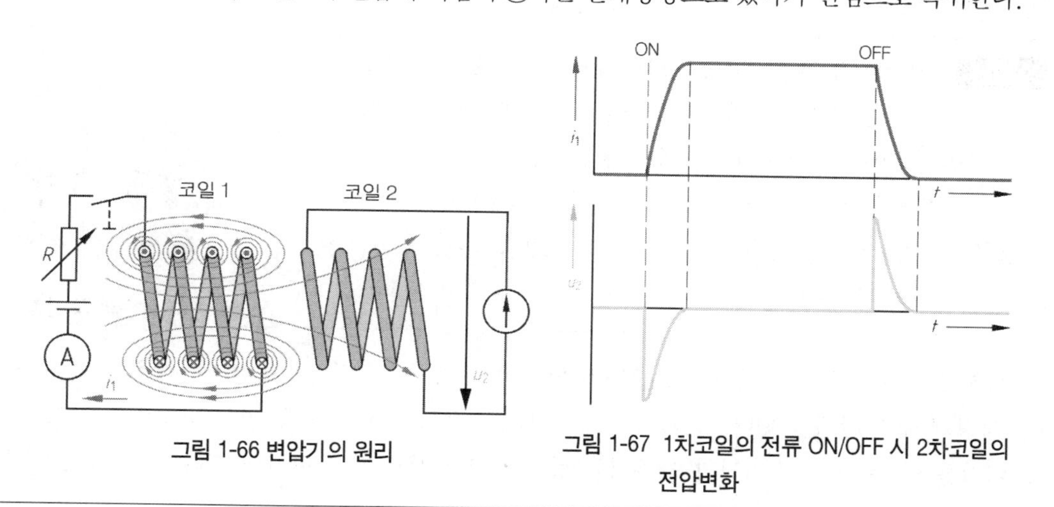

그림 1-66 변압기의 원리

그림 1-67 1차코일의 전류 ON/OFF 시 2차코일의 전압변화

코일 1에 전류가 흐를 때 발생된 자력선의 일부가 코일 2에 영향을 미친다. 자력선은 스위치를 ON할 때 생성되고, OFF할 때 소멸된다. 즉, 자력선의 변화가 코일 2에 전압을 유도한다.

> 코일에 흐르는 자력선의 수가 변화하면, 코일에는 전압이 유도된다.

이와 같이 하나의 전기회로에서 자력선이 변화할 때, 그 옆의 다른 전기회로에 기전력이 발생되는 현상을 상호유도작용이라 한다. 그리고 이때 전원과 접속되어 있는 코일 1을 1차코일(primary coil), 1차코일의 영향을 받는 코일 2를 2차코일(secondary coil)이라 한다.

실험2 실험 1에서의 두 코일에 철심을 넣고, 실험 1을 반복한다. 경우에 따라서 전압계를 측정범위가 큰 것으로 교체한다.

결과 코일 2에 유도되는 전압이 실험 1에서 보다 크게 증가한다. 철심이 코일의 자장을 크게 증가시켰다. 따라서 자장이 변화할 때, 자속이 크게 변화했다.

실험3 실험 2를 반복한다. 스위치를 ON시킨 다음, 저항을 조정하여 1차코일의 전류를 처음에는 천천히, 나중에는 급격히 증가시킨다.

결과 전류의 급격한 증가에 의해 자속이 급격히 변화하고, 따라서 이때 2차코일에는 높은 전압이 유도된다.

유도전압은 코일의 자속 변화속도에 비례해서 증가한다.

1차코일에 흐르는 전류를 ON/OFF시킬 때(실험 1), 자장은 급격히 변화한다. 따라서 2차코일에 전압이 유도된다.

실험4 긴 철심을 가진 권수 600회의 코일을 준비하고, 알루미늄 링을 철심에 끼운다. 이때 알루미늄 링은 철심에 끼워진 상태에서 시계추처럼 자유롭게 움직일 수 있도록 매달려 있어야 한다. 코일에 직류전원을 연결한다.(그림 1-68)

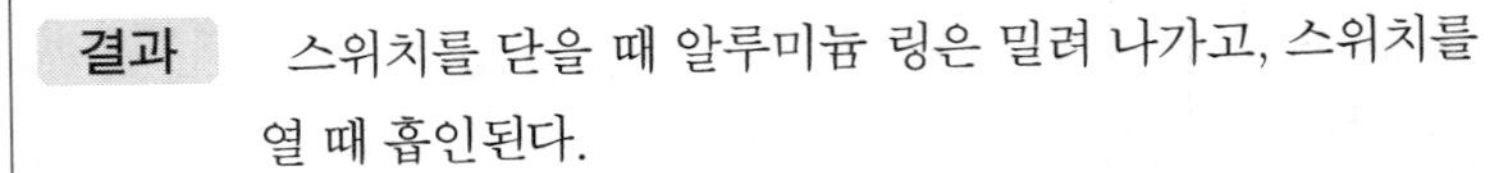

결과 스위치를 닫을 때 알루미늄 링은 밀려 나가고, 스위치를 열 때 흡인된다.

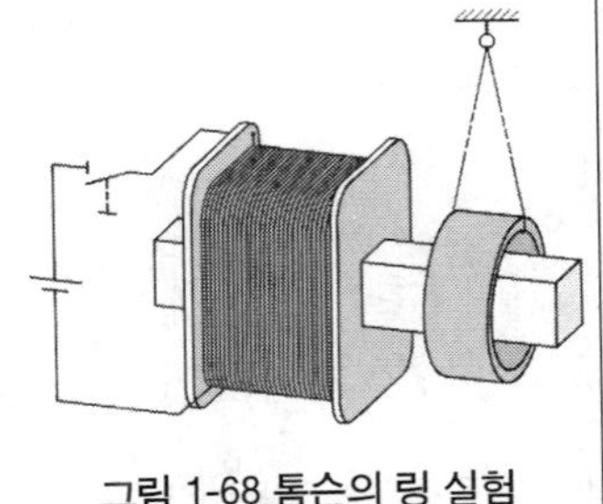

그림 1-68 톰슨의 링 실험

스위치를 닫을 때의 전류변화는 알루미늄 링에 전압을 유도한다. 이때 알루미늄 링의 자장은 코일의 자장에 대해 반대가 된다.(렌츠의 법칙). 따라서 스위치를 닫을 때, 알루미늄 링은 밀려 난다.

스위치를 열 때, 코일의 자장과 알루미늄 링의 자장은 서로 같은 방향이 된다. 따라서 스위치를 닫을 때, 알루미늄 링은 흡인된다.

실험5 U형 철심에 각각 권수 600의 코일을 감은 다음, 계철(yoke)로 자로(磁路)를 닫아 공극이 없게 한다. 1차코일과 2차코일에 각각 교류전압계를 접속한 다음, 1차코일에 교류전원을 연결한다. 스위치를 닫은 다음, 1차코일과 2차코일의 전압을 비교한다.

결과 2차코일의 전압은 1차코일의 전압과 거의 비슷하다.

그림 1-69와 같이 1개의 철심에 2개의 코일을 감은 것을 변압기(transformer)라 한다. 그리고 앞에서 설명한 바와 같이 전원이 공급되는 코일을 1차코일, 1차코일의 영향을 받는 코일을 2차코일이라 한다.

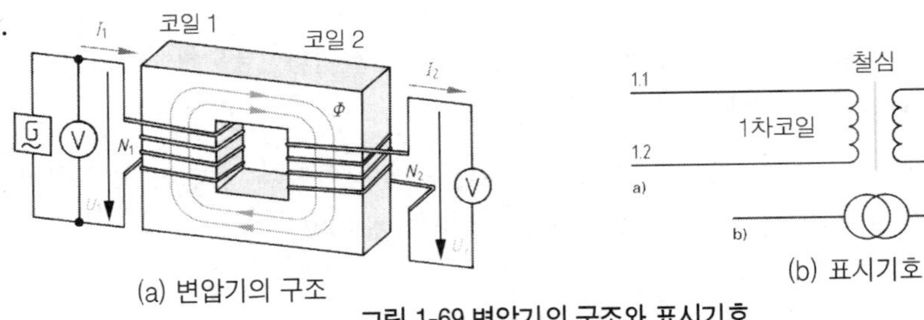

(a) 변압기의 구조

(b) 표시기호

그림 1-69 변압기의 구조와 표시기호

실험6 앞서의 실험5를 반복한다. 단, 2차코일의 권수를 1200회로 증가시키고 1차코일과 2차코일의 전압을 비교한다.

결과 2차코일의 전압은 1차코일의 전압에 비해 거의 2배가 된다.

2차코일의 유도전압은 1차코일과 2차코일의 권수에 비례해서 증가한다. 2차코일의 각 권선에는 똑같은 크기의 전압이 유도되므로 각 권선에 유도된 전압의 합이 2차코일의 전압이 된다.

> 유도전압은 코일의 권수에 비례해서 증가한다.

2차코일의 권수(N_2)가 1차코일의 권수(N_1)보다 많으면, 2차코일의 유도전압은 높다. 반대로 2차코일의 권수(N_2)가 1차코일의 권수(N_1)보다 적으면, 2차코일의 유도전압은 낮아진다.

$$U_1 : U_2 = N_1 : N_2$$

또 손실을 무시하면 1차코일의 출력(P_1)과 2차코일의 출력(P_2)은 같다. 출력은 전압(U)과 전류 (I)의 곱이므로, 2차코일의 권수(N_2)가 1차코일의 권수(N_1)보다 많으면, 2차코일의 유도전압(U_2)은 높아지고 2차전류(I_2)는 감소한다. 또 그 반대도 물론 성립한다.

$$P_1 = P_2 \rightarrow U_1 \cdot I_1 = U_2 \cdot I_2$$

$$\frac{U_1}{U_2} = \frac{N_1}{N_2} = \frac{I_2}{I_1}$$

유도전류(I)의 크기는 코일의 권수에 반비례한다. 이 외에도 유도전압은 코일에 영향을 미치는 자속의 변화속도의 영향을 받는다.(그림 1-70)

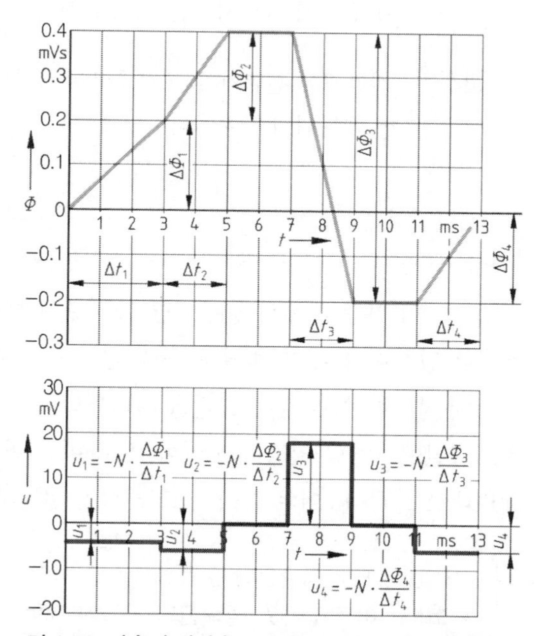

그림 1-70 자속의 변화속도가 유도전압에 미치는 영향

2차코일에 유도되는 유도전압은 2차코일의 권수가 많을수록, 자속변화가 크고 빠를수록 높다.

$$U_2 = -N_2 \cdot \frac{\Delta\Phi}{\Delta t}$$

여기서 U_2 : 2차코일의 유도전압[V], N_2 : 2차 코일의 권수, $\Delta\Phi$: 자속변화[V · s], t : 자속변화에 소요되는 시간[s] (−) 부호 : 유도전압의 발생 방향을 의미함.

자동차 점화장치에 사용되는 점화코일도 일종의 변압기이다. 단, 자동차의 전원은 직류이기 때문에 1차전류를 기계적 또는 전자적으로 개폐하여 2차 측에 점화에 필요한 고전압을 유도한다.

예제9 권수 600회의 코일로부터 0.3초 동안에 2.5[mWb]의 자속변화를 얻었다. 자속변화가 일정하다면, 코일로부터 유도된 전압은?

【풀이】 $U_0 = N \cdot \dfrac{\Delta\Phi}{\Delta t} = 600 \times \dfrac{2.5\text{mV} \cdot \text{s}}{0.3\text{s}} = 5{,}000\text{mV} = 5\text{V}$

(4) 와전류(eddy current) - 맴돌이 전류

실험1 두꺼운 알루미늄 판을 시계추처럼 매달아 그림 1-71과 같이 전자석 사이에서 진자운동을 할 수 있도록 한다. 알루미늄 판이 자유롭게 진자운동을 하도록 흔들어 놓은 다음, 전자석(예 : 권수 600의 코일 2개)의 코일에 직류전류를 흐르게 한다.

결과 전자석에 전류가 흐르면 곧바로 알루미늄 판에 강력한 제동력이 작용한다.

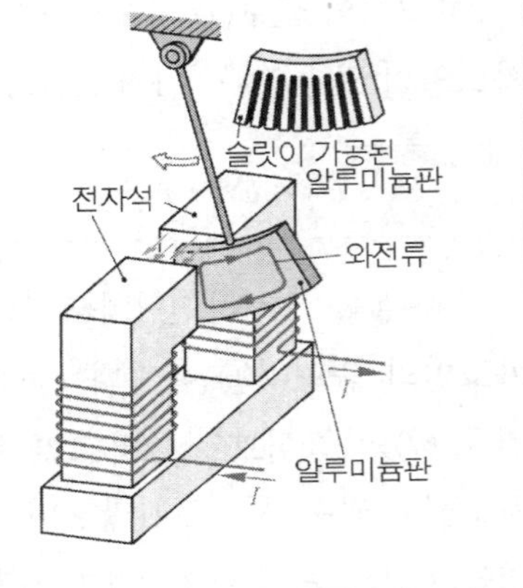

그림 1-71 와전류의 발생

전자석의 자장 내에서 알루미늄 판이 운동하면서 알루미늄 판 자체에 전압을 유도한다. 유도된 전압은 알루미늄 판 자체에 큰 전류를 흐르게 한다. 알루미늄 판은 4각형 루프(loop)코일을 자석 사이에 설치한 것과 같은 효과를 나타낸다. 그러나 이때 알루미늄 판에 전류가 흐르는 길은 4각형 루프코일에서처럼 일정하지 않다. 알루미늄 판에 흐르는 전류는 판 내부에서 맴돌이를 이루면서 제멋대로 흐른다. 이와 같이 흐르는 길이 일정하지 않는 전류를 와전류 또는 맴돌이 전류라 한다.

> 자장 내에서 금속판이 운동하게 되면, 금속판에는 와전류가 발생된다.
> 그리고 이 와전류는 금속판의 운동에 제동작용을 한다.

와전류의 제동작용은 다방면에 이용된다. 예를 들면 적산전력계(=계량기)는 전압코일과 전류코일을 이용하여 알루미늄 판을 영구자석 사이에서 회전시키는 구조이다. 영구자석 사이를 원판이 통과할 때, 원판에는 와전류가 발생되면서 제동효과를 나타낸다.

자동차와 관련된 것들로는 출력을 측정하는 와전류 동력계(dynamometer), 대형차량의 추진축에 설치되어 제동작용을 하는 와전류 브레이크 등이 있으며, 이 외에도 전자식 측정장비 또는 저울지침의 진동을 감쇠시키는 데 흔히 이용된다.

와전류가 발생되어 흐르고 있는 도체(예 : 알루미늄 판)에는 그 도체의 저항에 해당하는 열이 발생한다. 이 열은 에너지 손실로서 이를 와전류 손실(eddy current loss)이라 한다.

예를 들면 발생된 열을 외부로 신속하게 방출하기 위해서 와전류 동력계에서는 대부분 수랭식 냉각장치를, 와전류 브레이크에서는 냉각통로를 갖추고 있다.

(5) 자체유도작용(self induction)과 인덕턴스(inductance)

① 자체유도작용(自體誘導作用)

실험1 철심이 들어 있는 코일을 약 2V의 직류전원에 연결하고, 점화전압 약 90V 정도의 네온-글로우 전구를 코일과 병렬로 결선한다.(그림 1-72). 전원 스위치를 닫았다가 연다.

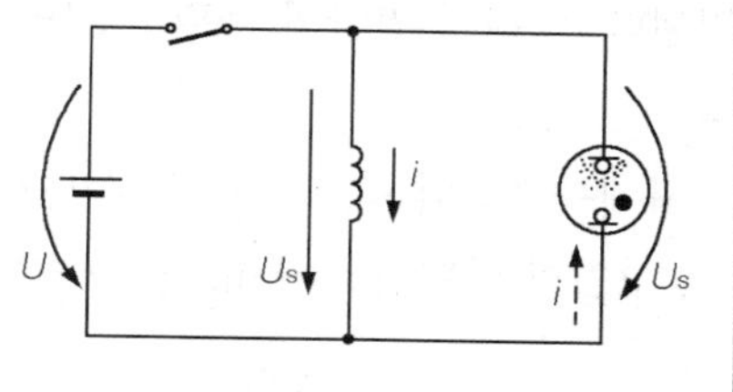

결과 글로우 램프는 스위치를 열 때, 잠깐 점등된다.

그림 1-72 코일의 전원 차단 시 자체유도전압의 발생

회로를 열 때, 코일에는 높은 전압이 유도된다. 소멸되는 자장이 코일에 높은 전압을 유도하였다. 이와 같이 코일에 시간에 따라 크기가 변하는 전류가 흐를 때, 코일 자체에 생성된 자장의 변화가 전자유도작용에 따라 반대방향 기전력을 코일 자체에 유도하는 현상을 자체유도(self induction)라 한다. 코일에 흐르는 전체 전류에 영향을 미친다.

실험2 권수 1,200의 코일과 4.5V 전구를 직렬로 결선하고, 그리고 이와는 별도로 가변저항과 직렬로 제 2의 전구(4.5V)를 연결한다. 이들 2개의 직렬회로를 전압 6V의 직류전원에 각각 병렬로 연결한다(그림 1-73). 이어서 2개의 전구의 밝기가 같도록 가변저항을 조정한다. 회로를 열었다가 다시 닫으면서 2개의 전구를 관찰한다.

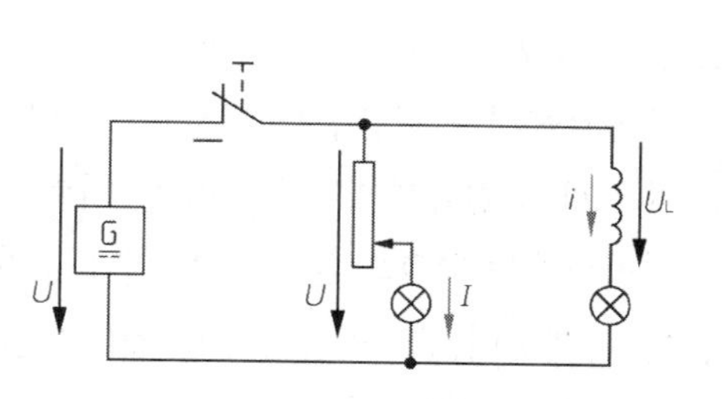

그림 1-73 코일의 전원 ON 시 유도전압 발생

결과 회로를 닫을 때, 코일과 직렬로 연결된 전구가 늦게 점등된다.

회로를 닫은 다음, 코일의 전류는 곧바로 자신의 최댓값에 도달되지 않는다.(그림 1-74참조) - 시정수(τ)

전류에 의해 먼저 자장이 형성되게 되며, 이 자장의 변화에 의해 자체유도전압이 발생된다. 코

일 내에서 발생되는 자체유도전압은 전류의 상승과 자장의 형성을 지연시키는 방향으로 발생된다.(렌츠의 법칙) - 역방향으로 발생되기 때문에 이를 역기전력(逆起電力)이라고도 한다.

회로를 열면 코일의 자장은 소멸된다. 이때에도 앞서와 똑같이 자체유도전압(역기전력)이 발생되는데, 이제는 코일의 전류가 계속 같은 방향으로 흐르도록 작용하기 때문에 코일 내의 전류는 천천히 소멸된다. 따라서 자장의 소멸도 지연된다.(렌츠의 법칙)

자체유도전압(U_s)은 자속의 변화속도가 빠를수록, 코일의 인덕턴스(inductance)가 클수록 높다.

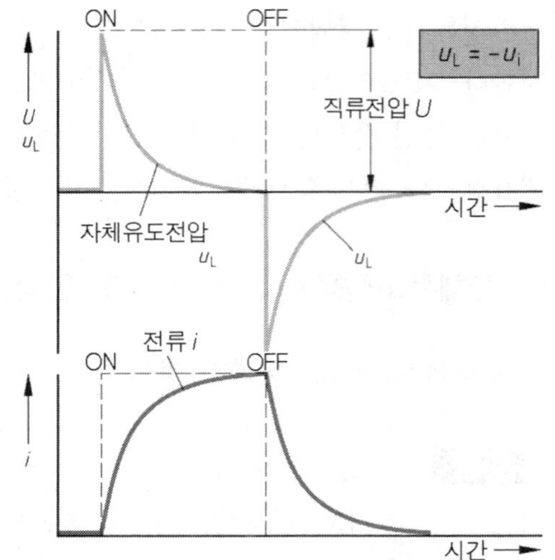

그림 1-74 코일의 전원 ON-OFF시 전류전압의 변화과정

$$U_s = -N \cdot \frac{\Delta\Phi}{\Delta t} = -L \cdot \frac{\Delta i}{\Delta t} [\mathrm{V}]$$

여기서 U_s : 자체유도전압[V], N : 코일의 권수, $\Delta\Phi$: 자속의 변화[Vs]
Δi : 전류의 변화[A] L : 인덕턴스[H]
t : 전류변화에 소요된 시간[s]. (−)는 역기전력을 의미함.

② **인덕턴스**(inductance : L)**와 자체유도전압**(U_s)

인덕턴스란 전류가 변화할 때, 유도전압을 발생시키는 도체의 특성을 말한다. 교류전류가 흐르는 코일에서는 자체유도작용에 의한 인덕턴스가 큰 문제가 된다.

자동차에서는 직류전류를 사용하지만, 그래도 인덕턴스가 문제가 된다. 연료분사밸브, 점화코일 등에서 전류를 1초당 수백 번 개폐시키면 교류와 마찬가지 현상이 나타나기 때문이다.

인덕턴스는 회로의 본래 저항 외에 추가되는 제 2의 저항요소이다. 인덕턴스는 권수(N)의 제곱에 비례하며, 또 철심재료의 특성과 코일의 형상에 따라 변화한다. 표시기호는 L, 단위는 H(henry)*를 사용한다.

1[H]는 1초 동안에 1[A]의 전류의 변화로 1[V]의 전압을 발생시키는 코일의 자체 인덕턴스이다.

$$1[\mathrm{H}] = 1[\mathrm{V} \cdot \mathrm{s/A}] = 1[\Omega \cdot \mathrm{s}]$$

길이 l[m]인 보빈(bobbin ; 원통형의 권선 틀)의 코일의 권수를 N, 코일의 반지름을 r[m], 진공의 투자율을 μ_0[H/m]라고 하면, 코일의 자체 인덕턴스 L은 다음 식으로 표시된다.

* Josef Henry : 미국 물리학자, (1797~1878).

유한장 공심 코일에서의 자체 인덕턴스(L)는

$$L = \kappa \cdot \frac{\mu_0 \pi r^2}{l} \cdot N^2 = \kappa \cdot \mu_0 \cdot \frac{A}{l} \cdot N^2 = \kappa \cdot (4\pi \times 10^{-7}) \frac{A}{l} \cdot N^2 [\text{H}]$$

여기서 κ : 비례상수(코일의 지름과 길이에 따라 정해지는 계수 = 장강계수)

유한장 철심코일에서의 자체 인덕턴스(L_R)는

$$L_R = \mu_0 \cdot \mu_r \cdot \frac{A}{l} \cdot N^2 = (4\pi \times 10^{-7}) \cdot \mu_r \cdot \frac{A}{l} \cdot N^2 [\text{H}]$$

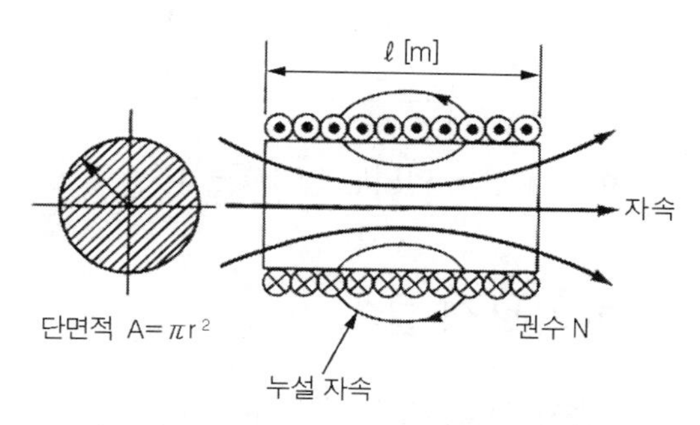

그림 1-75(a) 길이가 짧은 코일의 자체 인덕턴스

또 코일의 전류가 회로를 닫을 때 최종값의 약 63%(=63.7%)에, 회로를 열 때 약 37%에 도달하는 시간 즉, 시정수(τ)는 다음 식으로 구한다.

$$\tau = \frac{L}{R}$$

여기서 τ : 시정수[s], L : 코일의 인덕턴스[Vs/A], R : 저항[V/A 또는 Ω]

(6) 자체 인덕턴스와 상호 인덕턴스의 관계

상호유도작용이 발생되는 경우, 1차코일과 2차코일의 자체 인덕턴스(L_1, L_2)와 상호 인덕턴스(M)는 다음과 같다.

$$L_1 = \frac{\mu A}{l} \cdot N_1^2 [\text{H}] \qquad L_2 = \frac{\mu A}{l} \cdot N_2^2 [\text{H}]$$

상호 인덕턴스(M)는

$$M = \frac{\mu \cdot A \cdot N_1 \cdot N_2}{l} [\text{H}]$$

따라서 자체 인덕턴스(L_1, L_2)와 상호 인덕턴스(M)의 관계는 다음과 같다.

$$M^2 = \frac{\mu^2 \cdot A^2 \cdot N_1^2 \cdot N_2^2}{l^2} = \frac{\mu \cdot A \cdot N_1^2}{l} \cdot \frac{\mu \cdot A \cdot N_2^2}{l} = L_1 \cdot L_2$$

① 누설자속이 없는 경우의 상호인덕턴스는

$$M = \sqrt{L_1 \cdot L_2}$$

② **누설자속이 있는 경우, 코일 간의 결합계수를 $\kappa(\kappa < 1)$라고 하면 상호인덕턴스는**

$$M = \kappa \cdot \sqrt{L_1 \cdot L_2}$$

③ **상호 인덕턴스(M)가 작용하는 2차코일에서의 유도기전력(U_2)은**

$$U_2 = -N_2\frac{\Delta\Phi}{\Delta t} = -M\frac{\Delta i}{\Delta t}[\mathrm{V}]$$

여기서 상호 인덕턴스(M)는 $M = \dfrac{N_2 \cdot \Phi}{i_1}$ [H]이다.

(7) 인덕턴스의 접속

① **전자(電磁)결합이 없는 경우** : $L = L_1 + L_2$ [H]

② **전자(電磁)결합이 있는 경우**

- 결합접속 : 1, 2차 코일이 형성하는 자속의 방향이 순방향이 되는 접속
  $L = L_1 + L_2 + 2M$ [H]
- 차동접속 : 1, 2차 코일이 형성하는 자속의 방향이 역방향이 되는 접속
  $L = L_1 + L_2 - 2M$ [H]

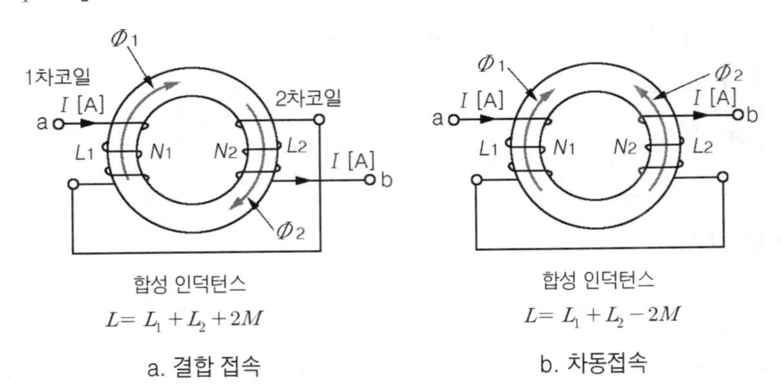

그림 1-75(b) 인덕턴스의 접속

(8) 인덕턴스에 축적되는 에너지(W)

$$W = \frac{1}{2} \cdot L \cdot I^2 \text{ [J]}$$

제1장 전기 기초이론

제6절 전기장과 콘덴서
(Electric field and condenser)

1. 전기장(電氣場 ; electric field)

극성이 서로 동일한 전하(電荷) 사이에는 반발력이 작용하고, 극성이 서로 다른 전하 사이에는 흡인력이 작용한다는 사실을 우리는 이미 알고 있다. 이와 같이 양(+)전하와 음(−)전하 사이에 전기적인 힘이 미치는 공간을 전기장 또는 전장(電場), 전기장에 작용하는 힘을 정전력(靜電力 ; electrostatic force)이라 한다.

실험1 그림 1-76(a)와 같이 금속구(金屬球)와 갓이 씌워진 리본-제너레이터(ribbon generator)를 연결한다. 리본-제너레이터를 작동시키고, 충전된 갓에 아주 작은 솜들을 떨어뜨린다.

결과 작은 솜들은 갓과 볼 사이에서 휘어진 선을 따라 왕복운동을 한다.

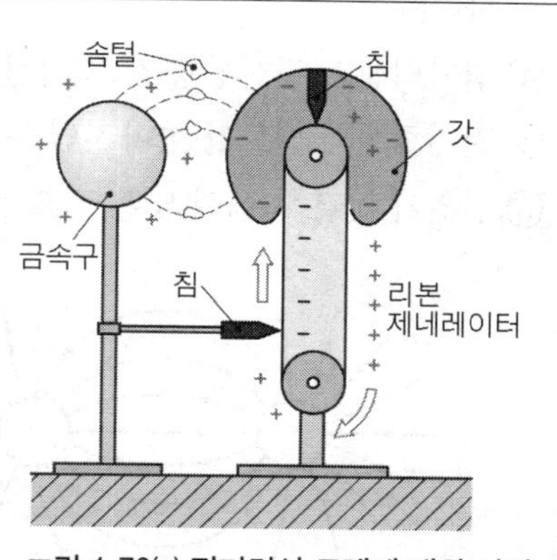

그림 1-76(a) 전기력선 모델에 대한 실험

솜이 음(−)으로 대전된 전극에 떨어지면, 솜은 거기서 전극과 같은 음전하로 대전된다. 그러면 솜은 튕겨나가게 된다. 이제 솜은 양(+)으로 대전된 전극으로 날아가며, 이때 전자를 운반한다. 솜이 양(+)으로 대전된 전극에 접촉할 때, 전자는 양(+)전극에 흡수된다. 솜은 다시 양(+)으로 대전되어 다시 튕겨나간다. 솜은 금속구와 갓 사이를 왕복하면서 날아다닌다. 즉, 전기장의 영향을 받는 솜에는 흡인력과 반발력이 교대로 작용한다.

대전(帶電)된 입자 즉, 전하가 전기장 내에서 하나의 선을 따라 이동하는 것으로 가상하고, 이 선을 전기력선(line of electric force)이라 한다. 전기장은 전기력선을 이용하여 자력선처럼 가시화할 수 있다. 그림 1-76(b)는 공간(空簡) 전기장의 단면을 나타내고 있다.

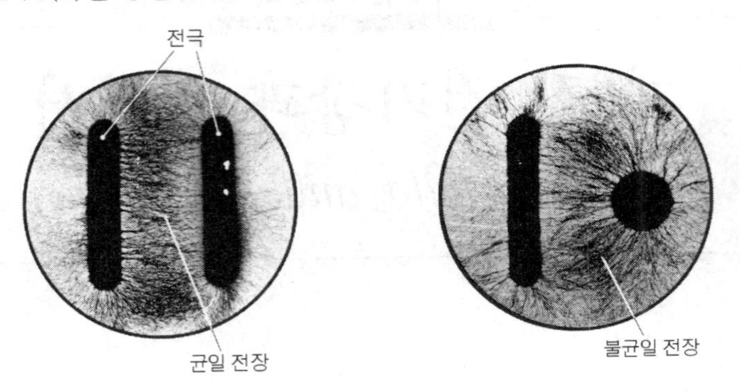

그림 1-76(b) 전기력선의 가시화

전기력선(電氣力線)은

① 양(+)전하의 표면에서 나와 음(−)전하의 표면으로 들어간다.

② 서로 교차하지 않으며, 도체의 표면에 수직으로 출입한다.

③ 당기고 있는 고무줄과 같아서 항상 수축하려고 하며, 같은 전기력선 사이에는 반발력이 작용한다.

④ 전기력선의 접선방향은 그 접점에서의 전기장의 방향을 나타낸다.

⑤ 전기력선의 밀도가 높아지면, 이에 비례하여 전기장의 세기도 증강된다.

⑥ 전위가 높은 점에서 낮은 점으로 향하며, 그 자신만으로는 폐곡선이 형성되지 않는다.

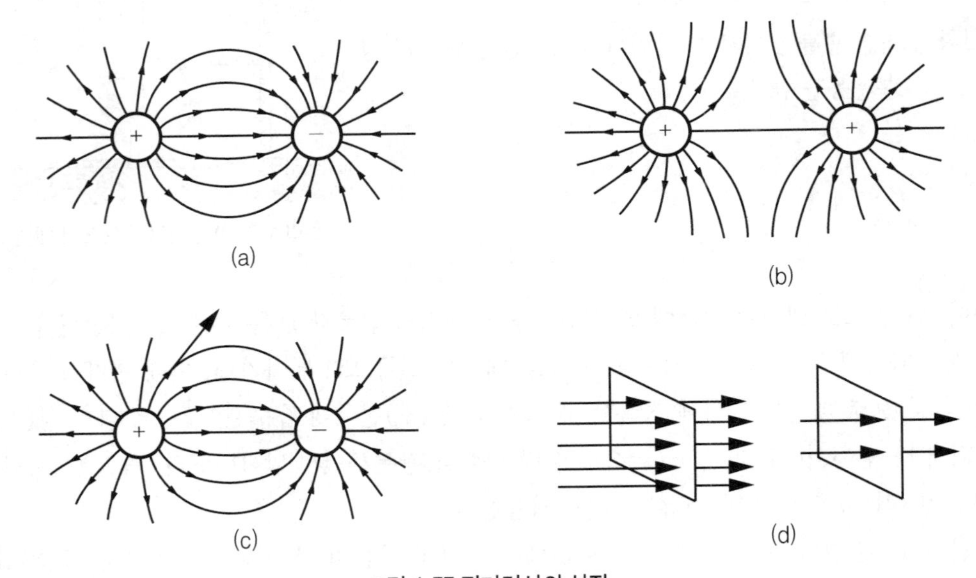

그림 1-77 전기력선의 성질

2. 기본 개념

(1) 전기장의 세기

실험2 명주실에 매달린, 대전된 작은 스티로폼(styrofoam) 구(球) 또는 대전된 작은 은구(銀球)를 실험용 콘덴서의 2개의 판 사이에 설치한다. 실험용 콘덴서에 조정이 가능한 수 kV의 전원을 연결한다. 전원전압을 변화시키면서 구(球)의 움직임을 관찰한다.

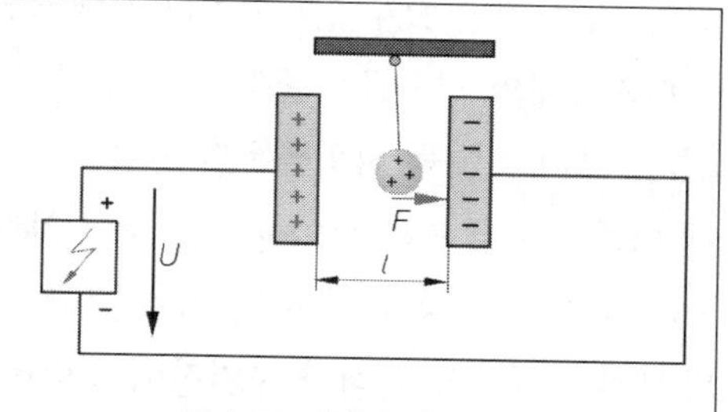

그림 1-78 전장에 작용하는 힘

결과 인가된 전압이 높으면 높을수록 구(球)는 반대 극성의 판 방향으로 더 많이 끌려간다.

전기장 내의 전하 Q[A・s]에 작용하는 힘 F[N]은 전하(Q)의 크기에 따라 변화한다. 따라서 "F/Q"의 크기는 일정하며, 전기장(E)의 세기에 따라 변화한다.

전기장(E)의 세기는 전기장 내의 전하에 작용하는 힘의 척도이다.

$$E = \frac{F}{Q} \qquad E = \frac{[\mathrm{N}]}{[\mathrm{C}]} = \frac{[\mathrm{N}]}{[\mathrm{A \cdot s}]}$$

서로 극성이 다른 두 전하 사이에도 전기장이 형성되며, 또 전압이 발생된다. 예를 들면, 평행판 콘덴서와 같은 균일전장에서 전기장(E)의 세기는 '발생전압/판 사이의 거리'의 비와 같다.

따라서 전기장(E)의 세기는 두 평행판 사이의 거리(l)와 두 전하 사이에서 발생된 전압(U)으로도 표시할 수 있다.

$$E = \frac{F}{Q} = \frac{U}{l} \qquad E = \frac{[\mathrm{N}]}{[\mathrm{A \cdot s}]} = \frac{[\mathrm{V \cdot A \cdot s/m}]}{[\mathrm{A \cdot s}]} = \frac{[\mathrm{V}]}{[\mathrm{m}]}$$

예제 판 사이의 거리 $l = 0.2\mathrm{mm}$인 콘덴서에서 전기장의 세기 $E = 1.5\mathrm{kV/mm}$를 얻고자 한다. 인가해야 할 최대 직류전압은?

【풀이】 $U = E \cdot l = \dfrac{1.5\mathrm{kV}}{\mathrm{mm}} \times 0.2\mathrm{mm} = 0.3\mathrm{kV} = 300\mathrm{V}$

(2) 정전유도(靜電誘導 ; electrostatic induction)

정전기가 축전된 2개의 평행판의 사이에 전기적으로 중성인 2장의 얇은 시험 금속판을 그림

1-79(a)와 같이 삽입하면, 2장의 시험 금속판에는 각각 (+)와 (−)의 극성이 유도된다.(그림 1-79(b)). 유도된 극성은 평행판과 가까운 쪽에 평행판과 반대되는 극성이 유도된다.

이제 2개의 시험금속판을 서로 접촉시키면 전하는 이동하여, 1개의 시험 금속판은 모두 음(−)전하, 다른 판은 모두 양(+)전하로 대전된다.(그림 1-79(c))

다시 2개의 시험금속판을 서로 분리시키면, 이들은 각각 (+)와 (−)로 대전된 상태를 유지하게 된다. 그리고 이들 시험금속판에 유도된 전하는 극성은 서로 다르지만 그 크기는 서로 같다. 동시에 이들 시험금속판 사이에는 전장이 없는 공간이 형성된다.(1-79(d))

이와 같은 현상을 정전유도(靜電誘導 ; electrostatic induction)라 한다. 정전유도현상에 의해서 발생된 전기장은 원래의 전기장에 반발한다.

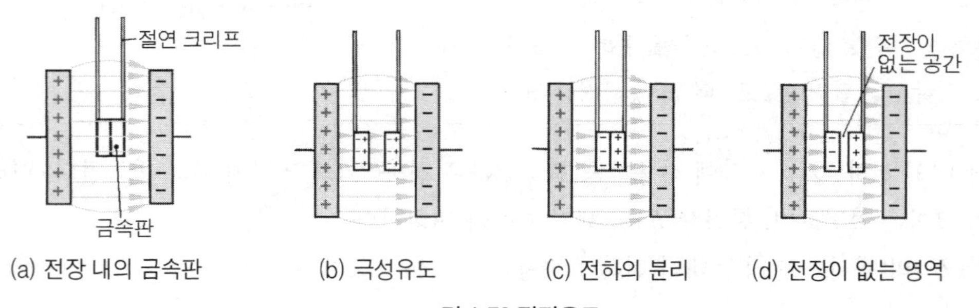

그림 1-79 정전유도

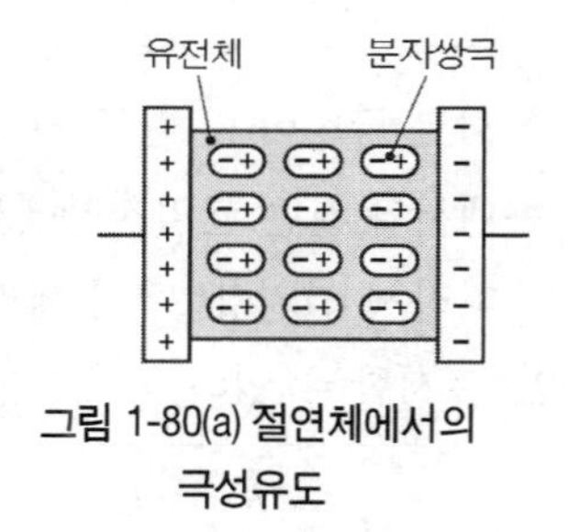

그림 1-80(a) 절연체에서의 극성유도

절연체는 자유전자를 가지고 있지 않기 때문에 전하가 금속판에서와 같이 분리되지 않으나 극성이 유도된다.(그림 1-80(a) 참조)

도체에서 전하가 분리될 때, 또는 절연체에서 극성이 유도될 때, 전장의 영향으로 전자(음전하)가 힘 F를 가지고 거리 s만큼 전장의 반대방향으로 이동하였다. 따라서 전하에는 일 '$W = F \cdot s$'가 저장되었다. 재료가 같을 경우, 전장 내에서 정전유도에 의한 영향은 전장의 세기가 클수록 크다. 저장된 에너지는 방전 시에 방출된다.

정전유도현상은 금속물체에서 정전차폐(electrostatic shielding)에 이용된다.(그림 1-80(b))

정전차폐를 위해서는 구리 판(plate)이나 알루미늄 판, 그물망, 또는 격자모양의 금속으로 외부를 감싸주면 된다. 차체 자체가 금속판이기 때문에 자동차 내부는 자동적으로 정전차폐가 되어 정전기가 발생되지 않지만, 차체표면에서는 주행 중 표면도료와 공기의 마찰에 의해 정전기가 유도된다.

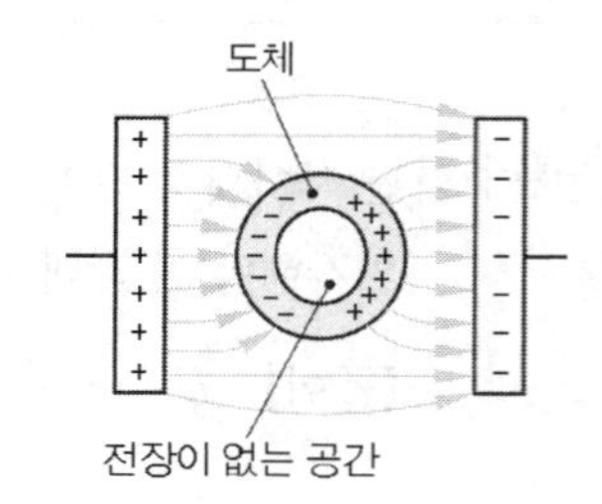

그림 1-80(b) 전장의 정전차폐

(3) 쿨롱의 법칙(Coulomb's law)

볼(ball) 모양의 점전하 Q_1과 다른(같은) 극성의 점전하 Q_2 사이에는 흡인력(반발력) F가 작용한다. 이와 같이 두 전하 사이에 작용하는 힘을 정전력(electrostatic force)이라 한다. 정전력 F는 전하의 크기와 두 전하 사이의 거리, 그리고 두 전하 사이의 물질에 따라 변화한다.

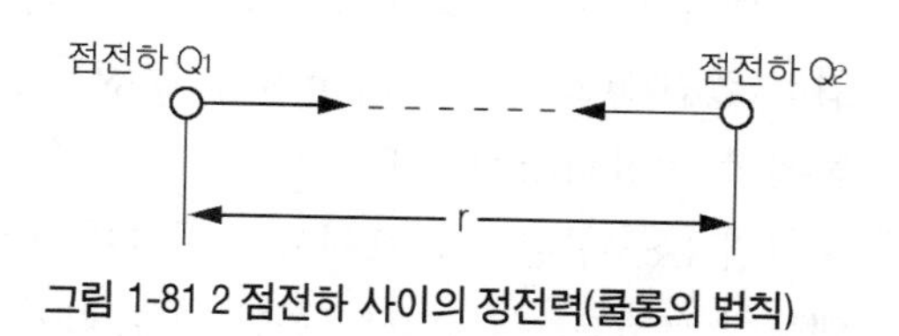

그림 1-81 2 점전하 사이의 정전력(쿨롱의 법칙)

2개의 점전하 사이에 작용하는 정전력 F의 크기는 두 전하의 곱($Q_1 \cdot Q_2$)에 비례하고, 두 전하 사이의 거리(r)의 제곱에 반비례한다. 이를 쿨롱의 법칙이라 한다.

공기 중에서

$$F = \frac{1}{4\pi\epsilon_0} \cdot \frac{Q_1 \cdot Q_2}{r^2} = \kappa \cdot \frac{Q_1 \cdot Q_2}{r^2}$$

$$\kappa = \frac{1}{4\pi\epsilon_0} \simeq 0.9 \times 10^{10} \frac{[\mathrm{V \cdot m}]}{[\mathrm{A \cdot s}]}$$

여기서

F : 정전력[N]

Q_1, Q_2 : 전하[A · s]

ϵ_0 : 유전율(진공 중 또는 공기 중)

$= 8.855 \times 10^{-12}[(\mathrm{A \cdot s})/(\mathrm{V \cdot m})]$

(4) 실제에서의 전기장

실제로 전기장은 오실로스코프, 전계효과 트랜지스터(FET), 전자 필터(electronic filter), 도장설비 등에 이용된다. 전계효과 트랜지스터(FET)에서는 전기장으로 부하전류를 제어한다. 전자필터에서는 먼지입자는 음으로 대전되어, 양으로 대전된 전극에 흡인된다.(가스로부터 먼지를 분리한다.)

정전도장설비에서는 도료입자가 대전되어 정전력에 의해 재료표면에 달라붙는다.

원하는 전기장과 원하지 않는 전기장의 예를 들면 다음과 같다.

① 원하는 전기장의 예

- 콘덴서((condenser, 축전기)

② 원하지 않는 전기장 또는 정전용량(capacitance)의 예

- 병렬로 배선된 전선 사이에서
- 전선과 근접한 금속 사이에서
- 트랜지스터와 다이오드에서
- 코일의 권선 간에
- 저항에서

병렬로 배선된 전선들 사이에는 전기장이 형성되며, 따라서 배선에는 원하지 않는 정전용량이 형성된다. 고전압장치에서 측정할 때, 배선에서의 정전용량 때문에 지시값에 오류가 있을 수 있다.

3. 직류회로 내의 콘덴서(condenser)

(1) 콘덴서의 특성

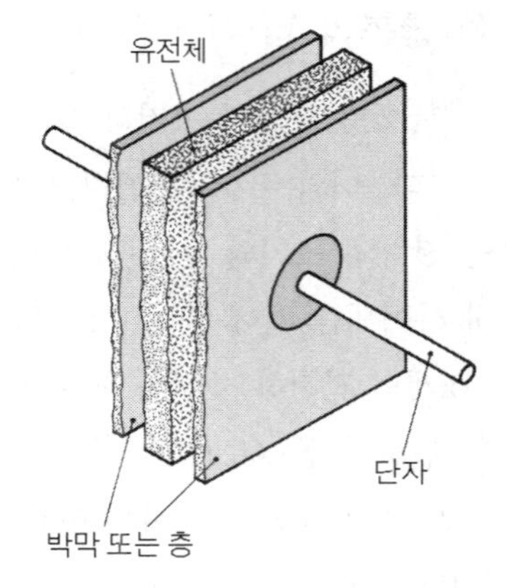

그림 1-82 콘덴서의 기본구조

콘덴서*는 기본적으로 2장의 얇은 금속도체와 그 사이에 삽입된 절연체(insulator)로 구성되며, 전하를 저장할 목적으로 제작된 소자(element)이다.

그림 1-83과 같은 회로에서 콘덴서에 직류전압을 인가하면 콘덴서에 축전되는 짧은 시간동안 전류계의 지침이 움직였다가 다시 0점으로 복귀한다. - 콘덴서의 축전전류

콘덴서가 완전 축전되고 나면, 직류전류는 더 이상 흐르지 못하고 차단된다. 이 경우, 콘덴서의 저항은 무한대에 가깝다.

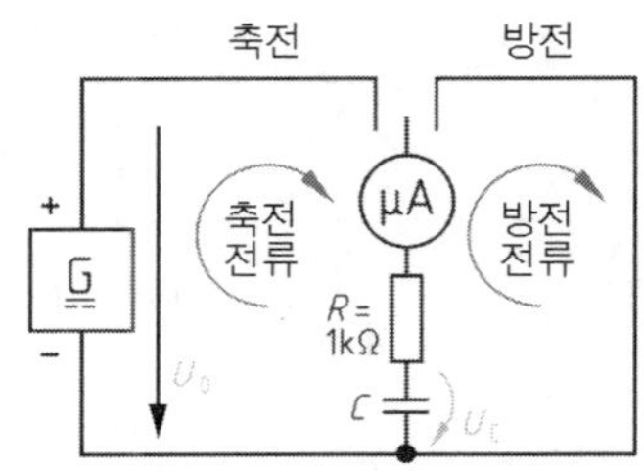

그림 1-83 콘덴서의 축전/방전 실험회로

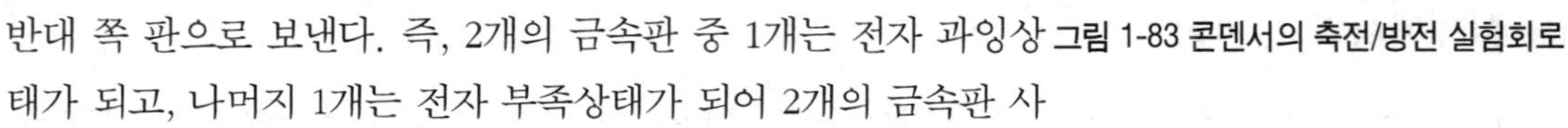

스위치를 절환시켜 단락(short)회로로 하면, 지침은 축전할 때와는 반대방향으로 잠간동안 움직였다가 다시 0점으로 복귀한다. 즉, 콘덴서에 축전되어 있던 전류는 축전할 때와는 반대방향으로 방전된다. - 콘덴서의 방전.

축전할 때 전원은 콘덴서의 한 쪽 판으로부터 전자를 흡수하여 반대 쪽 판으로 보낸다. 즉, 2개의 금속판 중 1개는 전자 과잉상태가 되고, 나머지 1개는 전자 부족상태가 되어 2개의 금속판 사이에 전압이 발생된다. 이 상태에서 콘덴서가 전원으로부터 분리되어도 콘덴서의 2개의 금속판 사이의 전압(=전자수의 차이)은 그대로 유지된다. 즉 전원과 단절되어도 콘덴서는 축전상태를 그대로 유지, 전하를 저장한다.

콘덴서의 두 전극 사이에 가하는 전압을 0에서부터 점차 증가시켜, 어느 수준에 도달하면 절연체는 손상되고, 콘덴서는 통전상태가 된다. 이를 절연파괴(dielectric break down)라 한다. 또 콘덴서가 축전상태를 유지할 수 있는 한계전압을 콘덴서의 내압(withstand voltage)이라 한다.

(2) 콘덴서의 정전용량(capacitance of condenser)

콘덴서의 인가전압을 2배로 하면, 두 전극판 사이의 전하도 2배가 된다. 즉, 콘덴서에 저장되는 전하 Q[A · s]는 인가전압 U[V]에 비례한다. 비례상수를 C라고 하면 다음 식이 성립한다.

$$Q = C \cdot U \, [\mathrm{A \cdot s}]$$

* 콘덴서(condenser) : 라틴어로 저장기

위 식에서 C가 크면 낮은 전압에서도 많은 전하를 저장할 수 있고, C가 작으면 높은 전압에서도 소량의 전하만 저장된다는 사실을 알 수 있다.

위 식을 C에 관하여 정리하면

$$C = \frac{Q}{U}, \qquad C = \frac{[\mathrm{A \cdot s}]}{[\mathrm{V}]} = [\mathrm{F}](\mathrm{farad})$$

위 식에서 C는 콘덴서의 축전능력을 의미하는 데, 이를 콘덴서의 정전용량(capacitance)*이라 한다. 단위로는 F(farad(패럿))**이 사용된다.

1[V]의 전압을 가하여 1 쿨롱[C : coulomb]의 전하 즉, 1[A · s]가 저장될 때, 이 콘덴서의 정전용량은 1[F]이다. - 1 [F] (farad)의 정의

단위 [F](farad)는 실용상 그 크기가 너무 크기 때문에, 실제로는 작은 단위들이 사용된다.

- 1 밀리 패럿 = 1mF = 10^{-3}F
- 1 마이크로 패럿= 1μF = 10^{-6}F
- 1 나노 패럿 = 1nF = 10^{-9}F
- 1 피코 패럿 = 1pF = 10^{-12}F

예제1 정전용량 0.22μF , 전압 12V일 때, 콘덴서에 저장되는 전하 Q는?

【풀이】 $Q = C \cdot U = 0.22 \times 10^{-6}\mathrm{F} \times 12\mathrm{V} = 2.64 \times 10^{-6}[\mathrm{A \cdot s}] = 2.64[\mu\mathrm{A\,s}]$

(3) 정전용량의 계산과 비유전율

콘덴서의 정전용량은 그 구조와 절연재료의 성질에 따라 다르며, 극판의 유효면적에 비례하고, 극판 사이의 거리에 반비례한다.

① 정전용량의 계산

그림 1-84와 같이 넓이 $A[\mathrm{m}^2]$의 두 금속판 사이에 두께 l[m]의 절연체를 넣고, 전압 U[V]를 가한 경우에 다음 식이 성립한다. 이때 정전력은 F[N], 전하는 Q[C] 또는 Q[A · s]를 사용한다.

- 절연체 내의 전장의 세기(E)

$$E = \frac{F}{Q} = \frac{U}{l} \qquad E = \frac{[\mathrm{N}]}{[\mathrm{A \cdot s}]} = \frac{[\mathrm{V \cdot A \cdot s/m}]}{[\mathrm{A \cdot s}]} = \frac{[\mathrm{V}]}{[\mathrm{m}]}$$

* capacitance; 라틴어 capacitas(저장능력(=수용능력))에서 유래

** Michael Faraday : 영국 과학자(1791～1867)

● 절연체 내의 전속밀도(D)

$$D = \frac{Q}{A} \qquad D = \frac{[\mathrm{A \cdot s}]}{[\mathrm{m}^2]}$$

● 콘덴서의 정전용량(C)

$$C = \frac{Q}{U} \qquad C = \frac{[\mathrm{A \cdot s}]}{[\mathrm{V}]} = [\mathrm{F}]$$

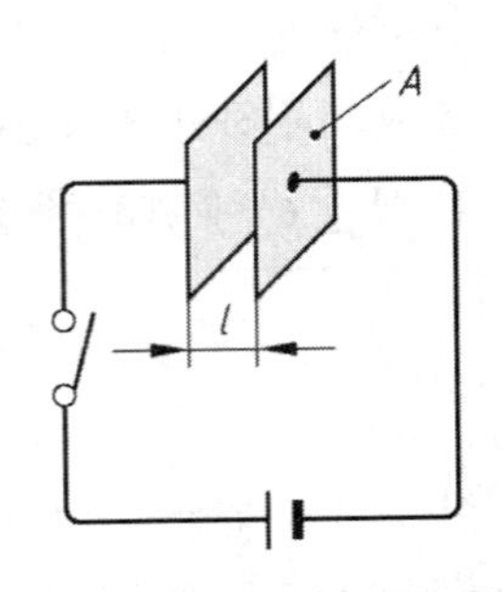

그림 1-84 평행판 콘덴서의 정전용량

따라서

$$C = \frac{Q}{U} = \frac{D \cdot A}{E \cdot l} = \frac{D}{E} \cdot \frac{A}{l}\,[\mathrm{F}] \qquad C = \frac{[\mathrm{A \cdot s}]}{[\mathrm{V}]} = [\mathrm{F}]$$

위 식에서 평행판 콘덴서의 정전용량 C[F]은 극판의 면적 $A[\mathrm{m}^2]$에 비례하고, 극판 사이의 간격 l[m]에 반비례한다. 또 'D/E'는 절연재료(=유전체)의 특성에 따른 상수로 생각할 수 있다. 따라서 콘덴서의 정전용량은 유전체의 특성에 따라 다르다는 것을 확인할 수 있다.

② **비유전율** (relative permittivity : Permittivitätszahl)

정전용량의 식에서 비례상수 'D/E'를 ϵ(epsilon)으로 표시하면 다음과 같이 된다.

$$C = \frac{D}{E} \cdot \frac{A}{l} = \epsilon \cdot \frac{A}{l}\,[\mathrm{F}]$$

위 식에서 ϵ 은 전속밀도 $D[(\mathrm{A \cdot s})/\mathrm{m}^2]$와 전장의 세기 $E[\mathrm{N}/(\mathrm{A \cdot s})]$의 비율로서, 전장의 세기에 따라 어느 정도의 전속이 발생되는가를 나타낸다. 이를 유전율(permittivity)라 한다.

위 식을 유전율 ϵ 에 관하여 정리하면

$$\epsilon = C \cdot \frac{l}{A}\,, \qquad \left[\frac{\mathrm{As}}{\mathrm{V}}\right]\frac{[\mathrm{m}]}{[\mathrm{m}^2]} = \frac{[\mathrm{A \cdot s}]}{[\mathrm{V \cdot m}]}$$

유전율(ϵ)은 전극판의 단면적 $A[\mathrm{m}^2]$, 전극판 사이의 간격 l[m], 그리고 콘덴서의 정전용량 C[F]을 알면 구할 수 있다.

특히 진공에서의 유전율(ϵ_0)을 전장상수(electric field constant: elektrische Feldkonstante)라 하며 그 값은 실험 또는 계산으로 구한다. 그 값은 다음과 같다.

$$\epsilon_0 = 8.85 \times 10^{-12}\left[\frac{\mathrm{A \cdot s}}{\mathrm{V \cdot m}}\right] = 8.85\left[\frac{\mathrm{pF}}{\mathrm{m}}\right] \quad \cdots\cdots\cdots \text{전장상수}$$

콘덴서 전극판 사이에 절연재료의 유무에 따라 정전용량을 비교하면, 절연재료가 삽입되어 있을 때 정전용량이 더 높다. 이는 공기 또는 진공 중에서 보다는 절연재료의 유전율이 훨씬 크다는 것을 의미한다.(표 1-13 참조)

〔표 1-13〕 각종 절연재료의 비유전율

절연재료	비유전율 ϵ_r	절연재료	비유전율 ϵ_r
공기	1	유리	4~8
절연유	2~2.4	운모	6~8
실리콘 오일	2.8	폴리스티롤	2.5
하드 페이퍼	4~8	세라믹	10~10,000
도자기	5~6	폴리에스테르	3.3

전장상수 즉, 진공의 유전율 ϵ_0과 절연재료의 유전율 ϵ과의 비를 비유전율(ϵ_r)이라 한다.

따라서 다음 식이 성립한다.

$$\epsilon = \epsilon_0 \cdot \epsilon_r$$

예제2 평행판 콘덴서의 두 전극판의 면적이 각각 30cm²이고, 두 전극판 사이의 간격은 0.5mm이다. 절연재료로 a) 공기 b) 두께 0.5mm의 하드 페이퍼($\epsilon = 4$)를 사용할 경우의 정전용량은?

【풀이】 a) 공기

$$C = \epsilon_0 \cdot \epsilon_r \cdot \frac{A}{l}\,[\mathrm{F}] = 8.85 \times 10^{-12} \frac{\mathrm{A \cdot s}}{\mathrm{V \cdot m}} \times 1 \times \frac{30 \times 10^{-4}\mathrm{m}^2}{0.5 \times 10^{-3}\mathrm{m}} = 53.1 \times 10^{-12}[\mathrm{F}] = 53.1[\mathrm{pF}]$$

b) 하드 페이퍼

$$C = \epsilon_0 \cdot \epsilon_r \cdot \frac{A}{l}\,[\mathrm{F}] = 8.85 \times 10^{-12} \frac{\mathrm{A \cdot s}}{\mathrm{V \cdot m}} \times 4 \times \frac{30 \times 10^{-4}\mathrm{m}^2}{0.5 \times 10^{-3}\mathrm{m}} = 212.4 \times 10^{-12}[\mathrm{F}] = 212.4[\mathrm{pF}]$$

(4) 콘덴서의 축전/방전과 시정수 (time constant)

실험1 그림 1-85와 같이 회로를 결선한다. 정전용량 10μF의 콘덴서와 저항 1MΩ을 직렬로 연결하고 직류 30V를 인가한다. 전압계를 이용하여 10초, 20초, 30초, 40초, 50초 후에 콘덴서의 전압을 측정한다.

결과 콘덴서의 전압은 처음에는 급격히 증가하고, 나중에는 천천히 증가한다.(그림 1-86참조)

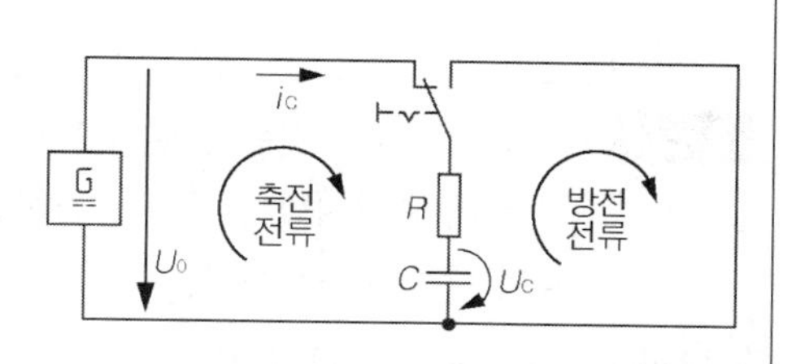

그림 1-85 콘덴서의 축전/방전 회로

콘덴서 축전시간의 척도로서 시정수(time constant) τ를 정의한다.

시정수(τ)는 콘덴서가 인가전압의 약 63%(=63.2%)로 축전될 때까지의 소요시간을 기본으로 하며, 저항(R)과 정전용량(c)의 곱으로 표시된다.

$$\tau = R \cdot C, \qquad \tau = [\Omega \cdot \mathrm{F}] = \frac{[\mathrm{V}]}{[\mathrm{A}]} \cdot \frac{[\mathrm{A} \cdot \mathrm{s}]}{[\mathrm{V}]} = [\mathrm{s}]$$

시정수 "1"이란 콘덴서가 인가전압의 약 63%(=63.2%)로 축전될 때까지 소요된 시간이 1초라는 뜻이다. 시정수는 이론적으로는 무한대의 시간이다.

그러나 실제로는 '$t \simeq 5\tau = 5 \cdot R \cdot C$' 이후면 콘덴서는 완전 축전된다. 콘덴서가 완전 축전되면 축전전류는 더 이상 흐르지 않는다.(그림 1-86참조)

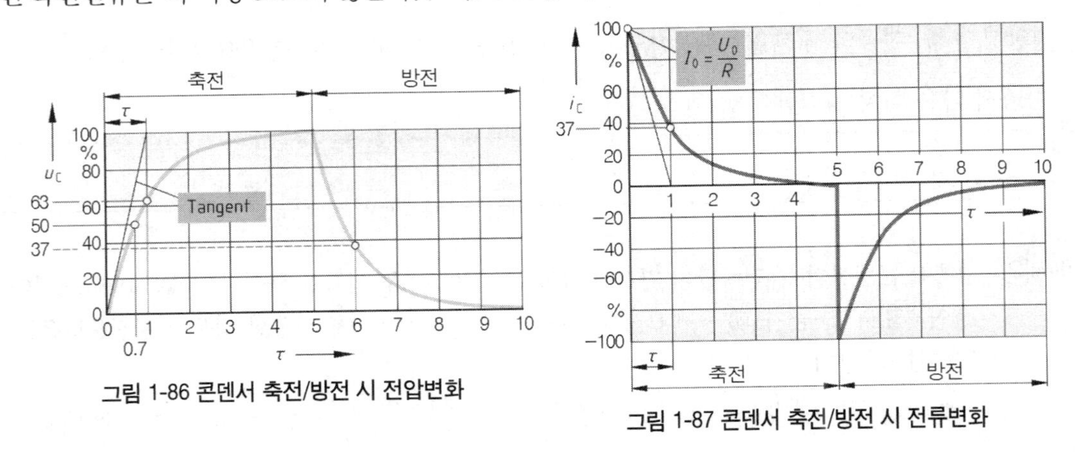

그림 1-86 콘덴서 축전/방전 시 전압변화

그림 1-87 콘덴서 축전/방전 시 전류변화

축전 시 전류의 세기는 처음에는 급격히 감소하나, 나중에는 천천히 감소한다. 콘덴서의 축전시간은 저항(R)과 정전용량(C)이 클수록 길어진다.

예제3 실험 1에서 용량 10μF, 저항 1MΩ, 그리고 전압 30V이다. 축전 소요시간 t는?

【풀이】 $t \simeq 5\tau = 5 \cdot R \cdot C = 5 \times 10^6 \Omega \cdot 10 \times 10^{-6}\mathrm{F} = 50[\mathrm{s}]$

실험2 실험 1에서 축전된 콘덴서(10μF)를 저항 1MΩ을 거쳐서 방전시킨다. 방전시키기 전에 회로 내에 디지털 전류계를 결선한다. 방전을 시작한 후에 10초 간격으로 전류계에서 전류의 세기를 조사한다.

결과 처음에는 급격히, 나중에는 천천히 방전한다(그림 1-87참조). 그리고 전류의 방향은 축전 시와는 반대가 된다.

축전/방전 시, 초기전류 I_0는 회로저항 R에 의해서 제한된다. 방전 시에는 시간 τ 후에 초기전류의 약 37%(=36.8%)가 지시된다. 시정수 τ 후마다 전류는 그때마다의 약 37%로 감소된다. 약 5 τ 후에는 전류는 더 이상 흐르지 않는다. 즉, 콘덴서는 거의 완전 방전된 상태가 된다.

> 콘덴서의 축전/방전 시, 5τ 후에는 거의 전류가 흐르지 않는다.

시정수 τ 는 전자 스위치회로, 예를 들면 점멸신호회로에서는 대단히 중요한 역할을 한다.

예제4 콘덴서(용량 20μF)와 저항(1kΩ)이 병렬로 결선되어 있다. 전원은 12V, 릴레이의 홀드전류(hold current)는 4mA이다. 전원 스위치를 연 시점부터 릴레이가 열릴 때까지의 시정수(τ)는?

【풀이】 $\tau = R \cdot C = 1\times10^3\Omega \cdot 20\times10^{-6}\mathrm{F} = 20\times10^{-3}[\mathrm{s}] = 20[\mathrm{ms}]$

$t = 0$일 때, $I_0 = \dfrac{U}{R} = \dfrac{12\mathrm{V}}{10^3\Omega} = 12\times10^{-3}[\mathrm{A}] = 12[\mathrm{mA}]$

$t = \tau$ 후에, $I_c = 0.37\times12[\mathrm{mA}] = 4.44[\mathrm{mA}]$

$t = 2\tau$ 후에, $I_c = 0.37\times4.44[\mathrm{mA}] = 1.64[\mathrm{mA}]$

※ 전류가 홀드전류인 4mA보다 낮아지면 릴레이는 바로 열리게 된다. 따라서 여기서 릴레이는 첫 시정수 τ가 지난 직후에 바로 열린다.

콘덴서의 전압을 U_c[V], 전원전압을 U_0[V], 자연상수 $e \approx 2.71828$, 초기전류 $I_0[A]$, 축전/방전 시 전류의 세기 i_c[A], 그리고 회로저항을 $R[\Omega]$이라 할 때, 콘덴서 축전/방전 시 전압과 전류의 크기는 다음 식으로 구한다. (단, $I_0 = U_0/R$)

	전　　압	전　　류
축전 시	$U_c = U_0\left(1-e^{-\left(\frac{t}{\tau}\right)}\right)$	$i_c = I_0 \cdot e^{-\left(\frac{t}{\tau}\right)}$
방전 시	$U_c = U_0 \cdot \left(e^{-\left(\frac{t}{\tau}\right)}\right)$	$i_c = -I_0 \cdot e^{-\left(\frac{t}{\tau}\right)}$

예제5 용량 4.7μF의 콘덴서가 10ms 후에 얼마의 전압으로 축전되겠는가? 그리고 이때 콘덴서에 흐르는 전류의 세기는? 콘덴서는 저항 10kΩ, 전압 $U_0 = 12\mathrm{V}$ 의 회로와 연결되어 있다.

【풀이】 * $\dfrac{t}{\tau} = \dfrac{10\mathrm{ms}}{10\mathrm{k}\Omega\times4.7\mu\mathrm{F}} = 0.213$

$U_c = U_0\left(1-e^{-\left(\frac{t}{\tau}\right)}\right) = 12\mathrm{V}\times(1-\mathrm{e}^{-0.213}) = 2.3[\mathrm{V}]$

* $I_0 = \dfrac{U_0}{R} = \dfrac{12\mathrm{V}}{10^4\Omega} = 12\times10^{-4}\mathrm{A} = 1.2\mathrm{mA}$

$i_c = I_0 \cdot e^{-\left(\frac{t}{\tau}\right)} = 1.2\mathrm{mA}\times\mathrm{e}^{-0.213} = 0.97\mathrm{mA}$

(5) 콘덴서에 축전된 에너지

콘덴서는 저항 R을 거쳐서 직류전원에 연결되어 있다. 콘덴서가 전압 U로 축전될 때까지 전류가 흐른다면, 콘덴서는 전하 Q [C]와 전압 U [V]로 축전된다. 그림 1-88에서 밝게 음영 처리된 부분(삼각형)의 면적은 콘덴서에 축전된 에너지와 같다.

$$W = \frac{1}{2} \cdot Q \cdot U = \frac{1}{2} \cdot C \cdot U^2$$

$$W = [\mathrm{F} \cdot \mathrm{V}^2] = \frac{[\mathrm{A} \cdot \mathrm{s}]}{[\mathrm{V}]} \cdot [\mathrm{V}^2] = [\mathrm{A} \cdot \mathrm{s} \cdot \mathrm{V}] = [\mathrm{W} \cdot \mathrm{s}]$$

여기서 W : 전기 에너지[W · s],
C : 정전용량[F], U : 전압[V]

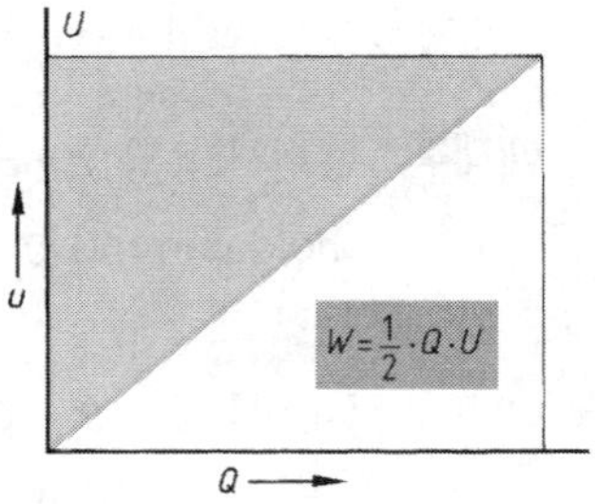

그림 1-88 콘덴서전압의 전하 의존성

예제6 용량 100 μF의 콘덴서를 전압 110V로 축전하였다. 콘덴서에 축전된 에너지는?

【풀이】 $W = \frac{1}{2} \cdot Q \cdot U = \frac{1}{2} \cdot C \cdot U^2$

$$= \frac{1}{2} \times 100 \times 10^{-6}\mathrm{F} \cdot 110^2\mathrm{V}^2 = 0.605[\mathrm{W} \cdot \mathrm{s}]$$

4. 콘덴서의 회로

(1) 콘덴서의 병렬회로

실험 용량 4μF의 콘덴서 3개를 그림 1-89와 같이 병렬로 연결하고 직류 6V의 전압을 인가한다. 회로 내에 결선된 전류계(μA 범위)로 전류의 세기를 측정한다. 이어서 콘덴서를 2개만, 그리고 마지막으로는 콘덴서를 1개만 연결하고 전류를 측정한다. 실험 후 콘덴서를 방전시킨다.

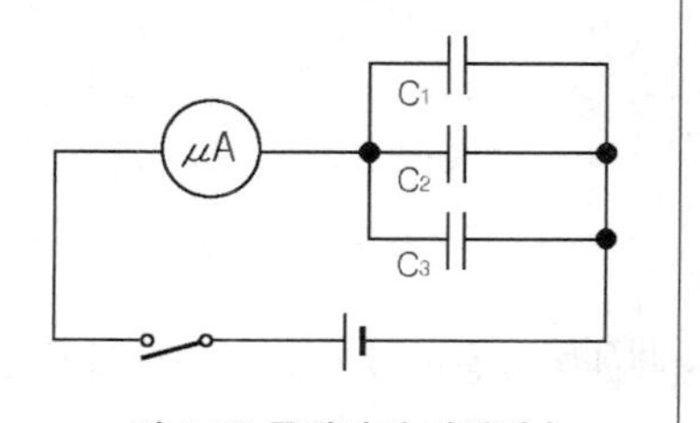

그림 1-89 콘덴서의 병렬접속

결과 콘덴서 2개가 병렬로 연결되어 있을 경우에는 초기값의 2/3, 콘덴서 1개만 연결되어 있을 경우에는 초기값의 1/3로 전류의 세기가 감소한다.

다수의 콘덴서를 병렬로 접속하면, 전극판의 면적을 증가시키는 것과 같다. 콘덴서의 병렬회로에서는 다음이 성립한다.

① 병렬접속에서 각 콘덴서에 인가된 전압은 서로 같다.

$$U = U_1 = U_2 = U_3 = \cdots\cdots$$

② 병렬접속에서 총 전하는 개별 전하의 합과 같다.

$Q = Q_1 + Q_2 + Q_3 + \cdots\cdots\cdots$

$C \cdot U = C_1 \cdot U + C_2 \cdot U + C_3 \cdot U + \cdots\cdots\cdots$

③ 병렬접속에서 총 정전용량(=합성 정전용량)은 개별 정전용량의 합과 같다.

위 식의 양변을 U로 나누면

$C = C_1 + C_2 + C_3 + \cdots\cdots\cdots$ 콘덴서의 병렬접속

예제7 정전용량 1,000pF, 0.02μF 및 5nF의 콘덴서가 병렬로 연결되어 있다. 합성정전용량은?

【풀이】 $C = C_1 + C_2 + C_3 + \cdots\cdots\cdots$

$= 1{,}000\text{pF} + 20{,}000\text{pF} + 5{,}000\text{pF} = 26{,}000\text{pF} = 26\text{nF}$

(2) 콘덴서의 직렬회로

실험 용량 4μF의 콘덴서 4개를 그림 1-90과 같이 직류 6V의 전원에 직렬로 연결하고 축전전류를 측정한다. 콘덴서 개수를 2개, 1개로 줄여가면서 실험을 반복한다. 실험 후 콘덴서를 방전시킨다.

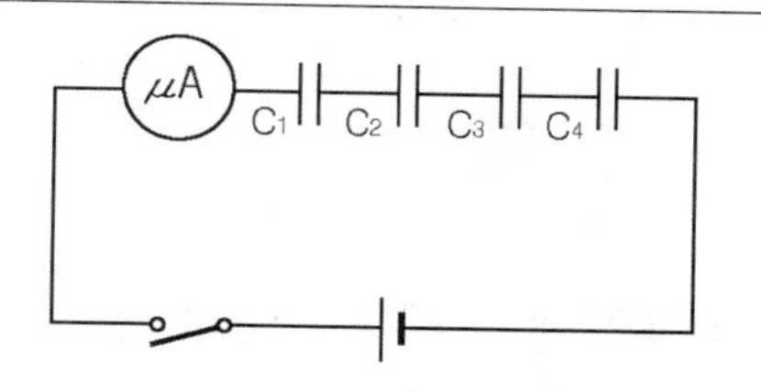

그림 1-90(a) 콘덴서의 직렬회로

결과 콘덴서 4개를 직렬로 연결했을 경우를 기준으로, 콘덴서 개수를 차례로 1/2씩 감소시키면 축전전류는 그때마다 2배로 증가한다.

콘덴서의 직렬접속은 콘덴서의 정전용량을 감소시키는 결과가 된다.

콘덴서의 직렬회로에서는 다음이 성립한다.

① 콘덴서의 직렬접속 시, 총 전압은 부분전압의 합과 같다.

② 모든 콘덴서에 흐르는 축전전류는 같다.

③ 개별 콘덴서들의 정전용량과 상관없이, 모든 콘덴서에는 똑같은 양의 전하가 축전된다.

④ 합성 정전용량은 개별 콘덴서들의 정전용량 중 가장 작은 것보다도 더 작다.

⑤ 전체 직렬회로의 전압에 대한 내구성은 개별 콘덴서의 전압 내구성보다 더 크다.

콘덴서의 직렬접속은 전극판 사이의 간격을 크게 한 것과 같은 결과가 된다.

따라서 개별 콘덴서에는 총 전압의 일부분만 인가되므로 전압에 대한 내구성은 상승한다.

$U = U_1 + U_2 + U_3 + \cdots\cdots\cdots$

$$\frac{Q}{C} = \frac{Q}{C_1} + \frac{Q}{C_2} + \frac{Q}{C_3} + \cdots\cdots\cdots$$

각 항을 Q로 나누면

$$\frac{1}{C} = \frac{1}{C_1} + \frac{1}{C_2} + \frac{1}{C_3} + \cdots\cdots\cdots$$ 콘덴서의 직렬접속

콘덴서를 직렬로 접속할 경우, 합성정전용량의 역수는 개별 정전용량의 역수의 합과 같다.

예제8 정전용량 2μF, 6μF, 10μF인 콘덴서들을 직렬로 접속할 경우의 합성정전용량은?

【풀이】 $\frac{1}{C} = \frac{1}{C_1} + \frac{1}{C_2} + \frac{1}{C_3} + \cdots\cdots\cdots$

$$= \frac{1}{2\mu F} + \frac{1}{6\mu F} + \frac{1}{10\mu F} = \frac{23}{30\mu F}$$

따라서 $C = \frac{30}{23}\mu F \approx 1.3\mu F$

2개의 콘덴서를 직렬로 접속할 경우, 정전용량 C는

$$C = \frac{C_1 \cdot C_2}{C_1 + C_2}$$

예제9 정전용량 $C_1 = 0.47\ \mu F$, $C_2 = 33\ \mu F$의 콘덴서를 직렬로 접속할 경우의 합성정전용량은?

【풀이】 $C = \frac{C_1 \cdot C_2}{C_1 + C_2} = \frac{0.47 \times 33}{0.47 + 33} = 0.46\ \mu F$

콘덴서의 주요 특성량은 정격전압(U)과 정전용량(C)이다. 정격전압을 초과하면 절연이 파괴되어 통전되게 되므로 정격전압을 초과해서는 안 된다.

정전용량이 서로 다른 콘덴서를 직렬로 접속하면, 개별 콘덴서에 인가되는 전압은 서로 다르다.(그림 1-90 참조) 그러나 축전전류와 축전시간이 개별 콘덴서에서 같으므로, 개별 콘덴서에 똑같은 양의 전하가 축전된다. 즉, 콘덴서 양단에 가해지는 전압은 정전용량에 반비례한다. 따라서 콘덴서에 가해지는 전압은 정전용량이 작을수록 크게 된다.

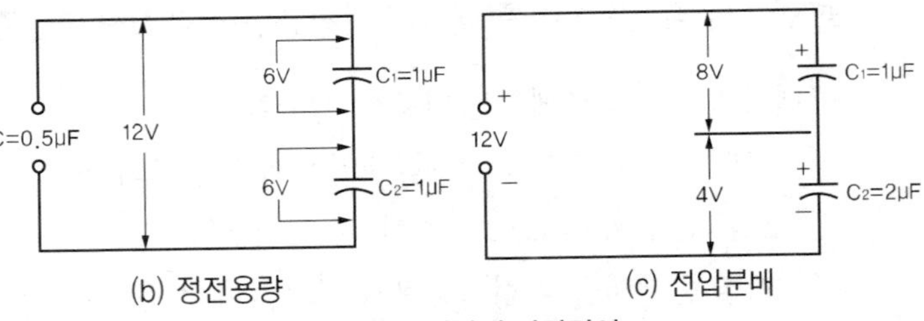

그림 1-90 콘덴서의 직렬결선

$$Q = Q_1 = Q_2 = Q_3 = \cdots\cdots\cdots$$

$$C \cdot U = C_1 \cdot U = C_2 \cdot U = C_3 \cdot U = \cdots\cdots\cdots$$

$$\frac{U_1}{U_2} = \frac{C_2}{C_1}$$

5. 콘덴서의 주요 제원 및 구조

콘덴서는 전자-테크닉에서 다양하게 사용된다. 주로 다음과 같은 용도로 사용된다.

- 필터 캐퍼시터(filter capacitor : Glättungskondensator)
- 밸런싱 콘덴서(balancing condenser : Kompensationskondensator)
- 주파수 의존형 저항(resistors depending on frequency : frequenzabhängigen Widerstand)
- 커플링 캐퍼시터(coupling capacitor : Kopelkondensator)

박막 콘덴서의 기본구조는 그림 1-91(a)와 같다. 용도에 따라 제원, 구조 및 고유특성에 유의하여야 한다.

(1) 콘덴서의 주요 제원

① 정격 정전용량(rated electrostatic capacitance : Nennkapazitaet)

정격 정전용량은 콘덴서에 표시된다. 정격용량을 표시하는 방법에는 모두를 표기하는 방법, 줄여서 표기하는 방법, 또는 코드로 표시하는 방법 등이 있다.(예를 들면, p39≙0.39pF, 3n9≙3.9nF, 39p≙39pF, 0.39≙0.39μF 등등)

② 허용 공차(tolerance : Toleranz)

콘덴서의 정밀도로서, 보통 %로 표기한다. 정전용량과 마찬가지로 숫자(예 ; 1μF±5%) 또는 코드로 표시한다. 예를 들면, M=±20%, K=±10%, J=±5%이다. (예 : 32μK = 32μF±10%)

③ 정격 전압(rated voltage : Bemessungsspannung)

정격전압은 직류 또는 교류전압으로 표시하며, 주위온도 40℃에서의 허용전압으로 표시한다. 온도가 높아질수록 정격전압은 낮아진다. 정격전압을 초과하면 콘덴서는 통전되고, 이어서 파손된다. 정격전압은 직접 또는 코드로 표시한다.

④ 콘덴서의 역률(power factor : Verlustfaktor)($d = \tan\delta$)

콘덴서에서 열로 소비되는 전력과 입력전력의 비를 말하며, 역률이 작을수록 콘덴서의 품질은 좋다고 말할 수 있다. 역률은 온도 20℃, 주파수 800Hz 또는 1MHz에서 측정한다.

주파수가 높은 교류회로에서 콘덴서를 사용할 때, 역률은 가능한 한 낮아야 한다. 역률이 높으면 열로 소비되는 전력이 증가한다. 열손실은 유전체에서 발생하는 것으로 콘덴서의 용량이나 정격전압과는 관계가 없다.

콘덴서의 역률의 역수는 콘덴서에 저장되는 전하(Q)이다. 예를 들면, 역률 0.001이면 전하(Q)는 1,000이다.

⑤ **온도계수** (temperature coefficient : Temperaturbeiwert : α_c)

온도계수는 온도 1K 증가 시 용량변화의 척도로서, (+) 또는 (−)값으로 표시된다. 용량변화는 저항의 변화와 마찬가지로 다음 식으로 계산한다.

$$\Delta C = C_{20} \cdot \alpha_c \cdot \Delta t$$

여기서 ΔC : 용량변화, C_{20} : 20℃에서의 용량, α_c : 온도계수, Δt : 온도차

예제10 플라스틱의 온도계수 $\alpha_c = 10^{-6}\,\mathrm{K}^{-1}$, 용량 $C_{20} = 0.1\,\mu\mathrm{F}$이다. 온도 60℃에서의 용량은?

【풀이】 $\Delta C = C_{20} \cdot \alpha_c \cdot \Delta t = 0.1\mu\mathrm{F} \times 10^{-6}\mathrm{K}^{-1} \times 40\mathrm{K} = 4 \times 10^{-6}\mu\mathrm{F} = 4\mathrm{pF}$

참고 **콘덴서의 제원(특성값) 표시방법**

콘덴서의 제원 표시방법에는 정전용량이나 정격전압을 그대로 표시하는 방법, 또는 숫자와 영문-알파벳을 조합하여 표시하는 방법이 있다. 기호로 표시하는 경우에는 오른쪽 그림과 같다.

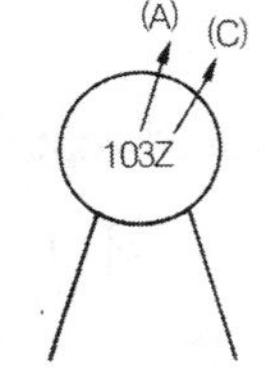

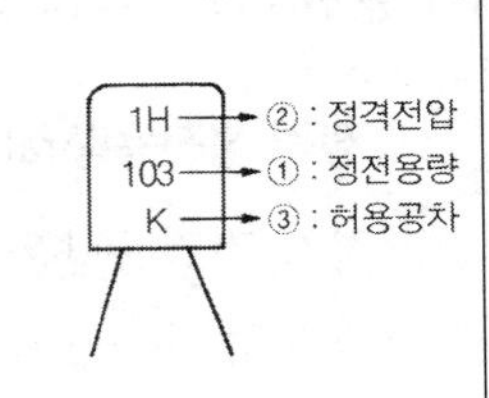

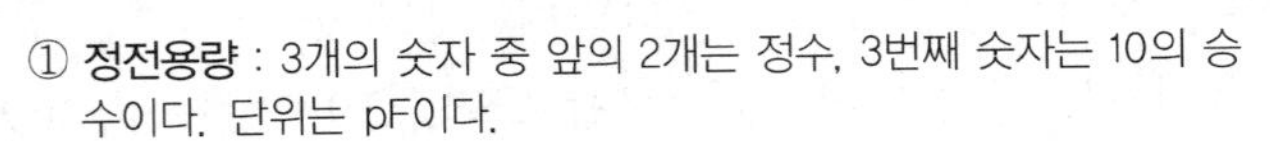

① **정전용량** : 3개의 숫자 중 앞의 2개는 정수, 3번째 숫자는 10의 승수이다. 단위는 pF이다.

예) 101 ; $10 \times 10^1 = 100\ \mathrm{pF}$
102 ; $10 \times 10^2 = 1{,}000\ \mathrm{pF} = 0.001\mu\mathrm{F}$
103 ; $10 \times 10^3 = 10{,}000\ \mathrm{pF} = 0.01\mu\mathrm{F}$
104 ; $10 \times 10^4 = 100{,}000\ \mathrm{pF} = 0.1\mu\mathrm{F}$
154 ; $15 \times 10^4 = 150{,}000\ \mathrm{pF} = 0.15\mu\mathrm{F}$
203 ; $20 \times 10^3 = 20{,}000\ \mathrm{pF} = 0.02\mu\mathrm{F}$
683 ; $68 \times 10^3 = 68{,}000\ \mathrm{pF} = 0.068\mu\mathrm{F}$
105 ; $10 \times 10^5 = 1{,}000{,}000\ \mathrm{pF} = 1\mu\mathrm{F}$

② **정격전압** : 숫자와 영문-알파벳을 아래와 같이 조합한다. 단위는 [V]이다. 정격전압 표시가 없는 콘덴서의 경우, 그 정격전압은 통상적으로 50[V]이다.　예) 2H ; 500[V]

[정격전압 표시기호]

	A	B	C	D	E	F	G	H	J	K
0	1	1.25	1.6	2.0	2.5	3.15	4.0	5.0	6.3	8.0
1	10	12.5	16	20	25	31.5	40	50	63	80
2	100	125	160	200	250	315	400	500	630	800
3	1,000	1,250	1,600	2,000	2,500	3,150	4,000	5,000	6,300	8,000

③ **허용 공차** : 영문-알파벳 1자로 나타내고, 정전용량이 10pF 이상의 콘덴서에는 백분율(%)로, 10pF 이하의 콘덴서에서는 pF로 표시한다.　예) J ; ±5%

[정격 정전용량 허용공차 코드]

허용 공차	B	C	D	F	G	J	K	M	N	V	X	Z	P
%	±0.1	0.25	0.5	±1	±2	±5	±10	±20	±30	+20 −10	+40 −20	+80 −20	+100 −0
pF	±0.1	0.5	0.5	±1	±2								

(2) 콘덴서의 종류

유전체(절연체)의 종류에 따라 공기-, 종이-, 운모-, 자기-, 전해 콘덴서 등으로, 또 용량의 가변성 여부에 따라 고정형(예 : 0.47μF)과 가변형(예 : 10pF~100pF)으로 분류할 수도 있다.

자동차에서는 설치공간에 제한이 많기 때문에 주로 전극판을 탄탄하게 감은 소형이 각종 회로 소자로서 또는 잡음방지용 등으로 사용된다.

① 플라스틱 박막 콘덴서 (표시기호 K)

유전체로서 플라스틱을 사용한다. 예를 들면, 폴리-카보네이트(C), 폴리-프로필렌(P), 폴리스티롤(S), polyethylene-terephathal(T) 등이 사용된다. 금속제의 박지를 절연체 사이에 삽입하고 탄탄하게 말은 형식이다. 용량은 nF부터 μF 범위이다. 정격전압은 63V~1,000V까지이다.

② 금속-종이 콘덴서 (metal-paper condenser ; 표시기호 MP)

진공 속에서 얇은 절연지 위에 아주 얇은 금속층(약 0.001mm)을 입힌 다음, 탄탄하게 감은 것으로 금속층이 기존의 종이 콘덴서에 비해 약 1/100 정도로 얇다. 따라서 콘덴서의 용량을 증가시키거나 크기를 작게 제조할 수 있다.

또 금속층의 두께가 얇기 때문에 단락의 경우, 단락회로가 지속되지 않고, 단락된 부분이 타버린다. 즉 단락으로부터 자체적으로 벗어날 수 있다. 따라서 콘덴서는 외부적 요인 예를 들면, 열, 부식, 변형, 절손 등이 없으면 계속 사용할 수 있다. 이를 콘덴서의 자기치료(自己治療) 작용이라고 한다.

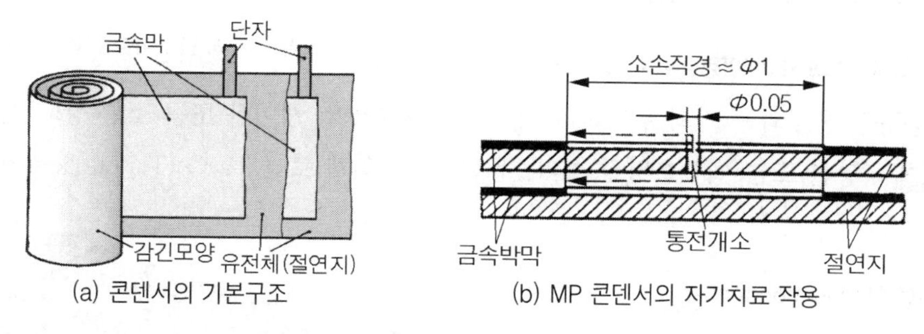

(a) 콘덴서의 기본구조 (b) MP 콘덴서의 자기치료 작용

그림 1-91 콘덴서의 기본 구조와 자기치료 작용

③ 금속화 플라스틱 콘덴서 (표시기호 MK)

얇은 플라스틱 박지의 양면에 얇은 금속층을 증착시켜 제조한다. MP-콘덴서와 마찬가지로 자체 단락제거 효과(=자기치료 작용)가 있다.

④ 세라믹 콘덴서 (ceramic condenser)

세라믹 박막을 유전체로 사용한 콘덴서로서, 세라믹 박막에 이산화티탄(titanium-dioxide)이나 규산염(silicates)을 증착시켰다. 유전율이 매우 높다. 모형은 박막형, 또는 원판형으로 제작되며, 정전용량은 약 1pF~470nF, 정격전압은 대략 400V 정도이다. 주로 전자회로소자로 사용된다.

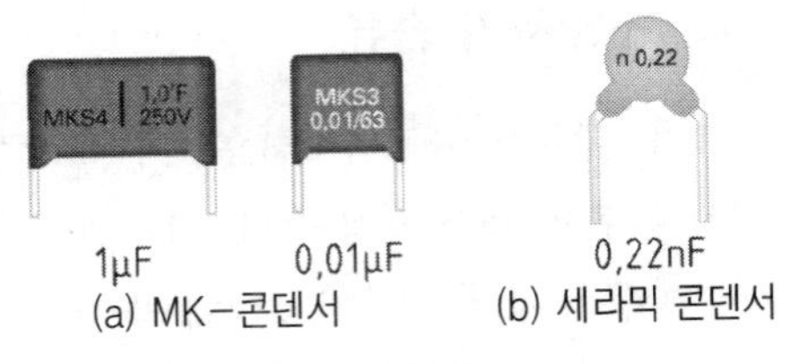

1μF 0,01μF 0,22nF
(a) MK-콘덴서 (b) 세라믹 콘덴서

그림 1-92 콘덴서

⑤ **알루미늄-전해 콘덴서** (Aluminium-electrolyte condenser)

음극판으로서 알루미늄 은박지, 절연지로서 전해액이 흡수된 거즈나 종이가 사용된다. 양극판으로는 알루미늄 은박지 위에 아주 얇은(천 분의 수 mm) 산화알루미늄 층을 증착시켰다. 따라서 비교적 용량이 큰 콘덴서를 소형화할 수 있다.

실수로 전극의 극성을 바꾸어 연결하면, 얇은 산화층이 파괴된다. 그러면 콘덴서는 작동전압이 인가된 후에 전류에 의해 아주 급격하게 가열, 파손되게 된다.

전해 콘덴서에서의 중요한 사항들은 다음과 같다.

- 직류전류용으로만 생산된다.
- 연결할 때는 전극의 극성과 전압의 크기에 유의한다.
- 액상의 전해질 때문에 환경오염의 원인이 될 수 있다.
- 폐기할 때는 폐기물 처리규정을 준수한다.

감긴모양
전해액이 흡수된 종이
알루미늄 은박지
알루미늄 은박지에 산화알루미늄 증착 +
–

그림 1-93(a) 알루미늄 전해 콘덴서의 구조

⑥ **탄탈-전해 콘덴서** (Tantal electrolyte condenser)

정전용량은 온도와는 거의 무관하다. 양극은 탄탈(박막, 케이블 또는 소결 상태)이고, 음극은 전해액(예 : 황산 또는 이산화망간)이다. 유전체(=절연체)로는 Ta_2O_5(Tantal pent-oxide)가 사용된다.

⑦ **칩 콘덴서** (chip condenser)

크기가 아주 소형이다. 따라서 기판에 주로 이용된다. 소자는 기판 위에 한쪽, 양쪽 또는 혼합방식으로 설치되거나 납땜된다.

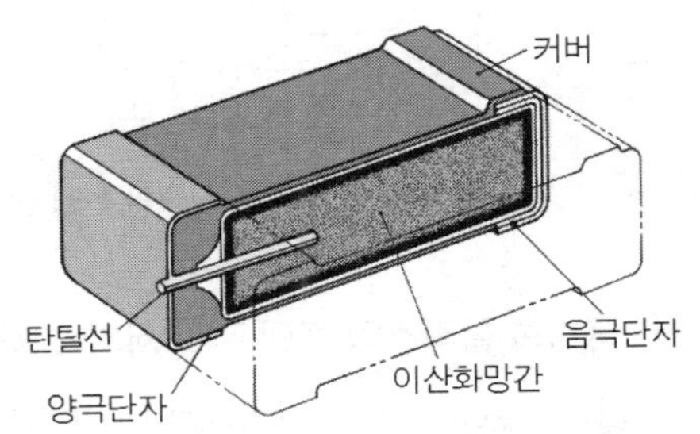

그림 1-93(b) 탄탈 칩 콘덴서의 구조

제1장 전기 기초이론

제7절 교류
(Alternating current)

직류(direct current : DC)란 하나의 전류회로에서 전압과 저항이 일정할 때, 전자의 이동량과 이동방향이 시간(t)에 대해 일정한 전류이다. 반면에 교류(alternating current : AC)는 전자의 이동량과 이동방향이 시간(t)의 경과에 따라 주기적으로 변화하는 전류이다.

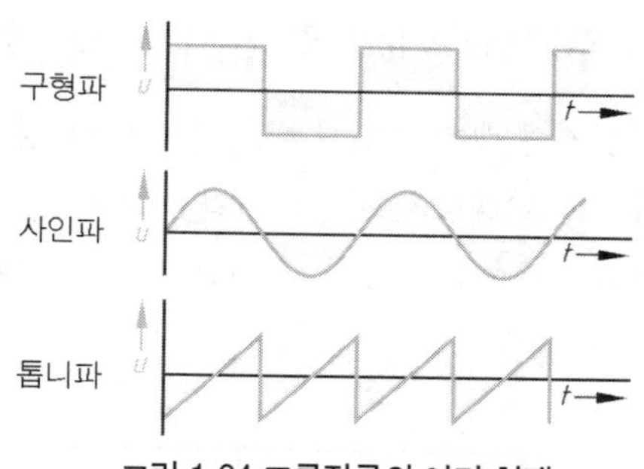

그림 1-94 교류전류의 여러 형태

1. 사인파 교류(sinusoidal wave current)의 발생

그림 1-95와 같이 자장 내에서 도선을 회전시키면, 도선이 자력선과 쇄교할 때 전자유도작용에 의해 도선에는 유도전압이 발생된다.(P.81 전자유도작용에 의한 기전력 발생 참조)

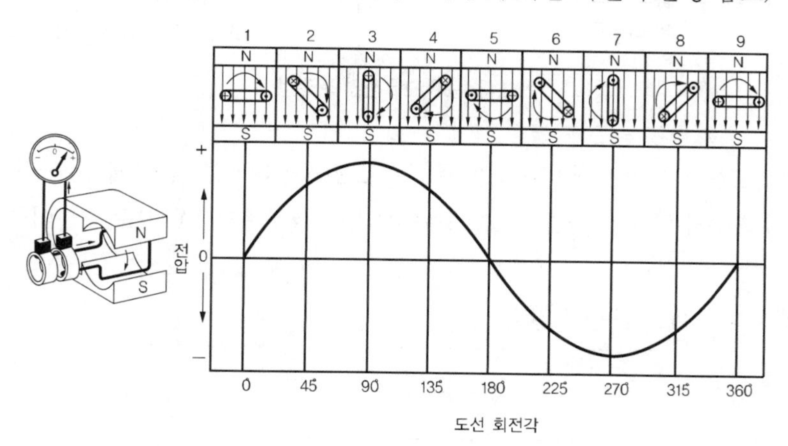

그림 1-95 교류의 발생

도선의 양단에 슬립링(slip ring)을 고정하고, 각각의 슬립링에 카본 브러시(carbon brush)를 접촉시키면, 유도전압을 외부로 끌어 낼 수 있다. 2개의 카본 브러시에 각각 전압계를 연결한 다음, 도선을 회전시키면 유도전압(또는 기전력)의 시간적 변화를 관찰할 수 있다.

기전력은 0(위치 1) → 양(+)의 최댓값(위치 3) → 0(위치 5) → 음(−)의 최댓값(위치 7) → 0 (위치 9)의 과정을 반복한다. 즉, 기전력은 도선이 자력선과 직각방향(위치 3과 7)으로 운동하고 있을 때 가장 크고, 자력선과 같은 방향(위치 1과 5)으로 운동하고 있을 때 0이 된다. 그리고 도선의 회전각속도가 일정하면, 기전력의 변화과정은 사인(sinusoidal) *곡선의 형태가 된다. - 사인파 교류

가정이나 공장에서 사용하는 일반 전력은 대표적인 사인파 교류이다.

2. 사인파 교류의 특성값

(1) 주기(period)와 주파수(frequency)

일정하게 반복되어 변화가 나타날 경우 그 변화가 똑같은 두 점 사이를 사이클(cycle)이라 한다. 사인파 교류에서는 정(+)의 반파와 부(−)의 반파를 각각 하나씩 취하여 이를 1사이클(cycle)이라 하고, 1사이클에 소요된 시간을 주기(週期)라 한다. 주기의 표시기호는 T, 단위는 초[s]를 사용한다.

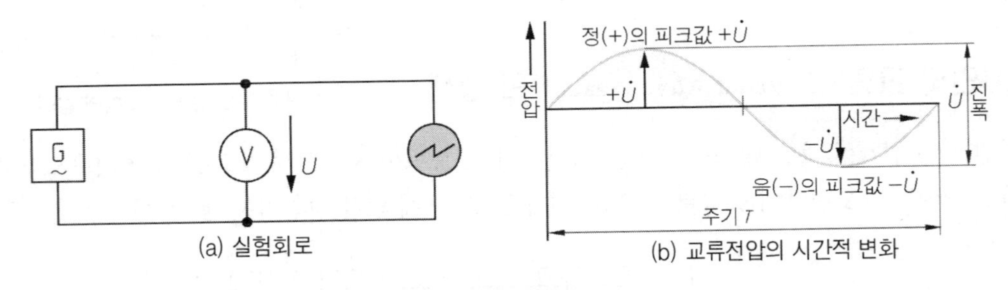

그림 1-96 교류전압의 측정

교류의 변화속도는 1초 동안에 반복되는 주기수로 표시한다. 1초 동안에 반복되는 주기수(또는 사이클 수)를 주파수라 하며, 기호는 f, 단위는 [Hz](hertz ; 헤르츠)** 또는 '사이클/초'를 사용한다.

주기와 주파수의 관계는 다음과 같다.

$$T = \frac{1}{f}\ [\mathrm{s}] \qquad f = \frac{1}{T}\ [\mathrm{Hz}]$$

주파수(f)는 주기(T)의 역수이며, 주기(T)가 작을수록 주파수는 높다.

완전한 1사이클(=주기)은 전기각도로 360도, 전기 라디안(radian)으로 2π 라디안이 된다. 일반

* sinus(라틴어) : 활모양으로 굽은 곡선, 원호.

** Heinrich Rudolf Hertz : 독일 물리학자(1857~1894)

적으로 각속도(angular velocity)를 1초당의 전기 라디안으로 표시한다.

따라서 각속도 ω와 주파수 f사이에는 다음 식이 성립한다.

$$\omega = \frac{2\pi}{T} = 2\pi f \left[\frac{1}{\mathrm{s}}\right]$$

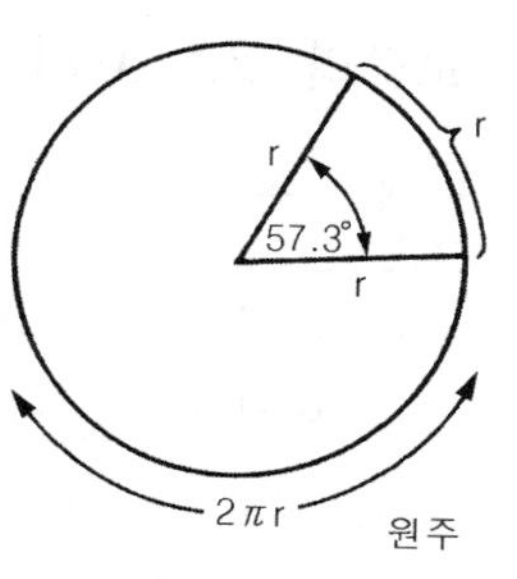

그림 1-97 라디안(radian)

예제1 교류 60Hz의 주기(T)를 구하라.

【풀이】 $T = \frac{1}{f} = \frac{1}{60[\mathrm{Hz}]} = \frac{1}{60[1/\mathrm{s}]} \approx 16.67\ [\mathrm{ms}]$

(2) 교류발전기의 주파수

교류발전기에서 주파수(f)는 발전기의 회전속도와 자극수에 의해 결정된다. 1개의 쌍자극(N극 1개와 S극 1개)으로 구성된 발전기(=단상 발전기)의 로터가 1초당 1회전할 경우, 주파수는 1Hz가 된다. 따라서 회전수가 같을 경우 2쌍의 자극을 이용하면 주파수는 2배가 된다.(그림 1-98참조)

회전속도는 대부분 1분당 회전수(min^{-1})로 표시하므로 발전기 주파수는 다음 식으로 계산한다.

$$f = \frac{P \cdot n}{60}$$

여기서 P : 쌍자극 수(=발전기의 상(相)수), n : 분당 회전속도(min^{-1}), f : 주파수[Hz]

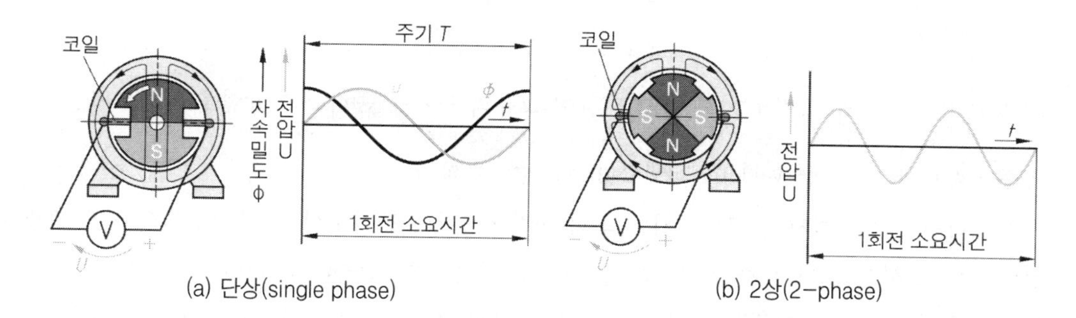

(a) 단상(single phase) (b) 2상(2-phase)

그림 1-98 쌍자극 수와 주파수

예제2 2개의 쌍자극으로 구성된 발전기가 1,800min^{-1}으로 회전한다. 이 발전기의 주파수(f)는?

【풀이】 $f = \frac{P \cdot n}{60} = \frac{2 \times 1,800}{60} = 60\ [\mathrm{Hz}]$

우리나라, 미국, 일본(일부 섬 지방 제외) 등은 주로 교류 60Hz를, 유럽은 교류 50Hz를 사용한다. 전자부문에서는 용도에 따라 다양한 주파수가 사용된다. 무선송신에서는 약 16Hz~18,000Hz 범위, 라디오나 TV방송에서는 약 $10^5\,\mathrm{Hz} \sim 10^{10}\,\mathrm{Hz}$(100kHz~10GHz) 범위의 주파수가 주로 사용된다.

(3) 교류의 크기 표시

도선이 자력선과 직각으로 쇄교할 때 발생되는 기전력에 관한 식(P.83 참조)을 다시 검토하자.

$$U_0 = B \cdot l \cdot v \cdot N$$

여기서 U_0 : 유도전압[V] B : 자속밀도[Vs/m²] 또는 [T] l : 자장 내 도체의 유효길이 [m]
v : 도체의 운동속도 [m/s] N : 도체(권선)의 수

여기서 1개의 루프(loop)에 대해 고려하면 도체의 권수 $N = 2$이고, 또 도선이 자력선과 직각이 아니고 각 θ를 이루고 있다면, 위 식은 다음과 같이 된다.

$$u = 2 \cdot B \cdot l \cdot v \cdot \sin\theta \quad \cdots\cdots (1)$$

여기서 '$2 \cdot B \cdot l \cdot v$'는 일정하므로 u_{max}라 놓으면 식 (1)은

$$u = u_{max} \cdot \sin\theta \quad \cdots\cdots (2)$$

또 각 θ는 ωt이므로

$$u = u_{max} \cdot \sin\omega t \quad \cdots\cdots (3)$$

또 이 때 발생된 전류의 크기 i는 다음 식으로 표시된다.

$$i = i_{max} \cdot \sin\theta \qquad i = i_{max} \cdot \sin\omega t$$

위에 열거한 식들과 그림 1-99를 참고로 하여 교류의 크기를 표시하는 방법을 살펴보자.

① 순시값(instantaneous value)과 최댓값(maximum value)

시시각각으로 변화하는 교류에서 임의의 순간 t에서의 크기로서, 위 식 (3)에서 u의 값을 말한다. 또 순시값 중에서 가장 큰 값(u_{max})을 최댓값 또는 진폭(amplitude)이라고 하며, 양(+)의 최댓값과 음(−)의 최댓값 사이의 값을 피크-피크 값(peak-to-peak value)이라고 한다.

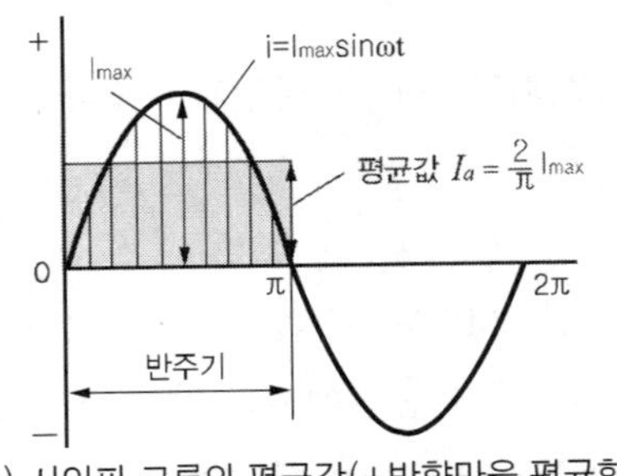

(a) 사인파 교류의 평균값(+방향만을 평균함)

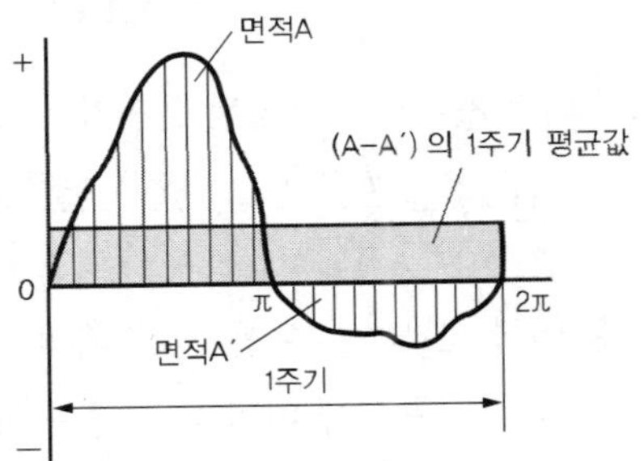

(b) +, −방향의 크기가 비대칭인 경우의 평균값

그림 1-99 사인파 교류의 크기 표시

② **평균값**(average value)

순시값이 0으로 되는 순간부터 다음 0으로 되기까지, 정(+)의 반주기에 대한 순시값의 평균을 말하며, 다음 식으로 표시한다.(그림 1-99(a) 참조)

$$I_{av} = \frac{2}{\pi} \cdot i_{\max}, \quad U_{av} = \frac{2}{\pi} \cdot u_{\max}, \qquad \text{평균값} = 0.637 \times \text{최댓값}$$

③ **실효값**(effective value)

같은 저항 $R[\Omega]$에 직류전압 $U[\mathrm{V}]$를 가했을 때 발생하는 열량과, 교류전압 $U'[\mathrm{V}]$를 가했을 때 발생하는 열량이 서로 같을 때, 교류전압 $U'[\mathrm{V}]$는 직류전압 $U[\mathrm{V}]$와 동일한 효과가 있는 것으로 생각할 수 있다. 이와 같이 교류의 크기를 그것과 똑같은 크기의 일을 하는 직류의 크기로 나타낸 것을 '교류의 실효값'이라고 한다.

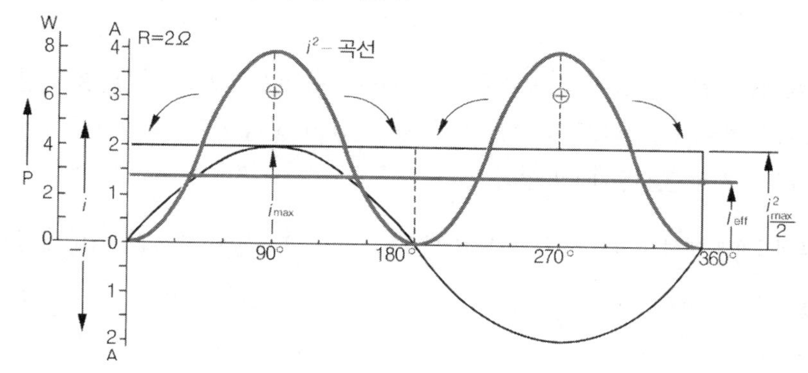

그림 1-100 교류의 실효값

전력 $P[\mathrm{kW}]$, 전류 $I[\mathrm{A}]$, 저항 $R[\Omega]$일 경우, 직류에서 다음 식이 유효하다.

$$P = I^2 \cdot R \qquad \cdots\cdots (1)$$

교류전류에서는 순간마다의 순시값이 다르므로, 순시출력에는 다음 식을 적용한다.(소문자)

$$p = i^2 \cdot R \qquad \cdots\cdots (2)$$

직류전류의 제곱(I^2)은 특정한 교류전류의 제곱과 마찬가지로 무유도저항에서 동일한 효과를 나타내낸다. 그림 1-100에서 교류전류 $i_{\max} = 2\mathrm{A}$의 모든 순시값의 제곱인 i^2-곡선은 또 주파수가 2배인 사인곡선을 형성하며, 이 곡선은 양(+)의 영역에서 진행하고 있다.

i^2-곡선에서 $\frac{i^2_{\max}}{2}$의 상부곡선 부분을 절단하여 절반씩을 양쪽으로 배치하면, i^2-곡선은 $\frac{i^2_{\max}}{2}$를 높이로 하는 직사각형으로 변환된다. 이 직사각형의 면적은 저항 R에 작용하는 전류 I에 의한 출력과 같다. 따라서

$$P = I^2 \cdot R = \frac{1}{2} \cdot i_{max}^2 \cdot R \quad \cdots\cdots (3)$$

식 (3)으로부터

$$I^2 = \frac{1}{2} \cdot i_{max}^2 \quad \cdots\cdots (4)$$

$$I = \frac{1}{\sqrt{2}} \cdot i_{max} = \frac{1}{1.41} \cdot i_{max} \approx 0.707 \times i_{max} \quad \cdots\cdots (5)$$

따라서 사인파 교류의 실효값은 식 (5)로 부터

$$\text{실효값} = \frac{1}{\sqrt{2}} \times \text{최댓값} \approx 0.707 \times \text{최댓값}$$

$$U_{eff} = \frac{1}{\sqrt{2}} \times u_{max} \approx 0.707 \times u_{max} \qquad I_{eff} = \frac{1}{\sqrt{2}} \times i_{max} \approx 0.707 \times i_{max}$$

교류회로에서는 특별한 경우를 제외하고는 전력은 평균전력으로, 전류 및 전압은 실효값으로 표시하는 것이 관례이다. 따라서 평균전력 P_{av}를 간단히 전력 P로, 실효전압 U_{eff} 및 실효전류 I_{eff}를 각각 U 및 I로 표시할 때가 많다.

예제3 그림 1-100에서 교류전류의 순시최댓값 $i_{max} = 2A$, 저항 $R = 2\Omega$이다. (평균)전력은?

【풀이】 $P = I^2 \cdot R = \frac{1}{2} \cdot i_{max}^2 \cdot R = 1.41^2 A^2 \times 2\Omega = 4W$

교류전류 측정기는 기본적으로 실효값을 나타낸다.

④ **위상**(位相 ; phase ; ϕ)

앞서 그림 1-95에서 로터가 출력 0인 위치 1부터 회전하기 시작하는 경우와, 출력 최대인 위치 3부터 출발하는 경우를 고려해 보자.

이와 같은 경우, 출력전압파형은 그림 1-101과 같이 표시된다. 즉 형상은 같으나 파형 A는 0에서부터 시작되고, 파형 B는 파형 A보다 시간적으로 90° 앞서 있다. 이와 같은 파형의 상대적 위치를 표시하는 각도차를 위상차(phase difference)라 한다. 그림 1-101b는 두 파형의 위상도(phase diagram)이다.

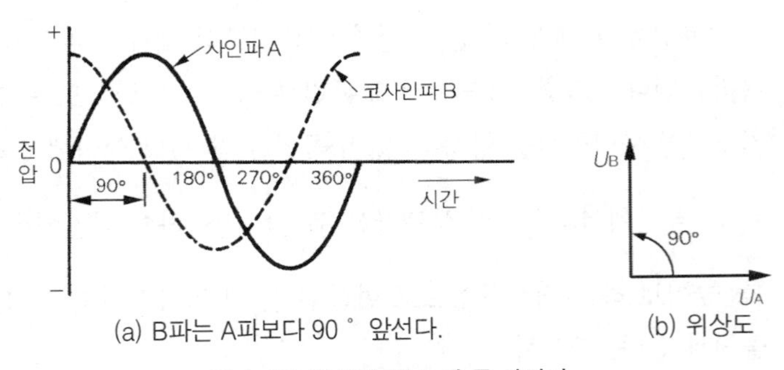

(a) B파는 A파보다 90° 앞선다. (b) 위상도

그림 1-101 위상차 90° 인 두 사인파

- 동위상(同位相) 파형 : 두 파형의 위상차가 0°인 경우, 동위상(同位相)에 있다고 한다. 그러나 진폭이 다르면 서로 그 크기를 더할 수 있다.(그림 1-102)
- 역위상(逆位相) 파형 : 위상차가 180°인 경우로서 서로의 위상은 반대가 된다. 이와 같은 경우를 역위상이라 한다.(그림 1-103)

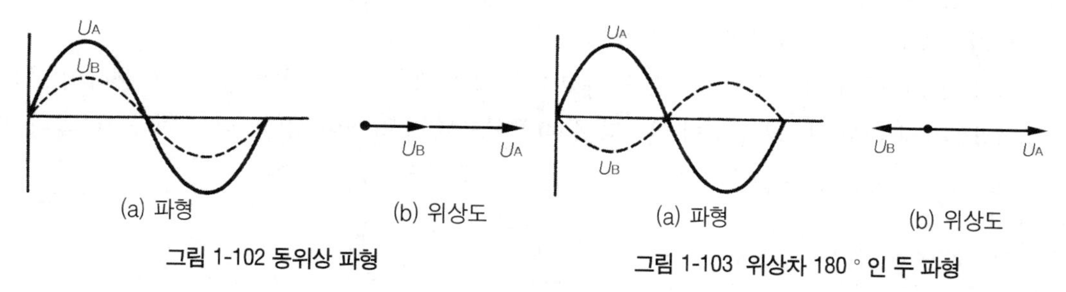

(a) 파형 (b) 위상도

그림 1-102 동위상 파형

(a) 파형 (b) 위상도

그림 1-103 위상차 180°인 두 파형

⑤ 사인파 교류의 벡터 표시

길이, 질량, 시간 및 면적 등과 같이 크기만 가진 양을 스칼라(scalar) 양이라 하고, 힘(force), 속도(velocity) 등과 같이 크기와 방향을 동시에 갖는 양을 벡터(vector)라 한다.

전기(electricity)도 크기와 방향을 동시에 가지고 있으므로 벡터(vector)에 속한다. 전기를 벡터로 나타낼 때는 크기는 화살표의 길이로 표시하고, 방향은 각도로 표시한다. 이때 반시계 방향을 앞서는 방향(+방향 또는 정 방향)으로 약속한다.

앞서 그림 1-101에서 그림 1-103까지의 위상도는 이 원칙에 따라 작도되었다.

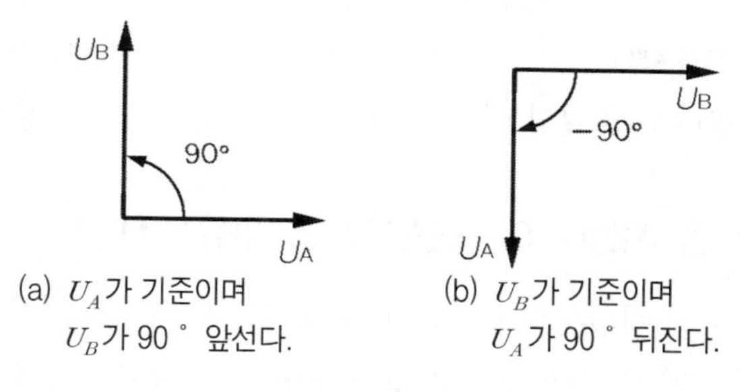

(a) U_A가 기준이며 U_B가 90° 앞선다.

(b) U_B가 기준이며 U_A가 90° 뒤진다.

그림 1-104 위상각 기준

벡터(vector) 표시법을 이용하여 그림 1-101의 경우와 같이 주파수는 같으나 위상이 따른 두 발전기를 직렬로 연결하여 사용할 때의 합성전압을 구해 보자.

그림 1-101에서 U_A, U_B의 크기를 각각 100V라 하면 위상차는 90°이므로 합성파의 크기와 방향은 그림 1-105와 같이 된다.

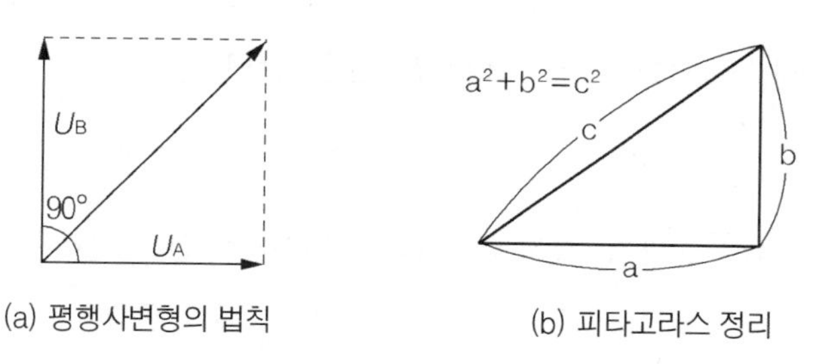

(a) 평행사변형의 법칙 (b) 피타고라스 정리

그림 1-105 벡터의 합성

즉, U_A의 크기를 5cm로 그린다면 U_B의 크기도 마찬가지로 5cm로 그려야 한다. 그러나 U_B의 위상이 U_A보다 90° 앞서므로, U_A를 기준으로 하여 U_B가 반시계방향으로 90°가 되게 그린다. 이제 U_A의 화살표 끝에서 U_B에 나란한 선을 긋고, 또 U_B로부터도 U_A에 나란한 선을 그어 만나는 점을 구한다. 두 평행선의 교점과 원점을 연결한 대각선의 길이가 두 벡터 U_A, U_B를 합성한 것이 된다. - 평행사변형의 법칙.

또 합성벡터의 크기를 계산으로 구하고자 할 경우에는 피타고라스 정리를 이용하여 구한다. 그림 1-105b에서 변 a와 변 b의 사이각이 90°이므로 다음 식이 성립한다. - 피타고라스의 정리

또 직각이 아닌 경우는 삼각함수의 코사인 법칙을 이용하면 편리하다.

$$c^2 = a^2 + b^2 \qquad c = \sqrt{a^2 + b^2}$$

3. 교류 전류에 대한 "R(옴 저항), L(인덕턴스), C(정전용량)" 의 작용

직류회로에 전류가 흐를 경우에는 회로 내의 저항만을 고려하여 전류의 크기를 판단할 수 있다.

그러나 교류회로에서는 전류가 시시각각으로 변화하며 동시에 코일의 인덕턴스(L)와 콘덴서의 정전용량(C)이 직류에서와는 다르게 작용한다. 따라서 교류회로에서의 실제 저항은 옴저항기의 저항(R), 코일의 인덕턴스(L), 그리고 콘덴서의 정전용량(C)을 모두 합성한 것과 같다.

(1) 옴 저항(R)의 작용(옴저항=무유도저항)

옴 저항(R)만의 회로에 교류전압 U[V]를 인가하는 경우, 흐르는 전류 i[A]는 그림 1-106과 같이 각 순간에 있어서 순시전압(u)이 커지면 순시전류(i)도 커지고, 순시전압(u)이 0(zero)이면 순시전류(i)도 0(zero) 0이 된다. 또 순시전압(u)의 방향이 바뀌면 순시전류(i)의 방향도 동시에 바뀐다. 즉, 순시전류(i)와 순시전압(u)의 위상은 서로 같다.

이때 전압의 실효값을 U[V]라 하면, 순시전압 u[V]는 다음과 같다.

$$u = \sqrt{2} \cdot U \cdot \sin\omega t \, [\mathrm{V}]$$

또 이 때 발생된 순시전류(i)의 크기는 옴의 법칙으로 부터

$$i = \frac{u}{R} = \sqrt{2} \cdot \frac{U}{R} \cdot \sin\omega t \, [\mathrm{A}] \quad \cdots\cdots (1)$$

전류의 실효값을 I[A]라 하면, 순시전류 i[A]의 크기는 식 (1)로부터

$$i = \sqrt{2} \cdot I \cdot \sin\omega t \, [\mathrm{A}]$$

위의 두 식을 등치시켜 '$\sqrt{2}\cdot\sin\omega t$'를 소거하면, 전압의 실효값 U[V]와 전류의 실효값 I[A] 사이에는 옴의 법칙이 성립한다.

$$I = \frac{U}{R}$$

즉, 교류회로에 옴 저항(R)만 들어 있을 경우, 회로저항은 직류회로에서의 저항(R)과 동일하다.

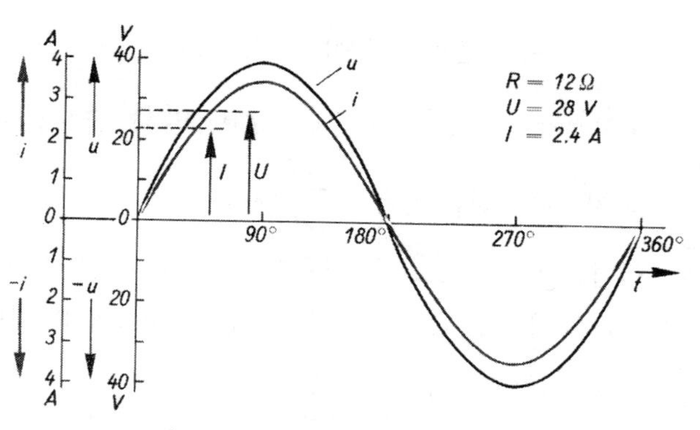

그림 1-106 옴 저항(R)만의 교류회로

(2) 인덕턴스(L)의 작용 - P.89 자체유도작용과 인덕턴스 참조

그림 1-107과 같이 교류회로 내에 코일이 접속되어 있을 경우에는 코일에 흐르는 전류의 변화에 따라 자체유도작용에 의한 역기전력이 코일에 발생된다. 이 역기전력은 전원전압과는 항상 반대방향으로 발생되므로 전류의 흐름을 방해한다.

즉, 교류회로에 접속된 코일에는 자체유도작용에 의해 발생된 역기전력 때문에 전류의 흐름을 방해하는 저항과 같은 성질이 추가로 나타난다. 이를 유도 리액턴스(inductive reactance : induktiver Blindwiderstand ; X_L)라 한다.

코일에 교류전류(i)가 흐르면 교류전류(i)는 자신과 같은 위상의 자속(Φ)을 발생시킨다. 자속의 변화에 의해 자체유도전압(=역기전력)(u_L)이 발생된다. 자체유도전압(u_L)은 렌츠의 법칙에 따라 각 순간마다 전류의 상승 또는 하강을 방해한다. 따라서 코일의 전류는 자신의 최댓값에 자체유도전압보다 90° 늦게 도달한다. - 뒤진 전류(lagging current) - 그림 1-107(b), (c)

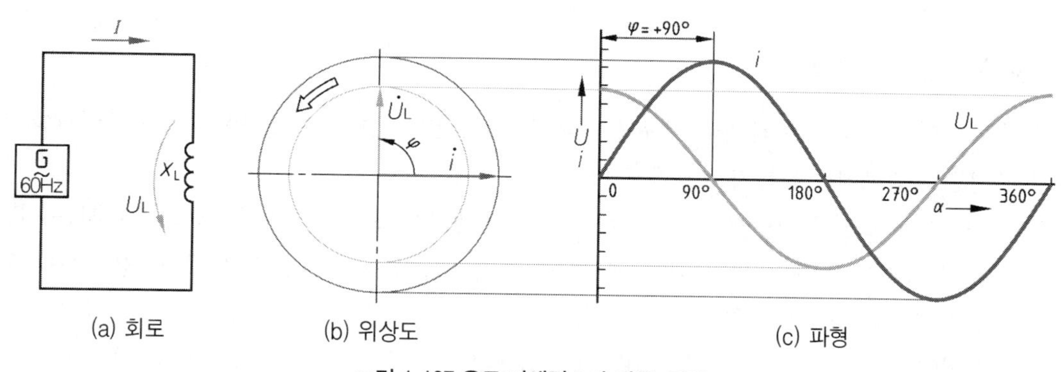

(a) 회로 (b) 위상도 (c) 파형

그림 1-107 유도 리액턴스와 전류, 전압

전압(u)보다 전류(i)가 90°(= $\frac{\pi}{2}$[rad]) 뒤지므로

순시전압 $u = \sqrt{2} \cdot U \cdot \sin\omega t$ [V]일 때, 순시전류는 $i = \sqrt{2} \cdot I \cdot \sin(\omega t - \frac{\pi}{2})$ [A]가 된다.

또 자체유도전압 $u_L = L\frac{\Delta i}{\Delta t}$ 에서,

인덕턴스(L)에 흐르는 전류가 가장 급격하게 변화할 때, 인덕턴스(L)에 발생하는 자체유도전압(u_L)은 가장 크고, 그 크기는 그때의 전원전압의 최댓값과 같다. 따라서 다음 식이 성립한다.

$$u_L = \sqrt{2} \cdot U = L\frac{\Delta i}{\Delta t} \text{ [V]}$$

또 $\Delta i = \sqrt{2} \cdot I \cdot \omega \cdot \Delta t$ [A] 만큼 변화하므로

$$u_L = \sqrt{2} \cdot U = L \cdot \frac{\sqrt{2} \cdot I \cdot \omega \cdot \Delta t}{\Delta t} \text{ [V]}$$

따라서 위 식에서 $\sqrt{2}$와 Δt가 소거되므로, 아래와 같이 표시할 수 있다.

$$U = L \cdot I \cdot \omega = I \cdot X_L$$

여기서 '$\omega \cdot L$'을 'X_L'로 표기하고, 이를 유도 리액턴스라 한다. 단위는 [Ω]을 사용한다.

$$X_L = \omega \cdot L = 2\pi \cdot f \cdot L, \qquad X_L = \left[\frac{1}{\mathrm{s}}\right] \cdot [\Omega \cdot \mathrm{s}] = [\Omega]$$

여기서 X_L: 유도 리액턴스[Ω], f : 주파수[1/s],
L : 인덕턴스[$\Omega \cdot$ s 또는 H] ω : 각속도[1/s]

예제3 인덕턴스 $L = 20$[mH]인 코일이 주파수 $f = 60$[Hz]로 작동한다. 이 코일의 유도 리액턴스(X_L)는 몇 [Ω]?

【풀이】 $L = 20[\mathrm{mH}] = 0.02[\Omega \cdot \mathrm{s}]$ (* $1[\mathrm{H}] = 1[\Omega \cdot \mathrm{s}]$)

$$X_L = \omega \cdot L = 2\pi \cdot f \cdot L = 2\pi \times 60[\frac{1}{\mathrm{s}}] \times 0.02[\Omega \cdot \mathrm{s}] = 7.54[\Omega]$$

(3) 정전용량(C)의 작용

콘덴서 내의 유전체를 통과해서 전류가 흐를 수는 없지만, 콘덴서 축전/방전 시에 콘덴서의 전극판과 연결된 회로에는 전류가 흐르게 된다.

교류전류는 흐르는 방향이 계속적으로 바뀌므로, 콘덴서에 교류전압이 인가되면 콘덴서는 연속적으로 축전/방전을 반복한다. 이때 콘덴서에는 교류전류의 주파수와 같은 주파수의 교류전압(u_c)이 발생된다.(그림 1-108a참조)

콘덴서 전압(u_c)은 콘덴서 전류 '$i = 0$'일 때, 최댓값에 도달한다. 이 순간 콘덴서 전압은 더 이

상 증가하지 않는다. 따라서 전류는 전압보다 90° 앞선다. - 앞선 전류(leading current) - 그림 1-108c 참조.

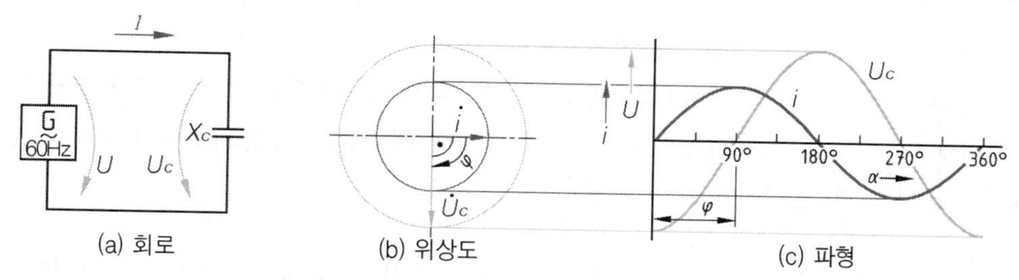

그림 1-108 용량 리액턴스 직렬회로에서 전류와 전압

콘덴서에 흐르는 교류전류의 주파수가 증가하면 단위시간 당 축전/방전 횟수가 증가하게 되고, 결과적으로 단위시간 당 전류가 증가한다. 즉, 주파수가 상승하면 콘덴서의 저항은 현저하게 감소하며, 콘덴서에 흐르는 전류는 콘덴서의 정전용량에 비례한다.

따라서 정전용량이 크면 그만큼 흐르는 전류가 많아져, 콘덴서의 저항을 감소시키는 결과가 된다. 반대로 정전용량이 작으면, 흐르는 전류는 감소한다.

이와 같이 콘덴서는 주파수와 용량에 따라 전류의 흐름을 변화시키는 저항과 같은 기능을 하는데, 이를 용량 리액턴스(capacitive reactance)라 한다.

용량 리액턴스의 표시기호는 X_c, 단위는 $[\Omega]$을 사용한다.

> 용량 리액턴스(X_c)는 인가전압의 주파수(f)와 콘덴서의 정전용량(C)이 증가함에 따라 감소한다.

$$X_c = \frac{U_c}{I} = \frac{1}{2\pi f \cdot C} = \frac{1}{\omega \cdot C} \qquad X_c = \frac{[\mathrm{V}]}{[\mathrm{A}]} = \frac{1}{[1/\mathrm{s}] \cdot [\mathrm{s}/\Omega]} = [\Omega]$$

용량 리액턴스가 없는 콘덴서는 없다. 단, 용량 리액턴스에 비해 콘덴서의 자체저항(=무유도저항)은 무시할 수 있다. 이 경우 용량 리액턴스(X_c)는 콘덴서의 실효전압(U_c)과 실효전류(I)로부터 근사적으로 구할 수 있다.

$$U^2 = U_R^2 + U_c^2 \qquad U = \sqrt{U_R^2 + U_c^2}$$

$$Z^2 = R^2 + X_c^2 \qquad Z = \sqrt{R^2 + (\omega C)^{-2}}$$

$$S^2 = P^2 + Q_c^2 \qquad S = \sqrt{P^2 + Q_c^2}$$

여기서 X_c : 용량 리액턴스$[\Omega]$ f : 주파수[1/s] C : 콘덴서의 정전용량[As/V]=[s/Ω]
ω: 각속도[1/s] U : 총 전압[V] U_R : 옴저항 전압[V] U_c: 용량 리액턴스 전압[V]
Z : 임피던스$[\Omega]$ S : 피상 전력[VA] P : 유효전력[W] Q_c: 용량 리액턴스의 무효전력[W]

(4) 임피던스 (impedance : Scheinwiderstand ; Z)

대부분의 교류회로에는 코일과 콘덴서 및 옴 저항기가 조합되어 있다. 따라서 교류회로에서는 옴저항(R)과 리액턴스(X)가 함께 합성저항으로 작용한다.

교류회로에서 이들 옴저항(R)과 리액턴스(X)의 벡터(vector) 합은 회로에 가한 전압과 전류의 비를 나타낸다. 따라서 이는 직류회로에서의 총 저항에 해당된다. 교류회로에서는 이를 임피던스(impedance)라 하고, 표시기호는 Z, 단위는 [Ω]을 사용한다.

$$Z = \sqrt{R^2 + X^2}$$ 여기서 Z : 임피던스[Ω], R : 옴저항[Ω], X : 리액턴스[Ω]

① 옴저항 (R)과 유도 리액턴스 (X_L)의 직렬회로

옴저항(R)과 유도 리액턴스(X_L)의 직렬회로를 흐르는 전류(I)의 크기는 옴저항(R)과 유도 리액턴스(X_L)에서 같다.

그리고 옴저항 소자 R에서는 전류(I)와 전압(U_R)의 위상이 같고, 유도 리액턴스(X_L)에서는 전압(U_L)이 전류(I) 보다 90° 앞선다. 따라서 그림 1-109에 도시한 바와 같이 옴저항에서의 전압(U_R)보다 리액턴스에서의 전압(U_L)이 90° 앞서게 된다.

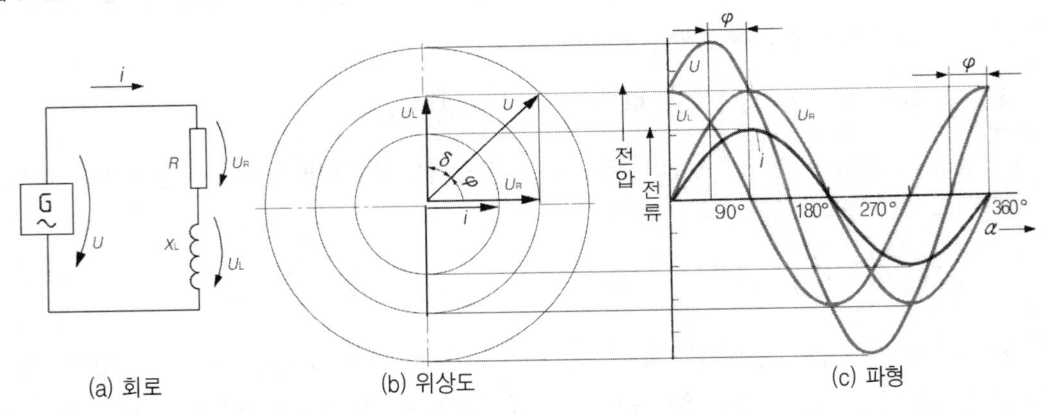

그림 1-109 옴저항과 유도 리액턴스의 직렬회로

따라서 다음 식들이 성립한다.

$$X_L = \frac{U_L}{I} \qquad R = \frac{U_R}{I} \qquad Z = \frac{U}{I} = \sqrt{R^2 + X_L^2}$$

$$R = Z\cos\varphi \qquad X_L = Z\sin\varphi$$

$$U^2 = U_R^2 + U_L^2 \qquad U = \sqrt{U_R^2 + U_L^2}$$

예제4 임피던스 $Z = 5\,\text{k}\Omega$, 옴저항 $R = 200\Omega$의 직렬회로에서, 코일의 유도 리액턴스 $X_L\,[\Omega]$은?

【풀이】 $X_L = \sqrt{Z^2 - R^2} = \sqrt{5{,}000^2 - 200^2} = 4{,}995.9[\Omega] \approx 5\,[\text{k}\Omega]$

예제5 코일의 무유도저항(옴 저항)이 28Ω이고 교류 220V, 60Hz, 2.3A가 흐른다. 이 회로의 유도 리액턴스(X_L)은?

【풀이】 $Z = \dfrac{U}{I} = \dfrac{220\text{V}}{2.3\text{A}} = 95.6\Omega$ $\qquad X_L = \sqrt{Z^2 - R^2} = \sqrt{95.6^2 - 28^2} = 91.4\Omega$

② 옴저항(R)과 유도 리액턴스(X_L)의 병렬회로

옴저항(R)과 유도 리액턴스(X_L)의 병렬회로에서는 R과 X_L에 모두 똑같은 전압 U[V]가 인가된다. 그러나 전류(I)는 옴저항(R)과 유도 리액턴스(X_L)로 나누어 흐른다.

옴저항(R)에 흐르는 전류(i_R)는 전압(U)과 위상이 같고, 리액턴스에 흐르는 전류(i_L)는 전압 (U)보다 90° 뒤진다. 따라서 옴저항전류(i_R)는 리액턴스전류(i_L)보다 90° 앞선다.(그림 1-110 참조)

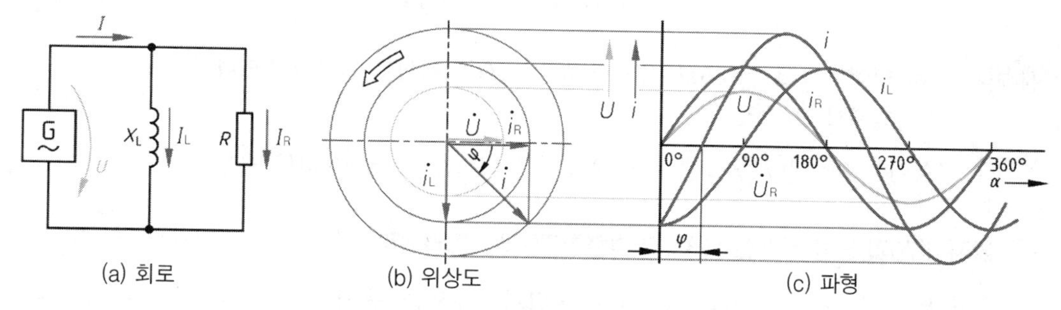

그림 1-110 옴저항과 유도 리액턴스의 병렬회로

$$i = \sqrt{i_R^2 + i_L^2} \qquad Y = \sqrt{G^2 + B_L^2}$$

$$\frac{1}{Z^2} = \frac{1}{R^2} + \frac{1}{X_L^2} \qquad Z = \frac{1}{\sqrt{\dfrac{1}{R^2} + \dfrac{1}{X_L^2}}} = \frac{R \cdot X_L}{\sqrt{R^2 + X_L^2}}$$

$$Y = \frac{1}{Z} \qquad G = \frac{1}{R} \qquad B_L = \frac{1}{X_L}$$

여기서 i : 총 전류[A], i_R : 옴저항 전류[A] i_L: 유도 리액턴스 전류[A]
Z : 임피던스[Ω] R : 옴 저항[Ω] X_L : 유도 리액턴스[Ω]
Y : 어드미턴스[S] G : 컨덕턴스[S] B_L : 유도 서셉턴스[S]

③ 옴저항(R)과 용량 리액턴스(X_c)의 직렬회로(RX_c-직렬회로)

옴저항(R)과 용량 리액턴스(X_c)의 직렬회로를 흐르는 전류(I)는 옴저항(R)과 용량 리액턴스(X_c)에서 같다. 그리고 전압(U)은 옴저항전압(U_R)과 용량 리액턴스전압(U_c)으로 분할된다. 용량 리액턴스전압(U_c)이 전류보다 90° 뒤진다. 그러므로 그림 1-111에 도시한 바와 같이 옴저항전압 (U_R)보다 용량 리액턴스전압(U_c)이 90° 뒤진다.

$$Z = \sqrt{R^2 + X_c^2} \qquad U^2 = U_R^2 + U_c^2 \qquad U = \sqrt{U_R^2 + U_c^2}$$

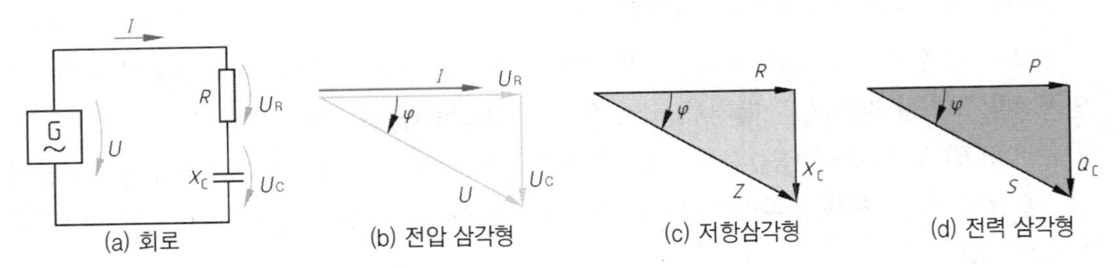

그림 1-111 RX_c-직렬회로

예제6 용량 리액턴스 $X_c = 35\Omega$, 옴저항 $R = 25\Omega$이 직렬로 연결되어 있다.
이 회로에서 임피던스 Z는?

【풀이】 $Z = \sqrt{R^2 + X_c^2} = \sqrt{(25\Omega)^2 + (35\Omega)^2} = \sqrt{1850\Omega} = 43\Omega$

④ 옴저항(R)과 용량 리액턴스(X_c)의 병렬회로(RX_c-병렬회로)

옴저항(R)과 용량 리액턴스(X_c)의 병렬회로에서는 옴저항(R)과 용량 리액턴스(X_c)에 똑같은 전압(U)이 인가된다. 그러나 전류(I)는 옴저항전류(I_R)와 용량 리액턴스전류(I_c)로 분할된다. 그리고 전류 I_R은 전압 U와 위상이 같고, 전류 I_c는 전압보다 90° 앞서므로 위상도는 그림 1-112에 도시한 바와 같다.

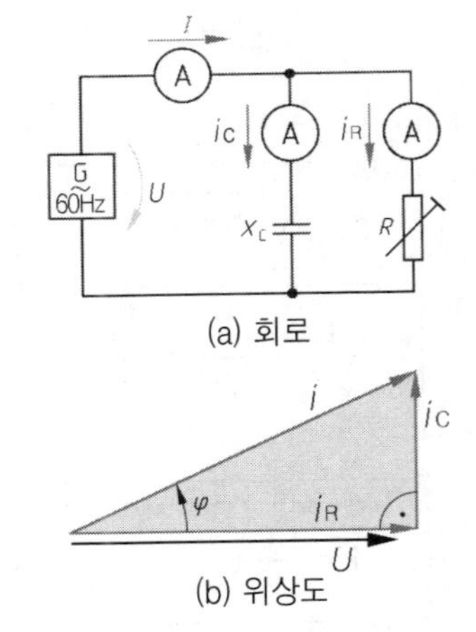

그림 1-112 RX_c-병렬회로

$$i^2 = i_R^2 + i_c^2 \qquad i_c = i \cdot \sin\phi$$

$$i_R = i \cdot \cos\phi \qquad \tan\phi = \frac{i_c}{i_R}$$

$$Y = \frac{1}{Z}, \qquad G = \frac{1}{R}$$

$$B_c = \frac{1}{X_c}, \qquad Y = \sqrt{G^2 + B_c^2}$$

여기서 i : 총 전류[A], i_R : 옴저항 전류[A] i_c : 용량 리액턴스 전류[A] Y : 어드미턴스[S],
Z : 임피던스[Ω], G : 컨덕턴스[S] B_c : 용량 서셉턴스[S], X_c : 용량 리액턴스[Ω] ϕ : 위상각

(5) R, C, L의 직렬회로

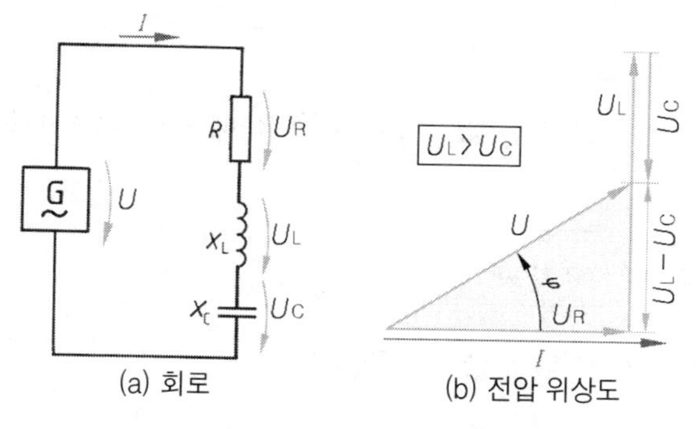

$$U^2 = U_R^2 + (U_L - U_c)^2$$

$$U = \sqrt{U_R^2 + (U_L - U_c)^2}$$

여기서 U : 총 전압,
U_R : 옴 저항 전압,
U_L : 유도 리액턴스전압,
U_c : 용량 리액턴스전압

그림 1-113 R, C, L의 직렬회로

$$Z = \sqrt{R^2 + (X_L - X_c)^2} = \frac{U}{I}$$

여기서 Z : 임피던스(=총 저항)[Ω], R : 옴 저항[Ω] X_L : 유도 리액턴스[Ω]
X_c: 용량 리액턴스[Ω] U : 총 전압, I : 총 전류,

(6) R, C, L의 병렬회로

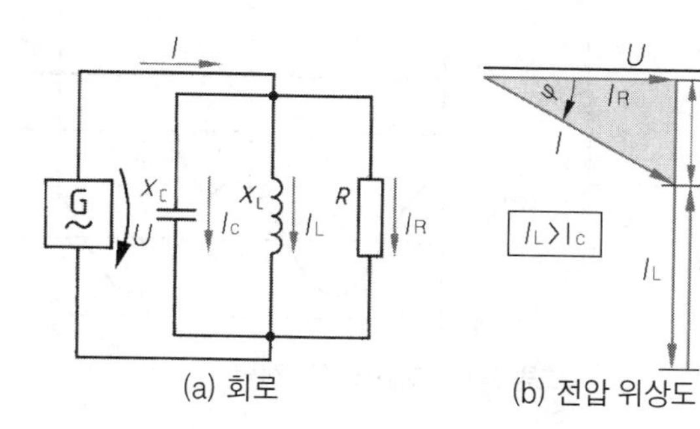

$$I^2 = I_R^2 + (I_L - I_C)^2$$

$$I = \sqrt{I_R^2 + (I_L - I_C)^2}$$

여기서 I : 총 전류,
I_R : 옴 저항 전류,
I_L : 유도 리액턴스전류,
I_c : 용량 리액턴스전류

그림 1-114 R, C, L의 병렬회로

$$Z = \frac{1}{\sqrt{\frac{1}{R^2} + \left(\frac{1}{X_c} - \frac{1}{X_L}\right)^2}} \qquad Z = \frac{1}{Y}$$

$$Y = \sqrt{G^2 + (B_c - B_L)^2}$$

여기서 Z : 임피던스(=총 저항)[Ω], R : 옴 저항[Ω] X_L : 유도 리액턴스[Ω]
X_c : 용량 리액턴스[Ω] Y : 어드미턴스[S], G : 컨덕턴스[S]
B_c : 용량 서셉턴스[S], B_L : 유도 서셉턴스[S],

4. 교류 전력

(1) 교류 전력

그림 1-115와 같은 RL직렬회로에 전압 '$u = \sqrt{2} \cdot U \cdot \sin\omega t$ [V]'를 가했을 때, 회로에 흐르는 전류(i)는 다음과 같다.

$$i = \frac{u}{Z} = \frac{\sqrt{2}}{Z} \cdot U \cdot \sin(\omega t - \theta) = \boxed{\sqrt{2} \cdot I \cdot \sin(\omega t - \theta)\,[\mathrm{A}]}$$

따라서 이 회로에서 각 순간에 소비되는 전력(순시전력) p 는 다음과 같다.

$$\begin{aligned} p = u \cdot i &= \sqrt{2} \cdot U \cdot \sin\omega t \cdot \sqrt{2} \cdot I \cdot \sin(\omega t - \theta) \\ &= 2 \cdot U \cdot I \cdot \sin\omega t \cdot \sin(\omega t - \theta) \\ &= U \cdot I \cdot \cos\theta - U \cdot I \cdot \cos(2\omega t - \theta)\,[\mathrm{W}] \end{aligned}$$

위 식의 첫째 항은 시간 t에 무관하게 일정한 값이다(그림 1-115c). 또 둘째 항은 '$U \cdot I$'를 최댓값으로 하여 전원전압 주파수의 2배(2ω)로 변화하는 사인파로서 한 주기의 평균값은 0이 된다.(그림 1-115d)

따라서 교류전력의 평균값(평균전력) P는 첫째 항의 값으로 표시된다.

$$\boxed{P = U \cdot I \cdot \cos\theta\,[\mathrm{W}]}$$

이 평균전력이 교류회로의 소비전력이며, 일반적으로 교류전력이라 한다.

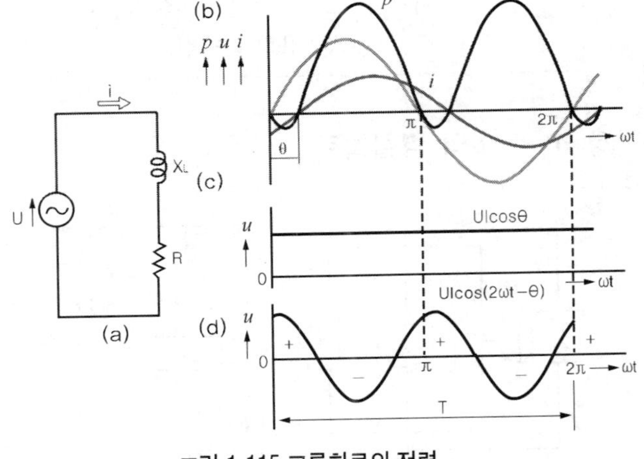

그림 1-115 교류회로의 전력

예제6 교류발전기의 전압 U=220V, 전류 $I = 10\mathrm{A}$, 역률 $\cos\theta = 0.8$이다. 이 발전기의 출력은?

【풀이】 $P = U \cdot I \cdot \cos\theta = 220\mathrm{V} \times 10\mathrm{A} \times 0.8 = 1{,}760\mathrm{W} = 1.76\mathrm{kW}$

(2) 피상전력 (apparent power : Scheinleistung : S)

교류회로에서는 옴저항(R) 외에 리액턴스(X)가 존재하므로 회로전류(I)는 합성저항 즉, 임피던스(Z)에 의해 결정된다. 교류회로에 인가된 전압(U)과 전류(I)의 곱을 피상전력(S)이라 한다.

$$\boxed{S = U \cdot I\,[\mathrm{VA}]}$$

여기서 U : 인가전압[V], I : 유입전류[A], S : 피상전력[VA] * volt · ampere

피상전력(S)은 실제출력의 척도는 아니다. 그러나 발전기나 변압기 등에서 전압이 몇[V]일 때, 몇[A]의 전류가 흐르는가를 아는 데 편리하다. 따라서 전기기기의 용량을 나타내는 데 사용한다. 그리고 직류전류와 구분하기 위해서 단위는 [VA](volt·ampere)를 사용한다.

(3) 유효전력(effective power : Wirkleistung : P)

교류회로의 유효전력(P)은 실제저항(R)에서 발생하며 단위는 [W]를 사용한다. 유효전력(P)은 회로에서 빼내 다른 에너지 형태로 변환 시킬 수 있는 에너지의 척도가 된다.

$$P = U_R \cdot I$$

여기서 P : 유효전력 [W], U_R : 실제 저항에 인가된 전압[V], I : 회로전류[A]

저항(R)에 인가된 전압(U_R)은 전류(I)와 동위상으로 '$U_R = U\cos\theta$'로 표시된다. 따라서 위 식은 다음과 같이 된다. 이를 유효전력이라 한다.

$$P = U \cdot I \cdot \cos\theta \text{ [W]}$$

(4) 무효전력(reactive power : Blindleistung ; Q)

리액턴스(X)에 발생되는 무효전력(Q)의 단위로는 [Var](volt ampere reactive)를 사용한다.
유도 리액턴스 무효전력(Q_L)과 용량 리액턴스 무효전력(Q_c)은 아래와 같이 표시한다.

$$Q_L = U_L \cdot I \qquad Q_c = U_c \cdot I$$

여기서 U_L : 유도 리액턴스 전압[V], U_c : 용량 리액턴스 전압[V], I : 전류[A]

교류회로의 유도 리액턴스(X_L)는 코일에 교번 자장을, 용량 리액턴스(X_c)는 콘덴서에 교번전장을 계속해서 형성한다. 즉, 전기에너지는 유도 리액턴스(X_L)에 의해 자장에너지로, 용량 리액턴스(X_c)에 의해 전기장에너지 형태로 각각 코일과 콘덴서에 저장된다. 순수 유도 리액턴스(X_L)를 가진 코일의 유도 리액턴스 전력(Q_L)의 변화과정은 그림 1-116과 같다.

① 제 1의 1/4주기에서는 각각 정(+)의 전압과 전류의 곱으로 표시되는 순시값이 양(+)의 전력곡선으로 표시된다.

② 제 2의 1/4주기에서 전류는 여전히 (+)값이나 전압은 이미 (−)의 값이며, 따라서 전력곡선은 음(−)이 된다.

③ 제 3의 1/4주기에서 다시 양(+)의 전력곡선이 되고, 마지막 제 4의 1/4주기에서 다시 음(-)의 전력곡선이 된다.

즉, 유도 리액턴스 전력곡선은 교류전류 주파수의 2배로 변화한다.

양(+)의 전력곡선은 코일이 전기에너지를 받아들여 이를 자기(magnetic)에너지로 변화시켜 저장하고 있음을 뜻한다. 그러나 이 에너지는 주파수의 2배의 속도로 전원과 코일 사이를 왕복하므로 전력의 합계는 0이 된다. 따라서 전력계(또는 적산전력계)에는 나타나지 않는다. 그러므로 전류는 흐르지만 그 대가로 전기공급회사에 전기료를 지불할 필요는 없다. 이와 같은 이유에서 이를 무효전력(reactive power)이라 한다.

가령 릴레이 아마추어(relay armature)의 운동을 통해 자장이 어떤 일을 수행하면, 곧바로 위상차는 90°보다 작아진다. 그러면 유효전력이 발생되고 회로로부터 에너지는 빠져 나간다.

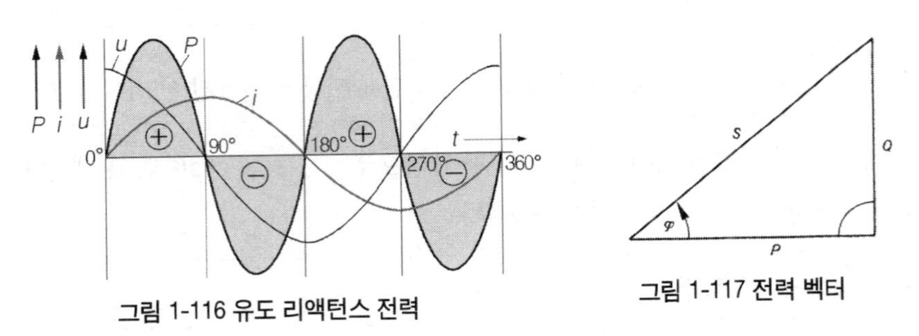

그림 1-116 유도 리액턴스 전력

그림 1-117 전력 벡터

이들 세 전력벡터, 피상전력(S), 유효전력(P), 무효전력(또는 리액턴스전력)(Q)은 그림 1-117과 같이 직각 삼각형으로 표시할 수 있다.

피상전력^2 = 유효전력^2 + 무효전력^2

$$S^2 = P^2 + Q^2 \qquad S = \sqrt{P^2 + Q^2}$$

(5) 역률(power factor : Leistungsfactor ; $\cos\theta$)

피상전력(S)과 유효전력(P) 사이에는 저항의 경우와 똑같은 위상차 θ가 발생한다. 따라서 리액턴스가 있는 회로에서는 옴저항(R)만 있는 회로에 비해 $\cos\theta$의 전력이 소비된다. 이때 $\cos\theta$는 피상전력(S)에 대한 유효전력(P)의 비가 되는 데, 이를 역률(power factor)이라 한다.

$$\cos\theta = \frac{P}{S} \qquad P = S \cdot \cos\theta = U \cdot I \cdot \cos\theta$$

역률 $\cos\theta$는 0~1 사이의 값이다. 유효전력이 존재하지 않으면 순 무효전력에서 역률은 0이 된다. 그리고 순 유효전력에서 역률은 1이고, 따라서 이때 '$S = P$'가 성립한다.

일반적으로 전류와 전압 간의 위상차는 각 θ로 표시하지 않고 역률 $\cos\theta$로 표시한다.

예제7 드릴머신용 교류전동기의 전압 $U=220\text{V}$, 전류 $I=3.9\text{A}$, 역률 $\cos\theta=0.7$이다. 피상전력 (S), 유효전력(P), 그리고 무효전력(Q)는?

【풀이】 피상전력 $S=U\cdot I=220\text{V}\times3.9\text{A}=857[\text{VA}]$

유효전력 $P=S\cdot\cos\theta=857\text{VA}\times0.7=600[\text{W}]$

무효전력 $Q=\sqrt{S^2-P^2}=\sqrt{857^2-600^2}=613[\text{Var}]$(Volt ampere reactive)

5. 공진회로 [共振回路 : resonant circuit : Schwingkreis]

용량 20μF 의 콘덴서를 그림 1-118과 같이 결선하고, 먼저 직류전원을 이용하여 축전시킨 다음, 스위치를 절환하여 콘덴서의 전류가 철심코일(N=1,200)을 거쳐서 방전되도록 한다.

이때 오실로스코프에는 그림 1-119와 같은 감쇠진동 사인파가 나타난다. 전원은 직류이나 전자(電子)가 자신의 원위치를 중심으로 진동하기 때문에 교류전류 형태로 나타난다. 이와 같은 회로를 공진회로(resonant circuit)라 한다.

> 콘덴서와 코일은 공진회로를 형성한다.

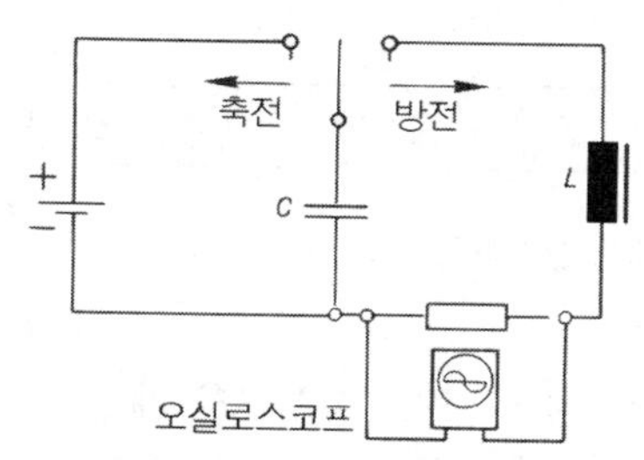

그림 1-118 공진회로 시험회로

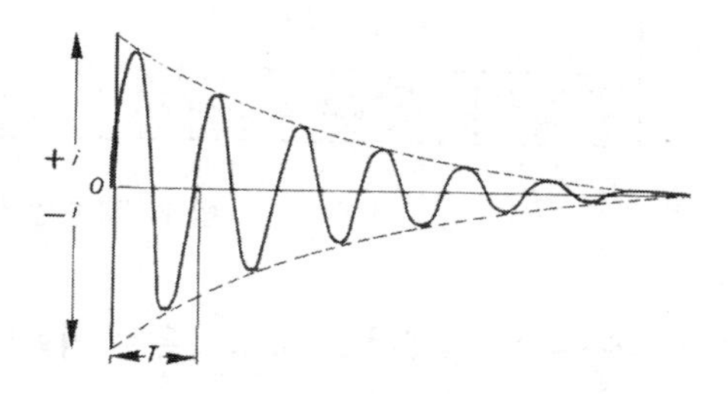

그림 1-119 감쇠진동 사인파

그림 1-119의 파형곡선은 콘덴서에 저장된 에너지가 소비됨에 따라 진폭이 점점 작아지고 주기가 길어지다가, 결국에는 소멸되게 된다. 이를 감쇠진동이라 한다.

콘덴서에서 방출된 에너지는 전류회로의 실제저항(R)에 의해 열에너지로 변형, 소산(消散)된다. 결론은 손실이 없는 공진회로는 없으며, 한 번의 충격으로 영구적으로 진동하는 전자도 없다는 것을 뜻한다.

용량이 아주 큰 콘덴서를 이용하고 정도(精度)가 높은 전류계(0점이 중심에 있는)를 사용할 경우, 지침의 왕복진동을 육안으로 관찰할 수 있다.

그림 1-120과 같은 회로를 이용하여 비감쇠진동주기를 정확히 실험할 수 있다.

콘덴서가 방전하기 시작하여 제 1의 1/4주기 말에 전압은 0이 된다. 따라서 완전히 형성된 자장이 동시에 소멸되면서 코일에 자체유도전압을 유도한다. 유도전압은 유도전류를 유지하고, 따라서 콘덴서는 역으로 축전된다.

제 2의 1/4주기가 종료될 무렵에 전류는 다시 0이 되고, 따라서 자장도 다시 소멸된다. 이제 콘덴서의 에너지는 역(-)방향 최대전압을 유지한다. 즉, 공진회로의 에너지는 다시 콘덴서에 저장되었다. 이와 똑같은 과정을 제3, 제4의 1/4주기 동안에 역방향으로 반복한다.

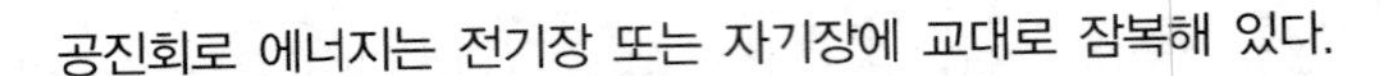
공진회로 에너지는 전기장 또는 자기장에 교대로 잠복해 있다.

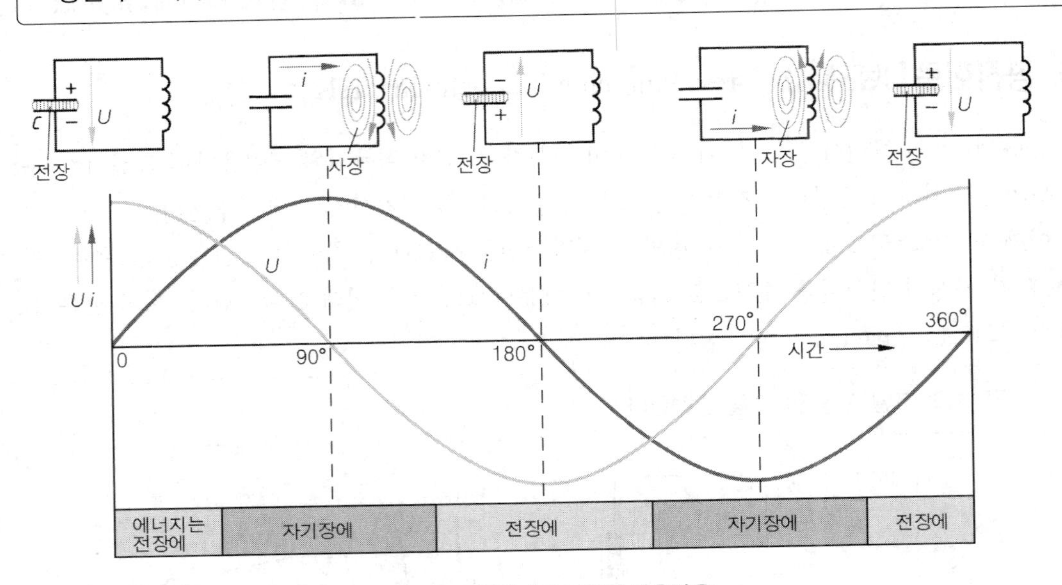

그림 1-120 콘덴서와 코일의 상호작용

공진회로는 유도 리액턴스(X_L)와 용량 리액턴스(X_c)의 크기가 서로 같을 때, 즉 '$X_L = X_c$'이면 고유주파수 또는 공진주파수(f_r)로 진동한다.

인덕턴스(L)나 정전용량(C)을 변화시켜 '$X_L = X_c$'가 되게 하는 것을 동조(tuning)라 한다. 두 리액턴스 X_L과 X_c는 주파수에 따라 변화한다. 따라서 '$X_L = X_c$'는 특정의 공진주파수(f_r)에서만 가능하게 된다. 공진주파수는 다음 식으로 표시된다.

$\omega_r \cdot L = \dfrac{1}{\omega \cdot C}$로부터 $(\omega_r)^2 = \dfrac{1}{L \cdot C}$; $\omega_r = \dfrac{1}{\sqrt{L \cdot C}}$

$\omega = 2\pi f$로부터 '$f = \dfrac{1}{2\pi}\omega$'이므로

$$f_r = \frac{1}{2\pi} \cdot \frac{1}{\sqrt{L \cdot C}} = \frac{1}{2\pi\sqrt{L \cdot C}}$$

공진회로를 외부로부터 공진주파수로 자극시키면 비감쇠진동이 계속적으로 발생된다.

(1) 직렬 공진회로(series resonant circuit : Reihenschwingkreis)

코일과 콘덴서를 직렬로 연결하면 직렬공진회로가 된다.(그림 1-121 참조)

직렬공진 시에는 유도 리액턴스(X_L)와 용량 리액턴스(X_c)가 같아져 소거되고, 회로의 임피던스(Z)는 무유도 저항 성분인 R만 남게 된다. 무유도 저항(R)은 회로 내에 존재하는 순수한 옴저항(R)이다. 따라서 직렬공진회로에서는 저항은 최소, 전류는 최대가 된다. 그리고 전압과 전류의 위상은 서로 같다.

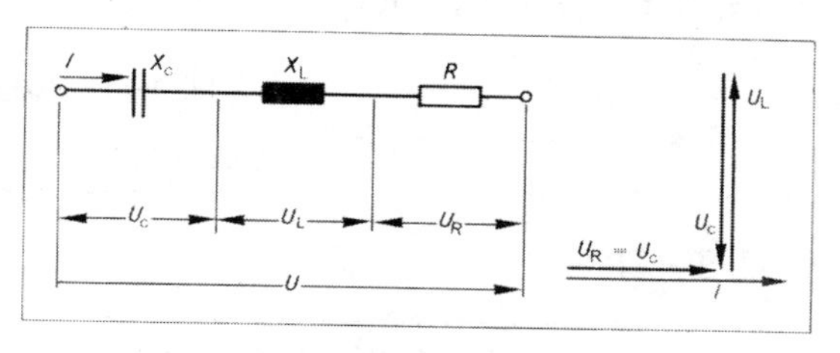

그림 1-121 직렬공진회로

> 직렬공진회로에서는 전압공진이 발생된다.

직렬공진회로는 다수의 주파수 중에서 자신의 공진주파수를 선택한다. 선택의 정밀도(精密度)는 저항 R이 작을수록 양호하다.

(2) 병렬 공진회로(parallel resonant circuit : Parallelschwingkreis)

코일과 콘덴서를 그림 1-122와 같이 병렬로 결선하면 병렬공진회로가 된다.

병렬공진의 경우 직렬회로에서와 마찬가지로 $X_L = X_c$, $Z = R$ 이 된다. 그러나 병렬공진회로에서 임피던스 $Z = R$ 은 직렬공진회로에서와는 반대로 저항이 최대가 됨을 의미한다. 그 이유는 다음과 같다.

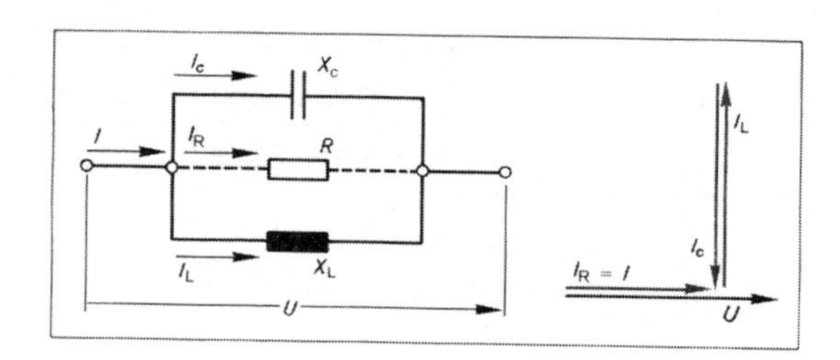

그림 1-122 병렬공진회로

병렬공진 시 코일 리액턴스(X_L)와 콘덴서 리액턴스(X_c)는 서로 같으며, 전압(U)은 인덕턴스(L)와 정전용량(C)에 똑같이 공급되므로 인덕턴스 전류(I_L)와 콘덴서 전류(I_c)는 서로 같다. 즉 '$I_L = I_c$'가 성립한다. 그러나 인덕턴스 전류(I_L)는 전압(U)보다 90° 늦고, 콘덴서 전류(I_c)는 전압(U)보다 90° 빠르므로 인덕턴스 전류(I_L)와 콘덴서 전류(I_c) 사이에는 180°의 위상차가 발생한다. 따라서 서로 반대방향으로 흐르는 결과가 되어 두 전류는 서로 상쇄된다.

따라서 전압(U)이 인가되어 있음에도 불구하고 전류는 거의 흐르지 않으므로($I = 0$), '$L \cdot C$'의 합성 임피던스가 무한대로 크게 작용하는 결과가 되어 저항이 최대가 된다.

병렬공진회로에서 공진 시에는 저항이 최대가 되므로 회로전류(I)는 '$I = I_R$'로 최소가 된다.

> 병렬공진 시에는 전류공진이 발생된다.

병렬공진회로는 다수의 주파수 중에서 자신의 공진주파수를 가려내어 이 주파수로 공진한다. 나머지 주파수들은 단락된다.

〔표 1-14〕 직/병렬 공진의 비교

	직렬 공진	병렬 공진
공진 주파수	$f_r = \dfrac{1}{2\pi\sqrt{L \cdot C}}$	
위상차	θ가 0° 로 f_r에서 I 최대 f_r에서 Z 최소	θ가 0° 로 f_r에서 I 최소 f_r에서 Z 최대
선택도 Q	$Q = \dfrac{\text{공진주파수에서의 } X_L}{X_L\text{과 직렬인 저항}} = \dfrac{X_L}{r_s} = \dfrac{U_{out}}{U_{in}}$	$Q = \dfrac{\text{유도 리액턴스 } X_L}{L\text{과 } C \text{ 양단의 분로저항}} = \dfrac{X_L}{R_p} = \dfrac{Z_{\max}}{X_L}$
	$U_{out} = Q \cdot U_{in}$	$Z_{\max} = Q \cdot X_L$
대역폭 Δf_r	$\Delta f_r = \dfrac{f_r}{Q}$	
	f_r 이하에서 용량성 이상에서 유도성	f_r 이하에서 유도성 이상에서 용량성
특징	낮은 r_s에서, 높은 선택도, 예리한 동조를 위해서 저항이 작은 전원 필요	높은 R_p에서 높은 선택도, 예리한 동조를 위해서 저항이 큰 전원 필요
	전원은 LC회로 내에 있다.	전원은 LC회로 밖에 있다

* r_s : X_L과 직렬인 저항
* R_p : L과 C 양단의 분로저항

제1장 전기 기초이론

제8절 전기기계
(Electric machines)

1. 3상 교류발전기(3-phase AC-generator : Drehstromgenerator)

앞서 발전기 원리에서는 자장(여자 자장)을 고정하고, 도선(전기자)을 회전시키는 경우를 예로 들어 설명하였다.(P.82 참조) 그러나 정반대로 도선을 고정하고, 자장을 회전시켜도 전기가 생성된다. 또 원리도 마찬가지이다. 기존의 자동차의 충전장치에 이용되는 3상 교류발전기는 후자 즉, 도선(스테이터)을 고정시키고, 여자 자장(로터)을 회전시키는 방식을 주로 사용한다.

하이브리드 및 전기자동차의 발전기는 여자자장 로터 대신에 영구자석 로터를 사용한다.

(1) 3상 교류(3 phase Alternate Current)의 생성

실험 그림 1-123과 같이 권수가 같은 3개의 코일 u, v, w를 120° 간격을 두고 철심에 감는다. 그리고 회전자석으로는 영구자석이나 전자석을 이용할 수 있다. 각각의 코일에 0점이 중심에 위치한 직류전압계를 연결하고 자석 NS를 일정한 속도로 회전시킨다.

결과1 자석 NS가 1회전하는 동안에 3개의 전압계의 지침은 코일의 순서에 따라 차례로 좌측과 우측으로 각각 한 번씩 움직였다가 다시 원점으로 복귀하게 된다.

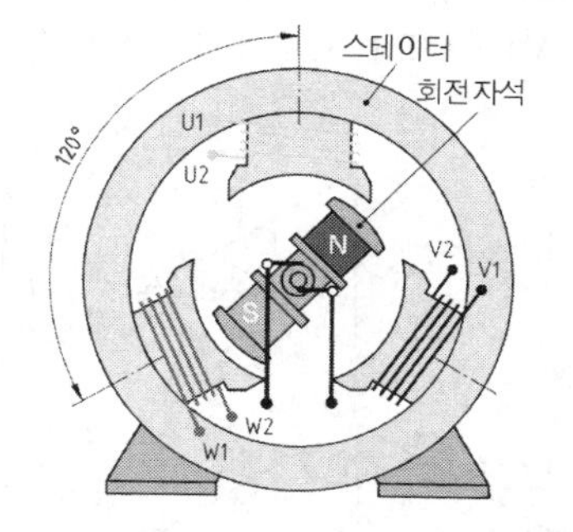

그림 1-123 위상차 120° 인 3상 교류의 생성

자극(또는 자석)이 회전할 때, 각 코일에는 그림 1-124와 같은 사인파 교류가 발생된다. 그리고 이들 3코일에 유도된 교류전압은 주파수가 같고 또 크기도 같다.(코일의 권수가 같을 경우). 다만 시간적으로 서로 120°의 위상차 또는 주기를 두고 연속적으로 발생된다. 즉, 코일의 공간적 위치 차이가 전압의 시간적 위상차로 변환되었다.

이와 같이 120°의 위상차를 두고 연속적으로 발생되는 교류를 3상 교류라 한다. 이에 대해 처음부터 하나 또는 3상 교류 중의 1상을 별도로 사용하는 경우를 단상교류라 한다. 그리고 3개의 코일 각각에 유도된 전압을 상 전압(phase voltage)이라 한다.

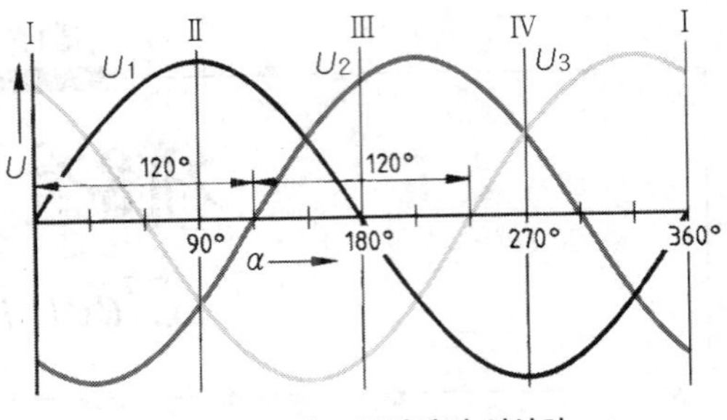

그림 1-124 3상 교류전압의 위상차

(2) 3상 코일의 결선방법

3 코일의 결선 방법에는 스타(star) 결선법과 델타(delta) 결선법이 있다.

① 스타 결선(star connection Sternschaltung) - 표시기호 Y

이 방법은 그림 1-125와 같이 각 코일의 한 끝 U2, V2, W2를 한데 묶어 이를 중성점(또는 공통점)으로 하고, 나머지 한 끝 U1, V1, W1로부터 각각 1개씩의 선을 끌어내는 방식이다. 이 방식을 Y결선이라고도 한다.

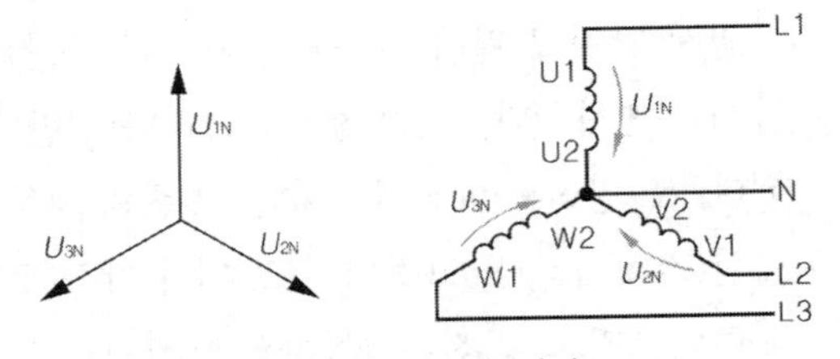

그림 1-125 스타(star) 결선

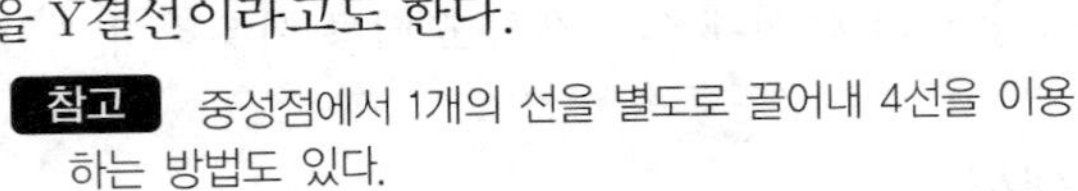
참고 중성점에서 1개의 선을 별도로 끌어내 4선을 이용하는 방법도 있다.

U1, V1, W1과 중성점(N) 사이의 전압을 상 전압(phase voltage ; U_P)이라 하고 U1 ↔ V1, V1 ↔ W1, W1 ↔ U1 사이의 전압을 선간전압(line-to-line voltage ; U_L)이라 한다.

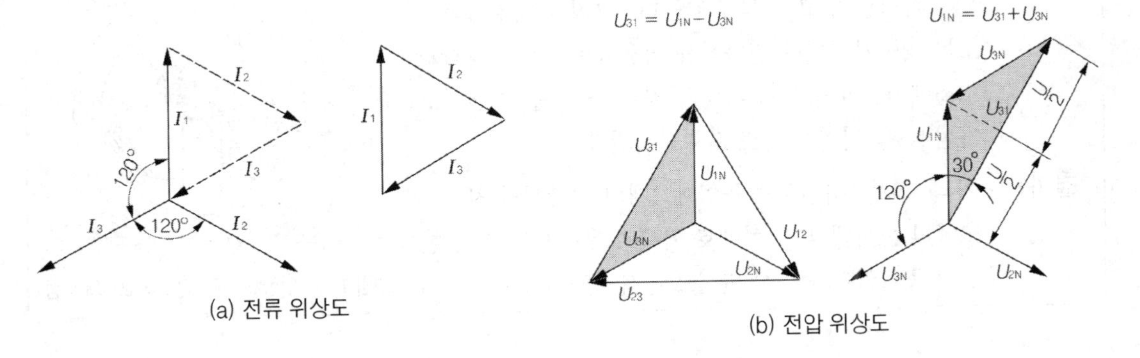

(a) 전류 위상도

(b) 전압 위상도

그림 1-126 스타 결선 시의 위상도

3상 스타 결선에서는 그림 1-126a와 같이 상전류(phase current : I_p)와 선 전류(line current : I_L)는 서로 같다.

$I_P = I_L$ 즉, $I_P = I_1 = I_2 = I_3$

그리고 선간전압(U_L : U_{12}, U_{23}, U_{31})과 상전압(U_P : U_{1N}, U_{2N}, U_{3N}) 사이의 관계는 아래와 같다. (그림 1-126b 참조).

$$U_L = 2 \cdot U_P \cdot \cos30^\circ = 2 \cdot \cos30^\circ \cdot U_P = \sqrt{3}\ U_P \approx 1.73\ U_P$$

여기서 $\sqrt{3} \approx 1.73$을 결선계수(connection factor)라 한다. 그리고 전력은 각 상전력의 합으로 나타낸다. 따라서 스타결선의 전력(유효전력) P는 상전력의 3배이다.

$$P = 3 \cdot U_P \cdot I \cdot \cos30^\circ$$

$$= 3 \cdot \frac{U_L}{\sqrt{3}} \cdot I \cdot \cos30^\circ$$

$$P = \sqrt{3} \cdot U_L \cdot I \cdot \cos30^\circ$$

② **델타 결선**(delta connection : Dreieckschaltung) - **표시기호** Δ

이 방식은 그림 1-127과 같이 각 코일의 끝을 차례로 연결하고, 각 코일의 연결점에서 한 선씩 끌어낸 방식이다.

델타(Δ)결선에서는 상전압(U_P)과 선간전압(U_L)이 서로 같다. 그러나 선전류(I_L)는 2개의 상전류(I_P)로부터 구한다. 전류 위상도(그림 1-128)를 이용하여 기하학적으로 구하면 다음과 같다.

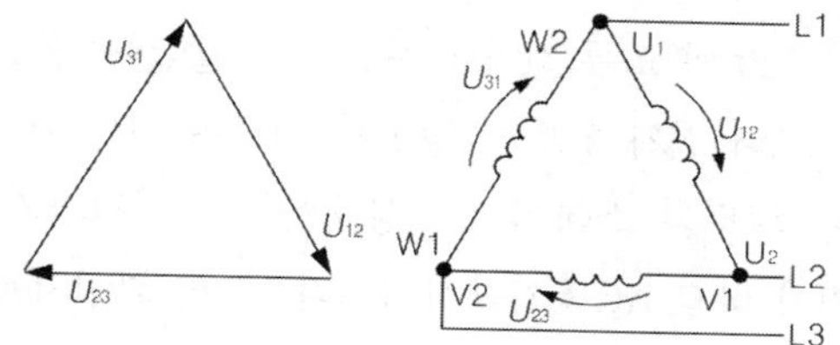

그림 1-127 델타 결선(Δ 결선)

$U_P = U_L$ 즉, $U_P = U_{12} = U_{23} = U_{31}$

$$I = 2 \cdot I_P \cdot \cos30^\circ = 2 \cdot \cos30^\circ \cdot I_P = \sqrt{3}\ I_P \approx 1.73\ I_P$$

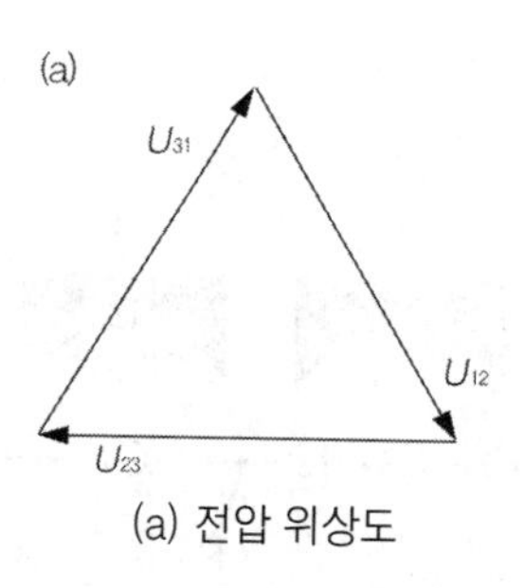

(a) 전압 위상도

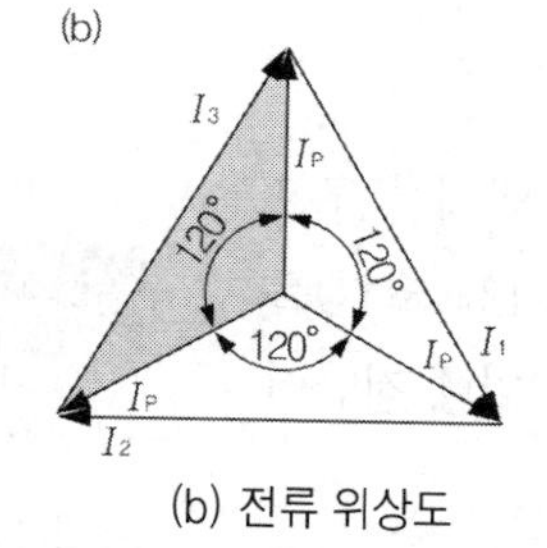

(b) 전류 위상도

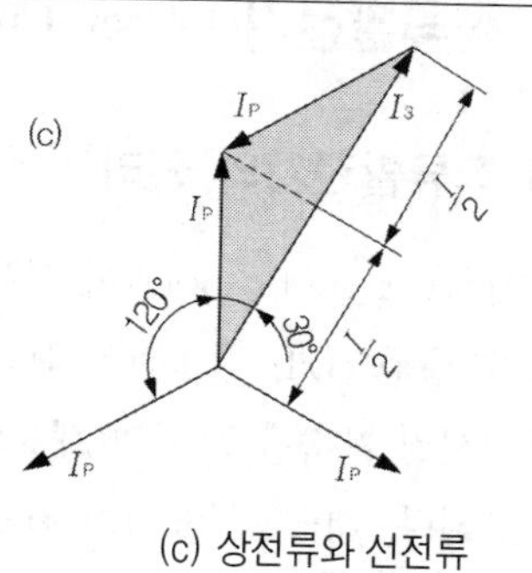

(c) 상전류와 선전류

그림 1-128 델타(Δ)결선 위상도

그리고 전력(유효전력) P는 상전력의 3배가 된다.

$$P = 3 \cdot U \cdot I_P \cdot \cos30^\circ = 3 \cdot U \cdot \frac{I}{\sqrt{3}} \cdot \cos30^\circ$$

$$P = \sqrt{3} \cdot U \cdot I \cdot \cos 30°$$

이와 같이 3상 전력은 결선방법에 관계없이 서로 같다. 따라서 다음 식으로 나타낼 수 있다.

$$3상\ 전력 = \sqrt{3} \times 선간전압 \times 선\ 전류 \times 역률\ [W]$$

그러나 전압은 스타(Y)결선이, 전류는 델타(Δ)결선이 각각 $\sqrt{3}$배 크다.

자동차용 3상 교류발전기는 선간전압이 높은 스타(Y)결선을 주로 사용한다. 이는 저속, 특히 공전속도에서도 충전이 가능한 전압을 확보하기 위해서이다.

(3) 영구자석식 동기형 교류발전기

그림 1-123(P.133) 으로부터 로터(전자석 또는 영구자석)가 회전할 때, 스테이터의 권선에 위상차 120°의 교류 전압이 유도됨을 알았다.

로터(전자석 또는 영구자석)가 회전할 때, 스테이터에는 회전 자기장(또는 회전자계)이 생성된다. 로터와 스테이터의 상대속도가 회전자기장과 동기(同期 : synchroniging)되도록 설계된 발전기가 바로 AC동기발전기이다. 특히 회전자로서 전자석이 아닌, 강한 영구자석을 사용할 경우, 이를 영구자석식 동기형 AC발전기(Permanent Magnet AC Synchron Generator)라 한다.

동기 발전기의 전압은 로터의 회전속도와 로터의 여자전류(또는 로터로 사용되는 영구 자석의 강도)에 비례한다.

2. 직류발전기(Direct Current generator : Gleichstrom-Generator)

(1) 직류발전기의 원리

자극(magnetic pole)이 만든 자장 내에서 루프 코일(loop coil) 즉, 전기자(또는 전기자 코일)를 회전시켜 자속을 끊으면(쇄교하면) 코일에 전압이 유도된다. - P.82, "발전기 원리" 참조.

이때 코일이 자속과 직각으로 쇄교하는 정도가 가장 큰 곳에서 높은 전압이 유도된다.(그림 1-129의 위치 I과 III)

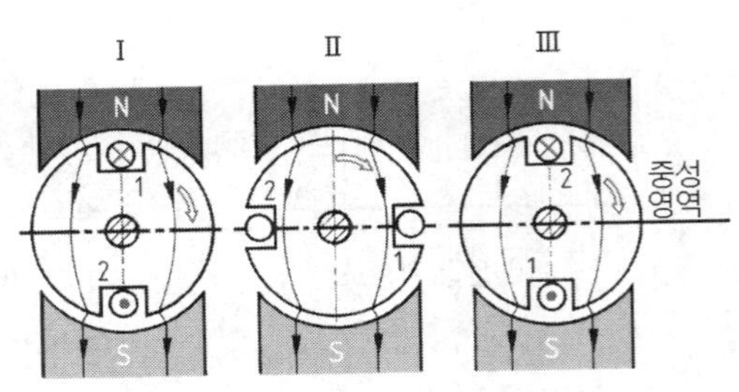

그림 1-129 전기자코일의 회전과 교류전압의 유도

반대로 코일이 자속과 쇄교하지 않으면 전압이 유도되지 않는다. - 위치 II.

코일이 1회전하는 동안에, 코일이 회전함에 따라 코일을 관통하는 자속의 방향이 변화하므로,

유도기전력의 방향도 변화한다. 즉, 직류발전기의 전기자(코일)에는 사인파 교류전압이 유도된다.

코일(전기자)의 양단을 전기자 축에 설치된 2개의 슬립링(slip ring) 과 각각 연결하고, 슬립링에는 각각 카본-브러시를 접촉시킨다. 외력으로 전기자를 회전시키면 브러시를 통해 교류전압을 얻을 수 있다.(그림 1-130a)

그림 1-130b와 같이 2개의 슬립링 대신에, 1개의 슬립링을 두 조각으로 하여 한 쌍의 정류자 편(commutator segment)으로 하면, 전기자 코일이 회전할 때마다 브러시와 접촉하는 정류자편이 바뀐다. 이렇게 되면 브러시에는 교류 대신에 심하게 맥동하는 직류전압이 유도된다.

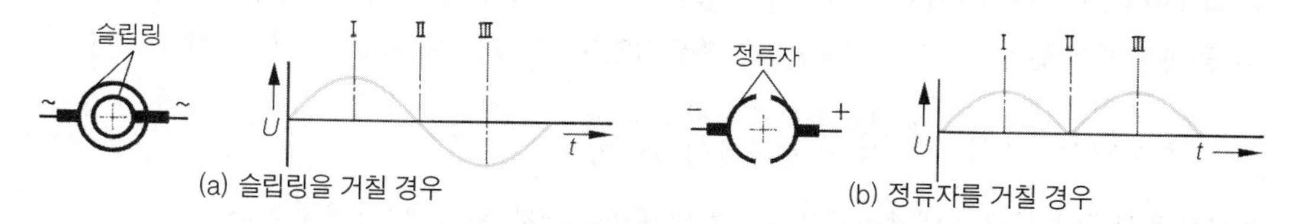

그림 1-130 전기자코일에 유도된 전압의 유출형태

즉, 정류자(commutator : Stromwender)는 정류기와 같은 기능을 한다.

맥동이 적은 직류전압을 유도하기 위해서 정류자편이 접속하는 전기자 코일의 수를 증가시켜, 브러시와 접촉할 때 직류로 정류되도록 한다. 이 경우 브러시와 접촉되지 않은 코일에서 유도된 전압은 이용할 수 없다.(그림 1-131)

이와는 반대로 전기자 코일을 그림 1-132와 같이 직렬로 결선하면, 각 전기자코일에 유도된 전압이 동시에 합성된다. 따라서 1개의 전기자 코일에 유도된 전압이 낮을 경우에도 발전기의 총 전압은 높아진다.(그림 1-132)

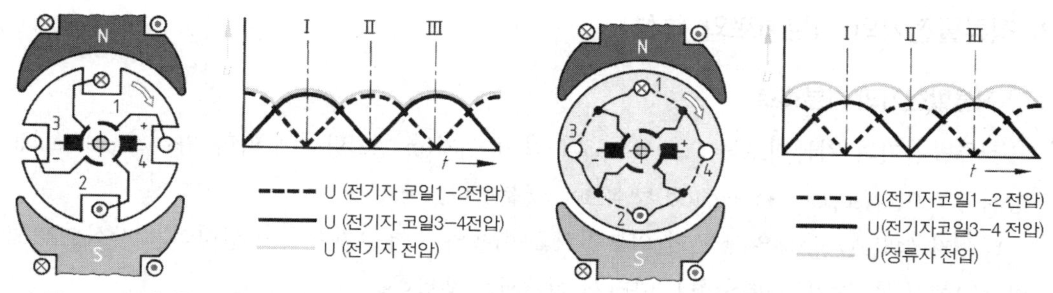

그림 1-131 2개의 전기자코일이 분리되어 있을 경우　　**그림 1-132 2개의 전기자 코일 직렬결선시의 전압파형**

그리고 한 쌍의 정류자편에 접속되는 전기자코일의 수를 증가시키면 유도전압은 더욱 상승하게 된다.

코일의 자속변화가 빠르면 빠를수록 유도전압은 상승한다. 즉, 직류발전기의 전압은 회전속도와 여자전류(excited current)가 증가함에 따라 상승한다.

(2) 직류발전기의 유도기전력

직류발전기의 유도전압 U_0는 다음과 같다.

$$U_0 = k \cdot \Phi \cdot n$$

여기서 U_0: 유도전압[V], k : 상수

Φ : 각 극의 유효자속[Wb 또는 Vs] n : 전기자 회전속도[1/s]

위 식에서 k는 계자 자극수(p), 전기자코일의 권수(z)와 권선방법(예 : 전기자 권선의 병렬회로 수 a) 등에 의해서 결정되는 상수로서, 같은 분권식일지라도 크기와 형상에 따라 각각 다르다.

$$k = (p \cdot z)/a \qquad a \begin{pmatrix} \text{단중중권에서 } a = p \\ \text{단중파권에서 } a = 2 \end{pmatrix}$$

발전기에 부하가 걸리면 내부전압강하가 발생하므로 단자전압은 낮아지게 된다.

$$U = U_0 - (I_a \cdot R_i)$$

여기서 U : 단자 전압[V] U_0 : 무부하 단자전압 또는 유도전압[V]

I_a : 전기자 전류[A] R_i : 전기자 총 저항[Ω]

또 전기자전류(I_a), 계자전류(I_f), 부하전류(I) 및 계자코일 저항(R_f) 간의 관계는 다음과 같다.

$$I = I_a - I_f \qquad I_f = \frac{U}{R_f}$$

(3) 직류발전기의 기본회로와 특성

① 직류발전기의 기본회로

직류발전기의 기본회로는 그림 1-133과 같이 여자(excite)방식에 따라 자여자(self excited) 방식과 타여자(separated excited)방식으로 구분한다.

타여자(他勵磁) 방식은 별도의 외부전원을 이용하여 계자자속을 발생시키는 방식으로 대형 발전기에서 볼 수 있는 방식이다. 따라서 여기서는 생략한다.

자여자(自勵磁)방식은 계자자극(magnetic pole)의 잔류자기(residual magnetism)를 기초로 하여, 발전기 자체에서 발생된 전압으로 계자자속을 형성시키는 방식이다.

전기자코일과 계자코일의 접속방법에 따라 직권식(series winding : Reihenschluss), 분권식(shunt winding : Nebenschluss) 및 복권식(compound winding : Doppelschluss)으로 구분한다.

직권식은 부하변동에 따른 단자전압의 변동이 심하기 때문에 발전기로 사용되지 않는다. 복권식 발전기는 부하변동에 관계없이 거의 일정한 단자전압을 얻을 수 있으나, 자동차용으로는 거의 사용되지 않는다. 자동차에 사용되고 있는 자여자 분권발전기에 대해서만 설명한다.

종류	타여자발전기	분권발전기	복권발전기
회로와 표시기호 (우회전식)	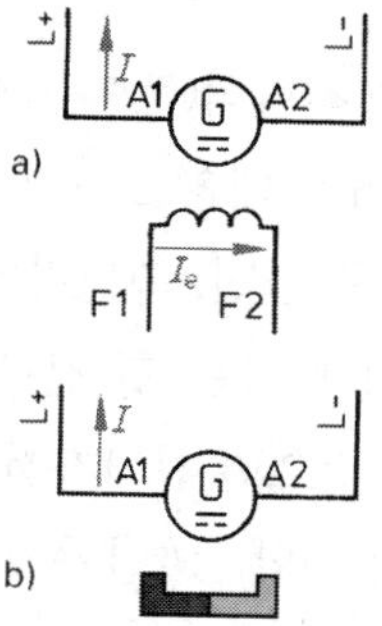 a) +, −, I, A1, G, A2 F1, I_e, F2 b) +, −, I, A1, G, A2	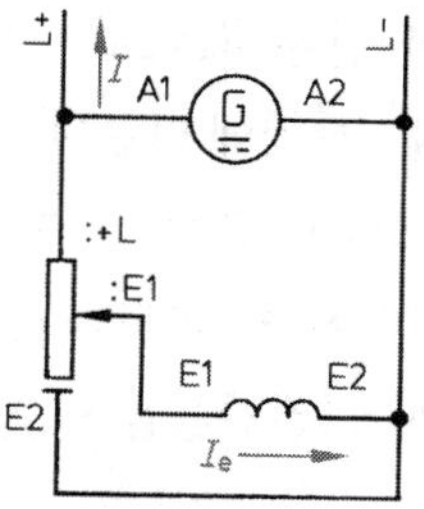 +, −, I, A1, G, A2 :+L, :E1, :E2 E1, E2, I_e	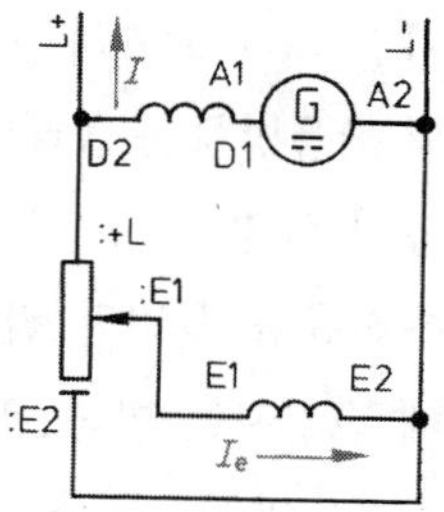 +, −, I, A1, G, A2 D2, D1 :+L, :E1, :E2 E1, E2, I_e
부하 특성곡선 U : 출력전압 I : 부하전류 Ie : 여자전류	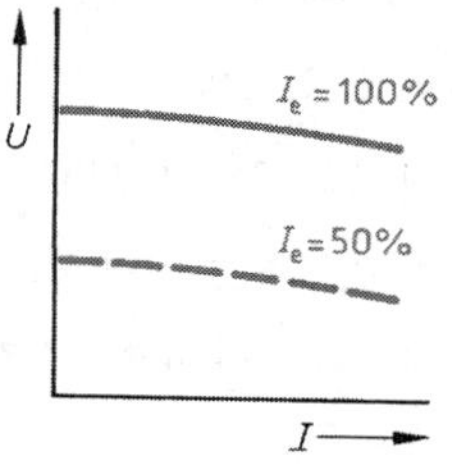 U, I I_e=100% I_e=50%	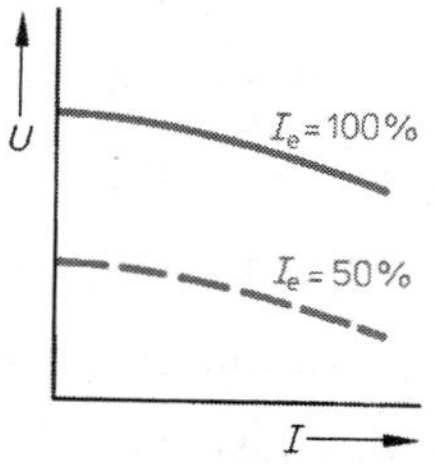 U, I I_e=100% I_e=50%	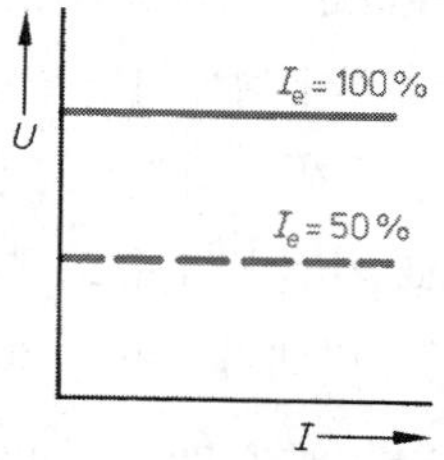 U, I I_e=100% I_e=50%
전압제어방식	여자전압을 제어하여 (전자식 또는 Feldsteller)	여자전류 Ie를 제어하여	

그림 1-133 직류발전기의 기본회로와 부하특성곡선

② **직류 분권발전기** (shunt winding DC-generator)

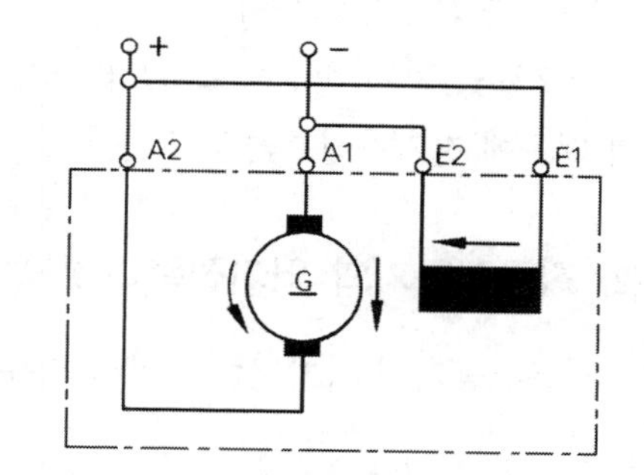

그림 1-134 분권식 직류발전기

계자코일과 전기자 코일이 병렬로 연결된 방식으로 두 코일에 인가된 전압이 같다. 그리고 계자전류는 주로 단자전압의 영향이 크며, 전기자 전류의 영향은 아주 적게 받는다.

부하가 증가함에 따라 내부전압강하($I_a \cdot R_i$)가 증가하므로, 단자전압(U)이 낮아진다. 단자전압이 낮아지면 계자전류(I_f)가 감소하고, 따라서 유도전압(U_0)은 서서히 감소한다.

이처럼 분권 발전기는 부하가 증가함에 따라 단자전압이 약간 하강하는 특성을 가지고 있다.

직류 분권발전기는 자동차 충전발전기로 사용된다. 그러나 오늘날 거의 대부분의 자동차가 충전발전기로 3상 교류발전기를 채용하고 있다. 따라서 특수한 경우를 제외하면 직류 분권발전기도 자동차에는 거의 사용되지 않는다.

3. 직류 전동기(DC-motor)

(1) 직류 전동기의 원리

자장 내에 존재하는 도체에 전류가 흐르면, 도체에는 전자력(電磁力)이 작용한다. 그리고 전자력의 작용방향은 플레밍의 왼손법칙에 따른다. - P.75 자장 내의 도체에 흐르는 전류 참조

앞서 설명한 직류발전기(그림 1-129)를 다른 전원 예를 들면, 축전지에 연결하여 전기자코일에 직류전류를 흘리면 전기자코일에는 플레밍의 왼손법칙에 따른 힘(전자력)이 발생한다. 이 힘에 의해 전기자는 회전한다. 이때 회전방향을 역으로 하고 싶으면 전기자전류의 극성을 바꾸면 된다. 이것이 바로 직류전동기이며, 그 구조는 직류발전기와 마찬가지로 전기자코일(armature winding), 계자코일(field winding), 정류자(commutator) 등으로 구성되어 있다.

따라서 직류기는 발전기나 전동기 어느 것으로도 사용할 수 있다.

전동기가 회전하고 있을 때는 전기자코일이 자속을 쇄교하고 있으므로 발전기의 경우와 마찬가지로 기전력이 유도된다. 이 기전력의 방향은 플레밍의 오른손법칙에 따르므로 전원전압의 방향과는 반대가 된다. 따라서 전기자전류의 흐름을 방해하는 방향으로 작용한다. 즉, 역기전력(counter voltage : Gegenspannung)이 된다.

역기전력은 전동기의 회전속도(n)가 빠를수록, 계자자속(Φ_f)이 클수록 증가한다.

그러나 기동하는 순간 예를 들면, 전압은 인가되어 있으나 전동기가 아직 회전하지 않는 순간에는 회전속도 '$n = 0$'이므로 역기전력 '$U_E = 0$'이 되어, 전기자저항(R_a)이 적어지기 때문에 정격전류보다 큰 전류가 흐른다.

역으로 전동기 회전속도(n)가 증가하면 역기전력이 증가하여 전원전압에 대해 역으로 작용하기 때문에 전기자전류는 감소한다.

(2) 직류전동기의 역기전력과 회전토크

직류전동기의 역기전력은 앞서 직류발전기의 유도기전력을 구하는 식을 그대로 적용한다.

$$U_E = k \cdot \Phi \cdot n$$

여기서 U_E : 역기전력[V], k : 상수(P138 참조)
Φ : 유효자속[Wb 또는 Vs], n : 전기자 회전속도[1/s]

그리고 직류전동기에 인가된 전압을 U, 전기자 전류를 I_a, 전기자의 총 저항을 R_i라 하면 다음 식이 성립한다.

$$U = U_E + (I_a \cdot R_i) = (k \cdot \Phi \cdot n) + (I_a \cdot R_i)$$

$$n = \frac{U - (I_a \cdot R_i)}{k \cdot \Phi} = \frac{U_E}{k \cdot \Phi} \approx \frac{U}{k \cdot \Phi}$$

위 식으로 부터 직류전동기의 회전속도는 인가전압에 비례하고 계자자속에 반비례함을 알 수 있다. 또 회전토크 M은 다음 식으로 표시된다.

$M = k \cdot \Phi \cdot I_a$	I_a : 전기자 전류

(3) 직류전동기의 종류와 특성

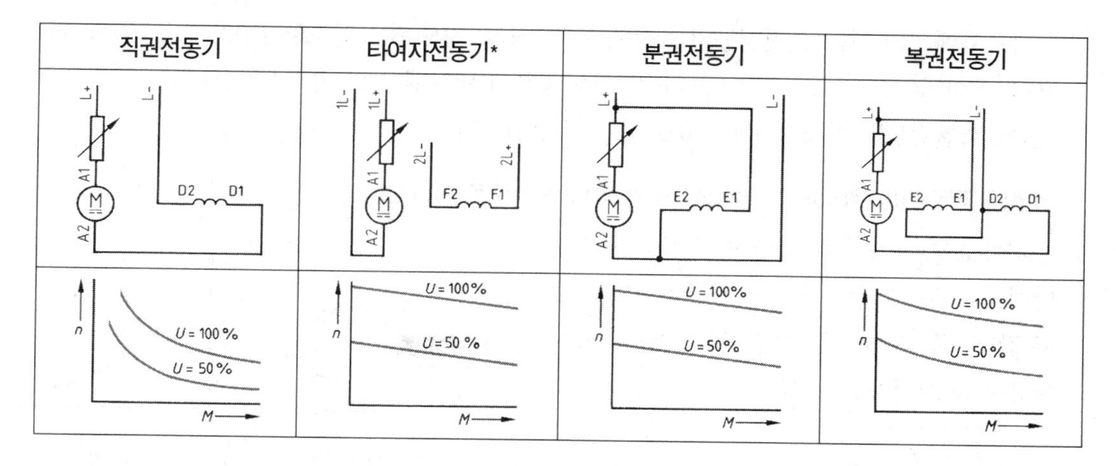

그림 1-135 직류전동기의 기본회로

직류전동기 역시 직류발전기와 똑같이 여자방식에 따라 타여자식과 자여자식, 그리고 자여자식은 전기자코일과 계자코일의 접속방법에 따라 직권식, 분권식 및 복권식으로 구분한다.

자여자식 직류전동기는 직류발전기와는 달리 세 방식 모두가 자동차에 많이 이용되고 있다. 그리고 최근에는 자석을 만드는 기술이 진보됨에 따라 계자코일의 자속 대신에 영구자석의 자속을 이용하여 계자자속을 공급하는 영구자석식 직류전동기도 일반화되고 있다.(영구 여자자석식은 일종의 타여자 방식이다.)

① 직류 분권전동기 (shunt winding : Nebenschluss)

계자코일과 전기자코일이 병렬로 연결된 방식으로 두 코일에 인가된 전압이 같다. 계자전류(I_f)를 일정하게 하여, 부하와 관계없이 거의 일정한 계자자속(Φ_f)을 유지하는 방법을 사용한다. 따라서 전기자는 부하의 영향을 약간 받을 뿐이며, 거의 일정한 회전속도와 회전력을 유지

* 영구 여자 자석식 전동기는 타여자 전동기이다.

한다.

부하가 증가할 때 즉, 전기자전류가 증가할 때 회전토크의 변화를 살펴보자.

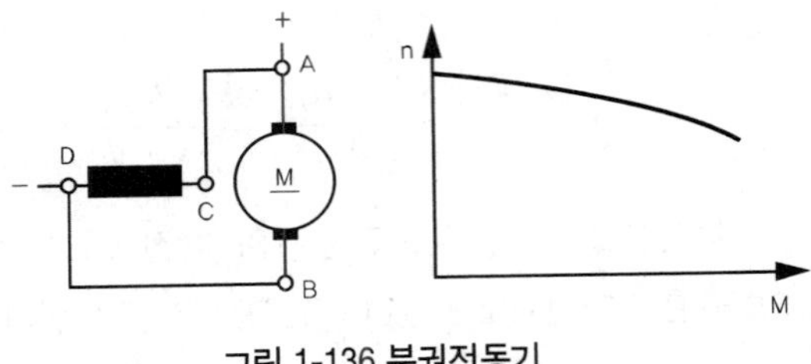

그림 1-136 분권전동기

전원전압이 일정할 경우 자속(Φ)은 거의 변화가 없으므로 식 '$M = k \cdot \Phi \cdot I_a$'로 부터 회전토크에 영향을 미치는 변수는 전기자전류(I_a)뿐임을 알 수 있다. 그러나 회전속도가 상승하면 역기전력이 상승하여, 전기자전류(I_a)의 증가를 제한하므로, 회전토크(M)는 거의 변화하지 않는다. 즉, 회전토크(M)는 부하의 영향을 거의 받지 않는다.

자동차에 이용되는 분권전동기는 출력 7W~50W 정도로서 연료공급펌프, 윈도우(window) 모터, 와이퍼(wiper)모터, 제어 모터 및 각종 송풍기(냉각팬. 냉각기, 히터 등) 모터 등으로 사용된다. 회전속도는 최대 7,000~10,000min^{-1} 범위이다.

② **직류 직권전동기**(series winding: Reihenschluss) - **주로 기동전동기**

계자코일과 전기자 코일이 직렬로 연결된 방식으로 두 코일에 흐르는 전류가 부하전류와 같다. 즉, 부하전류 I, 전기자전류 I_a, 계자전류 I_f의 크기가 모두 같다.

$$I = I_a = I_f$$

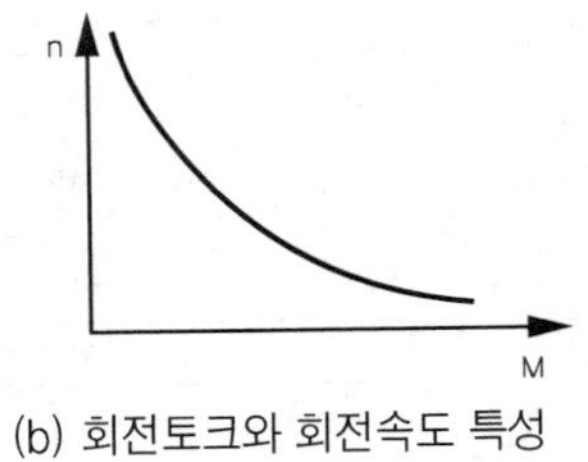

(a) 회로 (b) 회전토크와 회전속도 특성

그림 1-137 직권전동기의 특성

전기자전류(I_a)와 계자전류(I_f)의 크기가 같으므로, 전기자전류(I_a)는 부하에 따라 변화한다. 전기자전류(I_a)가 크면 계자가 강해지고, 전기자전류가 약해지면 계자도 약해진다.

직류전동기에서 회전토크는 앞에서 설명한 바와 같이 계자자속과 전기자전류에 비례한다.

$$M = k \cdot \Phi \cdot I_a$$

직권전동기에서 계자자속(Φ)은 전기자전류(=계자전류)에 의해서 형성된다.($\Phi = k_1 \cdot I_a$)
따라서 다음 식이 성립한다.

$$M = k \cdot \Phi \cdot I_a = k \cdot k_1 \cdot I_a \cdot I_a = k_{12} \cdot I_a^2$$

위 식으로 부터 직권전동기의 회전토크는 전기자전류의 제곱에 비례함을 알 수 있다. 즉, 전기자전류가 2배로 증가하면 회전토크는 4배로 증가한다. 따라서 직권전동기는 부하가 클 때(=

전기자전류가 많이 흐를 때), 큰 회전토크를 발생시킨다.

전기자에 부하가 걸리면, 회전속도(n)와 역기전력(U_E)은 감소한다. 따라서 전기자전류와 계자전류가 증가하여 강력한 자장을 형성한다. 자장의 세기에 비례하여 회전토크가 증가한다.

직권전동기는 갑자기 무부하상태가 되면, 회전속도(n)가 상승하는 특성을 갖고 있다. 앞서의 전동기의 회전속도를 나타내는 식을 다시 검토하자.

$$n = \frac{U-(I_a \cdot R_i)}{k \cdot \Phi} = \frac{U_E}{k \cdot \Phi} \approx \frac{U}{k \cdot \Phi}$$

위 식에서 자속(Φ)이 감소하면 회전속도(n)가 상승함을 알 수 있다. 직류전동기에서 전동기가 무부하 상태가 되면(=회전속도가 상승하면), 역기전력 때문에 전기자전류(=계자전류=부하전류)가 감소하므로 결과적으로 자속이 감소한다.

모든 직류전동기에서 자장이 약해지면 회전속도가 상승한다. 특히 분권전동기에서 보다는 직권전동기에서 속도상승폭이 현저하게 높다.

직권전동기는 부하가 클 때, 회전토크가 크기 때문에 기동기로서 적합하다. 따라서 자동차용 기동전동기(starter)의 거의 대부분이 직권전동기이다.

③ 복권전동기 (compound winding DC-motor : Doppelschluss)

복권전동기는 직권과 분권의 두 계자코일을 가지고 있다. 따라서 직권전동기와 분권전동기의 중간적인 특성을 가지고 있다. 자동차에서는 와이퍼(wiper)모터, 또 출력 10kW 이상의 대형 기동전동기(대형 차량용), 또는 전기자동차의 구동전동기로도 사용된다.

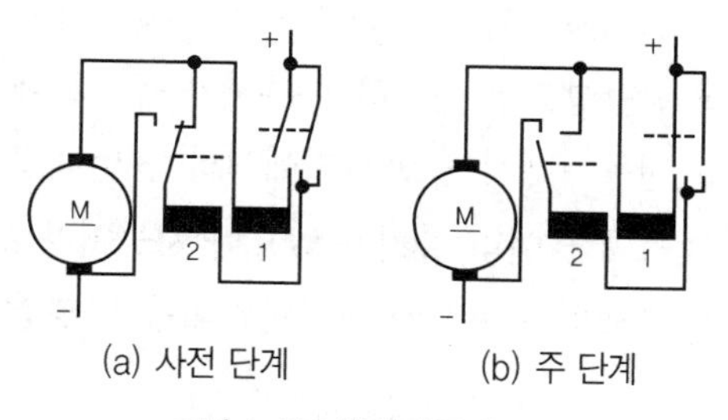

그림 1-138 복권전동기

그림 1-138의 (a)사전 단계에서는 분권 권선만이 직렬로 결선된다.(전기자전류 제한), 이어서 주 단계(b)에서는 분권 권선은 병렬로, 직권권선은 직렬로 결선된다.

분권코일은 직권코일의 회전토크를 강화시키며, 반면에 부하가 감소할 때는 전기자가 허용 이상의 고속도로 회전하는 것을 방지한다.

④ 영구 여자자석식 전동기

계자자속을 계자코일에 전류를 흘려 형성시키는 것이 아니라 영구자석의 강한 자속을 그대로 이용하는 방식이다. 영구자석을 이용하므로 전 운전영역에 걸쳐서 항상 일정한 계자자속이 유지된다. 계자코일이 없기 때문에 계자전류 또는 여자회로의 옴저항이 없다. 따라서 전동기의 총 저항이 낮아진다.

이 형식의 전동기는 구조가 간단하고, 크기가 작다는 점이 특징이다. 회전속도/회전토크 특성은 분권전동기와 직권전동기의 중간적인 성격을 나타낸다. 그러나 축전지전압 하에서 기동전동기로 사용될 경우에는, 분권전동기에 더 가까운 특성을 나타낸다.

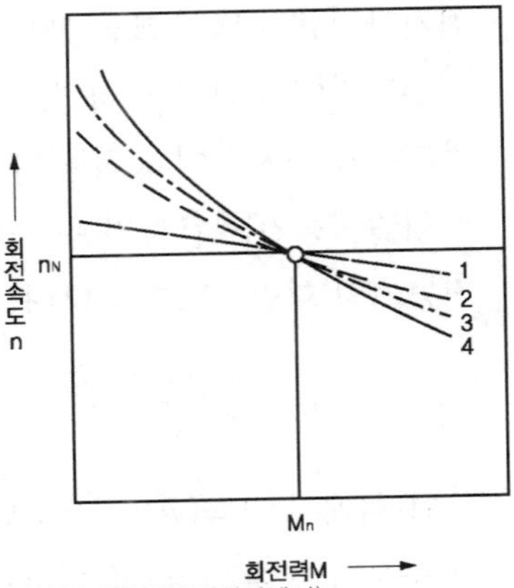

회전속도 n
n_N
1
2
3
4
M_n
회전력M

1. 분권전동기(정전압하에서)
2. 영구 여자 자석식 전동기*
3. 복권 전동기*　4. 직권 전동기*
*축전지 전압하에서

그림 1-139 전동기의 특성(속도와 회전력의 관계)

(4) 직류기의 전기자 반작용(armature reaction : Ankerrückwirkung)

직류기 즉, 직류발전기나 직류전동기에서는 형식에 관계없이 전기자반작용이 발생한다.

그림 1-140(b)와 같이 전기자코일에 부하전류가 흐르면 자계(또는 자장)(Φ_A)가 형성된다. 이 자계와 주 자극에 의해 형성되는 주 자계(Φ_H)(그림 1-140(a)) 사이에는 90°의 위상차가 발생한다. 따라서 그림 1-140(c)에 표시된 바와 같이 합성자계는 Φ_R이 된다. 이와 같이 전기자전류에 의한 자속(Φ_A)이 주 자계의 자속(Φ_H)에 영향을 미치는 현상을 전기자반작용이라 한다.

전기자반작용에 의해 중성축(0 ↔ 0)이 일정한 각도로 회전하게 된다. 발전기에서는 중성축이 회전방향으로 이동하여 부하가 증가함에 따라 자속이 약해져 단자전압이 낮아지게 된다.

전동기에서는 발전기에서와는 반대로 중성축이 회전 반대방향으로 이동한다. 이를 보상하는 방법에는 여러 가지가 있으나 자동차용 전동기에서는 브러시의 위치를 중성축으로부터 회전 반대방향으로 이동시켜 전기자반작용의 영향을 감소시키는 방법을 주로 사용한다.

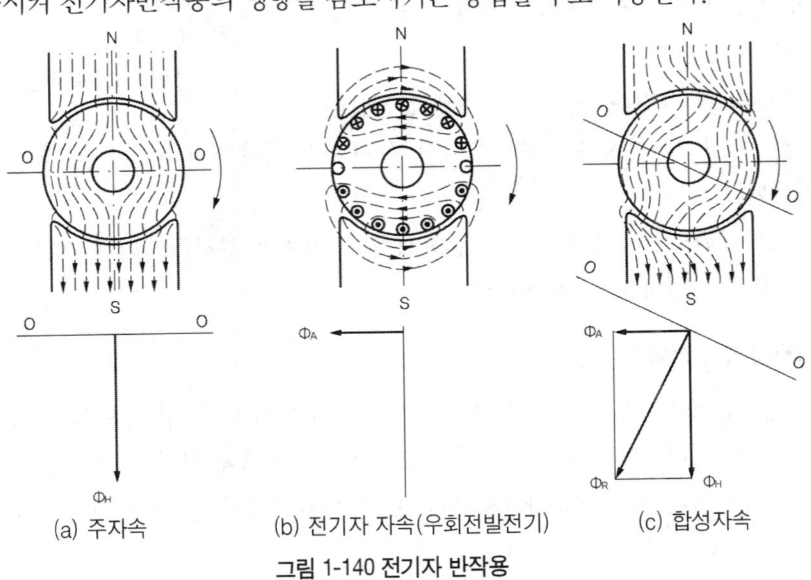

(a) 주자속　(b) 전기자 자속(우회전발전기)　(c) 합성자속

그림 1-140 전기자 반작용

4. 스텝 모터(step motor)

스텝모터에서 로터는 구동축과 함께 특정한 각도 또는 단계(step)로 회전한다. 스텝모터의 구조에 따라 차이는 있으나, 최소 단계별 각도 1.5° 까지 정밀 제어할 수 있다.

(1) 스텝 모터의 구조

로터(rotor)의 원주에는 일정한 간격으로 강한 영구자석이 축방향으로 마치 이(teeth)처럼 배열되어 원을 이루고 있다. 영구자석은 자신의 폭의 절반에 해당하는 간극(gap)을 두고 N극과 S극이 교대로 배치되어 원을 이루고 있다.

그림 1-141에서 철판을 성층하여 만든 스테이터에는 2개의 코일(W1, W2)이 감겨 있다. 이들은 2개의 자극쌍(pole pair)을 형성하는데, 각 자극쌍의 N극과 S극은 서로 마주보도록 설계되어 있다. 그리고 스테이터에 통합된 이(teeth)는 자극 휠(pole wheel)의 기능을 하도록 분포되어 있다.

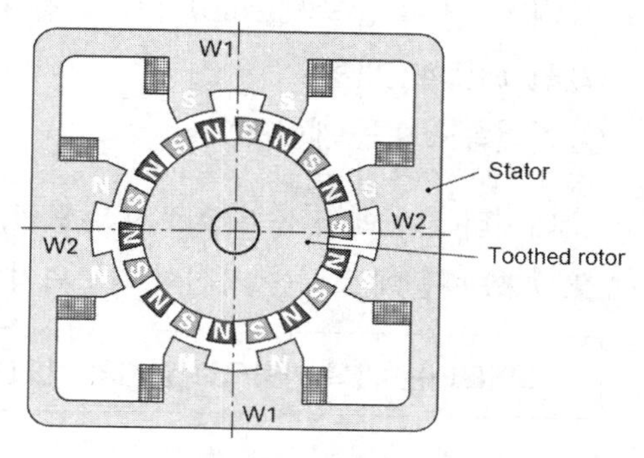

그림 1-141 스텝모터의 기본구조

(2) 스텝모터의 작동원리(그림 1-142 참조)

스테이터에 통합된 자극 휠(pole wheel)은 항상 로터의 1개의 N극(또는 S극)이 스테이터의 S극(또는 N극)과 서로 마주보도록 극성이 제어된다.(그림 (a))

스테이터 코일 W1에 흐르는 전류의 극성이 바뀌면, 수직 자극쌍의 극성이 바뀐다.(그림 (b)) 그러나 수평 자극쌍에서는 자극이 바뀌지 않는다. 로터는 자신의 이 폭의 절반만큼 회전한다.

이어서 스테이터 코일 W2에 흐르는 전류의 극성이 바뀌면, 이제 수평 자극쌍에서의 극성이 바뀐다. 로터는 다음 이(teeth)까지 회전한다.(그림 (c))

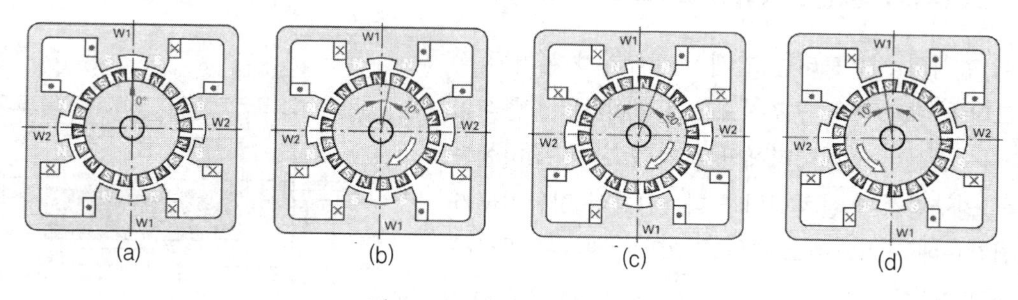

그림 1-142 스텝모터의 작동원리

스테이터 코일의 극성이 연속적, 교대적으로 바뀌면(예 : W1, W2, W1,……), 로터는 그에 대응하여 이(teeth) 1개씩 차례로 회전한다.

스테이터 코일(W1, W2)의 극성에 대응하여, 로터 회전방향을 역방향으로 바꿀 수 있다.(그림 (d))

컨트롤유닛은 조정에 필요한 센서정보에 근거하여 아래의 값들을 결정한다.

① 회전시켜야 할 스텝(step)의 수(회전각도에 상응)

② 필요한 회전방향

③ 회전속도 또는 제어속도

스테이터 코일에 전류가 흐르지 않으면, 성층 스테이터와 자극 휠(pole wheel) 간의 자기효과(磁氣効果) 때문에 로터는 자신의 최종위치에서 정지상태를 유지한다. (lock-in effect)

> 스텝모터는 양쪽 방향으로 임의의 각도(또는 스텝 수)만큼 회전할 수 있다.

(3) 스텝모터의 용도(예)

① 스로틀밸브 액추에이터
② 에어컨 시스템에서 통풍구 플랩(flap) 제어
③ 전기식 도어-미러(door-mirror) 조정
④ 시트(seat) 위치 조정(메모리 기능 포함)

스텝모터에 변속비가 1보다 큰(=저속) 웜기어(worm gear) 짝을 부가하여 사용할 수 있다. 이를 통해 로터는 개별 제어 또는 조정을 보다 더 정밀하게 실행할 수 있다. 예를 들면, 스로틀밸브 액추에이터로서 스로틀밸브를 아주 조금씩 매우 정확한 각도로 개폐할 수 있다.

스텝모터는 펄스가 빠르게 연속적으로 가해지면, 동기모터로서 기능한다. 전기자가 스테이터 자장에 동기되어 회전한다.(동기화)

5. 브러시가 없는 직류모터(brushless DC-motor)

이 형식의 직류모터는 기계식 정류자가 설치된 직류모터와 비교하면, 구조적으로 반대이다. 이 형식의 모터는 권선이 스테이터에만 감겨 있으며, 로터에는 강한 영구자석이 설치되어 있다. 전자식 정류기구가 회전각도에 근거하여 스테이터 코일에 전류를 공급하면, 로터는 회전한다.

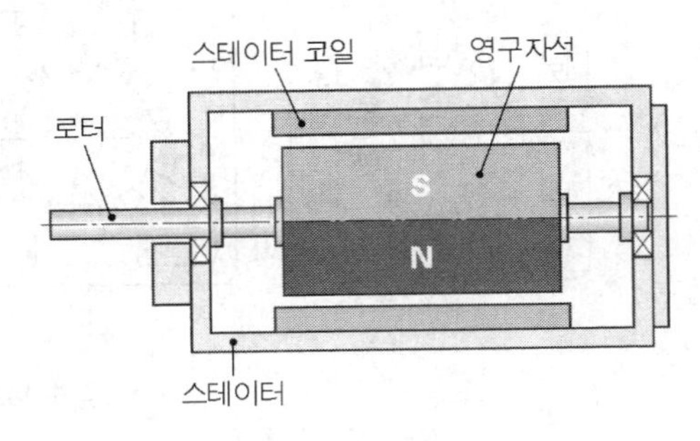

그림 1-143 브러시가 없는 직류모터

자동차에서는 기관냉각팬 구동모터 및 에어컨 송

풍기 모터 등으로 사용한다.

(1) 브러시가 없는 직류모터의 종류

① **외부 로터 모터**(external rotor DC-motor) : 스테이터 권선이 내부에 고정, 설치되어 있고, 회전하는 로터의 재킷이 이들을 감싸고 있는 형식.

② **내부 로터 모터**(internal rotor DC-motor) : 영구자석 로터가 모터의 안쪽에 설치되어 있고, 스테이터가 모터를 감싸고 있는 형식

(2) 전자식 정류기구(electronic commutation)

브러시가 없는 모터에서는 개별 스테이터 코일에 전류를 공급 또는 차단하는 기능을 제어 일렉트로닉(control electronics)이 담당한다. 제어 일렉트로닉은 로터 위치센서(예 : 홀센서)로부터 로터의 위치정보를 전달받아, 이를 근거로 스테이터의 해당 코일에 전류를 공급 또는 차단한다.

모터의 회전속도는 정류기구의 정류주파수에 따라 변한다. 전자식 정류기구를 갖춘 DC-모터에는 통상적으로 3개 또는 그 이상의 코일이 설치되어 있다.

(3) 브러시가 없는 DC-모터의 장점

기계식 정류기구를 사용하는 DC-모터와 비교할 때, 이 모터의 장점은 다음과 같다.

① **고속회전이 가능하다**

모터의 회전속도는 단지 설치방식과 마그넷 마운팅에 작용하는 원심력에 의해서만 제한된다.

② 모터의 회전속도는 로터 위치센서로 회전속도를 측정, 제어한다.

③ 작동소음이 작고, 전자기 적합성이 우수하다.

④ 브러시를 사용하지 않기 때문에 수리가 거의 필요 없다.

⑤ 제어 일렉트로닉의 진단능력이 우수하다.

⑥ 구조가 간단하고 소형, 경량이다.

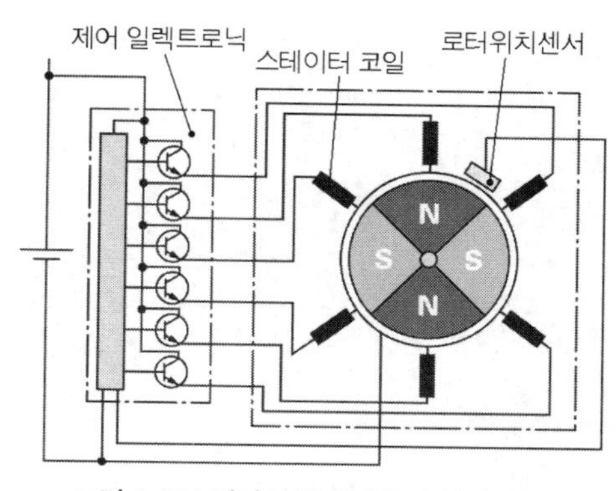

그림 1-144 전자식 정류기구의 작동원리

제2장

전자 기초이론

Basic concepts of electronics :
Grundbegriffe der Elektrotechnik

제2장 전자 기초이론

제1절 반도체 재료
(materials of semiconductors)

자유전자가 물질 내부에서 자유롭게 이동할 수 있는 정도 즉, 전기 전도성에 따라 물질을 도체(conductor), 반도체(semi-conductor) 및 절연체(insulator)로 분류한다.

반도체(半導體)란 도체와 절연체의 중간 정도의 고유저항을 가진 물질이지만, 다른 금속을 첨가하거나, 빛, 자기장 및 전기장 등에 노출되면 고유저항이 크게 변화하는 특성을 가지고 있다.

〔표 2-1〕 물질의 고유저항

고유저항 ρ $\frac{\Omega\cdot mm^2}{m}$	명칭	용도
10^{24}	SiO_2	절연재료
10^{22}	절연체	
10^{20}	C(금강석)	
10^{18}	광물성 절연재료	
10^{16}	유기 절연재료	
10^{14}		
10^{12}	반도체	
	– Cu_2O(산화구리)	정류기
10^{10}	– Si(실리콘)	다이오드, 트랜지스터, 광 다이오드 솔라셀
10^{8}	CdTe, GaAs	
10^{6}	– PbS(황화납)	스위치 다이오드와 용량 다이오드, 광저항기
10^{4}	– Ge(게르마늄)	다이오드, 트랜지스터, 광다이오드
	– InAs(비화인듐)	홀센서, 광저항기
10^{2}	– InSb(안티몬화 인듐)	
1	Cu(구리) 금속	전선과 저항
10^{-2}		

반도체 재료에는 여러 종류가 있으나, 기술적으로는 소위 다이아몬드 결정격자구조(그림 2-1)를 가진 물질들만이 주로 사용된다. 이러한 물질들에서는 1개의 원자 주위에 바로 이웃한 4개의

원자들이 서로 일정한 거리로 배열되어, 아주 안정된 격자구조를 형성하고 있다. 실리콘(Si)이나 게르마늄(Ge)과 같이 잘 알려진 반도체 재료 외에도 안티몬화 인듐(indium-antimonide : InSb)이나 비화갈륨(gallium-arsenide : GaAs) 등도 그 결정구조가 다이아몬드격자에 합치되는 것들이다.

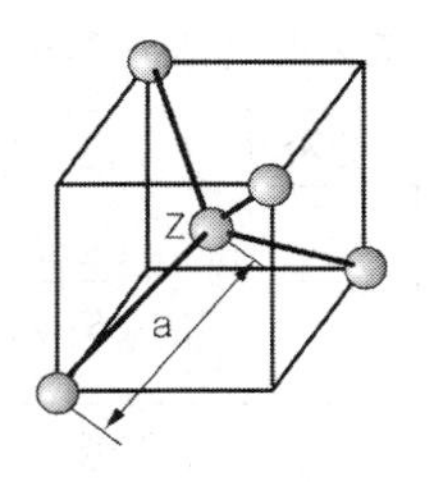

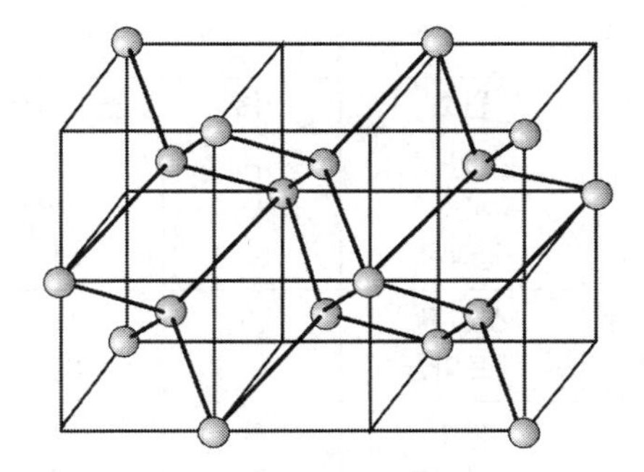

그림 2-1 실리콘 또는 게르마늄의 결정격자

반도체재료(표 2-2)는 순도가 아주 높은 상태로 생산된다. 일반적으로 반도체재료 광석을 녹인 쇳물 속에 종자결정(seed crystal)을 넣은 다음, 천천히 계속적으로 회전시키면서 위로 뽑아 올리면 순수한 결정은 점점 쇳물 위로 올라오면서 굳어져 단단하게 성장된다. 이와 같은 작업을 여러 번 반복하여 10^{10}개의 원자에 단 1개의 불순물 원자가 포함되는 정도로 순도가 높은 반도체재료를 생산한다. 10^{10}개의 원자에 단 1개의 불순물원자가 포함된 정도로 순도가 높은 반도체재료를 진성반도체(眞性 半導體 ; intrinsic semiconductor)라 한다.

진성반도체의 순도를 알기 쉽게 비교해 보자.

가로 × 세로 × 높이 각각 20m × 10m × 2m(=400m^3)의 수영장 풀(pool)에 물을 가득 채우고, 단 한 방울의 불순물-지름 0.04mm의 구슬 1개의 크기-을 떨어뜨렸을 경우, 이 상태가 바로 진성반도체의 순도(99.99999999%)와 같다.

1948년 처음으로 게르마늄(Ge) 트랜지스터(transistor)를 생산하였다. 오늘날 모든 반도체 소자의 약 90% 이상이 실리콘(Si)을 주재료로 사용하고 있다.

실리콘(Si)을 주재료로 사용하는 근본적인 이유는 다음 3가지이다.

① 실리콘의 순도와 결정배양기술의 진보

② 게르마늄 소자의 사용한계 온도가 약 75℃~90℃인데 반하여, 실리콘 소자의 사용한계 온도는 2배 정도(약 150℃~190℃)로 높다.

③ 실리콘은 고온에서 대단히 안정된 산화막(SiO_2로 된)을 형성하는 데, 이 산화막은 화학적으로 안정되어 있으며, 동시에 전기 절연성이 아주 높다.

다른 반도체재료들은 특수한 용도에 한정된다. 예를 들면, 게르마늄은 고주파용으로, 비화갈륨(GaAs)과 인화갈륨(GaP)은 초단파-테크닉과 광-테크닉에, 안티몬화 인듐(InSb)은 자장의 영향을 받는 소자(예 : 자기저항기)에, 유화카드뮴(CdS)은 광전소자(photo-element)에, 실리콘 카바이드(SiC)는 서미스터(NTC), 바리스터(VDR), 발광다이오드(LED) 등에 사용된다.

〔표 2-2〕 반도체 재료

원소	기호	원자번호	원자가	용도
인 비소 안티몬	P As Sb	15 33 51	5	불순물 원소(donor)로서 N형 반도체에 전자 제공. Sb와 As는 Ge에, P는 Si에 첨가
실리콘 게르마늄	Si Ge	14 32	4	진성 반도체 재료, 불순물이 첨가되면, 외인성 반도체가 된다.
붕소 알루미늄 갈륨 인듐	B Al Ga In	5 13 31 49	3	불순물 원소(acceptor), P형 반도체에 정공(hole)을 발생시킨다. Al과 B는 Si에 첨가 Ga과 In은 Ge에 첨가

실리콘의 원자핵은 양자(proton) 14개와 중성자(neutron) 14개로 구성되어 있으며, 14개의 전자는 K궤도에 2개, L궤도에 8개, 그리고 M궤도에 4개가 들어있다. 즉 가전자(valency electron)가 4개인 4가 원자이다.

실리콘 원자는 4개의 가전자를 잃거나 얻지 않고, 주위에 있는 원자와 공유 결합(共有 結合)하여 결과적으로 8개의 최외각 전자를 구성하여 안정된 상태가 된다. - 공유 결합(covalent bond)

실리콘 원자는 공유 결합을 통해 주위의 다른 4개의 원자와 사슬을 이루게 된다.

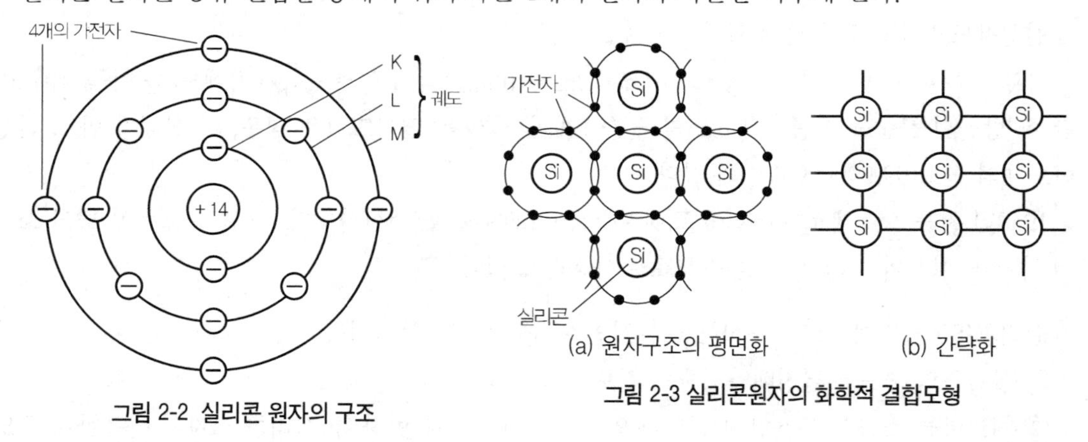

그림 2-2 실리콘 원자의 구조

그림 2-3 실리콘원자의 화학적 결합모형

1. 진성반도체(intrinsic semiconductor)의 도전성

(1) 원자의 열운동과 전자전류

저온에서 불순물이 들어 있지 않은, 순수한 실리콘 결정에는 자유전자가 존재하지 않는다. 절대영도(−273℃)에서 실리콘의 전기전도성은 '0'이다. 실온에서 실리콘원자는 결정격자

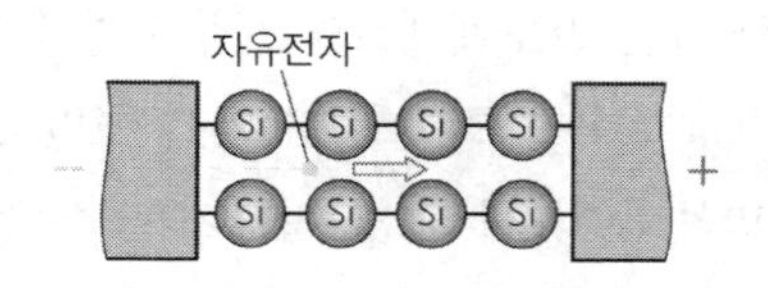

그림 2-4 반도체에서 자유전자의 이동

내에서 자신의 초기 위치를 중심으로 불규칙적으로 진동한다. → 열(熱) 운동

이 열운동에 의해 가전자(價電子) 중의 일부가 결정격자로부터 튀어나와 자유전자(free electron)가 된다. 반도체 결정에 전압을 인가하면, 이 자유전자는 음극(−)에서 양극(+)으로 이동한다. 전자의 이동이 곧 전류의 흐름이다. - 전자전류(電子電流).

(2) 정공(正孔 : positive hole) - 그림 2-5 참조

가전자가 그의 공유결합으로부터 튀어 나가면 빈자리(hole)가 발생한다. 전자가 튀어 나간 빈자리는 다른 전자를 끌어들이려고 하므로 마치 (+)전하가 있는 것과 같으나 실제로는 아무것도 없다. 그래서 "(+)성질을 가진 빈자리"라는 뜻으로 이를 정공(正孔) 또는 홀(hole)이라 한다.

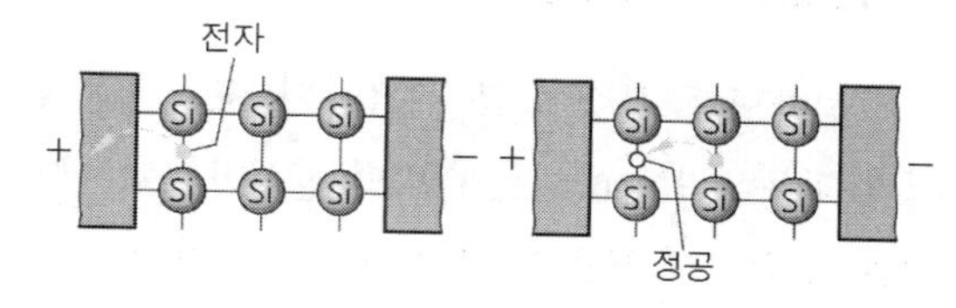

그림 2-5 반도체에서 정공의 이동과정

이 정공도 역시 전류의 흐름에 기여한다. 반도체결정에 전압이 인가되면, 부근의 가전자가 다시 이 정공을 메우고, 이 가전자의 원래 자리는 다시 정공이 된다. 이 과정은 계속적으로 반복된다. 이와 같은 방법으로 정공은 반도체결정의 끝까지 이동한다. 다만 정공은 전자와는 반대방향으로 이동하면서 전기를 전도한다. - 정공전류.

> 정공은 반도체결정 내에서만 이동한다. 자유전자처럼 도선을 따라 전원으로 이동하지는 않는다.

(3) 반송자(carrier)

진성반도체에서는 같은 수의 자유전자와 정공이 발생되고, 또 이들에 의해서 전기가 전도된다. 전기를 전도하는 전자와 정공을 반송자(carrier)라 한다.

> 진성반도체에서는 같은 수의 자유전자와 정공이 동시에 발생된다. 전압이 인가되면 자유전자는 음극에서 양극으로, 정공은 반도체 내에서 양극에서 음극으로 이동하면서 전기를 전도한다.

자유전자와 정공이 반도체 내에서 이동하는 정도 즉, 이동도(mobility)는 반도체재료에 따라 각각 다르다. 정공과 자유전자의 운동능력의 차이에 의해 전자와 정공의 도전성이 결정된다.(표 2-3)

정공이나 전자의 운동속도를 드리프트(drift) 속도라고도 한다.

〔표 2-3〕 반도체 전하의 이동도(mobility)

반도체	이동도(μ) [m^2/(V·s)]	
	전자	정공
실리콘(Si)	0.145	0.05
게르마늄(Ge)	0.38	0.18
인듐−안티몬(InSb)	7.70	0.07
인화인듐(InP)	0.45	0.015
갈륨−안티몬(GaSb)	0.25	0.142
인화갈륨(GaP)	0.013	0.015

> **참고** $\mu_p = \dfrac{v_p}{E}$ $\mu_n = \dfrac{v_n}{E}$
>
> 여기서 μ_p : 정공의 이동도[$m^2/(Vs)$] μ_n : 자유전자의 이동도[$m^2/(Vs)$]
> v_p : 정공의 운동속도[m/s] v_n : 자유전자의 운동속도[m/s]
> E : 전기장의 세기[V/m]

2. 불순물 반도체(extrinsic semiconductor)와 그 특성

진성반도체 결정에 불순물(=3가 또는 5가 원소)을 첨가하면 도전성이 크게 향상된다. 불순물 첨가 비율은 약 $10^3 \sim 10^8$개의 진성반도체 원자에 불순물 반도체 원자 1개 정도이다. 10^5개의 실리콘(Si)원자에 붕소(B) 원자 1개를 첨가하면 도전성은 약 1,000배 증가한다.

진성반도체에 첨가되는 불순물은 주로 원자가 3 또는 5인 원소들이다. 이들 3가 또는 5가의 원소들이 진성반도체(4가)에 첨가되면, 진성반도체의 결정구조에 변화가 발생한다. 즉, 공유결합구조를 형성할 때, 전자가 1개 부족하거나 남아돌게 된다.

이때 전자가 남아도는 반도체를 N형 반도체, 전자가 부족한 반도체를 P형 반도체라 한다. 그리고 N형과 P형 반도체 모두를, 불순물반도체 또는 외인성 반도체라 한다.

> 진성반도체에 불순물을 첨가하면 도전성이 크게 향상된다. → 외인성 반도체

(1) N형 반도체(N-type semiconductor) (그림 2-6(a) 참조).

4가의 실리콘 결정에 5가 원소 예를 들면, 인(P; 원자번호 15)을 첨가하면 인(P)의 가전자 중 4개만 실리콘 원자와 공유결합하고 1개의 가전자는 남아돌게 된다. 이때 남아도는 전자를 과잉전자 또는 잉여전자(excess electron)라 한다. 과잉전자를 발생시키는 불순물원소들 예를 들면, 안티몬(Sb)(51), 비소(As)(33), 인(P)(15), 납(Pb)(82) 등을 도너(donor)라 한다.

잉여전자는 상온에서도 자유롭게 이동할 수 있는 자유전자이다. 따라서 진성반도체와 비교할 때, 불순물 반도체의 도전성은 온도의 영향을 크게 받지 않는다. 불순물 반도체의 도전성은 불순물 중의 과잉전자가 모두 방출될 때까지만 온도의 영향을 받아 약간 증가한다.

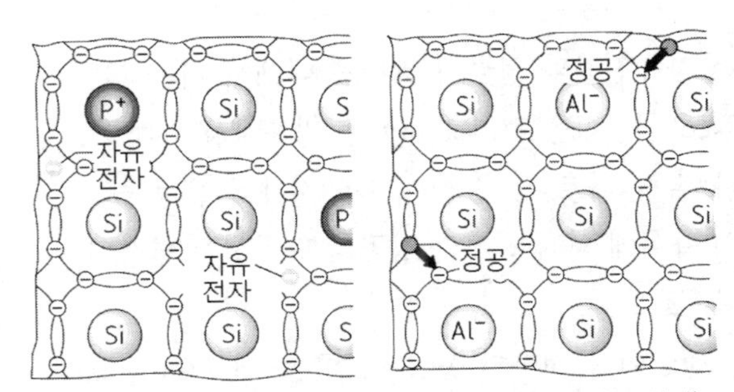

그림 2-6 N형 반도체와 P형 반도체

이들 잉여전자들은 반도체 결정 내에서 자유로이 이동할 수 있다. 그림 2-6(a)에서 잉여전자가 인(P)의 원자로부터 이탈하면

인(P)원자에는 전자가 1개 부족하게 되므로 1개의 양이온(positive ion)이 발생한다. 실리콘원자에 5가 원소를 첨가하면 잉여전자 즉, 자유전자가 발생되고 동시에 같은 수의 양이온이 발생된다. 그러나 이들 양이온은 실리콘 결정격자와 결합되어 있기 때문에 이동할 수 없다. - 고정 양(positive) 이온의 발생.

즉, N형 반도체에서는 자유전자가 음극에서 양극으로 이동함으로서 전기전도가 이루어진다.

> N형 반도체에서 반송자(carrier)는 대부분 자유전자이다.

(2) P형 반도체(P-type semiconductor)(그림 2-6(b))

실리콘 결정격자에 3가 원소(예 : 알루미늄(Al), 인듐(In) 등)를 첨가하여 공유결합을 만들 수 있다. 그림 2-6(b)에서 보면, 4가의 실리콘 결정에 3가의 원소인 알루미늄(원자번호 13)을 첨가하였다. 3가 원소에는 가전자가 3개뿐이므로 공유결합 격자 내에 전자가 1개 부족하게 된다. 즉, 전자가 들어 있어야 할 자리가 하나 비어, 정공(hole)이 발생된다. 정공은 이웃한 원자의 결정격자로부터 전자를 흡인하게 되므로, 정공 주위의 전자는 적은 에너지에 의해서도 쉽게 궤도를 이탈한다.

이와 같이 정공(hole)을 발생시키는 3가의 불순물 원소들을 억셉터(acceptor)라 한다.

이전에 3가로서 중성상태이던 3가 원자는 추가적으로 가전자를 받아들임으로서 음이온(negative ion)이 된다. 이동하는 정공의 숫자만큼 음이온이 발생되나, 이들 음이온은 실리콘 결정격자와 결합되어 있기 때문에 이동할 수 없다. - 고정 음(negative) 이온의 발생

즉, P형 반도체 내에서는 정공이 양극에서 음극으로 이동하면서 전기를 전도한다.

> P형 반도체의 반송자(carrier)는 대부분 정공(hole)이다.

P형 반도체의 도전성도 역시 진성반도체와 비교할 때, 온도의 영향을 크게 받지 않는다. 즉, 진성반도체는 온도의 증가에 따라 저항의 온도계수가 크게 증가하지만 불순물반도체에서는 크게 증가하지 않는다.

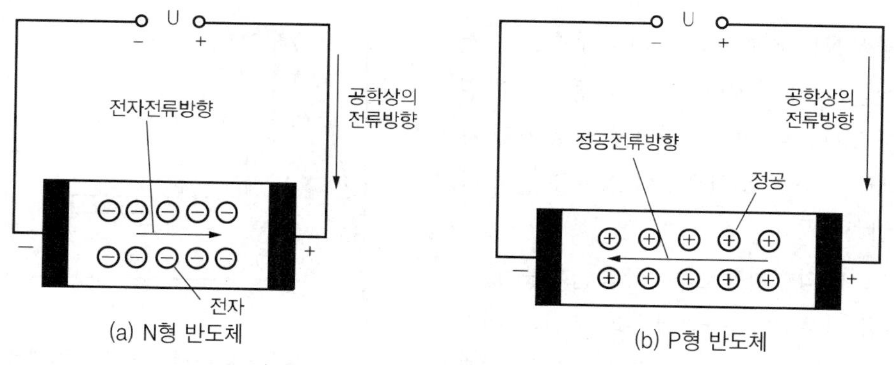

그림 2-7 N형 반도체와 P형 반도체에서의 전기 전도

제2장 전자 기초이론

제2절 반도체 저항
(Semiconductor resistors)

반도체 저항들의 저항값은 물리적 특성에 따라 변화한다. 따라서 반도체 저항들은 주로 제어회로 또는 감시회로에 측정 트랜스듀서(transducer)로서 사용된다. 반도체 저항은 주로 세라믹 형태로 생산된다. 여러 가지 재료를 혼합, 소결시킨 다결정체(多結晶體 ; poly-crystal)가 대부분이다.

주 재료는 실리콘 카바이드(SiC)이다.

1. NTC-서미스터(NTC-thermistor : Negative Temperature Coefficient-thermic resistor)

NTC-서미스터는 온도상승에 따라 저항값이 감소하는, 부(−)의 온도계수(α)를 가진 저항이다.

NTC-서미스터(; Heissleiter)의 저항값은 다음 2가지의 영향을 받는다.

① 주위온도에 의한 외부로부터의 가열 → 외부 가열식 NTC-서미스터

② 전류의 흐름에 의해 발생되는 열에 의한 내부로부터의 가열 → 자체 가열식 NTC-서미스터

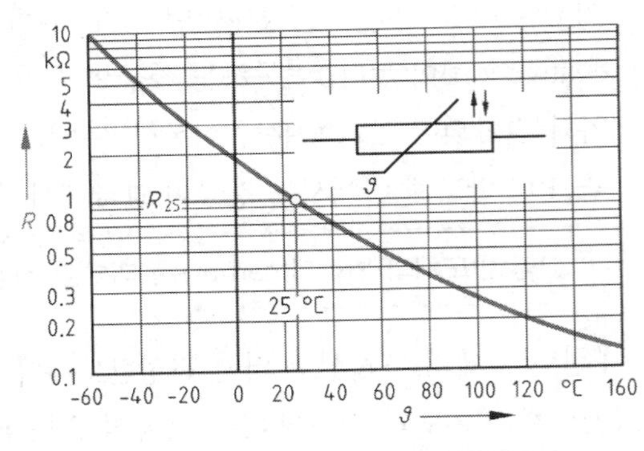

그림 2-8 NTC-서미스터의 특성곡선(예)

외부 가열식 NTC-서미스터는 자체에 흐르는 전류에 의해서는 거의 감지할 수 없을 정도로 가열되어야 한다.(그림 2-9 참조) 이와 반대로 자체 가열식 NTC-서미스터는 주위온도의 영향을 전혀 받지 않아야 한다.

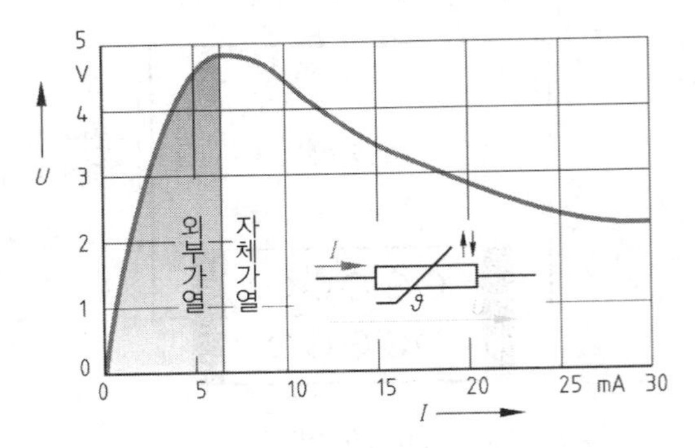

그림 2-9 NTC-서미스터의 전압/전류 특성곡선($U = f(I)$)

NTC-서미스터의 재료로는 금속산화물(예 : MgO, TiO)이 사용된다. 산화금속의 분말을 접착제와 혼합하여 금형에 넣고 압착, 원하는 형태로

만든 다음에, 1,200℃~1,600℃에서 소결하여 생산한다. NTC는 형태와 재료의 성분조성에 따라 특성값이 결정된다. (예 : 표 2-4)

(1) 외부 가열식 NTC-서미스터

① 외부 가열식 NTC-서미스터의 작동영역 (그림 2-9참조)

그림 2-9의 특성곡선에서 기울기가 상승하는 영역에서 작동시킨다. 이 영역에서는 NTC-서미스터가 전혀 가열되지 않을 만큼 흐르는 전류가 작기 때문이다. NTC-서미스터는 대부분 그 크기가 아주 작아 외부 온도변화에 아주 빠르게 반응한다.(그림 2-10 참조)

또 온도계수(α)가 아주 크기 때문에 온도차 ±0.0001K까지도 정확하게 측정할 수 있다. 온도에 따라 저항값이 변하지 않는 옴저항(예 : R= 10kΩ)을 NTC-서미스터에 직렬 또는 병렬로 결선하여 NTC-서미스터의 특성곡선($R = f(\vartheta)$: 저항은 온도의 함수)을 용도에 적합하게 변화시킬 수 있다.(그림 2-11 참조)

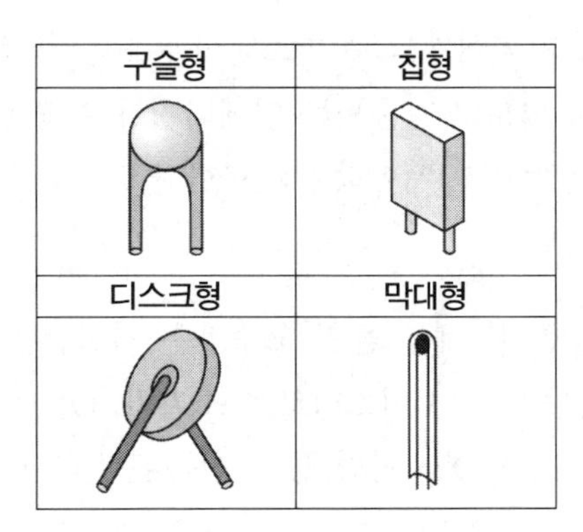

그림 2-10 NTC-서미스터의 외형

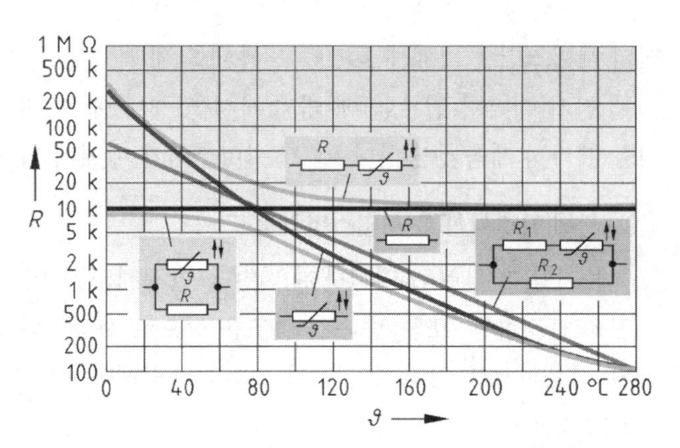

그림 2-11 옴저항과 NTC-서미스터의 직렬/병렬 회로(예)

② 외부 가열식 서미스터의 용도

- 체온계
- 초단파(micro wave)의 출력 측정
- 기기 및 장치의 온도 감지
- 냉각수 및 윤활유의 온도 측정
- 다른 소자들의 온도 보상
- 유면의 높이(예 : 기관 윤활유의 양 측정)

> 외부 가열식 NTC-서미스터는 아주 적은 전류로 작동시킨다.

〔표 2-4〕 NTC-서미스터의 특성값(예)

특성값	NTC-서미스터 구슬형 M 812	디스크형 K 164
정격 저항	100kΩ	100kΩ
정격 부하	220mW	750mW
하한 온도	−55℃	−55℃
상한 온도	+350℃	+125℃
열 전도도	0.7mW/K	7.5mW/K
열 용량	10mJ/K	150mJ/K
냉각시간상수	≈14s	≈20s

그림 2-12 NTC-서미스터의 이용(예)

자체가열식	외부가열식
크리스마스트리 조명	온도측정
릴레이 ON-지연	온도보상

(2) 자체 가열식 NTC-서미스터

디스크형 또는 막대형으로 만들어, 외부온도의 영향을 받지 않도록 한다.(그림 2-10참조) 이 형식의 서미스터는 자체에 흐르는 전류에 의해 가열된다. 자체 가열식 NTC-서미스터의 온도는 공급되는 전기 에너지(전류열)에 대해 복사 및 전도에 의해 다시 외부로 방출되는 열에너지가 평형을 이룰 때까지 계속 상승한다. NTC-서미스터가 매체에 의해 냉각되면, 저항값이 변화한다.

① 자체 가열식 NTC-서미스터의 용도

옴저항과 직렬로 연결하여 전압을 안정시키는 데 이용한다. 예를 들면 고주파수 저전압용, 진폭 안정화용, 또는 증폭기 변조용 등으로 사용한다. 시동 NTC-서미스터로서 스위치 ON 시의 전류피크를 감쇠시키는 데, 그리고 릴레이 ON-지연 또는 OFF-지연 등에 사용된다.(그림 2-12 참조)

2. PTC-서미스터(Positive Temperature Coefficient-thermistor : Kaltleiter)

PTC-서미스터는 정(+)의 온도계수를 가지고 있는 저항이다. 즉, 온도가 증가함에 따라 저항값이 상승하는 저항이다. 거의 모든 금속이 PTC에 속한다. 그러나 반도체재료로 만든 PTC-서미스터는 일반 금속과는 다른 저항특성을 가지고 있다.

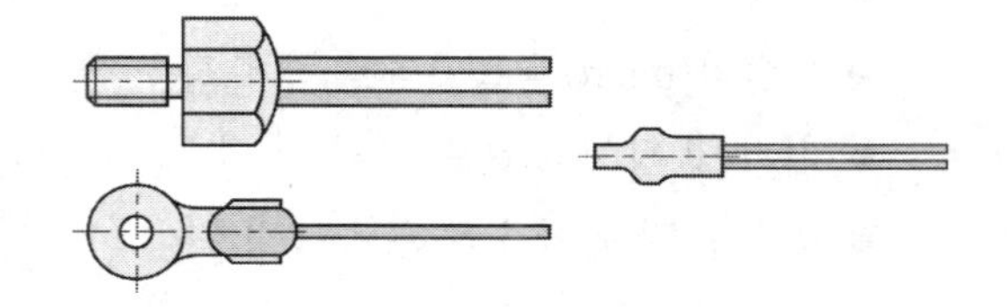

그림 2-13 PTC-서미스터의 외형

그림 2-14에서 보면 온도가 증가함에 따라 처음에는 다른 반도체와 마찬가지로, 자유전자수가 증가하여 초기(initial)온도(ϑ_A = 70℃)에서 최소 저항값($R_{\min}$ = 60Ω)에 도달한다. 그러나 특정

온도 소위, 정격온도(ϑ_N= 120℃)에서부터 최종온도(ϑ_E= 160℃)에 도달할 때까지 저항값이 급격히 1,000배 이상 직선적으로 증가한다. 저항값이 급격히 증가하는 온도범위($\vartheta_N \leftrightarrow \vartheta_E$)에서 저항의 온도계수는 거의 일정하고, 그 값은 10%/K ~ 50%/K 정도임을 알 수 있다.

> PTC-서미스터는 특정 온도범위의 좁은 영역에서 저항값이 급격히 상승한다.

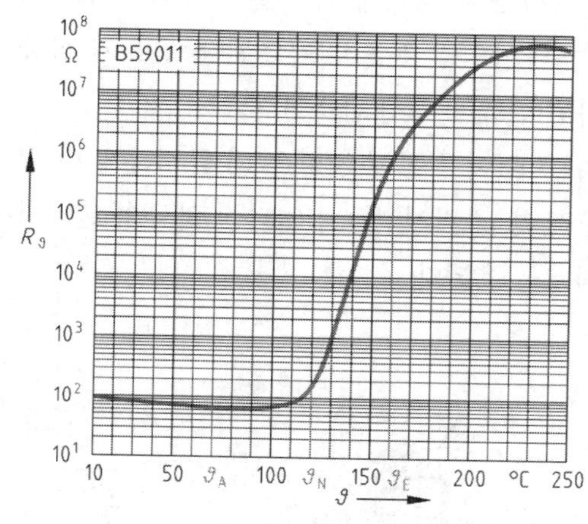

그림 2-14 세라믹 PTC-서미스터(예 : B59011)의 특성곡선

〔표 2-5〕 PTC-서미스터의 특성값(예)

특성값	측정용 PTC	과부하 보호용 PTC
정격 온도(ϑ_N)	40℃	130℃
정격 저항(R_N)	110Ω	13Ω
초기 온도(ϑ_A)	0℃	60℃
초기 저항(R_A)	95Ω	0.7Ω
최종 온도(ϑ_E)	95℃	250℃
최종 저항(R_E)	≥50kΩ	≥5kΩ
온도 계수(α_R)	0.16/K	0.15/K
최대 전압($U_{\max}$)	30V	30V
냉각시간상수(τ_{th})	18s	10s
열전도도(G_{th})	5.6mW/K	5.5mW/K

(1) 외부 가열식 PTC-서미스터

외부 가열식 PTC-서미스터를 외부온도에 의해서만 저항값이 변하도록 하려면, 자체전류에 의해서는 거의 가열되지 않도록 해야 한다. 온도측정 및 제어에 이용되는 범위는 저항값이 급격히 상승하는 정격저항(R_N)부터 최종저항(R_E)까지의 영역이다. 특히 외부 가열식 PTC는 주로 전기기계의 과열을 방지하는데 사용된다. → 온도범위(60℃~180℃)

그림 2-15 PTC-서미스터의 이용(예)

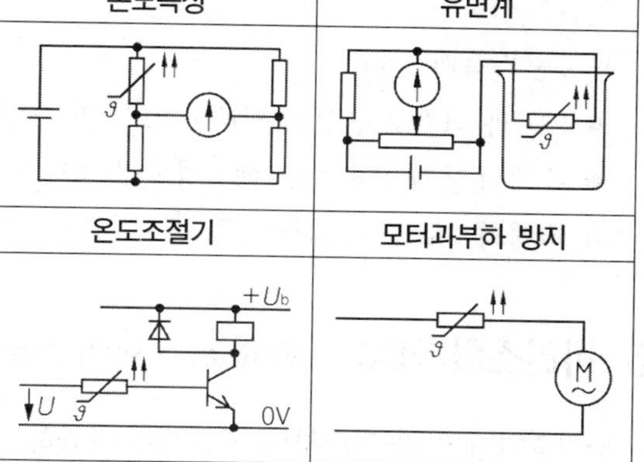

예를 들면 코일온도가 허용온도를 5K 초과하면, 코일 내에 설치된 PTC-서미스터는 트랜지스터 증폭기와 릴레이를 거쳐서 기계의 스위치를 'OFF'시킨다.(그림 2-15참조).

(2) 자체 가열식 PTC-서미스터

① 자체 가열식 PTC-서미스터의 작동원리

자체 가열식 PTC-서미스터는 자체에 흐르는 전류에 의해 가열된다. 즉, 공급전력과 방출열량이 같으면, 외부온도와 관계없이 특정 온도수준을 일정하게 유지한다.

온도가 감소하면 저항도 따라서 감소하므로, 전류는 더 많이 흐르게 되고 결국 전력소비는 더욱 더 증가한다. 더 많은 전력(=열)이 공급되면 PTC는 다시 높은 온도로 가열된다. 온도가 상승하면, PTC의 저항이 증가한다. 그리고 저항이 증가하면 전류는 다시 감소한다.

전압이 상승함에 따라 PTC는 더 많은 전력을 소비한다. 이를 통해 저항은 더 급격하게 더 크게 상승하므로 전류소비는 감소한다. 넓은 범위에서 보면, 소비전력은 전압과는 하등의 관계가 없다. 이 이유 때문에 PTC는 온도가 안정된 가열소자로 사용된다.

② 자체 가열식 PTC-서미스터의 용도

자체 가열식 PTC-서미스터가 다른 매체(예 : 냉각수)에 의해 냉각되면 저항이 감소하므로 전류는 상승한다. 또 비교적 출력이 낮은 부하 예를 들면, 스피커 또는 릴레이코일 등에 직렬로 연결된 PTC는 과전류(과부하)를 방지하는 기능을 한다. 단락 시에 PTC에 많은 전류가 흐르면, PTC는 급격히 가열되고, 가열됨에 따라 저항이 크게 증가하여 부하전류를 차단시킨다.

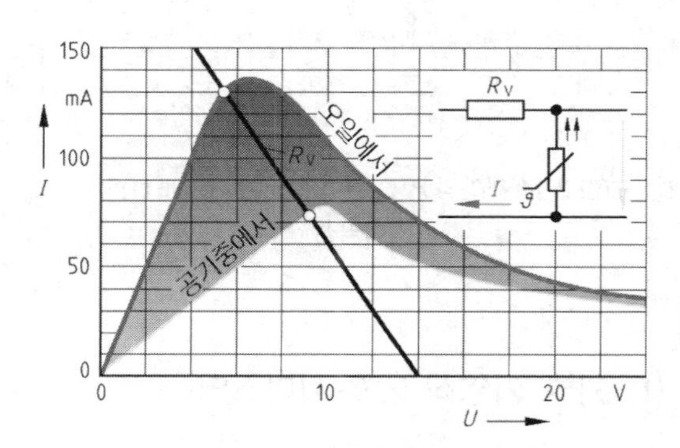

그림 2-16 PTC의 전압, 전류 특성곡선 (오일과 공기에서)(예)

용도는 다음과 같다.

- PTC와 직렬로 결선된 릴레이 코일 및 소형 모터의 단락방지와 과부하 방지
- 유체의 통과유량 측정(예 : 열선식/열막식 공기질량계량기)
- 액체의 수준감지 센서

3. 바리스터(VDR : Voltage Dependent Resistor : Varistor)

인가전압에 따라 저항값이 민감하게 변화하는 비선형 저항소자이다. 바리스터(VDR)의 작용 반도체 층에는 아주 작은, 수많은 양도체 결정입자($\gamma = 10\Omega\text{cm}$)가, 차단층($\gamma =$ 약 $10^{13}\Omega\text{cm}$)에는 도전성이 아주 불량한 재료가 아주 얇게 도포되어 있다.(그림 2-17(a) 참조). 작용 반도체층과 차단층은 소결을 통해 함께 용착되어 있다. 전압이 낮을 경우엔 차단층의 높은 저항 때문에 저항값

이 크다. 그러나 전압이 상승하면 차단층이 도통되어 저항이 크게 감소한다. (그림 2-17(b)참조)

> 바리스터(VDR)의 저항은 전압이 낮을 때 크고, 전압이 높을 때 작다. – 전압 의존형

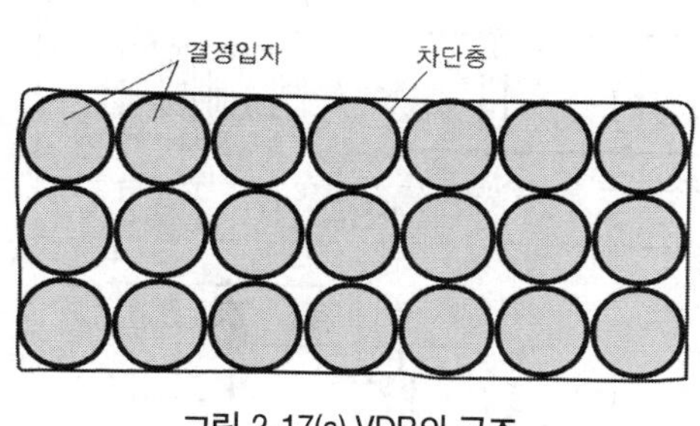

그림 2-17(a) VDR의 구조

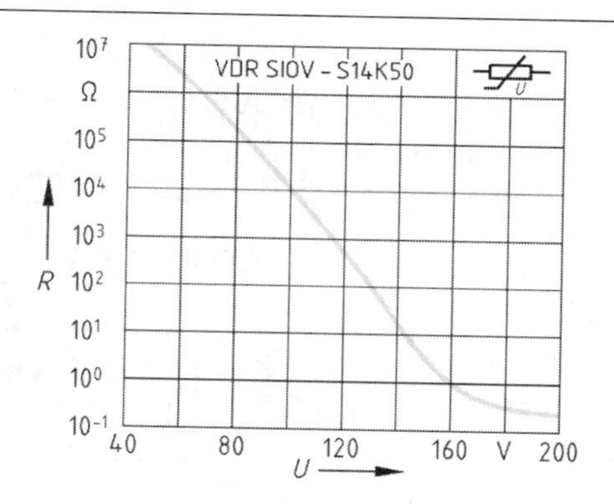

그림 2-17(b) VDR의 전압/저항특성곡선

VDR은 수많은 작은 결정입자들이 직렬과 병렬로 연결되어, 이들이 모두 전자밸브처럼 작동한다. 따라서 전압이 상승함에 따라 전류는 처음에는 조금, 나중에는 급격하게 증가한다. 금속산화물(예 : ZnO) 입자 또는 실리콘 카바이드(예 : SiC) 입자의 접촉저항은 전압에 따라 변화한다. 전류와 전압의 특성곡선($I = f(U)$; 전류는 전압의 함수)은 비선형이지만, 원점에 대해 대칭이다.(그림 2-18 참조) 바리스터의 모양은 대부분 물방울 또는 디스크 모양이다.

〔표 2-6〕 Zn-O VDR의 특성값

특성량	한계값
최대 작동전압	11V~1.5kV
전류 펄스 (충격전류)	100A~6.5kA
지속적인 부하능력	10mW~1W
에너지 흡수도	≤160Ws
작동온도	-40℃~+85℃
반응시간	50ns 미만

많이 사용되는 산화아연(ZnO)-VDR은 반응시간이 약 30ns 정도로 아주 짧다. VDR은 주로 간섭펄스를 억제하는데 사용되지만 가끔은 전압 안정화에도 사용된다. VDR은 과전압펄스에 의해 자신의 저항값을 수 MΩ에서 수 Ω으로 급격하게 감소시킨다.

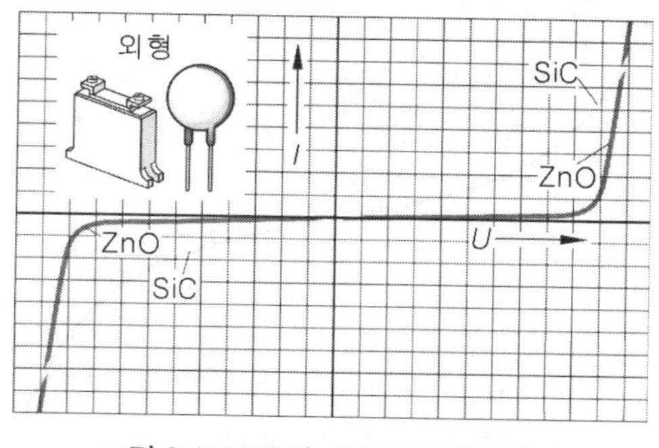

그림 2-18 VDR의 전압/전류 특성곡선

VDR은 과전압에 민감한 소자들(예 : 다이오드, 트랜지스터, 사이리스터 또는 집적회로)을 과전압으로부터 보호한다. 이 외에도 바리스터는 전압 안정화, 소형직류전동기의 잡음방지, 낙뢰방지, 인덕턴스 차단 시 전압 피크(peak)에 의한 접점소손의 방지 등에 사용된다.(그림 2-19참조)

VDR 소자의 표시기호의 맨 끝의 숫자는 허용최대 작동전압을 표시한다. 예를 들면, 그림

2-17(b)에 언급된 VDR(VDR S10V-S14K50)의 경우, 허용 최대작동전압은 50V이다.

그림 2-19 VDR의 용도(예)

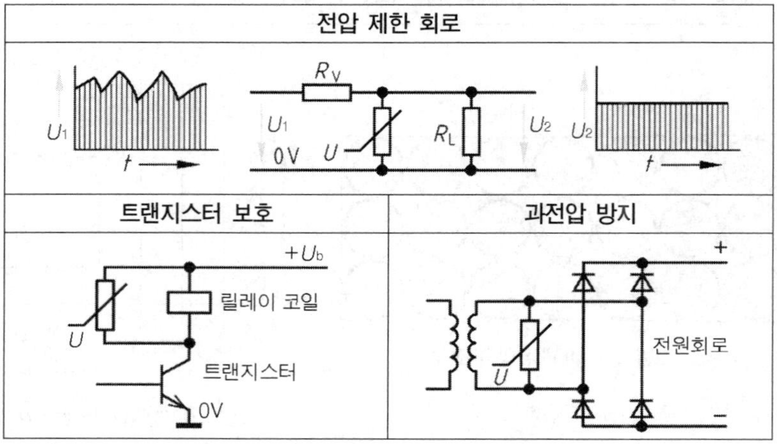

4. 자장 저항기(MDR : Magnetic field Depending Resistor)

PP.80 (4) 자장 저항기(MDR : Magnetic field Depending Resistor) 참조

5. 광전 소자(photo conductive cell : Photoleiter)

PP.195 제5절 광전소자 참조

제2장 전자 기초이론

제3절 반도체 다이오드
(Semiconductor diodes)

P형 반도체와 N형 반도체를 그림 2-20과 같이 접합하고, 각 양단에 금속단자(lead)를 부착하면 전기적으로 2극(di-electrode)* 반도체가 된다. 이를 다이오드(diode)라 한다.

다이오드는 한쪽 방향으로는 전류를 쉽게 흐르게 하나, 반대 방향으로는 전류를 흐르지 못하게 하는 특성을 가지고 있다.

1. PN 접합과 그 동작원리

(1) PN 접합에 전압이 인가되지 않았을 때

P형 반도체와 N형 반도체를 접합시키면 접합부분의 좁은 영역(약 1/1,000mm), 즉 접합 경계면에서의 반송자(정공과 자유전자) 밀도 차이 때문에 자유전자는 N형 반도체로부터 P형 반도체로, 정공은 반대로 P형 반도체에서 N형 반도체로 확산(diffusion)*되어 서로 재결합한다. 이렇게 되면 반송자가 결핍된 절연영역이 형성된다. → 확산에 의한 공핍층(空乏層 : depletion layer)의 형성

확산(diffusion)이란 예를 들면, 맑은 물에 잉크를 한 방울 떨어뜨렸을 때, 잉크가 번져 나가는 현상이 바로 확산이다. 주의할 점은 PN접합 경계층에서의 확산은 전압이 인가되지 않아도 이루어진다는 점이다.

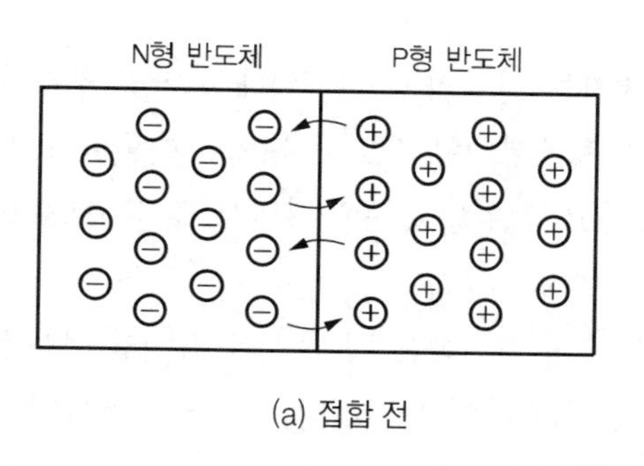

(a) 접합 전

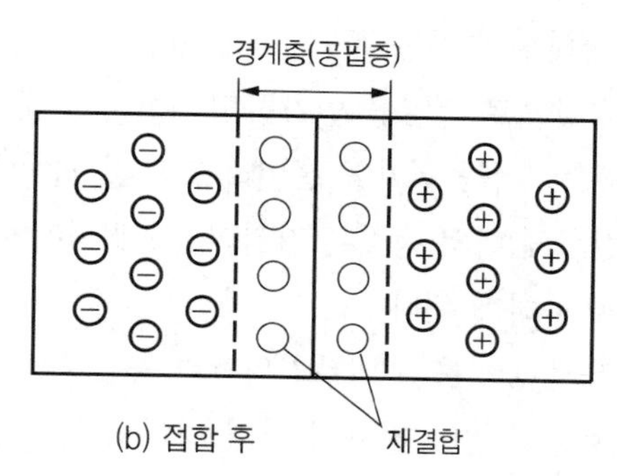

(b) 접합 후

그림 2-20 PN 접합

P형 반도체와 N형 반도체 그 자체만으로는 각각 전기적으로 중성이다. 그러나 이들을 접합시키면 전기반송자의 확산과 재결합에 의해 경계면에서의 전기적 평형은 파괴된다. 따라서 공핍층에는 고정 이온전하(fixed ion)의 특성이 나타나게 된다.

공핍층 내 N형 반도체의 영역은 고정 양(+)이온 전하로, P형 반도체의 경계영역은 고정 음(−)이온 전하로 각각 대전된다. 공핍층 내에 형성된 이들 두 고정 이온전하는 마치 콘덴서처럼 전장(electric field)을 형성하여, 정공과 자유전자가 더 이상 확산되는 것을 방지한다.

즉, N형 반도체 내의 자유전자가 P형 반도체로 침투하려고 하면 P형 반도체 공핍층 내의 음(−)이온 전하에 의해 반발 당하고, P형 반도체 내의 정공이 N형 반도체 내로 확산되려고 하면 N형 반도체 공핍층 내의 양(+)이온 전하에 의해 밀려나게 된다.

바꿔 말하면 공핍층 내의 고정이온들은 각각 두 경계면에 내부전위장벽(internal barrier potential)을 형성하여 자유전자와 정공이 더 이상 확산되는 것을 방지한다.

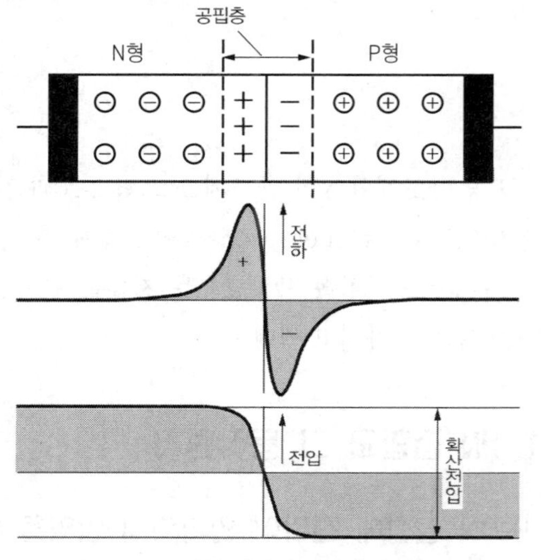

그림 2-21 PN 접합(전압이 인가되지 않았을 때)

공핍층 내 고정이온전하에 의한 PN 접합면 양단의 접촉전위 즉, 내부전위장벽을 소위 확산전압(diffusion voltage : Diffusionsspannung)이라 한다. 내부전위장벽 즉, 확산전압(U_s)은 비록 직접 측정할 수 없는 내부접촉전위이지만 회로를 구성하여 간접적으로 확인할 수 있다. 게르마늄에서는 약 0.3[V], 실리콘에서는 약 0.7[V] 정도이다.

(2) 순방향 전압(forward voltage)이 인가되었을 때

반도체 다이오드를 그림 2-22와 같이 P형 반도체 측에 전원의 (+), N형 반도체 측에 전원의 (−)를 연결하면 순방향(順方向)이 된다.

순방향으로 전압을 인가하면 N형 반도체 내의 전자는 전원의 (−)에 의해서 반발 당하나 전원의 (+)측에서는 전자를 흡인하므로 전자는 N형 반도체에서 P형 반도체 쪽으로 이동한다. 반대로 P형 반도체 내의 정공은 전원의 (+)에 의해 반발 당하고, 전원의 (−)에 의해서 흡인되므로 N형 쪽으로 이동하게 된다.

따라서 공핍층의 내부전위장벽 즉, P형 경계면의 고정 음이온은 정공에 의해, N형 경계면의 고정 양이온은 자유전자에 의해 중화되므로, 순방향전압(U_F)이 확산전압(U_s)을 넘어서면 공핍층은 전기 반송자가 자유롭게 이동할 수 있는 지역으로 변화한다. 따라서 수 MΩ에 이르던 공핍층의 저항은 아주 낮아지게 된다. 이제 N지역의 자유전자는 정공에서 정공으로 건너뛰면서 P지역을 지나 전원의 (+)극으로 이동하게 된다. 즉 전류가 흐르게 된다.

한 가지 기억해야 할 점은 이때 정공은 다이오드 내에서 양극에서 음극으로 이동하지만 결코 다이오드를 떠나 도선을 따라 이동하지는 않는다는 점이다.

> 순방향전압(U_F)이 인가되면 내부전위장벽이 중화되어 공핍층의 저항이 감소한다. 따라서 전류가 흐르게 된다.

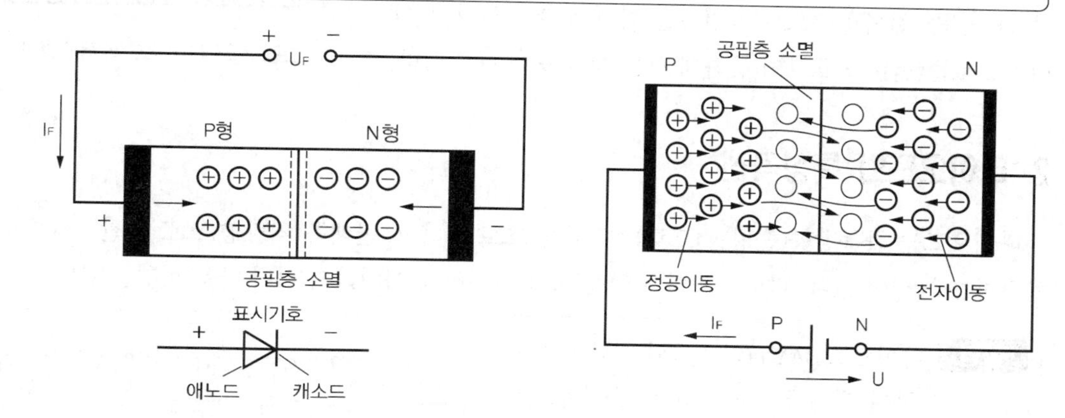

그림 2-22 다이오드의 순방향회로

(3) 역방향 전압(reverse voltage)이 인가되었을 때

반도체 다이오드를 그림 2-23과 같이 P형 반도체에 전원의 (−)를, N형 반도체에 전원의 (+)를 결선하면 역방향(逆方向)이 된다.

역방향전압(U_R)을 인가하면 P형 반도체 내의 정공은 전원의 (−)측에 흡인되고, N형 반도체 내의 자유전자는 전원의 (+)측에 흡인된다. 따라서 자유전자와 정공은 다이오드의 양단에 집결되므로 PN 접합면 즉, 공핍층은 더욱더 넓어진다. 공핍층이 넓어졌다는 것은 절연영역이 더욱 확대되었음을 의미한다. 따라서 자유전자와 정공은 경계면을 넘어갈 수 없게 된다.

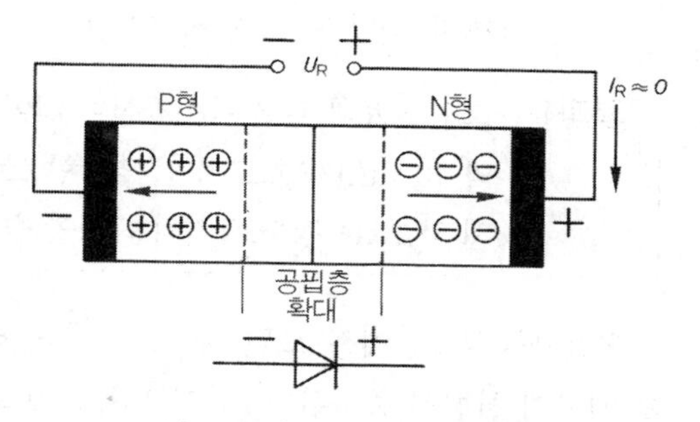

그림 2-23 다이오드의 역방향회로

이와 같이 역방향전압(U_R)은 확산전압(U_s)과 같은 방향이 되어 공핍층의 공간대전효과를 강화시켜 전류가 흐르지 못하게 한다. 그러나 역방향전압이 너무 높으면 가전자(價電子)들이 결합으로부터 이탈하여 역방향전류(I_R)가 급격히 증가한다. → 항복전압(breakdown voltage)

역방향전압이 더욱 상승하면 아주 고속으로 가속된 전자가 다른 원자와 충돌할 때, 또 다른 가전자를 이탈시켜 자유전자의 수를 급격히 증가시킨다. → 전자사태(電子沙汰 ; avalanche ;

Lawinendurchbruch). 이렇게 되면 한꺼번에 많은 전류가 흘러 다이오드는 파손된다.

이상과 같이 다이오드에 순방향전압을 인가하여 확산전압을 넘어서면 순방향전류가 흐르게 된다. 그러나 역방향전압을 인가하면 확산전압 즉, 내부전위장벽은 제거되지 않는다. 따라서 다이오드는 체크밸브(check valve)와 같은 기능을 한다. 즉, 한쪽방향으로는 전류를 쉽게 흐르게 하나, 반대방향으로는 전류를 흐르지 못하게 하는 특성을 가지고 있다.

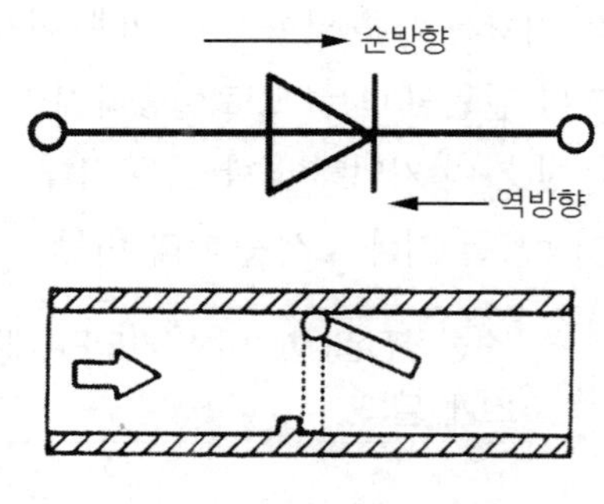

그림 2-24 다이오드와 체크밸브

2. 다이오드의 특성곡선

다이오드는 한쪽방향(순방향)으로는 전류를 흐르게 하고, 반대쪽(역방향)으로는 전류의 흐름을 차단하는 특성이 있다. 다이오드의 특성을 보다 자세하게 이해하기 위해 다음 실험을 한다.

실험 다이오드 BAY44의 전류와 전압을 측정하여 특성곡선을 그린다. 순방향으로는 그림 2-25a와 같이, 역방향으로는 그림 2-25b와 같이 결선하고 천천히 전압을 증가시킨다. (순방향으로는 1.2V까지, 역방향으로는 50V까지)

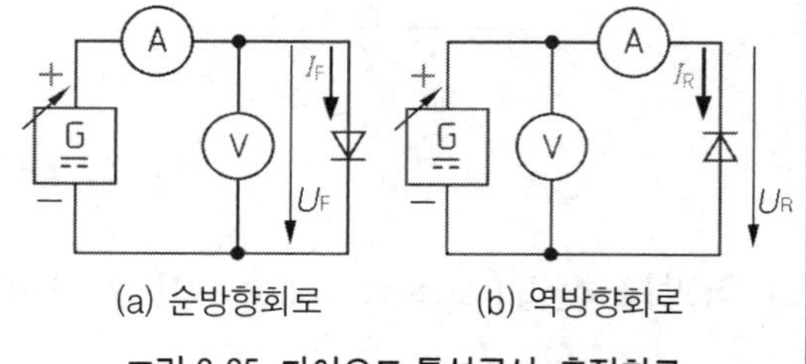

그림 2-25 다이오드 특성곡선 측정회로

결과1 그림 2-26과 같은 특성곡선이 얻어진다. 순방향으로는 약 0.7V가 지나면 큰 전류(1V에서 약 100mA)가 흐르지만, 역방향으로는 거의 전류가 흐르지 않는다.(역방향으로는 50V에서 약 20nA 정도로 거의 측정할 수 없다.)

순방향특성곡선에서 보면 다이오드를 통해 흐르는 전류는 문턱전압(threshold voltage)*에 이를 때까지 천천히 증가한다. 원인은 확산에 의해 공핍층에 형성되어 있는 내부전위장벽을 먼저 제거해야 하기 때문이다.

전압을 더 증가시키면 전류는 급격히 증가하여 허용 한계값에 이르게 된다. 허용 한계값은 다이오드의 구조와 형식, 그리고 용도에 따라 다르다. 허용 한계값을 넘어서면 다이오드는 과열, 파손된다.

다이오드에서 발생되는 열을 외부로 신속히 방출시키면, 현저하게 많은 전류를 흐르게 할 수 있다. 따라서 대부분의 다이오드는 냉각판 또는 냉각체에 고정된다.

* 문턱전압(threshold voltage): 오프셋(offset)-, 시동(firing)-, 또는 임계(critical)- 전압이라고도 한다.

역방향 특성곡선에서 보면, 다이오드에 높은 전압이 인가되어도 전류는 거의 흐르지 않는다. 그러나 역방향전압도 어느 한계 이상으로 높아지면 급격히 많은 전류가 흐른다. 이때의 역방향전압을 항복전압(breakdown voltage) 또는 역내압(逆耐壓)이라 한다. 항복전압 이상으로 전압을 가하면 다이오드는 파손되어 더 이상 사용할 수 없게 된다.

다이오드의 순방향특성은 정류 다이오드(rectifier diode), 그리고 트랜지스터의 증폭기 등에 이용된다. 반면에 항복현상은 정전압조정회로 등에 이용된다.

다이오드의 캐소드(cathode) 측은 주로 다이오드 외부에 링(ring)으로 표시한다. 반도체재료에 따라 다이오드의 특성이 다르다.(표 2-7 참조)

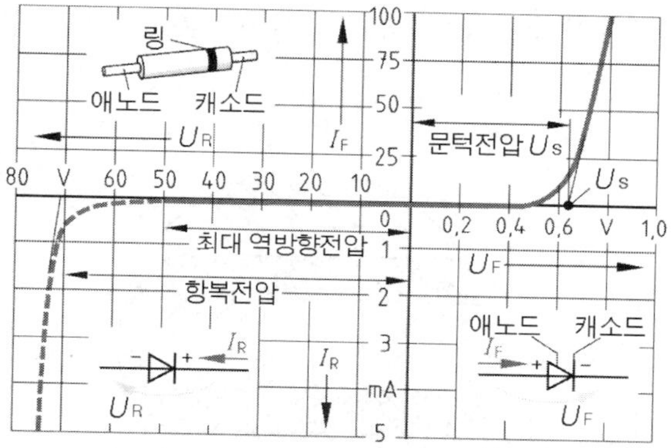

그림 2-26 다이오드의 특성곡선(예)

〔표 2-7〕 Si-다이오드와 Ge-다이오드의 비교

특성량	Ge-다이오드	Si-다이오드
순방향 문턱전압(U_s)	약 0.3V	약 0.7V
전류밀도(J)	0.8A/mm^2	1.5A/mm^2
최대작동온도(ϑ_{max})	약 75℃	약 150℃
효율(η)	95%	99%
피크 항복전압 (U_{Rmax})	30~129V	100~2,000V

3. 다이오드의 종류와 그 특성

반도체 다이오드는 그 용도에 따라 여러 가지 형태로 생산된다. 자동차에는 실리콘을 주재료로 한 다이오드가 주종을 이루고 있다.

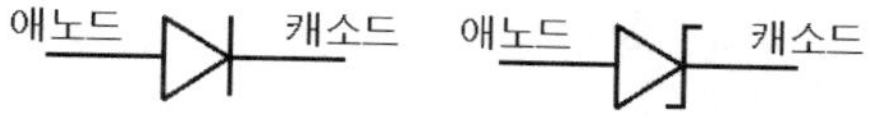

애노드 캐소드 애노드 캐소드

(a) 정류 다이오드 (b) Z-다이오드

그림 2-27 각종 다이오드의 표시기호

충전발전기의 교류를 직류로 정류하는 데 사용되는 정류 다이오드(rectifier diode), 전압조정용과 스위치용으로 사용되는 제너 다이오드(Zener diode)*, 스위치로서의 스위치 다이오드, 펄스발생용 다이오드(예 : avalanche diode), 빛 에너지를 전기에너지로 변환시키는 포토-다이오드(photo diode), 전기에너지를 빛에너지로 변환시키는 LED(light emitting diode), 그리고 여러 가지 광도전소자(예 : 적외선 다이오드)들이 사용되고 있다.

여기서는 정류다이오드와 제너 다이오드에 대해서 설명하고 다른 다이오드들은 "2-5 광전 소자"에서 설명하기로 한다.

(1) 정류 다이오드(rectifier diode)

반도체 정류다이오드는 전류 0.5A~1,000A, 역방향전압 100V~4kV까지의 것들이 생산된다. 300V 이상의 전압에서는 실리콘 다이오드가 주로 사용된다. 허용 최대 역방향온도는 실리콘의 경우 150℃, 게르마늄의 경우 90℃이다. 따라서 고온에서는 실리콘 정류기가 더 효과적이다.

그림 2-28은 일반 에너지 분야에서 사용하는 실리콘 정류기이다. 하우징 자체가 음극(cathode)이고 또 고정용 나사가 가공되어 있다. 효율은 99%에 달한다. 전류밀도가 높고 또 크기가 작기 때문에 실리콘 판(두께 0.5mm)의 열용량이 아주 작다. 따라서 출력을 크게 하기 위해서는 큰 냉각판을 필요로 한다. 어느 반도체소자에서나 마찬가지지만 허용한계온도를 빠른 속도로 초과하기 때문에 상응하는 대책을 필요로 한다. 대부분 단기간의 과전압으로부터 정류기를 보호하기 위해 정류 다이오드와 병렬로 콘덴서를 설치한다.

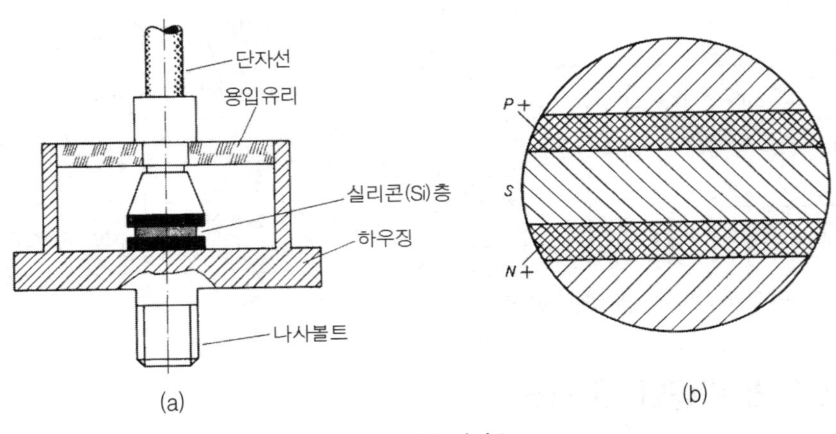

그림2-28 정류 다이오드

최근에는 그림 2-28b와 같이 PSN* 접합으로 되어 있는 다이오드가 많이 사용된다. 불순물을 조금 혼합한 N형 반도체의 양면에 합금 또는 확산의 방법을 이용하여 P+, N+로 만든다. 여기서 P+,N+는 P형 불순물과 N형 불순물을 많이 첨가하였음을 의미한다. 이렇게 하면 중간영역에서는 비교적 낮은 전장으로 공간전하를 형성한다. 따라서 순방향저항은 감소되고 역방향전압은 상승하는 효과를 얻을 수 있게 된다.

자동차용 소형 3상 교류발전기의 정류다이오드로는 그림 2-29와 같은 실리콘 다이오드를 사용한다. P지역은 붕소(B : boron), N지역은 인(P)을 첨가하였다. 역방향전압은 약 100V, 문턱전압(threshold voltage)은 0.6~0.7V이다.(그림 2-30참조)

* PSN : P-doping, small-doping, N-doping

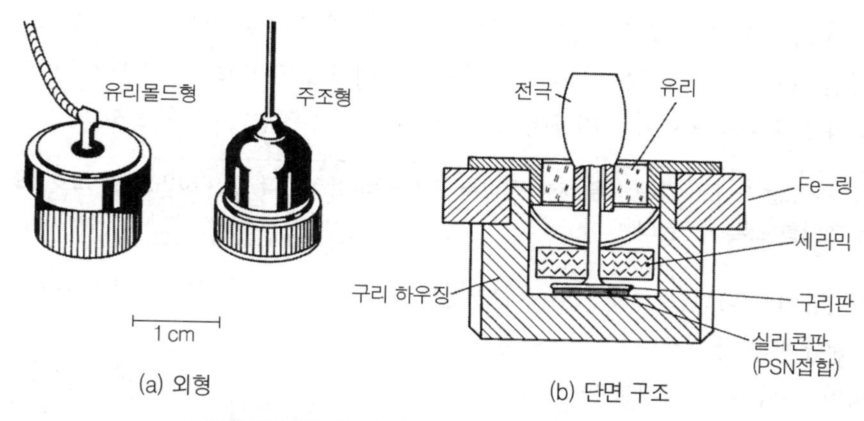

그림 2-29 자동차용 소형 3상 교류발전기용 Si-다이오드

반도체 판의 방향을 바꿔 플러스 다이오드와 마이너스 다이오드의 두 종류로 생산한다. 그리고 플러스 다이오드의 하우징은 음극(cathode), 마이너스 다이오드의 하우징은 양극(anode)이 된다. 자동차용 배선은 단선식이고 또 하우징은 냉각을 위해 냉각판에 압입시킨 상태로 전원의 (+) 또는 (−)와 연결시켜야 하기 때문에 다이오드 역시 단선식이 된다.

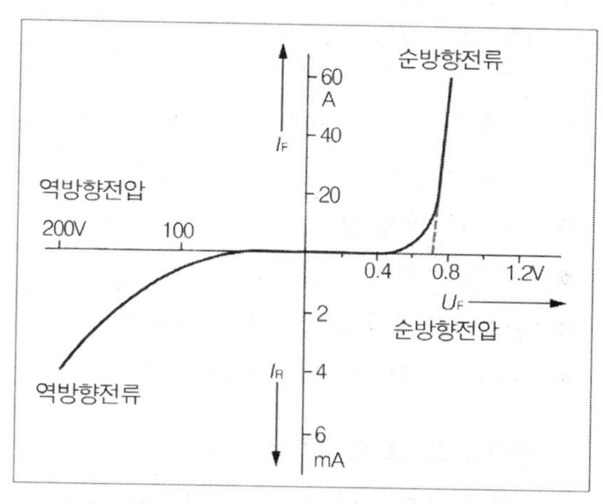

그림 2-30 자동차용 실리콘 다이오드의 특성곡선

(2) Z-다이오드(Zener diode)*

제너 다이오드는 불순물농도가 높은 PN 접합형 실리콘 다이오드에 역방향전압을 가하면, 역방향전압이 낮을 때에는 적은 전류가 흐르지만 역방향 전압을 증가시켜 가면 어느 특정의 전압(소위 제너전압 U_Z)에서는 급격히 많은 전류가 흐르는 제너효과(Zener effect)를 이용한 다이오드이다. 역방향전류가 허용한계값($I_{Z\cdot max}$)을 넘어서면 Z-다이오드도 역시 파손된다. 따라서 Z-다이오드는 전류제한용 보호저항을 필요로 한다.

Z-다이오드는 역방향전류가 허용최대값($I_{Z\cdot max}$)

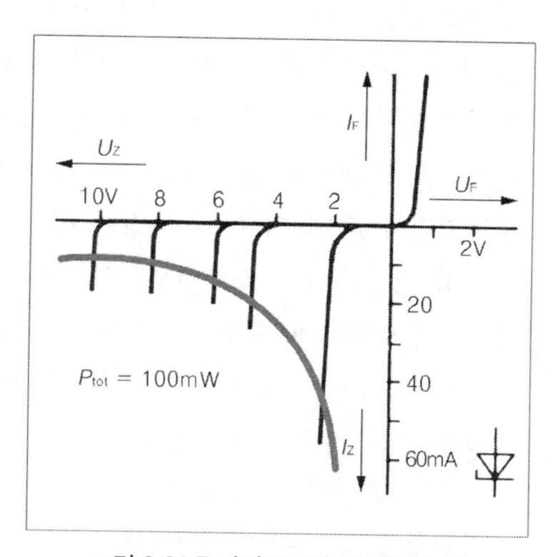

그림 2-31 Z-다이오드의 특성곡선(예)

* Clarence Melvin Zener (1905~1993), 미국 물리학자

을 초과하지 않는 한, 다이오드의 손상이 없이 제너현상을 임의로 반복시킬 수 있다. 즉, 역방향전압을 제너전압(U_Z) 이하로 낮추면 역방향전류는 원래의 값(0)으로 복귀한다. Z-다이오드는 사용목적에 따라 불순물의 농도를 조정하여 제너전압(U_Z)을 결정한다.(그림 2-31참조)

> Z-다이오드는 E-12수열에 따른 제너전압을 가지도록 생산된다. Z-다이오드는 보호저항을 필요로 하며 역방향으로 작동한다.

역방향전압이 제너전압(U_Z)에 도달하면 전압을 조금만 증가시켜도 제너전류(I_Z)는 크게 증가한다. 이 전류에 의해 다이오드는 가열된다. 따라서 역방향전류는 허용최대출력($P_{Z \cdot \max}$) 한계 내에서 흐르도록 해야 한다.

$$P_{Z \cdot \max} = U_Z \cdot I_Z$$

그림 2-32 Z-다이오드의 용도

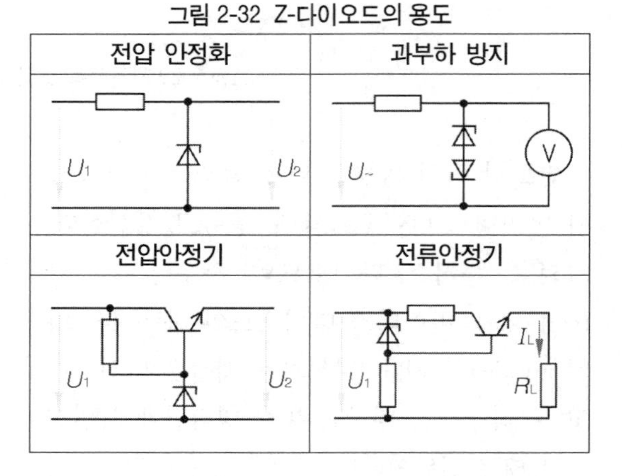

Z-다이오드는 $U_Z = 200V$, $P_Z \max = 50W$ 정도까지도 생산되며, 용도도 다양하다.

- 직류전압의 안정화
- 과부하 방지
- 아날로그 계기에서 영점 억제(진정)
- 유도부하에서 트랜지스터의 보호

① 정전압 조정회로(그림 2-33 참조)

그림 2-33은 Z-다이오드를 이용한 정전압조정회로이다. Z-다이오드(BZX/C5V6)를 보호저항($R_V = 560\Omega$)과는 직렬로, 부하(R_L)와는 병렬로 연결하였다. 이 회로에 조정 가능한 직류전원을 연결하고, 입력전압 U_1을 천천히 상승시키면서 출력전압 U_2을 측정한다.

출력전압(U_2)은 Z-다이오드의 제너전압(5.6V)에 도달할 때까지는 입력전압(U_1)에 비례해서 증가한다. 그러나 그 후에는 입력전압을 계속 상승시켜도 출력전압은 안정을 유지하는 것을 확인할 수 있을 것이다.

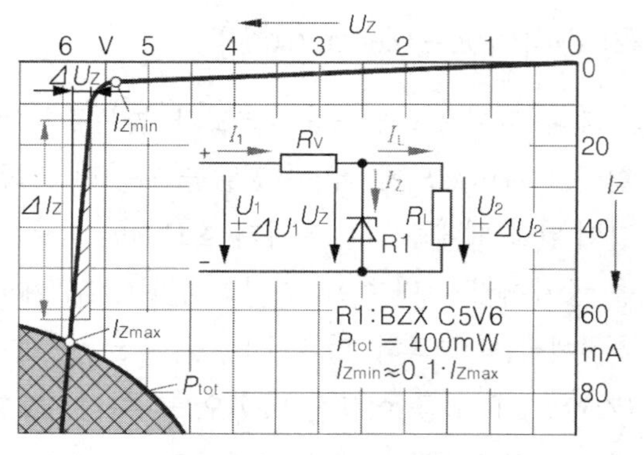

그림 2-33 Z-다이오드(BZX C5V6)를 이용한 정전압조정회로

정전압 조정 범위 내에서 전류는 Z-다이오드에서 일정한 전압강하를 발생시킨다. 입력전압이 제너전압을 초과하면 Z-다이오드의 역방향저항이 급격히 감소하므로 제너전류(I_Z)가 저항

R_V로부터 Z-다이오드로 흐르게 된다. 따라서 저항 R_V에는 전압강하가 발생하게 된다. 이 전압강하에 의해 입력전압(U_1)은 낮아지게 된다. 그리고 제너전압곡선을 따라 다이오드전류가 급격히 증가하면, 이에 비례해서 저항 R_V에서의 전압강하가 크기 때문에 출력전압(U_2)은 거의 일정하게 유지된다.

그리고 필요한 보호저항(R_V)의 저항값은 $R_{V.}\text{min}$과 $R_{V.}\text{max}$ 사이에 있어야 한다. 보호저항의 저항값이 $R_{V.}\text{max}$를 초과하면, Z-다이오드는 더 이상 특선곡선 상의 급격한 경사부분에서 작동하지 않는다. 그러므로 보호저항의 저항값은 $R_{V.}\text{max}$보다는 약간 작은 값이어야 한다. 그리고 입력전압(U_1)은 출력전압(U_2)의 약 2배가 되도록 한다. 또 다이오드에 흐르는 전류는 허용최대값의 90% 이내이어야 한다. 그래야만 정전압조정을 안정적으로 수행할 수 있다.(=안정화 계수(S)가 크다)

안정화 계수(S)는 다음 식으로 구한다.

$$S = \frac{\Delta U_1 \cdot U_2}{\Delta U_2 \cdot U_1}$$

예제1 $U_1 = 12\text{V}$ 인 정전압조정회로에서 맥동은 약 10%, 부하전류(I_L)는 0mA~20mA 범위이다. (그림 2-33) $R_{V.}\text{min}$과 $R_{V.}\text{max}$를 구하고 저항의 수열 E-12에서 보호저항 R_V를 선택하시오.(단, $P_{Z.}\text{max} = 400\text{mW}$, $U_Z = 5.6\text{V}$)

【풀이】 $I_{Z.}\text{max} = \dfrac{P_{Z.}\text{max}}{U_Z} = \dfrac{400\text{mW}}{5.6\text{V}} = 71.4\text{mA}$

$$I_{Z.}\text{min} = 0.1 \times I_{Z.}\text{max} = 0.1 \times 71.4\text{mA} = 7.14\text{mA}$$

$$R_{V.}\text{min} = \frac{U_{1.}\text{max} - U_Z}{I_{Z.}\text{max} + I_{L.}\text{min}} = \frac{13.2\text{V} - 5.6\text{V}}{71.4\text{mA} + 0\text{mA}} = 106.4\Omega$$

$$R_{V.}\text{max} = \frac{U_{1.}\text{min} - U_Z}{I_{Z.}\text{min} + I_{L.}\text{max}} = \frac{10.8\text{V} - 5.6\text{V}}{7.14\text{mA} + 20\text{mA}} = 191.6\Omega$$

$R_V = 150\Omega$(E-12 저항 수열에서 $R_{V.}\text{min}$보다 크고 $R_{V.}\text{max}$ 보다 작은 값을 선택한다.)

② 지시기능

그림 2-34는 센서로서 기능하는 Z-다이오드이다. 여기서 Z-다이오드는 발전기전압이 제너전압에 도달되면 램프가 점등되도록 한다. Z-다이오드는 이외에도 자동차에 다양한 용도로 사용된다.

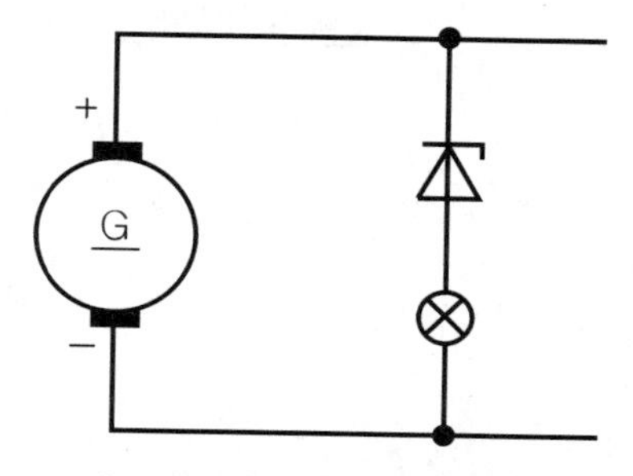

그림 2-34 발전기 규정전압 표시회로

4. 반도체의 표시

일반적으로 TV나 라디오, 스피커 등에 사용하는 반도체소자의 표시기호는 2개의 문자와 3개의 숫자를 사용한다.(예 : BC 140, 표 2-8 참조)

다른 목적(예 : 상업용)에는 3개의 문자와 2개의 숫자를 사용한다(예 : BCY 95)

제너-다이오드에는 상업용 표시기호 다음에 사선을 긋고 공차 표시 문자(A : ±1%, B : 2%, C : 5%, D : ±10%)를 표기한다. 공차기호 다음에 표기하는 제너 전압(U_Z)은 십진수로 표시하되 소수점 대신에 V를 사용한다.(예 : BZY 92/C9V1 : 실리콘 제너-다이오드, 공차는 ±5%, 제너전압은 9.1V이다)

〔표 2-8〕 반도체 다이오드의 표기

BC 140 (E B C)		BD 131 (E B C)	A K
첫째 자리 문자(소자의 재료)			
A B C	게르마늄 실리콘 3가, 5가 재료 (예; 비화갈륨)	D R	(예 : 안티몬화 인듐) 다결정 재료 (자석저항기/광소자용)
둘째 자리 문자(소자의 종류)			
A B C D F H L P	다이오드 용량 다이오드 NF-트랜지스터 NF-파워트랜지스터 HF-트랜지스터 홀센서 HF-파워트랜지스터 광수신기	Q R S T X Y Z	광송신기 제어식 정류기 스위칭 트랜지스터 제어식 파워 정류기 다층 다이오드 파워 다이오드 제너 다이오드
셋째 자리 문자 및 숫자			
셋째 자리 문자는 산업형식(상용), 그리고 문자 다음에 오는 숫자는 일련번호를 나타낸다.			

제2장 전자 기초이론

제4절 트랜지스터

(Transistor)

트랜지스터(transistor)는 3개의 반도체 층 즉, P층과 N층이 교대로 연속, 접합된 능동반도체소자이다. 트랜지스터란 트랜스퍼 레지스터(transfer resistor)의 합성어로 우리말로는 전환저항기라는 정도의 의미가 된다. 그러나 트랜지스터라는 표현이 전 세계적으로 일반화되어 있으며, 또 간단히 TR이라고도 한다. TR은 제어 가능한 저항기와 비교할 수 있으며, 스위치, 릴레이 및 증폭기 등으로 사용된다.

TR은 전기전도 과정에서의 차이점에 근거하여 쌍극성(bipolar) TR과 단극성(unipolar) TR로 분류할 수 있다.(표 2-9 트랜지스터의 분류 참조)

〔표2-9〕 트랜지스터의 분류

쌍극성 트랜지스터			단극성 트랜지스터						
			UJT	전계 효과 트랜지스터(FET)					
				접합 FET		절연층 FET(MOS-FET)			
						P 채널		N 채널	
NPN	PNP	IGBT	N-Typ	P 채널	N 채널	증가형	공핍형	증가형	공핍형
				G S D	G S D	G S D	G S D	G S D	G S D

일반적으로 간단히 TR이라고 하는 쌍극성 TR에서는 2종류의 반송자 즉, 정공과 전자에 의해 전기가 전도된다. 반면에 단극성 TR에서는 해당 반도체결정 내에서 다수인 반송자 1가지 즉, P형에서는 정공, N+형에서는 전자만이 전기전도에 관여한다. 단극성 TR을 흔히 전계효과-트랜지스터(field effect transistor: FET)라 하고 간단히 FET라고도 한다.

따라서 이 책에서는 쌍극성 트랜지스터를 간단히 트랜지스터, 단극성 트랜지스터를 전계효과-트랜지스터(FET)라고 표현하기로 한다.

또 트랜지스터는 구조 및 제조방법, 또는 제조기술에 따라 분류할 수 있다. 구조 및 제조방법에 의해 트랜지스터의 고유특성이 결정된다. 대부분의 트랜지스터는 실리콘(Si)을 주재료로 사용하지만, 특수한 목적에 따라서는 게르마늄(Ge)이나 비화갈륨(GaAs)도 사용한다.

1. 트랜지스터(TR)의 동작원리

트랜지스터의 동작원리를 보다 쉽게 이해할 수 있도록 하기 위해서 반송자(전자와 정공)의 이동방향을 중심으로 설명한다. 전자의 이동방향은 관습상 약속한 전류의 방향과는 정반대이다.

(1) 대칭 PN접합과 비대칭 PN접합

① 대칭 PN 접합

일반적으로 다이오드에서는 양측 반도체를 동일하게 도핑(doping : 불순물 첨가)하여, 서로 극성이 다른 반송자수가 같도록 한다. 이렇게 하면 N지역(－지역)에서는 전자전류가 흐르고, P지역(＋지역)에서는 단시간 동안에 전자와 정공이 재결합하여 같은 양의 정공전류가 흐르게 된다.

② 비대칭 PN 접합 - 트랜지스터 효과(transistor effect)

두 반도체의 불순물농도를 서로 다르게 도핑하면 비대칭 PN접합이 된다.(그림 2-35참조)

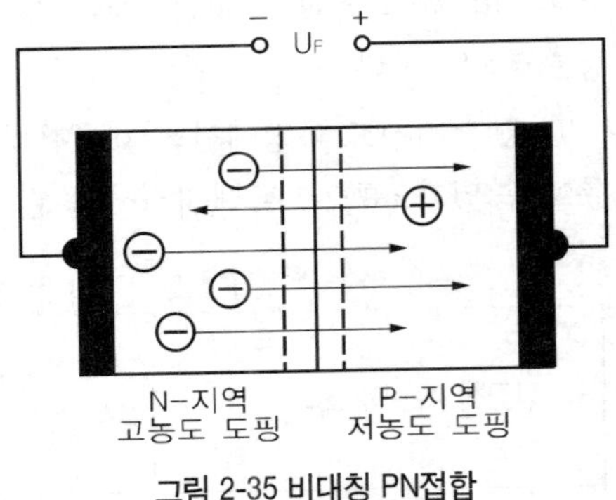

그림 2-35 비대칭 PN접합

예를 들면 N지역을 P지역보다 50배 높게 도핑하였다면, 상대편에 비해 반송자수(=여기서는 전자수)가 50배 많아진다. 그림 2-35는 순방향전압(U_F)의 작용으로 N지역에서 P지역으로 밀려 들어간 전자들 중 하나만이 정공과 재결합하고, 나머지는 P지역을 가득 채우고 있다. 즉 P지역을 N형 도체화시키고 있다. 결국 전자들은 N지역으로부터 범람하여, P지역으로 유입되어 P지역을 거쳐 전원으로 되돌아가게 된다. 이와 같이 1개의 반도체영역이 다른 극성의 전하로 범람하는 것을 트랜지스터 효과(transistor effect)라 한다.

(2) 트랜지스터(TR)의 기본구조(그림 2-36 참조)

트랜지스터는 3층-반도체이므로 PNP-TR 또는 NPN-TR이 된다. 그리고 각 층 간에는 PN접합이 형성된다. 또 TR 1개와 다이오드 2개를 역으로 접속한 회로와의 비교가능성을 제시하고 있다. 그러나 다이오드 2개를 역으로 접속해도 TR 1개의 기능을 하지 못한다. 이유는 다이오드에서는 '트랜지스터 효과'가 발생되지 않기 때문이다.

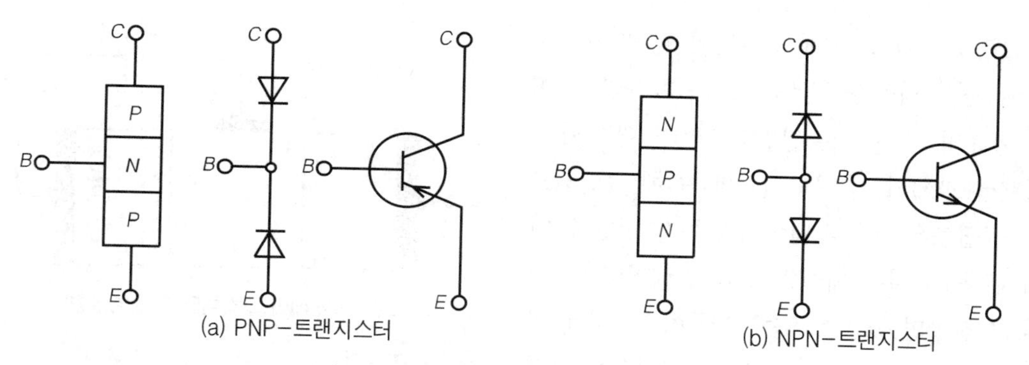

그림 2-36 트랜지스터 표시기호와 도식적 구조

트랜지스터는 3개의 반도체 층으로 구성된다.

① 이미터(emitter: E)* : 전기 반송자를 방출한다.

② 컬렉터(collector: C)* : 전기 반송자를 다시 끌어 모은다.

③ 베이스(base: B)* : 중간층으로서 방출전류를 제어한다.
또 이미터층이나 컬렉터층에 비해 대단히 얇다.

(3) 트랜지스터의 기본 동작원리(PP.163 PN접합과 그 동작원리 참조)

① NPN-트랜지스터의 동작원리

이미터(E) 층에는 불순물을 많이 도핑하고, 컬렉터(C) 층은 적게 도핑한다. 그리고 베이스(B) 층은 두께를 얇게(수 μm)하고, 또 컬렉터(C) 층보다 더 적게 도핑한다. 따라서 베이스 층에는 반송자수가 아주 적다.

그림 2-37과 같이 이미터(E)와 베이스(B) 사이에 순방향전압(U_F)을 인가하면 이미터(E)와 베이스(B) 사이의 공핍층은 중화되고, 이미터(E)로부터 다수의 전자가 베이스(B)지역으로 밀려 들어 간다.(주입된다.)

베이스층은 두께가 얇고 또 불순물농도가 낮아 정공수가 아주 적기 때문에 밀려 들어오는 전자중의 극히 일부만이 정공과 재결합하여 베이스단자를 통과한 다음에, 전원으로 이동하게 된다.

이동하는 전자수가 적다는 것은 흐르는 전류가 적다는 것을 의미한다.

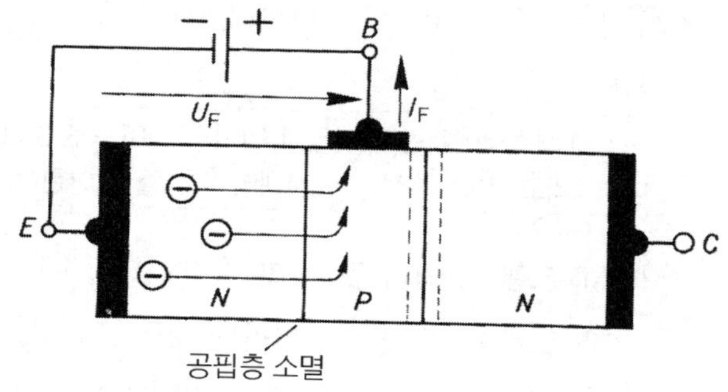

그림 2-37 이미터-베이스 회로(순방향)

* emit(라틴어) : 내보내다. 방출하다. *collectus(라틴어) : 주어 모으다. 축적하다. *basis(라틴어) : 기초. 토대

그림 2-38과 같이 베이스(B)와 컬렉터(C) 사이에 높은 역방향전압(U_R)을 인가하면, 베이스 층(P형)의 정공은 전원의 (−)에 흡인되고, 컬렉터(N형)의 전자는 전원의 (+)에 흡인되므로, 공핍층은 더욱더 넓어져 전류가 흐를 수 없게 된다. 동시에 베이스(B)와 컬렉터(C) 사이의 PN접합면(공핍층)에는 고정 이온전하에 의한 강력한 양(+)의 전장(electric field)이 형성된다.

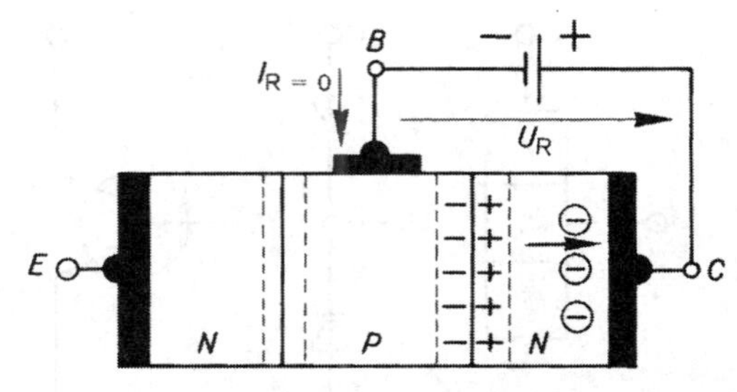

그림 2-38 베이스-컬렉터 회로(역방향)

위에서 설명한 두 회로를 동시에 결선하면 그림 2-39와 같이, 이미터(E)와 베이스(B) 사이에는 순방향으로, 그리고 베이스(B)와 컬렉터(C) 사이는 역방향으로 동시에 결선된다.

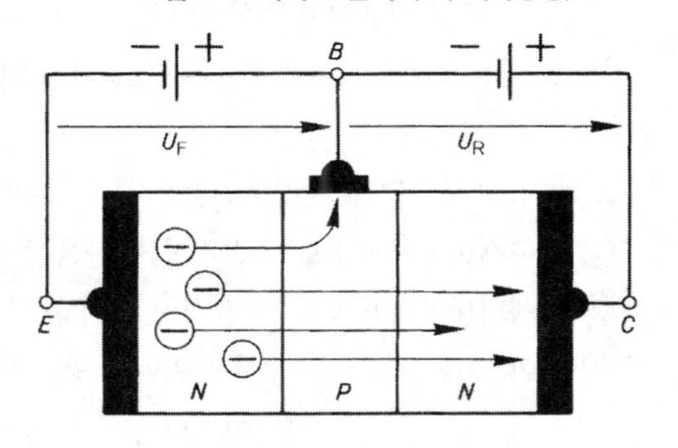

그림 2-39 NPN-트랜지스터의 동작원리

이렇게 되면 이미터 지역(N형)에서 베이스 지역(P형)으로 주입된 전자들은 얇은 베이스 지역을 쉽게 통과, 역방향전압이 인가되어 있는 컬렉터 경계층의 전장(electric field)에 도달하게 된다. 컬렉터 지역(N형) 내의 전자들은 이미 역방향전원에 의해 흡인되어 버리고 없다. 따라서 경계층 전장에 도달한 전자들은 컬렉터전원의 강력한 흡인력에 의해 빠른 속도로 컬렉터 지역을 거쳐 전원의 (+)측으로 이동하게 된다.

많은 전자가 이동한다는 것은 많은 전류가 흐른다는 것을 의미한다. 따라서 많은 전류가 이미터로부터 컬렉터로 흐른다. → 많은 컬렉터 전류

이미터 지역에서 베이스 지역으로 주입된 전자들 중, 소수는 베이스 내의 정공과 결합하여, 베이스 단자를 거쳐 이미터 전원으로 되돌아간다. 소수의 전자가 이동한다는 것은 적은 전류가 흐른다는 것을 의미한다. 따라서 베이스 단자를 통과하는 전류량은 아주 적다. → 적은 베이스 전류

트랜지스터에서는 이미터와 베이스 사이는 순방향으로, 베이스와 컬렉터 사이는 역방향으로 결선한다. 그리고 베이스 전류가 컬렉터 전류를 제어한다.

② PNP-트랜지스터의 동작원리

PNP-트랜지스터의 동작원리도 NPN-트랜지스터와 같다. 다만 전원과의 결선이 NPN형과는 반대극성이 된다. 따라서 베이스 지역(N형)은 이미터 지역(P형)으로부터 넘어온 정공으로 범람하게 되고, 이 정공들은 전원의 (−)와 연결된 컬렉터(P형)에 흡인된다.

③ 트랜지스터에서의 전류방향

규격(예 : KS) 상의 표시기호와 전류방향을 사용하여, 앞서 설명한 회로(그림 2-39)를 다시 그림 2-40에 도시하였다. 이제 "전류는 전자의 이동방향과는 반대로 흐른다."는 점을 염두에 두고, 아래 내용을 검토하기로 한다.

트랜지스터에는 베이스전류(I_B)와 컬렉터전류(I_C)가 흘러 들어와, 이들 모두가 이미터를 거쳐서 전원으로 되돌아간다. 다시 말하면 트랜지스터에 유입된 베이스전류(I_B)와 컬렉터전류(I_C)는 총 전류 즉, 이미터전류(I_E)가 되어 트랜지스터를 빠져 나간다.

트랜지스터에서는 편의상 모든 전류를 흘러 들어오는 것으로 표시하고, 흘러 들어오는 전류를 양(+), 그리고 흘러 나가는 전류에는 음(−)의 부호를 표시하도록 약속되어 있다. 이때 직류의 경우, 전압 및 전류의 방향은 그림 2-41에 표시된 바와 같다.

그리고 전압표시기호에는 전압을 발생시키는 두 단자 사이의 관계를 표시하는 하첨자를 사용하도록 되어 있다. 예를 들면 베이스-이미터 전압은 U_{BE}로 표시된다. 이때 앞에 쓰는 하첨자는 가능하면 양극(+)전압 또는 기준점에 대해 선택된 측정점이여야 한다.

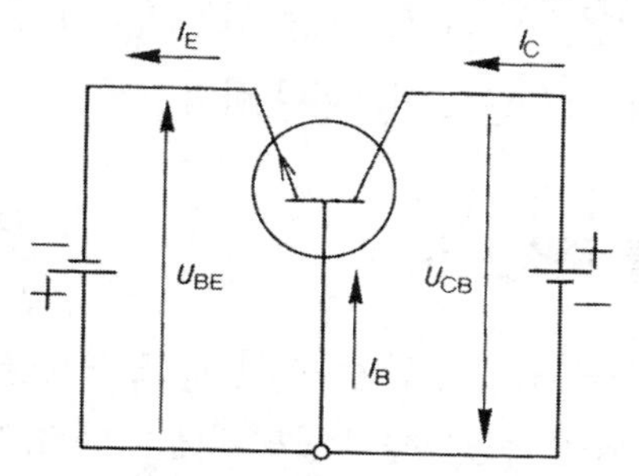

그림 2-40 NPN-트랜지스터 회로

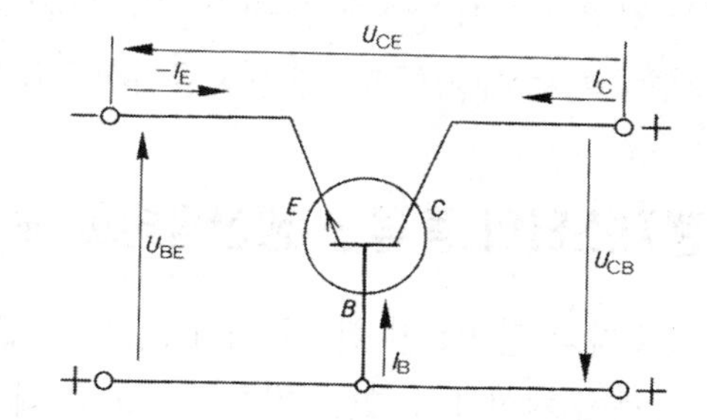

그림 2-41 트랜지스터에서 전류와 전압의 방향

작동원리를 설명하기 위하여 지금까지 소위 베이스접지회로(=공통 베이스회로)를 이용하였다. 그러나 이외에도 이미터접지회로와 컬렉터접지회로가 있다.

그림 2-42에는 이미터접지회로의 동작전압과 전류의 방향이 도시되어 있다. 그림 2-42(a)에서 NPN-트랜지스터의 베이스전류(I_B)와 컬렉터전류(I_C)는 약속된 양(+)의 방향으로 흐르므로 양(+)의 값이 된다. 그러나 이미터전류(I_E)는 약속된 화살표 방향과는 반대방향으로 흐르므로 I_E앞에 (−)기호를 붙여 $-I_E$로 표기한다.

키르히호프(Kirchhof)의 제1법칙에 따라 접속점에 흘러 들어오고, 접속점으로부터 흘러 나가는 전류의 합은 0이어야 한다. 그림 2-42(a)의 경우 "$(-I_E)+I_B+I_C=0$"이 된다. 이를 I_E에 대하여 정리하면 다음과 같다.

$I_E = I_B + I_C$	이미터전류

이미터전류(I_E)는 컬렉터전류(I_C)와 베이스전류(I_B)로 분할된다. 그리고 그림에서 중요한 두 전압 U_{BE}와 U_{CE}는 양(+)의 값을 갖는다.

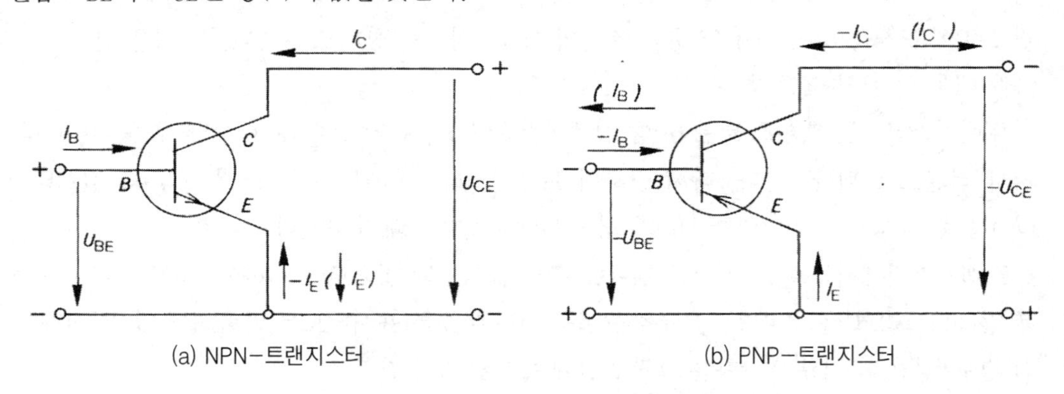

그림 2-42 이미터접지회로에서의 전류와 전압

그림 2-42(b)에서 PNP-트랜지스터는 NPN-트랜지스터와는 정반대 극성을 갖도록 결선된다. 따라서 컬렉터와 베이스가 음(-)이 되어야 하므로, 전압 U_{BE}와 U_{CE}에는 (－)기호가 부가된다. 전류 I_C와 I_E는 음(-)의 값, 또는 전류화살표를 반대방향으로 표시하여야 한다.

2. 트랜지스터의 종류 - 생산방법과 구조를 중심으로

반도체소자의 원재료인 실리콘이나 게르마늄을 높은 순도로 생산할 수 있고, 또 불순물 첨가비율을 정확하게 제어할 수 있는 기술 그리고 이에 수반되는 가공기술이 발달됨에 따라 점접촉형보다는 평면형(planar type)-트랜지스터가 주류를 이루고 있다.

(1) 합금형 트랜지스터(alloy type transistor)

그림 2-43과 같이 불순물을 조금 첨가한 N형 베이스층의 양면에 3가의 금속을 녹여 붙이면 PNP-트랜지스터가 된다. 이때 녹여 붙인 금속과 N형 반도체와의 접촉면은 합금된 상태이다. 한계주파수 약 500kHz, 출력 100mW～100W정도로서 주로 저주파수 증폭기에 이용된다.

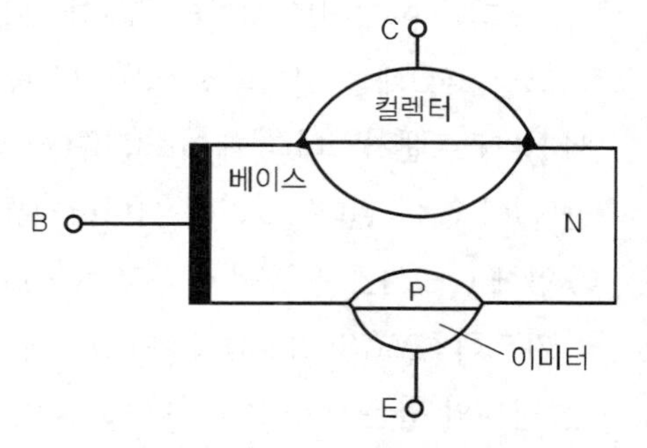

그림 2-43 합금형 트랜지스터의 구조

합금형 중에서 베이스 반도체(N형)의 이미터 측의 불순물농도를 높게 확산시킨 트랜지스터를 특히 드리프트-트랜지스터(drift-transistor)라 한다. 이렇게 하면 베이스층(N형) 내에 전위차가 발생하여 이미터에서 베이스로 유입되는 정공이 베이스에서 가속되어 컬렉터에 도달하는 시간이 단축된다. 따라서 고주파특성이 개선된다.

(2) 확산형 트랜지스터 (diffusion transistor)

확산형 트랜지스터는 가스형태의 불순물을 고온 하에서 반도체기판에 확산시키는 방법으로 제조한다. 예를 들면, 불순물이 조금 첨가된 P형의 얇은 반도체기판을 5가의 불순물을 포함하고 있는 증기에 노출시키고, 이를 고온으로 가열시키면 불순물이 반도체표면으로부터 내부로 천천히 스며든다.

이와 같은 방법을 확산(diffusion)이라 하는 데, 이러한 확산현상으로 표면에는 아주 얇은 N형층(수 μm이하)이 형성된다. 메사-트랜지스터(Mesa-transistor)와 평면형(planar)-트랜지스터 등은 모두 확산형 트랜지스터에 속한다.

확산형 트랜지스터는 무엇보다도 베이스층을 얇게 할 수 있으며, 경계층 용량을 작게 할 수 있기 때문에, 전하의 이동에 소요되는 시간을 단축할 수 있다는 점이 그 특징이다. 따라서 고속 스위치 기능소자 또는 고주파증폭(GHz 영역까지)용으로 사용된다.

① 메사 - 트랜지스터(Mesa-transistor)*

P형 기판(컬렉터)에 1μm 두께의 베이스층을 확산시켜 단자를 증착(vacuum metalization)한다. 그리고 베이스층 위에 3가의 금속을 합금시켜 이미터층을 만든다.

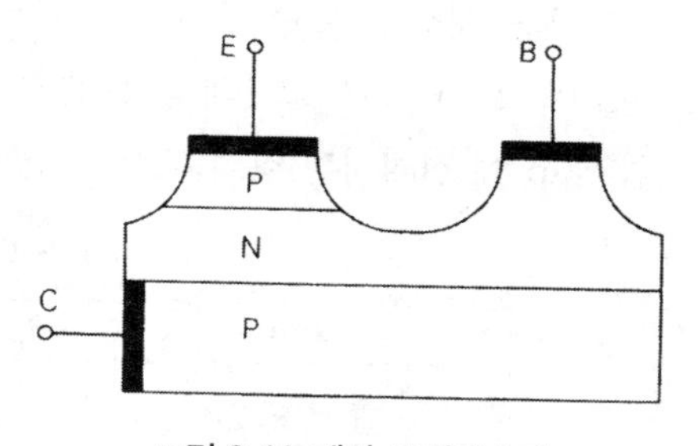

그림 2-44 메사-트랜지스터

컬렉터 용량을 작게 하기 위하여 단자부분을 제외한 표면을 에칭(etching)시켰다. 크기가 매우 작아 약 5cm^{2}에 약 1,000개의 메사-트랜지스터를 넣을 수 있다. 주로 고주파용으로 사용된다.

② 플레이너-트랜지스터(planar transistor)

플레이너-트랜지스터 즉, 평면형 트랜지스터는 그림 2-45와 같이 이미터, 베이스, 그리고 컬렉터가 동일 평면 위에 가공되어 있다.

먼저 N형의 기판을 약 1,000℃ 정도의 산소 중에 노출시켜 표면에 절연 산화막(SiO_2)을 형성시킨다. 이 산화막의 일부를 제거하여 P형의 베이스층을 확산시키고, 다시 산화막을 입힌다. 또 산화막의 일부를 제

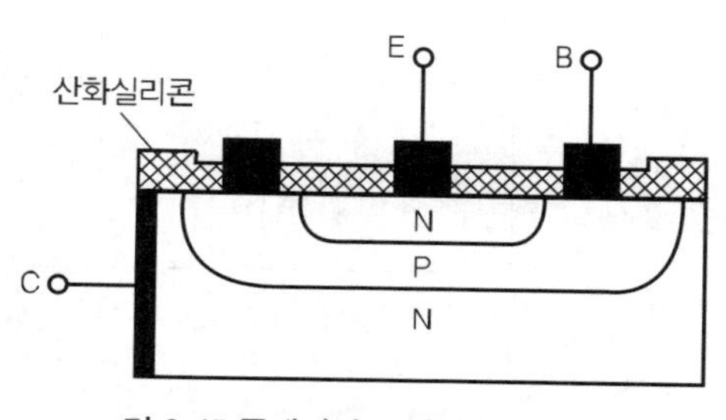

그림 2-45 플레이너 트랜지스터의 구조

* Mesa(스페인어) : 협곡(의 가파른 언덕)

거한 다음, N형의 에미터층을 확산시킨다. 표면에 다시 산화막을 입힌 다음, 각층에 전극을 접착시키기 위한 부분만 산화막을 제거하고 전극을 설치한다.

③ 에피택시얼 트랜지스터(epitaxial transistor)*

에피택시얼 트랜지스터는 지금까지 설명한 합금형이나 확산형의 결점을 보완한 트랜지스터이다. 예를 들면 확산형 트랜지스터를 고전압에서도 작동되도록 하려면 컬렉터의 불순물 농도를 증가시키면 된다. 그러나 이렇게 하면 컬렉터의 저항이 증대되어 동작범위가 좁아지고, 동시에 트랜지스터의 능률도 낮아진다.

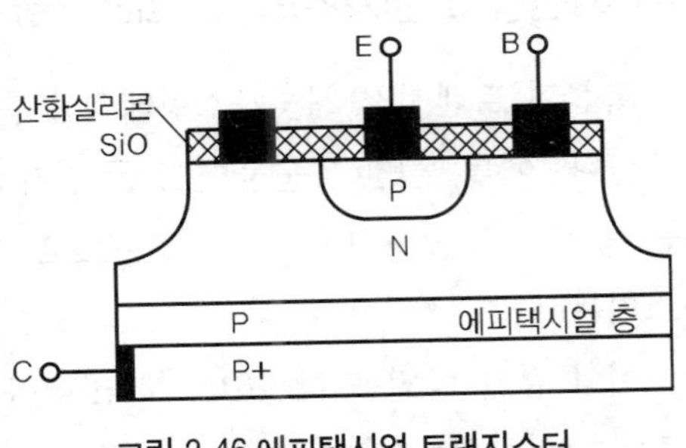

그림 2-46 에피택시얼 트랜지스터

이와 같은 결점을 보완하기 위해 고온반응로에서 불순물을 많이 포함한 기판 위에 불순물이 적게 함유된 반도체재료의 증기를 에피택시얼이라는 특수공법으로 처리하여 단결정(單結晶)층을 적당히 성장시킨다. 이후의 제조과정은 앞서 설명한 평면형 트랜지스터와 같다. 주로 스위치용으로 사용된다.

현재는 확산형 트랜지스터의 생산과정에 고도의 사진제판기술을 가미하여 초소형이면서도 정도(精度)가 높은 고주파용 트랜지스터를 생산한다. 특히, 전자회로를 초소형화하여 반도체 칩(chip)에 집적시킨 집적회로(integrated circuit) 제조기술이 비약적으로 발전되고 있다.

〔표 2-10〕 트랜지스터의 하우징 및 단자

외형	하우징 표시	외형	하우징 표시
E B C	TO 92	B E C	TO220
E B C	TO 18		
E B C	TO 50	B E C	TO 3
E B C	TO 126		

* ① epi : 그리스어로 위. taxis : 그리스어로 배열 또는 정렬 ② epitaxial : (임의 번역) 위로 배열 즉, 성장 .

3. 트랜지스터의 특성

그림 2-47(a)는 실리콘 트랜지스터 BSX45를 이용한 이미터접지회로로 전구를 ON-OFF시키는 것을 보여주고 있다.

스위치가 열려있을 때, 전구는 점등되지 않는다. 스위치가 닫히면 먼저 베이스전류(I_B)가 흐른다. 이제 이미터(E)와 컬렉터(C) 사이가 도통되어 전구가 점등된다. 전구는 베이스전류(I_B)가 증가함에 따라 더욱더 밝아진다. 이때 베이스전류(I_B)는 가변저항기로 조정할 수 있다.

베이스전류(I_B)가 조금만 증가해도 컬렉터전류(I_C)는 크게 증가한다. 전구는 릴레이회로에서처럼 단순히 ON-OFF시킬 수 있을 뿐만 아니라 연속적으로 제어할 수 있다.

출력회로에서 이미터-컬렉터 사이는 베이스전류(I_B)에 의해서 제어되는 저항과 같이, 즉 저항값이 변화하는 보호저항(protective resistor)처럼 전구전류에 영향을 미친다.(그림 2-47(b))

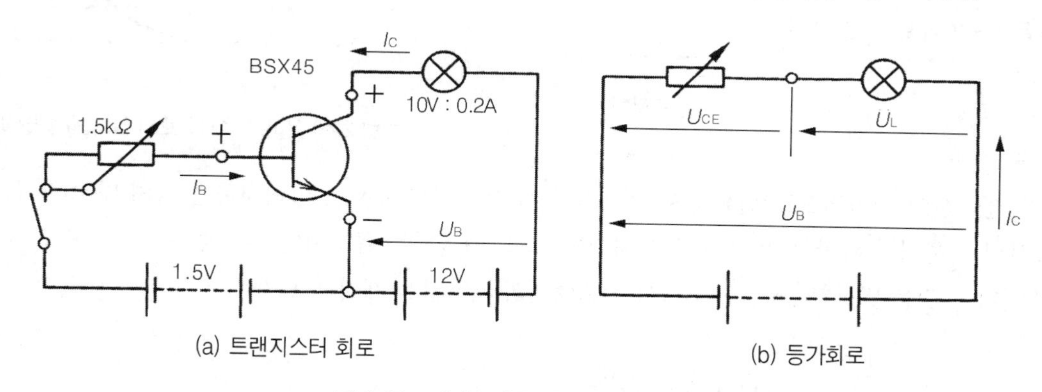

(a) 트랜지스터 회로

(b) 등가회로

그림 2-47 트랜지스터를 이용한 스위치회로

> 트랜지스터는 스위치, 전압 변환기 또는 신호 증폭기로 사용할 수 있다.

(1) 특성곡선

트랜지스터의 전류와 전압은 여러 형태로 상호간에 영향을 미친다. 그리고 트랜지스터의 특성은 전류와 전압의 상호관계에 의해서 결정된다. 이들의 상호관계는 특성곡선에서 관련 자료들을 파악하는 것이 가장 쉬운, 그러면서도 좋은 방법이다.

각 기본회로에 따라 부분적으로는 서로 다른 특성값을 갖는다. 여기서는 증폭도가 가장 크고 또 많이 사용되는 이미터접지회로를 예로 들어 설명하기로 한다.

트랜지스터는 NPN-실리콘 저주파용 트랜지스터 BYC58, 에너지형을 사용하고자 한다.

그림 2-48은 베이스-이미터 사이의 전압(U_{BE})과 베이스전류(I_B)의 상호관계를 나타내는 특성

곡선이다. - U_{BE} 대 I_B 정특성(靜特性)곡선

베이스전류(I_B)는 베이스-이미터 간의 전압 U_{BE}에 따라 변화한다. 즉 I_B는 U_{BE}의 함수이다.

$$I_B = f(U_{BE})$$

입력특성곡선은 다이오드의 순방향 특성곡선과 비슷한 형태임을 쉽게 알 수 있을 것이다.

모든 기계나 장치에서도 마찬가지지만 트랜지스터의 제어에는 출력손실이 따른다. 베이스전류가 흐른다는 것은 트랜지스터 제어용 입력전원에 부하가 걸린다는 것을 의미한다.

그림 2-48에서 임의의 작동점 A에서의 직류-입력저항은 다음 식으로 표시된다.

$$R_{BE} = \frac{U_{BE}}{I_B} \quad \text{입력저항}$$

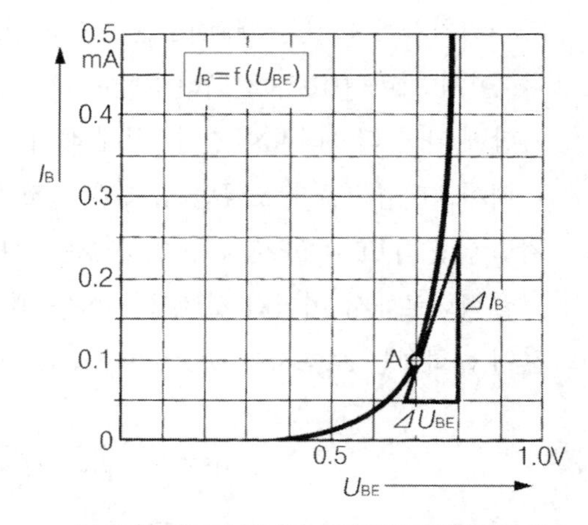

그림 2-48 이미터 접지회로의 입력 특성곡선(예)

특성곡선이 직선적으로 변화하지 않기 때문에 각 동작점에서의 입력저항은 각기 다르다. 특성곡선의 기울기가 완만한 아래 부분은 저항이 크고, 기울기가 급경사인 윗부분은 상대적으로 저항이 작다는 것을 뜻한다. 그림 2-48에서 점 A에서의 저항값을 계산해 보자.

$$R_{BE} = \frac{U_{BE}}{I_B} = \frac{0.7\text{V}}{0.0001\text{A}} = 7{,}000[\Omega]$$

소위 입력저항의 변화 즉, 입력 임피던스 변화율 r_{BE}는 베이스전류의 변화량 ΔI_B에 대한 입력전압의 변화량 ΔU_{BE}의 비를 나타낸다.

$$r_{BE} = \frac{\Delta U_{BE}}{\Delta I_B}$$

U_{BE}와 I_B는 특성곡선 상의 임의의 점 A에서의 접선의 기울기로 부터 확인할 수 있다. 예를 들면 그림 2-48의 점 A에서 I_B는 4칸, 즉 0.2mA이고, U_{BE}는 1칸을 조금 넘는다.(약 0.14V)

따라서 r_{BE}는 다음과 같다.

$$r_{BE} = \frac{\Delta U_{BE}}{\Delta I_B} = \frac{0.14\text{V}}{0.0002\text{A}} = 700[\Omega]$$

그림 2-49와 같은 측정회로를 이용하여, 소위 트랜지스터의 정특성(靜特性)곡선을 실제로 작성할 수 있다. 예를 들면 전원전압 U_B를 일정하게 고정한 상태에서 가변저항을 조작하여 베이스-이미터 전압(U_{BE})을 적당한 크기로 증가시킨다. 그때 마다 베이스 전류값(I_B)을 조사한 다음, 이

를 그래프에 기입하면 그림 2-48과 같은 특성곡선이 작성된다.

이와 같은 곡선은 순수한 트랜지스터만의 회로에서 U_{BE}와 I_B의 관계를 나타내는 곡선이므로, 이를 "U_{BE} 대 I_B의 정특성곡선"이라 한다.

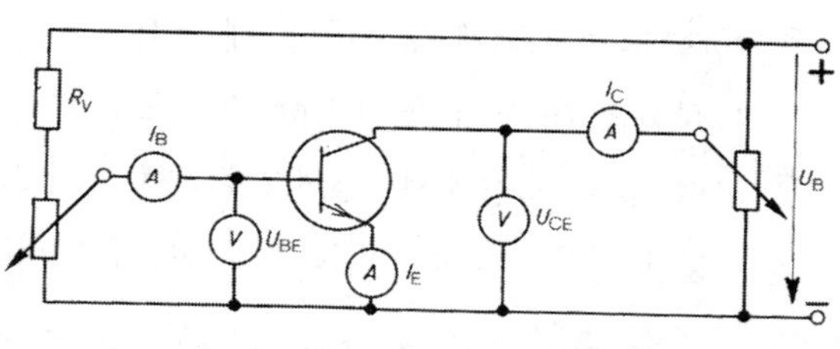

그림 2-49 특성곡선 작성을 위한 측정회로

트랜지스터의 동특성(動特性) 즉, 교류전류의 증폭작용이 나타나는 특성곡선은 특성곡선 기록계로 채취한다.

출력특성곡선은 컬렉터-이미터 전압(U_{CE})과 컬렉터전류(I_C) 간의 상관관계를 나타낸다. 그림 2-50 직교좌표의 1상한에는 베이스 전류값(I_B)을 일정하게 유지하면서 출력전압(U_{CE})과 출력전류I_C)를 측정한 결과가 도시되어 있다. → 출력특성곡선.

그리고 2상한에는 베이스전류(I_B)와 컬렉터전류(I_C)의 상관관계 즉, 전달특성을 나타내고 있다.→ 전달특성곡선.

출력특성곡선을 측정하는 방법에는, 베이스전류(I_B)를 일정하게 유지하고 측정하는 방법과 베이스-이미터 전압(U_{BE})을 일정하게 유지하고 측정하는 방법이 있다. 여기서는 베이스전류(I_B)를 일정하게 유지하는 방법을 사용하였다.

베이스전류를 0.1mA 간격으로 0.4mA까지 4단계로 나누어 일정하게 유지시킨 상태에서 U_{CE}와 I_C를 측정하였다. 출력특성곡선을 보면, 컬렉터전류(I_C)는 베이스전류(I_B)의 영향은 크게 받으나, 컬렉터-이미터 전압(U_{CE})의 영향은 크게 받지 않음을 보여주고 있다.

출력임피던스 변화율 r_{CE}는 규격표에 흔히 동적 출력어드미턴스($1/r_{CE}$)로 표시되는 경우가 있다. 이 경우에도 역시 임의의 동작점에서의 기울기를 구하여 환산하면 된다. 출력 어드미턴스(admittance)란 컬렉터(C)와 이미터(E) 사이에 존재하는 임피던스의 역수이다. 규격표에서 출력임피던스의 값을 사용하지 않고, 출력 어드미턴스 값을 사용하는 이유는 실제 트랜지스터 증폭회로에서 증폭도 계산이나 임피던스의 계산이 모두 어드미턴스를 사용하면 간편하기 때문이다.

$$r_{CE} = \frac{\Delta U_{CE}}{\Delta I_C} \qquad \text{출력 임피던스 변화율}$$

트랜지스터의 베이스전류(I_B)는 컬렉터전류I_C)를 제어한다. 이들 두 전류 간의 상관관계는 그림 2-50의 2상한에 도시되어 있다. → 전달특성

전달특성곡선(=전류제어 특성곡선)은 한 점씩 일일이 구하거나 출력특성곡선으로 부터 구한다. 예를 들면, 그림 2-50에서 1상한의 출력특성곡선과 $U_{CE} = 5V$ 를 나타내는 점선과의 교점들을 2상한으로 옮겨 보자.

① 2상한의 가로축에 I_B 눈금을 매긴다.
(1상한의 I_B 간격 즉, 0.1mA 간격으로 원점에서 왼쪽으로 눈금을 매긴다.)
② 1상한의 각 교점에서 2상한으로 수평선을 그어 해당 I_B값과 만나는 점을 구한다.
③ 이들 교점을 차례로 연결하면 2상한에 도시된 전달특성곡선(I_B 대 I_C곡선)이 된다.

두 전류(직류)의 크기 즉, I_B와 I_C 의 관계를 정적 전류증폭률(B)이라 한다.

$$B = \frac{I_C}{I_B}$$

정적 전류증폭률

예를 들면 $I_B = 0.2\text{mA}$, $I_C = 50\text{mA}$일 때의 점에서 직류전류증폭률(B)은 다음과 같다.(예 : 그림 2-50의 2상한의 점 A)

$$B = \frac{I_C}{I_B} = \frac{50\text{mA}}{0.2\text{mA}} = 250$$

교류전류 증폭률을 구하기 위해서는 동적 전류증폭률(β)을 기초로 구해야 한다. 동적전류증폭률을 '이미터 접지 시 전류증폭률'이라고도 한다.

$$\beta = \frac{\Delta I_C}{\Delta I_B}$$

이미터 접지 시 전류증폭률

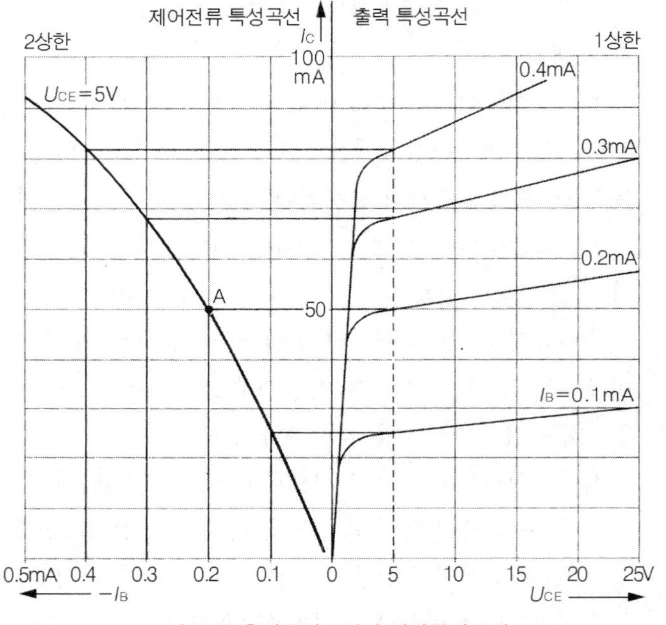

그림 2-50 출력특성곡선과 전달특성곡선

그림 2-51과 같이 직교좌표의 3상한에 입력특성곡선을 기입한다. 이들 3종류의 특성곡선으로부터 기울기(S)를 계산할 수 있다. 이때 임의의 점에서의 U_{BE} 와 I_C 를 필요로 한다.

$$S = \frac{\Delta I_C}{\Delta U_{BE}}$$ 기울기

기울기 S 는 베이스전압의 변화에 대한 컬렉터전류의 변화를 나타낸다. 그림 2-51에 도시한 예에서 기울기 S 는 다음과 같다.

$$S = \frac{\Delta I_C}{\Delta U_{BE}} = \frac{30\text{mA}}{0.06\text{V}} = 500[\text{mA/V}]$$

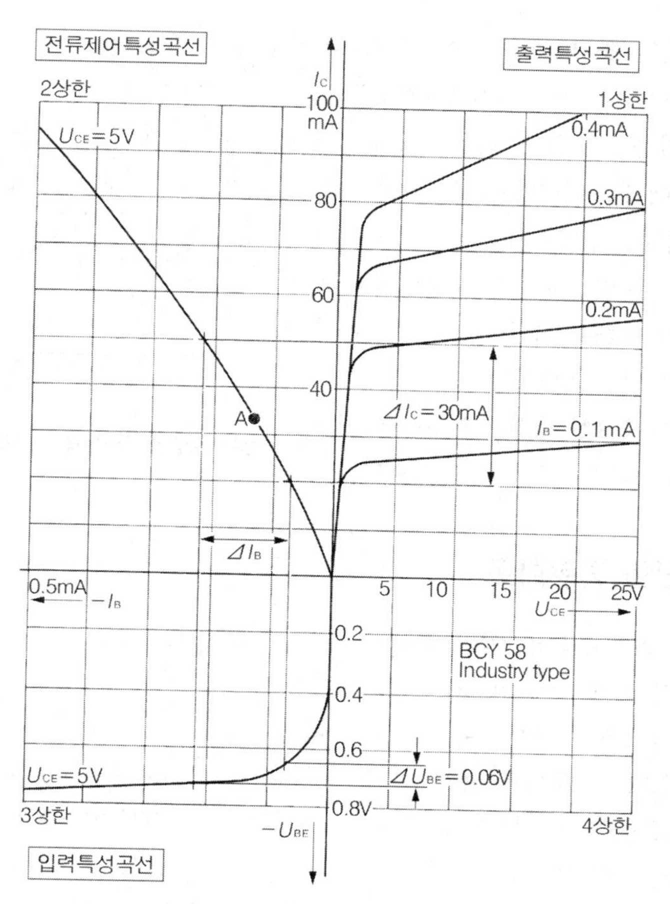

그림 2-51 기울기 결정(예)

(2) 한계값

한계값은 트랜지스터의 동작영역을 제한하는 절대 최대값, 또는 절대 최저값이다. 최대 한계값을 넘어서면 트랜지스터는 파손된다. 총 손실출력(P_{loss})은 트랜지스터의 발열에 대한 척도이다. 발열의 대부분은 컬렉터전류에 의해 발생된다. 베이스전류에 의한 발열은 아주 미약하다.

$P_{loss} = I_C \cdot U_{CE}$ 총 손실출력

예를 들어 그림 2-52에서 트랜지스터의 허용 최대 손실출력($P_{loss \cdot \max}$)은 다음과 같다.

$$P_{loss \cdot \max} = I_C \cdot U_{CE} = 10\text{V} \times 0.03\text{A} = 0.3[\text{W}]$$

그리고 이때 컬렉터전류 최대값은 $I_{C \cdot \max} = 0.45\text{A}$, 컬렉터-이미터 간의 전압 최대값은 $U_{CE \cdot \max} = 32\text{V}$ 로 제한된다.(그림 2-52 참조)

규격표에 제시된 또 다른 중요한 자료로는 'U_{BE0}, U_{CB0}' 등이 있다. 여기서 0은 3번째 단자가 연결되지 않았음을 뜻한다. 즉, U_{BE0}에서는 컬렉터가, U_{CB0}에서는 이미터가 결선되어 있지 않은 상태에서 측정한 전압이다.

U_{BE0}는 컬렉터를 연결하지 않은 상태에서 베이스-이미터 간의 역항복전압보다 약간 낮은 전압 즉, 허용 최대전압을 의미한다.

그리고 한 가지 중요한 사항은 접합부에 허용된 최대온도를 초과해서는 안 된다는 점이다.

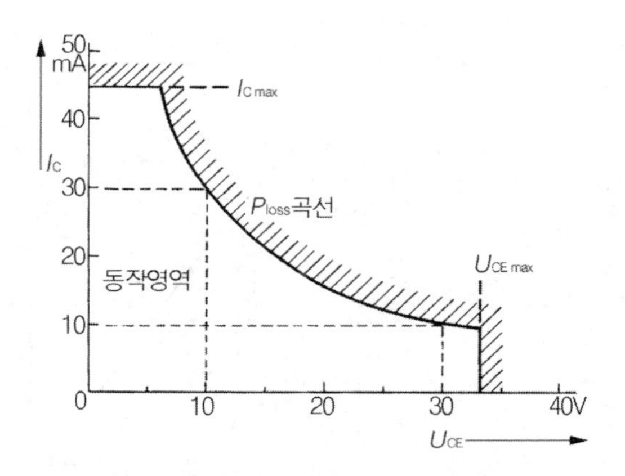

그림 2-52 출력특성곡선에서의 트랜지스터 동작영역

4. 트랜지스터의 기본회로

트랜지스터는 2개의 입력단자와 2개의 출력단자를 가진 트랜지스터-4극으로 표시할 수 있다(그림 2-53). 이때 교류전압신호의 전압과 전류는 소문자로 표시한다. 그리고 입력을 표시하는 하첨자는 1, 출력 표시 하첨자는 2를 사용한다.

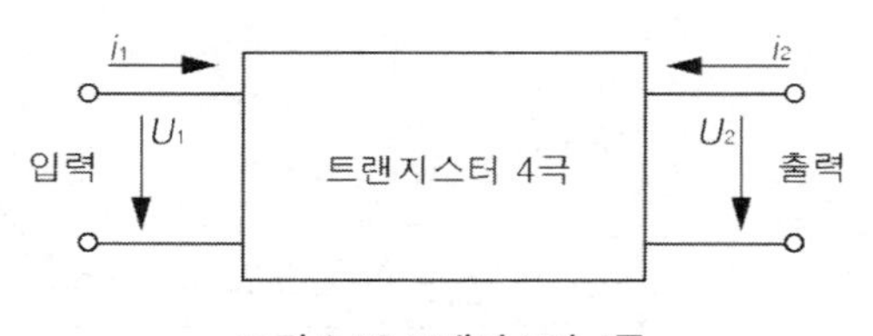

그림 2-53 트랜지스터-4극

트랜지스터의 단자는 3개이므로 1개의 단자는 항상 입력회로와 출력회로의 공통단자가 되어야 한다. 따라서 3종류의 기본회로는 각각 다른 전기적 특성을 나타내게 된다.

공통단자의 이름에 따라 각각 이미터 접지회로, 컬렉터 접지회로 그리고 베이스 접지회로라 한다. 또 이들을 각각 공통 …… 회로라고도 한다.

(1) 이미터 접지회로(그림 2-54)

가장 많이 사용되는 회로로서 증폭도가 가장 크다. 또 입출력의 위상이 역위상이며 전압증폭에 많이 사용된다. 완벽한 이해를 돕기 위해서 각 회로의 주요특성을 표 2-11에 비교하였다.

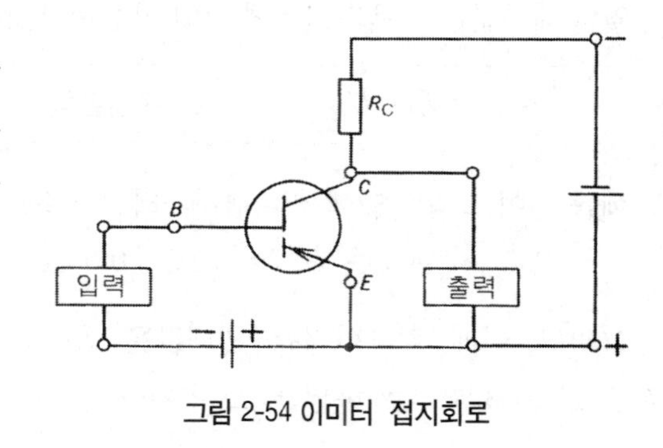

그림 2-54 이미터 접지회로

〔표 2-11〕 트랜지스터의 기본회로 비교

고유특성	이미터 접지회로	컬렉터 접지회로	베이스 접지회로
입력측 저항 r_i	중간, 0.2~5kΩ	크다, 20~500kΩ	작다, 20~50Ω
출력측 저항 r_o	중간, 1~100kΩ	작다, 0.1~1kΩ	크다, 100~500kΩ
전류 증폭 I_{amp}	10~200	10~200	약 1
전압 증폭 V_{amp}	$10^2 \sim 10^4$	약 1	$10^2 \sim 10^4$
출력 증폭 $P_{amp} = I_{amp} \cdot V_{amp}$	$10^3 \sim 10^4$	$10^2 \sim 10^3$	100~200
위상차 U_i/U_o	180°	약 0°	약 0°
용도	LF-, HF-증폭기	임피던스 컨버터	UHF-증폭기

※ LF : Low Frequency HF : High Frequency UHF : Ultra High Frequency

(2) 컬렉터 접지회로(그림 2-55)

컬렉터 접지회로에서는 부하저항으로서 단지 이미터 저항(R_E)만 설치된다. 따라서 교류전류의 작동전원에 큰 저항이 작용하지 않는 다는 전제조건하에 컬렉터는 입/출력 신호의 기준단자가 된다. 그림에서 이 단락은 굵은 선으로 표시된 축전지를 의미한다.

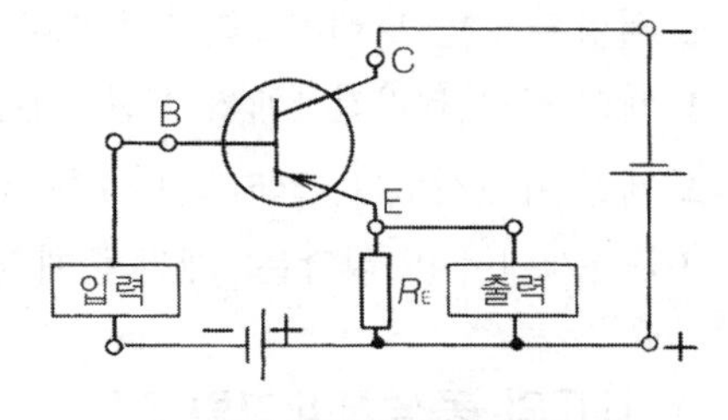

그림 2-55 컬렉터접지회로

이미터 접지회로에서와는 반대로 출력전압은 R_E에 대해 위상차가 발생되지 않는다.

이 회로는 고저항의 신호원을 저저항의 증폭입력에 적응시킬 수 있다. 따라서 주로 임피던스 컨버터(impedance convertor)에 사용된다.

(3) 베이스 접지회로(그림 2-56)

베이스 접지회로는 입력용량이 작기 때문에 주로 고주파증폭에 사용된다. 큰 이미터전류가 신호원에 부하를 가하므로 전류증폭은 1보다 작다.

이미터-베이스 사이의 입력은 순방향이므로 입력저항은 작다.

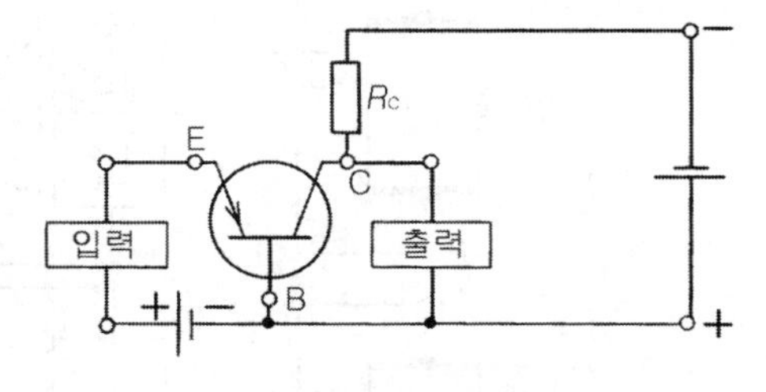

그림 2-56 베이스접지회로

5. 유니-정션 트랜지스터(uni-junction transistor)

유니-정션 트랜지스터(흔히 UJT라고 함)는 말 그대로 접합부가 하나인 트랜지스터로서, 이미터(E)단자 1개와 베이스단자 2개(B1, B2)로 구성되어 있다. 따라서 더블 베이스 다이오드(double base diode)라고도 한다. 구조와 표시기호는 그림 2-57과 같다.

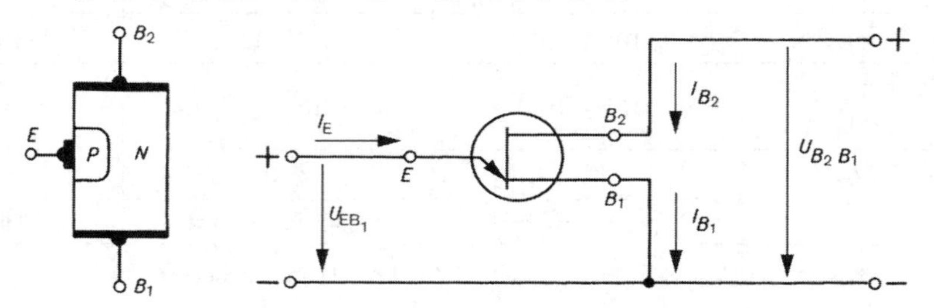

그림 2-57 UJT의 구조, 표시기호를 포함한 특성곡선 실험회로

외형은 일반 트랜지스터와 같으나 구조는 그림 2-57(a)와 같이 불순물을 조금 혼합시킨 N형 반도체의 양단에 각각 1개씩의 단자(B1, B2)를 끌어내고, N형 반도체의 중간부분 한쪽에는 P형 반도체를 확산시켰다. 그리고 이 P형 반도체에 1개의 단자(=이미터 단자)를 부착하였다. 따라서 단자는 3개이나 PN접합은 1개만 존재한다.

(1) UJT의 동작원리(그림 2-58)

N형 반도체에 극소량의 불순물을 혼합하였기 때문에 B1↔B2 간의 저항은 비교적 크다. 따라서 전압 U_{B2B1}이 인가되어도 전류는 거의 흐르지 않는다. 먼저 이미터(E)에 (+)전압이 인가되면, 이미터(E)로부터 다량의 정공이 PN접합을 거쳐 N지역으로 유입되어 N형 반도체의 B1단자로 이동한다. 즉, 이미터(E)로부터 베이스(B)의 B1단자로 전류가 흐르게 된다.

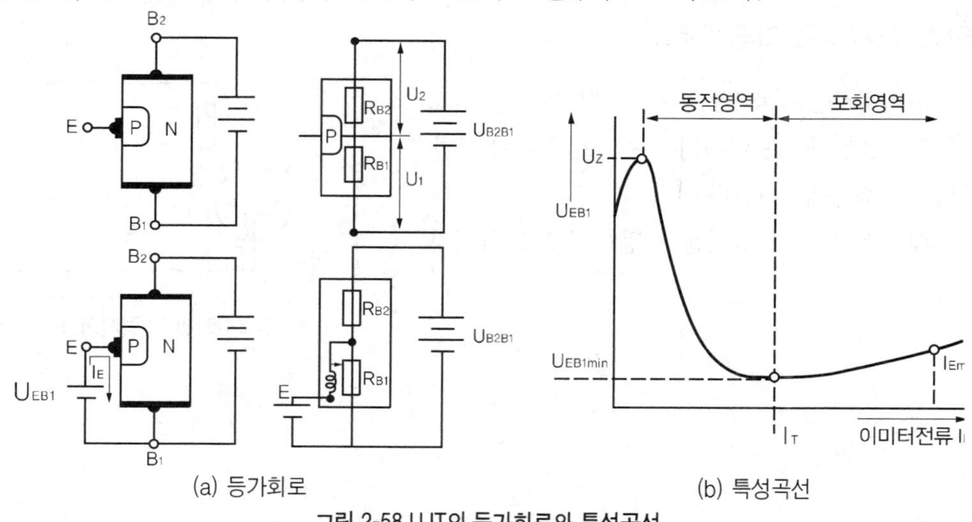

(a) 등가회로

(b) 특성곡선

그림 2-58 UJT의 등가회로와 특성곡선

그림 2-58에 도시된 UJT의 (a) 등가회로와 (b) 특성곡선을 살펴보자. N형 반도체 즉, 베이스 반도체 내에는 이미터(E)를 기준으로 할 때, 2개의 저항이 직렬로 연결된 것과 같다.(R_{B1}, R_{B2}) → 전압분할. 이미터(E)와 베이스 간의 부분전압(U_1)은 역방향전압이 된다.

그림 2-57, 2-58(a)와 같이 이미터(E)에 전압 U_{EB1}을 인가하면, 전압 U_{EB1}이 이미터↔베이스 단자1 사이의 전압 U_1보다 낮을 때에는 PN접합부에 역방향전압이 걸린다. 따라서 B2 측으로 부터 흘러 들어오는 전류는 B1 측으로 흐르지 못하고 이미터 측으로 흐른다. → 이미터 역전류.

그러나 이미터전압(U_{EB1})이 베이스 역전압(U_1)보다 높을 때는 PN접합부에 순방향전압이 인가되므로 이미터전류(I_E)는 B1 측으로 흐르게 된다.

즉 PN접합부에 순방향전압이 인가되면, 다이오드에서와 마찬가지로 P형 반도체(이미터)로부터 N형 반도체(베이스) 내에 정공이 주입되고, 주입된 정공은 B1 측으로 이동하므로 이미터전류(I_E)는 B1 측으로 흐르게 된다.

또 이때 전압 U_{B2B1}으로 인하여 베이스반도체 내에 B2→B1로 향하는 전계(electric field)가 생성되어 정공의 이동을 촉진하므로 R_{B1}의 저항도 작아져 이미터로 많은 전류가 흐르게 된다.

옴의 법칙 '$U = I \cdot R$'에 따르면 저항(R)에 흐르는 전류(I)가 증가할수록, 저항(R)에서 강하되는 전압(U)도 점점 상승한다. 그러나 UJT의 E↔B1 사이에서는 전류가 증가함에 따라 저항도 동시에 감소하므로 E↔B1 사이의 전압(U_{EB1})이 오히려 낮아진다. → 부(−)의 저항특성(그림 2-58(b)에서의 동작영역.)

계속해서 R_{B1}의 저항이 감소되어 0Ω에 가까워지면 B2→B1로 흐르는 전류(I_B)도 크기 때문에 저항 R_{B2}에 의한 전압강하가 증가한다. 전압강하가 증가하면 정공을 이동시키는 전계가 약화되기 때문에 부(-)의 저항특성이 없어지고 정(+)의 저항특성이 나타난다. → 정(+)의 저항특성(그림 2-58(b)에서의 포화영역)

이제 이미터전류(I_E)의 증가에 따라 이미터전압(U_{EB1})은 다시 증가한다.(그림 2-58(b)에서 변곡점 I_T부터)

(2) UJT의 이용(예)

UJT는 반응속도가 아주 빠른 문턱 스위치(threshold switch)처럼 동작하므로, 발진회로에 사용된다. UJT는 사이리스터 제어용, 톱니파 발생기 및 계수기 등, 주로 Flip-Flop회로(: Kippschaltung)에 사용된다.

톱니파 발진회로를 예로 들어 UJT의 기능을 설명한다.(그림 2-59 참조)

그림 2-59에서 저항 R_1은 동작저항(: Arbeitswiderstand)으로서 기능하며, 니들-펄스(needle pulse)를 발생시킨다. 그리고 저항 R_2는 동작점의 안정에 기여한다.

저항(R)을 통해 콘덴서(C)에 전하가 축전되므로 콘덴서(C) 양단의 전압은 점점 상승하며, 이 전압은 동시에 UJT의 이미터에 공급된다. 콘덴서(C)가 축전되어 피크전압 U_z에 도달하면 트랜지스터는 도통(導通)상태가 되고, 이때 콘덴서(C)는 단시간 내에 방전해 버린다. 콘덴서가 방전종지전압에 이르면 트랜지스터는 다시 차단된다. 콘덴서(C)는 다시 저항(R)을 통해 축전된다. 이와 같은 과정의 반복을 통해 톱니파가 발생된다.

시정수($\tau = C \cdot R$)는 콘덴서의 방전과 방전 사이의 시간 즉, 주기(T)를 결정한다. 그리고 펄스 주파수는 '$f = 1/T$'로 구한다.

그림 2-60은 콘덴서전압(U_C)과 니들-펄스전압(U_a)의 파형을 오실로스코프로 보여주고 있다.

펄스전압은 사이리스터를 동작시키는 데 사용된다. 예를 들면 윈도-와이퍼(window wiper)의 작동 시간간격을 제어하는 데 이용된다.

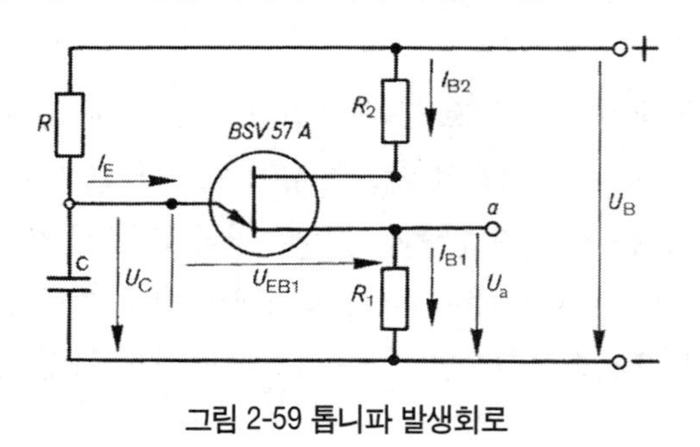

그림 2-59 톱니파 발생회로

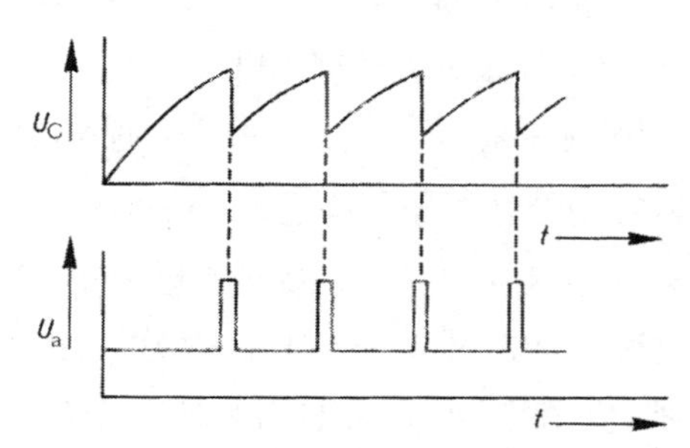

그림 2-60 UJT를 이용한 톱니파 발생회로의 파형

6. 전계효과 트랜지스터(field effect transistor : FET)

전계효과 트랜지스터(흔히 FET라고 한다)는 반도체 내의 내부 전기전도과정에 한 극성(polarity)의 반송자(전자 또는 정공)만 관여하는 반도체소자로서 단극성 트랜지스터라고도 한다. (표 2-9 트랜지스터의 분류 참조)

모든 FET의 동작원리는 반도체결정의 도전성과 전기저항을 전장(또는 전계)(electric field)으로 제어한다는 점이다. 입력저항 즉 입력 임피던스는 $10^{14}\Omega$ 정도까지로 매우 높다. 따라서 FET에는 실질적으로 제어전류는 거의 흐르지 않으며, 제어전압으로 제어한다.

> 전계효과 트랜지스터의 제어는 출력손실이 없이 이루어진다.

전계효과 트랜지스터는 크게 접합-FET와 MOS-FET의 두 종류로 구분한다.

(1) 접합-FET(그림 2-61 참조)

그림 2-61은 N채널 접합-FET의 기본구조이다. N형 반도체 기판의 좌/우 측면에 각각 P형 반도체를 접합하고, N형 반도체의 양단과 양쪽 측면의 P형 반도체로부터 각각 단자를 끌어낸 구조이다.

기판 양단의 단자를 각각 소스(source : S)와 드레인(drain : D)이라 하고, 양쪽 측면의 P형 반도체로부터 끌어낸 두 단자를 게이트(gate : G)라 한다. 여기서 소스(S)는 (−), 드레인(D)은 (+), 게이트(G)는 제어전극이 된다.

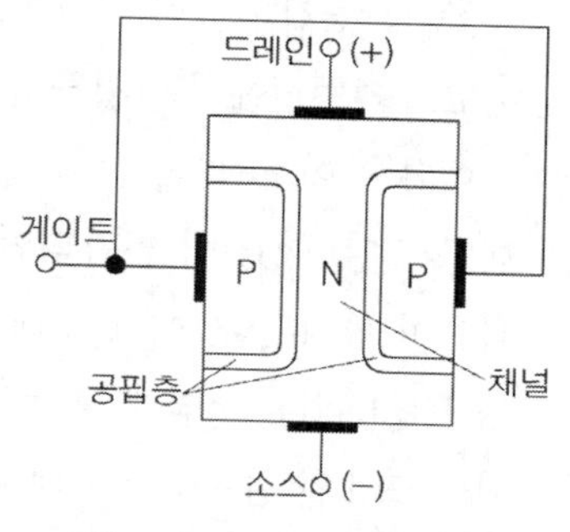

그림 2-61 N채널 접합-FET의 구조

기판을 P형 반도체로, 양 측면의 게이트반도체를 N형으로 하면 P채널 접합-FET가 된다.

표시기호(표 2-9 참조)에서 게이트에 표시된 화살표는 게이트 접합부의 순방향을 나타낸 것으로 바깥쪽을 가리킬 경우는 P채널형, 안쪽을 가리킬 경우는 N채널형이다. 또 게이트단자가 2개인 경우는 2개의 게이트가 내부에서 서로 연결되어 있지 않고, 각각 외부로 나와 있는 경우이다.

① 접합-FET의 동작원리

그림 2-62(a)와 같이 N채널 접합-FET의 드레인(D)이 (+), 소스(S)가 (−)가 되도록 드레인 전압(U_{DS})을 공급하면, N형 반도체 내에 흩어져 있는 과잉전자가 소스(S) 측으로부터 드레인(D) 측으로 이동함에 따라 드레인 전류(I_D)가 흐른다.

이때 그림 2-62(b)와 같이 게이트(G)와 소스(S) 간에 역방향전압(U_{GS})을 가하면 게이트(G)에는 (−)전압이 작용한다. 게이트(G)의 (−)전압에 의해 N채널 내의 전자가 반발 당하여 게이트(P형 반도체)와 채널(N형 반도체) 사이의 공핍층이 더욱 확대되어 결과적으로 채널의 통로가 좁아진다. 이때 발생한 공핍층은 전자가 없는 절연영역이므로, 전자가 이동할 수 있는 통로(채널)가 좁아져 드레인 전류(I_D)는 감소한다. 만약 이때 역방향전압(U_{GS})을 더 증가시키면 통로는 더 좁아지고 드레인 전류(I_D)는 더욱 더 감소한다.

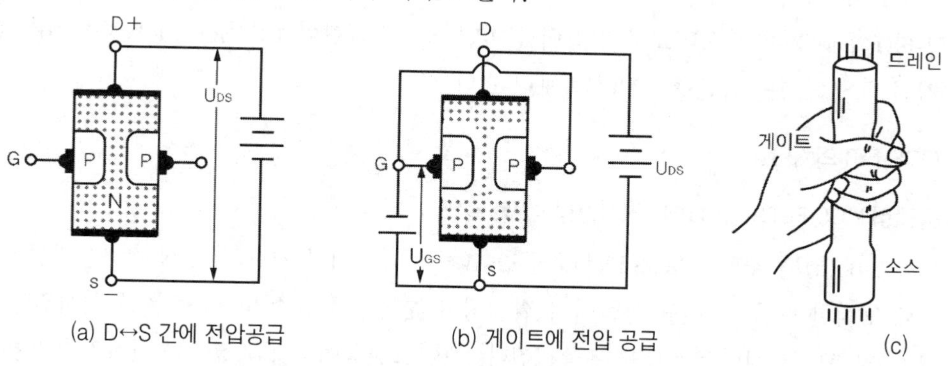

(a) D↔S 간에 전압공급 (b) 게이트에 전압 공급 (c)

그림 2-62 N채널 접합-FET의 동작 원리

이와 같은 원리로 FET에서는 게이트 전압(U_{GS})으로 드레인 전류(I_D)를 제어할 수 있다.

P채널 접합-FET의 동작원리도 N채널 접합-FET와 같다. 다만 N채널형에서는 전자가 반송자이고, P채널형에서는 정공이 반송자이기 때문에 전원의 극성과 전류의 방향이 반대일 뿐이다.

이와 같이 FET는 출력손실이 거의 없이 제어가 가능한 저항기와 비교할 수 있다. 실제로 드레인 전압(U_{DS})이 인가되면, 게이트 전압(U_{GS})이 가해지지 않아도 채널과 게이트 사이에 공핍층이 형성된다. 이때 드레인 전압(U_{DS})이 증가하면 채널의 폭은 더욱 더 좁아져 결국은 핀치-오프(pinch-off)*점에 도달한다. 핀치-오프(pinch-off)점에 도달하면 드레인 전압(U_{DS})이 증가해도 드레인 전류(I_D)는 더 이상 증가하지 않는다. → 드레인 전압에만 의한 핀치-오프 동작

채널의 저항은 제조할 때, 채널의 도핑수준과 폭, 길이 등에 따라 특성값으로 설정된다.

② 접합-FET를 이용한 간단한 증폭회로(그림 2-63 참조)

축전지 전압(U_B)에 의해 드레인 전류(I_D)가 저항(R_D)과 채널을 거쳐서 흐른다. 이때 채널에서는 전압강하(U_{DS})가 발생한다. 입력신호전압(U_e)에 의해 드레인 전류(I_D)와 드레인 전압(U_{DS})이 변화한다. 입력신호전압(U_e)의 변화는 출력전압(U_a)을 증폭시키는 작용을 한다. 일반 트랜지스터에서와는 달리 제어전류가 흐르지 않기 때문에 전압증폭이 가능하다.

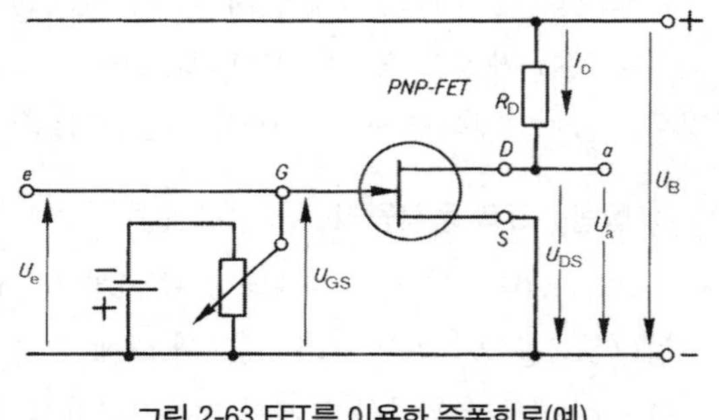

그림 2-63 FET를 이용한 증폭회로(예)

(2) MOS-FET(metal oxide semiconductor FET)

MOS-FET는 채널과 게이트 사이가 그림 2-64와 같이 산화규소(SiO_2) 층으로 절연되어 있다. 따라서 절연 게이트(Insulated Gate ; IG)-FET라고도 한다. MOS-FET에는 공핍(depletion)형과 증가(enhancement)형이 있다.

접합-FET와 MOS-FET를 비교하면 입력 임피던스는 접합형이 $10^{10}[\Omega]$, MOS형이 $10^{14}[\Omega]$이며, 전달 컨덕턴스(G_m)는 접합형이 MOS형보다 크다.

① MOS-FET의 구조

● 공핍형 MOS-FET의 구조(예 : P 기판형 = N채널형)

그림 2-64(a)는 공핍형 MOS-FET의 구조이다. P형 실리콘 기판 위에 N채널을 만들기 위해 N형으로 도핑한 다음, 표면을 산화시켜 절연성이 높은 산화규소(SiO_2) 층을 형성시킨다. 이어서 그 위에 알루미늄 게이트전극을 부착시킨다. 게이트전극이 2개일 경우는 산화알루미늄 막 위의

전극이 게이트1(G_1), P형 기판에서 나온 전극을 게이트2(G_2) 또는 벌크(bulk)단자라 한다.

또 N채널 양단의 2개의 단자 중에서 1개는 드레인 전극(D)이고 다른 1개는 소스전극(S)이다.

기판을 N형, 채널을 P형으로 하면 N기판(=P 채널) 공핍형 MOS-FET가 된다.

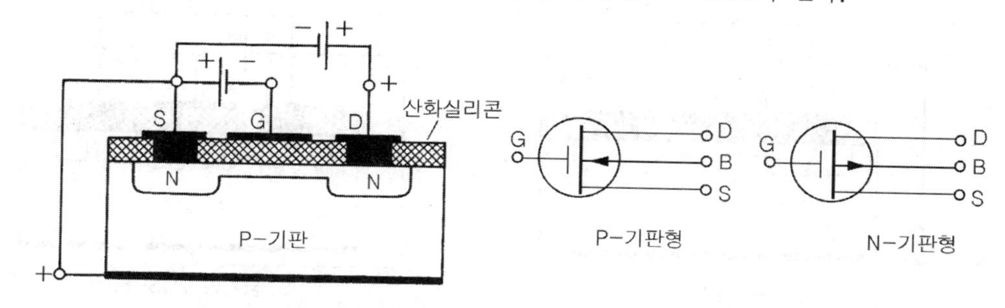

그림 2-64(a) 공핍형 MOS-FET(P 기판형 = N 채널형)의 구조

● **증가형 MOS-FET의 구조(예 : P기판 형) (그림 2-64(b), 2-65 참조)**

그림 2-64(b)는 증가형 MOS-FET의 구조이다. 예를 들면 N형의 경우, 평상시에는 N채널이 없으나 게이트가 (+)가 되도록 게이트(G)와 소스(S) 사이에 전압을 인가하면, 게이트 하부 P 기판의 정공이 밀려 나면서 실리콘 산화물의 얇은 막에 N채널이 형성된다.

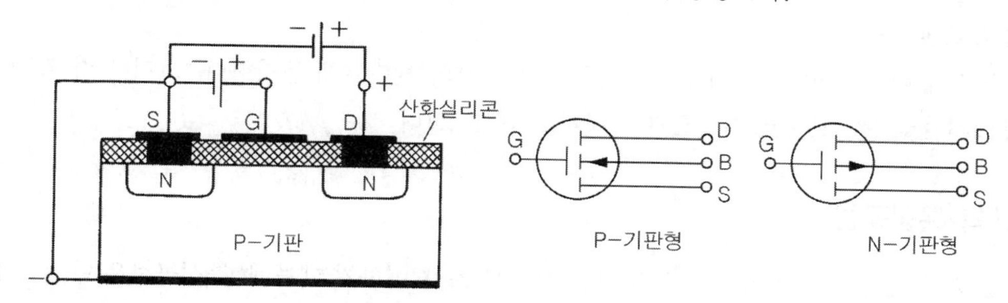

그림 2-64(b) 증가형 MOS-FET의 구조

② MOS-FET의 동작원리

공핍형 FET는 접합형 FET와 똑같은 원리로 작동한다. 그림 2-65(a)에서 게이트와 소스 간의 전압(U_{GS})이 '$U_{GS} = 0$V'일 경우에는 공핍층이 좁기 때문에 드레인 전류(I_D)가 많이 흐른다. 그러나 게이트 전압(U_{GS})을 증가시키면 N채널의 전자가 게이트의 (−)전압에 반발되어 공핍층이 넓어지므로 채널이 좁아진다. 채널이 좁아지면 드레인 전류(I_D)가 감소하므로 공핍형 MOS-FET는 접합형 FET와 마찬가지로 게이트 전압(U_{GS})으로 드레인 전류(I_D)를 제어할 수 있다.

MOS-FET는 앞에서 언급한 바와 같이 게이트에 전압을 공급하지 않으면 드레인 전류(I_D)가 흐르지 않는다. 전류가 흐르려면 N형의 소스(S)로 부터 전자가 나와 P형 기판을 통과하여 N형의 드레인(D)까지 도달해야 한다. 그러나 P형의 기판과 N형의 드레인 전극 사이는 역방향이므로 전류가 흐르지 못한다.

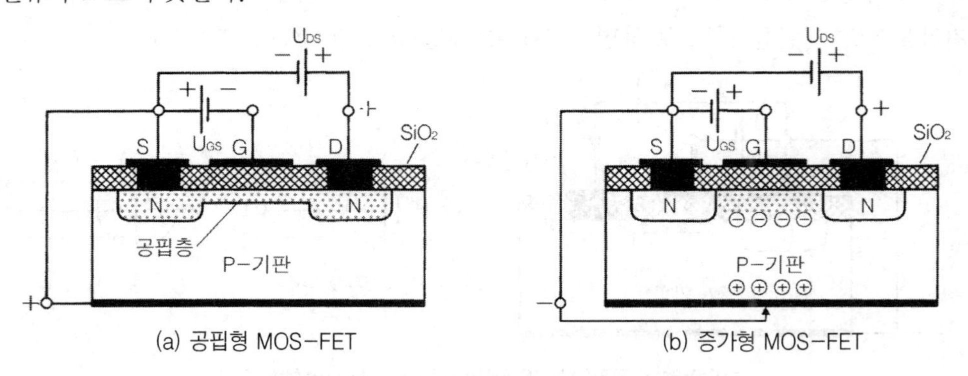

그림 2-65 MOS-FET의 작동원리(P 기판형 = N 채널형)

따라서 그림 2-65(b)와 같이 게이트에 (+)전압(U_{GS})을 공급하면, 게이트전극은 P형 기판으로 부터 전자를 흡인하여 드레인(D)과 소스(S) 사이에 전자가 밀집된 N형 채널(또는 통로)을 형성시켜 전류를 흐르게 한다.(*어떤 물체에도 전자는 들어있다. 즉, P형 반도체에도 전자가 들어있다) 이때 게이트 전압(U_{GS})이 상승하면 N형 채널은 더욱 더 넓어져 드레인 전류(I_D)는 더 많이 흐르게 된다.

이상과 같이 증가형 MOS-FET는 공핍형 MOS-FET와는 다르게 동작한다. 그러나 다 같이 전계의 영향으로 동작하므로 전계효과 트랜지스터라고 한다.

(3) FET의 특성곡선

FET는 출력 손실이 없이 게이트-소스 전압(U_{GS})으로 제어하기 때문에, 특성곡선은 단지 2개의 곡선으로 표시한다.

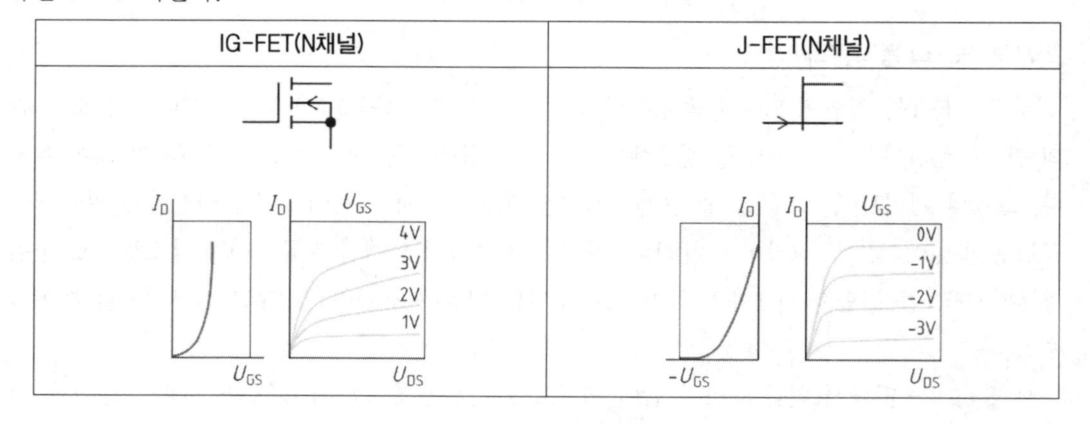

그림 2-66 FET의 특성곡선

(4) 쌍극성(bipolar) 트랜지스터와 FET의 비교.(표 2-12 참조)

FET는 쌍극성 트랜지스터에 비해 많은 장점을 가지고 있다. 예를 들면, 스위치-오프(switch-off) 시간이 빠르고, 한계주파수가 높으며, 입력저항이 크다. 따라서 FET는 증폭기 단계는 물론이고, 디지털 회로에 집적되어 사용된다.

〔표 2-12〕 쌍극성 트랜지스터와 FET의 비교

	쌍극성 트랜지스터	FET(전계효과 트랜지스터)
입력 저항	작다	크다
제어	전류, 출력손실 있음	전압, 출력손실 없음
스위치-ON 시간	50~500ns	10~600ns
스위치-OFF 시간	500~2000ns	10~600ns
한계 주파수	100MHz	수 GHz
bulk-저항	0.3Ω	0.003-2Ω
과부하 용량	작음	양호
열적 안정화	필요함	필요없음
트랜지스터의 병렬연결	특별한 대책 필요	제한없이 가능함

제2장 전자 기초이론

제5절 광전소자

(Opto-electronic elements)

광전소자는 전기에너지를 전자파(電磁波)(주로 가시광선)로, 역으로 전자파를 전기에너지로 변환하는 소자들이다.

광전소자들은 다음과 같이 분류한다.

① 광전 발신기 : 발광 다이오드(LED), 레이저 다이오드, 적외선 다이오드

② 광전 수신기 : 포토 저항, 포토 다이오드, 포토 엘리먼트, 포토 트랜지스터, 포토 사이리스터

③ 광-커플러 : 광전 수신기와 광전 발신기의 결합체

광전소자들은 광선이 반도체 내부에서 전하를 방출하는 '내부 포토(photo)효과'를 이용한다.

육안으로 볼 수 있는 가시광선(可視光線)은 파장 약 380nm~780nm(0.38μm ~0.78μm) 범위의 전자파이다.

1. 광전 발신기(opto-electronic sender : Optoelektronische Sender)

(1) 발광 다이오드(LED : Light Emitting Diode ; Leuchtdioden)

LED는 PN 접합 내에서 전자가 에너지 수준이 높은 외측 궤도로부터 에너지 수준이 낮은 내측 궤도로 이동할 때, 궤도 간의 에너지 차이에 해당하는 잉여 에너지가 빛으로 발산되는 원리를 이용한 반도체소자이다.(포토 효과의 반대)

LED는 순방향으로 전류가 흐르면 접합부의 재료에 따라 각각 다른 색깔의 빛을 발산한다. 그러나 그 빛은 전등의 스펙트럼과 비교할 때, 아주 좁은 범위의 스펙트럼에 한정된다.

① LED 소자의 기본 구조(그림 2-67 참조)

LED 소자의 기본구조는 비화갈륨(GaAs) 또는 인화갈륨(GaP)의 기층 위에 비화갈륨(GaAs) 또는 갈륨-비소-인(GaAsP) 층을 겹쳐 놓은 형태이며, 접합은 아연(zinc)을 확산(diffusion)시켜서 한다.

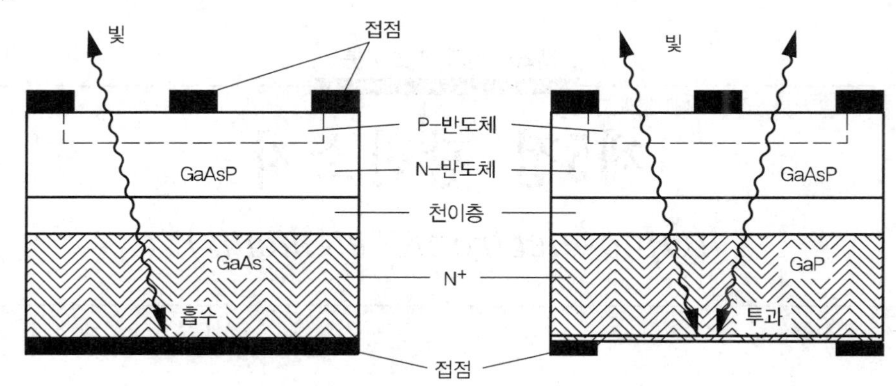

그림 2-67 LED 소자의 기본구조(epitaxial type)

첨가하는 불순물의 종류와 도핑(doping) 수준에 따라 LED가 발산하는 빛의 색갈이 결정된다. 예를 들면, 비화갈륨(GaAs)을 비롯한 GaAlAs, InGaAs, InGaAsP 등은 적외선을, 인화갈륨(GaP)은 녹색과 적색, 갈륨-비소-인(GaAs1-xPx)은 적색과 오렌지색 등을 발생시킨다.

그리고 다이오드가 발산하는 빛의 효과를 증대시키기 위해서 같은 색깔의 하우징을 씌운다. 예를 들면, 녹색 빛을 발생시키는 LED의 경우, LED 소자 위에 녹색 캡을 씌운다.

〔표 2-13〕 LED용 반도체 재료(예)

재료와 도핑	색상	파장[nm]	순방향 전압(U_F)
GaAsSi	적외선	930	1.2V
GaAsP	적색	655	1.6V
GaAsPN	오렌지	625	1.6V
GaAsPN	황색	590	1.8V
GaPN	초록색	555	1.8V
InGaN	청색	465	3.0V
GaN/InGaN	백색*	450	3.5V

* 백색은 적색, 초록색, 청색을 추가 혼합하여 얻는다.

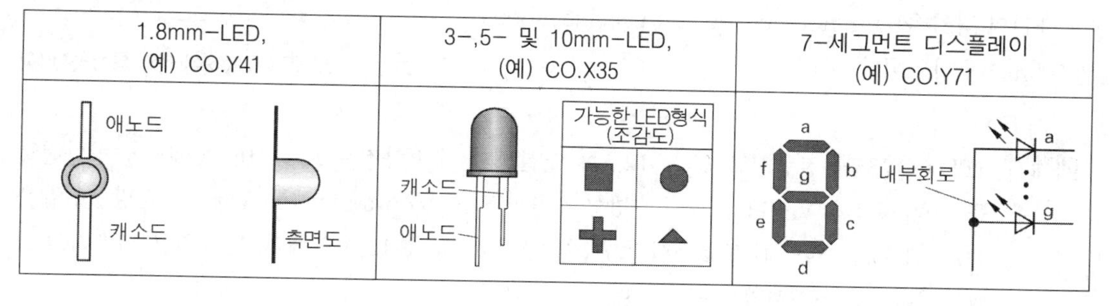

그림 2-68(a) LED의 외부 구조(예)

② LED의 외부 구조

LED의 외관에 따른 분류는 그림 2-68(a)와 같이 단순한 LED에서 시작해서 듀오(duo)-LED, 점멸-LED 등이 있다. 숫자나 문자를 나타내기 위해서는 다수의 구(ball)형 LED를 '8'자 모형으로 배열해야 한다.(7-세그먼트 디스플레이 ; 7-segment display)) 다른 디스플레이(display)들은 14- 또는 18-세그먼트 형식을 사용한다.

그리고 LED는 항상 순방향으로 결선하여 사용한다. 따라서 순방향특성곡선이 중요하다.

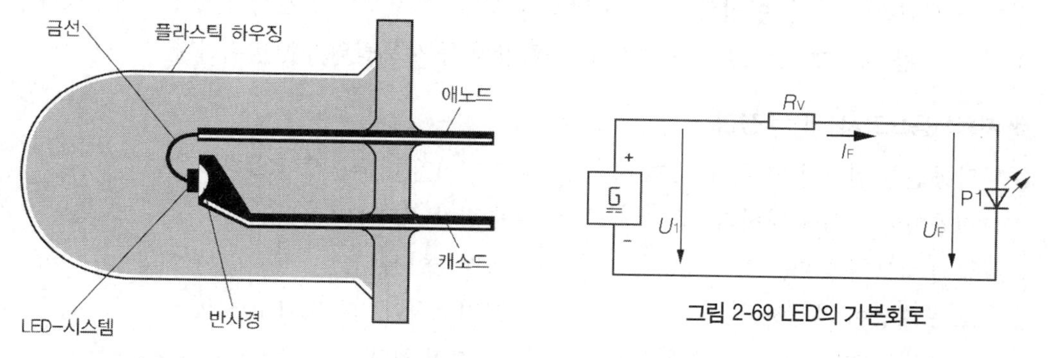

그림 2-68(b) LED의 내부 구조(예)

그림 2-69 LED의 기본회로

③ **LED의 특성곡선(예)**

그림 2-70에서 적색 LED의 순방향 전압(U_F)은 약 1.6V임을 쉽게 알 수 있다. 대부분의 LED에서 순방향 전류(I_F)는 약 10mA~20mA 범위이며, 순방향전압은 약 1.5~1.8V이다. 순방향 최대전류($I_{F.}\text{max}$)는 LED의 형식에 따라 다르지만 50mA를 초과하지 않아야 한다. 따라서 항상 전류를 제한하는 보호저항을 필요로 한다.(그림 2-69 참조)

LED의 광효율(Luminous efficiency; Leuchtausbeute)은 50[lm/W] 정도이다.

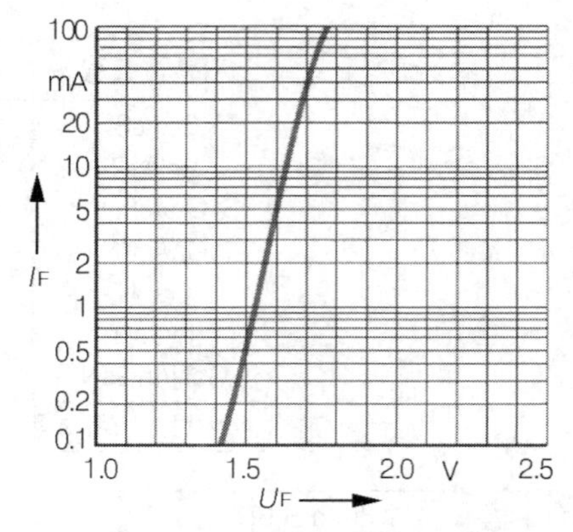

그림 2-70 LED CQX35(적색)의 특성곡선(예)

예제 LED CQY35를 전원전압 $U_1 = 12\text{V}$ 에 연결한다. 순방향전류 $I_F = 10\text{mA}$ 에서 순방향전압은 $U_F = 1.63\text{V}$ 이다. 또 순방향 최대전류 $I_{F.}\text{max} = 50\text{mA}$ 에서 순방향전압은 $U_F = 1.72\text{V}$ 이다. a) 보호저항값 R_V를 구하고, b) E-12 수열에 따라 저항을 선택하고 c) 보호저항의 최소저항값을 구하시오.

【풀이】 a) $R_V = \dfrac{U_1 - U_F}{I_F} = \dfrac{12\text{V} - 1.63\text{V}}{10\text{mA}} = 1037\Omega$

b) 저항의 수열 E-12에서 1037Ω보다 약간 큰 1.2kΩ을 선택한다.

c) $R_{V.}\text{min} = \dfrac{U_1 - U_F}{I_{F.}\text{max}} = \dfrac{12\text{V} - 1.72\text{V}}{50\text{mA}} = 206\Omega$

④ **자동차용 LED의 장단점(PP.482 LED 전조등 참조)**

LED는 주로 디스플레이, 등화장치, 계측기술, 파일럿 램프(pilot lamp) 등에 사용된다. 자동차에는 계기판(디지털, 아날로그, 준 아날로그 형태), 7-세그먼트-표시기(예 : 시계), 냉각수 온도계, 연료량 지시계, 연료소비율 지시계, 등화장치 등 사용범위가 광범위하다.

● **자동차용으로서 LED의 장점**

- 작동전압 범위가 낮다.(1~15V)
- 지연이 없다(=관성이 없다)
- 진동이나 충격에 강하다.
- 수명이 길다.(10,000h)
- 빛의 강도가 높다.
- 고장률이 낮다.
- 모든 색상이 가능하다.
- 밝기조정이 가능하다.(0~100%)
- 스위치를 ON시킬 때 전구에서와 같은 전류충격이 없다.

● **자동차용으로서 LED의 단점**

- 1개당 소비전류가 비교적 크다.(약 5~15mA)
- 허용온도범위가 좁다.(−25℃~+80℃)
- 기관 주위에 설치 시 오손될 가능성이 있다.

LED를 교류전압으로 작동시키기 위해서는 LED의 최대 역방향전압(대부분 5V)을 초과해서는 아니 된다. 역방향전압을 부(−)의 반파가 발생되는 동안으로 제한하기 위해서는 LED P1에 병렬로 다이오드 R3을 연결한다. 다이오드 R3은 LED의 역방향전압을 약 0.7V로 제한한다.

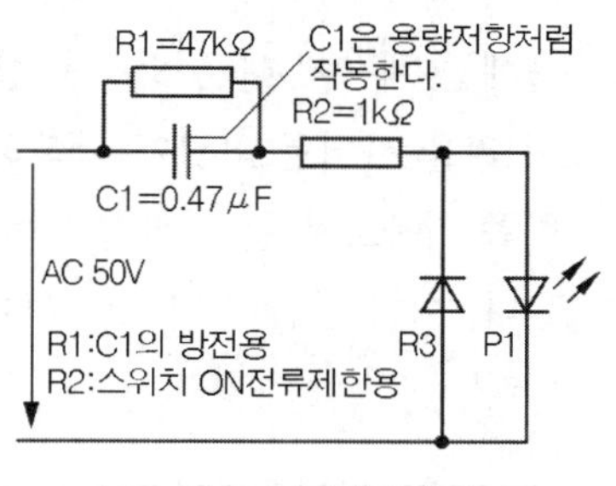

그림 2-71 교류전압에서의 LED

(2) 레이저 다이오드(laser diode : Laserdioden)

레이저(laser : Light Amplification by Stimulated Emission of Radiation)란 "복사의 유도방출에 의한 빛의 증폭"이란 영어 약자표기를 우리말로 바꾼 것이다.

① 레이저의 생성 원리

빛의 증폭이란 어떤 물질의 원자와 분자를 자극하여, 빛 등의 전자파를 에너지로서 방출시키는 것을 말한다. 물질에는 각각 고유의 에너지 수준이 있어, 증폭되었을 때에 방출되는 빛의 에너지도 각각 일정한 값을 갖는다. 방출되는 빛의 파장이 물질마다 다른 것은 이 때문이다. 분자와 원자는 통상 각각 일정한 에너지 수준(기저(基底)상태*)에서 안정되어 있는데, 외부로부터 자극을 받으면 에너지 수준이 높은 여기(勵起)상태가 된다. 여기상태의 분자와 원자는 매우 불안정하기 때문에 에너지 수준이 낮은 안정상태로 복귀하고자 빛을 방출한다. 이 자연방출로 생성되는 빛은 파장 및 위상이 제각기 다른 많은 빛들의 혼합체이다. 이와 같은 비간섭성(incoherent) 빛은 일상생활에서 경험하는 빛과 똑같다.

한편 원자와 분자는 자신이 자연방출하는 빛과 똑같은 파장의 빛에 충돌하면 유도방출하는 성질을 가지고 있다. 이 빛은 원래의 빛과 비교할 때 파장, 위상 및 진행방향이 완전히 똑같은 '간섭(干涉)이 가능한 빛'이다. 레이저 광의 생성에는 광공진기(光共振器)를 사용한다. 광공진기는 광

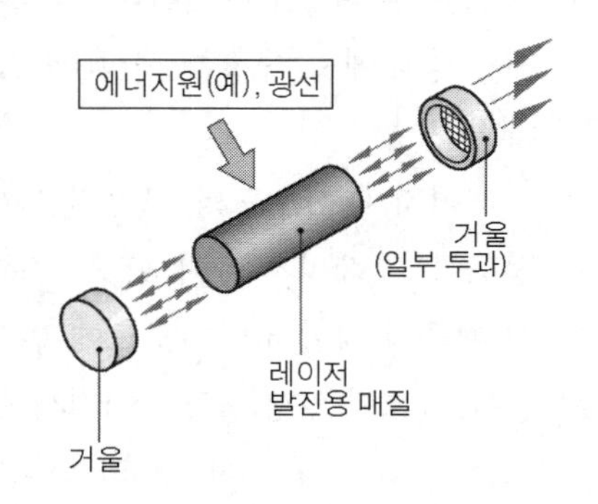

그림 2-72 레이저의 원리

* 기저(基底)상태 : 여기상태의 전자가 에너지가 낮은 내측궤도로 이동하여, 에너지가 낮은 상태로 되는 것을 기저상태라 한다. 여기상태의 전자가 기저상태로 되돌아 올 때, 그 에너지차에 해당하는 여분의 에너지가 전자파 즉, 빛에너지로 방출되게 된다. → 발광.

축(光軸)이 일치하도록 좌우에 서로 마주보는 거울을 설치하고, 그 사이에 레이저 발진(發振)용 매질을 삽입한 것이다. 매질로는 결정(結晶)을 비롯한 고체 외에 액체, 기체도 사용되며 현재까지 수천 종류의 레이저 광이 확인되었다. 광공진기의 레이저 매질에 자극을 가하여 연속적으로 여기(勵起)*시키면, 자연방출과 유도방출이 이루어진다. 자연방출은 물론이고 유도방출도 처음에는 제각기 다른 방향을 향해 이루어지지만 좌우의 거울에 수직으로 충돌한 빛들은 반사되어 거울 사이를 빠르게 왕복하는 동안에 유도방출을 반복하여 레이저 광으로 증폭된다. 이 때 한쪽 거울로 부분 투과성 거울을 사용하면 내부를 왕복하는 빛의 일부가 광공진기 밖으로 방출된다. 이와 같은 방법으로 레이저 광을 생성한다. 레이저 광의 파장은 대략 100nm～1mm 범위이다.

② 레이저 다이오드의 구조 및 표시기호

레이저 다이오드는 전기 에너지를 강력한 레이저로 변환시킨다. 레이저 칩(chip)은 대부분 반도체 결정(예 : 갈륨-비소(Ga-As))의 PN-접합으로 구성되어 있으며, 순방향으로 작동한다. 레이저 활성도를 높이기 위해서는 레이저 칩 내부의 경계층이 광-공진기(optic resonator)를 형성하도록 하는 것이 중요하다.

레이저 다이오드로부터 방출되는 레이저 광선은 광학렌즈 시스템을 통해 집속(集束)된다. 태양광은 직경 1/1,000mm로 집속시키는 것이 어렵지만, 레이저 광(光)의 경우는 가능하다. 따라서 1mW 출력의 레이저라도 태양광의 약 100만 배의 에너지밀도를 얻을 수 있다. 태양광은 파장과 위상이 서로 다른 많은 빛이 혼합되어 있다. 이에 비해 레이저 광은 파장과 위상이 각각 같은 빛이다. 즉, 레이저 광은 단일 파장이므로 단색이며, 위상이 같으므로 똑바로 일직선으로 멀리까지 뻗어간다. 방출되는 광선의 파장에 따라 가시영역 내에서 특정한 색상(예 : 파장 530nm에서 적색)을 나타낸다.

레이저 다이오드의 구동전압은 1V～2V, 전류는 약 50mA 정도이다. 레이저 다이오드는 전류와 전압의 과부하에 민감하기 때문에 레이저 다이오드에 추가로 포토-다이오드(PD)를 사용한다(그림 2-73 참조). 여기서 포토-다이오드는 감시 다이오드로서, 레이저 다이오드의 다이오드전류를 제어한다. 또 레이저 다이오드는 레이저 방출에 의해 좁은 공간의 에너지밀도

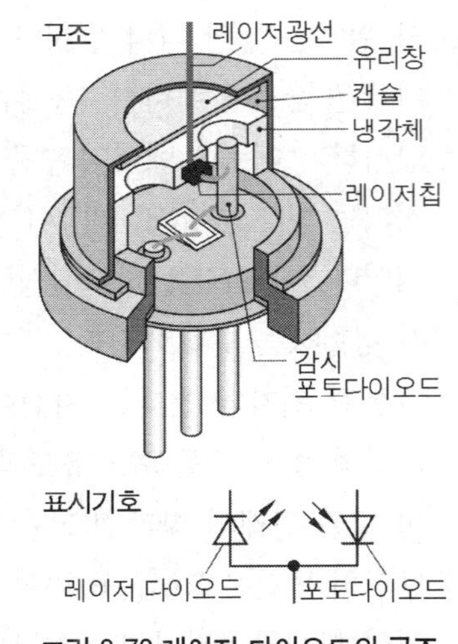

그림 2-73 레이저 다이오드의 구조 및 표시기호

* 여기(勵起) : 자연상태에서 전자는 원자핵에 가까운 궤도를 돌고 있으나, 빛이나 전기, 열 등의 에너지를 공급하면 전자의 운동속도가 빨라져 전자궤도가 변경되게 된다. 이때 전자는 에너지를 받아 에너지가 큰 바깥궤도를 돌게 되는 데, 이 상태를 여기상태라 한다.

가 높아지므로 냉각에 유의하여야 한다.

레이저 다이오드는 레이저 프린터, CD-ROM 드라이버, 오디오 CD- 및 DVD-플레이어, 그리고 거리측정 등에 사용된다. 레이저 광선은 에너지밀도가 높기 때문에(예 : 10^{14}W/cm^{2}) 눈을 손상시키고 피부를 태울 수도 있다. 따라서 레이저 프린터나 컴퓨터 부문에서는 출력을 1mA로 제한한다.

2. 광전 수신기(opto-electronic receiver : Optoelektronische Empfaenger)

(1) 포토-저항기 (photo-resistors : Photowiderstaende)

포토-저항기는 빛의 조사량(照射量)에 따라 저항값이 변하는 반도체 소자로서, 광전소자(photo conductive cell : Photoleiter)라고도 한다.

유화카드뮴(CdS)을 주재료로 한 CdS-광전소자와 유화납(PbS) 화합물을 주재료로 한 PbS-광전소자가 있다.(그림 2-74 참조)

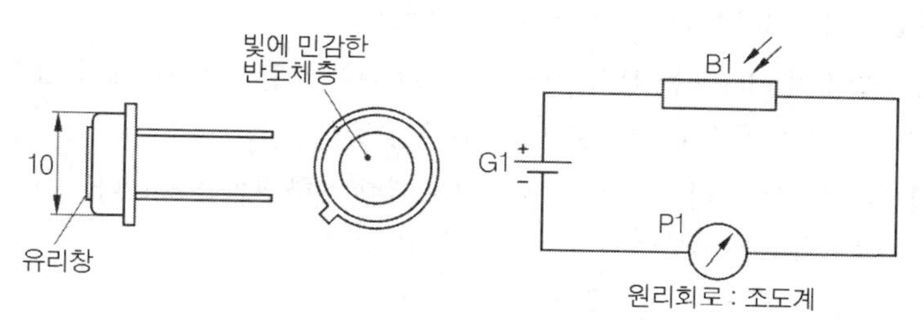

그림 2-74 포토-저항의 구조, 표시기호

① CdS-광전소자

CdS-광전소자는 카드뮴(Cd)과 유황(S)을 혼합한 다음, 이것을 가열, 소결시키거나 단결정으로 하여 만든다. 광전소자에 빛을 쪼이면 빛에너지를 받은 반도체 내의 전자는 궤도를 이탈하여 자유전자가 된다. 광선의 조사량이 증가함에 따라 광전소자의 저항은 감소한다. 광전류의 감도는 0.1∼10mA/lm 정도이다.

> 광전소자의 저항값은 빛의 조사량에 반비례한다.

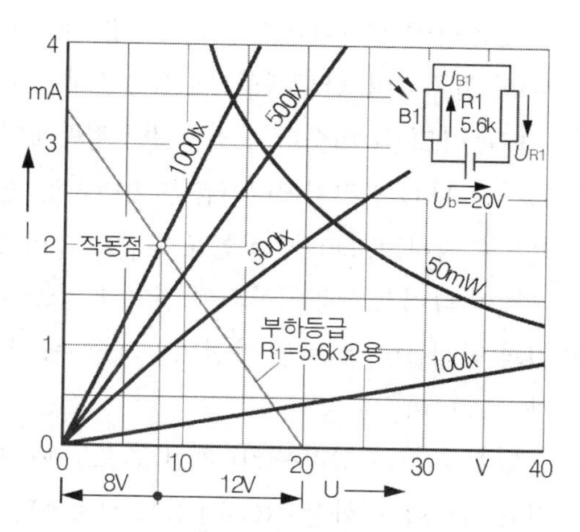

그림 2-75 포토-저항 RPY64의 특성곡선(예)

빛이 조사되지 않으면 전자는 다시 원래 상태로 되돌아간다. → 재결합. 그러나 재결합에는 약간의 시간적 지연이 따른다. 광전소자의 반응시간은 수 ms 범위이다. CdS-광전소자는 가시광선에 대한 감도가 아주 높다. 전조등회로 스위칭 센서, 딤머(dimmer)-스위치 센서, 에어컨용 일사센서 등으로 사용된다.

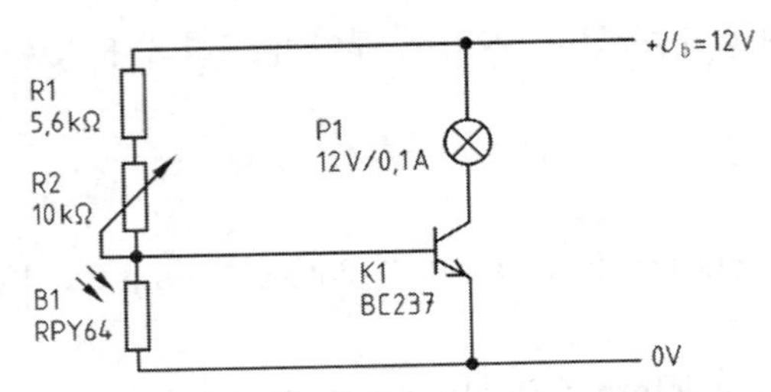

그림 2-76 간단한 딤머(dimmer)-스위치 회로(예)

② PbS-광전소자

PbS-광전소자는 황산납(=유화납)의 화합물을 진공증착(眞空蒸着)시키거나, 화학침전법을 이용하여 만든다. 작동원리는 CdS-광전소자와 같다. PbS-광전소자는 특히 적외선에 대한 감도가 아주 높다. 자동차에는 도난방지장치용 센서로 사용된다.

예제1 CdS 광전소자 RPY64는 부하저항 $R_1 = 5.6\text{k}\Omega$, 전원전압 20V에서, 조도 1,000 [lx]로 작동한다. 저항 R_1에서의 전압은? (그림 2-75 참조)

【풀이】 특성곡선(그림 2-75)에서 5.6kΩ에 대한 부하직선을 긋는다.
특성곡선으로부터 $U_{B1} = 8\text{V}$ 을 구한다.

$U_{R1} = U_b - U_{B1} = 20\text{V} - 8\text{V} = 12\text{V}$

(2) 포토-다이오드(photodiode ; PD)

포토-다이오드(PD)는 광신호(=빛 에너지)를 전기신호(=에너지)로 변환시키는 수광소자(광센서)의 일종이며, 반도체의 PN 접합부에 광 검출기능을 추가한 구조이다.

PD는 LED와 비슷한 구조이지만 정반대의 기능을 한다. PD는 빛에너지를 전기에너지로 변환시키지만, LED는 전기에너지를 빛에너지로 변환시킨다. 회로기호 역시 비슷하지만, PD는 화살표가 안으로 향하고, LED는 화살표가 밖으로 향하는 형태이다.

빛이 다이오드에 입사되면 전자와 정공이 생성되어 전류가 흐르며, 전압의 크기는 빛의 강도에 거의 비례한다. 이처럼 광전효과의 결과, 반도체의 접합부에 전압이 나타나는 현상을 광기전력 효과라고 한다.

그림 2-77은 실리콘(Si) 확산형 포토-다이오드의 구조이다. 실리콘 외에도 게르마늄(Ge), 비화갈륨(GaAs), 인화갈륨(GaP) 등도 사용된다.

① **포토-다이오드(PD)의 동작 원리**

포토-다이오드에 역방향전압을 가하고, PN접합부에 빛을 입사시키면 접합부에 존재하는 전자는 빛에너지에 의해 가속, 공유결합으로부터 이탈하여 자유전자가 되고, 그 자리에 같은 수의 정공이 발생한다. 이때 외부에서 전압(역방향)을 가하고 있으므로 PN접합부에서 발생된 정공은 P지역으로, 자유전자는 N지역으로 각각 끌려간다. 따라서 PN접합부에서는 역방향으로 전류가 흐른다. 빛이 더 많이 입사되면 자유전자와 정공은 더 많이 발생되고 전류는 더욱 더 증가한다.

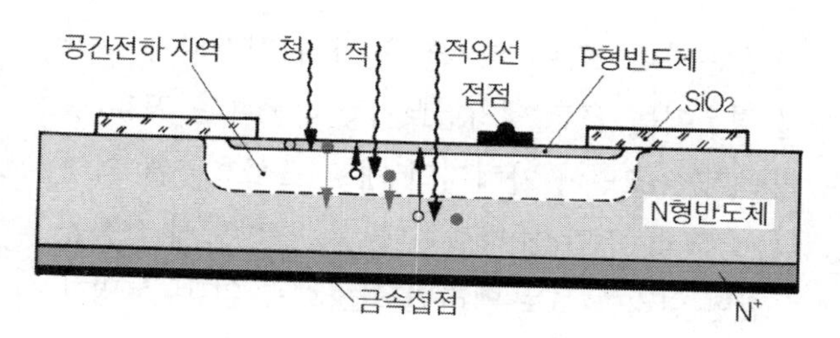

그림 2-77 포토다이오드의 구조(Si 확산형 PIN 다이오드)

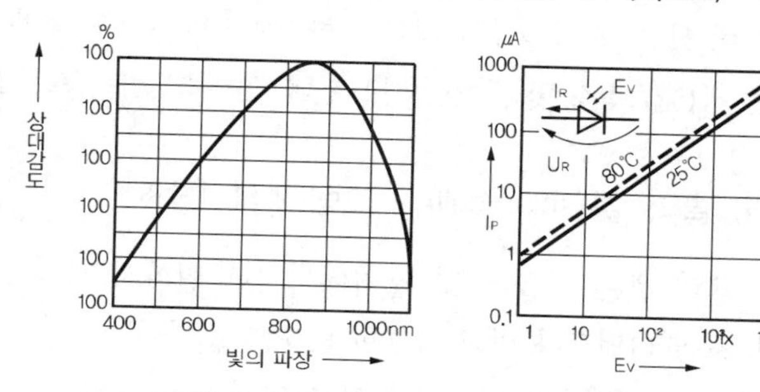

그림 2-78 포토다이오드의 광전류와 감도

PN접합부에 흐르는 전류는 역방향전압의 영향을 받지 않고, 입사되는 빛의 세기(E)와 파장(λ)의 영향을 받는다. 따라서 도핑(doping: 불순물 첨가)은 빛이 경계영역까지 침투할 수 있도록 해야 한다.(그림 2-77 참조). PD의 전압-전류 특성은 암흑상태에서는 통상의 정류 다이오드와 같다. 빛이 작용하지 않으면, 아주 작은 암전류(예 : 수 μA)가 흐르며, 라이트-배리어(light barrier)용으로 사용된다.(그림 2-78 참조)

자동차에는 PIN-포토다이오드와 에발런치-포토다이오드(avalanche-photo-diode : APD)가 주로 사용된다. 작동전압이 10～20V로서 자동차에 적당하고 또 작동영역(100MHz)이 넓기 때문이다. 예를 들면 주차등 자동회로, 전조등 광량조정회로, 그리고 전조등-테스터 등에 사용된다.

② **포토-다이오드(PD)의 특징**

- 평면(planar)구조이므로 다이오드 특성이 좋고, 부하를 걸었을 때의 동작특성이 우수하다.
- 낮은 조도에서 높은 조도까지 광전류의 직선성이 양호하다 .
- 동일조립상태에서는 소자 간의 광출력의 편차가 적다.
- 응답속도가 빠르다.
- 감도 파장이 넓다.
- 주변의 온도변화에 따른 출력변화가 아주 적다.

(3) 포토-엘리먼트(photo-element) (그림 2-79, 2-81 참조)

포토-다이오드에 역방향 전압이 인가되지 않았을 경우에는, 포토-엘리먼트처럼 작동한다. 포토-엘리먼트는 조명이 가해지면 내부 포토효과에 의해 약 0.4V의 전압을 방출한다. 금속-반도체-접점을 포함한 실리콘 포토-엘리먼트는, 아주 얇은, 투명한 금(gold) 층을 증착시킨, 평면형 P형 반도체로 구성되어 있다. 전압을 끌어내기 위한 PN-접합은 반도체와 커버 전극 사이에 형성된다. 포토-엘리먼트는 광(光) 측정 및 제어에 사용된다. 표시기호는 솔라 셀과 같다.

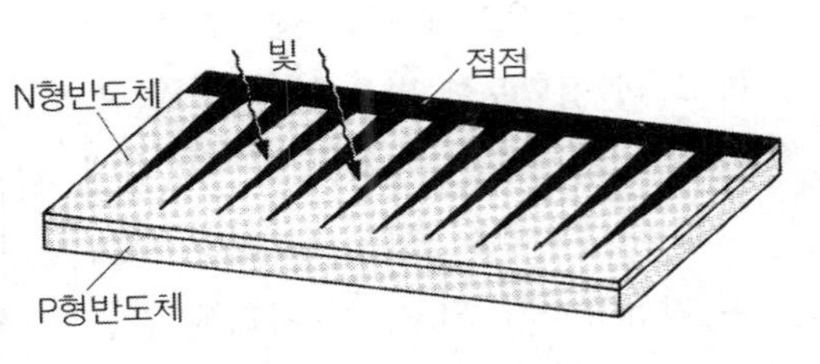

그림 2-79 포토-엘리먼트의 원리적 구조

(4) 솔라 셀(solar cell) - 그림 2-80 참조

솔라-셀은 빛을 직접 전기에너지로 변환시키는 포토-엘리먼트와 비교 가능한 반도체 소자이다. 솔라-셀은 실리콘을 재료로 하는 두께 수 mm 이하의 얇은 반도체 판으로 구성되어 있다. 솔라-셀의 표면은 환경영향을 받지 않도록 유리기판으로 보호되어 있다. 솔라-셀의 전면과 뒷면 상부 표면 간의 전극으로부터 직류전류를 얻을 수 있다. 현재의 기술로는 입사되는 태양광의 약 17% 정도를 전기 에너지로 변환시킬 수 있다.

그림 2-80 솔라-셀의 외관

① 솔라 셀의 용도(그림 2-81 참조)

솔라-셀을 이용한 전력생산은 다양한 용도로 사용된다. 태양전지를 이용한 휴대용 계산기에서부터 수 kW의 큰 전력의 공급에 이르기까지 아주 다양하다. 전기출력은 솔라-셀의 크기 및 효율, 그리고 입사광의 강도에 따라 결정된다. 현재의 기술수준으로 효율은 약 20%이다. 즉, 입사된 태양광의 약 20%를 전기에너지로 변환할 수 있다.

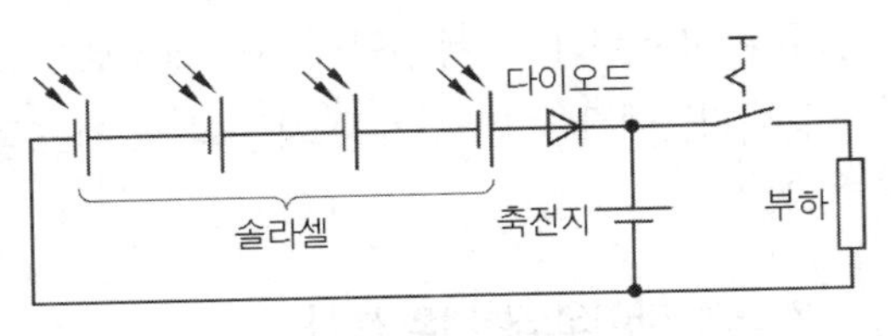

그림 2-81 솔라-셀과 축전지

(5) 포토-트랜지스터(그림 2-82 참조)

포토-트랜지스터의 일반적인 구조는 NPN(또는 PNP) 트랜지스터와 비슷한 구조를 가지고 있지만 광전류를 크게 하기 위해 빛이 입사되는 베이스 영역(수광부 ; 면적 수 mm^2)을 크게 만든 실리콘 트랜지스터이다. 빛은 베이스→이미터 구간에 입사된다. 포토-트랜지스터는 포토-다이오드(PD)의 PN접합을 베이스-이미터 접합에 이용한 트랜지스터이다. 따라서 빛에너지를 전기에너지로 변환시키는 기능 측면에서는 서로 비슷하다. 그러나 포토-트랜지스터는 빛이 입사되었을 때 전류가 증폭되어 흐르기 때문에, 비교 가능한 포토-다이오드(PD)에 비해 빛에 약 100~500배 더 민감하다.

PN접합 부분에 빛이 입사하면 빛 에너지에 의해 생성된 정공과 전자가 컬렉터→이미터 구간의 도전성을 상승시킨다. 포토-트랜지스터의 경우는 빛이 베이스 전류를 대신하기 때문에 베이스 전극을 끌어내지 않는 경우가 많다.

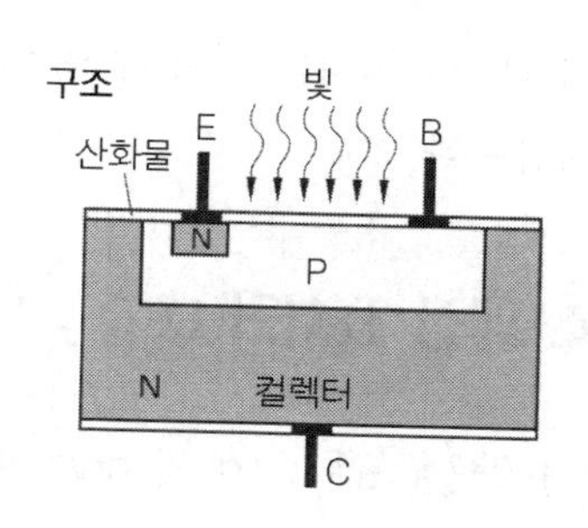

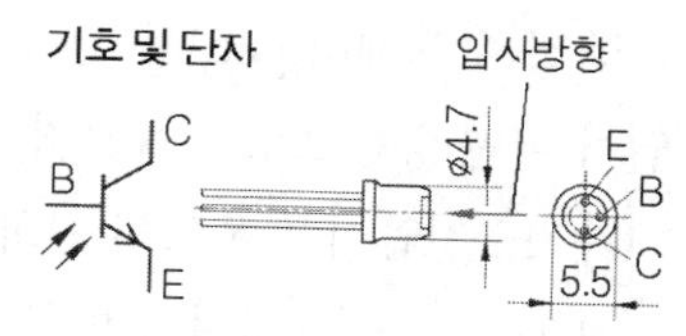

그림 2-82 포토-트랜지스터

3. 광-커플러(Optokoppler : opto-coupler)

광-커플러(일명 전자 커플링 엘리먼트)는 전기적으로 분리된 2개의 갈바닉(galvanic) 전기의 전류회로 사이에 신호전달을 가능하게 하는 IC(집적회로)-소자이다. 광-커플러의 내부에는 예를 들면, 발신기로서는 LED가 그리고 수신기로서는 포토-트랜지스터가 집적되어 있다. 발신기와 수신기는 광학적으로 마주보도록 배치되어 있으며, 외부로 광속이 누설되지 않도록 차폐되어 있다. 광-커플러는 빛을 이용하여 정보를 LED로부터 포토-트랜지스터로 전송한다.

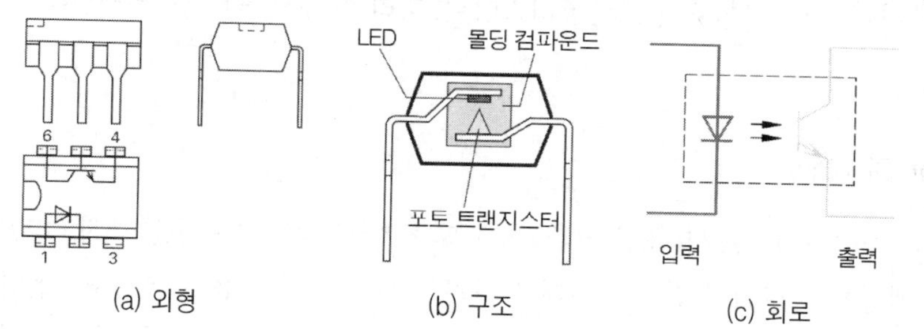

그림 2-83 광-커플러

광-커플러에서는 한계값 및 특성값에 유의하여야 한다. 절연시험전압은 광-커플러의 입력단자와 출력단자 사이에 아주 잠시 동안 인가할 수 있는 최대허용전압이다. 전류비(current transfer ratio)는 다이오드 입력전류에 대한 컬렉터 출력전류의 비로 표시된다. 전류비가 높은 광-커플러는 아주 민감하다.

광-커플러는 측정기술 및 제어기술, 정보통신기술 그리고 정보처리기술 등에 주로 사용된다. 전자 테크닉에서는 전자 부하 릴레이, PLC(programmable logic controller) 및 오실로스코프 등에 사용된다.

4. 액정 표시기(LCD : Liquid Crystal Display)

(1) 액정(液晶 : liquid crystal)

액정은 액체(liquid)와 결정(crystal)의 중간상태에 있는 물질이다. 이러한 물질들은 분자의 배열이 어떤 방향으로는 불규칙적인 액체상태와 같지만 다른 방향으로는 규칙적인 결정상태를 나타낸다. 또 전압이나 온도의 변화에 따라 광학적 특성(=방향 의존성)을 나타낸다.

보통의 액체는 분자의 방향과 배열에 규칙성이 없지만 액정은 어느 정도의 규칙성을 가지는 액상(liquid phase)과 비슷하다. 예를 들어 아족시(Azoxy)화합물과 같이 가열하면 복굴절(複屈折) 등의 이방성(異方性)을 나타내는 액체상이 되는 고체가 있다. 액정은 복굴절이나 색의 변화와 같은 광학적 특징을 가진다. 규칙성은 결정(crystal)의 성질이고, 물질의 상은 액체(liquid)와 비슷하므로 이 두 가지 성질을 가진 물질이라는 뜻에서 액정(liquid crystal)이라고 한다.

액정은 분자의 배열방식에 따라서 세 종류로 나뉜다. 축의 방향만이 가지런한 액정은 네마틱(nematic), 방향이 일정한 분자가 층을 이루는 액정은 스멕틱(smectic), 그리고 가지런한 축을 이루지만 축의 방향이 변하는 액정은 콜레스테릭(cholesteric)이라고 한다.

파라-아족시-아니솔의 결정을 가열하면 116℃에서 융해하여 액정이 되며, 134℃ 이상에서 액체가 된다. 액정이 되는 물질에는 이 외에도 벤조산콜레스테린, 파라-아족시-페네톨, 올레산-나트륨 등이 있다.

(2) LCD(Liquid Crystal Display)

액정은 고체상태와 액체상태 사이에서 유전적(誘電的) 및 광학적 방향의존성을 가지고 있다. 전기장이 존재할 경우, 액정은 정렬되어 전극의 형태에 따라 원하는 그림을 표시한다. 즉, 전압에 따라서 분자의 배열이 변하는 액정을 이용하면 LCD를 만들 수 있다. 또 온도에 따라서 결정구조가 변하고, 결과적으로 색상이 변하는 액정(TLC : Thermo-chromic Liquid Crystal)을 이용해서 온도를 나타낼 수도 있다.

LCD는 수동 디스플레이 장치로서 빛을 발산하지 않는다. 디스플레이를 하기 위해서는 주위의 빛 또는 투과된 빛을 필요로 한다.

(3) LCD의 구조

LCD에서는 2장의 병열 유리판 사이에 두께 약 10μm인 얇은 액정층이 존재한다. 1장의 유리 기판에는 원하는 그림요소(예 : 숫자, 알파벳 또는 기호)의 전극형상을, 마주보고 있는 다른 1장의 유리 기판에는 공동전극을 설치하였다. 2장의 유리 기판은 전압이 인가되는 전극을 갖추고 있다. LCD는 기본적으로 교류로 작동시킨다. 이유는 직류는 액정을 분해하기 때문이다. LCD는 LED와는 반대로 디스플레이하기 위한 전기에너지를 필요로 하지 않는다.

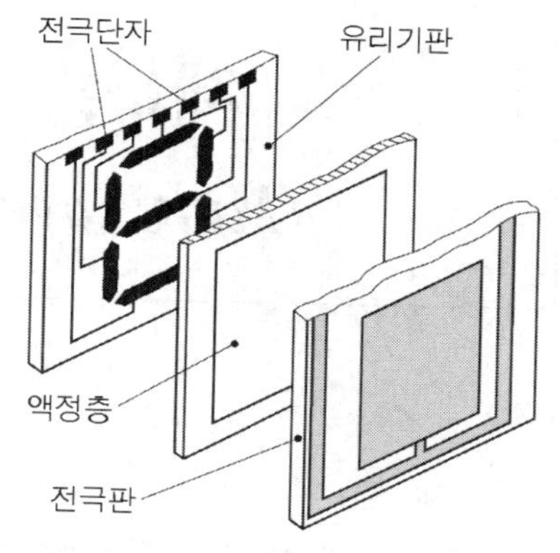

그림 2-84 LCD의 구조 및 특성값

5. 광전수신기의 회로(예)

광전수신기의 경우, 가시광선 또는 비가시광선의 변화를 전기신호로 변환, 증폭시킨다. 원리적으로 광전수신기는 1개의 광전소자와 하나의 증폭회로로 구성된다.

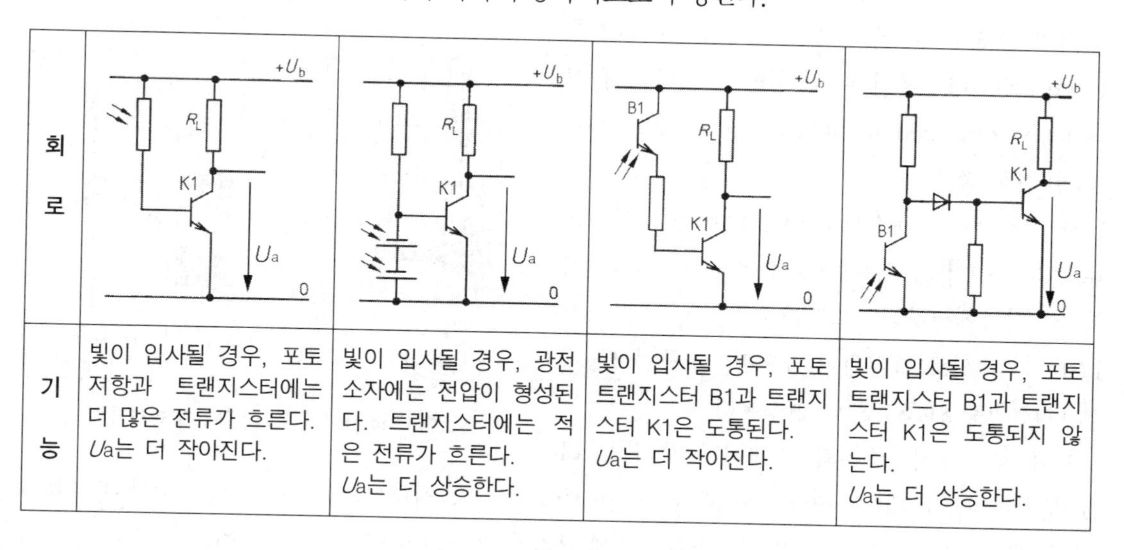

회로				
기능	빛이 입사될 경우, 포토저항과 트랜지스터에는 더 많은 전류가 흐른다. U_a는 더 작아진다.	빛이 입사될 경우, 광전소자에는 전압이 형성된다. 트랜지스터에는 적은 전류가 흐른다. U_a는 더 상승한다.	빛이 입사될 경우, 포토트랜지스터 B1과 트랜지스터 K1은 도통된다. U_a는 더 작아진다.	빛이 입사될 경우, 포토트랜지스터 B1과 트랜지스터 K1은 도통되지 않는다. U_a는 더 상승한다.

그림 2-85 광전수신기(작동원리 회로(예))

제6절 다층 반도체 소자
(Multi-layer semiconductor element)

다층 반도체 소자란, 소위 제어가 가능한 다이오드로서 최소한 4개 이상의 반도체 층으로 구성되고 3개의 PN접합을 가지고 있는 소자들을 통칭하는 말이다. 여기서는 사이리스터, 트라이악(TRIAC), 다이악(DIAC) 및 IGBT 등에 대해서만 설명한다.

1. 사이리스터(thyristor)

가장 잘 알려진 4층 반도체 소자가 사이리스터(thyristor)이다. 흔히 이를 실리콘 제어 정류기(silicon controlled rectifier : SCR)라고도 한다. (그림 2-86 참조)

주 전극은 캐소드(cathode : K)와 애노드(anode : A)이다. 대부분 하우징을 구성하는 애노드 전극에서부터 실리콘 결정의 반도체가 PNPN의 순서로 접합되어 있으며, 그 중간에 3개의 PN접합층 S1, S2, S3이 형성된다.

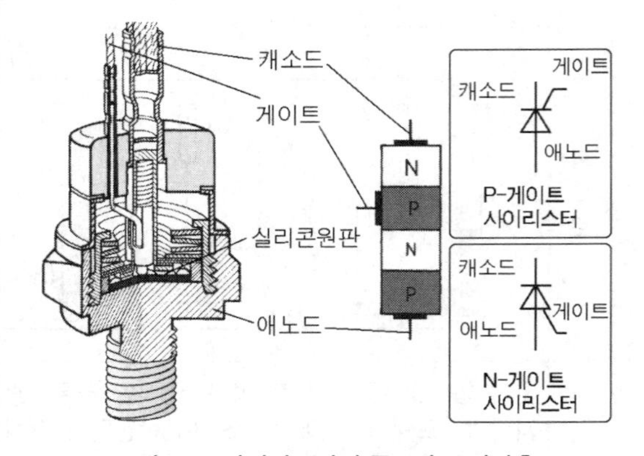

그림 2-86 사이리스터의 구조와 표시기호

P-게이트 사이리스터와 N-게이트 사이리스터로 분류한다. P-게이트형에서는 제어전극인 게이트(G)가 캐소드(K) 가까운 쪽의 P형 반도체층에, N-게이트형에서는 중간의 N형 반도체층에 단자가 부착되어 있다. 그림 2-86은 소형 파워-사이리스터(10A까지)의 구조 및 표시기호이다.

4개의 전극을 가진 4극 사이리스터(thyristor-tetrode)에서는 제어전극이 2개이다. 이 형식의 사이리스터에서는 P-게이트는 양(+), N-게이트는 음(−)의 제어펄스로 선택적으로 제어할 수 있다.

열 발산이 잘되게 하기 위해서 대부분 하우징(애노드)을 냉각체에 나사조립 또는 부착한다.

(1) 사이리스터의 동작원리

실질적으로 많이 사용하는 P-게이트 사이리스터를 예로 들어 설명하기로 한다.

사이리스터에 역방향전압 즉, 캐소드(K)(=외측 N형 반도체층)에 (+), 애노드(A)(=외측 P형 반도체층)에 (−)를 연결하면, 외측 N형층의 전자는 전원의 (+)전압에 의해 캐소드 쪽으로 끌리고, 외측 P형층의 정공은 애노드 쪽으로 밀려가므로, PN접합 S_1과 S_3에는 전하가 결핍되어 공핍층이 형성된다. 단지 PN접합 S_2만이 순방향이 되어 도통상태이지만 전류가 흐를 수 없다. (그림 2-87(a))

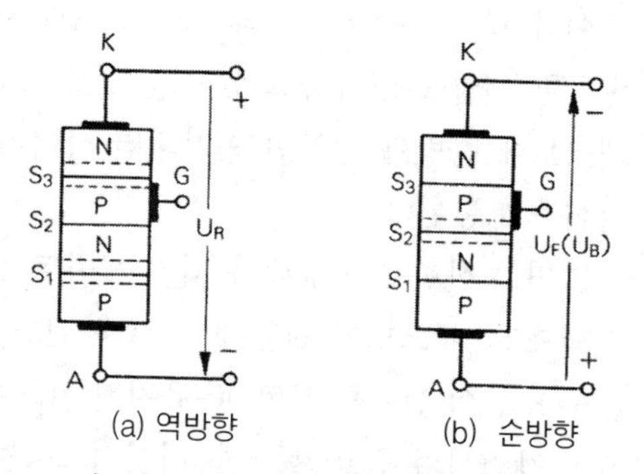

그림 2-87 제어전압이 공급되지 않은 상태의 사이리스터

즉 사이리스터에 역방향전압이 공급되면 역방향전압(U_R)은 전류를 흐르지 못하게 한다.

그림 2-87(b)와 같이 순방향으로 전압(U_F)을 인가하면(캐소드(N형)에 (−), 애노드(P형)에 (+)), 캐소드(N형)의 전자는 P형으로 밀려나고, 애노드(P형)의 정공은 N형으로 밀려나게 된다. 즉, PN접합 S_1과 S_3은 순방향이 되어 도통상태가 된다. 이제 PN접합 S_2가 역방향이 되어 공핍층을 형성하므로 이때도 역시 전류가 흐를 수 없게 된다. → 순방향 저지상태(forward blocking)

이 순방향 저지상태에서 게이트(G)와 캐소드(K) 간에 순방향 전압을 인가하면 사이리스터는 도통된다. 도통과정은 다음과 같다.(그림 2-88 참조)

① 게이트전압(U_G)에 의해 N_2 로부터 추가로 전자들이 P_2로 이동하여 P_2지역은 전자가 과잉된다.

② P_2지역에 과잉된 전자들에 의해 공핍층 S_2가 소멸된다.

③ 전자는 이미 순방향이 되어 있는 공핍층 S_1을 거쳐서 애노드(A) 전극에 도달한다. 즉, 사이리스터는 도통된다.

④ 역으로 애노드전극(A) 측으로부터 많은 정공들이 캐소드(K) 측으로 이동한다. 이동하는 정공수가 증가함에 따라 이동하는 전자수도 증가한다.

⑤ ④에서와 같이 전자와 정공이 서로 간에 이동량을 증가시키는 작용을 반복하게 되면, 공핍층 S_2를 형성하고 있는 N_1과 P_2 반도체는 서로 특성이 바뀌게 된다. 즉, N_1은 정공으로 포화되어 P형 반도체와 같이 기능하고, P_2는 전자로 포화되어 N형 반도체와 같이 기능한다. 따라서 전체적으로 보면 사이리스터는 순수한 PN접합에 순방향으로 전압이 공급되는 것과 같다. 이렇게 되면 애노드(A)와 캐소드(K) 사이에는 많은 전류가 흐른다.

⑥ 게이트 전극인 P_2층이 이미 전자로 포화되어 N형 반도체와 같이 작동하고 있기 때문에, 게이트전압이 0V 또는 역방향전압이 되어도 A ↔ K 간의 도통상태를 차단시킬 수 없다. → 게이

트의 제어능력 상실

이와 같이 사이리스터의 애노드(A)와 캐소드(K) 간에 순방향 전압을 공급하고 있는 상태에서, 순간적일지라도 게이트에 순방향 전압이 인가되면 사이리스터의 A ↔ K 사이는 도통된다.

그리고 한번 도통상태가 되면 게이트의 제어능력이 상실되므로, 애노드의 전압을 0V로 하던가, 극성을 바꾸어 A ↔ K 간의 전류를 거의 0(=유지전류(hold current)이하)으로 감소시켜 주지 않는 한, 사이리스터는 계속 도통상태를 유지한다.

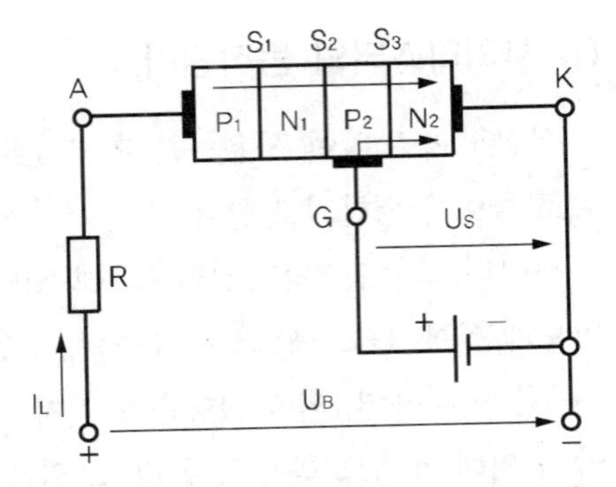

그림 2-88 게이트 전압이 인가된 사이리스터

사이리스터는 애노드(A)와 캐소드(K) 간에 순방향 전압(U_F)이 공급된 상태에서 게이트에 순방향 전압이 인가되면 다이오드처럼 도통된다.

사이리스터를 차단시키기 위해서는 A ↔ K 사이의 전류를 유지전류(hold current) 이하로 낮추어 주어야 한다.

순방향 전압(U_F)은 0.6V∼3V 범위이며, 게이트의 제어전압(U_G)은 0.6V∼2.5V 범위이다. 순방향전류는 보호저항 R을 이용하여 제한한다.(그림 2-88, 2-89 참조)

특성값	
게이트 전압 U_{GK}	0.8V
게이트 전류 I_G	0.2mA
유지전류 I_H	5mA
한계값	
항복 전압 U_R	400V
도통 전류 I_F	5A

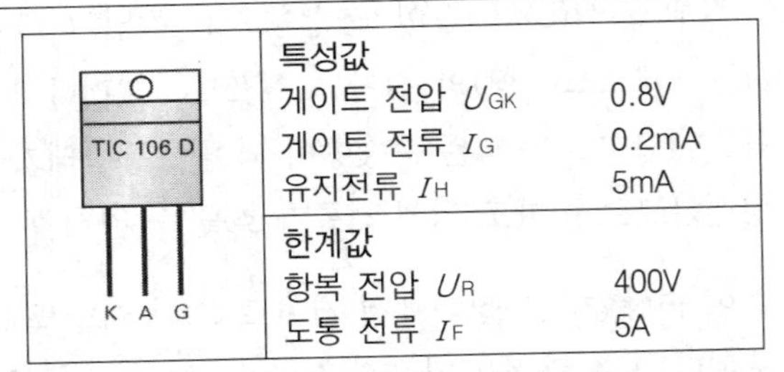

그림 2-89 사이리스터(TIC 106D)의 특성값 및 한계값

(2) 사이리스터의 특성곡선(그림 2-90 참조)

특성곡선을 살펴보면, 사이리스터는 게이트전압이 작용하지 않아도 애노드(A)와 캐소드(K) 간의 순방향 전압(U_F)이 브레이크-오버 전압(break over voltage; Nullkippspannung)(U_{BO}) 즉, 내압(耐壓)을 초과하면 도통됨을 알 수 있다.

그러나 이와 같이 작동시키면 출력손실이 너무 많기 때문에 브레이크-오버 전압(U_{BO})의 2/3 정도를 동작전압으로 설정하고, 게이트 전압으로 제어한다.

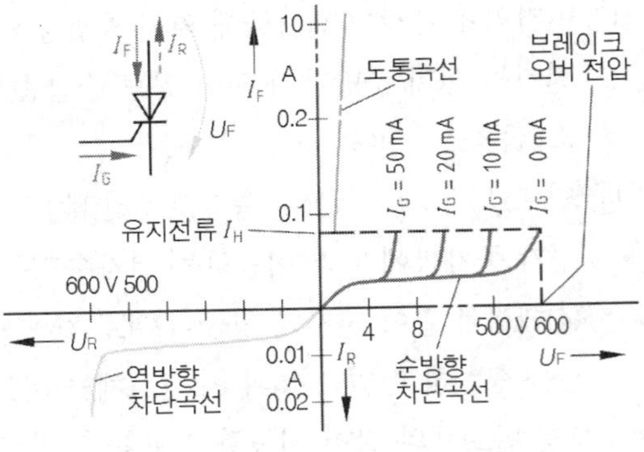

그림 2-90 사이리스터의 특성곡선(예)

게이트 전류가 흐르는 상태에서는 게이트 전류가 흐르지 않을 때에 비해, 브레이크-오버 전압(U_{BO})이 현저하게 낮아진다. 그리고 애노드 전압이 상승함에 따라 게이트 전류는 낮출 수 있다.

역방향으로는 아주 적은 역전류(I_R)가 흐른다. 어떤 경우에도 항복전압 이상으로 역방향전압(U_R)을 가해서는 안 된다. 그리고 제원표에 규정된 최대 역방향전압과 동작전압 사이의 간격을 충분히 크게 유지해야 한다.

(3) 사이리스터의 응용

사이리스터는 근본적으로 부하전류를 'ON/OFF' 시킬 수 있는 스위치 소자이다.

주로 대전력제어, 고속 스위칭, 전동기, 전열기, 온도조절기 등의 제어소자로 사용된다. 자동차에서는 고전압 축전기 점화장치와 교류발전기의 과전압보호장치 등에 사용된다.

① 고전압 축전기식 점화장치(그림 2-91 참조)

고전압 축전기식 점화장치에서는 점화에너지가 콘덴서(C)의 전장에 저장된다. 축전기(콘덴서)는 축전회로에 의해 축전되었다가 점화시기에 전자 출력스위치, 사이리스터, 1차코일을 거쳐서 방전된다. 방전전류는 2차코일에 고전압을 유도한다. 유도된 고전압은 스파크플러그에 공급된다. 여기서 고전압 축전기점화장치의 전체적인 기능을 설명하려는 것은 아니다. 다만 사이리스터의 특수한 응용을 예를 들어 설명하고자 한다.

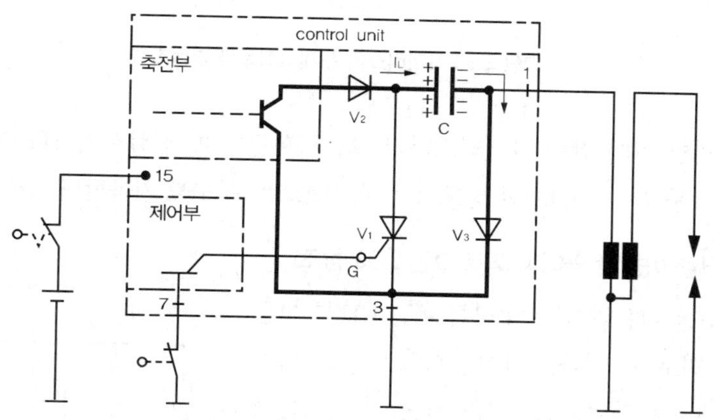

그림 2-91 고전압 축전기식 점화장치의 축전회로(굵은 실선)

자동차 축전지의 직류전압은 점화장치의 축전회로 내에서 약 400V로 승압되어 축전기(콘덴서)에 저장된다. 그러므로 사이리스터의 내압(zero sweep voltage : Nullkipspannung)은 400V 이상이어야 한다. 축전기의 축전은 축전전류펄스에 의해 이루어진다. 축전방법에는 1회의 펄스로 축전하는 방법과, 여러 번의 펄스로 축전하는 방법이 있다. 다이오드 V2는 축전기에 축전된 전류가 축전회로를 통해 방전(=역류)되는 것을 방지한다.

사이리스터는 제어회로에 의해 동작한다. 점화신호센서로서 유도(induction)센서가 사용된 경우에는 추가로 펄스정형회로로 슈미트-트리거(Schmitt-trigger)*를 갖추고 있다. 점화시기가 되면 제어회로는 사이리스터의 게이트에 제어펄스를 공급한다. 이어서 사이리스터가 도통되면 축전기의 방전회로가 연결되어, 점화 1차코일을 거쳐서 급격히 소멸되는 전류가 흐른다. 1차전류가 유지전류(hold current : Haltstrom) 이하로 낮아지면 사이리스터는 도통상태에서 다시 차단상태로 복귀한다. 그러면 축전기는 다음 번 점화펄스에 대비해서 축전회로를 통해 다시 축전된다.(그림 2-92 참조)

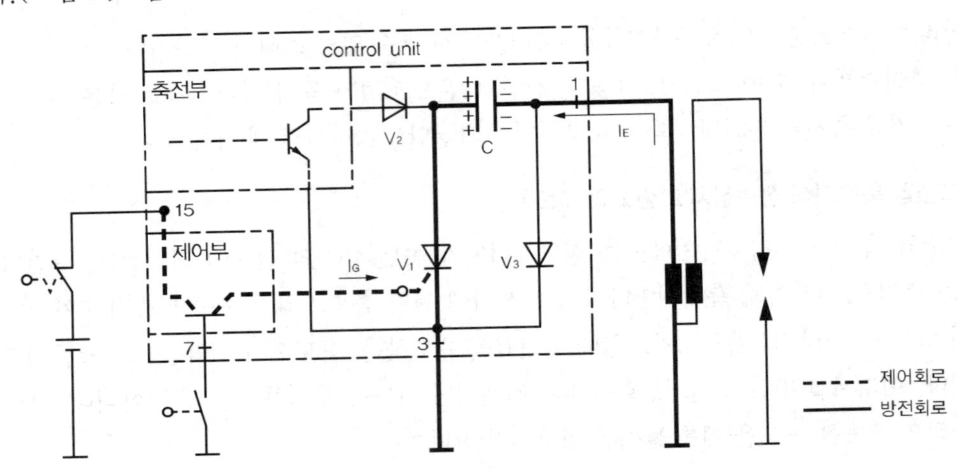

그림 2-92 사이리스터의 제어회로와 방전회로

위에서 설명한 바와 같이 사이리스터의 고출력회로는 매 점화시기마다 전류피크는 약 100A까지, 그리고 1분당 약 30,000회 정도의 스파크(spark) 횟수를 기록할 수 있다.

② 사이리스터를 이용한 와이퍼 회로(그림 2-93 참조)

사이리스터를 이용한 회로의 다른 예는 UJT를 이용한 와이퍼 회로가 있다. 사이리스터의 트리거링(triggering)에 4층 다이오드를 사용하는 것이 기본적으로 가능하나, 승용차에서는 이를 사용하지 않는다. 이유는 내압(耐壓 : zero sweep voltage)이 20～200V 범위인 소자만 생산되기 때문이다.

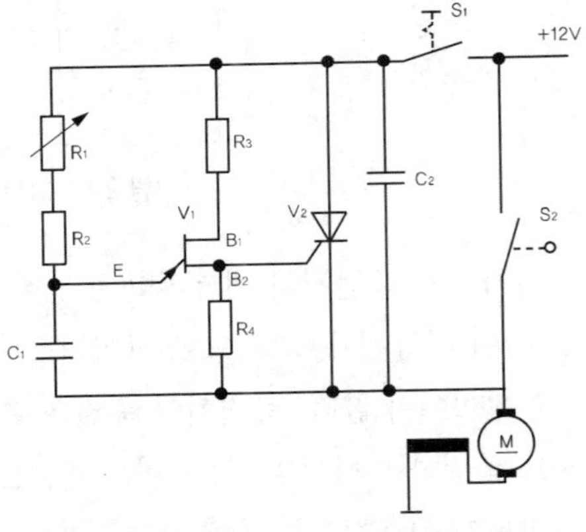

그림 2-93 사이리스터를 이용한 와이퍼 회로

스위치 1을 작동(ON)시키면 콘덴서 C1은 전위차계 R_1과 옴저항 R_2를 거쳐 축전된다. 축전이 진행되는 동안 B_1과 B_2 사이의 저항이 높기 때문에 사이리스터는 도통되지 않는다. 축전전압이 상승함에 따라 B_1과 B_2 사이의 저항은 약간 낮아진다. 전압이 약 10V에 도달하면 더블 베이스 다이오드는 갑자기 도통되고, 분압기 R_3과 R_4를 거쳐서 사이리스터의 게이트에 양(+)전위가 공급된다. 사이리스터가 도통되면 와이퍼 작동회로는 연결된다. 와이퍼 모터는 작동되고, 이어서 스톱 스위치(stop switch : Endschalter)가 와이퍼 인터벌 스위치를 단락시킨다. 그러면 이제 전류는 사이리스터의 곡전류* 보다 낮아지게 되어 사이리스터는 포화상태에서 차단상태로 전환된다. 와이퍼가 본래의 정지위치에 도달하면 단락은 제거되고, 콘덴서는 다시 축전된다. 스위치가 열려 있는 동안 즉, 작동시간 간격은 전위차계를 조정하거나 콘덴서 용량을 변화시켜 5～60초 범위 내에서 조정한다.

2. DIAC

다이악(DIAC : DIode Alternating Current switch)은 흔히 SSS(Silicon Symmetrical Switch), 사이닥(SIDAC) 또는 '양방향 트리거 다이오드'라고도 한다. DIAC은 그림 2-94와 같이 4층 다이오드 2개를 역병렬로 접속한, 양방향 대칭의 5층 반도체소자이다.

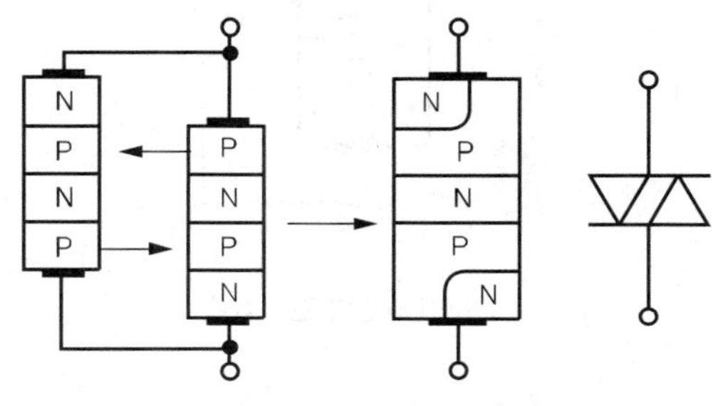

그림 2-94 DIAC의 구조와 표시기호

(1) DIAC의 작동원리(그림 2-95 참조)

그림 2-95(a)와 같이 A_1에 (+), A_2에 (−)가 되도록 전압을 공급하면 상부의 N_1과 P_1의 접합층(S_1)은 역방향이 된다. 그러나 P_1은 직접 A_1과 연결되어 있으므로 전류가 흐르게 될 경우에는 직접 P_1측으로 흐르게 된다. 따라서 A_1에 (+)전압이 작용할 때는 그림 2-95(b)와 같이 기능하게 된다. 즉 N_1층이 없는 것과 같다.

또 위에서 설명한 것과는 반대로 A_1에 (−)전압, A_2에 (+)전압이 인가될 경우에는 하부의 N3층이 없는 것과 같다.(그림 2-95(c))

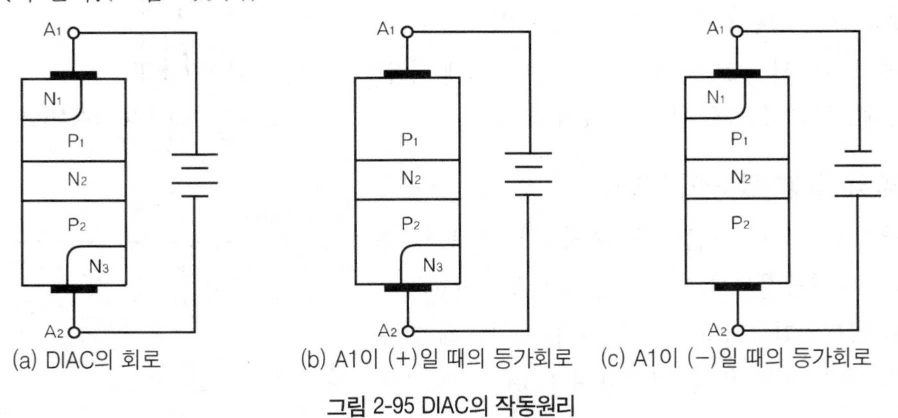

(a) DIAC의 회로 (b) A1이 (+)일 때의 등가회로 (c) A1이 (−)일 때의 등가회로

그림 2-95 DIAC의 작동원리

* UJT, DIAC 등 트리거 소자에서는 유지전류라 하지 않고 '곡전류' 라 한다.

따라서 DIAC에 교류를 공급하면 4층 다이오드를 역병렬로 결선한 것과 같다.(그림 2-96 참조). 앞서 SCR을 설명할 때, 게이트 전압의 작용 없이도 A ↔ K간의 전압이 브레이크-오버 전압(U_{BO})에 도달하면 도통된다고 하였다. 똑같은 원리에 의해 DIAC도 SCR과 마찬가지로 어느 한도 이상으로 전압이 상승하면 도통된다.(그림 2-97 DIAC의 특성곡선 참조)

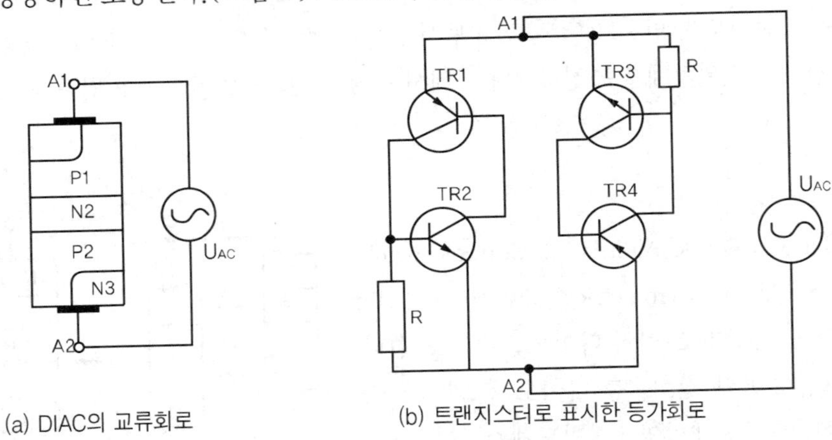

(a) DIAC의 교류회로 (b) 트랜지스터로 표시한 등가회로

그림 2-96 교류전압이 인가된 DIAC

(2) DIAC의 특성 및 기능

① DIAC의 특성(그림 2-97(a) 참조)

DIAC은 전압의 극성에 상관없이 스위칭전압을 초과하면 도통되며, 도통된 이후 양단자의 전압은 스위칭전압의 약 75%로 급격하게 하강한다. 유지전압(수 V) 이하로 전압이 낮아지면 DIAC은 차단된다. DIAC은 전압펄스를 생성하는 트리거(trigger)와 스위칭 소자로서 주로 제어회로와 보호회로에 사용된다.(예 : 사이리스터와 트라이악의 트리거링).

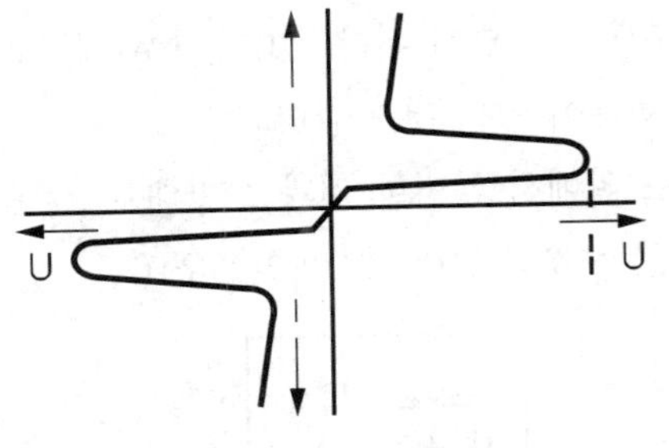

그림 2-97(a) DIAC의 특성곡선

② DIAC의 기능(그림 2-97(b) 참조)

전압이 인가되면 콘덴서 C_1은 저항 R_1을 통해 축전된다. 스위칭전압에 도달하면 DIAC은 도통된다. 축전된 콘덴서가 TRIAC을 작동시키면, 부하에 전압이 인가된다. 저항 R_1을 조정하여 TRIAC의 동작시점을 지연시킬 수 있다. 이를 통해 부하는 아주 짧은 시간동안만 전원전압에 노출된다. 따라서 이 회로는

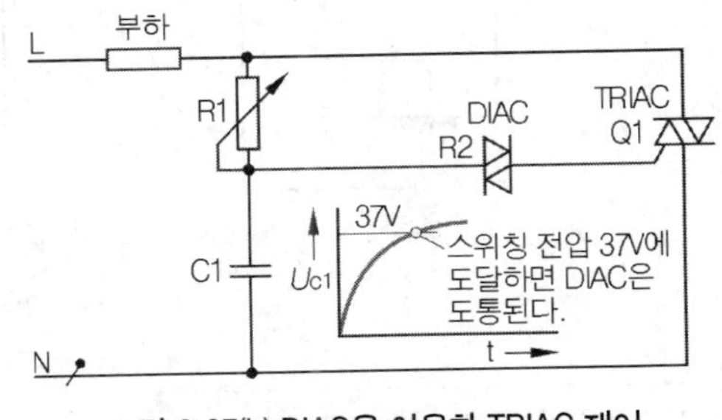

그림 2-97(b) DIAC을 이용한 TRIAC 제어

출력제어에 이용할 수 있다. (위상차 제어)

3. 트라이악(TRIAC : TRIode Alternating Current switch)

(1) TRIAC의 구조와 작동원리(그림 2-98 참조)

TRIAC은 2개의 SCR을 역병렬로 접속하여 1개의 5층 반도체소자로 만들고, 이 5층 반도체소자에 2개의 제어전극을 설치한 소자로 생각할 수 있다. 2개의 제어전극을 1개의 단자로 묶으면 아래 그림과 같이 3개의 단자를 가진 6층 반도체소자가 된다. 제어전극을 G, 양단의 주 전극을 각각 A_1, A_2 라 한다.

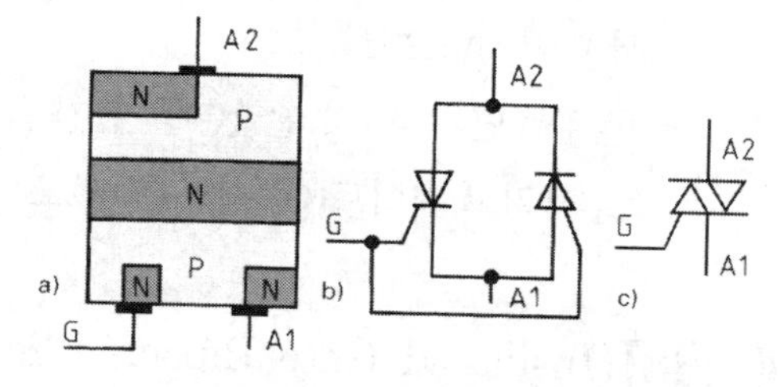

그림 2-98 TRIAC의 구조와 표시기호

TRIAC은 교류전압의 양(+)과 음(−) 두 반파를 모두 이용한다. 제어펄스가 없으면 중간의 2개의 PN접합 중 1개는 항상 공핍층이 된다.

A1에 양(+)의 반파가 작용하면 아래쪽의 PN-접합이 공핍층이 되고, 반대로 되면 위쪽의 PN접합이 공핍층이 된다. TRIAC은 제어전극(=게이트 : G)을 통해 공급되는 전하에 의해 SCR에서와 똑같은 과정을 거쳐 도통된다.

(2) TRIAC의 특성

TRIAC의 특성곡선(그림 2-99)은 DIAC의 특성곡선과 비슷하다. 단지 제어전압(=게이트 전압)의 작용으로 도통시점이 빨라진다는 점이다.

다시 말하면 TRIAC의 경우에도 게이트 전압을 인가하지 않으면 도통(ON)되는 전압(U_{BO})이 매우 높으나, 게이트 전류를 크게 하면 SCR과 마찬가지로 도통전압(U_{BO})이 낮아진다.

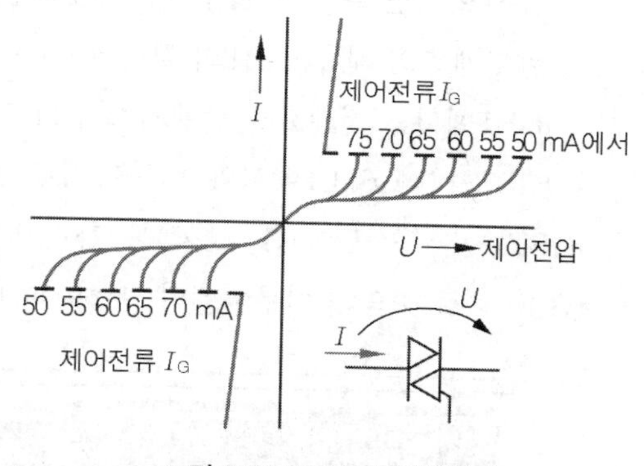

그림 2-99 TRIAC의 특성곡선

또 SCR은 단방향성인 데 반하여 TRIAC은 양방향성이다. 따라서 교류를 제어하는 반도체소자로서의 적합한 특성을 갖추고 있다. TRIAC은 전압 1,200V까지, 전류 120A까지의 사양으로 생산되며, 교류전류 스위치로서, 그리고 연속적으로 변화하는 교류 제어용으로 사용된다.

특성곡선도에서 아래와 같은 4가지 경우로 구분할 수 있다.

- 1상한 : 단자 A_2의 전압(+)은 단자 A_1으로, 그리고 게이트(G) 전압은 (+)로서 단자 A_1으로.

- 2상한 : 단자 A_2의 전압(+)은 단자 A_1으로, 그리고 게이트(G) 전압은 (−)로서 단자 A_1으로.
- 3상한 : 단자 A_2의 전압(−)은 단자 A_1으로, 그리고 게이트(G) 전압은 (−)로서 단자 A_1으로.
- 4상한 : 단자 A_2의 전압(-)은 단자 A_1으로, 그리고 게이트(G) 전압은 (+)로서 단자 A_1으로.

 TIC 226 D (A1 A2 G)		
특성값		
	게이트 전압 U_G	2.5V
	게이트 전류 I_G	50~75mA
	유지전류 I_H	50mA
한계값		
	역방향 전압 U_R	400V
	도통 전류 I_F	4A

그림 2-100 TRIAC(예 : TIC 226D)의 특성값 및 한계값

4. IGBT(Insulated Gate Bipolar Transistor) ; 절연 게이트 쌍극성 트랜지스터

직류를 필요로 하는 전자기기를 교류로 작동시키기 위해서는 교류를 직류로 변환시키는 교류/직류 변환기(A/D Converter)를 필요로 한다. 반대로 교류를 필요로 하는 전자기기를 축전지로 작동시키기 위해서는 직류를 교류로 변환시키는 인버터(inverter)를 필요로 한다.

IGBT는 쌍극성 트랜지스터의 장점(우수한 도통성)과 전계효과 트랜지스터(FET)의 장점(출력 손실이 없는 제어)을 결합한 소자이다.

(1) IGBT의 구조

IGBT의 구조는 파워-FET(예 : MOS-FET)의 구조와 비슷하다. N형 반도체층의 아래에 위치한 P형 반도체층의 재료(IGBT의 컬렉터(C) 단자를 형성)에 따라 차이가 있다. (그림 2-101)

IGBT에서는 전계효과 트랜지스터(FET)가 쌍극성 트랜지스터를 제어한다.(그림 2-102(a))

IGBT는 MOSFET에서와 마찬가지로 병렬로 연결된 다수의 소자에 컬렉터(C)는 1개뿐이다. IGBT는 3개의 단자(G, E, C)를 가지고 있다.(그림 2-102(c)). 소자들의 제어는 게이트-이미터(G-E) 회로에 의해 이루어진다. 부하전류(I_C)는 컬렉터-이미터(C-E) 구간을 거쳐 흐른다.

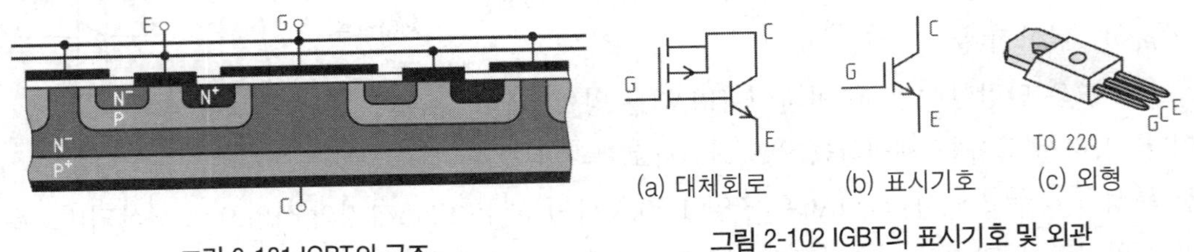

(a) 대체회로 (b) 표시기호 (c) 외형

그림 2-101 IGBT의 구조

그림 2-102 IGBT의 표시기호 및 외관

(2) IGBT의 스위칭 동작

게이트에 전압 $U_{GE} \approx 15V$ 의 (+)전압을 인가하여 트리거링 시킨다.(그림 2-103(a)). 컬렉터-

이미터 구간은 게이트-이미터의 문턱전압(예 : 2V~5V까지)을 초과해야만 도통된다. C-E 구간이 도통된 상태에서 IGBT는 포화영역에 도달하게 된다. 즉, 컬렉터-이미터 전압(U_{CE})이 약 2V~5V 범위의 포화전압($U_{CE_{sat}}$)에 도달하게 된다.(그림 2-103(b))

그림 2-103은 부하전류(I_C)와 컬렉터-이미터 전압(U_{CE})의 상관관계를 나타내는 특성곡선도이다.

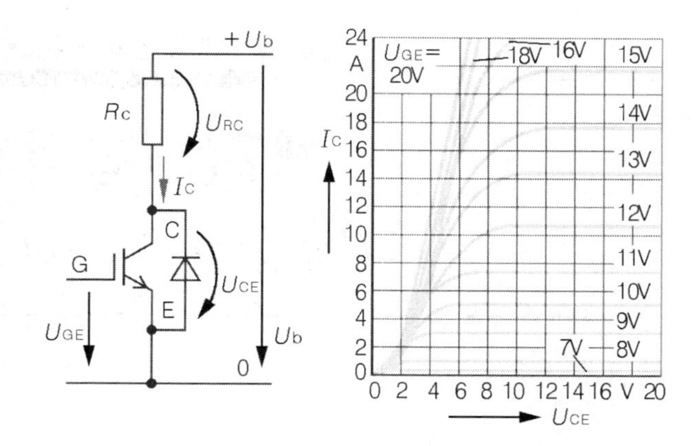

그림 2-103 IGBT와 출력특성곡선

(3) IGBT의 고유 특성

① IGBT는 쌍극성 트랜지스터와 마찬가지로 도통저항이 아주 작다.
② 따라서 비교 가능한 FET에 비해 도통손실이 적다.
③ IGBT의 트리거링은 FET에서와 마찬가지로 빠르게 그리고 손실이 없이 이루어진다.
④ IGBT는 역방향으로는 차단성능이 크게 제한된다. 따라서 필요할 경우에는 스위치-오프 시간이 짧은 프리휠링 다이오드(freewheeling diode) 회로를 설치한다.(그림 2-103(a) 참조)

(4) IGBT의 용도

자동차에서는 전자제어 점화장치, AC-모터/DC-모터 제어, 주파수 변환기, 컨버터/인버터, 무정전 전원장치 등 고출력영역에 주로 사용된다. IGBT는 소자로서 직접, 또는 모듈에 사용된다.

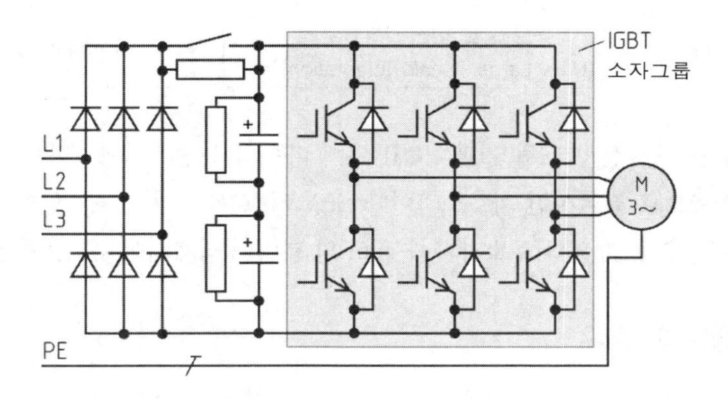

참고도 : 주파수 변환기에서 스위치로서의 IGBT

제2장 전자 기초이론

제7절 집적회로
(Integrated circuit : IC)

집적회로(IC)란 하나의 반도체 기판에 다수의 능동소자(예: 트랜지스터)와 수동소자(예: 다이오드, 콘덴서, 저항기 등)를 초소형으로 집적, 서로 분리될 수 없는 구조로 만든, 완전한 회로기능을 갖춘 기능소자를 말한다.

제조방법에 따라 후막-, 박막-, 혼성-, 반도체-집적회로 등으로 분류한다. 오늘날은 반도체-집적회로인 모노리스-IC(monolith-IC)를 주로 사용한다. 용도에 따라서는 아날로그 IC, 디지털 IC, 그리고 집적도에 따라서는 MSI, LSI, VLSI, ULSI 등으로 분류한다.

〔표 2-14〕 IC의 집적도에 따른 분류

약칭	정식 명칭	칩 1개에 집적된 평균 기능소자 수
MSI	중밀도 집적회로 (Medium Scale Integration)	1000개 까지
LSI	고밀도 집적회로 (Large Scale Integration)	100,000개 까지
VLSI	초고밀도 집적회로 (Very Large Scale Integration)	1,000,000개 까지
ULSI	울트라 고밀도 집적회로 (Ultra Large Scale Integration)	1,000,000개 이상

모노리스-IC는 단결정 반도체 기판(chip) 위에 다수의 능동소자와 수동소자를 플레이너 공정(planar process)으로 집적시킨 회로소자이다. 모노리스-IC는 아주 초소형이며, 손실출력이 아주 적다. 예를 들면, 수 천 개의 회로소자가 수 mm^2의 넓이에 집적되어 있다.(표 2-14 참조)

(1) 집적회로(IC)의 구조

예를 들면 그림 2-104와 같이 직경 300mm, 두께 0.5mm의 얇은 실리콘 원판에 동일한 회로를 동시에 다수 집적시킨다.

IC에서는 사진제판기술 및 다양한 도핑(doping) 기술을 이용하여 칩(chip) 표면의 여러 위치에 기능소자들을 만들어 배열하고, 절연 산화규소(SiO_2) 층에 배선을 가공하여 이들 소자들을 연결한다. 예를 들면, 저항은 N형 반도체 결정에 P-형 레일을 도핑하여 만든다. 도핑공정에 따라 고유저항값과 레일 깊이가 결정된다.

용량이 큰 콘덴서는 다수의 콘덴서를 전극에 연결하여 만든다. 이때 PN-접합의 공핍층을 이용한다. 전극에 연결되지 않은, 용량이 작은 콘덴서의 경우, 반도체 결정 표면의 산화규소(SiO_2) 층은 유전체를 형성한다.

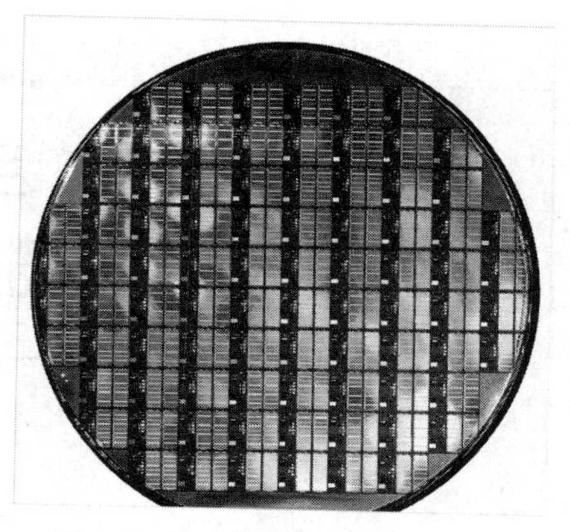
그림 2-104 집적회로가 가공된 실리콘 원판

집적기술을 이용하여 Z-다이오드와 같은 특수형태의 다이오드도 생산한다.

쌍극성(bipolar) 트랜지스터는 PNP- 또는 NPN-트랜지스터로 생산할 수 있다. IC에서 MOSFET은 특별한 의미를 가지고 있다. MOSFET은 서로 간에 무조건 절연시킬 필요가 없다. 제1 트랜지스터의 드레인(D)은 제2 트랜지스터의 소스(S)로 사용할 수 있다. 이를 통해 1개의 칩에서의 집적도를 크게 높일 수 있다.

개별 기능소자들은 하나의 칩(chip)에서 서로 연이어 또는 상하로 차례로 집적시켜 연결한다. 따라서 칩(chip)은 수리가 불가능하다. 개개의 칩으로 완성된 IC는 그림 2-105와 같이 플라스틱 또는 금속으로 포장하여 DIL(dual-in-line)형 또는 실린더 형(정관형 : TO : Transistor Outline)으로 만든다.

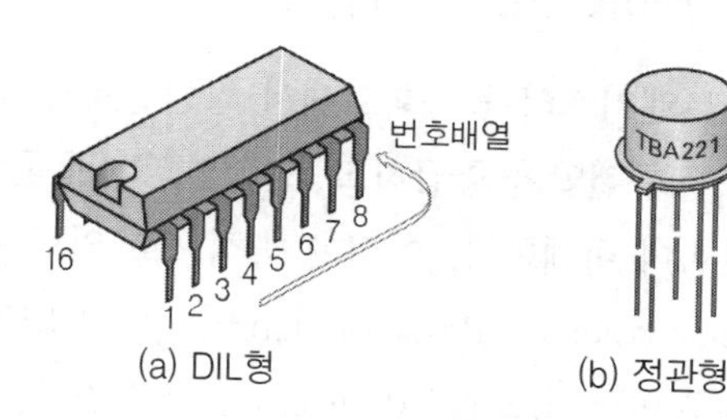

(a) DIL형 (b) 정관형

그림 2-105 IC의 외형

(2) 성능 및 용도

스위칭-시간은 나노-초(nano-second) 단위로 한계주파수 수백 MHz에 대응된다.

선형(아날로그) IC는 연산증폭기와 일반적으로 사용될 수 있는 아날로그회로 등이 있다.

모노리스-IC는 주로 디지털-IC로 사용된다. 예를 들면 연산증폭기, 논리스위칭회로, 멀티바이브레이터, 계수기, 사이리스터 제어, AD-DA 컨버터, 메모리, 마이크로프로세서, 그리고 컴퓨터(완벽한 계산기) 등에 사용된다.

제2장 전자 기초이론

제8절 트랜지스터 회로
(Transistor circuit)

트랜지스터의 기본회로에 대해서는 이미 앞에서 설명하였다. 여기서는 트랜지스터를 응용한 여러 종류의 간단한 회로들에 대해서 알아보기로 한다.

1. 바이어스와 바이어스 회로(bias and bias-circuit)

(1) 바이어스(bias)(그림 2-106 참조)

트랜지스터 증폭회로에서 입력신호가 없을 때에도 입력 측(예 : B↔E)에 적당한 크기의 일정한 직류전압을 공급하고, 일정량의 전류를 흐르게 해야만 출력신호가 변형됨이 없이 정확히 입력신호에 비례한다. 이러한 목적으로 입력 측에 일정하게 공급해 주는 직류전압을 바이어스 전압(bias voltage : Basisvorspannung), 그리고 이때 바이어스 전압에 의해 입력회로를 흐르는 직류전류를 바이어스 전류(bias current)라 한다.

바이어스를 공급하는 방향에 따라 순방향 바이어스와 역방향 바이어스, 또 바이어스의 크기에 따라 A, AB, B, C급 등으로 분류한다.

그림 2-106의 'U_{BE} : I_C'의 특성곡선 상에서 직선 부분의 중간지점 크기의 컬렉터전류(I_C)가 흐를 정도로 순방향으로 공급하는 바이어스를 A급 바이어스라 한다. 일반적으로 실리콘 트랜지스터에서는 약 0.7V 정도이면 A급 바이어스가 된다.

또 컬렉터전류(I_C)가 거의 흐르지 않을 정도로 순방향으로 공급하는 바이어스를 B급 바이어스라 한다. 그리고 A급 바이어스와 B급 바이어스의 중간지

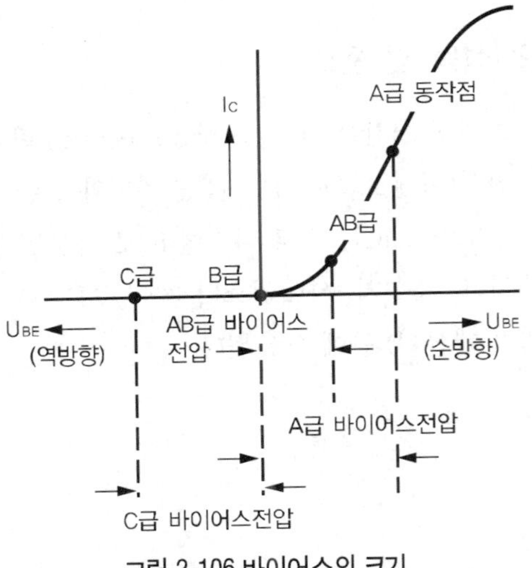

그림 2-106 바이어스의 크기

점 즉, 곡선이 급격히 휘어지기 시작하는 점이 동작점이 되도록 순방향으로 공급하는 바이어스를 AB급 바이어스라 한다.

그리고 입력 측(예 : B ↔ E)에 역방향 직류전압을 공급하는 것을 C급 바이어스라 한다.

바이어스 전원은 저항을 이용, 전원전압(예 : 축전지 전압)을 적당히 낮추어 사용한다.

(2) 바이어스 회로(bias circuit)

보통의 경우 자동차에는 전원이 1개뿐이다. 기동 시에는 축전지, 운전 중에는 발전기가 전원으로 이용된다. 이 전원으로 트랜지스터의 제어회로와 부하회로에 동시에 전압을 공급해야 한다. 바이어스전압(예 : B ↔ E 사이의 전압(U_{BE})은 전원회로 내에 저항을 삽입하여 발생시킨다.

바이어스 방식에는 여러 가지 방식이 있다. 일반적으로 자동차에서는 안전도와 충실도가 문제되지 않는 회로에서는 가장 간단한 방식인 고정 바이어스회로를, 안정도가 문제되는 회로에는 블리더 저항(bleeder resistor)*을 사용한 바이어스 회로를 사용한다.

① 블리더 저항을 이용한 바이어스 회로

그림 2-107과 같이 저항 R_1과 R_2의 직렬회로(=블리더 회로)를 전원 U에 연결하여 전압을 적당히 분할하여, R_2양단에 U_2가 인가되도록 하고, 그 전압을 베이스에 공급하면 일정한 바이어스 전압(U_{BE})을 쉽게 얻을 수 있다.

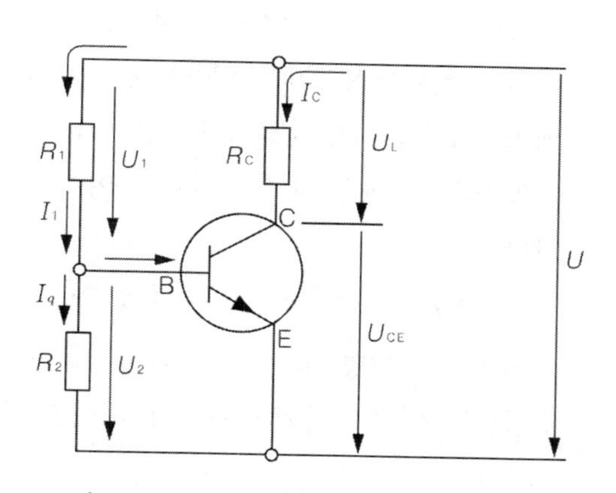

그림 2-107 블리더 저항을 이용한 바이어스 회로

저항(R_1)을 통과하는 전류(I_1)는 베이스전류(I_B)와 블리더전류(I_q)로 분할된다. 베이스-이미터 사이는 저항(R_2)에 병렬로 결선되어 있으므로, 베이스-이미터-전압(U_{BE})은 베이스-이미터 사이와 또 저항(R_2)에도 인가되어 있다. 따라서 베이스의 전위(potential)는 이미터에 대해 양(+)의 값이다.

$$U_{BE} = I_q \cdot R_2 \approx 0.7\text{V}$$

저항 R_1에는 베이스전류(I_B)와 블리더 전류(I_q)가 동시에 흐른다. 저항 R_1은 전원전압의 상당부분을 강하시킨다.

$$U_{R1} = U - U_{BE}$$

또 베이스-이미터-전압(U_{BE})을 거의 일정하게 유지시키기 위해서는 블리더 저항(R_2)은 베

* 블리더 저항(bleeder resistor) : 전류를 누설시키면서 일정한 전압을 얻기 위한 저항

이스-이미터 간의 저항값보다 그 저항값이 충분히 낮아야 한다. 저항값이 낮다는 것은 많은 전류가 흐른다는 것을 의미한다. 따라서 블리더 전류(I_q)의 범위는 다음과 같이 설정된다.

$$I_q \approx (2 \sim 10) I_B$$

② **고정저항(RB)을 이용한 고정 바이어스회로**

그림 2-108과 같이 전원전압(U)을 바이어스 저항(R_B)로 낮추어, 베이스 전류가 흐르도록 하는 방식을 고정 바이어스 회로라 한다. 이 방식은 회로가 간단하고, 바이어스 저항에 상당한 오차가 허용되며, 회로손실이 적다는 장점이 있다. 그러나 안정도가 낮다는 결점이 있다. 따라서 안정도와 충실도가 문제되지 않는 간단한 장치에 이용된다.

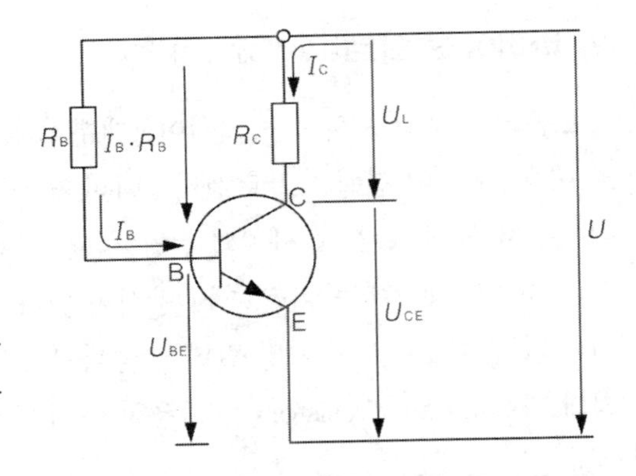

그림 2-108 고정 바이어스회로

바이어스 저항의 크기를 결정하는 데는 트랜지스터의 입력특성곡선이 이용된다. 이유는 입력특성곡선에 의해 베이스-이미터-전압(U_{BE})과 베이스 전류(I_B)가 결정되기 때문이다.

베이스 전류(I_B)가 통과하는 바이어스 저항(R_B) 값은 아래 조건을 만족하도록 결정되어야 한다.

$$U_B = I_B \cdot R_B \qquad U_B = U - U_{BE}$$

바이어스 저항(R_B)에서의 전압강하에 의해 베이스-이미터-전압(U_{BE})이 결정된다. 베이스 전류(I_B)가 아주 작기 때문에, 바이어스 저항(R_B)값은 약 100kΩ~500kΩ 정도에 이른다.

2. 증폭기(amplifier)로서의 트랜지스터

증폭기회로란 약한 입력신호를 증폭시켜, 출력하는 회로를 말한다. 예를 들면 자동차 안테나가 수신한 약한 신호를, 큰 신호로 증폭시켜 스피커를 통해서 출력하는 회로가 바로 증폭기회로이다.

트랜지스터에 인가된 직류와 교류전압을 증폭시키기 위해서는 앞서 설명한 트랜지스터 기본회로 중 하나 즉, 베이스-, 이미터-, 또는 컬렉터-접지회로를 이용할 수 있다.

이미터 접지회로에서는 이미터(E)가 공통단자가 된다. 이미터 접지회로는 전압증폭과 전류증폭이 동시에 가능하며, 특히 입력 측과 출력 측의 저항을 효과적으로 배분할 수 있기 때문에 자동차전자회로에 많이 이용된다. 따라서 이미터 접지회로를 예로 들어 증폭기회로에 대해 설명하기로 한다.

베이스-이미터 사이의 바이어스 전압을 인가하지 않은 상태에서도 교류전압으로 트랜지스터를 동작시킬 수 있다. 이 경우에 베이스-이미터 사이의 PN접합은 각각 하나의 반파를 차단시키게 된다. 즉, PNP-트랜지스터에서는 음(−)의, NPN-트랜지스터는 양(+)의 반파일 때만 베이스전류와 컬렉터전류를 흐르게 한다. 또 전류가 흐를 경우에도 입력교류전압의 크기가 트랜지스터의 확산전압보다 낮은 부분은 출력 측에서 전혀 감지할 수 없다. 다시 말하면 입력신호는 그대로 출력되지 않고 변형되어 출력된다.(그림 2-109 참조)

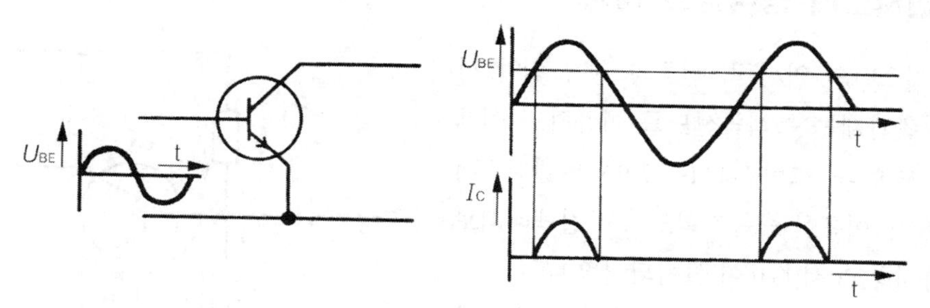

그림 2-109 이미터회로-트랜지스터에 교류전압신호만 입력될 때

입력 교류전압의 두 반파가 모두 베이스전류 변화에 영향을 미치도록 하려면, 증폭시켜야 할 교류전압에 직류전압(=바이어스전압)을 중복시켜야 한다. 예를 들면, NPN-트랜지스터에서 입력 교류전압에 직류전압을 중복시키면 입력 교류전압의 기준선은 양(+)의 방향으로 직류전압의 크기만큼 이동된다. 이렇게 되면 출력전압은 입력전압보다 높고, 출력신호는 입력신호와 닮은꼴이 된다. 즉, 전압이 증폭된다.

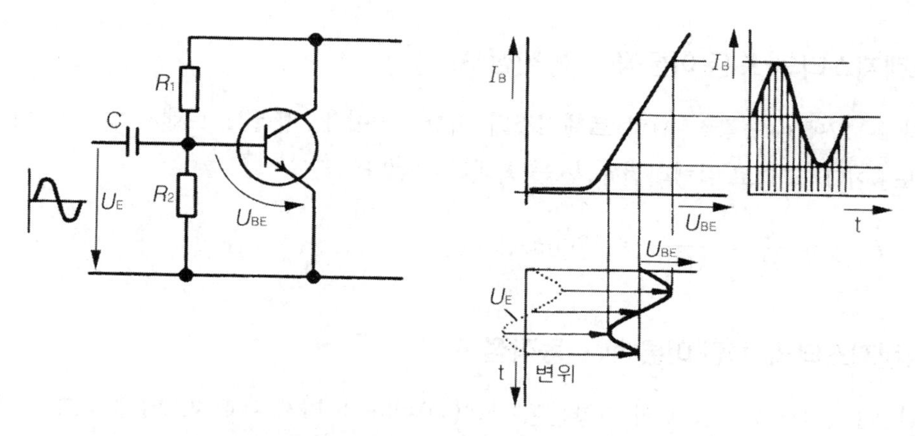

그림 2-110 분압기를 이용한 전압증폭회로(이미터 접지회로)

직류전압(=바이어스전압, U_{BE})의 크기는 분압기(바이어스저항 R_1과 블리더 저항 R_2의 직렬결선)에 의해 조정되며, 트랜지스터의 동작점을 결정한다. 분압기에 의해 조정된 직류전압이 교류전원에 부하를 가하지 않도록 하기 위해서 입력 측에 콘덴서를 설치하여 분리하였다. 즉, 직류전압 또는 전류가 입력교류 측으로 역류하지 않도록 하였다.(그림 2-110 참조)

트랜지스터 출력 측은 컬렉터 부하저항에 의해 부하된다. 이 저항은 입력교류전압의 변화에 대응하여 컬렉터전압을 변화시켜, 컬렉터전류의 맥동을 방지하는 기능을 한다.

3. 트랜지스터 동작점의 결정

트랜지스터의 입/출력 신호와 전류/전압 사이의 상관관계는 특성곡선도를 이용하면 쉽게 파악할 수 있다. 그림 2-111은 NPN-트랜지스터(BCY58)를 이용한 증폭기회로로서 컬렉터회로에 부하저항 Rc=100Ω이 설치되어 있다.

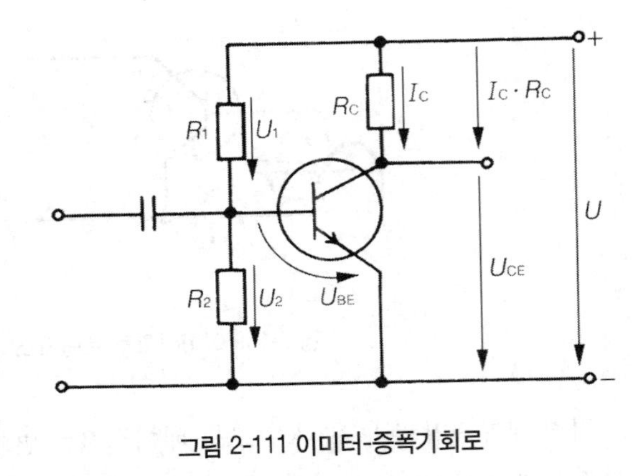

그림 2-111 이미터-증폭기회로

이미 앞에서 여러 번 설명한 바와 같이 트랜지스터의 저항은 베이스전류의 크기와 특성곡선 상의 동작점에 따라 결정된다. 저항은 극단적인 경우, 0과 무한대(∞) 사이에서 변화한다.

컬렉터 부하저항의 특성은 직선적이다. 부하저항 외에 2개의 저항(R_1, R_2)이 직렬로 설치되어 있다.(바이어스 회로 참조). 동작점을 결정하기 위해서는 트랜지스터 특성곡선 상에서 2개의 점 즉, 저항 0인 점과 저항 무한대(∞)인 점을 이용한다.

(1) 트랜지스터의 도통(이론적) - 동작점 A_1

그림 2-112에서 동작점 A_1의 트랜지스터 저항은 0이다. 따라서 트랜지스터에서의 전압강하 U_{CE} 도 0이다. 그리고 컬렉터전류 I_C 는 최대값이 된다.

$$I_{c\cdot max} = \frac{U}{R_c} = \frac{12V}{100\Omega} = 120[mA]$$

(2) 트랜지스터의 차단(이론적) - 동작점 A_2

그림 2-112에서 동작점 A_2의 저항은 무한대(∞)이다. 따라서 트랜지스터에 흐르는 전류 즉, 컬렉터전류 $I_C = 0$이다. 그리고 트랜지스터에서의 전압강하는 없다.

$$U_{CE} = U = 12V$$

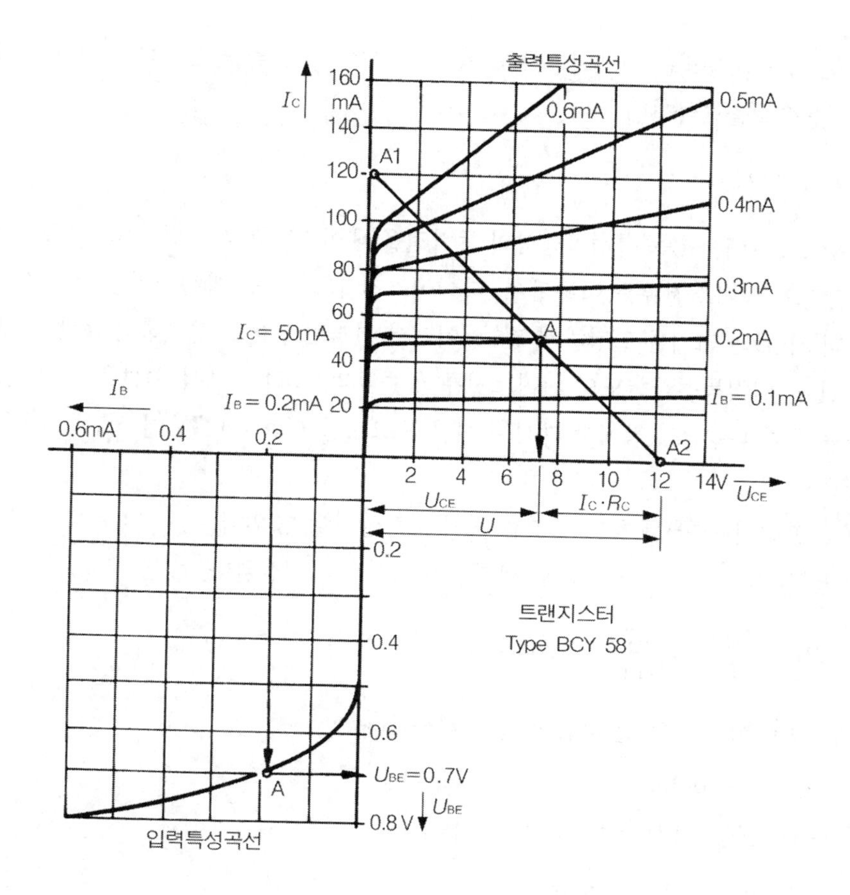

그림 2-112 입/출력 특성곡선을 이용한 동작점의 결정

점 A_1과 A_2를 연결하는 직선을 그은다. → 부하곡선

안정된 제어를 하기 위해서는 동작점은 이 직선 상의 중간지점에 위치하도록 하는 것이 좋다. 여기서는 베이스전류 '$I_B = 0.2\text{mA}$'인 점을 동작점으로 설정하여 설명한다.

동작점에서의 특성값은 다음과 같다:

$$I_c = 50\text{mA} \qquad U_{RC} = U - U_{CE} = I_c \cdot R_c \qquad U_{CE} = 7\text{V}$$

$$I_B = 0.2[\text{mA}] \qquad U_{RC} = 12 - 7 = 5[\text{V}]$$

이때 어떤 경우에도 허용손실출력을 초과하지 않도록 하여야 한다. 만약에 허용손실출력을 초과하게 되면, 트랜지스터의 PN접합부가 과열되어 결국은 트랜지스터가 파손된다. 트랜지스터를 냉각시켜 허용손실출력을 높일 수 있다.

총 허용손실출력(P_{loss})은 생산자가 제시한다. 예를 든 트랜지스터(BYC58)의 경우, $P_{loss} = 1\text{W}$ 이다. 이 값으로 부터 손실출력곡선(포물선)을 계산하여 특성곡선에 기입한다. 즉, 컬렉터전압(U_{CE})에 대응되는 컬렉터전류(I_c)를 계산하여, 이 값을 특성곡선에 기입한 다음, 차례로 연결하면 허용손실출력곡선이 된다.

$$P_{out} = U_{CE} \cdot I_c \qquad I_c = \frac{P_{out \cdot \max}}{U_{CE}}$$

앞서 그림 2-112에서 출력특성곡선상의 동작점을 베이스전류 $I_B = 0.2\text{mA}$ 인 점으로 설정하였다. 이 동작점의 베이스전류를 이용하여, 바이어스전압(U_{BE})을 발생시키는 분압기(바이어스 저항과 블리더 저항)의 크기를 결정하게 된다. 여기서 결정된 점들을 연결하면 트랜지스터의 입력특성곡선이 된다. 입력특성곡선도의 베이스전류 $I_B = 0.2\text{mA}$ 인 점에서 수선을 그어, 입력특성곡선과의 교점을 구한 다음, 그 점에서 다시 수평선을 그으면 $U_{BE} = 0.7\text{V}$ 인 점과 만나게 된다.(그림 2-112 참조)

저항 R_2(=블리더 저항)를 흐르는 전류는 임의로 설정할 수 있다.

예를 들면 '$I_2 = 5 \cdot I_B = 1[\text{mA}]$' 로 설정한 다음, R_2를 계산한다.

$$R_2 = \frac{U_{BE}}{I_2} = \frac{0.7\text{V}}{1\text{mA}} = 700[\Omega]$$

저항 R_1(=바이어스 저항)은 다음과 같이 계산한다.

$$I_1 = I_B + I_2 = 0.2\text{mA} + 1\text{mA} = 1.2[\text{mA}]$$

$$U_1 = U - U_2 = 12\text{V} - 0.7\text{V} = 11.3[\text{V}]$$

$$R_1 = \frac{U_1}{I_1} = \frac{11.3\text{V}}{1.2\text{mA}} = 9.4[\text{k}\Omega]$$

즉, 출력특성곡선 상의 동작점은 트랜지스터의 동작선과 베이스전류 I_B(예 : $I_B = 0.2\text{mA}$)의 특성곡선에 의해 결정된다.

베이스전류 I_B(예 : $I_B = 0.2\text{mA}$)와 입력특성곡선을 이용하여 '$U_{BE} = U_2$'의 점을 구하고 분압기의 크기를 결정한다.(그림 2-113 참조)

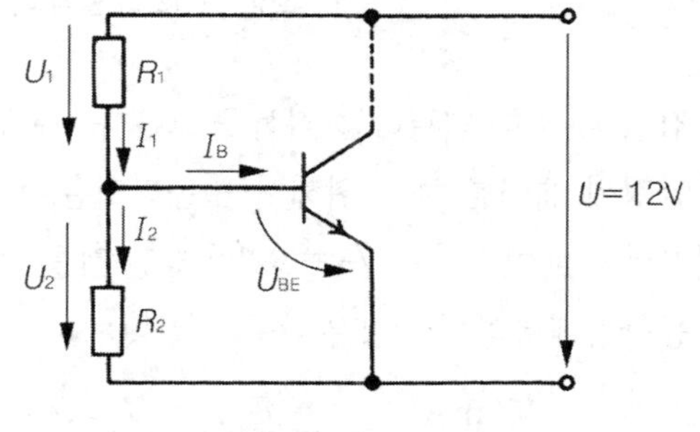

그림 2-113 분압기의 크기 결정

4. 증폭기회로의 특성값

동작점을 설정하고 회로의 입력/출력의 크기를 결정하였으므로, 이제 바이어스전압(U_{BE}), 베이스전류(I_B), 컬렉터-이미터-전압(U_{CE}) 그리고 컬렉터전류(I_C)가 입력신호에 의해 어떤 영향을 받는지를 자세히 알아보기로 한다.

입력측에 입력신호의 양(+)의 반파가 작용하면 저항 R_2의 전압은 상승하고, 따라서 바이어스전압(U_{BE})은 'ΔU_{BE}' 만큼 상승한다. → 입력특성곡선(3상한)

이 전압변화는 베이스전류(I_B)를 증가시키고(2상한), 베이스전류가 증가하면 컬렉터전류(I_C)도 증가한다.→ (1상한)

컬렉터전류(I_C)가 증가함에 따라 전압강하($I_c \cdot R_c$)가 커져, 컬렉터-이미터-전압(U_{CE})은 감소한다. → (1상한의 점 A')

$$U_{CE} = U - U_{RC} \qquad U_{RC} = I_c \cdot R_c$$

출력특성곡선도의 동작점 A는 동작점 A′로 이동한다. 입력신호의 음(−)의 반파가 작용하면 바이어스전압(U_{BE})은 감소하고, 따라서 동작점 A는 동작점 A"로 이동하게 된다. 이들 상호간의 상관관계는 그림 2-114에서 쉽게 확인할 수 있다.

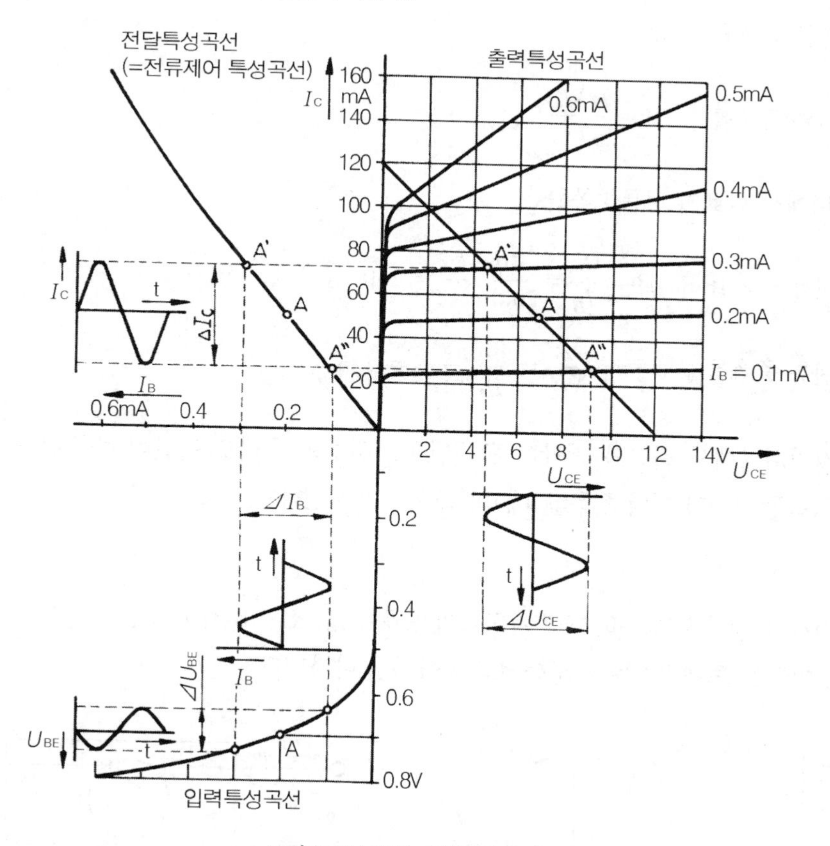

그림 2-114 입력 교류전압의 증폭

그림 2-114의 특성곡선도로 부터 바이어스전압의 변화분 'ΔU_{BE}' 가 출력측에서는 컬렉터전압의 변화분 'ΔU_{CE}' 로 크게 나타남을 알 수 있다. 즉, 입력신호가 증폭되었다. 이때 입력신호와 출

력 신호 사이에는 180°의 위상차가 있음에 유의하여야 한다.

$$전압증폭 \quad V_U = \frac{\Delta U_{CE}}{\Delta U_{BE}}$$

그림 2-114에서 예를 든 경우의 전압증폭률을 계산하면

$$전압증폭 \quad V_U = \frac{\Delta U_{CE}}{\Delta U_{BE}} = \frac{4.7\text{V}}{0.1\text{V}} = 47$$

그림 2-114에서 전류변화율을 비교하면 컬렉터전류(I_C)는 베이스전류(I_B)보다 크다는 것을 알 수 있다. 그러므로 이 경우에는 전류도 증폭되었다.

교류전류의 증폭률을 V_i로 표시한다. 그리고 동작점에서의 직류전류증폭률은 B로 표시한다.

$$직류전류\ 증폭률 \quad B = \frac{I_c}{I_B}$$

$$교류전류\ 증폭률 \quad V_i = \frac{\Delta I_c}{\Delta I_B}$$

그림 2-114에서 회로의 전류증폭률은

$$직류전류\ 증폭률 \quad B = \frac{I_c}{I_B} = \frac{50\text{mA}}{0.2\text{mA}} = 250$$

$$교류전류\ 증폭률 \quad V_i = \frac{\Delta I_c}{\Delta I_B} = \frac{45\text{mA}}{0.2\text{mA}} = 225$$

이미터 접지회로에서 전류와 전압이 증폭될 때, 신호의 출력도 똑같이 증폭된다. 출력증폭률 V_p는 전류증폭률(V_i)과 전압증폭률(V_u)의 곱으로 표시된다.

$$V_p = V_i \cdot V_u$$

조사한 전류와 전압으로 부터 증폭기회로의 동특성값, 소위 h-정수 또는 능동 4단자-정수를 구할 수 있다. 이들은 트랜지스터의 교류전압의 특성을 나타낸다.

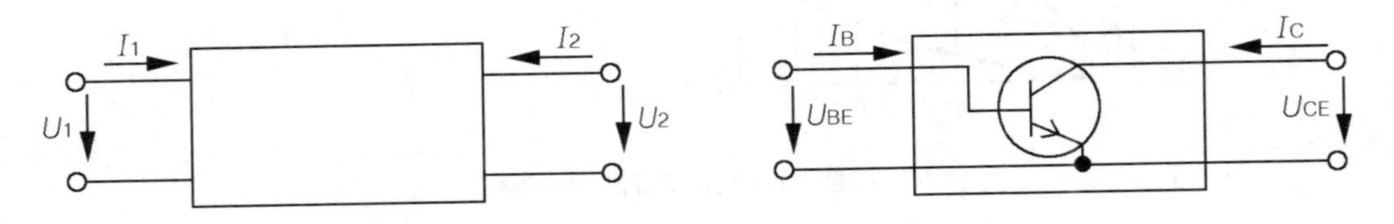

그림 2-115 이미터 회로(능동 4단자망)

트랜지스터는 진공관 및 전계효과-트랜지스터와는 달리, 입력측에 전압과 전류를 필요로 한다. 트랜지스터는 4단자망으로 분류할 수 있다. h-정수는 입력과 출력 간의 상관관계를 설명한다. 여기서는 단지 입력측 저항과 출력측 저항에 대해 간략히 설명하기로 한다.

입력측 저항(r_{BE})은 $U_{CE} = const.$ 일 때, 즉 단락($R_c = 0$)시에 다음 식으로 표시된다.

$$r_{BE} = \frac{\Delta U_{BE}}{\Delta I_B} \qquad * U_{CE} = const.$$

그림 2-114에서 입력측 저항(r_{BE})은 $r_{BE} = \frac{\Delta U_{BE}}{\Delta I_B} = \frac{0.1\text{V}}{0.2\text{mA}} = 500[\Omega]$ 이다.

출력측 저항은 입력측이 열려 있을 때의 값으로 표시된다. 이 경우 입력전원의 내부저항이 무한대일 때, 베이스전류는 일정한 것으로 가정한다.

$$r_{CE} = \frac{\Delta U_{CE}}{\Delta I_C} \qquad * I_B = const.$$

그림 2-114에서 출력측 저항(r_{CE})은 $r_{CE} = \frac{\Delta U_{CE}}{\Delta I_C} = \frac{12\text{V}}{6\text{mA}} = 2000\Omega = 2[\text{k}\Omega]$ 이다.

> 이미터회로는 입력신호의 전압, 전류, 그리고 출력을 증폭시킨다.
> 증폭률은 입력신호에 대한 출력신호의 크기이며, 단위는 무차원이다.
> 동특성값은 트랜지스터의 교류전압특성을 나타낸다.

5. 트랜지스터 동작점의 안정 - 귀환 바이어스회로

이미 설명한 바와 같이 트랜지스터의 동작점은 분압기 또는 바이어스저항에 의해 안정된다. 그럼에도 불구하고 실제 사용 중에는 아래와 같은 이유 때문에 동작점의 안정을 위한 조치가 필요하다.

① 같은 형(type)의 트랜지스터의 제품 간의 편차

② 트랜지스터의 특성값과 특성곡선의 온도 의존성

온도에 따른 동작점의 변화는 트랜지스터 자체의 손실출력 '$P_{loss} = U_{CE} \cdot I_c$' 에 의한 가열, 그리고 주위온도의 변화 때문에 발생한다. 위의 두 경우 베이스-이미터-전압이 일정할 때, 온도가 상승함에 따라 베이스전류는 증가한다. 전류증폭 역시 똑같이 온도의 영향을 받으므로 컬렉터전류 I_c는 I_c'로 상승하지 않고 I_c''로 상승한다.(그림 2-116 참조)

회로안정의 기본은 출력전류 I_c이다. 컬렉터의 아이들링 전류(idling current 또는 zero signal current : Ruhestrom)를 일정하게 유지하기 위해서는 입력측 전압(=바이어스 전압)과 전류(=바이어스 전류) 즉, U_{BE}와 I_B를 제어하여야 한다. 예를 들면, 출력전류 I_c의 값이 너무 높은 경우(가열, 여름)에는 입력전압을 낮추고, 반대로 I_c값이 너무 낮은 경우(저온, 겨울)에는 입력전압(U_{BE})을 높게 하여 베이스전류(I_B)를 증가시켜야 한다.

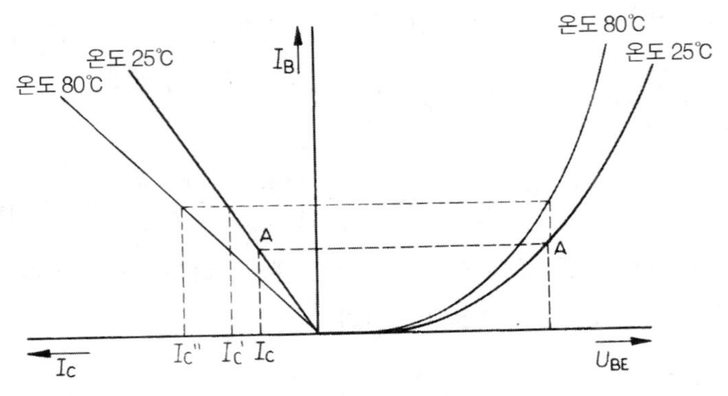

그림 2-116 온도상승에 의한 동작점의 변화

이 기능을 담당하는 증폭단계는 제어회로와 그 기능이 비슷하다. 출력 U_{CE} 또는 I_C의 일부는 입력측에 역으로 공급되어 입력에 더해진다.(* 입력신호전류가 감소되어 이득이 저하된다.)

입력신호와 출력신호가 상호작용하므로 이를 부귀환 증폭기(reverse feed back amplifier: gegenkopelten Verstärker)라 한다.

(1) 전류 귀환을 이용한 안정회로 - 부귀환 바이어스

이미터 접지회로에서 출력인 컬렉터전류(I_C)와 입력(U_{BE} 또는 I_B) 사이의 귀환은 이미터 저항(R_E)에 의해서 이루어진다. 그림 2-117과 같이 이미터저항(R_E)을 결선하면 입력신호가 공급되어 이미터 전류가 흐를 때, R_E의 양단에 전압이 발생하고, 이때 발생된 전압은 입력신호전류와는 역방향(=입력신호를 억제하는 방향)으로 이미터-베이스 사이에 공급되므로 신호전류가 감소하게 된다.

분압기 R_1과 R_2에 의해 베이스에는 고정된 양(+)전위가 인가되어 있다. U_2가 U_{E0}만큼 감소되었을 경우, 베이스-이미터 사이에 인가된 실제전압은 다음과 같다.

$$U_{BE} = U_2 - U_{E0}$$

실제적으로 베이스 전류는 아주 적기 때문에 이미터 전류(I_E)와 컬렉터 전류(I_C)는 거의 같다. ($I_E \simeq I_C$) 그리고 U_{E0}는 I_E가 일정할 때, 이미터 저항(R_E)에서의 전압강하이다.

$$U_{EO} = I_E \cdot R_E \simeq I_C \cdot R_E$$

예를 들어 컬렉터 전류(I_C)가 증가하면, 이미터 저항(R_E)에서의 전압(U_{E0})도 상승한다. 분압기에 의해 고정된 전압(U_2)이 일정하게 유지되기 때문에, U_{E0}가 상승하면 베이스-이미터-전압 (U_{BE})을 낮추어야 한다. 그래야만 컬렉터 전류(I_C)가 크게 상승하지 않고 거의 일정하게 유지된다.

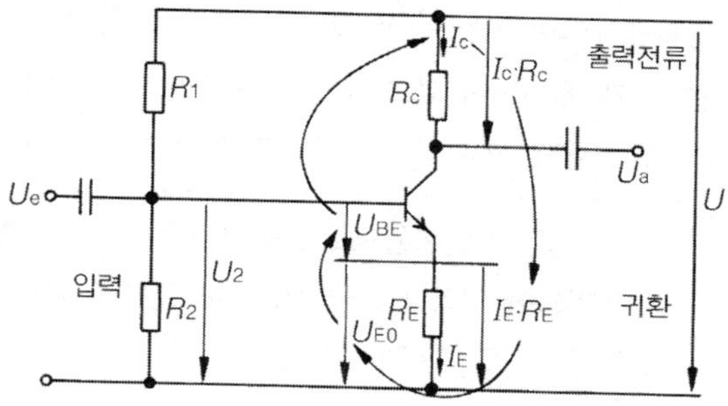

그림 2-117 전류 귀환 바이어스회로

회로의 안정화는 이미터 저항(R_E)의 저항값에 의해 결정된다. 일반적으로 '$U_{EO} \simeq 0.2U$'가 되도록 이미터 저항(R_E)을 설정한다.

그림 2-117과 같은 증폭회로를 교류전압으로 제어할 때, 교류전압의 변화에 따라 컬렉터 전류뿐만 아니라 이미터 저항에서도 전압강하가 이루어진다. 따라서 교류전압도 귀환되므로 증폭도가 크게 저하된다. 용량이 충분한 콘덴서를 이미터 저항과 병렬로 연결하면, 이 콘덴서가 이미터 저항(R_E)에서의 전압강하를 단락시킨다. → 이미터 바이패스 콘덴서.

이렇게 되면 교류전압 증폭도는 다시 원래의 값으로 상승한다. 온도변화와 제품의 오차에 의해 발생되는 이미터 전압의 느린 변화가 발생되지 않게 되어, 회로의 안정을 기할 수 있게 된다.

> 전류귀환 바이어스회로는 동작점을 안정화시킨다. 부하전류(I_C)는 이미터 저항(R_E)을 거쳐서 입력측에 귀환되어, 입력전류(I_B)에 영향을 미친다. 귀환으로 발생되는 증폭손실은 이미터–바이패스–콘덴서(C_E)를 이미터 저항(R_E)에 병렬로 연결하여 억제한다.

(2) 전압귀환을 이용한 안정회로 → 자체 바이어스회로

전압 귀환 바이어스회로에서는 바이어스 저항(R_B)이 전원(U)에 연결되지 않고 그림 2-118과 같이 컬렉터-이미터-전압(U_{CE})에 연결된다. 따라서 베이스 전류(I_B)는 U_{CE}와 I_C에 따라 변화한다.

$$U_{CE} = U - I_C \cdot R_C \qquad I_B = \frac{U_{CE} - U_{BE}}{R_B}$$

온도가 증가함에 따라 컬렉터 전류(I_C)가 상승하면 전압강하 '$I_C \cdot R_C$'도 증가한다. 전원전압(U)이 일정할 경우 U_{CE}는 감소하고, U_{CE}가 감소하면 I_B가 따라서 감소한다.(위 식과 그림 2-118 참조)

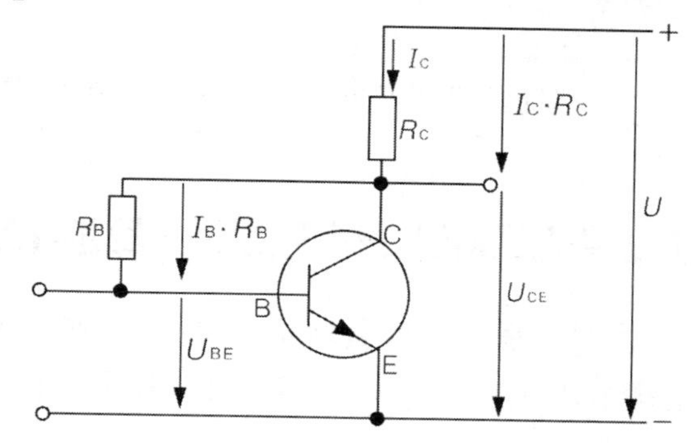

그림 2-118 전압 귀환 바이어스회로(=자체 바이어스회로)

트랜지스터는 낮아진 베이스 전류에 의해 제어되므로, 컬렉터 전류(I_C)는 다시 원래의 값으로 낮아지게 된다. 이 회로에서는 온도변화뿐만 아니라 제품오차도 보상된다.

교류신호로 제어할 때, 전압귀환에 의해서 발생되는 증폭손실은 콘덴서를 이용하여 보정한다.

> 동작점은 전압귀환으로 안정화시킬 수 있다. 출력전압 U_{CE}는 저항 R_B를 통해 입력 측에 음(−)으로 귀환되어 입력측 전압(U_{BE})과 전류(I_B)에 영향을 미친다.

(3) NTC-서미스터를 이용한 안정회로

블리더 저항을 이용한 바이어스회로(그림 2-107)에서 블리더 저항(R_2)을 NTC 또는 바리스터(VDR)로 대치한 회로가 그림 2-119이다.

베이스와 이미터 사이의 블리더 저항(R_2)를 NTC-저항으로 대치하였다. 이때 NTC의 온도계수는 트랜지스터의 온도계수와 거의 같아야 한다. 트랜지스터와 NTC-저항은 서로 접촉되어 있기 때문에 작동 시 거의 똑같은 온도가 된다. 트랜지스터와 NTC-저항의 열 접촉이 좋으면 좋을수록 안정화도 잘 이루어진다.

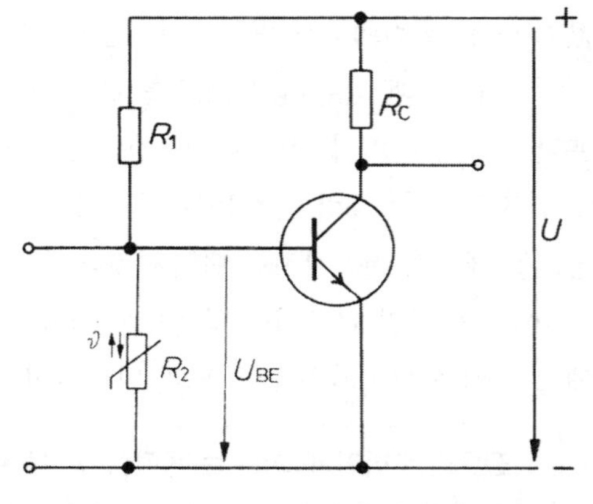

그림 2-119 NTC-저항을 이용한 안정화회로

트랜지스터의 온도가 상승하여 컬렉터 전류(I_C)가 상승하면 베이스 전압(U_{BE})이 높아진 것과 같다. 이때 NTC-저항은 온도가 높아짐에 따라 저항이 감소하므로, NTC-저항 양단의 전압(U_2)은 '$U_2 = U_{BE}$' 로 낮아지게 되어 베이스 전압(U_{BE})이 강하한다. 베이스 전압(U_{BE})이 감소하면 베이스 전류(I_B)가 감소하고, 베이스 전류(I_B)가 감소하면 컬렉터 전류(I_C)가 낮아지므로, 온도가 상승해도 컬렉터 전류(I_C)는 변화하지 않고 안정된 동작을 할 수 있게 된다.

NTC-저항만으로 저항의 감쇠도가 너무 심할 경우에는 NTC-저항과 병렬로 무유도저항(=옴저항)을 설치하여 감쇠도를 적절히 조정하는 방식을 사용한다.

> 트랜지스터의 온도변화와 제품오차는 NTC-저항을 사용하여 보정할 수 있다.

6. 스위치로서의 트랜지스터 - 트랜지스터 스위치

지금까지 트랜지스터를 교류입력신호의 선형증폭에 사용하는 경우에 대해서 주로 설명하였다. 즉, 컬렉터 전류(I_C)는 베이스 전류(I_B)의 일정 배율(B)로 증폭되어'$I_{CE} = B \cdot I_B$'를 만족하였다.

트랜지스터는 최대 컬렉터 전류$I_{C\cdot max}$)를 흐르게 하는 데 필요한 신호보다도 더 큰 신호로 동작시킬 수 있다. 즉, 포화영역에서 동작시킬 수 있다. 이 영역에서는 앞서 설명한 '$I_{CE}= B \cdot I_B$'는 더 이상 유효하지 않게 된다. 입력신호가 일정한 값을 초과하면 선형으로 증폭되지 않고 즉, 입력신호의 변화에 관계없이 출력은 '$I_C= I_{C\cdot max}$'로 항상 일정한 값으로 출력된다. 포화제어(saturation drive : Übersteuerung)를 해도 베이스 전류(I_B)와 컬렉터 전류(I_C)의 한계값을 초과하지 않는 한, 트랜지스터는 파괴되지 않는다.

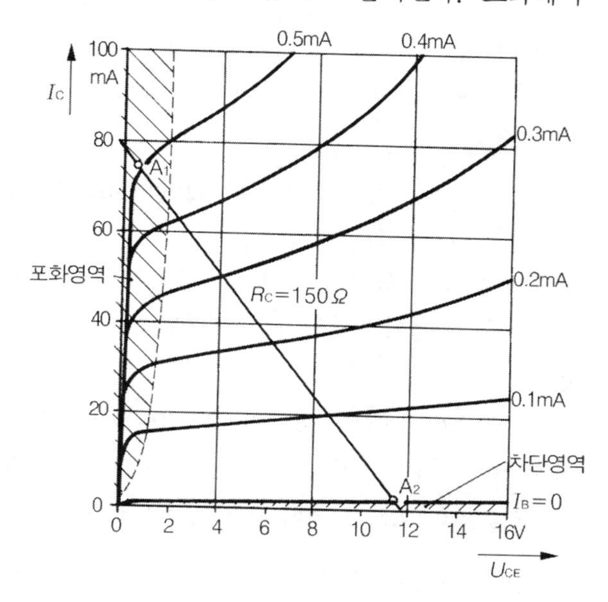

그림 2-120 출력특성곡선도-차단영역과 포화영역

입력신호가 베이스 전류(I_B)를 감소시켜 '$I_B = 0$'가 되면, 제어한계에 도달한다. 입력전압이 변화해도 베이스 전류 '$I_B = 0$'에 변화가 없으면, 베이스-이미터 사이의 PN접합은 차단영역에서 작동된다. 이 차단영역은 출력특성곡선에서 '$I_B = 0$'인 선의 아래 부분이 된다. 이때 컬렉터 전류(I_C)는 온도변화에 의한 미소한 누설전류(: Reststrom) 뿐이다.

이런 경우에 트랜지스터를 선형증폭기로 동작시킨다면 포화제어에 의해 입/출력 신호 사이에 편차가 발생하게 된다. 즉, 입력신호가 왜곡되어 출력신호는 변조된다. 이와 같은 경우는 증폭기회로가 아니다.

그러나 이와 같은 경우 트랜지스터는 스위치의 기능을 갖는다. 즉, 동작점이 포화영역(스위치 ON), 또는 차단영역(스위치 OFF)에 위치하게 된다. 이렇게 되면 트랜지스터는 릴레이처럼 동작한다.

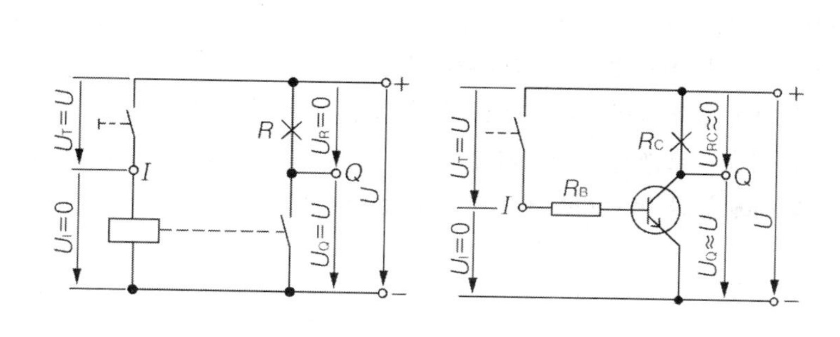

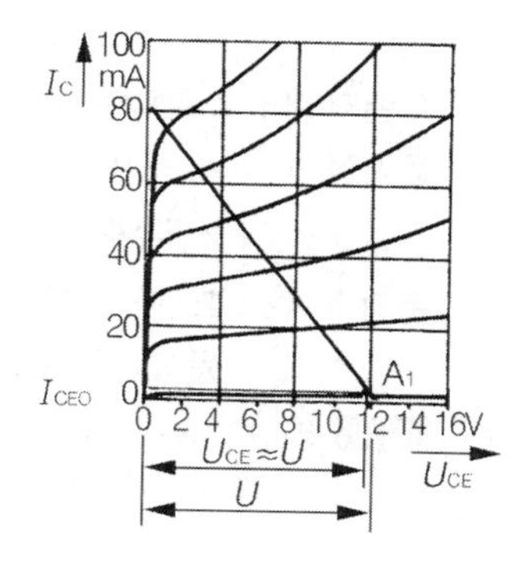

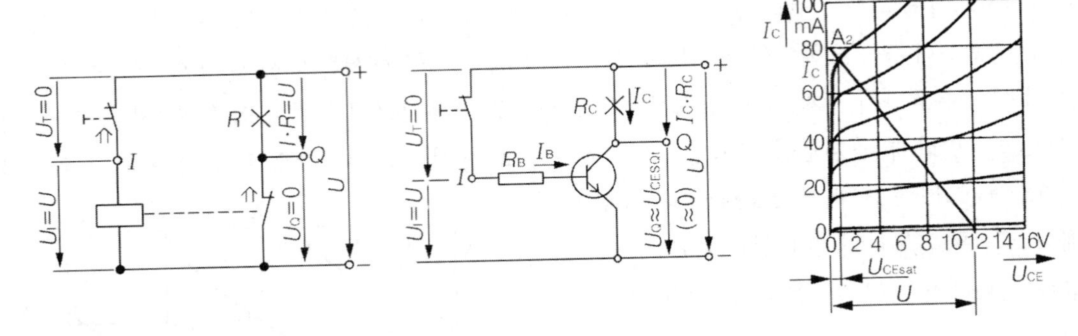

그림 2-121 릴레이회로와 스위치 트랜지스터의 비교

그림 2-121의 동작점 A1에서 릴레이와 트랜지스터는 작동하지 않는다. 릴레이 접점은 열려 있고 전구는 점등되지 않는다. 출력단자 Q에는 부하저항(=전구)을 거친 총 전압 '$U_Q = U$'가 인가된다.

트랜지스터에서는 동작점이 약간 변화한다. '$U_1 = 0$V', '$I_B = 0$A'이지만 그럼에도 불구하고 부하저항(=전구)과 컬렉터-이미터 사이에는 아주 미소한 차단전류가 흐른다.

'$U_Q = U$'이므로 출력 측의 전압은 높다. → H-레벨(High level)

입력측의 접점 스위치가 닫히면 릴레이는 동작한다. 릴레이 접점을 거쳐 전구에 전류가 흐른다. 접점이 닫힌 상태에서 '$U_Q = 0$V'이므로 출력은 낮다. → L레벨(Low level)

트랜지스터회로도 접점스위치를 닫으면 동작된다. 베이스전류(I_B)는 저항(R_B)에 의해 제한되나 포화제어될 만큼 높다. 즉, 트랜지스터의 동작점은 포화영역 내의 점 A2에 도달한다. 동작점 A2에서 컬렉터-이미터-전압(U_{CE})은 포화전압($U_{CE.sat}$)이 되어 '$U_Q = U_{CE.sat} \simeq 0$V'로 된다.

전기적으로 보면 트랜지스터는 이상적인 스위치가 아니다. 그러나 동작이 빠르고, 또 마모가 없다는 장점 때문에 스위치로 사용된다.

> 트랜지스터-스위치는 양극단의 동작점에서 동작된다. (그림 2-121 참조)
>
> 동작점 A1 : $I_B = 0$, $U_Q \simeq U$. 트랜지스터는 동작되지 않는다.
> 동작점은 차단영역 안에 있다. 아주 작은 차단전류가 흐른다.
>
> 동작점 A2 : 트랜지스터는 큰 베이스 전류에 의해 제어된다.
> 동작점은 포화영역 내에 있다. 트랜지스터는 포화제어된다. '$U_Q = 0$V'
>
> **참고** 트랜지스터는 이상적인 스위치가 아니다.
> 스위치 OFF상태에서도 차단전류가 흐르며, 차단전압이 인가된 상태이다.

7. 자동차에 이용되는 간단한 트랜지스터회로

트랜지스터는 기계식 스위치와 비교할 때, 가동접점이 없으며, 큰 전류를 거의 지체 없이 그리고 소음 없이 절환시킬 수 있다는 장점이 있다. 동시에 기계식 가동접점에서 요구되는 수리의 필요성도 없다. 트랜지스터를 이용한 부품이나 장치 중 몇 가지만 예를 들어 설명하기로 한다.

(1) 송풍모터의 회전속도제어

그림 2-122는 2개의 트랜지스터와 1개의 고정저항, 그리고 1개의 전위차계(potentiometer)로 구성된 송풍모터-제어회로이다.

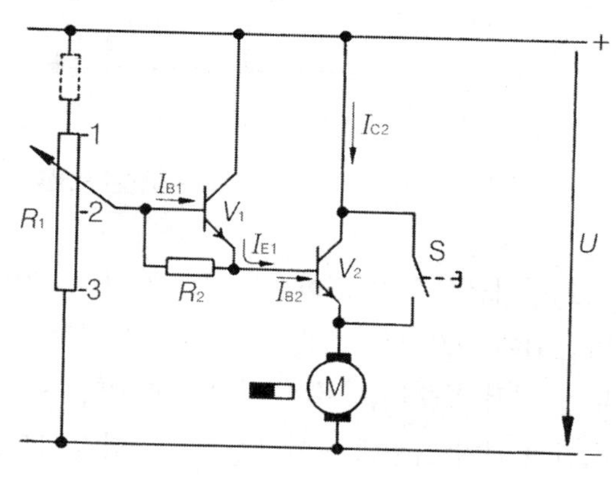

그림 2-122 송풍모터의 제어회로(예)

전위차계 R1에 의해 트랜지스터 V_1의 동작점이 설정된다. 예를 들면 운전자가 송풍스위치를 조작하여 전위차계를 위치 1에 맞추면, 트랜지스터 V_1에 허용최대전류가 흐른다. 그러면 트랜지스터 V_1은 도통되고, 트랜지스터 V_1의 출력은 트랜지스터 V_2의 베이스에 입력된다. 이어서 트랜지스터 V_2가 도통되고, 송풍기는 최대회전속도로 회전한다.

전위차계의 위치를 변경시키면 트랜지스터 V_1의 베이스전류가 감소한다. 따라서 트랜지스터 V_1의 컬렉터전류가 감소한다. 트랜지스터 V_1의 출력은 동시에 트랜지스터 V_2의 베이스 입력이므로, 트랜지스터 V_2는 더 이상 최대출력이 이르지 못한다. 트랜지스터 V_2의 컬렉터전류 I_{C2}는 감소하고, 동시에 송풍기의 회전속도는 낮아진다.

전위차계 위치 3에서는 트랜지스터 V_1은 차단된다. 따라서 트랜지스터 V_2도 더 이상 동작되지 않는다. 이제 송풍기는 회전하지 않는다.

송풍기는 전자제어회로와는 상관없이 버튼-스위치 S를 수동으로 조작하여 작동시킬 수도 있다.

(2) 드웰각 제어(dwell angle control)

접점식 점화장치에서 브레이커 포인트의 접점이 닫혀 있는 기간을 드웰기간(dwell period)이라 하고, 드웰기간 동안 배전기 캠의 회전각을 드웰각(dwell angle)이라 한다.

드웰각은 드웰기간에 비례한다. 그러나 기관의 회전속도가 상승할 경우, 드웰각에는 변화가 없으나 드웰기간은 짧아진다.

드웰기간 -1차전류가 흐르는 기간-이 짧아지면 점화코일의 자장이 충분히 형성될 수 없다. 그러므로 점화코일이 전 회전속도영역에 걸쳐 충분한 점화전압을 얻으려면, 고속에서는 드웰기간을 연장시켜야 한다.

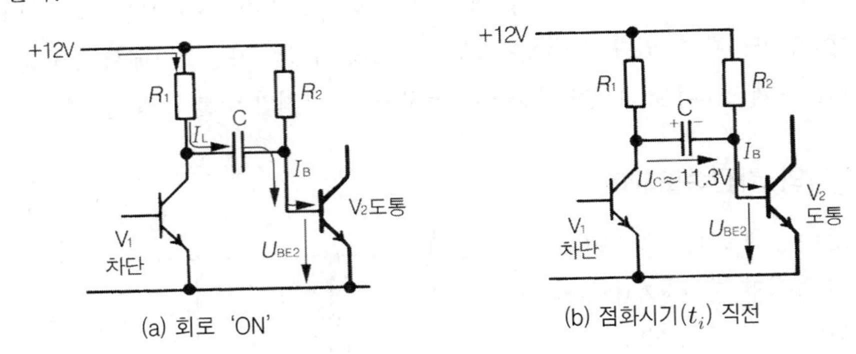

(a) 회로 'ON'　　(b) 점화시기(t_i) 직전

그림 2-123 간단한 드웰각 제어회로(트랜지스터 V1 차단상태)

트랜지스터 V1은 점화 1차 펄스에 의해 제어된다. 점화펄스가 없는 기간 동안, 트랜지스터 V1이 차단되어 있으므로 트랜지스터 V2에는 저항 R2를 통해서 전압이 인가된다. 이때 콘덴서 C는 저항 R1을 거쳐서 오는 전류에 의해 충전된다. 회전속도가 낮을 때는 트랜지스터 V1이 차단되어 있는 시간이 길기 때문에 콘덴서는 최대전압 약 11.3V까지 축전된다.

$$U_C = U - U_{BE2} = 12\text{V} - 0.7\text{V} = 11.3[\text{V}]$$

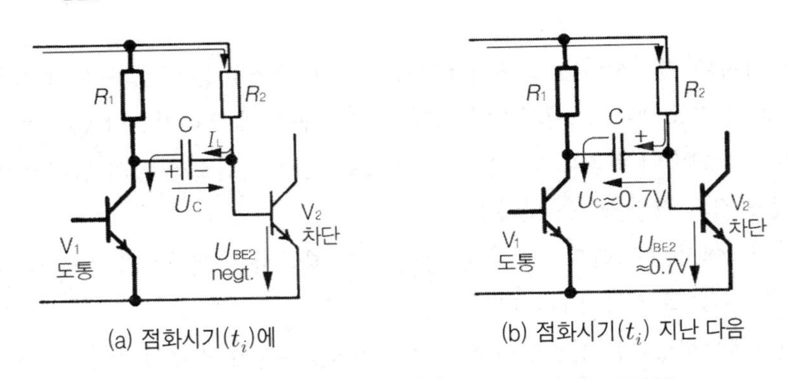

(a) 점화시기(t_i)에　　(b) 점화시기(t_i) 지난 다음

그림 2-124 간단한 드웰각 제어회로(점화시기와 점화시기 직후)

점화시기(t_i)가 되면 트랜지스터 V1은 점화펄스에 의해 제어가 시작되어 도통된다. 이 순간 축전상태의 콘덴서 C는 (트랜지스터 V2의) 전원으로 작용하여, 트랜지스터 V2의 베이스에는 음(−)전위 ($U_C \simeq -11.3\text{V}$)가 인가된다. 트랜지스터 V2는 차단된다. 이제 콘덴서는 저항 R2를 거쳐 트랜지스터 V1의 컬렉터-이미터로 흐르는 전류에 의해 축전된다. 이때 콘덴서는 먼저 −11.3V의 음(−)전위를 소멸시켜야 한다. 콘덴서의 전압이 +0.7V에 도달한 다음에는 트랜지스터 V2의 베이스에도 양(+)전위($U_{BE} \simeq 0.7\text{V}$)가 공급되어, 트랜지스터 V2는 다시 도통되게 된다. (트랜지스터 V2

가 도통되면 점화 1차코일에 전류가 흐르게 된다.)

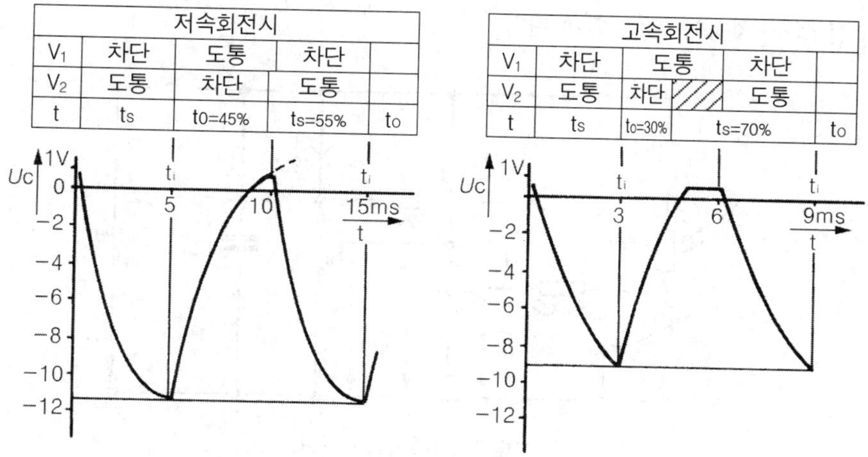
저속회전시
V1 차단 도통 차단
V2 도통 차단 도통
t ts t0=45% ts=55% to
Uc
1V
0
-2
-4
-6
-8
-10
-12
ti
5
10
15ms
t
고속회전시
V1 차단 도통 차단
V2 도통 차단 도통
t ts to=30% ts=70% to
Uc
1V
-2
-4
-6
-8
-10
-12
ti
3
6
9ms
t

그림 2-125 드웰각제어의 펄스파형과 콘덴서 전압의 시간적 변화

고속에서는 트랜지스터 V_1의 차단시간(=드웰기간)이 짧아 콘덴서 C는 '$U_C \simeq 11.3V$'로 축전되지 못하고, 예를 들면 '$U_C \simeq 9V$'로 축전된다. 이때는 콘덴서가 다시 축전되는 기간이 현저하게 단축되므로 트랜지스터 V_2는 조기에 도통되고, 따라서 점화코일의 1차전류회로는 일찍 닫힌다(ON). 즉, 점화코일에 1차전류가 흐르는 기간이 길어진다. 그러나 점화시기(t_i)에는 변화가 없다. 결과적으로 점화시기를 그대로 유지하면서도 드웰기간을 연장시키는 결과가 된다. (그림 2-125 참조)

이 간단한 드웰각 제어회로는 단지 4기통기관에 사용된다. 6기통이나 8기통기관에서는 고속에서 접점이 열려있는 기간이 크게 단축되므로, 보다 복잡한 회로를 이용하여 드웰각을 제어한다.

(3) 주차등 자동회로

주간에 터널을 통과하기 전에 주차등을 점등시켰으나 통과 후에 주차등을 소등시키지 않은 경우, 또는 어두워지면 자동적으로 주차등이 점등되도록 할 경우 등, 주차등 자동회로는 아주 유용하게 이용된다.

주차등 자동회로는 밝기에 따라 자동적으로 주차등회로를 ON-OFF시키는 기능을 한다. 센서로서는 광저항기(LDR : light detecting resistor) 즉, 광전소자가 사용된다.

그림 2-126에서 광저항기는 저항 R_1과 전위차계 R_2와 직렬로 연결되어 분압기를 형성하고 있다. 광저항기(LDR)에 빛이 비춰지지 않으면 저항이 높아 전위차계 R_2에서의 전압강하는 아주 작다. 즉, '$U_{BE1} < 0.7V$' 그리고 '$I_{B1} \simeq 0$'이므로 트랜지스터 V_1을 도통시킬 수 없다. 트랜지스터 V_1이 차단되어 있기 때문에 저항 R_4를 거치는 컬렉터전류(I_{C1})는 없다. 그러나 저항 R_4는 트랜지

스터 V_2의 베이스저항으로 작용한다. 트랜지스터 V_2의 베이스전압 U_{BE2}가 0.7V보다 높으면 V_2는 도통되어, 전구(=주차등)는 점등되게 된다.

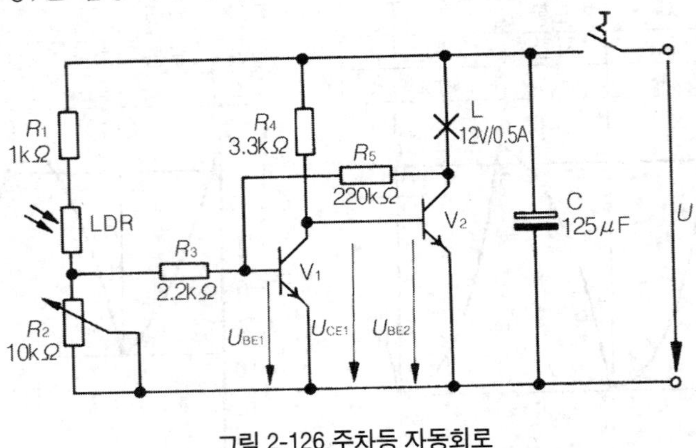

그림 2-126 주차등 자동회로

트랜지스터 V_2의 출력측은 저항 R_5 를 통해 트랜지스터 V_1의 입력측과 연결되어 있다. 광저항기 LDR에 빛이 비춰지면 저항이 감소한다. 이제 슬라이더의 위치에 따라 전위차계 R_2에서도 전압강하가 크게 발생한다. 이 전압은 저항 R_3를 통해 트랜지스터 V_1의 베이스에 공급된다. '$U_{BE1} \simeq 0.7V$'에 도달하면 트랜지스터 V_1은 도통된다. 트랜지스터 V_1의 컬렉터전압(U_{CE1})과 트랜지스터 V_2의 베이스전압(U_{BE2})이 같아지면 즉, $U_{CE1} = U_{BE2}$가 되어 그 값이 0.2V에 도달하면 트랜지스터 V_2는 차단된다. 이제 주차등은 자동적으로 소등된다.

포텐시오미터 R_2의 슬라이더 위치를 미리 조정하여 주차등 자동제어 작동점을 설정한다.

8. 스위치 트랜지스터의 용량성 부하 및 유도성 부하

지금까지 설명한 내용은 트랜지스터가 무유도 저항(=옴 저항)에 의한 부하를 받는 경우에 국한하였다. 이를 종합하면 다음과 같다. 제어할 때, 동작점은 부하곡선을 따라 A_1(트랜지스터 차단)에서 A_2(트랜지스터 도통)로 직선적으로 최단거리를 왕복한다. 실제 사용 중에는 규격표상에 명시된 한계값을 초과해서는 안 된다.

손실출력(P_{loss})은 트랜지스터의 전압과 전류로부터 계산한다.

$$P_{loss} = U_{CE} \cdot I_C + U_{BE} \cdot I_B$$

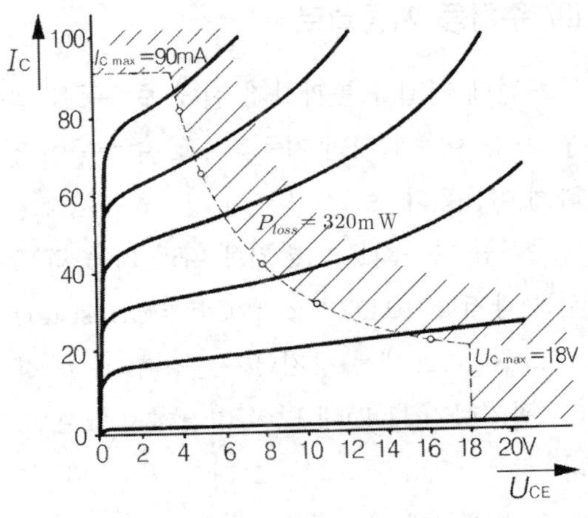

그림 2-127 트랜지스터의 동작영역

(1) 트랜지스터 동작영역(그림2-127 참조)

입력손실은 출력손실에 비해 아주 작기 때문에 일반적으로 무시한다. 따라서 트랜지스터의 출력손실은 다음 식으로 표시될 수 있다.

$$P_{loss} \simeq U_{CE} \cdot I_C$$

$P_{loss} = 320\mathrm{mW}$로 주어졌다면 U_{CE}와 I_C의 여러 점에서의 손실출력을 계산하여 출력곡선을 작성할 수 있다. 열이 발생되는 만큼 냉각시키면 허용 최대출력을 상승시킬 수 있다.

회로는 손실출력이 부하곡선보다 낮도록 설계하여, 트랜지스터에 과부하가 걸리지 않도록 하여야만 주어진 조건하에서 그 성능을 모두 발휘할 수 있다.

(2) 트랜지스터의 용량성 부하

무유도저항(=옴저항)을 용량성 저항 또는 유도성 저항으로 대체할 수 있다. 무유도저항을 유도저항으로 대체하면, 회로는 이제까지 설명한 규칙에 합치되지 않는다. 동작점은 ON-OFF할 때 더 이상 부하곡선을 따라 직선적으로 이동하지 않는다. 즉, 트랜지스터에 약간의 과부하가 걸릴 수 있다.

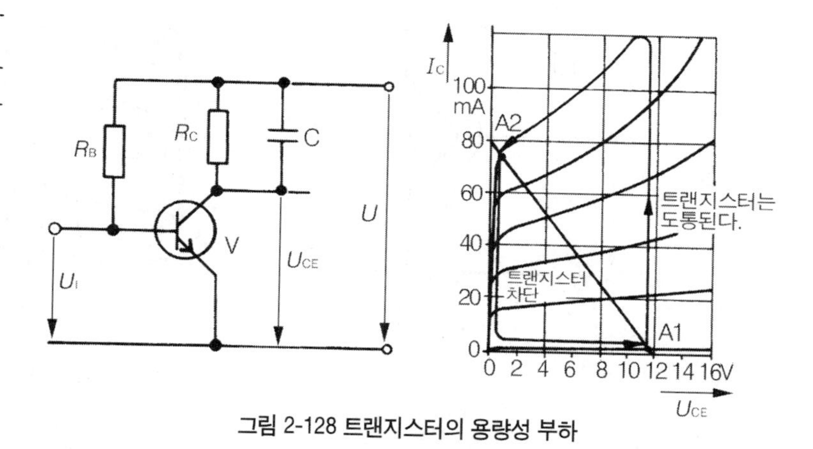

그림 2-128 트랜지스터의 용량성 부하

그림 2-128에서 스위치-트랜지스터의 입력측에 음(−)의 신호가 입력되면, 트랜지스터는 차단되고 동작점은 A1이 된다.

$$U_{CE} = U, \qquad I_C \simeq 0, \qquad U_C = U_{RC} = I_C \cdot R_C = 0$$

트랜지스터가 차단된 상태에서 도통상태로 바뀌면 컬렉터전류(I_C)가 상승하고, 따라서 전압강하 '$I_C \cdot R_C$'가 발생한다. R_C에 병렬로 결선된, 축전되지 않은 콘덴서는 먼저 단락된 것처럼 거동한다. 그러면 컬렉터전류(I_C)는 급격하게 상승곡선을 그리다가 베이스전류에 의해 그 기울기가 제한된다. 콘덴서가 축전되고 나면 트랜지스터의 동작점은 A2에 도달한다. 이때 동작점의 이동과정은 부하곡선을 따라 직선적으로 이동하지 않고, 콘덴서 축전 중 허용손실출력보다 높은 영역을 통과한다. 이 스위치과정은 트랜지스터에 과부하가 걸리게 한다. 따라서 회로를 설계할 때에 이와 같은 상황들을 고려한다. 콘덴서의 용량이 클수록 트랜지스터에 과부하가 걸리는 시간이 길어진다.

음(−)의 신호에 의해 스위치-트랜지스터가 다시 차단되면, 이제 콘덴서는 컬렉터저항(R_C)을 통해 방전할 수 있게 된다. 방전기간 중 컬렉터저항(R_C)에서의 전압강하는 그대로 유지된다.

콘덴서가 방전되고 나면 동작점은 부하곡선보다 낮은 영역 내에서 이동하며, '$U_C = 0V$'가 되면 트랜지스터의 동작점은 A_1에 도달한다.(그림 2-128 참조)

(3) 트랜지스터의 유도성 부하

그림 2-129와 같이 트랜지스터의 출력측이 릴레이에 의해 부하되면 스위치의 거동은 무유도저항에 의해서가 아니고, 코일의 유도저항의 영향을 받는다.

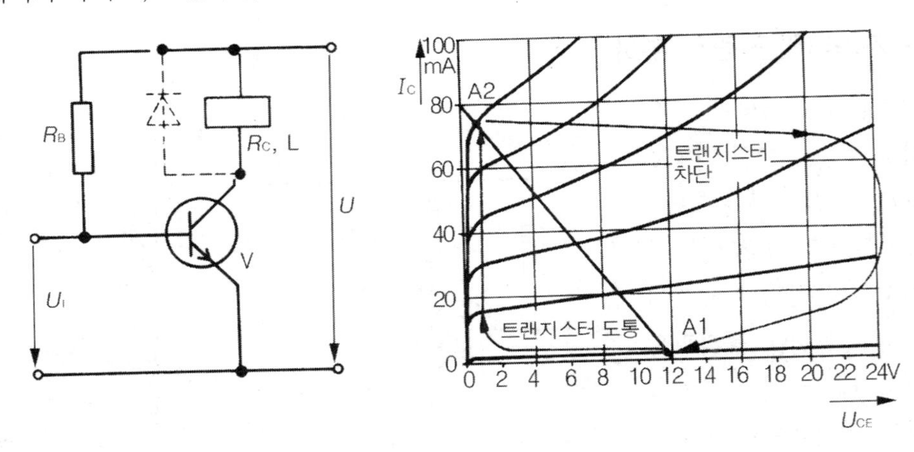

그림 2-129 트랜지스터의 유도성 부하

트랜지스터는 먼저 차단상태에서 도통상태로 제어된다. 절환되는 순간, 코일에는 큰 자체유도전압이 발생한다. 이 전압은 공급 전압과는 반대방향으로 흐르므로 처음에는 전류가 흐를 수 없다.

$$U_{RC} = I_C \cdot R_C = 0$$

릴레이 코일의 인덕턴스에 따라 전류가 천천히 증가하여 자장을 형성하게 되면 반유도작용은 감소한다. 전류가 자신의 최대값에 도달하면 동작점은 부하곡선 상의 점 A_2에 도달한다. 절환과정 중, 동작점은 부하곡선의 하부영역에서 이동한다.

이제 트랜지스터가 도통상태에서 차단상태로 제어되면 릴레이 코일의 자장은 붕괴되면서, 릴레이 코일에 다시 자체유도전압을 발생시킨다. 공급전압과 자체유도전압의 방향이 같으므로(렌츠 법칙), 잠간동안 전압피크가 걸린다. 이 전압피크는 공급전압보다 훨씬 높을 수 있다.

트랜지스터가 차단상태로 절환될 때, 동작점은 부하곡선의 상부에서 거의 일정한 컬렉터전류의 특성곡선을 그리면서 이동한다. 자장이 소멸된 후에야 동작점은 A_1에 도달한다.

여기에서 설명한 스위치과정은 자동차전자에서는 여러 회로에서 발생한다. 예를 들면 발전기 여자회로에서 전압조정 시에, 점화장치에서 1차전류를 ON-OFF시킬 때 등 많은 회로에 이용된다. 발생된 자체유도전압은 다이오드를 이용하여 단락시키거나, 또는 Z-다이오드로 안정시키는 방법을 이용한다.(그림 2-129 참조)

유도성 부하는 ON-OFF시 트랜지스터에 과부하를 걸리게 할 수 있다. 다이오드를 이용하여 자체유도전압을 단락시켜, 트랜지스터를 보호할 수 있다.

9. 달링턴 회로(Darlington circuit)

자동차에서 스위치-트랜지스터에 의해 약 20A까지의 전류가 스위칭 된다. 이런 종류의 트랜지스터는 비교적 전류증폭도가 낮아, 높은 베이스 전류를 필요로 한다. 이 때 앞 단계에 설치된 증폭기에 과부하가 걸리게 된다. 이와 같은 이유 때문에 출력 트랜지스터에 트랜지스터를 직접 연결하게 된다.(그림 2-130 참조)

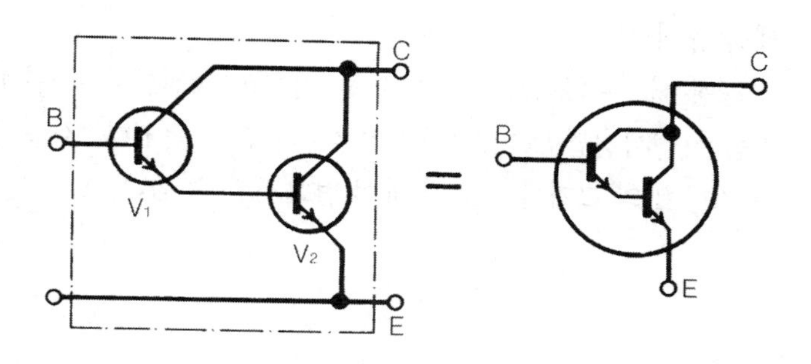

그림 2-130 NPN-트랜지스터를 이용한 달링턴 회로

2개의 트랜지스터를 하나의 반도체 결정에 집적하고, 이를 1개의 하우징 내에 밀봉한다. 이런 증폭기는 1개의 트랜지스터와 마찬가지로 3개의 단자(베이스, 이미터, 컬렉터)만 가지고 있다. 이를 달링턴-증폭기라하며 1개의 트랜지스터처럼 사용한다.

총 증폭도는 2개 트랜지스터 각각의 증폭도의 곱으로 표시한다.

달링턴 회로는 2개의 트랜지스터를 하나로 결합시킨 것이다. 전류증폭도가 높기 때문에 고출력회로에 사용되며 1개의 트랜지스터처럼 취급한다.

자동차전자분야에서는 고출력회로와 고전압에 대한 내구성이 요구되는 회로에 달링턴 트랜지스터를 사용한다.

점화 1차회로에서는 달링턴 출력단계를 이용하여 정상작동전류 9A까지 스위칭 시킨다. 기동시킬 때, 또 이미 설명한 자여자 발전기에서는 약 20A까지의 전류를 출력한다.

그림 2-131은 달링턴 회로를 이용한 간단한 경우이다. 이 회로는 예를 들면 자동차에서는 실내등의 소등을 지연시키는 회로에 사용할 수 있다.

그림 2-131의 회로제어는 추가로 설치된 도어(door)접점에 의해서 시작된다. 문이 열리면 도어접점은 곧바로 달링턴 회로의 전류회로를 ON시킨다. 베이스전류는 저항 R_1과 저항 R_3을 거쳐서 흐른다. 트랜지스터 V_1과 V_2가 도통되고, 전구(=실내등)는 점등된다. 이 회로 상태에서 콘덴서는 축전된다.

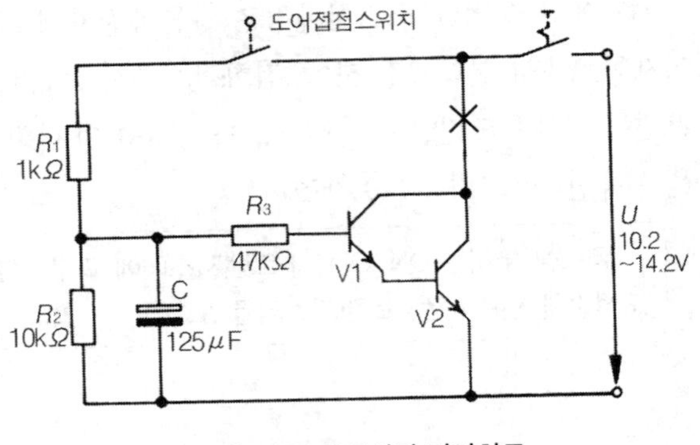

그림 2-131 회로차단 지연회로

문을 닫으면 도어접점은 이제 열린다. 그러나 축전된 콘덴서가 전원으로 작용하여 실내등회로에 전류를 공급한다. 트랜지스터 V_1과 V_2는 계속 도통되고, 전구(=실내등)는 점등된 상태를 유지한다.

콘덴서는 추가적으로 저항 R_2를 거쳐서 방전한다. 저항 R_3를 거쳐 베이스전류가 흐를 수 없을 만큼 콘덴서전압 Uc가 낮아지면 실내등은 소등된다. 소등지연시간은 콘덴서(C)의 용량을 바꾸거나 저항 R_2의 크기를 다르게 하여 변화시킬 수 있다.

제2장 전자 기초이론

제9절 필터 회로

(Filter circuits: Hochpass / Tiefpass)

펄스 파(pulse wave)란 지속되는 시간이 극히 짧고, 일정한 주기로 반복되는 전압이나 전류의 파형을 말한다. 펄스의 방향에 따라 방향이 (+)인 펄스 파를 양(+)펄스(positive pulse), 방향이 음(－)인 펄스 파를 음(－)펄스(negative pulse)라 한다.

펄스의 형상에 따라 구형(=정사각형)파, 직사각형파, 피크-파(peak wave) 등으로 구분한다. 피크-파(peak wave)란 파형의 상승 또는 하강부의 끝이 뾰쪽한 펄스 파를 말한다.

직류전류를 주기적으로 ON-OFF시키면 사각형(=구형) 펄스가 발생한다. 이를 변조시키기 위해서 콘덴서를 사용한다.

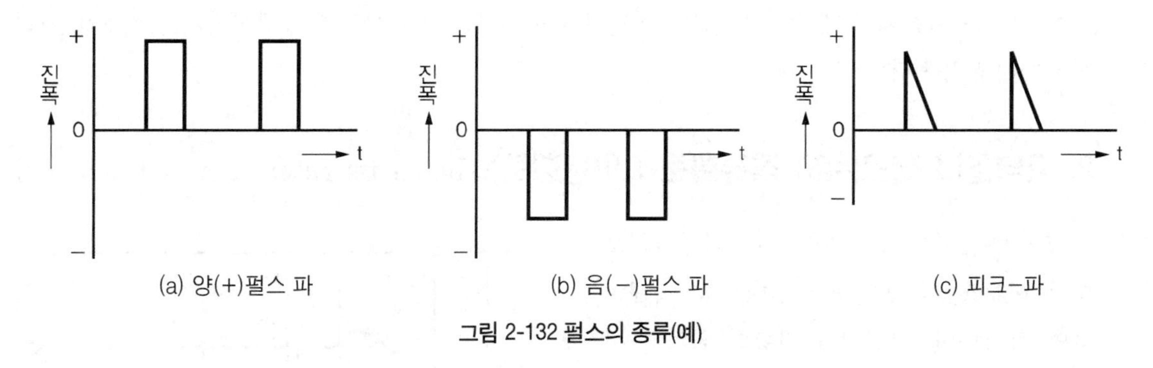

그림 2-132 펄스의 종류(예)

1. 저역필터 회로[=RC-직렬회로 ; 적분회로](Low pass filter circuit : Tiefpass)

그림 2-133은 RC-직렬회로(저역필터회로 또는 적분회로)이다. 출력 펄스의 형상 '$U_2 = U_C$' 는 시정수($\tau = R \cdot C$)와 주기(T)에 의해 결정된다.

ON-시간($T/2$)이 5τ보다 길면 그림 2-134(a)와 같은 파형이, ON-시간($T/2$)이 1τ보다 짧으면 그림 2-134(b)와 같은 파형이 출력된다.

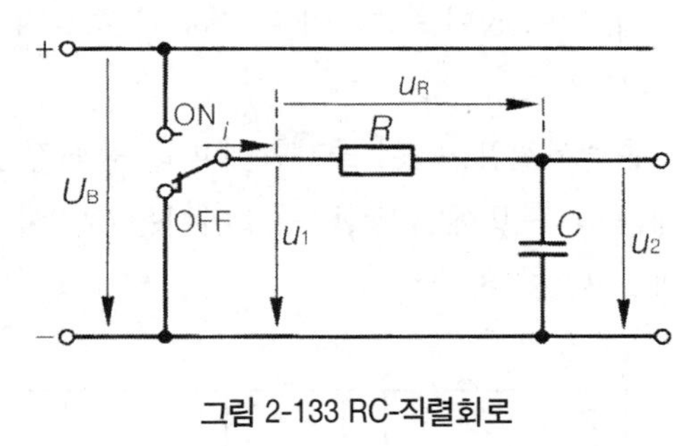

그림 2-133 RC-직렬회로

회로 주파수에 상관없이 직류전압의 평균값(산술평균) u는 $u = (U_B/2)$가 된다. 콘덴서가 축전되는 동안(ON-기간) RC-직렬회로는 분압기로 기능하여 전원전압 U_B를 u_R과 $u_c = u_2$로 분할한다. 그리고 저항 R에서의 전압 u_R은 콘덴서 축전전류에 따라 결정된다. 즉, $u_R = i \cdot R$ 이 된다.

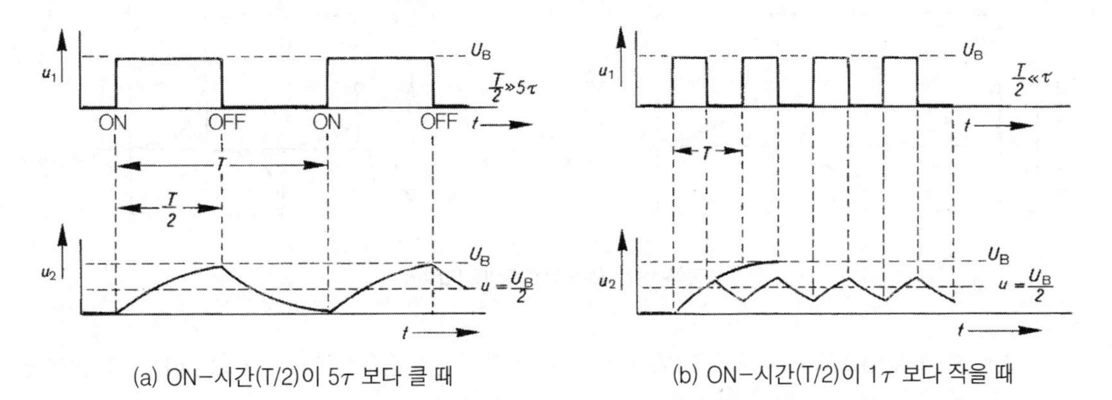

그림 2-134 RC-직렬회로에서의 전압 파형

콘덴서전압 u_c는'$u_c = U_B - u_R$'로 계산된다. 그리고 콘덴서가 완전 축전되면'$u_R = 0$'이 된다.

이 회로는 시간에 비례하는 전압 (또는 전류파형) 즉, 톱니파 신호를 발생시키거나 신호를 지연시키는데 사용된다.

2. 고역필터 회로(=CR-직렬회로 : 미분회로)(High pass filter circuit: Hochpass)

그림 2-135는 CR-직렬회로(고역필터회로 또는 미분회로)로서 그림 2-133 RC-직렬회로와 비교하면, 콘덴서와 저항의 위치가 서로 바뀐 상태이다. 이 회로는 사각형파의 입력으로부터 폭이 좁은 트리거 펄스(trigger pulse)를 얻어내는 데 이용한다. 이 회로에서는 저항 R에서의 전압(u_R)이 출력전압(u_2)이 된다.

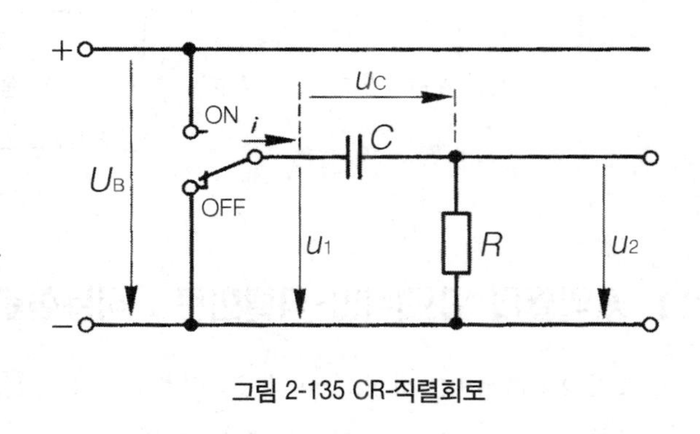

그림 2-135 CR-직렬회로

회로가 ON되는 순간에 큰 전류가 흐르기 때문에, 출력전압 u_2는 '$u_2 = u_1 = U_B$'가 된다.(그림 2-136 참조)

콘덴서전압(u_c)이 증가함에 따라 출력전압(u_2)은 점점 감소하여, 콘덴서의 축전이 종료될 무렵에는 '$u_2 = 0$'에 도달한다. 스위치를 OFF시키면 콘덴서의 방전전류에 의해 똑같은 전압펄스가 반대방향으로 발생한다.

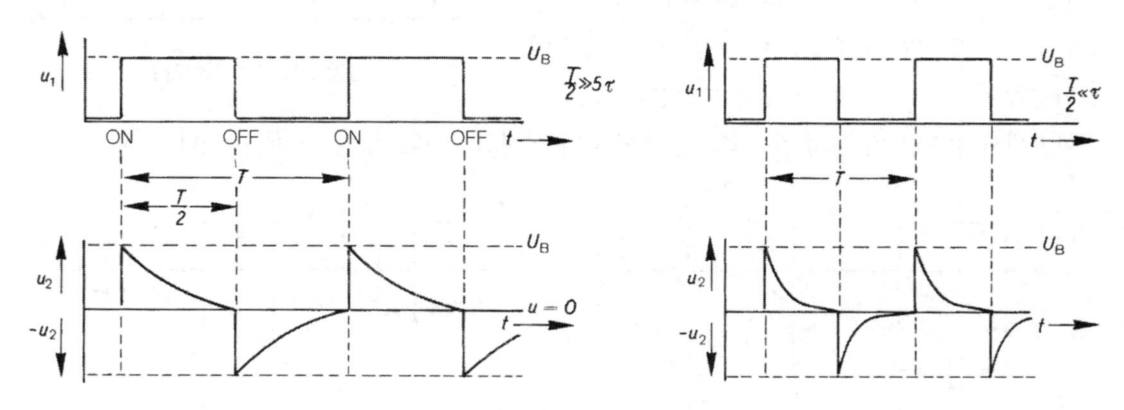

그림 2-136 CR-직렬회로의 전압파형

시정수 τ 가 사각형펄스의 ON-기간보다 아주 작으면, 폭이 좁은 피크파(peak pulse)가 발생한다. CR-직렬회로에서는 급격한 전압변화신호가 출력측에 전달된다. 출력직류전압의 평균값은 0이 된다.

3. RL-직렬회로(초크코일을 이용한 펄스 회로)

펄스회로에서 저항을 초크코일*로, 콘덴서를 저항으로 대치시키면 그림 2-137과 같은 RL-직렬회로가 된다. 입력측에 구형펄스가 입력되면 출력펄스는 이미 앞에서 설명한 바와 같이, RL-회로는 고역필터의, LR-회로는 저역필터의 기능을 수행한다.

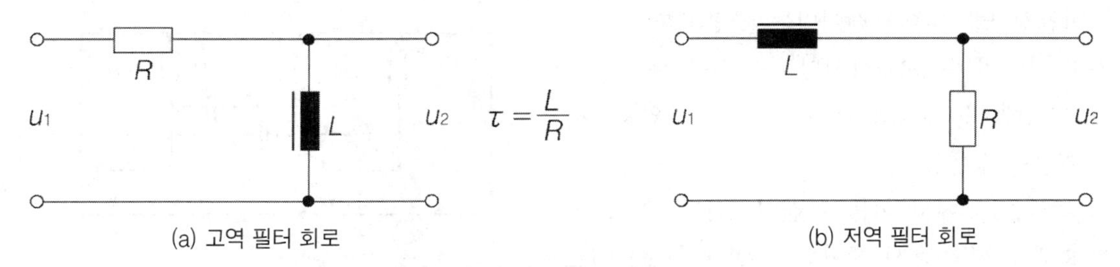

그림 2-137 초크코일을 이용한 펄스 회로

제2장 전자 기초이론

제10절 멀티-바이브레이터와 슈미트-트리거
(Multivibrator and Schmitt trigger)

자동차전자 분야에서는 센서시스템(홀센서, 또는 유도센서 등)에 의해서 발생된 신호를 먼저 처리하여 구형파로 변환시켜야 한다. 그 이유는 다음 단계에 접속된 회로들은 충분히 큰 진폭과 가파른 측면경사를 가진 신호만을 정확하게 평가할 수 있도록 설계되어 있기 때문이다.

다른 시스템 예를 들면, 신호등스위치, 와이퍼-인터벌-스위치 등의 회로에서도 별도의 독립적인 구형파를 발생시키는 회로를 필요로 한다. 이러한 회로들의 동작상태는 ON-OFF 즉, 한 상태에서 다른 상태로의 반전을 반복하므로 발진회로라 한다. 이때 반전은 스스로 또는 외부신호에 의해 이루어진다.

---

* 초크코일(choke coil : Drosselspulen) : 철심(core)에 가는 전선을 많이 감은 코일로서 예를 들면 AFC(audio frequency choke coil) 같은 것이 있다.

멀티-바이브레이터는 결합회로의 종류에 따라 비안정(astable)-, 쌍안정(bistable)-, 그리고 단안정-멀티바이브레이터(mono-stable multivibrator)로 구분한다.

1. 비안정 멀티바이브레이터(astable multivibrator : Astabile Kippstufe)

비안정 멀티바이브레이터는 구형파를 발생시키기 위하여 수 MHz까지의 주파수를 사용한다. 이 회로에서는 2개의 트랜지스터가 스위치로서의 기능을 수행한다.

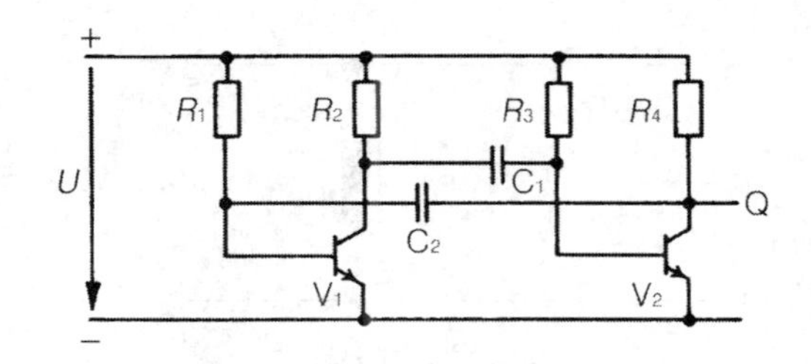

그림 2-138 비안정 멀티바이브레이터

그림 2-138에서 이들 트랜지스터는 베이스저항 R_1과 R_3에 의해서 제어되며, 컬렉터 전류회로는 저항 R_2 와 R_4 에 의해서 부하가 걸린다. 트랜지스터 V_1의 출력측은 콘덴서 C_1을 통해, 트랜지스터 V_2의 입력측과 연결되어 있다. 콘덴서 C_2는 반대로 트랜지스터 V_2의 출력측과 트랜지스터 V_1의 입력측을 연결한다.

(1) 트랜지스터 V1이 ON되고 트랜지스터 V2가 OFF일 때(그림 2-139 참조)

스위치를 넣으면 제품오차 때문에 트랜지스터 1개가 먼저 도통된다. 트랜지스터 V_1이 먼저 도통되어 전압 U_{CE1}이 약 0.2V로 강하한다. 이 전위는 콘덴서 C_1을 거쳐서 트랜지스터 V_2의 베이스에 인가되지만, 전압이 낮기 때문에 트랜지스터 V_2는 그대로 차단상태를 유지한다.

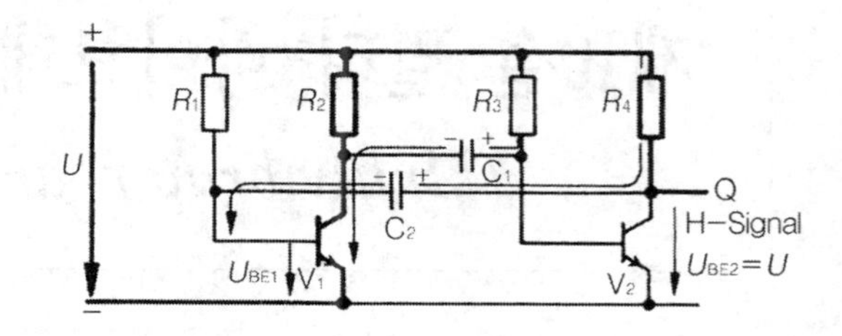

그림 2-139 비안정 멀티바이브레이터 - 트랜지스터 V_1 도통상태

이때 트랜지스터 V_2의 출력전압(U_{Q2})은 다음과 같다.

$$U_{Q2} = U_{CE2} = 12\text{V}$$

그리고 콘덴서 C_2는 저항 R4를 거쳐 약 11.3V로 축전된다.

$$U_{C2} = U_{CE2} - U_{BE1} = 12\text{V} - 0.7\text{V} = 11.3[\text{V}]$$

콘덴서 C_2의 축전경로 : $U \rightarrow R_4 \rightarrow C_2 \rightarrow V_1$

콘덴서 C_1의 방전경로 : $U \rightarrow R_3 \rightarrow C_1 \rightarrow V_1$

(2) 트랜지스터 V_1이 OFF이고 트랜지스터 V_2가 ON일 때(그림 2-140 참조)

콘덴서 C_1의 축전은 저항 R_3을 거쳐서 이루어진다. 콘덴서 C_1의 축전전압 U_{C1}이 약 0.7V에 도달하면, 곧바로 트랜지스터 V_2의 베이스에 양(+)전위 $U_{BE2} \simeq 0.7V$가 공급되므로, 트랜지스터 V_2가 도통된다. 트랜지스터 V_2의 출력전압 U_{Q2}는 약 0.2V로 강하되고, 트랜지스터 V_1의 베이스에는 콘덴서 C_2를 거쳐 음(−)전위($U_{C2} \approx -11.3V$)가 인가된다. 이제 트랜지스터 V_1은 차단되고, V_1의 출력전압 U_{CE1}은 '$U_{CE1} = 12V$'가 된다. 그리고 2개의 콘덴서는 역으로 축전된다. 즉, 콘덴서 C_1은 저항 R_2를 거쳐서, 콘덴서 C_2는 저항 R_1을 거쳐서 축전된다.

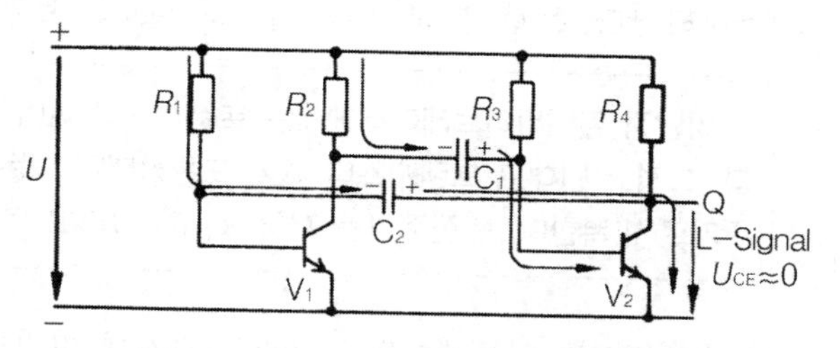

그림 2-140 비안정 멀티바이브레이터-트랜지스터 V_2 도통, 콘덴서 아직 축전되지 않은 상태

콘덴서 C_1의 축전경로 : $U \rightarrow R_2 \rightarrow C_1 \rightarrow V_2$

콘덴서 C_2의 방전경로 : $U \rightarrow R_1 \rightarrow C_2 \rightarrow V_2$

$$U_{C1} = U_{CE1} - U_{BE2} = 12V - 0.7V = 11.3[V]$$

트랜지스터 V_1이 도통되려면, 콘덴서 C_2에서는 먼저 음(−)전위 −11.3V를 소멸시켜야 한다. 그런 다음에 콘덴서 C_2의 전압이 약 +0.7V에 도달하면 트랜지스터 V_1의 베이스에 양(+)전위($U_{BE1} \approx 0.7V$)가 공급된다. 이제 트랜지스터 V_1은 다시 도통된다.

도통된 트랜지스터 V_1의 출력전압 U_{CE1}은 다시 약 0.2V로 강하하고, 이제 콘덴서 C_1을 거쳐서 음(−)전위($U_{C1} \approx -11.3V$)가 트랜지스터 V_2의 베이스에 공급된다. 그러면 트랜지스터 V_2는 또다시 차단되고 2개의 콘덴서는 다시 역으로 축전된다.

이와 같이 전 과정을 계속적으로 반복하여, 출력측에서는 주기적으로 구형파를 얻는다. 그리고 이때 입력측과 출력측의 시정수가 같다면, ON-OFF 주기도 서로 같다.

$$R_1 \cdot C_2 = R_3 \cdot C_1$$

펄스 주파수(ON-OFF주기)는 저항과 콘덴서를 임의 선택하여 변환시킬 수 있다. 시정수 '$R_1 \cdot C_2$'가 시정수 '$R_3 \cdot C_1$'보다 크면, 트랜지스터 V_1의 차단시간은 트랜지스터 V_2의 차단시간보다 더 길어진다. 그러면

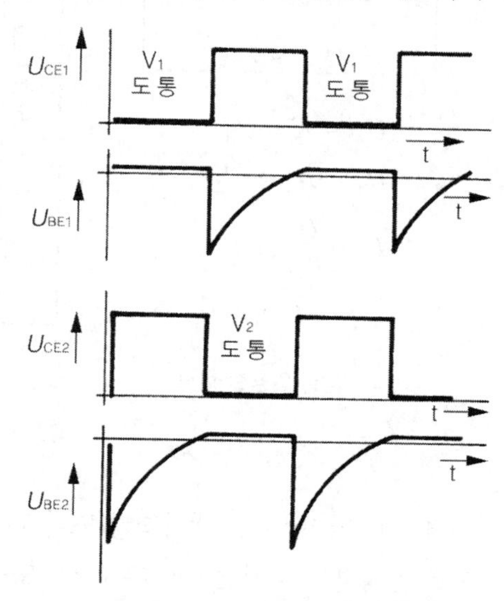

그림2-141 비안정 멀티바이브레이터의 입출력전압

트랜지스터 V_1의 출력신호는 $U_{Q1} = 12\text{V}$ 의 크기로 장시간 동안, $U_{Q1} = 0.2\text{V}$ 의 크기로는 단시간 동안 나타난다. 트랜지스터 V_2의 출력측 신호는 트랜지스터 V_1과는 반대로 된다.

> 비안정 멀티바이브레이터에서는 트랜지스터 V_1이 통전상태일 때, 트랜지스터 V_2는 차단상태가 된다. 그리고 반대로 트랜지스터 V_2가 도통상태일 때는 트랜지스터 V_1이 차단상태가 되는 동작을 일정 주기로 반복한다. 반전주기는 저항 R_1, R_3 그리고 콘덴서 C_1, C_2에 의해서 결정된다.

비안정 멀티바이브레이터는 자동차전자에 다방면으로 이용된다. 예를 들면 방향지시등회로, 비상점멸등회로, 계기판 조명회로 및 스위치 등에 사용된다.

계기판의 조명회로를 보자. 장시간 야간주행 시 계기판의 조명은 외부 교란요소에 아주 민감하다. 따라서 많은 자동차들이 계기판의 밝기를 조정할 수 있도록 하고 있다.

밝기를 조정하는 방법은 여러 가지가 있다. 가장 간단한 방법은 저항을 사용하는 방법이다. 그림 2-142(a)에서 전구전압은 저항기에서 따라 전압강하가 발생되는 만큼 낮아진다. 이 회로의 단점은 저항에서 변환된 에너지를 유용하게 사용하지 못하고 열로 발산시켜야 한다는 점이다.

전자회로를 사용하여 계기판의 밝기를 조정하는 경우에는, 전위차계(기준값 센서)를 거쳐 전자회로가 작동되도록 한다. 이때 전구에 흐르는 전류는 ON-OFF을 계속적으로 반복한다. 따라서 이 때 스위칭 주파수(ON-OFF 주파수)로는 전구가 깜박거리지 않을 만큼 높은 주파수를 사용한다. (그림 2-142(a) 참조)

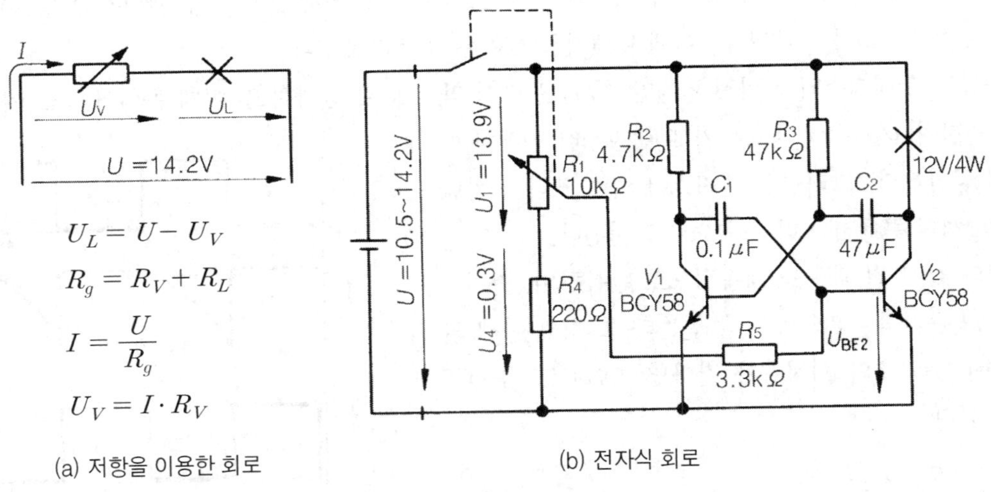

그림 2-142 계기판 밝기조정회로

그림 2-142(b)에서 트랜지스터 V_1과 V_2는 비안정 멀티바이브레이터를 구성하고 있다. 펄스 주파수를 결정하는 소자들은 C_1과 R_1/R_5 또는 C_2와 R_3이다. 계기판 조명등에 대한 입력펄스의 폭은 분압기 R_1과 R_4의 크기에 따라 결정된다. 작동과정은 다음과 같다.

전위차계(R1)의 슬라이더는 저항 R4에서의 전압강하에 의해 트랜지스터 V2의 베이스전압(U_{BE2})이 '$U_{BE2} \approx 0.3V$'가 되도록 설정되어 있다고 가정하자. 그러면 트랜지스터 V2에 베이스전류가 흐르지 않는다. 즉, 트랜지스터 V2는 차단상태이다. 멀티바이브레이터는 진동하지 않으며, 계기판 조명등은 점등되지 않는다.

전위차계(R1)가 '$U_{BE2} \approx 0.7V$'가 되도록 조정되면 계기판 조명등은 희미하게 점등되고 멀티바이브레이터는 진동하기 시작한다. 즉, 앞서 설명한 비안정 멀티바이브레이터의 원리에 따라 트랜지스터 V2는 고주파수로 ON-OFF을 반복하여, 고정저항을 이용한 회로에서와 같은 전류의 손실이 없이 계기판을 조명할 수 있도록 한다. 이때 트랜지스터 V2의 ON시간은 OFF시간에 비해 아주 짧다. 즉, 트랜지스터 V2가 도통되어 있는 시간이 짧으면 계기판 조명은 희미하게 된다.

전위차계로부터 총 전압을 공급받으면 계기판 조명은 아주 밝아진다. 저항 R5만이 베이스저항으로 작용하여 트랜지스터 V2를 제어하기 때문이다. 이 상태에서는 트랜지스터 V2의 ON- 시간이 OFF-시간에 비해 아주 길다. 대부분의 자동차들은 이와 같은 계기판 조명회로를 사용하고 있다.

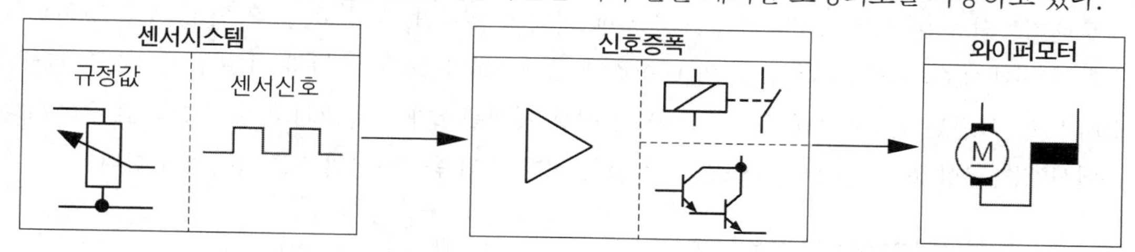

그림 2-143 와이퍼-인터벌 회로

그림 2-143은 와이퍼-인터벌 회로의 블록선도이다. 센서신호로서 비안정 멀티바이브레이터가 이용된다. 이때 멀티바이브레이터의 주파수는 전위차계에 의해 조정된다. 멀티바이브레이터의 센서신호는 출력최종단계에서 이용이 가능한 수준으로 증폭된다. 이때 부하전류가 릴레이에 의해서 출력되든, 또는 달링턴회로를 통해서 출력되든 간에 그것은 중요한 문제가 아니다.

2. 단안정 멀티바이브레이터(mono-stable multivibrator : Monostabile Kippstufe)

단안정 멀티바이브레이터는 각각 하나씩의 안정상태와 준안정상태를 가지고 있다. 외부에서 제어펄스(=트리거펄스*) 1개가 들어 왔을 때만 반대상태로 반전되었다가, 일정한 시간이 경과한 다음에 다시 원래의 상태로 복귀하여 안정된다.

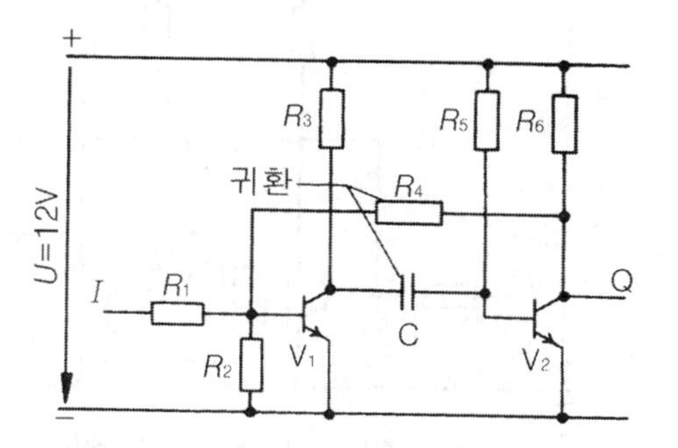

그림 2-144 단안정 멀티바이브레이터 회로

그림 2-144의 회로에서 트랜지스터 V1의 출력측은

콘덴서 C를 거쳐 트랜지스터 V_2의 베이스와 연결되어 있다. 그리고 트랜지스터 V_2의 출력측은 저항 R_4를 거쳐, 트랜지스터 V_1의 베이스에 연결되어 있다. 단안정 멀티바이브레이터는 구형펄스를 발생시키는 회로이다.

참고 트리거펄스(trigger pulse) : 비안정 멀티바이브레이터에서 반전주기가 되기 이전에 외부에서 펄스를 가하여 강제로 반전시킬 수 있다. 이러한 펄스를 트리거펄스라 한다.

스위치를 ON시키면 트랜지스터 V_2는 도통되어 출력측 Q에서의 전압은 '$U_{CE2} \approx 0.2V$'또는 L-수준(Low level)으로 낮아진다. 출력전압은 저항 R_4를 거쳐서 트랜지스터 V_1의 베이스에 인가된다. 즉, 전압이 낮으므로 트랜지스터 V_1은 차단상태를 유지한다. 콘덴서 C는 저항 R_3을 거쳐 축전된다.

$$U_C = U_{CE1} - U_{BE2} = 12V - 0.7V = 11.3[V]$$

외부에서 트리거펄스가 없는 한, 이 상태 즉, 안정상태를 계속 유지한다.(그림 2-145 참조)

트랜지스터 V_1이 외부 트리거펄스(+펄스)에 의해 도통되면, 전압 U_{CE1}은 약 0.2V로 강하된다. 그러면 콘덴서 C는 트랜지스터 V_2의 베이스에 음(−)전위($U_C = -11.3V$)를 공급하므로 트랜지스터 V_2는 차단된다. 이 상태도 입력측에 더 이상 제어펄스가 공급되지 않으면 그대로 유지된다. 콘덴서 C는 저항 R_5를 거쳐서 역으로 축전된다. 이때 먼저 음(−)전위를 소멸시켜야 한다.

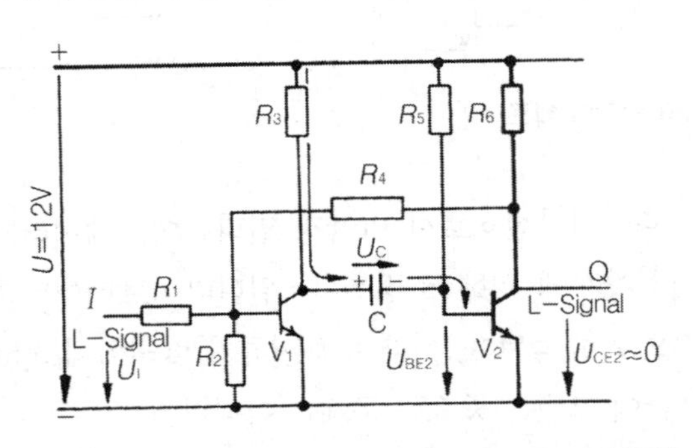

그림 2-145 단안정 멀티바이브레이터(V_2도통, 안정상태)

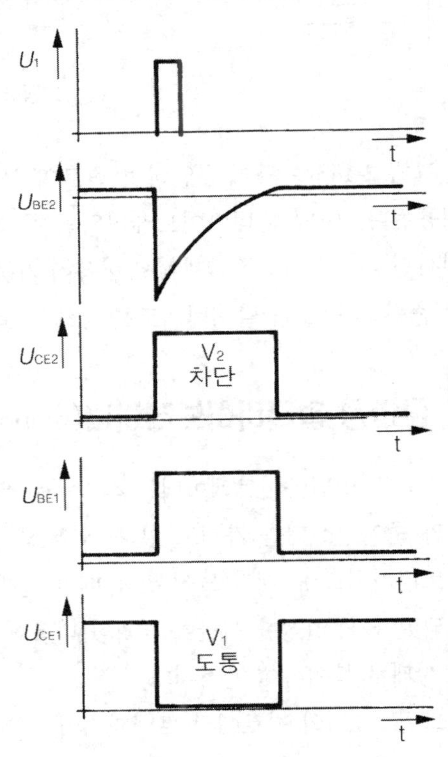

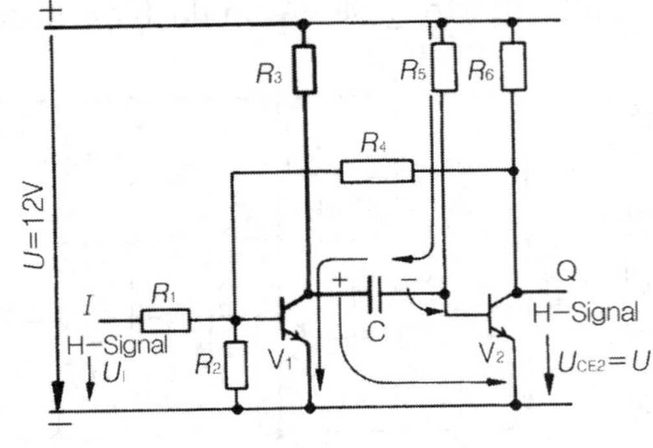

그림 2-146 단안정 멀티바이브레이터
(V_1은 양(+)펄스에 의해 제어된다)

그림 2-147 단안정 멀티바이브레이터의 동작파형

콘덴서가 '$U_C \approx 0.7\mathrm{V}$'로 축전된 다음에, 트랜지스터 V_2의 베이스에 양(+)전위 '$U_{BE2} \approx 0.7\mathrm{V}$'가 공급된다. 그러면 트랜지스터 V_2는 다시 도통된다. 따라서 출력측 상태는 다시 원상태로 복귀된다. 이와 같은 과정을 계속적으로 반복한다.

> 단안정 멀티바이브레이터는 하나의 안정상태를 가지고 있으며, 구형펄스를 출력시킨다. 입력펄스에 의해 반전되었다가 일정시간이 경과한 다음, 스스로 다시 원상태로 복귀한다.

3. 쌍안정 멀티바이브레이터(bistable multivibrator : Bistabile Kippstufe)

이 회로는 단안정 멀티바이브레이터의 결합 콘덴서 대신에 저항을 사용하고, 트랜지스터 V_1, V_2의 베이스에 양(+)의 바이어스전압을 인가하여 2개의 ON-OFF 안정상태를 갖도록 한 회로이다. 따라서 외부로부터의 트리거펄스에 의해서만 안정상태가 반전된다. 이 회로는 입력 트리거펄스 2개마다 1개의 출력펄스를 얻어 낼 수 있다. 이 회로를 플립플롭(Flip Flop)회로라고도 한다.

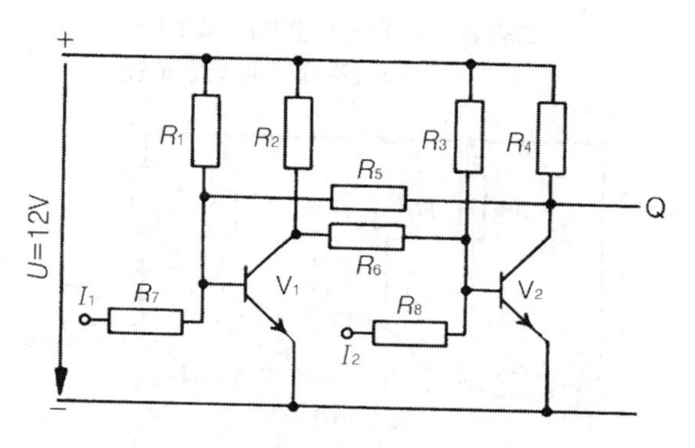

그림 2-148 쌍안정 멀티바이브레이터

스위치를 닫으면 제품오차 때문에 트랜지스터 1개가 먼저 도통된다. 트랜지스터 V_1이 먼저 도통되어 전압 U_{CE1}은 약 0.2V로 강하된다. 이 전위는 저항 R6을 거쳐서 트랜지스터 V_2의 베이스에 전달된다. 그러나 전압이 낮기 때문에 트랜지스터 V_2는 차단상태를 그대로 유지한다. 따라서 출력단자 Q에서의 전압은 전원전압과 같다.

$$U_Q = U_{CE2} = 12\mathrm{V}$$

입력측으로부터 제어펄스가 공급되지 않으면 이 상태는 그대로 유지된다. 즉, 정보는 저장된다. 트랜지스터 V_1을 음(−), 또는 트랜지스터 V_2를 양(+)펄스로 트리거링시키면 상태는 변화된다.

트랜지스터 V_2를 양(+)펄스로 트리거링시키면 트랜지스터 V_2는 도통되고, 출력단자 Q의 전압은 '$U_{CE2} \approx 0.2\mathrm{V}$' 또는 L-수준(L-level)으로 변화한다. 이 전압은 저항(R5)을 거쳐, 트랜지스터 V_1의 베이스에 공급된다. 그러면 트랜지스터 V_1은 차단된다. 외부로부터의 제어펄스가 없으면, 이 상태는 그대로 유지된다. 즉, 외부로부터의 새로운 반전입력이 있을 때까지, 정보는 바뀌어져 다시 저장된다.(그림 2-150참조)

> 쌍안정 멀티바이브레이터는 2개의 안정된 상태를 가지고 있으며, 구형 펄스를 출력시킨다. 제어펄스 정보는 저장된다. 회로상태는 외부로부터 양(+) 또는 음(−)펄스를 입력시켜야만 반전시킬 수 있다.

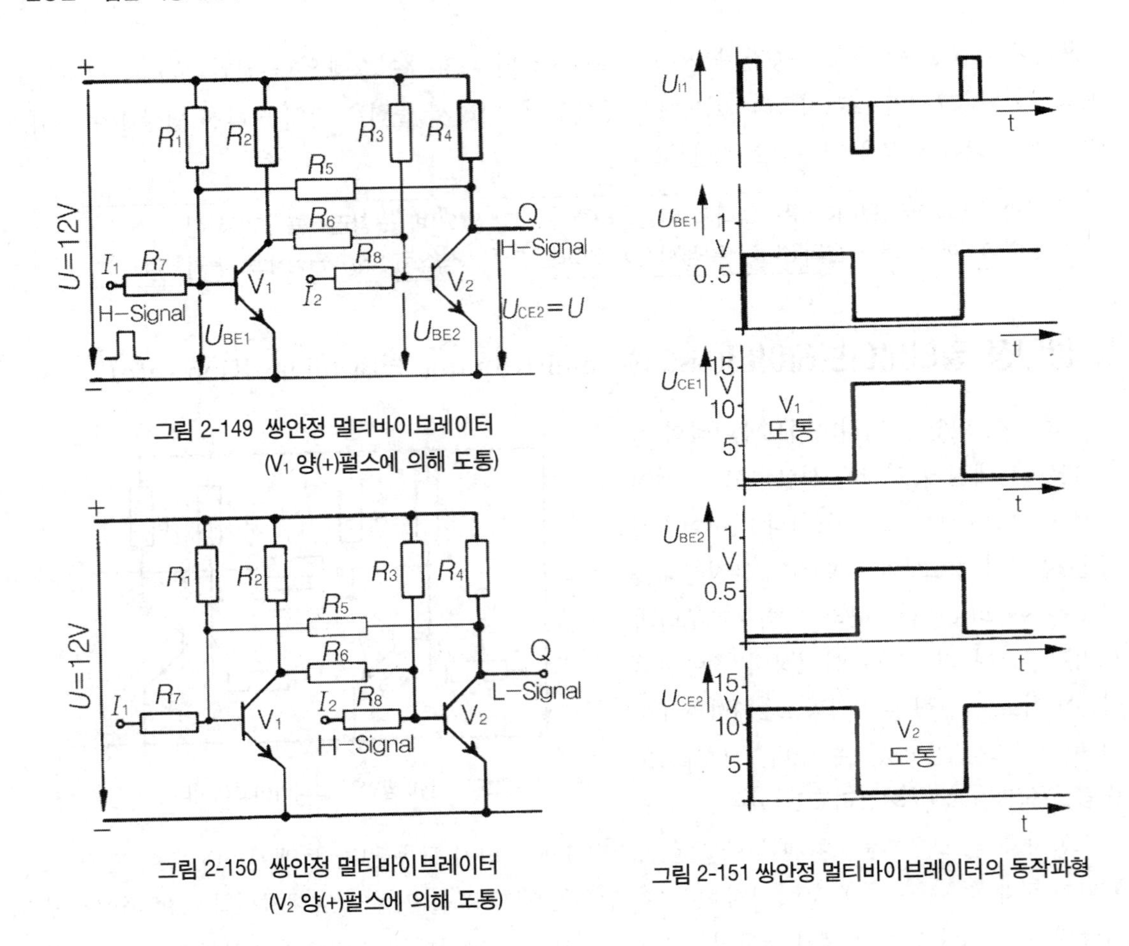

그림 2-149 쌍안정 멀티바이브레이터 (V_1 양(+)펄스에 의해 도통)

그림 2-150 쌍안정 멀티바이브레이터 (V_2 양(+)펄스에 의해 도통)

그림 2-151 쌍안정 멀티바이브레이터의 동작파형

4. 슈미트-트리거(Schmitt-trigger)

슈미트-트리거도 역시 구형(=사각형) 펄스를 발생시키는 발진회로에 속한다. 디지털 테크닉에서는 입력신호의 진폭이 충분히 크고, 기울기가 커야만 분명하게 처리된다. 자동차에서는 센서들 예를 들면, 홀센서나 유도센서에서 발생된 신호들은 이러한 요구조건을 만족하는 경우가 드물다. 대부분의 경우 이들 센서신호들은 기울기가 낮고, 진폭이 아주 작다.

슈미트-트리거는 왜곡된 신호를 직사각형 펄스로 변조시킨다. 이때 처리해야 할 입력신호의 전압은 반드시 입력임계값(threshold : Eingangsschwellwert)을 초과해야만 처리된다.

슈미트-트리거는 쌍안정-멀티바이브레이터와 비슷하게 동작한다. 그림 2-152(a)에서 보면, 2개의 트랜지스터는 이미터 공통저항 R_3 과 또 하나의 저항 R_5 가 서로 연결되어 있다. 슈미트-트리거는 2개의 안정상태를 가지고 있으며, 안정상태는 입력전압의 크기에 따라 각각 그 위치가 결정된다.

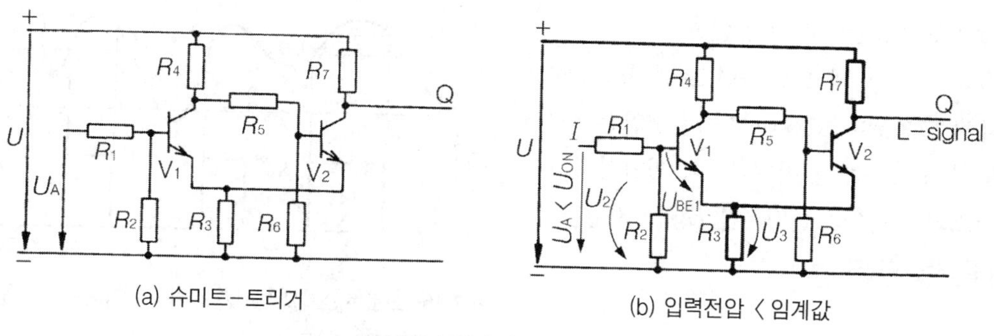

(a) 슈미트-트리거

(b) 입력전압 < 임계값

그림 2-152 슈미트-트리거

슈미트-트리거는 다음과 같이 동작한다. 입력전압이 임계전압보다 낮으면, 트랜지스터 V_2 가 도통된다. 그러면 이미터 공통저항 R_3 은 트랜지스터 V_1 의 이미터에 양(+)전위를 공급한다. 입력전압은 저항 R_1 과 R_2에 전압강하를 발생시킨다.(그림 2-152(b) 참조)

$$U_{BE1} = U_{R2} - U_{R3}$$

이미터 전압 U_{BE1} 이 0.7V 이하이면 트랜지스터 V_1은 도통되지 않는다. 입력전압이 일정수준에 도달하면, 이어서 트랜지스터 V_1의 이미터 전압(U_{BE1})은 '$U_{BE1} \approx 0.7\text{V}$'에 도달하게 된다. 그러면 트랜지스터 V_1은 도통된다.

$$U_{R2} > U_{R3} + 0.7\text{V}$$

트랜지스터 V_1이 도통되면 저항 R_5와 R_6에 전압강하가 발생되므로, U_{BE2}도 낮아진다. U_{BE2}가 0.7V보다 낮아지면, 트랜지스터 V_2는 차단된다.(그림 2-153 참조)

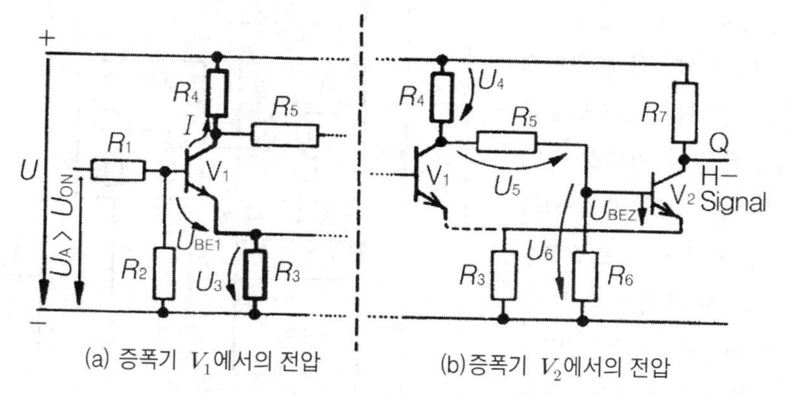

(a) 증폭기 V_1에서의 전압

(b)증폭기 V_2에서의 전압

그림 2-153 슈미트-트리거(입력전압 > 임계전압)

이 상태(트랜지스터 V_2 차단상태)는 입력전압이 조금 낮아지면, 그대로 유지된다. 그러나 입력전압이 차차 낮아지면 트랜지스터 V_1의 차단과정이 진행되어, 컬렉터전류(I_c)가 감소하기 시작한다. 그러면 U_{BE2}는 다시 상승한다.

$U_{BE2} \approx 0.7V$ 에 도달하면 트랜지스터 V2는 다시 도통된다. ON-OFF 기준전압은 실험을 통해 정확하게 설정된다. 이 전압차를 회로 히스테리시스라 한다. 전압차는 저항값의 영향을 받는다.

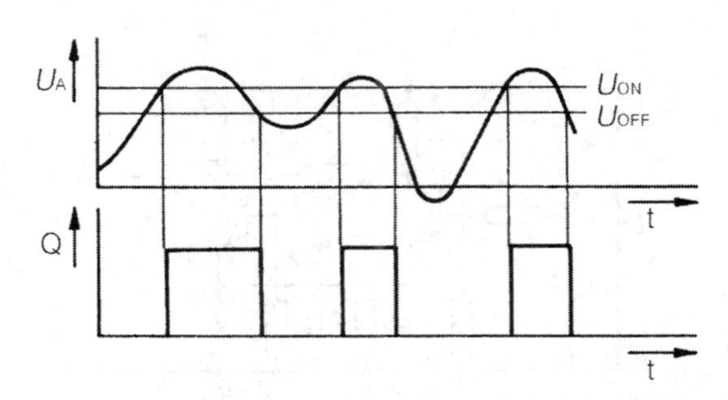

그림 2-154 회로 히스테리시스가 스위칭 동작에 미치는 영향

> 슈미트-트리거는 2개의 안정상태를 가지고 있으며, 직사각형펄스를 출력시킨다. 입력신호전압의 크기는 각각의 위치에 따라 정해진다. 아날로그신호가 직사각형 펄스로 변환된다.

5. 자동차에 사용되는 전자회로(예)

자동차에 사용되는 개개의 전자소자와 회로는 구조와 기능에 따라 검토해야 한다. 2가지 예를 들어 각 시스템-소자의 상호관계를 설명하고자 한다.

회로 유닛(circuit unit : Schaltgeräte)을 구성하는 단위 블록(block)들은 각각 고유기능을 가지고 있다. 신호처리과정은 블록선도(block diagram)를 이용하면 쉽게 이해할 수 있다. 오류(부정확 또는 결함)를 최소화(제한)하기 위해서는 센서신호가 회로 전체를 통과하도록 하고, 실제 측정된 값과 기대값이 일치하는지의 여부를 검토, 확인해야 한다. 제작사의 고장진단 프로그램을 이용하면 어느 단자에서 어떤 신호를 측정해야 하는지를 알 수 있다.

유도센서를 장착한 전자점화장치의 작동과정을 살펴보자.(그림 2-155 참조) 모든 ECU나 회로-유닛의 기능적인 정확도를 유지하기 위해서는

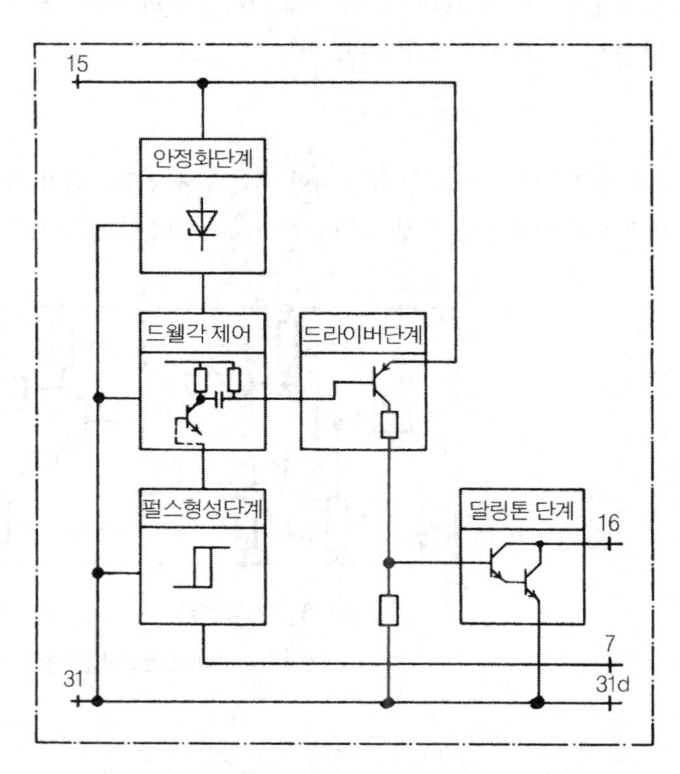

그림 2-155 유도센서를 장착한 전자점화장치의 블록선도

먼저 필요한 동작점이 정확히 설정(조정)되어야 한다. 이는 전원전압이 일정할 경우에 가능하다. 전원전압을 안정시키는 기능은 Z-다이오드가 담당한다. 전압안정회로의 기능은 카세트-라디오의 안정회로와 같다. 추가적인 안정화는 콘덴서를 이용하여 보완한다. 콘덴서는 전압피크를 접지시키며, 또 발전기로부터 1차로 정류되어 출력되는 직류전압의 파형을 더욱더 매끈하게 다듬는 기능을 한다. → 전압안정회로(①)

유도센서가 장착된 전자점화장치에서 신호처리과정을 점검하기 위해서는 제일 먼저, 센서에서 발생되는 교류전압을 전압계나 오실로스코프로 측정하여야 한다.

센서신호는 곧바로 ECU의 입력단자에 전달된다. 그러나 이 교류전압신호로는 ECU의 출력단계를 직접 제어할 수 없다. 그러므로 먼저 펄스형성단계에서 구형펄스로 변조시켜야 한다. 이 기능을 담당하는 회로가 바로 슈미트-트리거이다. → 펄스변조회로(②)

슈미트-트리거에서 출력되는 사각형펄스 신호는 다음 단계인 드웰각 제어회로로 전달된다. 드웰각 제어회로에서는 이미 설명한 바와 같이 기관의 회전속도와 부하에 따라 드웰각을 제어한다. → 드웰각 제어회로(③)

최종적으로 달링턴-출력단계를 제어할 수 있도록 하기 위해 제어신호는 다음 단계인 증폭단계에서 증폭된다. → 증폭회로(④)

최종단계인 달링턴-출력단계는 회로출력이 대단히 크고, 또 전압안정성도 높다. 달링턴-출력단계는 시동할 때, 전원전압이 부분적으로 어느 정도 낮아지면 1차전류를 흐르게 한다. → 출력회로(④)

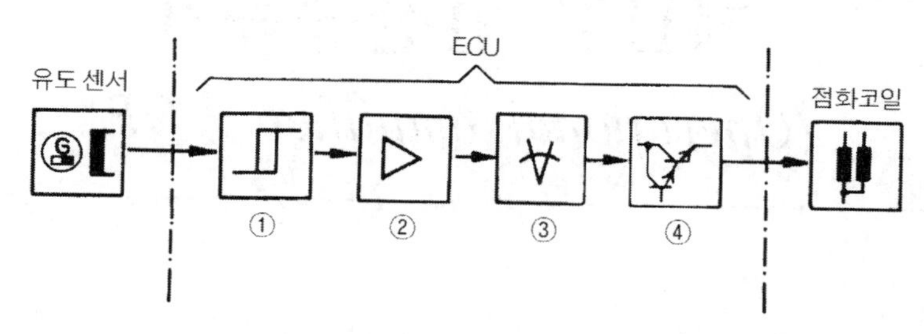

그림 2-156 전자점화장치(유도센서식)에서의 신호처리과정

신호가 처리되는 과정 사이의 특정위치에 다른 회로를 추가할 수 있다. 예를 들면 점화 1차전류 제한회로나 무신호전류 차단회로(zero-signal current cut-off circuit)*를 보완할 수 있다. 또 홀센서를 이용할 경우에는 센서신호가 이미 구형파이므로 슈미트-트리거를 생략할 수 있다.

그림 2-157은 전자식 속도계의 신호흐름과 처리과정의 블록선도이다. 입력신호센서로는 점화장치에서와 마찬가지로 유도센서와 홀센서 또는 광전소자, 접점식 릴레이 중에서 선택적으로 사용할 수 있다. 입력센서 신호는 점화장치에서와는 다른 방법으로 처리된다. 이때 신호처리 시스템은 사용된 속도표시 방법에 따라 각각 다르다. 전자식 속도계는 속도측정부분에 기계식 가동부품

이 없기 때문에 아주 간단하면서도 내구성이 있는 시스템이다.

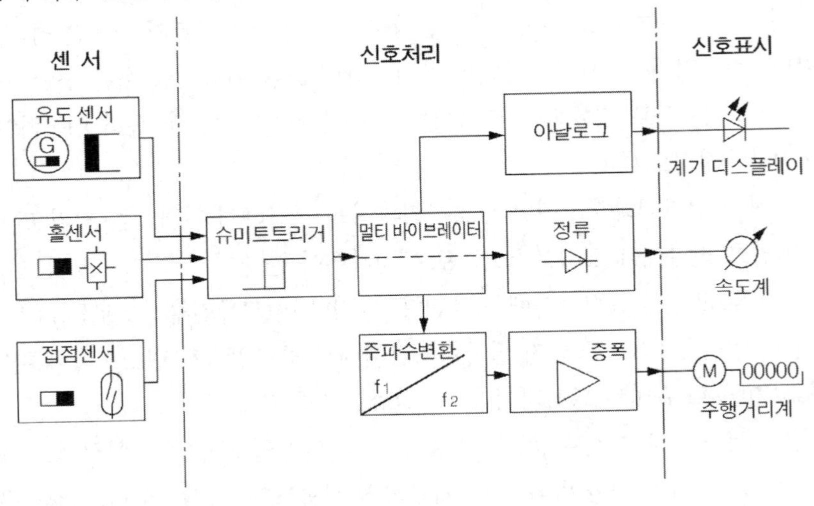

그림 2-157 전자식 속도계의 블록선도

제2장 전자 기초이론

제11절 연산증폭기
(Operational amplifier : OP)

일반적으로 각각의 용도에 적합한 증폭기가 생산, 공급되고 있으며, 그 특성은 증폭기의 내부구조에 의해서 결정된다. 연산증폭기란 각종 비선형 소자와 귀환회로들을 집약하여, 입력과 출력 사이에 일정한 함수관계를 가지는 연산을 수행할 수 있도록 제작된 증폭기이다.

연산증폭기는 모든 증폭기의 기본소자를 포함하고 있으며, 이들 기본소자의 동작형태는 주로 외부회로 결선방식에 따라 결정된다.

연산증폭기는 입력측과 출력측의 초기 퍼텐셜(initial potential: Ruhepotential)이 0인 직류증폭기로서, 입력측의 저항은 크고, 출력측의 저항은 작다. 따라서 높은 전압증폭도를 얻을 수 있다.

연산증폭기는 초기에는 이산식(discrete)으로 제조하여, 연산(operation)을 수행하기 위한 아날로그-계산기에 사용하였다. 오늘날은 대부분 집적회로(IC)로 제조되며, 그 사용범위도 확대되고 있다.

연산증폭기는 먼저 차동증폭기, 그 다음에 주파수 수정증폭 기능을 갖춘 증폭단계, 그리고 최종 증폭단계로 구성되어 있다.

1. 차동증폭기(differential amplifier)

차동증폭기의 기본회로는 그림 2-158과 같이 2개의 트랜지스터가 마주보는 형태로 대칭으로 결선되어 있으며, 양쪽에 동일한 전원전압이 공급된다. 2개의 입력단자에 동일한 입력신호 U_{i1}과 U_{i2}가 공급된다. 그러면 양측 컬렉터전류는 R_E에서의 이미터 전위를 변화시킨다. 이 경우 트랜지스터는 병렬로 결선된 2개의 이미터 팔로워(emitter follower)와 같이 작동하여, 출력전압 U_{O1}과 U_{O2}는 바로 입력신호와 같아진다.(P.220 트랜지스터 기본회로 참조)

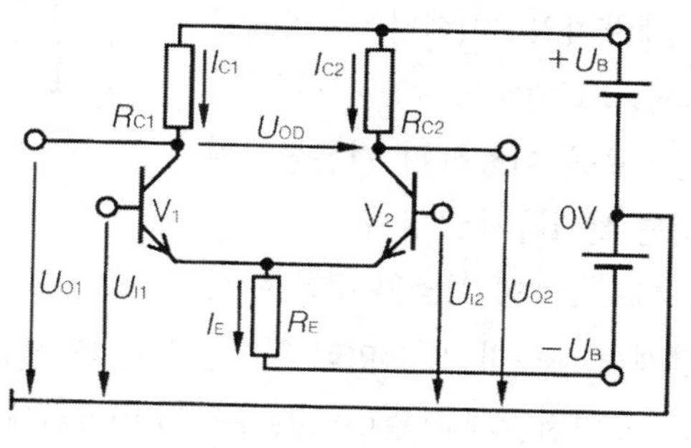

그림 2-158 차동증폭기

전압증폭은 1보다 작기 때문에 동상(同相)모드 신호(common-mode signal : Gleichtaktsignal)는 약해진다. 차동출력전압(U_{OD})은 0V를 유지한다.

입력신호에 차이가 있을 경우, 양측 컬렉터전류는 반대가 된다. 즉, 한쪽 전류가 감소하는 만큼 반대쪽은 증가하게 된다. 그러나 이미터 공통전류는 변화하지 않으므로 이미터 전위(emitter potential)는 일정하게 유지된다.

이미터 저항은 그림 2-158에서와 같이 정전류 전원처럼 작용한다. 이제 트랜지스터는 이미터회로에서와 같이 동작하여 전압증폭작용을 하게 된다. 즉, 입력신호 차이에 해당하는 값만큼 증폭되어 출력된다. 바꿔 말하면, 트랜지스터 V_2의 베이스입력(반전입력)신호는 트랜지스터 V_2의 컬렉터에 반전된 신호로 나타나고, 트랜지스터 V_1의 베이스 입력신호는 트랜지스터 V_2의 이미터에 결합, 증폭되어 트랜지스터 V_2의 컬렉터에 비-반전으로 출력된다.

동상모드제어(common mode control)하므로 온도변화에 의해 트랜지스터의 특성이 변화하지는 않는다. 따라서 증폭기는 직류전압 증폭기로서 적당한 특성을 가지고 있다. 하나의 입력단자만 이용하게 되면, 나머지 한 단자는 영전위(zero-potential)가 된다.

2. 연산증폭기

연산증폭기는 여러 회로와 함께 그 용도가 광범위하다. 자동차전자분야에서는 ECU용 센서신호의 증폭에, 멀티바이브레이터에, 그리고 연산회로 등에 사용된다.

개략적인 이해만을 목표로 그림 2-159에 도시된 간단한 기본회로를 이용하여 기본동작원리를 설명하기로 한다.

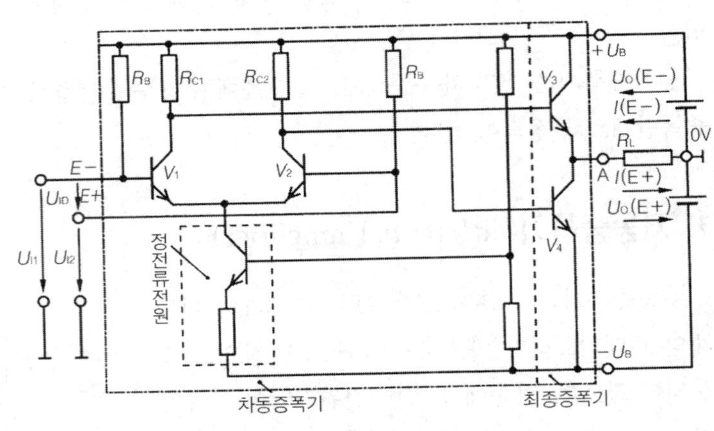

그림 2-159 연산증폭기의 기본회로

그림 2-159 회로는 중간 증폭단계를 생략하고, 이미터 저항을 정전류 전원으로 대체하였다. 양쪽 입력에 똑같은 전압을 인가하면, 출력전압(U_0)은 0이고, 부하저항(R_L)에는 전류가 흐르지 않는다.

(1) 반전입력(inverted input) (그림 2-159 참조)

입력단자 E-에 양(+)의 신호가 입력되면 트랜지스터 V_1은 도통되어, 트랜지스터 V_1의 컬렉터전위는 (−)가 된다. 이 펄스는 트랜지스터 V_3을 차단시킨다. 따라서 트랜지스터 V_3에는 큰 저항이 걸린다. 따라서 출력단자 A의 전위는 점 0V에 대해 음(−)이 되고, 저항 R_L 을 거쳐 A쪽으로 전류가 흐른다.

양(+)의 입력전압이 음(−)의 출력전압으로 변환되었다. 입력단자 E-를 반전입력이라 한다.

차동증폭기의 정전류전원은 트랜지스터 V_1이 큰 전류를 흡인하면, 트랜지스터 V_2의 컬렉터전류가 감소하도록 작용한다. 트랜지스터 V_2의 컬렉터는 양(+)이 되고, 따라서 트랜지스터 V_4는 쉽게 도통되게 된다. 따라서 위에서 설명한 바와 같이 부하전류가 흐를 수 있게 된다.

(2) 비-반전입력(non-inverted input)

입력단자 E+에 양(+)의 신호가 입력되면 트랜지스터 V_2는 도통되고, 트랜지스터 V4에는 큰 저항이 걸린다. (그림 2-159 참조)

출력단자는 기준점(출력전압의 기준전위)에 대해서 양(+)이 되므로 전류는 A에서 점 0V로 흐른다. 이 경우에 출력전압도 양(+)으로서 입력과 극성이 같으므로 비-반전입력이라 한다.

양(+)의 입출력신호에 대한 입출력전압의 상호관계를 그림 2-160에 도시하였다. 음(−)의 입력신호에 대한 특성은 그림 2-160과는 반대로 나타난다. 이 특성은 그림 2-161의 전달특성곡선(증폭특성곡선)에서 명료하게 나타난다.

차동전압 '$U_{iD} = U_{i1} - U_{i2}$'의 관계는 제어영역 범위 내에서 양(+)과 음(+)의 대칭으로 나타난다. 이때 출력측 제어능력은 동작전압에 수 V까지 도달한다.

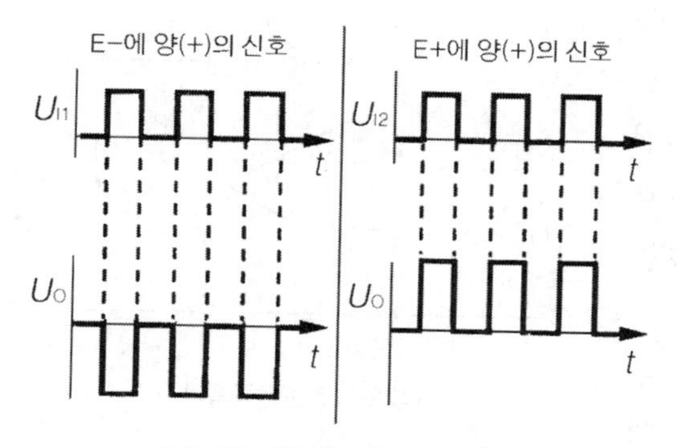

그림 2-160 연산증폭기의 입출력신호

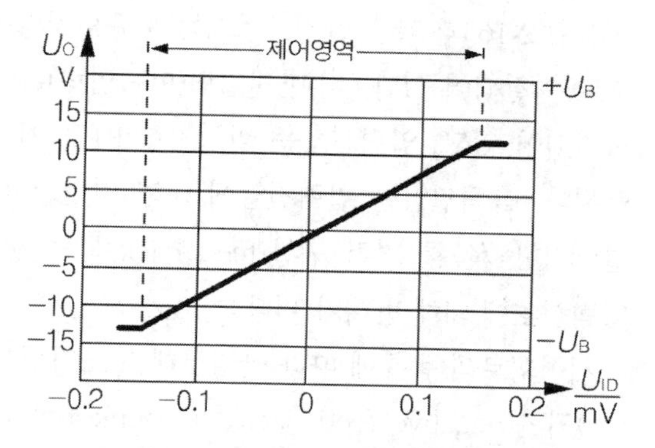

그림 2-161 연산증폭기의 전달특성곡선

일반적으로 회로도에서는 그림 2-162와 같은 기호를 이용하여 연산증폭기를 표시한다. 통상적으로 전원연결단자와 접지단자는 표시하지 않는다. 대부분 오프셋(off-set)보상*을 위한 2개의 단자가 있다.

실제적으로 증폭기는 능동소자의 특성 불균일, 저항 등의 특성차이 때문에 정확히 대칭되지 않으므로, 차동입력전압이 0일 때 출력전압은 정확히 0이 되지는 않는다. → 출력 오프셋.

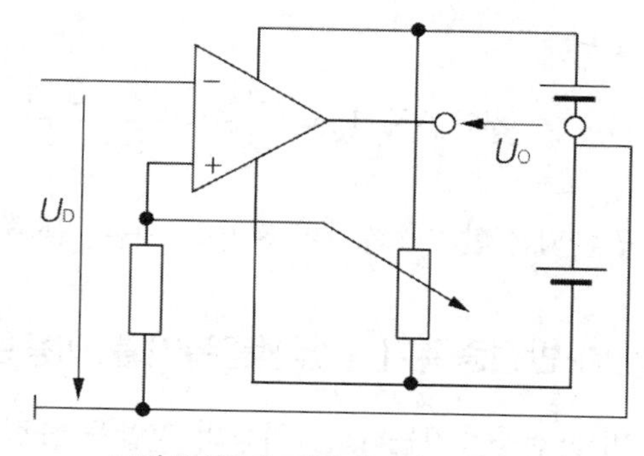

그림 2-162 오프셋(off-set) 보상

그림 2-162에서와 같이 이런 경우에 전위차계를 사용하여 양측 입력단자에 보상전압 즉, 오프셋-전압(U_{off})을 공급한다.

3. 연산증폭기 회로

외부결선은 증폭기의 특성과 사용목적을 결정한다. 높은 전압증폭은 이미 포화제어를 위한 낮은 전압을 유발한다. 그러므로 회로 안정화를 위해 귀환회로를 사용한다.

분압기(무유도 저항의 귀환)의 안정에 의한 귀환회로가 구성되면 선형증폭기가 된다. RC-회로

* off-set : 이상적인 연산증폭기의 차동입력전압이 0일 때, 능동소자의 특성 불균일, 저항의 특성차 등으로 인해 출력전압이 0이 되지 않을 경우(출력 오프셋), 출력을 0으로 하기 위해 입력측에 가하는 전압을 입력 오프셋-전압이라 한다.

에 의해 능동필터(active filter)가 되면, 비선형 소자 예를 들면 다이오드와 트랜지스터는 비선형 연산증폭을 한다.

(1) 반전증폭기(inverted amplifier : invertierende Verstärker) - 기본 연산 증폭회로

그림 2-163과 같은 반전증폭기는 무유도저항이 역으로 연결되어 있다. 비-반전입력(P(+)입력)은 직접 접지되어 있고, 입력신호는 입력저항 R1을 거쳐 전달된다. 출력전압은 입력전압에 대해 역위상이므로 결합저항 R_K를 거쳐 귀환(feed back)되는 신호는 입력신호에 대해 반대가 된다.

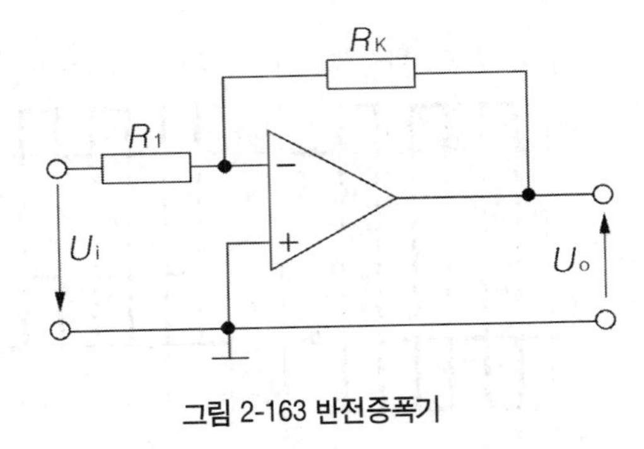

그림 2-163 반전증폭기

제어회로의 종류에 따라 안정상태로 조정된다. 부(−)귀환(negative feed back : Gegenkopplung)에 의한 입력신호의 감소는 증폭률이 감소되는 원인이 된다.

이상적인 특성 즉, 무한대의 전압증폭과 무한대의 입력저항을 가질 경우, 실제 전압증폭은 다음과 같다.

$$\text{전압증폭 } V_u = \frac{R_K}{R_1} = \frac{U_0\,(\text{출력전압})}{U_i(\text{입력전압})}$$

귀환되는 반전증폭기의 전압증폭률은 물론 저항 R_K 와 R_1의 비율에 의해 결정된다.

(2) 비-반전증폭기 - 연산증폭기를 이용한 비-반전증폭회로

비-반전증폭기는 같은 위상의 전압을 출력시킨다. 입력신호는 비-반전입력(P단자)단자에 입력되고, 출력전압은 귀환(: Rückkopplungs)저항 R_K를 거쳐 반전입력(−단자)에 다시 전달된다.

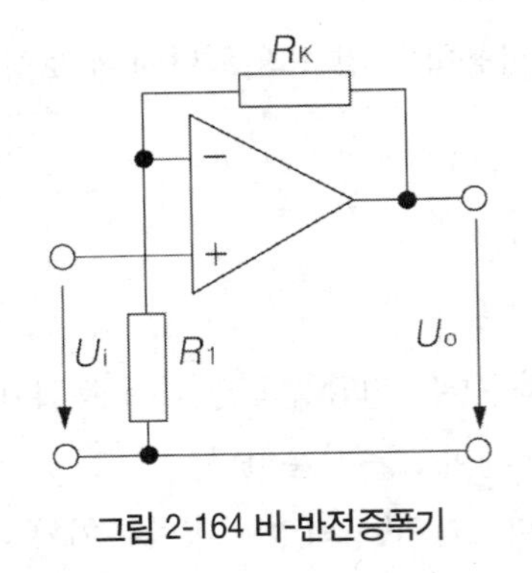

그림 2-164 비-반전증폭기

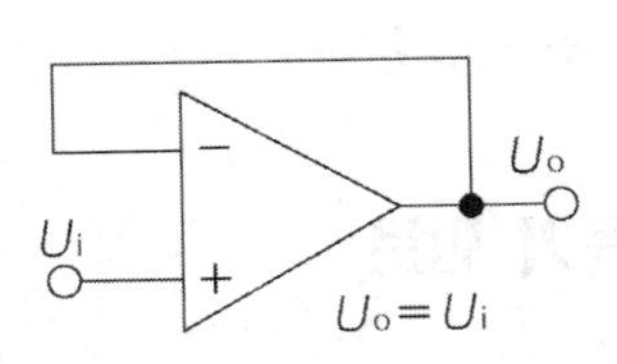

그림 2-165 전압 팔로어

모든 경우에 전압증폭은 다음과 같다.

$$\text{전압증폭 } V_u = 1 + \frac{R_K}{R_1} = \frac{U_0\,(\text{출력전압})}{U_i(\text{입력전압})}$$

$R_K = 0$이고 $R_1 = \infty$이면, 특별한 경우가 된다.(그림 2-165) → 전압-팔로어(voltage follower).

그러면 위 식에서 전압증폭 $V_u = 1$이 된다. 이와 같은 증폭기를 전압-팔로어라 한다. 이 회로는 높은 입력저항(임피던스)에 의해 입력전압이 공급되고, 동시에 같은 크기의 출력전압이 저항값이 낮은 내부저항에 인가된다. 임피던스의 변환이 이루어 졌다. 즉, 증폭기는 임피던스변환기로 작동하였다.

(3) 비교기(comparator) (그림 2-166 참조)

비교기회로는 전압을 비교하는 데 아주 적합하다. 입력전압이 다른 입력단자의 기준전압을 초과하면, 출력측이 자신의 상태를 정해진 한계값으로 변경하도록 되어 있다.

똑같은 크기의 전압일 경우, 출력은 0이다. 비교기에서 전압증폭도는 낮으나($V_u = 10^3 \sim 10^4$), 반응시간은 아주 짧다.(빠르다).

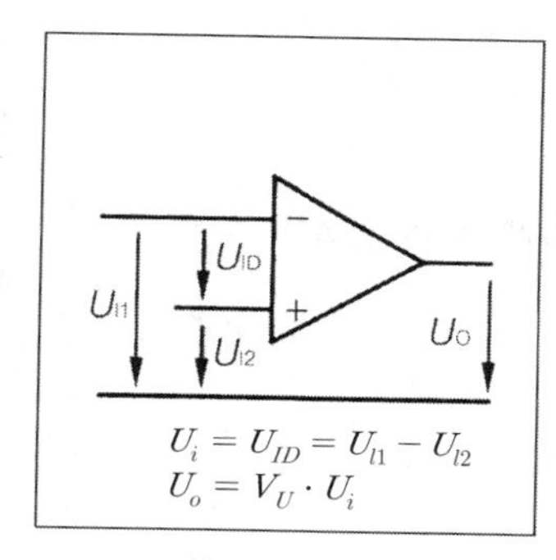

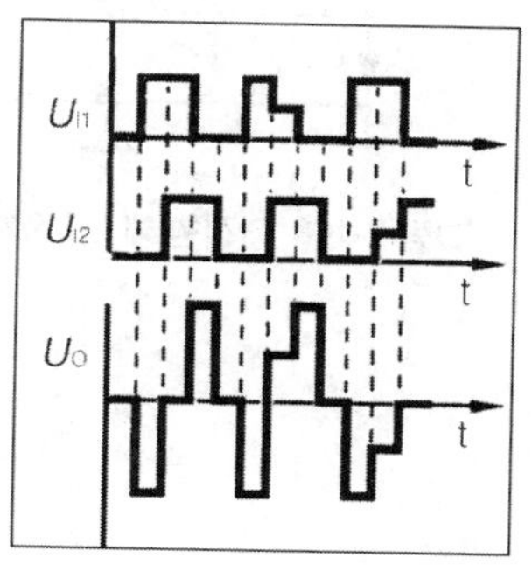

그림 2-166 전압 비교기

(4) 가산기

가산기는 아날로그-계산기를 예를 들어 설명하기로 한다(그림 2-167 참조). 가산해야 할 전압은 입력저항을 거쳐, 반전입력에 입력된다. 입력저항의 크기가 같을 경우에 출력전압은 다음과 같다.

$$-U_0 = (U_1 + U_2 + \cdots\cdots\cdots) \cdot V_u = (U_1 + U_2 + \cdots\cdots\cdots) \cdot \frac{R_k}{R_1}$$

출력전압 U_0은 입력전압의 합에 비례해서 증가한다. 입력저항을 서로 다르게 하면, 입력전압은 서로 다른 크기로 증폭된다.

$$-U_0 = \frac{R_k}{R_1} \cdot U_1 + \frac{R_k}{R_2} \cdot U_2 + \cdots\cdots$$

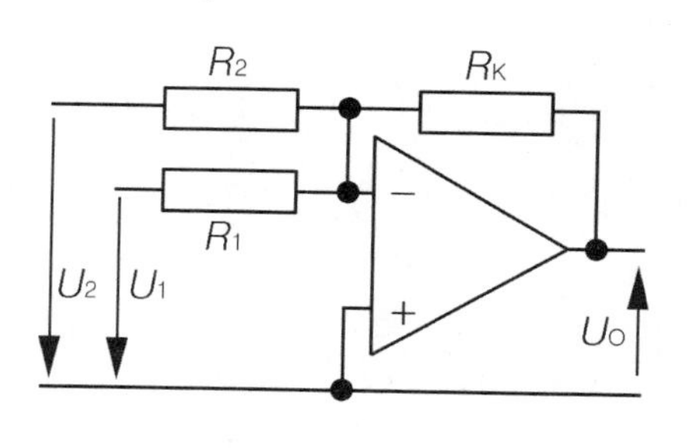

그림 2-167 가산기

(5) 단전원으로 동작하는 연산증폭기

연산증폭기를 양(bipolar) 전원으로 동작시키지 않고, 단 전원(예 : 축전지)으로 동작시킬 수 있다. 축전지의 (−)단자는 영전위(zero voltage)가 된다. 그림 2-168은 (+)전압의 전압-팔로어(follower)를 보이고 있다. 이와 같이 동작되는 특수한 연산증폭기도 있다.

그림 2-169는 비-안정 멀티바이브레이터를 보이고 있다. 연산증폭기에서 부(−)귀환 대신에 정(+) 귀환을 사용하게 되면, 멀티바이브레이터-오실레이터-회로가 된다. 출력신호는 입력 측에 귀환되므로 입력신호는 증폭된다. 귀환회로는 주파수와 발진파의 파형을 결정한다.

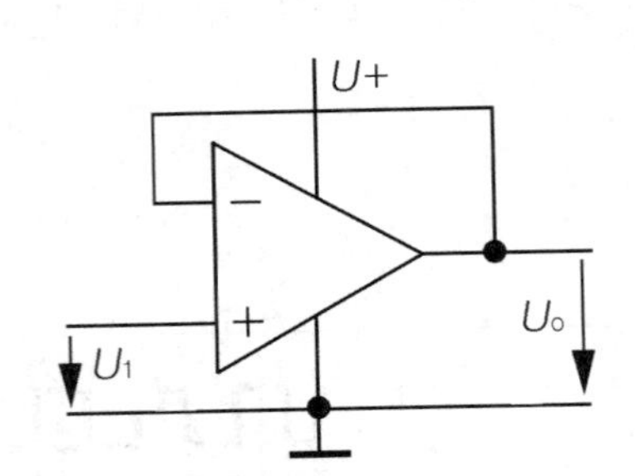

그림 2-168 단전원(예 : 축전지)에 결선된 증폭기

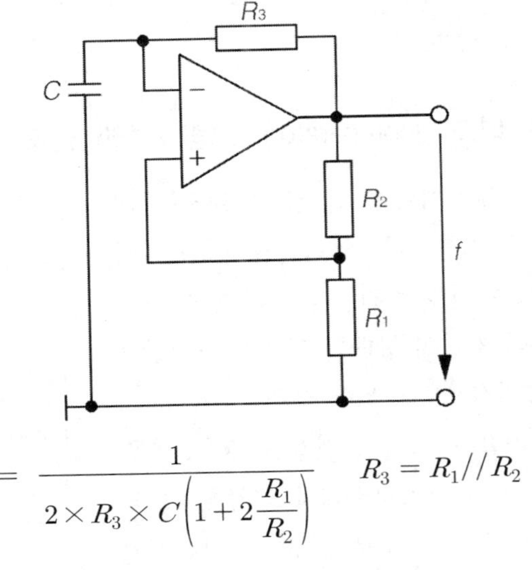

$$f = \frac{1}{2 \times R_3 \times C\left(1 + 2\frac{R_1}{R_2}\right)} \qquad R_3 = R_1 // R_2$$

그림 2-169 비-안정 멀티바이브레이터

제3장

디지털 테크닉 기초

Basics of digital techniques
: Grundlagen der Digitaltechnik

제3장 디지털 테크닉 기초

제1절 아날로그와 디지털

(Analogue and digital)

1. 아날로그(analogue)

물리량(시간, 길이, 전압, 전류, 저항, 온도 등)과 같이 그 크기가 연속적으로 변화하여 얼마든지 순간 상태값을 지시할 수 있는 경우, 이때 상태값과 지시값을 서로 일치시킬 수 있다. 예를 들면 지침으로 지시되는 온도와 실제온도는 그 시간적 변화가 항상 일치한다.

2. 디지털(digital)

디지털에서는 계기 지시값이 숫자로 표시된다. 예를 들면, 물건의 개수를 세어 숫자로 표시하는 것처럼, 일정한 크기를 단위로 하여 그 크기를 계수하면 상태값은 간단히 숫자로 표시된다. 이때 상태값과 지시값이 반드시 일치하지는 않는다. 즉, 불연속적이다.

디지털 계기를 사용하면 판독이 간단, 명료하다. 디지털 측정값은 저장이 용이하므로, 이를 이용하여 제어회로를 쉽게 제어할 수 있다.

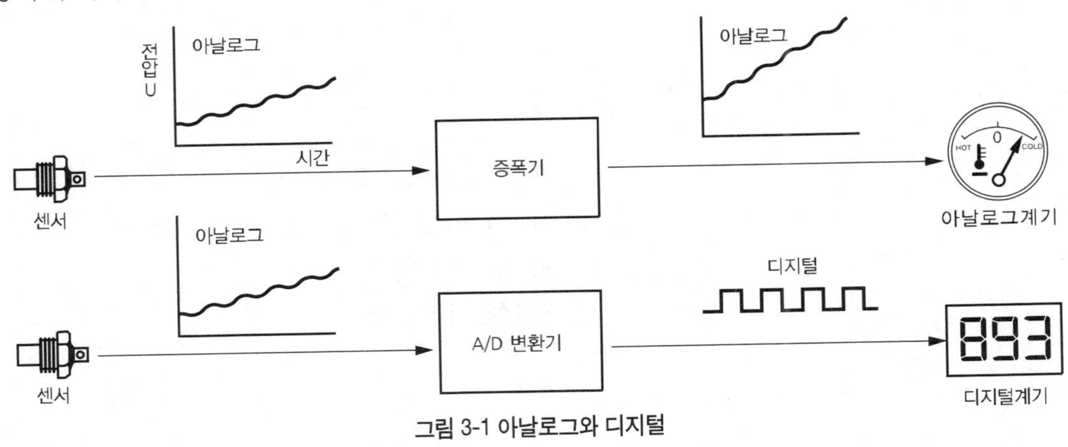

그림 3-1 아날로그와 디지털

제2절 10진법과 2진법

(Decimal numeration system & binary numeration system)

1. 10진법

일상생활에서 수(number : Zahl)를 표시할 때는 숫자를 사용한다. 수를 취급할 때는 한 자리의 수가 0부터 시작해서 0, 1, 2, 3, 4, 5, 6, 7, 8, 9로 증가하여 10으로 될 때마다 자리올림을 하고 있다. 이와 같이 한 자리의 수가 10이 될 때마다 자리올림을 하여 표시하는 방법을 10진법이라 한다. 따라서 10진법으로 수를 표시할 때에는 0, 1, 2, 3, 4, 5, 6, 7, 8, 9의 10가지 숫자를 필요로 한다.

〔표 3-1〕 여러 가지 진법의 비교

10진수	2진수	8진수	16진수	10진수	2진수	8진수	16진수
0	0	0	0	16	10000	20	10
1	1	1	1	17	10001	21	11
2	10	2	2	18	10010	22	12
3	11	3	3	19	10011	23	13
4	100	4	4	20	10100	24	14
5	101	5	5	21	10101	25	15
6	110	6	6	22	10110	26	16
7	111	7	7	23	10111	27	17
8	1000	10	8	24	11000	30	18
9	1001	11	9	25	11001	31	19
10	1010	12	A	26	11010	32	1A
11	1011	13	B	27	11011	33	1B
12	1100	14	C	28	11100	34	1C
13	1101	15	D	29	11101	35	1D
14	1110	16	E	30	11110	36	1E
15	1111	17	F	31	11111	37	1F

2. 2진법

한 자리의 수가 0으로 부터 0, 1로 증가하여 2가 될 때마다 자리올림을 하여 표시 하는 경우, 이러한 방법을 2진법이라고 한다. 2진법으로 수를 표시할 때에는 0과 1 즉, 두 가지 숫자(또는 부호)만 사용한다.

디지털 테크닉에서는 2개의 전압단계를 사용한다. 한 단계에서 전압은 0V, 그리고 다른 한 단계에서는 대략 동작전압(=운전전압)과 거의 비슷하다. 즉, 2진법을 사용한다. 값이 0일 경우 전압은 0V이다. 값이 1일 경우, 전압은 (+) 또는 (−)일 수 있다. 또는 H(high)와 L(low)의 개념을 사용할 수도 있다. 사용하는 논리(logic)에 관계없이 (+)전압영역은 H-수준, 낮은 전압영역은 L-수준이라 한다. 그러나 실제적으로는 양(+)의 논리(logic)를 사용한다. 이때 H=1, L=0이다.

표 3-1은 같은 수를 여러 가지 진법으로 나타내어 비교한 것이다.

제3절 논리 회로
(Logical circuits)

밸브의 개/폐, 스위치의 ON/OFF, 전동기의 회전/정지, 양(+)/음(−), 진/위(眞/僞), 0/1 등 2개의 값으로 사상(event)을 표시하는 것을 논리(logic)라고 한다.

기본 논리회로에는 AND회로, OR회로 그리고 NOT회로의 기본 3회로와, AND회로와 OR회로를 각각 부정한 NAND회로와 NOR회로가 있다.(표 3-2)

1. AND회로(논리곱)

> 모든 입력이 1일 때에만 출력이 1이 되는 회로를 AND회로라 한다.

실험	동일한 다이오드(예 : BAY 46) 2개와 1개의 저항을 그림 3-2(a)와 같이 결선한다. 입력단자 A와 B에 신호 0 또는 '$1 \simeq U_b$'를 인가하고 출력단자 Q의 전압계를 관찰한다.
결과1	입력 A와 B, 모두에 전압 $U_b = 12V$ 를 인가했을 때만 출력 Q에서 $U_2 = U_b$가 된다.

① 입력 A, B(다이오드 V_1, V_2의 캐소드)가 모두 0이면,

저항 R을 거쳐 순방향으로 결선된다. 따라서 다이오드 V_1, V_2로 전류가 흘러서 출력전압 U_2는 접지(−)와 같은 전위로 되므로 출력은 0이 된다.

② 입력 A에 1, 입력 B에 0을 인가하면,

다이오드V_1은 차단되고, 다이오드 V_2는 도통된다. 전류는 V_2를 통하여 흐르므로, 출력전압 U_2는 접지(−)와 같은 전위로 되어 출력 Q는 0이 된다.

③ ②항과는 정반대로 입력 A에 0, 입력 B에 1을 인가하면,

전류는 V_1을 통하여 흐르므로, 출력 Q는 역시 0이 된다.

④ 입력 A,B 모두가 1이면,

다이오드 V_1, V_2는 차단되므로, 다이오드를 통해 전류가 흐르지 못한다. 따라서 출력 측의 전압 U_2는 $U_2 = U_b$가 된다. 즉, 출력 Q는 1이 된다.

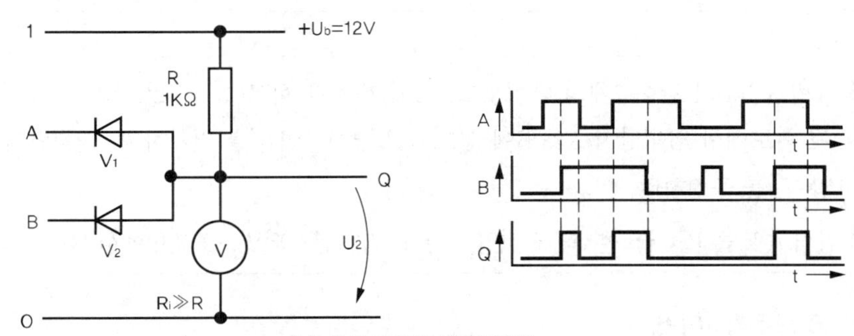

(a) 회로도와 입/출력 파형

릴레이	논리기호	논리식	진리표		
			A	B	Q
A, B, Q	A, B → Q	$Q = A \cdot B$	0	0	0
			0	1	0
			1	0	0
			1	1	1

(b) 논리기호, 논리식, 진리표

그림 3-2 AND회로

〔표 3-2〕 기본 논리회로

회로명	논리기호	논리식	논리동작
AND 회로	A, B → Q	$Q = A \cdot B$	입력이 모두 1일 때 출력은 1이 된다.
OR 회로	A, B → Q	$Q = A + B$	입력이 1개라도 1이면, 출력은 1이 된다.
NOT 회로	A → Q	$Q = \overline{A}$	입력이 1이면, 출력은 0 입력이 0이면, 출력은 1이다.
NAND 회로	A, B → Q	$Q = \overline{A \cdot B}$	입력이 모두 1일 때 출력은 0이 된다.
NOR 회로	A, B → Q	$Q = \overline{A + B}$	입력이 1개라도 1이면, 출력은 0이 된다.

2. OR회로(논리합)

입력 A, B 중 최소한 어느 한쪽의 입력이 1이면, 출력이 1이 되는 회로를 OR회로라 한다.

실험 그림 3-3(a)와 같이 2개의 다이오드 V_1, V_2가 AND회로(그림3-2(a))와 반대 방향으로 결선된 회로에서 입력단자 A와 B에 신호 0 또는 '$1 \simeq U_b$'를 인가하고, 출력단자 Q에서의 전압 U_2를 측정하라.

결과 입력 A 또는 B, 어느 한 쪽에 전압 U_b = 12V가 인가되면, 출력 Q에서 $U_2 = U_b$가 된다.

① **입력 A, B 모두가 0이면,**

출력 측의 저항 R에 전류가 흐르지 않으므로 출력전압 U_2는 0이 된다.

② **입력 A가 1이고, 입력 B가 0이면,**

V_1을 통해서 전류가 흘러, 출력전압 $U_2 \simeq U_b$가 되므로 출력 Q는 Q=1이 된다.

③ **②항과는 반대로 입력 A가 0이고, 입력 B가 1이면,**

V_2를 통해서 전류가 흘러, 출력전압 U_2는 역시 $U_2 \simeq U_b$가 되므로, 출력 Q는 Q=1이 된다.

④ **입력 A, B 모두 1이 되면,**

전류는 다이오드V_1, V_2를 거쳐 저항 R로 흐르므로, 출력 전압 U_2는 $U_2 \simeq U_b$가 되고, 출력 Q는 Q=1이 된다.

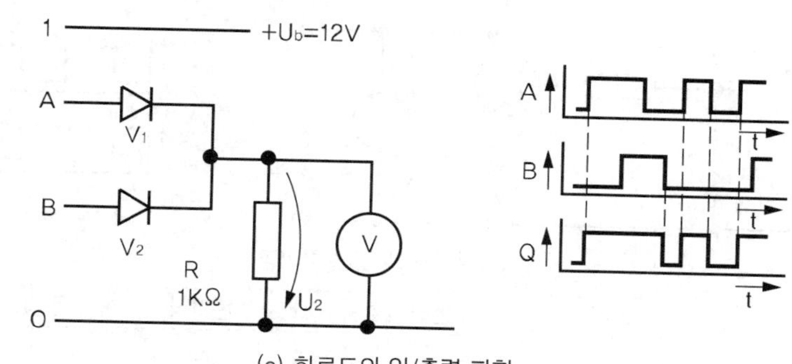

(a) 회로도와 입/출력 파형

릴레이	논리기호	논리식	진리표		
			A	B	Q
		$Q = A + B$	0	0	0
			0	1	1
			1	0	1
			1	1	1

(b) 논리기호, 논리식, 진리표

그림 3-3 OR회로

3. NOT회로 (부정회로)

입/출력 신호가 서로 정반대일 경우 즉, 입력이 1일 때 출력은 0, 입력이 0일 때 출력은 1이 되는 회로를 NOT회로 또는 인버터(inverter : 위상 반전회로)라 한다.

실험 트랜지스터(예 : BC 140)를 사용하여 그림 3-4(a)와 같이 결선하고, 절환 스위치를 동작시켜 보라.

결과 A=1일 때, $U_1 = U_b$, $U_2 \approx 0V$, 그리고 A=0일 때 $U_2 \simeq U_b$가 된다.

① 입력 A가 0이면, 입력전압 U_1은 0V가 되어 트랜지스터 V_1의 베이스(base)전류 I_B가 흐르지 않으므로 트랜지스터는 차단되고 출력전압 U_2는 $U_2 \approx U_b$가 된다. 즉, 출력 Q는 입력(A=0)과

반대로 Q=1이 된다.

② 입력 A가 1이면, 입력전압 U_1=U_b에 의해 트랜지스터 V_1은 도통되므로 출력 전압 U_2는 컬렉터(collector)의 포화전압(saturation voltage) 약 0.2V까지 강하한다. 즉, $U_2 \approx 0V$가 된다.

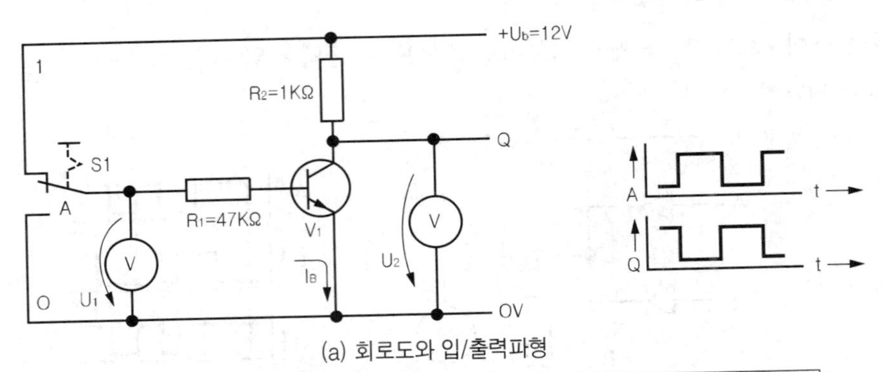

(a) 회로도와 입/출력파형

릴레이	논리기호	논리식	진리표	
			A	Q
$\overline{A}$ / Q	A → Q	$Q = \overline{A}$	0 1	1 0

(b) 논리기호, 논리식 및 진리표

그림 3-4 NOT회로

4. NAND회로 (논리곱의 부정)

NAND회로는 AND회로와 NOT회로로 구성되어 있으며, AND의 부정연산회로이다. 입력 A, B가 모두 1일 때만 출력이 0이 된다.

실험 그림 3-5(a)와 같이 AND회로에 NOT회로를 연결한다. 이때 예를 들면 다이오드는 BAY 46, 트랜지스터는 BC 107을 사용하면 된다. 입력 A, B에 0과 1(=U_b)의 모든 결합을 인가하고 출력을 측정한다.

결과1 입력 A, B 모두에 그리고 동시에 1(=U_b)이 인가될 때, 출력전압 U_2는 $U_2 \approx 0V$가 된다. $U_2 \approx 0V$란 출력 Q가 0임을 의미한다.

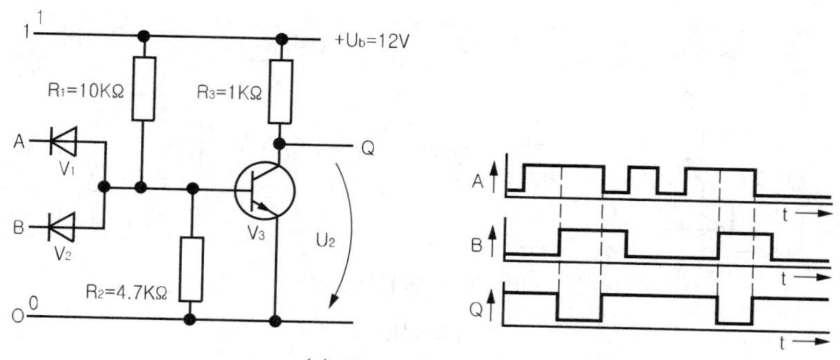

(a) 회로도와 입/출력파형

릴레이	논리기호	논리식	진리표		
			A	B	Q
		$Q = \overline{A \cdot B}$	0	0	1
			0	1	1
			1	0	1
			1	1	0

(b) 논리기호, 논리식, 진리표

그림 3-5 NAND회로

5. NOR회로(논리합의 부정)

NOR회로는 OR–NOT로 구성된 회로로서 OR의 부정연산회로이다.
입력 A, B 중 최소한 어느 한 쪽의 입력이 1이면 출력은 0이 된다.

실험 그림 3-6(a)와 같이 OR회로와 NOT회로를 복합, 결선한다. 다이오드는 BAY 46, 트랜지스터는 BC 107을 사용한다. 입력 A, B에 0과 1(=U_b)의 모든 결합을 인가하고 출력을 측정하여 진리표를 작성한다.

결과1 NOR회로에서는 입력 A, B 중 최소한 어느 하나가 1이면, 출력은 0이 된다.

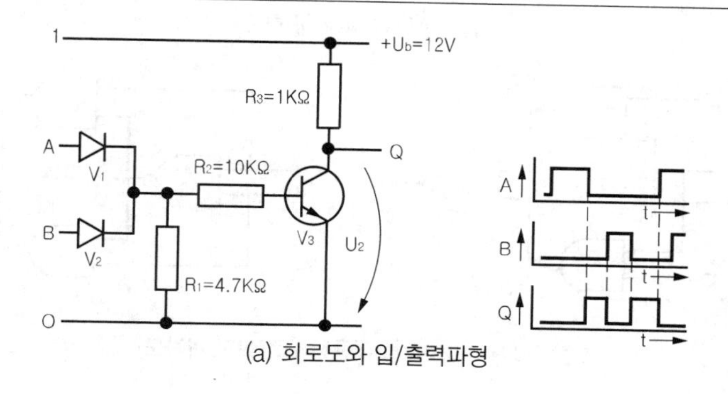

(a) 회로도와 입/출력파형

릴레이	논리기호	논리식	진리표		
			A	B	Q
	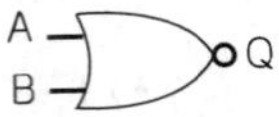 A, B → Q	$Q=\overline{A+B}$	0	0	1
			0	1	0
			1	0	0
			1	1	0

(b) 기호, 논리식, 진리표

그림 3-6 NOR회로

6. EOR회로(exclusive OR : 배타적 논리합)

A와 B의 입력이 일치하지 않을 때 즉, A, B 중 어느 하나가 1일 때 출력이 1이 되는 회로를 EXCLUSIVE OR(EOR 또는 XOR)회로라 한다.

EOR는 NAND회로를 이용하여 실현할 수 있다. 진리표로부터 논리식 '$Q=A\overline{B}+\overline{A}B$'를 얻는다. 논리대수 법칙을 이용하여 이 식을 단지 NAND회로만을 필요로 하는 식으로 변환시킬 수 있다.

$$Q=\overline{A}\cdot B+A\cdot\overline{B}=(\overline{A}+\overline{B})(A+B)=\overline{AB}\cdot(A+B)=\overline{AB}\cdot A+\overline{AB}\cdot B$$

$$=\overline{\overline{\overline{AB}\cdot A}\cdot\overline{\overline{AB}\cdot B}}$$

즉, EOR회로는 그림 3-8(a)와 같이 5개의 NAND, 또는 그림 3-8(b)와 같이 4개의 NAND회로로 구성할 수 있다.

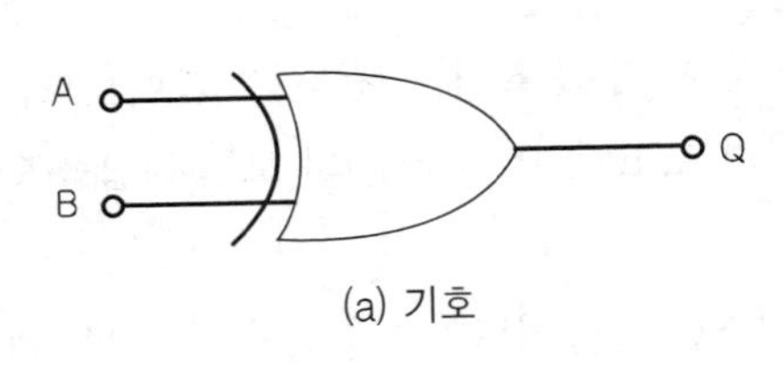

(a) 기호

진리표		
A	B	Q
0	0	0
0	1	1
1	1	0
1	0	1

(b) 진리표

그림 3-7 Exclusive OR회로

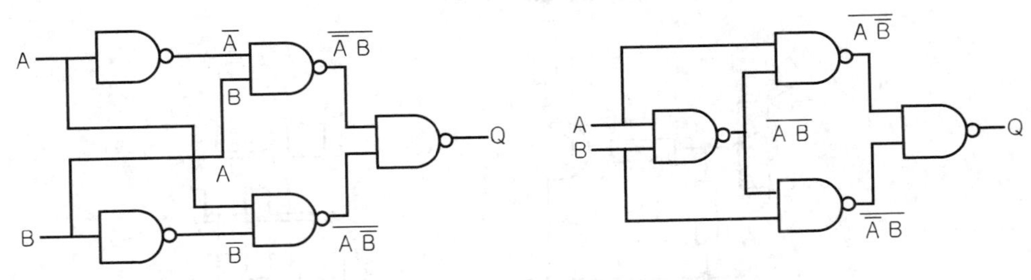

그림 3-8 NAND회로를 이용한 EOR회로(개략도)

제3장 디지털 테크닉 기초

제4절 기억소자
(Flip-Flop)

플립플롭(Flip-Flop)은 2개의 안정상태를 가진 기억소자로 1bit의 정보를 기억할 수 있다. 이를 쌍안정 멀티바이브레이터(bistable-vibrator)라고도 부른다. 출력이 반전하는 그 순간의 동작상태를 플립(=톡 하고 치면) · 플롭(=픽 하고 넘어진다)한다고 한다. (P.251 쌍안정 멀티 바이브레이터 참조)

1. RS-Flip-Flop (RS-FF)

NAND와 NOR로 RS-FF를 만들어 본다. 그리고 그림 3-9는 RS-FF의 기호와 입출력 파형이다.

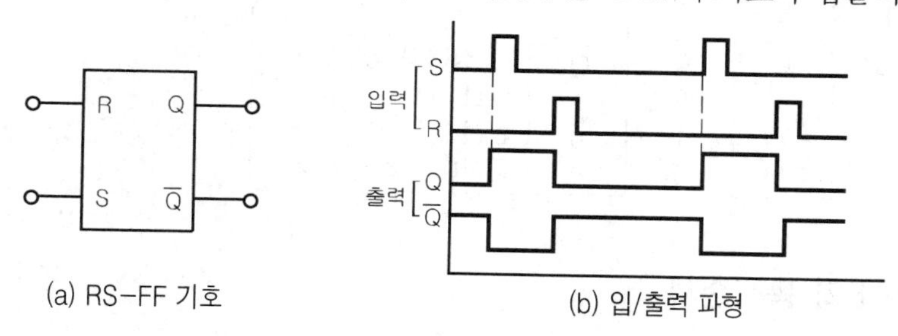

그림 3-9 RS-NOR-플립-플롭

(1) RS-NOR-FF의 동작순서

그림 3-10은 NOR만을 이용한 RS-FF의 동작을 표 3-3 진리값의 순서에 따라 분석, 설명한 것이다. 여기서 R과 S는 입력이고, Q는 출력, $\overline{Q}$는 반전출력이다.

① R=0, S=0인 경우(그림 3-10(a))

NOR ①, ② 모두 타 단자가 x로서 불분명할 때, 출력 Q, $\overline{Q}$는 전과 같고 반전하지 않으며 정지하는 상태이다.

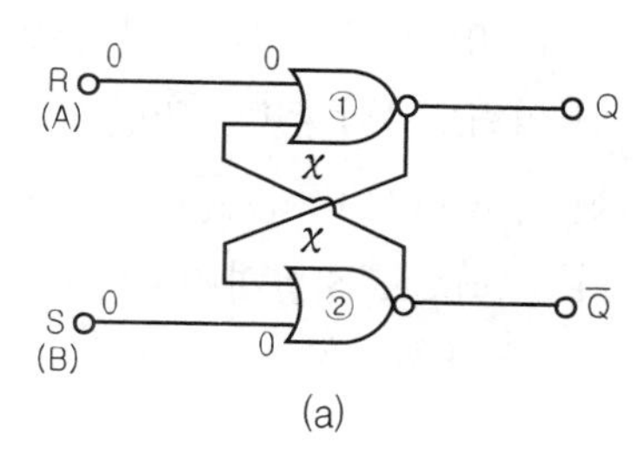

② R=1. S=0인 경우(그림 3-10(b))

R=1이 되면 NOR ①의 Q는 반전하여 0이 되고, NOR ②의 입력도 0이 된다. 여기에 S가 0이므로 NOR ②의 Q는 1이 된다. 따라서 Q=0이 되고, $\overline{Q}=1$로 반전한다.

③ R=0, S=1인 경우(그림 3-10(c))

S=1이면 NOR ②의 $\overline{Q}$는 반전하여 0이 되고, NOR ①의 입력도 0이 된다. 여기에 R=0이므로 NOR ①의 Q는 1이 된다. 따라서 Q=1이 되고, $\overline{Q}=0$으로 반전한다.

④ R=1, S=1인 경우 (FF의 동작을 하지 않으므로 금지) (그림 3-10(d))

R=1이면 NOR ①의 Q는 반전하여 0이 되고, 따라서 NOR ②의 입력도 0이 된다. S=1이므로 $\overline{Q}$는 반전하여 0이 된다. 따라서 Q=0, $\overline{Q}=0$이 되어 반전하지 않으므로 사용하지 않는다.

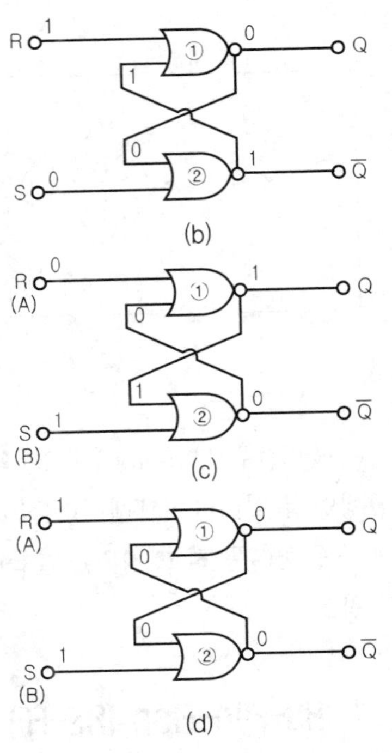

그림 3-10 RS-NOR-FF의 동작순서

〔표 3-3〕 RS-NOR-FF 진리표

동작 번호	입력		출력		비고
	R	S	Q	$\overline{Q}$	
1	0	0	Q	$\overline{Q}$	전 상태와 동일
2	1	0	0	1	반전
3	0	1	1	0	반전
4	1	1	0	0	금지(사용하지 않음)

(2) RS-NAND-FF의 동작순서

그림 3-11은 NAND만을 이용한 RS-FF의 동작을 표 3-4 진리표 값의 순서에 따라 분석, 설명한 것이다. NOR를 기준으로 하면 NAND는 출력동작이 반대로 되기 때문에 S와 R대신에 $\overline{S}$, $\overline{R}$로 표기하기도 한다.

① $\overline{S}=0$, $\overline{R}=0$인 경우 (그림 3-11(a)) - (FF 동작을 하지 않으므로 금지)

$\overline{S}=0$이면 NAND ①의 Q는 반전되어 1이 되고, NAND ②의 입력도 1이 된다. 또한 $\overline{R}=0$이므로 $\overline{Q}$는 반전되어 1이 된다. 따라서 Q=1, $\overline{Q}=1$이 되어 반전되지 않으므로 뜻이 없다. 그러므로 사용하지 않는다.

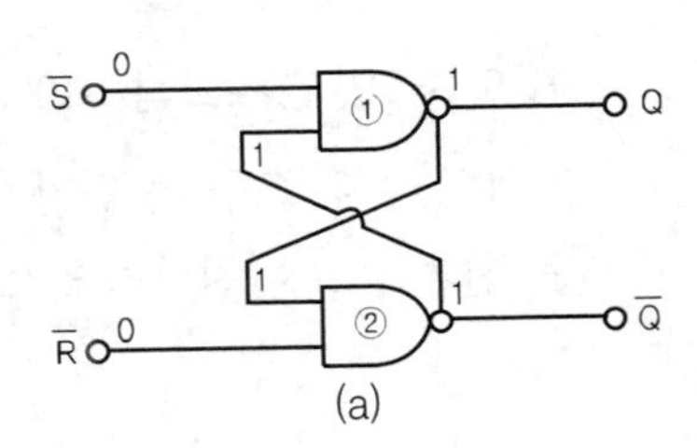

② $\overline{S}=1$, $\overline{R}=0$ **인 경우(그림 3-11(b)**

$\overline{R}=0$이므로 NAND ②의 $\overline{Q}$는 반전하여 1이 되고, NAND ①의 입력도 1이 된다. $\overline{S}=1$이므로 NAND ①에서는 두 입력이 모두 1이 되어 Q=0으로 반전된다. 따라서 Q=0, $\overline{Q}=1$이 된다.

③ $\overline{S}=0$, $\overline{R}=1$ **인 경우(그림 3-11(c))**

$\overline{S}=0$이므로 NAND ①의 Q는 반전하여 1이 되므로 NAND ②의 입력도 1이 된다. 그리고 $\overline{R}=1$이므로 NAND ②의 두 입력은 모두 1이 되어 $\overline{Q}=0$으로 반전된다. 따라서 Q=1, $\overline{Q}=0$이 된다.

④ $\overline{S}=1$, $\overline{R}=1$ **인 경우(그림 3-11(d))**

NAND ①, ② 모두 한쪽 입력 $\overline{S}$, $\overline{R}$가 각각 1이지만, 다른 한쪽 입력이 각각 x로서 알 수 없고, 전과 같은 상태이다.

그림 3-11 RS-NAND-FF의 동작순서

〔표 3-4〕 RS-NAND-FF 진리표

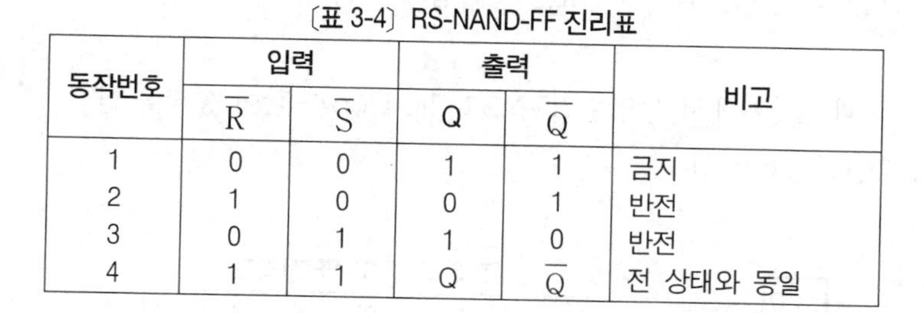

동작번호	입력		출력		비고
	$\overline{R}$	$\overline{S}$	Q	$\overline{Q}$	
1	0	0	1	1	금지
2	1	0	0	1	반전
3	0	1	1	0	반전
4	1	1	Q	$\overline{Q}$	전 상태와 동일

2. T-Flip-Flop (T-FF)

(1) T-FF

T-FF는 트리거 플립플롭(trigger-Flip-Flop) 즉, 동기 플립플롭(synchrone-Flip- FLOP)을 의미한다. 1개의 입력단자 T에 클록펄스(clock pulse)가 들어올 때마다 반전한다. T=0일 때 즉, 클록펄스가 없으면 출력 Q는 반전하지 않는다. 그리고 T=1일 때 즉, 클록펄스가 들어오면 출력 Q는 반전한다. 표 3-5는 T-FF의 진리표이다.

〔표 3-5〕 T-FF 진리표

입력	출력
T	Q
0	Q
1	$\overline{Q}$

클록펄스의 상승(positive going) 시 출력이 반전하거나, 하강(negative going) 시 출력이 반전하는 데 따라 그림 3-12와 같은 출력 파형을 얻는다.

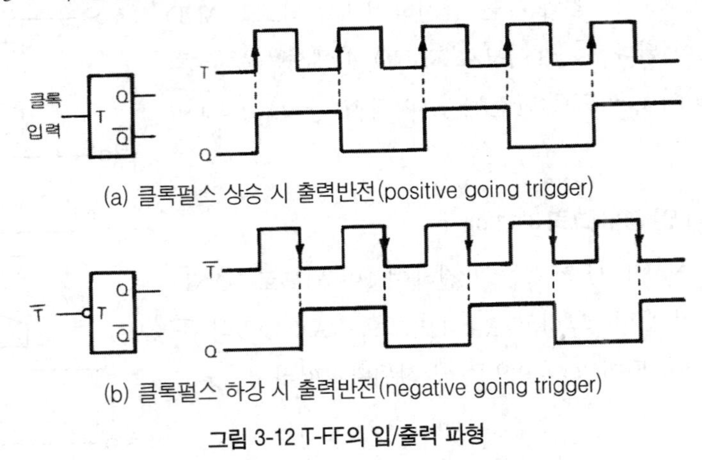

그림 3-12 T-FF의 입/출력 파형

(2) RST-FF

그림 3-13은 RST-FF회로이며, 표 3-6은 RST-FF의 진리표이다. S와 R에서의 입력을 간접적으로 출력측에 주어야 하므로, RS-Flip-Flop에 펄스입력단자 T(또는 C라고도 한다)를 설치한다. S와 R에서의 정보는 클록펄스가 있는 동안에만 전달된다. S와 R은 준비입력, T는 클록펄스 입력이 된다.

T=1일 때, 입력 R과 S는 그림 3-10과 표 3-4에서 설명한 RS-NOR-Flip-Flop과 같이 동작을 한다. T=0이면 저장은 영향을 받지 않는다.(표 3-6참조)

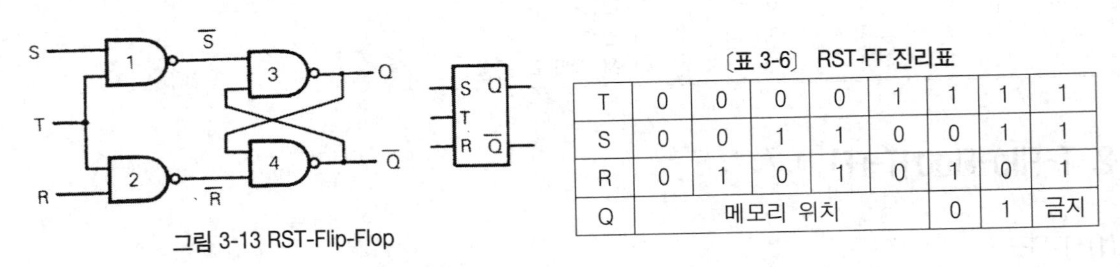

그림 3-13 RST-Flip-Flop

〔표 3-6〕 RST-FF 진리표

T	0	0	0	0	1	1	1	1
S	0	0	1	1	0	0	1	1
R	0	1	0	1	0	1	0	1
Q	메모리 위치					0	1	금지

그림 3-13에서 T=1, S=0 그리고 R=1이면, NAND ①의 출력신호는 1이고, NAND ②에서의 출력신호는 0이 된다. NAND ④의 출력은 1, NAND ③의 출력은 0이 되어야 한다. 다른 모든 결합에 대해서도 시험해 볼 수 있을 것이다.

T=0일 때 NAND ①과 ②의 출력은 입력 S와 R의 지금까지의 상태에 좌우된다. 그 이유는 R=S=0과 마찬가지로 T=0은 출력에 변화를 일으킬 수 없기 때문이다.

3. D-Flip-Flop (D-FF)

D-플립플롭(D-FF)은 지연(delay)형 플립플롭을 의미한다. 앞서 RST-FF에서 T=R=S=1은 피해야만 한다. 이 단점은 D-Flip-Flop으로 해결할 수 있다.(그림 3-14, 3-15참조).

D-FF은 준비입력이 단 1개뿐이다. 이 준비입력은 한 번은 기존의 S와 직접적으로, 한 번은 NOT 회로를 거쳐 기존의 R과 연결된다. 따라서 그림 3-14에서 플립플롭 입력 S′와 R′은 더 이상 동일한 값을 가질 수 없게 된다.

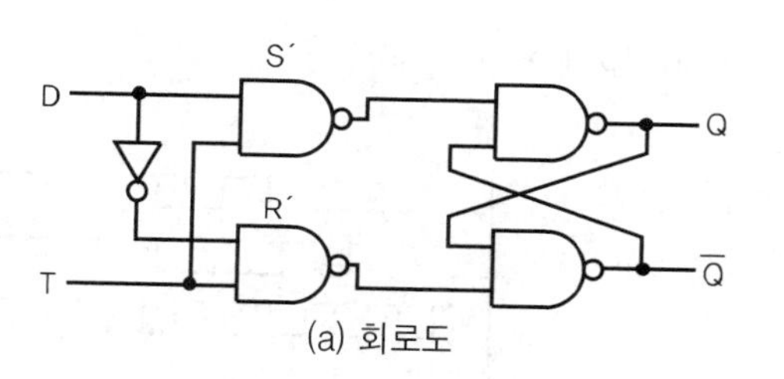

(a) 회로도

입력		출력
T	D	Q
0	0	상태유지
0	1	상태유지
1	0	0
1	1	1

(b) 진리표

그림 3-14 D-Flip Flop

그림 3-15는 D-FF의 기호와 입/출력파형이다. 그림 3-15(b)에서 D의 입력이 1 또는 0의 상태에서 C에 클록펄스가 입력되는 순간, 출력 Q는 반전된다. 그리고 이 상태에서 D의 입력이 변화하지 않는 한, C에서 다음 클록이 입력되더라도 출력 Q는 다시 반전되지 않는다.

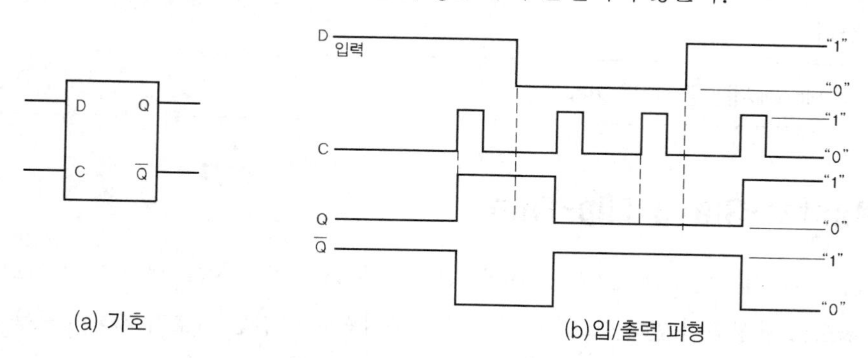

(a) 기호 (b)입/출력 파형

그림 3-15 D-FF의 기호와 입/출력파형

4. JK-Flip-Flop (JK-FF)

D-FF은 설명한 바와 같이 입력포트가 단지 하나이다. 그러나 JK-FF는 다시 2개의 입력, 세트(set)와 리셋(reset)을 가지고 있다. 알파벳 J(기존의 S에 상응)와 K(기존의 R에 상응)는 임의로 붙인 것으로서, J(Jack)와 K(King)에서 유래한 용어이다. RS-FF와 달리 금지 입력이 없다.(그림 3-16

참조)

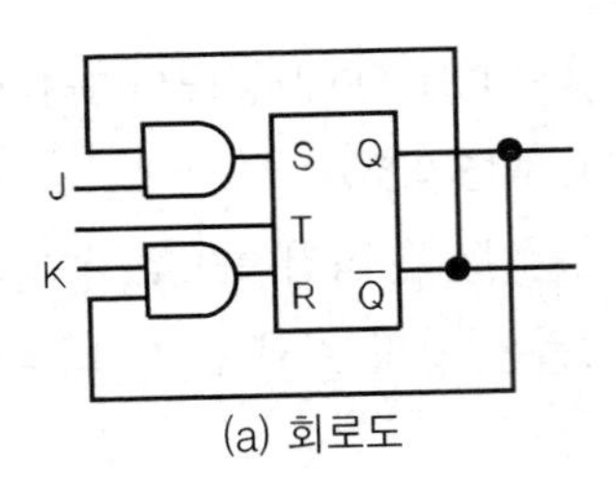

(a) 회로도

입력		출력	
J	K	Q	$\overline{Q}$
0	0	상태유지	
0	1	0	1
1	0	1	0
1	1	반전	

(b) 진리표

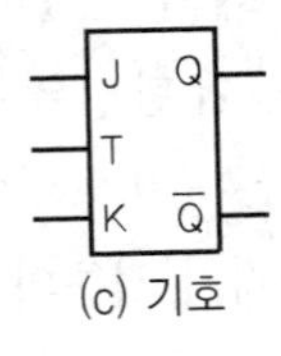

(c) 기호

그림 3-16 JK-Flip Flop

그림 3-17은 JK-FF의 출력파형으로서 동작과정을 보여주고 있다. 2개의 출력 Q와 $\overline{Q}$ 중 어느 하나는 반드시 1이 되어야 한다.

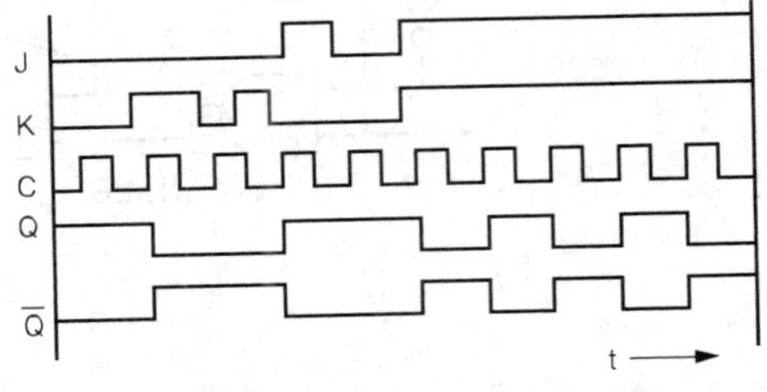

그림 3-17 JK-Flip-Flop 입출력파형

Q=1이면, K-입력의 AND논리회로가 준비된다. K=1일 때, 입력 R에 1-신호가 들어오고 Q는 다음 번 클록펄스에 1이 된다. 이제 J-입력의 AND회로가 준비된다.

클록 상태제어 플립플롭은 J=K=C=1일 때 계속 발진한다. → 레이스 현상.

이와 같은 레이스 현상을 제거하기 위하여 실제로는 마스터-슬레이브 플립플롭(master-slave FF)을 사용한다.

> JK-Flip Flop에서는 금지입력이 없다.

5. RS-Master-Slave-Flip-Flop

RS-Master-Slave-Flip-Flop은 그림 3-18과 같이, 하나의 공통 클록펄스로 제어되는 2개의 RS-Flip-Flop으로 구성되어 있다. 그리고 각각의 클록입력에 반전된 신호가 가해지도록 하기 위하여 인버터(inverter)를 장치한다.

동작순서는 다음과 같다.

클록펄스 상승 시 즉, 클록입력 T가 0에서 1로 변할 때, 마스터-플립플롭은 입력신호를 읽어 기억한다. 그리고 다음 클록펄스 하강 시 즉, 클록입력 T가 1에서 0으로 변하면 마스터-플립플롭의 내용이 슬레이브-플립플롭으로 옮겨져 출력된다. 그러나 상태 S=R=1은 다시 피해야 한다.

RS-Master-Slave-Flip-Flop에서 S=R=1로 제어를 시작할 때의 불확정 신호상태는 출력과 연결된 입력을 폐쇄하여 피한다. 이것이 바로 JK-Master-Slave-Flip-Flop이다.

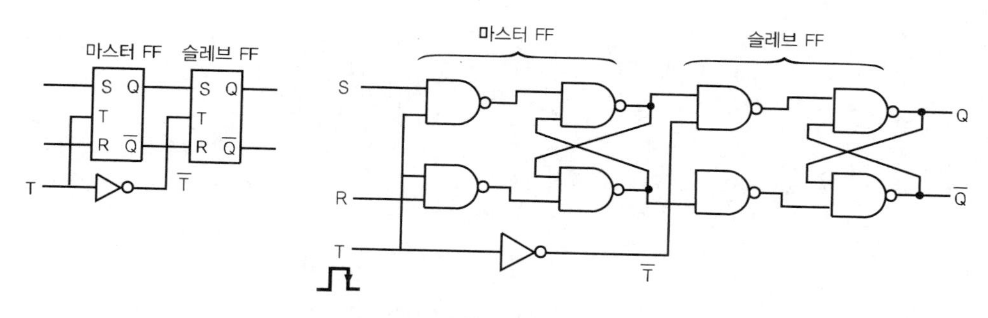

그림 3-18 RS-Master-Slave-Flip-Flop

6. JK-Master-Slave-Flip-Flop

그림 3-19(a)는 JK-Master-Slave-Flip-Flop 회로도이다. J-입력과 K-입력에서의 신호는 클록펄스 T가 0에서 1로 변할 때 즉, 클록펄스 상승 시 마스터-플립플롭에 저장된다. 그리고 클록펄스 T가 1에서 0으로 변할 때 즉, 클록펄스 하강 시에는 NOT회로 때문에 정보는 마스터-플립플롭에서 슬레이브-플립플롭으로 전달된다. 신호의 입력과 출력 간에는 시간적인 차이가 있다.

> JK-Master-Slave-Flip-Flop은 메모리회로에 적합하다.

그림 3-19는 JK-Master-Slave-Flip-Flop의 회로도이며, 그림 3-20은 JK-Master-Slave-Flip-Flop의 입/출력 파형으로서 동작과정을 보여주고 있다.

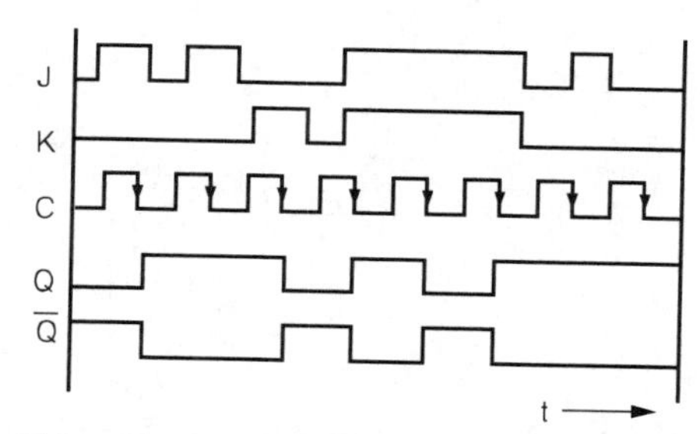

그림 3-20 JK-Master-Slave-Flip-Flop 입출력파형

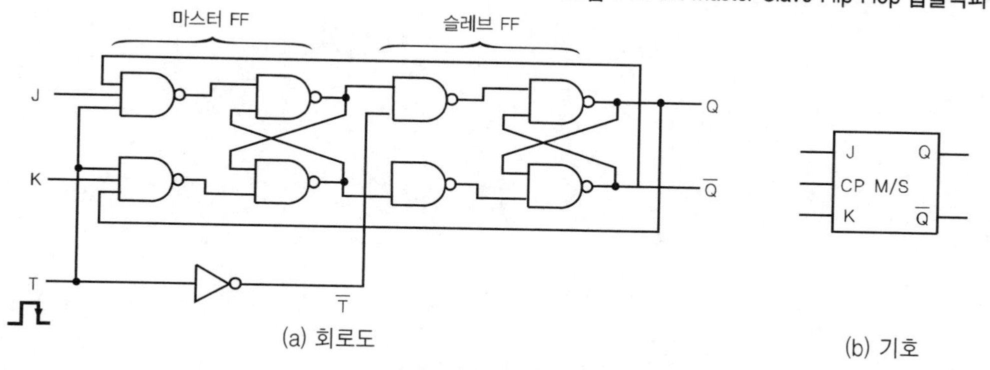

(a) 회로도

(b) 기호

그림 3-19 JK-Master-Slave-Flip-Flop

제4장

축전지

Battery : Batterie

제4장 축전지

제1절 전류의 화학작용과 전지
(Chemical reaction of current, and electric cell)

1. 전기분해(electrolysis)

(1) 전기분해의 원리

액체(액상의 금속 제외)를 통해 전류를 흐르게 하려면, 전원에 연결된 2개의 금속막대(또는 금속판) 즉, 전극(electrode)을 액체 속에 넣어야 한다. 이때 전원의 음극과 연결된 금속막대를 캐소드(cathode)(−), 양극과 연결된 금속막대를 애노드(anode)(+)라 한다.(그림 4-1참조)

회로가 닫히면(ON), 전원의 기전력(起電力 : electro motive force : emf)은 음극으로부터 전자를 캐소드(−)로 밀어내고, 양극은 애노드(+)가 전자를 흡인하도록 한다. 따라서 전극(electrode) 사이에 발생된 전위차는 액체를 통해서 결국은 서로 같아지게 된다. 이때 액체로서 증류수를 사용할 경우, 아주 작은 전류가 흐른다. 그러나 약간의 소금(NaCl) 또는 산(acid)이나 알칼리(alkali : Lauge)를 첨가하면 전류는 현저하게 증가한다. 이러한 현상은 해리(解離 ; dissociation) 즉, 액체 내에서 분자의 일부가 분해과정을 통해 분리되어 소위 이온(ion)의 형태로 존재한다는 사실로 설명할 수 있다. 이온(ion)이란 양(+) 또는 음(−)으로 대전(帶電)된 원자 즉, 자유전자가 최소한 1개 이상 부족하거나 과잉된 원자들(또는 원자들의 그룹)을 말한다.

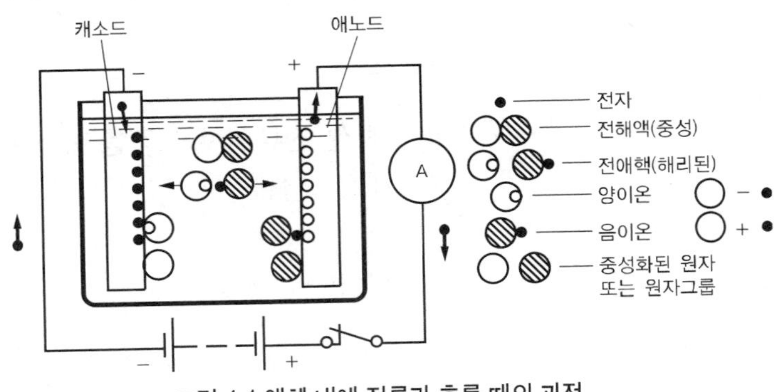

그림 4-1 액체 내에 전류가 흐를 때의 과정

수소와 대부분의 금속들은 양이온(cation)을, 나머지 다른 물질들은 음이온(anion)을 형성한다.
음이온은 애노드(anode ; 양극)에 흡인되어, 자신의 과잉전자를 애노드에 주고 자신은 중성이 된다. 양이온은 캐소드(cathode ; 음극)에 흡인되어, 캐소드에서 전자를 얻어 역시 중성이 된다.
즉, 이온이 액체 내에서 이동하면서 전하(electric charge)를 운반한다.

전기가 흐르는 액체는 분자의 해리와 이온의 이동에 의해 화학적으로 분해된다. 이 과정을 전기분해(electrolysis)라 하고, 전기분해가 이루어지는 액체를 전해액(electrolyte)이라 한다.

(2) 전기화학당량(electro-chemical equivalent) - 기호는 c를 사용한다.(표 4-1참조)

전기분해 시 전극에서 해리(석출)되는 물질의 질량 m[mg]은 전류 I [A]와 시간 t [s]에 비례한다. 1As의 전하에 의해 해리(석출)되는 양을 [mg]단위로 표시한 것을 전기화학당량이라 한다.

〔표 4-1〕 물질의 전기화학 당량

물질	전기화학당량 [mg/As]	물질	전기화학당량 [mg/As]
알루미늄(Al)	0.0953	산소(O)	0.0829
크롬(Cr)	0.18	은(Ag)	1.118
금(Au)	0.68	수소(H)	0.0104
구리(Cu)	0.329	아연(Zn)	0.339
니켈(Ni)	0.305	주석(Sn)	0.617

전기분해 시에 해리(석출)된 물질의 질량 m[mg]은 전기화학당량 c [mg/As], 전류 I [A] 그리고 시간 t [s]의 곱으로 표시된다.

$$m = c \cdot I \cdot t\ [\mathrm{mg}]$$

패러데이(Faraday) 제 1 법칙

모든 화학반응 과정을 알 수 있다면, 축전지를 통해 흐르는 전류로부터 해리되는 물질의 질량을 정확하게 계산할 수 있다. 과충전 시 두 전극에서 수소와 산소의 재결합이 없다면 해리되는 전해액에는 다음이 적용된다.

① 1Ah는 0.3361g의 H_2O 를 분해한다.

② 1Ah는 0.0376g의 $H_2(0.3\ell)$와 0.2985g의 O_2를 생성한다.

③ 1g의 물(H_2O)을 분해하기 위해서는 2.975Ah의 에너지를 필요로 한다.

이 값들은 납축전지와 니켈-카드뮴 축전지는 물론이고 수용성 전해액을 사용하는 다른 모든 축전지 시스템에서도 유효하다.

예제 구리 용액에 전류 2.5 [A]가 20분 동안 흐를 경우, 몇 mg의 구리가 해리되는가?
단, 구리의 전기화학당량은 0.329 [mg/As]이다.

【풀이】 $m = c \cdot I \cdot t\,[\mathrm{mg}] = 0.329\,\frac{\mathrm{mg}}{\mathrm{As}} \times 2.5\mathrm{A} \times 20\mathrm{min} \times \frac{60\mathrm{s}}{1\mathrm{min}} = 987[\mathrm{mg}]$

2. 1차전지와 2차전지

전기분해 시에는 전기에너지가 화학적 일로 변환된다. 역으로 화학반응을 통해 전압을 발생시킬 수 있다. 이와 같이 전기화학적 반응을 통해 전압을 발생시키는 장치를 전지(電池 : electric cell)라 한다. 전지에는 1차전지와 2차전지가 있다.

(1) 1차전지(primary cell)

① 1차전지의 작동원리

2개의 서로 다른 금속전극 예를 들면, 아연전극과 구리전극을 전해액(예 : 암모니아 클로라이드: $NH_4C\ell$)에 담그고 서로 연결하면 전위차(=전압)가 발생한다. 질산용액($NH_4C\ell$)에 녹아 들어간 아연은 양이온(Zn^{2+})이 되므로 아연전극은 음전하를 띠게 된다. 그리고 질산용액 속의 수소이온(H^+)은 아연이온(Zn^{2+})에 반발, 구리전극에 모이게 되므로 구리전극은 양전기를 띠게 된다.

$$NH_4C\ell \rightarrow NH_4^+ \rightarrow C\ell^-, \qquad H_2O \rightarrow H^+ + OH^-$$

구리전극(+)과 아연전극(－) 사이의 외부에 부하(=저항)를 접속하면 구리전극(+)에서 아연전극(－)으로 전류가 흐르게 된다. 그리고 이때 흐르는 전류는 직류이다. 그러나 이 장치에서는 역으로 전기에너지를 공급하여 질산용액 속에 녹아있는 아연을 다시 아연판으로 되돌아가게 할 수가 없다. 이와 같은 전지를 1차전지라 한다.

> 1차전지는 화학에너지를 전기에너지로 변환시킬 수는 있으나, 역으로 전기에너지를 화학에너지로 변환시키지는 못한다. 즉, 재충전시킬 수 없다.

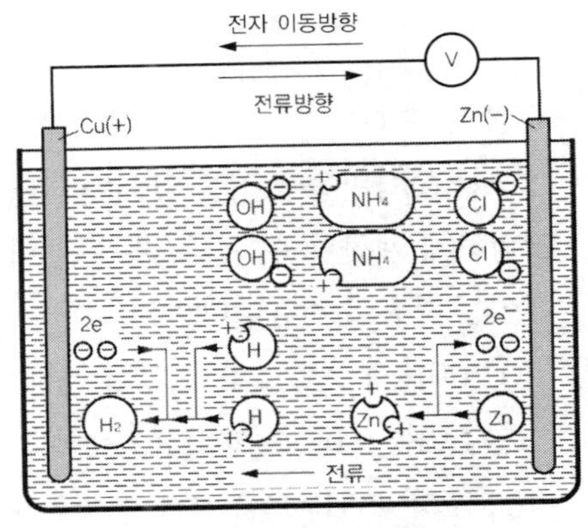

그림 4-2 1차전지의 원리

② **표준 단극 전위서열**

1차전지의 전압은 전해액의 농도와 전극의 재료에 따라 결정된다. 표준단극 전위서열은 임의의 전극재료와 표준(Normal) 수소전극(25℃, 1013mbar의 수소가 환류하는 수소전극) 사이에 발생되는 이론전압에 의해서 정해진다.(표 4-2참조)

두 금속 간에 양(+)의 전압을 보다 많이 발생시키는 재료 즉, 이온화 경향이 작은 금속이 (+)전극이 된다. 그리고 이온화 경향이 큰 금속이 (−)전극이 된다. (−)전극은 대부분 비귀금속으로서 전해액에 녹아들어 소모된다.

〔표 4-2〕 표준단극 전위서열

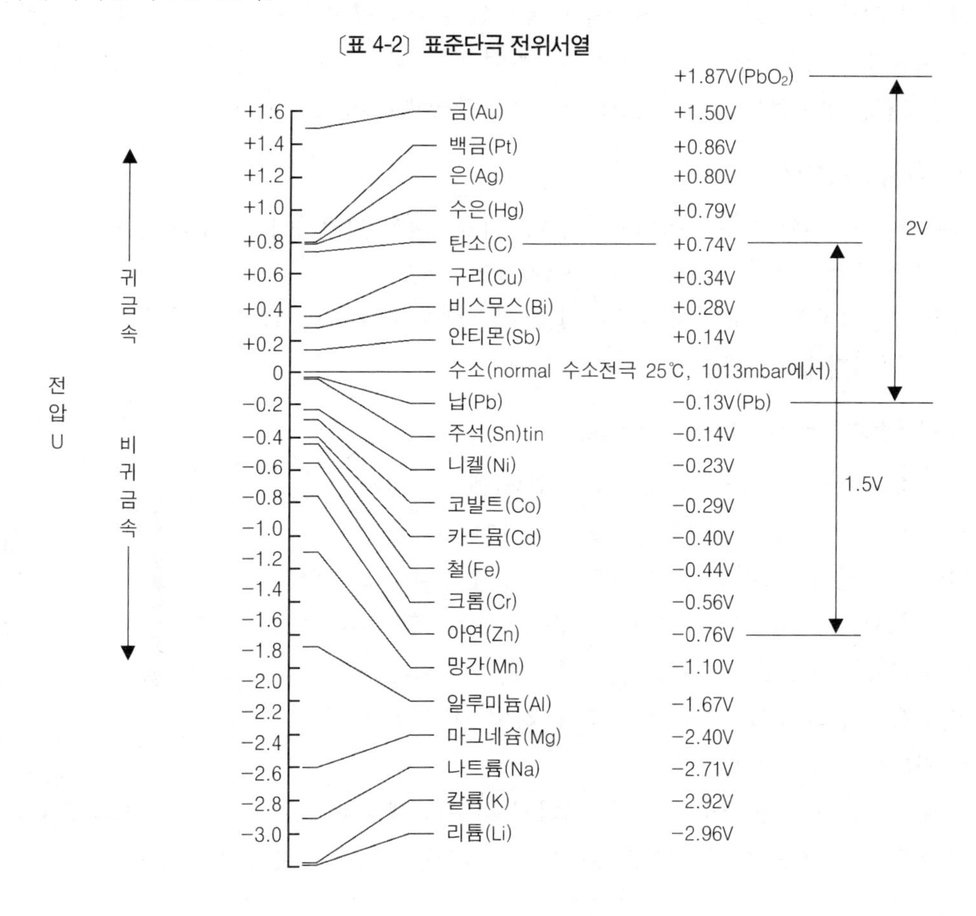

표준단극 전위서열에서 서로 멀리 떨어져 있는 두 금속 즉, 이온화 경향의 차이가 큰 금속을 전극으로 사용할 경우에 두 전극 사이에 발생되는 셀(cell) 전압이 높다. 예를 들면, 금(+1.5V)과 리튬(−2.96V) 사이에는 4.46V가, 탄소(+0.74V)와 아연(−0.76V) 사이에는 1.5V가 발생된다.(표 4-2)

③ **분극전압** (polarization voltage)**과 감극제** (depolarizer)

1차전지에서는 제한된 시간 동안에만 전류가 흐른다. 전기분해에 의해 발생된 가스가 전극을 덮어 버리기 때문에, 애노드(+)에는 산소, 캐소드(−)에는 수소가 모여 역방향전압이 발생된다. 이들은 마치 전지를 역으로 접속한 것과 같이 작용하는데 이를 분극전압(polarization voltage)이라 한다.

1차전지에서는 산소를 방출하는 물질을 이용하여 분극작용을 방지한다. 예를 들면, 탄소-아연전지에서는 이산화망간(MnO_2)을 이용하여 분극을 방지한다. 즉, 탄소전극에서 발생된 수소는 이산화망간이 발생시킨 산소와 결합하여 물이 되므로 분극작용을 할 수 없게 된다. 여기서 분극작용을 방지하는 이산화망간(MnO_2)을 감극제(depolarizer)라 한다.

④ **1차전지의 종류**

통상적으로 1차전지를 전지라고 하며, 1차전지에는 건전지(dry cell)와 습전지(wet cell)가 있다. 건전지로는 아연-이산화망간 전지(알칼리), 아연-산화은 전지, 리튬-산화크롬 전지, 리튬-이산화망간 전지 등이 주로 사용되고 있다. 최근에 자동차 에너지원으로 각광을 받고 있는 연료전지도 1차전지에 속한다.

⑤ **연료전지** (fuel cell : Brennstoffzelle)

연료전지에서 전극의 변화는 없다. 연료(예 : 수소)와 산화제(산소(주로 공기))를 계속적으로 공급하여 연료의 화학적 에너지를 전기에너지로 직접 변환시킨다. 원리적으로는 연소(=산화)할 때 유리된 에너지가 열뿐만 아니라 전기에너지(=직류)로도 변환된다. 이런 이유 때문에 이와 같은 연소를 "화염을 동반하지 않는 저온연소"라고 하며, 이 원리를 이용한 전지를 연료전지라고 한다.

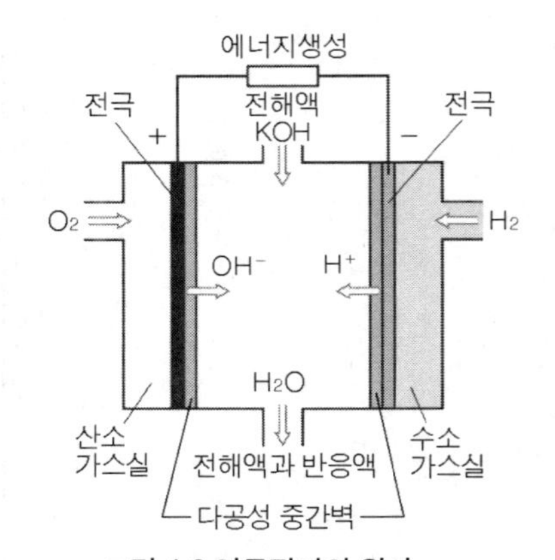

그림 4-3 연료전지의 원리

셀-전압은 약 0.6V∼0.8V이다. 따라서 다수의 셀을 하나의 스택(stack)으로 연결하여 필요한 전압과 용량을 확보하는 방법을 사용한다.

> 연료전지에서는 전해액과 가스 사이에서 화학반응이 일어난다.

가스는 투과성 전극을 거쳐 전해액에 유입된다. 화학반응 시에 그 때마다 수소원자는 (−)전극에 1개의 전자를 주고 나머지 H^+이온은 전극을 투과하여 전해액으로 들어간다. (−)전극에 잔류한 전자는 부하를 거쳐 반대편 (+)전극으로 이동하여, 거기서 OH^-이온을 형성한다.

OH^-이온은 (+)전극을 투과하여 전해액으로 들어가서 H^+이온과 결합하여 물(H_2O)이 된다. 이렇게 생성된 물은 셀 밖으로 배출시켜야 한다. 현재의 기술수준에서 총효율(전기적 및 열적)은 약 60% 이상이 가능하다.

(2) 2차전지(secondary cell)

2차전지란 화학적(chemical) 에너지를 전기적(electrical) 에너지로 변환시켜 방출(=방전)할 수 있으며, 역으로 방전된 상태에서 전기 에너지를 공급(=충전(充電))하면 이를 화학 에너지의 형태로 다시 저장할 수 있는 전지 즉, 충전과 방전을 교대로 반복할 수 있는 전지를 말한다.

먼저 전기에너지를 공급(=충전)하여 두 극판을 화학적으로 서로 다르게 변환시켜, 갈바닉 전압(Galvanic voltage)*을 생성한다. 전기에너지를 방출(=방전)할 때, 전극은 다시 앞서의 상태로 회복된다. 즉, 상태변화를 반복한다.

2차전지는 전기에너지를 저장할 수 있기 때문에, 통상적으로 축전지(battery) 또는 어큐물레이터(accumulator)라고 한다. 현재 널리 사용되고 있는 2차전지로는 납축전지, 니켈-수소(NiMH) 전지, 리튬-이온(LiO) 전지 등이 있다.

표 4-3에 제시된 성능은 현재의 기술수준에서 얻을 수 있는 최대값에 근접하는 값이다. 에너지 밀도 및 출력밀도는 축전지의 형식과 작동온도에 따라 차이가 많다.

〔표 4-3〕 2차 전지의 전극재료 및 에너지 밀도(발췌)

형식	양극	음극	전해액(질)	에너지 밀도	비에너지	셀 전압 완전 충전 시
Pb축전지	PbO_2	Pb	황산용액 (H_2SO_4)	100Wh/ℓ까지	50Wh/kg까지	2.0V
NiCd	2NiO(OH)	Cd	수산화칼륨 (KOH)	60Wh/ℓ까지	55Wh/kg까지	약 1.3V
NiMH	2NiO(OH)	MH	수산화칼륨 (KOH)	240Wh/ℓ까지	80Wh/kg까지	약 1.3V
Li-Ion*	LiMOx	C	리튬염 용액 (Li-Salt)	350Wh/ℓ까지	150Wh/kg까지	3V~4V
Na-S	액체 유황	액체 나트륨	전해질 세라믹 (고체)	240Wh/ℓ까지	120Wh/kg까지	2.1V

* Li-Ion전지에서 M은 Co, Mn, Ni 또는 이들의 합금, 그리고 FeP 등을 의미한다.

* Luigi Galvany : 이태리 의사(1737~1798)

① **납축전지**(lead-acid battery)

(+)극의 작용물질은 과산화납(PbO_2), (−)극의 작용물질은 납(Pb)이며, 전해액으로는 묽은 황산(H_2SO_4)이 사용된다. 셀(cell) 정격전압은 2V이고, 방전종지전압은 1.75V이다. 방전종지전압 이하로 셀-전압이 낮아지면 극판의 황산화가 촉진되어, 최종적으로는 더 이상 충전이 불가능해진다.

충전할 때 셀-전압은 약 2.75V까지 상승한다. 자동차의 시동전원 및 보조장치 전원으로 사용한다.

② **니켈-수소**(NiMH : Nickel Metal-Hydride) **전지**

니켈·카드뮴(NiCd) 전지에서는 (+)극판은 수산화니켈(2NiO(OH)), (−)극판은 카드뮴(Cd)이다. 인체에 유해한 카드뮴의 사용이 금지(예 : EU는 2006년부터)됨에 따라 카드뮴을 수소-이온과 결합이 가능한 즉, 수소를 저장할 수 있는 특수합금(Metal-Hydride)으로 대체한 전지가 니켈-수소(NiMH) 전지이다.

전해액으로는 니켈·카드뮴 전지와 마찬가지로 20%-수산화칼륨 용액(KOH)을 사용한다. 전해액은 단지 전하를 이동시키는 역할만 한다. 즉, 화학반응에는 관여하지 않는다. 따라서 충/방전 시 전해액의 밀도는 거의 변화하지 않는다.(* 충전 중 수산화칼륨의 약 1～2% 정도가 물을 생성할 뿐이다.) 그리고 케이스로는 니켈 도금된 강판 또는 플라스틱을 사용한다.

표 4-3에 제시된 바와 같이 NiMH 전지는 NiCd 전지와 비교할 때, 셀-전압은 같지만 에너지밀도와 비에너지가 상대적으로 크다.

NiCd 전지에서는 일부만 방전된 상태에서 다시 충전하게 되면 추가로 충전한 용량 이상의 전기를 사용할 수 없는 현상이 나타난다. 이는 활성물질의 전기화학적 반응이 정지하는 부동태화(不動態化: passivation)에 의해 반응저항이 증대되어 방전전압이 더 이상 하강하지 않기 때문인 것으로 알려져 있다. 이와 같은 현상을 기억 효과(memory effect)라고 한다. 특히 60% 방전 상태에서 충/방전을 반복하면 급격한 기억효과가 발생하는데 그 이유는 아직도 확실하게 규명되지 않았다.

NiCd 전지의 기억효과는 전지 자신의 최대 가용에너지 용량이 실질적으로 감소하는 것과 같다. 이 현상은 전기자동차 또는 하이브리드 자동차의 에너지관리 측면에서 보면 큰 장애요소이다. NiMH 전지에서도 NiCd 전지에서와 같은 기억효과가 나타나지만, 그 강도는 아주 미약하며, 최근에는 기억효과가 거의 나타나지 않는 NiMH 전지도 개발되고 있다.

NiMH 전지는 기온이 낮을 경우, 금속과 결합되어있는 수소가 거의 분리되지 않는다는 단점을 가지고 있다. 따라서 NiMH 전지는 다른 형식의 전지에 비해 저온에서는 온도강하에 비례하여 출력성능이 급격하게 저하한다.

③ Li-Ion **전지**

리튬(Lithium)은 가장 가벼운 금속($\rho = 0.534g/cm^3$)으로서 원자번호는 3이다. 그리고 전기화학적 전위서열(=표준 단극전위서열)에서의 자신의 위치(표준 수소전극 기준 −2.96V) 때문에 전지 생산업체들은 이미 1930년대부터 지대한 관심을 가지고 1차전지 개발에 사용하였다. 그러나 리튬 2차전지 기술은 아직도 새로운 기술에 속한다.

참고로 리튬의 융점은 180.5℃/1.013bar, 선팽창계수는 56×10^{-6}/K (0～100℃)이다.

(+)전극은 리튬-망간 산화물(Li-Mn-Oxide), (−)전극은 탄소(예를 들면 흑연)가 사용된다. 두 전극 사이에는 리튬염이 용해되어 리튬-이온의 이동을 용이하게 하는 유기질 전해액(액체, 또는 Li-Polymer 전지에서는 거의 고체 연고에 가까움)이 채워져 있다. 두 전극은 각각의 원자의 격자구조에 리튬-이온을 저장할 수 있다.

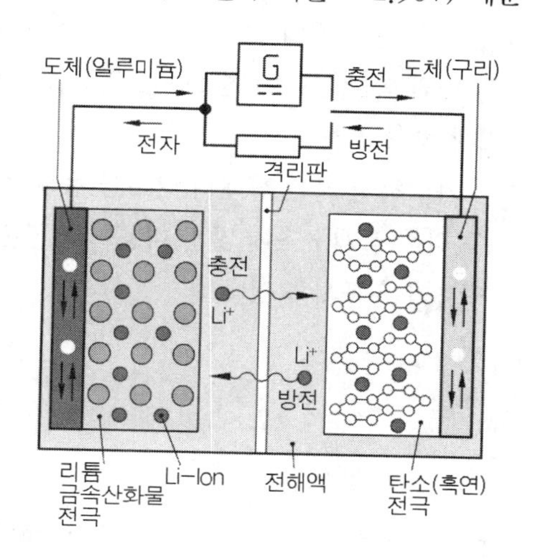

그림 4-4 Li-Ion 전지의 작동원리

충전할 때, 리튬-이온은 리튬-금속산화물 격자(+전극)로부터 격리판을 거쳐 흑연격자(-전극)로 이동하여, 흑연격자에서 전자와 결합한다. 방전할 때, 리튬-이온은 전자를 흑연전극(−)에 남겨두고 다시 (+)전극인 산화물전극으로 이동한다. 충/방전 시에 전극 격자들 간에 리튬-이온만 교환되기 때문에, 즉 두 전극 사이에서 이온만 왕복(swing)하므로 "스윙 시스템(swing system)이라고도 한다.

리튬-이온은 전극에 저장되었다가 부하전류 또는 방전전류를 위해 전자를 방출한다.

Li-ion 전지는 1개의 셀 전지로 생산되지 않고 대부분 배터리-팩(battery pack)으로 생산된다. 그리고 안전을 위해 기포방출구를 갖추고 있다. 더 나아가 기계적, 전기적 안전요소들 예를 들면, 압력이 높을 경우의 전류차단, 과부하 제어, 충/방전 전압 제어 및 온도제어는 물론이고 특히 충전에는 세심한 주의를 기울여야한다는 전제조건을 충족시켜야 한다.

Li-Ion 전지는 표 4-3에 제시된 전지 중에서는 에너지밀도와 비에너지가 가장 높다. 따라서 전기자동차 또는 하이브리드 자동차의 배터리로 각광을 받고 있다. 그러나 Li-Ion전지를 자동차 구동배터리로 사용하는데 있어서 가격, 대전류 친화성(특히 Li-Ion 전지로 발진할 경우) 및 안전문제(기계적 손상 또는 과부하 시의 화재위험) 등은 아직도 완벽하게 해결되지 않은 과제들이다.

④ **나트륨-유황**(Natrium-Sulfur) **전지**

1970～1980년대 당시에는 높은 에너지 밀도 때문에 전기구동 자동차의 에너지원으로 선풍

적인 기대를 모았던, 성공적인 전지였다. (+)전극은 액상의 유황, (−)전극은 액체 나트륨이다. 전해물질로는 내부에는 나트륨이, 외부는 유황으로 포위된 원통형의 전해질 세라믹 통이 사용된다. 이 구조는 유황과 나트륨이 액체 상태를 유지하기 위해서는 전지를 약 300℃로 가열해야만 하는 문제점이 있다. 또 나트륨은 화학적으로 격렬하게 반응할 수 있으며, 더욱이 수분과 접촉하면 폭발적으로 연소하는 위험물질이다. 기존의 납축전지와 비교할 때, 중량은 1/2, 용량은 2배 정도이다.

가열하지 않은 상태의 나트륨-유황 전지의 출력성능은 NiMH 전지와 별 차이가 없으며, 안전을 위한 설계구조에 많은 비용이 요구된다. 따라서 나트륨-유황 전지는 자동차산업에서는 이미 역사적 유물이 되었다.

제4장 축전지

제2절 납축전지
(Lead-Acid battery)

자동차용 축전지로는 현재까지는 대부분 납축전지가 사용되고 있다. 자동차용 축전지(=시동축전지 및 보조전원 축전지)는 다음과 같은 기능을 한다.

① 기관 시동에 필요한 전기에너지를 공급한다.
② 기관 정지 시 또는 발전기 고장 시에는 자동차전기장치에 전기에너지를 공급한다.
③ 발전기로부터 공급된 전기에너지를 화학에너지로 변환, 저장시켰다가 필요한 때에 이를 방출함으로서, 발전기의 출력과 부하 사이의 시간적 불균형을 조절한다.

1. 납축전지의 기본구조

납축전지는 그림 4-5와 같이 다수의 셀(cell)로 구성되어 있다. 1개의 셀은 시동 축전지의 가장 작은 기본단위이다.

1개의 셀은 기본적으로

① 양극판(positive plate)
② 음극판(negative plate)
③ 격리판(separator)
④ 전해액(electrolyte)
⑤ 셀 케이스(cell case) 등으로 구성된다.

1개의 셀은 극판의 수나 크기에 관계없이 약 2.1V의 기전력을 발생시킨다. 따라서 6V-축전지에서는 3개의 셀을, 12V-축전지에서는 6개의 셀을 각각 직렬로 연결한다.

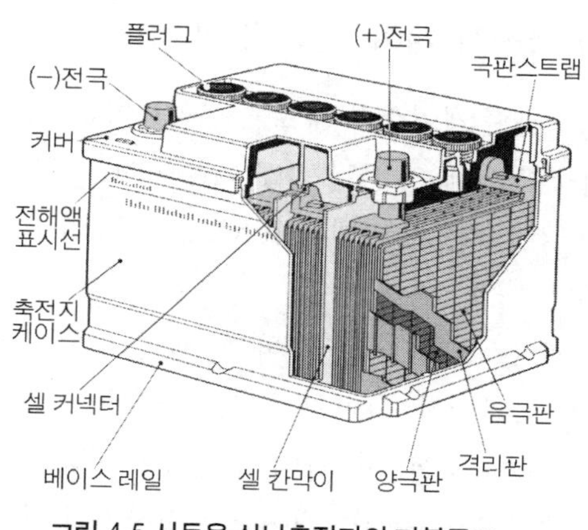

그림 4-5 시동용 산납축전지의 기본구조

(1) 극판 - 양극판과 음극판

극판은 경납(hard lead)의 격자(grid)에 작용물질을 압착시킨 것으로, 충/방전 시에는 작용물질만이 화학적으로 변환된다. 양극판의 작용물질로는 과산화납(PbO_2), 음극판의 작용물질로는 해면상(海綿狀)의 납(Pb)이 사용된다. 이들 작용물질의 분말에 합성섬유, 접착제, 황산, 첨가제 등을 혼합, 반죽하여 극판격자에 압입한다.

(2) 격리판

양극판과 음극판 사이에는 다공질(多孔質)의 절연용 격리판을 설치하여, 양극판과 음극판을 전기적으로 격리시킨다. 격리판은 극판의 단락을 방지하고, 동시에 극판 간의 간격이 일정하게 유지되도록 한다. 그러나 다공질이기 때문에 충/방전 시 전해액을 통한 극판의 화학변화는 방해를 받지 않는다.

(3) 극판군 및 극판 스트랩

1개의 셀(cell) 내에서 극판의 배열은 "음극판+격리판+양극판+ … +격리판+음극판"으로 하고, 아주 작은 공간에서 가능한 한 대용량을 얻기 위해 같은 극판끼리 극판 스트랩(plate strap)으로 병렬로 연결하여, 하나의 극판군(plate group)을 만든다. 이때 화학적 평형을 고려하여 양극판보다 음극판을 하나 더 삽입하여, 양쪽 바깥쪽에는 음극판이 설치되도록 한다. 양극판은 음극판에 비해 화학작용이 활발하며, 또 방전 시에 변형되는 성질이 있기 때문이다. 양극판은 셀(cell)당 4~5장부터 시작해서 최고 14장까지도 사용된다.

(4) 축전지 케이스 및 셀 커버

축전지 케이스의 재료는 절연체이면서도 황산에 내력이 있는 합성수지 또는 경질고무이다. 중간 칸막이에 의해 각 셀로 나누어지고, 각 셀에는 극판군(plate group)이 설치된다. 각 셀에 설치된 극판군은 셀 커넥터(connector)에 의해 직렬로 연결된다. 그리고 묽은 황산이 전해액으로 채워진다.

케이스 내의 극판군 아래, 케이스의 밑바닥에는 극판을 받쳐주는 받침(bridge)이 가공되어 있다. 극판받침 사이의 공간은 극판으로부터 분리된 작용물질들이 퇴적되는 침전조(sediment chamber)로서 기능하여, 침전물에 의해 극판 간에 단락이 발생되는 것을 방지한다.

셀 커버(cover)는 케이스와 접착되어 있다. 기존의 보통 축전지의 셀 커버에는 전해액 주입구가 가공되어 있다. 그리고 주입구 마개(plug)에는 환기구가 뚫려 있어 축전지 내부에서 발생되는 산소나 수소가스가 대기로 방출될 수 있다. 그러나 MF(maintenance-free) 축전지는 커버 전체가 밀폐된 형식이 대부분이다.

(5) 전극

축전지 양단의 셀에는 외부의 전원 또는 부하와 연결시키기 위한 전극(electrode)이 설치된다. 전극은 양극(+)단자의 직경이 음극(−)단자의 직경보다 크기 때문에, 육안으로도 쉽게 식별이 가능하다. 극판 스트랩, 셀 커넥터 및 전극 등의 재질은 모두 납이다.

2. 충/방전 시의 화학작용 → 납축전지의 기본 작동원리

(1) 완전충전 상태(그림 4-6(a) 참조)

완전충전 상태에서 양극(+)판의 작용물질은 갈색의 과산화납(PbO_2), 음극판은 해면상(海綿狀)의 회색 납(Pb)이다.

전해액은 묽은 황산(H_2SO_4)으로 밀도(ρ)*는 전해액온도 20℃에서 약 1.280 [g/cm^3]이다. 전해액은 밀도에 따라 항상 일정비로 수소의 양이온(H^+)과 2가의 황산 음이온(SO_4^{2-})으로 분리된다. 이온(ion)의 분리를 해리(解離 ; dissociation)라 한다.

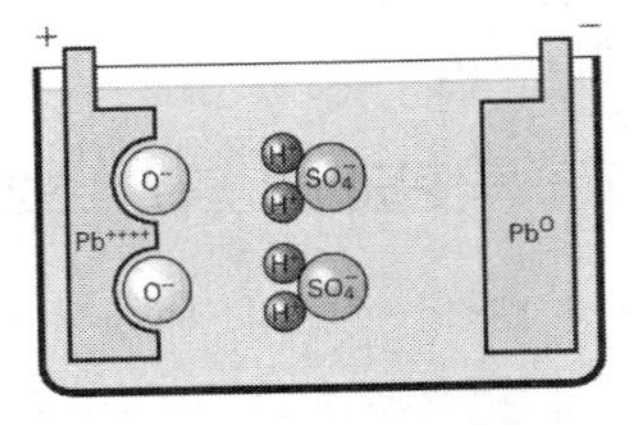

그림 4-6(a) 완전 충전 상태

* ISO 단위계에서는 밀도(ρ)가 비중을 대신한다. 그러나 전해액 비중이라는 용어가 현장에서 일반화되어 있으므로 전해액 비중이라는 용어를 병용하기로 한다. 비중은 무차원이다.

(2) 방전과정(그림 4-6(b) 참조)

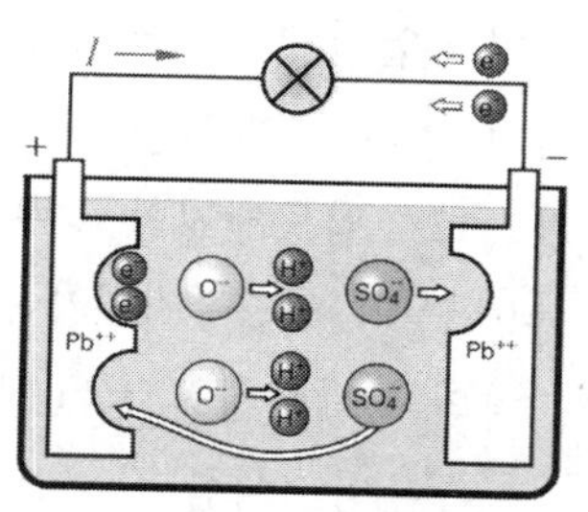

그림 4-6(b) 방전과정

음극판과 양극판이 부하(예 : 전구)를 통해 서로 연결되면, 외부회로에서 전류는 양극으로부터 부하를 거쳐 음극으로 흐른다. 반면에 전자는 음극에서 양극으로 이동한다. 즉, 전해액에서의 전류의 흐름은 음극판에서 양극판으로 운반되는 H^+이온에 의해 이루어진다.

① 방전 시 양극(+)판의 화학작용

과산화납(PbO_2)은 4가의 납-양이온(Pb^{4+})과 2가의 산소-음이온(O^{2-})으로 분해된다. 음극으로부터 부하(예 : 전구)를 거쳐 양극으로 전자가 이동하면, 4가의 납-양이온(Pb^{4+})으로부터 2가의 납-양이온(Pb^{2+})이 생성된다. 이어서 2가의 납-양이온(Pb^{2+})은 전해액에서 해리된 2가의 황산-음이온(SO_4^{2-})과 반응하여 황산납($PbSO_4$)이 된다.

양(+)극판으로부터 자유롭게 분리된(전리된) 2가의 산소-음이온(O^{2-})은 전해액에서 해리된 1가의 수소-양이온(H^+)과 반응하여 물을 생성한다.

> 양극판에서는 전자를 흡수하여 2산화납이 황산납으로 변환된다.
> $PbO_2 + H_2SO_4 + 2H^+ + 2e^- \rightarrow PbSO_4 + 2H_2O$

② 방전 시 음극판의 화학작용

음극판은 양극판으로 전자를 보내기 때문에, 전기적으로 중성상태의 납(Pb°)이, 2가의 납-양이온(Pb^{2+})으로 변화된 다음, 전해액 내의 황산-음이온(SO_4^{2-})과 반응하여 황산납($PbSO_4$)이 된다.

> 음극판에서는 전자를 방출하여 납이 황산납으로 변환된다.
> $Pb + H_2SO_4 \rightarrow PbSO_4 + 2H^+ + 2e^-$

③ 방전 후의 상태(그림 4-6(c) 참조)

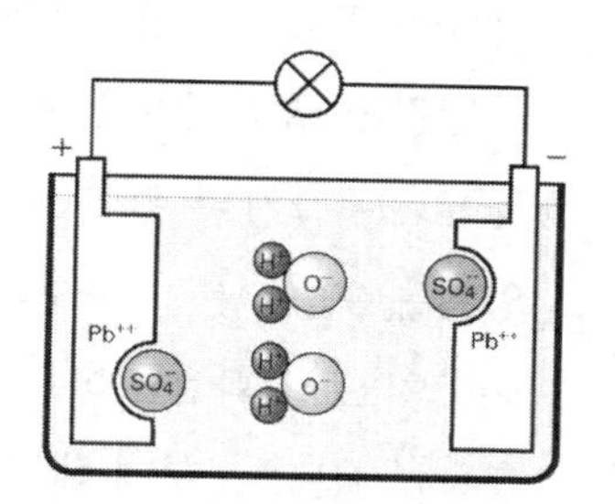

그림 4-6(c) 방전 후의 상태

양극판의 갈색 과산화납(PbO_2)과 음극판의 회색 납(Pb)은 모두 백색의 황산납($PbSO_4$)으로 변화된다. 이때 황산용액은 전리된 후, 이온반응을 통해 물을 생성한다. 따라서 전해액의 밀도(ρ)는 약 1.12 ~ 1.14[g/cm³] 정도로 낮아진다.

④ 방전 종지전압(cutoff voltage : Entladeschlussspannung)

방전 종지전압이란 축전지가 더 이상 방전되어서는 아니 되는 축전지의 하한전압을 말한다.

이 전압한계 이하로 전압이 낮아지면, 전기화학적 셀에 악영향을 미치거나 또는 완전히 파손시킬 수 있다. 방전종지전압은 소비전류의 크기와 관계가 있다.

12V 납축전지의 경우, 정격전류로 방전하였을 경우, 약 20시간 후에는 완전히 방전되어 10.5V의 방전종지전압에 이르게 된다.(1.75V/cell). 방전종지전압 이하로의 방전 또는 정격용량의 80% 이상 방전된 상태를 과방전이라고 한다.

저온방전시험 시, 12V 납축전지에서의 방전종지전압은 현저하게 더 낮아져 EN-시험규격에 따르면 6.0V이다. 이는 축전지가 이미 완전 방전되었음을 뜻하는 것은 아니다. 방전 종지전압에 도달하면, 더 이상 고출력을 발휘할 수 없다. 외부회로가 계속 연결되어 있으면, 축전지의 단자전압은 0V에 도달할 때까지 하강할 수 있다. 이렇게 되면 더 이상 방전할 수 없으며, 축전지는 파손된다.

(3) 충전과정(그림 4-6(d) 참조)

충전 시에는 외부 전원 즉, 충전기 또는 발전기의 (+)극과 축전지의 (+)극, 충전전원의 (−)극과 축전지의 (−)극을 서로 연결한다. 따라서 전류는 외부전원으로부터 축전지의 (+)극으로, 축전지의 (+)극으로부터 축전지 내부의 부하를 거쳐 축전지의 (−)극으로 흐른다.

충전 시, 정해진 시간 내에 축전지가 받아들일 수 있는 전하의 양 즉, 충전 허용도는 음극판의 작용물질 외에 주로 축전지의 내부저항에 따라 좌우된다. 이는 극판의 수 즉, 축전지의 크기에 따라 증가한다.

① 충전 시 (+)극판에서의 화학작용

충전장치(또는 발전기)는 축전지의 (+)극판에서 전자를 흡수하여, 이를 (−)극판으로 이송한다. 전해액으로부터 2가의 황산-음이온(SO_4^{2-})이 (+)극으로 이동하여, 자신이 가지고 있던 전하를 (+)극에 주면서 불안정한 4가의 과황산화납($Pb(SO_4)_2$)이 된다.

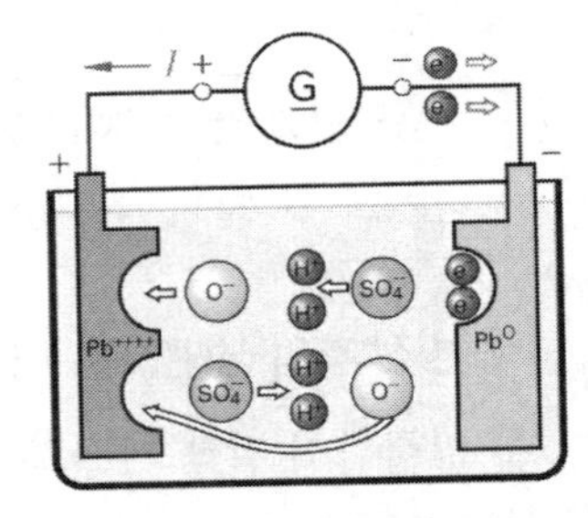

그림 4-6(d) 축전지의 충전과정

인가된 충전전압은 과황산화납($Pb(SO_4)_2$)을 4가의 납-양이온(Pb^{4+})과 2가의 황산-음이온(SO_4^{2-})으로 분리시킨다. 4가의 납-양이온(Pb^{4+})은 물로부터 전리된 2가의 산소-음이온(O^{2-})과 반응하여 과산화납(PbO_2)이 된다. (+)극판으로부터 자유롭게 분리된(전리된) 황산-음이온(SO_4^{2-})은 물로부터 해리된 수소-양이온(H^+)과 반응하여 황산(H_2SO_4)이 된다.

(+)극판에서는 전자를 방출하면서 황산납이 2산화납으로 변환된다.

$$PbSO_4 + 2H_2O \rightarrow PbO_2 + H_2SO_4 + 2H^+ + 2e^-$$

② 충전 시 (−)극판에서의 화학작용

(+)극판으로부터 (−)극판으로 밀려온 전자(e^-)는 (−)극판의 황산납($PbSO_4$)을 1차로 4가의 납-양이온(Pb^{4+})과 2배의 황산 잔류 음이온 $2(SO_4^{2-})$으로 분해한다. 이어서 전자(e^-)는 자신이 가지고 있는 전하를 4가의 납-양이온(Pb^{4+})에게 준다. 그러면 음극판은 전기적으로 중성인 납(Pb^0)이 된다. 황산 잔류 음이온(SO_4^{2-})은 물로부터 해리된 수소-양이온(H^+)과 반응하여 황산(H_2SO_4)이 된다. 따라서 전해액은 물 또는 밀도가 낮은 황산용액에서 밀도가 높은 황산용액으로 변화한다.

(−)극판에서는 전자를 흡인하여 황산납이 납으로 변환된다.

$$PbSO_4 + 2H^+ + 2e^- \rightarrow Pb + H_2SO_4$$

③ 충전 후의 상태

(+)극판의 백색 황산납($PbSO_4$)은 갈색의 과산화납(PbO_2)으로, (−)극판의 백색 황산납($PbSO_4$)은 회색의 해면상 납(Pb)으로 변화된다. 이때 물은 황산용액으로 변화되므로, 전해액의 밀도는 약 1.280g/cm^3 정도로 높아진다.

물과 황산은 결합된 상태는 물론이고, 분리(해리)된 상태로도 존재한다.

$$H^+ + OH^- \rightarrow H_2O, \qquad 2H^+ + SO_4^- \rightarrow H_2SO_4$$

충전 시에도 물은 분해되어 약간의 수소가스와 산소가스를 발생시킨다.(폭발가스).

$$2H_2O \rightarrow 2H_2 + O_2$$

충전종료 시 축전지의 셀-전압은 약 2.6~2.7V가 된다. 그러나 약 1시간 정도 지나면 다시 무부하전압(예 : 2.12V)으로 낮아져 안정된다. 이때 전해액의 결빙온도는 약 −55℃ 정도이다. 이에 반해 완전 방전된 전해액의 결빙온도는 거의 0℃에 가깝다.

④ 과충전(over charging : Überladung)

완전 충전된 상태에 도달한 후, 충전이 계속되거나 또는 높은 전압으로 충전될 경우, 과충전 상태에 이르게 된다. 이때 전해액 중의 물은 전기분해된다. 즉, 위험한 폭발가스가 발생하고 전해액 중의 물의 양이 줄어들게 된다. 과충전은 실제로는 무엇보다도 발전기의 전압조정기 결함 또는 적합하지 않은 충전기를 사용했을 경우에 발생한다. 오늘날 사용되는 충전기들은 과충전 방지기능을 갖추고 있는 전자식 충전기들이 대부분이다.

자동차에서 발전기의 충전전압은 한편으로는 현재의 온도, 그리고 다른 한편으로는 충전상태에 따라 변화한다.

3. 납축전지의 전기적 특성변수

일반적으로 자동차용 축전지에는 주요한 특성값이 기호로 표시되어 있다.

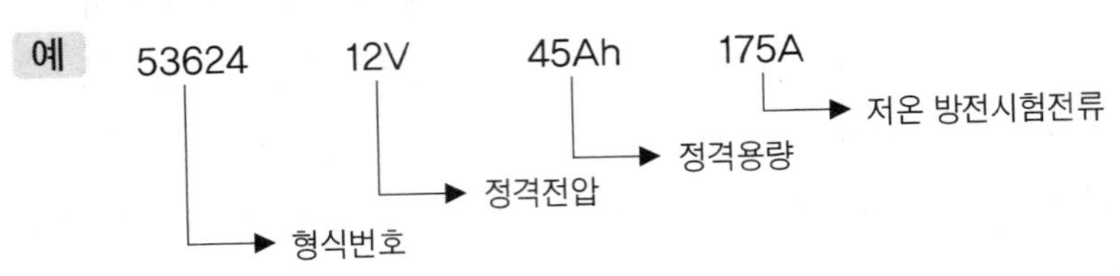

형식번호는 제작사 및 적용 규격에 따라 다르나, 대부분의 규격에서 정격용량, 정격전압, 저온 방전 시험전류 등은 반드시 표기하도록 명시하고 있다.

(1) 전기 전도성-고유저항의 역수(단위 : 1/(Ω · m))

전기 전도성의 정의는 격자, 극판 스트랩(strap) 그리고 셀-커넥터와 같은 축전지의 내부 도체 외에, 전극 간의 전류흐름에 관여하는 도체로서 축전지의 전해액에도 적용된다. 전기 전도성이 높다는 것은 전기도체를 구성하는 해당 물질이 전류를 잘 전도한다는 것을 의미한다. 전압을 측정하고, 내부도체와 전해액에 대한 전기 전도성을 평가하여 축전지를 평가할 수 있다.

대전류-축전지 테스트에 비해, 이 테스트의 장점은 축전지를 완전히 충전시키지 않아도 되고, 축전지가 부하를 받지 않으며, 충전상태와 동시에 축전지의 노화(老化) 상태도 점검할 수 있다는 점이다.

(2) 에너지 밀도와 출력밀도

① **에너지 밀도**(energy density : Energiedichte)

완전 충전된 축전지에서 방출할 수 있는 최대 전기에너지 양을 축전지의 총질량[Wh/kg] 또는 체적[Wh/ ℓ]으로 나눈 값을 말한다.

② **출력 밀도**(power density : Leistungsdichte)

출력밀도는, 특정 기간에 걸쳐 그리고 특정 온도에서, 방출 가능한 최대 전기출력(완전 충전된 축전지에서 규정된 전압 최저점까지)을 축전지의 총중량[W/kg] 또는 체적[W/ ℓ]으로 나눈 값을 말한다.

(3) 용량(capacity : Kapazität)

완전 충전된 축전지에 얼마나 많은 전하가 들어있는지 또는 일부 방전된 축전지에서 아직 사용

가능한 전하가 얼마나 남아 있는지를 나타낸다.

축전지 용량은 방전전류, 전해액의 밀도(또는 비중)와 온도, 충전상태(노화 상태) 등에 따라 변화한다. 축전지 용량은 방전한계(셀 전압 1.75V 또는 전해액 비중 1.14)까지 방전할 수 있는 총 전기량을 말하며, Ah(ampere-hour)로 표시한다.(* 충전 시 충전 가능한 총 전기량 → 충전용량)

다음과 같은 경우에 용량이 감소한다.

① 높은 방전전류　② 기온이 낮고, 전해액의 밀도가 낮을 때
③ 축전지의 노화　④ 축전지의 손상

축전지 용량(K[Ah])과 방전전류(I[A]), 그리고 방전시간(t[h]) 사이에는 다음 식이 성립한다.

$$K = I \cdot t$$

일반적으로 시동축전지의 정격용량(K_N)은 전해액온도 27℃에서의 20시간 방전률(K_{20})로 표시한다.(DIN 72310에서는 25℃에서의 20시간 방전률)

완전 충전된 축전지가 방전한계(셀 전압 1.75V 또는 전해액 비중 1.14)까지 20시간 동안 일정한 전류로 방전할 수 있는 능력을 말한다. 측정한 용량은 정격용량의 40% 이상이어야 한다.

$$K_N = K_{20} = I_E \cdot 20\text{h}$$

여기서 $K_N = K_{20}$: 정격용량[Ah], I_E : 방전전류(평균)[A], 20h : 방전시간(=20시간)

예제1 용량 84Ah의 축전지는 전해액온도 27℃에서 4.2A를 계속해서 20시간 동안 방전할 수 있다.

$$K_N = K_{20} = I_E \cdot 20\text{h} = 4.2\text{A} \times 20\text{h} = 84[\text{Ah}]$$

〔표 4-4〕 전해액 온도와 방전전류에 의한 용량 변화(예)

	방전전류 $I = (K/t)$	전해액 온도 [K] (℃)	용량(K_{20}) %
계속 방전	20시간률 10시간률 5시간률	300(27) 293(20) 293(20)	100 89 67
고전류 방전	$3.5K_{20}$ $3.5K_{20}$	300(27) 255(−18)	30 18

* $3.5K_{20}$: 20시간률의 3.5배 전류로 방전한다는 뜻.

전해액 온도가 27℃ 이상이면 방전용량은 정격용량보다 증가한다. 그러나 어떠한 경우에도 60℃ 이상의 고온에 방치해서는 안 된다. 축전지온도가 상승하면 극판이 약화되고(작용물질의 분리, 극판격자의 부식), 자기방전(내부 방전)이 현저하게 증가한다.

전해액온도가 27℃ 이하로 낮아지면 온도가 낮아짐에 따라, 용량도 감소한다. 그 이유는 낮은 온도에서는 축전지의 전기화학작용이 느리게 진행되기 때문이다.(표 4-5참조)

〔표 4-5〕 전해액 온도와 축전지 용량의 상호관계 (예 : 납축전지)

전해액 온도 [K] (℃)	완전 충전, 비중 : 1.280	1/2 충전, 비중 : 1.225	거의 방전, 비중 : 1.180
300(27)	100%	46%	25%
273(0)	65%	32%	16%
255(−18)	40%	21%	9%

표 4-4, 4-5로부터 고부하, 저온상태 즉, 겨울철 시동 시에는 축전지 용량이 크게 감소함을 알 수 있다. 기온이 낮을 때는 기관의 저항은 증대되고, 반대로 축전지 용량은 감소하므로 그만큼 시동에 어려움이 따르게 된다.

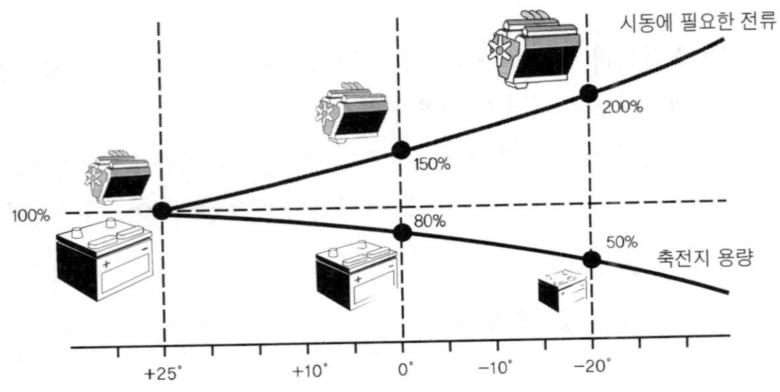

그림 4-7 온도에 따른 축전지의 용량변화 및 기관시동에 필요한 전류

(4) 축전지 전압

축전지 전압은 양(+)극과 음(−)극 사이의 전위차(potential difference)이다. 측정조건 또는 작동조건에 따라 전압의 명칭도 다르고 그 값도 다르다.

① 축전지 단자전압

축전지 단자 전압 또는 줄여서 축전지 전압은 그때그때 축전지 전극에서 실제로 측정되는 전압이다. 축전지 단자 전압은 충전상태와 분극전압(polarization voltage)에 따라 넓은 범위에서 변화를 반복한다. 무부하전압은 단자전압의 특수한 경우이다.

② 무부하전압

전류소비가 없거나 전류를 공급하지 않는 상태에서 극판표면의 분극전압이 회복된 후의 전압 즉, 전류부하가 걸리지 않은, 개회로 전압(OCV ; Open Circuit Voltage)을 말한다.

무부하전압은 전해액의 밀도 외에, 축전지의 충전상태를 나타낸다. 완전 충전한 다음에 24시간이 지나서 전해액온도 25℃에서의 무부하전압이 12.5V~12.8V이면 완전 충전, 12.2V~12.5V이면 1/2 방전, 12.2V 이하이면 과방전된 상태이다.

무부하전압은 전류소비 시 또는 충전 시에 측정결과가 다르게 나타난다는 점에 유의해야 한다. 축전지 단자배선을 분리한 상태에서만 무부하전압을 정확하게 측정할 수 있다. (+)극판에서의 표면전하 때문에 충전 후 또는 방전 후에는 최소한 6시간 동안을 기다려야 무부하전압을 정확하게 측정할 수 있다.

무부하전압을 전해액비중에 0.84를 더하여 구하기도 한다. 예를 들면 20℃에서 전해액 비중이 1.28이면 해당 셀의 무부하전압은 2.12V가 된다. 그러나 무부하 상태에서 측정한 전압 즉, 무부하전압을 축전지의 충전상태에 대한 정확한 판단기준으로 사용할 수는 없다. → 단지 축전지에 결함이 없을 경우에만 무부하전압으로 축전지의 충전상태를 판정할 수 있다.

6개의 셀이 직렬로 결선되어 있을 경우, 무부하전압은 "6 × (전해액 비중+0.84)"로 구한다.

③ 분극전압(Polarization voltage : Polarisationsspannung)

축전지의 전기화학적 현상으로서, 축전지의 단자전압과 실제 무부하전압과의 차이를 말한다.

분극전압이 발생하는 이유는 다음과 같다.

- 충전 후, 과도하게 높은 전압에 의해
- 극판에 산이 부족하다.
- 방전 후의 전압강하.
- 극판에 산이 너무 많다
- 양(+)극판의 표면전하(surface charge)
- 전해액에 대한 극판 한계면적의 전기적 저항

위에서 언급한 여러 가지 화학적 작용 때문에, 충전 후 처음에는 실질적인 충전상태보다 더 높은 무부하전압이 유지된다. 그 반대로 방전 후의 무부하전압은 실질적인 충전상태보다 더 낮다. 그러나 분극전압은 시간이 흐름에 따라 낮아져, 축전지의 단자전압은 무부하전압과 같아지게 된다. 산 과다와 산 부족으로 인한 분극은 전류가 흐르지 않는 상태에서 수 시간 후에 보정된다. 표면전하에 의한 분극현상은 전류가 흐르지 않는 상태에서, 수일이 지난 후에도 실질적인 충전상태보다 더 높은 충전상태를 나타낼 수도 있다.

④ 정격 전압

이론적인 전압은 두 전극에 사용된 전기화학적 반응물질에 따라 다르다.

자동차용 납축전지의 정격전압은 '셀(cell)당 정격전압 × 직렬로 결선된 셀 수'로 표시한다. 현재 사용되고 있는 납축전지의 정격전압은 셀 당 2V로서, 6개의 셀이 직렬로 연결된 경우 정격전압은 12V이다. 실제로는 축전지가 부하된 상태에서 측정한 전압만을 충전상태의 판정기준으로 활용할 수 있다.

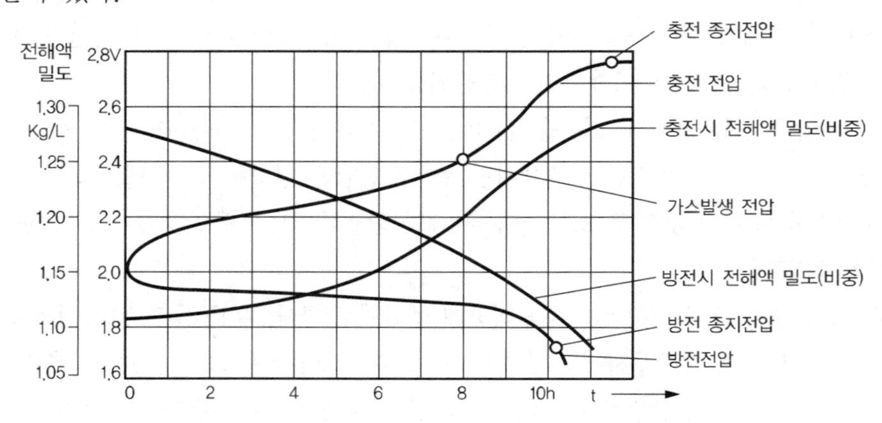

그림 4-8 충/방전 시 전압과 전해액 밀도의 변화

정격용량의 8~10%의 전류로 충전을 개시하면 전압은 2.12V까지는 급격히 상승하고, 그 이후부터는 천천히 상승한다. 이때 충전전류는 역으로 감소한다. 전압 2.4V에서 축전지는 약 80% 정도 충전상태에 도달하며, 가스가 발생하기 시작한다.(그림 4-8 참조) → 가스 발생 전압

비교적 다량의 물이 분해되기 시작하면 산소와 수소가 발생된다. 이 시점부터는 충전전류를 정상적인 충전전류의 1/10 수준으로 낮추어야 한다. 2.4V 이상에서는 비교적 짧은 시간 내에 2.6~2.7V에 도달하고, 더 이상 충전되지 않는다.

납축전지 전압(셀 당)
- 정격 전압 : 2V,
- 방전 종지전압 : 1.75V
- 가스 발생전압 : 2.4V(=충전전압)
- 충전 종지전압 : 2.75V

(5) 저온 방전시험 전류(I_{kp})(Cold discharge current: Kälteprüfstrom) → 저온 시동능력

완전 충전된 새 축전지의 저온시동능력은 저온방전시험전류(예 : 175A)로 표시한다. 축전지의 내부저항이 증가하면(예 : 온도가 낮을 때, 축전지가 노화되었거나 손상되었을 때, 충전도가 낮을 때), 저온시동능력은 약화된다. 신품이지만 충전상태가 불량한 축전지보다는, 노화되었지만 완전 충전된 축전지의 저온시동능력이 항상 더 양호하다는 점에 유의해야 한다.

추위는 시동조건을 가혹하게 만든다. 기관의 모든 부품들은 작동이 어렵게 되고(예 : 엔진오일의 점도가 높아짐), 이와는 반대로 축전지의 성능은 낮아지기 때문이다. 저온시험전류는 −18℃에서 완전 충전된 축전지로부터 방출된다. 방전을 시작한 후, 특정 시간이 경과한 다음에 축전지 단자전압이 규정 최저값보다 낮아져서는 아니 된다.

소요시간과 방전종지전압은 시험규격에 따라 다르게 정의되어 있다. 정격전압이 12V인 시동 축전지에 대해 각 규격들에서는 다음과 같이 정의하고 있다.(시험온도 −18℃)

- EN : 10초 후, 최소한 7.5V 이상
- SAE : 30초 후, 최소한 7.2V 이상
- DIN : 30초 후, 최소한 9.0V 이상, 그리고 150초 후에 최소한 6.0V 이상

저온 방전시험 결과, 측정값이 규정값보다 낮으면, 축전지는 완전한 성능을 발휘할 수 있는 상태가 아니다. 저온시험 방전전류는 극판 수, 극판 단면적, 극판 간격 및 격리판 재질 등의 영향을 크게 받는다.

(6) 축전지 대전류 테스트(high current test of battery : Hochstrom Batterietest)

축전지 대전류 테스트는 전해액 밀도(또는 비중)를 측정할 수 없는 MF-축전지에서 주로 이용한다. 경우에 따라 축전지의 노화 정도가 너무 빠를 때, 사용 중인 축전지의 상태를 판단하는데 이용된다. 이 테스트는 실질적인 시동과정을 그대로 모사한다. 테스트 전에 축전지는 반드시 완전 충전된 상태이어야 한다. 그 다음, 실내온도에서 축전지테스터를 이용하여 축전지로부터 용량에 따라 규정된 전류로 5초 동안 방전한다. 방전을 시작한 후, 5초 후에 축전지전압이 규정값 이하로 강하되어서는 아니 된다. 규정된 최저전압은 축전지의 크기(=용량)에 따라 다르다.

(예 : 12V 88Ah; 부하전류 300A, 최저전압 9.6V)

참고로 승용자동차 시동모터의 전류부하는 아주 짧은 시간 동안 약 400A까지 흐른다.

(7) 출력 시험(power test) → 전압강하 시험

축전지의 출력은 다음과 같이 시험한다. 완전 충전된(또는 시험해야 할) 축전지에 단시간 동안, 기동전동기의 단락전류와 비슷한 정도로 큰 부하를 가한다. 5초 후에 각 셀 전압이 1.1V 이하로 낮아져서는 안 된다.

모든 셀의 단자전압이 1.1V 이하로 낮아지면, 축전지 수명이 종료된 것으로 판정한다. 셀 간의 전압이 서로 다르면, 전압이 낮은 셀은 손상된 것으로 판정한다.

자동차용 축전지는 대부분 셀 커넥터가 외부에 노출되어 있지 않으므로, 총 전압을 측정하여 상태를 판정한다. 12V의 축전지의 경우, 5초 후에 총 전압이 6.6V 이하로 낮아지면, 수명이 다한 것으로 판정한다.

(8) 축전지의 내부저항(internal resistance : Innenwiderstand)

시동특성의 또 하나의 변수는 축전지의 내부저항(R_i)이다. 축전지와 부하회로로 구성된 전류회로에서 전류는 모든 부하의 전기저항만으로는 계산되지 않는다. 회로의 총 저항 외에 축전지의 내

부저항도 고려해야 한다. 축전지의 내부저항에는 격자, 극판 스트랩, 셀-커넥터 및 전극의 고유저항이 포함된다. 그러나 작용물질의 변환 시에, 그리고 전해액에서 이온의 이동 시에 발생하는 저항이 더 중요하다. 이 이동은 격리판에 의해 억제된다. 축전지의 내부저항은 방전전류에 비례하는, 축전지의 전압강하를 통해 나타난다. 예를 들면 대전류 테스트에서 급격히 강하하는 축전지전압을 통해 확인할 수 있다. 일반적으로 내부저항은 축전지의 구조 또는 크기, 충전상태, 온도 및 축전지의 노화정도에 따라 변화한다. 특히 충전수준이 낮을수록 내부저항은 상승한다.

12V-축전지의 내부저항은 온도 −18℃, 완전충전 상태에서 $R_i = (2{,}100 \sim 2{,}400)/I_{kp}$ 정도이다. 이때 저온방전 시험전류(I_{kp})의 단위는 [A]이고, 내부저항(R_i)의 단위는 [mΩ]이다.

축전지의 내부저항은 기동전류회로의 모든 저항(=부하)이 연결된 상태에서 기동전동기를 기동속도로 회전시키면서 측정한다.

(9) 축전지 효율

기관에서와 마찬가지로 축전지에서도 에너지손실이 발생한다. 예를 들면 극판의 황산납화(sulfation)가 진행됨에 따라 효율이 저하된다. 축전지 효율은 전류효율과 에너지효율로 구분한다.

① 전류효율 → 암페어. 시간(Ah) 효율

전류효율(η_{Ah})은 정격용량(K_N)과 충전용량(K_L)의 비로 표시된다.

$$\eta_{Ah} = \frac{K_N}{K_L} = \frac{I_E \cdot 20\text{h}}{I_L \cdot t_L}$$

여기서 I_E : K_{20}에서의 방전전류[A], I_L : 충전전류[A], t_L: 충전시간[h]

온도 300K(27℃)에서 20시간률로 방전할 경우, 전류효율(Ah 효율)은 약 0.9 정도이다.

② 에너지 효율(energy efficiency) → Wh 효율

에너지 효율(η_{Wh})은 충전 에너지(W_L)와 방전 에너지(W_E)의 비로 표시된다.

$$\eta_{Wh} = \frac{W_E}{W_L} = \frac{U_E \cdot I_E \cdot 20\text{h}}{U_L \cdot I_L \cdot t_L}$$

여기서 U_E : 방전전압[V] I_E : K_{20}에서의 방전전류[A]
U_L : 충전전압[V] I_L : 충전전류[A]
t_L : 충전시간[h]

온도 300K(27℃)에서 20시간률로 방전할 경우, 에너지 효율(Wh 효율)은 약 0.75 정도이다. 그 원인은 충전전압(U_L)이 방전전압(U_E)의 평균값보다 훨씬 높기 때문이다.

(10) 축전지 수명

일반적으로 축전지의 수명은 최소한 250회의 충/방전 사이클을 반복할 수 있어야 하는 것으로 규정되어 있다.(예 : DIN) 이때 충/방전 사이클은 정격용량 40%의 전류로 1시간 방전하고, 정격용량 10%의 전류로 5시간 충전하는 것으로 되어 있다. 이론적으로는 사용이 가능한 용량이 정격용량의 50% 이하이면, 축전지 수명이 다한 것으로 본다.

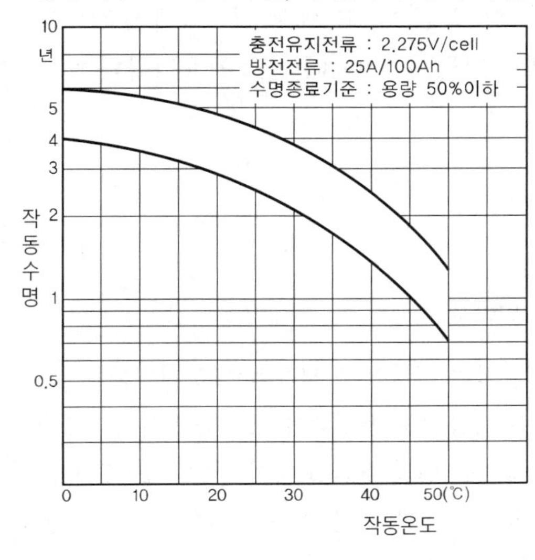

그림 4-9 수명에 미치는 온도의 영향

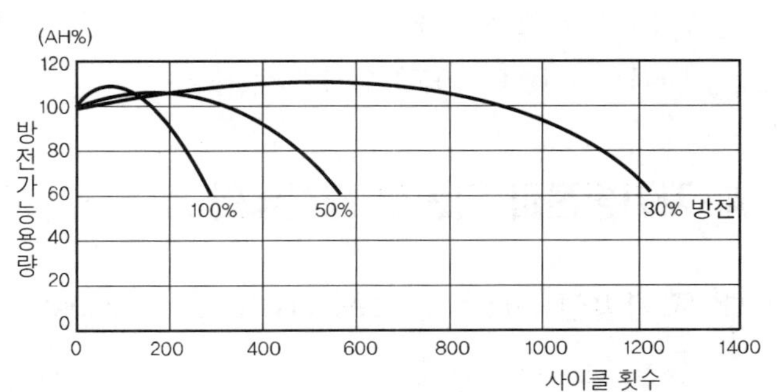

테스트 조건 : 17A/100Ah로 셀당 1.7V까지 방전(100%에 해당)
9A/100Ah로 충전, 충전계수 1.25, 주위온도 20℃

그림 4-10 방전 비율에 따른 사이클 횟수

(11) 암전류와 파워 - 다운 모드

① **암전류** (closed circuit current : Ruhestrom)

자동차를 시동을 끄고 세워놓은 상태에서 축전지로부터 방출되는 전류를 암전류라고 한다. 이 전류는 편의사양들의 제어유닛들이 준비-모드(대기-모드)에 들어가 있을 때 흐른다. 자동차의 모델 및 편의사양과 관계가 있으며, 최근의 자동차들에서는 대략 최대 50mA 정도이다.

이 때, 점화 스위치(단자 30)를 OFF한 다음, 또는 자동차 도어를 닫고 잠근 다음에도, 다수의 컨트롤유닛들은 아직 애프터-러닝(after-running) 중에 있음에 유의하여야 한다. 예를 들면, 그 시간 동안에 필요한 데이터들이 저장된다. 암전류를 초과하여 높은 전류를 흐르게 하는, 이러한 애프터-러닝 시간은 최대 약 15~16분 후면 종료된다.

이와 같은 애프터-러닝 시간이 지난 다음에, 비로소 정확한 암전류를 측정할 수 있다. 암전류 측정 시에는 간섭을 통해, 컨트롤유닛들을 다시 "깨우지" 않도록 유의해야 한다.

② **파워 - 다운 모드**(power-down-mode)

자동차의 제원을 벗어나는 높은 암전류는 장기간 세워 놓은 자동차에서는 축전지의 과방전을 초래한다. 일부 컨트롤-유닛들은 자체 기능을 위해 단자 15를 스위치 OFF시키고, 단자 R을 OFF시킨 후에 수 분간에 걸친 애프터-러닝(after running) 시간을 필요로 하며, 이 시간이 경과한 다음에 자동으로 파워-다운-모드에 들어가게 된다. 그러나 시간제어식 파워-다운-명령을 이용하여 진단할 때마다, 단자 30에 연결된 진단이 가능한, 모든 ECU들에서 신속하게 암전류를 측정하기 위해 시간을 정확하게 조정할 수 있는 상태로 만들 수 있다.(일반적으로 각각의 애프터-러닝 시간(예 : 16분) 후에 측정 가능)

4. 자기방전과 극판의 황산납화

(1) 자기방전(自己放電 ; self discharge : Selbstentladung)

부하가 연결되지 않은 상태에서도 셀의 전극 또는 축전지의 전극에서 지속적으로 진행되는, 온도와 관계가 있는 화학적 반응을 자기방전이라고 한다. 자기방전은 전해액에 포함된 불순물, 극판 격자의 안티몬 함량, 작용물질의 분리와 퇴적 때문에 발생하는 단락(short) 등의 영향을 크게 받는다. 이로 인해, 외부회로에서 전류가 흐르지 않는 상태에서도 극판의 납 또는 이산화납이 황산납으로 변환된다. 자기방전은 전해액의 온도와 밀도가 높을수록 가속된다.

그러므로 축전지는 가능한 한 서늘한 곳에 보관해야 한다. 자기방전은 축전지 케이스를 통한 누설전류와 마찬가지로, 축전지 단자 배선을 분리해 놓은 상태에서도 축전지를 정기적으로 반드시 재충전시켜야 하는 이유이다.

자기방전은 축전지의 노화 정도에 따라 다르나, 하루에 용량의 0.2~1.0% 정도로 진행된다. 완전 충전된 축전지가 +15℃에서는 약 4개월 정도, +40℃에서는 약 2주일 정도가 지나면 완전 방전된다. 일반적으로 온도가 10℃ 상승함에 따라 자기방전률은 약 2배로 증가하는 것으로 알려져 있다.

(2) 결정체 성장(growing of crystal : Kristallwachstum)

방전 시에 생성되는 황산납이 분리, 석출될 경우에 결정체를 형성한다. 정상적인 방전의 경우, 결정체는 충전 시에 다시 용해될 수 있는 정도의 작은 크기로 성장한다. 축전지가 과방전된 경우, 그리고 특히 축전지를 방전된 상태로 장기간 방치하게 되면 큰 결정체들이 형성된다. 이러한 결정체들은 충전 시에 다시 완전하게 용해되지 않는다. 이렇게 되면 축전지는 더 이상 충분한 양의 작용물질을 확보할 수 없기 때문에, 전극에서 전해액으로 그리고 역으로의 전류흐름에 장애가 발생한다. 이는 축전지의 용량과 저온시동능력의 악화를 뜻한다. 크게 성장한 결정체들이 극판 사이의 격리판을 관통하면, 미세단락이 발생하여 방전전류가 흐르게 된다. 이는 축전지의 자기방전이 크게 증가함을 뜻한다. 미세단락이 셀 전체의 단락으로 이어질 수도 있다.

(3) 미세 단락(micro short-circuit : Mikrofeinschluss)

미세 단락은 크게 성장한 황산납의 결정체가 격리판을 관통, 극판끼리 접촉하게 됨으로서 발생한다. 충전 시에 격리판의 구멍, 균열 또는 기공을 통해 황산납에서 금속성 납섬유(Dendrite : 樹枝狀晶, 그리스어로 작은 나무)가 성장하게 된다. 이렇게 성장한 납섬유가 결국은 전극 사이를 연결하게 된다. 이 연결을 통해 축전지의 자기방전률이 크게 상승하여 큰 방전전류가 흐르게 된다. 극단적인 경우, 축전지는 셀(cell) 단락으로 인해 더 이상 사용할 수 없게 된다.

(4) 극판의 황산납화(sulfation : Sulfatieren)

축전지를 방전된 상태로 장기간 방치하면, 방전 중 생성된 미세한 황산화납의 결정이 크게 성장하게 된다. 이 결정이 크게 성장하여 형성된 황산화납은 다시 충전하여도 원상태로 복귀하지 않는다. 이 상태를 황산납화라고 한다. 황산납화 정도가 낮을 경우, 작은 전류(예 : 0.2A)로 장시간 충전하여, 원상회복시킬 수 있다. → 회복충전.

5. 축전지의 종류

(1) MF-축전지(maintenance-free battery : Wartungsfreibatterie)

MF-축전지란 축전지의 수명이 다할 때까지 전해액을 보충하지 않도록 제조된 축전지 또는 기존의 일반 축전지에 비해 전해액(물) 보충기간이 현저하게 길어진 축전지를 말한다.

이 형식의 축전지는 극판격자의 안티몬(antimony) 함량을 크게 낮추거나, 아예 다른 금속(예 : 칼슘(calcium))으로 대체한 것들이다. 안티몬 함량을 낮추면, 충전 중 가스 발생률이 크게 낮아진다. 따라서 그만큼 물의 증발을 줄일 수 있기 때문에 서비스 기간이 연장된다. 서비스 기간은 제조회사와 형식에 따라 다르나 15개월 또는 25,000km, 25개월 또는 40,000km 등등으로 다양하게 제조, 판매되고 있다.

안티몬 대신에 칼슘을 사용한 축전지는 물을 전혀 보충하지 않아도 되도록(실제로 물을 보충할 수 없는 구조로) 생산된다. 즉, 자동차 전원회로가 정상(=전압 일정)일 경우, 축전지 수명이 다할 때까지 제조 시에 극판 위에 채워진 전해액이면 충분할 정도로 물의 증발량이 감소되었다. 이런 종류의 축전지의 또 하나의 장점은 자기방전률이 아주 낮다는 점이다. 완전 충전상태로 1달 이상

장기간 방치해도 사용상 지장이 없다.

그러나 납-칼슘-축전지는 방전정도가 낮아, 자동차발전기에 의해 완전 충전이 가능할 경우에만 적당하다. 외부전원에 의한 충/방전 사이클을 반복해야하는 경우 예를 들면, 전기지게차와 같은 경우는 기존의 납-안티몬-축전지 보다 오히려 불리하다. 따라서 보조전원용 축전지도 (+)극판 격자에는 약 1.3% 정도의 안티몬을, (−)극판 격자에는 칼슘을 합금하여 충/방전 사이클에 대한 내구성을 증대시키기도 한다.

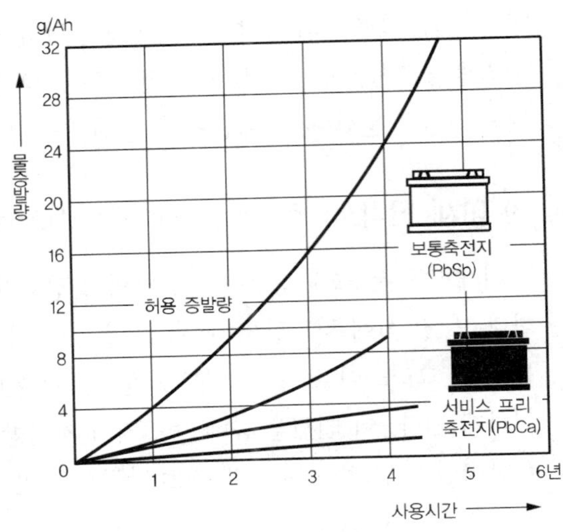

그림 4-11 축전지의 물 증발량(주행 시) 비교

납-칼슘-축전지를 외부전원으로 충전시킬 경우엔 충전전압이 셀 당 2.3~2.4V 이상을 초과해서는 안 된다. 즉, 정전류충전 또는 급속충전할 경우, 모든 종류의 납축전지는 필연적으로 물을 소비한다.

(2) 내(耐) - 사이클 축전지 (cycle - proof battery)

내 사이클 축전지란 소모성 방전을 반복해도 극판의 마모가 적은 축전지를 말한다. 기존의 축전지는 그 구조상(극판 두께, 격리판 재질 등), 소모성 방전을 반복하게 되면 특히 (+)극판의 작용물질이 분리되어 (+)극판의 마모가 크게 증가한다.

(+)극판을 유리섬유로 된 격리판으로 지지하여 작용물질의 조기침전을 방지하는 구조, 그리고 격리판 대신에 플라스틱 봉투에 (+)극판을 넣어, 극판으로부터 분리된 작용물질들이 극판 간에 단락을 발생시킬 수 없는 구조인 형식이 있다. 후자는 침전조를 없앨 수 있기 때문에, 기존의 축전지와 외형의 크기가 같을 경우, 극판을 크게 할 수 있다. 따라서 용량 및 시동출력도 증가한다.

(3) 내진동(耐振動) 축전지 (vibration-proof battery)

모든 극판을 케이스 내에 고정하여 축전지 케이스에 대한 극판의 상대운동을 방지한 구조의 축전지이다. DIN 규격은 내진동 축전지는 주파수 22Hz, 수직방향 최대가속도 6g($1g = 9.81m/s^2$)로 20시간에 걸친 사인파 진동시험에 견딜 수 있어야 한다고 규정하고 있다. 이러한 요구조건은 기존의 축전지에 비해, 약 10배 정도로 진동에 대한 내성(耐性)을 강화한 것이다.

이 형식의 축전지는 대형 디젤자동차, 건설기계, 농용차량 등에 주로 사용된다.

(4) AGM(Absorbent Glass Mat : 흡수성 유리섬유) 축전지

AGM-축전지로 더 잘 알려져 있는, VRLA-축전지는 Valve Regulated Lead Acid 즉, 릴리프밸브를 갖춘 납-축전지를 말한다.

최신 자동차의 전기시스템이 필요로 하는 에너지는 계속적으로 증가하고 있기 때문에 더욱더 효율적인 축전지 대책이 요구되고 있다. 오늘날 고급 대형 승용자동차에는 전기식 액추에이터(actuator)가 100개 이상이다. 이 외에도 점점 더 표준이 되어가고 있는 안전요소들, 환경요소들 및 안락요소들이 많은 전기를 소비하고 있다.(예 : ABS, DSC, EPS, 가열식 촉매기, 새시 전자제어, 에어컨 그리고 내비게이션 등). 또 자동차 시동을 끈 상태에서도 아주 많은 전기를 소비한다.

기존의 축전지에 비해 AGM-축전지의 장점은 다음과 같다.

- 현저하게 길어진 수명
- 높은 시동전류를 요구하는 엔진의 확실한 시동 보장
- 정비가 전혀 필요 없음
- 사고(파손) 시 위험 감소(환경오염 위험감소)

흡수성 유리섬유 기술이 적용된 AGM-축전지에서는 이제까지 사용된 납-칼슘-축전지에서와는 반대로 황산용액이 축전지 하우징 내에서 자유롭게 흐르지 않는다. 그 대신에 황산용액은 유리섬유(격리판) 매트에 100% 구속되어 있다. 따라서 축전지 손상 시에도 전해액이 누출되지 않으며, 기울기 각도 70°까지 허용된다. 이 외에도 AGM-축전지는 가스가 누설되지 않도록 밀폐되어 있다. 이는 격리판의 투과성 때문에 가스가 다시 물로 변환되기 때문에 가능하다. 그리고 은합금제 (+)격자를 사용한다.

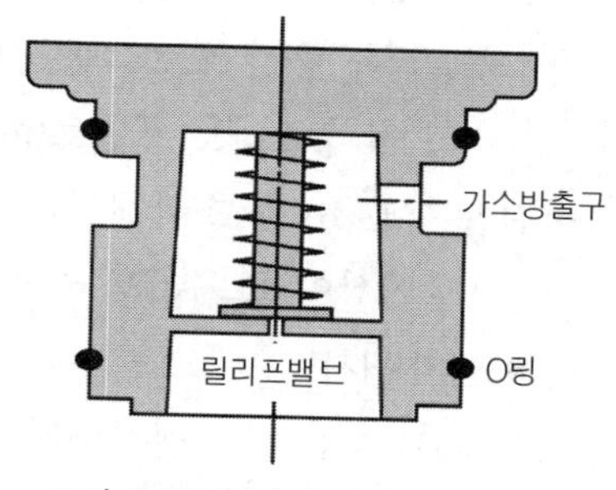

그림 4-12 VRLA의 릴리프밸브

AGM-축전지의 외관상 특징은 하우징이 흑색이며, 소위 매직-아이가 없다.

① AGM-축전지의 특징

AGM-축전지는 기존의 납-칼슘-축전지에 비해 다음과 같은 특징을 가지고 있다.

- 큰 극판 : 극판의 크기가 크기 때문에 출력밀도가 약 25% 정도 향상되었다.
- 유리섬유 격리판 : 유리섬유 격리판을 사용함으로서 충전 사이클 저항성이 3배까지 향상되었다. 따라서 냉시동능력, 소비전류 그리고 수명이 개선된다.
- 릴리프밸브가 설치된, 밀폐형 하우징 : 셀-플러그는 밀폐되어 있기 때문에 열 수 없다.
- 유리섬유에 구속되어 있는 전해액 : 전해액은 이전처럼 하우징 안에 자유롭게 존재하는 것이 아니라, 유리섬유에 100% 구속되어 있다. 따라서 누출에 대한 안전성이 개선되었으며, 결과적으로 환경오염위험이 그만큼 감소되었다.

② AGM-축전지의 작동원리

AGM-축전지는 충전 시 물질을 보존하는 특성과 환경 친화적인 특성 측면에서 기존의 축전지와 구별된다. 자동차 축전지의 충전 시에는 물의 전기분해에 의해 산소와 수소가 발생한다. 기존의 납-칼슘-축전지에서는 두 종류의 가스, 모두가 대기 중으로 방출된다. 그러나 AGM-축전지에서는 두 종류의 가스는 다시 물로 변환된다.

충전 시 (+)전극에서 발생한 산소는 투과성 유리섬유를 거쳐 (－)전극으로 이동하여, 그 곳에 있는 수소이온과 반응하여 물이 된다.(산소 사이클) → 따라서 전해액이 손실되지 않는다.

가스가 많이 생성되었을 때 즉, 아주 높은 압력(20～200mbar)이 형성되었을 때, 압력 릴리프밸브는 대기 중의 산소가 유입되지 않게 하면서 가스를 방출시킨다. 밸브가 축전지 내부의 압력을 제어한다. → VRLA(valve Regulated Lead Acid) 축전지

③ AGM-축전지 사용상의 주의사항

● 14.8V로 충전하지 않는다.(12V 축전지에서)

즉, 급속 충전 프로그램은 이용하지 않는다. 떼어낸 축전지(소위 독립축전지)를 충전할 때, 그리고 점퍼 스타트 포인트(jumper start point)를 이용하여 충전할 때, 실내온도에서 최대 충전전압은 14.8V를 초과해서는 안 된다. 대부분의 급속충전 프로그램에서 이용하는 충전전압은 14.8V 이상이므로 AGM-축전지를 잠깐 동안 충전하여도 축전지는 손상되게 된다.

● 설치 위치

AGM-축전지는 엔진룸에 설치하지 않는다. 엔진룸은 공간적으로 온도차가 크기 때문에 AGM-축전지를 엔진룸에 장착해서는 안 된다. 엔진룸에 장착하면, 수명이 현저하게 단축된다.

● 하우징

AGM-축전지는 어떠한 경우에도, 개봉해서는 안 된다. 대기 중의 산소가 유입되면 축전지가 자신의 화학적 평형을 상실하여, 작동 불가능하게 되기 때문이다.

● 축전지 충방전 시

충전 시 (+)극에서 발생하는 산소는 유리섬유를 거쳐 (－)전극으로 간다. 산소는 (－)전극에서 전해액의 수소이온과 반응하여 물을 생성한다.(산소 사이클) → 전해액이 손실되지 않는다.

가스가 과도하게 발생할 때에도 가스압력이 20～200mbar가 되어야 릴리프밸브가 가스를 방출한다. 이 때 릴리프밸브는 공기 중의 산소가 축전지 내부로 유입되는 것을 방지한다.

(5) HD-축전지(heavy duty battery)

내-사이클 축전지와 내진동 축전지를 결합시킨 형식으로 주로 대형 디젤자동차에 사용된다.

(6) S형 축전지(S-type battery)

구조는 내-사이클 축전지와 비슷하지만, 극판의 두께가 두꺼운 대신에 극판 수가 적다. 이 형식의 축전지는 저온방전 시험을 하지 않는다. 시동출력은 같은 크기의 일반 시동축전지보다 약 35~40% 정도 낮다. 주로 반복적으로 격심한 부하를 받는 장치에 사용한다.

6. 축전지 안전장치

(1) 축전지 센서

축전지센서는 충전전압을 충전수준과 축전지 온도에 따라 제어하여 축전지의 충전수준을 계속적으로 높게 유지하는 기능을 한다. 축전지센서에 집적되어 있는 소형 컨트롤 유닛은 현재의 충전수준과 축전지온도로부터 최적 충전전압 규정값을 연산한다.

그림 4-13 축전지 센서

축전지 충전상태를 계산하기 위해서는 충전전류와 방전전류, 단자전압 및 축전지 (−)전극의 온도(=전해액온도의 근사값)를 매 순간마다 측정, 저장한다. 센서는 축전지 (−)케이블과 (−)전극 터미널 사이에 설치된다.

(2) 축전지 안전 단자

축전지 안전단자는 축전지 (+)전극에 체결되어 있다. 사고 시에 축전지와 시동모터/발전기 간의 축전지 (+)배선을 1[ms] 이내에 분리시켜, 시동모터 배선이 차체의 전기전도부품과 접촉, 단락을 유발하는 위험을 사전에 방지한다. 단자와 결합된 접촉부싱 안에는 점화용 화약이 장전되어 있다. 사고가 발생하면, 점화용 화약이 폭발하면서 시동모터 배선을 부싱으로부터 밀어내면, 축전지 (+) 단자와 시동모터 배선은 분리되고, 대부분의 전기장치로의 전원공급이 차단된다.

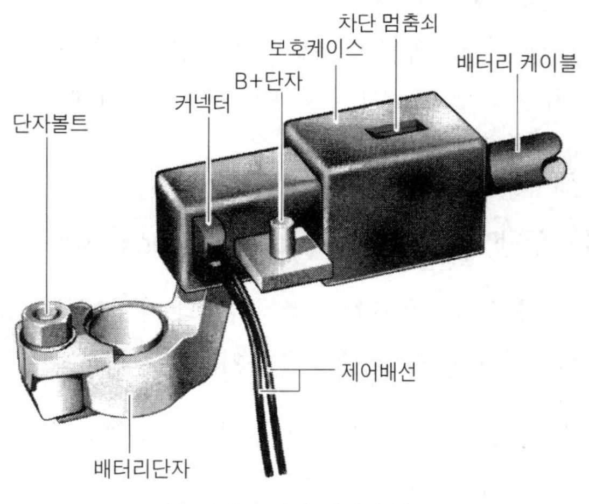

(a) 축전지 안전 단자의 구조

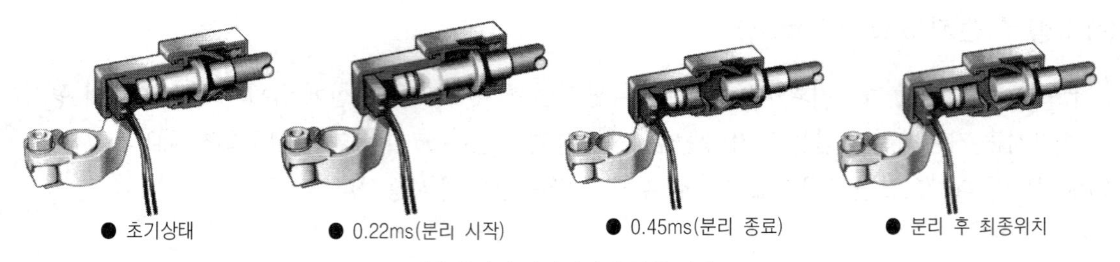

(b) 축전지 안전단자의 작동 과정

그림 4-14 축전지 안전 단자

7. 축전지 점검 및 서비스

축전지 수명에 영향을 미치는 요소는 다음과 같다.

① 축전지 관리상태 ② 자기 방전률
③ 소모성 방전 횟수 ④ 사용 중 양(+)극판에 가해지는 부하
⑤ 과충전 ⑥ 충/방전 빈도

(1) 축전지의 유효기간 (: Haltbarkeitsdatum)

대부분의 축전지에는 최대로 가능한 유통기간 또는 유효기간이 "----까지 설치 가능함"이라는 형식으로 월/년도가 축전지 측면에 부착된 스티커에 찍혀 있거나, 또는 생산일자가 음극(또는 양극)에 *번째 주/년도 형식으로 찍혀 있다. 유효기간은 생산일자로부터 10개월이다. 이 기간 동안은 축전지를 25℃ 이하의 온도에서 보관해야 한다.

25℃~35℃까지의 온도에서 보관한 축전지는 고객에게 양도하기 전에 재충전시켜야 한다. 축전지를 35℃ 이상의 온도에서 보관하거나 또는 10개월 이상 보관해서는 아니 된다. 이러한 축전지는 폐기시켜야 한다.

(2) 주행 패턴(driving profile : Fahrprofile)

주행패턴은 축전지의 충전과정과 방전과정에 대한 관점에서 볼 때, 자동차의 사용 정도를 나타낸다. 주행패턴으로부터 축전지의 충전평형상태를 예측할 수 있다.

다음과 같은 경우에, 부(−)의 충전평형상태가 될 위험이 있다.

① 단거리 운행 즉, 일정한 주행거리를 기준으로 할 때, 여러 번 시동을 걸 경우
② go/stop을 반복하는, 교통체증으로 공전운전을 많이 하여 발전기 회전속도가 낮을 경우
③ 야간 운행/겨울철 운행 즉, 부하를 많이 걸었을 경우(예 ; 라이트, 시트히터)

④ 부하를 스위치 ON한 상태로 정차하고 있을 때(예 : TV를 켜거나 독립히터를 빈번하게 작동)
⑤ 세워 놓았던 기간이 길 때(이 경우는 암전류와 자기방전이 결정적인 이유이다.)

축전지를 다시 완전 충전시킬 수 있는 절호의 기회는 장거리를 주행할 때 즉, 발전기 회전속도가 높은 상태에서 장시간 충전시킬 경우이다.

(3) 건식 축전지의 사용 준비 → 초(初) 충전

건식 축전지란 생산 시에 전해액이 들어 있지 않은 상태로 충전한 다음, 내부를 진공으로 하여, 장기간 보존이 가능하도록 제조된 축전지를 말한다. 이에 반해 습식 축전지란 생산 시에 직접 전해액을 주입한 축전지를 말한다.(예 : MF-축전지)

각 셀에 밀도 1.280g/cm^3(=비중 1.280)의 황산용액을 표시선까지 주입한다. 전해액 표시선이 없을 경우에는 극판의 상부로부터 약 10mm~15mm 정도의 높이로 주입한다. 내부에 잔류하고 있는 공기의 소산과, 동시에 모든 공간에 전해액이 침투하도록 축전지를 가볍게 흔들어 주거나 또는 좌우로 기울여 준다. 이때 전해액의 높이가 낮아지면 전해액을 보충하여 각 셀의 전해액 높이가 균일하게, 그리고 동시에 규정값(예 : 극판 상단으로부터 10mm~15mm)이 되도록 조정한다.

전해액을 주입한 다음에는 각 셀의 플러그를 다시 잠그고, 축전지 외부를 깨끗하게 청소한다. 그리고 플러그의 환기구가 열려 있는지 확인하여, 대기와 환기작용을 할 수 있도록 해야 한다.

외부를 깨끗하게 청소한 다음, 약 20여 분 동안 낮은 전류로 충전하여 사용하는 것이 가장 이상적이다.(수명이 연장된다.) 충전하지 않을 경우엔, 최소한 약 20분이 지난 후에 사용하는 것이 좋다.

축전지를 자동차 전기회로와 결선할 때는 반드시 (+)선을 먼저 축전지의 (+)단자와 연결한 다음에, (−)선을 축전지의 (−)단자와 연결해야 한다. → (−)접지식의 경우.

축전지를 자동차 전기회로로부터 분리할 때는 결선할 때와는 반대순서로 작업한다.

(4) 전해액의 밀도와 충전상태

결함이 없는 축전지의 충전상태는 전해액 밀도(또는 비중)를 측정하여 판정할 수 있다. 충전이 진행됨에 따라 전해액의 밀도는 상승한다.

① 전해액

전해액은 증류수와 황산(농도 96%)을 혼합한 것이다. 일반적으로 이미 혼합된 제품이 시판되고 있으나, 직접 전해액을 제조할 경우에는 다음과 같은 순서로 혼합한다.

황산을 증류수에 혼합해야 한다. 어떠한 경우에도 역으로 황산에 증류수를 혼합해서는 안 된다. 황산에 증류수를 혼합하면 황산이 급격히 비등, 분출되게 된다. 황산을 증류수에 천천히 조금씩 부으면서, 동시에 유리 또는 플라스틱 막대로 천천히 저어 혼합시킨다. 이때 전해액의 온도가 353K(80℃)를 초과해서는 안 된다.

증류수 740cc에 황산(농도 96%) 260cc를 혼합하면 밀도 1.285g/cm^{3}의 전해액 1l가 된다.

〔표 4-6〕 황산과 증류수 혼합률(20℃ 기준)

밀도[g/cm^3]	1.200	1.220	1.240	1.260	1.285
증류수 cc 황산(96%) cc	820 180	800 200	780 220	760 240	740 260

전해액 밀도는 온도 1[K] 변화에 대해 약 0.0007 정도(또는 0.01/14K 정도) 변화한다. 따라서 임의의 온도 t ℃ 에서의 밀도를, 기준온도 20℃ 에서의 밀도로 환산할 경우에는 다음 식을 이용한다.

$$S_{20} = S_t + 0.0007(t - 20)$$

여기서 S_{20} : 기준온도 20℃ 에서의 밀도(비중)로 환산한 값
S_t : 임의의 온도 t℃ 에서 측정한 밀도(비중)
t : 밀도(비중) 측정 시 전해액 온도[℃]

② 전해액 밀도(비중)의 기준

"신품 축전지에 전해액을 처음 주입할 때는, 기후조건 예를 들면, 열대지방 또는 한대지방 등 지역에 따라 전해액 밀도(비중)를 달리 한다. 완전충전 시 전해액의 밀도가 높으면 그만큼 축전지의 화학작용이 활발하게 진행된다. 즉, 전류의 흐름이 그만큼 활성화되어 용량이 증가한다.

최근의 축전지들은 혹한의 가혹한 조건에서도 충분한 시동능력을 확보하기 위해 용량을 크게 하는 경향이 있다. 전해액의 밀도(비중)가 높으면 특히 저온에서의 용량이 증가한다. 즉, 오늘 부산(로마)에서 주행하던 자동차가 내일 시베리아(모스크바)에서도 충분히 시동되어야 한다. 이러한 이유에서 대부분의 나라들이 정상지역과 열대지역으로 구분하여 전해액 밀도(비중) 표준을 설정하고 있다.

일반적으로 완전충전 시의 비중표준으로는 정상지역에서 1.280, 열대지역에서 1.240을 사용한다. 이 책에서는 신품 축전지에 비중 1.280의 전해액을 주입하는 경우를 기준으로 설명하고 있다.

③ 전해액 밀도(비중)로 충전상태 판정

전해액 밀도(비중)는 그림 4-15와 같은 간단한 비중계(areometer)를 사용하여 측정한다. 일반적으로 전해액 온도 20℃에서의 밀도(비중)를 기준으로 충전상태를 판정한다.

판정기준은 대략 표 4-7과 같다.

〔표 4-7〕 전해액 밀도와 충전상태(전해액 온도 20℃, 정격전압 12V 기준)

충전 상태	밀도 kg/dm^3	빙점 [℃]	축전지전압 [V]	황산 농도 [Vol.%]	증류수 [Vol.%]	고유 전기저항 $[\frac{\Omega mm^2}{m}]$
완전 방전	1.06	약 -4	10.7 이하	약 5	95	2.96
정상 방전	1.12	약 -10	약 11.9	약 10	90	1.65
약한 충전	1.18	약 -22	약 12.2	약 16	84	1.40
정상 충전	1.22	약 -35	약 12.4	약 17	83	1.37
완전 충전	1.28	약 -66	12.8 이상	약 25	75	1.30

(5) 전해액 밀도(비중) 측정 시 유의 사항

① 전해액 수준이 규정 최저선(극판 상단으로부터 10mm~15mm) 이상일 때만 측정한다.

② 전해액을 보충해야 할 경우에는, 밀도를 측정하기 전에 먼저 전해액을 보충하고 충전시켜야 한다.

③ 축전지 밀도(비중)는 충전 종료 후, 최소 6시간이 지나서 다시 측정할 수 있다.

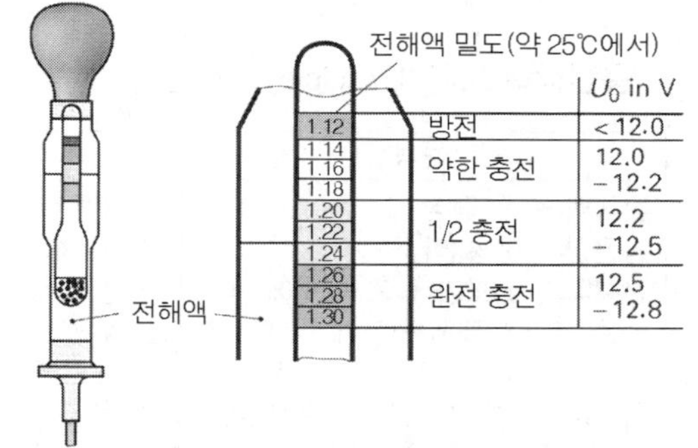

그림 4-15 전해액 밀도 측정기(비중계)

④ 셀 간의 밀도(비중) 차이의 최대값이 $0.03g/cm^3$을 초과해서는 안 된다.

⑤ 측정된 밀도가 $1.250g/cm^3$ 이하이면, 축전지를 재충전시켜야 한다.

(6) 매직-아이(Magic Eye : Magisches Auge)

① 매직-아이(Magic eye)의 작동원리

축전지 제작 시에 축전지 케이스에 삽입, 설치하여 전해액에 잠기도록 되어있는 광도체 막대이다. 광도체 막대의 하단에는 흑색 케이지(cage) 속에 녹색 볼(ball)이 들어 있다. 매직-아이의 창을 통해서 보이는 색깔로 축전지의 상태를 대략적으로 판독할 수 있다. 그러나 정확하게 말하면 매직-아이가 설치된 셀에 대한 정보이며, 경우에 따라서는 전해액의 층상현상에 의해서도 잘못된 디스플레이(display)가 나타날 수 있다.

매직-아이를 통해 축전지의 상태를 육안점검하기 전에 스크루-드라이버의 손잡이로 가볍게 매직-아이를 두들긴다. 그러면 지시값에 영향을 미칠 수 있는 기포들이 떠오르게 되어 매직-아이의 색깔 지시상태가 더욱더 정확해지게 된다.

참고로 충전 시 극판 사이(또는 부근)의 전해액의 밀도(또는 비중)는 전기 화학작용에 의해 직접적으로 상승한다. 그러나 극판 상단 위에 위치한 전해액의 밀도는 확산(diffusion)에 의해 상승한다. 그리고 매직-아이는 단지 극판 상단 위의 전해액의 밀도만을 감지한다.

따라서 완전 충전된 경우에도 매직-아이는 흑색을 나타낼 수도 있다. 이는 밀도가 높은 전해액이 밀도가 낮은 전해액과 아직 완전히 혼합되지 않았기 때문이다. 확산에 의한 전해액의 혼합 과정은 2~3일이 걸릴 수도 있다. 따라서 축전지의 정확한 테스트에는 축전지 시험기를 사용해야 한다.

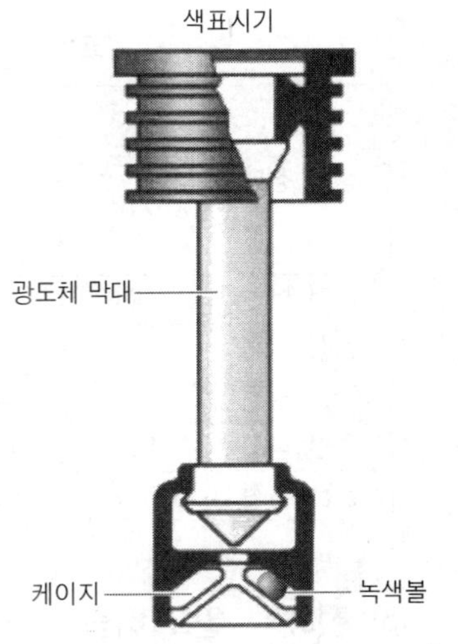

그림 4-16 충전상태 표시기(magic eye)의 구조

② **충전상태 표시기(Magic eye)의 판독**

녹색	흑색	황색 ↔ 무색
전해액 수준 정상. 충전상태 65% 이상. 전해액의 밀도가 높기 때문에 녹색볼은 부력에 의해 광도체 막대의 하단까지 떠오르게 된다. 따라서 광도체 막대의 하단에 접촉된 볼의 색깔(녹색)을 확인할 수 있다.	전해액 수준은 정상이나 충전 상태가 약 65% 이하로 전해액의 밀도가 낮음. 볼의 밀도가 전해액의 밀도보다 높기 때문에 볼은 케이지 하부로 가라앉는다. 따라서 흑색 케이지만 보인다. 축전지 재충전 필요	전해액의 수준이 광도체 막대의 하단보다 더 아래로 내려 간 상태임. 광도체 막대 하단에서 전반사 현상(total reflection)이 나타나, 광도체 막대의 재료 플라스틱의 색깔인 밝은 황색만 보인다. 축전지 교환

(7) 충전(charge)

사용 중인 축전지의 보완충전은 충전시간에 따라 정상충전, 급속충전, 보존충전 등으로, 충전기 결선방식에 따라 정전류 충전법과 정전압 충전법으로 구별한다.

① **전류**(electric current : Elektrischer Strom)

자동차의 암전류는 수 mA(최대 50mA)이지만, 수 주 동안에 걸쳐 계속 흐르게 되면 축전지를 완전 방전시킬 수도 있다. 자기방전도 같은 범주에 속한다. 전원회로전류는 자동차에서 스위치 ON된 부하와 관계가 있으며, 방전범위는 수 암페어(A)에서부터 최대 150A까지이다.

시동모터전류는 이와는 달리 대전류 영역에 속한다. 대전류 영역의 범위는 기관변수와 현재 온도에 따라 수 100A에서부터 약 1,000A까지이다. 시동모터전류는 일반적으로 수 초 동안만 축전지에 부하를 가한다. 발전기는 회전속도 및 현재 온도에 따라 40A부터 180A까지의 충전전류를 공급한다. 충전기는 자체 설계사양에 따라 100A까지의 전류를 공급하고, 이와는 달리 보존 충전기는 수 암페어(A)만을 공급한다.

② **정상 충전**(normal charge)

정상 충전은 일반적으로 정전류 충전방식을 이용한다. 전 충전기간에 걸쳐, 정격용량의 약 8~10% 정도의 일정한 전류로 충전한다. 축전지의 방전상태에 따라 충전초기에 단자전압이 약간은 급격하게 상승하지만, 허용값을 초과하지는 않는다.

정상 충전이라 할지라도 서비스-프리 축전지를 충전시킬 경우에는, 아주 낮은 전류로 충전하고, 동시에 어떠한 경우에도 단자전압이 2.3~2.4V를 초과하지 않도록 해야 한다.

참고

● **정전압 충전** : 정전압 충전이란 전 충전기간에 걸쳐, 일정한 전압으로 충전하는 방식이다. 충전전압은 보통 축전지의 정격전압보다 약간 높은 전압(셀 당 약 2.2~2.4V)으로 한다. 충전초기에는 큰 전류가 흐르다가, 충전이 진행됨에 따라 감소되고, 충전 종료 시에는 전류가 거의 흐르지 않게 된다. 충전효율은 우수하나, 충전초기에 많은 전류가 흐르기 때문에 축전지 수명에 부정적인 영향을 미친다는 결점이 있다. 따라서 정상적인 충전방법으로는 거의 이용되지 않는다.

③ **급속 충전**(quick charge)

급속충전은 정격용량의 최대 약 80% 정도까지의 전류로 단시간 동안 충전하는 방식이다. 그러나 일반적으로 정격용량의 50~60% 정도의 전류를 초과하지 않도록 권하고 있다. 그리고 MF-축전지는 어떠한 경우에도 급속충전을 해서는 안 된다. 급속충전은 가스발생전압(셀 당 2.4V)까지만 해야 한다. 그리고 이때 전해액의 온도가 55℃ 이상을 초과해서는 안 된다.

급속충전기 중에는 가스(H_2 와 O_2) 발생전압까지 충전되었거나, 또는 전해액 온도가 허용 한계값에 도달하면 자동적으로 충전이 중단되도록 하는 감시장치가 부착된 형식도 있다.

두 종류의 가스 모두, 축전지 케이스 내부의 공간에 모여 있다가, 다시 결합하여 물이 되거나, 배출구를 통해 축전지로부터 외부로 방출된다. 수소와 산소 가스의 혼합농도가 충분히 높을 경우, 화염원에 의해 점화되면 폭발할 수도 있다.

④ **보존 충전**

사용하지 않는 축전지는 자기방전한다. 따라서 장기간 사용하지 않고 보존해야 할 축전지는 최장 1개월 간격으로 보존충전을 해야 한다. 보존충전은 정격용량의 약 0.1%의 전류로 완전충전 상태까지 충전한다. 보존충전이 불가능할 경우에는 약 2달 간격으로 정상 충전한다.

(8) 충전평형 (charging equivalence : Ladebilanze)

주행 중에 발전기로부터 축전지로 보내지는 총 전하(Q_{in})와 축전지로부터 전기부하로 방출된 총 전하 (Q_{out}) 간의 차이를 말한다.

$$충전\ 평형 = Q_{in} - Q_{out}$$

자동차에서 적합한 축전지의 크기(= 용량)와 발전기의 크기를 설계할 때, 결정적인 요소는 충전평형이 이루어져야 한다는 점이다. 이는 새시동력계 상에서 사전 정의된 사이클로 주행시험을 할 때, 축전지에 충전되는 에너지의 양이 방전되는 에너지의 양보다 반드시 커야한다는 것을 의미한다.

충전평형은 축전지의 충전 허용도 외에, 주로 예를 들면 독립히터와 같은 선택사양에 따라 변화한다. 장거리를 주행할 경우, 축전지는 발전기에 의해 거의 완전 충전되며, 충전평형은 (+)가 된다. 전기부하가 소비하는 양보다 발전기의 발전량이 많더라도, 발전기의 전압조정기를 통해 충전전압을 제어하는 방식으로 전원전압을 조정하기 때문에 축전지의 과충전은 방지된다.

규정에서 벗어나는 주행패턴(예를 들면 아주 단거리를 운행하고 매일 2회씩 시트히터를 작동)에서는 충전평형이 (−)가 될 가능성이 높다. 충전량보다 방전량이 많기 때문이다. 이 경우에는 상황에 따라서는 기관을 시동할 수 없게 될 수도 있다.

부(−)의 충전평형은 대부분의 경우, 아래와 같은 대책을 통해 방지할 수 있다.

- 대용량 축전지 설치
- 공전 운전 시 발전기 회전속도의 상승
- 충전전압의 최적화
- 전원관리 시스템을 통해 다수의 부하의 소비량을 감소시키거나 스위치 'OFF'시킨다.

(9) 충전상태 (SoC : State of Charge ; Ladezustand)

축전지 충전상태는 축전지로부터 용량 C_{out}을 방출한 후에, 정격용량 C_{norm}의 몇 %만큼을 더 사용할 수 있는지를 나타낸다. 충전상태는 무부하전압과 직접적인 관계가 있다.

전기자동차 또는 하이브리드 자동차의 구동축전지에서 중요한 요소 중 하나이다.

$$SoC = \frac{C_{norm} - C_{out}}{C_{norm}} \times 100\%$$

(10) 충전 달력(charging calender : Ladekalender)

색상이 6주마다 반복되는 충전달력을 이용하여, 축전지의 정기적인 재충전 주기를 쉽게 유지할 수 있다. 축전지 재충전 주기의 유지는, 이 외에도 자동차 실내 백미러에 부착된 축전지 꼬리표를 이용하여 감시할 수 있다.

(11) 축전지의 재충전 주기(recharge interval : Nachladeintervalle)

충전 손실을 보상하고, 상황에 따라 발생할 수 있는 과방전을 피하기 위해서는, 주행 중 발전기를 통해 충분하게 충전되지 않은 축전지는 주기적으로 재충전시켜야 한다.

① 자동차에서 때어 내어 놓은 상태 또는 단자를 분리한 상태의 축전지:
12주마다(자기방전을 보상하기 위해)

② 자동차에 설치된 축전지 또는 전원회로에 연결된 축전지:
6주마다(자기방전 및 폐회로 전류에 의한 방전을 보상하기 위해)

③ 신품 축전지, 보관온도가 높을 때(25℃ ~35℃)
고객에게 양도하기 전에, 또는 자동차에 장착할 때.

④ 전시장(show room) 차량의 축전지 : 보존충전기를 이용하여 계속 충전

(12) 충전기(charger : Ladegeräte)

충전기는 축전지의 충전에 사용된다. 충전기는 탈거된 상태의 축전지는 물론이고, 설치되어 있는 상태의 축전지에 전하를 공급한다.

보존충전기는 예를 들면, 전시장에 전시된 차량에서 또는 고객의 자동차에서 경미한 부(−)의 충전평형이 발생했을 때와 같은 미미한 양의 손실을 보상하는데 사용된다.

일반 충전기는 방전된 축전지를 다시 사용가능한 수준으로 충전한다. 이를 위해서는 충전과정을 최적화하고, 감시하며, 완전 충전상태에 도달한 경우에는 전압을 낮추어 과충전을 방지하는 전자식 충전기를 사용하는 것이 좋다.

① 전자식 충전기

전자식 충전기는 충전과정을 최적화시키며, 축전지를 손상시키는 과충전을 방지한다. 전자제어식 충전기는 명칭으로도 쉽게 식별할 수 있다.

예를 들면, 첫 번째 충전단계에서는 최대 충전전압에 도달할 때까지는 충전전류를 제어하여 정전류로 충전한다(전류 - 제어). 최대 충전전압(보통 14.3V, 2.4V/cell)에 도달한 후에는, 이 전압이 유지된다(1단계 전압제어).

충전전류는 이제 축전지에 의해 제한되며, 충전수준이 높아짐에 따라 감소한다. 충전전류가 특정한 값 이하로 낮아지면, 완전충전 상태에 도달한 것이다.(통상적으로 1.5A). 이제는 충전상태를 유지하기 위해 충전전압은, 축전지에서 문제가 되지 않는 수준의 전압으로 자동적으로 제한된다.(2단계 전압제어)

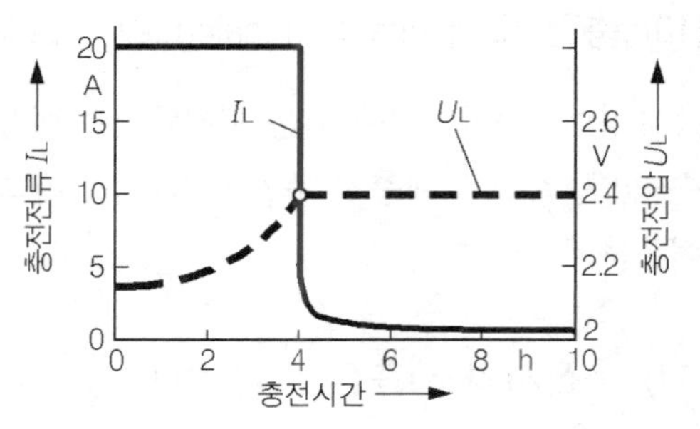

그림 4-17 전자식 충전기의 전류-전압 특성곡선

② **보존 충전기**

보존 충전기는 주행패턴 때문에 부(－)의 충전평형 상태가 지속될 경우, 또는 시동을 끄고 세워 놓은 자동차에서 미량의 소비전류(암전류)를 보상할 수 있으며, 이를 통해 축전지를 충전된 상태로 유지시킨다. 보존충전기는 예를 들면, 자동차의 시가 - 라이터 또는 점퍼-케이블용 단자에 연결할 수 있다. 보존 충전기는 방전된 축전지 충전용으로는 사용할 수 없다.

보존충전 시에는 축전지에 낮은 정전압을 인가하여, 충전한다(자기방전의 보상).

(13) 점프(jump) 케이블을 이용한 시동 보조

다른 자동차의 시동축전지를 이용하여 시동할 수 있다. 이 경우, 제작사의 지침 및 두 자동차에 장착된 축전지에 유의해야 한다. 예를 들어 두 축전지의 정격전압은 반드시 같아야 하며, 점프-케이블의 단면적은 SI-기관의 경우 최소 $16mm^2$, 디젤기관의 경우에는 $25mm^2$ 이상을 권고하고 있다.(DIN 72 553)

보조시동은 다음과 같은 순서로 실시한다.

① 방전된 축전지의 (＋)전극을 시동보조 자동차 전원의 (＋)전극과 연결한다.

② 시동보조 자동차의 (－)전극은 시동해야 할 자동차의 방전된 축전지로부터 떨어져 있는 적절한 접지점과 연결한다. 축전지에 근접한 위치에서는 스파크가 발생할 경우, 폭발가스가 폭발할 수도 있다.

③ 점프-케이블의 확실한 접촉여부를 확인한다.

④ 시동보조 자동차를 시동한다. 잠시 후에 자력으로 시동되지 않는 자동차를 시동한다.

⑤ 보조시동이 종료된 후에는 점프-케이블을 역순으로 다시 분리한다.

제5장

3상 교류발전기-전원장치

Alternators - electrical power supply system : Wechselstromgenerator-

제5장 3상교류발전기-전원장치

제1절 자동차 전원장치 개요
(Introduction to automotive electrical power supply)

1. 자동차의 전기부하, 전원 및 전원회로

(1) 자동차의 전기부하(電氣負荷 ; electrical loads)

각종 전자제어 장치(예 : 전자제어 연료분사장치)를 비롯해서 점화장치, 등화장치, 기동전동기 및 각종 제어기구 등 전기에너지를 소비하는 모든 장치들을 전기부하라고 한다.

(2) 자동차의 전원(電源 ; electrical power source) - 발전기

기관이 작동하는 동안에는 기관에 의해서 구동되는 발전기가 전원이 되고, 기관이 작동하지 않을 때는 축전지가 전원(=발전기)의 기능을 대신한다. 발전기는 자동차에 장착된 전기장치 및 전기부하에 전기에너지를 공급한다.

발전기 출력, 축전지용량 및 모든 전기부하의 출력은 서로 조화를 이루어, 항상 원활한 작동이 보장되어야 한다. 예를 들면 점화장치, 전기식 방열기 팬(fan), 전기식 연료공급펌프 등은 항상 작동준비가 되어 있어야 한다. 또 제동등, 신호등, 경음기, 히터, 에어컨, 유리 열선 및 라디오 등은 대낮에도 항상 작동이 가능해야 한다. 어두워지면 물론 각종 등화장치를 점등시켜야 한다. 마지막으로 축전지는 항상 충전되어, 언제라도 전원의 기능을 대신할 수 있어야 한다.

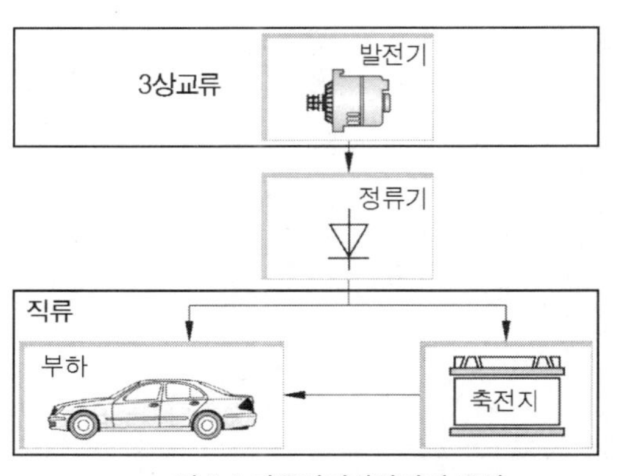

그림 5-1 자동차전기장치의 구성

발전기는 대부분 고무벨트를 매개로 기관동력으로 구동시킨다. 자동차기관은 회전속도의 변화가 대단히 심하기 때문에, 발전기는 전압조정기구와 전류조정기구를 필요로 한다. 또 자동차 전기장치는 대부분 직류로 작동되므로, 교류발전의 경우에는 교류를 직류로 정류해야 한다. 이 외에도 기관정지 시 또는 발전기전압이 축전지전압보다 낮을 때는, 축전지전류가 발전기로 역류되지 않도록 하는 릴레이(또는 전자소자)를 필요로 한다.

참고로 자동차가 소비하는 연료의 극히 일부(예 : 중형 승용자동차에서 약 5% 정도)가 발전기의 구동 및 발전기, 축전지, 시동모터 등의 운송에 사용된다. 100km를 주행할 때, 평균적으로 질량 10kg 당 0.1ℓ, 출력 100W당 약 0.1ℓ 정도의 연료를 소비한다.

〔표 5-1〕 스위치 "ON" 시간을 고려한 주요 전기부하(예)

전기부하	필요 출력	평균 부하출력
모트로닉, 전동식 연료펌프	250W	250W
라디오	20W	20W
차폭등	8W	7W
하향전조등	110W	90W
번호등, 미등	30W	25W
각종 표시등, 계기판	22W	20W
뒤 유리열선	200W	60W
실내 난방, 송풍기	120W	50W
전기식 냉각팬(방열기)	120W	30W
윈드쉴드 와이퍼	50W	10W
제동등	42W	11W
방향등	42W	5W
안개등(전조등)	110W	20W
안개등(미등)	21W	2W
합계		
설치된 전기부하	1145W	
평균 소비출력		600W

(3) 전원 회로

① **1-축전지 전원회로**(1-battery vehicle electrical system)

1개의 발전기와 1개의 축전지로 구성된 전원회로로서, 대부분의 승용자동차에서 사용한다.

② **2-축전지 전원회로**(2-battery vehicle electrical system) (**그림** 5-2)

전기 에너지 소비가 많은 자동차에서는 2-축전지 전원 시스템을 사용할 수 있다. 최근의 자동차에서는 각종 시스템의 전자제어, 정보기능 및 편의사양 등의 전자화에 따라 전기에너지의 소비가 급격히 증대하고 있다. 또 시동 중 축전지에는 큰 전류부하(300~500A)가 걸린다. 따라서 냉시동 성능을 확실하게 보장하기 위해, 별도의 시동축전지를 사용하여 자동차 시동기능을 수행한다. 반면에 전기장치용 축전지는 모든 전기부하에 에너지를 공급한다. 축전지 관리시스템

(BMS : battery management system)이 두 축전지의 최적 충전상태를 감시, 제어한다.

냉시동 시에 또는 시동축전지의 충전상태가 불량할 때에는 별도의 릴레이가 두 축전지를 병렬로 결선하여 시동능력을 보강하게 할 수 있다.

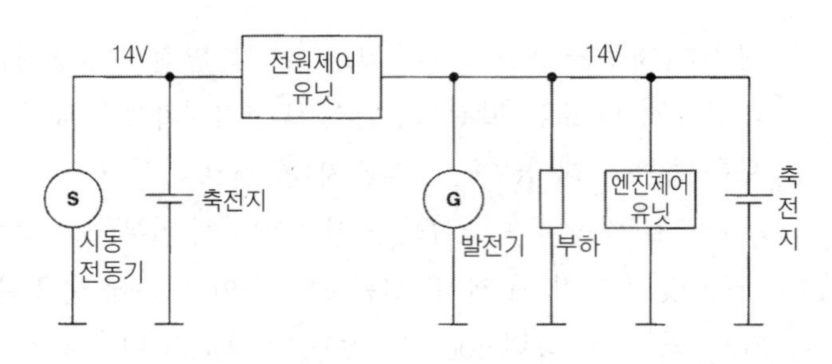

그림 5-2 2-축전지식 전원회로

전기부하에 에너지를 공급하는 제 2의 축전지는 추가로 장착할 수도 있다. 이 경우에 2개의 축전지는 반드시 서로 병렬로 결선해야 한다. 이때 두 축전지 간에 평형전류가 흐르는 것을 방지하기 위해서는, 이들 사이에 반드시 차단 릴레이를 설치해야 한다.

2개의 축전지는 정격용량과 정격전압이 반드시 서로 같아야 한다. 만약에 차실 내에 축전지를 설치할 경우에는 가스가 외부로 방출되지 않는 축전지(겔(gel) 또는 유리섬유 보풀(fleece : 양털모양의 것) 기술을 적용한 축전지를 사용해야 한다.

③ **2-전압 전원회로** (dual voltage vehicle electrical system)

이 시스템은 14V-회로와 42V-회로로 분리된 2개의 전원회로로 구성되어 있다. 교류발전기는 42V-부하에는 직접, 14V-회로에는 DC-DC-컨버터를 통해서 전류를 공급한다. 전자식 에너지관리 시스템(EEM ; electronic energy management)이 전체 에너지 균형을 통제하고, 해당 기능들을 제어한다.

42V-전원은 시동모터와 발전기가 일체로 제작된 모터/발전기 시스템(integrated starter- generator ; ISG, ISAD)의 작동도 가능하게 한다.

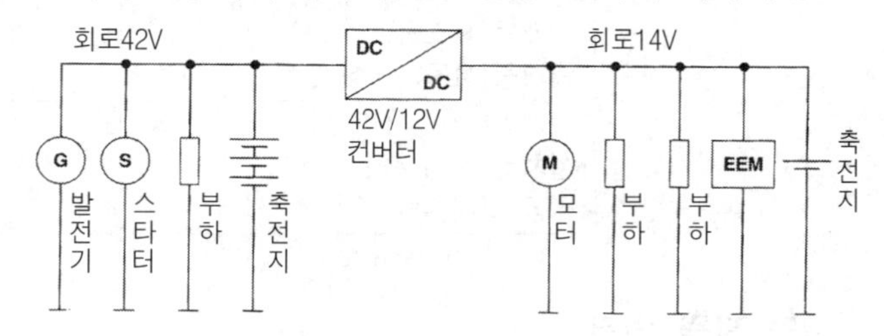

그림 5-3 2-전압 전원회로

2. 자동차 전원의 구비요건

자동차 전원 즉, 발전기가 갖추어야 할 중요한 요건들은 다음과 같다.

① 모든 전기 부하에 직류(DC; Direct Current)를 공급해야 한다.

② 기관 공전 중 또는 모든 전기부하가 작동 중일 때에도 축전지의 충전이 가능해야 한다.

③ 기관의 전 회전속도 범위에 걸쳐서 항상 일정한 전압을 유지해야 한다.

④ 수명이 길어야 하며, 가능한 한 수리가 필요 없어야 한다.

⑤ 부하, 진동, 기후변화, 먼지, 증기, 연료 및 윤활유 등에 견딜 수 있어야 한다.

특히 기관의 진동특성 및 발전기 설치조건에 따라 발전기는 약 $500\sim800m/s^2$ 의 진동가속도에 노출될 수 있다.

⑥ 소형, 경량이어야 하며, 소음이 적어야 한다.

⑦ 효율이 높아야 한다.

3. 자동차전원으로서 3상 교류발전기의 장점

현재는 대형 상용자동차까지도 대부분 3상 교류발전기를 사용한다. 교류발전기가 기존의 직류발전기를 완전히 대체하였다. 교류발전기는 직류발전기와 비교할 때, 다음과 같은 장점이 있다.

① 기관이 공전할 때에도 발전이 가능하다.

따라서 전기부하가 필요로 하는 전류를 공전 시에도 충분히 공급할 수 있다.

② 허용 회전속도 범위가 넓어졌다.

직류발전기는 기계식 정류기구(정류자, 브러시) 때문에 최대회전속도가 제한된다. 그러나 교류발전기는 고정 설치된 다이오드를 이용하여 정류한다. 즉 기계식 정류기구(정류자와 브러시)를 사용하지 않기 때문에, 그에 따른 문제점도 없다.

③ 정류회로의 (+)다이오드가 컷-아웃 릴레이(cut-out relay)의 기능을 수행한다. 다이오드가 축전지로부터 발전기로 전류가 역류되는 것을 방지하므로, 간단한 전압조정기만 있으면 된다.

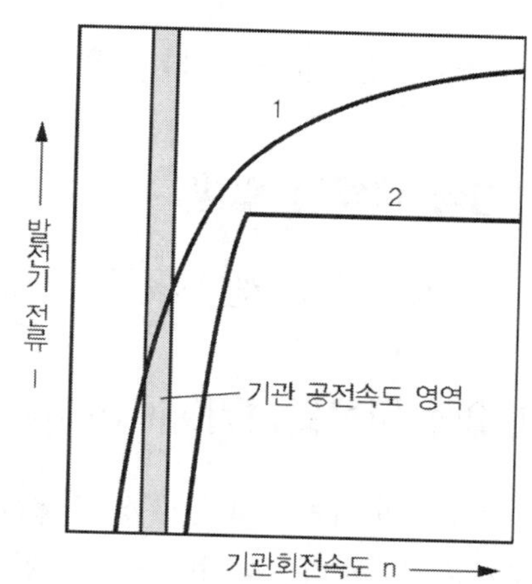

그림 5-4 직류발전기와 3상 교류발전기의 전류특성

④ 출력에 비해 중량이 가볍다. → 효율 증대

⑤ 수명이 연장되었다. - 약 200,000km 정도

카본 브러시와 정류자가 생략되므로, 오직 베어링에 의해 수명이 결정된다. 기관의 수명과 발전기의 수명이 거의 같다.

⑥ 교류발전기는 외부영향, 예를 들면 고온, 증기, 먼지, 진동 등에 강하다.

⑦ 냉각팬의 형상이 회전방향에 일치되어 있는 한, 발전기 회전방향을 자유롭게 선택할 수 있다.

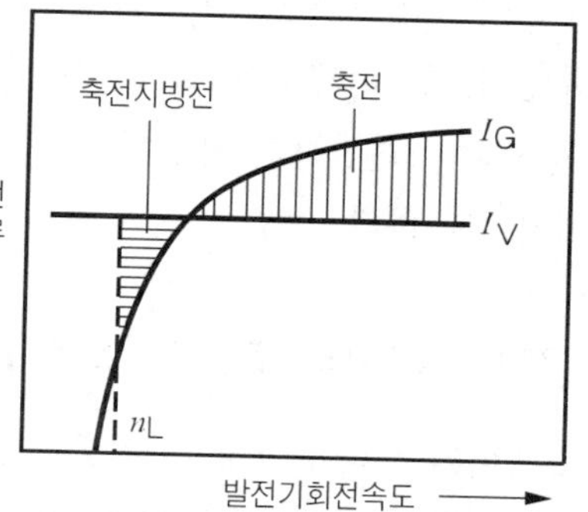

그림 5-5 교류발전기의 출력전류와 소비전류

제2절 3상교류발전기의 기본원리와 구조
(Construction & basic principles of alternators)

1. 전자유도작용- 발전기 원리

P.82 전자유도에 의한 전압발생 참조

2. 3상 교류의 발생

P.133 전기기계 : 교류발전기 참조

3. 3상 교류발전기(alternator)의 기본구조

대부분의 자동차에 그림 5-6과 같은 구조의 3상 교류발전기를 사용한다. 이 형식의 발전기를 중심으로 3상 교류발전기의 구조를 설명하기로 한다.

3상 교류발전기는 고정된 고정자(stator), 회전하는 회전자(rotor), 이들을 지지하는 엔드실드(end shield), 그리고 다이오드(여자용/정류용) 등으로 구성된다. 이 형식의 교류발전기는 회전자와 고정자의 상대속도가 회전자기장과 동기해서 회전하는 발전기이다. 따라서 동기(同期) 발전기라고도 한다.

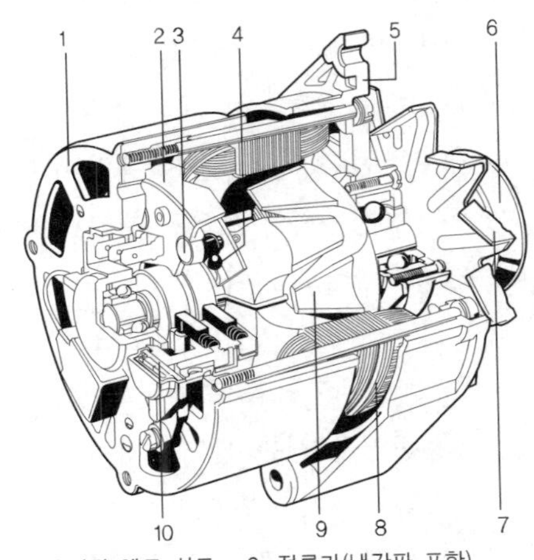

1. 슬립링 엔드 실드 2. 정류기(냉각판 포함)
3. 파워 다이오드 4. 여자 다이오드
5. 구동 엔드 실드 6.구동 풀리 7. 냉각팬
8. 스테이터 9. 로터
10. 트랜지스터 레귤레이터(브러시 홀더 및 브러시 포함)

그림 5-6 3상 교류발전기(K1)의 기본구조(예)

(1) 3상 스테이터 코일과 스테이터(stator)

스테이터는 다수의 얇은 철판을 성층한 철심으로 3개의 스테이터 코일이 감겨 있다. 이 3개의 코일에 각각 1상씩 3상 교류가 유도된다. 스테이터

그림 5-7 스테이터

는 직류발전기의 회전 전기자와 같은 기능을 한다.

스테이터 코일은 대부분 선간전압이 높은 Y결선(=스타 결선)방식을 사용한다.

(2) 로터(rotor)

로터는 회전자속을 발생시키는 부분으로 그림 5-8과 같이, 로터 축 위에 링(ring) 형상으로 여자코일을 감은 다음, 그 양단에 집게모양의 자극편(claw pole)을 서로 맞물리게 하여, 여자코일을 감싸고 있다.

자극편은 여자코일에 전류가 흐르면 한쪽은 N극, 반대쪽은 S극으로 자화된다. 이때 자극편의 집게(claw) 수 만큼 자극이 형성된다. 로터가 회전하면 스테이터 권선과 자극편의 자속이 쇄교되어 스테이터 코일에 전압이 유도된다. 따라서 자극편(claw pole)의 수에 비례하여 로터 1회전 당 생성되는 반파의 수가 증가한다. 즉, 자극편의 수가 12개(6쌍)일 경우, 1사이클 당 36개(12극 × 3선 = 36개)의 반파가 생성된다. 발전기의 출력에 따라 12극(6쌍), 14극(7쌍), 16극(8쌍) 등이 사용된다.

교류 발전기의 상전압(U_P) 및 출력전압(U_G)은 자장의 회전속도와 세기, 코일의 권수에 의해 결정된다.

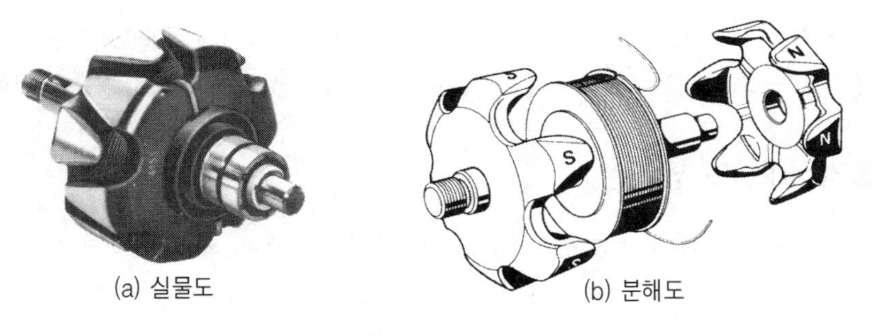

(a) 실물도 (b) 분해도

그림 5-8 로터와 로터 권선

(3) 전류 공급용 슬립링(slip ring) 및 브러시(brush)

로터 축의 한쪽에 설치된 2개의 슬립링은 로터 축과는 절연되어 있으며, 각각 여자코일(=로터 코일)의 양끝과 연결되어 있다. 이 슬립링에 브러시가 접촉된다.

슬립링은 로터 축 상에 절연, 고정되어 있으므로, 로터의 회전속도와 같은 속도로 회전한

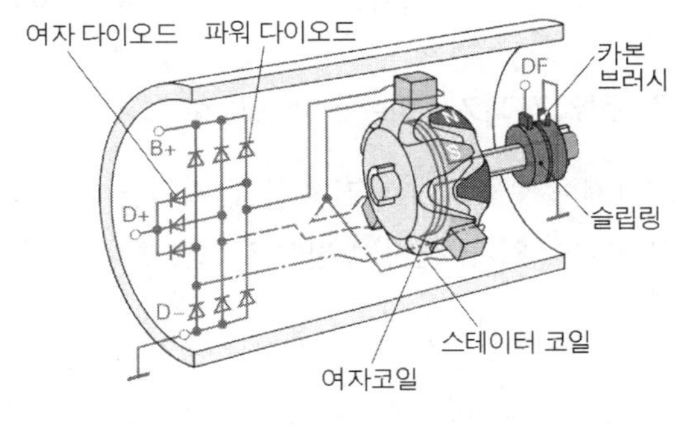

그림 5-9 슬립링을 포함한 3상 교류발전기의 원리도

다. 그리고 브러시를 통해 전류를 공급받아, 이를 여자코일에 전달한다. 그러나 슬립링은 직류발전기의 정류자와는 달리 요철(凹凸)이 없으며, 또 흐르는 전류도 직류발전기의 정류자에 흐르는 전류에 비해 아주 적다. 따라서 마모도 현저하게 적다.

브러시 홀더(brush holder)에 들어 있는 카본 브러시(carbon brush)는 슬립링과 접촉, 슬립링을 통해 여자코일에 여자전류를 공급한다.

여자코일을 사용하지 않는 발전기에는 카본 브러시와 슬립링도 없다.

(4) 엔드실드(end shield)(=end frame)

슬립링(slip ring) 쪽과 구동(drive)측 엔드실드는 스테이터의 양단에 밀착, 조립되어 있다. 로터는 이들 엔드실드에 설치된 베어링에 지지되며, 슬립링 엔드실드에는 정류 다이오드가 설치된다.

(5) 정류 다이오드(rectifier) - 주로 실리콘 다이오드 사용

다이오드가 순방향으로 결선되었을 때, 각 다이오드에서의 전압강하는 약 0.7V 정도이다. 따라서 발생된 열을 방출하기 위해 (+)다이오드는 엔드실드로부터 절연된 히트싱크(heat sink)에, (−)다이오드는 엔드실드에 접지된 히트싱크에 직접 압입하였다. 히트-싱크란 다이오드에서 발생된 열을 발산시키기 위한 냉각판이다. 정류 다이오드(6개)에 의해 3상교류가 직류로 정류된다. 형식에 따라서는 별도로 설치된 여자 다이오드(3개)가 로터권선에 여자전류를 공급한다.

(6) 구동 풀리(pulley)와 냉각팬

풀리와 냉각팬은 로터 축의 구동 엔드실드 측에 설치된다. 로터의 구동방향은 문제가 되지 않는다. 즉, 로터는 어느 방향으로든 구동시킬 수 있다. 단지 냉각팬의 회전방향이 문제가 된다. 냉각풍의 방향은 정류다이오드의 냉각을 고려하여 결정한다. 최근에는 냉각팬이 하우징 내부에, 그리고 앞/뒤에 설치되는 형식도 사용되고 있다.

기관회전속도에 대한 발전기 구동풀리의 회전속도비는 승용자동차의 경우는 1 : 2.2~1 : 3의 범위, 상용자동차에서는 약 1 : 5의 범위까지이다.

(7) 전압조정기(voltage regulator)

차체에 부착되어 브러시 홀더와 연결된 형식과, 발전기에 직접 장착되어 브러시 홀더와 일체식인 형식이 있다. 소형 발전기에서는 후자가, 대형 발전기에서는 전자가 더 많이 사용된다.

제5장 3상교류발전기-전원장치

제3절 3상교류의 정류

(Rectification of 3-phase alternating current)

3상 교류발전기에서 생성된 교류를 직접 축전지에 충전할 수는 없다. 그리고 자동차 전기/전자 장치는 대부분 직류를 필요로 한다. 따라서 먼저 교류를 직류로 정류해야 한다. 3상 교류의 정류는 6개의 출력 다이오드로 구성된 브릿지회로(bridge circuit)를 이용하여 전파정류(全波整流)한다. → 정류기(rectifier) (P.168 정류 다이오드 참조)

1. 단상 반파정류[單相 半波 整流]

그림 5-10(c)와 같이 교류전원에 1개의 다이오드를 접속하면, 그림 5-10(a)와 같은 파형이 그림 5-10(b)와 같이 정류된다. 즉, 사인파 교류의 (+)의 반파만 정류된다. 이를 단상 반파정류라 한다.

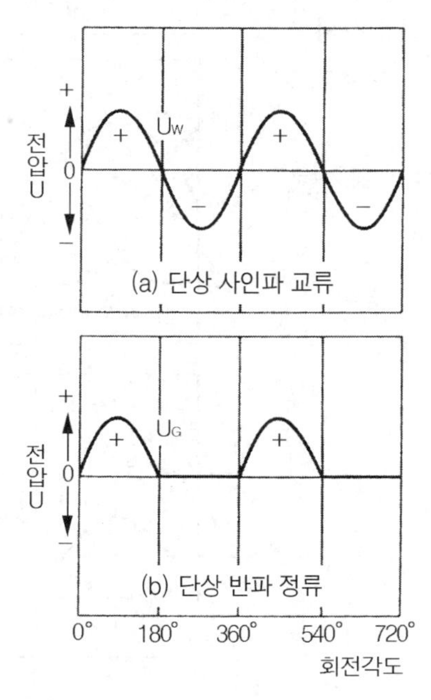

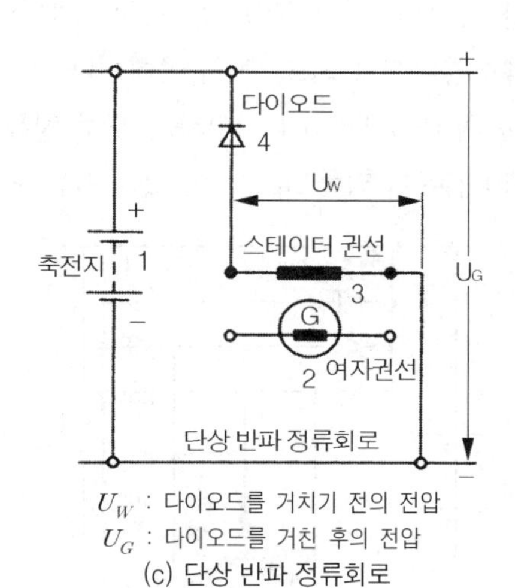

U_W : 다이오드를 거치기 전의 전압
U_G : 다이오드를 거친 후의 전압
(c) 단상 반파 정류회로

그림 5-10 단상 반파정류

2. 단상 전파정류[單相 全波 整流]

그림 5-11과 같이 교류전원에 4개의 다이오드를 접속하면, (+)반파와 (−)반파를 모두 정류할 수 있다. 이를 전파 정류라 한다. 그림 5-11에서 발전기의 단자 1에 직접 (+)반파가 작용하면 전류는 실선 화살표를 따라 다이오드와 부하를 거쳐 단자 2로 흐른다. 만약에 발전기의 단자 1에 직접 (−)반파가 작용하면 전류는 발전기의 단자 2로부터 나와 점선 화살표를 따라 다이오드와 부하를 거쳐 발전기단자 1로 흐른다.

전기부하(R)에서의 전류방향은 두 가지 경우에 모두 같다. 즉, (+)반파는 (+)다이오드에 의해서, (−)반파는 (−)다이오드에 의해서 정류된다. 그러므로 전파정류의 경우, 반파정류에 비해 직류전압이 보다 더 안정되는 결과를 얻을 수 있다.

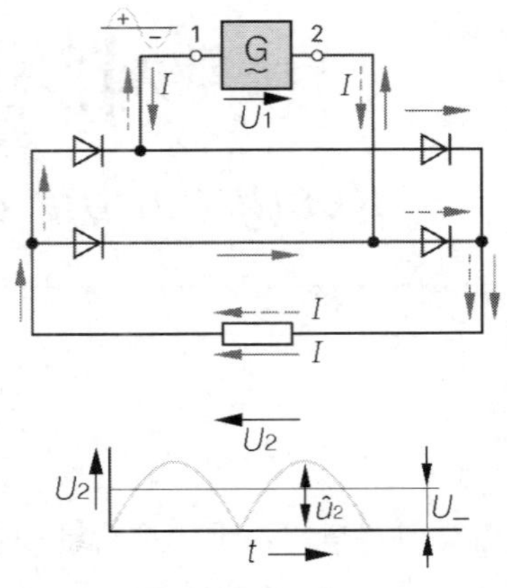

그림 5-11 단상 전파정류

3. 3상 전파정류[3相 全波 整流]

(1) 3상 전파정류의 원리

3상 전파정류에서는 그림 5-12와 같이 6개의 파워 다이오드((+)다이오드 3개와 (−)다이오드 3개)로 구성된 브리지회로를 이용한다. 이때 각 상(相)에는 각각 1개씩의 (+)다이오드(B+ 측)와 (−)다이오드(B- 측)가 설치된다.

3상 교류의 (+)반파와 (−)반파가 모두 정류되어 합해지면, 그림 5-8(c)와 같이 리플(ripple)이 있는 맥류가 된다.

(a) 3상 교류

(b) 양/음 반파에 의한 발전기전압의 형성

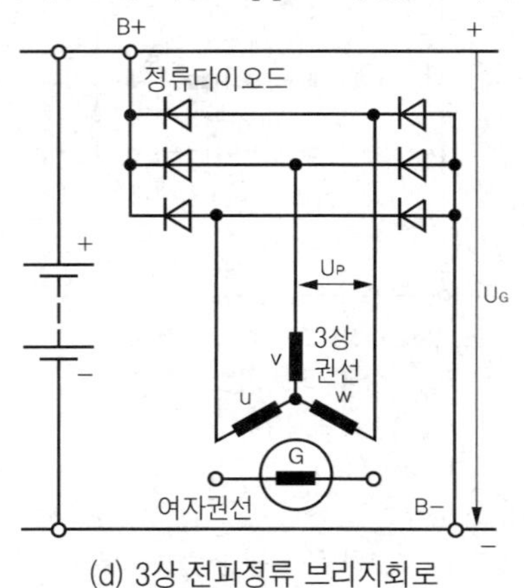

(d) 3상 전파정류 브리지회로

(c) 발전기의 정류전압

그림 5-12 3상 교류의 전파정류

3상 교류발전기가 단자 B+와 B-를 통해서 부하에 공급하는 실제 전압은 완전한 직류가 아니고, 약간의 리플(ripple)이 있는 맥류이다. 이 맥류의 리플은 발전기와 병렬로 결선된 축전지, 또는 부하회로 내에 설치된 커패시터(capacitor)에 의해서 여과(filtering)된다.

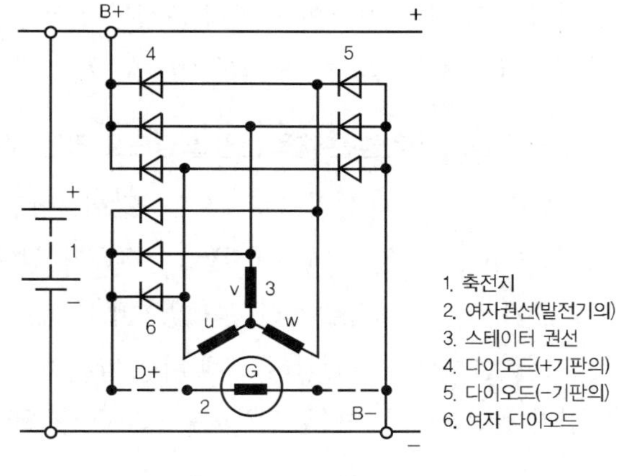

그림 5-13 여자전류의 분기와 정류

로터의 자극편을 자화시키는 기능을 하는 여자전류는 3상 교류회로에서 갈라져 나온 다음에, 여자코일에 공급되기 전에 정류된다. 여자전류의 정류는 B- 단자 측의 3개의 (−)다이오드와 또 다른 3개의 (+)다이오드(소위 여자 다이오드)에 의해서 이루어진다.

(2) Y-결선과 △-결선의 차이점

표 5-2는 자장의 회전각 90°와 300°에서의 전압파형 및 전류파형이다. 쉽게 이해할 수 있도록 하기 위해 상전압 $U_P = 1\mathrm{V}$, 저항 $R = 1\Omega$, 전류 $I = 1\mathrm{A}$로 가정하였다.

〔표 5-2〕 스테이터 권선의 결선방식에 따른 전류와 전압

	Y결선		⊿결선	
$U_{pmax} = 1V$ $R = 1\Omega$ $I_{pmax} = 1A$	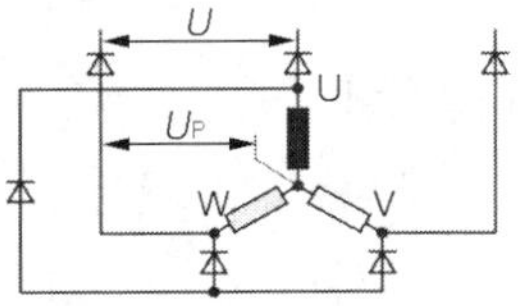		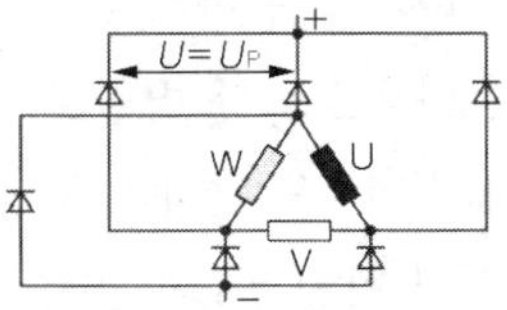	
상전류와 상전압의 합	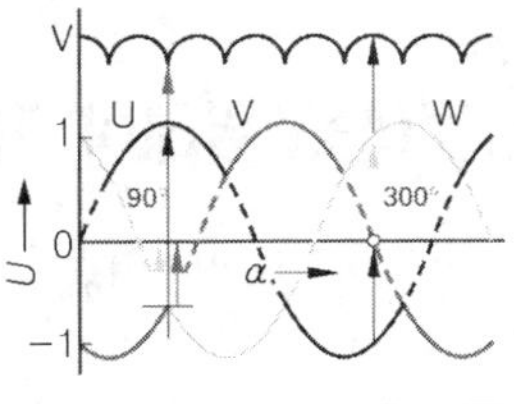		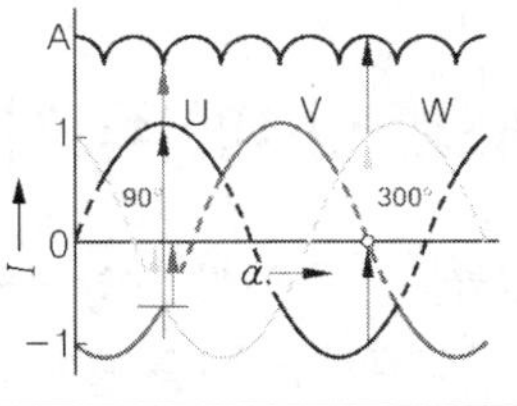	
등가회로 각 상의 권선 U, V, W에서 유도된 상전압과 상전류	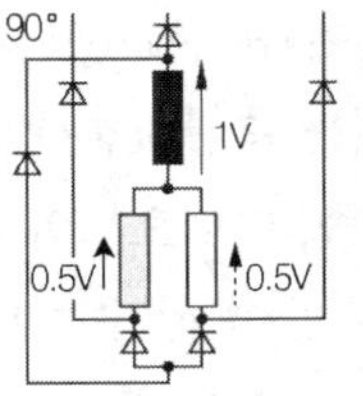 90°	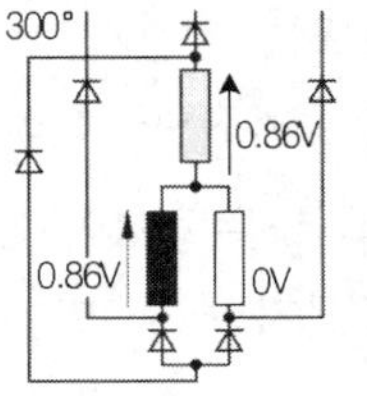 300°	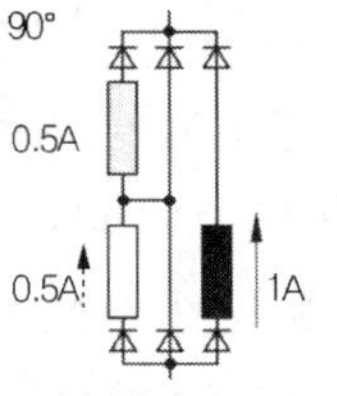 90°	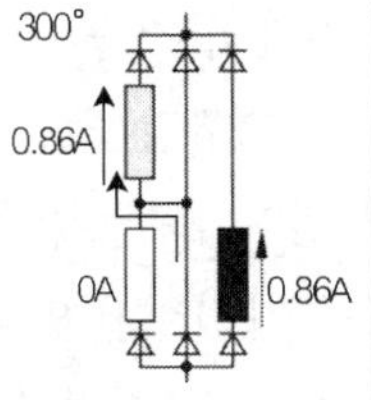 300°
U_G / I_G	1.5V / 1A	1.72V / 0.86A	1V / 1.5A	0.86V / 1.72A

회전각 90°에서 각각의 코일에 생성된 전압은 $U_U = 1V$, $U_V = 0.5V$, $U_W = 0.5V$ 이다. 따라서 상전류는 각각 $I_U = 1A$, $I_V = 0.5A$, $I_W = 0.5A$ 이다.

① Y-결선 - 주로 높은 출력전압을 필요로 하는 교류발전기(예 : 자동차용)에 많이 사용

Y-결선에서는 등가회로에서와 같이 상전압이 합산된다. 따라서 발전기 전압(U_G)은 "$U_G = U_U + U_V = 1V + 0.5V = 1.5V$"가 된다. 이때 상전압 U_W는 합산되지 않는다. 이유는 U_W가 U_V와 병렬로 결선되어 있으며, 다이오드 결선에 의해 전류의 흐름이 차단되기 때문이다.

Y-결선에서는 상전압(U_P)에 비해 발전기 전압(U_G)이 증폭된다. 참고로 회전각 300°에서 발전기 전압은 $U_G = U_U + U_W = 0.86V + 0.86V = 1.72V$ 이다.

② △-결선 - 주로 큰 전류를 필요로 하는 교류발전기에 사용

△-결선에서는 등가회로에서와 같이 상전류가 합산된다. 따라서 발전기 전류(I_G)는 "$I_G = I_U + I_V = 1A + 0.5A = 1.5A$"가 된다. 이때 상전류 I_W는 합산되지 않는다. 이유는 I_W가 I_U와 직렬로 결선되어 있기 때문이다. △-결선에서는 상전류(I_P)에 비해 발전기 전류(I_G)가 증폭된다. 회전각 300°에서 발전기 전류는 "$I_G = I_U + I_W = 0.86A + 0.86A = 1.72A$ 가 된다.

(3) 정류회로의 변형(variants)

필요에 따라 다양한 정류회로가 사용된다.

① 정류다이오드를 병렬로 결선(고출력이 필요할 경우)

② 중성점과 (+)단자 및 (−)단자 사이에 추가 다이오드를 설치
(발전기 회전속도가 높을 때 손실출력을 최소화하고자 할 경우)

4. 다이오드의 역전류 차단기능 → 컷아웃 릴레이 기능(그림 5-13 참조)

3상 교류발전기에서 정류다이오드는 여자전류와 발전기전류를 정류할 뿐만 아니라, 3상 코일로 전류가 역류하는 것을 방지한다.

기관의 작동이 정지된 상태이거나 또는 발전기가 자여자(自勵磁)되지 않을 정도의 낮은 속도(예 : 크랭킹 속도)로 운전되면, 다이오드가 없을 경우에는 축전지전류가 스테이터 코일로 역류하게 된다. 축전지 측에서 보면 다이오드는 역극성이다. 즉, 다이오드의 화살표는 축전지의 (+)단자를 가리키고 있다. 발전기 전류가 축전지의 (+)단자로 들어 올 수는 있으나, 축전지에서 발전기로는 흐를 수 없다. 직류발전기에는 이 기능을 수행하는 컷아웃 릴레이를 별도로 설치해야 한다.

제5장 3상교류발전기-전원장치

제4절 3상교류발전기의 회로
(Circuits of 3-phase alternators)

3상 교류발전기는 전(前)여자회로(pre-excitation circuit), 여자회로(excitation circuit), 그리고 충전회로(charging circuit 또는 main circuit) 등 3개의 전류회로를 갖추고 있다.

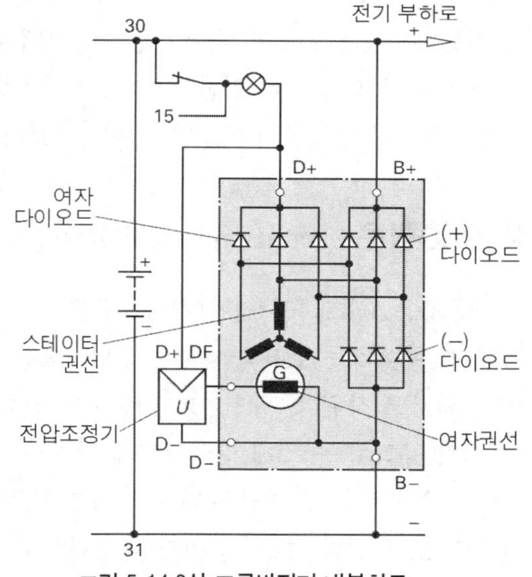

그림 5-14 3상 교류발전기 내부회로

1. 전[前]여자회로(pre-excitation circuit : Vorerregerstromkreis)(그림 5-15(a)참조)

보통의 교류발전기는 로터 자극편(claw pole)의 잔류자기가 충분하지 않기 때문에 기관시동 순간 또는 기관회전속도가 낮을 때에는 필요한 수준의 전압을 발생시킬 수 없다. 따라서 이와 같은 경우에 별도로 여자코일에 전류를 공급하는 회로를 전(前)여자회로라 한다.

3상 교류발전기의 여자회로는 각 상마다 출력 다이오드((−)다이오드)와 여자 다이오드가 직렬로 연결되어 있다. 이들 다이오드에서의 전압강하, 소위 다이오드의 확산전압(2 × 0.7V = 1.4V)을 넘어서기 전에는 발전기는 자여자(自勵磁 : self excitation)되지 않는다. 따라서 전여자회로 중의 충전표시등(=경고등)이 전류를 소비함에 따라 여자코일에 충분한 자장이 형성되도록 하는 방법이 주로 이용된다. 이렇게 하면 시동순간은 물론이고 기관이 공전 중일 때, 축전지의 전류가 여자회로에 공급되지 않아도 발전기 스스로 자여자하여 외부에 전압을 공급할 수 있게 된다.

그림 5-15(a)에서 점화스위치(15)를 ON시키면, 시동축전지전류(I_B)는 축전지 B+/30 → 점화스위치 → 충전경고등 → D+ → 레귤레이터 D+ → 여자권선 → 레귤레이터 DF → 접지 D-/B- → 시

동축전지 B-/31로 흐른다. - 전여자회로 형성

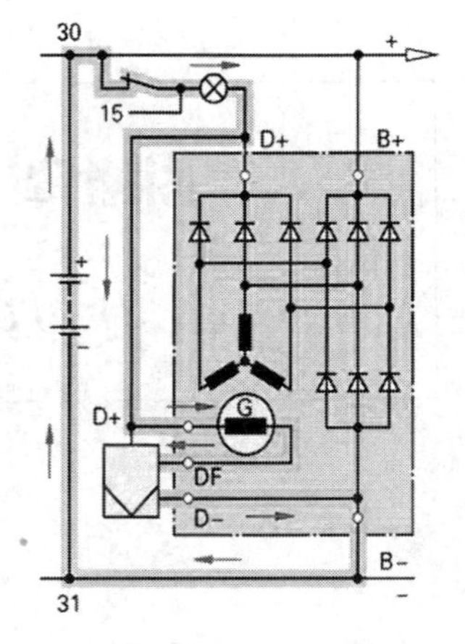

그림 5-15(a) 전여자 회로

크랭킹할 때에도 충전경고등을 통해 충분한 전류가 소비되므로(흐르므로), 전여자전류는 필요한 수준의 자여자(自勵磁)를 개시하기에 충분한 자장을 형성한다.

축전지와 발전기 사이의 전압차이 때문에 전여자전류는 축전지(+)단자로부터 충전경고등을 거쳐서 발전기의 여자코일로 흐른다. 충전경고등이 점등되어 있는 한, 발전기는 외부로 전류를 공급할 수 없다. 그러나 자여자를 하기에 충분한 회전속도에 도달하여, 충전경고등 양단의 전위가 같아지면 충전경고등은 소등되고, 이때부터 발전기에는 전여자전류 대신에 여자전류가 흐르게 된다. 이제 발전기는 자동차의 전원으로서 제 기능을 수행하게 된다.

충전경고등의 출력은 일반적으로 12V시스템에서는 2W, 24V시스템에서는 3W 정도이다.

충전경고등에 결함이 있으면, 전여자회로가 차단되기 때문에 전여자 기능은 작동되지 않는다.

2. 여자회로(excitation circuit)(그림 5-15(b) 참조)

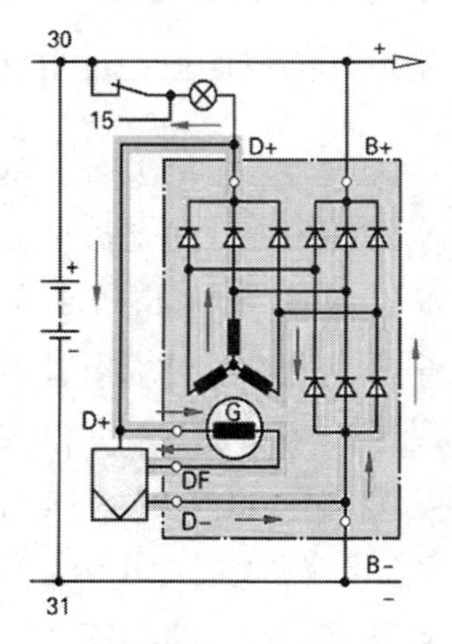

그림 5-15(b) 여자회로

자동차용 3상 교류발전기에서는 대부분 자여자(自勵磁)방식을 사용한다. 자여자는 로터의 자극편에 남아있는 잔류자기(remanence)에 의해서 시작된다. 발전기가 기동되면 잔류자기((전여자(前勵磁)에 의해 강화됨)는 스테이터 코일에 약간의 전압을 유도한다. 스테이터 코일에 유도된 전압은 다시 로터 코일(여자 코일)에 작은 전류가 흐르도록 한다. 그러면 자장은 강화되고, 결과적으로 스테이터 전압은 약간 증가하게 된다. 이와 같은 작용은 발전기전압이 규정수준에 도달할 때까지 계속적으로 반복된다.

여자전류는 전 운전기간에 걸쳐서 여자코일에 자장을 형성하여, 스테이터의 3상 코일에 일정수준 이상의 전압이 유도되도록 한다. 이때 전압조정기(=레귤레이터)는 각각의 운전조건에 따라 필요로 하는 여자전류를 공급한다.

여자전류를 정류하는데 3상 브릿지회로를 사용할 경우, (+)쪽에는 3개의 여자다이오드를 사용한다. (−)쪽에서는 기존의 (−)정류다이오드를 통해서 정류가 이루어진다.

여자전류는 발전기의 스테이터 코일 → 여자다이오드 → 단자 D+ → 레귤레이터 단자 D+→ 여자코일 → 레귤레이터 DF → 레귤레이터 D- → (−)다이오드 → 스테이터 코일"로 흐른다.

3. 충전회로(charging circuit)(또는 주회로 : main circuit)(그림 5-15(c) 참조)

발전기의 3상 코일에 유도된 교류전압은 먼저 정류 브리지회로의 출력다이오드에 의해서 직류로 정류된 다음, 축전지와 전기부하(electrical load)에 전기 에너지를 공급한다. 즉, 발전기전류는 부하전류(load current)와 축전지전류(battery current)로 나누어진다.

충전회로(=주회로)에서 전류는 다음과 같은 경로로 흐른다.

스테이터 코일 → (+)다이오드 → 발전기단자 B+ → 축전지/전기부하 → 접지(31) → 발전기단자 B−(보통 발전기의 하우징) → (−)다이오드 → 스테이터 코일

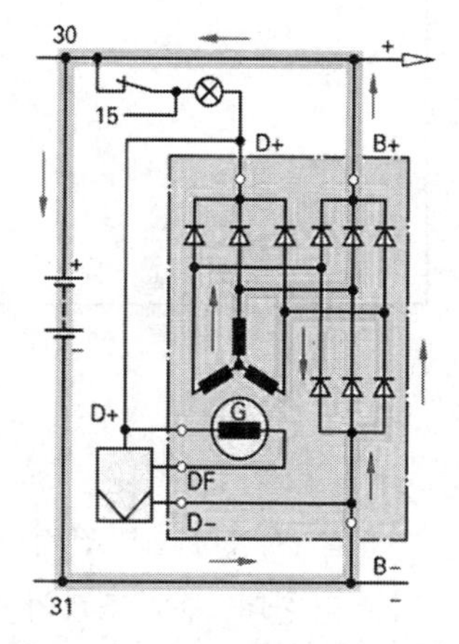

그림 5-15(c) 발전기 충전회로(주회로)

실제로 상전압은 지속적으로 크기와 방향이 변화한다. 그러나 모든 출력다이오드가 로터의 위치(=회전각)와 상관없이, 계속적으로 정류작용을 하기 때문에, 축전지(B+)와 전기부하(단자 15)에 공급되는 직류전류는 항상 일정한 방향으로 흐르게 된다.

발전기로부터 축전지로 전류가 흐르기 위해서는 발전기전압이 축전지전압보다 반드시 높아야 한다.(즉 발전기는 일종의 전기펌프와 같은 기능을 한다.)

교류발전기로부터 생성되는 전류의 일부는 여자다이오드와 전압조정기(=레귤레이터)를 거쳐 여자코일로 흐른다. - 여자자장의 유도에 필요한 여자전류

제5절 전압조정기
(Voltage regulator)

전압 조정기는 발전기의 부하와 회전속도에 관계없이 발전기 전압을 항상 일정하게 유지하는 기능을 한다. 전압조정의 주된 목적은 전압맥동에 의한 전기장치의 기능장애를 방지하고, 동시에 축전지와 전기장치를 과부하로부터 보호하는 것이다.

전압조정기는 설치위치에 따라 발전기 부착식과 발전기와 분리된 형식으로 구별할 수 있다.

실제로는 하이브리드 레귤레이터(트랜지스터 식) 및 다기능 레귤레이터가 주로 사용된다.

1. 전압조정의 원리

발전기에서 유도되는 전압은 회전속도와 여자자장(또는 여자전류)의 세기에 따라 변화한다. 발전기를 완전히 여자시키고, 부하와 축전지를 연결하지 않은 상태로 운전하면, 유도전압은 회전속도에 직선적으로 비례한다. 예를 들면, 자동차용 소형 발전기로도 약 10,000mim^{-1}에서 약 140V 정도의 전압을 유도할 수 있다. 전압조정기의 기본기능은 여자자장(또는 여자전류)의 세기를 가감하여, 전압을 조정하는 것이다.

발전기 단자전압 U_G(단자 B+와 B− 사이의 전압)은 기관의 회전속도와 부하의 변동에 관계없이 항상 일정하게 유지되어야 한다. 일반적으로 12V-시스템에서는 14V, 24V-시스템에서는 28V가 한계전압이다. 한계전압을 대략 산납축전지의 가스 발생전압으로 제한함으로서, 충분한 충전을 보장하면서도, 동시에 과충전(過充電)에 의한 손상을 방지할 수 있기 때문이다.

전압조정기는 여자회로의 'ON-OFF'을 반복하여 여자전류(I_E)를 변화시켜, 여자자장이 강화되거나 약화되도록 한다. 여자전류는 여자회로가 'ON' 되는 순간에 곧바로 급격히 최대값으로 상승하지 않는다. 여자전류 최대값은 여자코일의 저항에 의해 결정된다. 여자전류는 그림 5-16과 같이 천천히 상승한다. 이는 여자권선의 인덕턴스(inductance)의 작용 즉, 자장이 강화될 때, 자체유도전압이 발생되기 때문이다. 이때 발생된 자체유도전압은 여자전류의 흐름을 방해한다. 따라서 발전기전압의 급격한 상승도 방해를 받는다. 이 상태를 지속하면 즉, 여자코일에 계속해서 전류가 공급되면 결국에는 최대 여자전류로 여자되어 발전기는 규정 최대전압에 도달하게 된다.

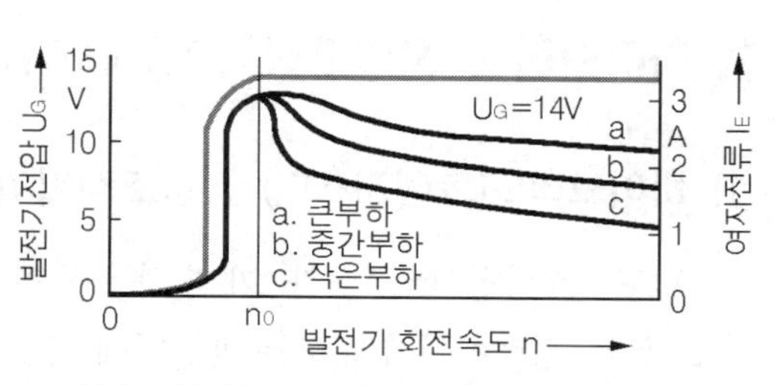

그림 5-16(a) 부하상태와 여자전류의 상관관계

발전기가 규정 최대전압에 도달하면, 여자전류를 감소시키거나 차단해야 한다. 여자전류를 감소시킬 때나 차단(OFF)할 때에도 자체유도전압이 유도된다. 따라서 여자전류는 점차적으로 감소하게 되며, 발전기전압도 이에 비례해서 점차적으로 낮아진다. 발전기전압이 규정 최소값에 도달하면, 전압조정기는 다시 여자회로를 'ON'시킨다.

전압조정기는 이와 같은 과정을 대단히 빠른 속도(ms 단위)로 반복하여, 전압을 기관의 회전속도 및 부하에 관계없이 항상 일정한 수준으로 유지한다. 여자전류의 평균값은 전압조정기의 'ON-OFF' 지속시간(듀티율)에 따라 변화하며, 듀티율(duty rate)은 발전기의 회전속도와 부하에 따라 변한다.

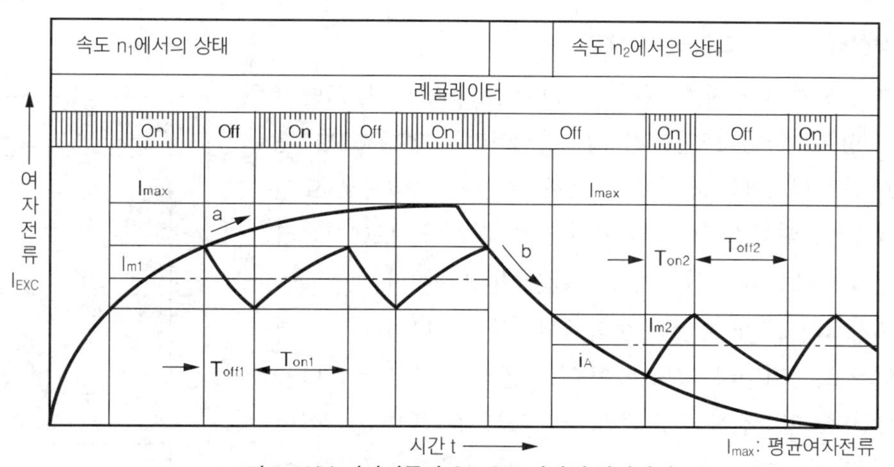

그림 5-16(b) 여자전류와 ON-OFF시간의 상관관계

DC-발전기에서 전압조정기는 3가지 기능 즉, 전압조정, 전류제한, 그리고 컷아웃 릴레이(cut-out relay)의 기능을 갖추고 있어야 한다. 이에 비해 AC-발전기에서는 전압조정 기능만 있으면 된다. AC-발전기에서는 다이오드가 컷아웃(cutout) 릴레이의 기능을 대신하기 때문이다.

전류제한 기능이란 발전기에 과부하가 걸리지 않도록 하기 위해, 발전기의 발전전류를 제한하는 기능을 말한다. AC-발전기에서는 전류를 별도로 제한할 필요가 없다. AC-발전기에서는 전기자 반작용에 의해 전부하(全負荷) 허용최대전류가 자동적으로 제한되기 때문이다. 전부하 시에 여자코일의 기자력의 대부분은 전기자 반작용에 의해 상쇄되고, 극히 일부만이 전압발생에 이용된다. 고속에서는 필요수준의 단자전압을 발생시키는 데, 자속의 크기가 작아도 된다.

2. 하이브리드 전압조정기(Hybrid type voltage regulator)

(1) 하이브리드(트랜지스터) 전압조정기의 특징

① 모든 스위칭회로(IC)가 1개의 하우징 안에 집적되어 있다.
② 소형, 경량이어서 대부분 발전기에 직접 조립되어 있다.
③ 온도에 따라 충전전압을 제어할 수 있다.
발전기의 온도가 상승함에 따라 발전기의 규정전압을 낮춘다.(전자식 온도보상기능)
④ 스파크가 발생되지 않으므로 다른 전자시스템을 간섭하지 않는다.
⑤ 여자전류는 발전기 규정전압에 따라 ON/OFF 제어된다.
⑥ 플러스 측 또는 마이너스 측 제어가 가능하다.

(2) 하이브리드 전압조정기의 작동원리

① 동작상태 'ON' (그림 5-17 참조)

발전기 전압이 규정전압(예 : 14.2V) 보다 낮으면, Z-다이오드는 항복전압에 도달되지 않는다. 따라서 Z-다이오드를 포함한 분로회로에는 전류가 흐르지 않는다. 그러므로 트랜지스터 T2의 베이스에도 전류가 흐르지 않는다. 트랜지스터 T2도 Z-다이오드와 마찬가지로 차단상태(OFF)이다.

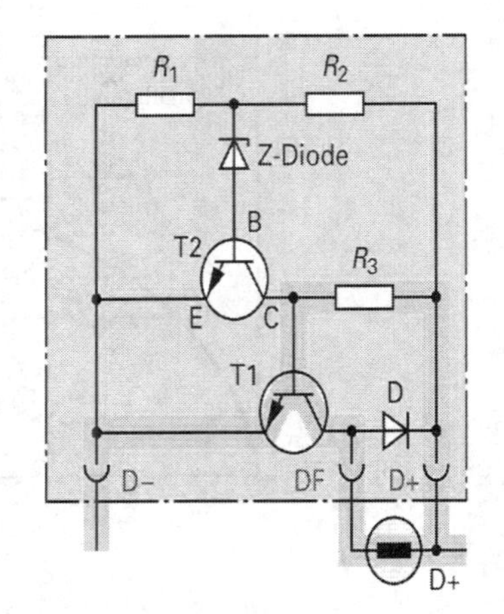

그림 5-17 하이브리드 전압조정기회로 (회로 ON 상태)

트랜지스터 T2가 차단된 상태에서 전류는 '단자D+ → 저항 R3 → 트랜지스터 T1의 베이스'로 흘러 트랜지스터 T1을 도통시킨다. 여자전류는 트랜지스터 T1의 컬렉터(C)와 이미터(E)를 거쳐 여자코일에 공급된다. 이제 여자전류 I_{exe}는 여자코일→ DF단자 → 트랜지스터 T1 → D-단자로 흐르며, 'ON'기간 동안 계속 증가한다. 따라서 발전기전압 U_G도 상승한다. 동시에 분압기(R1, R2, R3)와 Z-다이오드에 작용하는 전압도 점진적으로 상승한다.

② 동작상태 'OFF' (그림 5-18 참조)

발전기전압이 규정전압을 초과하면 Z-다이오드가 항복전압에 도달, 도통된다. 전류는 이제 "단자 D+ → 저항 R2 → Z-다이오드 → 트랜지스터 T2의 베이스(B)"로 흐른다. 즉, 트랜지스터 T2가 도통된다. 이제 트랜지스터 T1의 베이스 전압은 이미터 전압에 비해 거의 0에 가깝게 낮아져, 트랜지스터 T1의 베이스전류가 차단된다. 트랜지스터 T1에 흐르는 전류가 차단되므로 여자전류도 차단된다. 이제 여자코일의 여자는 제한되고, 따라서 발전기 전압은 낮아진다.

발전기전압이 규정값 이하로 낮아지면 곧바로 Z-다이오드는 다시 차단되고, 여자전류는 다시 흐른다. 이와 같은 과정 즉, 여자코일에 인가된 발전기전압은 연속적으로 'ON-OFF'을 반복한다. 'ON-OFF' 비율 즉, 듀티율은 발전기 회전속도와 부하전류에 따라 변화한다.

전압조정기의 형식이나 모델에 따라 외관과 회로구성은 다르나, 기본동작원리는 모두 같다.

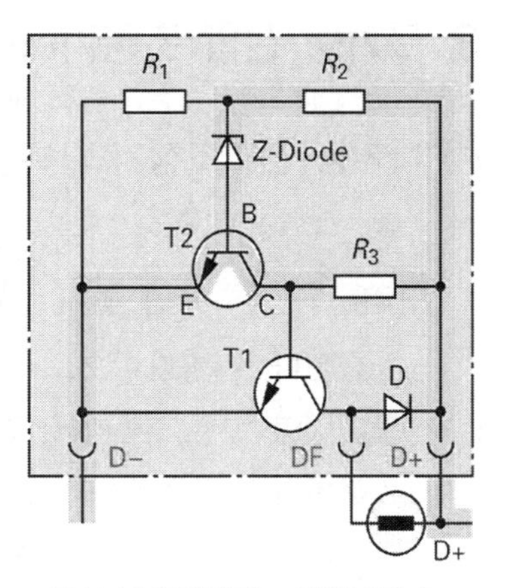

그림 5-18 하이브리드 전압조정기 (회로 OFF 상태)

③ 과전압으로부터의 보호

오늘날의 발전기는 출력다이오드로서 Z-다이오드를 사용한다. Z-다이오드는 과전압에 의한 전압피크(voltage peak)를 제한한다. 전압피크는 전압조정기의 고장, 유도전류(예 : 전기모터)의 스위치-OFF 또는 배선의 단선 등에 의해 발생할 수 있다. 회로에서 Z-다이오드는 자신은 물론이고 전체 전원회로를 보호하는 기능을 수행한다. Z-다이오드는 대부분의 회로에서 도통방향의 반대방향으로 설치된다.(그림 5-17. 5-18, 5-6 과전압 보호장치 참조)

④ 주위온도의 영향

전압조정기의 가장 중요한 기능은 발전기 전압을 전기부하의 필요전압에 일치시키고, 동시에 회전속도와 부하에 관계없이 이를 일정하게 유지시키는 일이다. 이와 같은 요구조건은 주위온도의 영향을 감안하여 제어했을 때만 만족시킬 수 있다.

하이브리드 전압조정기 중에는 내부온도보상회로 외에 외부온도감지센서를 추가로 설치하여 더욱더 정교한 전압조정을 할 수 있도록 한 형식도 있다. 이 외부온도센서는 다이오드의 물리적 특성을 이용한 반도체회로와 연동한다. 전압조정기 내의 논리회로는 외부온도센서회로가 고장일 경우, 내부온도보상회로를 작동시킨다.

예를 들면, 축전지 전해액(=물)의 증발을 한계 이내로 유지하기 위해서 여름철에는 발전기 전압(=충전전압)을 다소 낮추고, 반대로 겨울철에는 약간 높여 준다. (이때 특히 전구수명의 전압 의존도를 고려한다). 통상적으로 발전기전압은 0℃ 기준 14.6V～14.9V, 50℃ 기준 14V～14.4V 범위이다.

3. 다기능 전압 조정기(multi-function regulator : MFR)

(1) 다기능 전압조정기의 특징(그림5-19 참조)

① 모든 기능이 1개의 칩에 집적되어 있다(모노리스 레귤레이터 : monolith regulator)

② 여자전류는 직접 축전지 B+단자로부터 공급된다.(여자다이오드 사용하지 않음)

③ 충전전압은 온도에 따라 제어된다.

④ 과부하와 단락으로부터의 보호기능

⑤ 발전기 출력의 활용도 감시

⑥ 고장진단 기능

⑦ 전여자전류 제어기능

⑧ 축전지 감시기능

⑨ 기관제어의 지원

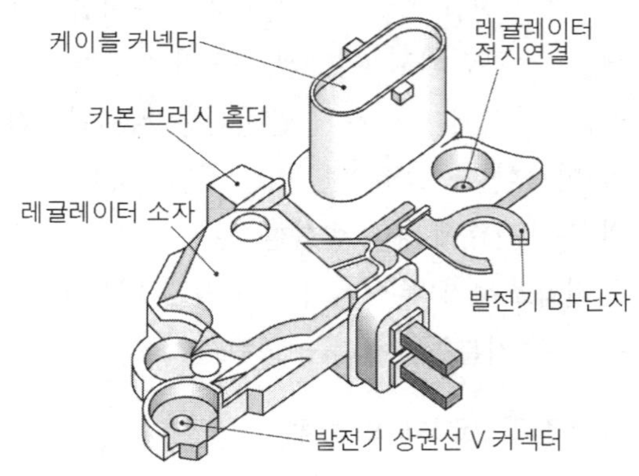

그림 5-19 다기능 전압조정기의 구조

(2) 다기능 전압조정기(MFR)에 연결된 단자들(그림 5-21 참조)

① **다이나모 필드 모니터(Dynamo-Field-Monitor; DFM) 단자(전자제어유닛 → DFM까지)**

전원제어-ECU는 이 단자로부터 여자전류의 펄스폭 변조(PWM)-신호를 감지한다. 발전기의 필요전류가 증가함에 따라 여자전류의 "ON-지속기간"은 길어진다. 그림 5-20(a)에서와 같이 여자전류 "ON-지속시간"이 짧으면, 발전기에 걸리는 부하는 작고, 반대로 그림 5-20(b)에서와 같이 여자전류 "ON-지속시간"이 길면, 발전기에 걸리는 부하는 크다는 것을 의미한다.

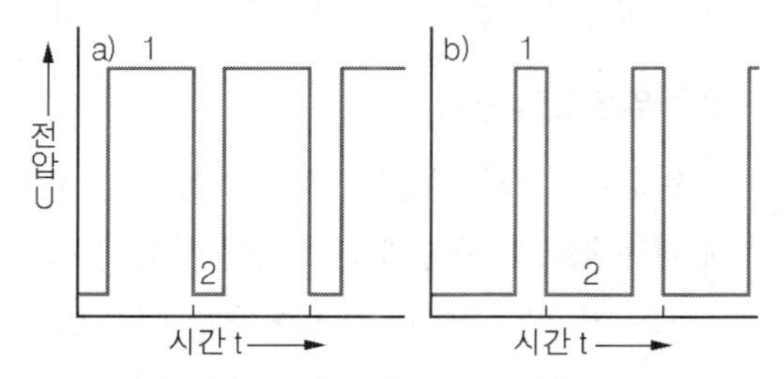

그림 5-20 여자전류의 ON-OFF 지속기간

듀티율(duty rate)로부터 발전기의 출력의 활용도를 조사할 수 있다. 필요 출력이 높아지면 기관의 공전속도를 높이거나 또는 개별 전기부하를 스위치 "OFF"한다.

② **컨트롤램프와 릴레이 최종단계(L)**

● 전여자전류 제어(그림 5-21에서 주행스위치 → T1 → T5 → DF → G → D → 접지)

기관을 시동한 후에 전압조정기가 전여자전류 제어를 실행한다. 점화 키 스위치를 "ON" 하고, 발전기가 회전을 시작한 다음에, 전압조정기는 트랜지스터 T1과 T5를 거쳐서 전여자전류를 스위치 "ON" 한다. 전여자전류의 듀티율은 발전기가 가능한 한 낮은 회전속도에서 자여자를 실행하도록 펄스폭 변조(PWM)신호를 통해 선택된다. 컨트롤램프는 전여자전류제어가 종료될 때까지 점등상태를 유지한다. 전여자전류(I_{VE})는 전압조정기로 흘러 들어간다.

- **출력 전압(+)(그림 5-21에서 발전기B+ → L15 → 릴레이까지의 흑색)**

발전기가 정상적으로 작동하면, 단자 L은 릴레이를 거쳐 다른 전기부하들을 스위치 "ON" 시키는 출력전압을 공급한다. 출력전류(I_A)는 전압조정기로부터 흘러나온다.

- **고장진단(그림 5-21에서 주행스위치 → 컨트롤램프 → L15 → T2 까지)**

발전기가 작동하는 동안에는 전압조정기가 계속적으로 신호들을 평가하여, 고장을 감지한다. 그리고 이들 고장이 어느 부분(예 : 발전기, 전압조정기, 전원회로)에서 발생한 고장인지를 판단한다.

고장이 있는 경우, 출력단자 L은 트랜지스터 T2를 거쳐 접지와 연결된다. 컨트롤램프는 접지와 연결되는데, 반대쪽이 B+와 연결되었을 경우에 점등된다. 릴레이는 양쪽 모두 접지와 연결되므로 열린다. 전기부하들은 스위치 "OFF"된다.

③ 센스(sense) 단자(S) (그림 5-21에서 축전지 → S단자)

충전전압은 직접 축전지에서 측정한다. 이를 통해 충전배선에서의 전압강하를 확인할 수 있다. 축전지의 충전전압을 최적화시킨다.

④ W-단자(그림 5-21에서 전원제어유닛 → W → T4 까지)

이 단자에 예를 들면, 발전기 회전속도신호가 전송된다. 이 신호를 이용하여 전여자전류를 제어한다. 그리고 기관회전속도와 비교하여 구동벨트에서의 슬립(slip)을 계산할 수 있다.

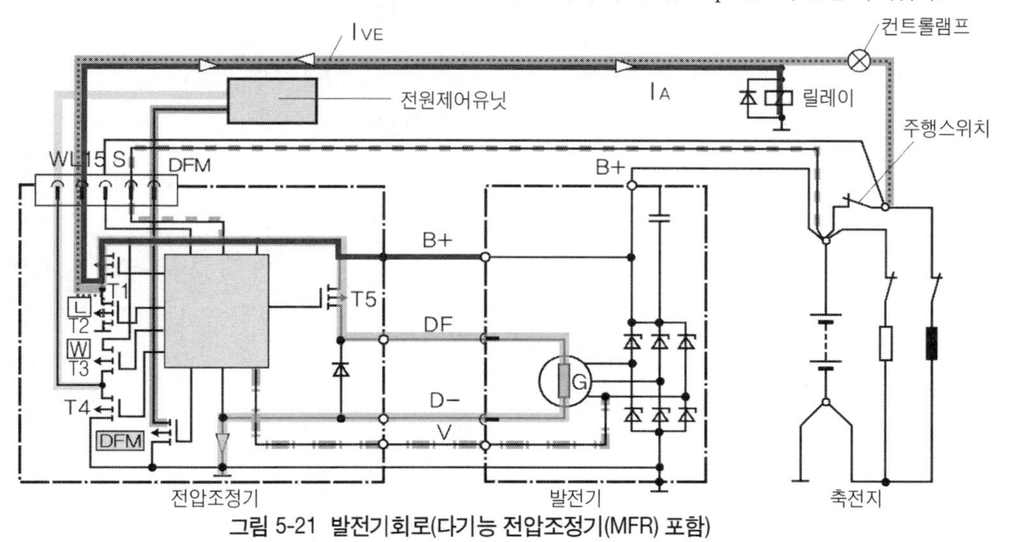

그림 5-21 발전기회로(다기능 전압조정기(MFR) 포함)

⑤ **V-단자(그림 5-21에서 전압조정기와 발전기 사이 V단자)**

이 단자를 거쳐 전압조정기는 상(相)전압을 이용하여 발전기의 회전여부를 감지한다. 발전기가 회전하는데도 충전전류가 생성되지 않으면, 전압조정기-ECU는 고장을 확인한다. 배선 L이 단선되었을 경우에는 기관시동 시에 전여자제어가 불가능하다. 전압조정기-ECU는 전여자전류를 직접 축전지로부터 끌어낸다. 전여자전류는 단자 B+ → 트랜지스터 T5 → 단자 DF → 여자코일로 흐른다.

(3) 기관제어의 지원

① **부하 - 응답 - 시동**(load-response-start : LRS)

시동 중에는 약간의 시간차를 두고 발전기에 부하가 걸리게 한다. 이렇게 함으로서 발전기 부하가 소비하는 토크(torque)에 의해 기관의 시동이 방해를 받지 않게 된다.

② **부하 - 응답 - 주행**(load-response-drive : LRD)

주행 중에 큰 전기부하(예 : 뒤 윈드쉴드 유리 열선)를 스위치 "ON"시키면, 발전기의 필요토크가 급격하게 상승한다. 이를 피하기 위해 부하를 지연시켜 스위치 "ON"한다.

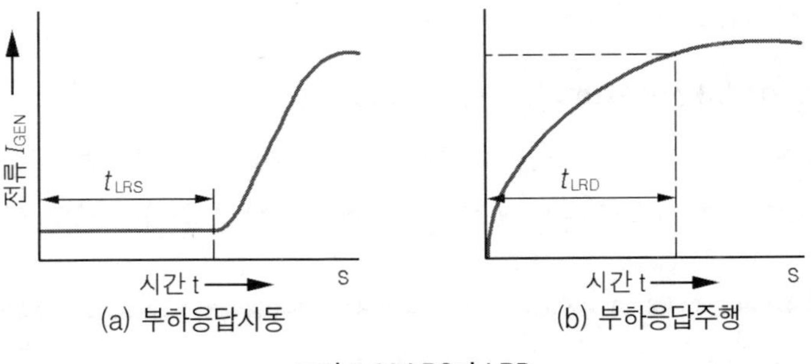

그림 5-22 LRS와 LRD

제5장 3상교류발전기-전원장치

제6절 과전압 보호장치
(Over-voltage protection)

축전지 결선에 이상이 없고, 전기장치의 작동상태가 정상일 경우라면 별도로 과전압보호회로를 갖출 필요가 없다. 시동축전지의 내부저항이 작기 때문에 자동차 전기장치에서 발생되는 모든 전압피크(voltage peak)는 축전지에 흡수, 감쇠된다. 비정상적인 작동상태 또는 전기장치의 고장에 대비한 예방책으로서 과전압에 대항하는 보호회로(또는 장치)를 설치한다.

1. 과전압의 발생원인과 그 영향

자동차전기장치에서 과전압이 발생되는 경우는 다음과 같다.

첫째로, 주로 전기장치의 고장 또는 그 특성상 과전압이 발생될 수 있다.

예를 들면 전압조정기의 고장, 점화장치의 영향, 유도성 부하(inductive load)를 가지고 있는 전기장치(예 : 전기모터)의 스위치 개폐, 배터리 단자의 풀림, 단선 등에 의해 과전압이 발생된다. 소위 전압피크(voltage peak)란 [ms]단위의 아주 짧은 시간동안 작용하는 고전압이다. 최대 전압피크는 코일점화장치에서 발생되며, 그 크기는 약 350V 정도까지에 이른다.

둘째로, 기관 작동 중 발전기와 축전지 사이의 전선이 단선되고 전기부하는 연결되어 있을 경우, 예를 들면 외부축전지로 시동하거나 또는 어떤 이유로 기관 작동 중 축전지의 결선을 풀었을 때는 전압피크가 발생된다.

결정적인 전압피크를 방지하기 위해서는 자동차발전기는 항상 축전지와 연결된 상태로 운전해야 한다. 그러나 상황에 따라서는 발전기와 축전지가 결선되지 않은 상태로 비상운전 또는 단시간 운전할 경우도 있다. 예를 들면 다음과 같은 경우를 예상할 수 있다.

① 자동차 생산공장의 최종 조립라인에서 야적장까지 축전지 없이 운전할 경우

② 기차 또는 선박에 적재할 때, 축전지 없이 운전할 경우(고객에게 인도할 때 축전지 장착)

③ 수리작업을 할 때

과전압보호회로(또는 장치)가 설치되어 있지 않을 경우, 발전기, 전압조정기, 전자제어 연료분사장치 등 각종 전기장치의 반도체소자는 전압피크에 무방비상태로 노출된다. 과전압은 이들 반도체소자의 절연층을 파괴하여 기능장애를 일으키거나 또는 완전히 파손시킨다.

과전압으로부터 전기장치를 보호하기 위해 과전압 보호회로 또는 별도장치를 추가한다.

2. 과전압 보호회로(예)→ 발전기 집적식(그림 5-23 참조)

과전압으로부터 회로를 보호하는 가장 간단한 방법은 Z-다이오드를 이용하는 방법이다. 그림 5-23에서 보면 단자 B+와 접지 사이에 축전지전압에 대해 역방향으로 Z-다이오드가 결선되어 있다. Z-다이오드는 자신의 특성을 이용하여 전압을 제한한다.

12V 시스템에서 반응전압(=규정전압)은 20~24V 사이이다. 따라서 전압은 약 30V로 제한된다. 더 이상 낮추면 전압조정기의 작동에 역작용을 미칠 수 있기 때문에 현실적이지 않다. 자동차전기장치에 과전압이 발생되면 제어전류(=과전압에 의한 전류) I_z는 Z-다이오드를 거쳐서 접지된다. 참고로 28V 시스템에서의 반응전압은 약 50~55V 범위이다.

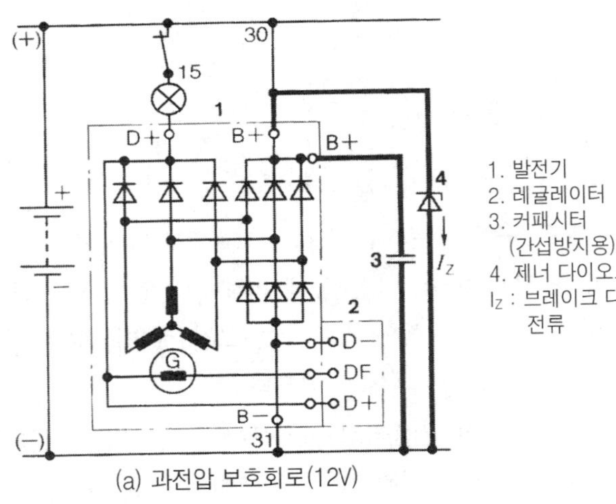

(a) 과전압 보호회로(12V)

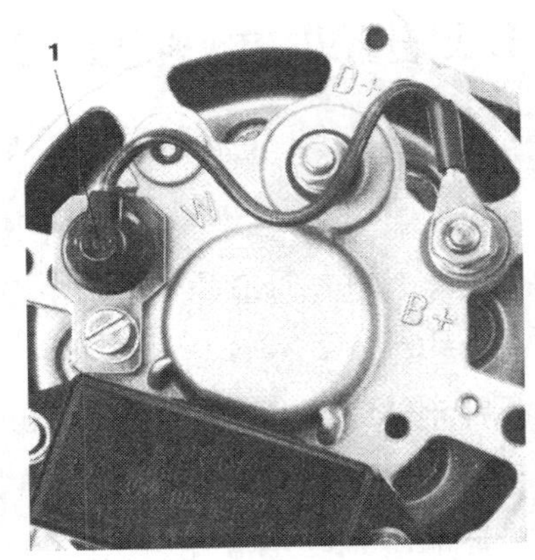

(b) 발전기에 설치된 Z-다이오드

그림 5-23 과전압 보호회로(예)

과전압 보호용 Z-다이오드는 발전기 정격전류 35A 시스템까지 적합하며, 발전기 외부에 추가로 설치할 수 있다. 그림 5-23(b)는 발전기 슬립링 엔드실드의 외부, 통상 잡음방지용 콘덴서가 설치되는 위치에 나사 조립되어 있는 Z-다이오드이다. (이 위치는 냉각풍에 의해 Z-다이오드의 냉각이 잘 이루어진다.) Z-다이오드의 캐소드는 발전기 B+단자와 연결된다.

더 이상의 고전압(400V까지)으로부터 발전기 전압조정기를 보호하기 위해서는 별도의 반도체

회로를 사용한다. 동시에 커패시터가 B+와 접지 사이에 연결된다.(그림 5-23(a) → 간섭 억제

발전기에 집적된 과전압 보호회로는 발전기와 전압조정기만을 보호하는 기능을 가지고 있을 뿐이다. 다른 전기장치를 과전압으로부터 보호하는 기능을 가지고 있지 않다.

3. 과전압 보호 컷아웃 회로(발전기 G1 및 K1용)

그림 5-24는 트랜지스터 전압조정기와 과전압 보호회로가 결합된 방식으로 발전기와는 분리되어 차체에 부착되는 과전압 보호 컷아웃 회로도이다. 이 형식의 과전압 보호 자동 컷아웃 회로는 과전압 또는 전압피크에 대응하여 전기장치 보호기능을 가지고 있다.

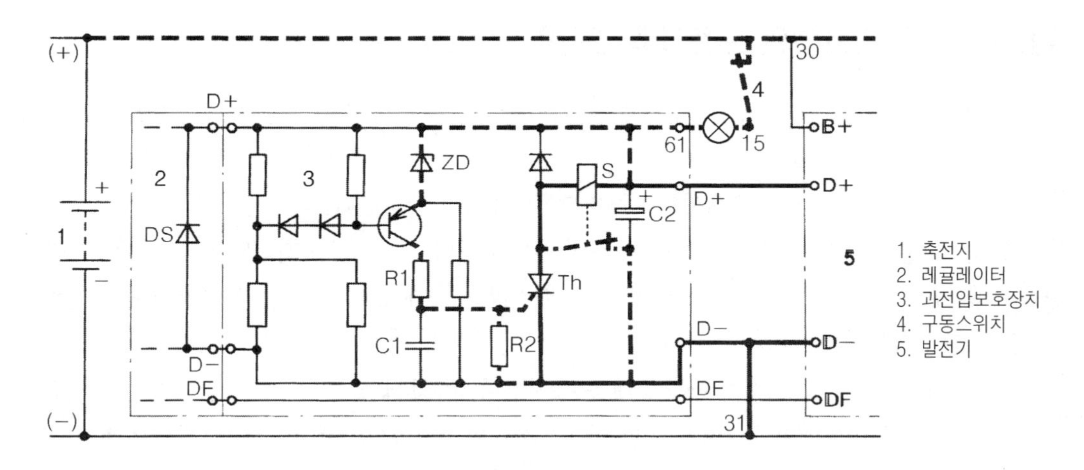

그림 5-24 과전압보호 자동회로(레귤레이터와 결합된 형식)

자동 컷아웃 회로는 전류 릴레이 S 및 사이리스터를 작동시키는 병렬접점을 포함하고 있다.

규정전압(=반응전압)을 초과하고 응답시간(약 0.5ms)이 지난 다음, 사이리스터 Th는 제너다이오드(ZD)를 거쳐 도통된다. 그러면 단락전류는 단자 D+로 부터 릴레이 코일 S를 거쳐서 접지단자 D-로 흐른다. 반응시간(약 0.5ms)보다 짧은 시간 동안 작용하는 전압피크는 콘덴서 C2에 흡수되고, 사이리스터를 도통시키지 않는다. 이렇게 함으로서 발전기와 전압조정기는 과전압으로부터 보호되고, 그러면서도 과전압 보호장치는 'ON-OFF' 을 자주 반복하지 않게 된다.

약간의 시간이 지나면 릴레이 접점은 닫히고, 단락전류는 사이리스터 Th를 바이패스(bypass)한다. 이제 사이리스터 Th에는 전류가 흐르지 않으므로, 사이리스터는 다시 원래의 상태(=차단상태)로 복귀한다. 릴레이 코일에 흐르는 전류(=발전기 단락전류)가 약 3A 정도로 낮아지면, 릴레이 접점은 다시 열린다.

이와 같은 과정을 거쳐서 발전기 단락회로는 자동적으로 원상 복귀한다. 부하가 지나치게 높게

걸리지 않는 한, 발전기는 다시 여자를 시작한다. 과전압보호장치는 다시 과전압에 반응할 준비를 갖춘다.

장착 시(또는 수리작업 시)에 과전압 보호장치의 단자 D+와 D-의 극성이 서로 바뀌면, 과전압 보호기능이 작동되지 않을 뿐만 아니라 축전지가 과충전되어 전해액이 완전히 증발되게 된다. → 보일링 드라이(boiling dry)

이와 같은 경우를 대비해서 전압조정기의 단자 D+와 D- 사이에 안전용 다이오드 DS를 추가하였다. 과전압보호장치의 단자 D+와 D-의 극성이 서로 바뀌면, 다이오드는 순방향이 되어 발전기의 충전 여부와 관계없이 컨트롤램프를 점등시킨다.

4. 과전압 보호회로(컷인 오토매틱 포함)(그림 5-25 참조)

이 시스템은 2개의 입력(D+와 B+)단자를 가지고 있다. 이들 입력단자들은 반응전압이서로 다르며 반응시간도 서로 다르다.

입력 D+는 앞서 설명한 시스템에서와 마찬가지로 빠르게 반응한다.

입력 B+는 전압조정기에 결함이 있을 경우에만 반응한다. 이때 발전기전압은 과전압보호회로의 반응전압(예 : 약 31V)에 도달할 때까지 제어되지 않은 상태로 상승한다. 반응전압에 도달하면 전압보호회로는 작동한다.

발전기는 기관이 정지될 때까지 단락상태를 유지한다. 따라서 입력 B+는 전압조정기의 결함에 의한 자동차 전기회로의 2차 손상을 방지한다.(발전기는 여자되지 않으며, 충전경고등은 점등된다.) 또 발전기가 단락상태를 유지함으로서 발전기 부하의 스위치-OFF에 의해 자연적으로 발생하는 전압피크가 전기회로의 다른 부하로 전달되는 것도 방지한다.

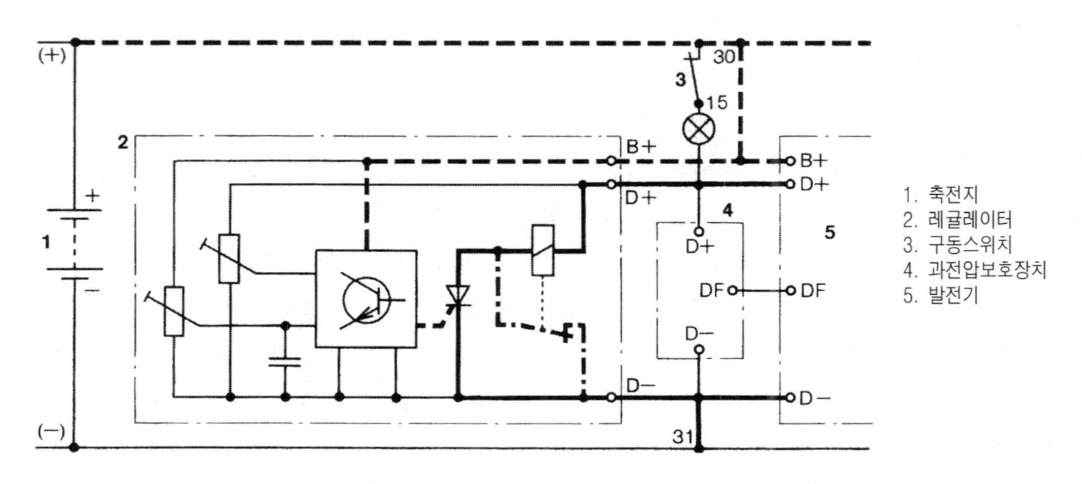

그림 5-25 과전압 보호회로(컷인 오토매틱 포함)

제5장 3상교류발전기-전원장치

제7절 여러 가지 형식의 교류발전기
(Versions of alternators)

이제까지는 3상권선식 스테이터, 여자코일식 로터, 슬립링 그리고 브러시와 브러시 홀더 등으로 구성된 보통의 3상 교류발전기를 중심으로 설명하였다. 그러나 자동차의 형식과 크기, 발전기의 전압과 출력, 서비스기간, 설치 공간 등에 따라 그 구조가 기본구조와는 다른 발전기들이 많이 사용되고 있다.

1. 컴팩트형 공랭식 교류발전기(compact alternator with air cooling)

가장 큰 특징은 냉각팬이 발전기 하우징 안에 앞/뒤 각각 1개씩 2개가 설치되어 있다는 점이다. 냉각풍은 축방향으로부터 흡인하여 스테이터 코일 주위의 원주방향으로 배출된다. (그림 5-26에서 화살표)

주요 장점은 다음과 같다.

① 최대회전속도가 높아(18,000～22,000min^{-1}), 출력성능이 우수하다.(약 25%까지)
동일한 크기의 다른 형식에 비해 동일한 기관회전속도에서 출력성능이 더 우수하다.

② 냉각팬의 직경이 작기 때문에, 냉각팬에 의한 공기역학적 소음이 작다.

③ 마그네틱(magnetic) 소음이 현저하게 낮다.
고속이며, 로터와 스테이터 간의 공극이 작고, 로터 → 스테이터 → 로터 간의 누설자속이 적다.
마그네틱 소음은 저속(4,000min^{-1} 이하)에서 특히 심한 것으로 알려져 있다.

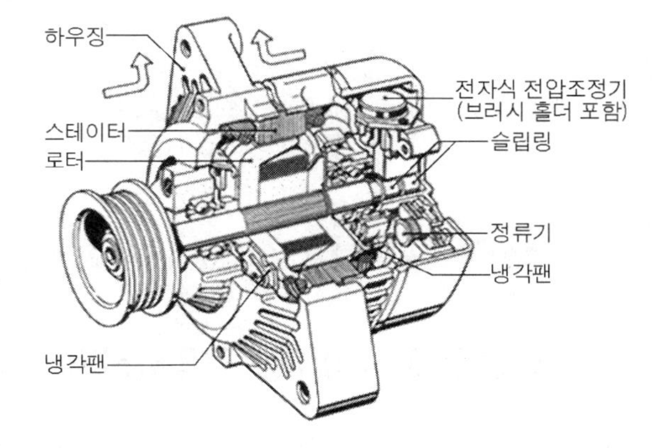

그림 5-26 컴팩트형 공랭식 교류발전기

④ 슬립링의 직경이 작기 때문에 브러시의 수명이 길다.

⑤ 소형, 경량 구조이다.

2. 슬립링과 브러시가 없는 컴팩트형 교류발전기 - 그림 5-27(a), (b)

이 형식은 고정된 가이드 피스(guide piece)에 여자코일이 감겨 있으며, 브러시와 슬립링이 없다. 스테이터는 하우징과 결합되어 있으며, 정류다이오드와 전압조정기도 발전기의 회전하지 않는 부분에 설치되어 있다. 회전부품은 자극편을 포함한 로터뿐이므로, 마모 부품은 로터축 베어링뿐이다. 긴 수명과 내구성이 장점이다.

발전기의 여자는 고정되어 있는 여자코일에 의해서 수행된다. 그리고 로터의 잔류자기가 충분하기 때문에 기본형(claw pole type)에서와 같은 전여자회로는 필요 없다.

수냉식(a)에서는 기관의 냉각수로 발전기를 냉각시킨다. 발전기에는 기관냉각수가 통과하는, 밀폐된 통로를 갖추고 있다. 200A까지의 높은 전류출력에서 발생하는 열은 냉각수를 통해서 방출된다. 또 냉각수 통로에 채워진 냉각수는 발전기의 작동소음을 감쇄시키는 기능도 한다.

공랭식(b)은 냉각팬을 대부분 구동풀리와 함께, 발전기 하우징 외부에 설치한다. 다른 구조적 특징 및 작동원리는 수랭식과 같다.

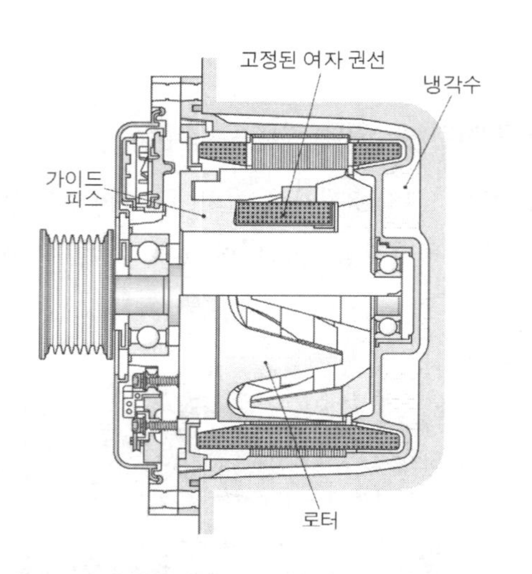

그림 5-27(a) 슬립링과 브러시가 없는 수냉식 교류발전기

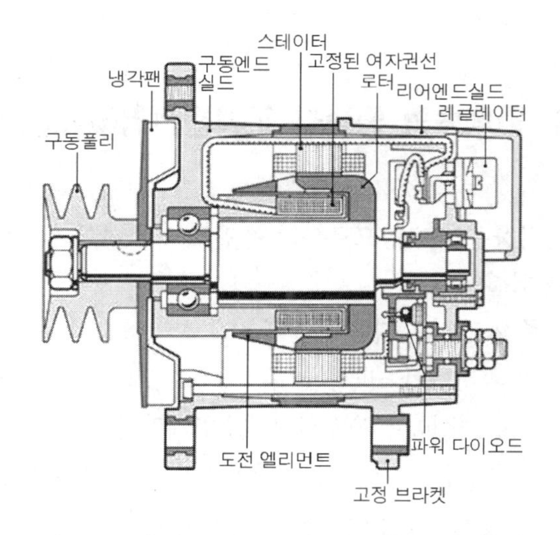

그림 5-27(b) 슬립링과 브러시가 없는 공랭식 교류발전기

3. 돌출 자극형 3상 교류발전기(salient-pole alternator)

이 형식의 발전기는 주로 24V 시스템으로 정격전류 100A 이상의 대용량 형식이 대부분이다. 대형버스, 특수차량, 트롤리버스 등에 사용된다.

기본형과 다른 점은 로터의 형상과 여자코일의 권선방법이다. 기본형에서는 여자코일이 모든 자극편(pole finger)에 공통으로 이용되었으나, 돌출 자극형에서는 각 자극편마다에 고유의 여자코일이 감겨 있다. (그림 5-9, 5-28 참조)

그리고 이 발전기의 자극편 수는 4개 또는 6개로서 코일의 결선방식에 따라 N극과 S극이 결정된다. 자극은 하나 건너서 같은 극이 형성된다.

그림 5-28은 돌출 자극형 발전기의 실제 구조이다. 기본형에 비해 길이가 길고, 원통형이라는 점이 특징이다. 그리고 전압조정기는 발전기에서 분리되어 별도로 설치된다.

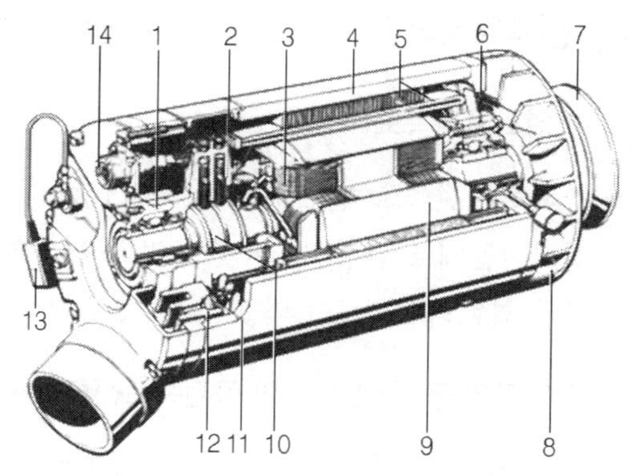

1. 슬립링 엔드실드 2. 브러시 3. 여자권선 4. 하우징
5. 스테이터 권선 6. 구동엔드실드 7. 구동풀리
8. 냉각팬 9. 돌출자극형 로더 10. 슬립링
11. 파워 다이오드 12. 냉각팬 13. 간섭방지용 콘덴서
14. 컨넥터(레귤레이터)

그림 5-28 돌출 자극형 발전기의 실제 구조

제5장 3상교류발전기-전원장치

제8절 발전기의 특성곡선과 특성값

(Characteristic curve and characteristic values of alternator)

1. 발전기 특성곡선(그림 5–29 참조)

발전기 특성곡선은 정확히 정의된 온도 하에서 전압을 일정하게 유지하면서 발전기 회전속도와 발생전류를 측정하여 표시한 그래프이다. 기관과 발전기의 회전속도비가 일정하기 때문에, 자동차용 발전기는 회전속도가 대단히 격심하게 변화하는 상태 하에서 작동한다. 일반적으로 기관이 약 500∼600min^{-1} 회전하면, 발전기는 최소 약 1,000min^{-1} 정도로 회전한다.

(1) 전류특성곡선(I) (그림 5-29 참조)

① 최소회전속도(n_0)

최소회전속도 n_0는 '0A 회전속도(zero-ampere rpm)'를 말한다. 이 회전속도에서 발전기는 정격전압에 도달한다. 이 속도보다 높아지면 발전기는 전류를 송출하게 된다. 형식에 따라 다르나 최소회전속도는 약 1,000min^{-1} 정도가 대부분이다.

② 기관의 공전속도(n_L)와 공전속도전류(I_L)

기관의 공전속도(n_L)는 그림 5-29에 그 범위가 도시되어 있다. 기관에 따라 공전속도가 다르기 때문이다. 그러나 이 속도범위에서 발전기는 장시간 사용되는 부하 (예 : 점화장치, 전자제어 연료분사장치 등)에 필요한 전류를 충분히 공급할 수 있어야 한다.

일반적으로 자동차용 발전기의 크기는 장시간 사용되는 부하를 기준으로 1.1~1.4배의 전류를 발생시킬 수 있는 선에서 결정된다.(표 5-1, 표 5-3 참조)

③ 2/3 정격전류 회전속도($n_{2/3}$)

2//3 정격전류 회전속도란 정격전류(I_N)의 2/3를 발전할 수 있는 회전속도를 말한다. 2/3 정격전류점은 특성곡선의 형태를 결정한다. 즉, 특성곡선의 기울기가 급경사를 이루느냐? 아니면 완만하게 진행되느냐? 하는 것은 정격전류 2/3점을 기준으로 평가한다.

대부분의 발전기들이 기관 공전속도(n_L)와 발전기의 2/3 정격전류 회전속도($n_{2/3}$)가 같도록 구동 풀리비를 결정한다. 기관 공전속도에서의 발전전류(I_L)와 (2/3)I_N이 같다.

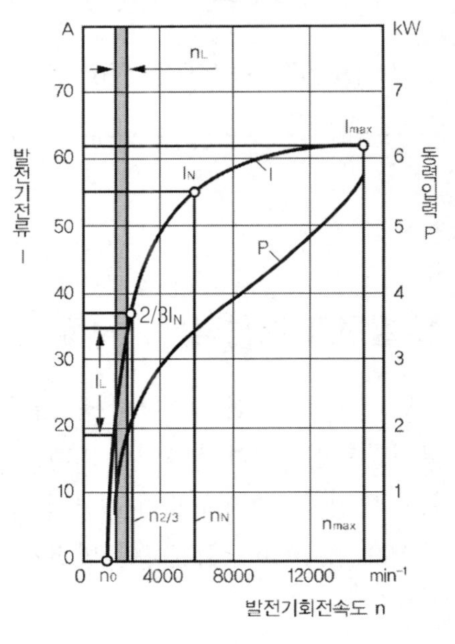

그림 5-29 발전기의 특성곡선(예)

④ 정격회전속도(n_N)와 정격전류(I_N)

발전기의 정격회전속도(n_N)에서 발생되는 정격전류(I_N)는 항상 모든 부하가 동시에 필요로 하는 총 전류보다 커야 한다.

⑤ 최대회전속도(n_{max})와 최대전류(I_{max})

최대전류(I_{max})란 최대회전속도(n_{max})에서 얻을 수 있는 전류의 크기를 말한다. 발전기의 최대회전속도는 발전기의 롤러 베어링과 카본 브러시 때문에 제한된다. 보통 10,000~15,000min^{-1} 범위이다. 그러나 특수한 경우 이보다 높은 속도에서 작동되는 발전기도 있다.

(2) 입력특성곡선(P) (그림 5-29 참조)

그림 5-29에서 입력특성곡선은 점선으로 도시되어 있다. 입력특성곡선은 주로 구동벨트를 설계하는 데 가장 중요한 요소이다. 이 특성곡선은 임의의 속도에서 발전기를 구동하는 데, 기관이 어느 정도의 동력을 소비해야 하는가를 나타낸다.

그리고 발전기 구동에 소요되는 동력은 중속(예 : 6,000min^{-1})까지는 완만하게 증가하다가, 그 이상의 속도에서는 현저하게 증가함을 보이고 있다.

2. 발전기용량 결정 방법 [예]

일반적으로 발전기용량이 자동차전기장치에 필요한 전류를 충분히 공급할 수 있는지의 여부는 다음 순서에 따라 결정한다.(예 : 표 5-3)

〔표 5-3〕 발전기 크기의 결정(예)

1. 계속적 또는 장시간 부하에 필요한 전력

부하계수 1.0	출력 W
점화장치	20
전기식 연료펌프	70
가솔린 분사	100
카 라디오	12
하향 전조등	110
차폭등	8
미 등	10
번호등	10
계기등	10
소 계	P_{w1} = 350W

2. 단기 부하에 필요한 전력

부하	실제값W	계수	견적출력W
난방/환기용팬	80	0.5	40
뒤 열선	120	0.5	60
와이퍼	60	0.25	15
방열기 팬		0.1	
추가주행등		0.1	
제동등	42	0.1	4.2
방향등	42	0.1	4.2
안개등	70	0.1	7
안개경광등	35	0.1	3.5
소 계			P_{w2} = 134W

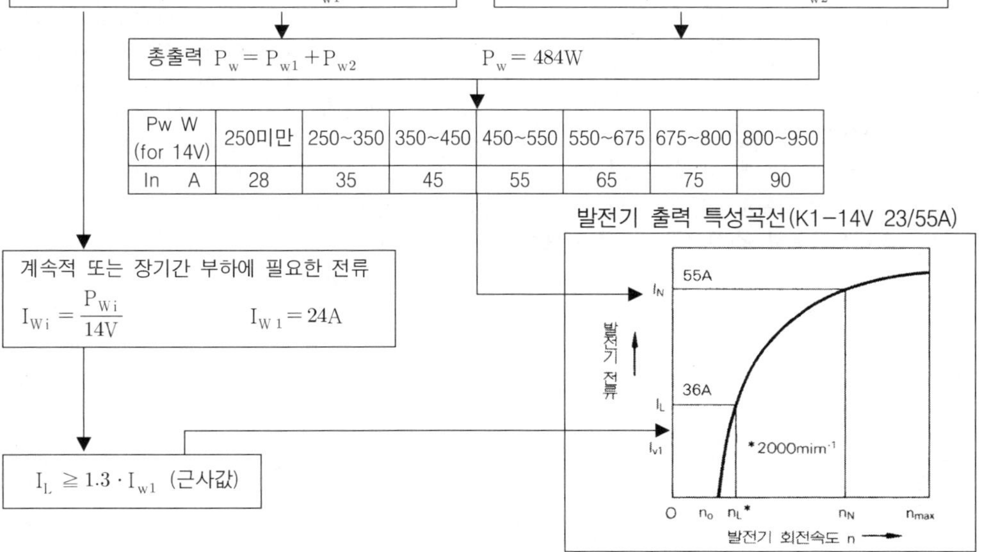

Pw W (for 14V)	250미만	250~350	350~450	450~550	550~675	675~800	800~950
In A	28	35	45	55	65	75	90

① 모든 전기부하가 지속적 또는 장시간 필요로 하는 출력 수요(P_{W1})를 계산한다.

표 5-3의 경우 : $P_{W1} = 350\text{W}$

② 단기간 필요로 하는 출력 수요(P_{W2})를 계산한다.

표 5-3의 경우 : $P_{W2} = 134\text{W}$ (근사치)

③ P_{W1}과 P_{W2}를 합산한다. $P_W = P_{W1} + P_{W2} = 350\text{W} + 134\text{W} = 484[\text{W}]$

이제 기준표를 참조하여 발전기의 정격전류를 결정한다.(예 : $I_N = 55\text{A}$)

④ 다른 방법으로도 정격전류를 결정할 수 있다.(예 : 기관공전속도에서의 발전기전류(I_L)를 계산)

기관 공전속도에서의 발전기 회전속도를 알면, 발전기 특성곡선에서 I_L을 확인할 수 있다. (예 : $I_L = (2/3)I_N$)

실제로 승용차의 경우 I_L은 지속적으로 필요한 전류보다 약 1.3배 정도 높게 설정한다. 예를 들면 표 5-3에서 지속적으로 필요한 전류 I_{W1}은 25A이고, '$1.3\ I_{W1} = 33\text{A}$'이다. 이때 발전기의 전류는 $I_L = 36\text{A}$ 로서 '$I_L \geq 1.3\ I_{W1}$'을 만족한다.

3. 발전기의 특성값 표시

발전기의 형식(특성) 표시판에는 주로 중요한 기술정보가 간략하게 제시되어 있다.

(예) **K 1 (→) 14V 70/140A 30**

K : 외부 직경 G : 100~109mm
K : 120~139mm
T : 170~199mm
U : 200mm 이상

1 : 로터 형식 1 : claw pole(집게 자극형) 형
2 : salient pole(돌출 자극형)
3 : 슬립링/브러시가 없는 형식
4 : 여자발전기를 포함한 claw pole형

→ : 회전방향 → : (R) 시계방향
← : (L) 반시계방향
↔ : (RL) 양방향

14V : 발전기 정격전압(예 : 14V)
70/ : 기관공전속도에서의 정격전류(예 : 70A)
140A : 발전기 정격회전속도(6,000min^{-1}))에서의 정격전류(예: 140A)
30 : 최대전류의 2/3값에서의 회전속도(예 : 30×100 1/min)

〔표 5-4〕 자동차 전기부하의 출력 수요(평균)(예)

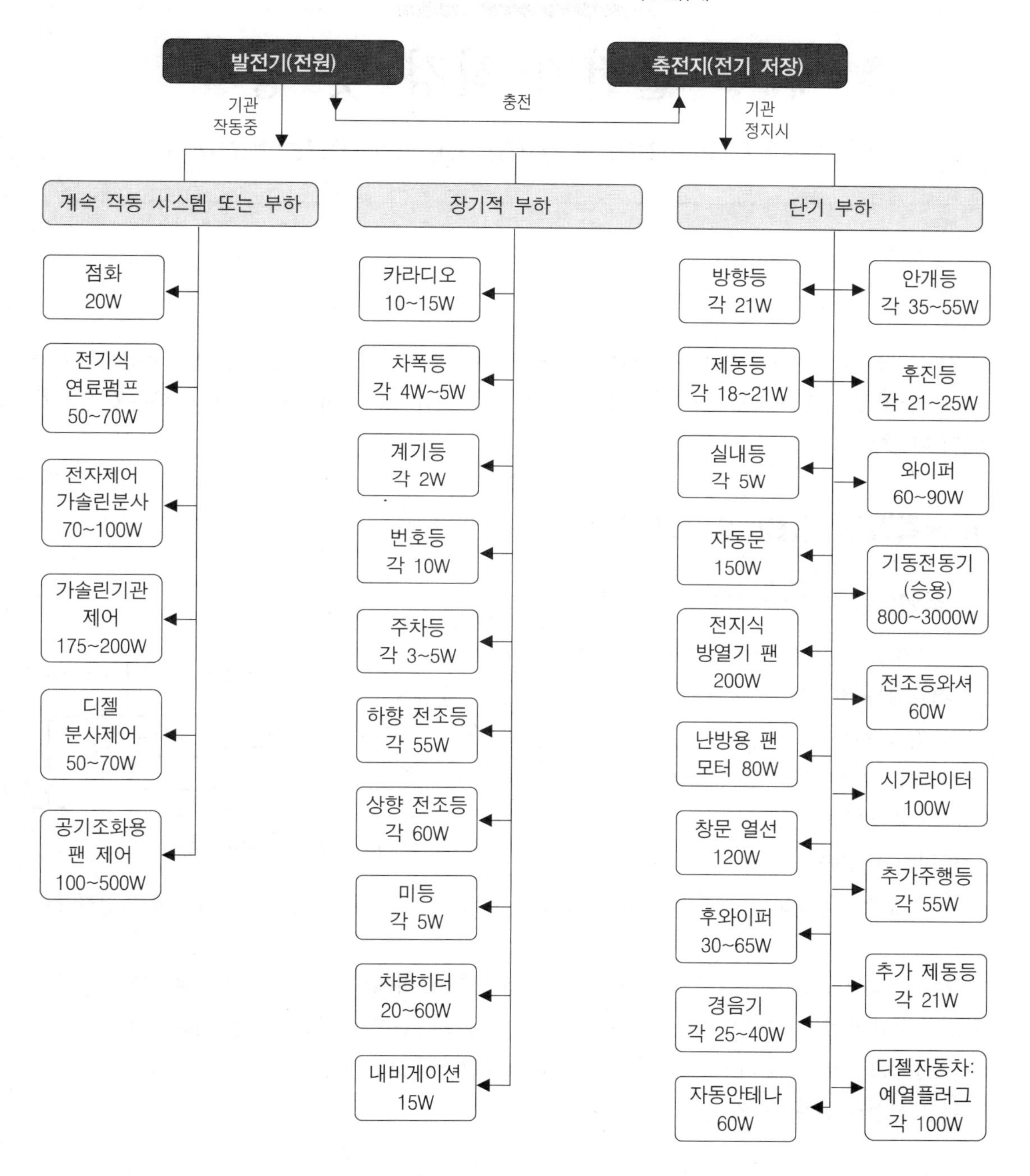

제5장 3상교류발전기-전원장치

제9절 발전기 점검 및 정비

(Inspection and repairing of alternators)

기관 작동 중, 3상 교류발전기를 시험할 때는 발전기와 전압조정기로부터 전선을 분리시켜서는 안 된다. 앞서 설명한 바와 같이 자체유도전압에 의한 전압피크에 의해 다이오드가 파손될 우려가 있기 때문이다.

1. 계측기를 이용한 발전기 점검

(1) 조정전압의 측정(그림 5-30 참조)

발전기 B+단자의 결선을 풀고, 그 사이에 전류계를 직렬로 접속한다. 이때 전류계와 접지 사이에 직렬로 부하저항을 접속시킨다. 조정전압은 B+단자와 접지 사이에서 측정된다.

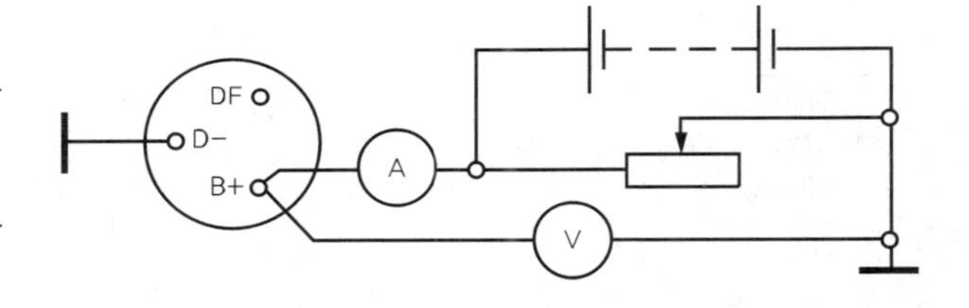

그림 5-30 조정전압의 측정

발전기 회전속도를 정격회전속도로 조정하고, 부하저항으로 발전기의 정격전류를 조정한다. 이때 측정된 전압이 부하시의 조정전압이 된다.

부하를 걸고 있는 동안, 전압계를 B+단자에서 D+/61로 바꿔 결선한다. 발전기와 전압조정기가 완전한 상태라면, 전압차가 있어서는 안 된다. 전압차가 약 0.5V까지일 경우는 대부분 전압조정기의 고장이고, 전압차가 더 이상 크면 이는 대부분 발전기의 고장이다.

다음 시험을 진행하든가 발전기를 교환한다.

(2) 역전류(reverse current: Rückstrom) (그림 5-31 참조)

기관이 정지된 상태에서 기동스위치를 'ON' 시킬 때, 축전지로부터 발전기로 전류가 역류되어서는 안 된다. 이때 발전기로 전류가 흐른다면 이는 (+)다이오드의 단락(short)이다.

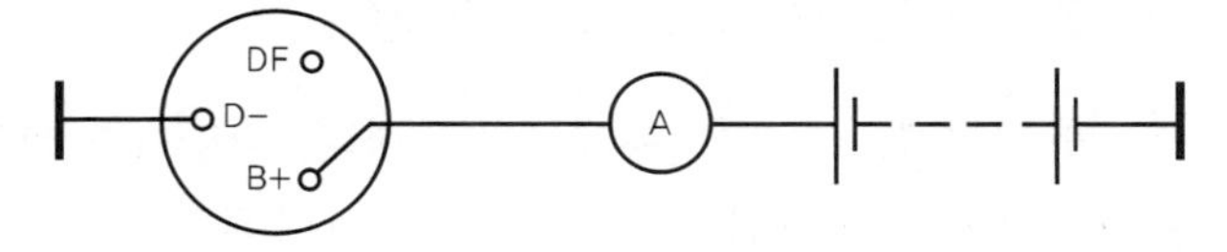

그림 5-31 역전류 측정

(3) 다이오드 시험(그림 5-32 참조)

떼어낸 다이오드는 24V-직류전류 시험램프 또는 저항계(Ohm-meter)로 각각 순방향과 역방향으로 결선하고 시험한다.

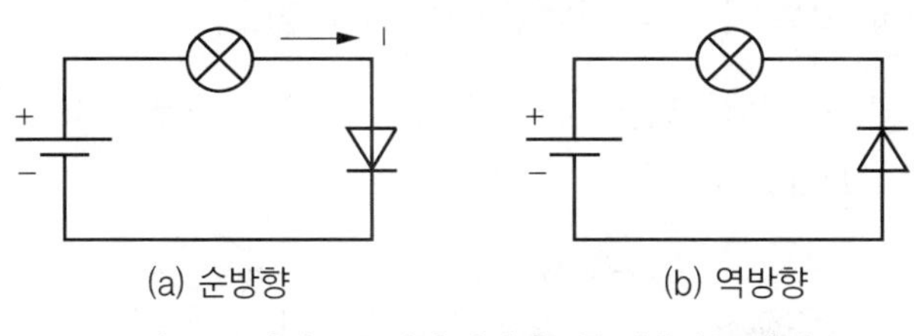

그림 5-32 다이오드 시험(시험램프를 이용하는 방법)

다이오드에 이상이 없을 경우에는 시험램프의 (+)단자와 다이오드의 애노드(anode), 시험램프의 (−)단자와 다이오드의 캐소드(cathode)를 연결하면, 시험램프는 점등되어야 한다. → 순방향

극성을 바꾸어 시험했을 경우, 시험램프가 점등되면 이는 다이오드가 파손된 것이다.

(+)다이오드와 (−)다이오드는 하우징에 서로 반대로 설치되어, 극성이 정반대이므로 주의해야 한다.(그림 5-33 참조)

다이오드는 저항계(Ohm-meter)로 테스트할 수 있다. 이때 결함이 없는 다이오드라면 순방향 결선 시의 저항은 수 Ω(ohm)에 지나지 않으나, 역방향으로는 약 50kΩ 이상이 된다.

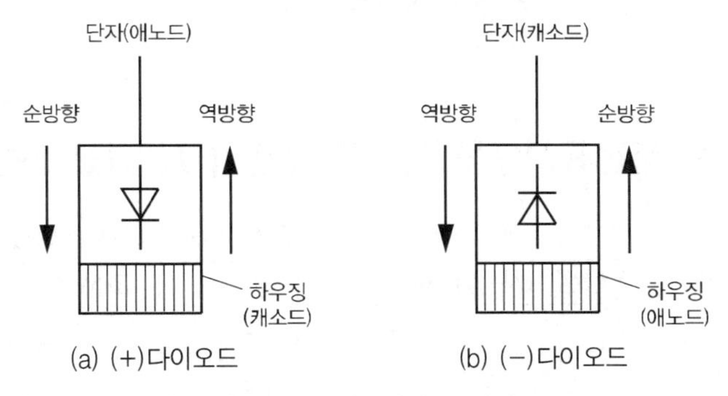

그림 5-33 (+)다이오드와 (−)다이오드

(4) 로터와 스테이터의 절연시험(그림 5-34)

절연시험은 최대 40V까지 수행한다. 절연상태가 정상이면, 램프는 점등되지 않아야 한다.

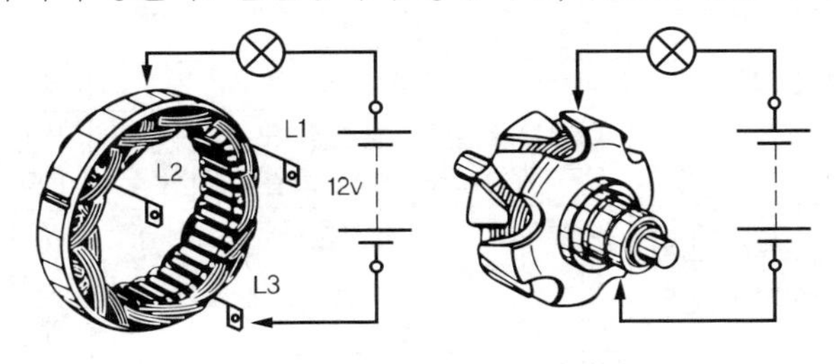

그림 5-34 로터와 스테이터의 절연시험

(5) 코일의 단선시험(그림 5-35 참조)

직류시험램프 또는 저항계로 시험한다. 코일이 단선인 경우에는 시험램프가 점등되지 않는다. 또 저항계의 저항값이 무한대(∞)를 나타낸다.

(6) 코일의 단락시험(그림 5-36 참조)

스테이터 코일에서는 각 코일의 단자 간에, 로터에서는 슬립링에서 저항을 측정하여 기준값과 비교한다.

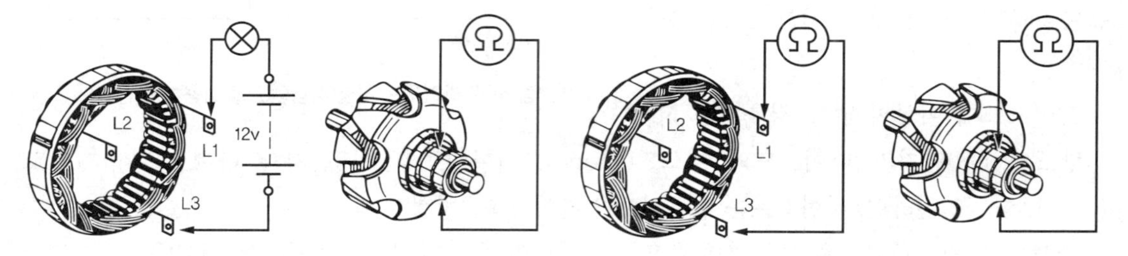

그림 5-35 코일의 단선시험

그림 5-36 코일의 단락시험

2. 충전표시등을 이용한 발전기 시험[표 5-5]

〔표 5-5〕 충전표시등을 이용한 발전기 시험

충전 표시등의 상태	고장 원인	정비 방법
기관이 정지한 상태에서 기동 스위치를 'ON'시켰을 때, 충전 표시등이 점등되지 않는다.	충전표시등의 전구 단선	전구 교체
	축전지 방전	축전지 충전
	축전지 결함	축전지 교체
	전선의 결함 및 풀림	전선 교체 및 결선
	레귤레이터 결함	레귤레이터 교환
	(+)다이오드 1개 단락	충전배선 분리, 발전기 수리
	카본 브러시의 마모 및 손상	카본 브러시 교환
	로터 코일 단선, 슬립링에 산화층 형성	발전기 수리, 교환
고속회전 시에도 충전표시등이 계속 밝게 점등된다.	배선 D+/61이 접지됨	배선 교환
	레귤레이터 결함	레귤레이터 교환
	다이오드 결함, 슬립링 오손 DF-배선 또는 로터 코일의 접지	발전기 수리 또는 DF-배선 교환
기관 정지 시, 충전표시등이 밝게 빛나다가 기관이 회전하면 어두워진다.	충전회로 또는 표시등과 연결된 전선의 저항이 크다.	배선 교환, 단자 결합부 청소 및 조임.
	레귤레이터 결함	레귤레이터 교환
	발전기 결함	발전기 수리, 교환

3. 오실로스코프를 이용한 점검방법

전압변화 과정을 관찰하여 발전기의 상태 및 설치된 다이오드의 상태를 판별할 수 있다. 이를 위해서는 단자 D+/61에서 채취한 전압파형을 오실로스코프에서 판독한다.

기관회전속도는 약 2,500min^{-1} 정도를 유지하면서, 발전기에는 약 15A 정도의 부하를 가하고 오실로스코프의 파형을 관찰한다. (그림 5-37 참조)

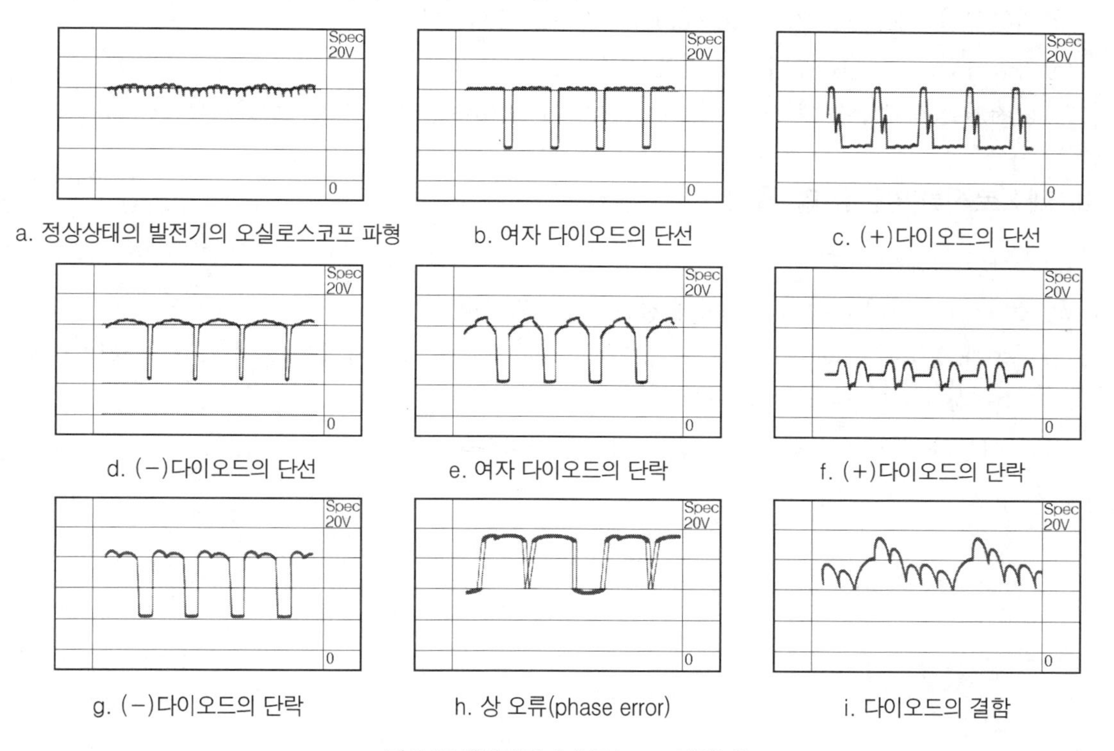

그림 5-37 발전기의 오슬로스코프 파형(예)

4. 멀티미터를 이용한 측정

발전기 전압을 발전기의 단자 B+와 D−에서 직접 측정한다.

(1) 전압조정기 전압 측정

① 기관을 시동한다.

② 기관회전속도를 약 3,500~4,000min^{-1} 범위로 유지한다.

③ 지시값을 판독한다.
④ 발전기 형식과 온도에 따라 다르지만, 보통 전압이 13.7V～14.7V 범위이어야 한다.

(2) 부하를 가했을 때의 발전기 전압

① 기관을 시동한다.
② 기관회전속도를 약 1,800～2,200min^{-1} 범위로 유지한다.
③ 가능하면, 모든 전기부하를 스위치-ON한다.
④ 발전기 형식과 온도에 따라 다르지만, 전압이 13.0V～13.5V 이하가 되어서는 안 된다.

(3) 폐회로전류(암전류)의 측정

① 기관의 시동을 끈다.
② 축전지 (−)단자와 접지선 사이에 전류계를 연결한다.
③ 자동차 형식에 따라 다르지만, 최대 약 60mA까지의 약한 전류가 축전지로부터 발전기로 흐르는 정도는 정상으로 간주한다.
④ 그 이상의 큰 전류가 흐르면, 결함이 있음을 의미한다.

제6장

기동장치

starting system: Startanlage

제6장 기동장치

제1절 기동장치 일반
(Introduction to starting system)

1. 기동장치 개요

내연기관은 연료를 공급해도 증기기관이나 전기모터와는 달리 자기 기동(自己起動)이 불가능하기 때문에 별도의 기동장치(起動裝置)를 필요로 한다.

기동장치는 기관의 압축, 운동부품의 마찰 등에 의한 저항을 극복하고, 기관을 시동이 가능한 최저 회전속도 이상으로 회전시킬 수 있어야 한다. → 최저 크랭킹 속도(minimum cranking speed)

SI-기관에서는 실린더 내에 점화가 가능한 공기-연료 혼합기를 형성시키는 데 필요한 최저회전속도 이상으로, CI-기관에서는 자기착화에 필요한 압축열을 계속 유지할 수 있는 최저 회전속도 이상으로 크랭킹(cranking)시켜야만 기관을 시동시킬 수 있다.

직류직권전동기는 다른 형식의 전동기에 비해 저속에서는 회전력이 크고, 부하가 감소되면 회전력은 낮아지나 회전속도가 증가한다. 즉, 회전속도가 부하에 따라 민감하게 변화한다. 따라서 장시간 구동용으로는 적합하지 않으나, 짧은 시간 동안 저속에서 큰 회전력을 필요로 하는 기동전동기로서는 가장 적합하다.

자동차기관의 기동장치는 기본적으로 기동전동기, 에너지 공급원(=축전지), 시동스위치, 그리고 시동 릴레이 등으로 구성된다.(그림 6-1 참조)

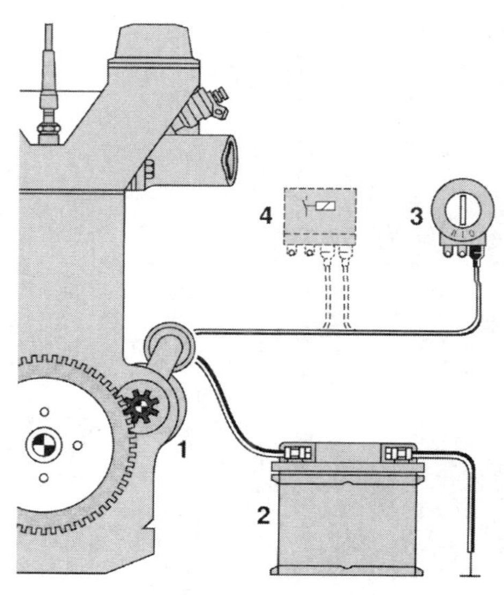

1. 기동전동기 2. 축전지 3. 시동스위치
4. 추가릴레이(예 : 디젤)

그림 6-1 기동장치의 기본구성

기동전동기의 회전력은 전동기의 피니언(pinion)으로부터 기관의 플라이휠 링기어(flywheel ring gear)를 거쳐서 기관의 크랭크축에 전달된다. 기동전동기의 회전속도는 높고 회전토크는 작지만, 피니언과 플라이휠 링기어 간의 기어비가 크기 때문에 기관을 충분히 기동시킬 수 있다. 따라서 기동전동기의 크기는 작게, 무게는 가볍게 제작할 수 있다는 이점이 있다.

기동전동기 출력과 축전지 용량은 최악의 시동조건 하에서도 시동에 필요한 출력을 장시간 유지할 수 있어야 한다. 기동전동기가 전기에너지를 가장 많이 소비하기 때문에, 기동전동기 출력을 고려하여 축전지 용량을 결정한다.

기동장치 자체만으로는 다음 요건을 구비해야 한다.

① 항상 언제라도 기동할 준비가 갖추어져 있어야 한다.
② 어떤 온도 하에서도 충분한 기동력을 발생시킬 수 있어야 한다.
③ 견고하고 내구성이 있어야 한다.
(기어 치합, 크랭킹, 진동, 기관실의 온도사이클, 오염물질, 응축수, 노면의 염분 등에 대한)
④ 수리가 용이할 것.
⑤ 소형, 경량일 것.

2. 내연기관의 시동요건

기동장치를 설계할 때에는 기관의 주요 제원 외에 특히 다음과 같은 시동요건을 고려하여야 한다.

① **시동한계온도** : 기관을 시동시킬 수 있는 축전지와 기관의 최저온도
② **기관의 크랭킹 저항** : 시동한계온도에서 기관을 크랭킹시키는 데 필요한 회전력.
(크랭킹할 때 동시에 회전시켜야 하는 보조장치들의 구동에 필요한 회전력 포함)
③ 시동한계온도에서 시동에 필요한 기관의 최저 크랭킹 속도.
④ 기동전동기 피니언과 플라이휠 링기어의 기어비 한계(제한)
⑤ 기동장치의 정격전압.
⑥ 시동축전지의 특성.
⑦ 축전지와 기동장치를 연결하는 전선의 길이와 저항.
⑧ 기동전동기의 특성(회전력, 회전속도 등)

위에 열거한 내용 중 특히 중요한 요소는 시동한계온도, 크랭킹 저항 및 최저 크랭킹 속도이다.

(1) 시동 한계 온도(starting limit temperature)

시동한계온도란 규정된 충전상태(80%)의 축전지, 규정된 윤활유점도 하에서 기관에 장착된 기

동장치로, 기관을 크랭킹하여 시동시킬 수 있는 최저온도이다. 시동한계온도는 사용지역의 기후와 시동 시 기관운전조건 및 경제성을 고려하여 설정한다. 시동한계온도를 낮춤에 따라 기동장치에 필요한 출력과 비용이 크게 증가하기 때문이다.

그림 6-2는 기동전동기 출력 2.2kW, 축전지 특성값 12V, 90Ah, 450A인 기동장치로 배기량 2,000cc의 디젤기관을 기동시킬 때의 시동한계온도이다.(예 : 시동 최저 한계온도, −23℃)

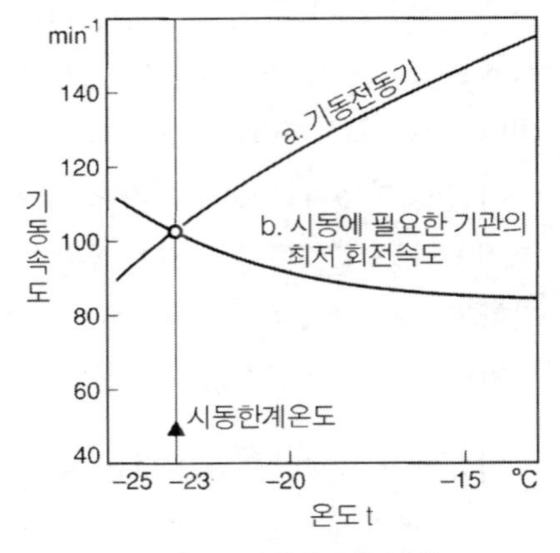

그림 6-2 시동한계온도(예)

온도가 낮아지면 축전지용량은 감소하고, 반대로 시동에 필요한 회전속도는 높아진다.(그림 6-2의 곡선 b참조). 즉, 온도가 낮아짐에 따라 기동전동기의 회전속도를 높여야만 원활한 시동이 이루어진다. 그러나 실제로는 반대현상이 나타난다. ; 기온이 낮아지면 축전지 내부저항이 급격히 증가하므로, 기동전동기 회전속도는 크게 감소한다.(그림 6-2의 곡선a 참조)

우리와 기후조건이 비슷한 서유럽에서는 표 6-1의 시동한계온도를 기준으로 기동장치를 설계한다.

〔표 6-1〕 시동한계온도 (예 : 서유럽 지역)

기관용도	시동한계온도	기관용도	시동한계온도
승용차 기관 버스/트럭	−18 ~ −28℃ −15 ~ −32℃	트랙터 디젤 기관차	−12 ~ −15℃ +5℃

(2) 크랭킹 저항(cranking resistance)

기관을 크랭킹시키는 데 필요한 회전력은 1차적으로 기관의 행정체적과 윤활유점도에 따라 크게 좌우된다. 일반적으로 SI-기관의 평균 크랭킹 저항은 회전속도에 비례하여 증가한다.

반대로 CI-기관에서는 기관회전속도 80~100min^{-1}에서 최대 크랭킹 저항을 나타내고, 그 이상의 회전속도에서는 비교적 높은 압축일의 작용으로 오히려 크랭킹 저항이 감소한다.)

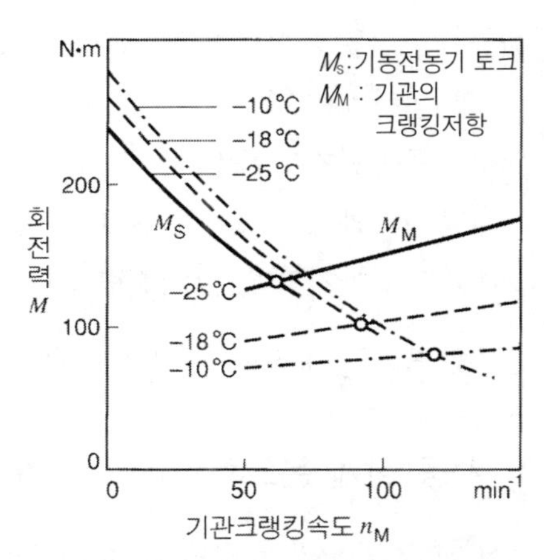

그림 6-3 기관 크랭킹 저항과 기동전동기 기동력

그림 6-3은 배기량 3,000cc인 SI-기관을 용량 55Ah의

축전지(약 20% 방전된)를 사용하여 기동시킬 때, 기관의 크랭킹 저항(M_m)과 기동전동기 회전력(M_s)의 상관관계를 각기 다른 온도에서 측정한 것이다. 두 곡선의 교점은 각각 그 온도에서 기관의 회전속도이다. 크랭킹 저항은 또 기관의 형식과 실린더 수, 행정/내경 비, 압축비, 회전속도, 동력전달계의 회전질량, 베어링, 그리고 클러치나 변속기 등에 의한 추가저항 등의 영향을 받는다.

(3) 최저 크랭킹 속도(minimum cranking speed) (표 6-2 참조)

기관의 시동가능 최저 크랭킹 속도는 혼합기형성방식, 압축비, 실린더 수, 점화(착화)방식 등에 따라 차이가 있다. 특히 디젤기관에서는 예열장치의 영향이 아주 크다.

〔표 6-2〕 시동가능 최저 크랭킹 속도(경험값)

기관명			시동가능 최저 크랭킹 속도(min^{-1}) (-20℃에서 측정)
SI-기관		(왕복 피스톤 기관) (회전 피스톤 기관)	60~100 150~180
CI-기관	직접 분사실식	예열장치 있음 예열장치 없음	80~200 60~120

그림 6-4는 시동 시에 기관회전속도 변화과정을 추적한 것이다. 기관 내에서 최초로 연소가 이루어지면 최저 크랭킹 속도를 넘어서게 되고, 이어서 자력(自力)운전이 가능하게 된다. 연소가 최초로 이루어진 후부터 기관의 회전력은 계속적으로 증가한다.(곡선 1은 그 과정을 단순화한 것이다.)

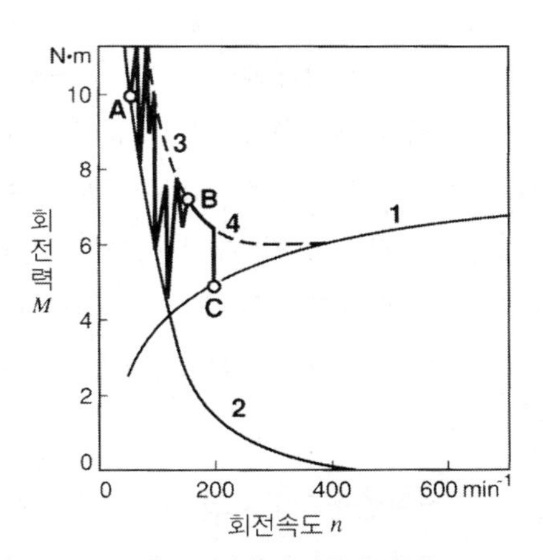

그림 6-4 기관의 시동과정(예)

반대로 기동전동기의 회전력은 기관의 회전속도가 증가함에 따라 감소한다. 기동초기에는 기동전동기의 회전력에 의해 기관이 회전되며, 기동전동기는 기관의 회전속도가 자신의 회전속도보다 높아질 때까지 기관을 크랭킹시킨다.

기동전동기의 회전력과 기관의 회전력을 더하면 이론 총 회전력곡선(그림 6-4에서 점선으로 표시된 곡선3)이 된다. 그러나 실제로는 불완전 연소 때문에 어느 특정 순간에만 실현된다. 그림 6-4에서 점 A는 최초의 연소(불완전)가 발생된 시점, 점 B는 기관의 정숙운전이 시작되는 시점, 그리고 점 C는 기동전동기의 작동이 정지되고 기관의 자력운전이 시작되는 시점이다.

(4) 전동기의 정격출력과 정격전압

자동차에서 기동전동기의 정격전압은 현재까지는 12V식 또는 24V식이 거의 대부분이다.

기동전동기의 정격출력은 −20℃에서 20% 방전된(=80% 충전된) 축전지를 이용하여 측정한다. 이때 축전지와 기동전동기 사이의 배선의 저항은 1mΩ으로 한다. 즉, 배선의 저항이 없어야 한다.

기동전동기의 축출력은 작동상태에서 구동피니언에서 측정한다. 축출력은 전동기 내부출력에서 전기적 저항손실과 기계적 마찰손실을 뺀 값이다. 따라서 기동전동기 출력은 전선의 저항과 축전지 내부저항의 영향을 크게 받는다. 축전지 내부저항이 작으면 작을수록, 기동전동기 출력은 증가한다.

3. 기동장치의 구성

(1) 승용자동차의 기동장치

승용자동차의 기동장치는 대개 12V-시스템으로 출력 약 2kW 정도까지의 기동전동기가 사용된다. 이 출력으로는 SI-기관은 행정체적 7,000cc, CI-기관은 3,000cc 정도까지를 기동시킬 수 있다.

기동에 소요되는 출력은 기관의 연소사이클에 따라 크게 좌우된다. 배기량이 같을 경우, CI-기관은 SI-기관에 비해 더 큰 기동출력을 필요로 한다.

승용자동차의 기동장치 전기회로는 대부분 아주 간단하다. 기관과 운전석 사이의 거리가 가까워, 시동과정을 운전자가 청각적으로 추적할 수 있기 때문이다. 즉, 시동된 기관의 작동음을 쉽게 들을 수 있기 때문에, 이미 시동된 기관을 재시동시키지 않게 된다. 따라서 승용자동차 기동회로에는 작동 중인 기관의 재시동 방지회로나 시동과정 감시회로 등이 생략된다. 그러나 모델에 따라서는 점화/시동 스위치와 재시동 방지회로를 연동시켜, 작동 중인 기관은 재시동시킬 수 없도록 하고 있다.

① 가솔린 승용자동차의 기동회로(그림 6-5 참조)

기동장치는 점화/시동 스위치로 작동시킨다. 점화/시동 스위치가 시동위치에 도달하기 전에 먼저 점화장치가 'ON' 된다. 이어서 시동위치에 도달하면 점화장치와 기동장치에 동시에 전압이 인가된다.

기관이 시동된 다음, 점화/시동 스위치는 다시 점화장치 'ON'위치로 복귀하여, 점화장치에 계속적으로 전류를 공급한다.

점화 1차회로에 밸러스트(ballast)저항이 설치된 시스템에서는, 기관시동 시 점화 1차전류는 밸러스트 저항을 우회(bypass)하여 점화코일에 직접 공급된다. 기관시동 시에는 기동전동기에서의 전압강하가 크다. 따라서 시동 시에 점화 1차전류가 밸러스트 저항을 통과하게 되면, 점화코일에 공급되는 전류가 약화되어 강력한 점화불꽃을 얻을 수 없다. 그래서 시동 시에는 축전지와 점화코일 1차단자를 직결(그림 6-5에서 점선 15a 15)시켜, 강력한 점화불꽃을 얻는다.

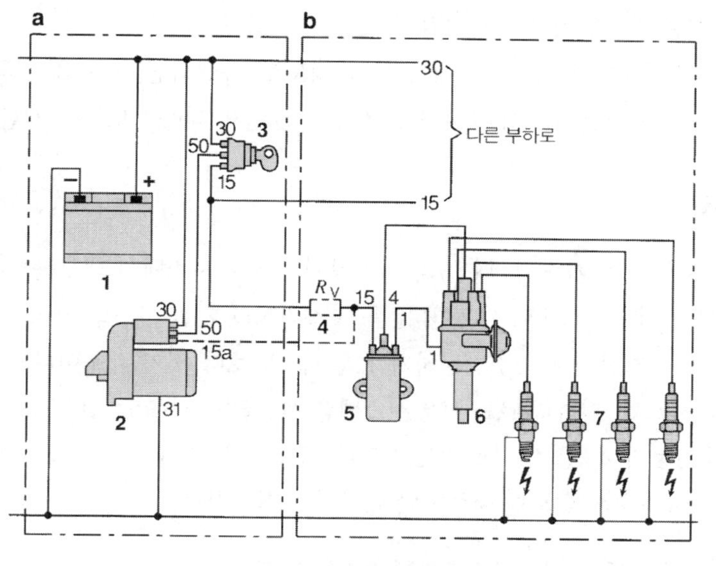

그림 6-5 가솔린 승용자동차의 기동회로

② 디젤 승용자동차의 기동장치(그림 6-6 참조)

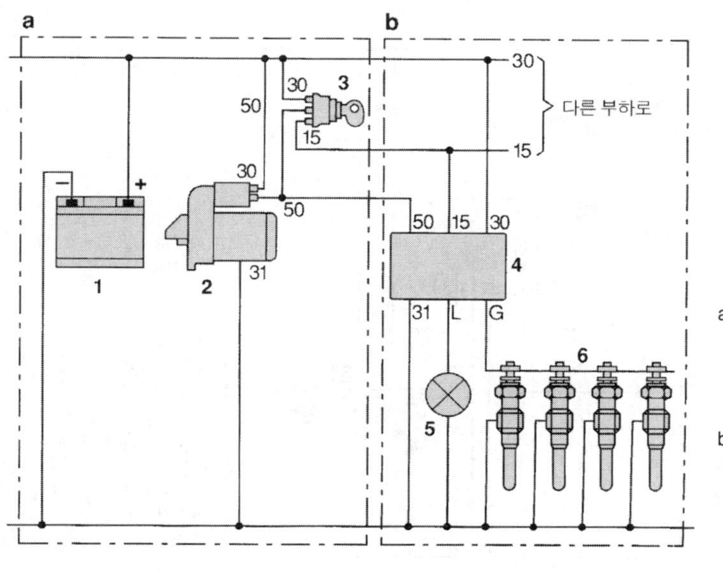

그림 6-6 디젤 승용자동차의 기동회로

디젤승용자동차는 대부분 예열회로를 갖추고 있으며, 기관을 시동하기 전에 예열회로를 먼저 작동시킨다. 최근의 디젤승용자동차는 예열회로와 기동회로가 복합, 연동되도록 되어 있는 주행-예열/시동 스위치 시스템이 대부분이다. 예열기간이 종료되면 파일럿램프는 소등되고, 이어서 주행-예열/시동 스위치를 기동위치로 회전시킬 수 있는 구조이다.

예열플러그의 표면이 디젤연료를 착화시키기에 충분할 정도로 가열되면, 기관을 기동시킬 수 있다. 디젤기관의 예열회로는 기관이 시동된 후에도 일정 시간 동안 작동하도록 설계한다.

(2) 상용자동차의 기동장치

승합자동차(가솔린, 디젤)와 경트럭(가솔린, 디젤)의 기동장치는 12V-시스템이 대부분이다. 그러나 대형 디젤상용자동차에는 24V-시스템도 사용한다. 특히 축전지와 기관 사이의 거리가 멀 경우에는 24V-시스템이 유리하다 ; 전선에서의 전압강하가 12V-시스템보다 적기 때문이다. 자동차에 따라서는 기동회로는 24V-시스템, 기타 회로는 12V-시스템을 사용하는 경우도 있다.

초대형 자동차에서는 기동전동기 2대를 병렬로 운전하거나, 또는 전압 50V~110V를 사용하는 경우도 있다. 대표적인 상용자동차 기동회로에 대해서만 간략하게 설명한다.

① 시동/차단 릴레이식 기동장치(starting system with start-locking relay)

운전자가 기관이 시동되는 과정을 청각적으로 감지할 수 없을 경우(예 : 리어엔진 버스)에는 복잡한 시동회로를 필요로 한다. 이 경우 시동회로는 기동전동기와 플라이휠 링기어를 보호하기 위한 안전회로를 반드시 갖추고 있어야 한다.

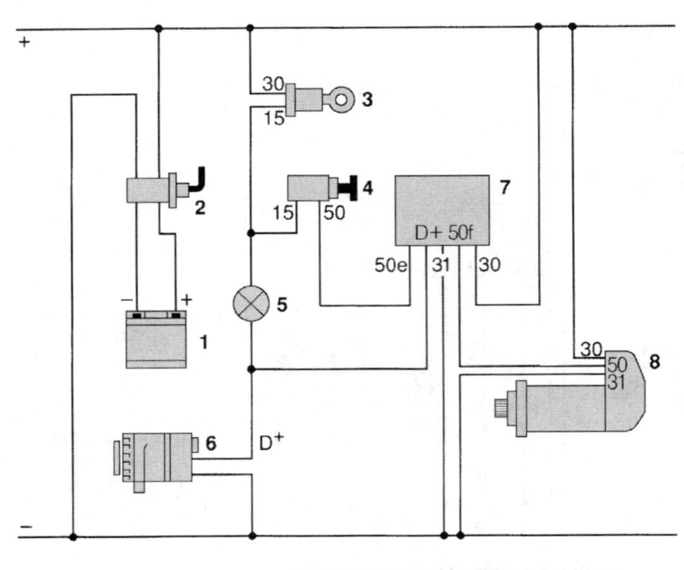

그림 6-7 시동/차단 릴레이식 시동회로

그림 6-7은 시동/차단 릴레이식 시동장치의 회로도이다. 이와 같은 종류의 시동회로에서는 여러 가지 방법으로 시동장치를 보호할 수 있다.

- 기관이 시동된 다음, 즉시 시동회로 차단.
- 기관이 이미 작동 중일 경우에는 시동회로가 작동되지 않도록 한다.
- 기관이 시동되지 않았더라도 회전 중일 경우에는 시동회로가 작동되지 않도록 한다.
- 기관이 회전되지 않으면 시동회로가 작동되지 않도록 한다.(시동 실패 시)

마지막 두 경우에는 일정 시간이 경과한 다음에 재시동을 시킬 수 있도록 한다.

② 12V/24V식 기동장치

많은 상용자동차 특히, 대형트럭은 12V/24V식 기동장치(그림 6-8)를 사용하는 경우가 많다. 이 방식에서는 기동전동기를 제외한 다른 모든 전기장치는 12V식이다. 예를 들면 발전기와 조명장치 등은 모두 12V식이고, 기동전동기만 24V식이다.

이 방식에서는 축전지 절환스위치가 필요하다. 기관이 정상작동 중이거나 정지해 있을 때에는 12V 축전지 2개가 병렬로 결선되어 각종 전기부하에 12V를 공급한다. 그러나 기동스위치를 작동시키면 축전지 절환 스위치는 자동적으로 2개의 축전지를 직렬로 연결하여 기동전동기에 24V를 공급한다. 기관이 시동된 다음, 시동스위치가 'OFF'되면 축전지는 다시 12V로 병렬로 자동 절환된다.

기관 작동 중, 축전지는 12V-발전기에 의해 다시 충전된다.

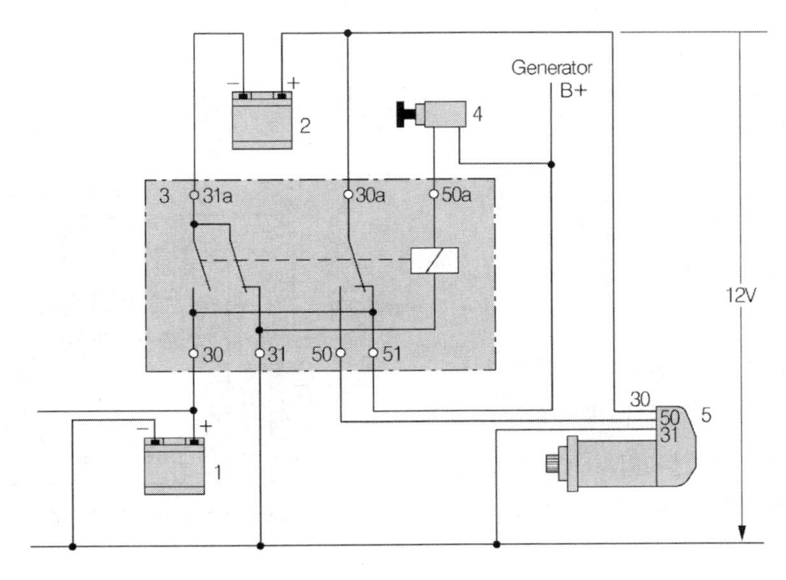

그림 6-8 12V/24V 혼용 기동장치

제6장 기동장치

제2절 기동전동기의 기본구조
(Basic structure of starting motors)

1. 전동기의 원리와 종류

(1) 전동기의 원리 → 전자(electro magnetism) **유도작용**

P.75~P.79 전자유도작용
P.140~P.141 전기기계. 직류전동기 참조

(2) 전동기의 종류 → 여자방식에 따른 분류(P.141~P.144 **직류전동기의 기본회로 참조**)

① 직권식 ② 분권식
③ 복권식 ④ 영구자석식

2. 기동전동기의 기본구조 (그림 6-9)

대부분의 기동전동기는 전동기, 솔레노이드 스위치. 피니언/치합기구가 일체로 구성되어 있다.

① 전동기(electric motor) : 감속기어가 부속된 형식과 감속기어가 없는 형식
② 솔레노이드 스위치(solenoid switch) : 릴레이(relay)가 부가된 형식과 릴레이가 없는 형식
③ 동력전달기구 → 피니언/치합기구(pinion-engaging drive) : 피니언(pinion)과 오버러닝(overrunning) 기구

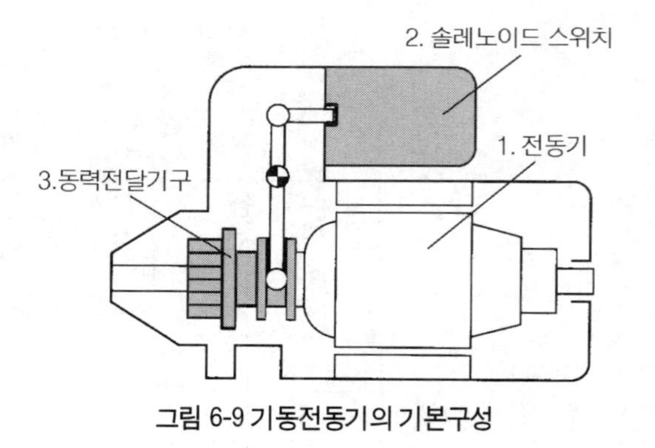

그림 6-9 기동전동기의 기본구성

(1) 전동기(electric motor) (그림 6-10)

전동기의 주요 구성부품은 전기자, 정류자, 계자 철심과 계자 권선, 그리고 전기자 코일에 전류를 공급하는 브러시와 브러시 홀더 등이다.

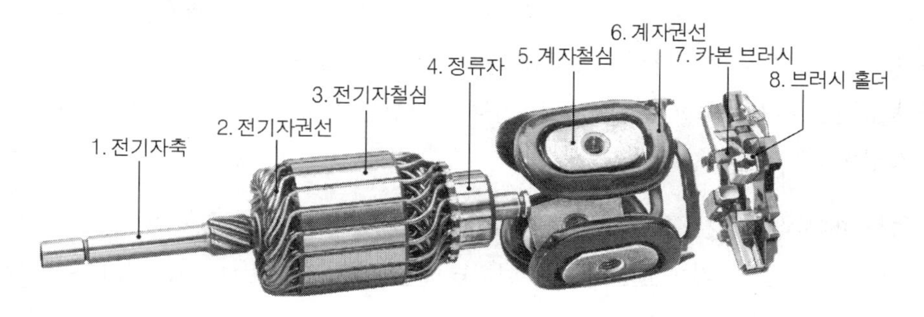

그림 6-10 전동기의 주요 구성부품

① 전기자(armature)(그림 6-10참조)

전기자는 축(1)에 전기자 권선(2), 전기자 철심(3) 및 정류자(4) 등이 일체로 설치되어 있으며, 정류자 반대편에는 피니언과 오버러닝기구가 설치된 피니언 섭동부가 가공되어 있다. 전기자축의 양단은 전동기 하우징에 압입된 부싱(베어링)에 지지되어, 회전할 수 있는 구조이다.

전기자 철심(armature core)은 와전류를 감소시키고, 동시에 자력선을 잘 통과시키도록 하기 위해서 얇은 강판(두께 약 0.3~1.0mm)을 각각 절연, 성층하여 제작한다. 그리고 철심의 원둘레 부분에는 전기자 코일이 설치되는 홈이 가공되어 있다.

전기자 권선(armature winding)은 절연 처리된 4각형 단면의 코일로서 루프(loop)를 형성한다. 루프의 한쪽 끝은 N극, 다른 한쪽 끝은 S극이 되도록 철심의 홈에 끼워져, 양단은 각각 정류자에 납땜되어 있다. 기동전동기에는 큰 전류가 흐르기 때문에 전기자 권선의 권수를 적게 하는 반면에 단면적은 크게 한다.

② 정류자(commutator)(그림 6-10의 4)

정류자는 전기자권선과 연결된 정류자편(commutator segment) 사이사이마다 절연체를 넣고, 환봉형으로 가공하였다. 정류자에는 브러시가 접촉되어 전기자 권선에 전류를 공급한다. 정류자와 브러시는 전기자 권선에 흐르는 전류의 방향을 교대로 그리고 연속적으로 변환시켜, 전기자가 항상 똑같은 방향으로 회전하도록 한다.

정류자편의 재질은 대부분 경동(硬銅)이며, 정류자편 사이사이마다의 절연체는 운모 등이 사용된다. 절연체는 정류자편보다 약 0.5~1.0mm 정도 낮게 언더-컷(under cut)한다.

③ **계철**(yoke), **계자 철심**(pole shoe), **계자 권선**(field winding)

계철은 전동기 하우징의 원통부분으로 자력선의 통로이다. 계철의 안쪽에는 계자 철심(그림 6-10의 5)이 볼트로 고정되어 있다.

계자 철심에는 계자 권선(그림 6-10의 6)이 감겨 있으며, 계자 권선에 전류가 흐르면 계자 철심은 전자석이 된다. 계자 철심의 개수에 따라 전동기의 자극수가 결정된다.

계자 권선은 계자자속을 발생시킨다. 전동기 특성은 계자 권선과 전기자 권선의 접속방법에 따라 결정된다.

④ **브러시**(brush)**와 브러시 홀더**(brush holder)(**그림 6-10의 7**)

브러시는 구리 또는 흑연으로 된 직육면체로서 브러시 홀더에 끼워져, 홀더 스프링의 장력에 의해 정류자편에 접촉, 밀착된다. 브러시는 정류자를 거쳐, 전기자 코일에 전류를 공급한다. 일반적으로 4개의 브러시 중 2개는 (+), 2개는 (−)이다. (+)브러시는 절연된 홀더에, (−)브러시는 접지된 홀더에 끼워진다.

기동전동기 수명은 대부분 브러시와 베어링(=부싱)의 마모 정도에 따라 결정된다. 최근에는 자동차의 수명과 기동전동기의 수명이 거의 같다. 즉, 수리가 거의 필요 없다.

⑤ **베어링**(bearing) (=**부싱**)

기동전동기에는 짧은 시간 동안, 큰 부하가 작용한다. 그러므로 베어링으로는 대부분 황동제 또는 함유합금제의 부싱을 사용한다. 베어링은 브러시와 함께 기동전동기의 수명을 결정한다.

(2) 솔레노이드 스위치(solenoid switch)

솔레노이드 스위치는 기동전동기의 일부분을 구성하며, 기동전동기 솔레노이드와 릴레이가 복합된 형식의 것이 대부분이다.

릴레이(relay)는 비교적 작은 전류로 큰 부하전류를 절환시킨다. 기동전동기에 흐르는 전류는 승용자동차용 기동전동기의 경우 약 1,000A까지, 상용자동차의 경우 약 2,600A 정도까지에 이른다. 작은 제어전류는 기계식 스위치(시동스위치, 점화/시동 스위치, 주행 스위치 등)로 절환시킬 수 있다.

솔레노이드 스위치는 다음 2가지 기능을 가지고 있다.

① 기동전동기의 피니언과 기관의 플라이휠 링기어가 치합되도록 한다.
(피니언을 플라이휠 링기어 쪽으로 밀어 준다) → 액추에이터 기능.

② 기동전동기 주전원회로의 가동접점(moving contact)을 개폐시키는 기능을 한다. → 릴레이 기능

그림 6-11에서 하우징에 고정되어 있는 솔레노이드 아마추어(4)를 중심으로 한쪽에는 릴레이 코일(2, 3)과 릴레이 아마추어(1)가 설치되어 있다. 그리고 반대편에는 스위칭 핀(9)과 직결된 가동접점(8)과 하우징에 고정된 고정접점(6)이 있다. 솔레노이드 아마추어(4)와 릴레이 아마추어(1) 사이의 간격이 릴레이 아마추어가 움직일 수 있는 총 행정이 된다. 솔레노이드 스위치의 하우징, 솔레노이드 아마추어, 그리고 릴레이 아마추어가 공동으로 자기회로(magnetic circuit)를 형성한다.

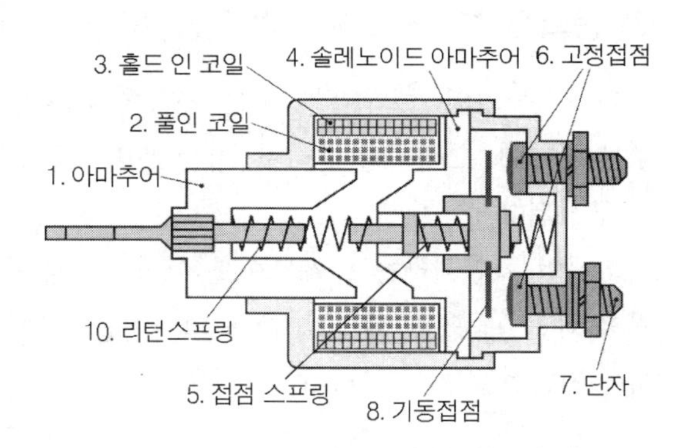

그림 6-11 솔레노이드 스위치

솔레노이드 스위치의 릴레이 코일은 대부분 풀인 코일(pull-in winding)(2)과 홀드인 코일(hold-in winding)(3)로 구성된다. 이 두 코일의 한쪽 끝은 각각 점화/시동 스위치 단자와 접속되고, 다른 한쪽 끝은 풀인 코일은 기동전동기 단자에, 홀드인 코일은 솔레노이드 스위치의 하우징에 접지된다.

운전자가 점화/시동 스위치를 시동위치로 하면, 풀인 코일과 홀드인 코일 각각에 전류가 흘러, 강한 전자력이 발생된다. 이때 풀인 코일에 흐르는 전류는 기동전동기에도 흘러, 기동전동기를 천천히 회전시킨다. 즉 풀인 코일과 홀드인 코일에 발생된 전자력(電磁力)에 의해 릴레이 아마추어가 흡인되고, 또 동시에 기동전동기가 회전하므로, 피니언은 링기어와 쉽게 치합한다.

풀인 코일과 홀드인 코일의 전자력에 의해, 릴레이 아마추어가 흡인되면, 피니언은 링기어 쪽으로 밀려간다. 이어서 피니언이 링기어와 치합되면 릴레이 아마추어는 더욱 많이 흡인되어 스위칭 핀(9)을 누른다. 스위칭 핀과 직결된 가동접점(8)이 이동하여 고정접점(6)과 접촉하면, 기동전동기 주전원회로는 'ON'된다. 기동전동기 주회로가 'ON'됨과 동시에 풀인 코일회로는 단락되고, 홀드인 코일회로에만 전류가 계속 흐른다.

홀드인 코일은 풀인 코일보다 가늘어, 작은 전류가 흐르므로 자력(磁力)이 그만큼 약해지지만 이제 홀드인 코일의 자력만으로도 릴레이 아마추어의 위치를 그대로 유지(hold-in)시키기에 충분하다.

각 부품 사이에 설치된 리턴스프링들은 기동스위치가 'OFF'될 때, 릴레이 아마추어를 원위치로 복귀시키고, 주 접점을 다시 열리게 한다.

솔레노이드 스위치는 솔레노이드와 릴레이로 분리, 설치할 수 있다. 대형 기동전동기에서는 피니언을 결합시키는 결합-솔레노이드와 주 회로를 개폐시키는 릴레이가 분리되어 있다.

(3) 동력전달기구 → 피니언/치합기구 (pinion-engaging drive)

기동전동기의 동력전달기구는 형식에 따라 다소 차이가 있으나, 대부분 피니언, 오버러닝 클러치, 치합 레버 또는 로드, 리턴 스프링 등으로 구성된다.

피니언/치합기구는 솔레노이드 아마추어의 축선 상의 운동과 전동기의 회전운동을 조화시켜, 이를 피니언을 통해 기관의 플라이휠 링기어에 전달하는 기능을 한다.

그림 6-12 구동 피니언과 링기어

① 구동 피니언 (drive pinion)(그림 6-12참조)

기동전동기와 기관의 플라이휠 링기어를 연결하는 작은 기어로서, 기어비는 약 9～15 : 1이 대부분이다. 참고로 피니언의 잇수는 약 10개(승용 ; 8～10개, 상용 9～13개), 링기어 잇수는 약 130개(승용 : 103～144개, 상용 : 110～160개) 정도이다.

이보다 더 큰 기어비가 요구될 경우에는 별도의 감속기어를 사용한다. 기어비가 크기 때문에 비교적 소형, 고속의 전동기로도 기관의 큰 크랭킹 저항을 극복할 수 있다.

피니언의 재질은 보통 Cu-Sn-합금강 또는 특수강이 사용되며, 특수한 형상으로 설계된다.

- 치합을 용이하게 하기 위해 인벌류트(involute) 치형(齒形)으로 한다.
- 기어의 페이스(face)는 챔퍼링(chamfering)한다.
- 상시 치합되어 있는 기어와 비교할 때, 피니언과 링기어의 중심거리를 멀게 하여, 기어 플랭크(flank)에 충분한 백래시(back lash)를 보장한다.

기관이 시동되어 자력운전이 가능해지면, 피니언은 곧바로 링기어로부터 분리되어야 한다. 이 기능은 오버러닝 클러치와 리턴기구가 수행한다.

② 피니언 치합방식 (pinion-engaging drive)

일반적으로 피니언과 링기어의 치합방식에 따라 기동전동기의 구조가 크게 달라진다. 치합방식에는 관성 섭동식, 사전 치합식, 슬라이딩 기어식, 전기자 섭동식 등이 있다.

A. 관성 섭동식

관성에 의해 피니언이 나사산을 타고 밀려 나가면서 링기어와 치합되는 방식으로, 지금은 주로 농용차량, 소형 2륜차 등에 사용되는 정도이다.

B. 사전 치합식(pre-engaging drive)

솔레노이드 아마추어의 축방향운동에 의해 피니언은 전기자축 상의 나사산을 타고 밀려 나가면서, 동시에 축방향운동과 회전운동을 하므로 치합이 쉽게 이루어진다. 거의 대부분의 승용차가 이 형식의 기동전동기를 사용한다. 출력은 대부분 0.3~3.7kW 정도이다.

C. 슬라이딩-기어 치합식

피니언 기어가 전기자축의 스플라인(spline)부를 섭동하여 링기어와 치합되는 방식으로, 주로 대형 상용자동차에 이용된다. 출력은 약 18.5kW 정도이다. 피니언 작동방식은 기계식과 전기식이 있다.

D. 전기자 섭동식(armature sliding drive)

피니언은 전기자 축에 고정되어 있다. 즉, 피니언과 전기자가 일체로 되어 있기 때문에 전기자 자체가 섭동하여 링기어와 치합된다. 주로 디젤기관에 사용되며, 출력은 약 4.5kW 정도가 대부분이다.

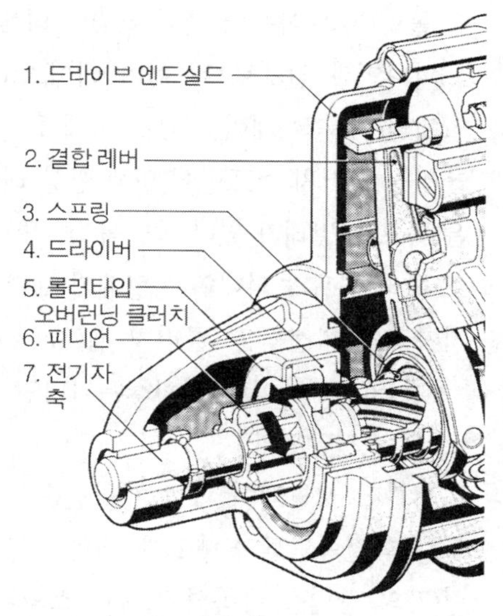

그림 6-13 동력전달기구(사전 치합식)

③ **오버러닝 클러치** (overrunning clutch: Freilauf)

오늘날 대부분의 기동전동기는 회전운동을 오버러닝 클러치를 통해서 기관에 전달하는 방식이다. 오버러닝 클러치는 기동전동기의 전기자와 피니언 사이에 설치되어, 전기자가 구동측이 될 때는 피니언이 전기자와 함께 회전하도록 하고, 반대로 기관이 시동되어 링기어의 회전속도가 피니언의 회전속도보다 빠를 때에는 피니언과 전기자축 사이의 결합을 차단시켜, 기동전동기를 보호하는 기능을 한다. → 프리 휠링(free wheeling)

기동전동기에 이용되는 오버러닝 클러치에는 다음과 같은 것들이 있다.

A. 롤러 또는 스프레그 식(roller- or sprag-type overrunning clutch)

B. 다판식(multi-plate overrunning clutch)

C. 레디얼-기어 식(radial-tooth type overrunning clutch)

A. 롤러식 오버러닝 클러치(roller-type overrunning clutch) (그림 6-14 참조)

이 형식은 주로 사전 치합식 기동전동기에 사용된다. 가장 중요한 구성부품은 클러치 셀(clutch shell)(3), 외측 레이스(outer race)(4), 내측 레이스(inner race)(6) 및 롤러(roller)(5)이다. 클러치 셀(3)(그림 6-14의 4 참조)의 안쪽 면에는 스플라인이 가공되어 있다. 클러치 셀은 시프트레버(그림 6-13의 2 참조)에 의해 전기자축 상의 스플라인을 섭동하여, 피니언과 링기어가 치합되도록 한다. 클러치 셀(=전기자축 측)(3)과 이너레이스(=피니언 측)(6) 간의 동력전달은 롤러(5)와 아우터 레이스(4)에 의해서 이루어진다.

피니언과 일체로 된 이너 레이스(6)와 클러치 셀과 일체인 아우터 레이스(4) 사이에 롤러(5)가 들어 있고, 롤러는 클러치 스프링에 의해 항상 레이스의 간극이 좁은 쪽으로 밀려가 있다. 즉, 롤러(5)가 쐐기작용을 하므로 클러치 셀과 피니언은 일체가 된다. 기관시동 시, 전기자축의 회전력은 '클러치 셀(3)→ 아우터 레이스(4) → 롤러(5) → 이너 레이스(=피니언 축)(6) → 피니언 (2)'으로 전달된다.

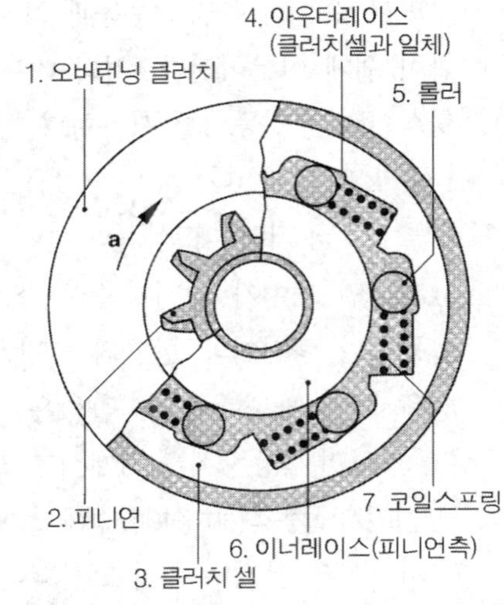

그림 6-14 롤러식 오버러닝 클러치

기관이 시동되어 피니언 회전속도가 전기자축의 무부하 회전속도보다 빠르게 되면, 롤러(5)는 코일 스프링(7)의 장력을 극복하고, 레이스의 간극이 넓은 부분으로 이동한다. 그러면 피니언과 전기자축 사이의 동력전달은 차단되고, 피니언은 프리 휠링(free wheeling)한다.

이 형식의 장점은 가속질량이 작고, 기관의 유효 오버러닝 토크가 비교적 작아도 된다는 점이다.

B. 다판식 오버러닝 클러치(multi-plate overrunning clutch) (그림 6-15. -16 참조)

이 형식은 비교적 대형 기동전동기에 사용된다. 기관이 시동되어 플라이휠 링기어의 회전속도가 피니언의 회전속도보다 빨라지면, 다판식 오버러닝 클러치는 피니언과 전기자축 간의 동력전달을 차단하여, 기관에 의해 기동전동기가 가속되는 것을 방지한다. 이와 같은 작용은 전기자축의 헬리컬 스플라인(helical spline)에 의해서 이루어진다.

또 다판식 오버러닝 클러치는 피니언에 한계 이상의 회전력이 작용하면 미끄러져, 전기자축에서 피니언으로 전달되는 토크를 제한한다.

가장 중요한 구성부품인 다판 클러치는 구동 플랜지(6) 내측과 클러치 섹션(clutch section) 사이에 축방향으로 운동이 가능한 구조로 설치되어

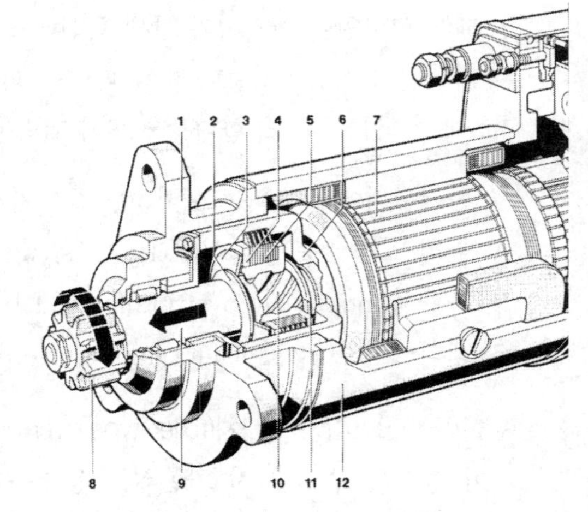

1. 구동 엔드실드 2. 스톱칼라 3. 베벨형 스프링와셔 4. 압력판 5. 다판 클러치(내측 다판과 외측 다판) 6. 구동 플랜지 7. 전기자 8. 피니언 9. 구동 스핀들 10. 헬리컬 스플라인 11. 스톱링 12.계철(yoke)

그림 6-15 다판식 오버러닝 클러치와 동력전달기구

있다. 자동변속기의 다판 클러치와 마찬가지로 이너 클러치는 클러치 부의 홈에, 아우터 클러치는 구동플랜지(6)의 내측 홈에 끼워져 있다. 그리고 구동플랜지(6)는 전기자축에 고정되어 있으며, 반대로 클러치 섹션은 구동스핀들(9) 상의 헬리컬 스플라인(10)에 설치되어 있다.

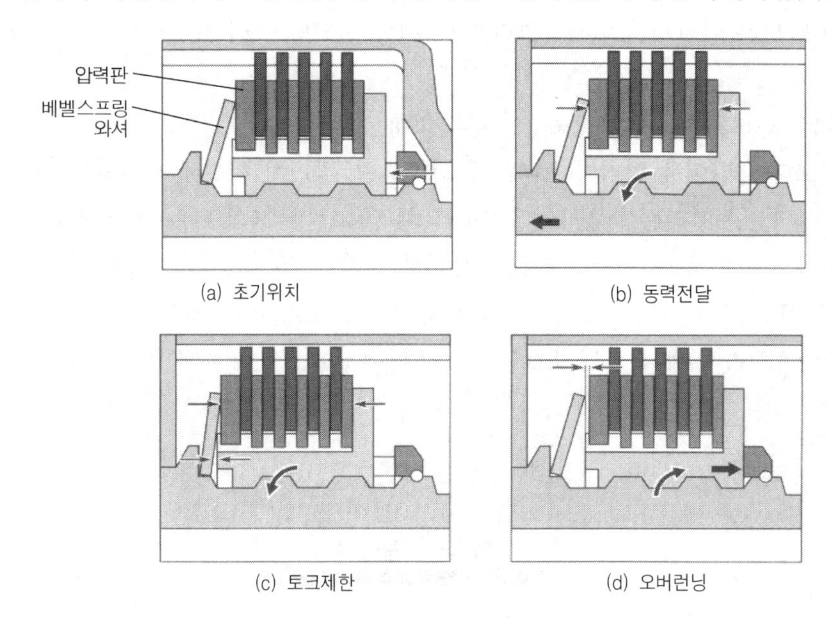

그림 6-16 다판식 오버러닝 클러치의 작동원리

- 다판식 오버러닝 클러치의 동력전달 (그림 6-16b)

다판식 오버러닝 클러치는 마찰에 의해 동력을 전달하므로 일정한 압력으로 압착되어 있어야 한다. 즉, 스프링 와셔(그림 6-15의 3)의 초기장력은 다판 클러치가 클러치 섹션(clutch section)과 함께 구동될 수 있을 만큼 충분히 크다.(그림 6-16a)

피니언과 링기어가 완전히 치합되면, 기동전동기의 기동력은 모두 링기어에 전달된다. 이 상태가 유지되면 클러치 섹션(clutch section)은 스프링 와셔 쪽으로 밀려가므로 다판 클러치의 압착력은 증대된다. 다판 간의 마찰력이 기동토크를 완전히 대체할 수 있을 만큼, 충분해 질 때까지 압착력은 계속 증가한다.

동력은 전기자축 → 구동 플랜지(6) → 아우터 플레이트 → 이너 플레이트 → 클러치 섹션 → 구동 스핀들(9) → 피니언(8)으로 전달된다.(그림 6-15, 그림 6-16b 참조)

- 토크 제한(그림 6-16c)

클러치 섹션의 나사작용(=조임 작용)이 증대됨에 따라 다판 사이의 압착력이 증가한다. 그리고 이 증대된 압착력에 의해 와셔스프링(3)의 허용 최대부하에 도달하면, 전달 가능한 회전토크는 제한된다. 클러치 섹션의 압력판(4)은 구동 스핀들(9)의 스톱칼라(2)에 대항해서 누른다. 스프링장력과 다판 클러치의 압력이 같아진다. (그림 6-15참조).

다판에 작용하는 압력이 더 이상 증가하지 않는다. 이 경우 스프링의 최대장력과 최대토크에 도달하면 다판은 미끄러지기 시작한다. 따라서 오버러닝 클러치는 과부하 클러치의 역할을 한다.

- 오버러닝(overrunning: Überholen) (그림 6-16d)

피니언보다 플라이휠 링기어가 빠르게 회전하면, 클러치 섹션에 작용하는 힘의 방향이 바뀌어, 클러치 섹션은 헬리컬 스플라인을 따라 스톱링(그림 6-15의 11) 쪽으로 밀려간다.

스프링와셔(그림 6-15의 3)는 완전히 무부하 상태가 된다. 즉, 스프링와셔와 다판 사이에 유격이 발생한다. 다판 사이에 압착력이 작용하지 않으므로 구동 스플라인에 작용하는 동력은 구동플랜지(=전기자축)에 전달되지 않는다.(그림 6-16d)

제3절 기동전동기의 형식
(Types of starting motors)

1. 관성 섭동식(inertia-sliding starter : Trägheits-Starter)(그림 6-17 참조)

구동 피니언은 전기자축 상의 나사산(=헬리컬 스플라인)위에 설치된다. 점화/시동 스위치를 시동위치로 돌리면, 기동전동기는 대단히 빠른 속도로 회전한다. 이때 구동 피니언은 자신의 관성에 의해 전기자축 상의 나사산을 타고 밀려 나가 플라이휠 링기어와 치합된다.

전기자와 피니언 사이에는 댐핑 스프링(damping spring)이 설치되어 있다. 이 스프링은 피니언과 링기어가 치합될 때, 장력이 증가하도록 감겨 있다. 따라서 피니언과 링기어 사이에서 완충작용을 하여, 기계적 응력을 경감시킨다.

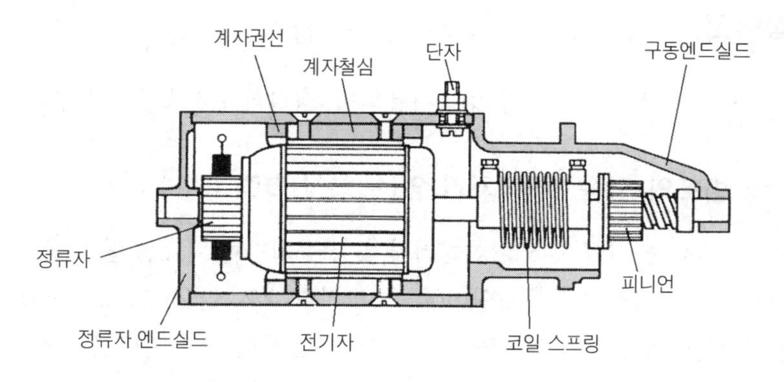

그림 6-17 관성 섭동식 기동전동기의 구조(예 : Bendix-starter)

기관이 시동되어 링기어가 구동 피니언보다 빠르게 회전하면, 구동 피니언은 전기자축 상의 나사산(=헬리컬 스플라인)을 앞서와는 반대로 회전하여 링기어로부터 분리된다.(표 6-3참조)

〔표 6-3〕 전동기의 형식 → 피니언 치합방식에 따른

	구조도	특 징
관성 섭동식		직권식 또는 영구자석식. 소형 2륜차용, 12V식 0.1kW~0.3kW
사전 결합식		직권식 또는 영구자석식. 승용 및 소형 상용자동차용 12V 또는 24V식, 0.3kW~4.8kW
전기자 섭동식		직권식(전기자 권선과 홀드인 코일) 상용 자동차용(버스, 트럭 등) 12V 또는 24V식, 1.8kW~4.4kW
슬리이딩 기어식 (피니언 회전방식)	기어식	직권식 상용 자동차용(버스, 트럭 등) 12V 또는 24V식, 5.5kW~7.5kW
	전기식	복권식(감속기어 유 또는 무) 상용자동차, 버스, 특수자동차용 12V, 24V, 또는 110V식 까지. 4kW~21kW

[주] E : 결합기구, M : 전동기, R : 제어기구

2. 사전 결합식(pre-engaging drive) (표 6-3참조)

주로 승용 또는 소형 상용자동차에 많이 사용되며, 직결식과 감속기어가 부가된 형식이 있다.

(1) 직결식 → 별도의 감속기어장치가 없는 형식.(그림 6-18)

솔레노이드 스위치, 롤러식 오버러닝 클러치 및 전동기가 일체로 조립된 형식이다. 솔레노이드 스위치에는 풀인(pull-in)코일과 홀드인(hold-in)코일이 감겨 있다. 그리고 전기자축의 헬리컬 기어이를 따라 이동하는 구동슬리브는 오버러닝 클러치를 통해 구동 피니언과 연결되어 있다.

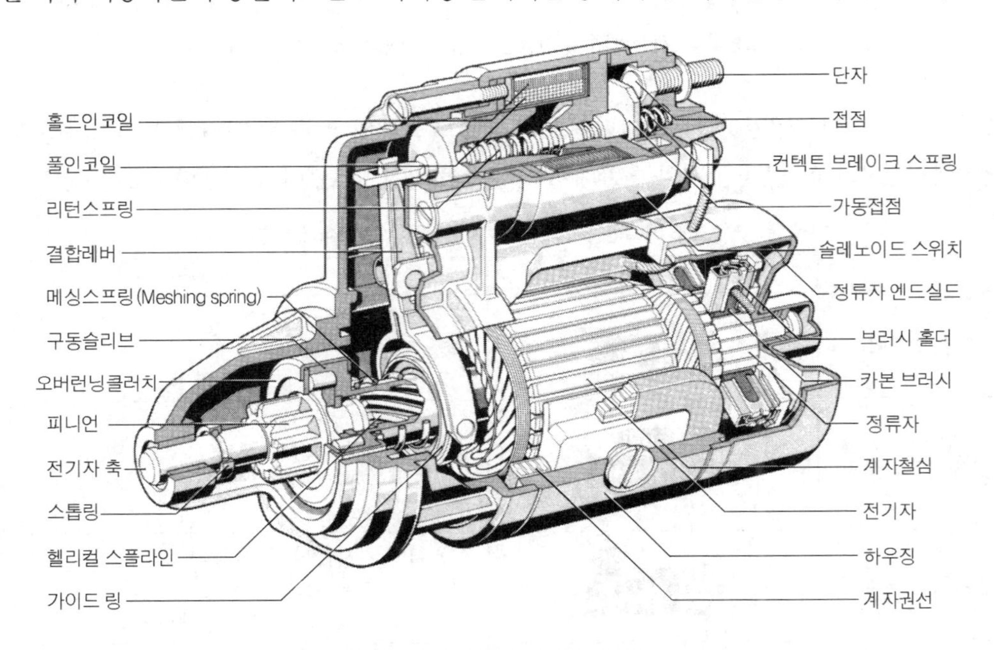

그림 6-18 사전 결합식 기동전동기

작동순서는 다음과 같다.(그림 6-19참조)

솔레노이드의 풀인 코일과 홀드인 코일에 전류가 흐르면 시프트레버(5)에 의해 구동피니언은 링기어 쪽으로 밀려가고, 동시에 전기자는 저속으로 회전한다. 따라서 피니언은 링기어와 쉽게 치합된다.(그림 6-19b)

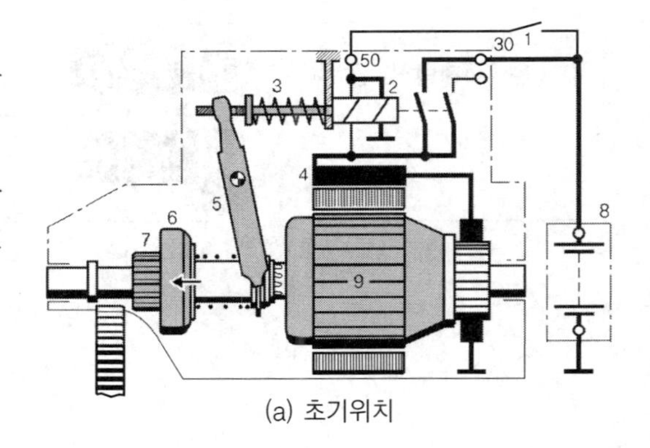

(a) 초기위치

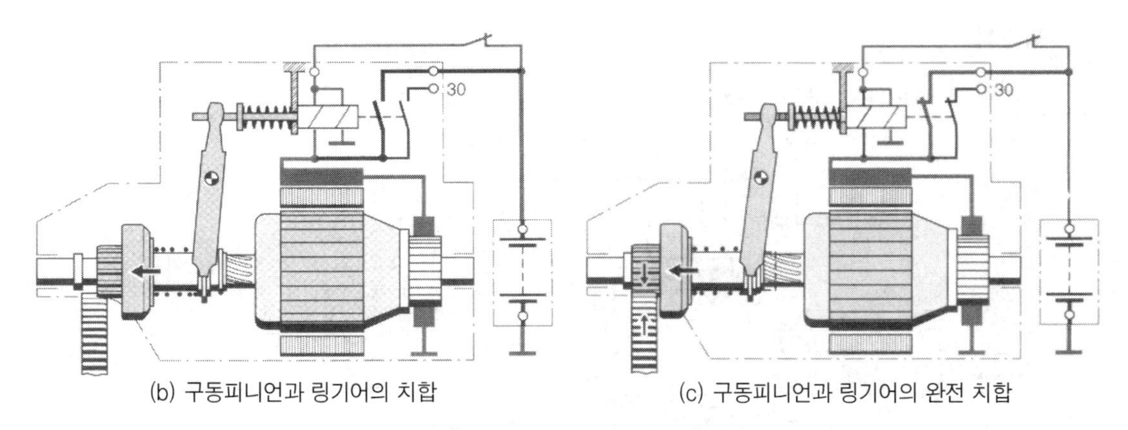

(b) 구동피니언과 링기어의 치합

(c) 구동피니언과 링기어의 완전 치합

그림 6-19 직결식 결합기구의 작동원리

구동피니언과 링기어가 완전히 치합되면 솔레노이드 리턴스프링(3)은 릴레이 가동접점이 전동기 주회로를 'ON'시키는 위치까지 압착된다. 주회로가 'ON'되면 전기자는 고속으로 회전한다.

솔레노이드코일의 풀인 코일과 홀드인 코일은 처음에는 동시에 작동된다. 그러나 기동전동기 주회로가 'ON'되면, 풀인 코일은 단락되고 홀드인 코일에만 전류가 흐른다. 따라서 솔레노이드 아마추어는 홀드인 코일의 자력에 의해 그 위치를 유지한다.

기관 시동 후, 피니언은 롤러식 오버러닝 클러치에 의해 프리휠링한다. 그러나 점화/시동 스위치가 기동위치에 있는 한, 구동피니언은 링기어와 치합된 상태로 회전한다.

(2) 감속기어부 사전 결합식(pre-engaging drive with reduction gear)

전기자와 피니언 사이에 감속기어(보통 유성기어장치)가 설치되어 있다. 유성기어장치는 구동피니언의 회전속도를 낮추는 대신에, 회전토크를 증대시키는 기능을 한다. 회전토크가 같을 경우 감속기어가 없는 형식에 비해 약 35%~40% 정도 소형, 경량으로 제작할 수 있다는 점이 장점이다. 직권식과 영구자석식이 있다.

선기어는 전기자축에 설치되어 유성기어를 구동시킨다. 유성기어는 캐리어에 설치되어, 선기어 및 링기어와 맞물려 있다. 유성기어 캐리어는 구동피니언이 설치된 축과 연결되어 있으며, 유성기어장치의 링기어는 전동기 하우징에 고정되어 있다. 유성기어장치에서 링기어가 고정되어 있고 선기어가 유성기어 캐리어를 구동시키므로, 회전속도는 낮아지고 회전토크는 증대된다.

기관의 플라이휠 링기어와 구동피니언의 치합은 직결식과 같은 과정을 거쳐 이루어진다.

전동기 자체는 직권식 또는 영구자석식이 사용된다.

① **직권식**

그 구조와 회로도는 그림 6-20과 같다.

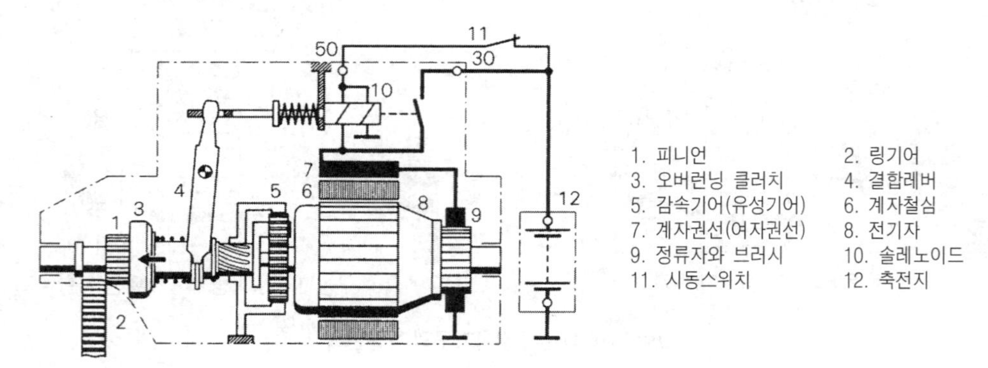

그림 6-20 감속기어부 사전 결합식(직권식)

② **영구자석식 (그림 6-21 참조)**

특징은 여자코일 대신에, 잔류자기가 크고, 보자력(保磁力)이 강한 영구자석을 이용하여 여자시킨다는 점이다. 출력이 같을 경우, 기존 형식에 비해 약 40% 정도의 경량화가 가능하며, 그 크기도 현저하게 작다. 피니언과의 치합방식은 직결식과 같다.

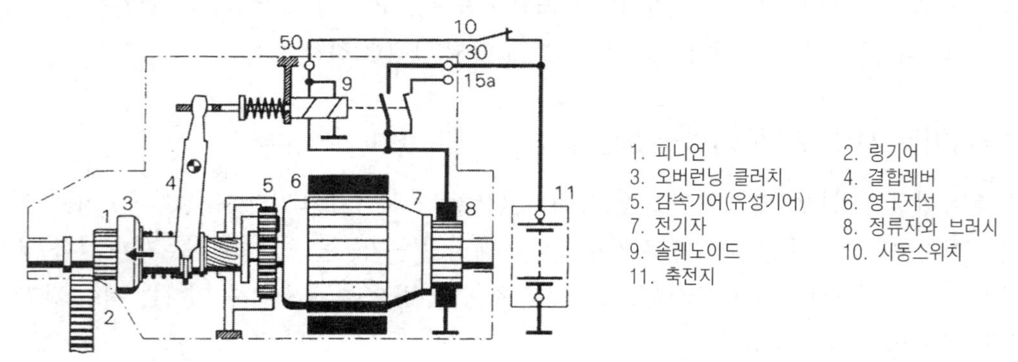

그림 6-21 영구자석식(감속장치부 사전 결합식)

3. 슬라이딩 기어식(sliding-gear starter with electromotive pinion rotation)

이 형식의 기동전동기는 대부분 복권식이며, 출력 4kW~21kW 정도로서 대형 상용자동차 또는 특수자동차에 주로 사용된다. 특징은 결합 솔레노이드와 기타 장치들이 모두 동일 축선 상에 설치되며, 특히 전기자축이 중공축이라는 점이다.(그림 6-22 참조)

피니언과 링기어의 치합은 2단계로 진행된다. 1차로 스위칭 단계에서는 기동전동기의 피니언과 플라이휠 링기어가 치합된다. 이때 기관은 아직 크랭킹되지 않는다. 피니언과 링기어가 완전 치합되기 전에는 여자전류와 전기자전류(=주회로)가 흐르지 않는다.

(1) 슬라이딩 기어식 기동전동기의 구조적 특징(그림 6-22 참조)

주요 구성 부품은 전동기, 솔레노이드와 제어릴레이 및 피니언 치합기구 등이다.

① 전동기 (starter motor(그림 6-22참조))

전기자축의 양단은 2개의 베어링에 의해 지지된다. 전기자축은 중공축(中空軸)으로서 구동하우징(2) 측은 다판식 오버러닝 클러치의 구동플랜지가 된다. 이 구동플랜지는 커버로 덮여 있다. 그리고 커버에는 구동하우징(2)에 전기자축을 지지하는 평면 베어링이 설치된다.

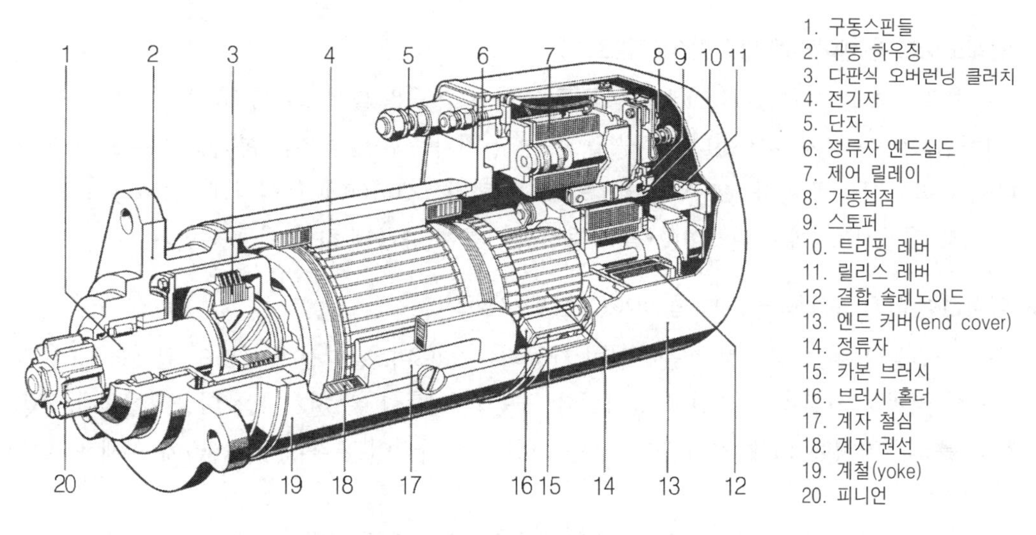

그림 6-22 슬라이딩 기어식 기동전동기(전자식 피니언 회전기구)

내부회로도(그림 6-23)를 보면 직권식 코일에 추가로 여자코일이 병렬로 결선되어 있다. 이 병렬 권선(shunt winding)은 시동과정이 진행되는 동안 계속해서 기동전동기와 병렬로 연결되는 형식과, 시동 1단계에서는 전동기와 직렬로 연결되어 전압강하 저항으로 기능하는 형식이 있다. 직렬로 결선되어 전압강하 저항으로 이용되는 경우는 전기자전류를 제한하여, 시동초기에 전기자 회전속도를 낮추기 위해서 이다.

주 시동단계에서 병렬 권선은 기동전동기와 병렬로 결선되어 기동전동기의 최대회전속도를 제한한다. 형식에 따라서는 보조 권선을 추가하여, 시동 1단계에 기동토크를 증가시키는 효과

를 얻기도 한다.(그림 6-23(b))

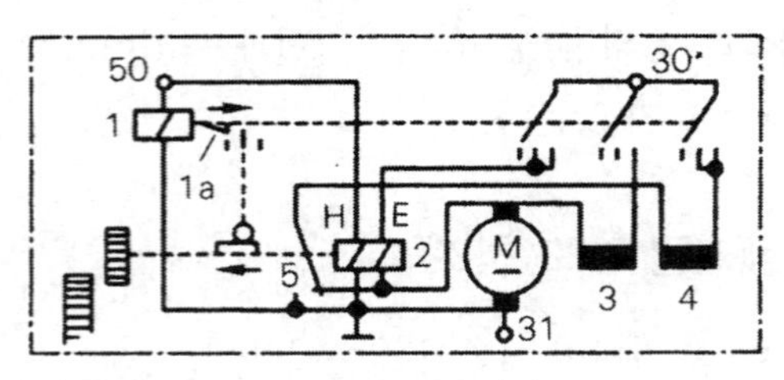

1. 제어릴레이 1a. 트리핑 레버
2. 결합 솔레노이드
E : 풀인 코일 H : 홀드인 코일
3. 주 권선(직권) 4. 병렬권선
5. 병렬권선용 절환스위치

(a) BOSCH KB 내부회로도

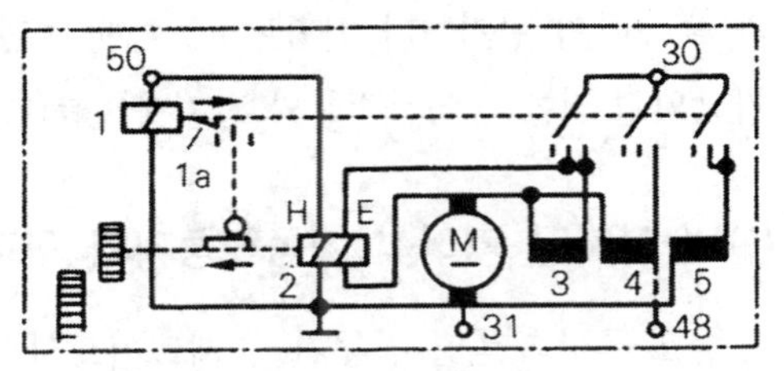

1. 제어릴레이 1a. 트리핑 레버
2. 결합 솔레노이드
E : 풀인 코일 H : 홀드인 코일
3. 보조권선 4. 직권권선
5. 병렬권선

(b) BOSCH QB 내부회로도

그림 6-23 슬라이딩 기어식 기동전동기의 회로

② 솔레노이드와 제어릴레이(그림 6-22참조)

정류자 측 엔드실드(end shield)에는 구동 피니언 작동용 솔레노이드 및 스위칭 단계의 절환용 제어릴레이가 설치되어 있다. 솔레노이드는 전기자축의 중공부를 통과하는 롯드를 거쳐서 피니언을 작동시키게 된다. 또 솔레노이드(12)는 릴리스레버(11), 트리핑레버(10) 및 스토퍼(9)를 차례로 작동시켜, 제어 릴레이(7)의 가동접점(8)을 자유롭게 하는 기능을 한다.

③ 피니언 치합기구(pinion-engaging drive)(그림 6-22참조)

구동 스핀들(1)에는 헬리컬 스플라인이 가공되어 있으며, 헬리컬 스플라인 위에는 내측-다판 클러치를 지지하는 클러치 섹션이 설치된다. 구동 스핀들(1)은 전기자축 니들베어링과 구동하우징의 롤러베어링에 의해 지지된다. 구동 스핀들과 피니언은 평행 키(key)에 의해 연결되어 있다.

다판식 오버러닝 클러치는 크랭킹 시에는 기동전동기에서 피니언으로 동력을 전달하고, 기관이 시동되고 나면 기관의 동력이 기동전동기에 전달되는 것을 방지하는 기능을 한다.

(2) 슬라이딩 기어식 전동기(BOSCH-KB형)의 작동원리

① 1차 스위칭 단계

시동스위치를 시동위치로 돌리면, 전류는 제어릴레이 권선과 솔레노이드의 홀드인 코일을 거쳐서 흐른다. 제어릴레이는 즉시 솔레노이드의 풀인 코일회로를 'ON'시킨다. 솔레노이드의 플런저(=아마추어)는 연결롯드와 구동스핀들을 통해 피니언을 플라이휠 링기어 쪽으로 민다.

전기자 권선과 아직도 직렬로 연결된 병렬 권선(shunt winding)은 계속해서 여자된다. 병렬 권선은 솔레노이드의 풀인 코일과 함께 전기자 권선의 전압강하저항으로 기능한다. 그러므로 전기자의 회전속도는 느리고, 회전토크도 낮다. 따라서 피니언은 플라이휠 링기어 쪽으로 이동하면서 동시에 천천히 회전하므로 링기어와의 치합이 쉬워진다.

그러나 기동전동기의 회전토크가 낮기 때문에 기관은 아직 크랭킹되지 않는다. 만일 이때 피니언과 링기어가 치합되지 않으면, 피니언은 다음 기어이와 맞물릴 때까지 링기어와 접촉된 상태로 회전한다.(그림 6-24c). 링기어 이와 피니언 기어이가 일정 시간 내에 치합되지 않으면, 시동 스위치가 자동적으로 'OFF'되는 시스템도 있다. 이 경우에는 일단 시동 스위치를 'OFF'시켰다가 다시 재시동을 시도해야 한다.

② 2차 스위칭 단계 (그림 6-24참조)

피니언이 링기어와 완전히 치합되기 직전에 릴리스레버(3)는 트리핑레버(2)를 들어 올린다. 그러면 제어 릴레이의 가동접점(5)은 자유롭게 움직일 수 있게 된다. 이제 가동접점(5)은 고정접점과 접촉하게 되고, 따라서 주회로가 'ON'되어 직렬권선(R)과 전기자에 전류가 흐르게 된다.

형식에 따라서는 솔레노이드에 절환 스위치(changing over switch)를 추가하여, 병렬로 결선된 선트 권선(shunt winding)을 직렬로 절환하도록 한 형식도 있다.(그림 6-24b)

이제 전기자의 토크는 다판식 오버러닝 클러치를 통해 구동피니언으로 전달된다.

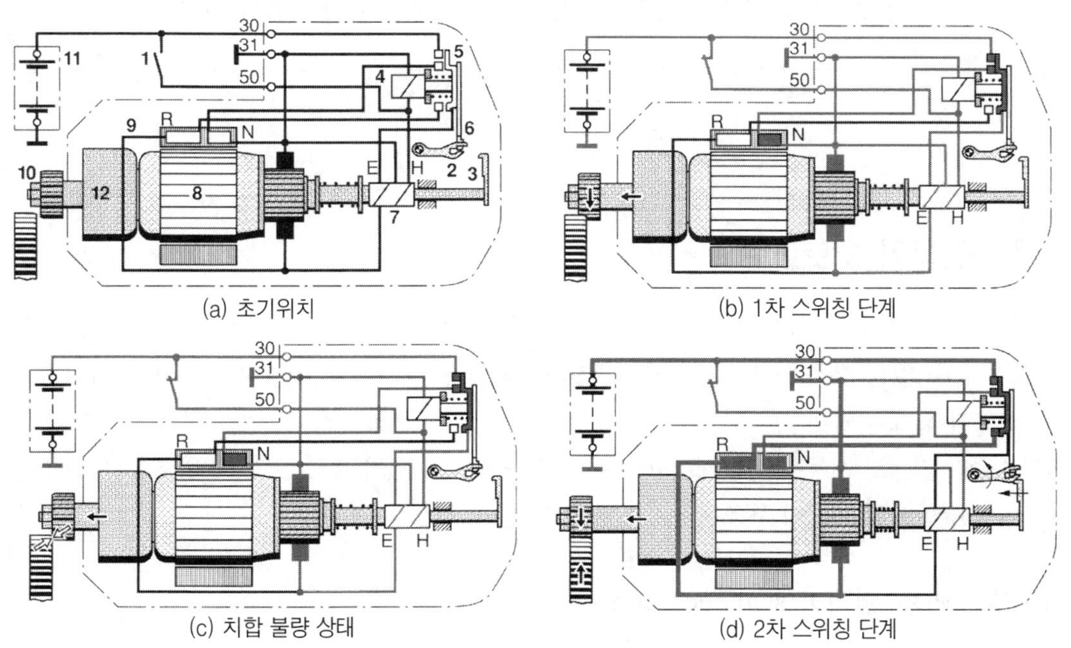

(a) 초기위치

(b) 1차 스위칭 단계

(c) 치합 불량 상태

(d) 2차 스위칭 단계

그림 6-24 슬라이딩 기어식 기동전동기의 시동과정

③ 프리휠링(free wheeling)과 분리

다판식 오버러닝 클러치의 프리휠링 과정은 앞서 설명한 여러 경우와 마찬가지이다. 그러나 기동 스위치가 시동위치에 'ON' 되어 있는 한, 피니언은 그대로 링기어와 맞물린 채로 회전한다.

시동스위치가 'OFF'되면, 제어릴레이와 솔레노이드의 홀드인 코일에 흐르는 전류도 차단된다. 그러면 제어릴레이는 주회로를 차단하게 되고, 전기자 중공축 내의 리턴스프링 장력에 의해 피니언은 원래의 위치로 복귀하게 된다. 리턴스프링은 또 기관의 진동에도 불구하고 구동스핀들을 원위치에 유지시키는 기능을 한다.

피니언이 링기어로부터 분리되면 제어릴레이의 트리핑레버는 다시 고정위치(lock position)로 복귀한다. 이제 다음 시동 시 다시 2단계로 시동이 진행될 준비가 갖추어 졌다.

제4절 기동전동기 보호회로
(Protection circuit of Starting motor)

1. 기동전동기 보호회로

기동전동기 설치위치와 운전자간의 거리가 멀어, 운전자가 청각적으로 기동전동기의 기동과정을 확인할 수 없을 경우, 예를 들면 리어엔진버스(rear-engine bus)와 같은 경우에는 기동전동기 보호회로가 필요하게 된다.

대표적인 것으로 시동-반복릴레이와 시동-차단 릴레이가 있다. 이들을 각기 별도로, 또는 2개의 릴레이를 결합시킨 형식이 사용된다.

(1) 시동 - 반복 릴레이(start repeating relay)

시동 - 반복 릴레이는 피니언과 링기어가 치합되지 않았을 경우, 일단 시동과정이 중단되었다가, 일정시간이 경과한 다음에 다시 시동을 반복할 수 있도록 한다. 이렇게 하면 1차 시동단계에서 권선에 장시간 전류가 흘러, 열부하가 크게 걸리는 것을 방지할 수 있다.

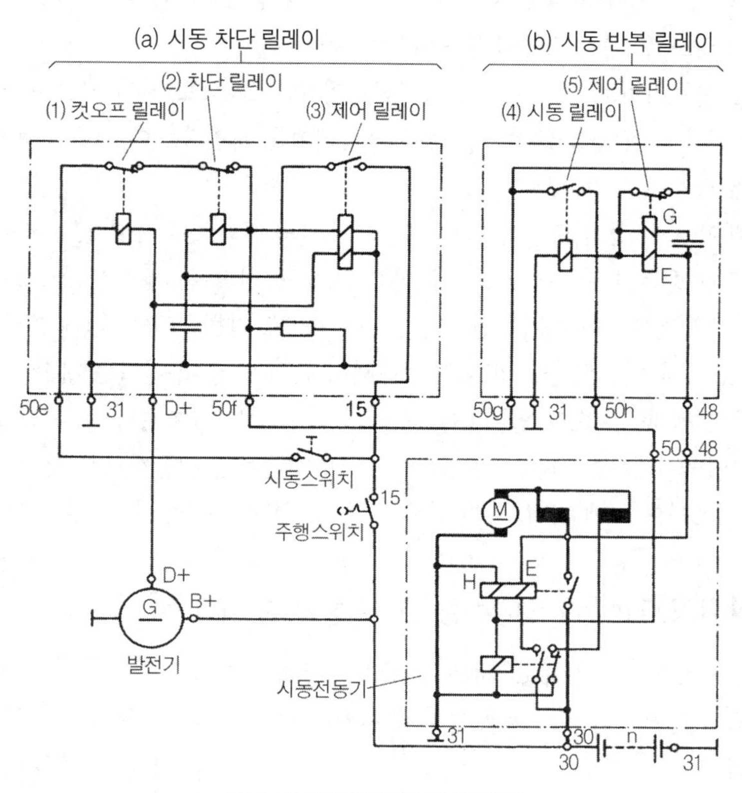

그림 6-25 기동전동기 보호회로(예)

그림 6-25에서 그 작동과정을 살펴보자. 시동 시 운전자가 시동스위치를 'ON'시키면(이때 점화장치가 먼저 'ON'된다), 제어릴레이(5)를 거쳐서 시동-릴레이(4)가 먼저 여자되고, 이어서 기동전동기에 전류가 공급된다. 제어릴레이(5)의 풀인 코일(E)도 여자되지만 역작용코일 G가 콘덴서의 방전전류피크에 의해 자장을 형성하므로 풀인(pull-in)할 수 없다. 3초 이내에 피니언이 링기어와 치합되지 않으면, 콘덴서가 축전되고 풀인 코일(E)의 자력이 작용하게 되어 제어릴레이 (5) 접점이 열리게 된다. 그러면 시동릴레이(4)가 열려, 시동과정은 중단된다.

콘덴서의 방전전류는 자장의 방향이 같은 2개의 코일을 거쳐 방전되면서, 제어릴레이가 약 3초 정도 열려 있도록 한다. 이 기간이 지나고 시동스위치가 그대로 'ON'되어 있으면, 시동과정은 다시 반복된다. 제어릴레이의 두 코일의 끝에는 똑같이 (+)전위가 인가되어, 여자되지 않으므로 접점은 닫혀 있는 상태를 그대로 유지한다.

기관이 시동된 다음, 기동전동기는 시동릴레이에 의해 다시 'OFF'된다.

(2) 시동 - 차단 릴레이(start locking relay)

시동-차단 릴레이는 기관이 작동 중이거나, 시동은 되지 않았으나 아직 회전 중일 경우에 시동회로가 작동되지 않도록 한다. 작동과정은 다음과 같다.

시동스위치를 시동위치로 'ON'시키면 제어전류회로는 컷-오프 릴레이(1)와 차단-릴레이 접점(2)을 거쳐 연결된다.(그림 6-25에서는 시동-반복릴레이를 거친다). 이 경우 기동전동기는 기관을 크랭킹시킬 수 있다.

이때 제어릴레이(3)의 풀인 코일이 여자되고, 콘덴서 축전회로가 닫힌다. 기관이 시동되어 일정 회전속도에 이르면 발전기 전압(단자D+)에 의해 컷-오프 릴레이(off switch relay)가 열리게 되어 제어전류회로는 차단된다. 이제 기동전동기는 자동적으로 작동시킬 수 없게 된다. 제어릴레이(3)는 발전기의 D+단자와 연결된 홀드인 코일을 통해서 닫혀 있고, 콘덴서는 계속 축전된다.

기관운전이 중단될 때 컷-오프 릴레이(1)를 유지할 수 있는 최저 전압보다 전압이 더 낮아지거나, 또는 시동실패 후, 기관이 아직 회전 중일 때 차단릴레이는 시동회로를 차단한다. 차단릴레이는 콘덴서의 방전전류에 의해 열려, 열린 상태를 약 3초 정도 지속한다.(그림 6-25참조)

2. 축전지 절환장치(P.364 상용자동차 기동장치 참조)

평상시에는 12V식으로 운전하고, 시동 시에만 기동회로에 24V를 공급할 경우에 그림 6-26과 같은 축전지-절환장치가 사용된다.

축전지-절환 스위치가 여자되지 않은 상태 즉, 시동 시를 제외한 평상시에는 2개의 12V-축전지는 병렬로 결선되어 작동되고 또 충전된다. 2개의 축전지가 서로 균일하게 충전되도록 하기 위해서는 충전전류가 같아야 한다. 충전회로 내의 비정상적인 접점저항 또는 축전지 충전상태의 변화 등을 파악하기 위해서는 정기적으로 충전전류를 점검하는 것이 좋다.

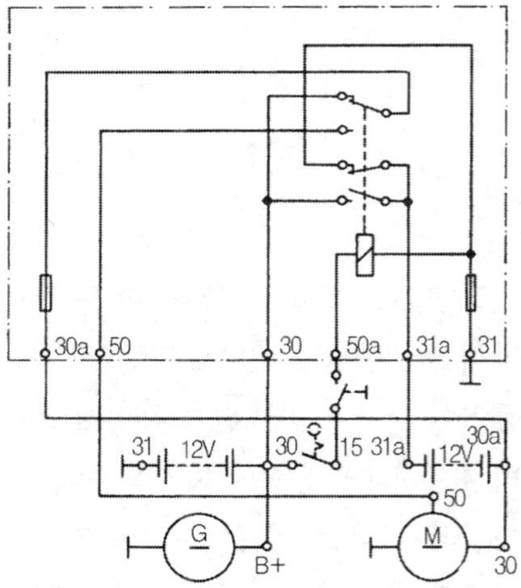

그림 6-26 축전지-절환장치

시동 시에 절환스위치의 작동과정은 다음과 같다.

시동스위치(단자 30-15와 15-50a)를 'ON'시키면 코일이 여자되어 접점을 절환시킨다. 먼저 평상시에는 닫혀 있는 접점 31-31a와 30-30a가 열려, 축전지의 병렬회로가 제거된다. 그리고 단자 30-31a가 닫혀, 2개의 축전지는 직렬로 결선된다. 결과적으로 단자 30a와 단자 50이 연결되어, 기동전동기에는 24V가 인가된다. 절환스위치를 잘못 조작하여 큰 단락전류가 흐르는 것을 방지하기 위해, 2개의 퓨즈가 설치되어 있다.

제6장 기동장치

제5절 기동장치의 시험 및 점검
(Check & test of starting system)

오늘 날 기동전동기의 수명은 자동차의 수명연한과 거의 동일하다. 즉, 사용 중 수리하지 않는 것을 목표로 설계한다. 그러나 사용 중 조작실수 또는 다른 장치의 고장으로 인해 불가피하게 시험 또는 수리해야 할 경우가 있을 수 있다.

1. 단락 시험

기동전동기 소비전류가 크기 때문에, 기동전동기 단락시험은 축전지시험과 연관되어 있다.

자동차에 장착된 상태에서 기동전동기 단락시험을 행한다. 기동전동기 단락시험이란 기동전동기 전기자가 고정된 상태에서 전기자코일에 단락전류를 흘려 기동전동기의 상태를 파악하는 시험을 말한다. → 단락전류.

단락전류는 초기 기동토크의 척도이며, 그 크기는 축전지의 충전상태와 용량 및 기동전동기의 출력에 좌우된다. 초기 기동토크란 기동전동기가 기관을 크랭킹하기 시작하는 순간의 토크를 말한다.

(1) 단락시험 순서

① 1개의 전류계와 2개의 전압계를 그림 6-27과 같이 접속한다.

② 변속기 기어를 최고 단에 넣고, 주차브레이크를 걸고, 주제동 브레이크를 밟는다.

③ 가능한 한, 시동회로를 제외한 모든 전기부하회로를 스위치 'OFF' 한다.

④ 시동스위치를 잠간 동안(약 1~5초 동안) 작동시켜

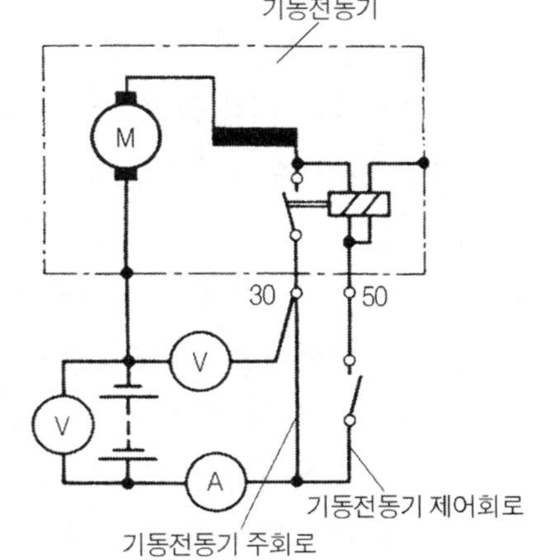

그림 6-27 기동전동기 시험회로

(ON), 기동전동기에 부하가 걸리게 한다. 이 순간에 단락전류, 축전지 단자전압, 기동전동기에서의 전압 등을 파악한다.

(2) 단락시험 결과를 이용한 고장진단

축전지전압과 기동전동기에서의 전압과의 차이는 기동전동기 주회로에서의 전압강하와 같다.

① 기동전동기 주회로에서의 전압강하는 6V식에서는 0.25V, 12V식에서는 0.5V, 24V식에서는 1V를 초과해서는 안 된다.

② 축전지 단자전압은 허용단락전류(규정값)로 부하를 가했을 때, 6V식에서는 3.5 V, 12V식에서는 7V, 24V식에서는 14V이하가 되어서는 안 된다.

③ 축전지 단자전압이 정상일 경우에 단락전류가 규정값보다 낮으면, 회로 내에 추가저항이 있음을 뜻한다. 예를 들면 축전지 (+)단자에서의 접촉저항이 증대되었거나, 기동전동기 주회로 또는 접지선의 단면적이 감소되었음을 의미한다.

고장개소를 확인하기 위해서는 점검할 전선에 전압계를 병렬로 결선한다. (+)선을 점검할 때는 축전지의 (+)단자와 기동전동기의 (+)단자(단자 30번)에 전압계를 접속해야 한다. 접지선을 점검할 경우에는 축전지의 8-9단자와 기동전동기 하우징 간에 전압계를 접속한다.

④ 축전지전압과 전압강하가 규정값 범위 내에 있을지라도 기동전동기의 단락전류가 규정값 이하일 경우에는, 기동전동기에 결함이 있기 때문이다.

⑤ 전압강하가 규정값 범위일지라도 기동전동기의 단락전류가 규정값 이하이고, 동시에 축전지전압이 허용 한계값 이하로 낮아질 경우에는 기동전동기와 축전지 모두에 결함이 있을 수 있다.

2. 기동전동기 점검 및 정비

① 정류자 표면은 항상 깨끗하고, 매끈해야 한다. 정류자가 진원이 아닐 경우에는 진원으로 절삭가공한다. 이때 줄(file)이나 샌드 페이퍼(sand paper)로 가공해서는 안 된다.

② 정류자편 사이사이의 절연체는 정류자 표면보다 깊게 언더컷(under cut)되어 있어야 한다. 언더컷의 깊이는 정류자편 간의 간격의 1/2 정도의 깊이로 한다.

③ 브러시는 브러시 홀더 내에서 상하로 자유롭게 움직일 수 있어야 한다. 마모된 브러시는 교환하고 정류자는 절삭한다.

④ 베어링(부싱)이 함유금속일 경우에는 윤활유를 녹이는 세척제로 세척해서는 안 된다.

⑤ 축전지의 산화된 단자, 풀린 결선, 손상된 스위치접점, 부식된 전선 등은 저항을 증대시킨다.

⑥ 시동할 때, 다른 모든 전기부하는 'OFF'시켜야 한다.

제7장

점화장치

Ignition System : Zündsystem

제7장 점화장치

제1절 스파크 점화기관에서의 점화
(Ignition in SI-Engine)

스파크 점화기관에서 연료-공기 혼합기는 외부 불꽃에 의해 점화되며, 외부 불꽃으로는 점화장치에서 생성되는 전기불꽃(electric spark)을 이용한다.

점화장치는 기관의 어떠한 운전조건에서도 혼합기를 순간적으로 점화시키기에 충분한 수준의 점화전압(ignition voltage)과 점화에너지(ignition energy)를 정해진 시기(ignition timing)에 공급할 수 있어야 한다. 그리고 기관의 상태나 운전조건에 따라 점화시기를 가변시킬 수 있는 구조라야 한다.

점화장치는 기관이 최대 토크와 출력을 발휘하면서도 유해 배출물과 연료소비율은 낮게 유지하는 것을 목표로 한다. 실화(misfire : Zündaussetzer)가 발생하게 되면, 출력 및 토크의 저하, 유해 배출물의 증가, 연료소비율의 상승과 같은 부정적인 결과가 초래된다. 특히 촉매기 내부에서 후연소가 과도하게 진행되면 촉매기가 과열되어, 손상 또는 파괴될 수 있다.

1. 점화시기(ignition timing : Zündzeitpunkt)

점화시기는 기관이 최대출력을 발휘하면서도 유해 배출물과 연료소비율은 낮게, 그리고 노크가 발생하지 않도록 설정, 제어해야 한다. 점화시기는 상사점(TDC)을 기준으로 크랭크각으로 표시하며, 기관의 부하와 회전속도에 무관하게 연소 최고압력이 항상 상사점 후(ATDC) 약 10°~20°에서 형성되도록 결정한다.

일반적으로 점화불꽃이 발생하여 혼합기(이론 공연비 상태)가 연소하여 최대압력에 도달하기까지는 약 1~2ms의 시간이 소요되는 것으로 알려져 있다. 이때 피스톤도 상사점을 향하여 이동하고 있으므로, 상사점 직후에 연소 최고압력에 도달하기 위해서라면, 점화시기는 반드시 상사점 전(BTDC)이어야 한다. 혼합비와 충전률이 일정할 때 혼합기의 완전연소에 걸리는 시간은 기관의 회전속도와 관계없이 일정하므로, 기관의 회전속도가 증가함에 따라 점화시기를 진각(進角;

advance) 시켜야 한다. 부하 측면에서 보면, 부하 수준이 낮거나, 잔류가스의 양이 많거나, 충전률이 낮은 경우에는 혼합기가 희박해진다. 혼합기가 희박하면 점화지연 기간이 길어지고 연소율이 낮아지므로 점화시기를 진각할 필요가 있다.

기관의 회전속도와 부하 외에도 기관의 온도, 연료의 품질, 연소실 형상 그리고 현재의 작동상태(시동, 공회전, 부분부하, 전부하 등)도 점화시기에 직접적인 영향을 미친다.

(1) 점화시기와 유해 배출물

점화시기가 배출가스 성분구성에 미치는 영향은 직접적이다. 단순하게 점화시기만을 진각하면, 미연 탄화수소(unburned HC)와 질소산화물(NOx)은 점화시기의 진각에 비례하여 거의 모든 공기비 영역(약 1.2 정도까지)에서 증가하는 것으로 알려져 있다. 일산화탄소(CO)의 발생량은 점화시기와는 거의 무관하며, 공기비가 결정적인 요소이다.

그러나 다수의 요소, 예를 들면 연료소비율과 구동 능력과 같이 상반되는 요소들도 점화시기에 영향을 미치는 중요한 요소들이다. 따라서 항상 유해 배출물 수준을 낮게 유지하는 점화시기만을 선택할 수는 없다.

(2) 점화시기와 연료소비율

연료소비율에 대한 점화시기의 영향은 배출가스에 대한 영향과 일치하지 않는다. 공기비(λ)가 증가함에 따라 낮은 연소율을 보상하고, 최적 연소과정을 유지하기 위해서는 점화시기를 진각해야 한다. $\lambda \approx 1$ 이상에서는 점화시기를 진각하면, 연료소비율이 낮아지고 토크가 증가한다. 일반적으로 점화시기가 늦으면, 연료소비율은 상승한다.

(3) 점화시기와 노크 경향성

점화시기와 노크 경향성의 상관관계는 규정 점화시기와 비교해 점화시기를 아주 늦게, 또는 아주 빠르게 하고 실린더 안의 압력변동을 비교하면 쉽게 알 수 있다.

점화시기가 너무 빠르면 점화 압력파 때문에 혼합기는 정상 화염면(火焰面; flame front)이 도달되기 전에 점화된다. → 조기 점화(pre-ignition). 이렇게 되면, 연소가 비정상적으로 진행되면서 최대압력이 상승하고 동시에 격렬한 압력변동을 수반하게 된다. 격렬한 압력변동으로 인해 피스톤이 실린더 벽을 타격하게 되면 금속성 타격음, 즉 노크(knock)가 발생한다. 기관의 회전속도가 낮은 경우엔 노크 소리를 선명하게 들을 수 있으나, 높은 경우에는 기관 소음에 차폐(遮蔽)되어 노크가 희미해진다. 그러나 이 정도의 노크도 기관에 손상을 주게 된다. 따라서 연료와 점화시기를 적절히 조화시켜 노크가 발생하지 않도록 하여야 한다.

점화시기가 너무 늦으면, 연료/공기 혼합기가 연소되기 전에 피스톤이 하사점 방향으로 많이 내려가게 된다. 그렇게 되면 연소실체적이 확대되므로, 피스톤에 작용하는 압력이 낮아지고, 결국 피스톤을 내려 미는 힘도 약화된다. 그러므로 피스톤은 아주 잠깐 그리고 아주 약하게 하사점 방향으로 가속될 뿐이다. 결과적으로 출력의 손실, 연료소비의 증가, 유해배출물의 증가 그리고 기관의 열부하 상승이라는 부정적인 결과가 나타나게 된다.

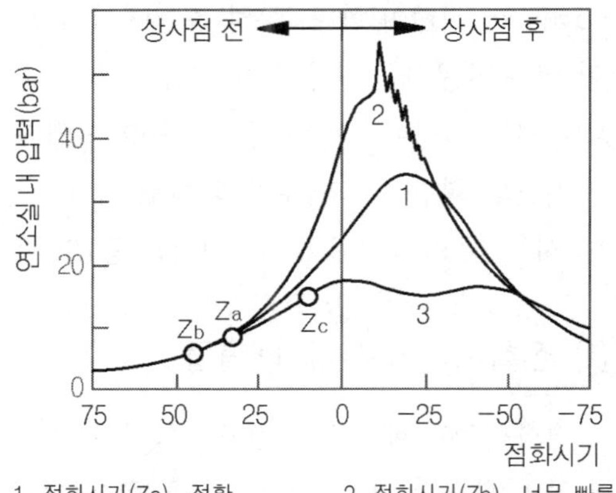

그림 7-1 점화시기와 실린더내의 압력변동

2. 점화진각(spark advance : Zündwinkelverstellung)

모든 점화장치는 기관의 회전속도와 부하 변동(=흡기다기관 압력)에 따라 점화시기를 제어하는 기능을 갖추고 있다. 과거의 원심/진공식 진각기구에서 원심식 진각기구는 기관의 회전속도에 따라, 진공식 진각기구는 주로 기관의 부하변동에 따라 점화시기를 제어하였다.

현재의 전자제어 점화장치에서는 점화시기에 영향을 미치는 변수 즉, 기관의 회전속도, 기관의 부하, 기관의 온도, 연소실 형상, 혼합비, 연료품질 등을 고려하여 작성한 점화시기 특성도에 근거하여 점화시기를 제어한다.(P419, 그림 7-31 점화시기 특성도 참조)

점화시기를 결정하기 위해서는 크랭크축의 회전각에 대한 정보가 필요하다. 이 정보는 기계식 배전기를 사용하는 경우 적절한 메커니즘에 의해 배전기 구동축에 직접 전달되며, 전자제어식의 경우엔 크랭크축이나 캠축의 회전각에 대한 정보를 전기신호 형태로 ECU에 전달하면 ECU가 점화시기를 연산하게 된다.

3. 점화전압(firing voltage : Zündspannung)

가장 많이 사용되는 축전지 점화장치에서는 축전지전압 12V를 약 25~40kV 정도까지의 높은 전압으로 상승시켜 점화플러그의 중심전극에서 접지전극으로 또는 접지전극에서 중심전극으로 불꽃(spark)이 건너뛸 수 있게 한다. 기관의 압축비와 충전률에 의해 결정되는 실린더압력과 공기비, 혼합기 유동속도, 와류 그리고 점화플러그의 간극, 전극형상, 전극재료, 열가(heat value) 등은 점화전압(= 2차 유효전압)에 결정적인 영향을 미친다.

일반적으로 실린더압력이 높으면 높을수록, 점화플러그 간극이 크면 클수록, 공기비가 커지면 커질수록 점화전압도 더 높아져야 한다.

4. 혼합기의 점화(ignition of mixture : Zündung des Gemisches)

(1) 점화에너지(ignition energy : Zündenergy)

이론혼합비의 균질(均質) 혼합기가 정지상태일 때는 전기불꽃으로 점화시키는 데는 약 0.24mJ 정도의 에너지가, 혼합비가 이론혼합비를 벗어나 농후/희박한 경우이거나 난류(亂流) 상태이면 3mJ 이상의 에너지가 필요한 것으로 알려져 있으나, 최근에는 최소 약 6mJ 이상의 에너지가 필요한 것으로 보고 있다. (* 수소의 경우, 최소 약 0.02mJ)

점화에너지가 부족하게 되면 혼합기는 점화, 연소하지 않는다. 이는 최악의 외부조건에서도 혼합기를 점화하기 위해서는 충분한 점화에너지를 공급해야 한다는 것을 의미한다. 점화에너지는 최소한, 소량의 폭발성 혼합기 구름(a small cloud of explosive mixture)에 전기불꽃이 옮겨 붙을 정도 이상이어야 한다. 폭발성 혼합기 구름에 전기불꽃이 옮겨 붙으면 실린더 안의 나머지 혼합기는 앞서 전기불꽃에 의해 착화된 혼합기의 화염면(flame front)에 의해 차례로 점화, 연소하게 된다.

(2) 점화특성에 영향을 미치는 요소들

이론혼합비에 가까우면서도 균질인 혼합기가 점화플러그 전극에 접근이 쉬우면, 점화플러그 전압이 높고 스파크 지속기간(spark duration)이 길 경우와 마찬가지로 혼합기의 점화가 쉽게 이루어진다. 그리고 적당한 점화에너지가 공급되는 경우엔 혼합기의 강한 와류도 비슷한 효과를 나타낸다.

스파크 위치(spark position)와 스파크 간극은 점화플러그의 치수(dimension)에 따라 결정된다. 스파크 지속기간은 점화장치의 형식과 디자인 그리고 순간의 점화상태에 따라 결정된다. 스파크 위치와 점화플러그에 대한 혼합기의 접근능력은 배기가스에 영향을 미치는데, 특히 공회전영역에서 그 영향이 크게 나타난다.

혼합기가 희박한 경우 예를 들면, 기관이 공회전속도로 작동할 때는 혼합기가 대단히 불균일하며, 또 밸브 오버랩은 잔류가스의 양을 증대시키는 결과를 초래한다. 따라서 이 경우에는 강력한 점화에너지를 공급해야 하며 동시에 스파크 지속기간도 길어야 한다.

기존의 접점식 점화장치와 전자제어 점화장치를 비교하면, 전자제어 점화장치를 채용한 경우에 탄화수소(HC)의 발생량이 현저하게 감소한다. 그리고 점화플러그의 오염상태도 중요한 요소가 된다. 점화플러그가 심하게 오염되면 고전압이 형성되는 동안, 점화에너지는 점화코일로부터 점화플러그의 절연체에 형성된 누설회로(shunt path)를 거쳐서 방전된다. 이렇게 되면 스파크 지속기간이 단축되어 배기가스에 영향을 미치게 된다. 특히 점화플러그가 심하게 오염되었거나 젖은 경우엔 실화(miss fire)를 유발하게 된다. 운전자는 어느 정도의 실화가 발생해도 이를 감지하지 못한다. 그러나 운전자가 감지할 수 없는 정도의 실화라 하더라도 연료소비율을 증대시킴은 물론이고, 촉매기 손상의 원인이 된다.

5. 점화장치의 분류

자동차용 스파크 점화기관에서 가장 많이 사용하는 축전지 점화장치(battery ignition system)에서는 점화플러그에서 강력한 불꽃을 발생시키는 1차 전원으로 시동 축전지를 이용한다.

축전지 점화장치에서는 1차전류 에너지를 저장하는 방식에 따라 다음과 같이 분류한다.

(1) 코일 점화장치(coil ignition system : Spulenzündanlage)

전기 에너지는 점화코일에 자장(磁場; magnetic field)의 형태로 저장된다. 이 자장은 점화코일의 1차코일에 전류가 흐르면 형성되고, 철심에 의해 강화된다.

(2) 캐퍼시터 점화장치(capacitor discharge ignition : Kondensatorzündanlage)

전기 에너지는 캐퍼시터에 전기장(電氣場; electric field)의 형태로 저장된다. 캐퍼시터에 1차전류가 저장되면 전기장이 형성된다. 자동차에는 거의 적용하지 않는다.

코일-점화장치는 점화 1차전류의 단속(ON-OFF)방법, 점화 진각 방식 그리고 고전압 분배방식 등에 따라 표 7-1과 같이 분류한다.

〔표 7-1〕 코일-점화장치의 분류

점화장치 \ 기 능	1차전류 단속방법	점화진각 방식	고전압 분배방식	양산 여부
접점식 코일 점화장치(CI) conventional coil ignition	기계식(접점식)	기계식(진공식)	기계식	단종
트랜지스터 점화장치(TI) transistorized ignition	전자식	기계식(진공식)	기계식	단종
전자 점화장치 (EI) electronic ignition	전자식	전자식	기계식	단종
완전 전자 점화장치(DLI) distributorless ignition	전자식	전자식	전자식	계속

제7장 점화장치

제2절 완전 전자식 코일 점화장치(DLI)
(Full Electronic Coil Ignition System)

완전 전자식 코일 점화장치에서는 기존의 기계식 단속기 접점과 고전압 분배기를 더는 사용하지 않는다. 고전압이 점화코일에서 곧바로 점화플러그로 직접 전달된다는 점에서 기존의 점화장치들과는 다르다.- DLI(DistributorLess Ignition System)

장점은 다음과 같다.

① 연소실 이외의 부분에서는 스파크 발생 없음
② 소음 저감
③ 고전압 케이블 절약
④ 전파간섭 감소
⑤ 기계식 부품(배전기와 배전기 구동기구) 폐지
⑥ 실린더 선택적 노크제어 가능

완전 전자식 점화장치는 대부분이 종합제어 시스템의 하위시스템으로서 가솔린 분사장치와 함께 하나의 제어유닛(ECU)에 의해서 제어되는 형식이 대부분이며, 싱글-스파크(single-spark) 점화코일과 듀얼-스파크(dual-spark) 점화코일 및 4-스파크 점화코일을 사용한다. 드웰각 제어, 1차전류제한, 점화시기제어, 노크제어 기능 외에도 실화감지기능 및 자기진단기능, 비상운전기능, 그리고 다른 장치들에 대한 간섭기능 등을 갖추고 있다.

1. 시스템 구성 및 작동원리

(1) 완전 전자식 코일 - 점화장치의 구성

오늘날은 대부분 그림 7-2와 같은 완전 전자식 코일-점화장치를 이용하여 전기불꽃(electric spark)을 생성한다.

축전지(에너지원)는 점화 불꽃의 생성에 필요한 전기 에너지를 공급한다. 시동 스위치로 시동을 거는 것과 동시에 점화가 시작된다. 엔진 ECU가 점화 스위치(트랜지스터 출력 단계)를 제어한다. 트랜지스터가 도통되면, 점화코일의 1차 코일에 전류가 흐른다. 점화코일(일종의 변압기)의 코일에 점화에너지가 저장된다. 점화 스위치가 전류의 흐름을 차단하면, 점화플러그의 두 전극 사이에 순간적으로 점화불꽃이 생성된다.

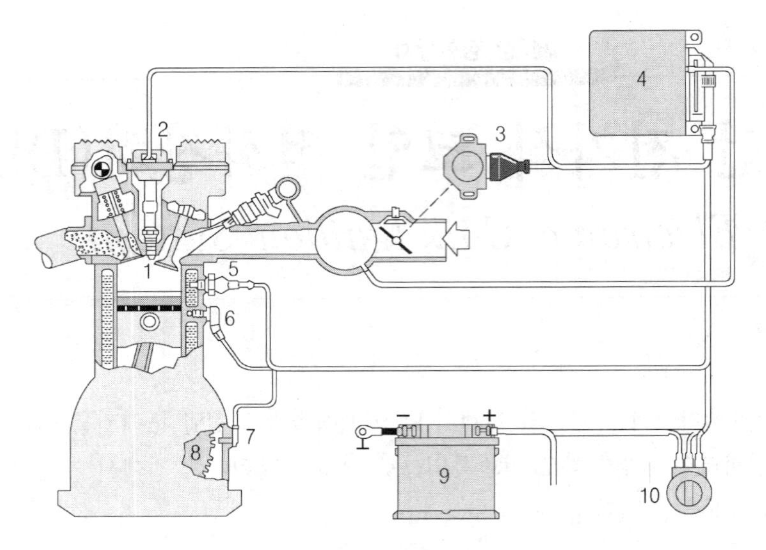

그림 7-2 완전 전자식 코일 점화장치의 구성

(2) 점화 불꽃(electric spark) 생성의 물리적 과정

모든 코일 점화장치에서 전기 에너지는 자기장(磁氣場; magnetic field)의 형태로 저장된다. 이 자기장은 점화코일의 1차 권선에 전류가 흐르는 동안에 생성되고, 점화코일의 철심에 의해 강화된다.

① 점화 1차 회로에서의 과정

● 점화 1차 회로에서 전류의 흐름 경로(그림 7-3 참조)

점화 1차 회로에서 전류의 흐름은 다음과 같다.

접지 → 축전지 → 단자 30 → 시동 스위치 → 단자 15 → 점화코일의 1차 권선 → 단자 1 → 점화 스위치(엔진 제어유닛 또는 점화 출력 단계에 존재) → 단자 31 → 접지

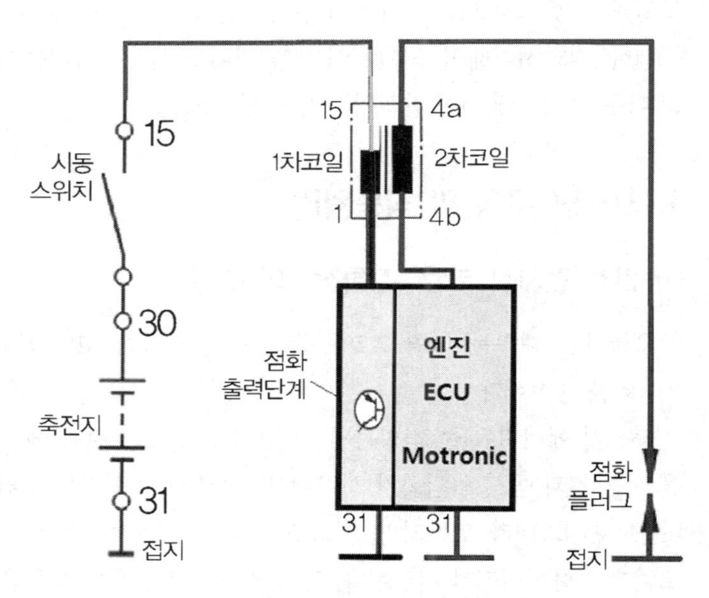

그림 7-3 완전 전자점화장치의 회로도

● 점화 1차 회로에서 자기장의 형성(그림 7-4, 참조)

점화 스위치(제어유닛의 점화 출력단계)에 의해 1차 회로가 닫히면, 인가된 축전지 전압에 근거한, 전류가 흐른다. 이 전류에 의해 점화코일의 1차 코일에 자기장이 형성된다. 그리고 이 자기장은 철심에 의해 강화된다. 전기 에너지가 자기장의 형태로 변환, 자기장이 형성되는 동안에 1차 코일에는 자기(自己) 유도전압(self induction voltage)이 유도되는데, 자기유도전압의 극성이 축전지 전압의 극성과는 반대여서 자기장의 급격한 형성을 방해, 지연시킨다.

결과적으로 자기장이 형성되는 동안, 생성된 역극성 유도전압에 의해 축전지 전압의 영향이 점진적으로 줄어든다. 축전지 유효전압이 감소하는 만큼 전류 흐름도 점차 감소한다. 따라서 자기장은 느리게 형성된다. 바꿔 말하면, 1차 코일에 저장되는 1차전류는 1차코일의 저항과 인덕턴스로 인해 지수 함수적으로 증가한다.

그림 7-4에서 시점 t_{MA}에서 자기장의 형성은 종료되고, 이 시점부터 자기장의 변화는 0(zero)이 된다. 그리고 이 시점부터 역극성 유도전압은 더는 발생하지 않는다. 이제 1차코일에 흐르는 전류는 점화코일 자체의 옴(ohm)저항과 축전지 전압에 의해 결정된다. 예를 들어 다른 손실을 무시하는 경우, 축전지 전압 U=12V, 코일의 1차저항 R=2Ω이면, 1차전류는 I_1 = 6A가 된다.

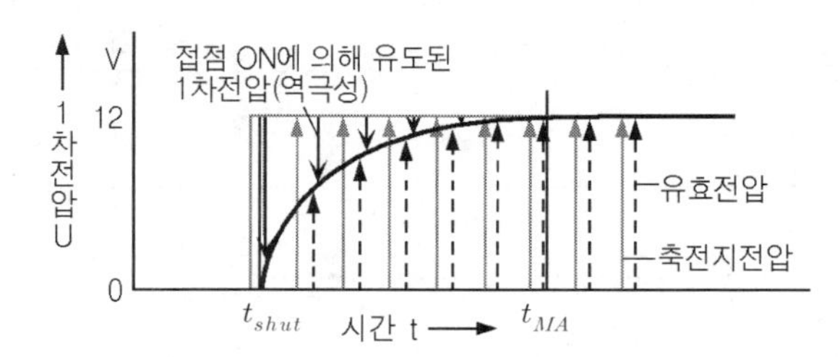

그림 7-4 1차회로가 닫혀있는 동안 1차회로에서의 유효전압

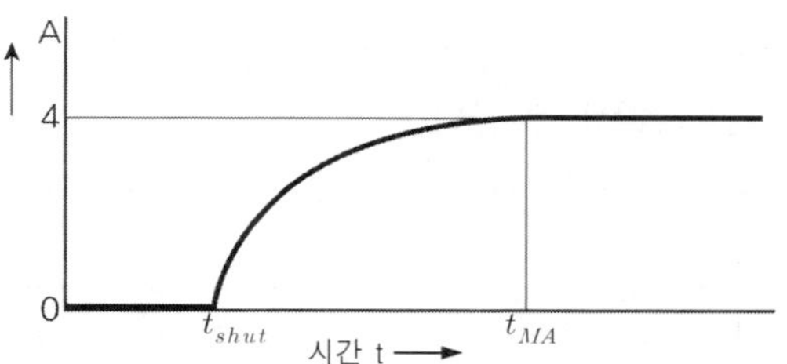

그림 7-5 1차회로가 닫혀있는 동안 1차 전류의 변화

자장의 형성에 걸리는 시간 t_{MA} 는 1차코일의 권수와 허용전류에 의해 좌우된다. 즉, 1차코일의 권수가 적고 1차전류가 클 경우, 자장 형성 소요 시간은 단축된다.

1차코일에 허용되는 전류의 크기는 다음 2가지 요소에 의해 결정된다.

- 점화코일의 종류, 예를 들면 고출력 점화코일(밸러스트 저항 포함)
- 사용한 점화 스위치의 스위칭 전류(접점식: 최대 4A, 스위칭 트랜지스터 : 최대 약 30A).

● 점화 1차 회로에서 자기장의 소멸과 1차 유도전압의 형성(그림 7-6)

점화시기(t_{open})에 점화 스위치가 열리는 순간, 1차 코일에 흐르는 전류는 차단된다. 동시에 1차코일에 저장되어있는 자기장 에너지는 급격하게 소멸된다. 아주 짧은 순간에 자기장이 급격하게 변화하므로 1차 코일에는 아주 높은 1차 전압(약 200～400V)이 유도된다. 자기장의 붕괴 속도가 빠르면 빠를수록, 더 높은 1차 전압이 유도된다.

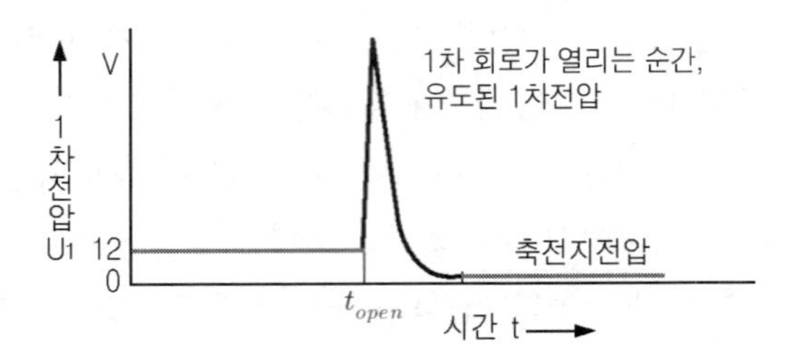

그림 7-6 전류회로가 열릴 때 1차 권선에 유도된 전압의 크기

② **점화 2차 회로에서의 과정**

● 점화 2차 코일에서 전류의 흐름 경로(점화 스위치가 닫혀 있는 동안, 그림 7-3 참조)

접지 → 단자 31 → 엔진 제어유닛 → 단자 4b → 점화코일의 2차 권선 → 단자 4a → 점화플러그의 중심 전극 → 점화플러그의 접지전극 → 단자 31 → 접지

점화 1차 회로에서 진행된 과정들은 점화 2차 회로에 영향을 미친다. 점화코일의 내부손실을 무시하는 경우, 점화 2차 회로에서의 전압은 전류가 감소하는 만큼 승압 된다. 승압비는 식(7-1)으로 나타낼 수 있다.

$$n = \frac{U_2}{U_1} = \frac{I_1}{I_2} = \frac{N_2}{N_1} \quad \cdots\cdots (7\text{-}1)$$

여기서 n : 승압비(또는 권수비(捲數比 : winding ratio))
U_1 : 1차 전압 U_2 : 2차 전압 I_1 : 1차전류
I_2 : 2차전류 N_1 : 1차 권수(捲數 : winding) N_2 : 2차 권수

● 1차 회로가 닫힐 때 2차 코일에 자장 형성

1차 측에 작용하는 역극성 유도전압에 의해 2차 코일에는 권수비에 비례하는 전압이 형성된다.

예를 들어 권수비 $n = 150$, 축전지 전압 $U_B = 13.5\text{V}$ 일 경우, 내부손실을 무시하면 2차 전압은 $U_2 = 150 \times 13.5 = 2025\text{V}$ 가 된다. 자장의 형성이 완료되는 시점 t_{MA} 에

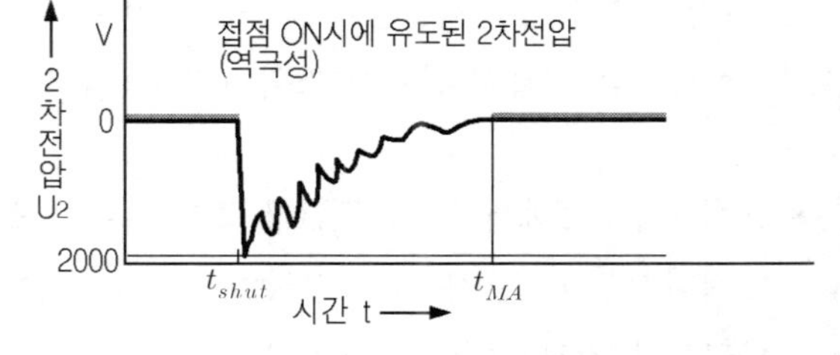

그림 7-7 1차회로가 닫힐 때 2차코일에서의 전압

서는 2차 전압은 0(zero)이 된다.

형성된 전압이 불꽃을 발생시키지 않기 때문에, 2차 회로는 점화플러그의 공극에서 접지로 전기적으로 통전(通電)되지 않는다. 따라서 전류가 흐르지 않는다. 점화코일에 존재하는 에너지는 감쇄 진동의 형태로 소멸된다.

● 점화 스위치(점화 1차 회로)가 열릴 때, 점화 2차 회로 자장의 소멸(그림 7-3, 7-8 참조)

점화 스위치가 열리는 순간, 자장의 급격한 붕괴로 인해 2차 코일에는 높은 유도전압이 생성된다. 이때 2차 코일에 유도되는 전압은 0V에서 전압피크(voltage peak), 소위 점화전압(firing voltage : Zündspannung, 25kV~40kV)으로 급격히 상승한다. 2차 전압은 근본적으로 1차 전류의 크기, 1차 코일과 2차 코일의 권수비, 그리고 드웰각에 의해 결정된다.

● 점화플러그에서 전기불꽃(electric spark)의 발생

점화플러그의 중심 전극에 도달한 고전압은 플러그 전극 사이에 존재하는 가스 상태인 혼합기 구름을 이온화시킨다. 지금까지 절연체로 작용하든 가스분자들은 적어도 일부분이 전기적으로 도체가 된다. 이를 통해 전자제어 점화회로(점화 스위치), 점화코일과 축전지를 연결하는 회로가 형성되므로 이제 전류가 흐르게 된다. 즉, 불꽃이 건너뛰게 된다. 소요 시간은 약 30μs이다.

전기불꽃이 건너뜀으로 인해 자유롭게 된 에너지가 스파크플러그의 공극에 존재하는 혼합기를 점화시킨다. 전기불꽃이 건너뛰면 두 전극 사이의 저항이 현저하게 낮아져 2차전압은 약 5,000V 정도의 스파크전압(spark voltage)으로 강하하고 점화코일에 저장된 에너지는 계속해서 전기불꽃 형태로 점화플러그의 중심 전극에서 접지 전극으로 방전된다. 스파크 지속기간(spark duration)은 약 1ms~2.5ms 정도이다. 이어서 점화코일의 에너지가 글로우 방전(glow discharge)상태를 계속 유지할 만큼 충분하지 못하게 되면 전기불꽃은 소멸되고, 잔류 에너지도 점화코일의 2차 회로 내에서 감쇄진동의 형태로 소멸된다. (그림 7-8)

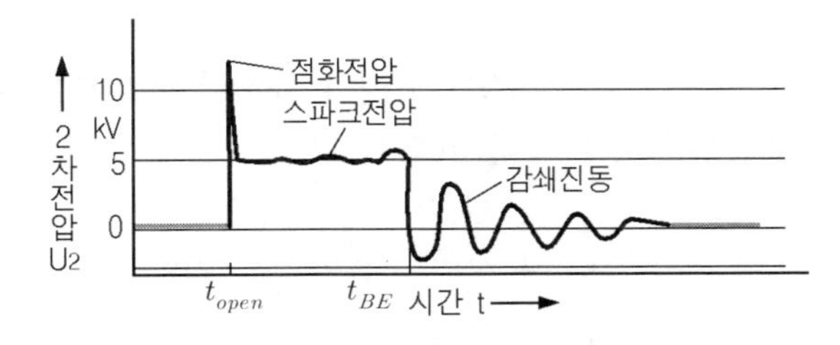

그림 7-8 전류회로가 열릴 때 2차회로에서의 전압파형

이어서 엔진(또는 점화) 제어유닛의 점화스위치(점화 출력단계 트랜지스터)가 닫히면 점화코일은 다시 충전과정을 반복한다. 그리고 점화 스위치가 다시 열리면 2차코일에는 고전압이 유도된다. 유도된 고전압은 점화순서에 따라 다음 실린더의 스파크 플러그로 전달된다.

2. 점화 오실로스코프 파형(그림 7-9, 7-10 참조)

점화 오실로스코프 파형으로 점화스위치(점화 출력단계 트랜지스터)가 열려 있는 때, 그리고 닫혀있을 때의 점화회로 전압변화를 쉽게 육안으로 파악할 수 있다. 점화 파형은 수리공장에서 점화장치의 고장을 진단하는데 아주 중요한 정보이다. 오실로스코프 점화 파형을 명확하게 분석하고 평가하기 위해서는, 정상적으로 작동하는 점화장치의 오실로스코프 기본파형을 알아야 한다. 이들은 모든 점화장치에서 그 형태가 거의 동일지만, 점화장치에 따라 약간의 차이가 있다.

오실로스코프 기본파형에서, 다음과 같은 용어와 매개변수를 확인할 수 있다.

점화 오실로스코프 파형은 크게 세 부분, 스파크 지속기간(10), 스파크는 없으나 점화 스위치가 열려 있는 기간(5), 그리고 스위치가 닫혀있는 드웰기간(dwell period)으로 나눈다.

(1) 점화간격(ignition interval; Zuendabstand; γ)

하나의 점화불꽃이 발생하는 순간부터 제2의 점화불꽃이 발생하는 순간까지, 그 사이에 크랭크축 또는 캠축이 회전한 각도를 말한다. 4행정 기관에서는 다음 식으로 구한다.

- 크랭크축 회전각 기준

$$\gamma = \frac{720^\circ}{\text{실린더수}} \qquad \cdots\cdots (7\text{-}2a)$$

- 캠축 회전각 기준

$$\gamma = \frac{360^\circ}{\text{실린더수}} \qquad \cdots\cdots (7\text{-}2b)$$

점화간격은 점화스위치(점화 출력단계 트랜지스터)가 닫혀있는 기간(α; 드웰각)과 열려있는 기간(β; 개방각)의 합이다.

$$\gamma = \alpha + \beta \qquad \cdots\cdots (7\text{-}3)$$

(2) 드웰각 또는 드웰기간(Dwell angle; Schliesswinkel; α)

점화스위치((점화 출력단계 트랜지스터 또는 기계식 접점)가 닫혀있는 기간 즉, 점화코일에 1차전류가 흐르는 기간을 드웰기간(dwell period : Schlieβzeit)이라 하고, 그 사이에 크랭크축이 회전한 각도를 드웰각(dwell angle)이라 한다.

드웰기간은 기관의 회전속도에 따라 변화하며, 그 기간이 아주 짧아서 상대비교에 적당하지 않다. 따라서 드웰기간에 비례하면서도 회전속도와 관계없이 일정한 값으로 표할 수 있는 드웰각을 상대비교에 주로 이용한다. 드웰각을 제어하여 1차전류를 제어한다.

드웰각은 차종에 따라 다르며, 때로는 점화간격(γ)의 백분율(%)로 표시하기도 한다. 드웰각의 크기는 대략 점화간격(γ)의 55~65% 범위이다.

4행정 스파크 점화기관에서 드웰기간 $\alpha = 55\%$ 인 경우, 드웰기간을 크랭크각으로 환산하면 다음과 같다.

점화간격 $\gamma = 720/4 = 180^\circ$ (크랭크각)

드웰각(α) 100% = 180°

$\alpha = 55\%$, $55\% = \dfrac{180^\circ \times 55}{100} = 99^\circ$ (크랭크각)

(3) 점화 스위치(또는 단속기 접점)가 열려 있는 기간(Opened angle; Oeffnungswinkel)

드웰각과는 반대로 점화스위치(점화 출력단계 트랜지스터 또는 단속기 접점)가 열려 있는 기간 즉, 점화코일에 1차전류가 흐르지 않는 기간을 말한다. 점화불꽃 지속기간(4)과 감쇄기간(5)의 합이다.

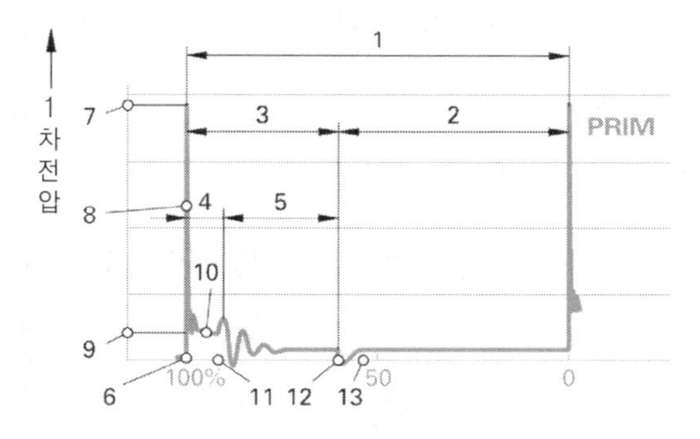

그림 7-9 점화 1차회로의 오실로 스코프 기본 파형(예)

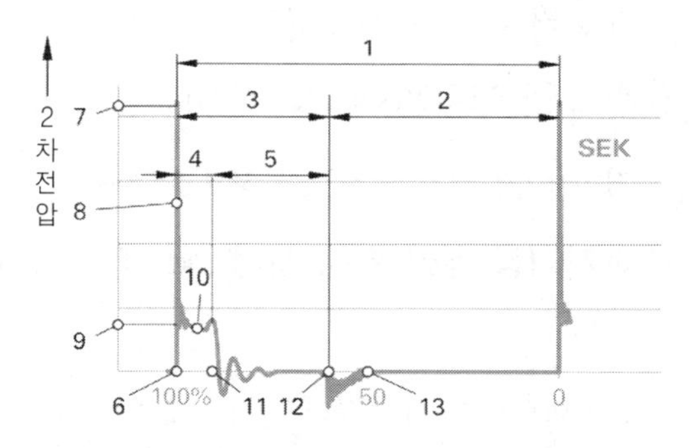

그림 7-10 점화 2차회로의 오실로 스코프 기본 파형(예)

(4) 스파크 지속기간(Spark duration; Brenndauer)

점화플러그 전극에서 불꽃이 지속되는 기간(약 1ms)을 말한다.

(5) 감쇄기간(Ausschwingvorgang)

점화장치에 남아있는 잔류 에너지가 감쇠 진동의 형태로 소멸되는 기간을 말한다.

(6) 점화시기(ignition timing; Zuendzeitpunkt; t_{ig} **또는** t_{open})

점화 스위치가 열려 점화 1차회로 전류의 흐름이 차단되는 순간에 점화불꽃이 발생한다. 점화시기는 상사점(TDC)을 기준으로 크랭크각 [°]으로 표시한다. (예; BTDC 30°)

(7) 점화전압(ignition voltage; Zuendspannung)

점화불꽃이 중심전극에서 접지전극으로 건너뛰기 시작하는데 필요한 전압을 나타낸다. 모든 상황에서 점화장치는 점화불꽃이 중심전극에서 접지전극으로 건너뛸 수 있는 높은 전압을 생성해야 한다. 점화불꽃이 건너뛰기 시작하면, 점화전압은 스파크 전압으로 낮아진다. (8)을 점화 전압선(Firing voltage line; Spannungsnadel)이라고 한다.

(9) 스파크 전압(spark voltage; brennspannung)

점화플러그의 중심전극과 접지전극 사이에 점화불꽃을 유지하는데 필요한 전압을 나타낸다. 중심전극과 접지전극 사이에 이온화된 가스(혼합기) 구름이 존재하므로 스파크전압은 점화전압보다 더 낮다. (10)을 스파크 전압선(spark voltage line; Brennspannungslinie)이라고 한다.

(11) 스파크 종료 시점(End of spark; Brennende; t_{BE})

점화코일의 자기장에 저장된 에너지가 감소하여, 더는 점화불꽃을 생성할 수 없게 되는 즉, 스파크 플러그 전극에서 점화불꽃이 소멸되는 시점이다. 이제 잔류 점화에너지의 감쇄가 시작된다.

(12) 드웰 개시점(switch on timimg; Schliesszeitpunkt; t_{shut})

점화 1차회로가 닫히는 시점으로, 자기장이 형성되기 시작한다.

(13) 자기장 형성 종료 시점(End of magntic field formation; Ende des magnetfeldaufbaus; t_{MA})

1차 회로에서 자기장의 변화가 없어, 2차 전압이 0(zero)이 되는 시점이다. 이때 1차 전압은 축전지 전압(12V)과 같다.

제7장 점화장치

제3절 점화코일과 고전압 케이블
(Ignition Coils & High Tension Cables)

점화코일은 축전지 전압을 점화전압으로 승압시키는 변압기(승압비 약 60~150)로서, 전기 에너지를 자기장의 형태로 저장하였다가, 자장이 붕괴할 때 생성되는 유도전압을 점화전압으로 변환시킨다. 주요 구성부품은 1차코일, 2차코일 및 철심이다. 철심은 아주 얇은 규소 강판을 적층한 것으로서, 생성된 자기장을 강화하는 기능을 수행한다.

규정된 컷오프(cut-off)전류가 흐르는 점화 출력단계 그리고 특정한 저항값과 인덕턴스(inductance)를 가진 1차코일이 결합하여 점화코일의 자장에 저장되는 에너지(W_{st}[J])를 결정한다. 1차 인덕턴스(L_1[H=Vs/A])는 수 mH(mili henry)에 지나지 않는다. 점화 스위치가 열리는 순간, 점화코일에 흐르는 전류를 i_1[A]라고 하면, 1차코일에 저장되는 에너지는 다음 식으로 표시된다.

$$W_{st} = \frac{1}{2} \cdot L_1 \cdot i_1^2 \text{ [J]} \qquad \cdots\cdots (7\text{-}4)$$

여기서 W_{st} : 저장 에너지 [J]
L_1 : 1차코일의 인덕턴스 [H](=V·S/A)
i_1 : 점화스위치(단속기 접점)가 열리는 순간, 배전기에 흐르는 전류 [A]

1차 인덕턴스와 1차저항은 저장 에너지를 결정하고, 2차 인덕턴스는 2차전압과 스파크 특성을 결정한다. 유도전압, 스파크 전류, 그리고 스파크 지속기간은 저장 에너지와 2차 인덕턴스에 따라 변화한다. 회전속도가 증가할수록 점화 스위치가 닫혀있는 시간이 단축되어 1차전류가 감소하여 결과적으로 2차코일에 발생하는 전압이 낮아진다. 따라서 고속에서도 일정한 수준의 고전압을 얻기 위해서는 1차전류가 빠른 속도로 제한수준까지 상승하도록 하여야 한다. 이를 위해서 1차코일의 전기저항과 철심(core)의 자기저항(magnetic resistance)을 감소시키거나 1차코일의 권수를 적게 하는 방법 등을 고려한다.

식(7-5)에서 시정수(τ) 값이 작을수록 1차전류의 증가속도가 빠르게 된다.

$$\tau = \frac{L_1}{R_1} \quad \cdots\cdots (7\text{-}5)$$

여기서 τ : 시정수 [s] L_1 : 1차코일의 인덕턴스 [H](= Ω · s)
R_1 : 1차코일의 저항 [Ω]

여기서 1차 유도전압을 낮추기 위해서는 1차코일의 권수를 적게 하여야 한다. 그러나 1차코일의 권수를 적게 하면 1차코일의 인덕턴스가 감소하여 2차전류가 감소하게 되므로 1차전류를 크게 하거나 권수비를 높게 하여야 한다.

1차전류를 크게 하기 위해서는 1차코일의 저항을 감소시켜야 한다. 그러나 1차전류가 커지면 1차코일에 열이 많이 발생하여 코일의 저항이 증가하게 되어 결국은 2차전압이 낮아지게 된다. 따라서 1차코일 자체의 저항을 줄이는 대신에 점화코일 외부의 1차회로 내에 별도로 1~2Ω 정도의 1차저항을 설치하여 코일의 온도상승을 방지하는 방법을 주로 이용한다. 그러나 기관을 시동할 때는 시동모터가 전류를 소비하기 때문에 축전지 전압이 낮아지므로 점화전압과 점화에너지가 모두 강하한다. 따라서 시동시 1차전류는 1차저항을 바이패스(bypass)하여 코일에 직접 공급되도록 한다.

2차코일은 필요에 따라 전압 정점(peak), 스파크 전류 그리고 스파크 지속기간을 확보하도록 설계할 수 있다. 점화코일은 2차 전압(25~40kV)에 따라 대략 60~120mJ 정도의 점화에너지를 저장할 수 있도록 설계된다. (* 1mJ=1Ws)

점화할 때 점화코일의 2차전압은 대략 사인곡선 형태로 상승하며, 상승률은 점화코일 고압 측의 용량성 부하(capacitive load)에 의해 결정된다. 2차전압은 점화플러그에서 불꽃이 발생하는 순간에 가장 높다. 그다음 과정은 앞에서 설명한 바와 같다.

1. 점화코일의 1차코일과 2차코일

(1) 1차 코일(primary winding)

절연된 직경 0.5~1.0mm 정도의 구리선으로 권수(卷數; number of windings)는 100~500으로 아주 적다. 권수가 적으므로 코일의 인덕턴스가 작다. 또 권선의 길이가 짧고, 단면적이 넓어서 옴(ohm)저항(R= 0.3Ω ~ 2.5Ω)이 작으므로, 많은 전류가 흐를 수 있다. 결과적으로 인덕턴스와,

옴저항이 작아서 자기장이 빠르게 형성되며, 이에 비례하여 1차코일의 에너지 밀도는 높아진다.

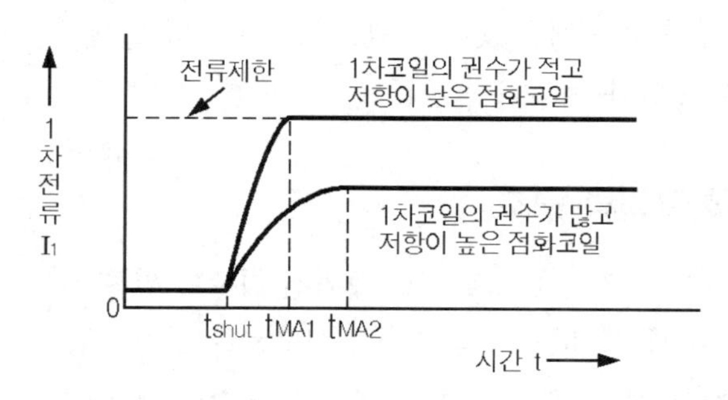

그림 7-11 점화코일의 종류에 따른 1차전류의 변화

(2) 2차코일

절연된, 직경 0.05~0.1mm 정도의 가는 구리선으로 권수(卷數; number of windings)는 15,000~30,000으로 아주 많다. 권수가 많으므로 코일의 인덕턴스가 크다. 또 권선의 길이가 길고, 단면적이 좁아서 옴(ohm)저항($R = 5\mathrm{k}\Omega \sim 20\mathrm{k}\Omega$)이 크다.

혼합기의 안전한 점화를 보장하기 위해서는 최소 6mJ(mWs)의 점화에너지가 필요하다. 그러나 실제로는 점화코일의 총 점화에너지 약 120mJ(mWs)까지로 설계한다. 필요한 양보다 많은 에너지를 저장할 수 있도록 설계하는 이유는 저장된 에너지의 극히 일부만이 연료/공기 혼합기의 점화에 이용되기 때문이다. 또한, 연료/공기 혼합기의 점화는 모든 상황에서 예를 들면 점화장치의 성능이 약한 경우에도 보장되어야 하기 때문이다. 점화 2차전압은 시스템에 따라 25,000~40,000V 범위이다.

2. 싱글-스파크(single-spark : Einzelfunken) 점화코일

실린더 수가 홀수인 기관에서는 이 형식이 필수이며, 짝수인 기관에도 사용할 수 있다. 실린더마다 1차코일과 2차코일이 함께 집적된 전용 점화코일이 배정되며, 이 점화코일은 직접 점화플러그에 설치된다.

점화불꽃의 발생은 배전 논리회로를 갖춘 출력모듈에 의해 1차전압 측에서 이루어진다. 출력모듈은 크랭크축 센서가 제공하는 신호와 1번 실린더의 압축 TDC센서(캠축센서)가 제공하는 신호에 근거하여 1차코일을 점화순서에 따라 'ON/OFF'한다.

완전 전자점화장치에 싱글-스파크 점화코일을 사용할 경우, 실린더 선택적 노크제어를 적용할 수 있다는 장점이 있다. 1번 실린더 압축 TDC센서(캠축센서)가 어느 실린더가 압축 상사점인지를 알고 있으므로 노크가 발생하는 실린더의 식별이 가능하다. 그리고 실린더별로 점화시기를 제어할 수 있는 제어회로와 출력 단계를 갖추고 있으므로 노크가 발생하는 실린더만을 선택적으로 점화시기를 지각시킬 수도 있다.

(1) 싱글-스파크 점화코일의 구조

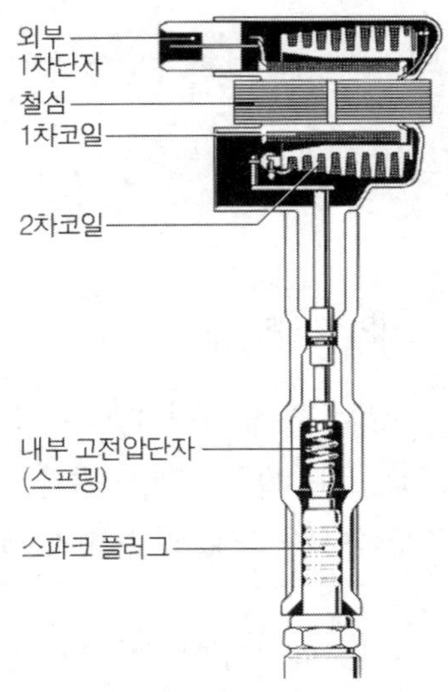

그림 7-12 싱글-스파크 점화코일

금속 케이스 안에 절연유 또는 아스팔트로 채워진 기존의 원통 케이스형 점화코일은 에폭시-수지(epoxy-resin)를 사용하는 코일로 대체되었다. 이는 기하학적 형상, 형식, 그리고 중심전극 수의 선택 자유도가 클 뿐만 아니라 크기가 작고, 내진동성이 우수하고 가볍다는 점이 특징이다.

발열의 근원인 1차코일은 열전도도를 개선하고 재료(구리선)를 절약할 목적으로 원통형 점화코일에서와는 반대로 철심(core)에 가깝게 설치하고, 철심을 대기에 노출시켰다.

2차코일은 흔히 디스크 코일 또는 샌드위치 코일의 형태로 제작하며, 이때 코일은 일련의 세그먼트(segment) 속에 분산되어 있으며, 세그먼트는 1차코일의 바깥쪽에 자리 잡고 있다. 절연부하는 각 세그먼트의 절연재료에 균일하게 분산되며, 고전압에 대한 절연능력이 우수하므로 크기를 작게 설계할 수 있다. 따라서 코일 층 사이에 삽입되는 절연지 또는 절연필름을 절약할 수 있게 되었다. 그리고 코일의 고유 정전용량(self capacitance)도 감소되었다.

사용한 합성재료는 고전압이 흐르는 모든 부품과 모든 모세관 공간에 침투하는 에폭시-수지 간의 접착을 좋게 한다. 철심은 때로는 합성수지 몰딩 속에 묻혀있다.

점화코일에는 단자1(1차전류 ON/OFF 스위치), 단자15(전원) 그리고 단자4a(점화플러그와 연결), 단자4b(실화감시용, 저항 R_M 을 통해 접지됨)가 있다.

(2) 고전압의 발생

점화불꽃은 배전논리회로를 갖춘 점화출력단계 또는 파워모듈(power module)에 의해 1차측에서 트리거링된다. ECU는 크랭크축센서(TDC센서)와 캠축센서(1번 실린더 압축 TDC센서) 신호에 근거하여, 점화시기에 따라 정확한 시점에 1차코일을 차례로 'ON/OFF'한다.

전기적인 설계 구조상 점화코일은 자장을 아주 빠르게 형성한다. 이는 자장이 형성되는 초기 즉, 1차전류를 스위치 ON할 때 이미 제어되지 않은 1~2kV의 (+)고전압 펄스를 발생시킬 수 있다. 이 (+)고전압 펄스는 점화플러그에 원하지 않는 조기점화를 유발할 수 있으므로, 점화코일의

2차회로에 고전압 다이오드를 설치하여 이를 차단한다.

자장이 형성될 때, 접지전극으로부터 중심전극(단자 4a)으로 불꽃이 건너 튄다. 그러나 다이오드가 이 방향으로 불꽃이 건너 튀는 것을 방지한다. 자장이 소멸되는 때에는 중심전극(단자 4a)으로부터 접지전극으로 강한 불꽃이 건너 튀게 된다. 다이오드가 전류 I_2의 통전방향으로 결선되어 있기 때문이다.

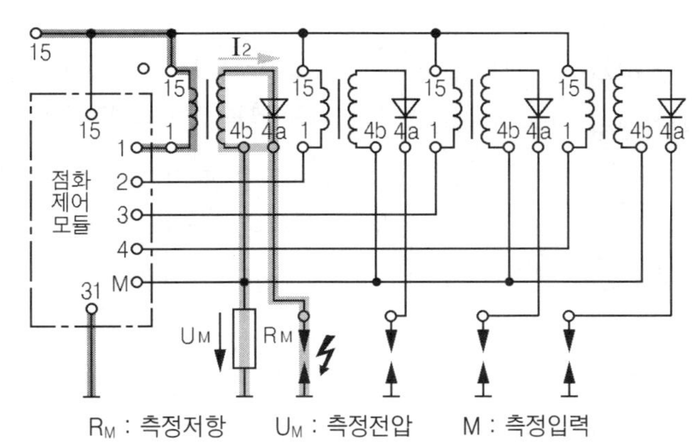

그림 7-12 싱글-스파크 점화코일 시스템

3. 듀얼-스파크(dual-spark : Zweifunken) 점화코일

듀얼 스파크 점화코일은 실린더 수가 짝수인 기관에만 사용할 수 있다. 1사이클에 각 점화플러그에서 불꽃이 2회 발생하므로, 싱글-스파크 점화코일과 비교해 점화플러그의 열부하가 증대되며, 전극의 마모도 더 빠르다.

(1) 단순 듀얼-스파크 점화코일

단순 듀얼-스파크 점화코일에는 1, 2차코일이 각각 1개씩 있다. 2차코일은 전기화학적으로(galvanically) 1차코일과 절연되어 있으며, 출력단자가 2개(4a, 4b)이다. 2개의 고전압 단자에는 각각 별개의 점화플러그가 배정되어 있다. 그러므로 4기통 기관에는 2개, 6기통 기관에는 3개의 듀얼-스파크 점화코일이 필요하다.

1차전류는 ECU가 제어하며, 점화시기는 싱글-스파크 점화코일에서와 같은 방법으로 제어한다. 1차전류를 스위치 'OFF'하였을 때, 2개의 점화플러그에서 동시

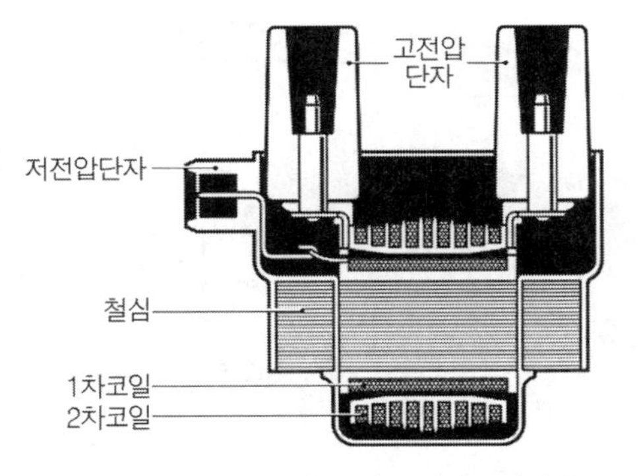

그림 7-13 듀얼-스파크 점화코일의 구조

에 불꽃이 발생하는데, 이때 1개의 불꽃은 압축행정 말기에 해당하는 실린더에서, 다른 1개의 불꽃은 배기행정 말기에 해당하는 실린더에서 발생한다(예; 4기통 기관에서 1-4, 2-3 실린더에서 동시에). 이때 압축행정 말기에 해당하는 실린더에서의 전압(주 스파크 전압)은 배기행정 말기에 해당하는 실린더에서의 전압(보조 스파크 전압)과 비교해 현저하게 높다. 이유는 압축행정 말기에는 배기행정 말기와 비교해 점화플러그의 두 전극 사이에 절연성 가스분자가 훨씬 많이 존재하기 때문이다. 따라서 압축행정 말기의 실린더에서 점화불꽃을 발생시키기 위해서는 높은 전압이 필요하다.

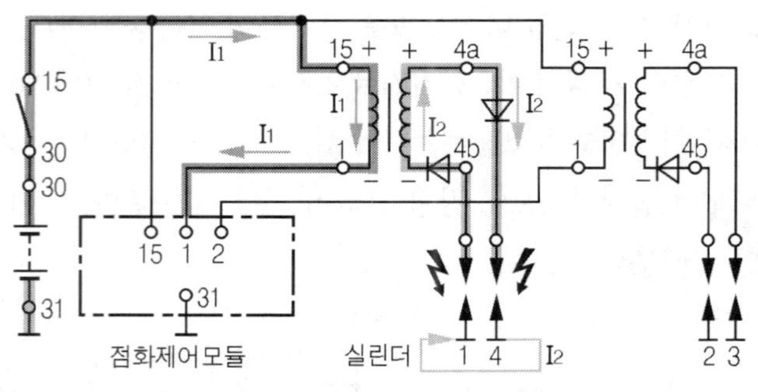

그림 7-14a 듀얼-스파크 점화코일 시스템의 회로

또 2차코일에 설정된 전류방향 때문에 점화불꽃은 1개의 점화플러그에서는 중심전극에서 접지전극으로, 다른 1개의 점화플러그에서는 반대로 접지전극에서 중심전극으로 건너뛴다. 오실로스코프 화면에서 예를 들면 1번 실린더의 주 불꽃이 (−)극성이면, 4번 실린더의 보조 불꽃은 (+)극성이 된다.

점화코일의 형식에 따라, 이 형식의 점화장치에서는 1차전류 스위치 'ON'할 때 발생하는 유도전류로 인한 불꽃을 방지할 목적으로 별도의 대책을 강구할 필요가 있을 수 있다.

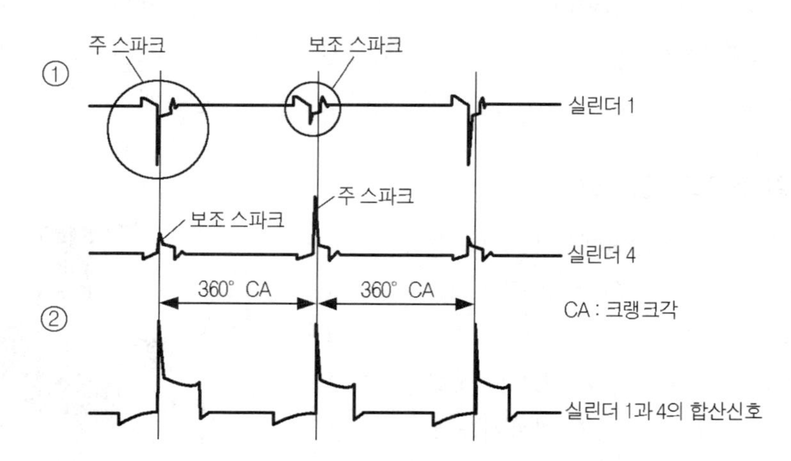

그림 7-14(b) 듀얼-스파크 점화코일의 오실로스코프(2차 전압)

(2) 더블-이그니션(double ignition)

이 점화장치에서는 실린더마다 2개의 점화플러그가 사용된다. 듀얼-스파크 점화코일을 사용하는 경우에는 1개의 점화코일에 연결된 2개의 점화플러그는 각기 점화시기가 크랭크각으로 360° 옵셋(offset)된 실린더에 설치된다. 예를 들어 점화순서가 1-3-4-2일 경우, 점화코일 1과 점화코일 4는 각각 처음에는 실린더 1에서 주 점화불꽃을, 실린더 4에서 보조 점화불꽃을 발생시키고, 크랭크각으로 360° 회전한 다음에는 실린더 1에서 보조 점화불꽃, 실린더 4에서 주 점화불꽃을 발생시키게 된다. 이 시스템의 경우, 부하와 회전속도에 따라 2개의 점화코일의 점화시기를 크랭크각으로 약 3~15° 시차를 두고 제어할 수 있다. 1개의 실린더에 2개의 점화플러그를 사용하는 더블-이그니션은 완전하면서도 빠른 연소를 목표로 하며, 따라서 배기가스의 질을 개선할 수 있다.

(3) 4-스파크 점화코일(4-spark ignition coil)

4기통 기관용으로 개발되었으며 듀얼-스파크 점화코일 대신에 사용된다. 4-스파크 점화코일에는 1차코일이 2개이며, 이들은 각각 별도의 출력단계에 의해 제어된다. 반대로 2차코일은 1개이며, 2차코일의 양단에는 각각 2개씩의 출력단자를 가지고 있으며, 각 출력단자에는 다이오드가 서로 반대로 설치되어 있다. 이들 출력단자가 4개의 점화플러그에 연결된다.

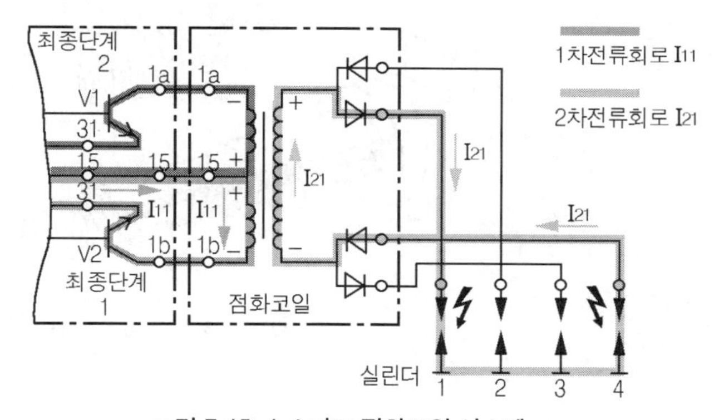

그림 7-15 4-스파크 점화코일 시스템

즉, 2개의 듀얼-스파크 점화코일이 1개의 하우징 안에 집적된 형식으로 생각할 수 있다. 그러나 각 코일은 서로 독립적으로 작동하며, 설치와 연결이 간단하다는 장점이 있다. 그리고 점화코일에 점화 최종출력단계를 집적시키면 1차선의 길이를 짧게 할 수 있으므로 전압강하를 줄일 수 있다. 이 외에도 출력 단계의 손실에 의한 ECU의 가열을 방지할 수 있다.

4. 다중 점화(Multiple ignition : Mehrfachzündung)

다중 점화란 1개의 점화플러그가 압축행정 말기에 여러 번 연속적으로 점화불꽃을 발생시키는 것을 말한다. 이 점화기능은 특히 시동할 때와 회전속도가 낮을 때 이용한다. 이를 통해 예를 들면 냉시동할 때와 같이 점화가 매우 어려운 혼합기를 확실하게 점화시키고, 가능한 한 퇴적물이 생성되지 않도록 한다. 연속적으로 7회까지 불꽃을 생성할 수 있다.

이유는 다음과 같다.

① 저속(예 : $1300min^{-1}$)에서 자장을 여러 번 형성하는데 충분한 시간을 확보할 수 있다.

② 사용된 점화코일의 인덕턴스가 작으므로 자장의 급격한 형성이 가능하다.

③ 1차코일이 아주 큰 1차전류를 허용한다.

④ 1회의 점화불꽃 지속기간은 0.1ms~0.2ms 범위이다.

⑤ 점화불꽃을 ATDC 20°까지 발생시킬 수 있다.

실제로 1회의 동력행정에 몇 번 불꽃을 발생시켜야 할지는, 특히 축전지 전압에 달려있다. 축전지 전압이 높으면 높을수록 자장의 형성이 촉진되고 따라서 1회의 동력행정에 여러 번 불꽃을 발생시킬 수 있다. → 다중점화 기능은 주로 저속영역에서 활용한다.

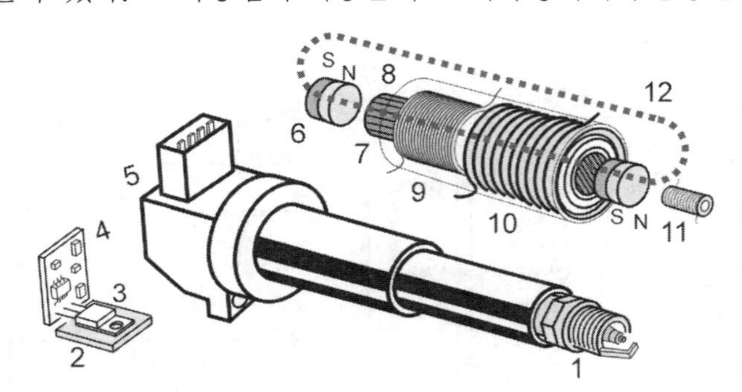

그림 7-16a 연필형 스마트 점화코일의 구조

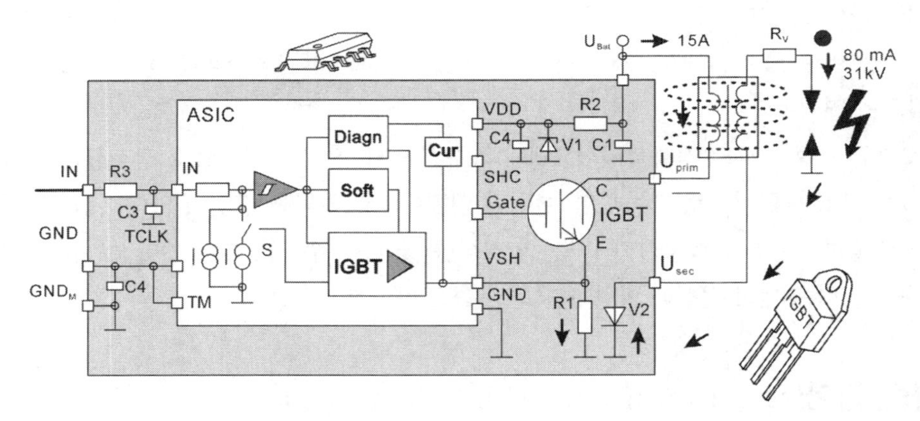

ASIC : Application Specific Integrated Circuit
IGBT : Insulated Gate Bipolar Transistor
SMD : Surface Mounted Device
V2 : Protection against switch on spark
R1 : Limited the primary current with max.15A
Soft : Soft-shut-down in case of failure

그림 7-16b 연필형 스마트 점화코일의 회로도

5. 고전압 케이블(high tension cable : Hochspanngugszündkabel)

고전압 케이블은 점화코일에서 배전기로, 배전기에서 각 점화플러그로 또는 점화코일에서 스파크 플러그로 직접 고전압을 전달한다. 중심부의 도선(導線)을 고무로 절연하고 그 표면을 간섭방지 처리한 형태가 주로 사용된다.

중심부의 도선으로는 가는 구리선을 여러 겹 꼬아서 만들거나 아마(亞麻) 섬유에 탄소를 스며들게 하여 일정한 저항(약 5kΩ/m~6kΩ/m)을 가진 케이블을 주로 사용한다.

아마(亞麻) 섬유에 탄소를 스며들게 한 저항 케이블은 최대 약 10,000Ω 정도의 저항이 들어있으며, 절연율이 약 65% 이하로 낮아지면 반드시 교환해야 한다.

참고도 : 기계식 배전기의 구조

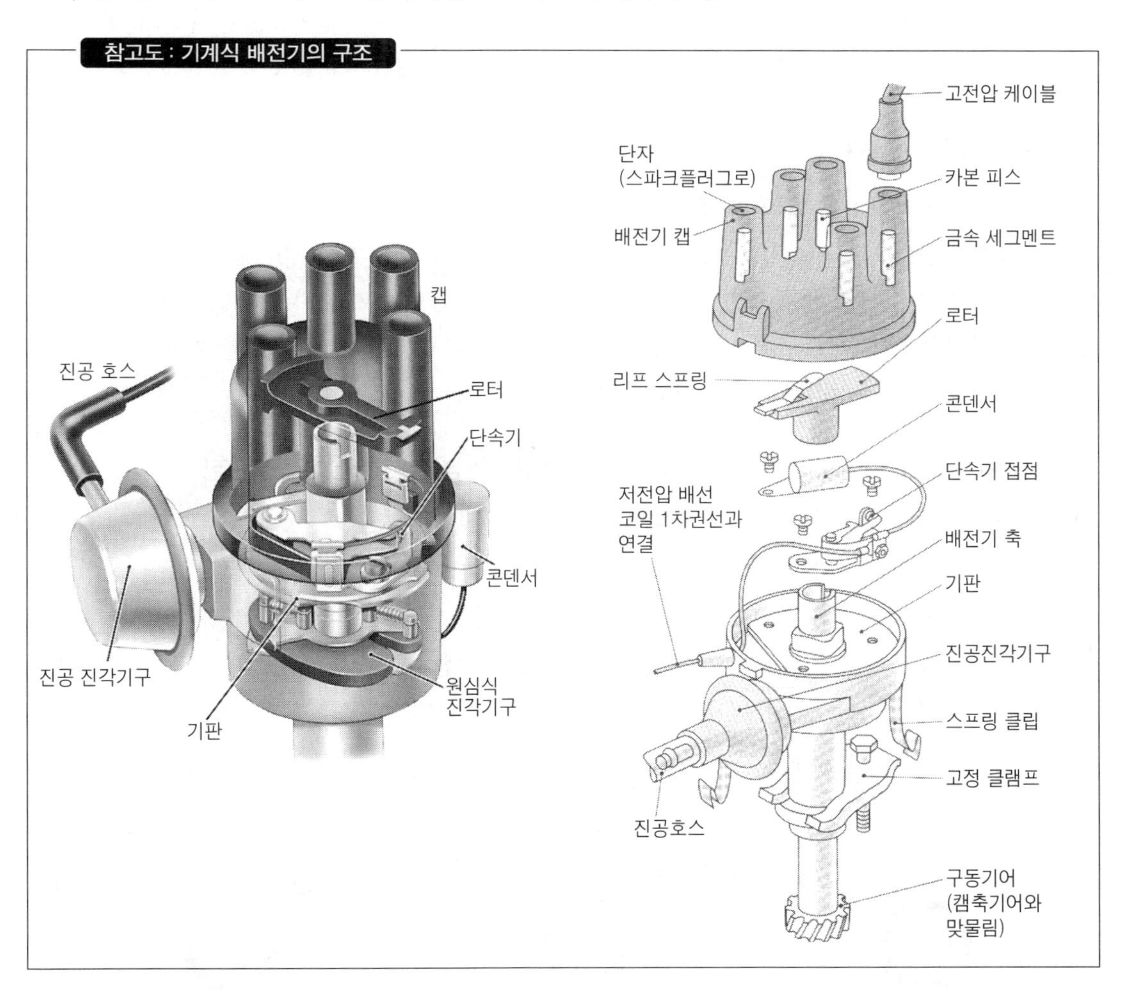

제4절 점화장치 제어
(Electronic Control of Ignition Systems)

1차전류 단속(ON/OFF)과 제한, 드웰각, 점화시기 및 노크제어 외에도 실화감지, 자기진단, 비상운전, 그리고 다른 장치들에 대한 간섭기능 등이 있다. 예를 들어 공회전속도가 기준값 이하로 낮아지면 점화시기를 진각하여, 원하는 규정속도로 기관의 회전속도를 상승시킬 수 있다.

1. 1차전류의 스위칭

점화불꽃을 생성하는 고전압을 유도하기 위해서는 점화코일의 1차전류를 빠르게 단속(斷續; ON/OFF)해야 한다. 1차전류를 단속(ON/OFF)하는 방법은 기계식 단속기(contact breaker) → 홀센서와 유도센서를 이용한 펄스 발생기와 트리거 박스(trigger box; 점화모듈)를 거쳐서, 완전 전자식으로 발전하였다. 모트로닉(Motronic)이 도입되면서 혼합기 형성과 점화를 함께 하나의 ECU로 제어하는 완전 전자점화장치가 일반화되었다.

(1) 기계식 단속기(mechanical contact breaker)를 이용한 1차전류 스위칭

전통적인 기계식 배전기와 단속기는 다음과 같은 이유로 대체되었다.

① 1차전류를 최대 5A까지만 스위칭할 수 있다.

② 접점의 마모(소손)가 심하다.

③ 필요한 횟수의 단속(ON/OFF) 작업을 기계적으로 수행해야 한다.

④ 단속(ON/OFF) 시점을 정확하고 충분하게 유지할 수 없다.

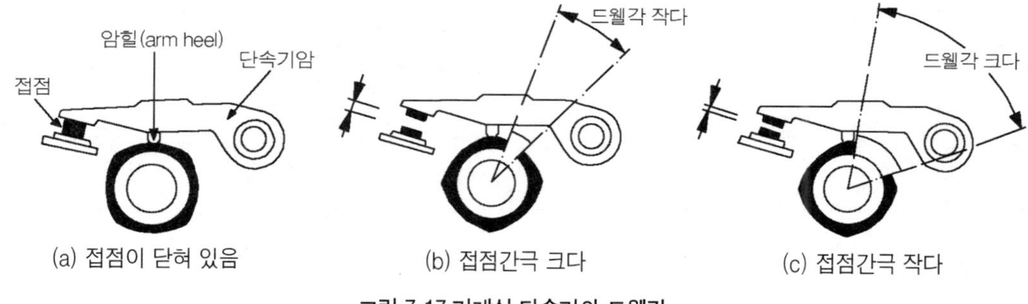

그림 7-17 기계식 단속기와 드웰각

(2) 무접점식 트랜지스터 점화장치에서 1차전류의 스위칭

기계식 단속기를 더는 사용하지 않으므로 고속에서의 채터링(chattering) 현상이나 접점의 마모에 의한 점화시기의 변화가 없다. 따라서 배전기에 다른 기계적 이상이 없는 한, 기관의 부하와 회전속도에 따라 정확한 점화시기를 보장할 수 있다.

점화펄스 발생기는 제어펄스를 발생시킨다. 그리고 이 제어펄스는 트리거 박스에 전달되어 정해진 점화시기에 1차전류를 단속시켜 2차 측에 고전압을 유도, 점화불꽃(spark)을 발생시킨다. 점화펄스 발생기로는 주로 홀센서와 유도센서를 이용한다.

① 홀(Hall) 센서를 이용하는 트랜지스터 점화장치

홀센서는 홀 효과(Hall effect)를 이용한 전자스위치로써 점화펄스 발생기로 이용된다.

배전기에 사용되는 홀센서의 구조는 그림 7-18과 같다. 특히 트리거(trigger) 휠에는 기관의 기통수에 해당하는 베인(vane)이 가공되어 있으며, 베인의 폭(W)에 따라 최대 드웰각이 결정된다. 배전기축이 회전하면 트리거 휠도 같은 속도로 회전한다. 이때 트리거 휠의 베인이 영구자석과 홀 반도체 사이의 공극에 진입하면 자력선은 차단되고, 베인(W)이 공극을 벗어나면 자력선은 다시 홀 반도체에 영향을 미친다. 공극에 장해물(베인)이 없을 때, 홀 반도체는 자속의 영향을 받는다. 홀 반도체에 작용하는 자속밀도가 가장 높을 때, 홀 전압(U_H)도 가장 높다.

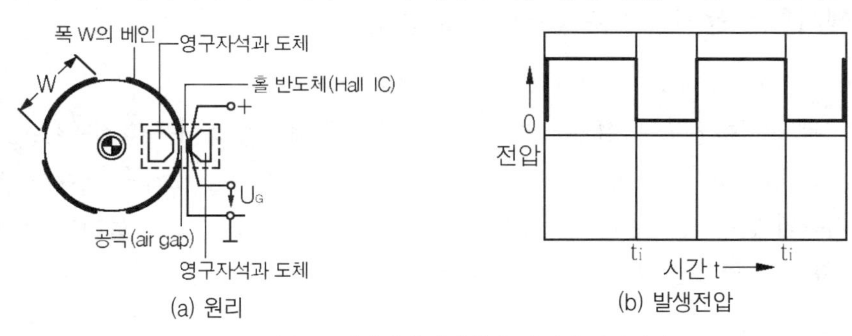

(a) 원리 (b) 발생전압

그림 7-18 배전기에 설치된 홀 센서와 발생전압

트리거 휠의 베인(vane) 중의 하나가 공극에 진입하면 자속의 대부분은 베인에 작용하고 홀 반도체에는 거의 도달되지 않는다. 이때 홀 반도체에 작용하는 자속밀도는 실제로 무시해도 좋을 만큼 낮으며, 따라서 홀 전압(U_H)은 최저수준이 된다.

생성된 홀전압(U_H)을 증폭, 구형파 전압으로 변환해야 한다. 그리고 위상을 반전시키면 센서전

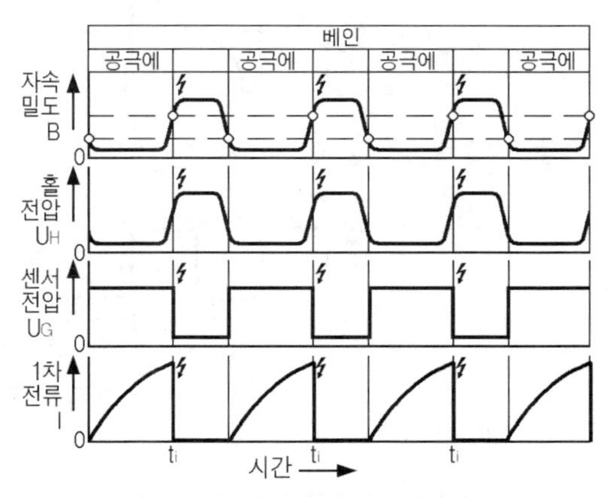

그림 7-19 홀 센서의 펄스 변환과정

압(U_G)이 된다. → 센서전압(U_G).

> 베인이 공극을 벗어나면 홀 반도체에는 다시 자력선이 작용하여 홀 전압이 발생한다. 그리고 홀 반도체에 전압이 발생하는 순간에 트리거 박스에서는 점화펄스가 생성된다.

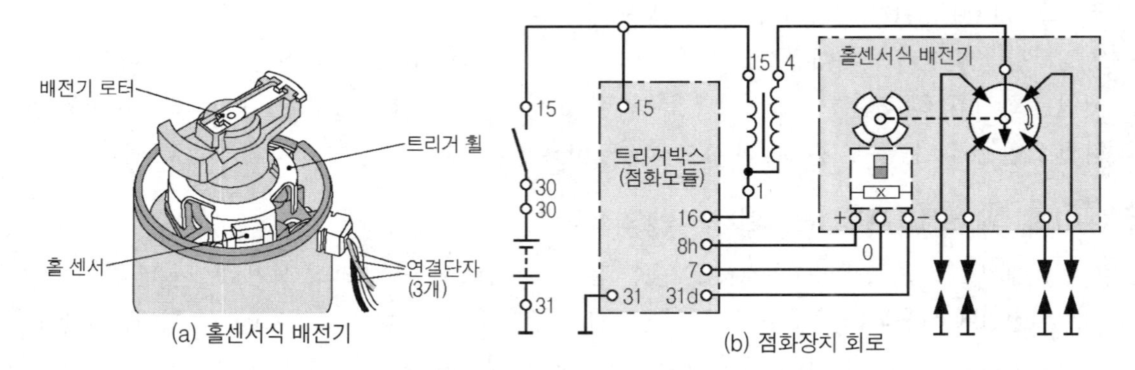

그림 7-20 홀센서가 장착된 트랜지스터 점화장치

홀 센서는 ECU의 단자 8h(+) 및 31d(−)를 통해 전원을 공급받는다. 센서전압(U_G)은 센서의 단자 0으로부터 ECU의 단자 7로 들어간다. 단자 31d는 홀 센서와 트리거박스의 공통 기준접지이다.

② 유도센서를 이용하는 트랜지스터 점화장치

유도 센서를 장착한 배전기의 원리는 그림 7-21과 같다.

영구자석과 코일이 감긴 철심이 스테이터를 형성하며, 배전기 축에는 펄스생성용 로터(rotor)가 설치된다. 그리고 스테이터(stator)를 형성하는 철심과 펄스생성용 로터는 자화가 잘되는 금속이며, 각각 기관의 실린더 수에 해당하는 뾰쪽한 돌기를 가지고 있다. 로터 돌기와 스테이터 돌기가 서로 마주 볼 때의 공극은 약 0.5mm 정도이다.

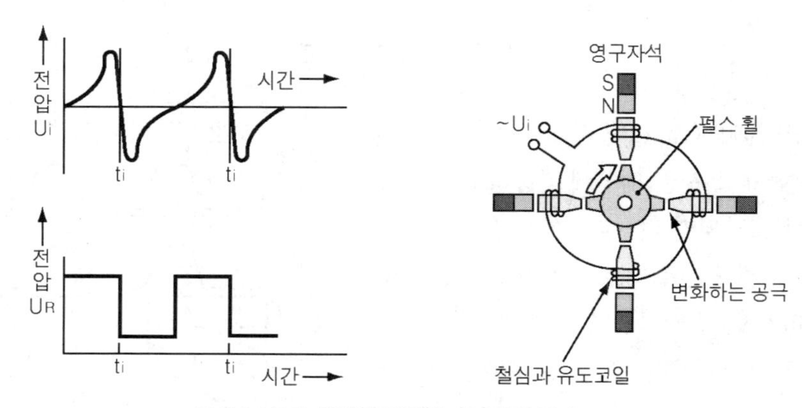

그림 7-21 유도 센서를 장착한 배전기의 원리

유도센서(inductance sensor)는 일종의 발전기이다. 배전기 축이 회전함에 따라 로터 돌기와 스테이터 돌기 사이의 공극이 변화한다. 공극의 변화에 대응하여 자속이 정기적으로 변화하면 유도코일에 교류전압이 유도된다(그림 7-22(a) 참조). 전압 정점(voltage peak)은 기관의 회전속도에 따라 변화한다. 저속에서는 약 0.5V, 고속에서는 약 100V 정도가 유도되면, 이 교류전압의 주파수는 점화불꽃 발생률(sparking rate)과 일치한다.

주파수는 4행정기관의 경우, 식(7-6)으로 구한다.

$$f = \frac{z \cdot n}{2} \quad \cdots\cdots (7\text{-}6)$$

여기서 f : 주파수 또는 스파크율 z : 실린더 수 n : 기관 회전속도[min^{-1}]

최대 (+)전압은 로터 돌기와 스테이터 돌기가 마주보기 직전에, 최대 (−)전압은 로터 돌기와 스테이터 돌기가 서로 마주 보다가 멀어지는 순간에 유도된다. 2개의 돌기가 서로 마주 보고 있을 때는 자속은 변화하지 않는다. 따라서 이 순간에는 전압이 유도되지 않는다. 트리거박스(trigger box)의 형식에 따라 전압이 0이 되기 직전 또는 직후에 점화코일의 전압을 트리거링(triggering)한다. 유도센서는 트리거박스를 통해 부하를 받게 되는데, 이 기간에는 (−)반파 상에서 전압함몰이 발생한다. (그림 7-21 좌측 그림 참조)

그림 7-22(b)에서 단자 7과 31d 사이의 센서전압이 양(+)으로 상승하면, 트리거박스의 출력단계는 통전된다. 즉, 1차전류가 흐르게 된다. 트리거박스 내의 파워-트랜지스터(power transistor)가 도통되는 시점은 추가로 드웰각제어의 영향을 받는다. 회전속도가 증가함에 따라 드웰각도 커진다. 센서전압이 (−)이면 트리거박스의 출력단계는 차단된다. 즉, 1차전류는 차단되고 점화가 트리거링된다. 유도센서용 트리거박스는 단자 7이 유도센서의 출력신호단자이고 단자 31d가 유도센서와 트리거박스의 공통 기준접지이다.

개발이 계속됨에 따라 간단한 트리거박스에 추가로 여러 가지 기능들이 부가되어 이제는 복잡한 ECU가 되었다.

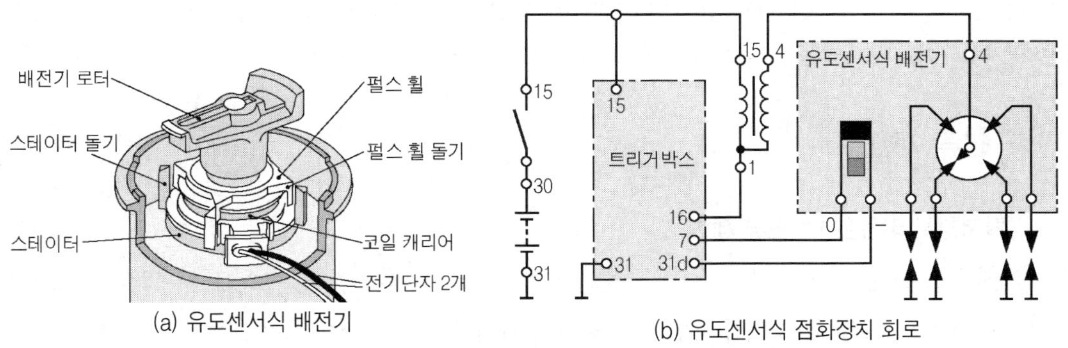

(a) 유도센서식 배전기
(b) 유도센서식 점화장치 회로

그림 7-22 유도센서가 장착된 트랜지스터 점화장치

(3) 완전 전자 점화장치에서 1차전류 스위칭

모트로닉(Motronic)의 도입과 함께 혼합기 형성과 점화를 하나의 공통 제어유닛(ECU; electronic control unit)으로 제어한다. 완전 전자 점화장치에서는 1차회로를 점화 출력단계에서 제어한다. 점화 출력단계는 제어유닛에 의해 제어되는 트랜지스터 스위칭회로를 의미한다. 점화 출력단계를 제어유닛으로부터 분리해서 점화코일에 설치하기도 한다. 이유는 많은 양의 열이 발생하기 때문이다.

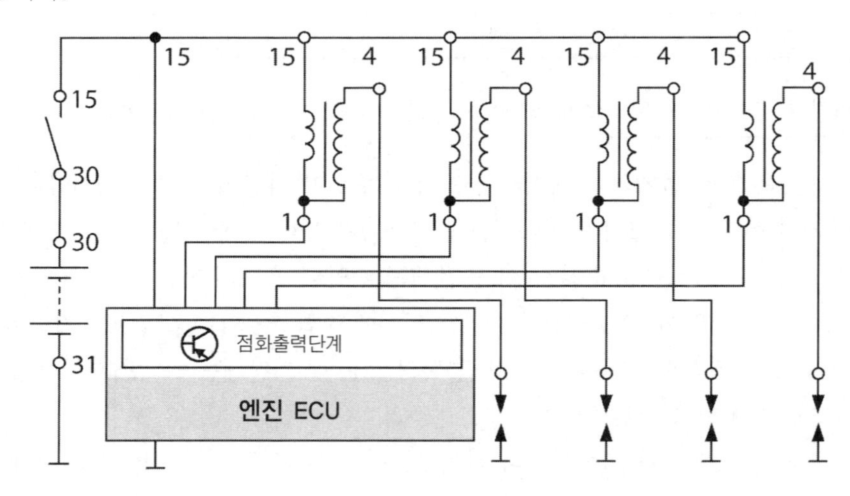

그림 7-23 모트로닉에 의해 스위칭 되는 점화코일

2. 1차전류의 제한과 드웰각 제어

1차전류의 크기가 본질적으로 점화코일의 자기장 형성에 필요한 시간과 점화불꽃으로 전달할 수 있는 에너지의 양을 결정한다. 이러한 이유에서 가능한 한 많은 전류를 흐르게 해야 한다. 반면에 1차코일에 흐르는 전류의 양이 많아지면, 점화코일에서 열이 많이 발생하며, 심하면 파손에 이르게 되므로 너무 많이 흐르지는 않아야 한다. 이 위험은 특히 회전속도가 낮고, 드웰각이 큰 경우에 발생한다. 따라서 1차전류를 조정하기 위한 다양한 방법을 이용한다.

(1) 1차 전류 제한

① 직렬저항을 이용한 1차전류 제한

1차전류를 크게 하기 위해서는 1차코일의 저항을 감소시켜야 한다. 그러나 1차전류가 커지면 1차코일에 열이 많이 발생하여 코일의 저항이 증가하게 되어 결국은 2차전압이 떨어지게 된다.

따라서 접점식 점화장치와 트랜지스터 점화장치에서는 1차코일 자체의 저항을 줄이는 대신에 점화코일 외부의 1차회로에 별도로 1～2Ω 정도의 직렬저항을 설치하여 코일의 온도상승을 방지하는 방법을 주로 이용한다. 그러나 기관을 시동할 때는 기동전동기가 전류를 소비하므로 축전지 전압이 낮아져서 점화전압과 점화에너지가 모두 낮아진다. 따라서 시동할 때는 1차전류가 1차저항을 우회(bypass)하여 코일에 직접 공급되도록 한다.

② 전자적으로 1차전류 제한

1차전류를 가능한 한 빠르게 상승시키고 자장을 급속히 형성하기 위해서, 1차코일의 허용 최대전류가 약 30A 정도까지 가능하도록 설계한다. 그러나 30A 정도의 높은 전류가 흐르면 점화 출력단계의 파워트랜지스터는 물론이고 점화코일은 열부하 때문에 곧바로 파손되게 된다.

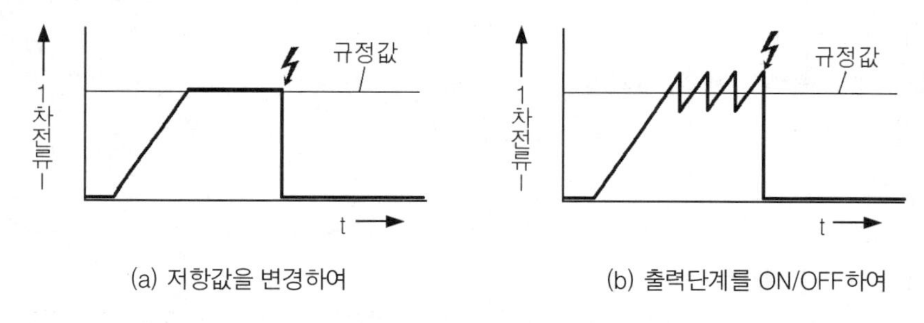

(a) 저항값을 변경하여 (b) 출력단계를 ON/OFF하여

그림 7-24 1차전류 제한 방법

따라서 1차전류가 규정값(약 10～15A)에 도달하면, 전류제한 기능이 활성화되어 1차전류를 규정값 이하로 제한한다. 트리거박스(제어유닛)에 들어있는 점화 출력단계(파워트랜지스터)가 자신의 저항을 증가시키거나, 1차전류의 ON/OFF을 반복하여 1차전류를 제한한다.

1차전류의 ON/OFF를 반복하여 1차전류를 제한하는 방식에서는, 저속 2차 파형에서 전류제한 기능을 육안으로 확인할 수 있다. 1차코일의 ON/OFF을 반복하면 1차코일의 자기장에 미세한 변화가 발생하며, 이 변화는 2차 파형에 리플(ripple)로 나타난다.

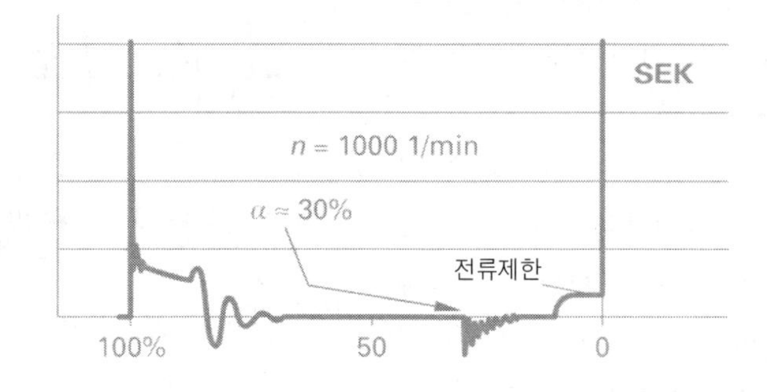

그림 7-25 1000min⁻¹에서 ON/OFF 반복으로 1차전류를 제한하는 방식의 2차 파형(예)

③ 1차전류 차단

시동 스위치 'ON' 상태에서 기관이 정지했을 경우, 점화장치는 과도한 열부하를 받게 된다. 트리거박스에 점화펄스가 입력되지 않으면, 수 초 후에 1차전류를 자동으로 차단하여 과열을 방지한다.

기관이 허용 최고회전속도를 초과해도, 파워트랜지스터가 트리거링되지 안할 수 있다. 즉, 더는 점화불꽃이 생성되지 않도록 하여, 최고회전속도를 제한할 수 있다.

(2) 드웰각 제어

① 피드백 기능이 있는 드웰각 제어

피드백 기능이 있는 드웰각 제어에서는 ECU에 드웰각 제어 특성도가 입력되어 있다. 드웰각은 축전지 전압과 기관의 순간 회전속도에 따라 변화한다.

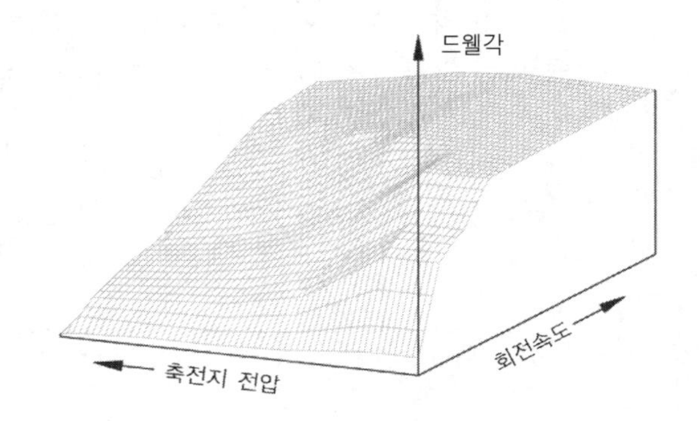

그림 7-26 드웰각 특성도(축전지전압과 회전속도의 함수로)

전압이 낮으면서 회전속도가 높은 경우에는 충분한 1차전류를 확보하기 위해 드웰각을 크게 해야 한다. 전압이 높고 회전속도가 낮은 경우에는 점화코일의 열부하를 방지하기 위해 드웰각을 작게 해야 한다. 1차코일의 저항이 증가하는 경우 또는 전압이 강하하는 경우는 드웰각을 추가로 크게 해야 한다.

② 피드백 기능이 없는 드웰각(dwell angle) 제어

피드백(feed back) 기능이 없는 드웰각 제어에서는 드웰각이 회전속도에 전자적으로 비례한다. 즉, 1차코일에 전류가 흐르는 시간은 거의 일정하게 유지된다. 이 경우에는 드웰각이 너무 크면, 1차전류도 너무 높은 수준에 도달하게 된다.

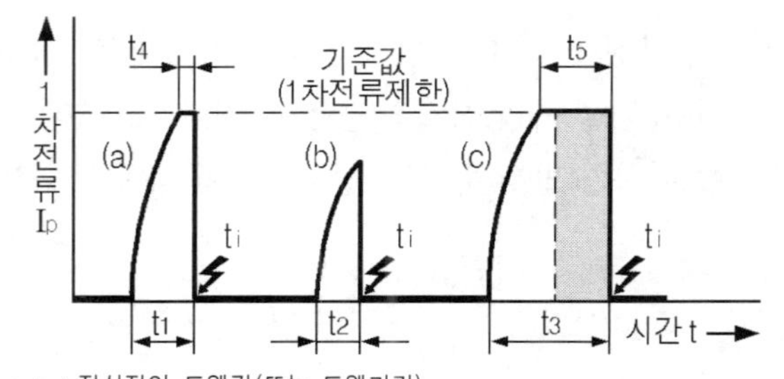

t_1 : 정상적인 드웰각(또는 드웰기간)
t_2 : 너무 작은 드웰각(또는 드웰기간)
t_3 : 너무 큰 드웰각(또는 드웰기간)
t_4 : 전류제한시간, 정상 t_5 : 전류제한시간, 너무 김
t_i : 점화시기

그림 7-27 드웰각에 의한 1차전류의 변화

1차전류의 스위치-ON 시점을 결정하여 피드백 기능이 있는 드웰각제어처럼 작동한다. 드웰 기간(1차회로가 닫히는 시점부터 열리는 시점까지의 시간 간격)은 필요한 1차전류를 확보하기에 충분하게 설정해야 한다.

7-27에서 (a)는 드웰각이 정확한 경우이고, (b)는 드웰각이 작은 경우이므로 드웰각을 크게 해야 하고, (c)는 드웰각이 너무 큰 경우이므로 드웰 시작점을 늦춰야 한다. t_1, t_2, t_3는 각각 출력단계에서 점화코일에 1차전류가 흐르는 시간이다. t_3의 경우는 드웰기간이 너무 길어서 코일에서의 에너지 손실이 매우 많은 경우이다.

3. 점화시기 제어 (7-1절 스파크 점화기관에서의 점화 참조)

점화불꽃이 발생하여 이론 공연비 상태의 혼합기가 점화, 연소하여 최대압력에 도달하기까지는 약 1~2ms의 시간이 소요되므로, 상사점 직후(ATDC, 상사점 후 10°~20° 범위)에 연소 최대압력에 도달하기 위해서라면, 연소는 반드시 상사점 전(BTDC)에 이루어져야 한다.

고전적인 기계식 점화장치에서는 기관의 회전속도(원심식 진각기구)와 흡기압력(진공진각기구)만을 고려하여 점화시기를 제어하였으나, 오늘날은 기관의 회전속도와 상사점 위치, 부하(스로틀밸브 개도, 흡기압력), 흡기온도, 기관온도, 축전지 전압 그리고 기타 요소들을 고려하여 작성한 점화시기 특성도(ignition characteristic map)에 근거하여 점화시기를 제어한다.

(1) 원심식 및 진공식 진각기구를 이용하는 점화시기 제어-접점식 코일 점화장치

원심식과 진공식 진각기구는 동시에 또는 따로따로 점화시기에 영향을 미치게 할 수 있다. 일반적으로 원심식과 진공식 진각기구는 서로 기계적으로 연결되어 두 기구의 진각량이 합산되어 점화시기를 변화시키도록 설계되어 있다.

① 원심 진각기구(centrifugal advance mechanism : Fliehkraftversteller)

원심 진각기구는 기관의 회전속도에 따라 점화시기를 진각한다. 원심 진각기구는 그림 7-29와 같이 원심추(centrifugal weight : Fliehgewichte), 리턴스프링(return spring : Zugfeder), 거버너 플레이트(governor plate : Trägerplate), 그리고 캠 요크(cam yoke)(6)와 일체로 된 캠(2)으로 구성된다.

기관의 회전속도가 일정 속도에 도달하면 원심추는 스프링장력을 이기고 바깥쪽으로 벌어지면서 캠 요크를 구동축 회전방향으로 일정한 각도(γ)를 회전시킨다. 캠 요크가 회전한 각도만큼 캠이 구동축 회전방향으로 회전하여 점화시기를 진각시킨다. 원심 진각기구는 대체로 전부하운전 시에 주로 작동한다.

② 진공 진각기구(vacuum advance mechanism : Unterdruckversteller)

진공 진각기구는 스로틀밸브 근방의 진공도를 이용하여 점화시기를 제어한다. 스로틀밸브 근방의 진공도는 기관의 부하에 대응하여 변화하므로 결과적으로는 기관의 부하에 대응하여 점화시기를 제어하는 것이 된다. 진공진각기구는 주로 부분부하에서 효과가 크다. 이유는 부분부하 시에는 스로틀 밸브가 거의 닫혀있어 주변의 압력이 낮기 때문이다.

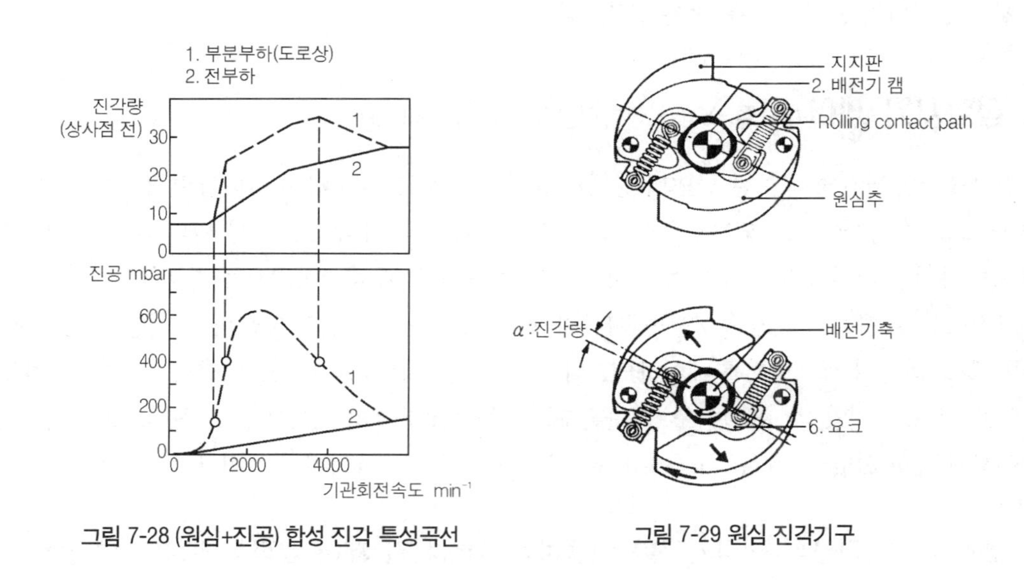

그림 7-28 (원심+진공) 합성 진각 특성곡선

그림 7-29 원심 진각기구

진공은 1개 또는 2개의 다이어프램 체임버에 의해서 측정된다. 그림 7-30은 2개의 다이어프램 체임버를 이용하여 점화시기를 진각 또는 지각시키는 형식이다. 이 그림에서 캠은 시계방향으로 회전하는 것으로 가정하였다.

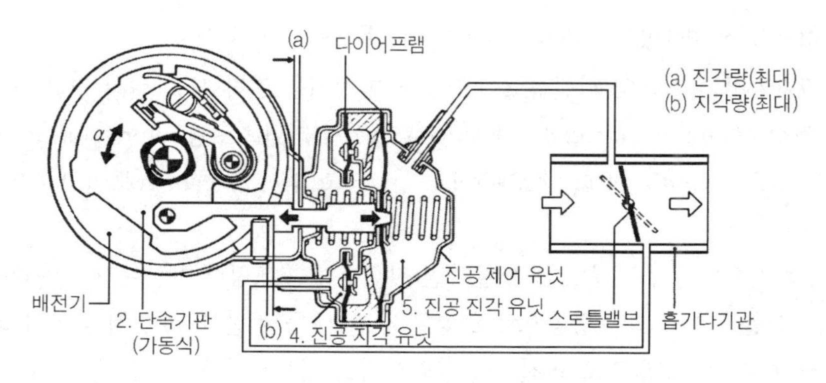

그림 7-30 2 체임버형 진공진각기구

● 진각 시스템(進角; advance system)

부하 수준이 낮을수록 잔류가스의 양이 증가하여 혼합기는 희박해진다. 따라서 혼합기의 연소속도가 낮아지므로 점화시기를 진각해야 한다.

기관의 부하가 감소함에 따라 스로틀밸브 상부의 진공도가 증가하므로, 진공진각 유닛(5)의 진공도 역시 증가한다. 진공도가 증가함에 따라 다이어프램은 우측으로 이동하면서 단속기판(2)을 캠의 회전방향에 반대방향으로 회전시켜, 점화시기를 진각시킨다.

● 지각 시스템(遲角; retard system)

이 경우엔 스로틀밸브 하부의 진공이 이용된다. 공회전 또는 오버런(over run)하는 경우, 배기가스의 질을 개선하기 위해서 진공지각유닛을 작동시켜 점화시기를 지각시킨다. 스로틀밸브가 거의 닫힌 상태에서는 진각 체임버(5)에는 대기압이 작용하고, 지각 체임버(4)에는 부압이 작용한다. 따라서 단속기판(2)을 캠의 회전방향과 같은 방향으로 회전시켜, 점화시기를 지각시킨다. 지각시스템은 진각시스템에 종속되어 있다. 따라서 부분부하 상태에서는 진공이 두 체임버에 동시에 작용하지만 진각유닛의 다이어프램이 지각유닛의 다이어프램보다 더 크기 때문에 점화시기는 진각된다.

(2) 점화시기 특성도(ignition characteristic map)에 근거한 점화시기 제어

점화시기를 결정하기 위한 주요 입력신호 정보는 공기-연료 혼합기 제어에 필요한 입력신호 정보와 같다. 즉, 혼합기 제어와 점화시기 제어에 센서와 센서정보를 공유한다.

① 점화시기 특성도 작성

기본적으로 내연기관의 성능을 조율(tuning)할 때 출력, 토크, 연료소비율 및 배기가스의 품질을 고려하는 절충안을 찾는다. 이들 요소는 무엇보다도 점화시기에 영향을 미친다.

엔진 성능시험 장치에서 성능을 조율할 엔진을 서로 다른 속도(공회전속도에서 최대 회전속도까지)와 서로 다른 부하(공회전 부하에서 최대 부하까지)로 작동시킨다. 예를 들어, 속도를 100단계, 부하를 10%-단계로 세분하는 것으로 가정하면, 약 600개의 서로 다른 작동점을 얻을 수 있다. 이들 각 작동점에서 기관의 작동상태가 최적이 될 때까지 점화시기를 늦추거나 빠르게 하여 최적의 점화시기를 찾는다. 예를 들어, 노킹 연소가 발생하면 점화시기를 늦춰서, 노킹이 발생하지 않는 최적 점화시기를 찾는다.

이러한 방식으로 결정된 점화시기를 해당 작동점에 대한 최적 점화시기로 저장한다. 속도와 부하에 따라 변화하는, 발견한 모든 점화시기를 표시하면, 산처럼 보이는 3차원 구조의 점화시기 특성도를 작성할 수 있다. 일반적으로 점화시기 특성도에는 차종에 따라 약 1,000~4,000개의 최적 점화시기가 입력되어 있다. 따라서 기관의 작동상태에 따라 특성도에서 최적 점화시기를 선택, 3차원으로 제어할 수 있다.

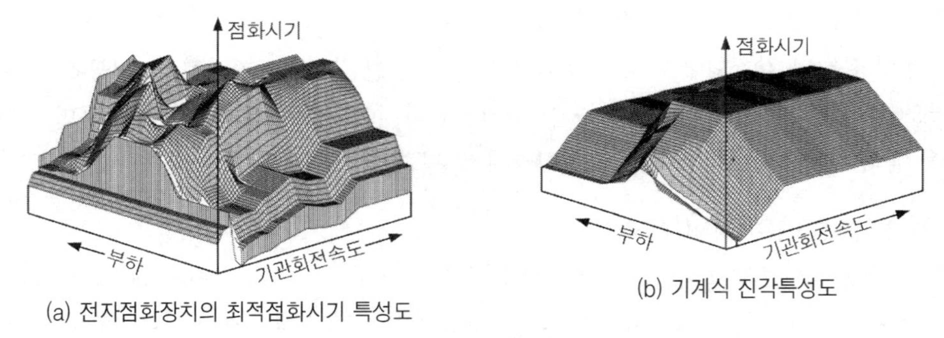

(a) 전자점화장치의 최적점화시기 특성도 (b) 기계식 진각특성도

그림 7-31 점화시기 특성도(예)

② ECU에서의 신호처리

ECU가 기관의 크랭크축 및/또는 캠축의 기준점 신호를 수신하면, 회전속도(엔진 회전속도 센서)와 부하(공기질량 계량기 또는 흡기다기관 압력 센서) 정보를 활용하여 최적 점화시기 정보를 저장된 특성도에서 불러낸다. 크랭크축이 해당 위치에 도달하면, ECU가 점화 출력단계를 활성화한다. 그러면 출력단계는 점화 1차회로를 차단하여 점화를 실행한다.

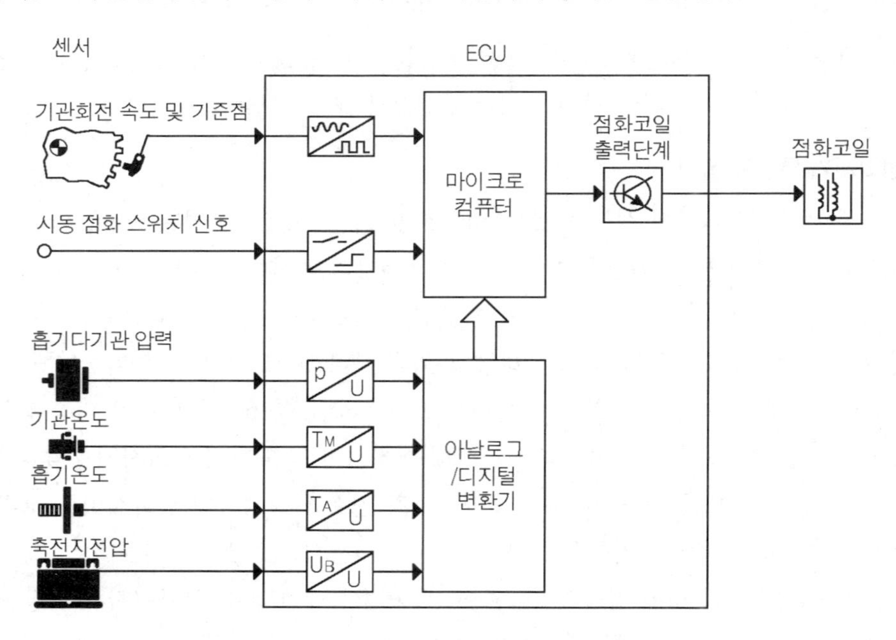

그림 7-32 전자식 점화장치의 신호처리 블록선도

센서들로부터의 입력신호 중 일부는 펄스 형성회로에서 특정한 디지털신호(구형파 신호)로 변환된다. 온도 센서의 신호 같은 경우는 A/D 컨버터에서 아날로그 신호를 디지털신호로 변환해야만 마이크로컴퓨터에서 처리할 수 있다.

ECU에 교환 가능한 EPROM(Erasable Programmable Read Only Memory)이 설치된 경우에는 데이터 메모리를 다시 프로그래밍할 수 있으므로 다른 점화시기를 얻을 수 있다. 이 과정은 엔진 조율(tuning) 그리고 실험에 이용된다.

점화시기 특성도는 여러 가지 평가 기준 예를 들면, 연료소비율 저감, 유해 배출물 저감, 저속에서의 회전토크 보강, 출력향상, 기관의 운전 정숙도 개선 등의 목적에 따라 각각의 평가 기준을 다르게 하여 점화시기 결정에 반영할 수 있다.

모든 운전상태(예 : 시동, 전부하, 부분부하, 타행)에서 외부 영향요소(예 : 엔진온도, 공기온도, 전원전압)가 변화하면 점화시기를 수정할 수 있다.

4. 기계식 노크센서를 이용한 노크제어 (knock control : Klopfregelung)

노크제어 시스템은 공기/연료 혼합기의 노크연소를 감지하고, 점화시기를 지각시켜 노크를 방지한다. 그리고 동시에 연료소비를 낮추면서도 출력을 증대시키기 위해 점화시기를 가능한 한 노크한계 점화시기에 근접되도록 진각하는 기능을 한다.

노크한계는 각 작동점에서 노크연소가 발생할 때까지 점화시기를 진각하여 확인할 수 있다. 노크연소가 발생하면, 연소실에서는 충격적인 압력 맥동이 발생하고, 이 맥동은 실린더블록에 기계적 진동을 가하게 된다. 이 진동을 실린더블록에 설치된 노크센서가 감지한다.

혼합기의 노크연소는

- 점화시기가 너무 빠를 때
- 기관이 과열되었을 때
- 공기/연료 혼합비가 부적절할 때
- 연료의 옥탄가가 너무 낮을 때
- 압축비가 지나치게 높을 때
- 기관의 과부하 등에 의해 발생할 수 있다.

(1) 노크센서(그림 7-33 참조)

노크센서는 일종의 압전소자로서 사용온도 범위는 약 130℃까지이다. 노크센서는 실린더 안의 노크를 잘 감지할 수 있는 위치 즉, 실린더와 실린더 사이의 외벽에 설치된다. 4기통기관에서 1개만 설치할 때는 실린더 2와 3 사이에, 2개를 설치하는 경우에는 실린더 1과 2, 3과 4 사이에 각각 설치한다 (그림 7-33(b) 참조).

노크센서의 압전 세라믹은 진동으로 활성화되는 접지를 통해 충격적인 압력이 작용한다. 이를 통해 압전 결정격자는 전압을 발생시키고, 이 전압은 평가 일렉트로닉에 전송된다. 이 전압이 일정 수준을 초과하면 노크연소로 평가된다.

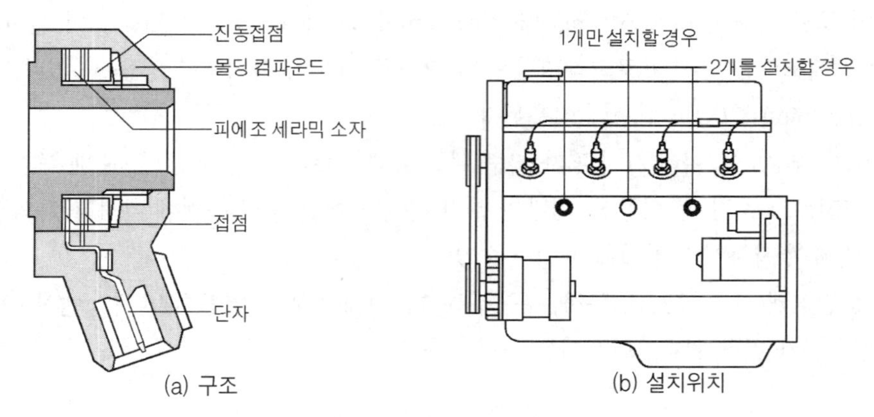

그림 7-33 노크센서의 구조 및 설치위치

(2) 노크제어

노크센서는 그림 7-34와 같이, 실린더 안에서의 압력변동(a)을 파형 (c)와 같은 전압신호로 변환시킨다. 이 파형(c)에서 노크연소를 발생시키지 않는 진동파를 여파(filtering)하여 파형 (b)의 형태로 평가 일렉트로닉에 전달한다.

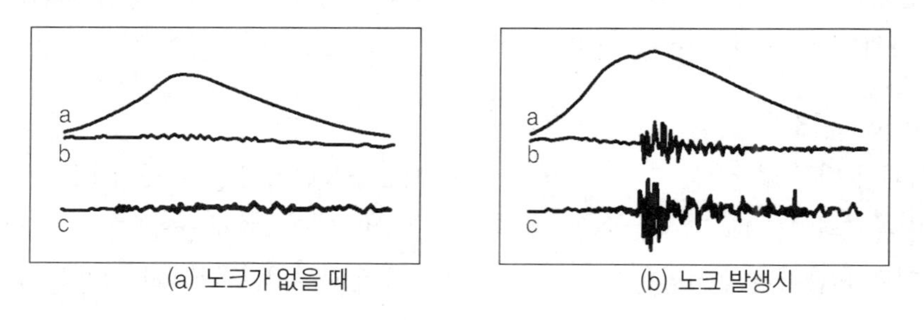

그림 7-34 노크센서의 발생파형 및 여과파형

기관의 노크한계는 고정된 값이 아니고 기관의 상태에 따라 수시로 변화하므로, 평가-일렉트로닉은 이러한 변수들을 종합적으로 고려하여 노크연소의 발생 여부를 평가한다. 노크연소가 계속되면, 제어회로는 점화시기를 일정 수준(예; 크랭크각으로 약 2°～3°) 지각시킨다. 그래도 여전히 노크가 발생하면 다시 2°～3°를 더 지각시킨다. 이 과정은 노크가 더는 발생하지 않을 때까지 계속, 반복된다.

노크연소가 더는 발생하지 않으면 점화시기를 단계적으로 조금씩 진각시켜, 자신의 고유 점화시기 특성도로 되돌아간다. 다시 노크연소가 발생하는 경우는 점화시기를 다시 단계적으로 지각시킨다.

ECU가 노크센서를 통해 노크연소가 항상 반복되는 것으로 판정하면, ECU에 내장된 제2의 점화시기 특성도로 절환되는 형식도 있다. 예를 들면 점화시기 특성도가 고급 무연휘발유(RON 98 이상)를 기준으로 작성된 경우에 보통 무연휘발유(RON 95 이하)를 사용하는 경우는 노크제어 기능이 정상적으로 작동해도 노크가 발생할 수 있다. 이 경우, 노크 빈도가 규정값을 초과하면 자동으로 제2의 점화시기 특성도로 전환된다. 그러나 제2 점화시기 특성도를 사용하게 되면, 연료소비율이 증가하고 출력이 저하됨은 물론이다.

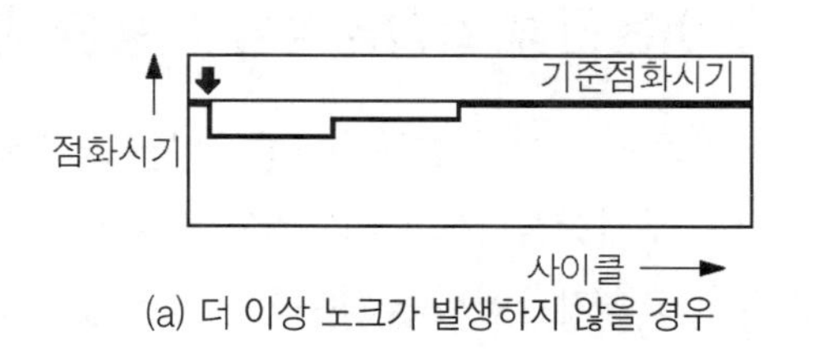

(a) 더 이상 노크가 발생하지 않을 경우

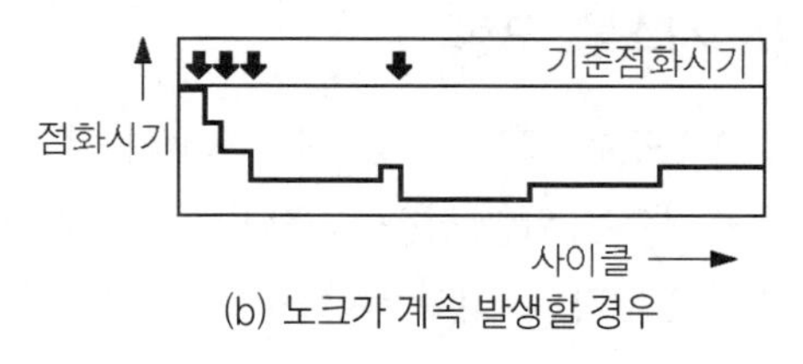

(b) 노크가 계속 발생할 경우

그림 7-35 노크제어기간의 제어거동

시스템의 고장이 감지되면, 시스템은 비상운전특성으로 전환된다. 그러면 점화시기는 어떤 경우에도 노크를 피할 수 있는 가장 늦은 점화시기로 바뀐다.

(3) 실린더 선택적 노크제어 ← 완전 전자 점화장치에서

개발 초기에는 단지 1개의 실린더에서 노크연소가 발생해도, 모든 실린더의 점화시기를 동시에 지각시켰었다. 그러나 완전 전자제어 점화장치가 등장하면서 노크연소가 발생하는 실린더의 점화시기만을 선택적으로 지각시킬 수 있게 되었다. 발생한 노크신호와 상사점신호를 통해 각 실린더의 점화시기를 시간상으로 비교하면 노크가 발생하는 실린더를 확인할 수 있고, 따라서 해당 실린더의 점화시기만을 선택적으로 제어할 수 있다.

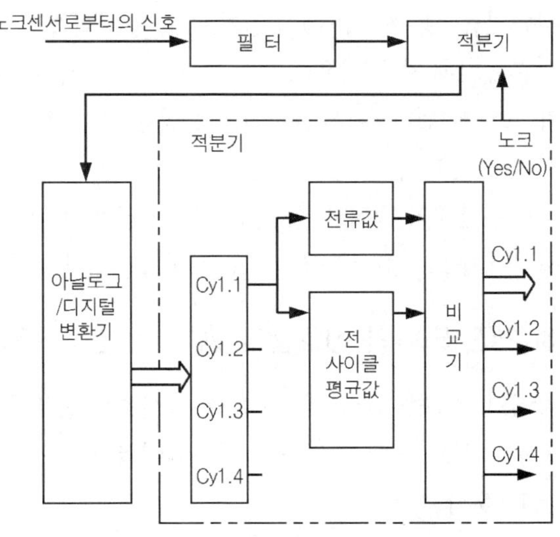

그림 7-36 노크제어 블록선도

5. 이온전류 측정방식을 이용한 실화감지 및 노크제어

기존의 기계적 진동감지방식의 노크센서는 최고회전속도 7000~8000min^{-1} 범위의 고속기관에서는 부적합하다. 이유는 기관의 회전속도에 적합한 충분한 신호를 제공할 수 없기 때문이다. 따라서 고속기관에서는 이온전류 측정방식을 이용한다.

(1) 시스템 구성

이온전류 제어유닛은 엔진 ECU와 점화플러그 사이에 설치되어 있으며, 이온전류 제어유닛에는 점화플러그를 위한 점화 출력단계가 내장되어 있다. 따라서 엔진 ECU와 점화플러그 사이에 직접적인 결선은 없다. 그리고 점화플러그는 이온전류를 측정하는 센서 기능도 수행한다.

(2) 이온전류의 측정

엔진 ECU가 점화 1차회로를 차단하면, 점화플러그는 불꽃을 발생시킨다. 이 불꽃에 의해 혼합기는 점화, 연소된다. 이때 발생된 열에너지에 의해 양(+) 또는 음(−)으로 대전된 분자(=이온)가 생성된다. 생성된 이온의 수는 연소온도(=연소품질)에 따라 증가한다. 연소가 잘되면 잘 될수록 더욱더 많은 이온이 생성된다. 점화 직후, 이온전류 제어유닛으로부터 점화플러그에 일정한 직류전압(예; 80~16V)이 인가된다.→ 점화플러그의 센서 기능.

혼합기에 자유 이온(free ion)이 존재할 경우, 전류(=이온전류)가 흐르게 된다. 이온전류 제어유닛은 이 이온전류를 측정, 증폭시켜 엔진 ECU에 전송한다.

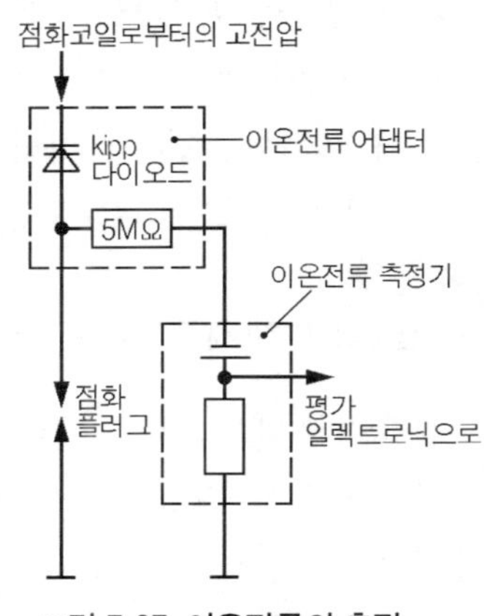

그림 7-37 이온전류의 측정

이온전류의 측정은 회전속도 범위 전체에 걸쳐 이루어지며, 따라서 실린더별 모든 개별 연소를 분석할 수도 있다. 통상적으로 점화플러그에서 측정되는 이온전류의 값은 0~20mA 범위이다.

(3) 엔진 ECU의 신호품질 평가 및 신호 증폭

엔진 ECU는 입력되는 이온전류 신호의 품질을 평가하고 신호 $S_{ION\,S1}$과 $S_{ION\,S2}$를 통해 이온전류의 신호가 어느 정도로 증폭되어야 하는지를 이온전류 제어유닛에 알린다. 증폭계수의 범위는 1~5 사이이다.

(4) 엔진 ECU의 측정전압 선택

엔진 ECU는 작동영역에 따라 측정전압으로서 점화플러그에 인가할 전압(예 : 80V 또는 160V)

을 결정한다. 스파크 지속기간 중에 흐른 스파크전류가 이온전류 제어유닛의 커패시터로 흐르면서 측정전압을 형성한다. (신호 $S_{ION\,S1}$과 $S_{ION\,S2}$를 통해)

이때 저장된 에너지는 점화 스파크 발생 후에 측정전압으로서 점화플러그의 전극으로 흐른다. 이온전류는 스파크전류와 마찬가지로 역방향으로 흐른다.

(5) 엔진 ECU의 평가 및 제어

엔진 ECU는 이온전류 제어유닛이 보내온 이온전류를 평가한다. 이 평가를 통해서 엔진 ECU는 노크연소로 인한 큰 이온전류뿐만 아니라, 점화 실화와 연소 실화에 의한 아주 약한 이온전류도 감지한다. 편차가 감지되면 엔진 ECU는 노크 또는 실화를 판별하여 이에 대응하게 된다. 그리고 실화가 감지되면 고장메모리에 수록된다. → 이온전류에 의한 노크제어

6. 실화(misfire : Zündaussetzen) 감지

실화감지기능은 OBD에 강제된 기능이다. 시스템은 어느 실린더의 실화율이 일정 범위를 초과하면, 해당 실린더의 분사밸브의 연료분사를 중단한다. 미연소된 연료가 촉매기에 유입되어 촉매기를 파손시키는 것을 방지함은 물론이고, 배출가스의 품질 저하를 방지하기 위해서이다.

(1) 2차전류의 강도를 측정하여 실화감지

이 시스템의 경우, 2차전류 회로에 약 240Ω의 측정저항이 연결되어있다. ECU가 저항에서 강하하는 전압을 결정한다. 흐르는 1차전류가 너무 작으면, 규정된 한계전압에 도달하지 않는다. 그러면, 촉매기 손상을 방지하기 위해 해당 분사밸브를 스위치 OFF 시킨다.

(2) 회전속도의 맥동을 측정하여 실화 감지

크랭크축은 동력행정이 시작될 때마다, 생성된 연소압력에 의해 가속된다. 이를 통해 순간 최고속도는 상승한다. 따라서 이때 엔진 회전속도 센서는 증폭도가 큰 고주파수 신호를 형성한다. 점화되지 않은 실린더는 크랭크축의 순간속도를 감소시키므로, 회전속도 신호의 순간 주파수와 증폭도가 감소하게 된다. 이 값을 평가한다. 실화에 의해 가속되지 않은 실린더는 연료분사가 중단된다.

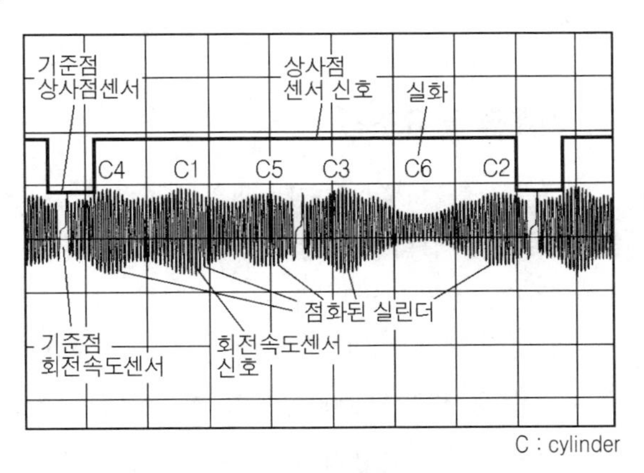

그림 7-38 실화 시 회전속도신호

제7장 점화장치

제5절 점화플러그
(Spark Plugs : Zündkerzen)

1. 점화플러그의 필요 조건

점화플러그는 중심전극과 접지전극 사이에서 발생하는 전기불꽃(spark)을 이용하여 혼합기를 점화한다. 점화전압(약 8~30kV)에 도달한 후에는 약 2ms 동안 중심전극과 접지전극 사이에 불꽃이 계속 유지된다. 점화플러그는 냉시동을 보장하고, 가속 시에 실화가 발생하지 않도록 해야 하며, 최대출력 상태에서 장시간 작동해도 성능에 이상이 없어야 한다. 또 이와 같은 요구조건은 수명이 다할 때까지 보장되어야 한다. 필요조건은 다음과 같다.

(1) 전기적 필요조건

전자점화장치와 연동될 때, 점화플러그에는 약 30kV 이상의 고전압이 작용한다. 순간적으로는 최대 42kV, 300A까지의 전기부하를 받는다. 연소과정에서 발생하는 퇴적물 예를 들면, 매연, 카본 잔유물, 연료와 윤활유 첨가제 등으로부터 생성되는 회분(ash) 등은 특정 온도에서는 전기적으로 도체가 된다. 그러나 그러한 상태가 된다고 하더라도 고전압이 절연체를 통과, 누설되어서는 안 된다. 따라서 점화플러그 절연체의 전기저항은 약 1,000℃ 정도까지는 충분히 유지되어야 한다.

(2) 기계적 필요조건

스파크점화기관의 실린더 내의 압력은 약 0.9~150bar 사이에서 변화를 반복한다. 점화플러그는 이와 같은 압력변동 상황에서도 기밀을 유지할 수 있어야 한다. 그리고 추가로 기계적 강도가 커야 한다. 특히 세라믹 부분은 체결할 때와 작동 중에 큰 응력을 받는다. 그리고 기계적 진동도 작용한다. 4행정 기관의 최고회전속도를 6000~8000min^{-1}로 계산하면 점화플러그 전극에서는 불꽃이 분당 3000~4000회(초당 50~66회) 발생한다. 이와 같은 불꽃 발생률(spark rate)에서도 전극의 마모는 최소화되어야 한다.

(3) 화학적 필요조건

점화플러그에서 연소실에 노출된 부분은 적열(赤熱)되며, 동시에 고온 화학반응에 노출되어 있다. 온도가 노점(露点; dew point) 이하로 강하하면 연료에 포함된 부식성 물질이 플러그에 퇴적되어 플러그의 특성을 변화시킬 수 있다. 따라서 부식 저항성이 커야 한다.

(4) 열적 필요조건

작동 중 점화플러그는 고온의 연소가스(약 2500℃)로부터 열을 흡수하였다가, 이 열을 다음 사이클에서 흡입되는 차가운 혼합기(약 100℃)에 곧바로 방출하여야 한다. 또 전극부분은 최고 약 2,500℃의 연소가스에, 외부의 고압단자는 대기온도에 노출되므로, 절연체는 열충격(thermal shock)에 대한 저항성이 커야 한다.

또 점화플러그는 연소실에서 흡수한 열을 효율적으로 실린더헤드에 전달하여야 한다. 가능한 한 점화플러그의 단자부분은 온도상승이 적어야 하며, 또 전극부분은 항상 자기청정온도(400~850℃)를 유지해야 한다. - 직경이 가는 점화플러그가 유리

2. 점화플러그의 구조 (그림 7-39)

(1) 터미널 스터드(terminal stud : Anschluβ bolzen)

일명 단자 전극봉은 도전체인 특수 유리 씰(seal)에 의해 중심전극과 결합되어 있으며, 외부의 고급 세라믹 절연체와는 기밀을 유지할 수 있는 구조이다. 그리고 단자 쪽은 케이블을 설치할 수 있는 구조이다.

터미널 스터드(stud)와 중심전극 사이의 특수유리는 고온 연소가스에 대항하여 기밀을 유지하는 씰(seal) 기능을 하며, 동시에 구성요소들을 기계적으로 지지하는 역할을 한다. 또 전파간섭을 억제하고 소손을 방지하는 저항요소의 기능도 수행한다.

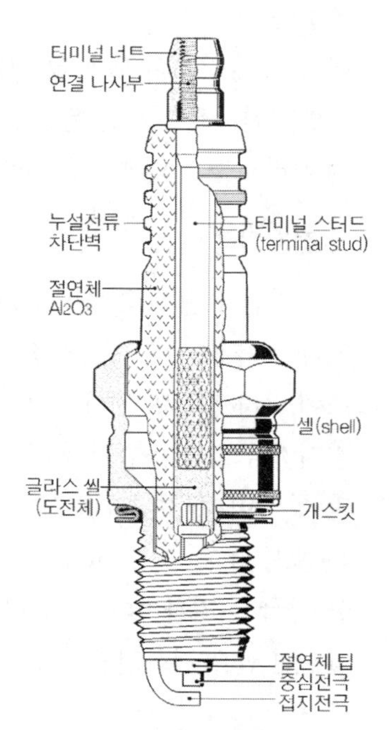

그림 7-39 점화플러그의 구조

(2) 절연체(insulator : Isolator)

내열성, 전열성, 그리고 기계적 강도가 큰 특수 세라믹(Al_2O_3)으로서 중심전극과 단자전극봉을 셀(shell)로부터 절연하는 역할을 한다. 절연체의 표면을 매끄럽게 가공한 것은 습기와 먼지가

부착되지 않도록 하여 전류의 누설을 방지하기 위해서이다. 그리고 표면에 가공된 여러 개의 댐은 누설전류의 이동경로를 길게 하여 누설전류가 발생하지 않도록 하기 위한 것이다.

(3) 셀(shell : Zündkerzengehäuse)

재질은 탄소강이며 절연체를 보호하는 역할을 한다. 상부는 렌치를 끼울 수 있도록 6각으로, 하부는 설치용 나사부(M4 또는 SAE 표준 나사)로 되어있다. 기관의 설계방식에 따라 실린더헤드와 점화플러그 사이의 씰링 시트(sealing seat)는 와셔가 필요한 평면형과 와셔가 필요 없는 원추형으로 구분한다.

(4) 전극(electrode : Elektrode)

1개의 중심전극 그리고 1개 또는 다수의 접지전극으로 구성되어 있으며, 특히 화학적인 부식과 불꽃방전에 의한 마멸, 그리고 방열성이 중요한 요소이다.

① 중심전극

중심전극의 재질로는 열전도성이 우수한 니켈-망간-합금, 철-크롬-합금, 은 합금 등을 사용함으로써, 플러그의 열가(熱價; heat range)를 변경시키지 않고도 절연체 팁(tip)을 실질적으로 연장하는 것이 가능하다. 이렇게 함으로써 점화플러그의 작동영역이 더 낮은 열부하 영역으로 확대되며, 플러그의 오손 및 실화 또한 감소하게 된다.

중심전극은 대부분 원통형으로 절연체 팁(tip)으로부터 노출되어 있으나 형식(예 : 백금전극)에 따라서는 절연체 팁(tip)에 거의 묻혀있는 것도 있다.

② 접지전극

접지전극은 금속 셀(shell)에 부착되어 있다. 접지전극의 수는 점화플러그의 구조에 따라 1개 또는 다수이다. 중심전극과 접지전극의 상대 위치에 따라 스파크 위치 및 간극이 결정된다. 점화플러그의 간극은 보통 0.7~1.1mm가 대부분이나 정확한 간극은 기관마다 각각 다르며, 간극이 커지면 필요 점화전압은 상승한다.

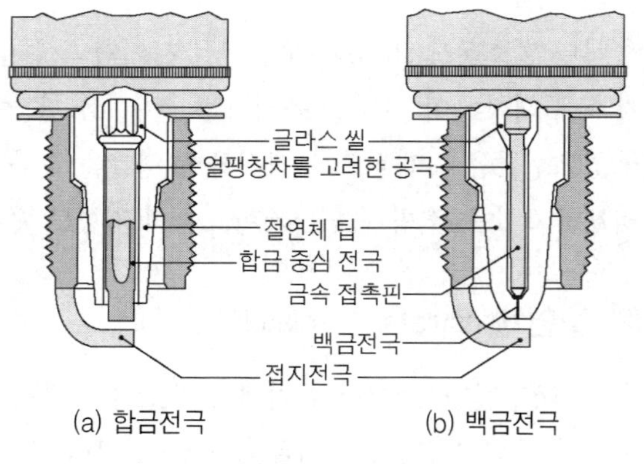

그림 7-40 합금전극과 백금전극

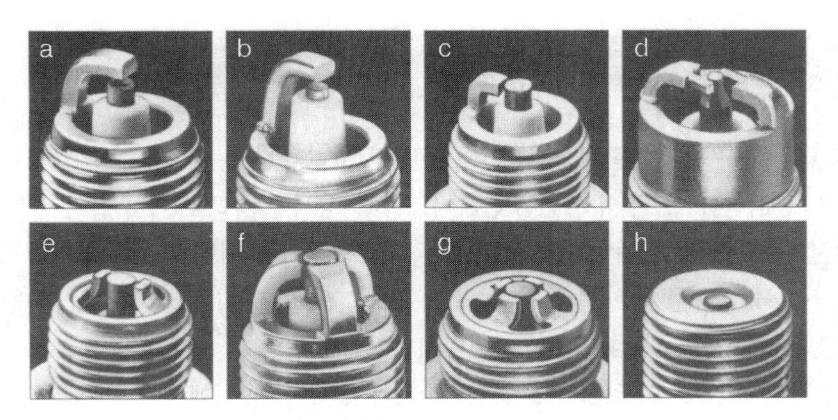

그림 7-41 점화플러그 전극의 형상(예)

3. 스파크 위치와 스파크 경로

(1) 스파크 위치(spark position : Funkenlage)

연소실에서 스파크 경로의 배치를 말한다. 전기불꽃은 연료/공기 혼합기의 유체역학적 행태(行態)가 가장 효과적인 곳에서 건너 튀어야 한다. 오늘날의 기관 특히 GDI-기관에서는 스파크 위치가 연소에 큰 영향을 미친다. 점화플러그가 연소실 안으로 많이 돌출된 경우는 인화특성이 현저하게 개선되는 것으로 알려져 있다. 스파크 위치와 관련된 연소특성을 규명하기 위해서는 기관의 정숙도 내지는 작동 부조화, 회전맥동 등을 직접 측정하거나, 지시평균유효압력을 평가하면 된다.

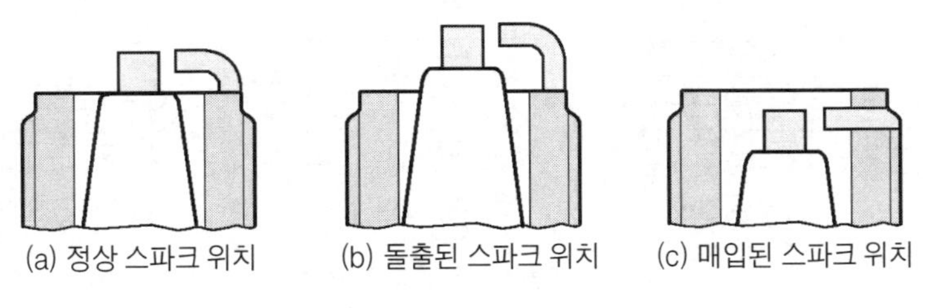

그림 7-42 스파크 위치

(2) 스파크 경로(spark path : Funkenstrecke)에 대한 개념

중심전극으로부터 접지전극으로 불꽃(spark)이 건너뛰는 경로는 전극 상호 간의 배열 형태에 의해 결정된다.

① **공극 방전**(air gap spark : Luftfunken)(**그림** 7-43a)

불꽃이 중심전극으로부터 공기 또는 혼합기를 거쳐 곧바로 접지전극으로 건너뛰도록 중심전극과 접지전극이 배치되어 있다. 이 경우에 중심전극을 둘러싸고 있는 절연체 선단에 카본이 퇴적될 수 있다. 퇴적된 카본은 전기적으로 누설회로(shunt circuit)를 형성할 수 있다. 따라서 심하면 실화도 발생할 수 있다.

② **표면 방전**(surface discharge spark : Gleitfunken) (**그림** 7-43b)

불꽃이 중심전극으로부터 절연체 선단의 표면과 공극을 차례로 거쳐 접지전극에 도달하도록, 중심전극과 접지전극을 배열하였다. 표면을 거쳐 방전하는 데는 똑같은 크기의 공극을 거쳐 방전하는 것과 비교해 필요한 방전전압이 낮으므로, 점화전압이 동일한 경우 표면방전의 경우가 공극방전의 경우보다 더 넓은 간극을 건너뛸 수 있다.

큰 화염핵이 발생하여 인화특성이 현저하게 개선된다. 동시에 이 점화플러그의 개념은 냉시동 반복성이 크게 개선된다. 표면방전에 의해 절연체 선단의 카본퇴적이 방지되며, 퇴적된 카본이 제거되는 효과를 이용할 수 있다.

③ **공극/표면 방전**(air-gap/surface discharge spark : Luft-gleitfunken) (**그림** 7-43c)

접지전극이 절연체 선단 그리고 중심전극과 특정한 간극을 가지도록 설계되어 있다. 이를 통해 2가지 선택적인 간극을 가짐으로써 2가지 형태의 불꽃을 발생시킬 수 있으며, 불꽃 발생에 필요한 전압에 차이가 있다.

기관의 작동조건에 따라 불꽃은 공극을 통해 또는 절연체 선단으로의 표면방전을 통해 건너 뛴다.

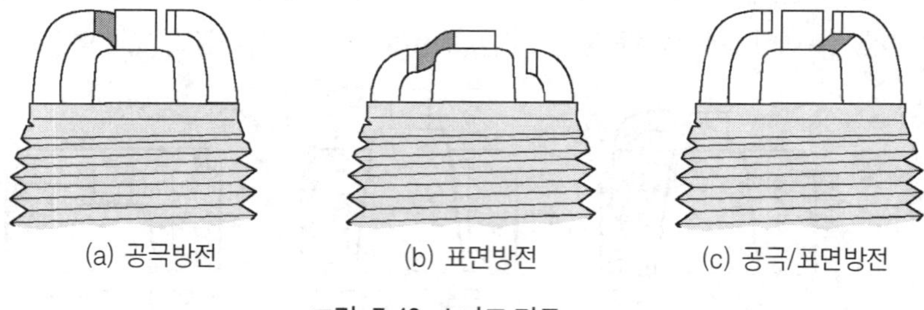

그림 7-43 스파크 경로

4. 점화플러그의 열가(heat range : Wärmewert)

> 점화플러그의 열가는 열부하 저항성에 대한 지표로서 대부분 숫자로 표시된다. 일반적으로 절연체 선단의 길이가 열가를 결정하는 중요한 요소이다.

자동차기관은 부하, 압축비, 배기량, 내부냉각 효과, 혼합비, 그리고 연료소비율 등에 따라 구별된다. 그러므로 모든 기관에 똑같은 형식의 점화플러그를 사용할 수 없다. 따라서 각 기관 고유의 작동조건에 적합한 점화플러그를 사용하여야 한다. 중요한 요소로는 전극 간극, 연소실 안에서의 설치 위치, 열가 등이다.

(1) 점화플러그의 열 방출 경로

연소가스로부터 점화플러그에 전달된 열은 그림 7-44와 같이 실린더헤드, 셀(shell), 그리고 절연체를 통하여 다시 발산된다.

점화플러그의 나사부를 통해 실린더헤드로 약 81%, 노출된 금속부분(shell)을 통해 대기로 약 13%, 노출된 절연체로부터 대기로 약 6%가 방출됨을 알 수 있다. 열전도가 잘되어 전극부 온도가 너무 낮아도, 반대로 열전도가 불량하여 전극부 온도가 너무 높아도 문제가 된다.

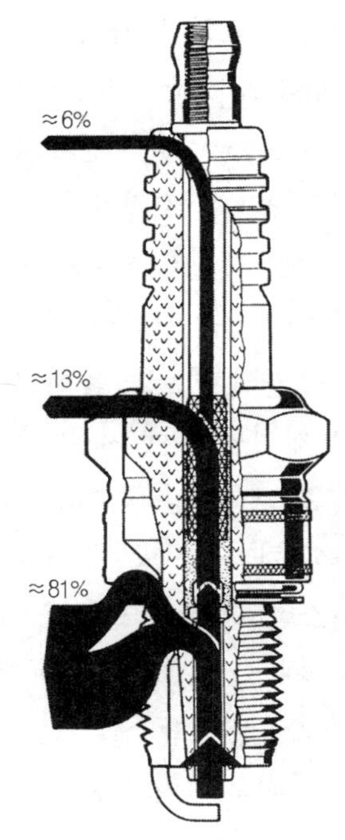

그림 7-44 점화플러그의 열방출 경로

(2) 자기청정온도(self cleaning temperature : Selbstreinigungstemperatur)

전극부 온도가 400℃ 이하가 되면 연소실에 노출된 절연체에 카본(carbon) 등이 퇴적, 그림 7-45와 같이 분류(shunt path)를 형성하여 전압강하를 유발하며, 심하면 실화의 원인이 된다. 그리고 850℃ 이상이 되면, 조기점화 현상을 유발하게 된다. 따라서 전극부분 자체의 온도에 의해 퇴적물을 태워 연소실에 노출된 절연체와 전극을 깨끗하게 하면서도 조기점화 등을 일으키지 않는 온도범위(400～850℃)를 자기청정온도라 한다.

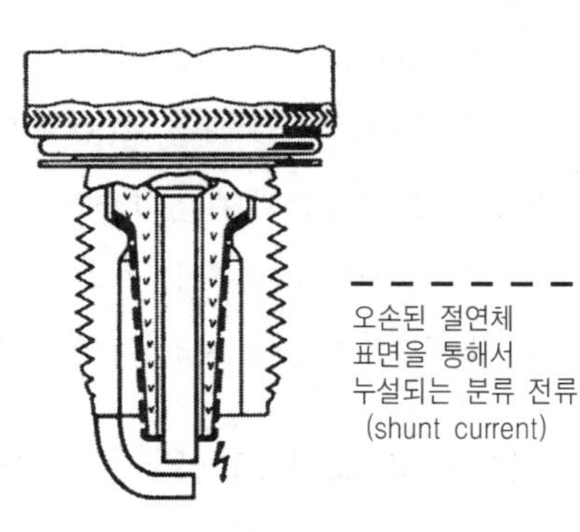

그림 7-45 오손된 절연체에 의한 전압강하

(3) 열가(heat range : Wärmewert) (그림 7-46 참조)

점화플러그의 열부하 용량의 척도로서 기관의 특성과 일치되어야 한다. 열가는 전극부 온도가 운전 중 450℃ 이상의 자기청정온도에 빨리 도달하고, 내구성 측면에서 전부하 운전 시에도 850~900℃를 초과하지 않도록 선택되어야 한다. 그리고 점화플러그와 기관의 손상을 방지하기 위해 충분한 열가 여유를 유지해야 한다.

최근의 기관에서는 점화플러그에서의 온도는 더는

스파크플러그의 작동범위		W_3. C	W_4. C	W_5. C	W_6. C	W_7. C	W_8. C	
열가	신	3	4	5	6	7	8	9
	구	280 ~ 260	250 240	230 ~ 215	220	175	150	125
형태		냉형 ← 스파크플러그 → 열형						

그림 7-46 점화플러그의 열가(BOSCH)

가장 중요한 평가기준이 아니다. 이제는 이온(ion)전류의 크기에 의해 결정되는 점화확률계수(ignition probability factor)가 중요한 평가요소로 고려되고 있다. 이온전류 측정법은 점화시점(firing point)을 기준으로, 연소과정에서 조기점화(pre-ignition)와 후점화(post-ignition) 사이에서 최적 열가를 결정한다.

적절한 열가는 조기점화 경향성이 뚜렷하게 나타나는, 정밀하게 조정된 조건에서 기관을 운전하면서 기준 점화시점(firing point)과 조기점화 간의 시차에 근거하여 결정한다.

불완전 연소는 특히 기관이 정상작동온도에 도달하기 전에, 외기온도가 낮은 조건에서 그리고 재시동 후에 자주 발생한다. 이러한 조건에서는 중심전극과 절연체 팁(tip)의 온도가 좀처럼 150℃ 이상 상승하지 않는다. 이러한 상태가 계속되면, 미연-HC와 윤활유 잔유물이 점화플러그의 차가운 부분에 퇴적물을 형성하게 된다. 실화의 위험에서 벗어나기 위해서는 점화플러그가 최소한 400℃ 이상으로 가열되어야 한다. 이 온도에 도달하면 절연체 선단에 퇴적된 탄화물이 연소, 제거된다. 점화플러그의 작동범위는 이 온도를 하한 기준으로 하여 결정한다.

점화플러그의 열가는 숫자(예 : 2~10)로 표시한다. 열가 번호가 높으면 열형 플러그, 낮으면 냉형 플러그 그리고 중간 열가에 해당하면 중형 플러그(medium plug)라 한다.

① **열형 플러그**(hot plug : Heisse Kerze) (**그림** 7-47**의** ①)

열형 플러그 즉, 고열가(예 : 7~10) 플러그란 연소실에 노출된 절연체의 길이가 길어 열을 흡수하는 표면적이 넓고, 반면에 방출경로가 길어 열방출이 느린 플러그를 말한다.

② **냉형 플러그**(cold plug : Kalte Kerze)(**그림** 7-47**의** ③)

냉형 플러그 즉, 저열가(예 : 2~4) 플러그란 연소실에 노출된 절연체의 길이가 짧아 열을 흡수하는 면적이 좁고, 반면에 방출경로가 짧아 열방출이 빠른 플러그를 말한다.

(4) 점화플러그의 열가와 온도특성

그림 7-47은 같은 기관에 열가가 서로 다른 점화플러그를 장착, 전부하 운전하여 점화플러그의 온도변화를 측정한 것이다. 여기서 고열가 플러그는 저열가 플러그와 비교해 기관의 저출력범위에서도 쉽게 자기청정온도 범위를 초과하는 것을, 반면에 저열가 플러그는 저출력범위에서는 자기청정온도에 도달되지 않는 것을 알 수 있다. 즉, 오손에 대한 저항력은 열형이, 조기점화에 대한 저항력은 냉형이 크다.

일반적으로 고출력, 고속기관에서는 냉형 플러그를, 저출력, 저속기관에서는 열형을 주로 사용한다. 점화플러그를 장기간 사용 후 빼내어 절연체와 전극상태를 보면, 열가가 정확히 선택되었는지를 판별할 수 있다. 열가가 기관의 특성과 일치하는 경우는 절연체는 회백색에서 약간 불그스레한 갈색까지, 전극은 엷은 갈색을 띠게 된다.

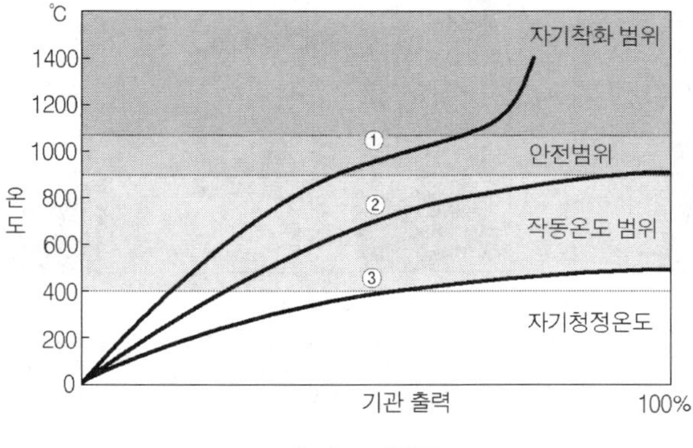

① 고열가(열형) 플러그
절연체 팁의 길이가 길어 열을 많이 흡수하고, 방출을 적게 한다.
② 중열가(중형) 플러그
열형 플러그에 비해 절연체 팁의 길이가 짧다. 절연체 팁의 길이가 짧을수록 열의 흡수는 적게, 방출은 많이 한다.
③ 저열가 플러그
절연체 팁이 짧으므로 열의 흡수는 적고 방출은 쉽게 이루어진다.

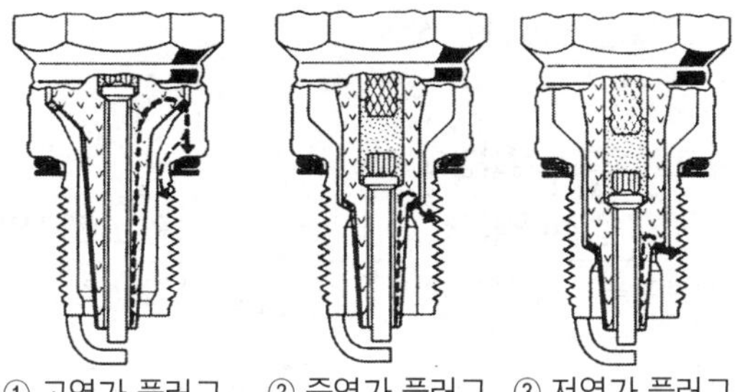

열 흡수표면
열 전도경로

그림 7-47 점화플러그의 열가와 온도특성

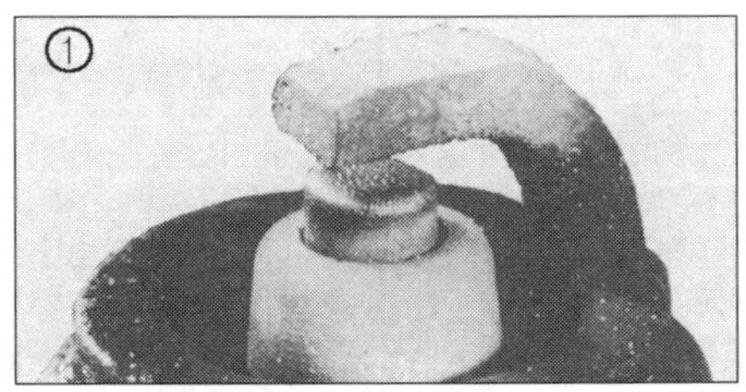

① 정상상태

절연체 팁은 회백색 또는 회황색에서 갈색까지로 나타난다. 기관이 정상이며 플러그의 열가도 적합하다. 혼합비, 점화시기 등도 정확하며, 실화가 없고 냉시동장치 기능 정상. 연료에 혼합된 납, 윤활유에 포함된 합금성분 등에 의한 퇴적물이 없다.

② 카본에 의한 오염

검게 보인다. 절연체 팁. 전극, 플러그셀(shell) 등이 아주 검게 보인다.
원인 : 혼합비 조성 부정확(기화기, 분사밸브). 농후혼합기, 공기여과기 막힘(또는 오염), 자동초크 작동불량, 주로 단거리 주행, 스파크플러그의 열가가 너무 낮다.

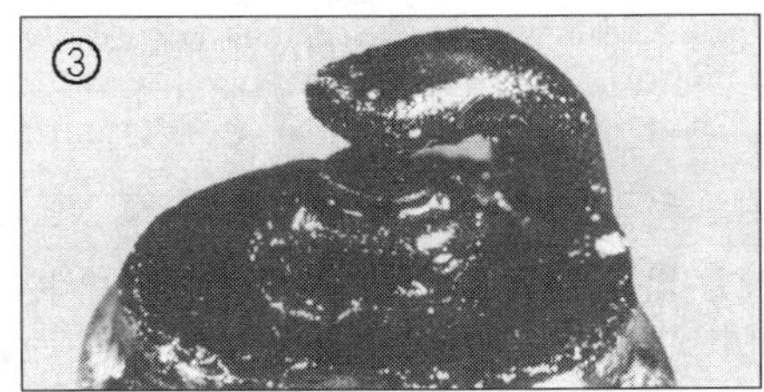

③ 윤활유에 젖어 있다.

절연체 팁. 전극, 플러그 셀 등이 그을음이나 카본이 덮인 상태에서 반짝인다.
원인 : 연소실에 과다한 윤활유 유입. 유면이 너무 높다. 피스톤링, 실린더, 밸브 등의 과대 마모, 2행정 기관에서는 연료에 윤활유를 너무 많이 혼합할 경우이다.

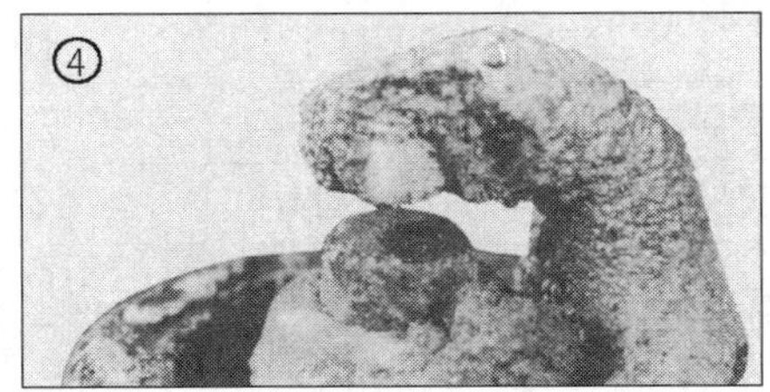

④ 회분(ash) 퇴적

연료와 윤활유의 첨가제에 의해 절연체 팁, 전극 등에 회분이 과다 퇴적된다.
원인 : 특히 윤활유에 첨가된 합금성분이 연소실과 스파크플러그에 회분을 퇴적시킬 수 있다.

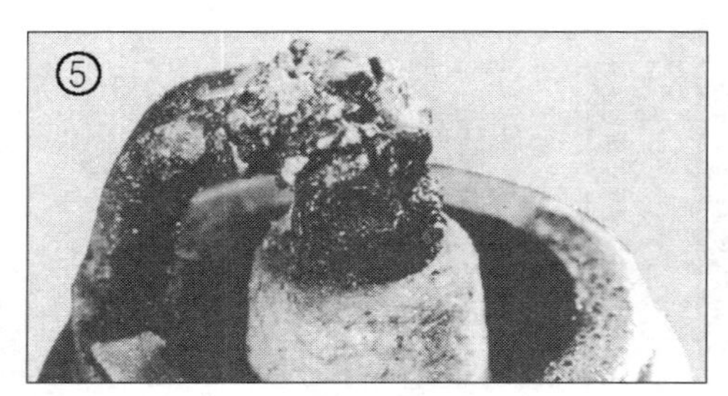

⑤ 전극이 부분적으로 용융

원인 : 자기착화에 의한 과열, 예를 들면 점화시기가 지나치게 진각되거나 연소실에 연소 잔유물 퇴적, 밸브의 결함, 점화장치 결함, 연료의 질 불량 등에 원인이 있을 수 있다.

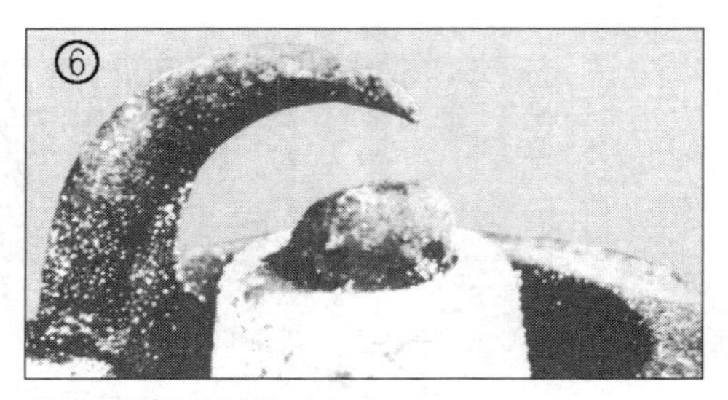

⑥ 접지전극이 과대 마모

전극간극이 지나치게 넓으면 전극의 마모를 촉진시킨다.
원인 : 연료와 윤활유 첨가제나 연소실의 와류가 부정적인 영향을 미친다. 퇴적물, 노킹 등에 원인이 있을 수 있다. 과열에 의한 것이 아니다.

그림 7-48 스파크플러그의 전극상태

〔표 7-2〕 주로 사용하는 점화장치 개요

	트랜지스터 점화장치	전자식(EZ)	완전 전자식(VZ)
외관 특징	배전기(진공진각기구 포함) 점화 스위치는 배전기에	배전기능만 갖춘 배전기 (진공진각장치 없음)	싱글 스파크 점화코일 더블 스파크 점화코일
점화코일 형식	원통형	원통형	싱글/더블 스파크 점화코일
2차전압 오실로스코프 파형	SEK 100% 50 0	SEK 100% 50 0	SEK 100% 50 0
점화코일저항, 1차 / 2차	0.5～2Ω /8～19kΩ	0.5～2Ω / 8～19kΩ	0.3～1Ω /8～15kΩ
1차전류회로 스위칭 방법	홀센서/유도센서 신호	모트로닉 ECU(점화출력단계)	모트로닉 ECU(점화출력단계)
점화시기 제어	원심식(속도) 진각기구와 진공식(부하) 진각기구	회전속도와 부하 기준 점화시기 특성도	회전속도와 부하 기준 점화시기 특성도
노크제어	기능 없음	단순한 노크제어	실린더 선택적 노크제어
연료품질 적응	수동식 절환 스위치 이용	제2의 특성도로 자동전환	제2의 특성도로 자동전환
1차전류 제어	1차전류 제한 및 차단 드웰각 제어	1차전류 제한 및 차단, 드웰각 제어(변수; 전압/부하)	1차전류 제한 및 차단 드웰각 제어(변수; 전압/부하)
실화감지 기능	없음	없음	2차전류 또는 이온전류 측정, 회전속도 맥동 측정
점화불꽃 배분	배전기에 설치된 회전식 고전압 로터, 고전압 케이블 이용	배전기에 설치된 회전식 고전압 로터, 고전압 케이블 이용	싱글/더블 점화코일 이용하여 직접 스파크 플러그에 전달

제6절 디젤기관의 예열장치 *(Preheating system of diesel engines)*

냉각된 상태의 디젤기관은 압축누설 및 연소실 벽을 통한 열 손실 때문에 압축압력과 압축온도가 낮아져 시동이 어렵게 된다. 따라서 냉각된 상태의 디젤기관에서는 연소실(또는 흡기통로)의 공기를 추가로 가열하지 않으면, 시동할 수 없을 수도 있다. 기관의 시동을 쉽게 하고, 원활한 공회전 및 공회전 상태의 안정화, 그리고 유해배출물 저감을 위해 예열장치(pre-heating system : Vorglühanlage)를 사용한다.

시동속도로 시동할 때 경유의 최저 자기착화온도는 약 250℃이다. 일반적으로 기관이 차가운 상태에서 예연소실식에서는 공기온도가 40℃ 이하일 때, 와류실식에서는 20℃ 이하일 때, 직접분사실식에서는 0℃ 이하일 때 예열장치가 필요한 것으로 알려져 있다.

간접분사기관(예: 예연소실식, 와류실식)에서는 부-연소실에 예열플러그를 설치하여 흡기를 가열하는 방식을 주로 사용한다.

직접분사기관(DI-engine)은 간접분사기관(IDI-engine)에 비교해 연소실 표면적이 넓지 않아 열손실이 적으므로 냉시동성이 비교적 양호하다. 그러나 행정체적이 1리터 이상인 대형 직접분사기관에서는 흡기다기관에 화염-예열플러그(flame glow plug)를, 행정체적이 작은 소형 직접분사기관에서는 흡기통로에 가열 플러그(heating plug) 또는 가열 플랜지(heating flange)를 설치하여 흡기를 예열하는 방식을 주로 이용한다. 직접분사 기관에서도 주-연소실에 예열플러그를 설치하기도 한다.

열역학적으로는 $T_2 = T_1 \cdot \epsilon^{n-1}$에서, 압축비 $\epsilon = 18$, 폴리트로픽지수 $n = 1.37$로 계산하면, 흡기온도를 50℃ 높이는 경우, 압축온도는 147℃ 상승하는 것으로 계산된다. 실험에 의하면 흡기온도 T_1이 250K ~ 830K(−23℃ ~557℃) 범위일 경우, 폴리트로픽지수 n은 1.38을 적용할 수 있는 것으로 알려져 있다.

기관이 시동된 후 난기운전 중에도 일정 시간 동안(예 : 최대 약 3분 정도) 예열회로를 작동시켜, 기관의 정상운전을 촉진하고 동시에 소음과 유해배출물을 낮추는 방식을 주로 사용하고 있다.

예열장치는 예열플러그(가열플러그, 가열플랜지 포함)와 제어회로(예열표시, 예열시간제어, 예열장치 감시기능 등을 포함)로 구성된다.

예열장치의 필요조건을 요약하면 다음과 같다.

① 빠른 가열속도(1,000℃/s) - 가열 전원전압의 변동이 심한 경우에도
② 긴 수명(기관의 수명과 거의 일치해야)
③ 분(分) 단위 범위에서 후-예열 및 중간-예열 시간의 연장 가능
④ 기관의 요구에 적합한, 이상적인 가열성능
⑤ 압축비가 낮은 기관에서는 계속 1,150℃까지의 예열온도 유지
⑥ 전류 소비가 적어야 한다.
⑦ 법규에 명시된 유해 배출가스 규제값 유지
⑧ 온-보드 진단 가능(OBD II 및 EOBD)

1. 연소실 설치형 전기가열식 예열플러그(glow plug fur installing in combustion chamber)

적열된 예열플러그는 연소실 안의 공기를 가열시킬 뿐만 아니라, 열점(hot spot) 기능을 수행한다. 즉, 분사된 연료 중의 일부는 적열된 예열플러그 표면에 직접 접촉, 기화하여 자기착화한다. 예열에 소비되는 전기에너지는 축전지로부터 예열시간 제어회로를 거쳐 예열플러그에 공급된다.

기관 운전 중 예열플러그는 약 60℃～2,500℃ 사이에서 반복, 변화하는 가스(공기)온도에 노출되며, 또 약 1,000℃ 정도로 가열된다. 그리고 고온 연소가스 중의 산소와 연료에 포함된 부식성 가스에 노출된다. 아울러 기관진동의 영향을 크게 받는다. 따라서 예열플러그는 내열성, 내부식성, 내진동성 등이 커야 한다.

초기에는 열선 코일(coil)이 연소가스에 직접 노출되는 형식이 주로 사용되었으나, 현재는 열선 코일이 연소가스와 직접 접촉하지 않는 구조인, 내장형(sheathed* type glow plug 또는 pencil type glow plug) 예열플러그 그리고 세라믹 재료를 사용하는 예열플러그 등이 주로 사용된다.

참고 sheathed : 원 뜻은 "칼집에 넣어 진", "(전선 등에) 외피를 입힌" 등의 뜻이다.
GM에서는 sheathed type, Bosch에서는 연필형(pencil type : Stifte)이라고 한다.

열선 코일 내장형 예열플러그는 내열성, 내부식성의 금속튜브(metal tube) 내에 코일형의 열선을 설치하고, 산화마그네슘(magnesium-oxide) 분말을 채워 밀봉하였다. 즉, 열선이 직접 연소가스에 노출되지 않는 구조이며, 진동의 영향도 직접 받지 않는다. 따라서 열선이 연소가스에 직접 노출되는 재래식과 비교해 수명이 길고, 적열소요시간도 짧다. 완전 적열까지 약 2～5초 정도가 소요된다.

(1) 자기 제어식 예열 플러그(self regulated glow plug)

① 자기 제어식 예열플러그의 구조

그림 7-49a에서 금속튜브 속에 내장된 열선은 가열코일(heating coil)과 제어코일(regulating coil)을 갖추고 있다. 가열코일의 한쪽 끝은 금속튜브 끝에 용접되어 있으며, 다른 한쪽 끝은 제어코일과 직렬로 연결되어있다. 제어코일의 다른 한쪽 끝은 외부단자와 연결된다.

가열코일은 온도변화와 관계없이 저항값이 거의 일정하지만, 제어코일은 온도가 상승함에 따라 저항값도 증가하는 특성(PTC)이 있다. 따라서 온도가 낮을 때 즉, 기관이 냉각된 상태에서는 전류가 많이 흐르고, 예열플러그가 적열됨에 따라 전류가 감소한다.

제어코일의 형상과 저항특성에 의해 예열플러그의 적열특성이 결정된다. 제어코일의 재질로는 니켈(nickel) 또는 특수합금이 사용된다.

그림 7-49b에서 제어코일의 재질이 특수합금(예 : GSK2)인 경우가 니켈인 경우(예 : S-RSK)와 비교해 착화에 필요한 온도에 빨리 도달하고, 착화온도에 도달한 다음에 지속되는 온도는 낮게 유지됨을 보이고 있다.

제어코일의 재질이 특수합금인 예열플러그는 냉각상태에서는 많은 전류가 흘러 가열속도가 빠르고, 가열된 다음에는 적은 전류가 흘러 지속온도는 낮게 유지된다. 기관의 난기운전기간 중 예열플러그를 작동시키는 경우에도 제어코일이 특수합금인 경우(예: GSK2)가 니켈(예 : S-RSK)에 비해 열부하를 훨씬 적게 받는다.

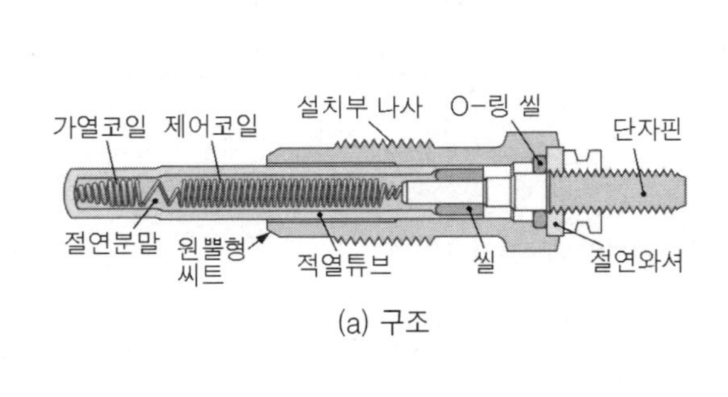

(a) 구조

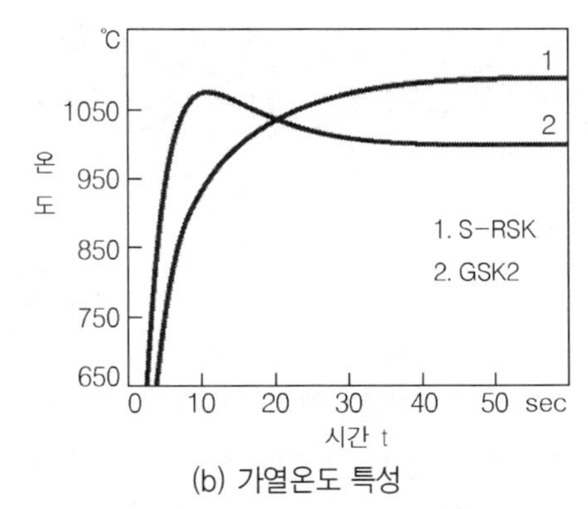

(b) 가열온도 특성

그림 7-49 자기제어식 예열플러그의 구조 및 가열온도 특성

② 자기 제어식 예열플러그의 작동과정

처음 예열을 시작할 때는 단자와 제어코일을 거쳐서 가열코일에 많은 전류가 흐른다. 따라서 가열부분은 곧바로 적열되게 된다. 전열에 의해 제어코일의 저항이 상승함에 따라 가열코일에

흐르는 전류는 감소하게 되고, 따라서 가열코일은 과열되지 않게 된다.

자기 제어식 예열플러그는 대부분 정격전압 11.5V로 작동한다. 전류가 흐르기 시작하면 2~7초 후면 자기착화에 충분한 850℃ 정도에 도달한다. 이어서 제어코일의 PTC 특성에 의해 약간 낮은 안정된 온도를 계속 유지한다. 예열플러그의 소비전력은 약 100~120W 정도가 대부분이다.

(2) 전자제어식 저전압 예열플러그

자기 제어식 예열플러그와 구조상의 차이점은, 가열시간을 단축할 목적으로 제어코일의 길이를 짧게 하였다는 점이다. 정격전압은 약 5~8V(예 : 4.4V) 범위로 설계되어 있다. 예열플러그에는 짧은 시간 동안, 펄스폭이 변조된 과전압(예 : 3초 동안 11V까지)이 인가된다. 따라서 예열플러그는 2~3초 이내에 1,000℃ 이상으로 가열된다. 그러므로 기온이 아주 낮을 때에도 예열의 지연이 없이 기관을 시동시킬 수 있다.

시동 준비를 하는 동안 그리고 후 - 예열 모드에서도 예열플러그는 약 980℃의 온도를 유지한다. 이러한 기능특성은 압축비 $\epsilon = 18$ 이상의 기관에 적합하다.

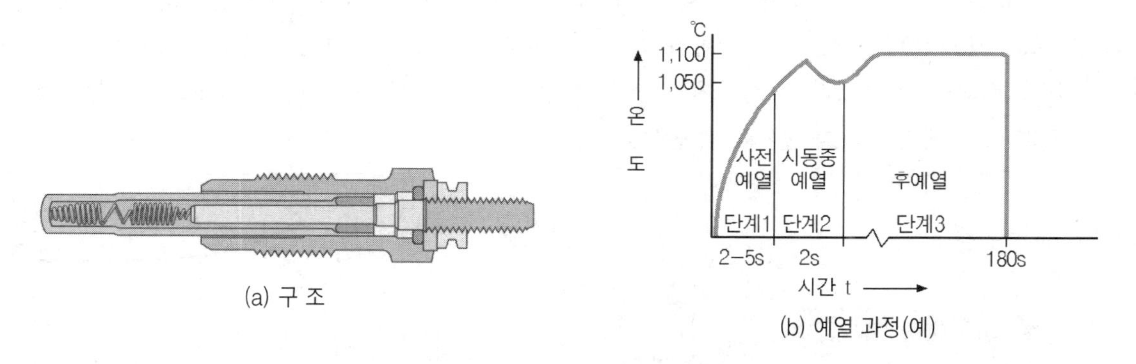

(a) 구 조

(b) 예열 과정(예)

그림 7-50 전자제어식 저전압 예열플러그

제어 모듈에는 예열플러그를 활성화하기 위한 파워-반도체(기존의 전자석 릴레이를 대신에)가 집적되어 있다. 예열제어 모듈은 엔진-ECU와 정보를 교환하면서 예열플러그를 개별적으로 활성화하고, 동시에 감시 및 진단한다. 필요한 신호정보로는 기관회전속도, 연료분사량(= 부하 정보), 기관냉각수 온도, 후-예열시간 등이다.

최근에는 특성곡선도를 이용하여 제어하므로 기관의 모든 운전상태에서 열적 과부하를 방지할 수 있다.

(3) Rapiterm-예열플러그(전자제어식)

이 예열플러그의 특징은 고온 저항성이 우수하면서도 전기전도성을 제어할 수 있는 세라믹 성분을 포함한 재료를 사용하고 있다는 점이다. 따라서 산화-충격(oxidation shock) 및 열-충격(thermal shock) 저항성이 아주 높다. 그리고 전압변동이 심한 경우에도 예열속도가 아주 빠르다(예 : 1,000℃/s)

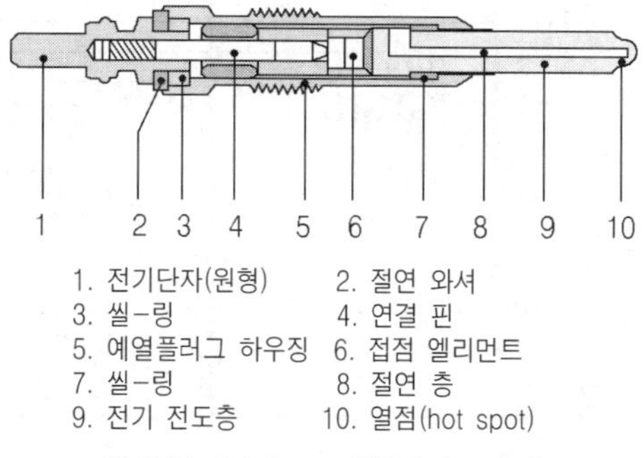

그림 7-51 Rapiterm-예열플러그의 구조

최대 약 1,300℃까지의 예열온도를 얻을 수 있다. 또 후-예열 및 난기운전 중에도 거의 1분 동 안, 약 1,150℃의 온도를 유지할 수 있다. 압축비 $\epsilon = 16$ 이하의 기관용으로 적합하다.

이 형식의 예열플러그는 저전압으로 작동하기 때문에 전력소비가 적으며, 또 표면이 가열영역이므로 가열효과가 상대적으로 우수하다. 그리고 저전압 전자제어식 예열플러그와 마찬가지로 예열제어 유닛과 엔진-EUC를 사용하여 공동으로 제어한다. 따라서 OBD II 및 EOBD 진단이 가능하다.

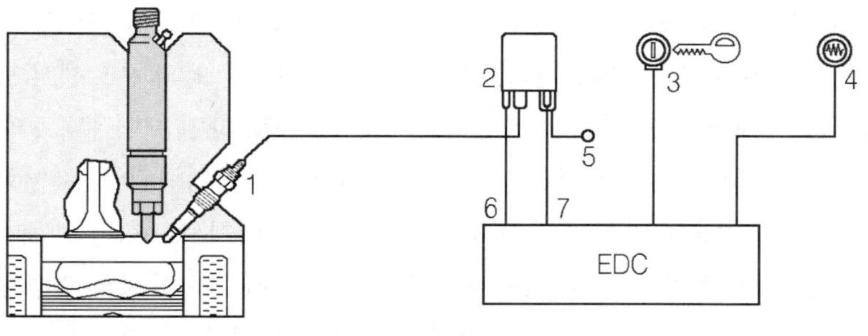

그림 7-52 EDC-ECU로 제어하는 예열시스템의 구성(예)

(4) 예열시간 제어(glow time control)

기관의 시동 지원은 물론이고, 시동된 다음에도 계속해서 일정한 시간 동안 예열회로를 작동시켜 기관의 정상운전을 촉진하고, 소음과 매연을 동시에 낮추기 위해, 자기제어식 예열플러그를 병렬로 결선한 회로를 주로 사용한다.

① 시스템 구성

이 시스템은 예열과정을 제어하는 예열제어 일렉트로닉, 예열 표시기, 예열제어전류를 'ON/OFF'하는 파워-릴레이 그리고 예열장치를 보호, 감시하는 회로로 구성되어 있다.

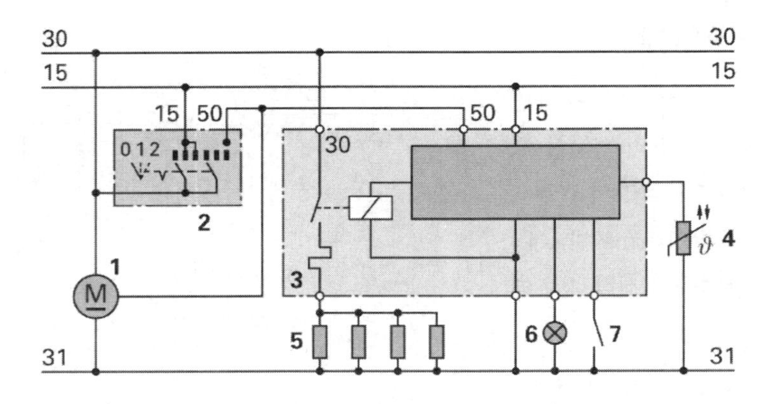

1. 시동모터
2. 예열플러그 및 시동 스위치
3. 예열제어유닛
4. 냉각수온도센서
5. 열선내장형 예열플러그
6. 예열표시등
7. 스위치, 페달행정센서

그림 7-53 예열시간 제어기능을 갖추고 있는 예열장치

② 작동 과정

작동과정은 사전 예열, 시동 중 예열 및 후-예열의 3단계로 진행된다.

- 사전 예열(pre-glowing : Vorglühen)

점화키를 위치 1(단자 15)로 스위칭하면, 제어 유니트는 축전지 전압 및 냉각수온도센서 정보를 이용하여 사전-예열시간을 계산한다. 예열시간은 제어유닛 안의 온도센서 또는 기관에 설치된 냉각수온도센서에 의해 제어된다. 시동스위치를 1단계로 하면 제어유니트의 단자 15를 통해 축전지 전압이 인가되고, 동시에 온도센서로부터 기관온도가 입력된다. 제어회로에 의해 예열시간이 결정되면, 제어유닛 안의 릴레이-접점이 'ON'되고, 이어서 저항을 거쳐 예열플러그로 전류가 흐르게 된다. 이때 예열 표시등도 점등된다. 예열플러그가 완전히 적열되면 예열 표시등은 소등된다. 일반적으로 냉각수 온도가 60℃ 이상이면, 예열시키지 않는다.

- 시동 중 예열(Glow-plug start-assist : Startglühen)

예열 표시등이 소등된 후에도 일정한 시간(예 : 약 5초) 동안 예열이 더 계속된다. 이 시간 동안에 기관은 시동되어야 한다. 시동스위치를 단계 2(시동위치)로 절환하면, 전류는 기동전동기에서는 단자 50번을 거쳐, 예열회로에서는 저항을 우회(bypass)하여 흐르게 된다. 전체 시동시간 동안은 단자 50을 통해 예열이 보장된다.

- 후-예열(post-glowing: Nachglühen)

기관이 냉시동된 후 난기운전 중에도 기관온도센서의 정보에 따라 제어유닛 안의 접점은 계속 "ON"되어 예열플러그에 전류를 공급한다. → 후 - 예열.

공회전접점이 열리고, 따라서 기관의 부하가 감지되면, 후 - 예열은 중단된다. 공회전속도로 다시 복귀할 경우, 후 - 예열은 계속된다. 일반적으로 후 - 예열은 냉각수온도가 60℃ 이상이거나, 또는 후-예열시간이 180초 이상이면 종료된다.

제어유닛 안에는 과전압과 단락으로부터 제어유닛을 보호하기 위한 보호회로, 장치의 고장 여부를 판별, 알려 주는 회로를 포함하고 있다.

참고

1) 예열플러그를 조이거나 풀 때는 규정된 조임-토크를 준수한다.
   규정된 조임토크로 풀 수 없는 경우에는, 엔진을 운전하여 가열한 다음에 푼다.
2) 예열플러그를 설치하기 전에, 특수 청소제로 예열플러그 설치 개소를 청소한다.
3) 떼어낸 상태에서 기능테스트를 할 때는 1~3초 이내에 마치도록 한다.
   실린더헤드에 열을 전달할 수 없는 상태이므로, 짧은 시간 동안에도 코일이 소손될 수 있다.

2. 화염 예열플러그(flame glow plug)와 가열플랜지(heating flange)

화염 예열플러그와 가열플랜지는 대부분 공기청정기와 실린더헤드 사이에 설치된다.

(1) 화염 예열플러그(flame glow plug)(그림 7-54 참조)

공기온도가 −10℃ 이하인 경우는 직접분사식기관(특히 실린더당 행정체적이 1리터 이상인 기관)에서도 화염 예열플러그를 설치하고, 연료의 연소열을 이용하여 흡입공기를 가열시킨다. 이때 필요로 하는 연료는 대부분 분사장치의 연료공급펌프로부터 마그넷밸브를 거쳐 화염 예열플러그로 공급된다. 설치 위치와 구조는 그림 7-54와 같다.

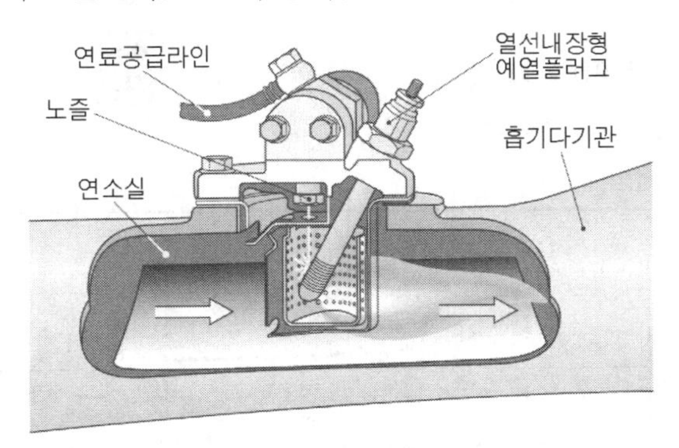

그림 7-54 화염 예열플러그(예)

① 기능

냉각수온도가 특정온도(예 : −4℃) 이하일 때, 점화키를 스위치 ON하면 화염 예열플러그 시스템은 자동으로 활성화된다. 전원전압에 따라 약 20~25초의 예열시간이 지나면 작동준비가 완료되고 기관을 시동할 수 있다. 화염 예열플러그 시스템에는 연료공급펌프로부터 여과기와 연료계량 스로틀(metering device)을 거쳐 연료가 공급된다. 스로틀을 통과, 분사된 연료는

1,000℃ 이상으로 가열된 예열플러그의 선단에 충돌하면서 착화, 연소한다. 따라서 흡기다기관을 통과하는 공기는 순간 약 800℃까지 가열된다. 화염 예열플러그의 전방, 연료 공급회로에 설치된 솔레노이드밸브는 예열제어유닛에 의해 전류가 공급된다.

다음의 경우에 연료공급이 중단된다.

- 작동을 시작한 기관냉각수 온도가 대략 0℃에 도달했을 때
- 제어 표시등(control lamp)이 소등되고 약 30초 안에 기관이 시동되지 않을 때.

② **진단**

예열 제어유닛이 열선 내장형 예열플러그, 솔레노이드밸브 및 배선을 감시한다. 고장이 발생하면, 운전자는 고장코드(예; FLA)를 통해 고장을 확인할 수 있다.

(2) 가열 플랜지(heating flange)

가열 플랜지는 그림 7-55a와 같은 간단한 구조로서, 전원전압에 의해 가열된다. 예열플러그가 설치되지 않는 기관, 또는 설치된 기관에서도 보조장치로 사용한다. 가열코일(PTC)로는 크롬-니켈합금(Inconel 601) 코일이 주로 사용되며, 가열온도는 900～1,250℃ 범위이다.

정격전압은 전원전압에 따라 12V식 또는 24V식이, 출력은 400～650W 정도로 다양하다.

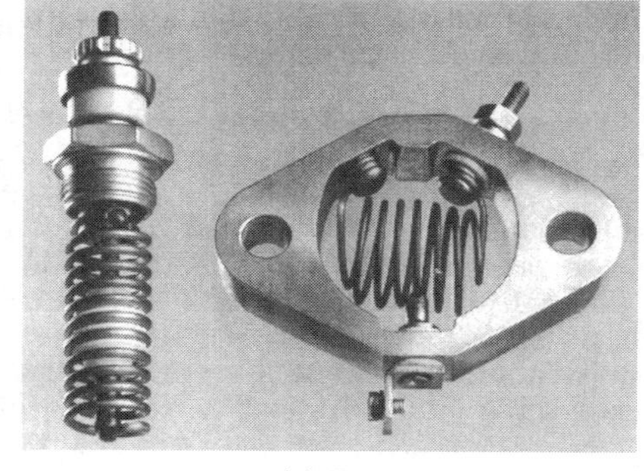

(a) 구조

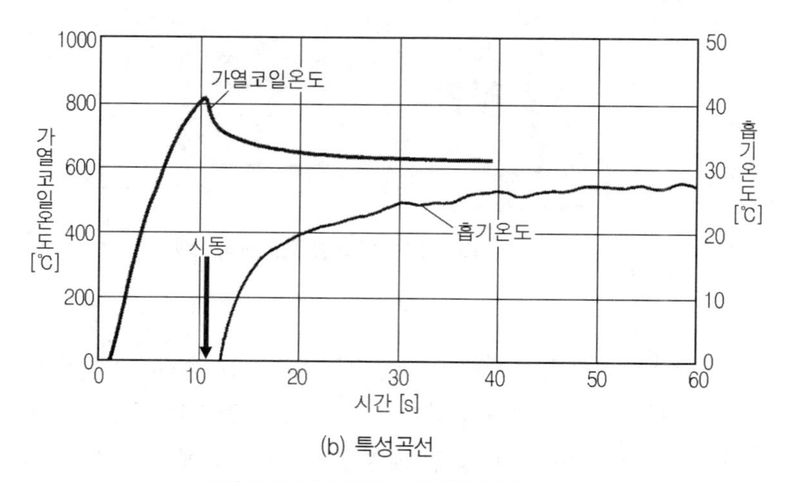

(b) 특성곡선

그림 7-55 가열 플랜지 및 가열 플러그

제8장

등화장치 및 신호장치

Lighting system and signal device

: Beleuchtungs- und Signalanlage

제8장 등화장치 및 신호장치

제1절 빛과 조명
(Light and illumination)

1. 빛의 특성

사람의 눈은 전자파(電磁波) 중의 극히 일부분에 지나지 않는 파장(λ) 약 400nm~800nm(nano- meter)의 전자파만 볼 수 있다. → 가시광선(可視光線 : visible radiation)

이 가시광선을 간단히 빛이라 한다. 빛은 일종의 전자파로서, 전기장(電氣場)이나 자기장(磁氣場)에 의해 굴절되지 않으며, 진공 중에서 약 300,000km/s의 속도로 진행한다. 파장에 따라 특정한 색깔 예를 들면, 파장 400nm는 보라색, 파장 700nm는 적색으로 보인다.(그림 8-2참조)

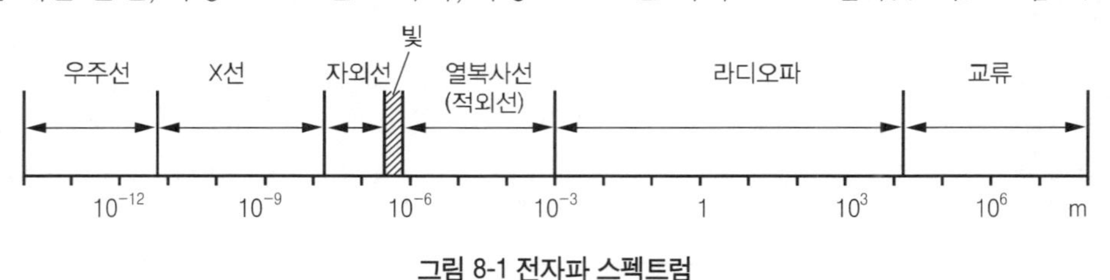

그림 8-1 전자파 스펙트럼

빛의 속도 C, 주파수 f, 파장 λ 사이에는 다음 식이 성립한다.

$$C = f \cdot \lambda \quad \cdots\cdots (8\text{-}1)$$

여기서 C : 빛의 속도(약 $3 \times 10^8 m/s$)　f : 빛의 주파수[Hz]　λ : 빛의 파장[m]

(1) 빛의 스펙트럼(spectrum of light)

빛에 포함된 색깔은 육안으로 볼 수 있는 스펙트럼 즉, 분광(分光)을 형성한다. 스펙트럼에 포함된 모든 색깔들이 혼합되면 백색(white)으로 보인다. 햇빛은 스펙트럼의 색깔을 모두 포함하고 있다. 햇빛을 프리즘(prism : 3각 유리 기둥)을 통해서 스펙트럼으로 분해할 수 있다(그림 8-2참조). 인공적인 빛의 스펙트럼은 햇빛의 스펙트럼과는 다르다. 백열전등은 적색을, 형광등은 녹색을 많이 띤다. 물체는 자신의 색깔과 같은 파장의 빛은 반사(reflectance)하고, 다른 파장의 빛은 모두 흡수(absorption)한다. 예를 들면 적색 신호등은 빛 중의 적색 파장은 대부분 반사하고, 나머지 다른 파장들은 흡수한다. 가시(可視)광선을 모두 흡수하면 흑색, 모두 반사하면 백색으로 보인다.

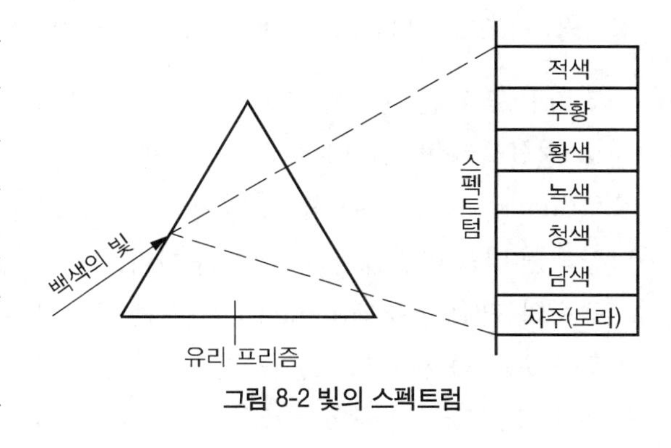

그림 8-2 빛의 스펙트럼

(2) 적외선과 자외선

① **적외선**(赤外線 : infrared radiation)

적외선은 적색 가시광선 바로 위의 파장(780nm～1.0mm)으로 인간의 눈에는 보이지 않는 전자기파이다. 적외선은 에너지손실이 거의 없이 공기 중을 통과한다. 그리고 적외선 에너지는 물체와 만나면, 물체에 흡수되어 물체를 가열시킨다. 더운 여름날 자동차를 햇빛 아래 장시간 주차해 두었을 경우, 차 실내가 더워지는 현상은 대부분 이 적외선의 영향 때문이다. → 열복사선.

유입되는 적외선의 상당 부분을 차단할 수 있는 유리가 자동차에 사용되고 있다.

② **자외선**(紫外線 : ultraviolet radiation)

자외선은 보라색 가시광선 바로 아래의 파장(100～380nm)으로, 역시 인간의 눈에는 보이지 않는다. 자외선은 아크(arc)용접 시, 또는 가스방전 과정에서도 발생된다. 태양의 자외선은 피부를 갈색으로 변화시키는 작용도 한다.(무균소독, EPROM* - 칩의 삭제 등에도 이용된다)

2. 빛과 조명에 관한 용어와 단위

(1) 광원(光源 : luminous source : Lichtquelle)

빛(light)의 근원으로서 예를 들면, 태양, 전등, 자동차의 전조등, 반딧불 등은 모두 광원이다.

* EPROM(Electrically Programmable ROM)

(2) 광속(光束 : luminous flux : Lichtstrom) : Φ

전기적 광원인 전구는 전기에너지를 빛에너지로 변환시켜 방사(radiation)한다. 광원의 광출력(luminous power) 즉, 광원에서 공간으로 발산되는 빛의 다발을 광속(Φ)이라 한다.

광속의 단위는 루멘(lumen : lm)*을, 표시기호로는 Φ를 사용한다. 예를 들면 100W의 백열등은 약 1,380lm을, 58W-가스 등은 약 5,400lm의 광속을 방사한다. 광속을 많이 방사하는 광원이 더 밝다.

그림 8-3 전구의 광속(예)

(3) 광도(光度 : luminous intensity: Lichtstarke) : I

어느 한 방향의 단위 입체각(solid angle : Ω)**에 대한 광속을, 그 방향에 대한 광원의 광도라 한다. 예를 들면 자동차 전조등의 경우, 전구(=광원)에서 방사되는 광속을 반사경을 이용하여 한 곳으로 집중시켜, 주행전방을 조사(照射)한다. 이때 주행전방 단위 입체각에 대한 광속을, 주행전방에 대한 전조등의 광도(光度)라 한다. 즉 일정한 방향에 대한 광원의 밝기를 광도라 한다.

광도의 단위는 칸델라(candela: cd)***가, 기호로는 I가 사용된다. 빛과 조명에 관련되는 모든 단위는 기본단위인 칸델라(cd)로부터 유도된다.

참고로 용융백금(1773℃)의 표면적 1.66mm^{2}에서 수직으로 광도 1[cd]가 방사된다.

광도는 다음과 같이 정의한다.

$$I = \frac{\Phi}{\Omega}, \quad [I] = \frac{[\mathrm{lm}]}{[\mathrm{sr}]} = [\mathrm{cd}] \qquad \cdots\cdots (8\text{-}2)$$

여기서 I : 광도 [cd] Φ : 광속 [lm] Ω : 단위 입체각 [sr]

---

* 루멘(lumen) : 라틴어로 빛(light)

** 단위 입체각 : 반경 1m인 구의 표면적 1m^{2}에 해당하는 원추형 또는 피라미드 단면각.
기호는 Ω, 단위는 스테라디안(steradian)[sr]. 구의 표면 즉, 공간은 4π[sr].

*** 칸델라(candela) : 라틴어로 '촛불'

3. 광효율(光效率 : luminous efficiency: Lichtausbeute) : η

예를 들면, 광원인 전구에서는 소비된 전기에너지 중 일부만 빛으로 변환되고 나머지는 열로 소산된다. 광효율(η)은 방사된 광속(Φ)과 사용된 전기에너지(P)의 비를 말한다.

$$\eta = \frac{\Phi}{P} \quad \cdots\cdots (8\text{-}3)$$

예를 들면, 100W 전구의 광속이 1,380[lm]이라면, 광효율은 'η=1,380lm/100W=13.8lm/W' 가 된다. 광효율은 광원의 경제성에 대한 척도이다.

4. 조도(照度 : illuminance: Beleuchtungsstärke) : E

조도(E)는 피조면(=조명을 받는 면)의 밝기의 척도이다. 좁은 면적에 많은 양의 광속이 입사되면 피조면은 밝아진다. 즉, 조도가 높아진다.(그림 8-4참조).

조도(E)는 피조면(A)에 대한 광속(Φ)의 비를 말한다. 단위는 룩스(lx ; lux)가 사용된다.

조도(E)는 광도(I)에 비례하고, 광원과 피조면 사이의 거리의 제곱에 반비례한다.(그림 8-5참조)

$$E = \frac{\Phi}{A},$$

$$E\,[\mathrm{lx}] = \frac{\text{피조면에 입사되는 광속[lm]}}{\text{피조면 단면적}[\mathrm{m}^2]} \quad (8\text{-}4)$$

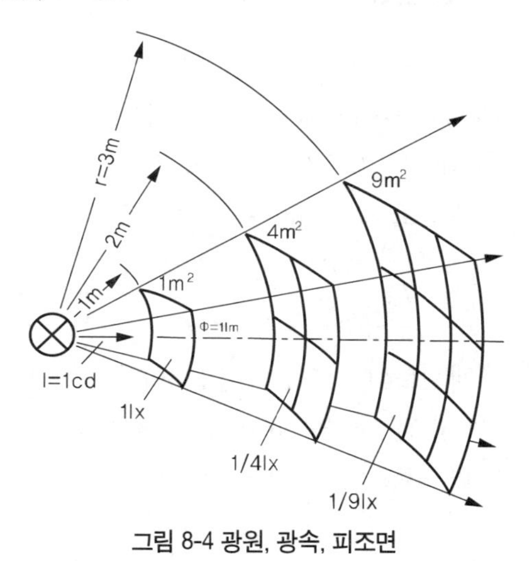

그림 8-4 광원, 광속, 피조면

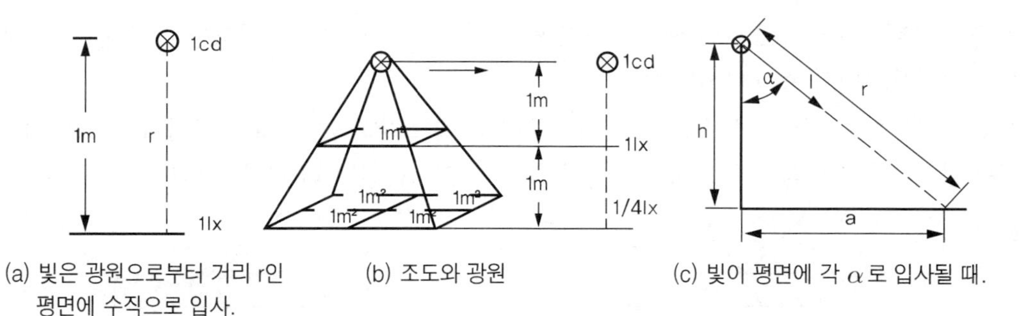

(a) 빛은 광원으로부터 거리 r인 평면에 수직으로 입사.
(b) 조도와 광원
(c) 빛이 평면에 각 α로 입사될 때.

그림 8-5 조도와 광원

광속이 피조면에 수직으로 입사될 때 : (그림 8-5(a))

$$E = \frac{I}{r^2} \quad \cdots\cdots (8\text{-}5)$$

여기서 E : 조도[lx] I : 광도[cd] r : 광원과 피조면 간의 수직거리[m]

광속이 피조면에 각 α로 입사될 때 : (그림 8-5(c))

$$E = \frac{I}{h^2}\cos\alpha \quad \cdots\cdots (8\text{-}6)$$

여기서 I : 광도[cd] α : 입사각 h : 광원과 피조면 간의 거리[m]

5. 광밀도(luminance: Leuchtdichte) : L

광밀도(L)는 우리 눈이 광원 또는 피조면을 보고 느끼는 밝기 감각(brightness feeling : Heligkeitseindruck)의 척도이다. 광도가 높거나, 또는 광원으로부터 방사되는 광속이 좁은 면적에 집중되면 광밀도는 높아진다.

광밀도 L[cd/m²]은 피조면 단면적 A[m²]으로 광도 I[cd]를 나눈 값이다.

$$L = \frac{I}{A} \quad \cdots\cdots (8\text{-}6)$$

광밀도의 단위는 [cd/m²]이다. 그러나 광원에서의 광밀도는 대부분 [cd/cm²]으로 주어진다. 100W 전구는 약 50cd/cm², 58W-백색 가스 등의 광밀도는 약 1.55cd/cm²이다. 광밀도가 너무 높으면, 섬광(閃光 : glare)이 된다.

6. 반사(反射 : reflection)와 산란(散亂 : stray dispersion)

반사란 피조면에 입사된 빛이 다시 되돌아 방사되는 능력을 말한다. 전조등의 경우, 전구로부터 반사경에 입사되는 광속은 다시 반사된다.

표면이 매끈하고 평면일 경우, 입사각과 반사각은 같으며(그림 8-6(a)), 표면에 굴곡이 심할 경우에는 입사각과 반사각 모두가 일정치 않다. 이를 난반사(=산란)라 한다.(그림 8-6(b))

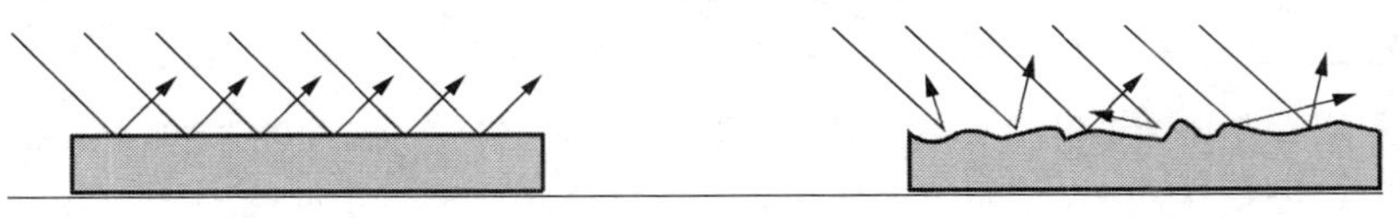

(a) 표면이 평면이고 동시에 매끈할 경우 (b) 표면에 굴곡이 심할 경우

그림 8-6 빛의 반사

7. 빛의 투과(透過 : transmission)와 굴절(屈折 : refraction) - (그림 8-7 참조)

빛이 투명한 물체(예 : 유리)에 어떤 각을 두고 입사되면 입사된 광속의 일부는 반사되는 반면에, 일부는 유리를 투과한다. 이때 광선은 입사되는 지점과 투과하는 점에서 굴절된다.

그림 8-7은 반사경에서 반사된 빛이 렌즈에서 굴절, 투과함을 보여주고 있다.

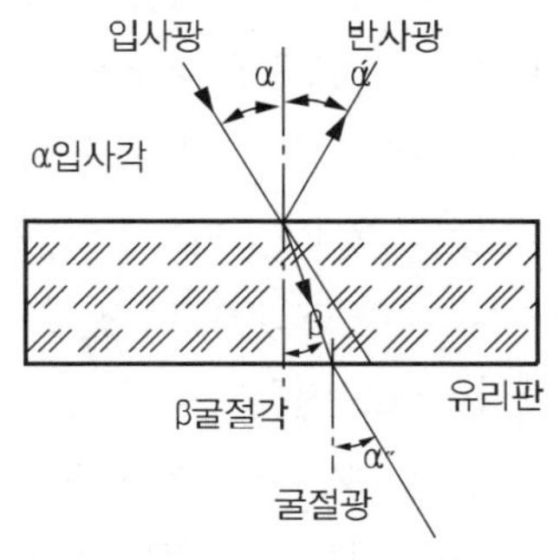

그림 8-7 빛의 굴절과 투과

제2절 자동차용 전구

(Illuminators : Leuchtmittel)

발광(發光)은 크게 온도방사(溫度放射)와 루미네슨스(luminescence)로 구별할 수 있다.

온도방사(temperature radiation)에 의한 발광은 물체(예 : 필라멘트)를 가열하거나, 태우면(예 : 연료), 온도가 상승함에 따라 강렬한 빛(=가시광선)이 발생되는 현상을 말한다. 온도방사의 단점은 효율이 낮다는 점이다.(10% 이하)

루미네슨스(luminescence)는 온도방사 이외의 방법에 의한 발광으로 예를 들면, 가스방전등, 형광등, 음극선, LED 등에 의한 발광 현상을 말한다. 온도방사에 비해 상대적으로 효율이 높다.

자동차에는 2가지 방법이 모두 이용되지만, 루미네슨스를 이용한 등화장치가 증가하고 있다. 예를 들면 제논-전조등, LED-전조등, LED-계기판, 디지털-시계 등은 루미네슨스를 이용한 것들이다.

1. 백열전구(metal filament lamps)

필라멘트 코일의 재질인, 텅스텐은 융점(3660K)이 높기 때문에 약 3300K까지 가열이 가능하다.

공기 중에서는 필라멘트 코일이 연소되므로, 소형 꼬마전구의 내부는 대부분 진공으로 처리한다. 그러나 전조등 전구와 같이 비교적 큰 전구의 내부는 진공으로 만든 다음에, 불활성 가스(예 : 질소, 아르곤, 크립톤 등)를 봉입한다.

텅스텐은 PTC-저항이다. 즉, 뜨거울 때에 비해 차가울 때 저항이 더 작다. 그러므로 전구를 스위치 "ON"할 때, 순간적으로 큰 서지(surge)전류가 흘러 필라멘트 코일이 파손될 수 있다.

또 온도가 높을 때는 텅스텐 필라멘트가 증발, 연소됨에 따라 전구유리의 색갈이 검게 오염될 수 있다. 이 경우, 광도는 물론이고, 광효율(luminous efficiency)도 크게 낮아진다.

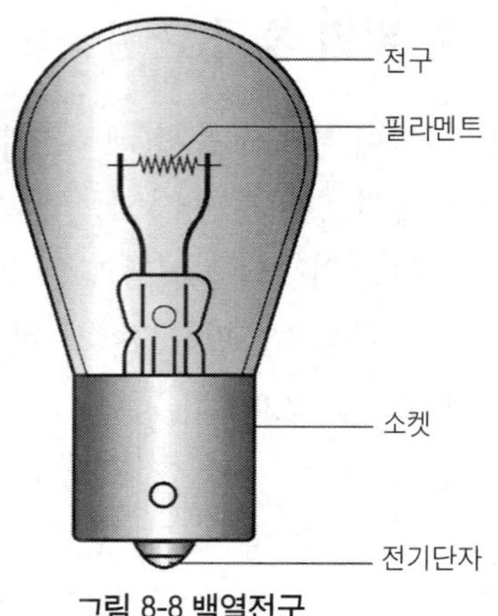

그림 8-8 백열전구

일반 백열전구의 수명은 약 1,000시간 정도이고, 형광등은 약 7,500시간 정도이다. 자동차용 전구의 수명은 할로겐 전구까지도 약 1,500~2,000시간 정도이다. 자동차용 전구의 수명과 광도는 축전지 전압의 영향을 크게 받는다. 표 8-1에서 전압 100%란 전구의 정격전압을 말한다. 전구에 인가된 전압이 정격전압보다 높아지면 수명이 많이 단축됨을 알 수 있다.

〔표 8-1〕 백열전구의 광도와 수명에 대한 전압의 영향

전압 [%]	85	90	95	100	105	110	120
광도 [%]	53	67	83	100	120	145	200
수명 [%]	1,000	440	210	100	50	28	6

2. 할로겐전구(halogen bulb)

필라멘트 코일의 온도를 높이면 광효율은 상승한다. 그러나 동시에 필라멘트 코일의 증발속도도 빨라진다. 필라멘트 코일의 증발을 억제하는 방법의 하나로 전구에 할로겐 가스를 봉입한다.

할로겐 가스로는 불소, 염소, 브로마인(bromine : Brom) 또는 요드(iodine : Jod) 등이 사용된다.

할로겐전구의 전구재료는 수정(quarz) 유리이다. 이 유리는 할로겐전구가 방출하는 소량의 자외선(UV)을 여과시키는 기능을 한다. 전구의 크기가 작아 코일과 전구유리벽 사이의 간격이 좁기 때문에 작동 중에 전구유리는 약 300℃까지 가열된다. 색 온도는 2700 ~ 3200K 범위이다.

할로겐전구에는 필라멘트 코일이 1개인 형식(H1, H3, H7, HB3, HB4 등)과 2개인 형식(H4)이 있으며, 이들은 주로 상향등/하향등, 안개등 등에 사용된다.

(1) 할로겐전구의 작동특성(백열전구와 비교)

① 필라멘트 코일과 전구의 온도가 아주 높다
② 전구내부에 봉입된 가스압력이 높다(약 40bar까지)
③ 광효율이 아주 높다. - 백열전구에 비해 필라멘트의 가열온도가 높기 때문에
　자동차용 전구의 광효율(η)　백열전구　10~18[lm/W]
　　　　　　　　　　　　　　　할로겐전구　22~26[lm/W]

(2) 할로겐전구 내에서의 재생작용(그림 8-9(b) 참조)

필라멘트가 가열되면 필라멘트로부터 텅스텐 원자가 증발된다(3). 필라멘트로부터 증발된 텅스텐 원자는 유리구 내의 온도 600~1,400℃에서 할로겐과 화학적으로 결합하여 안정된다(4). 이 화학적으로 결합, 안정된 가스분자들은 전구 내부에서의 열운동에 의해, 더 뜨거운 필라멘트 쪽으로 이동하게 된다. 필라멘트 근방에 도달한 결합분자들은 거기서 텅스텐과 할로겐으로 분리되어, 텅스텐원자는 다시 필라멘트에 흡착된다(5). 이와 같은 과정을 반복하여 텅스텐 필라멘트(1)는 재생되고, 유리구는 항상 깨끗한 상태를 유지하게 된다. 할로겐전구는 백열전구에 비해 수명이 거의 2배 정도 더 길다.

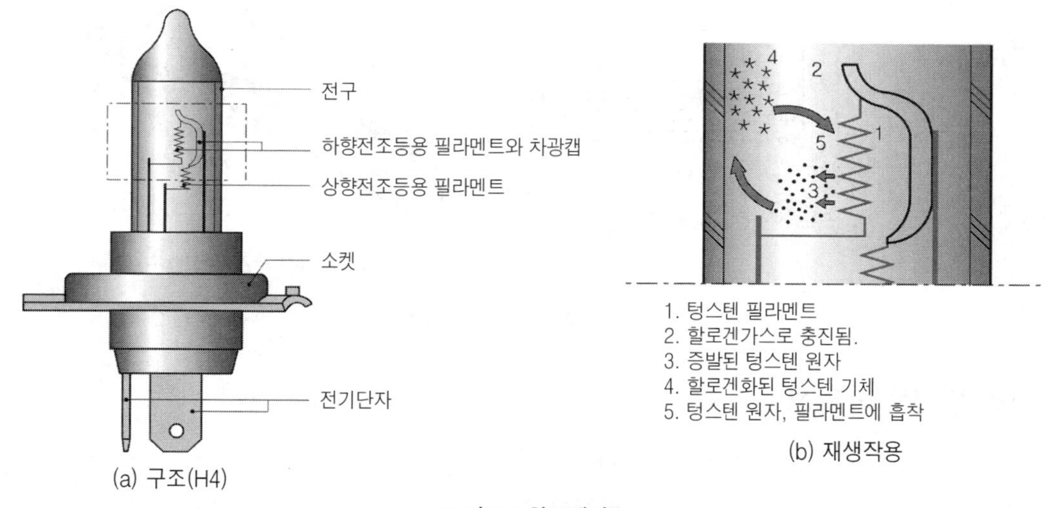

그림 8-9 할로겐전구

그러나 할로겐전구는 유리구의 표면온도가 300℃ 이하로 낮아지면, 수명과 광효율이 크게 저하한다. 따라서 할로겐전구에는 항상 정격전압 상태의 충분한 전류를 공급하여 유리구의 표면온도를 300℃ 정도로 유지해야 한다.

그리고 할로겐전구는 전구의 온도가 높고, 또 광도가 높기 때문에, 보통 백열전구를 할로겐전구로 교환할 때는 반사경과 렌즈도 그 특성에 적합한 것을 사용해야 한다.

순수 할로겐은 냉각상태에서 필라멘트를 부식시키는 성질이 있다. 따라서 이를 방지하기 위해 브로마인 수소(hydrogen-bromine)를 봉입하는 경향이 있다.

3. 가스 방전등

(1) 가스 방전등의 구조 및 작동원리

소형 구체(球體)의 전구의 양단에 전극을 설치하고, 전구 내부(=가스 방전실)에는 제논(xenon) 가스와 금속-할로겐-화합물(metal halide)을 봉입하였다. 전극의 양단에 고전압 펄스(전압 : 약 24kV까지, 주파수 : 10kHz 정도)를 가하면 전구 내부 즉, 가스 방전실에서는 아크(arc)가 발생한다. 가스 방전실 내의 금속염은 증발, 스파크 간극을 이온화(ionize)시킨다. 이와 같은 방법에 의해 빛이 방출되고, 전극의 마모 또한 방지된다. 이를 위해 제논-점화 컨트롤 유닛은 고전압을 생성, 제어한다.

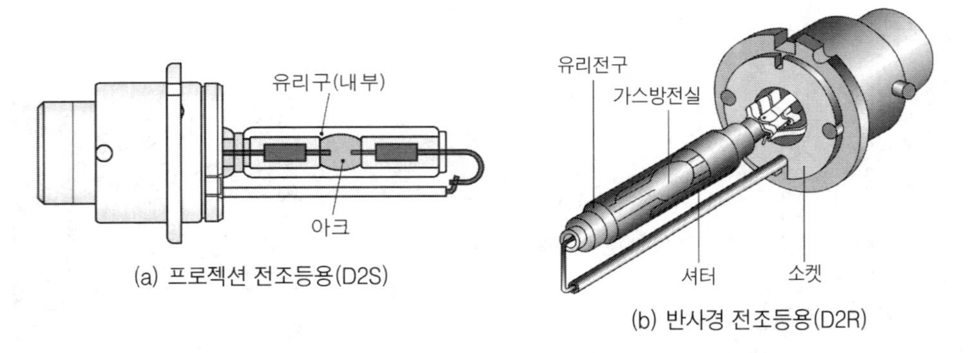

그림 8-10 가스 방전등의 구조

(2) 가스 방전등의 특성

① 반사경 시스템용 가스 방전등과 비교할 때, 프로젝션(projection) 시스템용 가스 방전등은 전구에 그림자 효과(shadowing effect)가 발생하지 않는다. 반사경 시스템용 가스 방전등은 컷오프선(cut-off line) 즉, 명암경계선을 형성하기 위해서 셔터(shutter ; 차광판)를 필요로 한다.

② 할로겐 전구와 비교했을 때 가스 방전등의 단점은 최고 광도에 도달하는 시간이 약 5초 정도로 길다는 점이다. 할로겐 전구는 최고광도에 도달하는 시간이 약 0.2초 정도이다. 원하는 작동상태에 가능한 한 빨리 도달하기 위해서 가스 방전등 제어유닛은 웜업(warm-up) 단계에서

의 공급전류를 크게 증가시킨다.

③ 제논 가스등의 발광 색깔은 햇빛과 거의 비슷하며, 특히 녹색과 청색이 많다. 35W-제논 가스등의 경우, 전구온도 약 1,000K에서 광효율은 약 85lm/W 정도이며, 광도는 기존의 할로겐전구에 비해 약 2배 정도 더 높다. 단시간 허용 과전류는 약 2.6A, 정상작동전류는 약 0.4A, 그리고 수명은 약 1,500시간 정도이다.

④ 필라멘트 전구에서는 순간적으로 필라멘트가 단선되는 경우가 대부분이나, 가스 방전등에서는 광도가 점진적으로 저하되는 상태를 보고 수명을 판별하므로 미리 교환할 수 있다는 장점이 있다.

⑤ 조명광은 노면에서 멀리, 그리고 넓게 분포된다.

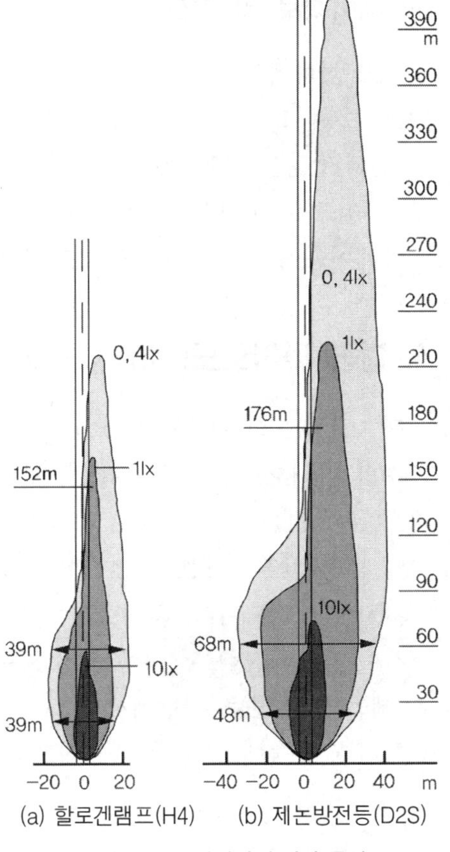

그림 8-11 노면에서의 배광 특성

(3) 전자식 제논-점화제어 유닛(electronic ballast unit)

이 유닛은 24kV까지의 고전압 펄스가 가스 방전등의 전극 사이를 건너뛰게 하여, 스파크(spark)를 일으켜 가스 방전등을 점등시킨다. 가스 방전등이 점등된 다음에는 스파크전압 약 85V(300Hz의 교류전압)에서 램프출력을 약 35W로 일정하게 제어한다.

가스 방전등의 점등 시에 고전압이 발생하고 작동전압 또한 높기 때문에, 전조등 시스템이 고장이거나 정비불량일 경우에는 작업자에게 치명적일 수도 있으므로 안전수칙을 준수해야 한다.

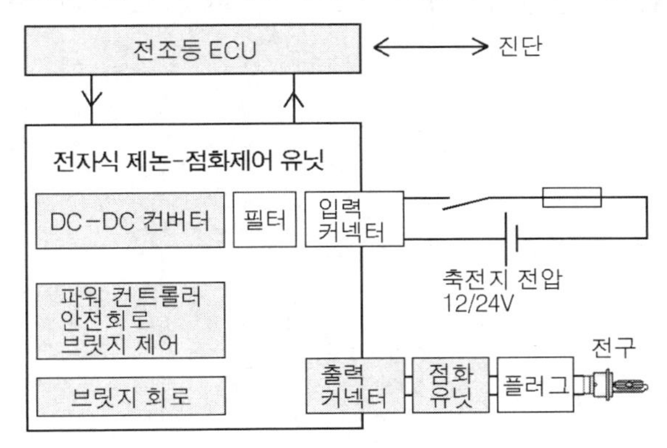

그림 8-12 전자식 제논-점화제어 유닛

(4) 제어회로 및 안전회로

제논-점화제어 유닛은 점화 시에 그리고 작동 중에 가스 방전등의 아크의 소멸을 감지할 수 있다. 이 경우 1차적으로 재점화를 여러 번 다시 시도한다. 배선이나 가스 방전등의 결함 때문에 점화가 되지 않을 경우, 전원이 차단된다. 진단이 가능한 시스템에서는 고장 메모리에 고장이 수록된다. 전조등 시스템의 결함은 전류누설의 원인이 될 수 있다. 누설전류가 20mA 이상이면, 제논-점화제어 유닛은 가스 방전등으로 공급되는 전류를 차단한다.

4. 발광 다이오드(LED: Light Emitting Diodes) PP.196 LED 참조

필요한 광도와 원하는 색깔에 따라 특정한 개수의 다이오드를 1개의 유닛으로 결합한다. 다수의 LED를 사용하므로 전체 기능의 고장 가능성이 감소한다. LED의 수명은 약 10,000시간 정도이며, 최대광도에 도달하는 시간이 약 2ms 정도로 아주 짧기 때문에 특히 제동등, 후진등, 방향지시등으로 많이 사용하며, 전조등에도 사용된다. (참고 : 백열등은 200ms 정도)

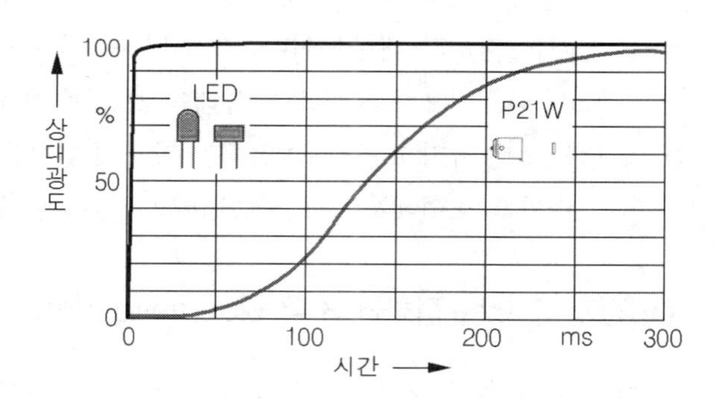

그림 8-13 LED와 할로겐전구의 점등 특성

5. 레이저 다이오드(Laser Diodes) pp.199~201. 레이저 다이오드 참조

레이저 다이오드는 파장 450nm의 청색 빛을 생성한다. 라이트 모듈에서는 인광체(phospheric element)를 이용하여 백색으로 변환시켜 사용한다. 색 온도는 약 5,500K(Kelvin)으로 햇빛과 같은 수준이다.

제8장 등화장치 및 신호장치

제3절 자동차 등화장치의 개요
(Summary of lighting system)

자동차 등화장치에는 표 8-2와 같이 크게 조명등, 신호등, 표시등으로 구분할 수 있다. 모든 나라들이 등화장치는 관련 법규를 만족시키는 장치만을 사용할 수 있도록 규정하고 있다. 즉, 형식 승인을 받은 제품만을 사용하고, 또 법규에 맞도록 설치되어야 하고, 항상 허용범위 내의 성능을 유지하도록 규정하고 있다.

〔표 8-2〕 자동차 등화장치의 종류

구분	명 칭	주요 기능
조명용	전조등(headlight) 후퇴등(backward light) 안개등(fog light) 실내등(room lamp)	• 상향등(high beam): 원거리 조명 • 하향등(low beam): 근거리 조명 • 후진 시에 후방 조명 * 비정상 기후(안개, 눈, 비) * 차 실내조명
신호용	제동등(brake lamp) 방향지시등(turn signal lamp) 비상등(emergency lamp)	• 주제동장치 작동 중임을 알림 • 선회방향을 알림 • 비상상태, 또는 경고의 표시
외부 표시용	차폭등(side lamp) 차고등(height lamp) 후미등(tail lamp) 번호판 등(license plate lamp) 주차등(parking lamp)	• 차체 폭 표시 • 차체 높이 표시 • 차체 후방임을 표시 • 번호판 조명 • 주차 중임을 표시

[주] • 강제된 등화장치, * 임의 등화장치

전조등은 전 세계적으로 2등식, 4등식, 6등식 등이 공통적으로 사용되고 있으며, 색깔은 대부분 백색 또는 황색으로 규정되어 있다. 쌍으로 구성된 등화장치는 자동차 중심선을 기준으로 양쪽으로 동일한 거리, 동일한 높이(노면으로부터)에 설치되어야 한다. 즉, 자동차 길이방향 중심선(x축)과 수평노면에 대해 대칭이 되도록 설치한다. 그리고 주차등과 방향지시등을 제외한 외부등화장치는 모두 좌우 동시에 동일한 광도로 점등되어야 한다.

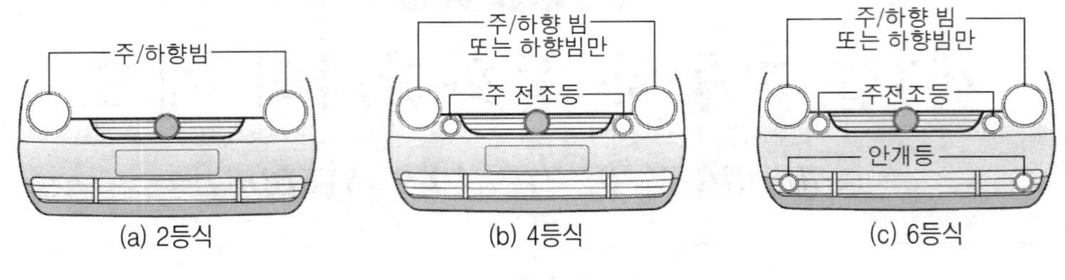

그림 8-14 전조등 시스템

그림 8-15에는 법규에 명시된 주요 조명등의 기본회로도이다. 회로도에는 주행 스위치, 전조등 스위치, 전조등 절환스위치(dimmer switch) 등이 포함되어 있다. 전조등 절환스위치를 절환할 때, 전조등이 소등되어서는 안 된다.

제동등은 적색으로서, 주제동 브레이크와 연동하여, 자동적으로 점등되는 구조이어야 한다. 후퇴등은 후진 변속할 때, 자동적으로 점등되어야 한다. 대부분의 승용자동차는 후퇴등, 제동등, 후미등, 방향지시등 등을 하나의 케이스 내에 집적시킨 형태의 콤비네이션(combination)을 사용한다.

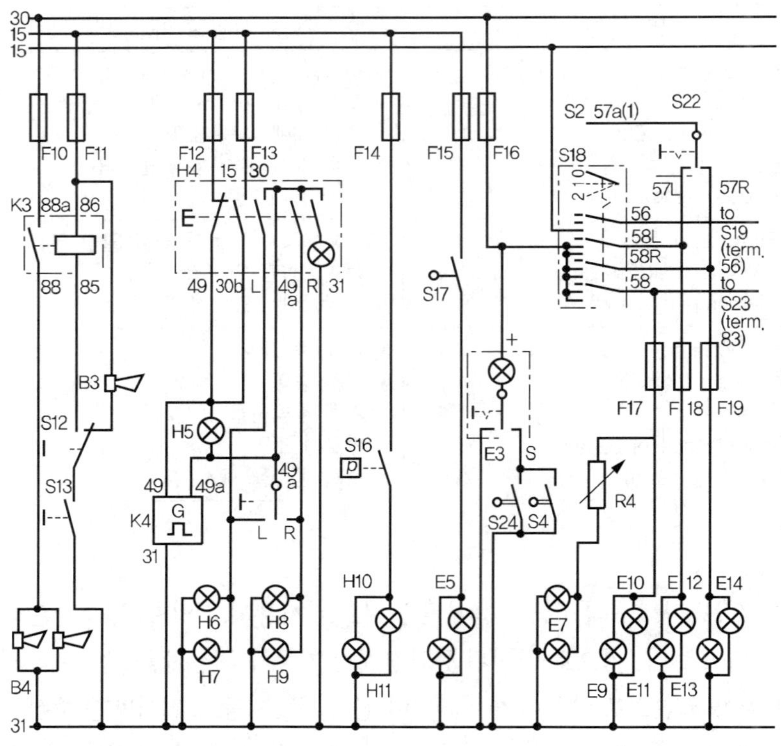

그림 8-15 주요 등화장치 기본회로(예)

제8장 등화장치 및 신호장치

제4절 전조등 시스템
(Head light system : Scheinwerfersystem)

전조등에는 주행전조등과 안개등이 있다. 주행전조등은 조명거리와 조명방향에 따라 상향등(high beam)과 하향등(low beam)으로 구분한다. 상향등은 조명거리가 길고, 하향등은 조명거리가 짧다. 전조등 자체의 주요부는 광원(=전구), 반사경 및 렌즈이다. 전조등의 특성은 사용하는 전구의 종류에 따라 크게 다르다.

1. 할로겐 램프를 사용하는 전조등 시스템

전조등의 특성은 반사경의 형상과 광원의 위치, 그리고 렌즈 내면 굴절요소의 형상 등에 따라 결정된다. 광원(=전구)에 대해서는 8-2절에서 상세하게 설명하였으므로 여기서는 주로 반사경의 형상과 광원의 위치를 중심으로 전조등의 특성을 설명한다.

반사경은 광원(=전구)의 광속을 집속한 다음, 이를 반사하여 규정된 각도로, 규정된 거리까지, 규정된 광도로 조명할 수 있어야 한다. 그리고 반사경은 광원(=전구)을 지지한다.

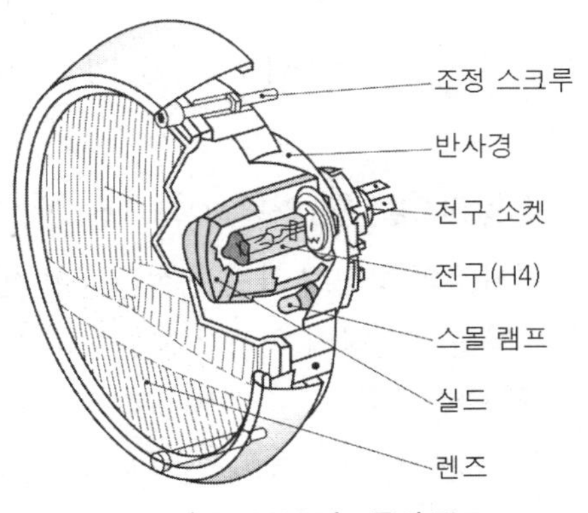

그림 8-16 H4-전조등의 구조

반사경의 형태는 다양하다. 그러나 크게 3가지로 분류할 수 있다.

- 포물선형(paraboloid form) 반사경
- 타원형(ellipsoid form) 반사경
- 자유형(free form) 반사경

(1) 포물선형(paraboloid form) 반사경을 사용하는 전조등 시스템

포물선형 반사경은 반사경의 형체가 포물선을 기본으로 하는 반사경이다. 광원의 위치에 따라 광학적 특성이 결정된다. 전구로는 2개의 필라멘트 코일이 설치된 할로겐 전구(H4)를 주로 사용한다.

반사경의 초점에 광원이 설치되면 반사경으로부터 반사되는 빛은 직진한다.(그림 8-17(a))

광원이 반사경의 초점보다 앞에 위치하면 반사경으로부터 반사되는 빛은 반사경 중심축선으로 모이게 된다.(그림 8-17(b))

광원이 반사경의 초점보다 위에 위치하면 대부분의 광속은 하향한다.(그림 8-17(c))

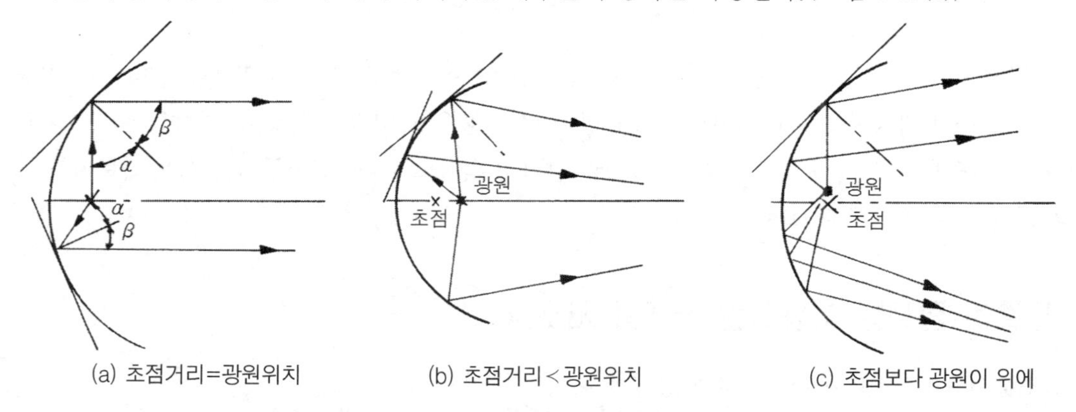

그림 8-17 포물선형 반사경의 초점과 광원의 상대위치와 반사광의 방향

① 상향전조등(그림 8-17(a), 그림 8-18(a) 참조)

반사경의 초점에 광원을 설치하여, 반사경으로부터 반사되는 빛이 직진하게 한다. 따라서 조명방향을 조정하기 위해서는 전조등 자체의 설치각도를 조정해야 한다.

상향전조등은 빛이 반사경축(주 광축)에 평행하게 반사되어, 한 방향으로 집중되도록 함으로서 광도는 반사경이 없는 전구에 비해 약 1,000배 정도 증가한다. 또 렌즈(lens: Streuscheibe)의 안쪽 면을 특수형상으로 가공하여 빛이 한쪽으로, 그러면서도 하향하도록 한다. 이와 같은 방법으로 자동차의 전방 노면을 직접적으로 충분히 조명함과 동시에, 대향운전자의 시각장애요인을 최소화시킨다.

② 하향전조등 → 차광 캡 식

하향전조등 필라멘트가 반사경 초점의 전방에 설치되면 반사경으로부터 반사되는 광속이 반사경축을 통과하게 된다. 따라서 반사경의 하부에서 반사되는 광속의 일부는 상향된다. 이 상향되는 광속을 차단하기 위해 필라멘트 하부에 차광 캡을 설치한다. 즉, 차광 캡은 하향 필라멘트로부터 발산되는 광속이 반사경의 하부 1/2은 조명하지 않도록 하여, 빛이 상향되는 것을 방지한다.

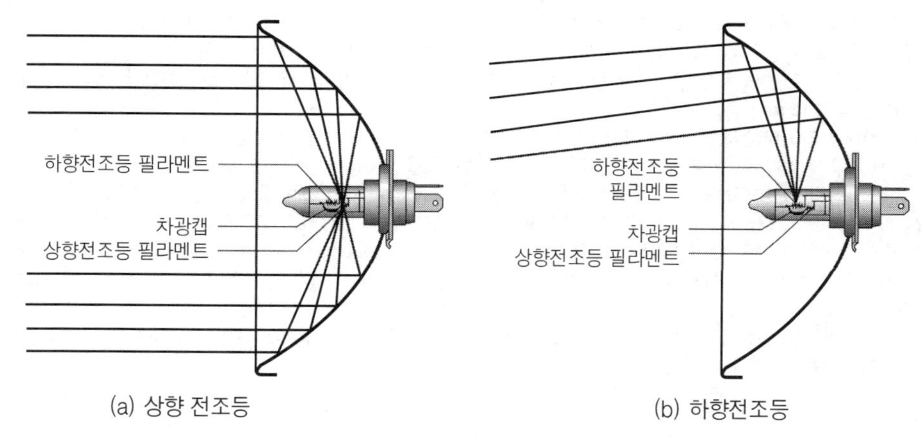

그림 8-18 포물선 반사경식 전조등 시스템에서의 조명방향

또 광축을 중심으로 왼쪽은 수평으로, 오른쪽은 약 15° 정도 위쪽까지 조명하기 위해 그림 8-19(a)와 같이 차광 캡의 한쪽을 약간 절단하고, 또 렌즈의 일정구역에 특수한 굴절요소를 가공한다. 이렇게 하면 그림 8-19(b)와 같은 비대칭 조명이 얻어진다. - 명암경계 또는 컷오프(cut-off)선

주 차량이 좌측통행하는 국가(예 : 영국)에서는 컷오프 선이 그림 8-18(b)와는 반대이다.

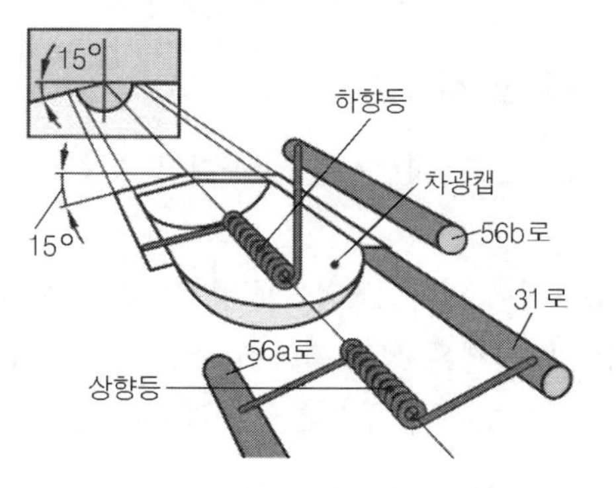

그림 8-19(a) 비대칭 하향전조등의 원리(차광캡 식)

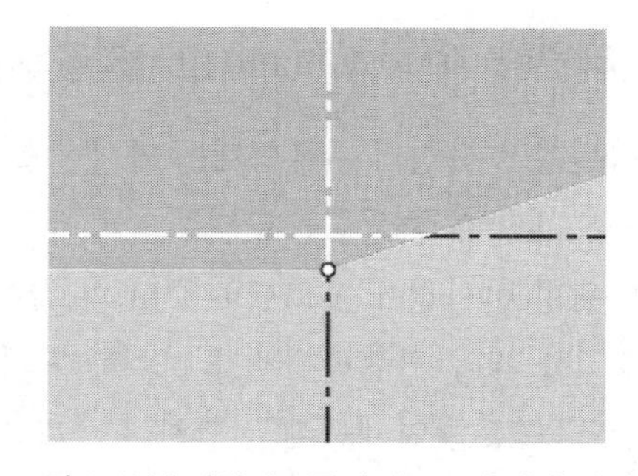

그림 8-19(b) 하향전조등의 컷오프선(명암 경계)

참 고

컷오프 선(light/dark cut-off line)(=명/암 경계선)

컷오프 선이란 하향전조등 점등 시에 도로의 조명된 부분과 조명되지 않아 어두운 분분 간의 경계를 말한다. 운전자의 시야를 확보하기 위해서 그리고 다른 한편으로는 대향 운전자의 눈부심을 방지하기 위해서는 명암경계가 명확해야 한다. 오늘날은 도로 중앙에서 보다는 도로 바깥쪽을 더 멀리까지 조명하는 비대칭 하향전조등을 주로 이용한다.

일반적으로 컷오프 선의 구분점은 전조등 설치높이의 약 100배 정도이다. (전조등 설치높이가 65cm일 경우, 컷오프 선의 구분점은 약 65m)

적응식 코너링 라이트에서는 전조등의 방향 전환각에 따라 컷오프 선이 변화한다. 그러나 적응식 코너링 라이트에서도 컷오프(명/암 경계)선의 구분점이 자동차의 예상 주행궤적을 벗어나서 반대편 도로에까지 도달해서는 안 된다.

조향각은 자동차 앞 차륜들의 평균 조향각이다. 조향각은 조향각센서가 조향휠의 회전각을 측정하여 감지한다. 조향각 계산 시에는 조향기어의 기어비(대부분 가변적) 및 능동조향기능의 간섭도 고려해야 한다. 조향각으로부터 자동차의 예상 주행궤적을 계산할 수 있으나 이 값은 저속에서만 유효하다. 고속으로 커브를 선회할 때는 차륜이 예상 주행궤적을 벗어나기 때문에 조향각과 실제 주행궤적이 일치하지 않게 된다. 이 경우, 정확한 주행궤적은 요잉률을 이용하여 계산한다.

자동차가 언더-스티어링 또는 오버-스티어링할 경우에는 일반적으로 조향각으로부터 요잉률을 파악하는 것이 불가능하다. 따라서 요잉률센서를 사용한다.

(2) 다초점(multi-focus) 반사경을 사용한 전조등 시스템

그림 8-20과 같이 반사경의 표면이 초점 거리가 각기 다른 다수의 포물선 형태의 부분반사경을 조합한 형식이다. 전방 노면의 조명도와 광효율이 우수하다.

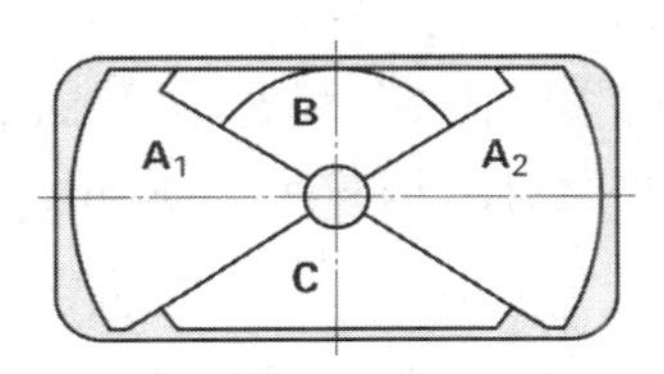

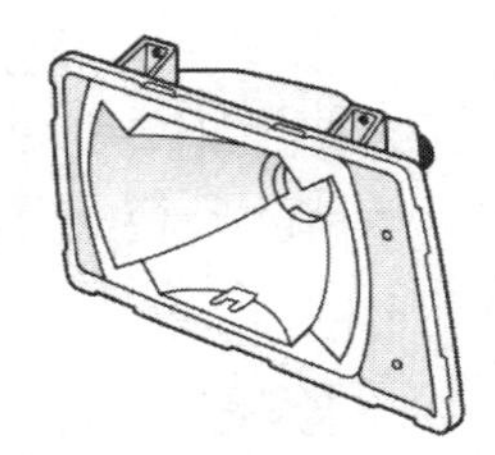

그림 8-20 특수형상의 반사경

(3) 타원형(ellipsoid form) 반사경을 사용한 전조등 시스템

타원형 반사경의 기본형체는 타원을 그 장축을 중심으로 회전시킨 것과 같은 형상이다. 이때 회전축은 광학적 중심축이 된다.

타원형 반사경에는 그림 8-21(a)와 같이 2개의 초점이 있다. 초점 1에 광원(=전구)이 설치되고, 초점 2를 지나서 집광렌즈가 설치된다. 이 형식의 반사경은 싱글-필라멘트식(single filament) 하향전조등 또는 안개등에 적합하다. 그러나 상/하향 전조등 겸용으로 사용할 수 있도록 개발되고 있다.

이 형식의 전조등은 환등기 원리를 응용한 시스템으로, 광원, 타원형 반사경, 셔터(shutter), 집광렌즈. 광학 스크린(optical screen) 등으로 구성된다.

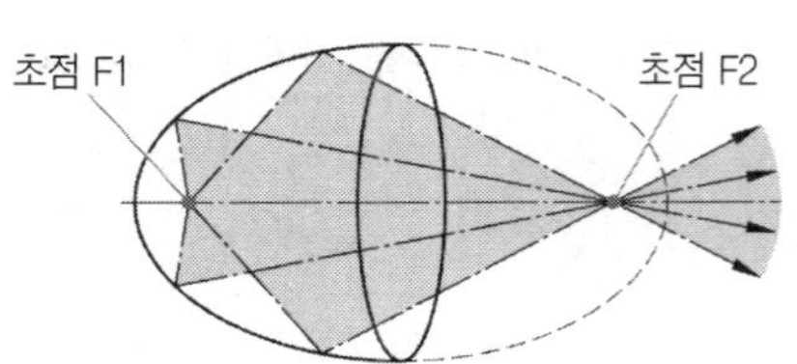

그림 8-21(a) 타원형 반사경의 광학적 특성

타원형 전조등은 포물선형 전조등에 비해 다음과 같은 장점이 있다.

① 크기가 작다.(소형)
② 멀리까지 조명할 수 있다.
③ 노면에 대한 광분포가 이상적이다.
④ 전조등의 효율이 높다.

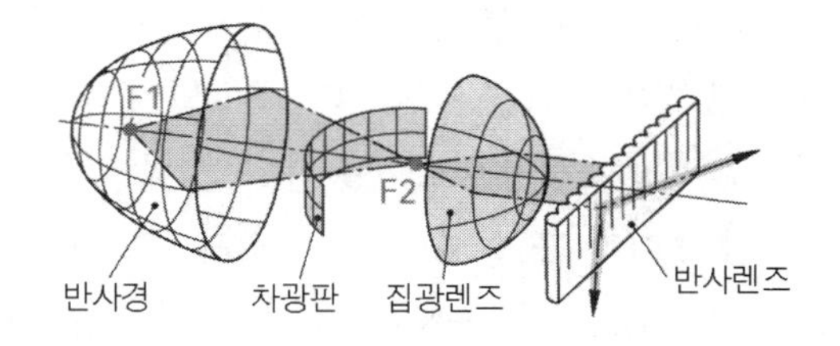

그림 8-21(b) 타원형 전조등(렌즈 포함)

그림 8-21(b)에서 초점 F1에 싱글 필라멘트 할로겐램프를 설치한다. F1로부터 방사되는 광속(=빛의 다발)은 반사경에 의해 초점 F2에 집속되어 F2로부터 집광렌즈에 조사된다. 집광렌즈는 거의 대부분의 빛의 다발을 평행하게 만든다.

전구와 집광렌즈 사이에 설치된 셔터(shutter)는, 하향전조등의 전방 컷오프 선을 명확하게 하는 기능을 한다. 그리고 가장 바깥쪽에 위치한 광학 스크린(optical screen)은 빛을 균등하게 분배하는 기능을 한다. 타원형 반사경은 포물선형 반사경에 비해 광효율이 더 우수하다.

(4) 다축 타원형 반사경을 사용한 전조등 시스템

이 반사경의 기본형태는 공통의 정점(apex)과 공통의 주축(main axis) 그리고 별개의 부축(minor axis)을 가진 2개의 타원형에 의해 만들어진다. 제작사 상표명으로는 DE-반사경(tripple axis ellipsoid reflector), PES-반사경(poly ellipsoid reflector) 등이 있다.

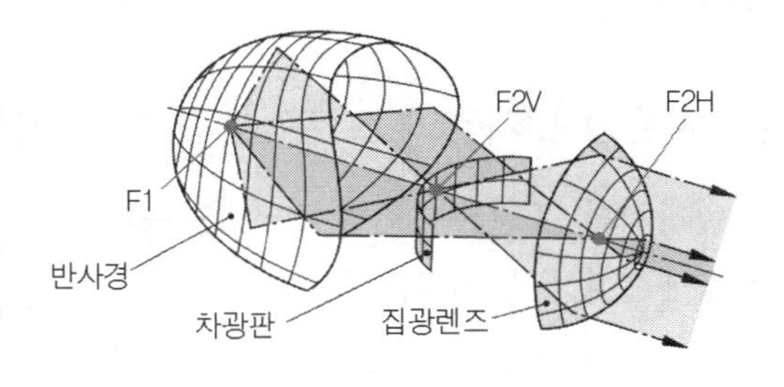

그림 8-22 다축 타원형 반사경을 이용한 전조등 시스템

이 형식의 전조등 시스템은 반사경, 셔터 및 집광렌즈로 구성된다. 반사경은 형상이 복잡하기 때문에 주로 플라스틱으로 성형한다. 반사경의 기하학적 구조 덕분에 광효율이 높고 반면에 분산되는 빛은 적다.

이 시스템은 주로 안개등 또는 하향전조등에 사용되며, 전구는 싱글 필라멘트 할로겐 전구 또는 가스 방전등을 사용할 수 있다.

(5) 자유형 반사경을 사용하는 전조등 시스템 (Headlight system with free-form reflectors)

이 반사경은 무수히 많은 초점을 가지고 있으며, 그 형상은 아주 자유롭다. 그러나 반사경의 각 부분이 노

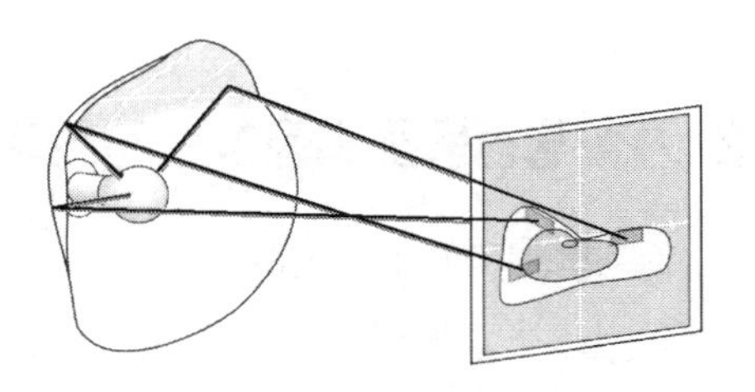
그림 8-23 자유형 반사경

면의 특정 부분을 조명하도록 설계되어 있다. 이 반사경의 거의 대부분의 표면으로부터 반사되는 빛은 하향하여 노면을 조명한다. 즉, 빛의 대부분을 주로 하향전조등용으로 사용할 수 있다.

제작사에 따라 FF-반사경(free form), VF-반사경(variable focus), HNS-반사경(homogeneous Numerically calculated Surface)이라고도 한다. 반사경은 제작사의 필요 또는 요구에 맞추어 설계되어 있다. 따라서 노면에 대한 배광형태는 아주 다양하다. (그림 8-24 참조)

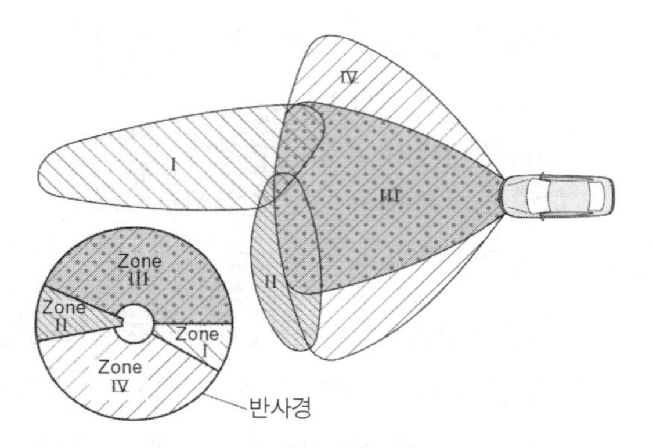

그림 8-24 자유형 반사경-광 분포(예)

이 시스템은 모든 형태의 전조등에 사용되며, 전구로는 싱글 필라멘트 할로겐전구 또는 가스 방전등을 사용할 수 있다. 하향전조등에 사용할 경우에는 셔터를 제거해도 무방하다. 전구로부터 발산되는 빛의 전부를 도로 조명에 이용할 수 있다. 그리고 커버렌즈의 안쪽에 굴절요소들을 생략해도 된다. 따라서 반사경 커버로는 내/외 표면이 매끈한 유리 또는 플라스틱을 사용할 수 있다.

(6) 자유형 반사경과 프로젝션-렌즈를 사용하는 전조등 시스템

반사경의 표면은 자유형 반사경기술을 이용하여, 반사경에 도달한 빛이 셔터를 거쳐 가능한 한 많이 프로젝션(projection)-렌즈를 통과하도록 설계되어 있다. 반사경은 전구로부터 방출되는 빛이 차광판 높이 위에 분포하여, 프로젝션-렌즈를 거쳐 노면을 조명하는 것을 목표로 한다. 이 반사경은 넓은 영역의 조명 및 노변의 조명을 좋게 한다. 빛은 주로 명암경계에 집중된다.

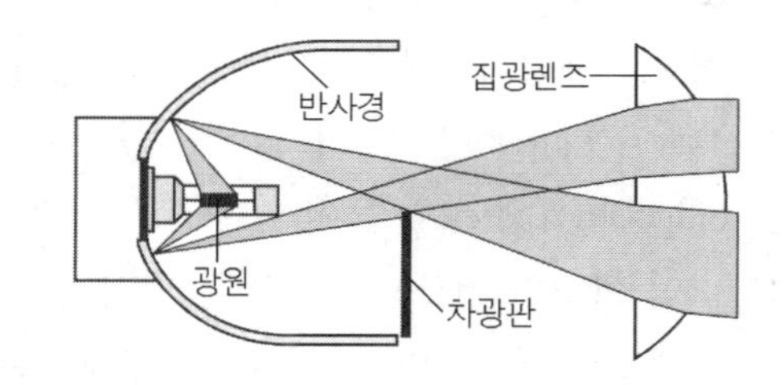

그림 8-25 자유형 반사경과 프로젝션-렌즈를 사용하는 전조등 시스템

이 시스템은 주로 하향전조등에 사용되며, 전구로는 싱글 필라멘트 할로겐전구 또는 가스 방전등을 사용할 수 있다.

2. 가스 방전등을 사용하는 전조등 시스템(Headlight system with gas-discharge lamps)

가스 방전등식 하향전조등이 설치된 자동차는 다음과 같은 기술적 특징들을 갖추고 있어야 한다.

① 전조등 조명영역 자동제어(automatic head-lamp range control)기능

② 전조등 와셔-와이퍼(wash-wiper) 기능
③ 상향전조등이 점등되었을 때 하향전조등의 자동작동 기능

전조등 시스템으로는 반사경 시스템 또는 프로젝션 시스템을 사용할 수 있다. 프로젝션 시스템의 경우, 통상적으로 자유형 기술을 이용하여 반사경을 제작한다.

(1) 전조등 조명거리 자동 제어(automatic head-lamp range control)

전조등 조명거리 자동제어 기능은 자동차의 적재상태에 관계없이 항상 전조등이 비추는 방향을 자동적으로 정확하게 제어한다. 후차축에 설치된 차고센서가 현가스프링의 압축정도 즉, 적재부하를 감지한다. ECU는 이 정보를 이용하여 서보모터가 전조등의 하향각도를 제어하게 한다.

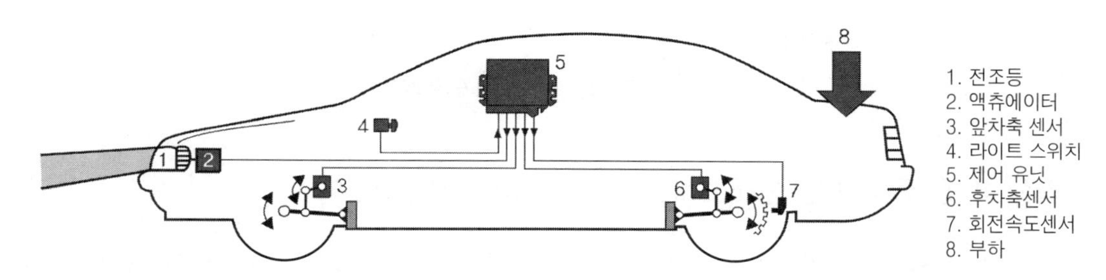

그림 8-26 전조등 조사거리 자동제어(원리도)

(2) 전조등 조명거리 다이내믹 제어(dynamic head-lamp range control)

이 시스템도 자동차 주행속도를 고려하고, 전/후 차고센서 신호를 처리하여 전조등 조명거리를 제어한다. ECU는 스텝모터를 통해 전조등의 하향각도를 제어한다. 따라서 제동 또는 가속에 의한 차체자세의 급격한 변화에 대응하여 전조등의 하향각도를 즉각적으로 보상할 수 있다.

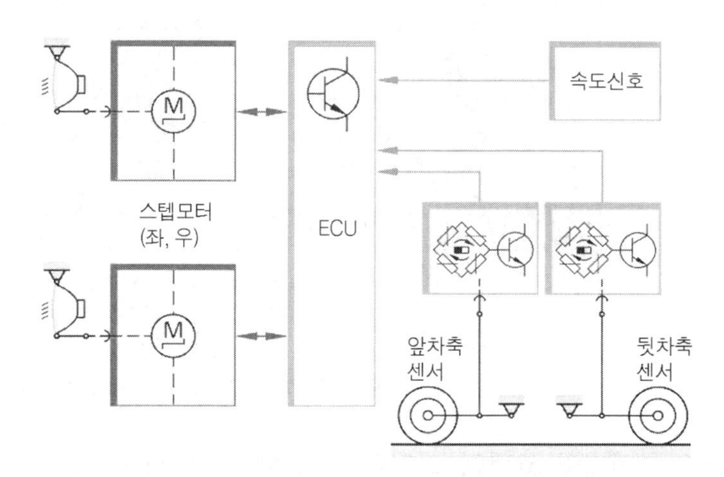

그림 8-27 전조등 조명거리 다이내믹 제어

상향/하향 빔(beam)을 모두 갖춘 가스방전등(상표명 : Bi-Xenon, 또는 Bi-Litronic)이 설치된 전조등 시스템의 경우, 통상적으로 가스방전등 시스템과는 별도로 할로겐전구(예 : H7) 전조등을 추가로 설치한다.

상향빔 전조등과 하향빔 전조등의 절환은 Bi-제논 전조등 모듈(module)에서 이루어진다. 기계식 절환 셔터(shutter)는 전자석에 의해 작동된다. 셔터가 하향빔 전조등용 전구에서 발생된 빛의 일부를 차단하면 필요로 하는 명암경계가 형성된다. 셔터가 상향빔 위치로 절환되면, 전구에서 발생되는 모든 빛은 노면의 조명에 이용된다.

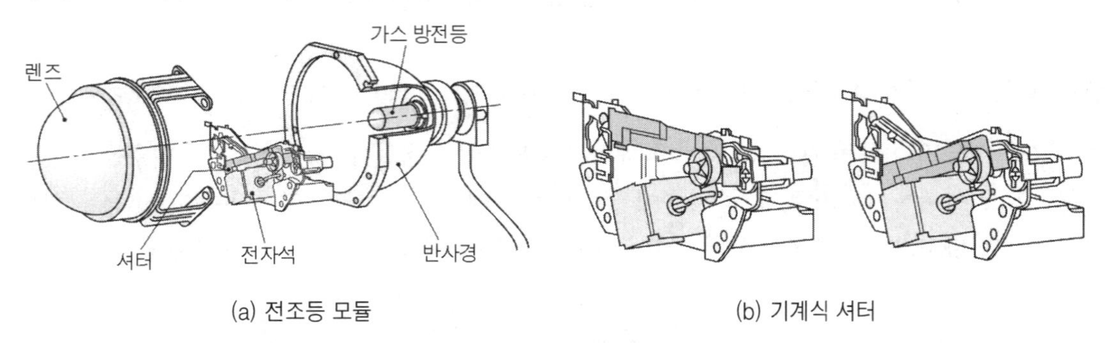

그림 8-28 Bi-제논 전조등 모듈 및 셔터

3. 적응식 전조등 시스템(adaptive headlight system)

흔히 적응식 코너링 라이트(adaptive cornering light) 시스템이라고도 한다. 이 전조등시스템은 주행상태, 도로조건, 조명상태 및 날씨에 대응하여 전조등의 조사방향을 상/하, 좌/우로 제어할 수 있다.

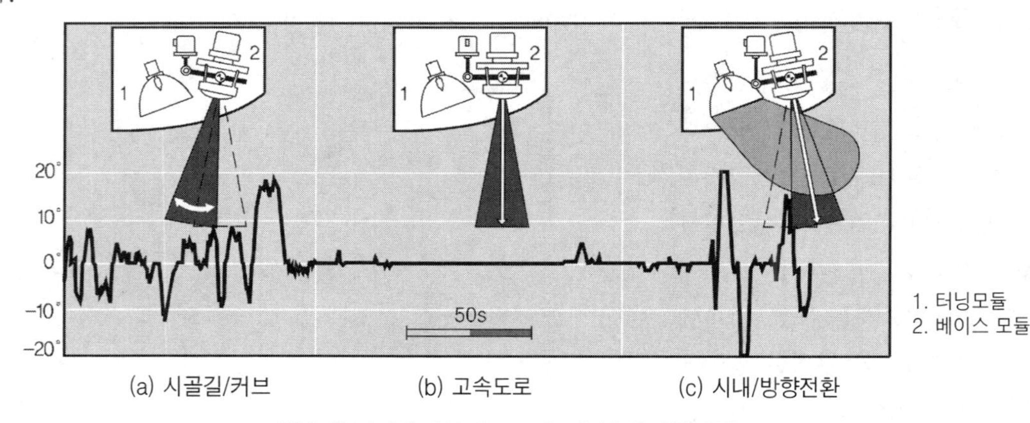

그림 8-29 코너링 라이트(cornering light)의 기본 전략

(1) 다이내믹 코너링 라이트와 스태틱 코너링 라이트

① 다이내믹 코너링 라이트(dynamic cornering light)

커브를 선회할 때, 현재의 선회반경에 대응하여 전조등을 선회방향으로 돌려준다.

② **스태틱 코너링 라이트**(static cornering light **또는** turning light)

선회반경이 아주 작은 경우, 예를 들면 교차로에서 우회전할 때, 추가 전조등을 점등하여 주전조등 기능을 하게 하여 자동차의 선회방향 영역을 보다 더 넓게 조명하는 방식이다.

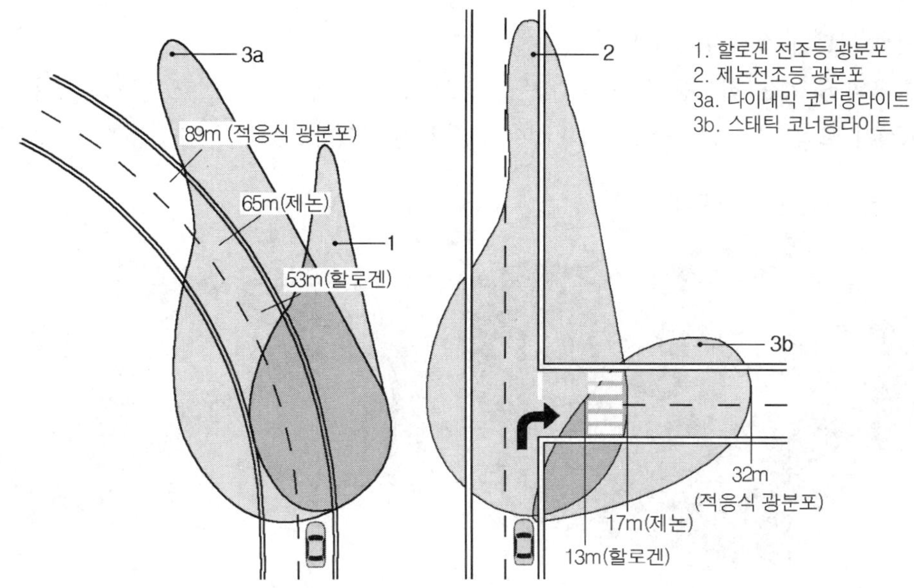

(a) 다이내믹 코너링 라이트(좌측 커브) (b) 스태틱 코너링 라이트(우측으로 선회)

그림 8-30 적응식 코너링 라이트의 배광특성

(2) 적응식 전조등 시스템의 구조

이 전조등 시스템은 가스방전등과 방향전환기구를 갖춘 프로젝터 모듈(projector module), 그리고 할로겐램프를 사용하는 추가 전조등으로 구성되어 있다.

방향등
(스태틱 코너링 라이트)
프로젝터 모듈
(방향전환 기구 포함)

그림 8-31 다이내믹 코너링 라이트를 포함한 전조등 시스템

(3) 적응식 전조등 시스템의 작동원리

프로젝터 모듈은 Bi-제논 시스템으로서 셔터를 이용하여 상향빔 또는 하향빔으로 절환할 수 있다. 코너링 라이트(cornering light) 기능을 위해서는 스텝모터에 의해 구동되는 웜기어가 선회반경에 대응하여 수직축을 중심으로 프로젝터 모듈을 선회방향으로 필요한 만큼 방향을 전환시킨다.

ECU는 조향핸들의 조향각센서 또는 요잉률센서로부터의 정보를 이용하여 선회반경을 계산한다. 선회반경에 따라 ECU는 프로젝터 모듈의 방향전환기구의 스텝모터를 작동시킨다.

ECU가 선회한다는 것을 감지하면 즉, 자동차가 작은 선회반경으로 주행을 시작하면 곧바로 코너링 라이트가 스위치 'ON'된다.

최근의 Bi-제논 전조등시스템의 경우, 프로젝터-모듈에 전기적으로 작동하는 셔터-롤러(shutter roller)가 도입되어 배광특성의 가변성이 크게 향상되었다.

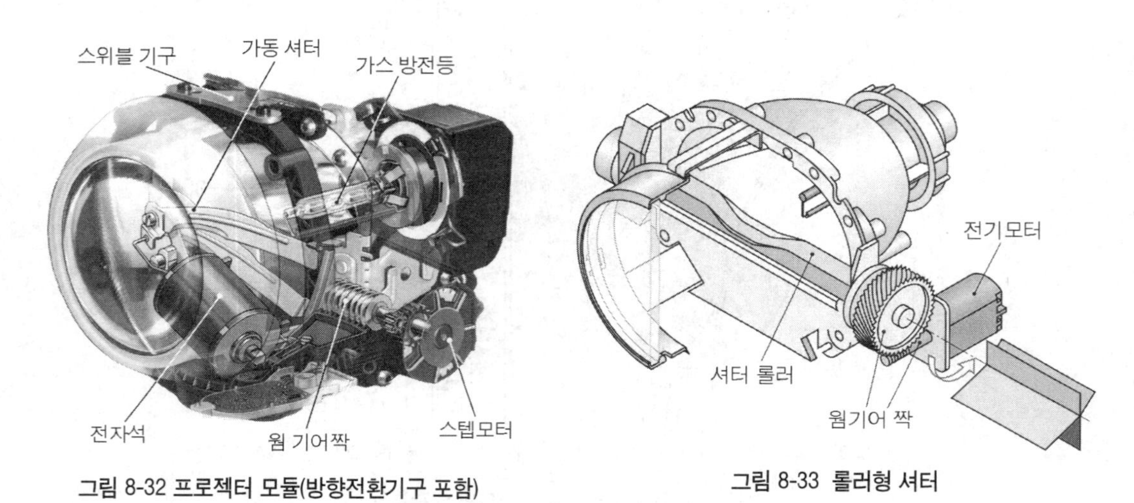

그림 8-32 프로젝터 모듈(방향전환기구 포함)

그림 8-33 롤러형 셔터

셔터-롤러를 회전시키면서, 동시에 방향전환기구를 작동시켜 조명광을 다양하게 분포시킬 수 있다. 주행전조등 자동제어시스템은 현재의 조명광 분포 및 주행상태에 대응하여 다양한 추가적인 조명기능을 실현한다.

코너링 라이트 및 하향전조등 기능 외에 추가 조명기능들은 예를 들면 다음과 같다.

① 기본 전조등(base light) ② 안내 안개등(guide fog light)
③ 시내 전조등(city light) ④ 고속도로 전조등(highway light)
⑤ 놀이터로 개방된 도로 전조등

① 주행전조등 자동제어

앞 윈드쉴드 영역에 설치된 센서들이 조명광 분포상태를 감지하여, 이 정보를 ECU에 전달한다. ECU에는 이 정보 외에도 주행속도 및 조향각도 정보가 입력된다. 이들 정보를 근거로 ECU는 전조등 모듈의 셔터-롤러와 방향전환기구를 적절한 위치로 작동시킨다.

② 상향 전조등 보조

주행전조등 자동제어 기능은 상향전조등 보조기능으로까지 확대할 수 있다. 각각의 주행상황에 따라 적합한 주행전조등을 선택, 작동시킬 수 있다. 이를 통해 주행전조등의 전체적인 작동시간을 증가시킬 수 있다. 주행전조등이 자동으로 주변상황에 따라 'ON' 또는 'OFF' 되므로 상대적으로 운전자는 그만큼 부담을 덜게 된다. 그리고 대향 운전자에 대한 고의적이 아닌 눈부심도 방지한다.

실내 미러의 앞쪽에 설치된 카메라가 주행전방의 광분포를 감지하여 자동으로 상향전조등을 'ON' 또는 'OFF'시킨다.

상향전조등 보조기능은 대향 자동차 또는 선행 자동차를 발견하면, 곧바로 상향전조등을 스위치 'OFF'시킨다. 또 조명이 충분하거나(예 : 가로등에 의한 충분한 조명) 주행속도가 낮아지면(예 : 60km/h 이하), 상향전조등은 자동으로 스위치 'OFF' 된다.

③ 기본 전조등(하향전조등 또는 시골길 전조등)

기존의 하향전조등에 도로변 좌/우를 밝게 그리고 넓은 공간을 조명한다. 주로 주행속도 50km/h～100km/h 범위에서 작동한다.

④ 시내 전조등(city light)

시내 전조등 모드는 통상적으로 주행속도 50km/h 이하에서 작동하며, 이 모드에서는 기본 전조등에 비해 조명거리는 단축되고 조명 폭은 넓어진다.

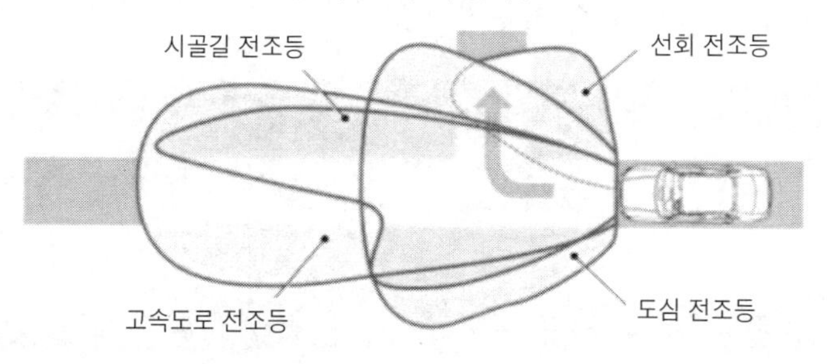

그림 8-34 3세대 가변 전조등

⑤ 안내 안개등

기존의 안개등을 지원한다. 이 외에도 도로변을 추가로 조명한다. 이를 통해 운전자는 도로변은 물론이고 가드레일 및 노면표식을 더 확실하게 식별할 수 있다. 또 좌/우 전조등도 바깥쪽으로 방향을 전환한다. 뒤 안개등이 점등되고 주행속도가 일정속도(예 : 70km/h) 이상이면, 안내 안개등은 곧바로 점등된다. 통상적으로 안내 안개등은 주행속도 100km/h 이상부터는 스위치 'OFF' 된다.

⑥ 놀이터로 개방된 도로 전조등

주행속도가 5km/h～30km/h 범위이면, 양쪽 전조등의 조명각도가 도로 바깥쪽으로 일정 각도(예 : 8°) 더 방향 전환한다.

⑦ 궂은 날씨 전조등

이 기능은 레인(rain)센서가 윈드쉴드에 이슬이 맺혔음을 감지하거나, 또는 윈드쉴드 와이퍼가 작동하면, 활성화된다. 이 외에도 좌측 전조등 조명거리가 짧아지고 동시에 광출력도 감소(예 ; 35W에서 32W로)된다. 이를 통해 젖은 또는 반짝이는 노면으로부터의 빛의 반사를 감소시킨다. 반대로 우측 전조등의 광출력은 상승(예 : 35W에서 38W로)시켜, 도로변을 밝게 조명하여 운전자의 식별능력을 보완한다.

⑧ 고속도로 전조등

일정속도(예 : 100km/h)에서 부터는 도로의 조명폭이 더 넓어지고 전조등의 광출력도 상승한다.

⑨ 상향 전조등

기존의 전조등 시스템에 비해 전조등의 광출력을 상승시켰다.(예 : 35W에서 38W로)

오늘날은 도로를 주행하는 자동차들이 서로 교신하여, 전조등의 조사(照射) 거리, 조사 방향 및 광출력을 제어하는 시스템들이 등장하고 있다.

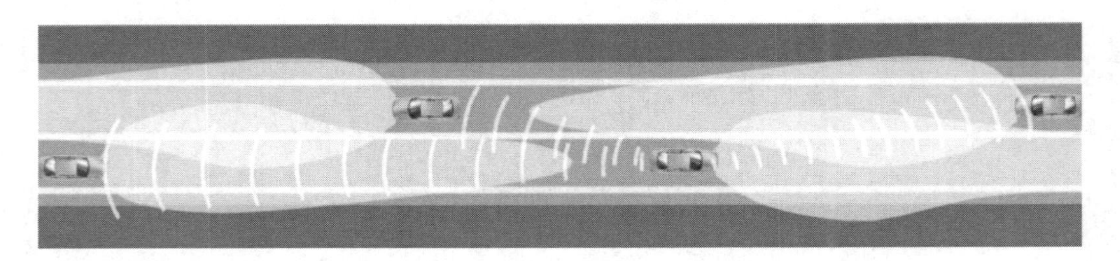

[참고도] 도로를 주행하는 자동차 상호 간의 교신으로 전조등을 제어하는 시스템(예)

4. LED-전조등 시스템 - PP.196 LED 참조

LED-전조등 시스템은 햇빛과 비슷한 색깔의 빛을 만들어낸다.

백색 LED의 색온도는 약 5,500K이며, 제논-전조등 시스템의 색온도는 약 4,000K이다. 참고로 주간 햇빛의 색온도는 6,000K이다.

기존의 전조등 시스템과 비교했을 때 LED-전조등 시스템의 또 다른 장점들은 다음과 같다.

① 시스템이 차지하는 공간체적이 적기 때문에 디자인 자유도가 크다.

② 에너지 소비가 적다.(할로겐램프 시스템에 비해)

③ LED는 마모가 없다.

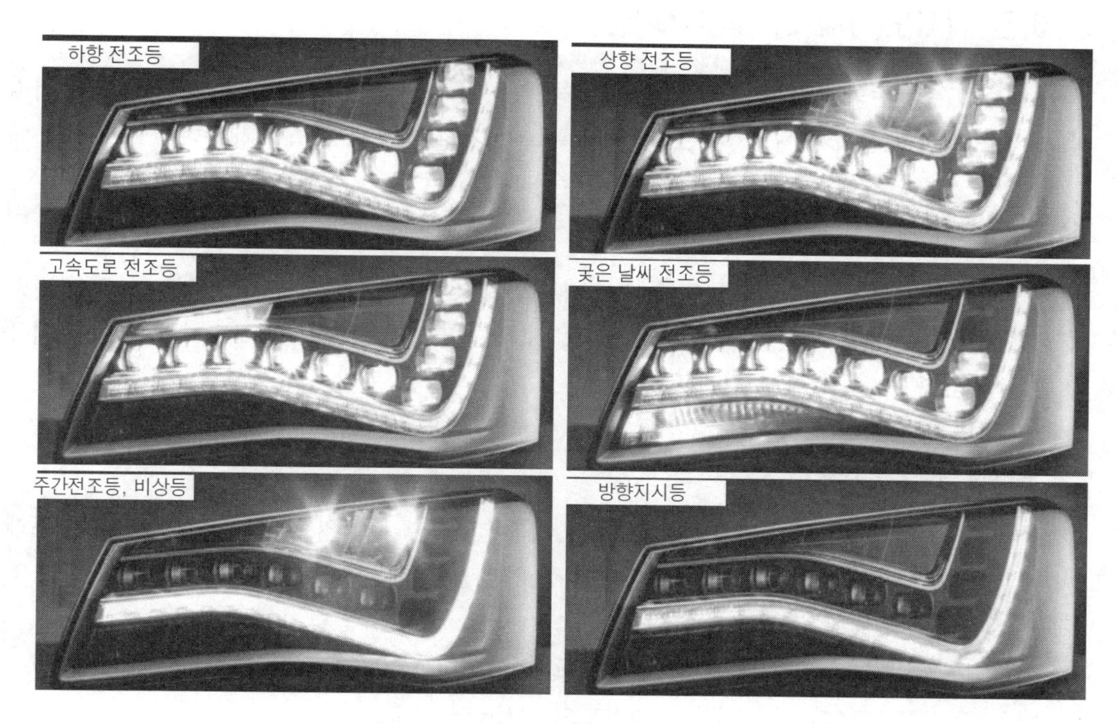

그림 8-35 LED 전조등의 점등 형태(예; AUDI)

(1) LED-전조등 시스템의 구성

LED-전조등 시스템은 다수의 LED-유닛(일명 어레이(arrays))의 복합체이다. 시스템은 냉각체를 포함한 LED-칩, 경우에 따라 반사경 및 자유형 렌즈로 구성되어 있다. 개별 LED-유닛은 제어일렉트로닉에 의해 'ON' 또는 'OFF' 된다.

(2) LED-전조등의 작동원리 및 기능

노면 상의 광분포는 개별 스위칭단계에 따라 그룹화된 LED-유닛에 의해 달라진다. 각각의 스위칭 단계에 대응하여 해당 LED-유닛은 스위치 'ON' 되거나 또는 스위치 'OFF' 된다. 주간주행전조등의 경우에는 개별 LED - 유닛의 출력이 감소되도록 회로가 구성된다.

LED-유닛의 냉각은 냉각체에 의해 이루어진다. 일부 시스템에서는 라이트모듈에 냉각팬을 설치하여 커버로 가는 공기를 순환시켜, 추가로 냉각시킨다.

LED-전조등 시스템은 기본적으로 적응식 코너링-라이트 시스템의 기능을 모두 갖추고 있다.

5. 야간 가시도(可視度) 개선 시스템

이 시스템은 기존의 전조등시스템을 보완하는 기능을 하는데, 약 300m까지 멀리 떨어진 거리에 서 열을 발산하는 물체(예 : 사람 또는 동물)를 운전자가 인식할 수 있게 해준다.

(1) 시스템 구성

이 시스템은 열감지 카메라 및 디스플레이 화면으로 구성된다. 일부 시스템에서는 자외선 전조등을 사용하기도 한다. 이를 통해 물체의 형상을 보다 선명하게 확인할 수 있으며, 가시도를 더욱 더 높일 수 있다.

(2) 작동원리 및 기능

운전자가 이 시스템을 활성화시키면, 열감지 카메라가 주행 전방의 물체를 포착한다. 디스프레이 화면(예 : 내비게이션 화면)에는 자동차 주행전방의 영역이 나타나고, 열을 발산하는 물체는 더 희고 뚜렷하게 나타난다. 운전자가 화면의 농담의 대비(contrast) 및 밝기를 조절할 수 있다.

6. 레이저 다이오드(Laser diode) 전조등 시스템 (p199~201, 레이저 다이오드 참조)

레이저 기술을 이용하는 전조등 시스템은 일반적으로 상향전조등-레이저 모듈을 갖추고 있다. 상향전조등-레이저 모듈은 레이저-스폿(laser-spot)으로 작동하며, LED-상향전조등 보완용으로 설계되었다. 레이저 전조등의 광밀도가 높아서 LED-전조등과 비교해 가시거리가 훨씬 더 길어진다.

레이저 모듈은 다음으로 구성된다.

- 하나 또는 다수의 레이저 다이오드
- 프리즘
- 렌즈
- 반사경과 인광체 엘리먼트(phospheric element)를 포함한 컨버터

레이저 다이오드는 청색(파장 450nm)의 빛을 생성한다. 레이저 다이오드에서 생성된 광선은 프리즘에서 집속(集束), 방향을 전환한다. 광선은 렌즈를 통과해 변환기로 향한다. 광선은 변환기에서 반사되어 인광체 요소(phosphoric element)에서 색온도 약 5500 Kelvin의 백색광으로 변환된다. 이 백색광의 밝기는 주간 햇빛의 밝기와 거의 같다.

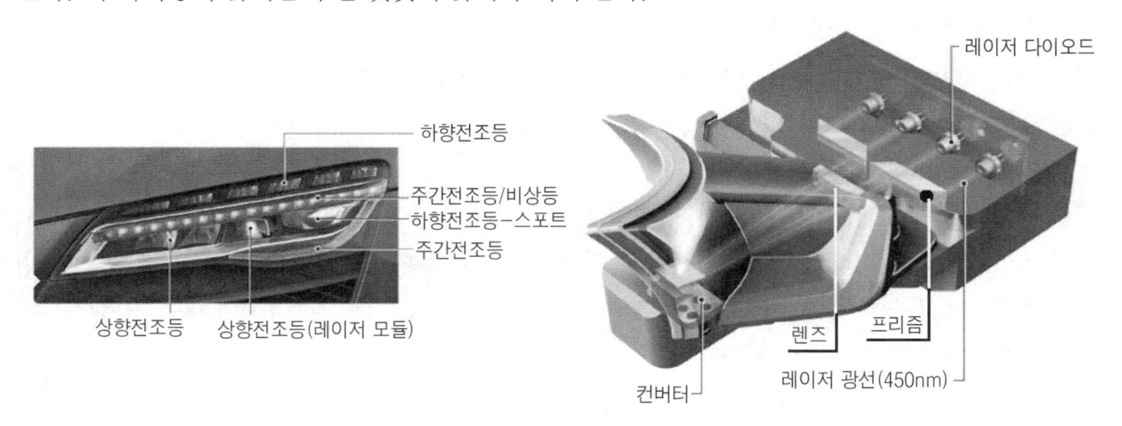

그림 8-36 레이저 전조등 시스템의 구조 및 작동원리

7. 안개등 및 전조등 와셔/와이퍼 시스템

(1) 안개등(fog lamp : Nebel-Scheinwerfer) (제38조의 2)

조명방향은 앞면 진행방향을 향하도록 하고, 양쪽에 1개씩 설치해야 하며, 1등 당 광도는 940cd ~10,000cd 이하이어야 한다. 등광색은 백색 또는 황색으로 하고, 양쪽의 등광색은 동일해야한다. 후미등이 점등된 상태에서 전조등과 별도로 점등 또는 소등할 수 있는 구조이어야 한다.

등화의 중심점은 차량중심선을 기준으로 좌우가 대칭이 되고, 공차상태에서 발광면의 가장 아래쪽이 지상 25cm 이상이어야 하며, 발광면의 가장 위쪽이 변환빔 전조등 발광면의 가장 위쪽과 같거나 그 보다 낮게 설치해야 한다.

자동차의 뒤쪽에 안개등을 설치할 경우에는, 2개 이하를 설치할 수 있다. 등화의 중심점은 차량중심선을 기준으로 좌 · 우가 대칭이 되어야 하며, 1개만 설치할 경우에는 차량중심선이나 차량중심선의 왼쪽에 설치하여야 한다.

1등당 광도는 150cd~300cd 이하, 1등 당 유효조광면적은 $140cm^2$ 이하, 등광색은 적색, 등화의 중심점은 공차상태에서 지상 25cm~100cm 이하에 위치해야 하며, 등화의 발광면은 제동등으로부터 10cm 이상의 간격을 유지해야 한다.

또 앞면안개등과 연동하여 점등 또는 소등할 수 있는 구조이거나 앞면안개등이 점등된 상태에서 다른 등화장치와 별도로 점등 또는 소등할 수 있는 구조이어야 하며, 점등상태를 운전자가 알 수 있도록 점등표시장치가 있어야 한다.

점등 시 안개등의 렌즈를 상 · 하 5도, 좌 · 우 25도(안개등이 2개인 경우에는 자동차 외측의 수평각 25도를 말한다)의 각도에서 관측할 때 차체의 다른 부분에 의하여 가려지지 않아야 한다.

그림 8-37은 안개등회로이다. 안개등회로는 전압강하를 방지하기 위해, 릴레이를 사용해야 한다. 통상적으로 하향전조등이 점등되었을 때만 안개등을 점등시킬 수 있도록 되어 있다. 라이트 스위치 S18(그림 8-36, 8-37)이 위치 1 또는 위치 2에 있으면, 안개등 스위치 S23의 단자 83에 전압이 인가된다.

안개등 스위치가 위치 1에 있으면, 상향빔 전조등이 스위치 'OFF' 된 상태에서 전류는 단자 83a로부터 안개등 릴레이(K5)의 제어권선을 거쳐서 단자 56a와 E16을 거쳐서 접지(31)된다. 그러면 단자 88은 88a와 연결된다. 이제 전류는 단자 15로부터 퓨즈 F25, 안개등 E17/E18을 거쳐서 접지(31)로 흐른다.(안개등은 점등된다).

상향 전조등이 점등되면, 56a에는 (+)전압이 인가된다. 그러면 안개등 릴레이(K5)의 단자 85와 86에는 전압이 더 이상 인가되지 않는다. 안개등 릴레이는 열리고, 안개등은 소등된다.

안개등 스위치 S23이 위치 2에 있으면, 뒤 안개등 E19/E20 그리고 표시등 H13에는 라이트 스위치 S18의 단자 58로부터 전압이 인가된다.

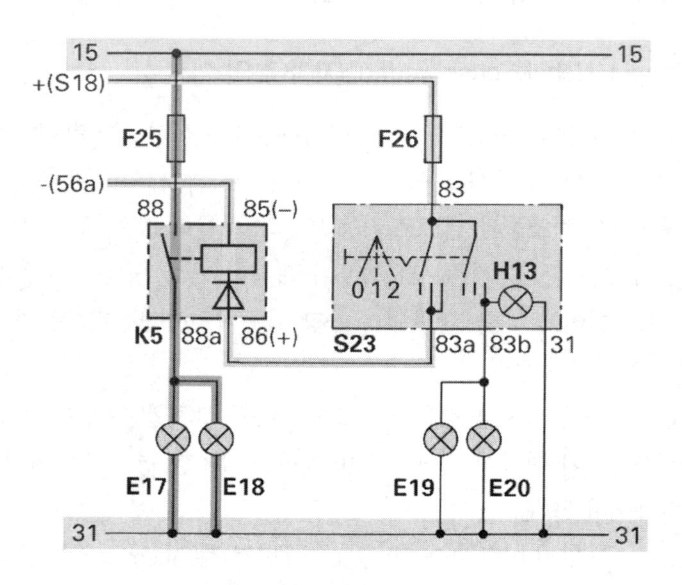

그림 8-37 전/후 안개등 회로

8. 전조등 관련 법규 및 전조등 조정

(1) 전조등 관련 법규

우리나라 : 자동차 안전기준에 관한 규칙(국토해양부령 제 136호) 제 38조

USA : FVMSS(Federal Motor Vehicle Safety Standard) No. 108

EC : EC76/756

자동차 안전기준에 관한 규칙을 요약하면 다음과 같다.

① 등광색 : 백색으로 양쪽이 모두 같은 색일 것.

② 광도(최대 광도점의 분포)

- 주행 빔 : 15,000cd(4등식 중 주행빔/변환빔 동시 점등형식: 12,000cd) 이상 112,500cd 이하
- 변환 빔 : 3,000cd 이상 45,000cd 이하

단, 최고 주행속도 25km/h 미만의 자동차는 전방 15m의 장애물을 확인할 수 있어야 한다.

③ 주행 빔의 조명방향은 자동차의 진행방향과 같아야 하며, 그 주광축이 상향되어서는 안 된다. 주광축의 좌/우 진폭은 그림 8-38과 같다. 하향진폭은 설치높이의 3/10 이내이어야 하며, 운행자동차의 하향진폭은 300mm 이내로 할 수 있으며, 조명 가변형 전조등은 자동차가 움직일 때만 작동되어야 한다.

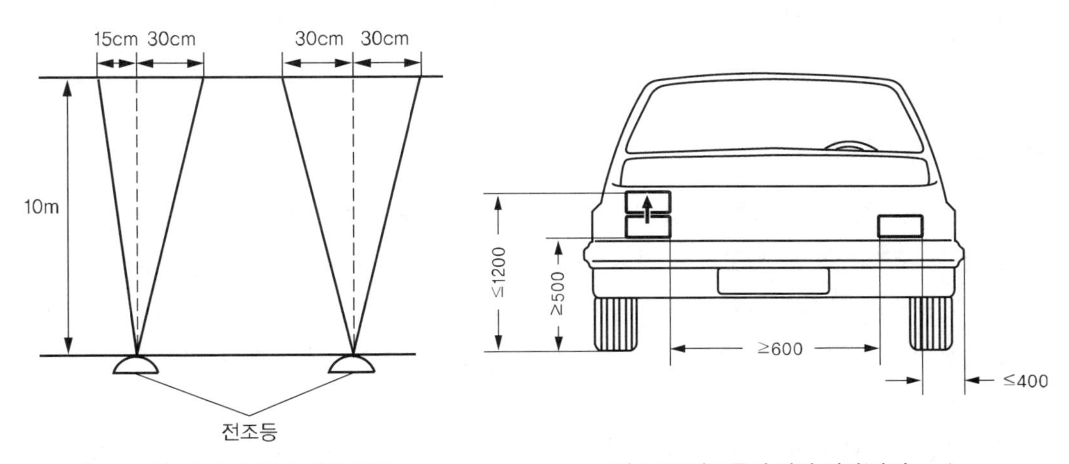

그림 8-38 전조등 주광축의 좌/우 진폭

그림 8-39 전조등의 설치 위치(단위 mm)

④ 전조등의 설치 위치는 그림 8-39와 같으며, 차량 중심선(x축)을 기준으로 좌/우 대칭이 되어야 한다. 다만, 자동차의 구조상 부득이한 경우에는 차체의 가장 낮은 위치에 설치할 수 있다.

⑤ 절환 빔의 조명방향은 자동차(최고속도 25km/h 이상)의 진행방향과 같아야 하고, 주행 빔 주광축의 광도를 감광할 수 있거나, 조명방향을 하향으로 절환할 수 있는 구조이어야 한다. 감

광하거나 조명방향을 변환할 때, 전방 40m 거리에 있는 장애물을 확인할 수 있어야 한다.

⑥ 주행빔의 최고광도의 합(자동차에 설치된 각각의 전조등에 대한 주행빔의 최고광도의 총합)은 225,000cd 이하일 것.

⑦ 전조등빔 또는 컷오프선의 꼭짓점이 회전하는 방식의 조명 가변형 전조등이 고장인 경우, 자동으로 이를 표시하는 고장표시장치를 설치하여야 한다.

⑧ 가스방전 전구를 사용하는 전조등 또는 발광다이오드(LED) 전조등은 위의 기준 외에도, 자동차의 전기 · 전자장치에 영향을 주지 아니할 것, 자동으로 전조등의 광축을 조정할 수 있는 장치를 설치할 것,(단, 공기식 현가장치 등 전조등의 광축을 자동으로 하향으로 조절되게 하는 장치를 설치한 자동차의 경우에는 그러하지 아니하다.) 등의 기준을 충족시켜야 한다.

(2) 전조등의 조정

전조등의 광도, 조명방향 등을 측정하거나 조정할 때는 기본적으로 다음 순서에 따른다.

① 타이어 공기압을 규정값으로 하고, 차체의 평형상태를 점검한다.

② 축전지와 발전기의 정상여부 확인

③ 전조등 배선의 이상 유무 확인(예 : 접지상태)

④ 측정 장소의 수평여부 확인

⑤ 측정 기기의 정확도 점검

⑥ 측정순서에 따라 측정, 조정한다.

(3) 기타 유의사항

전조등 전구 특히, 할로겐전구를 교환할 때는 절대로 맨손으로 전구의 유리부분을 만져서는 안 된다.(전구 포장지 또는 깨끗한 종이나 수건으로 전구의 유리부분을 감싼 상태로 취급한다.) 유리구를 맨손으로 만지면 유리구에 기름이 부착되게 된다. 전구가 점등되어 유리구에 부착된 기름이 증발하면서 유리구의 기름이 부착된 부분의 온도를 강하시킴에 따라 유리구가 파손되게 되기 때문이다.

회로저항이 증대되어 10%의 전압강하가 발생되면, 광속은 약 1/3 정도 감소하게 된다. 그러므로 모든 단자, 퓨즈, 접촉스프링 및 전선 단면적은 반드시 정상이어야 한다.(표면상 정상적인 규격전선일지라도 단자 연결부분에서 전선의 심선 일부가 단선되었을 경우에 흔히 전압강하가 발생된다.)

전압강하가 6V식에서 0.4V
12V식에서 0.8V
24V식에서 1.6V 이상이 되어서는 안 된다.

제8장 등화장치 및 신호장치

제5절 표시용 등화장치
(Indicating lamps)

1. 후퇴등(backward light : Rückfahr-Scheinwerfer)(제39조)(그림 8-40b에서 E5)

후퇴등은 주행스위치가 ON된 상태에서 후진기어를 넣었을 때 점등되어, 자동차의 후방을 조명할 수 있어야 한다. 2개 이하를 설치할 수 있으며, 등광색은 백색 또는 황색으로 하고, 등화의 중심점은 공차상태에서 지상 25cm~120cm 이하의 높이에 설치해야 한다. 그러나 등화장치의 광원을 통과하는 지면에 수평인 면과 시험스크린과의 교차선(H선) 하부의 1등 당 광도가 300cd를 초과하는 경우 주광축은 하향으로 하고, 자동차 후방 75m 이내의 지면을 조명할 수 있도록 설치해야 한다.

1등 당 광도는 등화중심선의 위쪽에서는 80cd~600cd, 아래쪽에서는 80cd~5,000cd 이하이어야 하며, 지름 2.5cm의 관측표를 광원의 중심점과 일치하게 렌즈에 붙인 후 자동차 후방 90cm 및 자동차 가장 바깥쪽의 좌우 90cm를 포함하는 범위와 높이 60cm~180cm 이하의 범위의 어느 위치에서도 관측표의 전체를 확인할 수 있어야 한다.

전구의 출력은 15W(소형자동차)~35W(대형 자동차) 정도이다.

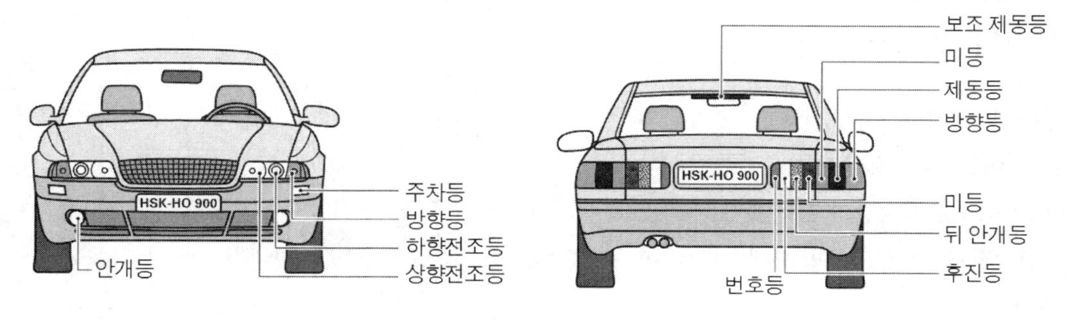

그림8-40(a) 등화장치의 설치 위치

2. 후미등(tail lamp)과 차폭등(side lamp)

(1) 차폭등(side lamp) (제 40조) (E11 / E13)

등광색은 백색 · 황색 또는 호박색으로 하고, 양쪽의 등광색은 동일해야한다. 1등 당 광도는 등화중심선의 위쪽에서는 4cd~125cd, 아래쪽에서는 4cd~250cd 이하이어야 한다. 공차상태에서 차량중심선을 기준으로 좌우가 대칭이고, 등화의 중심점은 지상 35cm~200cm 이하의 위치에 설치하여야 하며, 발광면의 가장 바깥쪽이 차체 바깥쪽으로부터 40cm 이내가 되도록 설치한다. 다만, 전조등이 차체 바깥쪽으로부터 65cm 이내에 설치되어 있는 경우에는 이를 설치하지 않을 수 있다.

(2) 후미등(tail lamp) (제 42조) (E12 / E14)

등광색은 적색, 1등 당 광도는 2cd~25cd 이하이어야 하며, 차량중심선에 대하여 좌우대칭이고, 등화의 중심점은 공차상태에서 지상 35cm~200cm 이하의 높이가 되게 설치해야 한다.

등화의 중심점을 기준으로 자동차외측의 수평각 45도에서 볼 때에 투영면적이 12.5cm^2(후부반사기와 겸용하는 경우에는 후부반사기의 면적을 제외한다) 이상이어야 한다.

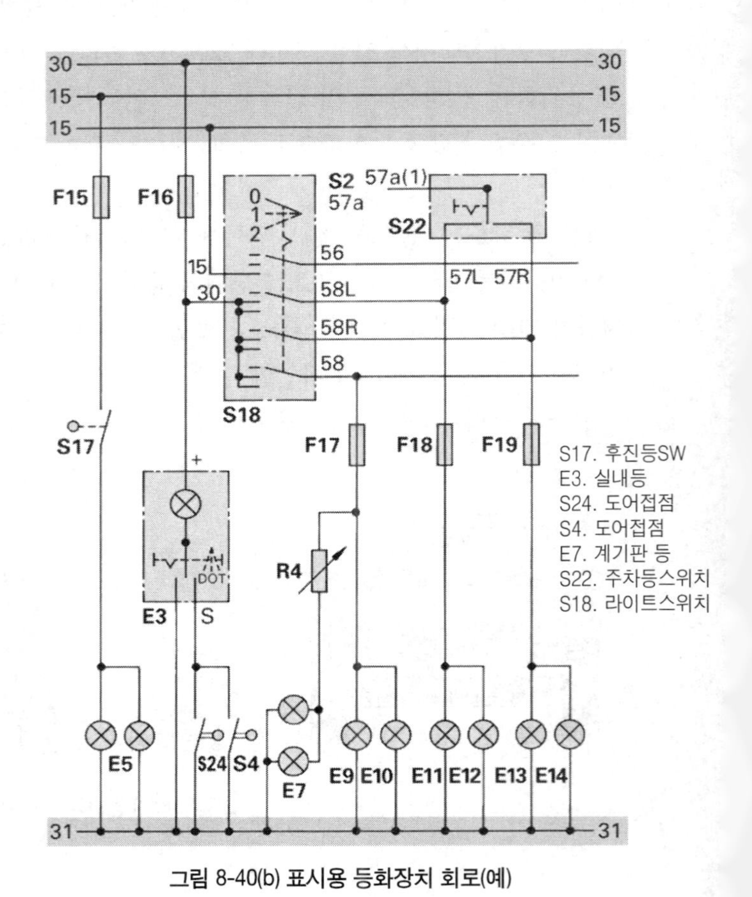

그림 8-40(b) 표시용 등화장치 회로(예)

3. 번호등(license plate lamp) (제 41조) (E9 / E10)

등광색은 백색, 등록번호판 숫자위의 조도는 어느 부분에서도 8lx 이상이어야 하며, 최고조도점 2점의 평균조도는 최소조도점 2점의 평균조도의 20배 이내이어야 한다.

전조등 · 후미등 · 차폭등과 별도로 소등할 수 없는 구조이고, 램프발광면의 가

장바깥부분과 등록번호판의 가장 먼 점(2개 이상의 램프를 설치할 경우에는 각각의 램프가 비추도록 설계된 등록번호판의 가장 먼 점)이 이루는 각(입사각을 말한다)은 8도 이상이어야 하며, 번호등의 바로 뒤쪽에서 광원이 직접 보이지 아니하는 구조이어야 한다.

4. 주차등(parking light) (E11 / E13 또는 E12 / E14 사용)

우리나라의 규정에는 없는 조항이다. 독일의 경우, 피견인차가 부착되지 않은 승용차와 차의 전장이 6m 이내, 차폭 2m 이내인 자동차는 측면경계를 확인하기 위하여 교행차량 방향으로 전방에는 흰색, 후방으로는 적색등을 노면으로부터 최소높이 600mm, 최대높이 1550mm 이내로 설치하여야 한다. 또는 후미등과 함께 설치된 경우는 적색등, 차폭등과 같이 설치된 경우는 백색등을 설치해야 하며, 또는 1개의 후미등과 1개의 차폭등을 주차등으로 대용할 수 있다.

제6절 광학신호장치
(Optical signal devices)

광학신호장치에는 제동등, 방향지시등, 점멸 비상등 등이 있다. 밝은 대낮에도 육안으로 신호를 확인할 수 있어야 한다.

1. 제동등(brake lamp)(그림 8-15 참조)

자동차와 피견인차에는 후방으로 주제동 브레이크와 연동, 점등되는 2개의 적색등이 설치되어야 있어야 한다. 그리고 제동등은 후미등으로부터 위로 최대 30cm, 노면으로부터 최대 1550mm 이내에 설치되어야 한다.

제동등 스위치에는 기계식, 유압식, 공압식 등이 있다. 기계식 제동스위치는 브레이크페달 근처에, 유압식과 공압식은 브레이크 마스터 실린더에 각각 설치된다.

제동등은 단독으로 또는 다른 등화장치(보통 미등)와 함께 설치된다. 일반적으로 대부분의 승용차에서는 콤비네이션(combination) 형식이 주로 사용된다. 제동등은 싱글(single)일 경우 15W, 18W, 20W 또는 21W가, 더블(double)(보통 제동등과 미등 겸용)일 경우에는 18/5W, 20/5W, 21/5W가 주로 사용된다. 제동등과 미등의 밝기비는 최소한 5 : 1 이상이어야 한다.

2. 방향 지시등(turn signal lamp)

방향 지시등은 자동차(피견인차 포함)의 회전방향을 표시하는 신호수단이다. 오늘날은 대부분 점멸식 방향 지시등이 대부분이며, 점멸은 전원을 단속(ON-OFF)하는 방법으로 한다. 점멸주파수는 1분당 90±30 정도가 대부분이다.

방향 지시등의 색깔은 황색 또는 적색이어야 하며, 스위치를 작동시킨 후 최장 1초 이내에 점멸신호가 발생되어야 한다. 그리고 작동상태 및 고장여부를 운전석에서 확인할 수 있는 구조이어야 한다.

방향 지시등 회로는 기본적으로 점멸 릴레이(flasher relay), 방향지시 레버(또는 스위치), 방향 지시등, 그리고 최소 1개 이상의 컨트롤 램프(=표시등)로 구성된다.

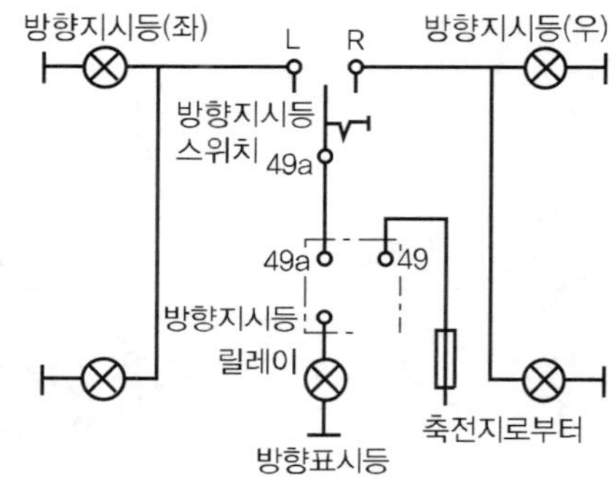

그림 8-41 방향지시등 기본회로(예)

방향 지시등의 점멸방식에는 여러 가지가 있다. 기존의 방식 중 바이메탈식, 축전기식, 열선식 등은 아직도 사용되고 있으나, 전자식이 대부분이다.

(1) 열선식(thermal wire type) 방향 지시등 → 열 자석식

기본적으로 스위치 OFF 상태 즉, 방향 지시등을 동작시키지 않을 때 플래셔-릴레이 접점이 닫혀 있는 형식과 플래셔-릴레이 접점이 열려 있는 형식으로 구분된다.

① 스위치 OFF 상태에서 플래셔-릴레이 접점이 열려 있는 형식(그림 8-42 참조)

그림 8-42에서 냉각상태의 열선은 플래셔-아마추어의 스프링장력을 이기고, 플래셔-릴레이 접점을 열려 있도록 한다. 방향 지시등 스위치가 닫히면(운전자가 방향지시등 레버를 조작하여), 플래셔-릴레이에는 전류가 흐르게 된다. 이때 흐르는 전류의 양은 열선과 보호저항의 저항값에 의해서 결정된다.

전류는 '단자15 → 릴레이 아마추어 → 열선 → 보호저항 → 마그넷 코일 → 방향지시등 스위치

→ 전구 → 접지' 로 흐른다. 그러나 전류가 약하기 때문에 방향지시등은 점등되지 않는다.

열선이 가열, 팽창되어 열선의 장력이 감소하면 플래셔-아마추어의 스프링장력에 의해 플래셔-릴레이 접점은 닫히게 된다. 플래셔-릴레이 접점이 닫히면 전류는 열선과 보호저항을 바이패스(bypass)하여, 곧바로 플래셔-릴레이 접점을 통해 방향지시등에 공급되므로 방향지시등은 밝게 점등된다. 많은 전류가 흘러 큰 자장이 형성되므로, 플래셔-릴레이 접점은 그대로 ON-상태를 유지한다. 그러나 이때 동시에 열선도 냉각된다.

열선이 냉각, 수축되면 열선의 장력은 증가한다. 열선의 장력이 플래셔-아마추어의 스프링장력과 자장에 의한 흡인력의 합보다 커지면 플래셔-릴레이 접점은 다시 열리게 된다. 이와 같은 과정을 반복하여 방향지시등은 점멸된다.

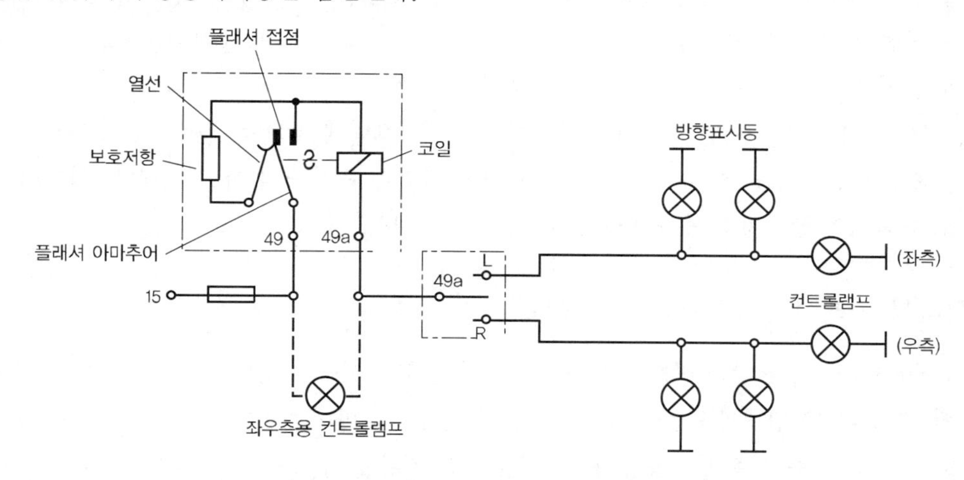

그림 8-42 열선식 방향 지시등 회로(표시등 포함)

그림 8-42에는 방향지시등의 작동상태 표시등을 연결하는 두 종류의 방법이 제시되어 있다.

단자 49와 49a사이에 설치된 표시등은 지시방향에 관계없이 방향 지시등에 연동된다. 즉, 1개의 표시등으로 좌/우 방향 지시등의 작동상태를 표시하는 방식이다. 방향지시등 전구 중 1개가 단선되면 표시등 개수에 상관없이 점멸주파수는 빨라진다. 그 이유는 다음과 같다.

방향지시등 1개가 작동되지 않으면 마그넷코일을 통과하는 전류가 그만큼 감소하게 된다. 따라서 동시에 마그넷코일의 자장(=접점 흡인력)도 감소하게 된다. 그러므로 접점이 열리는 시간이 그만큼 빨라지게 되고, 그러면 열선이 가열되는 시간도 단축되게 된다. 열선을 가열하는 시간이 단축되면 열선의 냉각도 그만큼 빨라지므로 점멸주파수는 현저하게 높아지게 된다.

② 스위치 OFF 상태에서 점멸-릴레이 접점이 닫혀 있는 형식

이 형식은 2개의 접점(플래셔-릴레이 접점과 표시등-릴레이 접점) 외에 제 3의 제어접점이 부속되어 있다. 그림 8-43에서 단자 31과 연결된 접점을 말한다.

냉각상태의 열선은 플래셔-아마추어의 스프링장력을 이기고 플래셔-릴레이 접점을 닫혀 있는 상태로 유지한다. 방향등 스위치를 ON 시키면, 총 전류는 단자 49로부터 49a를 거쳐서 곧바로 방향 지시등 전구로 공급된다. 동시에 제어접점이 닫히고, 제어전류는 '열선 → 저항기 → 제어접점 → 접지'로 흐른다. 즉, 플래셔 접점이 닫혀 방향 지시등에 전류가 공급됨과 동시에 제어전류에 의해 열선도 가열된다. 열선이 가열, 팽창되면 플래셔-아마추어의 스프링장력에 의해 플래셔 접점이 열린다.

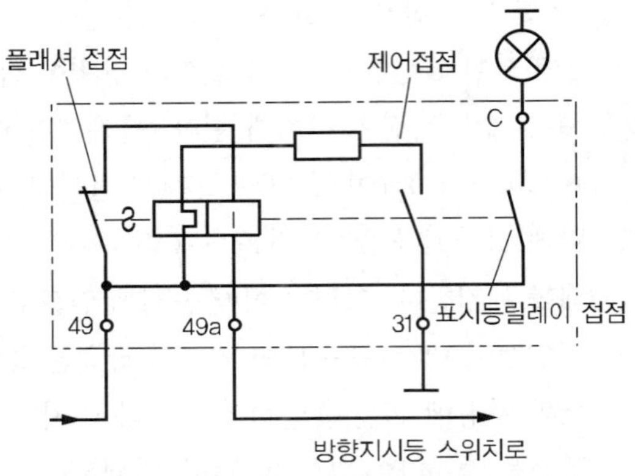

그림 8-43 스위치-OFF 상태에서 플래셔-릴레이 접점이 닫혀 있는 형식

플래셔 접점이 열리면 자력도 소멸되어 제어 접점과 표시등 접점도 열린다. 이어서 열선이 냉각, 수축되어 장력이 회복되면 플래셔 접점은 다시 닫힌다.

(2) 전자식 플래셔 유닛(electronic flasher)

전자식에서는 전원전압의 변화나 부하의 변화가 방향 지시등의 점멸주파수에 영향을 미치지 않도록 할 수 있다. 점멸주파수 신호발생기로서 비안정 멀티바이브레이터(astable multivibrator)를 사용한다. 그리고 출력 측에는 방향지시등에 흐르는 전류를 개폐시키기 위해 릴레이나 파워 트랜지스터 또는 사이리스터를 접속한다.

① 전자식 플래셔 유닛(예 1) → 릴레이식

그림 8-44는 피견인차가 연결되지 않은 자동차 즉, 주로 승용자동차에 사용되고 있는 전자식 방향지시등 회로이다. 방향 지시등 전류를 개폐하기 위해 릴레이를 사용하고 있음을 알 수 있다.

● 스위치 "OFF" 상태

점화스위치를 ON시키면, 단자 49와 31에 전원전압이 인가된다. 멀티바이브레이터는 발진을 시작할 수 없다. 이유는 PNP-트랜지스터 T2의 베이스에 저항 R6, R1, 그리고 R3을 거쳐서 (+)전압이 인가되기 때문이다. 그리고 콘덴서 C1도 단자 49a가 방향지시등을 거쳐 접지와 연결될 때까지는 방전할 수 없다. 결과적으로 스위치 OFF 상태에서는 트랜지스터 T1만이 도통상태이다.

또 하나의 차단장치는 저항 R5에서의 전압강하에 의해서 이루어진다. 이 값(저항 R5에서의 전압강하)에 대해 트랜지스터 T2의 이미터는 (−)가 되기 때문이다.

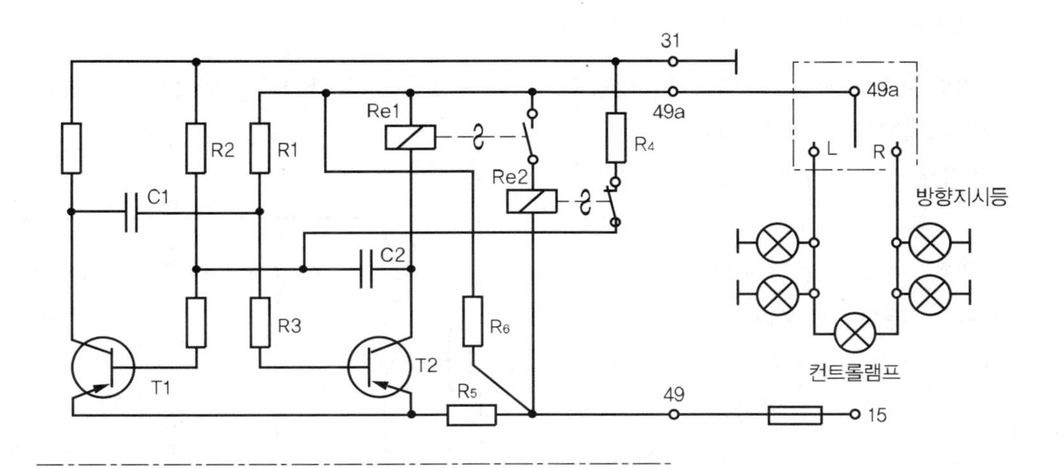

그림 8-44 전자식 방향 지시등 회로-승용자동차용

● 스위치 "ON" 상태(작동 중)

방향 지시등 스위치(=레버)를 ON시키면 트랜지스터 T2의 베이스에는 저항 R1과 R3을 거쳐 음(−)전위가 작용한다. 이제 트랜지스터 T2는 도통되고, 양(+)의 전압은 트랜지스터 T2의 컬렉터로부터 콘덴서 C2를 거쳐서, 트랜지스터 T1의 베이스에 전달된다. 그러면 트랜지스터 T1은 차단된다. 콘덴서 C2가 방전된 다음, 트랜지스터 T1은 다시 도통된다. 즉, 멀티바이브레이터는 발진한다.

트랜지스터 T2의 컬렉터전류는 릴레이 Re1을 여자시켜, 릴레이 접점이 방향 지시등을 점등시키도록 한다. 즉, 트랜지스터 T2가 도통되어 있는 동안, 방향지시등은 점등된다.

● 점멸제어 (flash control)

전류릴레이 Re2에 방향지시등 전류가 흐르면, 이 전류로 여러 종류의 제어회로를 동작시킬 수 있다. 방향 지시등 전구 1개가 점등되지 않을 경우, 점멸주파수가 상승되도록 하는 방법, 또는 표시등이 소등되도록 하는 방법이 이용되고 있다.

〔방향지시등 전구 1개가 점등되지 않을 때, 점멸주파수가 상승하도록 제어하는 방식〕

방향지시등에 흐르는 전류가 정상일 경우, 릴레이 Re2는 전구가 점등될 때마다 자신의 스위치로 저항 R4로 흐르는 전류를 'OFF'시킨다. 전구의 점등시간은 RC-직렬회로 C2/R2에 의해 결정된다.

방향지시등 전구 1개가 점등되지 않으면 릴레이 Re2는 완전히 여자되지 않으므로 릴레이 Re2의 접점은 열리지 않는다. 그러면 저항 R4는 저항 R2와 병렬로 결선된다. 저항값이 낮아지므로 콘덴서 C2는 조기에 역으로 축전되고, 주파수는 약 2배로 상승한다. 정상일 때 45 : 55 정도이던 점멸비는 약 30 : 70 정도로 변화한다.

〔방향지시등 전구 1개가 점등되지 않을 때, 표시등이 소등되도록 제어하는 방법 (그림 8-45)〕

이 제어회로는 그림 8-45에서 보면, 전류릴레이를 필요로 한다. 전류릴레이는 전류가 흐를 때 닫히는 형식으로서, 방향지시등이 점등될 때, 동시에 표시등이 점등되도록 한다.

방향지시등 회로에는 표시등과 연결되는 단자 C가 있다. 방향지시등 1개가 점등되지 않으면, 릴레이 Re2는 완전히 여자되지 않으므로 전류릴레이(=표시등 릴레이) 접점은 닫히지 않는다. 즉, 표시등은 점등되지 않는다.

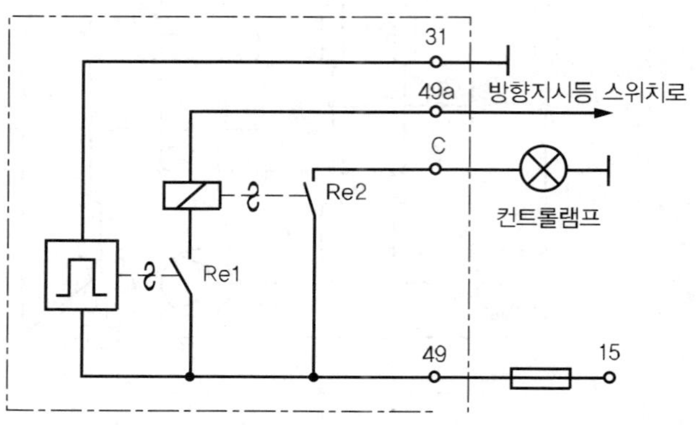

그림 8-45 전자식 방향 지시등 릴레이(표시등 릴레이 포함)

② **승용자동차용 전자식 방향 지시등 (예 : 2) (그림 8-46)**

● 스위치 "OFF" 상태

단자 49와 단자 31에는 전원전압이 인가되어 있다. 트랜지스터 T1은 도통된다. 콘덴서 C1의 (+)전압 맥동(: Sprung)은 트랜지스터 T2의 베이스에 전달된다. 트랜지스터 T2는 잠간동안 차단된다. 즉, 콘덴서 C1이 축전된 다음, 베이스에 (−)전압이 인가될 때까지 차단되었다가 다시 도통되게 된다.

저항 R4가 저항 R3보다 현저하게 크기 때문에 저항 R3과 R4 사이는 계속 (−)전위가 된다. 트랜지스터 T1의 베이스는 (−)전위가 유지되므로 트랜지스터 T1은 차단되지 않는다. 멀티바이브레이터는 발진할 수 없다. 즉 스위치 'OFF' 상태에서 트랜지스터(T1, T2)는 모두 도통상태를 유지한다.

릴레이가 여자되면 접점은 즉시 닫힌다. 따라서 방향지시등레버를 작동시키면 즉시 첫 펄스가 발진되게 된다.

● 스위치 "ON" 상태(작동 중)

방향지시등 레버를 작동시키면, 방향지시등 전류는 즉시 저항 R7과 릴레이 접점을 거쳐 방향지시등으로 흐른다. 저항 R7에서의 전압강하에 의해 트랜지스터 T3이 도통되므로 저항 R3과 저항 R4 사이는 (+)전위가 된다. 이 (+)전압은 콘덴서 C2를 거쳐서 트랜지스터 T1의 베이스에 영향을 미쳐, 트랜지스터 T1을 차단시킨다.(베이스와 이미터 간의 전압차가 적어지므로).

이제 멀티바이브레이터는 시간함수 요소에 의한 주파수로 진동하고, 릴레이는 방향지시등을 점멸시킨다.

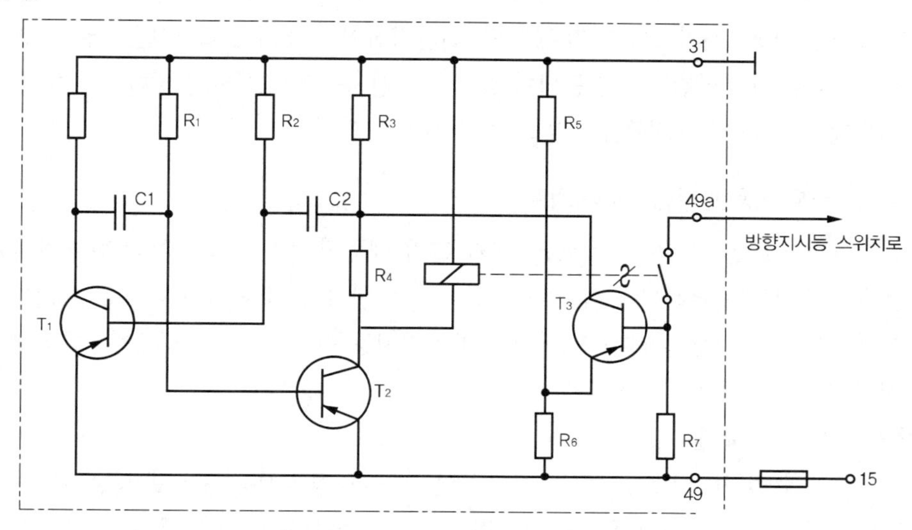

그림 8-46 승용차용 방향 지시등 회로(전자식)(예 2)

● 점멸제어

방향지시등 1개가 점등되지 않으면 저항 R7에서의 전압강하가 감소하므로, 트랜지스터 T3에 흐르는 전류도 감소한다. 그러면 저항 R3에는 총 전압이 인가되지 않고, 부분전압만 인가된다. 그러므로 트랜지스터 T1의 차단시간은 단축되고, 콘덴서 C1도 완전히 축전되지 않는다. 이렇게 되면 점멸주파수는 약 2배로 증가한다. 분압기 R5/R6은 저항 R7과 방향지시등이 형성하는 분압기와 일치된다. 이렇게 해서 계속적으로 전압변화에 민감하게 반응하게 된다.

③ 상용자동차의 방향지시등→ 피견인차가 연결된 경우(그림 8-47)

그림 8-47은 최대 2량의 피견인차가 연결되는 상용자동차의 방향지시등회로이다. 멀티바이브레이터와 릴레이로 구성되어 있다. 점멸제어용으로 3개의 트랜지스터가 더 들어 있다.

● 작동원리

닫혀 있는 릴레이 접점을 통해 방향지시등 전류가 흐르면 저항 R1에서는 전압강하가 발생된다. 모든 전구(방향

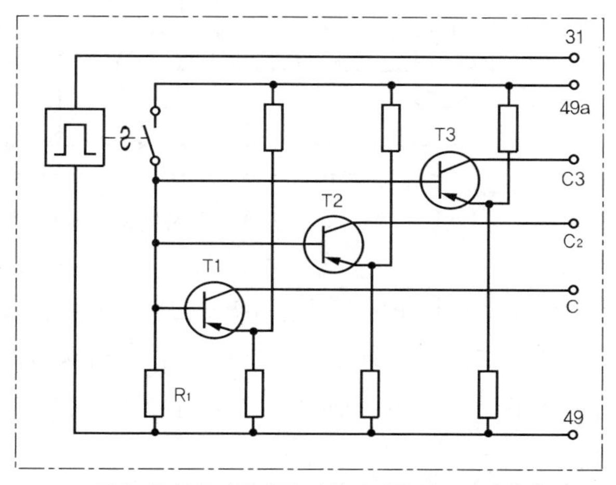

그림 8-47 상용자동차용 방향지시등 회로→전자식

지시등용)에 이상이 없으면 전압강하는 3개의 트랜지스터를 모두 도통시킬 수 있을 만큼 크게 된다. 즉, 표시등(=컨트롤램프) 모두가 방향지시등과 동시에 점멸된다.

방향지시등 전구 1개가 점등되지 않으면, 전압강하가 감소한다. 그러면 트랜지스터 T1은 도통되지 않는다. 제 2의 전구가 점등되지 않으면 트랜지스터 T2가 차단된다. 만약 3번째 전구도 점등되지 않으면 3번째 표시등도 점멸되지 않는다.

④ 사이리스터를 이용한 방향지시등 회로

방향지시등의 컷인-전류(cut-in current)가 크기 때문에 대부분의 전자식 방향지시등 회로는 부하전류를 개폐하는 릴레이를 사용한다. 그러나 릴레이 접점과 기계식 가동부품은 마모와 피로를 피할 수 없다. 그림 8-48은 전 전자식 방향지시등 회로이다. 다만 표시등회로에 전류릴레이가 사용되고 있음을 보이고 있다.

● 작동원리(그림 8-48 참조)

정지상태에서 멀티바이브레이터는 이미 발진한다. 방향지시등 레버를 작동시키면 사이리스터 Th1의 캐소드(cathode)에 필요한 (−)전압이 인가된다. 이어서 트랜지스터 T1의 콜렉터 전류피크(: Stromstoss)에 의해 사이리스터 Th1은 도통되고, 방향지시등은 점등된다. 콘덴서 C1이 방전되고, 트랜지스터 T2의 베이스에 (−)전압이 인가되면, 트랜지스터 T2는 다시 도통된다. 그러면 트랜지스터 T1은 차단된다.

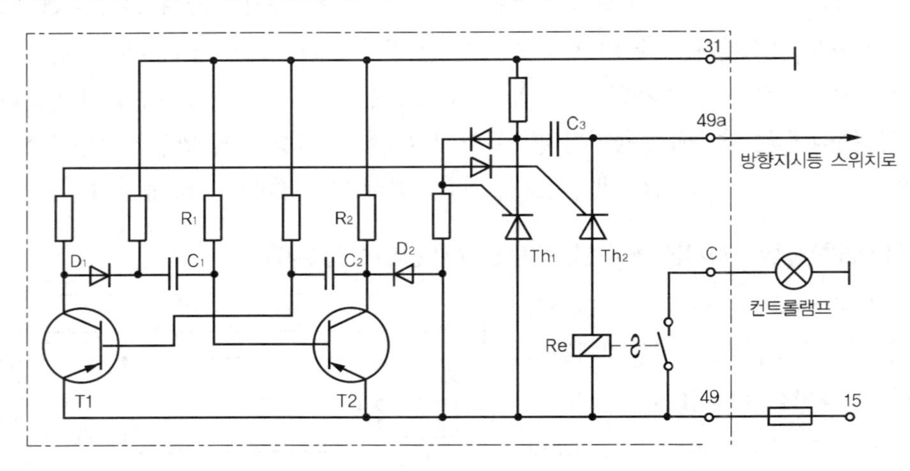

그림 8-48 전자식 방향지시등 회로→사이리스터 방식

사이리스터(Th1) 전류는 부하회로의 역(逆)펄스에 의해 차단될 때까지 계속 흐른다. 도통된 트랜지스터 T2의 전압 피크(: Spannungsstoss)에 의해 사이리스터 Th2가 트리거링된다. 그러면 총 (+) 전압은 콘덴서 C3을 거쳐서 단자 49a에 인가된다. 그러면 방향지시등 전류는 나누어지고, 방향지시등 소등단계가 시작된다. 먼저 콘덴서 C3이 충전되고, 이어서 사이리스터 Th1의 전류가 차단된다. 트랜지스터 T1의 펄스에 의해 사이리스터 Th2가 다시 도통될 때까지 2개의 사이리스터 모두가 차단된다.

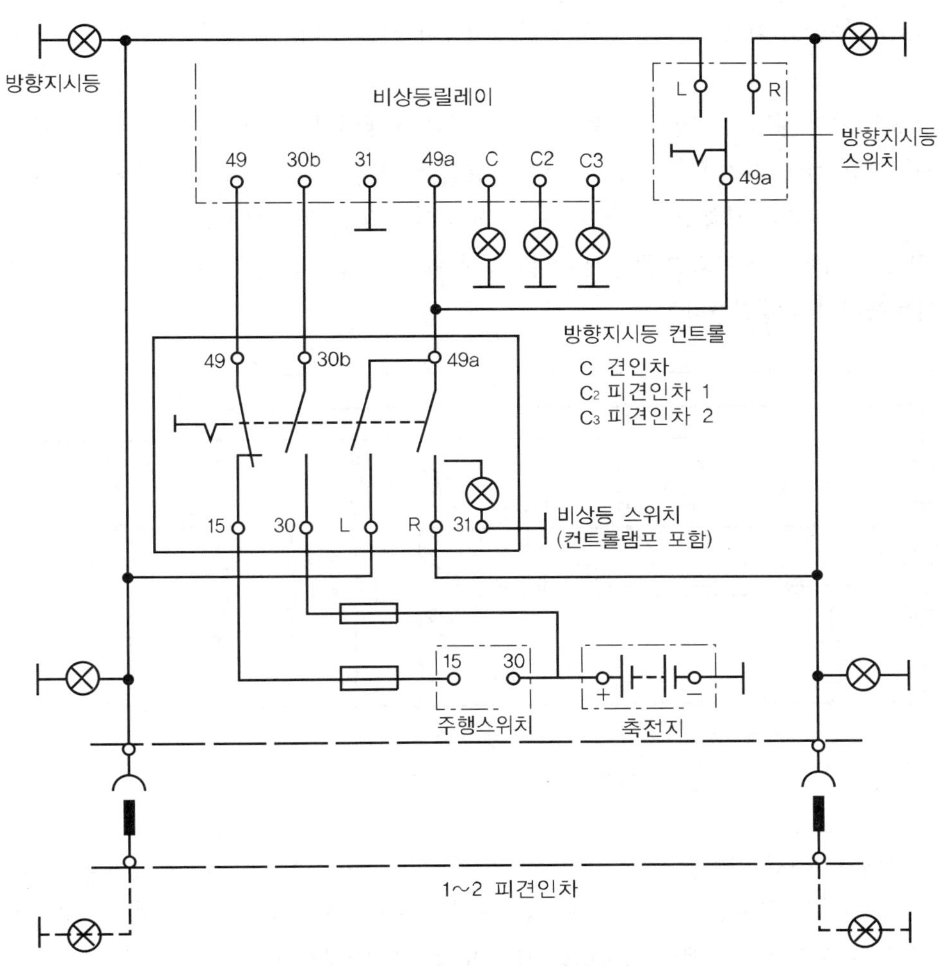

그림 8-49 방향지시등과 점멸식 비상등회로

● 점멸제어

전류릴레이 Re는 방향지시등으로 흐르는 전류(=방향지시등 전류)에 의해 여자되므로, 표시등은 방향지시등과 동시에 점멸된다. 방향지시등 중 1개가 점등되지 않을 경우, 릴레이 Re에서의 전압강하가 적기 때문에 Re의 접점은 열려 표시등은 소등된다. → 2개의 다이오드 D1, D2는 점멸주파수를 결정하는 콘덴서 C1, C2에 대한 사이리스터 트리거링회로의 역작용을 방지한다.

3. 점멸식 비상등

비상시 또는 주/정차 시에 점멸식 비상등을 사용한다. 점멸식 비상등회로는 별도의 스위치에 의해 모든 방향지시등을 동시에 점멸시키는 구조이다. 그림 8-49는 방향지시등회로와 점멸식 비상등회로가 복합된 회로, 그림 8-50은 방향지시등과 점멸식 비상등 겸용의 전자식 플래셔 유닛 회로이다.

그림 8-50에서 점멸식 비상등을 동작시키지 않은 상태에서 트랜지스터 T1은 도통되어 있다. 저항 R5와 저항 R1을 거친 (+)전압이 콘덴서 C1의 트랜지스터 베이스에 인가되기 때문에, 트랜지스터 T2는 차단된다. 저항 R1이 단자 49a를 거쳐 접지되고, 동시에 방향지시등 스위치(또는 점멸식 비상등 스위치)가 ON되면 콘덴서 C1은 축전된다. 그러면 즉시 트랜지스터 T2는 도통되고, 멀티바이브레이터는 발진한다.

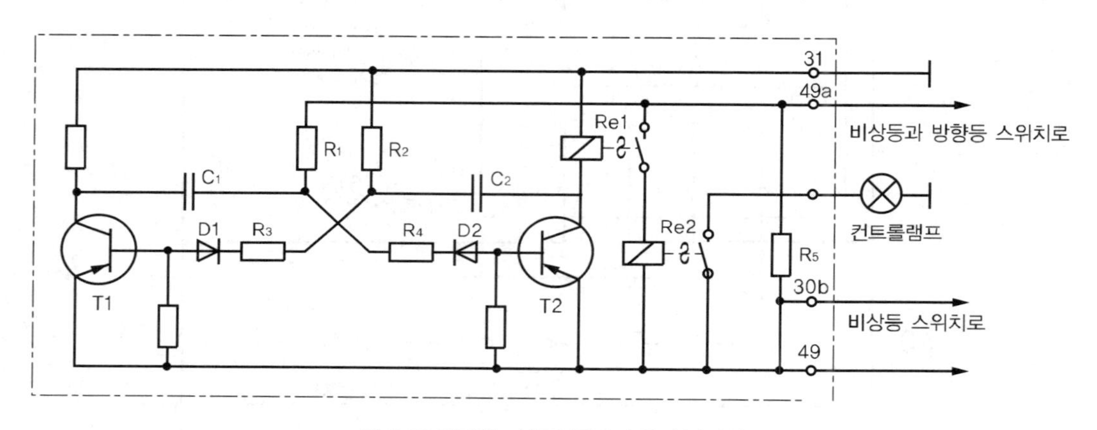

그림 8-50 점멸식 비상등 플래셔-유닛(전자식)

점멸-릴레이 Re1은 점멸전류를 단속(ON-OFF)하고, 전류릴레이 Re2는 표시등을 'ON-OFF'시킨다. 점멸등 전구가 하나만 동작할 경우에는 표시등은 점등되지 않는다. → 베이스회로에 설치된 다이오드는 트랜지스터의 베이스-이미터 사이의 항복을 방지한다.

제7절 음향신호장치
(Acoustic signaling devices)

음향신호장치로는 전기식 또는 공기식 경음기, 또는 팡파르(fanfare)를 사용한다. 공기압축기가 장착되어 있는 자동차(주로 대형자동차)에서는 공기식이, 승용자동차에서는 전기식이 많이 사용된다.

경음기는 작동 중, 음의 크기(volume of signal)*가 일정하고 또 음향 스펙트럼도 일정해야 한다. 음의 크기는 법규로 제한한다. 경음기는 차체에 탄성적으로 설치되어야 한다. 그렇지 않으면 차체의 진동이 음의 순도(purity)와 음의 크기에 간섭하기 때문이다.

1. 전기식 경음기의 기본원리

전기식 경음기는 전자석을 이용하여 금속막(metal diaphragm)을 진동시켜 음을 발생시킨다.

그림 8-51과 같이 금속막을 고정시키고, 그 중앙부 가까이에 전자석을 설치한 다음, 전기회로를 닫으면 금속막은 흡인된다. 이때 전기회로를 열면 금속막은 다시 원위치로 복귀한다. 전류 개폐를 연속적으로 반복하면, 금속막(=진동판)도 연속적으로 진동한다.

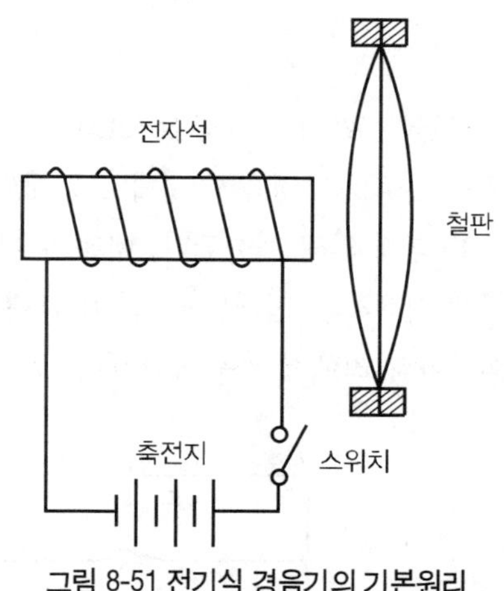

그림 8-51 전기식 경음기의 기본원리

금속막의 진동에 의해 공기가 진동하면 음이 발생된다. 음의 크기와 음색은 금속막의 진동수에 따라 달라진다. 진동수는 금속막의 재질, 두께, 형상, 크기, 그리고 전자력의 세기 등의 영향을 받는다. 경음기의 구조와 형상, 그리고 음색은 다를지라도 기본원리는 모두 같다.

---

* 음색이란 음의 주파수 범위를, 음의 크기란 음이 인간의 귀에 주는 느낌을 말한다.

2. 표준 경음기(standard horn)- 타격식

그림 8-52(a)는 대부분의 자동차에 설치된 전기식 경음기의 구조이다. 작동원리는 다음과 같다.

경음기 버튼을 누르면 전자석에 전류가 흘러, 아마추어 판(armature plate)을 흡인한다. 이때 아마추어 판이 흡인되면서 접점은 강제적(기계적)으로 열린다. 접점이 열리면 전자석에 흐르는 전류가 차단되므로 전자석이 자력이 약화된다. 그러므로 아마추어 판은 다시 원위치로 복귀한다. 그러면 접점은 다시 닫혀, 전자석코일에 다시 전류가 흐르고, 아마추어 판도 다시 흡인된다.

이와 같은 방법에 의해 아마추어 판은 특정주파수로 진동하면서, 그때마다 전자석 철심을 타격한다. 타격에 의한 진동으로부터 음판(tone disc)은 음색을 얻어, 이를 박막을 통해 증폭, 발산시킨다.

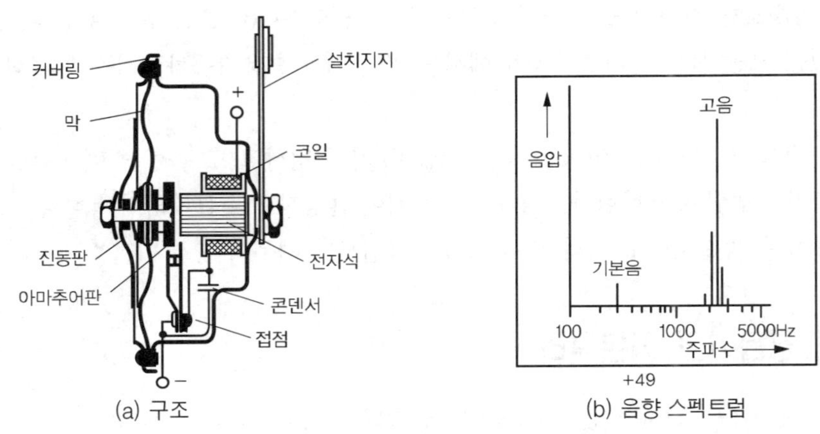

그림 8-52 전기식 표준 경음기 - 타격식

그림 8-52(b)는 그림 8-52(a)와 같은 구조의 경음기의 음향 스펙트럼(sound spectrum)이다. 기본음 290Hz는 경음기 전체 진동계의 고유진동에 의해서 결정된다. 그러나 박막과 진동판의 진동은 타격에 의해 제한된다. 따라서 기본음 부근의 저음은 적고, 대신에 고음(주로 진동판의 고유특성에 의해서 결정되는)이 많이 발생된다. 고음은 약 2,000~3,000Hz정도인 데, 이 음역은 교통이 혼잡한 거리에서 관통력이 아주 우수하다.

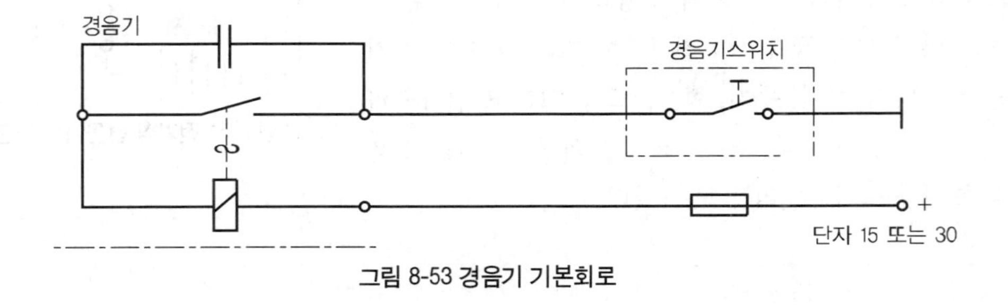

그림 8-53 경음기 기본회로

그림 8-53은 경음기 기본회로이다. 전자석은 직접 (+)단자 30번, 또는 15번(점화코일)과 직결시키고, 경음기 버튼을 접지하는 방식을 주로 이용한다. 그리고 전자석과 병렬로 접속된 콘덴서는 경음기 작동 시 발생되는 잡음을 방지하는 기능을 한다.

3. 팡파르(fanfare) - 전기식 (그림 8-54(a), (b) 참조)

작동원리는 타격식 경음기와 같다. 다만 아마추어 판이 전자석을 타격하지 않고, 자유롭게 진동한다는 점이 다르다. 진동 다이어프램은 공기컬럼(column of air)을 진동시켜, 금속튜브(metal tube)로 전달한다.

다이어프램과 공기컬럼의 공명주파수는 서로 동조되어, 팡파르의 음색을 결정한다. 음의 전달효과를 높이기 위해, 튜브 끝은 원추형 깔때기 모양으로 제작하였다. 그리고 튜브를 나선형(spiral)으로 하여, 팡파르의 크기를 축소하였다.

그림 8-54(b)와 같이 넓은 주파수대역의 음이 복합, 조화를 이룸으로서 음색이 매우 음악적이다. 그러나 타격식 경음기에 비해 소리가 멀리까지 전파되지는 않는다.

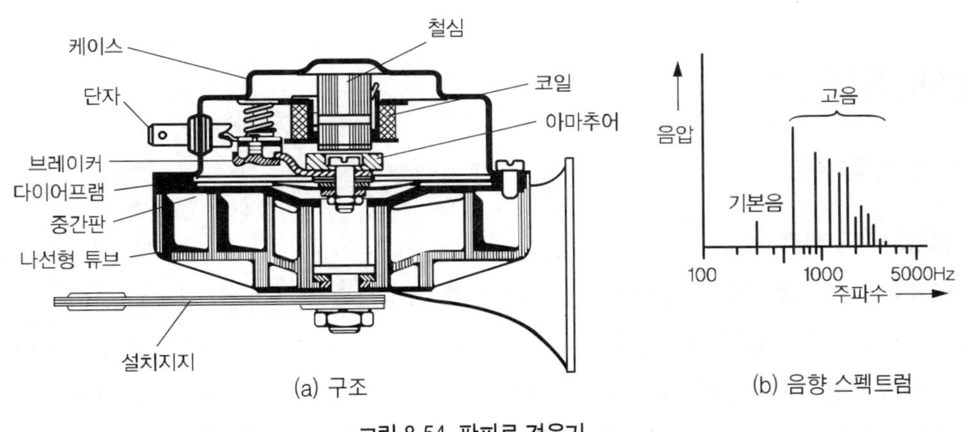

그림 8-54 팡파르 경음기

그림 8-55는 표준 경음기와 팡파르(또는 고성능 경음기)를 함께 설치한 경우, 이를 절환하여 사용할 수 있도록 구성된 회로도이다.

전기식 경음기의 출력은 다음과 같다.

2륜차 6V와 12V식에서 20~30W

승용차 6V, 12V, 24V식에서 30~35W(타격식 표준 경음기)

45~55W(고성능 경음기)

60W(팡파르)

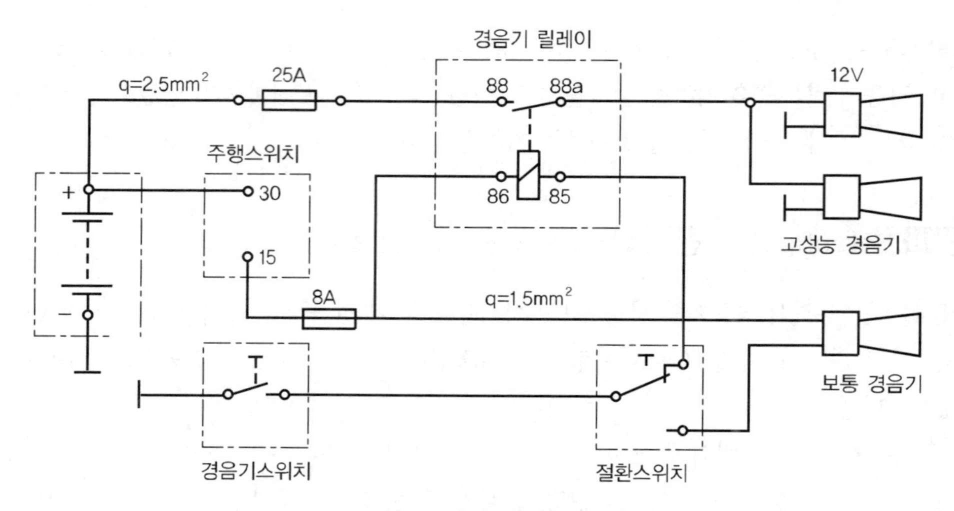

그림 8-55 경음기 절환회로

경음기의 고장은 주로 접점의 마모와 접점스프링의 피로에 의해서 발생한다. 따라서 외부에서 접점을 조정할 수 있는 형식이 대부분이다.

4. 전기 회로도

(1) 광학 신호 회로

① 방향지시등 회로

운전자가 방향지시등 스위치(S15)로 주행방향(예 : L)을 선택하면, 전류는 단자 15 → 퓨즈 F12 → S14 비상 점멸등 스위치의 단자 49 → 플래셔 유닛 K4 → 방향등 스위치 S15 → 방향등(H6/H7) → 접지로 흐른다. 이때 계기판의 방향지시등 컨트롤램프도 함께 작동한다.

방향지시등 중 1개가 고장일 경우, 점멸 주파수가 빨라지거나, 컨트롤램프가 소등된다.

② 비상 점멸등 회로

비상 점멸등은 점화 스위치가 OFF된 상태에서도 작동해야 한다. 따라서 전류는 단자 30(축전지+단자)로부터 직접 퓨즈 F13을 거쳐 비상점멸등 스위치 S14에 대기한다. 비상점멸등 스위치를 작동시키면 전류는 비상점멸등 스위치 S14의 단자 30 → 방향지시등 플래셔 유닛 K4의 단자 49 → 49a → S14의 49a를 거쳐 4개의 비상등(H6/H7, H8/H9) → 접지로 흐른다.

이때 컨트롤램프 H4도 동시에 점멸한다.

③ **제동등**(H10, H11) **회로**(**그림 8-57 우측 회로 참조**)

브레이크 페달을 밟으면, 제동등 스위치(S16) 접점이 닫힌다. 전류는 단자 15 → 퓨즈 F14 → 제동등 스위치(S16) → 제동등(H10, H11) → 접지로 흐른다.

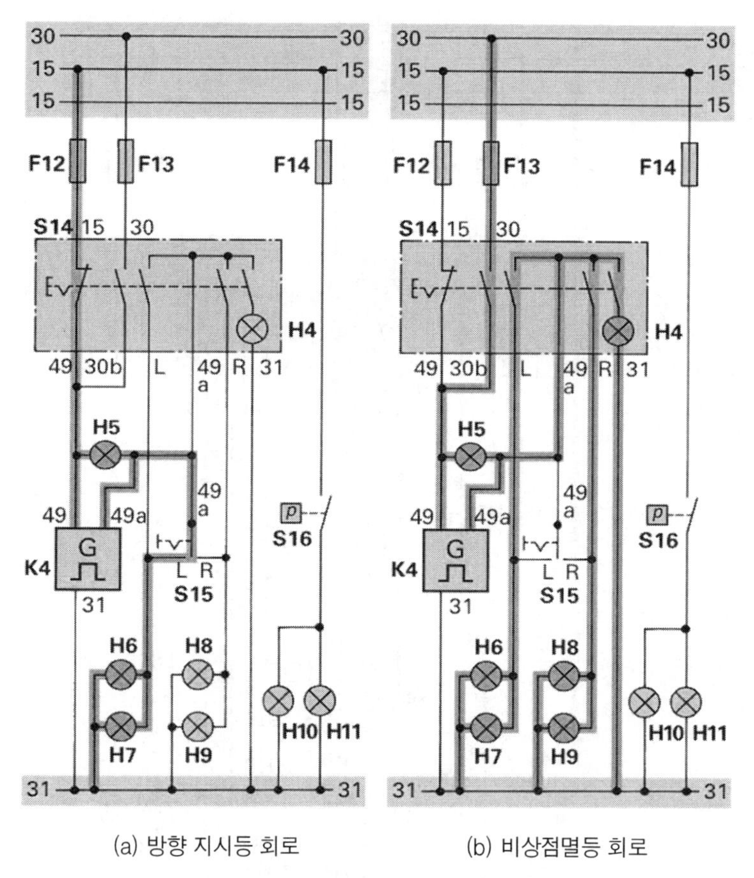

(a) 방향 지시등 회로 (b) 비상점멸등 회로

그림 8-56 방향지시등 및 비상점멸등 회로의 작동

(2) 음향신호 회로 (그림 8-57 참조)

① **신호 경음기**(B3) **회로**

경음기 스위치 S13을 작동시키면, 전류는 단자 15 → 퓨즈 F11 → 경음기 B3 → 경음기 스위치 S13 → 접지로 흐른다.

② **팡파르**(B4) **회로**

먼저 경음기 절환 스위치 S12를 절환시킨다. 경음기 스위치 S13을 누르면 제어전류는 단자

15 → 퓨즈 F11 → 릴레이 K3으로 흐른다. 릴레이 접점이 닫히면 작동전류는 단자 30 → 퓨즈 F10 → 릴레이 K3 → 팡파르 B4 → 접지로 흐른다.

이 회로는 신호 경음기 보다 팡파르가 더 많은 전류를 필요로 하기 때문에 필요하다.

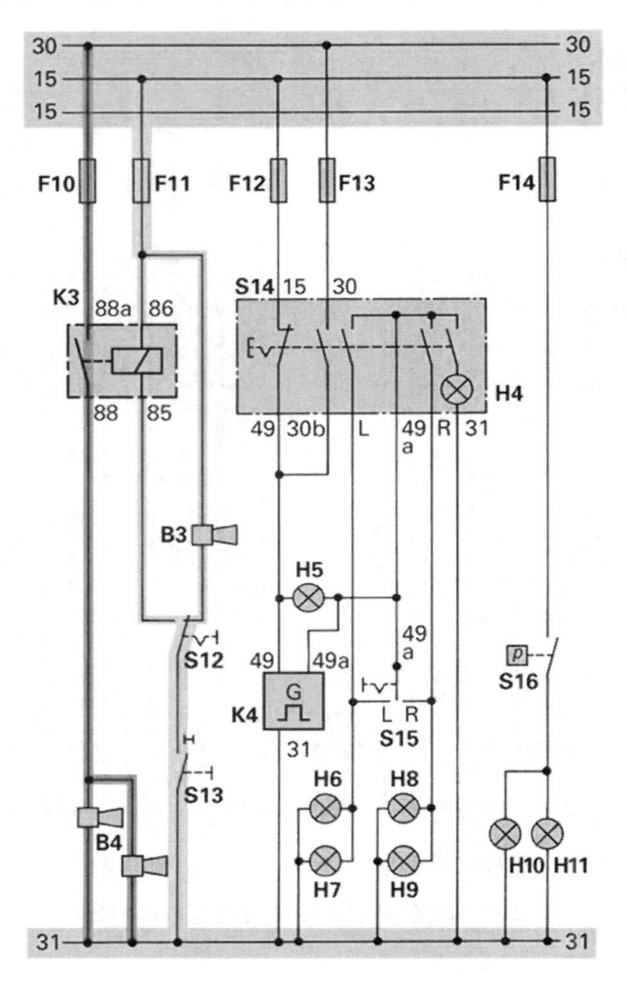

그림 8-57 경음기 회로 및 제동등 회로

제9장

고주파수 기술과 전자적합

High frequency technique & electromagnetic compatability:
Hochfrequenztechnik und electromagnetische Vertraeglichkeit

제9장 고주파수 기술과 전자적합

제1절 고주파수 기술
(High frequency techniques)

고주파수 기술을 이용하여 유선이 아닌 무선으로 소리, 그림 및 데이터의 형태로 정보를 전달할 수 있다.

1. 고주파수 영역의 정의 및 고주파수 기술의 용도

(1) 고주파수와 저주파수

① **저 주파수**(Low Frequency ; LF)

정보를 음파로서 또는 전선을 통해 자신의 원래의 형태(가청 주파수 16～20,000Hz)로 전송할 수 있다. 이 영역의 주파수를 저주파수(LF)라고 한다.

② **고 주파수**(High Frequency ; HF)

30kHz 이상의 전자기파(電磁氣波)를 이용하여 정보를 전송하고 수신할 수도 있다. 이 영역의 주파수를 고주파수(HF)라고 한다.

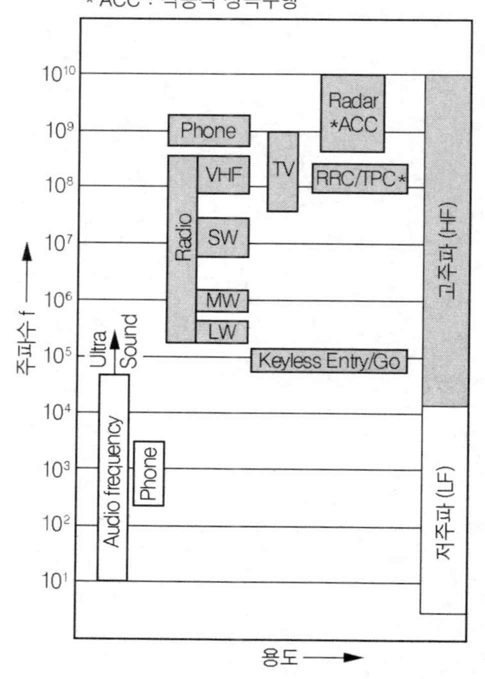

그림 9-1 자동차에서의 고주파수 영역

(2) 고주파수 기술의 용도 (표9-1참조)

① 음향 전송(sound transmission) : 라디오, TV, 전화

② 화상 전송(picture transmission) : TV

③ 데이터 전송(data transmission)

- 인터넷, 텔레마틱(예 : 비상호출, 교통정보), LTE(Long Term Evolution)를 통해
- 자동차 내부 시스템(예 : 타이어 압력감시(TPC), 무선원격제어(RRC), 무선전화 등)
- 헤드폰, 스마트폰 및 테블릿 연결(Bluetooth, WLAN)
- 위치추적 시스템에 사용되는 GPS(Global Positioning system)

그림 9-2 최신 자동차에 사용된 고주파수 기술(예)

2. 송신기(transmitter) 또는 수신기(receiver)의 구조

고주파수 기술을 이용하여 전자기파를 전송 또는 수신하기 위해서는 고주파수 안테나가 있어야 한다. 소형 기기의 경우, 안테나는 하우징 안에 집적된다. (예 : 모빌 폰, 무선 원격제어기구)

전화기, 라디오 및 내비게이션 시스템에서는 송신기 또는 수신기와 안테나 케이블을 통해 연결된, 별도의 안테나를 갖추고 있다.

그림 9-3은 송신기/수신기를 갖춘 카-폰(car phone)의 구조이다.

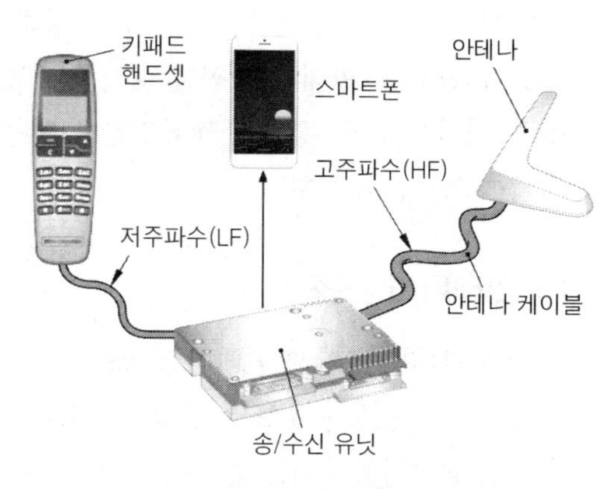

그림 9-3 송, 수신 장치의 구조(예)

(1) 송신기 (transmitter)

송신기는 사인파 교류전압(반송 주파수 ; carrier frequency)을 생성하며, 유용한 신호를 이 교류전압에 전달하는 일을 한다.

송신기는 주파수 발생기의 도움으로 고주파수(HF) 대역의 사인파 교류전압을 생성한다. 이 전압을 반송 주파수(carrier frequency)라 한다.

유용한 신호(예 : 전화의 키-패드 핸드셋으로부터의 음향신호)를 그 자체의 신호보다 높은 주파수로 변환시켜 송신하고, 수신할 때는 그 신호를 원래의 형태로 바꾸어 수신할 때, 그 높은 주파수를 반송주파수, 그 형태를 바꾼 것을 변조파(modulation wave)라 한다.

(2) 진폭 변조(AM : Amplitude Modulation)

진폭변조를 통해서 송신기는 반송주파수의 진폭을 유용한 주파수의 범위 내에서 진행되도록 변화시킨다. 진폭변조는 무선신호를 장파(LW), 단파(SW) 및 중파(MW)로 전송할 때 사용된다.

다른 형식의 변조로는 초단파(VHF)의 변조에 사용되는 주파수 변조(FM : Frequency Modulation), 그리고 디지털 신호(예 : 전화, 내비게이션)의 전송에 사용되는 위상변조(位相變調 ; phase modulation)가 있다.

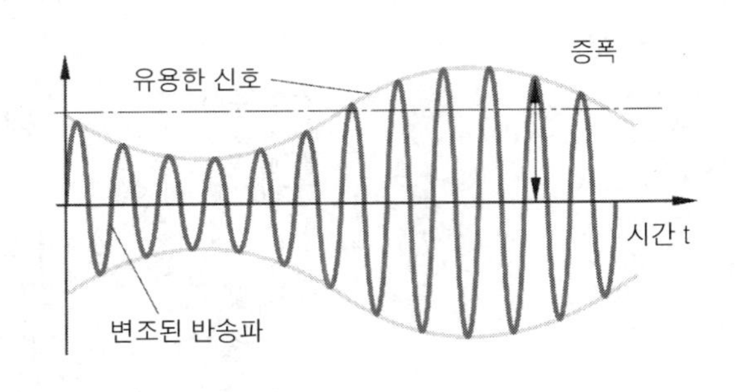

그림 9-4 진폭 변조(AM)

3. 안테나(antenna)

안테나는 송신할 때는 송신기에 의해 변조된 교류전압을 전자기파로서 대기 중에 방사(emitting)하고, 반대로 수신할 때는 전자기파를 수신기에 의해 평가된 교류전압으로 변환시키는 기능을 수행한다.

(1) 안테나의 구조

막대 안테나는 안테나 베이스(base) 및 안테나 팁(tip)을 포함한 롯드로 구성되어 있다.

최신 승용자동차에는 윈드쉴드 안테나가 더 많이 사용되고 있다. 윈드쉴드 안테나는 뒤 윈드쉴드 유리의 열선으로 또는 별도로 뒤 윈도쉴드 유리, 사이드 윈도우 또는 앞 윈드실드 스크린에 안테나 도체로 설치된다. 주요 구성 부품은 안테나 모듈로서, 안테나 모듈에는 윈드쉴드 유리의 안테나 도체, 그리고 안테나 케

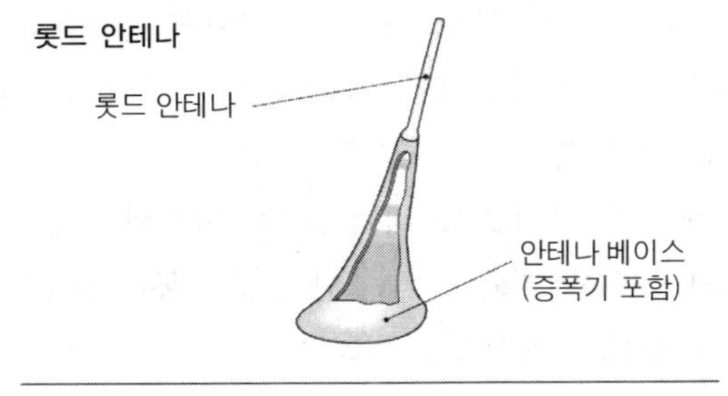

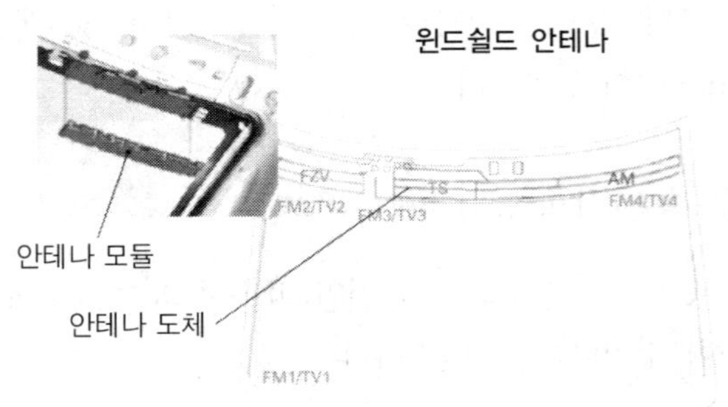

그림 9-5 윈드쉴드 안테나와 롯드 안테나의 구조

이블을 연결하는 안테나 증폭기가 포함된다. 안테나 증폭기의 전원은 안테나 케이블을 통해 공급된다.

윈드쉴드 안테나의 기본 기능은 롯드 안테나의 기본 기능과 같다.

(2) 송신 안테나의 작동 원리

전압은 안테나에 전기장을 형성하고, 전류는 자기장을 형성한다. 안테나 팁(tip)은 안테나 베이스와 함께 커패시터(capacitor)로서 기능하는데, 이때 커패시터의 두 판은 서로 멀리 떨어져 있는 상태가 된다.

안테나의 팁과 베이스 사이에 전압이 작용하면, 전기장이 형성된다. 전기력선은 안테나 롯드에 나란하게(병렬로) 방출된다.

교류전압 주기 중에 전압이 상승하거나 하강하면, 안테나 롯드를 통해 전류가 흐른다. 안테나 롯드는 코일처럼 기능하여 자기장을 생성한다. 자기력선은 안테나 롯드 주위에 링(ring)처럼 배열된다.

전기장 및 자기장은 교대로 바뀌고, 송신 안테나에 의해 서로 간에 직각을 이루며 방사된다. 이들을 합쳐서 전자기파(電磁氣波)라고 한다.

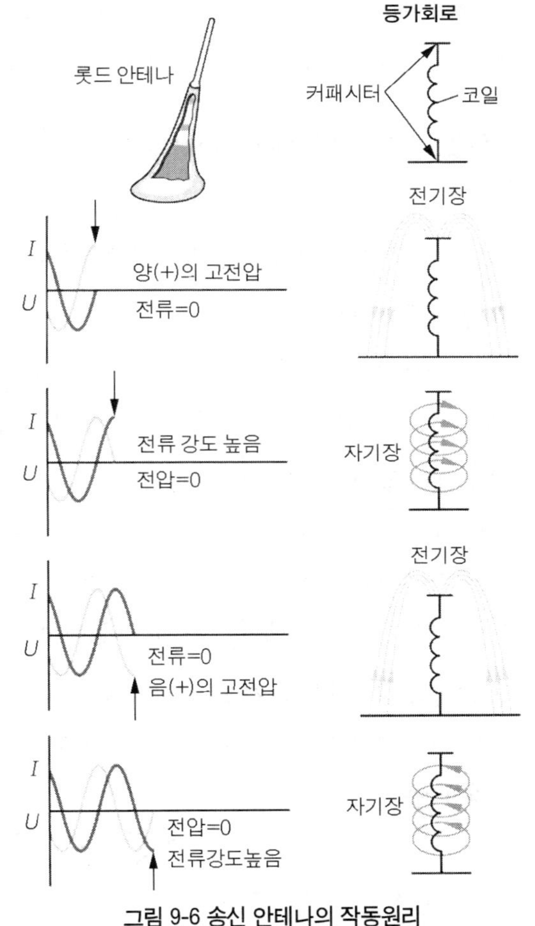

그림 9-6 송신 안테나의 작동원리

(3) 수신 안테나(receiving antenna)

수신 안테나에서 고주파수 교류전압은

- 롯드 안테나에서는 전기장에 의해
- 코일 안테나에서는 자기장에 의해 생성된다.

① 롯드 안테나

수직 송신 안테나의 전자기파가 수직 수신 안테나에 도달하면, 전기장은 수신 안테나에 고주파수의 교류전압을 생성한다.

② **코일 안테나**

코일 안테나는 무선신호의 자기파를 수신하여 고주파수 교류전압을 생성한다. 코일 안테나는 방향효과가 있기 때문에 자동차용 수신 안테나로는 부적당하다. 이 안테나는 특별한 경우에, 송신 안테나(예 : 키리스(keyless) 센트럴 로킹 시스템)로 사용된다.

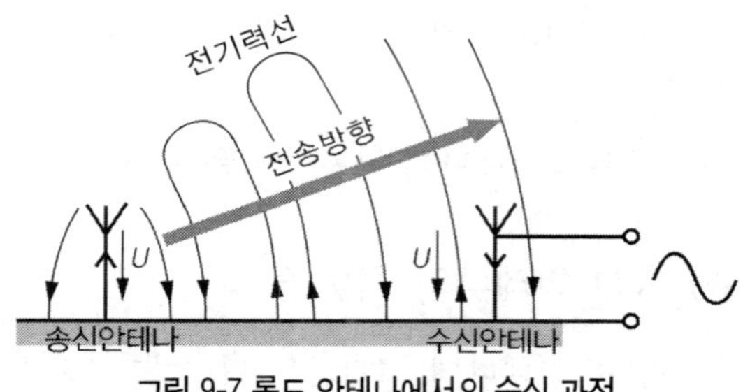

그림 9-7 롯드 안테나에서의 수신 과정

(4) 동조형 안테나 (tuned antenna)

안테나의 길이는 반드시 반송파(carrier wave)의 파장(λ)에 동조되어야 한다. 안테나의 길이가 파장(λ)의 1/4인 안테나를 동조형 안테나라고 한다.

① **최적 안테나** ($h = 4/\lambda$)

이 안테나에서는 안테나 선단(=꼭대기)에 최대전압이 인가되고, 최대전류는 안테나 베이스에 흐른다. 수신 주파수와 공명을 일으킨다. 따라서 수신 성능이 가장 우수하다.

② **안테나 길이가 너무 짧을 경우** ($h < \lambda/4$)

안테나 꼭대기에서의 전압이 너무 낮다. 이렇게 되면 안테나 베이스 전류도 낮아진다. 따라서 수신 성능이 저하된다. 오늘날의 자동차들은 디자인 문제 때문에 길이가 짧은 안테나를 주로 사용한다. 따라서 안테나 모듈 또는 안테나 베이스에 안테나 증폭기를 내장한다.

③ **안테나 길이가 너무 길 경우** ($h > \lambda/4$)

안테나 길이가 길면, 안테나 꼭대기에서의 전압은 다시 낮아진다. 따라서 수신성능도 역시 불량해진다.

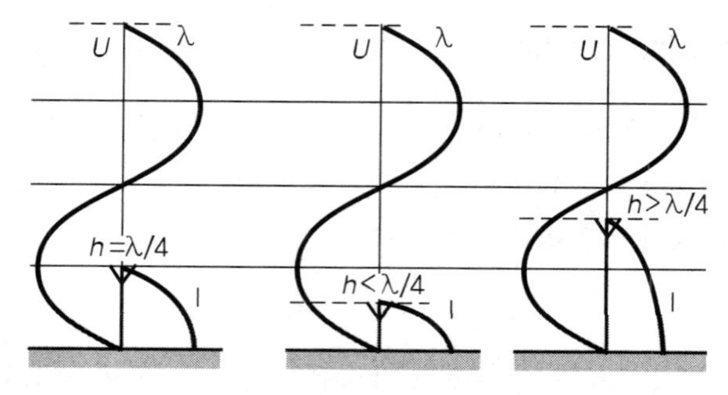

그림 9-8 길이가 다른 안테나에서의 전압 및 전류 분포

(5) 파장(wave length ; λ)

파장(λ)은 1주기 동안에 교류전압신호가 진행한 거리를 말한다. 주파수(f)가 높으면 높을수록, 파장(λ)은 짧아진다.

파동의 진행속도(c)와 파장(λ), 그리고 주파수(f)의 상관관계는 다음 식으로 표시된다. 그리고 전자기파의 진행속도는 대기 중에서 빛의 속도와 거의 같다.

$$\lambda = \frac{c}{f}$$

예제1 $c = 300 \times 10^6 \mathrm{m/s}$, $f = 100\mathrm{MHz}$(VHF)일 때, 안테나의 최적 길이 h[m]는?

【풀이】 파장 $\lambda = \frac{c}{f} = \frac{300 \times 10^6 \mathrm{m/s}}{100 \times 10^6\ 1/\mathrm{s}} = 3\mathrm{m}$

안테나의 최적 길이 $h = \lambda/4 = 3\mathrm{m}/4 = 0.75\mathrm{m}$

4. 안테나 케이블(antenna cable)

안테나 케이블은 송신기에서 안테나로 교류전압을 전달하는 기능을 한다.

(1) 안테나 케이블의 구조

안테나 케이블은 동축(同軸 ; coaxial) 케이블로서 자동차 접지에 연결된 차폐(shield)를 이용하여 전자기파 간섭을 방지하는 구조를 갖추고 있다. 동축 케이블은 교류전류에 파동(波動) 저항으로 대항한다. 따라서 송/수신 성능이 영향을 받는다.

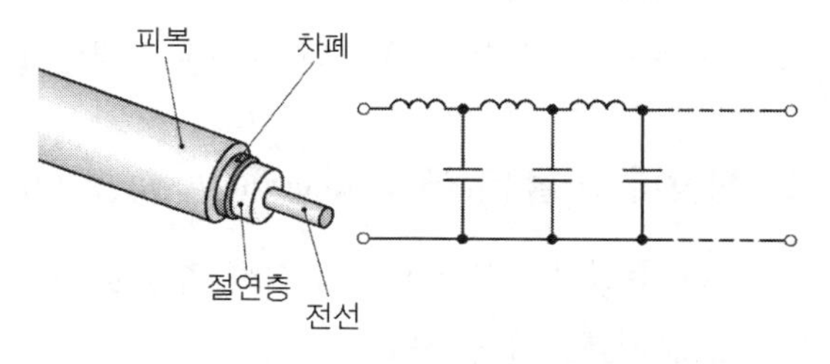

그림 9-9 안테나 케이블의 구조 및 등가회로

(2) 파동(波動) 저항(wave resistance)

고주파수의 교류전류가 동축 케이블을 통해 흐르면, 직렬로 연결된 코일 및 병렬로 연결된 커패시터처럼 기능한다. 파동저항은 도체의 옴(Ohm)저항, 유도 리액턴스 및 용량 리액턴스로 구성되어 있다. 파동저항은 송신/수신 품질에 결정적인 영향을 미친다.

(3) 동조형 안테나 시스템(tuned antenna system)

이 시스템을 사용하면 안테나 케이블의 파동저항은 안테나 베이스(base) 저항과 똑같아진다.

송신기와 수신기를 개발할 때, 구성부품들을 서로 동조시킨다. 따라서 수리할 때는 제작사에서 인증한 부품만을 사용해야 한다.

(4) 정상파(定常波 : stationary waves)

물리학에서는 공간 내에서 임의의 방향으로 진행하는 파동인 진행파(progressive wave)와 대비되는 개념으로 진동의 마디점(node)이 고정된 파동을 정상파라고 한다. 진폭과 진동수가 같은 파동이 서로 반대 방향으로 이동할 때 파동의 합성에 의해 발생하기도 하며 정지파(standing wave) 혹은 정재파(定在波)라고도 한다.

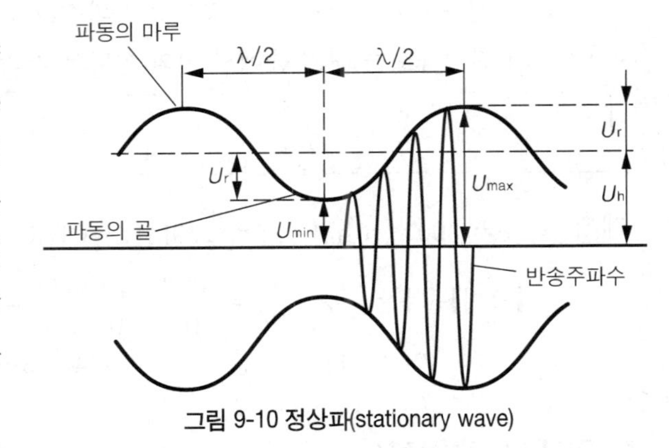

그림 9-10 정상파(stationary wave)

안테나 케이블에서의 정상파(定常波)는 송신기의 부정확한 동조 때문에 발생한다. 정상파에서는 안테나가 자신의 최대 에너지를 방사하지 못한다. 파동의 일부는 안테나 케이블로부터 안테나로 건너갈 때, 반사된다. 즉, 들어오는 파동과 나가는 파동이 서로 중첩된다.

안테나 케이블에서 중첩되는 파동은 일정한 간격($\lambda/2$)으로 진폭의 마루($U_h + U_r$)가 더 높아지고, 진폭의 골($U_h - U_r$)이 더 낮아지는 정상파를 형성한다. 정상파는 송신성능을 감소시킨다.

(5) 정상파 비율(SWR ; stationary wave ratio)

이는 송신기를 동조시키기 위한 측정값이다. 이 값은 파동의 마루($U_h + U_r$)와 골($U_h - U_r$)의 상관관계로부터 구한다.

$$SWR = \frac{(U_h + U_r)}{(U_h - U_r)}$$

완벽하게 동조된 송신기에서는 파동의 마루와 골이 없다. 즉, $U_r = 0\text{V}$ 이므로 $SWR = 1$이 된다. 이는 최적 정상파 비율은 1임을 의미한다.

$$SWR = \frac{(U_h + 0\text{V})}{(U_h - 0\text{V})} = 1$$

수리공장에서, SWR-측정기는 송신기(예 : 라디오, 전화)의 고장진단에 사용된다.

5. 수신기(receiver)

수신기는 안테나에 의해 생성된 고주파수 교류전압을 평가하고, 이들(소리, 화상, 데이터)로부터 유용한 신호를 수집하고, 이 신호들을 이용하여 액추에이터(스피커, 디스플레이 스크린 등)를 제어하는 기능을 한다.

수신기는 안테나의 교류전압을 받아들여 복조(復調 ; demodulation) 기능을 사용하여 반송파 주파수로부터 유용한 신호를 분리시킨다. 여기서 얻은 유용한 신호들을 이용하여 스피커, 디스플레이 화면, 모터와 같은 액추에이터들을 활성화시킨다.

6. 파의 전파(wave propagation)

무선파(radio wave)는 자신의 주파수에 따라 다르게 전파된다. 흔히 지상파(地上波)와 공중파(空中波)로 구분한다.

(1) 지상파(地上波 ; ground wave)

지상파는 지표면을 따라 전파된다. 장파(LW) 대역에서, 지상파는 1,000km까지 전파시킬 수 있다. 그러나 주파수가 상승함에 따라, 지표면을 따라가는 손실이 증가한다. 따라서 단파(SW) 대역에서 지상파의 전파거리는 약 100km까지로 단축된다.

(2) 공중파(空中波 ; sky wave)

공중파는 직선적으로 전파된다. 따라서 공중파는 필연적으로 지구를 떠나 우주공간으로 전파된다. 그러나 특정 주파수 대역에서 공중파는 지구 대기의 전리층(지상 50~300km의 고도)에 의해 지표면으로 다시 반사된다. 반사능력은 파장과 주간의 시각(daytime)에 따라 다르다. 공중파의 반사는 중파(MW)와 단파(SW)의 도달거리를 확장시킨다.

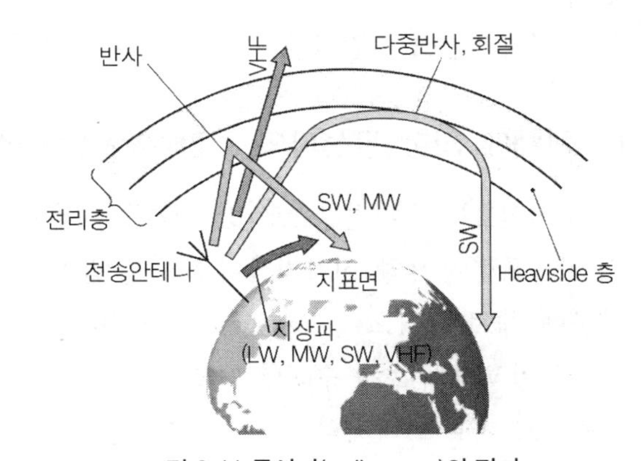

그림 9-11 무선파(radio wave)의 전파

초단파(VHF)와 TV 대역파는 거의 직선적으로 전파된다. 최고의 수신 상태는 송신기와 수신기 사이에 시선을 방해하는 물체가 없을 경우이다. 초단파(VHF)는 전리층을 관통하여 우주선과 인공위성으로의 무선통신을 가능하게 한다. 초단파(VHF)는 30MHz에서 300MHz의 무선 주파수 범위이다. 파장은 1~10m이다. 아날로그 TV, 라디오(FM 방송), 지상파 DMB, 무전기 전송 등에 이용하고 있다.

7. 편광 방향(偏光方向 : polarization direction)

이는 전파되는 방향에 대한 수신안테나의 전기장의 방향을 말한다. 편광방향은 수신 안테나의 최적 설치위치를 결정한다.

(1) 직선 편광(linear polarization) - 수직편광과 수평편광(그림 9-12 참조)

수직으로 설치된 송신안테나는 전자기장(electro-magnetic field)을 방사하는데, 이 전자기장에서 전기장의 방향은 전파되는 방향에 대해 수직방향으로 진행하며, 자기장의 방향은 전파되는 방향에 대해 수평으로 진행한다.
- 수직 편광(vertical polarization)

따라서 송신안테나가 수평으로 설치된 경우는 수평편광(horizontal polarization)이 된다.

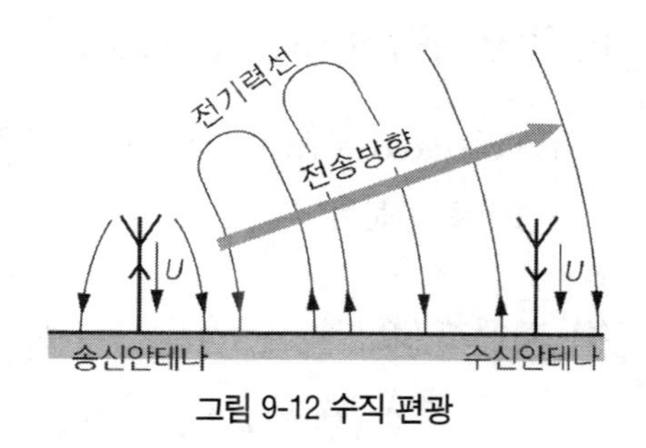

그림 9-12 수직 편광

(2) 원형편파(圓形偏波 ; circular polarized wave)

원형편파 즉, 환상(環狀)으로 편광된 파는 2개의 파로 구성되어 있는데, 언제나 서로 수직인 평면에 직선 편광되며, 서로 간에 위상차는 90°이다. 이 위상차의 방향에 따라 합성파는 시계방향 또는 반시계 방향으로 진행한다. 이 기술은 주로 위성통신(예 : GPS)에 사용한다.

(3) 차체에 의한 무선파의 회절(diffraction of radio wave)

VHF-신호는 수평편광으로 방사된다. 차체의 금속표면에 의해 전자기장이 영향을 받기 때문에, 주로 수직으로 설치된 롯드 안테나를 이용하여 VHF-신호를 수신할 수 있다.

추가로 자동차 차체의 각 부분마다 밀도가 서로 다른 전자기장이 형성된다. 그림 9-13의 자동차에서 차체의 지붕 앞/뒤 가장자리가 전자기장의 밀도가 가장 높게 형성됨을 알 수

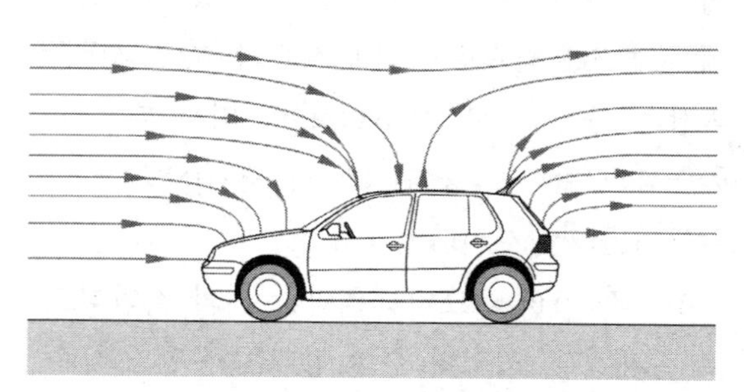
그림 9-13 차체에 의한 회절(回折 : diffraction)

있다. 바로 이 부분이 수신안테나를 설치하기 위한 최적 위치이다.

8. 수신 간섭의 원인(무선 그늘 : radio shadow)

무선그늘은 송신기와 수신기 사이의 시야가 장애물에 의해 차단될 때 발생한다. 무선파는 높은 산이나 빌딩과 같은 장애물을 관통할 수 없다. 이런 경우, 수신품질이 저하된다.

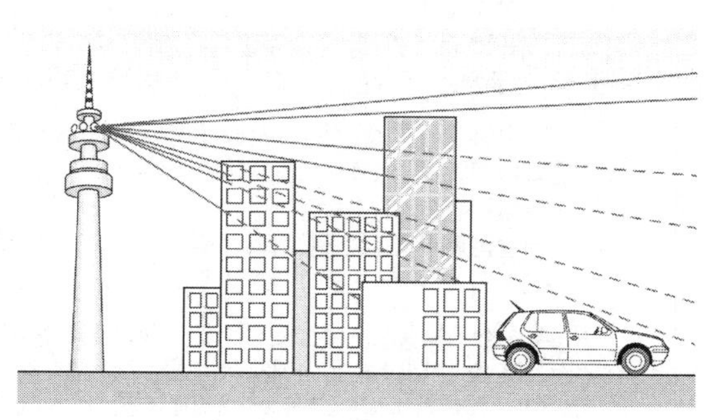

그림 9-14 무선 그늘(예)

9. 다중 경로(multipath), 다중경로 수신

무선통신을 할 때 송신기에서 방사되어 수신기에 도달하는 전파가 한 번도 반사되지 않고 도착하는 직접파와 빌딩 등의 반사물에 반사되는 복수의 반사파가 합성되어 수신되는 합성파가 작용한다.

반사파는 위상차를 가지고 안테나에 늦게 도달한다. 이들 복수의 반사파는 부분적으로 서로 상쇄되지만, 수신성능을 저하시킨다.

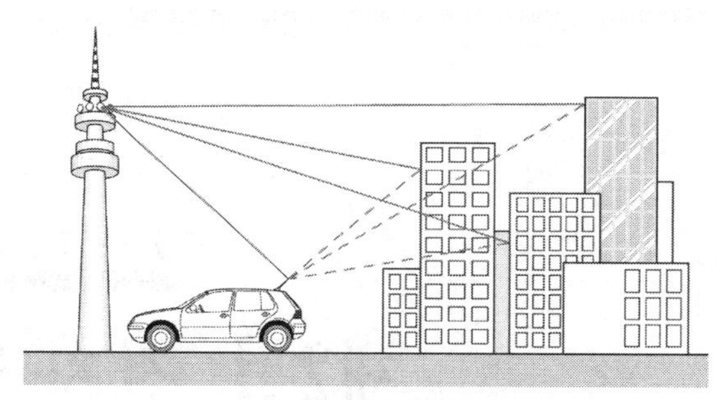

그림 9-15 다중경로 및 다중경로 수신(예)

10. 자동차에서의 간섭원

자동차에서 무선시스템에 간섭을 일으키는 전자기파를 발생시키는 간섭원으로는 점화장치, 전류를 운반하는 전선의 접점 또는 커넥터의 풀림, 교류발전기, 기동전동기, 소형 전기모터들, 정전충전(예 : 타이어), 자동차의 대형 금속부품의 교대적인 또는 불량한 금속접촉 등을 들 수 있다.(제 9-2장 전자적합에서 자세히 설명한다.)

참고

● **수신기에서의 고장진단**

수신기의 고장을 진단하기 위해 전계 강도(field strength)를 측정한다. (레벨 측정)
안테나에서 생성되는 사인파 교류전압은 전계강도 측정기 또는 레벨 측정기를 이용하여 측정한다.
측정단위로는 dbμV(데시벨 마이크로볼트)를 사용한다.
일반 정비공장에서는 전계강도 측정기를 거의 사용하지 않는다.
자기진단의 범위에서 진단테스터로 전계강도를 측정하는 방법을 주로 사용한다.

전계강도는 외부의 영향을 크게 받는다. 이는 기준값을 설정하는 것이 불가능함을 의미한다. 고장진단을 위해서는 결함이 없는 자동차와의 비교측정을 이용한다. 이때 기능이 정상적인 자동차에서 전계강도를 측정하고, 이 값을 문제의 자동차에서 측정한 값과 비교한다.

다음과 같은 상태에 유의하여야 한다.

① 전계강도의 측정은 원칙적으로 개방된, 장애물이 없는 장소에서 실시한다.
② 비교할 2대의 자동차는 같은 모델로서 동일한 장치들이 장착된 차량이어야 한다.
③ 두 자동차에 동일한 주파수를 설정해야 한다.
④ 두 자동차는 동일한 장소에 동일한 방향으로 연속으로 위치시켜야 한다.

측정한 값이 비교기준 차량에서 측정한 값과 다를 경우, 고장원인은 다음의 테스트단계를 거쳐 확인할 수 있다.

① 안테나 케이블 덕트를 점검한다.
② 안테나 접지를 점검한다.
③ 공급전압과 안테나 증폭기의 전류 소비량을 측정한다.
④ 수신기의 부품(예 : 안테나, 안테나 증폭기, 안테나 케이블, 수신기)을 교환하고, 전계강도 측정을 반복한다.

신세대 수신기들에서는 전원은 안테나 케이블을 통해 안테나 증폭기에 공급된다. 수신기의 자기진단기능은 배선의 연결상태 및 안테나 증폭기에서 소비하는 전류의 강도를 이용하여 안테나 증폭기의 소비전류를 감시한다. 기준값과 비교하여 차이가 나면, 고장 메모리에 고장이 수록된다. 고장메모리는 진단 테스터를 사용하여 정확하게 판독할 수 있다.

추가로 안테나 증폭기의 소비전류는 진단테스터로 측정할 수 있다.

제9장 고주파수 기술과 전자적합

제2절 전자적합(電磁適合)
(Electromagnetic compatability : EMC)

1. 전자적합(電磁適合 : electromagnetic compatability)의 정의

전자적합이란 전자(電磁)환경 하에서 전자(電磁)장치 상호간, 또는 전자장치와 외부공간 상호간에, 그 기능에 영향을 미치지 않는 전자장치 자신의 능력을 말한다. 전자적응(電磁適應)이라고도 한다.

첫째, 시스템 상호간의 내부간섭이 없어야 한다.

자동차에 장착된 여러 시스템, 예를 들면 전자제어 점화장치, 전자제어 연료분사장치, ABS, EPS, 라디오 등은 서로 전기적으로 간섭하지 않고 작동해야 한다.

둘째, 시스템의 외부로부터의 간섭이 없어야 한다.

하나의 시스템으로서의 자동차가 외부 즉, 다른 자동차, 라디오, TV, 무선전화 등에 전기적 영향을 미치지 않아야 하며, 반대로 강한 전장(예 : 송신소 주변) 내에서도 간섭을 받지 않고 작동할 수 있어야 한다.

이와 같은 이유에서 하나의 시스템으로서 자동차와 자동차 전기/전자 시스템은 기본적으로 전자적합능력을 갖추고 있어야 한다. 전자적합은 간섭파 방출(emitted interference)과 내간섭성 즉, 간섭에 대한 전자장치의 저항성(immunity)으로 요약할 수 있다.

2. 간섭원(source of interference : Stoerquelle)

간섭원이란 간섭신호의 발생근원을 말한다. 간섭신호의 방해수준이 일정한 간섭한계를 초과하면, 민감한 전자장치에 지속적으로 또는 간헐적으로 기능장애를 유발하게 된다. 그러므로 출력 측에서의 방해수준을 간섭한계보다 낮게 유지해야 한다. 그러기 위해서는 간섭원의 방해 강도를 반드시 측정해야 한다.

자동차에서는 출력소자 그룹과 정보처리소자 그룹들이 좁은 공간에 함께 설치되어 있으며, 기존의 차체구조(차폐효과)나 전선은 전자적합 측면을 고려하지 않은 점이 문제이다.

대표적인 간섭원으로는 점화장치, 전동기, 릴레이, 경음기, 스위치와 접점, 파워 솔레노이드(power solenoid) 등이 있다. 간섭원이면서 동시에 피간섭원(간섭을 받는 장치)인 것들로는 발전기, 방향지시등, 수정시계, 보드 컴퓨터 등이 있다.

피간섭원으로는 각종 센서, LED-디스플레이, 전구, 기관전자장치(예 : 전자제어 연료 분사장치), 방송 수신기, 새시전자장치(예 : 에어백 시스템, ABS, EPS) 등 아주 많다.

그림 9-16은 간섭원과 피간섭원 간의 간섭영향에 관한 기본모델이다.

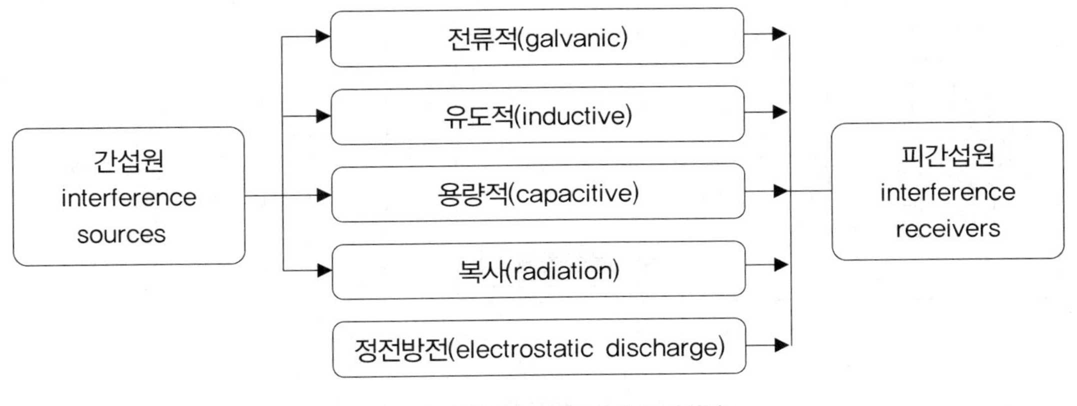

그림 9-16 간섭원과 피간섭원 간의 간섭경로

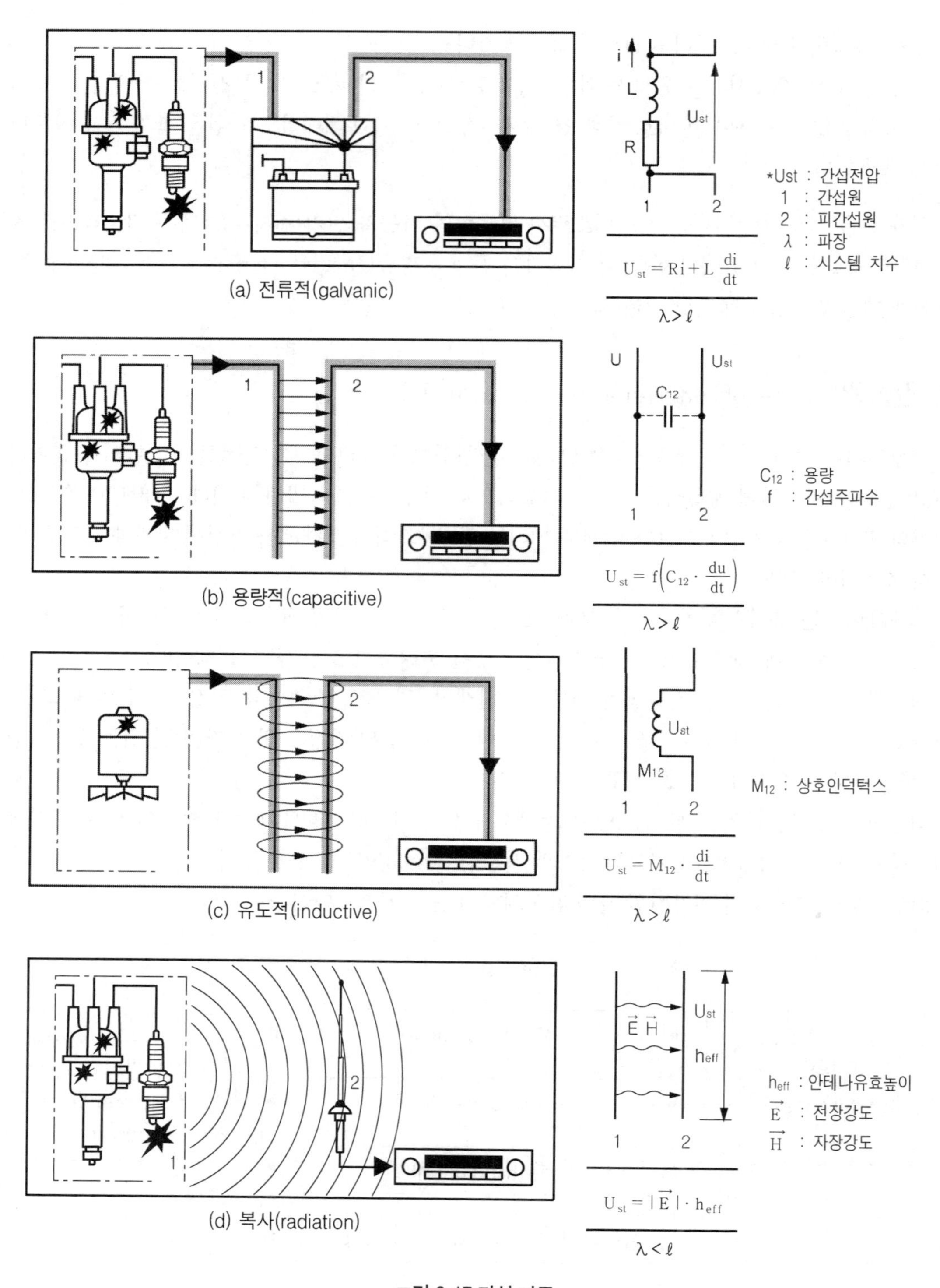
1
2
i
L
R
Ust
1
2
*Ust : 간섭전압
1 : 간섭원
2 : 피간섭원
λ : 파장
ℓ : 시스템 치수
$U_{st} = Ri + L\frac{di}{dt}$
λ > ℓ
(a) 전류적(galvanic)
1
2
U
Ust
C12
1
2
C12 : 용량
f : 간섭주파수
$U_{st} = f\left(C_{12} \cdot \frac{du}{dt}\right)$
λ > ℓ
(b) 용량적(capacitive)
1
2
Ust
M12
1
2
M12 : 상호인덕턱스
$U_{st} = M_{12} \cdot \frac{di}{dt}$
λ > ℓ
(c) 유도적(inductive)
2
1
E H
Ust
heff
1
2
heff : 안테나유효높이
E : 전장강도
H : 자장강도
$U_{st} = |\vec{E}| \cdot h_{eff}$
λ < ℓ
(d) 복사(radiation)

그림 9-17 간섭 기구

(1) 전선과 관련이 있는 간섭

전선과 관련이 있는 간섭은 주로 전류적 연결(galvanic coupling)에 의한 것이 대부분이다. 발생종류에 따라 다음과 같이 분류할 수 있다.

- 병렬 결선된 인덕턴스를 스위치 'OFF' 시킬 때의 진행과정
- 직렬 결선된 인덕턴스를 통과하는 전류를 스위치 'ON'시킬 때의 진행과정
  예 : 전동기가 회전 중일 때, 점화장치를 'OFF'시킨다.
- 스위치접점에서의 아크(arc)또는 글로우(glow)방전 시, 회로 내의 커패시턴스와 인덕턴스 때문에 발생되는 고주파 진동 또는 충격펄스
- 기동전동기를 작동시킬 때, 또는 큰 부하를 'ON'시킬 때의 충격펄스(전원전압의 급격한 강하). 이외에도 발전기의 작동방식(그림 9-18) 또는 점화장치의 주기적인 'ON-OFF'에 의한 축전지 전압의 맥동도 고려해야 한다.
- 발전기가 작동하기 시작하여 축전지전류가 차단될 때의 충격펄스 또는 과도한 운전 시의 간섭펄스

① 전원회로(board circuit)의 리플(ripple)

자동차 발전기는 정류된 3상교류를 전원회로에 공급한다. 정류된 3상교류는 축전지를 거치면서 평활됨에도 불구하고, 그래도 약간의 리플이 남아 있다. 리플의 진폭은 전원회로의 부하와 배선방식에 따라 좌우된다. 그리고 리플의 주파수는 발전기 또는 기관의 회전속도에 따라 변화한다.(그림 9-18 참조) 기본진동은 kHz-영역이다. 유도적(inductive) 또는 전류적(galvanic) 회로를 따라 오디오(audio)시스템과 연결되면, 리플은 스피커에서 명음(鳴音)(howling : Heulton)으로 느낄 수 있다.

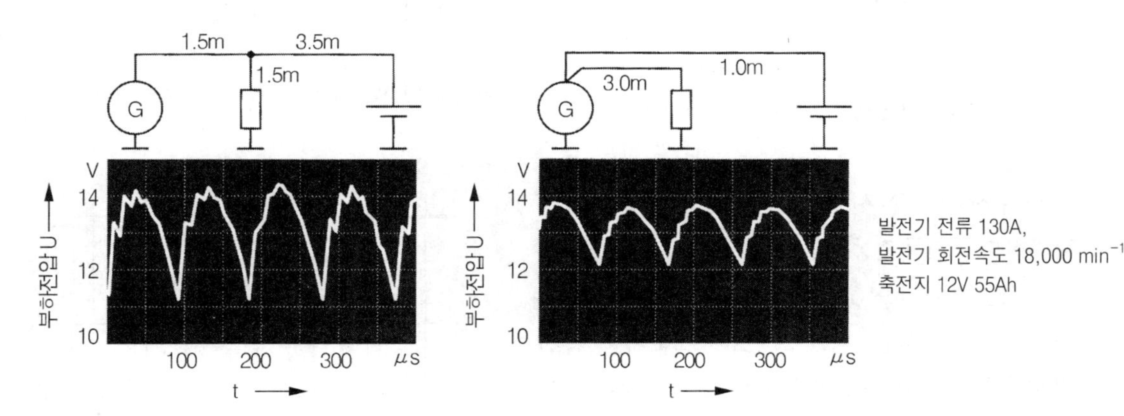

그림 9-18 전원회로 구성이 전압의 리플에 미치는 영향

② **회로의 충격펄스**(impulse)

부하를 스위치 'ON'시킬 때, 전류공급라인에는 충격펄스가 발생한다. 충격펄스는 한편으로는 전원회로를 거쳐 직접적으로, 또 한편으로는 가까운 이웃 시스템과 연결된 전선을 거쳐 간접적으로 전달된다. 서로 간에 동조되지 않을 경우, 기능장애는 물론 이웃 시스템을 파손시키기도 한다.

그림 9-19부터 9-23까지는 간섭을 측정한 결과이다. 그림들에서 펄스의 진폭은 약 50V, 펄스 지속기간은 수 ms 범위임을 알 수 있다. 고주파 충격펄스의 경우 최대진폭은 거의 같으면서 펄스지속기간은 약 100ns정도이다. 싱글 충격펄스(single impulse)와 고주파의 지속간섭으로 구분한다. 점화장치에 의한 충격펄스의 최대값은 약 30V정도이다.

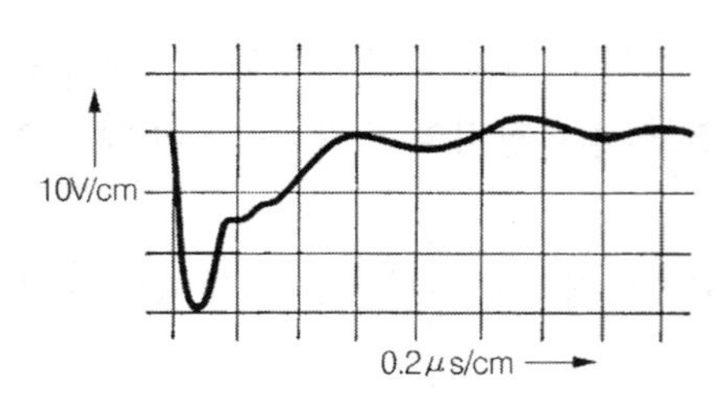

그림 9-19 점화장치 OFF 에 의한 간섭펄스

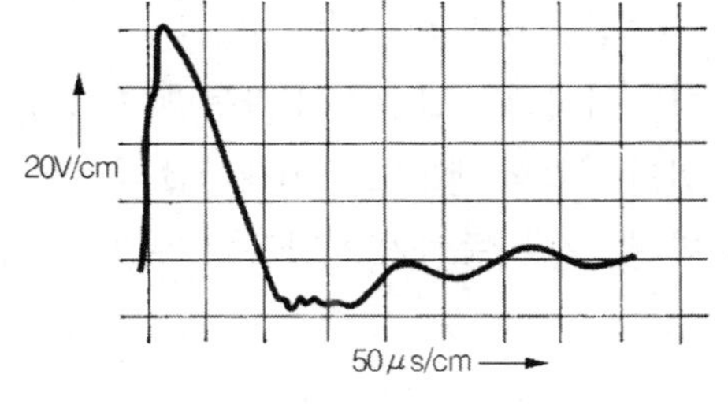

그림 9-20 윈드쉴드 와이퍼모터가 작동중 점화장치를 OFF 시킬 때의 간섭펄스

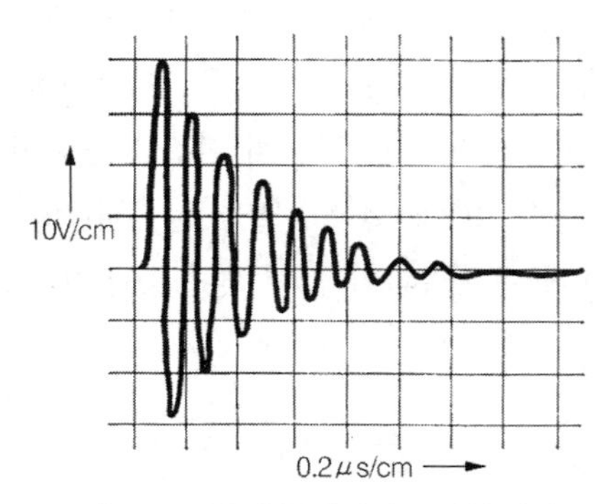

그림 9-21 경음기 동작시의 스위칭 과정

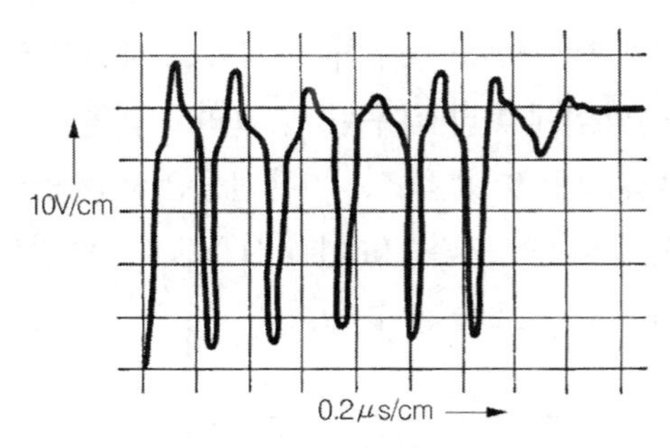

그림 9-22 인터벌 스위치 조작시의 스위칭 과정

큰 부하를 'ON'시킬 때, 작동전압은 약 1~2V 강하한다. 기동전동기를 작동시킬 때, 전압은 12V 시스템에서는 6~8V로, 6V 시스템에서는 3~4V로 강하한다. 그리고 12V시스템에서 축전지전압은 온도와 충전상태에 따라 9V~16.5V 사이에 있다는 것을 알아야 한다. 일반적으로 전원회로의 리플(ripple)은 약 5~10% 정도이다.

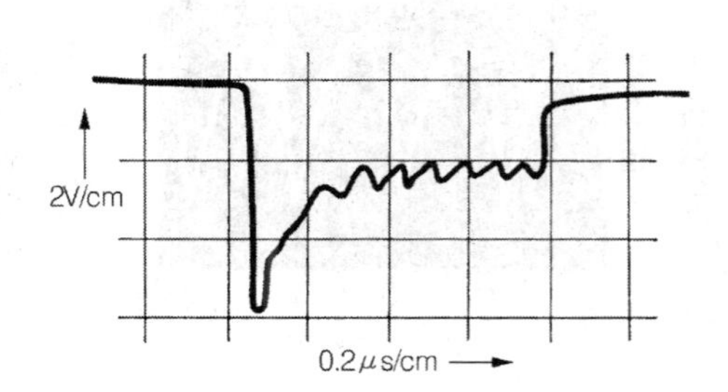

그림 9-23 내연기관 기동시 전압강하

(2) 복사(radiation)와 연관된 간섭

그림 9-24는 자동차의 전형적인 간섭원들의 주파수 스펙트럼이다. 이들은 전원회로에 영향을 미칠 뿐만 아니라 고주파수의 간섭파를 발생시킨다. 이들 고주파수의 간섭파는 복사된다. 이들 장치들은 그림 9-25에 도시한 방송수신의 경우와 같이 내부 또는 외부에 대한 간섭원이 된다.

차간거리 경고 레이더도 간섭원이 된다. 피간섭원 즉, 간섭을 받는 장치로는 ABS장치, 전자제어 연료분사장치, 스타트-스톱-장치 및 민감한 전자장치들이 문제가 된다. 우리는 광대역 간섭파와 협대역(small band)-간섭파를 구분해야 한다. 후자는 라디오수신에 관여하며, 예를 들면 여러 종류의 'ON-OFF'주파수로 작동하는 ECU에서 수정(quartz)에 의해 'ON-OFF' 되는 마이크로프로세서에서 발생된다.

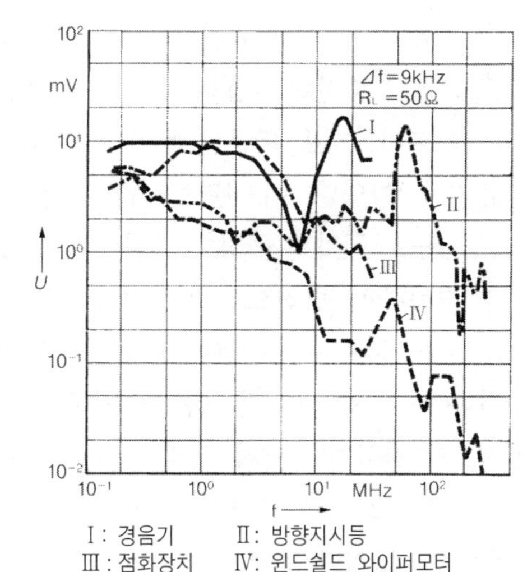

그림 9-24 전형적인 간섭원의 주파수 스펙트럼

그림 9-25 자동차 간섭원에 의한 라디오 수신기 간섭

고주파수의 입사간섭은 송신소에 의한 전자장(電磁場), 이동 수신기, 레이더, 초단파장치, 고압선, 번개방전(electromagnetic pulses of lightning : LEMP), 핵폭발(nuclear electromagnetic pulse : NEMP) 등에 발생한다. 광대역 주파수 스펙트럼은 수 kHZ에서 수 10 GHz에 이른다.

(3) 정전 방전(electrostatic discharge)에 의한 간섭

마찰전기에 의해 유전체에 축적된 전하는 재료, 습도 그리고 충전된 사람의 전기적 커패시턴스(C)에 따라 다르나, 지표 퍼텐셜에 대해 피크전압 12kV까지 유지할 수 있다. 이 사람이 다른 전압 퍼텐셜을 가지고 있는 자동차의 구성요소(예 : 차체 또는 전자부품)와 접촉하면, 방전으로 이어진다. 방전은 큰 전류(수 A) 때문에 대부분 불꽃(아크)을 동반하며, 전류상승시간은 약 5~100ns(펄스폭) 이내이다. 그리고 방전은 지표를 거쳐 이루어지는 데, 이때 타이어는 전하(electric charge)를 비교적 잘 전달한다.

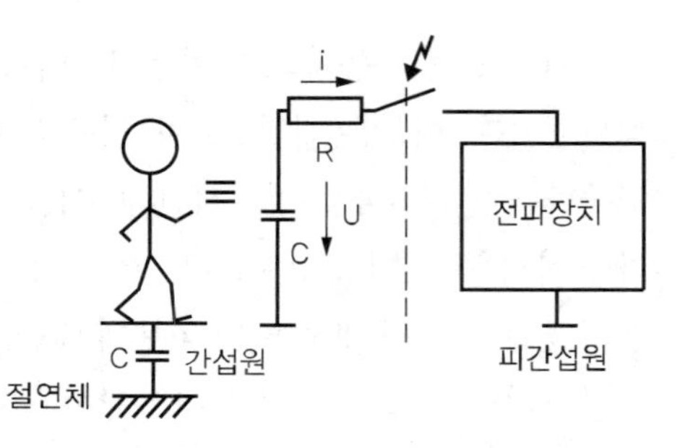

그림 9-26 대전된 사람의 정전방전에 대한 대체회로

그림 9-26은 이 과정의 대체회로이다. 그림에서 커패시턴스(C)는 100~250pF, 저항 R은 100~500Ω 정도이다. 그리고 콘덴서에 저장된 에너지는 7~18mWs 정도이다. U = 2000V부터 전압충격을 느낄 수 있으며, U = 10kV부터는 고통과 성가심을 느끼게 된다.

자동차 시트커버(예 : 합성섬유 또는 명주)와 같은 절연피복은 대단히 높은 정전하로 대전된다. 이에 반해 인공피혁을 입힌 시트에 무명 또는 아마포(亞麻布)로 된 커버를 씌우거나, 또는 비정전(非靜電)물질, 예를 들면 글리세린-물 또는 글리세린-알콜 용액을 도포한 합성재료가 더 효과적이다. 사람에게는 위험하지 않은 전기충격에도 전자부품은 손상 또는 파손될 수 있다.

시스템 내의 정전하(靜電荷)는 타이어의 회전, 먼지의 소용돌이 또는 연료파이프 내의 연료유동 등에 의해 자동차의 정전(靜電) 퍼텐셜을 지표에 대해 3kV까지 상승시키는 것으로 보고되고 있다. 이 정전하는 자동차가 정차해 있는 동안에, 다시 거의 다 방출된다.

3. 간섭 측정(measuring of interference)

전원전선과 신호전선 등, 전선과 관련된 간섭전압은 원리상 같은 방법으로 측정한다. 이때 자동차 전원회로에서의 측정은 센트럴 일렉트릭/퓨즈다이오드의 단자 30(+극)에서 메모리-오실로스코프(측정범위≥100MHz)로 측정한다. 신호전선에서 측정을 재현할 수 있도록 하기 위해서는 측정조건(예 : 측정 케이블의 길이, 저항 등)이 큰 역할을 한다.

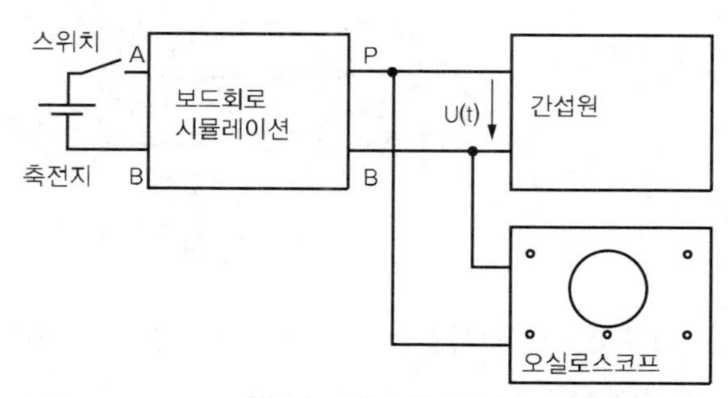

그림 9-27 간섭원에서 발생된 간섭전압 u(t) 측정회로

측정은 자동차 전원회로 외에도 실험실에서 수행할 수 있다(그림 9-27 참조). 이 경우 승용차와 상용차용으로 적합한 모사된 전원회로를 사용한다.(그림 9-28 참조)

모사된 총입력 임피던스(Z)는 주파수범위 100kHz 〈 f 〈 10MHz에서 승용차와 상용자동차에서 거의 같다.

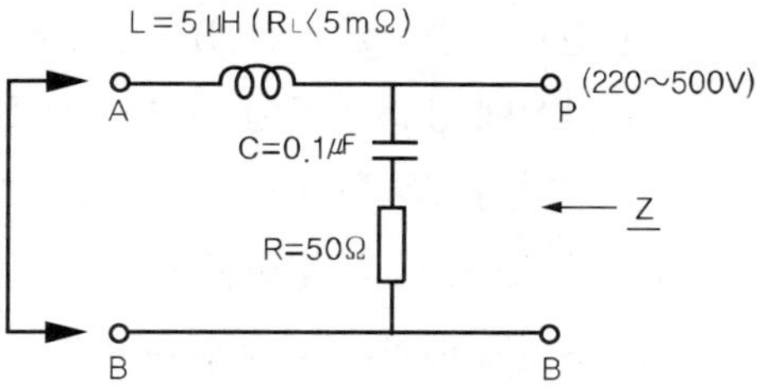

그림 9-28 모사된 보드회로(ISO)

복사간섭을 측정하기 위해서는 반드시 전장의 크기를 측정하여야 한다.(예 : 안테나와 마이크로 전압계를 갖춘 전장측정장치를 이용하여). 그러나 측정방법과 평가방법에는 여러 가지가 있다.

4. 전자적합(EMC) 대책(간섭방지대책)

(1) 전자적합(EMC) 대책의 분류

전자적합 대책은 기본적으로 간섭원에서는 간섭파의 발생을 억제 또는 제한하고, 간섭경로에서는 간섭파의 전달을 제한하고, 피간섭원(간섭을 받는 장치)에서는 내간섭성을 증대시켜, 간섭의 영향을 최소화하는 것이다.

3분야 모두에 대한 대책은 다음과 같다.

① 배치(laying out ; placing : Anordnung) ② 분리(separation : Trennung)

③ 여과(filtering : Filterung) ④ 접지(ground : Massung)

⑤ 차폐(shielding : Schirmung) ⑥ 전체 동작과정에서의 상호간의 조화

간섭경로에 대해서는 추가로 2가지 방법을 더 고려할 수 있다.

① 연가식(撚架式 : twist of lines : Verdrillung) 배선의 사용

② 전달방법의 취사선택

(2) 배치(laying out : Anordnung)

설계 및 생산할 때부터 전자적합 관점에서 고려해야 한다. 예를 들면

① 깨끗한, 독립적인 전원 사용 (그림 9-29 참조)

② 마이크로프로세서 시스템의 보호 및 완충을 위한 인터페이스-일렉트로닉의 사용.

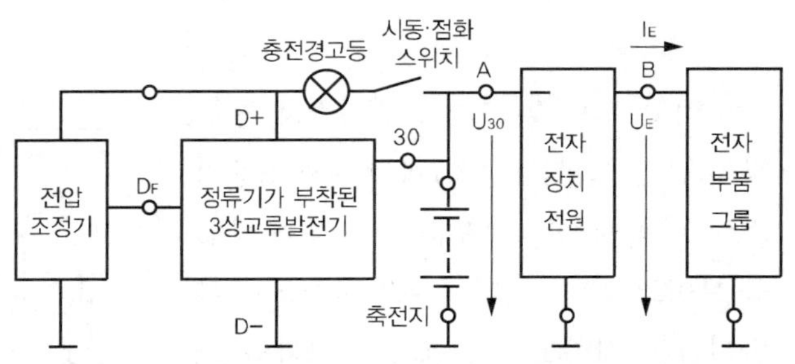

그림 9-29 충전회로에서 전자장치 전원회로의 분기(원리)

③ 신호 수준(signal level)을 충분히 높게 선정.

④ 간섭에 강한 반도체-기술 및 보호다이오드와 저항이 집적된 스위치회로 사용.

⑤ 전자회로의 동작속도를 필요 이상으로 높지 않게 선택한다.
(한계주파수의 상한값을 가능한 한 낮게)

⑥ 적절한 배선(배선 묶음의 배치 ; 차폐, 연선(twist) 또는 전기적 분리), 특히 신호전선.

⑦ 최소거리 유지

⑧ 제동저항(damping resistance), 다이오드(예 : 프리휠링 다이오드, 역극성 보호 다이오드, 바리스터(varistor)(손실출력 약 100J까지 방출 가능해야 함) 등을 이용한 전압제한회로를 가능한 한 간섭원과 간섭을 받는 장치에 조밀하게 설치한다.

⑨ 스위치회로와 전자부품 그룹에서 간섭영향을 적게 받도록 신호입구를 선택한다.

⑩ 반사(reflection)를 피하기 위하여 신호선의 양단을 고유 임피던스(intrinsic impedance: Wellenwiderstand)로 부터 격리(또는 차단)한다.

전류(교류 또는 직류)가 무유도저항(=옴저항)을 통과할 때, 일정 양의 전력이 소비된다.(저항의 가열). 전력이 소비됨에 따라 전압피크가 감소된다.(그림 9-30 참조)

그림 9-31은 스위칭 과정에 인덕턴스에서 발생되는 전압피크를 병렬회로를 이용하여 제동(또는 감쇠)시키는 것을 보이고 있다.

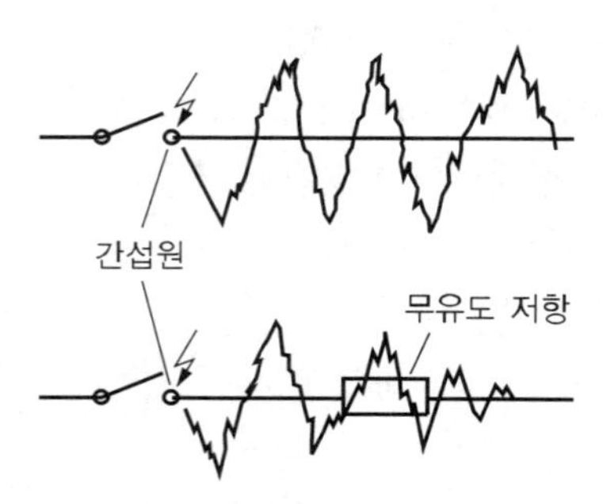

그림 9-30 저항 통과 전/후의 전압파형

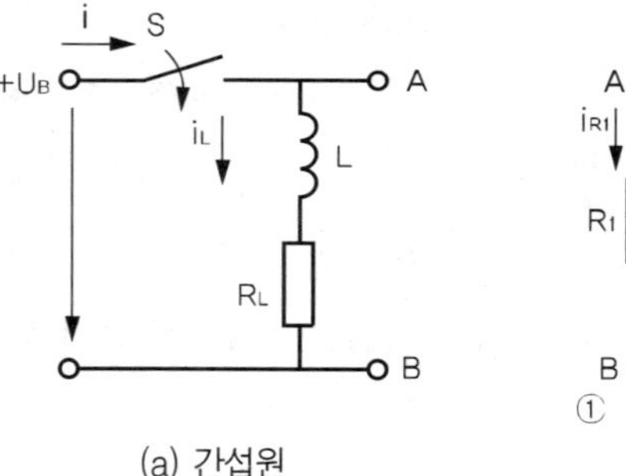

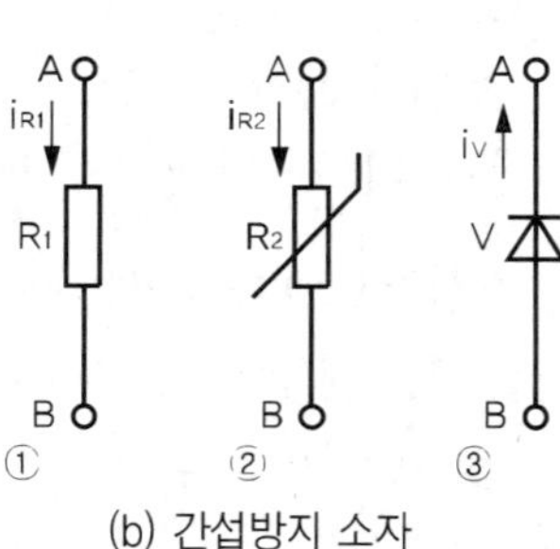

그림 9-31 전압피크의 제동

그리고 그림 9-32는 트랜지스터 점화장치(간섭을 받는 장치)에서 출력트랜지스터 V1을 간섭으로부터 보호하는 방법을 보이고 있다. 여기서 트랜지스터의 차단전압은 점화코일(T) 1차 측에서의 최대 충격펄스전압(250~500V)보다 낮다.

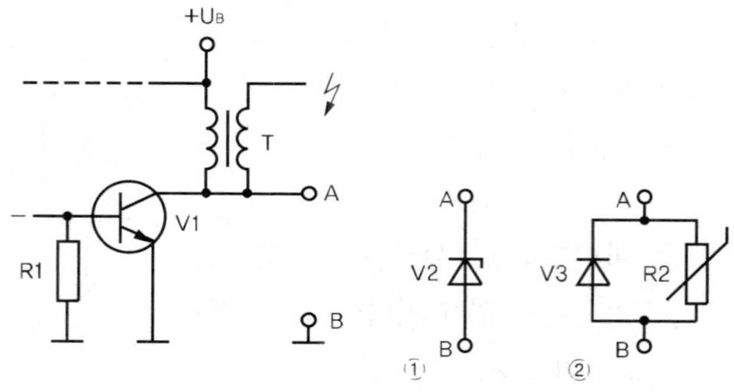

그림 9-32 트랜지스터 점화장치에서 출력트랜지스터 V1의 보호

컬렉터-이미터 사이에 병렬로 결선한다. 그림 9-32(b)에서 ①은 Z-다이오드 V2를 이용하여 컬렉터에서의 (−)전압과 제너전압 절대값 $|U_z|$보다 큰 (+)전압피크로부터 출력트랜지스터를 보호하며, ②는 다이오드 V3와 바리스터 R2를 이용하고 있다. 여기서 다이오드 V3은 작은 (−)전압피크로부터 보호하고, 바리스터 R2는 (+)와 (−)의 전압을 제한하는 기능을 한다.

(3) 분리(separation : Trennung)

① 공간적 분리

- 고전압 또는 전자(電磁)현상을 일으키는 것들을 전자소자(electronic elements) 그룹으로부터 분리할 것
- 케이블 하니스와 기판 상에서 전원라인과 신호라인을 H-수준과 L-수준으로 분리할 것
- 자동차 안테나의 최적 설치위치 선택

② 전기적 분리(decoupling : Entkopplung)

- 광전자적인 방법 즉, 발광 다이오드, 포토 트랜지스터 또는 포토 다이오드 혹은 트랜스퍼머(transformer)를 릴레이로 사용하여 퍼텐셜을 분리한다.

물론 어떠한 경우에도 퍼텐셜 분리회로를 갖춘 작동전압 변환기를 필요로 한다.

(4) 여과(filtering)

① 여과 소자

여과소자로는 무유도저항, 커패시터, 초크코일, 간섭억제 필터 등이 사용된다.

- 무유도저항(=옴저항) : 무유도 저항에 대해서는 앞에서 자세하게 설명하였다.
- 커패시터(=콘덴서)

커패시터(=콘덴서)의 리액턴스는 주파수가 증가할 때 감소한다. 따라서 주파수가 낮을 경우, 커패시터의 리액턴스는 매우 높다. 그러므로 직류뿐만 아니라 교류회로에서도 간섭억제용으로 사용된다. 그러나 커패시터는 고주파간섭전류에 대해서는 저항이 최소가 된다.

가장 간단한 예는 그림 9-33과 같이 간섭원(예 : 발전기)에 병렬로 결선한다. 커패시터는 고주파 간섭전류를 차체로 접지시킨다. 즉, 커패시터는 고주

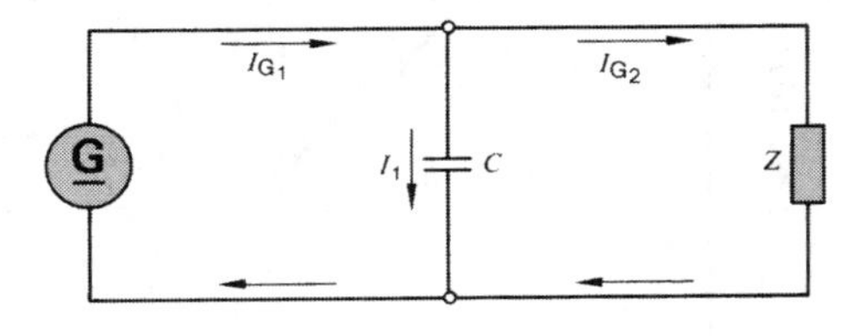

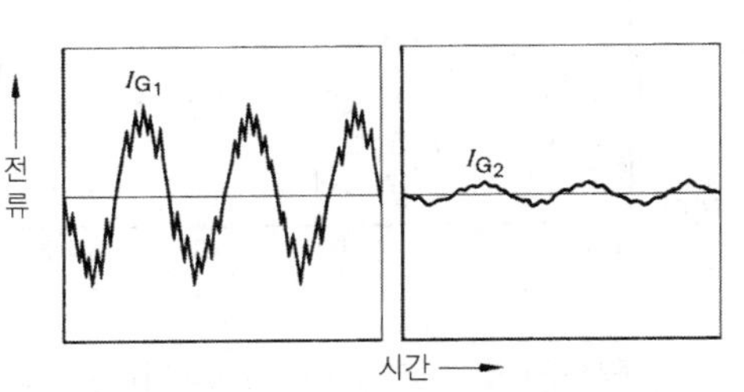

그림 9-33 발전기 간섭억제(커패시터 사용)

파 간섭전류의 단락회로를 형성한다. 그러나 커패시터는 동작전류(발전기로부터의 직류전류)에 대해서는 저항이 무한대이므로 동작전류는 커패시터를 통해 흐르지 않는다.

그림 9-34는 간섭억제용으로 사용되는 커패시터의 구조와 기호이다. 병렬 커패시터(a)는 저주파수 간섭억제용으로 주로 사용된다. 바이패스 커패시터(c)는 30MHz이상의 고주파수 간섭억제용으로 사용된다. 관통 커패시터(lead-through capacitor : Durchfuerungskonensator)(d)에서는 동작전류가 중심도체를 거쳐 커패시터를 통과한다. 커패시터의 전극 중 1개는 중심도체와 연결되고, 다른 하나 즉, 외부전극은 커패시터 하우징에 접지된다. 특히 고주파수 영역에서 간섭방지효과가 크다. 새시와 간섭도체 사이에 주로 사용된다. 그리고 그림 9-35는 커패시터의 종류에 따른 임피던스특성을 나타낸 것이다.

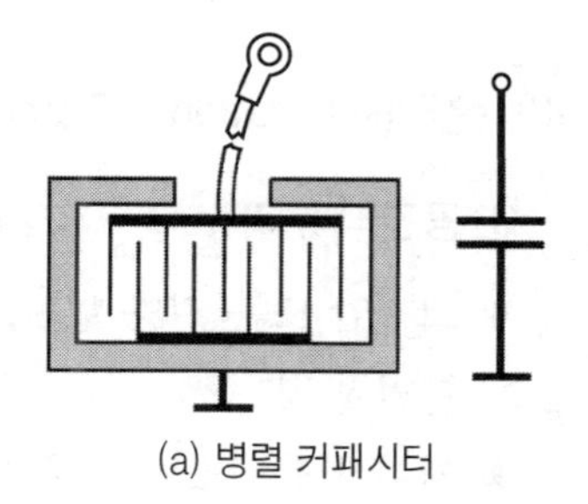
(a) 병렬 커패시터

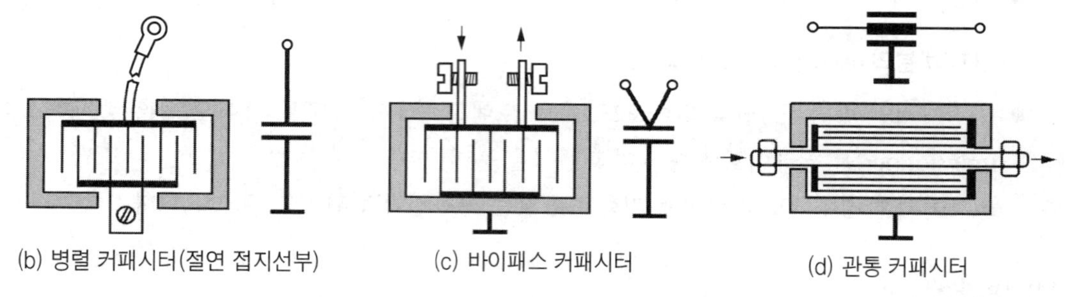
(b) 병렬 커패시터(절연 접지선부) (c) 바이패스 커패시터 (d) 관통 커패시터

그림 9-34 간섭억제용 커패시터의 구조 및 표시기호

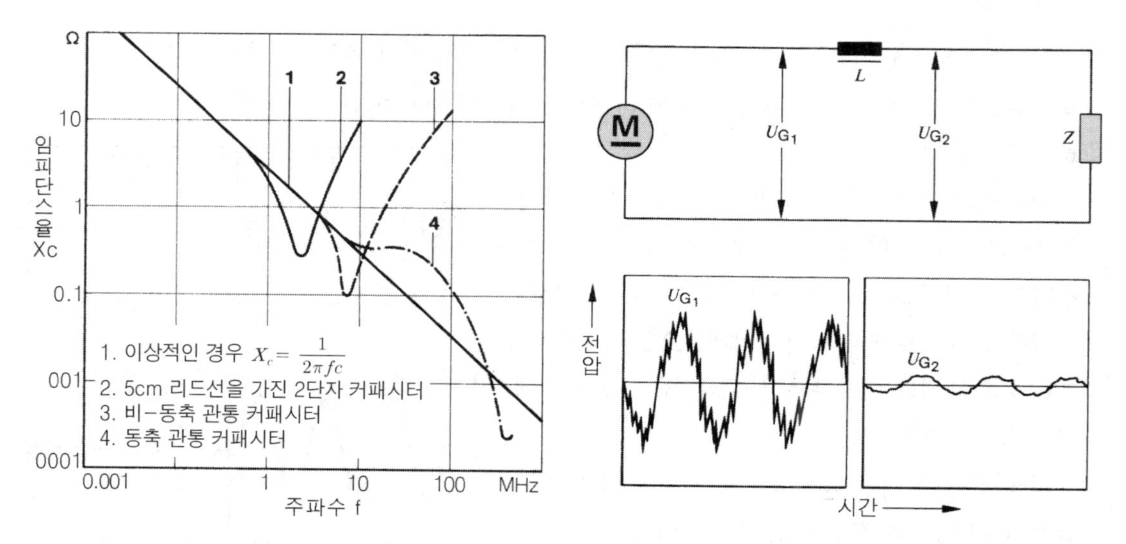

그림 9-35 간섭억제용 커패시터의 임피던스 특성

그림 9-36 초크코일을 이용한 간섭억제(와이퍼 모터)

● 초크코일 (choke coil)

초크코일은 단독으로는 별로 사용되지 않는다. 그림 9-36은 초크코일을 사용하여 와이퍼모터의 간섭을 억제하는 회로이다. 초크코일(L)이 고주파수의 간섭전압(U_{G1})을 여과시켜, 부하(Z)에서는 아주 낮은 간섭전압(U_{G2})이 작용하도록 하고 있음을 알 수 있다.

● 간섭억제 필터 (interference-suppression filter)

간섭억제 필터는 커패시터와 초크코일을 결합시켜 1개의 부품형태로 제조된다. 그림 9-37은 주로 사용되는 형식들이다. 필터회로는 전자소자를 보호한다. 필터회로는 간섭신호 에너지를 접지로 인도한다.

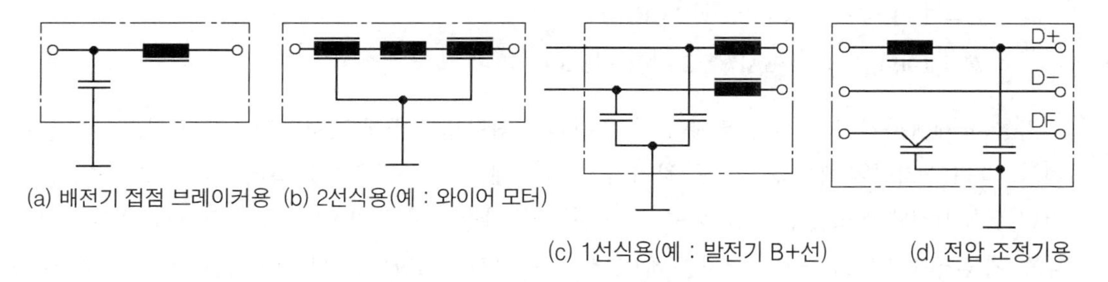

(a) 배전기 접점 브레이커용 (b) 2선식용(예 : 와이어 모터) (c) 1선식용(예 : 발전기 B+선) (d) 전압 조정기용

그림 9-37 간섭필터의 구조와 표시기호

② **여과 방법** (filtering methode)

● 방향지시등 스위치나 와이퍼-와셔-스위치와 같은 스위치 유닛에는 커패시터, 저항, RC-결합 또는 필터회로(L, C)를 이용한다. 경우에 따라서는 간단한 콘덴서(용량은 간섭 스펙트럼에 좌우됨)를 접지에 대해 입력 측에 설치한다.

그림 9-38은 트레일러(2+1×21W/12V)의 방향지시등 스위치(접점 간섭원)회로에 커패시터 또는 RC-결합을 이용하여 간섭을 방지하는 것을 보여주고 있다. 집적회로(IC) 내에는 릴레이를 제어하기 위한 펄스 발생기, 그리고 2개 또는 3개의 방향지시등 전구의 부하전류를 점검하기 위한 측정 및 평가회로가 포함되어 있다. 그림 9-38에서 간섭억제 소자는 점선으로 표시되어 있다.

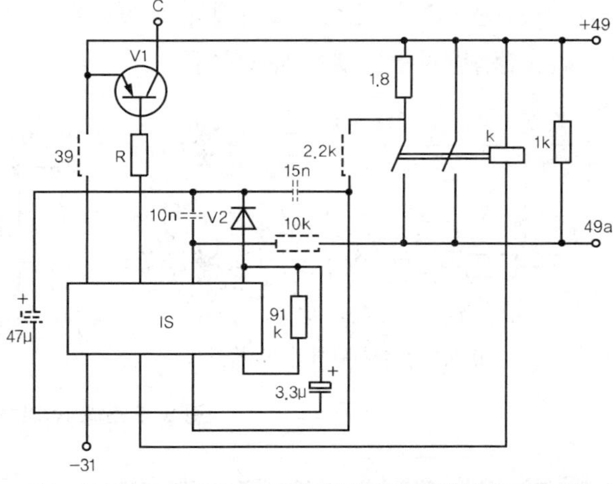

그림 9-38 IC(보호 다이오드 포함)를 이용한 방향지시등 회로의 간섭방지

- 필터는 특히 빠른 스위칭에 의한 고주파간섭을 방지한다.
- 전자장치(또는 부품) 전원용 감결합 필터(decoupling filter) 채용
- 라디오 간섭억제는 근거리 간섭억제와 원거리 간섭억제를 포괄한다.

근거리 간섭억제의 경우에는 자동차 내부 간섭원에 의한 라디오 간섭을, 원거리 간섭억제는 자동차 외부환경으로부터의 간섭을 억제함을 의미한다.

간섭억제와 관련하여 주파수 범위 30~300(1000)MHz(자동차 전방 10m에서 측정)에서 자동차 간섭장(interference field)의 허용 한계값은 국제적으로 통일되어 있지 않다.

예를 들면 주파수 $f = 200\mathrm{MHz}$에서 간섭장(E)의 세기는

$E = 100\mu\mathrm{V\,m}^{-1}$(CISPR*과 ECE10)

$E = 1000\mu\mathrm{V\,m}^{-1}$(SAE**)로 각각 다르다.

자동차 제작사가 반드시 실행해야 하는 원거리 잡음방지대책은 일반적으로 점화장치에 한정된다. 그리고 자동차에서 송수신을 하고자 할 경우에는 추가로 주파수 범위 0.15~300MHz의 근거리 잡음방지대책으로 간섭원, 예를 들면 전동기, 방향지시등 릴레이, 출력 소자와 같은 전자부품 등에 간섭방지(또는 억제)장치를 하여야 한다. 간섭방지장치는 회사에 따라 다르나 저항이나 커패시터 또는 필터회로를 이용한다. 근거리와 원거리 잡음방지대책은 서로 연관되어 있다.

③ 점화장치의 간섭방지 대책

- 스파크 플러그(그림 9-39)
  - 약 10kΩ의 저항을 스파크 플러그 내에 삽입한다.
    (단점은 전류를 감소시킨다는 점)
  - 부분 또는 전체적으로 차폐하고, 동시에 필터회로를 부가한 스파크플러그 잡음방지용 소켓을 사용한다.

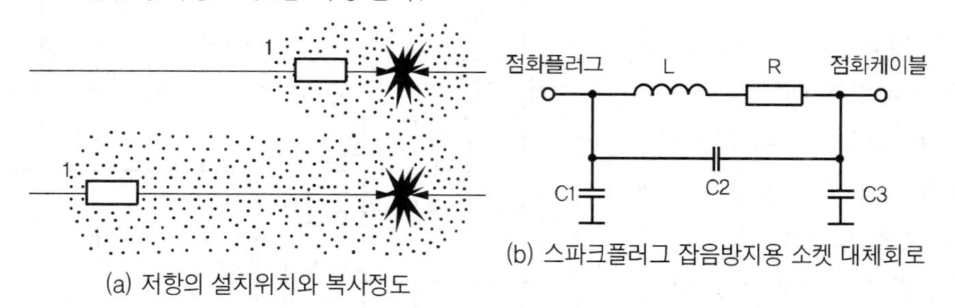

(a) 저항의 설치위치와 복사정도

(b) 스파크플러그 잡음방지용 소켓 대체회로

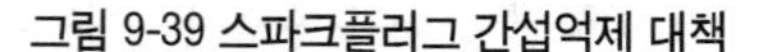

그림 9-39 스파크플러그 간섭억제 대책

(c) 저항이 내장된 스파크플러그

* CISPR : Comité International Spécial Perturbation Radioélectriques 국제 무선 장해 특별위원회
** SAE : Society of Automotive Engineers, Inc. USA. 미국 자동차 엔지니어 협회

● 점화 케이블

- 코일형의 철선으로 만든 리액턴스 케이블(reactance cable)의 사용
- 흑연화 된 심선으로 제작한 고저항 점화 케이블(high resistance cable)의 사용

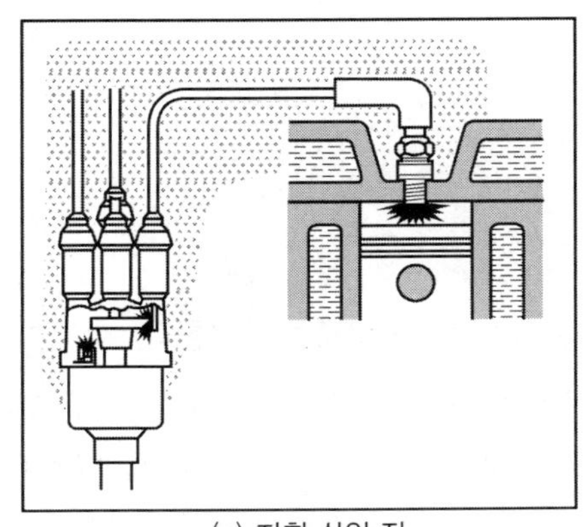
(a) 저항 삽입 전

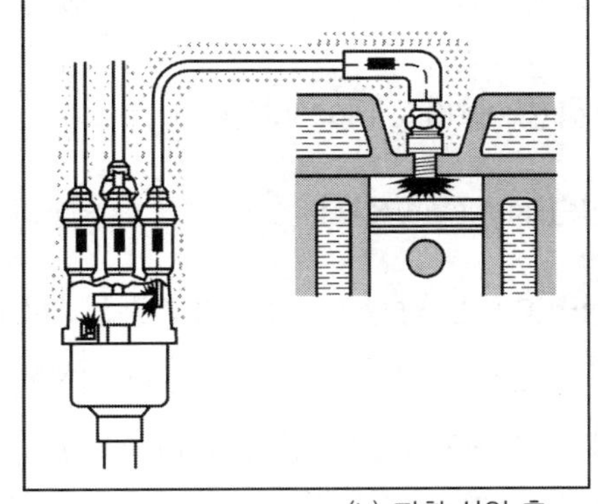
(b) 저항 삽입 후

그림 9-40 간섭억제저항의 효과

● 고전압 발생기(점화코일과 스위치 트랜지스터)

- 용량 C = 2.5～3μF 의 병렬 커패시터 또는 인입선이 차폐된 π-필터의 사용

④ **정류자 모터 (commutator motor)의 간섭방지 (그림 9-41)**

● 병렬커패시터, 관통 커패시터, 그리고 필터를 사용한다.

그림 9-41에서 (a)는 병렬 커패시터(C1 = 0.5～3μF)를, (b)는 관통 커패시터(C2 = 0.5～2.5 μF)를, (c)는 필터를(C3 = 0.5μF , L1 = 20mH, C4 = 0.1μF) 사용하는 방법을 예시하고 있다.

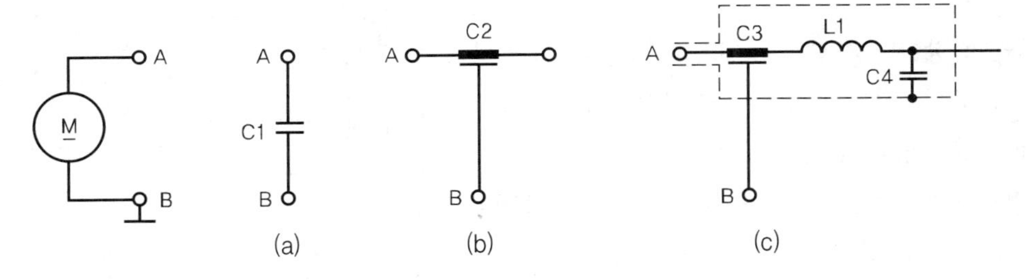

그림 9-41 정류자 모터의 잡음방지(예)

⑤ **발전기와 전압조정기의 간섭방지**

여기서는 전압조정기의 형식(기계식 또는 전자식)과 설치위치(발전기 또는 차체)에 따라 다르다. 예를 들면 다음과 같은 대책을 고려할 수 있다.

- 용량 C = 0.5~4μF 의 병렬 커패시터를 D+와 접지 사이에 설치한다.
- 전압조정기의 차폐 및 용량 C = 1.5nF~2.5μF 의 관통 콘덴서 사용. - 회로에 LC-필터(병렬회로)를 설치한다.
- TRIAC 채용 시 간섭방지 필터를 사용한다.

(5) 접지 (ground : Massung)

① 성형 (star form) 접지

② 평면형 또는 망상 (network)의 기준선 시스템 (reference line system)을 사용한다.

예를 들면 대부분의 경우 기판에 이상적인 성형배선을 할 수 없다. 따라서 특히 고주파 환경에서 낮은 전기적 커플링(galvanic coupling)과 낮은 복사는 기준선의 낮은 임피던스를 통해 달성한다. 그리고 기준선은 넓고 얇은 필름 형태이므로 유도저항에 비해 무유도저항은 무시할 수 있다. 특히 디지털회로에서는 유의하여야 한다.

③ 차폐한 신호전선과 케이스를 유도저항이 낮도록 결선한다.

④ 양호한 접지는 차폐효과를 증진시키고 복사 가능성을 감소시킨다.

특히 구리접지선은 차체 부품 사이 또는 간섭원(예 : 와이퍼 모터)과 차체 사이의 전하평형에 기여한다.

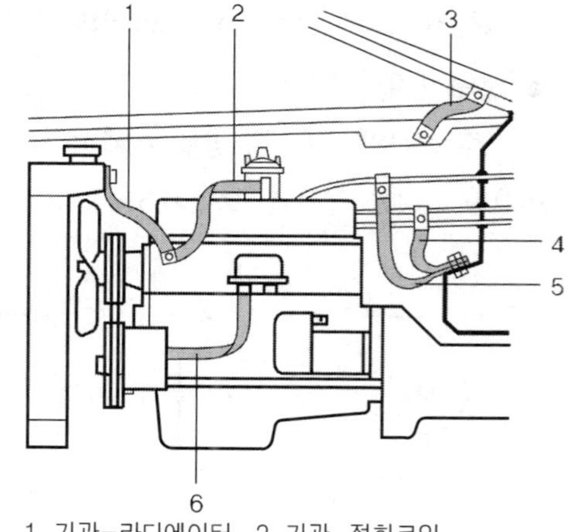

1. 기관-라디에이터 2. 기관-점화코일
3. 차체-보닛 4. 튜브 와이어 케이블-fire wall
5. 속도계-케이블-fire wall 6. 발전기-전압조정기

그림 9-42 차체와 부품 간의 구리접지선

(6) 차폐 (shielding : Schirmung)

차폐는 전장이나 자장, 그리고 정전방전과 같은 용량성과 유도성 영향으로부터 전자부품(또는 장치)를 보호하기 위한 방법이다.

① 전자부품 그룹 간에 금속적으로 접지된 차폐를 하거나 기판 상에서 전장과 차폐

② 입력, 예를 들면 센서들을 철이나 강철제의 캡을 씌워 자장으로부터 차폐

③ 이중 차폐

④ 케이블과 소켓을 차폐

제10장

자동차에서의 데이터 통신

Data transferring in Automobile

: Datenübertragung im Kfz

제10장 자동차에서의 데이터 통신

제1절 데이터 버스 시스템 개요
(Introduction to data bus systems)

데이터 전송시스템을 이용하여, 전자부품들 상호 간에 정보를 신호 또는 데이터의 형태로 교환 및 전송할 수 있다.

1. 기존의 데이터 전송방식

기존의 데이터 전송방식에서는 개별 정보(예 : 공기질량계량기, 홀-센서, 회전속도센서)마다 최소한 2개의 배선을 사용하였다. 자동차 안전 시스템, 편의사양, 통신, 연료분사장치, 유해배출가스 저감 시스템, 진단 등 여러 분야에서 전자제어시스템의 필요성이 증대됨에 따라 아주 짧은 시간 내에 많은 정보들을 상호교환하기 위해서는 현재로서는 시스템들을 네트워크화(networking)하는 방법이 유일한 해결책으로 생각되고 있다.

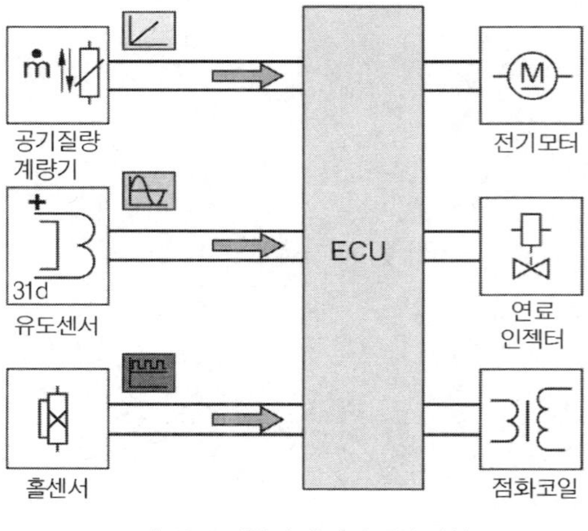

그림 10-1 기존의 데이터 전송방식

그러나 기존의 데이터전송방식으로 시스템들을 네트워크화할 경우, 설치공간은 제한적인데 비해 배선가닥 수는 많아지고, 차량의 중량 증가를 피할 수 없다. 이와 같은 이유에서 자동차에 데이터 버스 시스템(data bus system)을 도입하였다.

1990년대 초반에는 14개까지의 ECU와 2개의 데이터버스 네트워크가, 1998~2002년 사이에는 CAN이 도입되면서 40개까지의 ECU와 5개의 데이터버스 네트워크가, 2002년 이후에는 FlexRay와 MOST, LIN, CAN의 결합으로 총 90여개의 구성단위(ECU, 액추에이터, 센서 등)와 20개의 데이터버스 네트워크가 실현되었다. 이와 같은 증가 추세는 계속될 전망이다.

2. 데이터 버스 시스템(data bus system) 개요

데이터 버스 시스템은 정보단위(bit)를 이용하여 정보를 전송한다. 정보단위들은 데이터 다발(packet)로 그룹화(grouping)되어 있다.

비트(bit)란 2진 숫자(binary digit)의 약어로, 정보량의 단위이며, 1개의 2진 숫자가 보유할 수 있는 최대 정보량을 나타낸다. 컴퓨터 등에서 정보를 표현하는 최소단위로서 비트가 모여 1자리나 1개의 수를 나타낸다. 예를 들면 8비트로 1문자를 나타내는 경우, 상위 4비트(zone bit)와 하위 4비트(digit bit)의 조합으로 영문숫자 및 특수문자를 나타낸다.

데이터 버스(data bus)는 8줄의 선으로 구성되며, 데이터를 중앙처리장치(CPU)에서 메모리나 입/출력 기기로 송출하거나 반대로 메모리나 입/출력 기기로부터 CPU로 데이터를 입력할 때 전송선로로 사용된다. 데이터버스는 CPU와 메모리, 입/출력기기 사이에서 쌍방으로 데이터를 주고 받을 수 있기 때문에 양방향 버스라고도 한다.

(1) 기존의 데이터 전송시스템과 비교한 데이터 버스 시스템의 장점

① 센서 신호 및 계산한 물리 값(예 : 기관회전속도, 주행속도 등)을 다수의 ECU에서 공용
② 액추에이터의 전자적 진단능력의 확장
③ 배선가닥 수의 감소
④ 배선 묶음(harness)의 설치에 필요한 공간체적의 감소
⑤ 커넥터 하우징 및 소켓의 소형화(결과적으로 ECU의 소형화)

(2) 데이터 전송형식에 따른 데이터 버스 시스템의 종류

① 단일 배선(single wire) 데이터 버스 시스템
② 2-배선(2-wire) 데이터 버스 시스템
③ 광(optic) 데이터 버스 시스템
④ 무선(wireless) 데이터 버스 시스템

데이터 버스 시스템의 선택은 특성과 필요에 따라 결정한다.
① 데이터 전송속도(단위 ; Baud(Bd)=1초당 비트수(bit/s)*bps)
② 전자적합(EMC; electromagnetic compatability)
③ 실시간 호환능력(real time compatability)
④ 데이터의 동기 전송 및 비동기 전송
⑤ 구입비용 및 유지비용

〔표 10-1〕 주요 버스 시스템 개요

전송형식	버스 시스템	최대 전송속도	용도	데이터 전송 과정	시스템
단일 배선식	멀티-플렉스	100kBd	가장 간단한 제어	비동기식	버스 구조
	LIN	19.2kBd		비동기식	버스 구조
2-배선식	CAN, CAN-FD	8MBd	구동장치 및 컴포트 시스템	비동기식	버스 구조 또는 수동 스타 구조
	FlexRay	10Mbd	주행다이내믹스 Drive-by-Wire	동기식	능동 링 구조 데이지체인 구조
	Ethernet	100MBd	영상자료, 정보통신 엔터테인먼트	동기식	링 구조 또는 능동 스타 구조
Light Pulses	D^2B, MOST	5.65~150 MBd	정보, 통신 엔터테인먼트	동기식	링 구조 또는 능동 스타 구조
Light Pulses 또는 Radio wave	Byteflight	100MBd	보안, 정보 엔터테인먼트	동기식	링-, 트리-, 스타 구조
무선	Bluetooth, WLAN	1~100MBd	통신	동기, 비동기식	

- LIN : Local Interconnect Network
- CAN : Controller Area Network
- FD : Flexible Data
- D^2B : Domestic Digital Bus
- MOST : Media Oriented System Transport
- Bd(Baud ; 보) : 변조속도의 단위로 1초에 1엘리먼트를 전송하는 속도이다. 1엘리먼트의 전송소요시간이 5ms이면, 변조속도는 200Bd(보)가 된다. 1초당의 불연속 상태의 펄스수로 표시한다. 2진 신호에서는 1Bd가 1bit/s이고, 모드신호에서는 1Bd가 1.5bit 주기/초이다. * Bd 대신에 bps라는 약자를 사용하기도 한다.

(3) 실시간 호환능력

이는 프로세스(process)를 실시간으로 계산하는, 또는 실제로 프로세스(process)가 발생했을 때 이를 전송하는 전자시스템의 능력을 말한다. 예를 들면, 기관에서의 연소를 제어하기 위해서는 연소 과정이 아주 짧은 시간 내에 진행되기 때문에 고속 계산능력을 가진 시스템을 필요로 한다. 반면에 전기 구동식 윈도우를 제어하기 위해서는 속도가 아주 느린 컴퓨터 시스템으로도 충분하다.

(4) 데이터의 동기 / 비동기 전송

① 데이터의 동기 전송(시간제어 데이터 전송)

이 방식은 고정된 시간간격으로 데이터를 전송하는데 이용된다. 시간제어 데이터 전송이라고도 하며, MOST, LIN 및 FlexRay 시스템에서 사용한다.

예를 들면 A, B 및 C는 정해진 순서에 따라 전송되는 메시지들이다. 특정한 시간 간격으로 그때마다 1개의 메시지(예 : 기관 윤활유 온도, 기관회전속도 등)가 전송된다.

기관회전속도는 기관윤활유 온도보다 더 빈번하게 변동하므로, 보다 더 짧은 시간 간격으로 데이터 버스에 전송된다.

② **데이터의 비동기 전송(이벤트 구동(event-driven) 데이터 전송)**

이 방식은 데이터 버스가 현재 비어있다면, 사상(event)이 발생한 후에 데이터 버스로 메시지를 전송하는데 사용된다. 만약에 다수의 ECU가 동시에 메시지를 데이터 버스로 전송하고자 할 경우, 가장 중요한 메시지가 제일 먼저 전송된다. 메시지의 중요도는 식별자(identifier)에서 확정된다. 각각의 ECU는 평가를 통해, 자신의 메시지가 다른 ECU의 메시지에 비해 중요도가 더 높은지의 여부를 인식하게 된다.

예를 들면, 메시지 B와 C가 메시지 A보다 더 중요하다면, 메시지 A를 가진 ECU는 메시지 B와 C의 전송이 완료될 때까지 기다려야 한다. 그 이후에 메시지 A가 현재 가장 중요한 메시지라면, A를 전송할 수 있다.(그림 10-2(b) 참조).

비동기 전송방식은 주로 CAN-버스에서 사용한다.

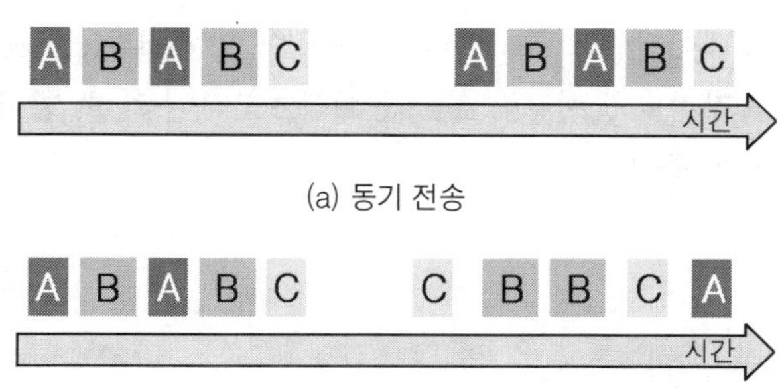

그림 10-2 동기식/비동기식 데이터 전송

(5) 직렬 데이터 전송

현재 사용하고 있는 데이터 전송시스템에서, 데이터는 직렬로 전송된다. 이는 비트(bit)가 차례로 연속적으로 전송매체(예 : 전선, 광-섬유 케이블, 무선)에 전송됨을 의미한다.

정보는 다음과 같은 방식으로 전달할 수 있다.

① 전기 데이터 버스 시스템에서는, 전압변화를 통해서 전송 배선으로

② 광 데이터 버스 시스템에서는, 광파(light wave)의 변화 및 광파의 변조를 통해서

③ 무선 데이터 버스 시스템에서는, 라디오파의 변화 및 펄스/주파수 변조를 통해서

따라서 ECU들이 상호간에 통신하기 위해서는, 각 비트(bit)가 정해진 시간값(clocking)으로 할당(assigned)되어야 한다. 이 시간을 비트-타임(bit time : t_{bit})이라고 한다.

(6) 작동상태 - 수면(sleep)모드와 깨우기(wake-up)모드

① **수면(sleep)모드**

데이터 교환이 필요 없을 때는, 통신을 차단하여 전류소비를 감소시킨다. 데이터 버스 시스템에서 통신이 필요 없을 경우에는 수면-모드로 전환된다.

② **깨우기(wake-up)모드**

수면모드로부터 다시 버스 시스템에서 통신을 재개하기 위해 버스 시스템을 작동상태로 전환시키는 모드이다. 깨우기 모드는 깨우기 이벤트(예 : 리모컨 조작, 자동차 잠금해제 등)를 통해 시작된다. 버스 시스템에 따라서는 수면모드와 깨우기-모드를 제어하는 과정에 차이가 있다. 대부분 제작사가 제어과정을 결정한다. 따라서 제작사의 정보에 유의해야 한다.

데이터 버스 시스템이 활성화되면, 암전류(closed circuit current)가 상승한다. 따라서 시동 축전지의 방전량이 정상값 이상으로 상승하면, 먼저 수면모드와 깨우기-모드 기능을 점검하는 것이 좋다.

제2절 전기 데이터 버스 시스템 (*Electric bus systems*)

1. 전기 데이터 버스 시스템의 구조

전기 데이터 버스 시스템은 최소한 2개의 노드(node), 고유의 전원을 가지고 있는 버스 스테이션(예 : 엔진-ECU, ABS-ECU), 그리고 데이터가 전송되는 1개 또는 2개의 버스 배선으로 구성되어 있다.

노드(node)란 데이터망 속의 데이터 전송로에 접속되는 1개 이상의 기능단위, 또는 네트워크의 분기점이나 단말장치의 접속점을 말한다. 절점(節點)이라고도 한다.

(1) 노드(node)와 버스 스테이션(bus station)

노드와 버스 스테이션은 다음과 같은 부품으로 구성되어 있다.

- 센서신호 평가 일렉트로닉스
- 액추에이터용 제어 일렉트로닉스

- 기능 계산용 마이크로프로세서
- 데이터 버스 통신 제어용 컨트롤러
- 데이터를 버스 배선으로 전송하는데 사용되는 트랜시버(transceiver)

(2) 트랜시버(transceiver) - 송신기(transmitter)와 수신기(receiver)를 결합한 용어

트랜시버란 송신과 수신을 동시에 수행할 수 있는 전자부품이다. 트랜시버는 노드(node)에 설치된 전자부품으로서, 버스 배선으로 데이터를 전송하거나 버스 배선으로부터 데이터를 수신한다. 즉, 송/수신기의 기능을 동시에 수행한다. 컨트롤러가 보내온 데이터를 수신하고, 수신한 데이터를 컨트롤러로 전송한다.

(3) 컨트롤러(controller)

컨트롤러는 마이크로프로세서에 의해 계산된 데이터를 트랜시버가 데이터 배선으로 전송할 수 있도록 준비하는 일을 한다. 만약에 다른 노드(node)가 데이터 배선으로 데이터를 전송하면, 트랜시버는 이들 모든 데이터를 컨트롤러로 전송한다. 컨트롤러는 ECU가 필요로 하는 데이터를 여과(filtering)시켜 마이크로프로세서에 전달한다.

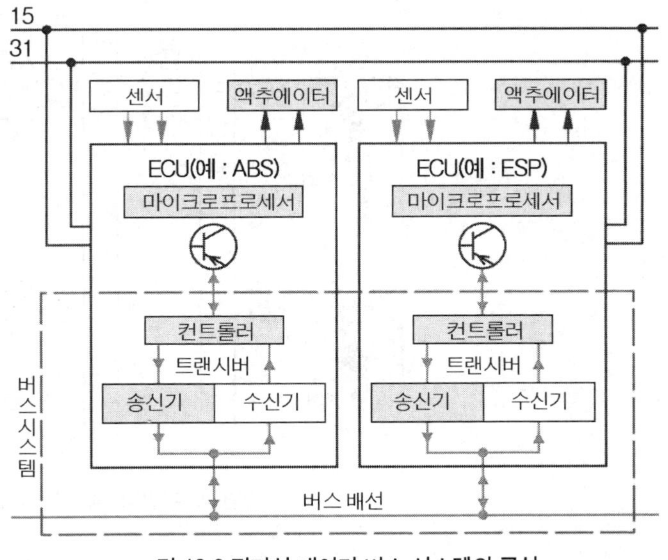

그림 10-3 전기식 데이터 버스 시스템의 구성

버스 배선으로 전송된 모든 데이터는 항상 각 노드(node)들이 수신한다. 각 노드(node)들은 컨트롤러에서, 개별 데이터의 사용여부에 대해 결정한다.

2. 멀티플렉스 프로세스(multiplex process)

멀티플렉서(multiplexer)란, 서로 다른 다수의 입력신호를 감지하여, 이들을 순차 선택하고, 신호를 분할하면서 그 때마다 각 입력에 대응한 신호를 하나의 출력으로 시차를 두고 또는 상이한 주파수로 1개의 케이블을 통해 전송하는 전자회로이다. 다중화장치(多重化裝置)라고도 한다.

전송된 다음에 신호들은 디-멀티플렉서(de-multiplexer)라는 또 다른 전자회로에서 분리되어 각각의 수신기로 전송된다. 여기서 디-멀티플렉서란 제어신호에 따라서 복수의 출력로(出力路)에서 하나를 선택하여 입력로와 접속시키는 회로(기구)를 말한다.

다수의 입력신호들을 1개의 배선을 통해 ECU로 전송할 수 있다. 디지털 정보의 형식(프로토콜)은 시스템 제작사들 간에 통일적으로 정의되어 있지 않다. 따라서 다양한 신호수준(signal level) 및 프로토콜(protocol : =디지털 정보의 형식)이 사용되고 있다.

멀티플렉스 시스템은 예를 들면 유압식 능동 현가장치에 사용된다.

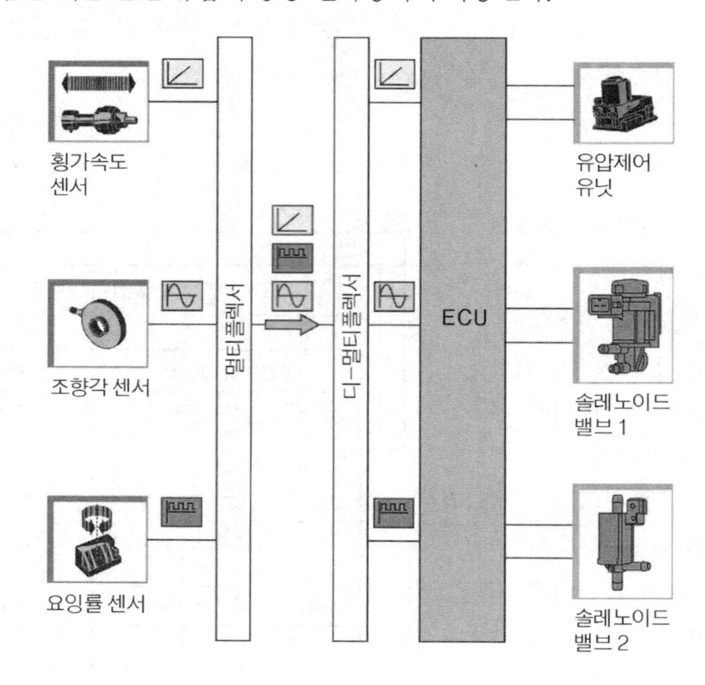

그림 10-4 멀티플렉스 방식의 원리(예)

3. LIN (Local Interconnect Network)

LIN은 주로 ECU와 능동센서 및 능동 액추에이터 간의 데이터 전송에 사용된다. LIN은 간단하며, 느린 12V, 단선 버스이다. LIN은 마스터-슬레이브(master-slave) 원리에 따라 작동한다. 신호 형태 및 프로토콜(=디지털 정보의 형식)은 표준화되어 있다.

마스터-슬레이브 원리란 중심이 되는 1대의 주-컴퓨터(master)와 이에 온라인으로 연결, 종속된 다수의 컴퓨터(slave)들이 각각의 데이터 처리 내용에 따라 작업을 분담해서 처리하는 시스템으로서 주/종속(master-slave) 시스템이라고도 한다.

(1) 능동센서와 능동 액추에이터

이들은 각각 별도의 전원 및 평가일렉트로닉 또는 제어 일렉트로닉을 갖춘 부품들이다.

① **능동센서** (active sensors)

능동센서는 전원전압이 인가된 후에 신호를 생성한다. 평가 일렉트로닉은 측정한 신호를 증폭시키거나 또는 이를 데이터신호로 변환시킨다. 그러므로 간섭에 대한 저항성은 더욱더 향상되고, ECU의 구조는 더욱더 단순해진다.

② **능동 액추에이터** (active actuator)

능동 액추에이터가 기능을 실행하기 위해서는 ECU의 출력신호와는 별도로 전원전압을 필요로 한다. 액추에이터를 작동시키는 큰 전류는 ECU에 의해 스위치 "ON" 되지 않는다. 따라서 ECU에 파워 트랜지스터를 설치할 필요가 없다.

(2) LIN 버스 시스템의 특징

① 데이터 전송 최대속도는 19.2kBd(=bps)이다.(=느리다)
② 데이터는 1개의 배선(단선)을 통해서 전송된다.
③ 주소를 기반으로 하는(address based) 데이터 전송이다.
주소 기반 데이터 전송에서는 수신자의 식별자(ID)가 메시지에 포함되어 있다.

특히 LIN 버스 시스템은 멀티플렉스 시스템과는 달리, 데이터 전송의 신호형태 및 프로토콜(=데이터 정보의 형식)이 표준화되어 있기 때문에 다수의 시스템 생산회사 및 자동차 회사들이 LIN 부품을 공용할 수 있다. 따라서 표준화된 진단-툴(tool) 및 진단 소프트웨어의 사용, 그리고 고장진단의 단순화가 가능하다는 점이 장점이다.

(3) LIN 데이터 버스 시스템의 구조

LIN 데이터 버스 시스템에서는 1개의 주(主) ECU(master)에 종속 ECU(slave)를 16개까지 연결할 수 있다. - 주/종속(master/slave) 시스템 원리

① **주 - ECU(master ECU)**

주-ECU는 메시지 - 헤더(header)를 데이터 버스 배선으로 전송하며, 다른

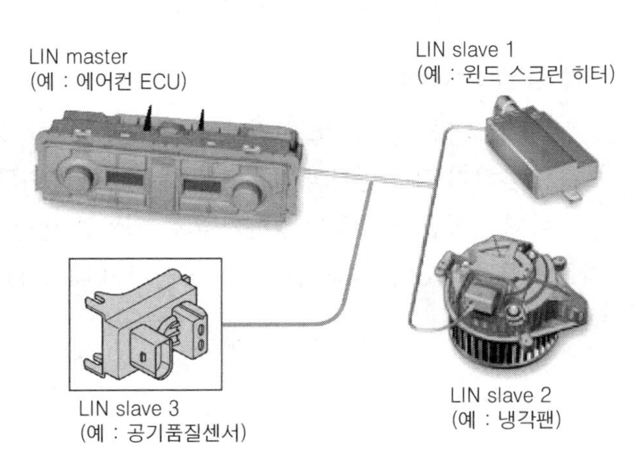

그림 10-5 LIN 데이터버스 시스템의 구조

데이터 버스 시스템에 대한 인터페이스(interface) 기능을 수행한다. 주-ECU는 비트-타임(t_{bit})을 통해 나머지 버스 스테이션들(slaves)을 동기시키며, 종속-ECU들과 진단 테스터 간의 인터페이스(interface) 기능을 수행한다.

② **종속** - ECU(slave ECU)

종속-ECU는 주-ECU가 전송한 명령을 실행한다. 주-ECU가 조회를 하면, 종속-ECU들은 응답을 보낸다. 기능명령의 경우에는, 명령만 실행하고 응답은 보내지 않는다.

(4) LIN-버스 시스템의 데이터 프로토콜(protocol)

LIN-버스 시스템의 데이터 프로토콜(또는 프레임(frame))은 메시지 헤더와 응답으로 구성되어 있다.(그림 10-6. LIN-버스에서의 전압수준 오실로스코프 참조)

① **메시지 - 헤더** (header)

메시지-헤더는 항상 주-ECU로부터 발신된다. 헤더에는 스타트 비트, 동기 그리고 식별자가 포함되어 있다.

- **스타트 비트**(start bit) : 모든 종속-ECU들에게 새로운 메시지의 시작을 알려준다.
- **동기**(synchronization) : 동기(同期)란 시스템 구성요소가 클록(clock)신호에 맞추어 동작을 진행하는 것. 즉, 데이터 전송에서 송/수신 속도를 맞추어(비트 동기) 요소군의 처음과 끝을 각각 송/수신 상호 간에 일치시키는 것을 말한다.
  동기 비트란 메시지 판독이 가능하도록, 비트-타임(t_{bit})을 조정하는, 일련의 비트이다.
- **식별자**(identifier) : 식별자는 메시지를 정확하게 인식하기 위한 숫자이다. 식별자에는 수신자(해당 종속-ECU)주소 및 수신자로 전송되는 마스터-ECU의 최초명령(예 : "실제속도 전송" 또는 "목표속도 조정")이 포함되어 있다.

② **응답**(response)

주-ECU가 실제값 또는 진단 데이터를 요구할 경우, 해당 종속-ECU는 이에 응답한다. 기능을 실행하기 위한 명령의 경우에는 주-ECU가 응답한다.

이때 응답은 기능을 실행하기 위한 정확한 명령, 예를 들면 규정값(회전속도, 플랩 개도 등)을 포함하고 있다. 슬레이브는 이 메시지에 데이터를 전송하지 않는다.

(5) LIN-버스 배선에서의 전압 수준(그림 10-6, 10-7 참조)

데이터를 전송하기 위해서는, ECU는 열성(recessive)의 논리 비트값=1 또는 우성(dominant)의 논리 비트값=0을 LIN-버스 배선에 전송한다.

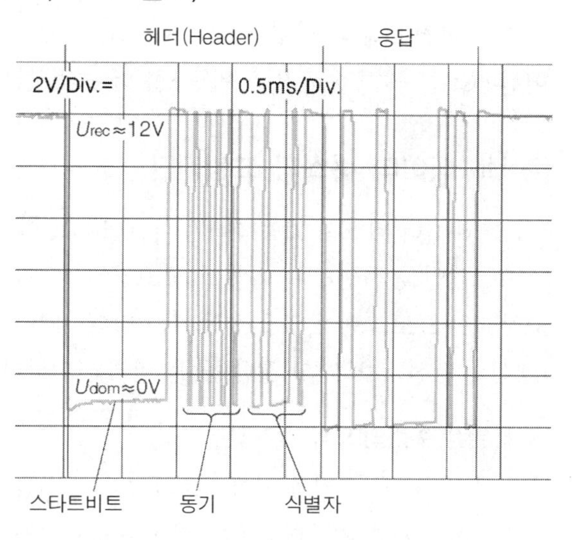

그림 10-6 LIN-버스에서의 전압수준 오실로 스코프

① **열성 수준**(recessive level, U_{rec})

(그림 10-7(a) 참조)

이 수준은 데이터배선 상에 비트(bit)가 전송되지 않을 때 발생한다. 트랜시버의 트랜지스터 T1이 도통되지 않을 때이다. 전류가 흐르지 않으므로, 저항 R에서 전압강하는 없다. 따라서 버스 배선에는 축전지전압(약 12V)이 인가된다. 이 상태의 논리값(비트값)은 '1'이다.

② **우성 수준**(dominant level, U_{dom})

(그림 10-7(b) 참조)

이 수준은 노드(node)가 T1이 도통되도록 스위칭할 때 발생한다. 따라서 데이터를 버스로 전송한다. 트랜지스터는 버스 배선을 접지와 연결한다. 버스 배선 상의 전압은 약 0V이며, 논리값(비트값)은 '0'이 된다.

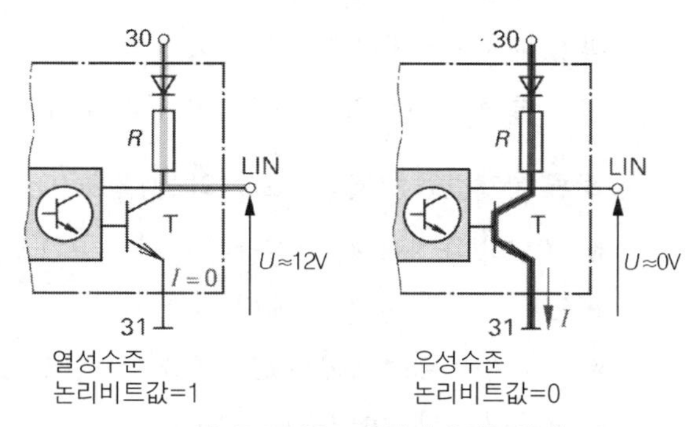

그림 10-7 LIN 트랜시버의 작동원리

전압수준은 오실로스코프로 점검 및 디스플레이할 수 있다.

(6) LIN-통신의 예

에어컨-ECU는 LIN-마스터이다. 외기 송풍기(blower)는 LIN-슬레이브이다. 에어컨-ECU는 외기 송풍기의 식별자 및 "현재 속도를 전송하라"는 조회를 포함한 헤더(header)를 전송한다. 외기 송풍기는 헤더를 수신한 즉시 , 즉시 현재 속도(예 : 300min^{-1}) 정보를 포함한 응답을 전송한다.

외기 송풍기의 회전속도를 변경해야 할 경우라면, 에어컨-EUC는 송풍기의 식별자와 "규정속도를 변경하라"는 명령을 포함한 헤더를 외기 송풍기에 전송한다. 그리고 바로 에어컨-ECU는 규정속도(예 : 500min^{-1}) 정보를 포함한 응답을 더 전송한다. 이에 근거하여 외기 송풍기는 회전속도를 에어컨-ECU의 명령값(예 : 500min^{-1})으로 상승시킨다. 피드백(feedback)제어를 위해, 에어컨-ECU는 외기 송풍기 회전속도를 다시 조회한다.

(7) LIN-데이터 버스의 고장진단

LIN-데이터 버스의 기능장애는 마스터-ECU의 데이터 메모리에 저장된다.

고장원인을 확인하기 위해서는 고장진단기에 입력되어 있는 고장진단 프로그램을 이용한다. 고장진단 프로그램이 없을 경우에는 멀티미터나 오실로스코프를 이용하여 물리적인 고장의 원인(배선의 단선, 커넥터의 결함 등)을 먼저 확인한다.

① 열성 수준의 오류 한계값

발신자에서 측정한 전압수준이 축전지 전압의 80% 이하이거나 또는 수신자에서 측정한 전압수준이 축전지 전압의 60% 이하이면 LIN-버스 시스템은 고장이다.

② 우성 수준의 오류 한계값

발신자에서 측정한 전압수준이 축전지 전압의 20% 이상이거나 또는 수신자에서 측정한 전압수준이 축전지 전압의 40% 이상이면 LIN-버스 시스템은 고장이다.

③ 오류 한계값을 벗어나는 고장의 원인(예)

- ECU의 플러스 전원 전압이 낮다.(커넥터 접촉 저항)
- ECU의 접지 불량(커넥터 접촉 저항)
- LIN-버스 배선에서의 단선 또는 커넥터 접촉저항(전압강하)
- LIN-버스 배선이 (+) 또는 (−)로 단락
- 버스 노드(LIN-master 또는 LIN-slaves)의 결함

〔표 10-2〕 LIN-버스 시스템에서의 고장진단 순서도

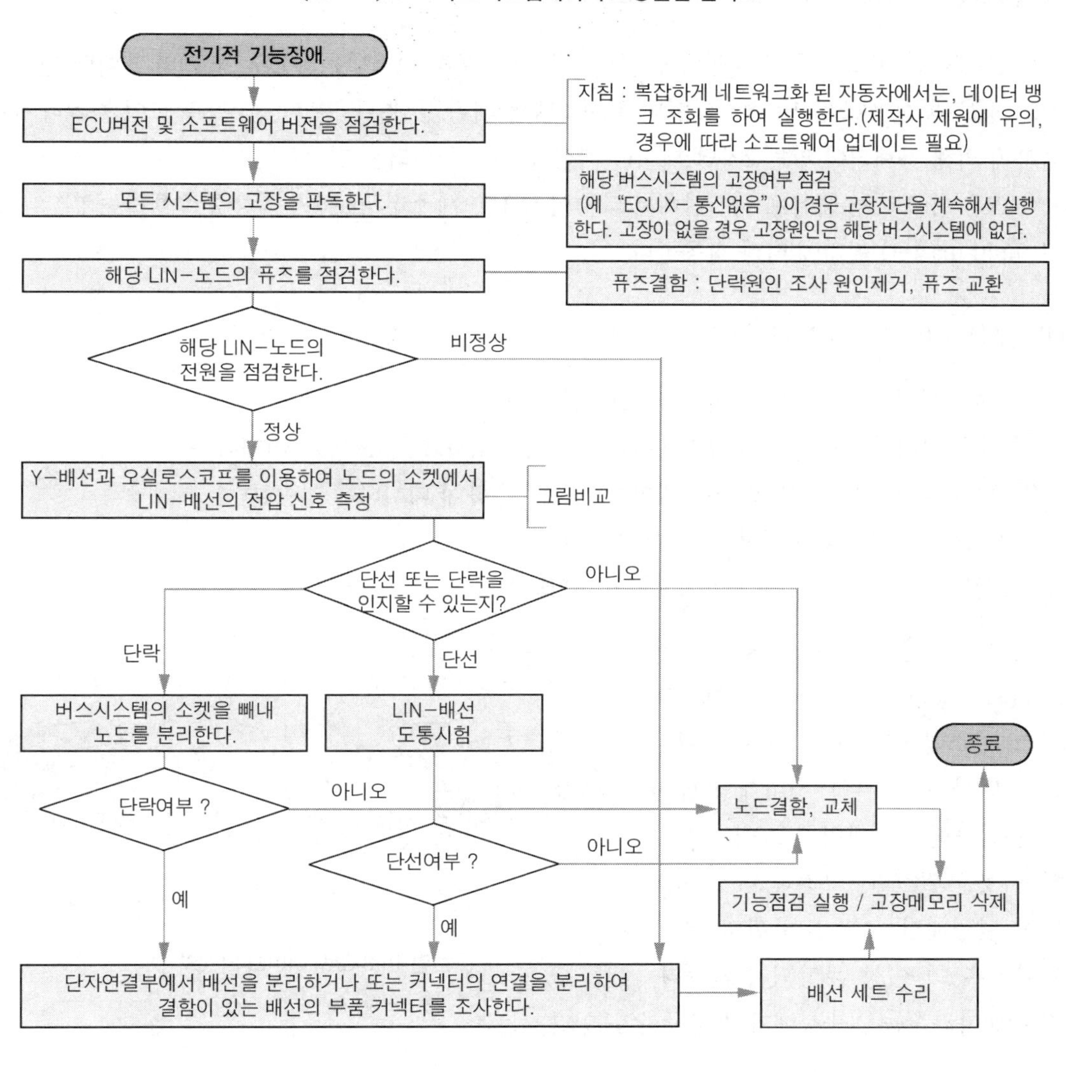

4. CAN(Controller Area Network)

CAN-데이터 버스는 주로 자동차 안전시스템, 편의사양 시스템들의 ECU들 간의 데이터 전송 그리고 정보/통신 시스템 및 엔터테인먼트 시스템의 제어 등에 사용된다. CAN은 꼬여 있거나 또는 피복에 의해 차폐되어 있는 2가닥 데이터 배선을 통해 데이터를 전송한다.

CAN은 마스터/슬레이브 시스템에서 다수의 ECU가 마스터(master) 기능을 수행하는 멀티-마스터(multi-master) 원리에 따라 작동한다.

(1) CAN 데이터 버스의 특징

① CAN 데이터 버스 등급 B와 등급 C로 구별된다.
② 최대 데이터 전송률은 등급 B 125kBd, 등급 C 1MBd, CAN FD 8MBd이다.
③ CAN 데이터 버스 시스템은 2개의 배선을 이용하여 데이터를 전송한다.
④ CAN 등급 B는 단일배선 적응능력이 있다.
⑤ CAN 등급 C는 단일배선 적응능력이 없다.

단일 배선 적응능력(suitability against single line)이란 CAN 데이터 버스 시스템에서 배선 하나가 단선 또는 단락되어도 나머지 1개의 배선이 통신능력을 정확하게 그대로 유지하는 것을 말한다. 그러나 버스 시스템이 단일배선 모드로 바뀌면, 간섭저항성은 더 이상 보장되지 않는다. 경우에 따라서는 기능장애가 발생할 수도 있다.

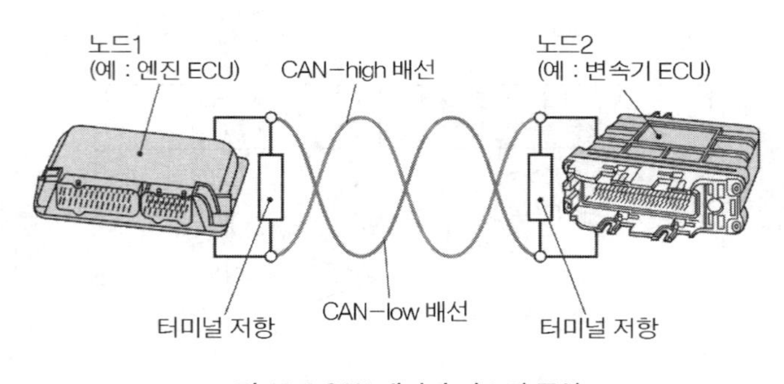

그림 10-8 CAN 데이터 버스의 구성

(2) CAN 데이터 버스의 구성

CAN 데이터 버스 시스템은 최소한 2개의 노드(node), CAN-low 배선, CAN-high 배선, 그리고 최소한 2개의 터미널 저항(terminal resistor)으로 구성된다.

① 노드(nodes) - 버스 시스템을 구성하는 다수의 스테이션(예 : ECU)

CAN 버스 노드의 내부구조는 LIN-버스 노드의 내부구조와 동일하다. 데이터 전송률을 더 빠르게 하고, LIN-데이터 버스에서와는 다른 전압수준을 버스 배선에 인가하기 위해서 고품질 컨트롤러 및 트랜시버를 사용한다.

② **버스 배선**(CAN-high, CAN-low)

노드의 트랜시버에 의해 CAN-high 배선에 우성 수준(U_{dom})이 형성되면, 이 배선의 전압은 상승한다. 동시에 CAN-low 배선의 전압은 하강한다. 이때의 논리값은 '0'이다. 두 배선은 서로 꼬여 있거나 또는 와이어-메쉬(wire mesh)에 의해 차폐되어 있다.

스위칭할 때마다 두 CAN-배선에서 생성되는 자장은, 전압이 서로 반대방향으로 변화하기 때문에 상쇄된다. 따라서 두 배선은 외부에 대해서는 전자적(電磁的)으로 중성이며, 어떠한 외부 간섭도 일으키지 않는다. 즉, 간섭에 대한 저항성이 보장된다.

〔표 10-3〕 버스 배선에서의 전압 수준

논리값	LIN	CAN 등급 B		CAN 등급 C	
0	0V	low	1V	low	1.5V
		high	≈4V	high	3.5V
1	약 12V	low	5V	low	2.5V
		high	≈0V	high	2.5V

□ 우성(dominant) 수준, ■ 열성(recessive) 수준,

③ **터미널 저항** (terminal resistors : Abschlusswiderstand)

터미널 저항은 CAN-high 배선과 CAN-low 배선 사이의 회로를 연결한다. 이를 통해 CAN-버스 배선에서 반사(reflection)가 발생되는 것을 방지한다.

터미널 저항은 주로 노드(node)에 설치되어 있다.

터미널 저항이 없는 CAN-버스 배선은, 특히 CAN 등급 C 시스템에서는 기능적인 고장의 원인이 될 수 있다. 따라서 고장의 경우에는 반드시 터미널 저항을 먼저 점검해야 한다.

CAN 등급 C 시스템에서는 저항측정기를 이용하여 CAN-배선의 접점에서 터미널 저항을 테스트할 수 있다.

(3) CAN의 작동원리

① **멀티-마스터**(multi-master) **원리**

버스 배선을 통해 정보를 송/수신하고 있는 중이 아니라면, 멀티-마스터 원리에 따라 각 노드(예 : ECU)는 버스 배선에 메시지를 전송할 수 있다. 다수의 ECU가 동시에 메시지를 전송하고자 할 경우는, 중재(arbitration)를 통해 가장 중요한 메시지를 가장 먼저 전송한다.

② **중재**(仲裁 ; arbitration)

> 하나의 자원에 대하여 복수의 프로세스나 이용자가 행한, 경합하는 요구를 감시하고 관리, 중재하는 과정(process)을 말한다. 중재를 조정(調停 ; arbitration)이라고도 한다.

다수의 ECU가 동시에 메시지를 전송하고자 할 때, 데이터 버스 배선으로의 접근을 통제한다. 메시지의 중요도(우선순위)는 식별자(ID)에 의해 정의된다. 식별자(ID)가 낮으면 낮을수록, 우선순위는 더 높다. (예: 식별자 001 – 1순위, 011 – 2순위)

(4) 데이터 프로토콜(data protocol)의 구성

데이터 프로토콜은 데이터 메시지의 구조를 결정하며, 표준화되어 있다.

CAN 데이터 버스에서, 메시지의 길이는 128bit까지이다. 이들은 서로 연속된 필드(field)로 분할되어 있다. CAN-버스 등급 C에서 클록 주파수가 5kHz인 경우, 128bit의 메시지를 전송하는 데는 약 0.25ms가 소요된다.

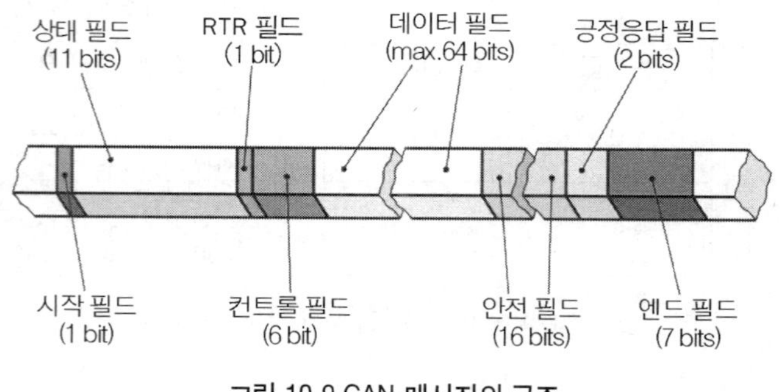

그림 10-9 CAN-메시지의 구조

① **시작 필드** (start field)(1bit)

이 필드는 메시지의 시작을 나타내고, 메시지 전송이 시작되었음을 모든 노드에 알린다. 노드들 즉, ECU들은 동기(synchronizing)된다.

② **상태 필드**(status field)(11bit)

이 필드는 메시지 식별자(메시지 논리기호)로 구성되어 있다. 노드들은 식별자(ID)에 근거하여, 메시지의 내용을 확인한다. 또 어느 발신자가 먼저 발신해야 하는지 즉, 중재(仲裁)도 식별자(ID)에 근거하여 실행한다.

③ RTR **필드**(RTR; Remote Transmission Request; **원격 전송 요청**)

비트(Bit)가 우성(0)이면 데이터 메시지를, 비트(Bit)가 열성(1)이면 데이터 요청을 의미한다.

④ **컨트롤**(control) **필드, 안전**(safety) **필드 및 긍정응답**(acknowledgement) **필드**

이들은 데이터의 전송을 보장하는데 사용된다. 메시지 발신자는, 수신자에 의해 메시지가 정확하게 판독되었는지의 여부를 확인하는데 긍정응답 필드를 사용한다. 긍정응답이 없을 경우, 메시지는 반복해서 발신된다. 여러 번 시도해도 수신자로부터 긍정응답이 없을 경우에 발신자는 메시지 발신을 중단한다. 따라서 하나의 노드에 고장이 있을 경우에도, 전체 버스 시스템의 고장은 방지된다.

컨트롤-필드는 6bit, 안전-필드는 16bit, 긍정응답-필드는 2bit로 구성되어 있다.

⑤ **데이터**(data) **필드**(max. 64bit)

데이터 필드에는 메시지의 유용한 정보들(예 : 기관회전속도, 기관온도, 스로틀밸브개도 등)이 포함되어 있다.

⑥ **엔드**(end) **필드**(7bit)

메시지의 끝을 표시하고, 다음 메시지를 위해 버스를 자유로운 대기상태로 만든다.

참고

점검 및 수리 지침

CAN-데이터 버스에 대한 통신 영역의 고장은 통신에 관여하는 노드의 데이터 메모리에 저장된다.

(1) 예상 가능한 고장 원인

① 1개 또는 다수의 노드(데이터 버스의 구조에 따름)로 가는 CAN-버스 배선 중 1선 또는 2선의 단선
② CAN-배선의 접지로의 단락
③ CAN-배선의 전원배선으로의 단락
④ CAN-버스 시스템의 두 배선 간의 단락
⑤ 노드 1개의 전원 불량
⑥ 1개 또는 다수의 노드의 소프트웨어 오류
⑦ 노드의 결함(고장)

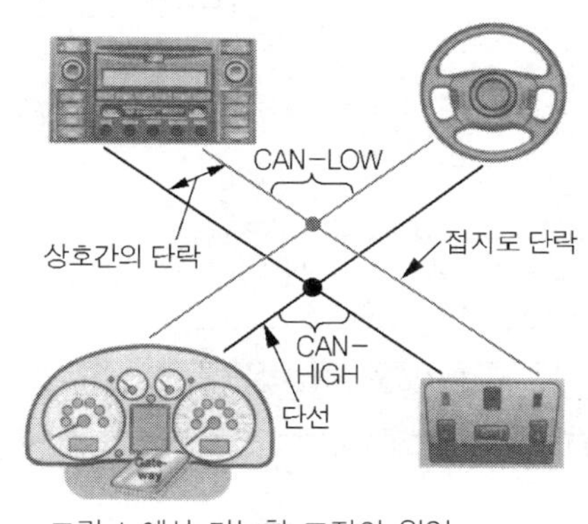

그림 1 예상 가능한 고장의 원인

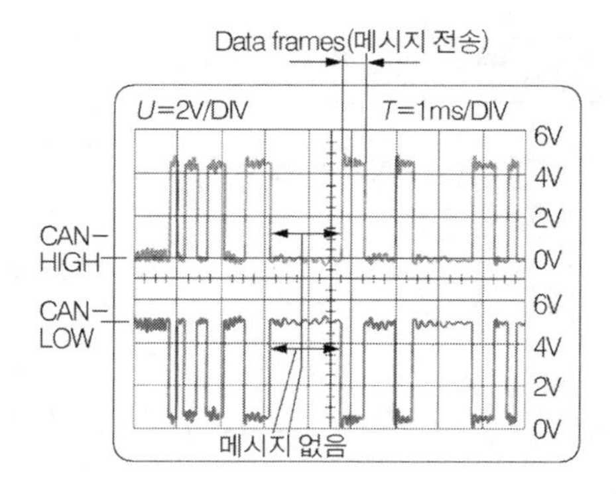

그림 2 접지에 대응하여 측정한 정상적인 오실로그래프

그림 2와 같이 정상적인 신호(CAN 등급 B)의 오실로그래프의 경우, 전압변화의 시간적인 진행과정은 반드시 동기되어 진행된다. 2개의 배선에서의 전압수준은 CAN-high 배선에서는 0.2~3.8V, CAN-low 배선에서는 5.0~1.0V 범위이다. 즉, 파형은 서로 반대이면서 동기된다.

고장원인을 확인하기 위해서는 진단 테스터에 사전 프로그래밍(programming)되어있는 고장진단 프로그램을 이용한다. 고장진단 프로그램이 설치되어 있지 않을 경우에는 멀티미터나 오실로스코를 이용하여 물리적 고장원인(예 : 배선의 단선, 커넥터의 고장 등)을 확인할 수 있다.

소프트웨어 오류는 정비공장의 진단기로는 확인할 수 없다. 노드에 설치된 소프트웨어의 버전(version)을 점검할 수는 있다. 버전(version)번호는 대부분 진단기의 노드 확인 화면에서 확인할 수 있다. 이 버전 번호를 자동차 제작사의 자료와 비교한다. 노드에 설치되어 있는 소프트웨어가 최신 버전이 아니라면, 소프트웨어를 갱신하든지, 아니면 노드를 교환할 수 있을 것이다.

(2) CAN 등급 C 버스 시스템에서의 고장진단 순서(예)

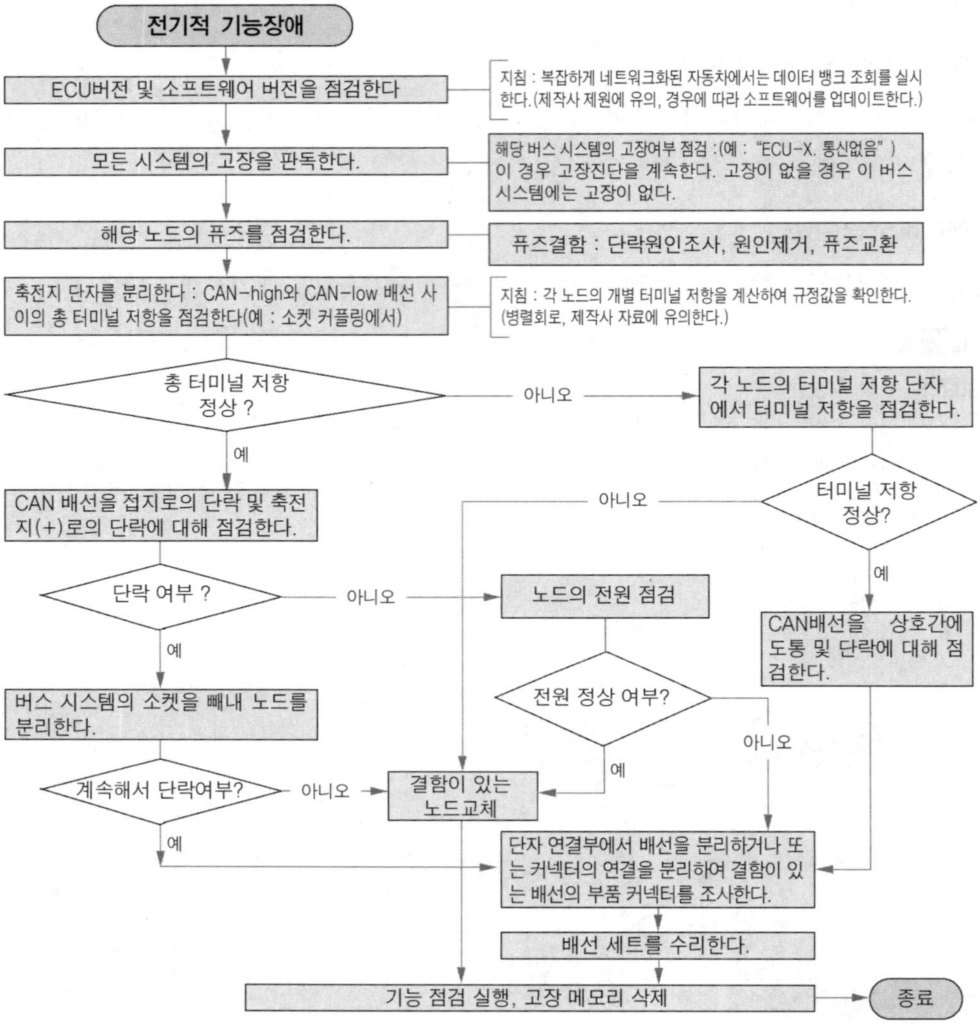

전기적 기능장애

ECU버전 및 소프트웨어 버전을 점검한다

지침 : 복잡하게 네트워크화된 자동차에서는 데이터 뱅크 조회를 실시한다.(제작사 제원에 유의, 경우에 따라 소프트웨어를 업데이트한다.)

모든 시스템의 고장을 판독한다.

해당 버스 시스템의 고장여부 점검 :(예 : "ECU-X. 통신없음") 이 경우 고장진단을 계속한다. 고장이 없을 경우 이 버스 시스템에는 고장이 없다.

해당 노드의 퓨즈를 점검한다.

퓨즈결함 : 단락원인조사, 원인제거, 퓨즈교환

축전지 단자를 분리한다 : CAN-high와 CAN-low 배선 사이의 총 터미널 저항을 점검한다(예 : 소켓 커플링에서)

지침 : 각 노드의 개별 터미널 저항을 계산하여 규정값을 확인한다. (병렬회로, 제작사 자료에 유의한다.)

총 터미널 저항 정상 ?

아니오 → 각 노드의 터미널 저항 단자에서 터미널 저항을 점검한다.

터미널 저항 정상?

아니오 → 결함이 있는 노드교체

예 → CAN배선을 상호간에 도통 및 단락에 대해 점검한다.

예 → CAN 배선을 접지로의 단락 및 축전지(+)로의 단락에 대해 점검한다.

단락 여부 ?

아니오 → 노드의 전원 점검

전원 정상 여부?

예 → 결함이 있는 노드교체

아니오 → 단자 연결부에서 배선을 분리하거나 또는 커넥터의 연결을 분리하여 결함이 있는 배선의 부품 커넥터를 조사한다.

예 → 버스 시스템의 소켓을 빼내 노드를 분리한다.

계속해서 단락여부?

아니오 → 결함이 있는 노드교체

예 → 단자 연결부에서 배선을 분리하거나 또는 커넥터의 연결을 분리하여 결함이 있는 배선의 부품 커넥터를 조사한다.

배선 세트를 수리한다.

기능 점검 실행, 고장 메모리 삭제

종료

(3) CAN-버스 등급 B에서 측정한 전압신호 파형

CAN-데이터 버스 시스템에서의 전압변화과정은 저장기능을 갖춘 오실로스코프를 이용하여 측정할 수 있다. 두 배선 사이에서 또는 접지에 대응하여 전압변화를 측정한다. 오실로스코프의 해상도에 따라, 비트(bit)신호로 표시된 데이터 프레임(전체 데이터 프로토콜) 또는 데이터 프로토콜의 개별 데이터를 확인할 수 있다.

디스플레이된 오류 파형을 평가하기 위해서는 비용이 많이 소요되는 분해/조립작업을 하지 말고, 예상 가능한 고장원인의 범위를 점진적으로 좁혀 나가는 것이 중요하다.

아래의 그림들은 CAN-버스가 '단일배선 모드'일 경우의 고장 상태이다. CAN 등급 B에서는 터미널저항을 측정하는 방법을 이용할 수 없다.

① CAN-배선이 단락된 회로

CAN 등급 B는 두 데이터 배선 중 1개가 고장일 경우에도 정보를 전송한다. 이를 단일 배선 모드(single-wire mode)라고 한다. 단일 배선 모드로 변환되는 원인은 다음 중 하나일 수 있다.

● CAN-low 배선이 접지로 단락된 회로(그림 3 참조)

이 측정의 경우, CAN-low 배선의 신호곡선이 나타나지 않고, 대신에 0V-직선이 화면에 나타난다. high-신호는 정상적인 파형으로 나타난다.

반대로 CAN-High 배선이 접지로 단락된 경우에는 그림 3과는 반대로 CAN-High 배선의 신호는 화면에 0V 직선으로 나타나고, CAN-Low 배선의 신호는 정상으로 나타난다.

● CAN-high 배선이 축전지 (+)단자로 단락된 회로(그림 4 참조)

이 오실로그래프에서는 CAN-high 전압파형이 축전지 전압과 거의 같은 12~14V의 직선으로 나타나는 것을 확인할 수 있다. low-신호는 정상적인 파형으로 나타난다.

반대로 CAN-Low 배선이 축전지(+)단자로 단락된 경우에는 그림 4와는 반대로 CAN-Low 배선의 신호는 화면에 축전지전압(12~14V)이 직선으로 나타나고, CAN-High 배선의 신호는 정상으로 나타난다.

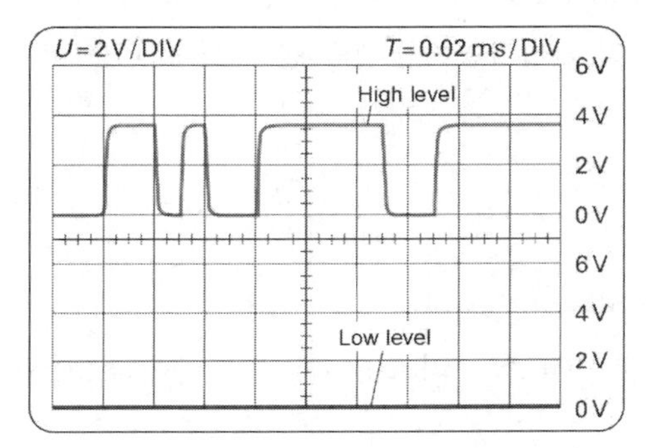

그림 3 CAN-low 배선이 접지로 단락된 회로

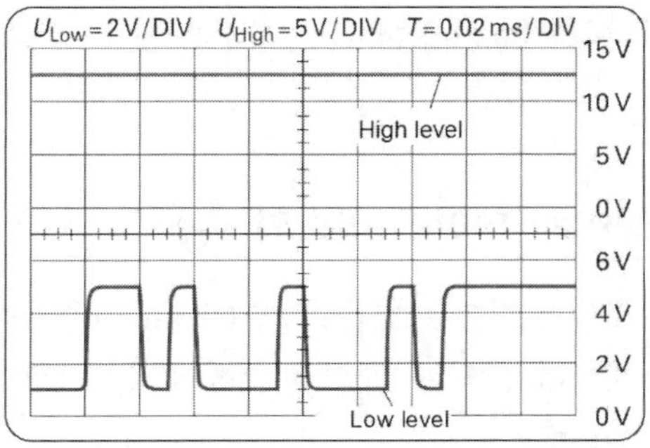

그림 4 CAN-high배선이 축전지 (+)단자로 단락된 회로

② 1개 또는 다수의 노드(ECU)로 가는 CAN-high 배선의 단선(open circuit)(그림 5 참조)

이 경우는 오실로스코프에 명백하게 나타나지 않는다. 가끔 high-배선의 전압이 0V로 나타난다. 단일 배선 모드로 작동하는 노드(들)의 경우는 측정값 블록에서 자기진단을 통해 확인할 수 있다. 고장원인을 확인하기 위해서는, 저항측정기를 사용하여 CAN-배선의 저항을 측정하여야 한다.

③ CAN-high 배선과 low 배선 간의 단락회로(그림 6 참조)

CAN-low 파형과 CAN-high 파형이 동일하다. high-신호는 정상적이지만 low-신호가 반전되어 있다. high-신호가 두 배선에 전송된다.

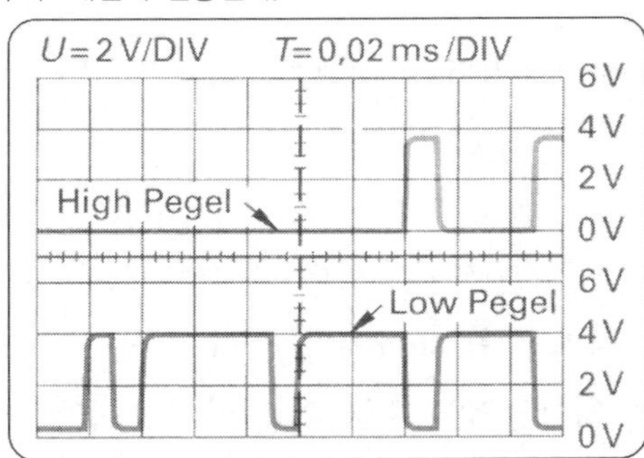

그림 5 1개 또는 다수의 노드로 가는 CAN-high 배선의 단선

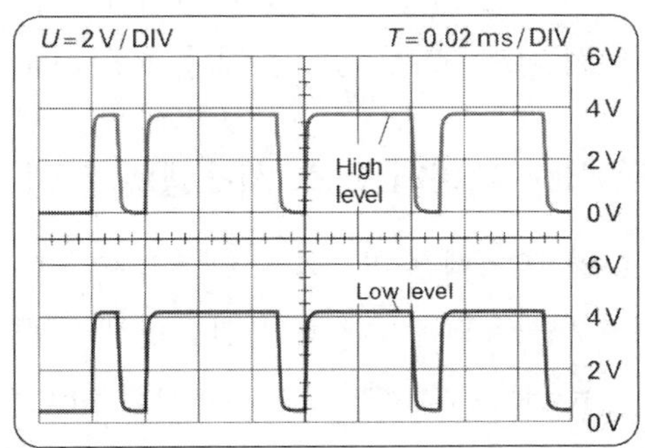

그림 6 CAN-high 배선과 low 배선 간의 단락회로

5. 플렉스레이(FlexRay) 데이터 버스

플렉스레이는 자동차 네트워크 통신 프로토콜(automotive network communication protocol)로서 FlexRay-컨소시엄이 개발하였다. CAN보다 더 빠르고 신뢰성이 높으나 고가이다. 이 버스는 주로 ECU들 간에 데이터를 전송하는데 사용된다. 이 버스는 데이터의 전송속도가 아주 높으면서도, 데이터의 안전도를 필요로 하는 시스템, 예를 들면, 브레이크 시스템, 전자제어 현가시스템, 전기식 조향장치 등에 사용된다.

플렉스레이를 적용한 최초의 양산 자동차는 BMW X5로서 어댑티브 댐핑 시스템에 이 기술을 적용하였다. 그러나 FlexRay기술을 모두 이용한 최초의 자동차는 2008년에 소개된 BMW 7시리즈이다.

(1) FlexRay 데이터 버스의 특징

① 데이터 전송은 2개의 채널(channel)을 통해 이루어진다.
② 데이터 전송은 2개의 채널에서 각각 2개의 배선(버스-플러스(BP)와 버스 마이너스(BM))을 이용한다.
③ 최대 데이터 전송속도는 유효 데이터율 75%까지의 경우에, 최대 10MBd/채널이다.
(CAN의 약 20배 정도 더 빠르다.)
④ 데이터를 2채널로 동시에 전송함으로서 데이터 안전도는 4배로 상승한다.
⑤ 유연한 구성(configuration)이 가능하므로 다수의 응용영역(예 : 엔진/변속기제어 시스템, 주행 다이내믹 제어시스템 등)에 FlexRay의 사용이 가능하다.
⑥ 데이터 전송은 동기방식이다.(시간제어)
⑦ 실시간(real time) 능력은 해당 구성(configuration)에 따라 가능하다.

(2) FlexRay 데이터 버스 시스템의 구성

FlexRay 시스템은 버스와 노드(프로세서 또는 ECU)로 구성되어 있다. 각 노드들은 동기를 취하기 위하여 사용되는 주기적인 신호를 발생시키는 장치 소위, 고유의 클록(clock)을 가지고 있다. 클록 편류(clock drift)는 기준 클록으로부터 0.15% 이하이어야 한다. 이는 시스템 내에서 가장 빠른 클록과 가장 느린 클록 간의 편차가 0.3% 이하이어야 함을 의미한다.

예를 들면 발신자인 노드 A가 300 사이클을 할 때, 수신자인 노드 B는 299~301사이클을 하게 된다. 클록은 이와 같은 편류(drift)가 문제를 일으키지 않을 만큼 빈번하게 다시 동기화된다.

높은 데이터 전송률은 반사(reflection)를 피하기 위해 2지점 간 연결(point to point

connection) 데이터 버스 구조의 구성을 필요로 한다. 따라서 FlexRay 데이터 버스 시스템은 주로 2지점 간 구조, 데이지-체인(daisy chain) 구조 및 능동 스타(active star) 구조가 혼합된 상태로 구성되어 있다.

데이지 체인(daisy chain) 구조란 복수의 장치를 하나의 입/출력 버스에 연쇄적으로 접속하는 구조를 말한다. 제어신호는 순차장치를 통과하고, 신호를 요구하고 있는 최초의 장치에 오면, 그 동작을 수행하는 동시에 다음 장치에 대한 접속을 끊는다. 우선순위는 장치의 접속순위에 의해 결정된다.

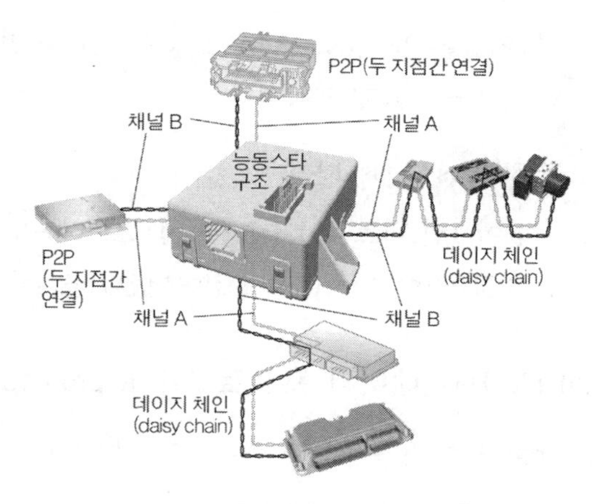

그림 10-10 혼합 버스구조(예)

(3) FlexRay 노드의 구조

플렉스레이-노드의 내부 구조는 본질적으로는 CPU, 컨트롤러 및 트랜시버를 갖춘 CAN-노드의 구조와 거의 같다.

CAN-노드와의 차이점은 예를 들면, 2개의 분리된 전송채널, 채널 A와 채널 B용으로 부품들이 2배로 설치되어 있다는 점이다. 이는 2개의 독립적인 배선쌍에 동시에 데이터를 전송할 수 있음을 의미한다. 1개의 채널로의 데이터 전송이 실패할 경우에도 기능에 영향을 미치지 않는다.(중복). 그러나 고장은 자기진단으로 확인할 수 있다. 운전자는 경고 메시지를 통해 고장을 인식하게 되므로 수리대책을 강구할 수 있다.

플렉스레이 데이터 버스 시스템은 데이터 안전도가 높기 때문에 민감한 주행안전시스템의 제어 예를 들면, '전기식 브레이크 제어'에 사용할 수 있다.

(4) FlexRay 배선에서의 전압수준

데이터는 각 채널에서 2개의 배선(BP와 BM)을 통해서 전송된다. 데이터 배선으로 데이터 전송이 이루어지지 않고 있을 때(idle)에는, 두 배선에서의 전압은 약 2.5V 정도이다.

① BP(Bus-Plus) 배선

값이 1인 비트(bit)가 BP-배선으로 전송되

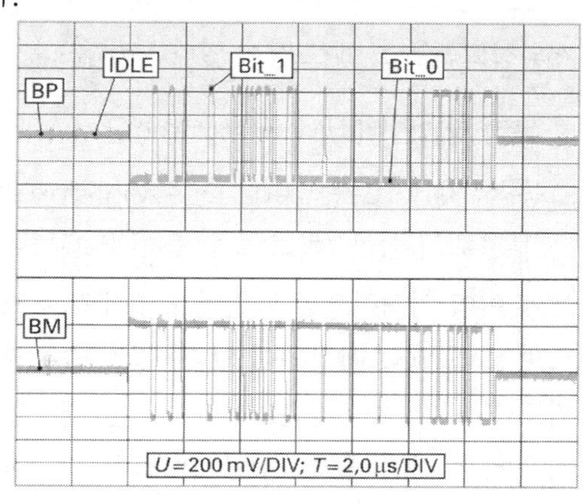

그림 10-11 FlexRay 배선에서의 전압 수준

면, 전압은 약 3.0V～3.5V로 상승한다. 동일한 배선에 값이 0인 비트(bit)가 전송되면, 전압은 약 1.5V～2.0V로 하강한다.

② BM(Bus Minus) 배선

값이 1인 비트(bit)가 BP-배선으로 전송되면, 전압은 약 1.5V～2.0V로 하강한다. 동일한 배선에 값이 0인 비트(bit)가 전송되면, 전압은 약 3.0V～3.5V로 상승한다.

(5) FlexRay 데이터 프로토콜(data protocol)의 구조

데이터는 지속적으로 반복적인 사이클(통신 사이클 ; Communication cycle)로 전송된다. 통신 사이클은 정적 세그먼트(static segment), 동적(dynamic) 세그먼트, 기호-윈도우(symbol window) 및 네트워크 유휴시간(network idle time)으로 구성되어 있다.

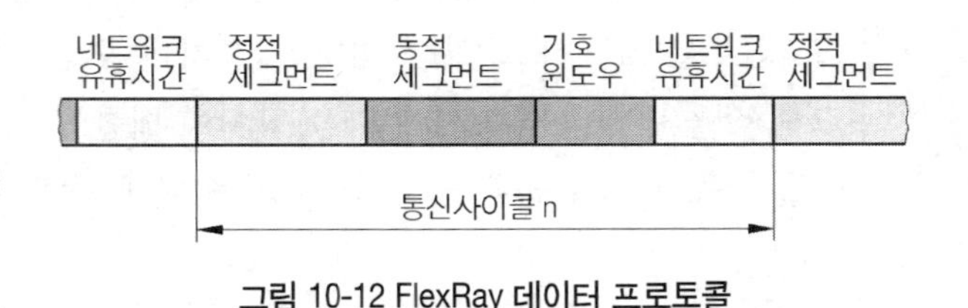

그림 10-12 FlexRay 데이터 프로토콜

① 정적 세그먼트(static segment)

정적 세그먼트는 다수의 슬롯(slot)으로 분할되어 있으며, 슬롯의 수는 제작사에 따라 다르지만, 최대 1023개까지이다. 슬롯은 자신이 배속된 노드가 데이터를 전송할 수 있는, 시간-윈도우(time window)이다. 정적 세그먼트에서는 주로 안전에 아주 민감한 데이터가 전송된다. 노드가 새로운 데이터를 준비하지 않았으면, 노드는 기존의 데이터를 전송한다. 어떠한 데이터도 전송되지 않았다면, 시동단계를 제외하고는 노드에 고장이 있다는 것을 의미한다.

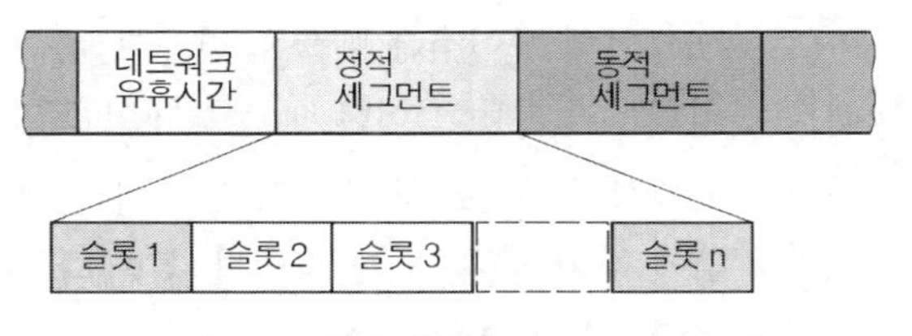

그림 10-13 정적 세그먼트(static segment)

② 동적 세그먼트(dynamic segment)

동적 세그먼트는 미니-슬롯(Mini-slot)으로 분할되어 있다. 미니-슬롯은 정적 세그먼트에 이어 연속적으로 일련번호가 매겨져 있으며, 노드별로 배정되어 있다. 정적 슬롯과 비교했을 때 차이점은 미니-슬롯은 필요할 경우에만, 예를 들면, 진단데이터를 전송한

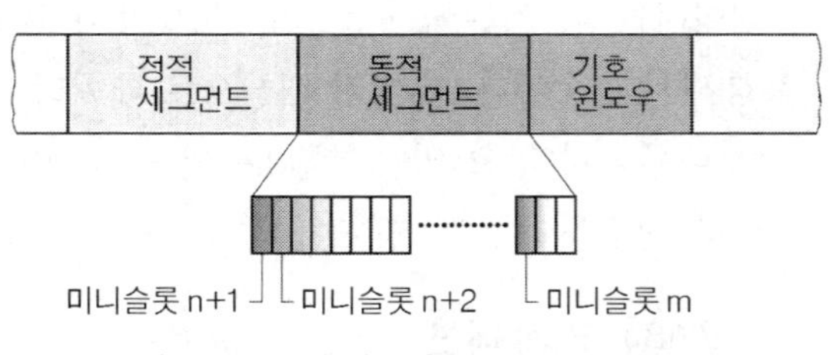

그림 10-14 동적 세그먼트(dynamic segment)

다. 동적 세그먼트의 시간경계에 도달하면, 미니-슬롯의 전송은 종료되며, 아직 전송하지 못한 미니-슬롯은 다음 번 통신-사이클(communication cycle)에 전송된다.

③ **기호 윈도우**(symbol window)

기호 윈도우에는 테스트 목적용으로 정해진 기호가 포함되어 있다. 기호 윈도우는 구성(configuration)에 따라 다르며, 항상 사용하는 것은 아니다.

④ **네트워크 유휴시간**(network idle time)

네트워크 유휴시간은 '버스휴식시간'이라고도 한다. 이 시간 동안에 컨트롤러는 동기화 과정을 실행할 기회를 가지고 있다. 예를 들면, 네트워크 유휴시간에 시간 오프셋을 계산하여, 이를 보정한다.(오프셋 보정 : offset correction)

(6) FlexRay 시동단계(start-up)

동기식(시간 제어식) 버스 시스템에서 통신의 구축을 위한 시동단계는 큰 의미를 가지고 있다. 모든 노드들은 반드시 상호 간에 동기(synchronizing)하여 데이터를 전송하고, 데이터 처리를 시작해야 한다. 플렉스레이-데이터 버스 시스템에서는, 통신의 시작을 담당하는, 최소한 2대의 노드를 갖추고 있다. 이들 2대의 노드(ECU)를 콜드-스타터(cold starter)라고 한다.

콜드스타터는 선행-콜드스타터, 추종-콜드스타터 및 None-콜드스타터로 분류한다.

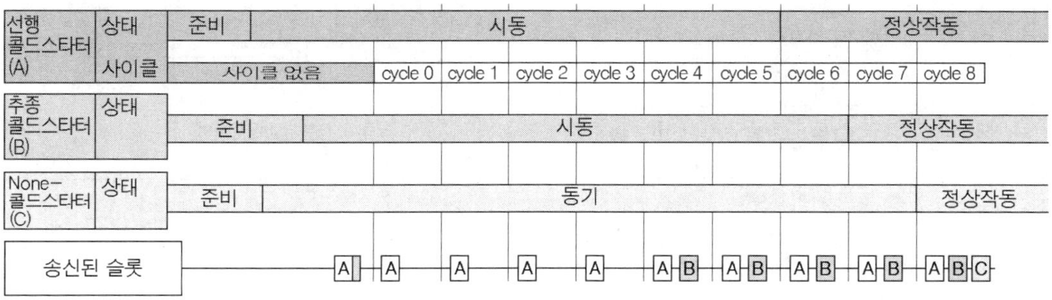

선행 콜드스타터 (A)
상태: 준비 | 시동 | 정상작동
사이클: 사이클 없음 | cycle 0 | cycle 1 | cycle 2 | cycle 3 | cycle 4 | cycle 5 | cycle 6 | cycle 7 | cycle 8
추종 콜드스타터 (B)
상태: 준비 | 시동 | 정상작동
None-콜드스타터 (C)
상태: 준비 | 동기 | 정상작동
송신된 슬롯: A A A A A A B A B A B A B A B C

그림 10-15 FlexRay 시동단계(start-up)

① **선행 콜드스타터**(leading cold starter)

자신의 클록(clock)에 근거하여 통신 사이클을 발신하여 버스 배선으로 데이터 전송을 시작한다.

② **추종 콜드스타터**(following cold starter)

추종 콜트스타터는 선행 콜드스타터의 데이터 흐름(data flow)에 동기시키려고 시도한다.

③ **논-콜드스타터**(None cold starter)

논-콜드스타터는 연이어 시동단계에서의 동기화를 지원한다.

동기화가 성공적으로 이루어지면, 다른 노드들이 연이어 마찬가지로 데이터 흐름에 동기화된다. 이제 통신이 시작된다.

참고

● 수리 지침

제작사가 규정한 통신 사이클을 전송한 후에도 선행 콜드스타터가 파트너를 발견하지 못하면, 약간의 시간지연 후에 다시 통신을 시작하고자 시도한다. 여러 번 통신을 시도해도 실패하면, 시동시도는 종료된다. 그리고 고장메모리에 고장이 입력된다.

예상 가능한 고장원인은 CAN 시스템의 고장원인과 같다. 고장원인을 확인하기 위해서는 진단테스터에 탑재된 고장진단 프로그램을 활용해야 한다.

(1) FlexRay 배선의 점검 및 수리

오류가 없는 전송을 위해 배선의 중요한 파동저항(wave resistance)은 제작사에 의해 최적화되어 있으므로 임의로 변경해서는 아니 된다. 그러므로 플렉스레이-배선에서 전압을 측정할 경우에는, 제작사가 추천한 진단기와 진단방법을 사용해야 한다.

플렉스레이-배선을 수리할 경우에는 다음 사항에 유의하여야 한다.

① 배선의 길이를 변경하지 않는다.
② 차폐된 배선의 경우, 커넥터 연결부에서 차폐가 제거된 길이는 제작사가 규정한 값을 초과해서는 아니 된다.
③ 꼬여 있는 배선의 경우, 커넥터 연결부의 꼬여 있지 않은 부분의 길이가 제작사의 규정값을 초과해서는 아니 된다.

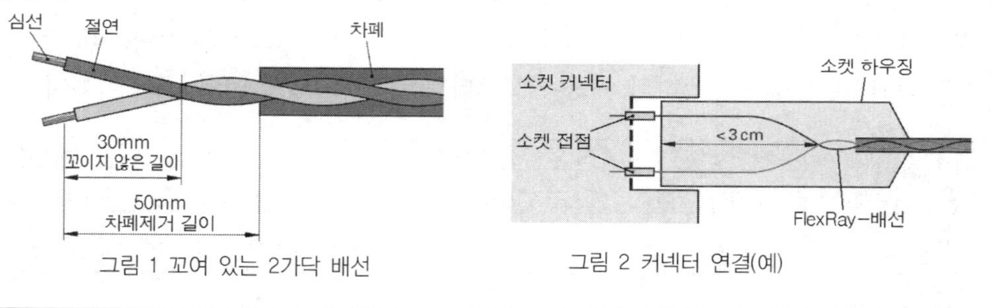

그림 1 꼬여 있는 2가닥 배선

그림 2 커넥터 연결(예)

〔표 10-4〕 전기식 네트워크 시스템 요약

버스 형식	멀티-플렉스/LIN	CAN(버스B/버스C)	FlexRay
용도	적은 데이터 전송으로 제어	구동 버스/디스플레이 버스 및 컴포트 -버스/운전자 보조 시스템	구동장치 시스템 주행 다이내믹 시스템 운전자 보조 시스템 및 안전 시스템
보기	조명의 제어와 같은 간단한 전자부품: 3개의 배선(전원배선, 접지배선, 데이터배선)	등급 B : 키리스 고, 중앙집중식 로크 시스템, 시트 메모리, 등급C : 모트로닉, 변속기 제어, ESP, Distronic	Distronic, ABS/ASR/ESP Pre-safe, 능동 차체 구동력 배분, 전기식 브레이크
전송원리	마스터/슬레이브 원리 동기식	멀티-마스터 원리 비동기식	시간 분할 원리(time triggering), 동기식
신호배선 수	1개	2개	2개
전송 매체	절연된 구리선	twisted pair, 서로 꼬여 있는 구리선	twisted pair, 절연 및 합성수지로 피복된 구리선
네트워크 구조	멀티-플렉스 - P2P, 버스구조 LIN -데이지 체인 -버스 구조	버스 구조 및 수동 스타 구조	-P2P -데이지 체인 -능동 스타 구조 -혼합구조 (능동스타+데이지 체인)
단일 배선 가능성	-	등급 B ; yes 등급 C ; No	No
전송	전압 신호		
데이터 전송률	멀티-플렉스 : 125kBd까지 LIN : 19.2kBd까지	등급B : 125kBd까지(low) 등급C : 1MBd까지(high)	10MBd까지
버스 스테이션 수	멀티-플렉스 : 6개까지 LIN: 16개까지	등급B : 24개까지 등급C : 10개까지	62개까지

제3절 광 데이터 버스 시스템
(Optical data bus systems ; D2B, MOST)

D2B(Digital Domestic Bus)는 통상적으로 가정 자동화용 저속 IEC 직렬버스표준을 의미하지만, 자동차분야에서는 자동차 애플리케이션용 고속, 동시전송(isochronous)방식의 링 네트워크 기술(ring network technology)을 말한다. MOST(Media Oriented Systems Transport)는 자동차 버스 시스템의 표준으로서, 자동차에서 멀티-미디어 부품들 간의 상호연결에 대한 표준이다.

광 데이터버스는 정보시스템, 커뮤니케이션 시스템 및 대화시스템(예 : 라디오, 내비게이션)에 주로 사용된다. 이들은 광파를 이용하여 대량의 데이터를 전송할 수 있다. 예를 들면, 동화상 및 음성의 전송 및 교환에 필요하다.

1. 광 데이터 버스 시스템의 특징

① **높은 데이터 전송률** (D2B(Digital Domestic Bus) ; 5.6MBd, MOST ; 150MBd) *Bd ← bps

스테레오(stereo) 음향을 디지털로 전송하기 위해서는 데이터 전송률 1.54MBd를, MPEG (Motion Picture Expert Group)-비디오 즉, 동영상 파일 압축기술로 압축한 비디오를 전송하기 위해서는 데이터 전송률 4.4MBd를 필요로 한다.

전기 버스 시스템의 데이터 전송률이 최대 1MBd로 제한되기 때문에, 자동차에서는 광 데이터 버스 시스템의 사용이 증가하고 있다. 광 데이터 버스 시스템에서는 추가로 데이터의 동기전송이 가능한데, 동기전송은 음악 데이터 및 비디오 데이터의 전송에 필요하다.

② 링(ring) 구조, 또는 능동 스타(star) 구조

③ 합성재료 배선 및 플라스틱 광섬유(Plastic Optical Fiber)를 이용하여 광파를 전송

④ 높은 내 간섭성

광파를 이용하여 데이터를 전송함으로서, 광 데이터 버스 시스템은 전자(電磁) 간섭파를 발생시키지 않는다. 동시에 "전자(電磁) 간섭파에 민감하지 않다."는 특성도 가지고 있다.

2. 광 데이터 버스 시스템의 구성

MOST 네트워크는 주로 링(ring) 구조로 배열되어 있다. 그러나 경우에 따라서는 능동 성형(star) 구조 및 더블-링 구조도 가능하며, 64개까지의 디바이스(device) 또는 노드(node)를 포함할 수 있다. PnP(plug and play)*형식은 노드의 제거나 추가를 쉽게 할 수 있다. 그러나 하나의 새로운 노드를 링-구조에 추가로 삽입하여 시스템을 확장하면, 이때 새로 삽입하는 노드를 시스템의 구성(configuration)에 동조시켜야 한다.

타이밍 마스터(timing mater) 또는 시스템 마스터(system master)란 링 구조에 지속적으로 데이터 프레임(data frame)을 생성, 공급(feed)하거나 또는 데이터용 게이트웨이(gateway)처럼 작동하는 노드를 말한다. MOST 시스템에 시스템 마스터가 없을 경우, 통신이 불가능하다. 프리앰블**(preamble)헤더 또는 패킷 헤더(packet header)는 반복적으로 타이밍 슬레이브(timing slave)라고 하는 나머지 노드들을 동기(synchronizing)시킨다. 전체 대역폭(스트리밍 데이터 및 패킷 데이터 포함)은 약 23MBd이다.

사용자 구성(configuration)용으로는 60 채널, 15MPEG***1 채널을 사용할 수 있다.

광파는 1개의 노드로부터 이웃한 다음 노드로 전달된다. 전달과정에서 빛의 정보내용은 각 노드에 의해 확인, 평가된다. 경우에 따라서 메시지는 노드에 의해 추가적인 내용으로 채워지며, 새로운 광신호로 다음 노드(ECU)로 전달된다.

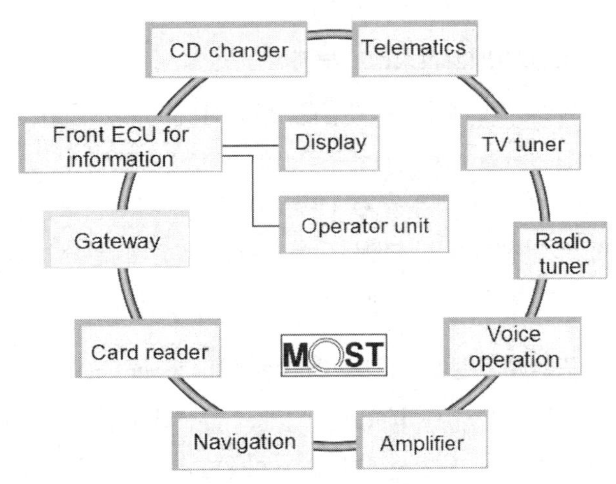

그림 10-16 링 구조의 MOST-버스

장점으로는 각각의 노드들에서 데이터의 처리과정을 통해서 새로운 광신호로 다음 노드로 전달하므로, 전체 링 구조에서 광파의 약화가 최소화되어 간섭안전도가 향상된다는 점이다.

* PnP(플러그 앤드 플레이 ; plug and play) : ECU에 연결되는 어댑터 또는 주변기기의 정보를 자동으로 인식하여 설정해 주는 기술.

** 프리앰블(preamble) : 목적 프로그램의 최초 부분에 부가되는 정보로, 그 프로그램의 실행에 필요한 기억용량, 입/출력장치의 종류와 수를 기록한 것

*** MPEG(엠펙)은 국제표준화기구(ISO) 산하기관인 동영상 전문가그룹(Motion Picture Expert Group)의 약자로 멀티미디어 관련 기술의 국제규격을 정하는 전문가 조직이다. 엠펙(MPEG)은 91년 비디오 CD용 규격인 MPEG1을, 94년 디지털 방송용 규격인 MPEG2를 제정하였다. MPEG4는 영상 음향 데이터를 압축해 개인휴대통신(PCS), 인터넷 등을 통해 주고받기 위한 국제표준이다.

그러나 링 구조는 2개의 노드 사이의 데이터 전송이 고장인 경우, 전체 버스 시스템의 통신이 붕괴된다는 단점을 가지고 있다.

3. 광 데이터 버스 시스템에서 노드의 구조

① 디바이스(device) 고유의 부품들

(예 : CD-플레이어, 라디오 모듈 등)

이들은 마이크로-컨트롤러(CPU)에 의해 활성화되며, 노드에 배정된 기능을 실행한다.

② 마이크로 컨트롤러(CPU)

중앙처리장치(CPU)는 중앙 연산 장치이다. ECU의 중요한 기능들을 제어한다.

③ 트랜시버(transceiver) 부품

트랜시버 부품은 광섬유 트랜시버(FOT ; Fiber Optical Transceiver)로부터 메시지를 수신하여, 필요한 메시지 내용을 CPU에 전달한다. 트랜시버 부품은 전송해야 할 정보로 메시지를 채운 다음, 이들 메시지를 광섬유 트랜시버(FOT)에 전달한다.

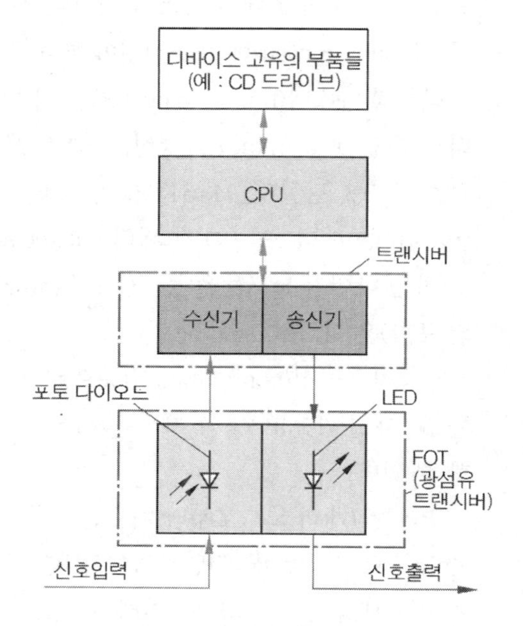

그림 10-17 광 데이터 버스에서 ECU의 구조

④ 광섬유 트랜시버(Fiber Optical Transceiver ; FOT)

광섬유 트랜시버(FOT)는 1개의 LED와 1개의 포토-다이오드로 구성되어 있다. FOT는 광파신호를 발신하고 수신한다. FOT의 LED는 광파신호를 송신하고, 포토-다이오드는 수신한 광파신호를 전기신호로 변환시킨다. 변환된 전기신호는 노드에서 처리된다.

4. 광케이블(fiber optic cable), 플라스틱 광섬유(plastic optical fiber)

이들은 광파신호를 송신기로부터 수신기로, 가능한 한 손실이 적은 상태로, 전달하는 기능을 담당한다.

(1) 광케이블의 구조

광케이블은

① 색상 식별 및 손상으로부터 내부 케이블을 보호하는, 외부 피복층

② 외부로부터의 빛의 투과를 방지하는, 내부의 흑색 피복층
③ 광파를 전송하는, 투명 플라스틱 심(core)
④ 광파의 전송을 도와주는 투명한 도막(coating)층으로 구성되어 있다.

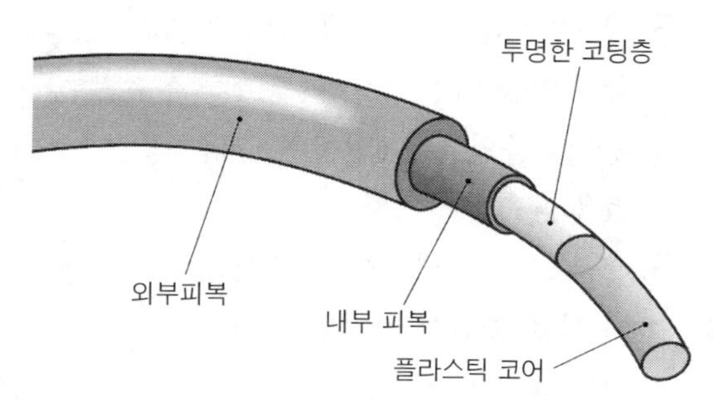

그림 10-18 광케이블의 구조

(2) 광파전송의 작동원리 - 전반사(全反射 : total reflection)

광케이블의 작동원리는 물리적인 전반사(全反射) 원리에 기초를 두고 있다.

광선이 수평각으로 광밀도가 높은 재료와 광밀도가 낮은 재료 사이의 경계층에 입사되면, 광선은 손실이 거의 없이 모두 반사된다. (전반사)

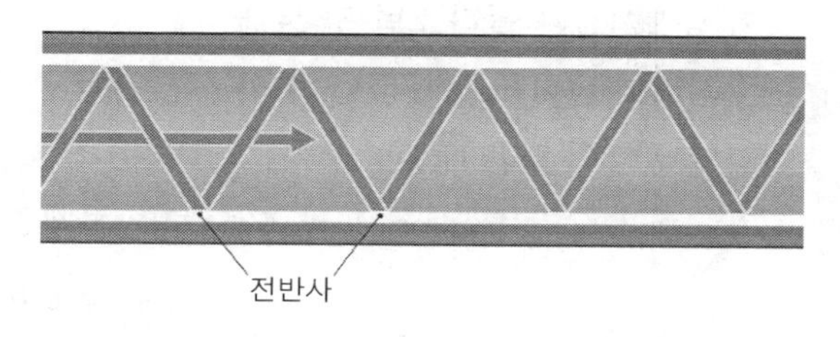

그림 10-19 전반사에 의한 광파의 전달

광케이블에서 투명 플라스틱 심(core)은 광밀도가 높은 재료이고, 투명 도막층은 광밀도가 낮은 재료이다. 그러므로 광선은 내부의 투명 플라스틱 심(core)과 도막 사이의 경계층에서 모두 반사된다. 광선은 투명 플라스틱 심의 내부를 통해 계속 전달된다.

(3) 광케이블에서 광파의 약화를 증가시키는 원인

전반사는 투명한 심의 내부로부터 경계층에 충돌하는 광파의 각도의 영향을 받는다. 만약 이 각도가 너무 날카로우면(가파르면), 광파는 광케이블의 심으로부터 밖으로 탈출한다. 이는 광파의 손실을 크게 증가시켜, 광파를 크게 약화시킨다. 이러한 현상은 광케이블이 심하게 구부러졌거나 꺾였을 때 발생한다.

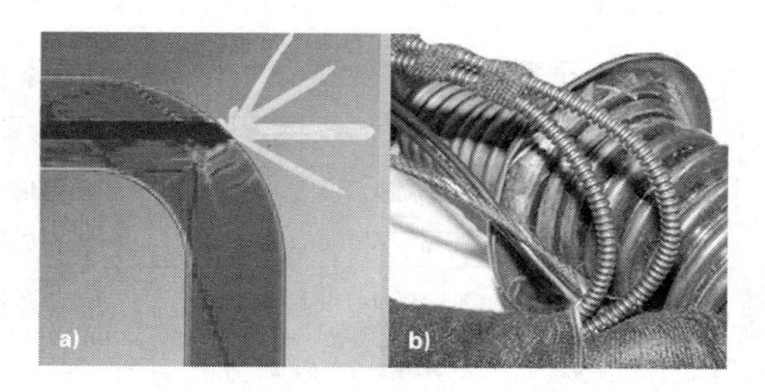

그림 10-20 굽힘 반경이 너무 작을 경우, 광파의 탈출

광케이블의 굽힘 반경이 아주 작아지는 것을 방지하기 위해서는 파형관(波形管) 내부에 광케이블을 배선하는 것이 좋다.

광파의 약화를 증가시키는 다른 여러 원인들은 다음과 같다.

① 광케이블이 완전히 비틀려져 있을 때
② 피복의 손상

③ 광케이블의 끝 단면에 긁힌 자국이 있을 때
④ 광케이블의 끝 단면이 오염되었을 때
⑤ 플러그 커넥터에서 광케이블이 서로 중심이 일치되어 연결되지 않았을 때
⑥ 삐뚤어지게 연결되었을 때
⑦ 광케이블과 플라스틱 광-트랜시버(optical transceiver) 사이에 공극이 있을 때

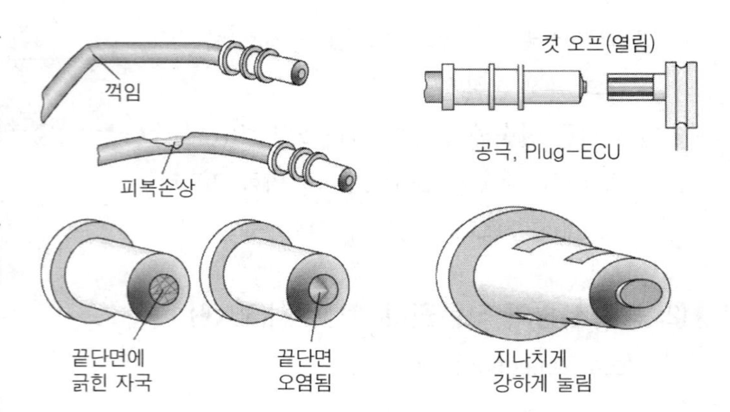

그림 10-21 광파의 약화를 증가시키는 원인들(예)

⑧ 크림프 슬리브(crimp sleeve)가 부정확하게 조립되었을 때

〔표 10-5〕 광 네트워크 시스템 요약

버스 형식	Digital data Bus (D2B)	Media Oriented System Transport(MOST)	ByteFlight
용도	멀티미디어 버스, 안전 시스템	멀티미디어 버스	멀티미디어 버스
보기	CD-체인저, mobile telephone, 라디오, 내비게이션, 대화조작, DVD-player, MP3-player		
전송원리	동기 및 비동기식 데이터 전송, 동기식		
신호 배선 수	1개	1개	1개
전송 매체	Plastic Optical Fiber(POF, 합성수지 광케이블)		POF / 무선신호
네트워크 구조	링(ring) 구조		- 링(ring) 구조 - 능동 스타 구조
전송	광 펄스		광 펄스, 라디오파
데이터 전송률	5.65MBd까지	150MBd까지	100MBd까지
버스 스테이션수	6개까지	30개까지	45개까지

- Bluetooth : 10세기경에 덴마크와 노르웨이를 통합한 덴마크 왕(Harald Blåtand, 영어로 Bluetooth)의 이름에서 유래. 최대 100m 이내에서 기기를 8대까지 네트워크로 묶을 수 있다.
- 피코넷(Piconets) : 다수의 블루투스(bluetooth) 호환 장치가 상호 인식·통신하면서 형성하는 무선 네트워크
- PAN(Personal Area Network) 개인영역 통신 네트워크(class1, 100mV/20dBm)

참고

데이터 버스 노드의 자기진단

(1) 진단 데이터의 전송

네트워크화된 자동차에서는, 각 ECU에 연결된 진단 케이블을 사용하지 말고, 해당 데이터 버스를 경유하여 진단을 실시해야 한다. 진단테스터는 진단커넥터, 게이트웨이를 이용하여 자동차 네트워크의 노드에 연결한다.

(2) 게이트웨이(gateway)

게이트웨이는 서로 다른 버스 시스템들 간에 데이터의 교환을 가능하도록 하기 위해, 버스 시스템들 간의 연결을 구축하는 역할을 담당한다. 게이트웨이는 진단테스터와 노드 사이의 연결도 구축한다.

(3) 고장메모리 입력(fault memory entries)

하나의 노드가 규정된 시간 내에 하나 또는 다수의 노드로부터 메시지를 수신하지 못했을 경우라면, 입력은 고장메모리에 저장된다.

데이터 블록의 측정(measurement of data block)

데이터블록의 측정을 통해서 기술자는 데이터버스 통신의 현재 상태를 점검할 수 있다.
예를 들면, 다음과 같은 작동상태들을 디스플레이(display)시킬 수 있다.
① 전체 데이터 버스가 활성화 상태인지, 비활성화 상태인지의 여부
② 노드로의 통신이 활성화 상태인지, 비활성화 상태인지의 여부
③ 전체 버스 또는 개별 노드가 슬립(sleep)모드로의 스위칭 준비 여부
④ 전체 버스가 단일배선모드 상태인지의 여부
⑤ 개별 노드가 단일배선모드 상태인지의 여부
측정 데이터블록은 전송된 유용한 데이터를 디스플레이하기 위해서도 사용할 수 있다.

광 데이터버스 시스템에서 파손된 링(opened ring) 진단

이 진단은 링 구조의 파손 원인을 발견하기 위한 고장진단을 지원하는 기능을 담당한다. 광 버스 시스템에서는 노드의 자기진단이 지원되지 않는다. 이유는 링 구조가 파손되었을 경우에는 노드로부터 진단테스터로 진단데이터가 전송되지 않기 때문이다.

링 구조의 파손에 대한 진단은 전기적 및 광학적으로 실시한다.

(1) 전기적 시험

이 시험에서 노드들은 MOST-통신과 관련된 내부의 전기적 기능들을 시험한다.
전기적 시험에 따른 오류 메시지의 원인은 다음과 같다.
① 표시된 노드의 전원 불량(부족)
② 표시된 노드로 가는 진단배선(링 구조의 파손 진단용)의 단선
③ 게이트웨이에서의 구성(configuration)오류, 설치되지 않은 노드가 구성에 입력되어있음.
④ 노드의 결함

(2) 진단배선(링 구조의 파손 진단용)

이 배선은 게이트웨이와 노드 사이를 전기적으로 연결한다. 링 구조의 파손여부의 진단은 진단테스터를 이용하여 실시한다.

게이트웨이는 링-구조 파손진단용 배선을 통해 노드에 시작신호를 전송한다. 그 결과, 모든 노드들은 각자의 광섬유 트랜시버 내에 설치된 LED를 스위치 'ON' 한다.

이어서 추가로 선행하는 광신호가 광섬유 케이블을 통해 포토-다이오드에 도착하는지의 여부를 재점검한다. 이상이 없으면, 각 노드들은 "광학적으로 정상"이라는 정보를 링-구조 파손 진단용 배선으로 전송한다.

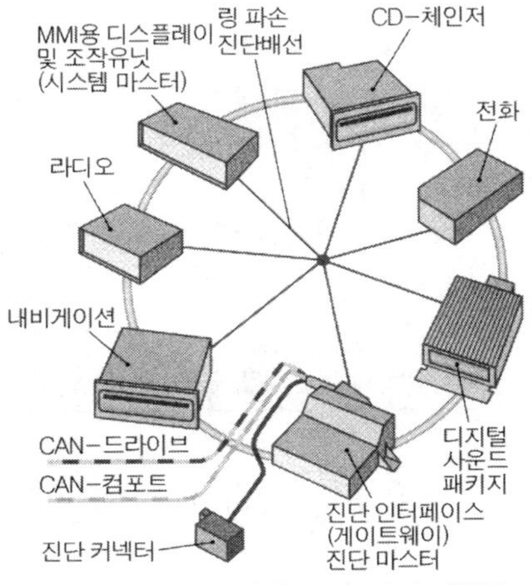

그림 1 MOST(링 구조) 진단 배선의 결선상태

진단테스터는 진단결과를 노드의 목록형식으로 나타낸다. 이 목록을 보고, 기술자는 어느 노드 사이의 광파의 연결이 차단되었는지 확인할 수 있다.

(3) 광학적 시험

이 시험에서 노드는 광파가 광섬유 트랜시버(FOT)에 수신되었는지의 여부를 점검한다. 오류 메시지는 이 노드로의 광파연결이 차단되었음을 의미한다.

광파연결의 차단 원인으로는 다음과 같은 경우가 있을 수 있다.

① 광섬유 케이블의 광파감쇄작용이 너무 크다.
② 광파를 발신하는 노드의 결함
③ 광파를 수신하는 노드의 결함

고장원인을 확인하기 위해서는 진단테스터에 내장된 진단 프로그램을 활용한다.
진단 프로그램이 없을 경우, MOST-데이터버스의 노드 대신에 대체 ECU를 설치하여, 고장원인을 파악할 수 있다.

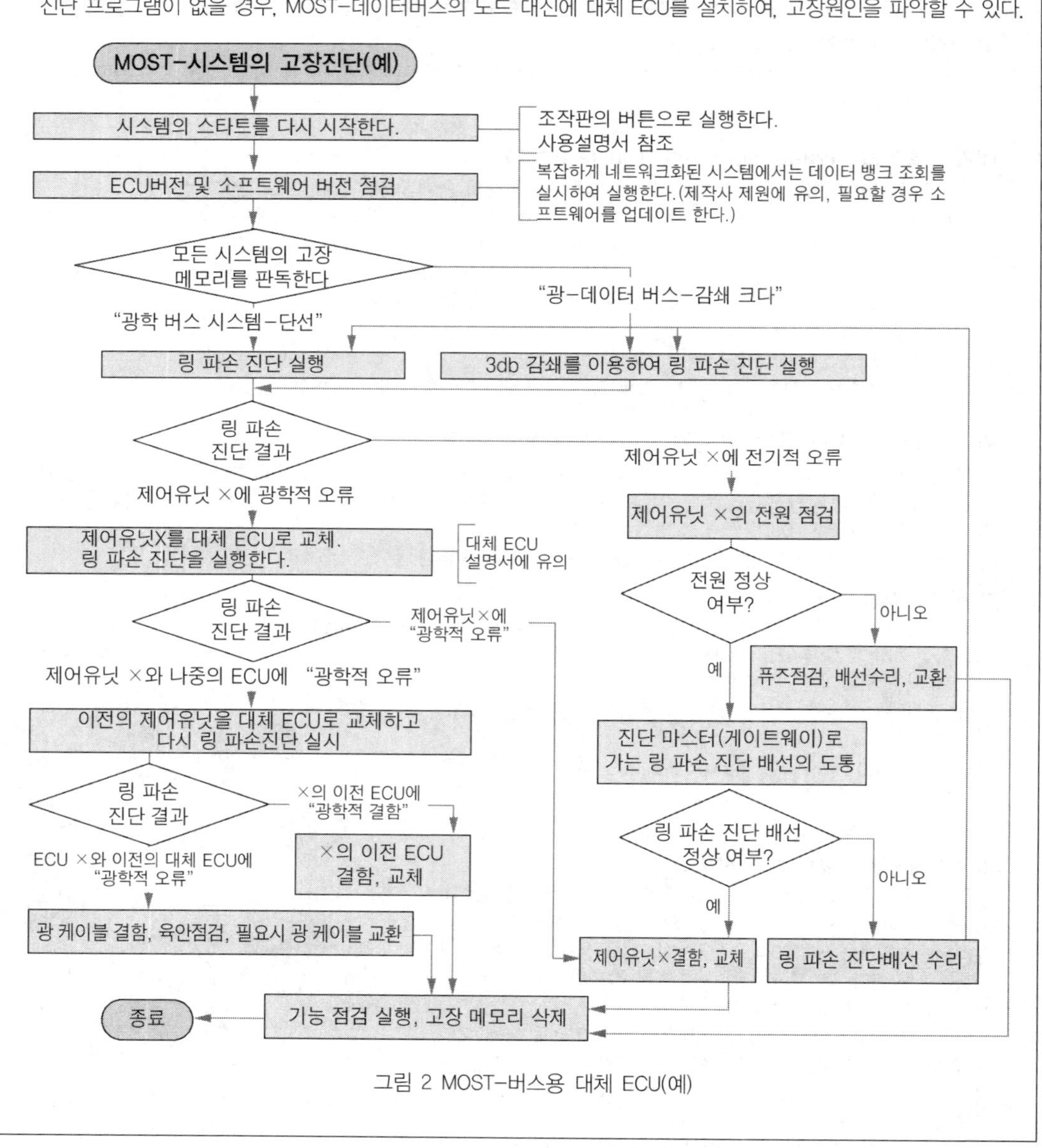

그림 2 MOST-버스용 대체 ECU(예)

제11장

주행정보 시스템

Driving information system

: Informationssysteme fuer Fahrer

주행정보 시스템이란 운전 중 운전자에게 주행과 관련된 정보는 물론, 기관을 비롯한 각종 장치의 작동상태에 대한 정보를 제공하는 것들을 모두 포함한다.

디스플레이 시스템과 디스플레이 소자에 대하여 먼저 설명하고, 개개의 계기에 대해서 설명하고자 한다. 단, 이미 상세하게 설명한 부분들에 대해서는 여기서는 생략한다.

제1절 디스플레이 시스템

(display system)

마이크로프로세서(micro processor)의 도입, 새로운 전자소자(예 : LCD, LED 등)의 상용화, 그리고 자동차의 작동상태와 주행정보에 대한 운전자의 욕구증대에 따라 계기장치는 다른 어느 장치보다 빠른 속도로 전자화되고 있다.

1. 디스플레이 방식의 분류

계기의 디스플레이 방식에 따라 다음과 같이 분류할 수 있다.

① 기계식 (기계식 입력신호, 기계식 정보처리)

예 : 케이블식 속도계(또는 km 적산계)

② 전자(電磁)식 (기계식 또는 전기식 입력신호, 전기/기계식 및 전자식(電磁式) 신호처리

예 : 기존의 아날로그형 계기

③ 전기식

예 : 예열표시 파일럿램프.

④ 전자(電子)식 (전기식 입력신호, 전자식 신호처리)

예 : 액정 디스플레이(LCD: Liquid Crystal Display)

특히 전자(電子)식 디스플레이 시스템이 다른 시스템을 빠르게 대체해 가고 있다. 표 11-1에 전자식 디스플레이 시스템 테크닉을 요약하였다. 이들 시스템은 다시 스스로 빛을 발생시키는 능동(active)소자와 빛의 영향을 받는 수동(passive)소자로 구분할 수 있다.

능동 소자는 스위칭시간이 짧고, 어두운 곳에서도 눈에 잘 띈다는 장점이 있는 반면에, 에너지 소비가 따르고, 주위에 너무 많은 빛을 발산시킨다는 단점이 있다.

〔표 11-1〕 자동차에 이용되는 전자식 디스플레이 방식

디스플레이 기술		기호	작동 원리	작동전압	색깔
능동소자	음극선관	CRT	전자 빔	수 kV	임의
	진공형광식	VFD	가속전자로 발광물질을 자극	약 120V	대부분 녹청색, 그러나 청적, 황색도 가능
	플라즈마	PD	충돌이온으로 가스방전	약 200V	특히 오랜지색
	발광 다이오드	LED	반도체 PN접합의 순방향에서 전하의 재결합	2~3V	적, 황, 녹, 오랜지, 백색
	전계발광	EL	전계에서 발광물질을 자극	150~250V	청, 황, 녹색(오랜지, 적색)
수동지시소자 액정		LCD	전계 내에서 액정을 이용하여 빛의 흡수와 전달을 제어	1~3V	단색, 컬러필터를 이용하면, 여러 가지 색깔 가능

2. 디스플레이 형태(form of display)

디지털 처리된 정보는 여러 가지 방법으로 나타낼 수 있다. 예를 들면 점, 막대, 숫자, 문자, 또는 특수형상의 그림 등 다양한 형태로 나타낼 수 있다. 이 외에도 디지털/아날로그 변환기를 이용하면 아날로그 형태로도 나타낼 수 있다.

그림 11-1은 많이 이용되는 디스플레이 형태들이다.

① 형상표시(그림 11-1(a))

② 막대 또는 띠 모양(그림 11-1(b))

③ 숫자 표시용 7-세그먼트-디스플레이(7-segment-display) (그림 11-1(c))

④ 문자 표시용 16-세그먼트 디스플레이(그림 11-1(d))

⑤ 문자, 숫자, 기호 표시용 매트릭스(그림 11-1(e))

⑥ CRT(음극선관) 화면 : 문자, 숫자, 기호, 그래픽 등(예 : 지도)(그림 11-1(f))

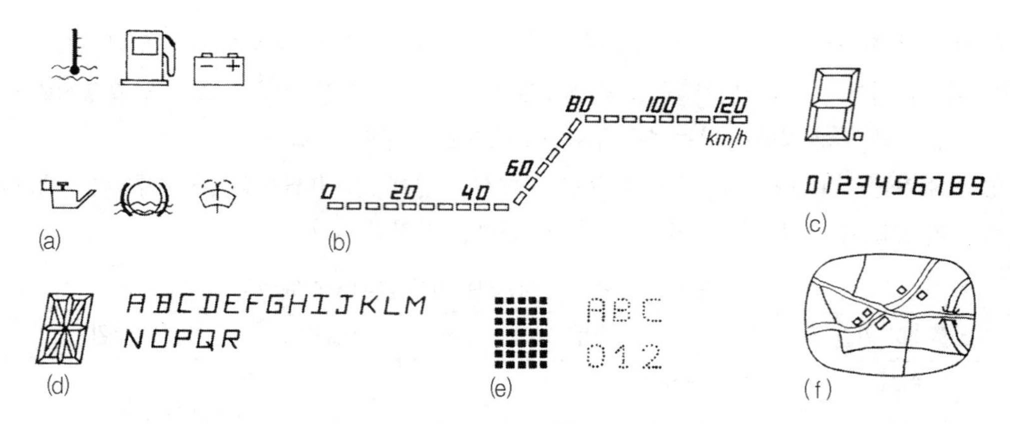

그림 11-1 자동차계기 디스플레이 방식

3. 디스플레이 소자(display elements)(PP.195, 2-5 광전소자 참조)

(1) 파일럿 램프(pilot lamp)

파일럿 램프는 여러 가지 색상을 나타낼 수 있고, 교환이 용이하다는 장점을 가지고 있으나, 대부분 전자 광소자(예 : 7-세그먼트-디스플레이)로 대체되고 있다. 파일럿 램프는 형상 표시기호나 수동소자의 조명용, 기계/전기식 계기의 정보용(예 : 방향지시등이나 상향전조등의 점등 확인용)으로 사용되고 있다.

파일럿램프는 트랜지스터를 이용하여 전자적으로 제어할 수 있다. 에너지소비가 많고, 설치공간을 많이 차지하며, 수명이 짧고, 형상을 자유롭게 성형하는 데 제한이 따른다는 점 등은 단점이다.

(2) 발광다이오드(LED)

발광다이오드를 그림 11-2(b)와 같이 결선하여 0 → 9까지의 숫자를 표시할 수 있는 7-세그먼트-디스플레이가 많이 사용된다. 제어를 단순화하고 또 접점수를 줄이기 위해 애노드 공통접속 또는 캐소드 공통접속 회로를 이용한다. 그림 11-2(b)는 캐소드 공통접속 방식이다. 그림

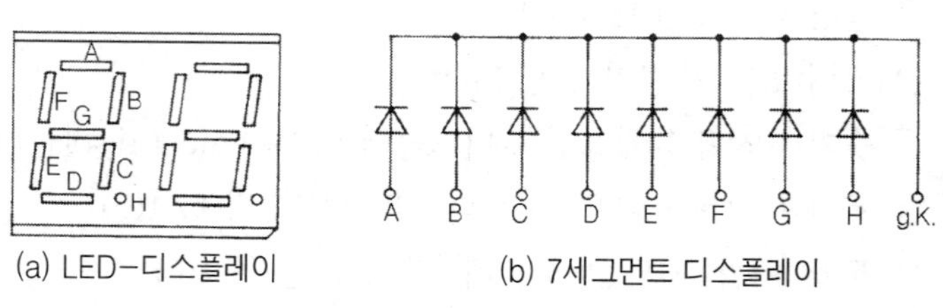

(a) LED–디스플레이 (b) 7세그먼트 디스플레이

그림 11-2 A-H 발광다이오드 세그먼트

11-2(b)에서 A, B, C … H 쪽을 공통접속하면 애노드 공통접속(그림 11-2(b)에서 g, k)이 된다. 어느 방식이든지 원하는 숫자표시에 필요한 세그먼트에만 전류를 흘려 발광시키면 된다.

자동차용 LED-디스플레이 장치의 장점은 수명이 길고, 소형/경량이며, 그 구조가 튼튼하고, 작동전압이 낮고, 값이 싸고, TTL(transistor-transistor-logic) 호환성을 가지고 있기 때문에 다른 소자와의 결합이 용이하다는 점이다.(C-MOS도 사용가능).

단점으로는 전류소비가 많고, 자체적으로 가열되며, 주위 조도가 높을 경우 대비도(contrast)가 낮다는 점을 들 수 있다.

(3) **전계발광소자** (electro-luminescence element : EL)

그림 11-3은 교류로 동작하는 전계발광소자(EL)의 구조이다. 전계발광소자의 구조는 마치 콘덴서와 비슷하다.

형광물질입자가 유전체 중에 혼합되어 있거나, 또는 2개의 유전체(2) 사이에 유화아연(ZnS)의 발광층(박막 EL)(3)이 들어 있다. 그리고 그 외부 양면에 전극이 설치된다.

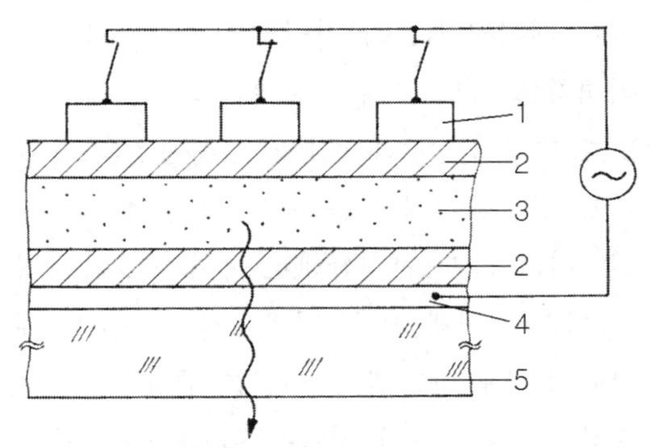

1. 띠 모양의 Al-전극(후면)
2. 절연층(Al_2O_3, SiO_2, Si_3N_4, 또는 Y_2O3로 된 고 저항층)
3. Mn-발광중심이 있는 발광층(ZnS 또는 ZnSe, CaS)
4. 띠 모양의 투명전극(전면):전극1에 대해 수직임
5. 유리기판(전면)

그림 11-3 교류로 동작하는 박막 EL의 구조

발광층(3) 두께는 수 10μm 의 얇은 층이다. 그리고 한 쪽 전극(그림 11-3에서 전극 1의 절연층)은 반사성이 좋은 불투과성이고, 다른 전극(그림 11-3에서 전극 4)은 빛이 통과할 수 있는 투과성 전극이다. 투과성전극은 산화석(SnO)을 주성분으로 하는 두께 1μm 이하의 얇은 층이다.

이와 같은 구조의 EL 양 전극(1, 4)에 강한 전장(약 10^6 V/cm)을 가하면, 절연 반도체층 접합면(2-3)의 전자가 튀어나와, 발광층(3) 속으로 돌진, 충돌한다. 충돌 시 Mn의 발광중심(전류를 구성하는 전자와 정공쌍)에 자신의 에너지를 주어 Mn원자를 여기(勵起)시킨다. 이때 발생된 여기상태의 전자가 곧바로 기저(基底)상태로 되돌아가면서 발광하게 된다.

전계발광소자(EL)의 장점은 완전한 고형체, 아주 얇은 평면구조, 높은 대비도, 다른 소자와의 결합성 양호, 다양한 색깔, 다양한 형상으로 생산이 가능하다는 점 등이다. 단점으로는 수명이 짧고(노화가 빠르다), 동작전압이 높고, 고가이며, 휘도(밝기)조절이 어렵다는 점 등을 들 수 있다.

(4) 진공형광 디스플레이(vacuum fluorescence display : VFD)

진공형광 디스플레이(VFD)의 구조는 그림 11-4와 같다. 필라멘트 음극(1), 제어 격자(2), 스크린 격자(3), 세그먼트로서 형광물질(4)이 도포되어 있는 애노드(5) 등으로 구성된다. 그리고 제어 격자와 스크린 격자는 관내에 접속되어 있다.

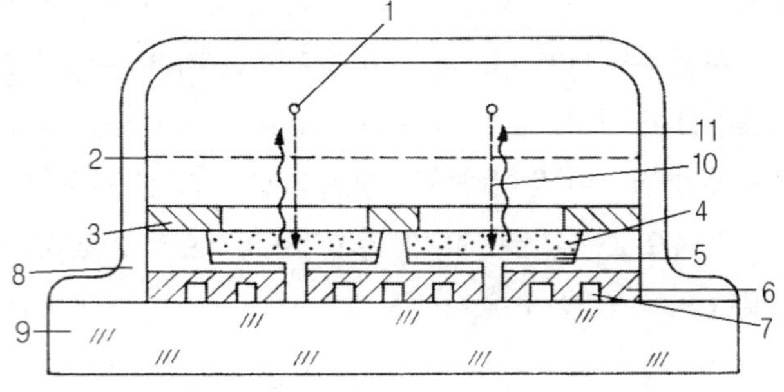

1. 필라멘트 음극(cathode wire) 2. 제어격자(control grid)
3. 스크린 격자(screen grid) 4. 형광물질(ZnO-combination)
5. 애노드 세그먼트 6. 절연층 7. 인쇄 배선 8. 그라스 커버
9. 유리기판 10. 가속전자파 11. 광선

그림 11-4 VFD(진공형광 디스플레이)

필라멘트 음극(1)으로부터 방출된 전자가 제어격자(2)에 의해 가속되어, 제어격자에 뚫린 구멍을 통과한 다음, 애노드 세그먼트(5)에 도포된 형광물질(4)에 충돌하게 된다. 가속전자가 형광물질에 충돌하면 형광물질 내부의 전자가 여기상태로 되었다가 다시 기저상태로 복귀하기 때문에 일정 파장의 빛(=형광)이 발생되게 된다. 형광물질이 도포된 애노드가 여러 가지 숫자나 문자를 나타낼 수 있도록 세그먼트를 형성하고 있으므로, 필요한 세그먼트에만 전압을 인가하여 원하는 숫자나 문자를 나타낼 수 있다.

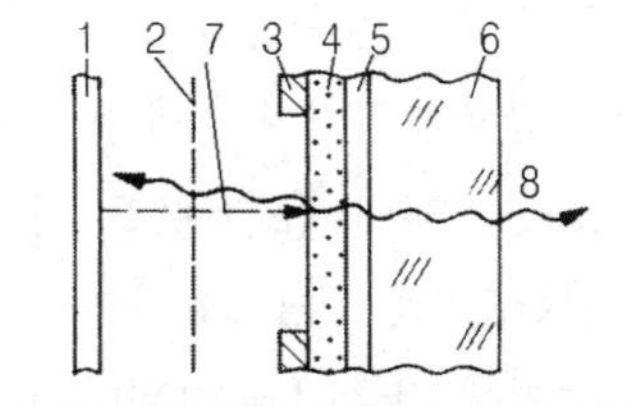

1.열선(음극) 2.제어격자 3.스크린 격자
4.형광물질 5.투명 애노드 층
6.유리기판(전면) 7.전자파 8.광선

그림 11-5 FLVFD의 원리

그림 11-5는 투명한 양극(5) 위에 즉, 표시창의 뒷면에 형광물질을 도포하였기 때문에 수상 스크린과 같은 기능을 한다. (11-4와 비교해 볼 것). 따라서 필라멘트 음극과 제어 격자는 보이지 않는다. 세 겹(적, 녹, 청)으로 배치하면, 앞면에서는 총천연색을 얻을 수 있다.-(FLVFD: front luminous VFD)

① VFD의 장점

- 비교적 간단하고, 염가로 생산 가능하다.(실크 스크린, 에칭(etching), 진공관기술)
- 복합성이 아주 좋다.
- 수명이 길다.
- 판독성이 양호하다.

② VFD의 단점

- 동작전압이 2종류이다.(가열전압 1~5V, 애노드전압12~120V)
- 비교적 칫수가 크다.(특히 발광 세그먼트)

(5) 음극선 관(CRT : cathode ray tube)(PP.641 제13장 4절 참조)

(6) 플라즈마 디스플레이(PD : plasma display)

일명 가스방전 디스플레이 튜브라고도 한다. 그림 11-6은 플라즈마 디스플레이의 구조이다. PD는 가스가 봉입된 납작한 유리관과 최소한 2개의 대칭전극으로 구성된다. PD는 직류와 교류, 모두로 동작시킬 수 있다. 양극(4)과 음극(1) 사이에 일정 크기 이상의 전압(70~400V)을 인가하면, 방전관 내부의 가스가 전리, 방전현상(글로우 방전)이 발생된다. 방전 시 가스 특유의 빛이 발생된다. 이때 빛은 주로 음극 부근에서 강하게 방생된다. 그 이유는 가스분자가 전리될 때, 발생된 양(+)이온이 음극에 충돌하여 음극으로부터 2차전자가 방출되기 때문이다.

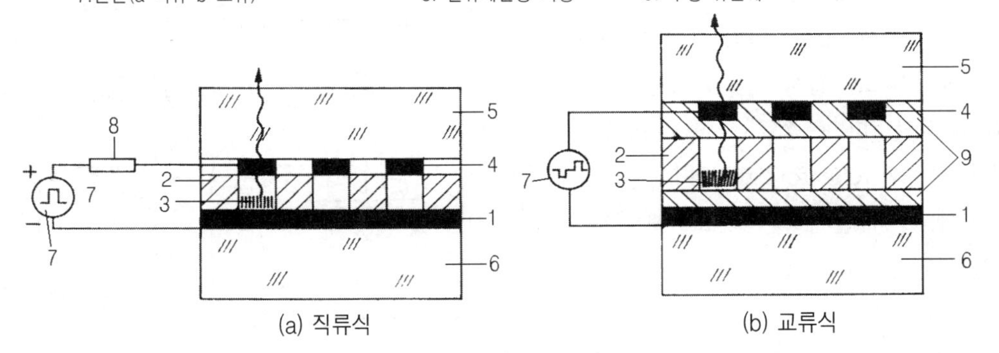

그림 11-6 플라즈마 디스플레이(PD)

플라즈마 디스플레이(PD)의 특성은 다음과 같다.

① 구조가 간단하고 재료비가 싸다.
② 판독성이 좋다.(햇빛 아래에서도 판독가능)
③ 복합성이 우수하다.
④ 임의의 형상(예 : point matrix 또는 segment)으로 생산이 가능하다.
⑤ 수명이 길다.
⑥ 출력손실이 적다.
⑦ 설치깊이가 낮다.
⑧ 충격과 진동에 약하다.
⑨ 동작전압이 높다(운전비용이 많이 든다.)

(7) 액정 디스플레이(LCD : liquid crystal display)

액정 디스플레이(LCD)는 납작한 유리 상자 속에 전극이 설치되고, 그 내부에는 소위 액정(liquid crystal)이 채워진 형태이다. 액정은 특정온도 범위에서 부분적으로 액체(liquid)와 결정(crystal)이 공존하는 유기물질(organic molecule)이다.

디스플레이 소자로 사용되기 위해서는 액정의 분자위치와 광학적 특성에 대한 전기적 영향력이 매우 중요하다. 특히 광밀도와 색깔의 분산에 전기적으로 영향을 미칠 수 있어야 한다. 액정에 대한 전기적 영향의 효과차이에 따라 구별되는 2종류의 LCD에 대해서 간략하게 설명하기로 한다.

① TN-LCD 셀 (twisted nematic LCD cell)

그림 11-7은 TN-LCD의 구조이다. 2개의 유리판 사이에 액정이 밀폐된 상태로 채워져 있다. 그리고 유리판의 방향에 따라 나선형으로 90° 꼬여 있다. 액정은 편광되어 직선적으로 입사하는 빛의 평면을 약 90° 회전시킨다. 분석체(analysator)는 이 빛을 반사체(reflector)로 보내고, 반사체는 이를 다시 반사하여 디스플레이가 밝게 빛나도록 한다.(그림 11-7에서 아래 밑바닥)

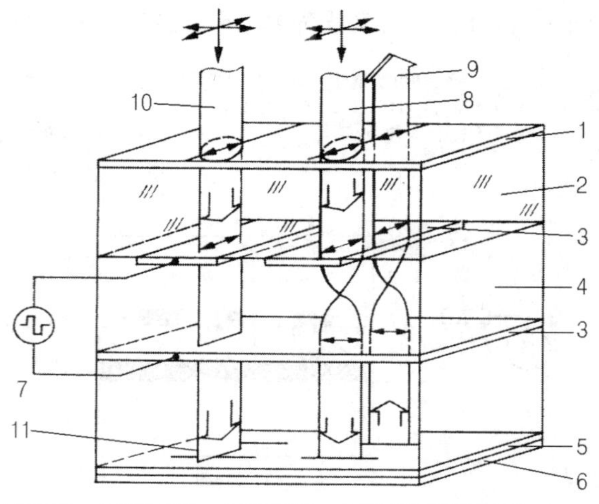

1.편광자 2.유리 기판 3.투명전극 4.액정(쌍극형 분자의) 5.분석체(1에 대해 직각으로 편광) 6.반사체 7.교류전원 8.광선A 9.편광되어 반사되는 광선A 10.광선B 11.분석체에서 광선B의 흡수

그림 11-7 TN-LCD 셀(cell)의 구조와 기능

투명 전극쌍을 거쳐 전기장을 인가하면 분자는 유리판에 대해 수직방향으로 향하게 된다. 빛의 벡터는 더 이상 회전하지 않는다. 즉, 이 위치에서 빛은 흡수된다. 세그먼트는 전기장이 인가되어 있는 한, 어두운 상태를 유지한다.

전기분해를 방지하기 위하여 교번자장(주파수 약 25～1000Hz)을 가해야 한다. TN-LCD의 원리는 휴대용 계산기, 시계 등의 디스플레이에 많이 이용된다.

② Guest-Host-cell

그림 11-8은 빛의 흡수제어 원리를 나타낸 것이다. 전기적 영향을 받은 액정분자(host)가 색소(guest)를 포함하고 있다. 색소는 빛 스펙트럼의 특정부분을 많이, 또는 적게 흡수한다. 흡수 정도에 따라 밝게 또는 어둡게 보이게 된다.

LCD는 다른 능동 디스플레이 소자에 비해 2가지 장점이 있다.

- 동작전압(3~5V, 25~1000Hz)과 출력(10~500W)이 낮다. (빛을 발생시키지 않고 주위의 빛을 제어하기 때문). 즉, 제어비용이 적게 든다.
- 대비(contrast)가 좋다.(직사광선 하에서도 약 1 : 20 정도)

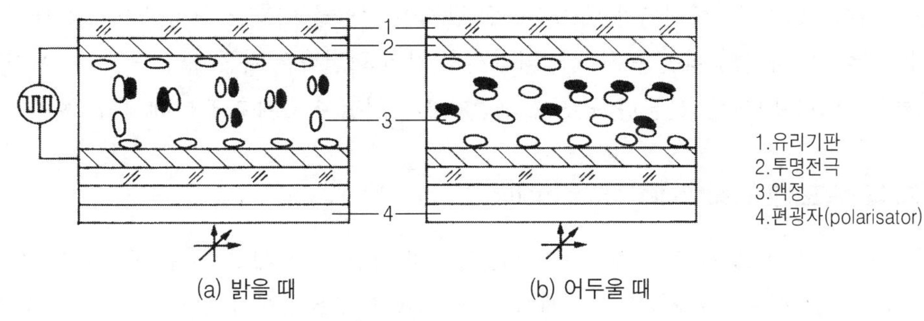

그림 11-8 Guest-Host-cell의 동작원리

제11장 주행정보 시스템

제2절 주행속도계와 기관회전속도계 (Tachometer and engine rpm meter)

1. 주행속도계(Tachometer)

(1) 전기/기계식 속도계(electro-mechanical tachometer)

속도계는 자동차의 순간속도를 측정, 지시하는 계기로서 일반적으로 구간거리계와 적산계로 구성되어 있다.

전기/기계식 속도계는 영구자석이 고정되어 있는 구동축과 구동축에서 유동하는 비자성체 로터(주로 알루미늄)로 구성되어 있다. 지침은 로터에 지지되어 있으며, 헤어(hair) 스프링의 장력이 작용하도록 되어 있다.

변속기 출력축의 회전운동은 케이블을 거쳐 구동축에 전달된다. 구동축(=영구자석)이 회전하면 로터에는 전자유도작용에 의해 와전류가 유도된다. 이 와전류와 영구자석 자속간의 상호작용에 의해, 로터에는 회전력이 작용하게 된다. 이때 회전력의 방향은 영구자석의 회전방향과 같다. 지침은 로터에 작용하는 회전력과 헤어스프링 장력이 평형을 이루는 위치까지 회전하게 된다. 지침의 회전각이 곧 자석의 회전속도이다. 따라서 지침의 회전각은 자동차의 주행속도에 비례한다.

거리계는 간단하면서도, 튼튼한 구조의 계수기로서 직접 속도계축에 의해서 구동된다.

(2) 전자식 속도계 (electronic tachometer)

전자식 속도계는 마모가 심한 부품이 없다. 차륜의 회전속도 정보는 차륜에 설치된 링기어와 링기어와 마주 보고 설치된 센서(주로 홀센서, 전계센서 또는 유도센서 등)에 의해서 발생되며, 전기펄스의 형태로 속도계에 전달된다. 이때 펄스주파수는 자동차의 주행속도에 비례한다.

그림 11-9(a)는 신호처리를 위한 구성요소와 가동 코일형 계기를 보이고 있다. 저역필터(2)로 고주파수의 잡음요소를 제거한 다음, 슈미트-트리거(3)를 통해 구형펄스파가 발생된다. 이 구형펄스파는 다시 단안정 멀티바이브레이터(4)에서 같은 길이의 구형파로 변환된다. 접속된 가동코일형 계기(5)는 아날로그-속도비례-지시계용으로 구형펄스를 적분한다. 구형펄스로 주행거리 적산계(6)도 제어한다.

기존의 계기들을 이용한 계기판을 가능한 한, 얇게 제작하기 위해서는 디스플레이는 회전자석형 또는 회전 코일형이 좋다. 계기판 눈금간격을 동일한 간격으로 하기 위해서는 코일전류가 sin/cos 또는 tan-기능을 나타내야 한다. 따라서 제어비용이 높아진다.

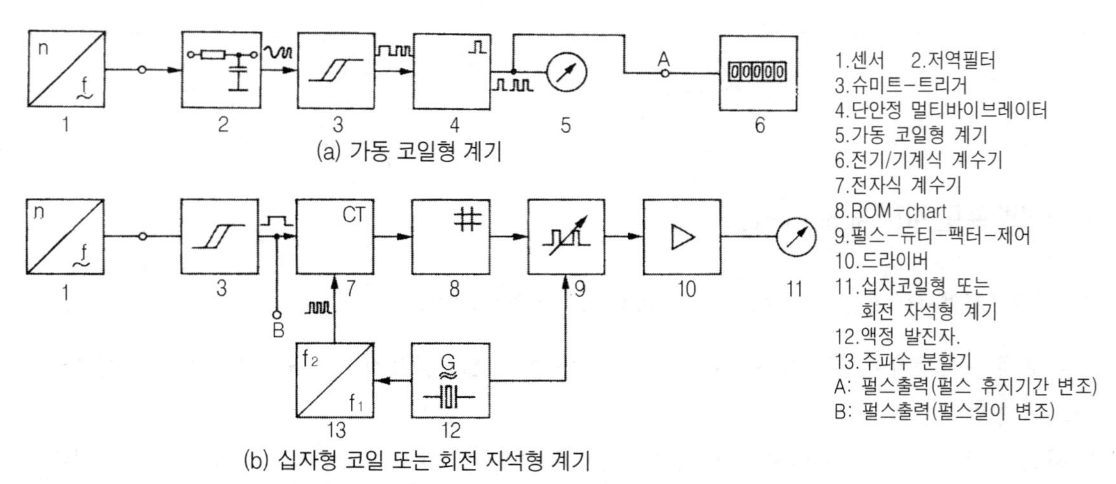

그림 11-9 전자식 속도계

그림 11-9(b)는 이 형식의 계기를 디지털로 제어할 수 있음을 보여주고 있다. 계수기(7)로 회전 펄스의 주기 또는 펄스수를 측정한다. 이어서 롬 차트(ROM chart)의 sin/cos- 또는 tan-기능과 액정발진자(12)로 펄스 듀티 팩터(pulse duty factor)를 제어하여, 최종적으로 계기를 제어한다. 이 계기는 두 전류의 비율이 계기에 나타나는 비율계이므로, 주기에 비례시켜 제어할 수 있다. 따라서 주파수 또는 회전속도에 비례하는 계기를 만들 수 있다.

단자 A에 연결된 주행거리계(그림 11-10)는 주행거리에 비례하는 펄스를 같은 간격으로 분할하므로, 계수기(3)는 100m마다 펄스를 얻게 된다. 이 펄스 분할작업은 주파수 분할기(1)(그림 11-10(a)와 (c))를 이용하든가, 또는 적분회로(4)와 슈미트트리거(5)(그림 11-10(b))로 규정값까지 펄스수를 적분하여 계산한다.

전 전자식 계기에서는 계수장치는 디지털 계기(7)가 부착된 전자식 계수기로 대체할 수 있다.(그림 11-10(c))

그림 11-10(c)에서 출력단자 B를 사용할 경우, 단안정 멀티바이브레이터(9)는 입력단자 A 앞에 연결해야 한다.

디지털 속도비례 펄스가 존재하면 전자식 속도경고회로는 물론이고, 주행속도를 제어할 수 있다. 그림 11-11은 속도경고회로이다. 단자 A로부터의 속도비례펄스는 적분회로(1)와 필터회로(2)를 거치면서 직류전압으로 변환된다. 이 값은 운전자가 전위차계(4)로 설정해 놓은 규정값과 비교된다. 규정값을 초과하면 연산증폭기(3)는 LED(5)를 점등시켜, 경고신호를 보낸다.

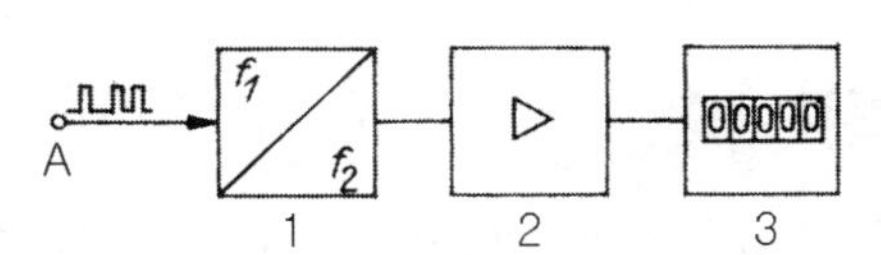

(a) 주파수 분할기를 거쳐

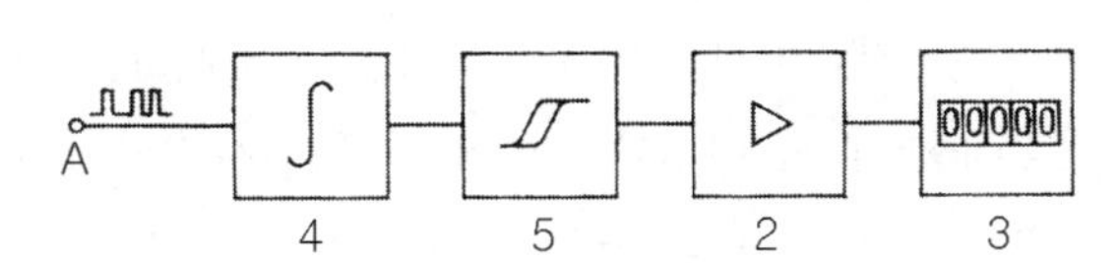

(b) 거리 펄스를 적분하는 방법

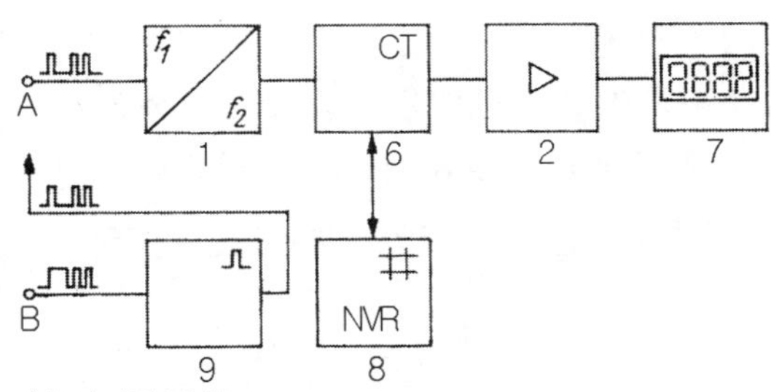

(c) 디지털 방식

1.주파수 분할기 2.드라이버 3.전자/기계식 계수기
4.적분회로 5.슈미트트리거 6.전자식 계수기
7.전자식 계기 8.RAM 9.단안정 멀티바이브레이터

그림 11-10 전자식 속도계에 주행거리계를 연결하는 방법

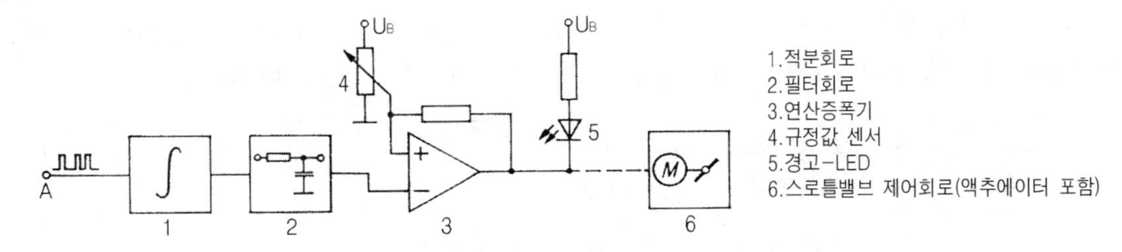

그림 11-11 속도제어기능을 갖춘 속도경고회로

속도경고회로에 속도제어회로를 부가하기 위해서는 즉, 사전에 설정한 속도를 일정하게 유지하기 위해서는 스로틀밸브 제어회로(6)가 필요하다. 그러나 클러치나 브레이크 조작 시, 또는 킥다운 시에는 자동적으로 'OFF' 되어야 한다.

2. 기관회전속도계(engine rpm meter)

(1) 작동원리

대부분의 기관회전속도계(전기식 또는 전자석식)는 그림 11-12와 같이 회전속도/전압변환기를 기본구조로 하고 있다.

스파크점화기관에서는 회전속도에 비례하는 점화펄스를 센서(1)로 부터 얻을 수 있다. 리미터회로(limiter circuit)(2)는 다음 단계의 신호처리를 위해 진폭을 제한한다. 단안정 멀티바이브레이터(3)를 통해 톱니파 또는 바늘파는 일정 길이의 구형파로 변조된다. 변조된 구형파를 적분하여 회전속도에 비례하는 직류전압을 얻는다. 이 직류전압으로 가동코일형 계기를 작동시켜 회전속도를 지시한다.

적분회로(5)는 기계적 관성 때문에 주로 계기 자체를 포함한다. 그리고 적분시간상수는 병렬콘덴서에 의해 더 상승하게 된다. 회전속도값은 직류전압값에 역류되므로 전압안정화회로(6)가 반드시 있어야 한다. 전압안정화회로는 간단한 Z-다이오드면 충분하다.

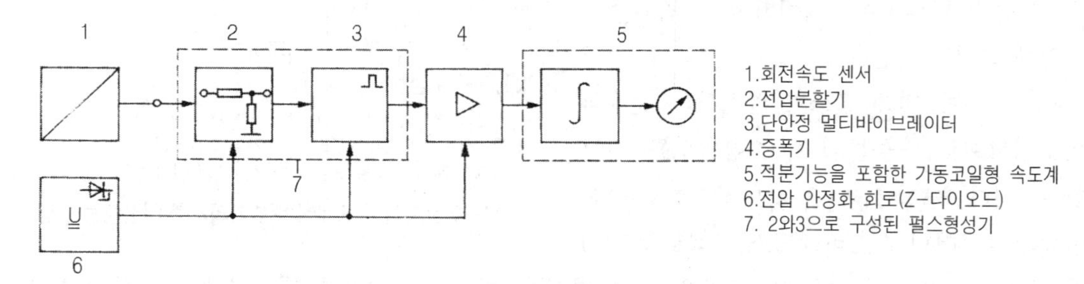

그림 11-12 기관회전속도계의 기본구조

1초 당 회전속도(f)를 1분 당 회전속도(n)로 표시하기 위해서는 실린더수(z)와 사이클방식을 고려한다. 모든 실린더에 1개의 점화코일을 사용할 경우엔 다음 식으로 계산한다.

4행정 스파크기관의 회전속도 : $n = 120f/z$
2행정 스파크기관의 회전속도 : $n = 60f/z$

여기서 n[min^{-1}], f[Hz], z : 실린더 수
각 실린더 마다 점화코일이 1개씩 설치된 경우에는 z=1로 계산한다.

압축점화기관에서는 크랭크축 회전속도를 입력신호로 한다. 예를 들면 플라이휠 링기어 근방에 설치된 유도센서로부터 크랭크축 회전속도 펄스를 얻는다.

펄스주파수 f를 기어 잇수 또는 1회전 당 펄스 수 i로 나누어 회전속도를 구한다.

4행정 디젤기관의 회전속도 : $n = 120f/(zi)$
2행정 디젤기관의 회전속도 : $n = 60f/(zi)$

여기서 $n[\mathrm{min}^{-1}]$, f [Hz], z : 실린더 수, i : 1회전 당 펄스 수

(2) 기관회전속도 펄스의 발생

스파크점화기관의 점화장치로부터 회전속도펄스를 얻는 방식에는 2가지가 있으며, 실제로 2가지 방식이 모두 이용된다.

① 점화코일/접점 브레이커(breaker)의 1차 측(저압 측)에 직접 연결(사용하지 않음)

② 점화케이블(고압 측)을 이용한 유도성/용량성 연결방식

브레이커 포인트에 직결시키는 과거의 방식(그림 11-13(a))에서는 1차 측 펄스가 모두 전압분할기 R1, R2와 그 다음의 입력단자를 거쳐, 단지 고압펄스만 통과하게 되므로 간섭이 없는 방법이다. 브레이커 접점의 진동에 의한 펄스는 그 진폭이 아주 작기 때문에 여과(filtering)된다.

용량성 또는 유도성 방식으로 점화펄스를 획득하는 방식은 권수 3~10의 절연권선을 고압케이블에 감은, 간단하면서도 여러 용도로 이용할 수 있다는 점이 장점이다.(그림 11-13(b)).

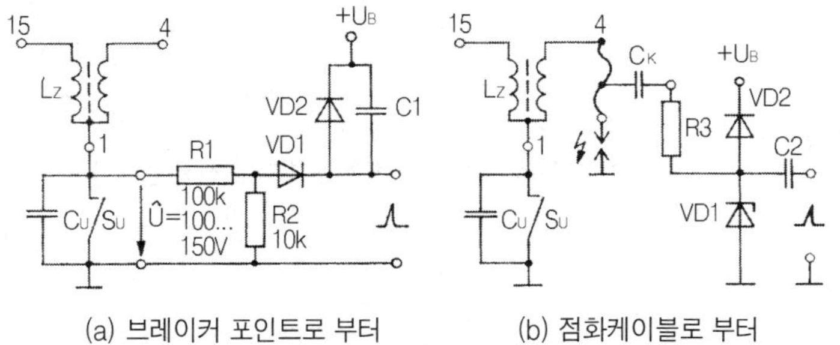

Lz:점화코일 Su:브레이커 포인트
Cu:브레이커 포인트용 콘덴서
(잡음방지용)
R1, R2: 전압분할기
VD1,VD2: 리미트 다이오드
Ck:연결콘덴서
(:점화케이블 주위에 권선을 감은 것)
C1:저역필터 콘덴서
C2:고역필터 콘덴서

(a) 브레이커 포인트로 부터 (b) 점화케이블로 부터

그림 11-13 점화펄스 감지방식

디젤기관에서는 주행속도센서와 마찬가지로 접점센서, 홀센서, 전계센서, 유도센서 등을 이용하여 크랭크축(=구동축)으로 부터 회전속도신호를 얻는다.

(3) 기관회전속도계 회로

여러 가지 방식이 이용되고 있다. 몇 가지만 예를 들기로 한다.

그림 11-14와 11-15는 브레이커 접점 즉, 점화 1차회로에서 회전속도신호를 얻는 방식이다.

그림 11-14에서 회전속도에 비례하는 평균충전전류는 충전 커패시터 C1을 거쳐 지시된다. 그리고 신호펄스를 형성시키기 위해 Z-다이오드가 설치된다.

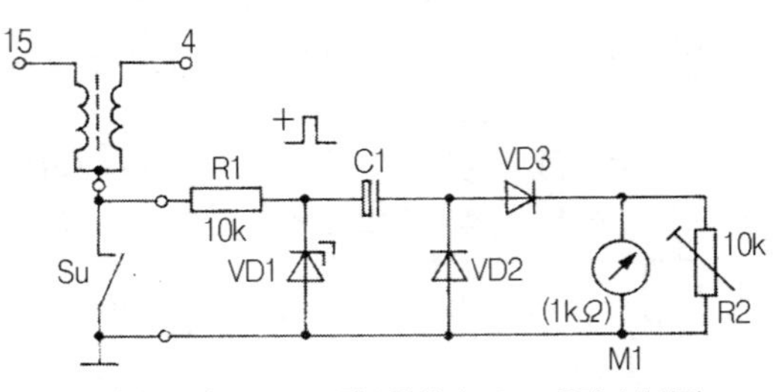

Su: 브레이커 포인트 VD1: 펄스형성기 C1: 충전커패시터
M1: 충전전류계 R2: 표준저항 R1: 방전저항

그림 11-14 간단한 기관회전속도계 회로

그림 11-15는 집적식 주파수-전류-변환기를 보이고 있다. 주파수-전류-변환기의 외부회로는 실린더 수에 따라 달라진다. 그림 11-16은 점화 2차측 즉, 고압케이블에서 회전속도신호를 얻는 간단한 용량결선(capacity coupling)방식으로 TTL-게이트(TTL: transistor-transistor-logic)가 이용되고 있다. 이 회로에서 게이트 G1.1과 게이트 G1.2는 모노플롭(mono-flop)을 형성하고 있다. Z-다이오드(VD3), 저항 R5와 콘덴서 C4는 전압맥동에 관계없이 계기 지시값을 안정시키는 기능을 한다. 그림 11-16은 모노플롭으로서 스위치회로 A301을 이용한 간단한 회로이다. 모든 회로는 직류전압을 지시하기 위해 가동코일형 계기를 사용한다. LED-제어-스위치회로 A 277 D(또는 UAA 180)을 사용하면 완전 전자식 LED-계기를 만들 수 있다.

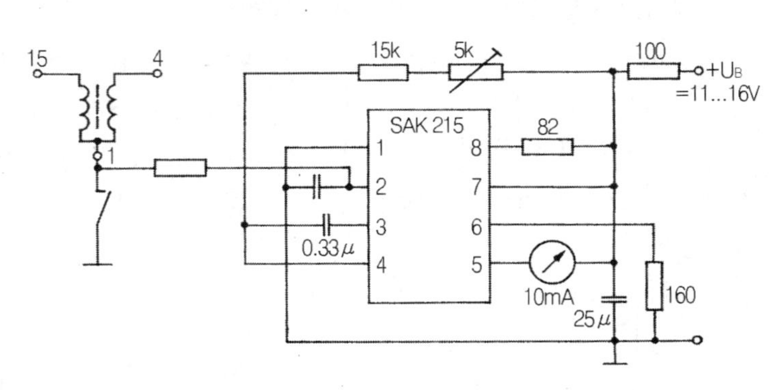

그림 11-15 기관회전속도계용 주파수-전류-변환기

그림 11-17(a)는 AD-컨버터(2)와 디스플레이 제어시스템(6)을 이용한 디지털 회전속도계를 나타내고 있다. 그리고 그림 11-17b는 완전 디지털 회전속도계로서 그림 11-17(a)에 비해 적은 비용으로 제작할 수 있다.

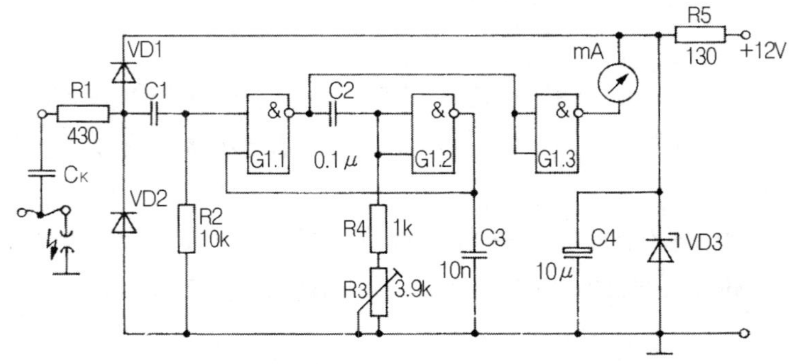

Ck : 결합 커패시터(고압케이블에 권수 약 10회의 코일을 설치한 것)

그림 11-16 용량결선 방식의 전자식 기관회전속도계 회로

회전속도 펄스는 사전에 설정된 게이트-오픈-타임(gate open time)(예 : 1초)으로 계수된 다음, 상응하는 변조과정을 거쳐 7-세그먼트-디스플레이에 전달된다. 이 방식은 저속영역에서 오차가 크다는 점이 단점이다. 예를 들면 게이트-오픈-타임 1초와 회전속도 1200 min-1에서 5% 즉, 약 60 min^{-1}의 오차가 있다.

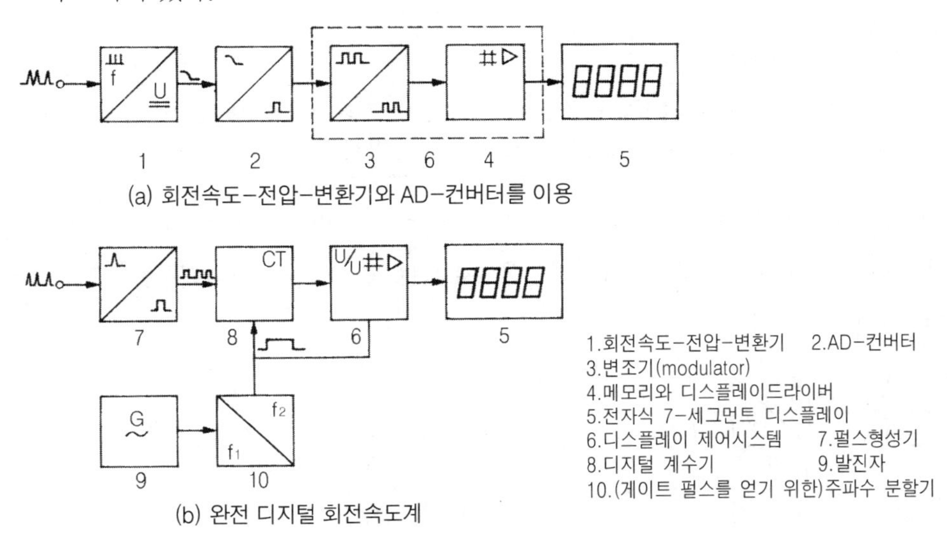

그림 11-17 디지털 방식의 기관회전속도계

제3절 기타 지시계

1. 순간 연료소비율 지시계

순간 연료소비율 지시계는 운전자의 경제적 운전방법을 지원한다. 운전자가 연료소비율 지시계에 관심을 갖고 운전한다면, 특히 장거리주행 시나 정체 시에는 큰 효과가 있다. 순간 연료소비율을 측정하는 방법에는 여러 가지가 있다. 직접계측방식에서는 연료관에 시간 당 유량을 지시하는 유량계를 접속시키면 된다. 그리고 유량계의 신호는 곧바로 계기에 지시되도록 하면 된다.

운전자에게 100km 당 연료소비율을 알려 주기 위해서는 속도신호를 이용하여 계산하여야 한다.

$$\frac{\Delta V}{\Delta s} = \frac{\Delta V}{\Delta t} : (100v)$$

여기서 v : 순간속도(km/h) $\Delta V/\Delta s$: 주행거리 당 연료소비율(ℓ/100km)
$\Delta V/\Delta t$: 시간 당 연료소비율(ℓ/h)(센서 신호)

신호처리는 계기판 지시방법과 마찬가지로 아날로그 또는 디지털로 할 수 있다. 그림 11-18은 순간 연료소비율계의 블록선도이다. 디지털방식으로 신호를 처리하기 위해서는 보드 컴퓨터(board computer)를 사용하는 것이 좋다.

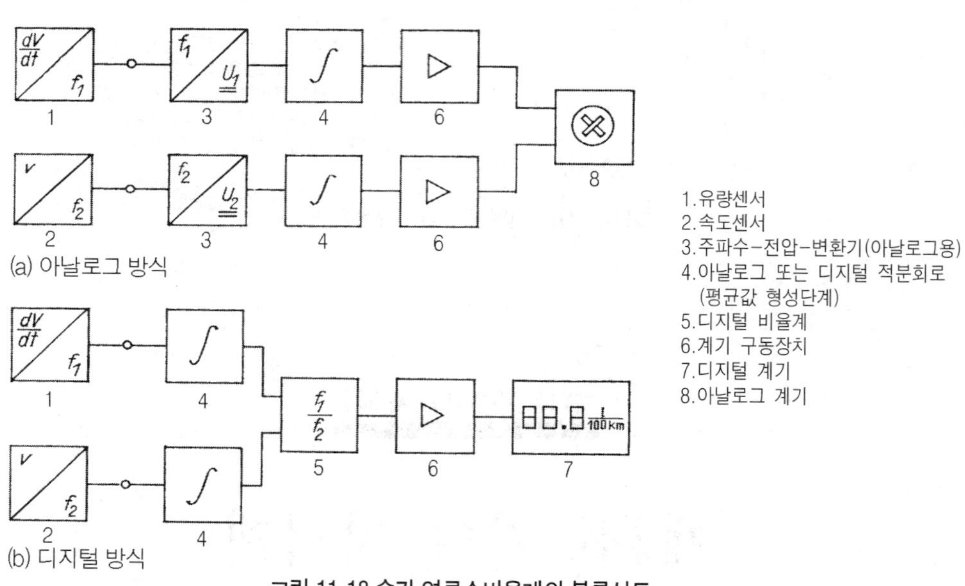

그림 11-18 순간 연료소비율계의 블록선도

2. 오일 압력계 (그림 11-19 참조)

오일압력계는 대부분 박막 위에 설치된 브리지회로를 이용한다. 브리지의 전압차는 비교적 적기 때문에 증폭과정을 거쳐, 계기에 전송한다.

증폭은 그림 11-19(a)와 같이 차동증폭기를 이용하거나, 그림 11-19b(와) 같이 전압-펄스 듀티 팩터(pulse-duty-factor)-변환기를 이용한다. 계기 자체는 십자 코일형(cross-coil-instrument) 또는 가동 코일형을 사용한다.

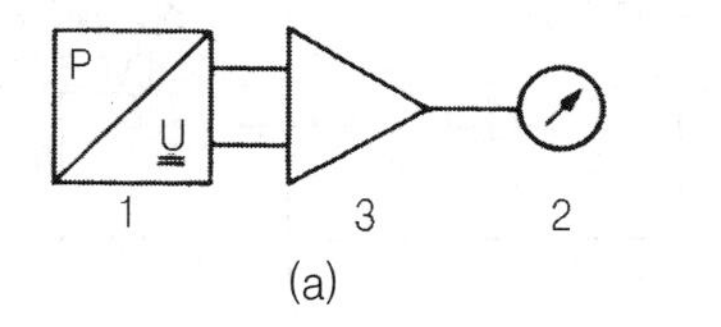

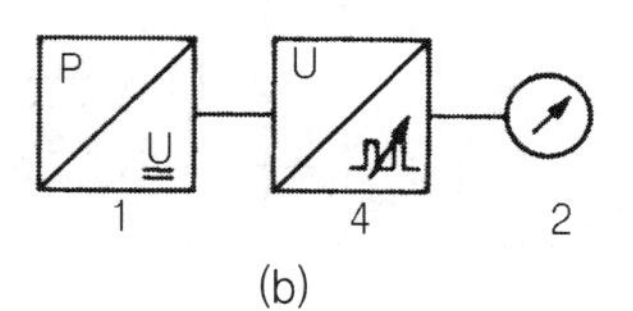

1.압력-전압-변환기
2.십자 코일형 또는 가동 코일형 계기
3.증폭기(display driver)
4.전압-펄스 듀티 팩터-변환기

그림 11-19 오일 압력계의 원리

3. 냉각수 온도계

간단한 형식의 온도계는 NTC-서미스터 센서의 저항변화를 이용한다. 냉각수온도에 따라 NTC-센서의 저항값이 변화하면, 회로를 흐르는 전류값이 변화하게 된다. 전류값의 변화는 십자 코일형 계기를 거쳐 지시계에 전달된다. 이때 눈금간격은 일정 간격이 아니다.

보다 개선된 시스템에서는 브리지회로 내의 온도 센서(예 : NTC-서미스터)를 센서 유닛(sensor unit) 내에 함께 배선한다.

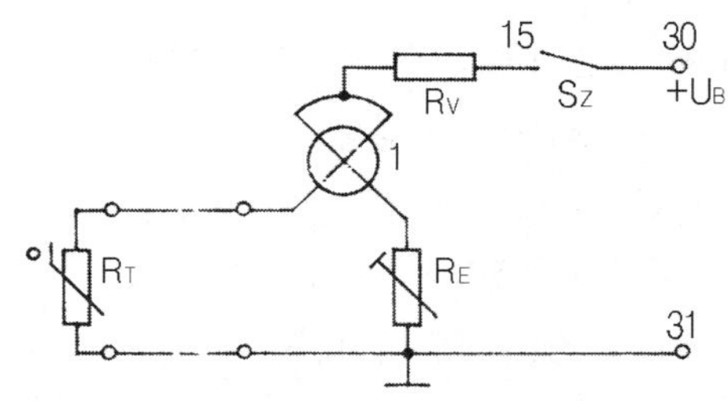

RT: NTC-서미스터 RE: 밸런싱 저항
RV: 보호저항 1. 십자 코일형 계기 SZ: 점화 스위치1

그림 11-20 간단한 수온계의 원리

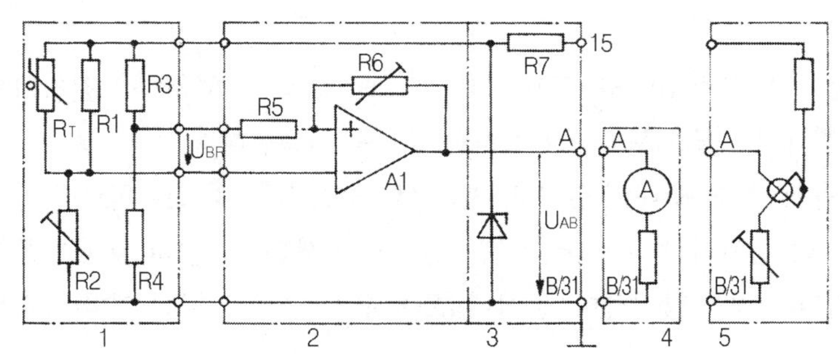

1.브리지회로를 이용한 측정센서
2.측정 증폭기(vu=약 R6/R5)
3.전압안정화 회로(Z-다이오드 회로)
4.가동코일형 계기
5.십자 코일형 계기
R1 : NTC-서미스터의 특성을 직선화시키기 위한 병렬저항
R2 : 밸런싱 저항
U_{AB} : 직선화된 지시전압
U_{BR} : 브리지 전압

그림 11-21 브리지회로 센서를 이용한 수온계

그림 11-21은 아주 낮은 전압차에도 정확히 대응하도록 하기 위해서 차동증폭기를 이용한 온도계회로의 원리도이다. 연산증폭기 A1은 측정값 증폭기로 사용되고 있다.

$$U_{AB} \approx U_{BR} \cdot \frac{R6}{R5}$$

지시계기(계기판 계기)로는 정확도가 높은 가동 코일형 계기(4) 또는 아주 튼튼한 십자 코일형 계기(5)를 사용한다.

운전자에게는 단지 3-영역의 온도 범위가 중요하므로, 계기눈금은 대부분 3-영역으로 구분한다.

- 저온(−40℃ ~ +30℃)
- 정상영역(+30℃ ~ 100℃) : 정상작동 영역
- 고온영역(100℃ 이상) : 과열(over heat), 비정상

그림 11-22는 3-영역 계기회로이다. 여기서 측정값 증폭기는 미리 설정된 한계값(R1)과 입력전압을 비교하여 VD1에서 VD3 까지를 거쳐 해당값의 범위를 지시한다.

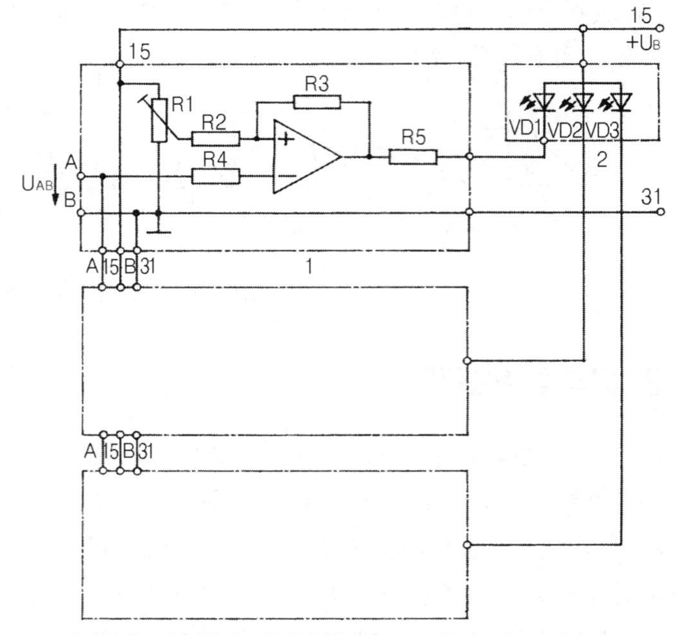

U_{AB} : 냉각수 온도에 비례하는 입력전압(그림 11-21과 비교해 볼 것)
1.비교기회로 2.LED-디스플레이(저온, 정상, 고온) R1: 한계값 설정기
R2~R4: 연산증폭기 외부회로(증폭용) R5: LED-보호저항

그림 11-22 3-온도영역을 지시하는 수온계

4. 유면 지시계

냉각수, 브레이크액, 기관윤활유, 변속기 윤활유, 그리고 와셔(washer)액 등의 유면을 전자적으로 검출하고자 할 때에는, 주로 한계값 미달여부만을 표시하는 방법을 이용한다.

그림 11-23은 센서전극(또는 유닛)을 액체 내에 담그고, 계기 엘리먼트와는 병렬로 회로를 결선한 형식이다. 유면이 낮아짐에 따라 센서의 선단이 노출되면, 신호가 발생된다. 멀티바이브레이터(1)는 측정센서에 퇴적물이 퇴적되는 것을 방지하며, 동시에 LED-점멸 스위치로서의 역할을 수행한다.

아날로그식 유면지시계의 경우엔 탱크 내의 잔여용량을 계속적으로 지시한다.

그림 11-24는 뜨개식 유면지시계의 원리도이다. 대부분의 연료계가 이 형식이다.

또 다른 방법, 예를 들면 용량센서(액체와 기체는 가변 유전체층을 형성한다)나 저항권선을 이용하여

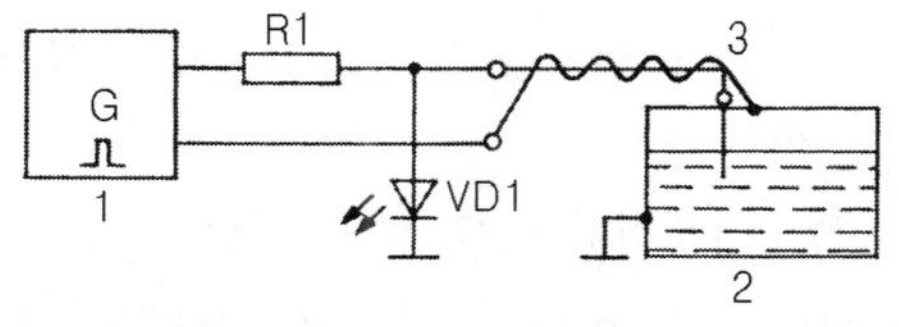

1.멀티바이브레이터(점멸 스위치) 2.액 탱크
3.유면센서 R2: 보호저항
VD1: LED(유면이 규정수준 이하로 낮아지면 발광)

그림 11-23 유면 지시계의 원리

유면을 측정할 수 있다. 저항권선은 유면의 높이에 따라 저항이 변화한다. 그리 많이 사용되는 방법들은 아니다.

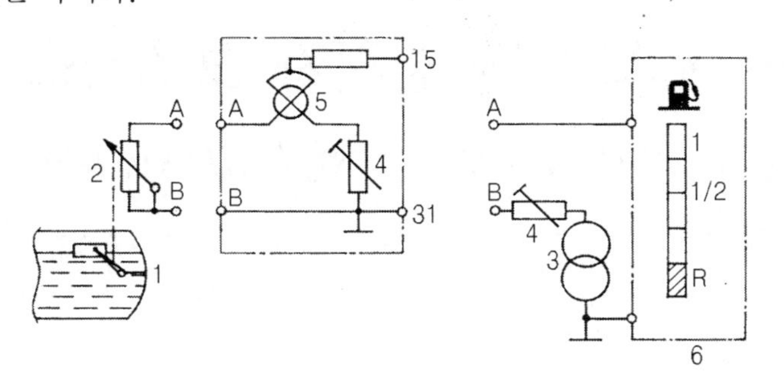

1. 탱크
2. 뜨개
3. 정전류 전원
4. 보정저항
5. 십자 코일형 계기
6. LED-디스플레이와 LED-제어회로

AB : 아날로그 신호 출력단자

그림 11-24 탱크 유면지시계의 원리

5. 외기온도 지시계 및 결빙경고 점멸기

결빙경고기능은 외기온도가 약 2℃ 이하로 낮아지면 운전자에게 주행 중 미끄러질 위험이 있음을 알려 주어야 한다. 센서로서는 일반적으로 서미스터가 사용된다. 센서의 시간상수가 1초부터 수초까지 이므로, 결빙경고는 갑자기 그리고 특히 위험한 온도변화(예 : 교량을 주행할 경우)에도 지연되어 반응할 수 있다.

센서는 대부분 앞 범퍼에 설치된다. 그림 11-25는 결빙경고 점멸기의 작동 원리도이다. 서미스터에서의 전압강하는 비교기에서 규정값과 비교된다. 규정값 이하일 경우, 멀티바이브레이터가 발진한다. 그러면 LED가 점멸한다.

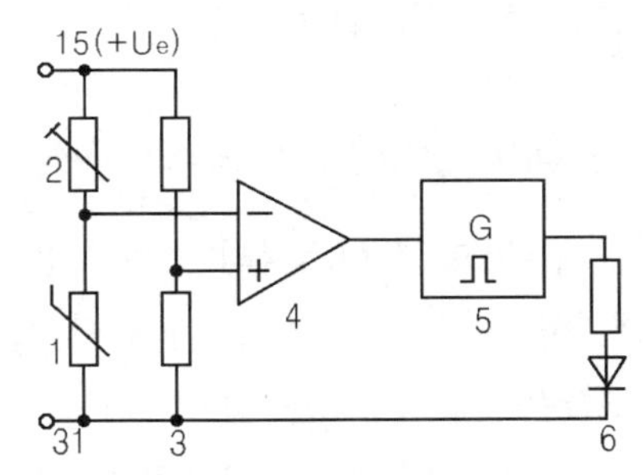

1. 서미스터 2. 보정저항 3. 비교저항
4. 아날로그값 비교기
5. 멀티바이브레이터(점멸기 유닛)
6. LED-지시계

그림 11-25 결빙경고 점멸기

제11장 주행정보 시스템

제4절 내비게이션 시스템 및 운전자 보조시스템
(Navigation system and driver assistant system)

1. 내비게이션 시스템(navigation system : GPS)

내비게이션 시스템은 목적지까지의 정확한 거리 및 소요시간을 확인하고, 미지의 목적지까지의 길을 안내하는 기능을 수행한다.

(1) 내비게이션 시스템의 구성

내비게이션 시스템의 구성 부품 및 관련 시스템은 그림 11-26과 같다. 입력신호들은 내비게이션 컴퓨터에서 처리된다. 결과는 화면에 지도그림으로 또는 음성으로 출력된다.

시스템의 구조는 모니터가 고정, 설치된 형식, 자동차 라디오를 이용하는 형식, PDA(Personal Digital Assistant)를 이용하는 형식 등 다양하다.

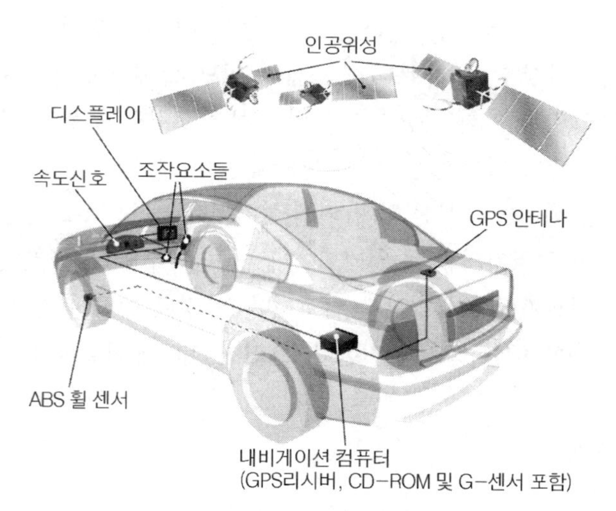

그림 11-26 내비게이션 시스템의 구성

(2) 내비게이션 시스템의 기능

내비게이션 시스템은 다음과 같은 기능을 수행할 수 있다.

① 고유의 위치 확인 기능

② 위치 전송 기능

③ 실시간 교통상황을 고려하여 목적지까지의 최적 경로를 계산하는 기능

④ 계산한 최적경로를 따라 목적지까지 길을 안내하는 기능

① 고유의 위치 확인 기능

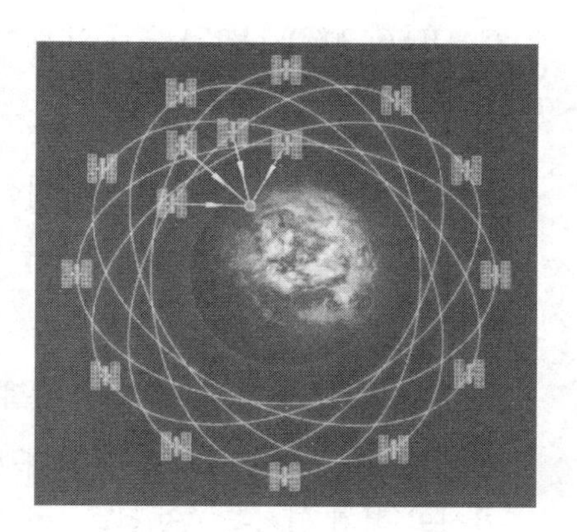
그림 11-27 GPS 위성의 순환궤도

GPS(Global Positioning System)를 이용하여 자동차의 현재 위치를 확인할 수 있다. 이는 주행경로를 계산하기 위한 기초자료이다.

현재 24개의 GPS-위성들이 지상으로부터 20,200km 이상의 고도에서 60°의 간격으로 배열된 6개의 다양한 지구궤도를 선회하고 있다.(6×60° = 360°) 1궤도상의 4개의 위성들은 각각 서로 일정한 간격을 유지한 상태로 궤도를 선회한다. 모든 위성들은 적도에 대해 55도의 경사도를 유지한 상태로 선회하며, 궤도를 완전히 1회전하는데 12시간이 소요된다.

이들 위성들에는 세슘(cesium) 원자시계가 설치되어 있으며, 동일한 시간간격(1초당 50회)으로 식별(identification)신호, 시간(time)신호 및 위치(position)신호를 발신한다. 자동차에 설치된 내비게이션 컴퓨터를 이용하여 고유의 위치를 계산하기 위해서는 최소한 3개의 GPS-위성으로부터의 신호를 필요로 한다. → 2차원 위치 측정(2-D position fix)

4개의 GPS-신호를 이용하면 3차원 위치 측정이 가능하다. 예를 들면 다층으로 구성된 도로 및 교차로를 주행하는 자동차의 위치를 정확하게 파악할 수 있다.

GPS-데이터를 이용하여 약 10m까지의 정확도로 위치를 추적할 수 있다. 정확도를 높이기 위해, 요잉(yawing)센서 및 주행속도센서의 신호를 이용하여 자동차의 이동정보를 보완한다. 이와 같은 방법으로 예를 들면 거리를 정확하게 측정하며, 직진주행과 커브주행을 구분할 수도 있다. 또 교량, 터널 등의 주행에 의한 외부영향 때문에 위치 수정이 필요할 경우, 내비게이션 컴퓨터가 곧바로 이를 수정한다.

이 외에도 장시간 주차하고 있을 경우, 위성의 위치가 바뀜에 따라 차량의 위치를 확인하는데 약간의 시간이 소요될 수도 있다. 이는 불가피한 현상이다.

그리고 GPS-위성으로부터의 신호는 다음과 같은 간섭(interference)의 영향을 받는다.

- **전리층 간섭**(Ionospheric interference)
  전하로 대전된 미립자가 고도 130~200km 사이에서 GPS-신호를 약화시킴.
- **대기 간섭**
  안개 또는 구름이 GPS-신호를 약화시킬 수 있음.
- **신호 음영(그림자) 효과**
  GPS-위성과 GPS-수신기 사이에 신호를 차단하는 장애물이 있을 경우 ← 간섭 발생

위성시계(시간신호 발신용)로는 현재 미국의 GPS, 러시아의 GLONASS(1995년 이후), EU의 GALILEO(2009년부터), 중국의 베이더우(北斗) 등이 사용되고 있다.

② 위치 전송 기능

비상 시 또는 자동차 고장에 의한 긴급출동 서비스나 사고에 의해 구난이 필요할 경우에 자동차의 현재 위치를 알려주는 기능을 수행한다. 이 외에도 자동차 도난 시에 도난을 당한 자동차의 위치를 추적할 수도 있다.

③ 실시간 교통상황을 고려하여 목적지까지의 최적 경로를 계산하는 기능

운전자가 조작요소들을 조작하여 또는 음성으로 목적지를 입력하면, 내비게이션 시스템은 자신의 현재 위치를 확인한다. 이를 바탕으로 내비게이션 컴퓨터는 지도메모리의 데이터에 근거하여 목적지까지의 최적경로를 계산한다.

내비게이션 컴퓨터는 주행속도 신호와 요잉센서의 출력값을 이용하여 커브 부분의 곡률각 및 커브 부분의 길이를 계산할 수 있다. 주행거리로부터 센서들이 취득한 데이터를 도로지도 메모리의 소프트웨어 또는 DVD, CD-롬의 데이터와 비교하여, 필요하면 수정한다.(Map-matching). 이를 통해 현재 주행하고 있는 도로에서의 자동차의 현재 위치를 정확하게 파악할 수 있다. 또 GPS-신호는 추가로 현재의 위치를 점검하는데 사용할 수 있다.

다양한 정보통신시스템(예 : TIM(Traffic Information System), RDS(Radio Data System)) 또는 인터넷을 통해 수집한 실시간 교통정보(예 : 정체구간, 공사구간, 도로차단 등)를 목적지까지의 거리를 계산하는데 고려할 수도 있다.

④ 계산한 최적경로를 따라 목적지까지 길을 안내하는 기능

내비게이션 시스템은 계산한 최적경로를 따라 목적지까지 길을 안내하는 기능을 가지고 있다. 대부분이 음성으로 길을 안내하며, 도로지도 화면에는 화살표로 현재의 위치를 나타낸다. 설정된 도로를 벗어났을 경우, 즉시 대체경로를 계산, 안내한다. 도로정보뿐만 아니라 제한속도 및 기타 다양한 정보도 제공한다.

2. 정속주행 시스템(cruise control system)

정속주행 시스템은 운전자가 설정한 주행속도를 유지하도록 제어하는 시스템이다.

시스템은 주행속도센서, 서보모터가 설치된 스로틀밸브, 컨트롤러 및 명령입력부로 구성되어 있다.

운전자는 컨트롤레버를 눌러 원하는 주행속도를 설정한다. 필요로 하는 혼합기의 체적유량은 스로틀밸브를 거쳐 기관에 유입된다. 주행속도가 변하면, 컨트롤러는 그에 상응하는 신호를 수신한다. 그러면 컨트롤러는 서보모터를 사용하여 스로틀밸브의 개도를 변화시켜 혼합기의 체적유량을 제어한다. 그 결과, 자동차는 가속 또는 감속되어 운전자가 설정한 주행속도를 유지하게 된다. 이 때 브레이크의 자동간섭(automatic brake intervention)은 없다. 브레이크 페달 또는 클러치페달을 밟으면, 정속주행제어는 즉시 중단된다.

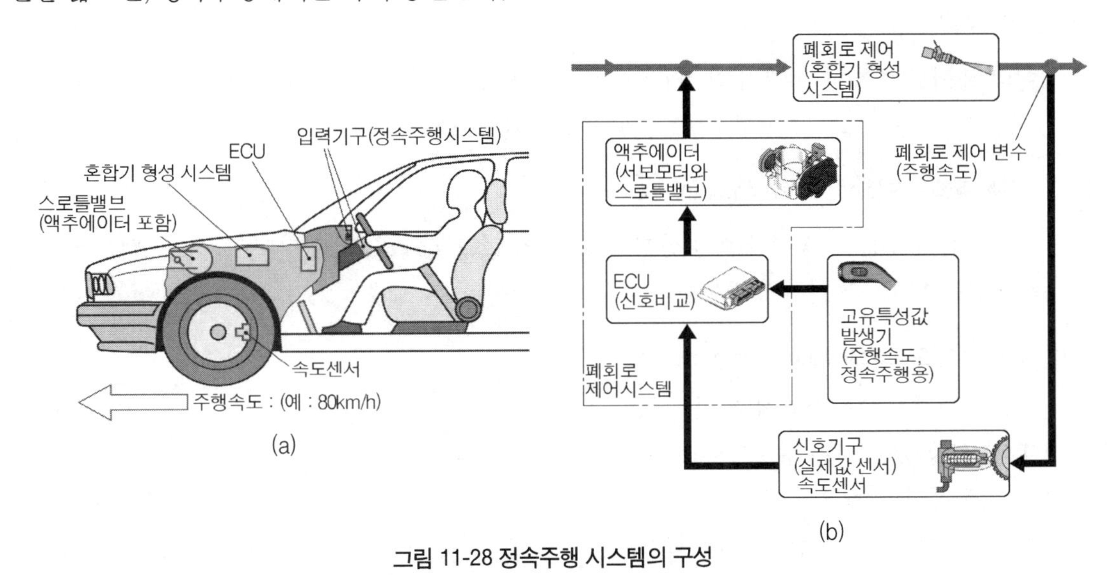

그림 11-28 정속주행 시스템의 구성

3. 적응식 정속주행 시스템(adaptive cruise control : ACC)

적응식 정속주행 시스템은 주행속도와 차간거리를 자동으로 제어하는 시스템이다. 이 시스템은 주행속도 범위 약 30km/h~200km/h 범위에서 작동하며, 주행 중 운전자의 운전부담을 크게 경감시켜주는 역할을 한다.

(1) 시스템 구성

① 센서들 : 레이더 센서, 요잉률 센서, 횡가속도 센서, 휠 속도 센서 및 조향각 센서 등
② 컨트롤 유닛 : 자동차 자신의 운동 감지용
③ 물체 감지 및 배정 시스템
④ 적응식 정속주행 시스템
⑤ ECU들 : 기관 ECU, 변속기 ECU 및 ESP-ECU(액추에이터 포함)

참고

● **레이더(RADAR)** : 무선탐지와 거리측정(RAdio Detecting And Ranging)의 약어로 마이크로파(극초단파, 파장은 10cm~100cm) 정도의 전자기파를 물체에 발사시켜 그 물체에서 반사되는 전자기파를 수신하여 물체와의 거리, 방향, 고도 등을 탐지하는 무선 감시 장치이다.

(2) 작동원리

레이더 센서를 이용하여 거리 약 100m까지의 전방을 주행하는 자동차와 그 자동차의 주행속도를 감지한다. 작동모드에는 선행주행모드와 추종주행모드가 있다.

① **선행 주행모드**(clear driving mode)

주행차선의 전방에 장애물(예 : 선행 자동차)이 없을 경우, 적응식 정속주행시스템은 보통의 정속주행시스템과 동일하게 작동한다.

② **추종 주행모드**(following driving mode)

적응식 정속주행시스템이 자신의 차선에서 선행하는 자동차를 감지하면, 선행 자동차의 주행속도에 맞추어 자신의 주행속도를 제어한다. 시스템은 운전자가 사전에 설정한 차간거리를 유지하도록 자동으로 제동 또는 가속한다. 적응식 정속주행시스템은 1차로 기관토크를 감소시켜 자동차 주행속도를 낮추고, 필요하면 브레이크 간섭기능을 사용한다.

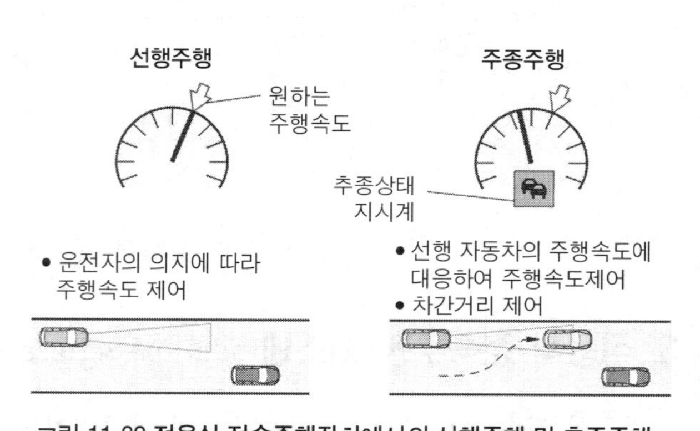

그림 11-29 적응식 정속주행장치에서의 선행주행 및 추종주행

브레이크페달을 밟으면, 시스템은 자동으로 스위치 'OFF'된다.

③ **물체 감지**(object detection)

선행 자동차 감지용 레이더센서는 라디에이터 그릴(grille)에 설치되어 있다. 레이더센서에는 3개의 트랜시버(송/수신 유닛)가 포함되어 있는데, 이들의 유효각은 각각 3도로서 3개의 차선, 그리고 거리 100m 이내를 선행하는 자동차들을 감시할 수 있다. 이들은 레이더 펄스(77GHz)를 반사한다. 두 자동차 간의 차간거리와 상대주행속도는 신호가 발신되고 수신되는

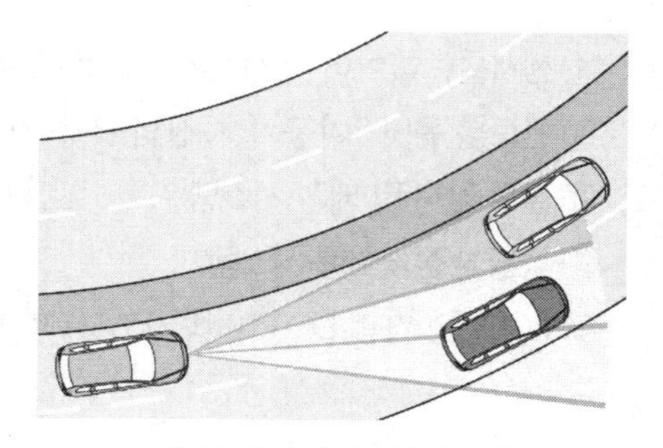
그림 11-30(a) 선행 자동차의 확인

사이의 시간에 근거하여 계산된다.

선회(cornering)하는 경우는 ESP(Electronic Suspension Programming)-센서의 도움으로 확인할 수 있으며, 동일 차선을 주행하는 관련된 차량들을 인식할 수 있다.

> **참고**
>
> **레이더센서 정비 시 유의사항**
>
> 자동차에서 레이더센서의 위치에 영향을 미칠 수 있는 장치 및 부품(예 : 현가장치 및 크로스멤버 등)을 수리 또는 조정하였을 경우에는, 레이더센서의 위치를 다시 세팅(setting)하여야 한다. 자동차에서 중요한 서비스작업을 수행하였을 경우에는 반드시 레이더센서의 위치를 다시 조정해야 한다.

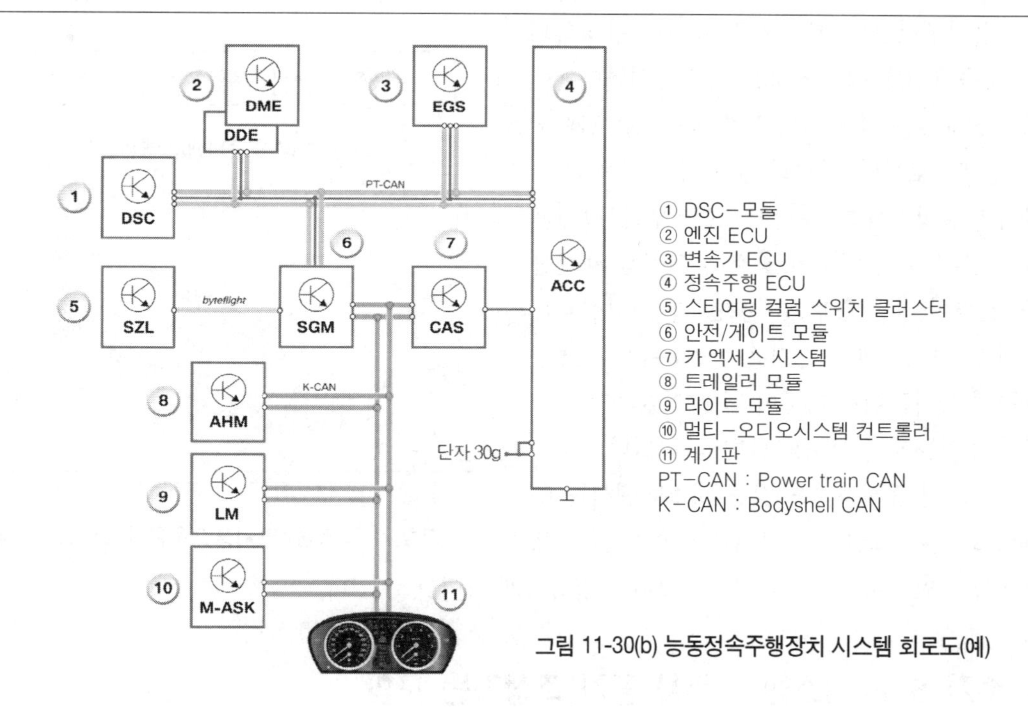

그림 11-30(b) 능동정속주행장치 시스템 회로도(예)

4. 주차 보조 시스템(parking assistance system)

주차 보조 시스템은 주차 할 때 또는 후진할 때 장애물과의 간격을 운전자에게 알려주는 역할을 한다. 이 외에도 음향신호 또는 광신호로 위험을 알려준다.

(1) 시스템의 구성

시스템은 자동차의 앞/뒤에 설치된 초음파센서, ECU 그리고 표시등 및 경고 부저(buzzer)로 구성된다.

(2) 작동원리

초음파센서는 반사파-음향(echo sounding) 원리에 따라 작동한다. 이 센서는 주로 장애물과의 거리 및 공간을 감시하는데 사용된다. 이 센서는 초음파를 발신하고, 반사파를 다시 수신하는 송/수신 유닛, 그리고 평가-일렉트로닉으로 구성되어 있다.

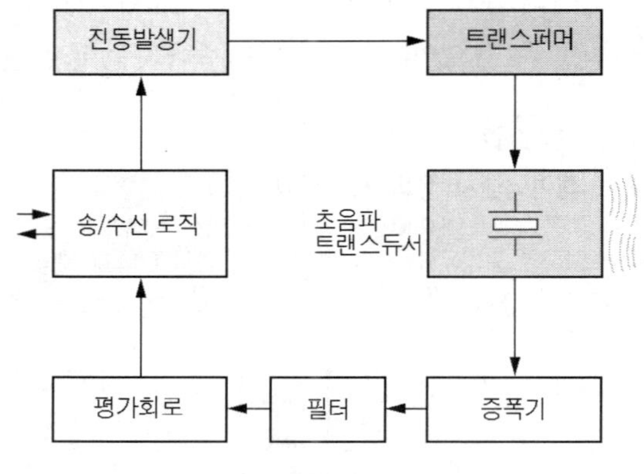

그림 11-31 초음파센서 어셈블리

초음파센서는 주기적으로 차례로 활성화되며 초음파신호(예 : 43.5kHz)를 발신한다. 이어서 모든 초음파센서들은 수신모드로 절환되어 장애물로부터 반사되는 음파를 수신한다. 반사파-음향신호의 도달시간으로부터 장애물과의 간격 및 장애물의 장소적 위치를 계산한다. 간격이 작을 경우, 운전자에게 경고신호를 보내고, 장애물과의 간격을 알려 준다. 신호주파수에 근거하여 장애물이 전방에 있는지 또는 후방에 있는지의 여부를 판별할 수 있다.

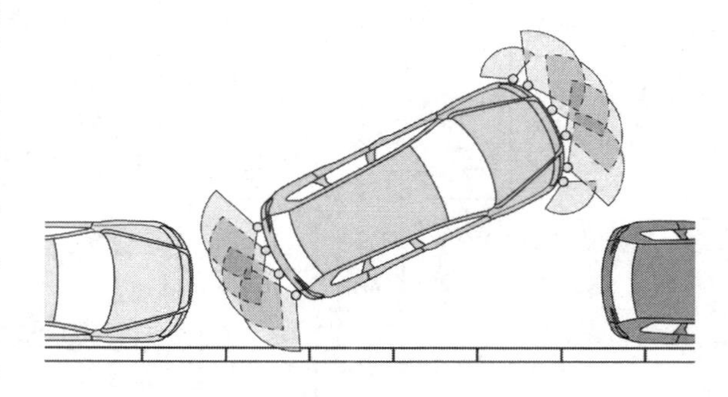
그림 11-32 초음파센서를 이용한 주차보조 시스템

시각적인 표시장치를 갖춘 시스템에서는 추가로 화면에 그림으로 나타내어 어느 위치에 장애물이 있는지 운전자가 쉽게, 그리고 정확하게 확인할 수 있다.

5. 주차 보조 시스템 - 주차 공간 측정기능 포함

이 시스템은 주차공간의 길이를 측정하여 주차가 가능한지의 여부를 알려주며, 경우에 따라서는 주차과정을 지원한다. 자동차의 범퍼에 4~6개의 초음파센서를 부착하여 자동차 전/후방의 간격, 약 0.25m~1.5m 범위의 공간을 감시한다.

(1) 시스템 구성

① 초음파센서(자동차의 전/후방 및 양쪽 측면에 설치)

② 광학식 및 음향식 경고장치

③ 전자기식(electro-magnetic) 조향장치 ← 능동조향장치

④ 제어 유닛(ECU)

(2) 작동원리

양쪽 측면에 설치된 초음파센서는 주차할 공간을 측정한다. 이를 위해서는 이미 주차되어 있는 차량과 간격 30cm~1.5m 이내로 가능한 한 나란하게 주행해야 한다. 그리고 자동차주행속도는 30km/h 미만이어야 한다.

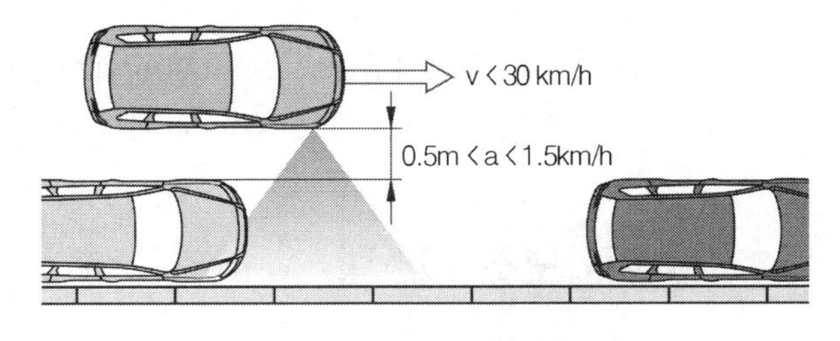

그림 11-33 주차공간 측정

주차가 가능하면, 시스템은 운전자가 조향핸들을 조향하고 주행해야 할 길을 화면에 지시한다. 능동시스템의 경우, 시스템 스스로 조향장치에 설치된 전기모터를 제어하여 조향핸들을 조작한다.(회전시킨다). 운전자는 화면의 지시에 따라 변속, 가속 및 제동하면 된다.

6. 차선변경 보조 시스템

이 시스템은 운전자가 차선을 변경하고자 할 때, 해당 차선에 제 2의 자동차가 뒤따라오고 있을 경우에 운전자에게 경고하는 시스템이다.

(1) 시스템 구성

① 레이더 센서(예 : 주파수 : 약 25GHz, 도달거리 : 약 50m)
② 광학식 및 음향식 경고장치
③ 제어유닛(ECU)

(2) 작동원리

레이더센서는 운전자가 백미러를 통해서 감시할 수 없는 영역 즉, 사각(dead angle)지대를 감시한다. 센서들이 이 사각지대에서 근접하는 자동차를 발견하면, 예를 들면 외부 미러(mirror)에 표시등이 점등된다. 이때 차선을 변경하고자 방향지시등을 조작하면, 표시등이 점멸하고, 경고음이 울린다. 그러나 자동차의 조

그림 11-34 사각지대 감시

향핸들에 직접 간섭하지는 않는다.

시스템은 2가지 주행상황을 구분한다.

① 자동차가 추월을 당하면, 좌측 외부 백미러의 경고등이 작동한다.
  추월하는 자동차는 좌측 차선에서 우측 차선으로 진입하는 것을 원칙으로 한다.

② 자동차가 저속(예 : 15km/h 이하)으로 추월하면, 우측 백미러의 경고등이 작동한다.

7. 차선유지 보조 시스템

이 시스템은 고속도로 및 고속화도로에서 고속주행 시에 의도하지 않은 차선변경이 이루어질 때 경고해 주는 기능을 수행하며, 주행속도 약 60~200km/h 범위에서 작동한다.

(1) 시스템 구성

① 적외선 센서(30MHz) 또는 카메라
② 제어 유닛(ECU)
③ 표시등을 포함한 트리거링 스위치
④ 운전석 진동기(vibrator) 또는 조향핸들 진동기

(2) 작동원리 (그림 11-35 참조)

시스템은 자동차가 차선의 경계선(예 ; 백색 선) 위를 무의식적으로 주행할 때, 이를 감지한다. 자동차가 연속된 백색 선 또는 단속적인 백색 선 위를 주행하게 되면, 적외선센서/수신기 또는 카메라가 이를 감지하여, 제어유닛(ECU)에 신호를 전송한다. ECU는 1초당 최소 25개의 그림을 평가하므로, 고속에서도 확실하게 작동한다.

그림 11-35 차선 유지 보조 시스템

운전자가 사전에 방향지시 레버를 조작하지 않았을 경우라면, 제어유닛은 운전자 좌석 또는 조향핸들에 장착된 진동기를 작동시키는 방법으로, 운전자에게 경고한다.

시스템에 따라 다르지만, 운전자에 의해 또는 한쪽 차륜들의 제동을 목표로 하는 ESP를 통해서 보정한다. 경우에 따라서는 조향보조장치를 제어하여 도로 상의 표시선 위를 주행하는 것을 어렵게 할 수도 있다. 운전자가 진동에 반응하지 않고, 자동차가 계속해서 더 많이 차선을 이탈하면, 자동적인 제동펄스에 의해 자동차는 다시 원래의 차선으로 복귀한다.

8. 헤드-업-디스플레이(HUD : Head-UP-Display)

헤드-업-디스플레이는 운전자의 가시영역 내에 가상 화상(virtual image)을 투영한다. 자동차에 설치된 장치들에 따라 이 가상 화상의 내용은 달라질 수 있으며, 또 운전자가 필요로 하는 정보들(예 : 정속주행, 능동정속주행, 내비게이션, 주행속도, 체크 컨트롤 메시지 등)에 따라서도 달라질 수 있다. 가상 화면의 크기는 약 200mm×100mm이다.

운전자의 가시영역 내에 운전에 필요한 정보를 제공하므로, 운전자는 1차적으로 도로교통 상황에만 정신을 집중할 수 있다. 그리고 운전자가 계기판과 도로를 번갈아가며 주시할 필요가 훨씬 줄어든다. 따라서 운전자의 피로경감 및 주행안전에 기여한다.

(1) HUD의 작동원리

HUD는 투영장치(projector)와 비교할 수 있다. HUD의 정보를 투사하는 광원으로는 LED-어레이(array)를 사용한다. TFT(Thin Film Transistor : 박막 트랜지스터)-투영장치가 가상 그래픽(영상 콘텐츠)을 생성한다. TFT-투영장치는 빛을 차단하거나 통과시키는 필터와 비교할 수 있다. 광학 영상 요소들(거울)이 HUD의 크기와 형태를 결정한다. 화상은 앞 윈드쉴드에 투영되어, 전방 노면 상의 일정 위치의 공간에 떠 있는 상태로 나타난다. 따라서 운전자가 주행 전방을 주시한 상태에서 필요한 주행정보를 직접 볼 수 있다. 스위치를 끄면 화상은 사라진다.

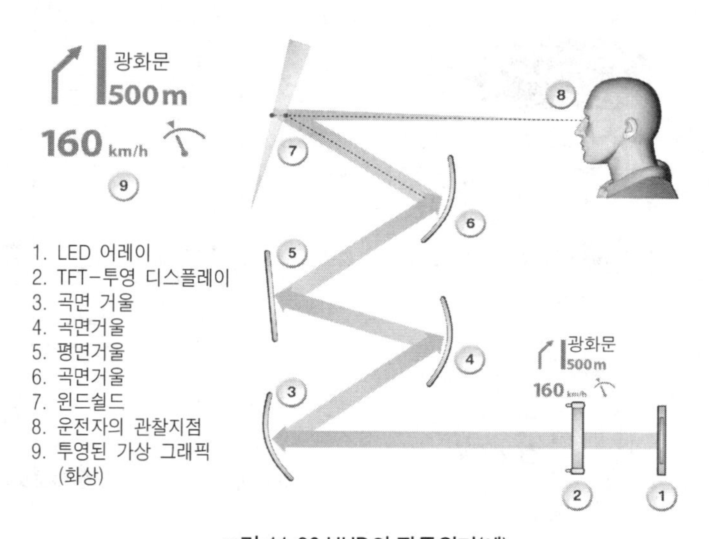

그림 11-36 HUD의 작동원리(예)

(2) 헤드업 디스플레이(HUD)의 구성 부품

① **헤드업 디스플레이의 주요 구성 부품(그림 11-36 참조)** : 커버 유리, 거울, LED 전원, LED-어레이, 광원, TFT-프로젝션 디스플레이, 셔터, 마스터 보드, 슬레이브 보드, 하우징 등으로 구성되어 있다.

② **추가로 필요한 구성 부품** : 앞 윈드쉴드, 라이트 모듈, 레인/라이트 센서 안전/정보 모듈

③ **제어 요소** : HUD 제어 버튼 및 라이트 스위치, 계기판 딤머(dimmer) 스위치, 컨트롤러

④ **화상(가상 그래픽) 생성에 필요한 ECU들** : 능동 정속주행, 멀티 오디오 시스템 컨트롤러/카 커뮤니케이션 컴퓨터, 계기판, 스티어링 컬럼 스위치 클러스터, 엔진-ECU와 같은 ECU들이 HUD의 디스플레이에 필요한 신호들을 공급한다.

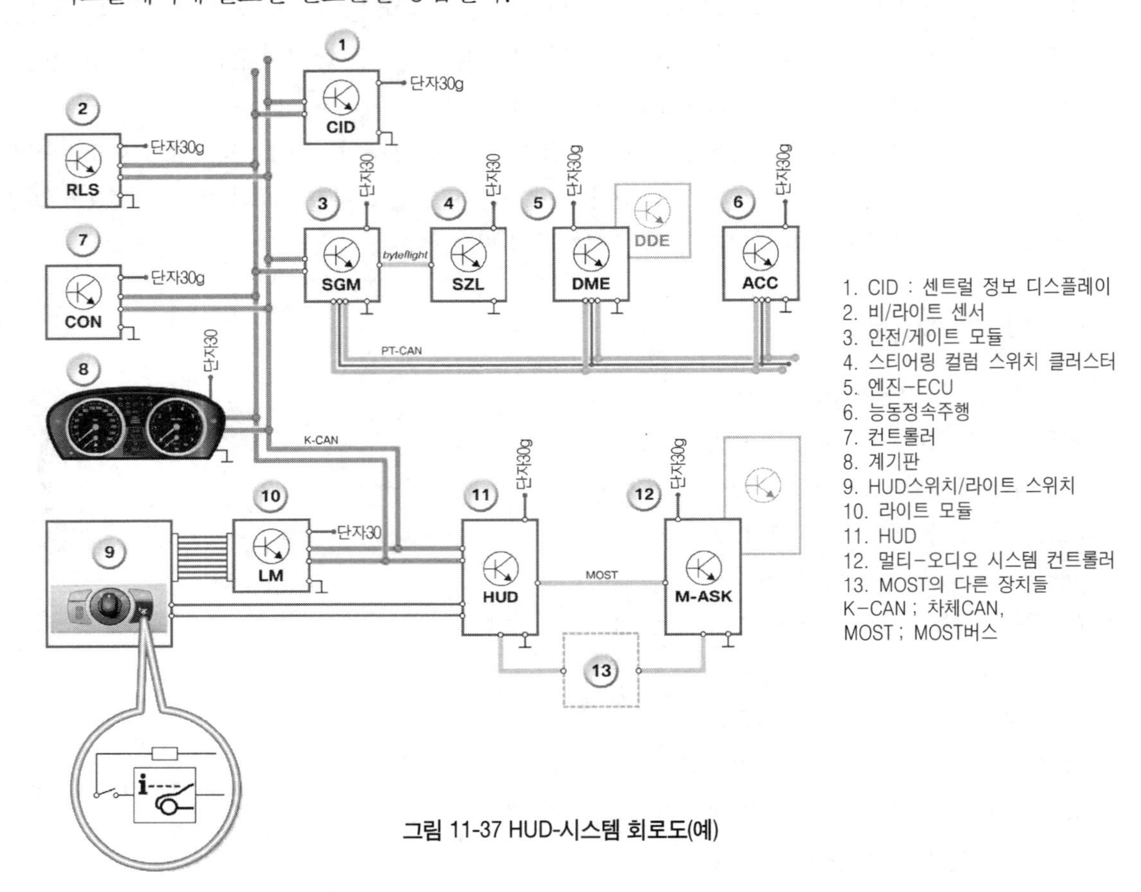

그림 11-37 HUD-시스템 회로도(예)

(3) HUD의 각 구성부품의 기능

① **커버 유리(cover glass) 및 하우징** : 최상부 커버는 HUD 내부에 먼지 또는 기타 오염물질들이 유입되는 것을 방지한다. 비-반사 구조는 탑승자의 눈을 부시게 하는 어떠한 빛의 투사도 방지한다. 윈드쉴드에 투영되는 화상의 투영이 방해를 받지 않으며, 반사나 빛의 분산 현상 등이 발생하지 않는다. 하우징은 먼지나 오명물질이 HUD 내부로 유입되지 않도록 설계되어 있다.

② **거울(mirror)** : 보통 4개의 거울이 사용된다. 이 거울들이 디스플레이 컨텐츠를 윈드쉴드에 반사한다. 3개의 곡면 거울(플라스틱)들이 디스플레이 컨텐츠를 윈드쉴드에 알맞게 조절한다. 제4의 평면 거울(유리)은 HUD의 투영 거리와 크기를 결정한다. 투영경로는 그림 11-38과 같다.

투영된 HUD 화상은 운전자의 육안으로부터 약 2.2m의 거리에 나타난다. 운전자가 HUD의 화상을 선명하게 볼 수 있는 공간범위를 아이-박스(eyebox)라고 하는데, 아이-박스 범위 내에서 자유롭게 움직일 수 있는 범위는 대략 수평으로 130mm, 수직으로 90mm 정도이다. 이 범위를 벗어나면 화상은 일그러져 보이게 된다.

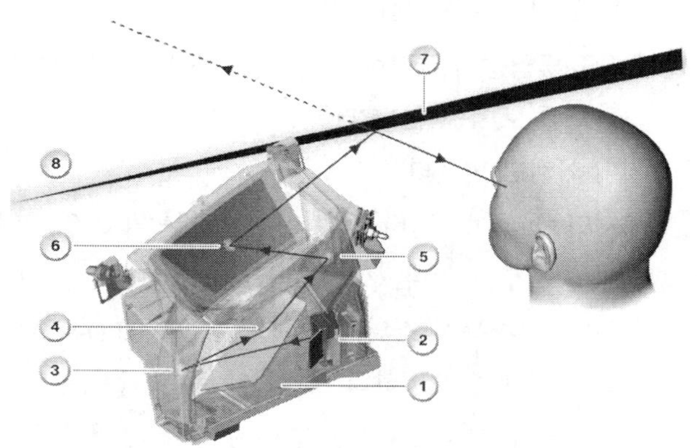

1. HUD 하우징 2. TFT-투영 디스플레이 3. 곡면 거울 4. 곡면거울 5. 평면거울 6. 곡면거울 7. 플라스틱 필름(쐐기형) 8. 윈드쉴드

그림 11-38 HUD에서 컨텐츠의 투영 경로

③ **LED 전원**(LED power supply) : LED 전원은 절환-모드 전원이다. LED 전원은 LED-어레이에 42V를 공급한다. 42V는 시스템 전원으로부터 승압시켜 생성한 전압이다.

④ **LED** : LED-어레이는 녹색-LED와 적색-LED로 구성되어 있으며, TFT-투영장치의 배경조명으로서 작용하며, 동시에 HUD의 밝기에 필요한 빛을 발생시킨다. 마스터 보드에 의해 활성화되면, LED는 HUD 콘텐츠의 밝기를 제어한다.

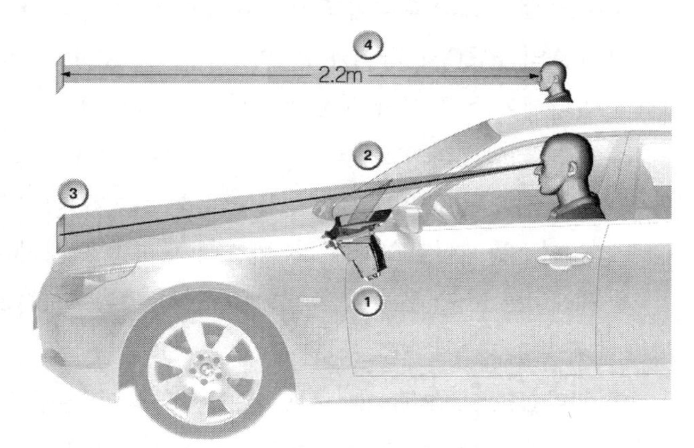

1. 헤드-업 디스플레이 2. 윈드쉴드 3. 투영된 화상 4. 투영거리

그림 11-39 투영 거리

LED-어레이는 105℃ 이상이면 스위치를 OFF시켜 냉각시킬 수 있다.(셔터는 닫힌 상태 유지). 온도가 105℃ 이하로 낮아지면 다시 스위치 ON된다. 30℃ 이하의 온도에서는 LED-어레이를 스위치 ON하면, 먼저 TFT-투영장치가 가열된다. 셔터는 닫힌 상태를 유지한다. 온도가 25℃ 이상이면, 셔터는 열린다. 셔터는 빛의 경로에서 움직일 수 있다. 즉, LED-어레이의 빛을 차단하거나 또는 통과하게 할 수 있다. 이제 HUD는 원활하게 작동할 수 있다.

LED-어레이는 TFT-투영장치를 가열시킨다. 30℃ 이하의 온도에서는 TFT-투영장치의 동작이 느려진다. 결과적으로 디스플레이 스위칭 시간과 보조를 맞출 수 없다. 그러므로 셔터를 닫아 TFT-투영장치를 빠른 속도로 가열시킨다.

⑤ **라이트 웰**(light well) : 라이트 웰은 LED-어레이와 TFT-투영장치 사이에 설치되어 있다. 투영용

빛을 집속하는 역할을 수행한다.

⑥ **TFT-투영장치** (TFT projection display) : 마스터보드에 의해 활성화되면, TFT-투영장치는 화상 정보를 보여준다. TFT-투영장치의 크기는 약 25mm×50mm이다. TFT-투영장치는 LED-어레이에 의해 조명된다.

⑦ **셔터** (shutter) : 셔터는 빛의 진행로를 막고 있으며, 전원으로부터 전류를 공급받아 작동할 준비를 갖추고 있다. 스텝모터로 셔터를 작동시켜 빛의 진로를 열어 줄 때 화상을 투영시킬 수 있다. 배경등이 스위치 ON되었을 때, LED-어레이는 완전하게 출력을 발휘한다. 셔터는 항상 닫힌 상태를 유지한다. 닫혀 있는 셔터는 LED-어레이가 스위치 ON될 때 운전자의 눈부심을 방지한다. 컨트롤버튼으로 HUD를 비활성화시키면, 셔터는 광선 속으로 진입하고, 배경등은 스위치 OFF된다.

⑧ **마스터 보드와 슬레이브 보드** (Master board & Slave board)

- 마스터 보드(Master board) : 마스터보드에는 다른 부품들과 함께 차체 CAN 인터페이스, MOST 인터페이스, 화상 생성용 전자회로, LED-어레이 활성화 회로, 그래픽 유닛 인터페이스, 슬레이브 보드 활성화 회로 등이 혼합되어 있다. 화상정보는 차체 CAN과 MOST를 경유하여 마스터 보드로 전송된다. 이미지 생성용 전자회로는 입력되는 이미지 정보를 평가한다. 처리된 화상정보는 디스플레이로 전송된다. 마스터 보드는 슬레이브 보드를 통해 셔터를 제어한다.
- 슬레이브 보드(slave board) : 슬레이브 보드는 마스터 보드의 명령에 따라 셔터를 작동시킨다. 똑같은 방법으로 전원도 작동시킨다.

⑨ **윈드쉴드** (windshield) : 윈드쉴드는 화상의 투영에 필수적인 요소가 내장되어 있는 특수한 형식이다. 외측 판유리와 내측 판유리는 특수 플라스틱 필름을 사이에 두고 접착되어 있다. 플라스틱 필름은 윈드쉴드 전체 길이에 걸쳐 쐐기형이다.
쐐기형은 제 2의 영상(ghost)이 나타나는 현상 즉, 화상이 중첩되는 현상을 방지한다. 쐐기의 뾰쪽한 끝은 아래쪽을 가리키고 있으며, 윈드쉴드 하단으로부터 약 10cm의 거리에서부터 시작된다. 쐐기의 상단은 윈드쉴드 높이의 약 2/3까지에 이른다. 플라스틱 필름은 내/외측 판유리의 사이에 밀착, 설치되어 있다. 필름의 아래쪽 끝의 두께는 약 0.8mm, 상단(3각형의 밑변에 해당)의 두께는 약 1mm 이다. 윈드쉴드 전체의 두께는 하단에서는 약 4.5mm, 상단에서는 약 4.7mm이다.

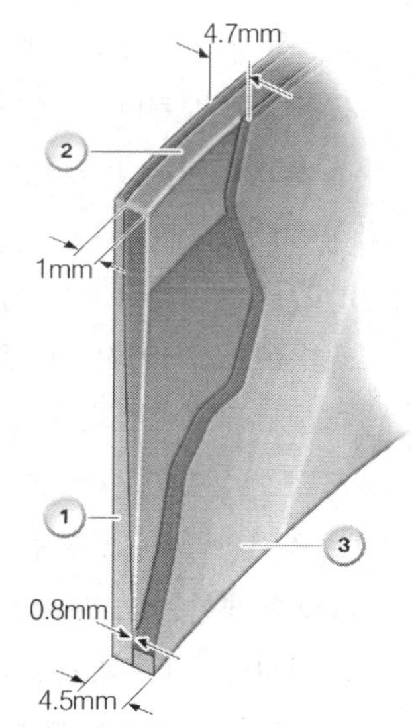

그림 11-40 윈드쉴드의 단면 기본구조(예)

제12장

안전장치 및 편의장치

Safety systems & Comfort systems

: Sicherheitsanlagen und Komforttechnik

에어백(air bag), 좌석벨트 텐셔닝(seat belt tensioning) 시스템, 와이퍼 시스템, 윈도우 레귤레이터, 도난방지장치, 선루프(sun roof), 공기조화장치 등 다수의 안전장치 및 편의사양들이 사용되고 있다. 공기조화 장치는 별도의 책에서 다룰 예정이므로 이 책에서는 생략한다.

제12장 안전장치 및 편의장치

제1절 에어백 및 좌석벨트 텐셔닝 시스템

(Air bag & seat belt tensioning system)

에어백(air bag) 시스템은 좌석벨트의 보조장치로서 운전자(또는 탑승자)를 보호하기 위한 안전장치이다. 충돌사고가 발생했을 경우, 센트럴 ECU는 사고의 종류와 그 경중에 따라 에어백(운전자-, 동승자-, 사이드-, 헤드-/윈도우-) 및 좌석벨트 텐셔닝 시스템을 개별적으로 작동시킨다.

시스템은 다음과 같은 기능을 만족해야 한다.

① 충돌 시 충격 에너지의 측정 → 가속도센서 또는 중력센서

② 트리거링(triggering) 제어 → 제어 ECU

③ 트리거링용 비상에너지의 상시 확보 → 축전지 파손에 대비한 비상 전원

④ 에어백용 가스의 공급 → 가스발생기 또는 하이브리드 가스발생기의 트리거링

⑤ 에어백의 급속한 팽창과 수축

⑥ 좌석벨트 텐셔닝 시스템과 에어백의 연동

1. 시스템의 구성 (그림 12-1 참조)

에어백 및 좌석벨트 텐셔닝 시스템은 좌석벨트 텐셔닝기구, 좌석벨트 버클 스위치, 에어백 모듈(에어백+가스발생기), 회전접점 스위치(또는 클록 스프링), 가속도센서, 시트부하감지센서, ECU 등으로 구성된다.

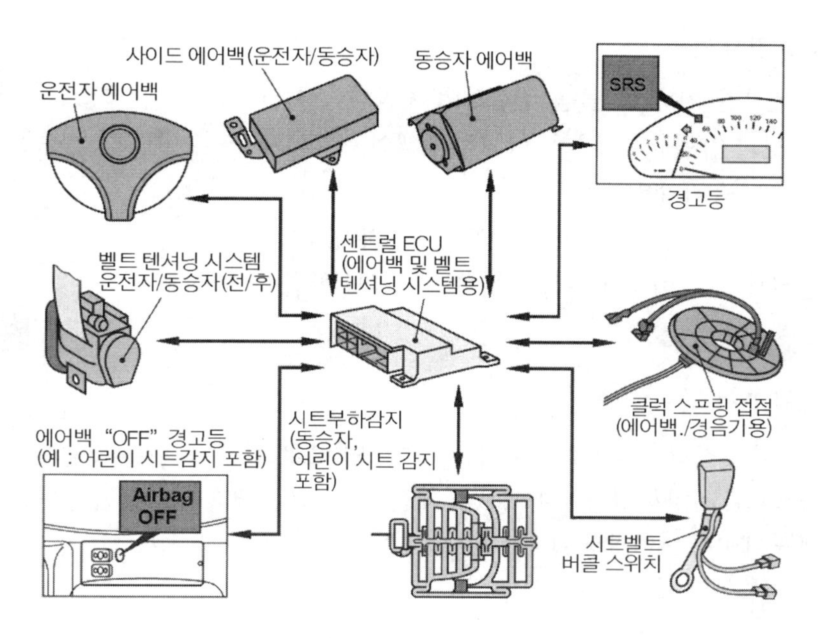

그림 12-1 SRS-시스템 구성

(1) 주요 구성부품

① 가속도센서(acceleration sensors)

이 센서는 자동차가 충돌할 때 가속도를 감지하고, ECU를 통해 탑승자 구속(restraint) 시스템을 작동시키는 데 사용된다. 센서 내부에는 충돌 중에 자유롭게 요동(oscillating)하는 질량(mass)이 설치되어 있다. 요동질량의 운동은 용량변화(capacitive change)로 나타난다. 용량변화는 평가 일렉트로닉에 의해 증폭, 여과되며, ECU에서 처리할 수 있도록 디지털화 된다.

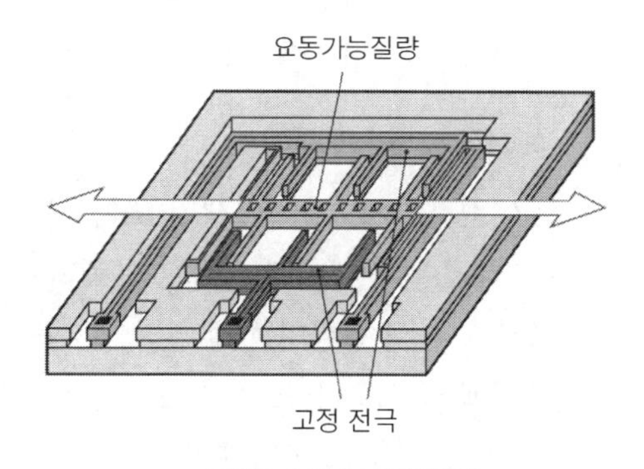

그림 12-2 가속도센서(예)

구조가 다른 형식에서는 한 쪽에 클램핑된 압전 진동체(piezo-electric seismic body)를 사용한다. 이 형식의 센서는 예를 들면, 안전벨트 텐셔닝(tensioning) 시스템, 에어백, 또는 전복 보호대의 활성화에 사용된다.

정면충돌을 감지하기 위해서는 가속도센서를 X축(길이방향)에 나란하게, 측면충돌을 감지하기 위해서는 y축(좌/우 방향)에 나란하게 설치한다.

② **시트부하 감지 센서**

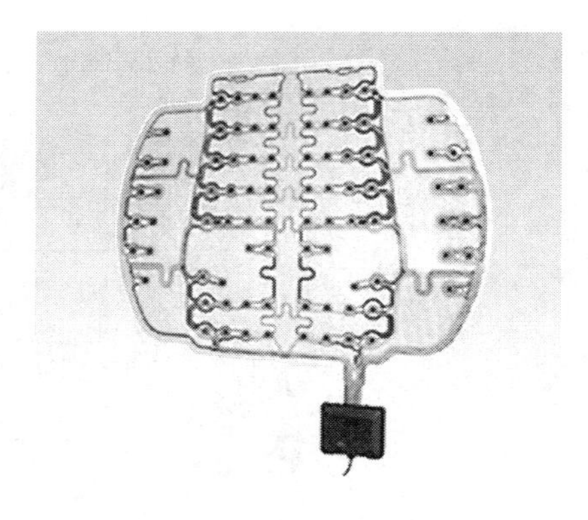

그림 12-3 시트부하 감지센서
(탑승자 분류용 센서 매트)

압력에 민감한 저항소자들을 결합하여 제작한 센서 매트(mat) 상의 압력분포로부터, ECU는 승객의 몸무게와 착석위치 및 움직임을 계산한다.

이 센서는 인공지능 에어백 시스템을 활성화시키기 위한 기본센서이다. 어린이 좌석 감지기능은 센서에 집적되어 있다.

③ **벨트 버클 센서**

마이크로 스위치 또는 홀(Hall)-센서를 이용하여 탑승자가 안전벨트를 착용하였는지의 여부를 확인할 수 있다. 탑승자가 안전벨트를 착용하지 않았을 경우에는 에어백 트리거링 기준값이 낮아진다.

④ **센트럴 ECU**

센트럴 ECU는 자기진단기능을 갖추고 있다. ECU가 SRS-시스템에 고장이 있음을 감지하면, 고장은 ECU에 수록되고, 경고등이 점등된다.

저장된 고장기록은 전용 테스터를 이용하여 판독할 수 있으며, 서비스 정보로 또는 충돌 전/후 에어백의 상태를 확인하는 자료로 이용된다. 저장되는 정보들에는 충돌 횟수, 경고등 상태, 경고지속기간, 경고 후 시동횟수 등이 있다.

⑤ **에어백 모듈**

에어백 모듈은 가스발생기(또는 하이브리드 가스발생기), 에어백, 클록 스프링 등으로 구성된다. 대부분의 에어백 모듈은 분해하지 않도록 제작되어 있으며, 한번 작동하고 나면전체를 신품으로 교환해야 한다.

에어백은 고무가 코팅된 나일론 섬유제의 주머니로서 용량은 각기 다르나 운전자 에어백의 경우, 약 50～60리터 정도이다.

가스발생기로부터 방출되는 가스는 대부분 질소 또는 탄산가스이며, 가스가 에어백에 충전되는 속도보다는 에어백으로부터 방출되는 속도가 더 느리다.

⑥ **경고등**

점화 스위치를 'ON'시키면, 일정 시간(예 : 최대 약 6초) 동안 점등되었다가 소등된다. 이는 시스템에 저장된 결함이 없다는 것을 뜻한다. 시스템이 비정상일 경우에는 경고등은 계속 점등 상태를 유지하고, 고장 내용은 ECU에 저장된다.

(2) 작동 기준

가속도센서가 자동차의 종가속도(a_x) 및 횡가속도(a_y)를 지속적으로 감시한다. ECU는 가속도센서로부터의 전압신호를 지속적으로 평가한다. 사고 및 충돌의 경우, 각 에어백 또는 좌석벨트 텐셔닝 시스템의 작동기준 값은 자동차의 형식과 센트럴 ECU에 저장된 프로그램 특성도(map)에 따라 결정된다.

① 정면 충돌

작동 기준값(예 : 17g ; 1g=9.81m/s^2)에 도달하거나 이를 초과할 경우, ECU에 설치된 중력센서(가속도센서)가 이를 감지한다. 해당 벨트 텐셔닝 시스템이 작동하며, 필요할 경우에 운전자 에어백 또는 동승자 에어백이 작동된다.

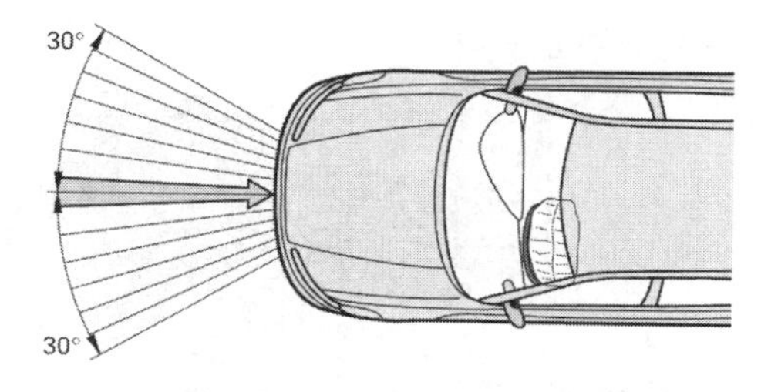

그림 12-4 앞좌석 에어백 및 벨트 텐셔닝 시스템의 영향 영역

추가로 시트부하감지센서가 장착되어 있을 경우에는 동승자 좌석에 탑승자가 있는지, 또 성인인지 어린이인지의 여부를 판별할 수 있다. 동승자 좌석에 탑승자가 없거나 어린이가 탑승하였을 경우, 동승자 좌석 에어백은 작동되지 않는다.

일반적으로 자동차의 X축(길이방향 중심축)을 기준으로 좌/우 30°까지의 범위에서 정면충돌이 발생했을 경우, 앞좌석 에어백과 벨트 텐셔닝 시스템이 작동된다.

② 측면 충돌(side crash)

충돌사고의 약 20~25%가 측면 충돌사고인 것으로 알려져 있다. 측면충돌을 감지하기 위해 옆방향(Y축)으로, 주로 크로스멤버에 가속도센서를 설치한다. 옆방향 가속도가 기준값을 초과하면 사이드 에어백이 작동한다. 자동차가 전복되었을 경우, 헤드-에어백 및 윈도우 에어백은 다른 에어백들 보다 더 천천히 수축된다. 이유는 탑승자의 부상을 최소화하기 위해서 이다.

2. 좌석벨트 텐셔닝 시스템

사고가 발생했을 때, 탑승자의 부상을 최소화하기 위해서 탑승자들은 반드시 안전벨트를 착용하고 있어야 한다. 50km/h의 속도로 주행 중 정면충돌할 경우, 안전구조 차체일지라도 탑승자는 30g~50g(1g=9.81m/s^2)의 중력가속도에 노출된다. 따라서 체중이 70kg이라면, 중력가속도에 대항하기 위해서는 약 30kN의 힘을 필요로 한다.

따라서 충돌사고가 발생했을 때, 좌석벨트 텐셔닝 시스템은 안전벨트를 잡아당겨 탑승자의 상반신이 전방으로 튀어나가는 것을 방지한다.

3. 운전자 에어백의 작동 원리 및 그 과정(그림 12-5 참조)

가스발생기와 ECU 간의 전기적 연결은 조향핸들에 설치된 클록 스프링(clock spring)이 담당한다. 사고가 발생하여 작동기준 값(예 : 17g ; 1g = 9.81m/s^2)에 도달하거나 이를 초과할 경우, ECU는 에어백을 작동시킨다.

그림 12-5는 작동의 전 과정은 약 150ms 이내에 종료되며, 에어백의 전개에 소요되는 시간은 사고발생 시점부터 약 45~50ms 범위이고, 어떠한 경우에도 안전벨트의 착용이 안전의 필수 요건임을 보여주고 있다.

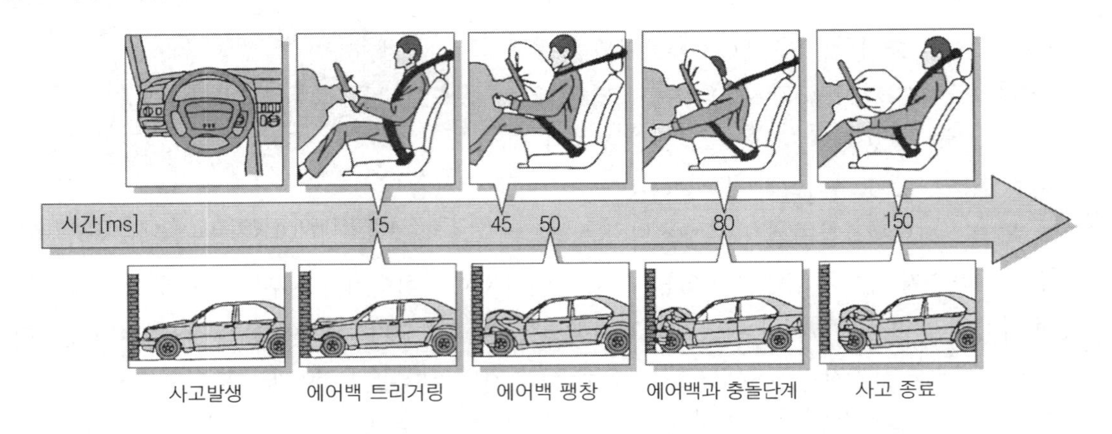

그림 12-5 사고 시 운전자 에어백의 작동 과정 및 소요시간

4. 통합식 안전 구속 시스템(integrated restraint system- Pre-safe)

충돌에 이르기 전에 미리 좌석을 정확한 위치로 이동시키고, 좌석벨트를 잡아당기고, 필요할 경우 선루프(sunroof)를 닫을 수 있다.

이와 같은 사전 안전대책을 강구하기 위해서, 시스템은 ABS, BAS(Brake Assistant) 및 ESP(Electronic Stability Program)와 연동한다.

이 경우에는 추가로 충돌경고(Pre-crash)센서와 out-of-position 센서를 필요로 한다.

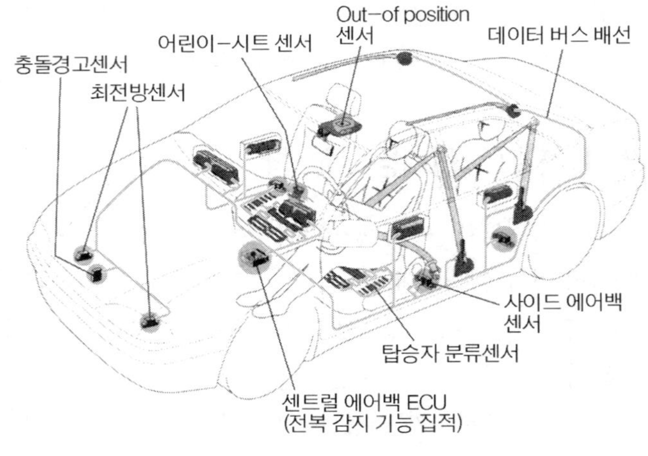

그림 12-6 집적식 구속시스템

(1) 추가 센서들

① 충돌 경고(Pre-crash) 센서

레이더(radar) 기술을 이용하여 장애물과의 거리 및 각도를 측정한다. 이 센서는 자동차 주위 약 14m 이내의 실질적인 안전지대를 형성한다. 이 레이더 신호를 SRR(Short Range Radar)이라고도 한다. 이 신호는 운전자에게 특정한 위험상황을 경고하는데도 사용할 수 있다. 예를 들면, 자동차의 사각지대에 다른 자동차가 접근하고 있음을 운전자에게 알려 줄 수 있다.

② Out-of-position 센서

탑승자가 에어백을 기준으로 정확한 거리와 각도로 착석하고 있는지를 초음파 또는 비디오(video)기술을 이용하여 확인한다. 필요할 경우, 강력한 전기모터를 이용하여 충돌사고가 발생하기 이전에 운전자(또는 탑승자) 시트를 적절한 위치로 이동시킬 수 있다.

③ 최전방(upfront) 센서

충돌사고가 발생했을 경우, 이 센서를 이용하여 충돌센서(중앙 터널에 설치된)보다 더 정확하게 사고의 심각도를 분석할 수 있다. 따라서 벨트 텐셔닝 시스템과 에어백을 보다 더 조기에, 더욱더 정확하게 작동시킬 수 있다.

예를 들면 2단 가스발생기를 사용하는 에어백의 경우, 충격이 작으면 가스발생기를 1단만 작동시킬 수 있다. 그러나 충돌의 정도가 심할 경우에는 15ms 이내에 지체없이 2단 가스발생기까지 작동시킬 수 있다.

(2) 작동 원리

비상운전 상황 예를 들면, 갑작스런 제동, 미끄러지는(skidding) 상태 등을 ABS, BAS(Brake Assistance System) 센서들 또는 ESP(Electronic Stability Program)-ECU를 통해 감지하였을 경우, 이 정보는 CAN-버스를 통해 에어백-ECU로 전송된다. 그리고 전방 장애물까지의 거리가 급격하게 가까워지는 상황은 충돌경고(pre-crash)센서가 에어백-ECU에 알려준다. 에어백-ECU는 수신한 정보들을 처리, 평가한다.

에어백 ECU는 충돌이 발생하기 이전에 다음과 같은, 안전대책들을 강구한다.

① 운전자와 동승자의 안전벨트를 미리 잡아당긴다.

② 운전자와 동승자의 시트를 적당한 위치로 미리 이동시키고, 등받이 각도도 조정한다.

③ 전복 위험이 있을 경우, 슬라이딩 선루프를 자동으로 미리 닫는다.

제12장 안전장치 및 편의장치

제2절 와이퍼/백미러시스템
(Wiper & back mirror system)

1. 와이퍼 시스템(wiper system)

◉ **자동차 안전기준에 관한 규칙 제47조** : 자동차 앞면 유리에는 시야확보를 위한 자동식 창닦이기와 세정액 분사장치를 설치하여야 하며, 필요한 경우에는 후면 및 기타 창유리에도 창닦이기, 세정액 분사장치 또는 서리제거장치를 설치할 수 있다.

창닦이기 시스템은 와이퍼 모터, 와이퍼 링크, 와이퍼 암, 와이퍼 블레이드, 세정액 분사장치 그리고 제어회로로 구성된다.

창닦이기 시스템은 아래와 같은 요구조건을 만족해야 한다.

① 물과 눈의 제거능력
② 먼지(광물성, 유기질 또는 식물성) 제거능력
③ 고온(+80℃)과 저온(−30℃)에서도 원활하게 작동
④ 산, 알칼리, 소금(240시간), 오존(72시간) 등에 대한 부식 저항성
⑤ 내구성이 있어야 한다.(승용 : 약 1.5×10^6 wipe cycle, 상용 : 약 3×10^6 wipe cycle)

(1) 와이퍼 모터(wiper motor)

와이퍼 모터로는 출력 25~75W 정도의 분권, 복권 또는 영구자석식 소형직류전동기가 사용된다.

직권식의 경우는 기동토크가 아주 크기 때문에, 와이퍼 블레이드의 창유리에 대한 큰 접촉력을 쉽게 극복할 수 있다는 장점은 있으나, 부하에 따라 회전속도가 크게 변화하기 때문에 사용하지 않는다.

분권식의 경우는 창유리가 젖어 있거나 건조한 상태이거나 간에 비교적 일정한 와이퍼 속도를 유지할 수 있으며, 또 완전 블로킹(blocking) 시에도 소손되지 않도록 할 수 있다는 점이 장점이다.

복권식의 경우에는 2가지 서로 다른 속도를 쉽게 실현시킬 수 있다. 그리고 유리창이 젖어 있을

경우에도 동작 후, 원래의 정위치(off-position)를 그대로 유지할 수 있을 만큼 제동성능이 좋다.

영구자석식의 특성은 분권식과 거의 같으나 구조가 간단하며, 에너지 소비가 적기 때문에 분권식 대용으로 많이 사용된다.

어떤 형식이든 모터에는 전기자축과 직결된 감속기어와 블레이드 정위치 정지장치가 내장되어 있다. 와이퍼 암이 1개인 형식에서는 외부에 돌출된 출력축은 진자운동을 하도록, 와이퍼 암이 2개 이상인 형식에서는 출력축은 회전운동을 하도록 제작된다. 이때 출력축의 회전운동은 링크기구에 의해 와이퍼 암의 진자운동으로 변환된다.

(2) 와이퍼-인터벌-회로(wiper-interval-circuit)

날씨에 따라 다양한 시간간격으로 와이퍼를 작동시켜야 한다. 이와 같은 번거로운 일을 전자적으로 처리할 수 있다. 장치에 따라 2~30초의 간격으로 와이퍼 블레이드를 작동시킬 수 있다.

① 와이퍼-인터벌-스위치

그림 12-7은 접지선과 계속적으로 연결되어 있는 와이퍼 모터를 이용한 와이퍼-인터벌-스위치이다. 블레이드의 작동속도는 일정하며, 시간간격은 저항 R1에서 R3까지를 이용하여 3단계로 제어할 수 있다. 인터벌 스위치는 비안정 멀티바이브레이터로 구성되어 있다. 여기서 비안정 멀티바이브레이터는 인터벌 스위치를 3단계 중 어느 한 단계로 조작했을 때, 동작한다. 펄스수는 RC-회로에 의해서 결정된다.

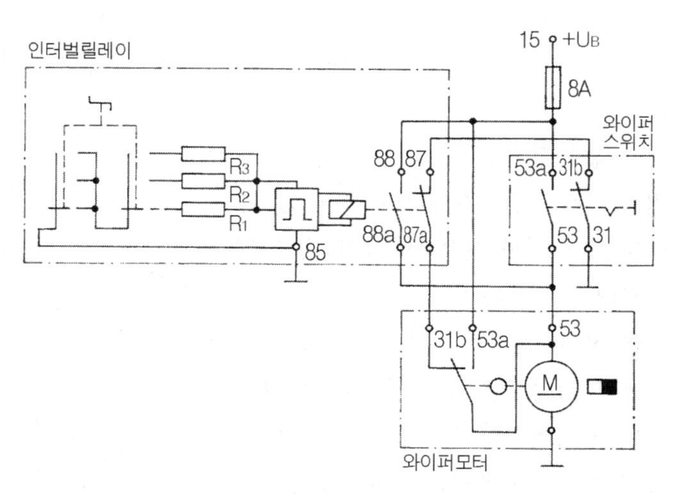

그림 12-7 와이퍼-인터벌-스위치

② 와이퍼-와셔-오토매틱

그림 12-8은 와이퍼 모터가 항상 접지선과 연결되어 있는 와이퍼-와셔-오토매틱 형식의 와이퍼-인터벌-스위치이다. 그리고 그림 12-9는 그림 12-8과 동일한 기능을 가지고 있으나, 와이퍼 모터가 항상 (+)극과 연결되어 있는 형식이다.

스위치 S1로 'OFF' 위치 외에 2-속도로 와이퍼모터를 작동시킬 수 있다. 와이퍼모터 M1이 계속해서 저속 또는 고속으로 운전될 때, 스위치 S2와 S3은 위치 2 또는 위치 3에 있으며, 단자

31b 또는 31c는 스위치 S2를 거쳐 접지단자와 연결된다. 따라서 전류는 스위치 S2와 와이퍼모터 M1의 전기자를 거쳐 흐른다.

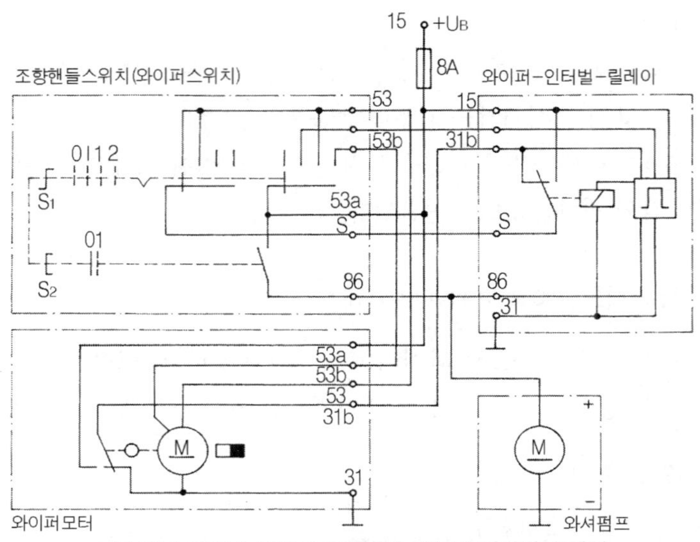

그림 12-8 와이퍼-와셔-오토매틱과 와이퍼-인터벌-릴레이

정위치 정지스위치 S4(그림 12-9)는 거의 전체 회전기간에 걸쳐 단자 54d와 단자 31 사이를 연결한다. 따라서 와이퍼모터는 기동된 다음, 구동축이 회전하는 전체기간 동안, 이 스위치를 통해 전류를 공급받는다. 설계조건에 의해 구동축 회전각의 일정범위 내에서 정위치 정지스위치 S4는 단자 54d를 (+)극 단자 54로 절환한다. 이렇게 되면 조향핸들에 부착된 와이퍼스위치 S2와 S3은 전기브레이크작용을 한다. 그리고 릴레이 B접점(평상시 닫혀있는)은 단자 54d, 31b′ 그리고 31b를 연결하므로 와이퍼모터는 정해진 정지위치를 유지한다.

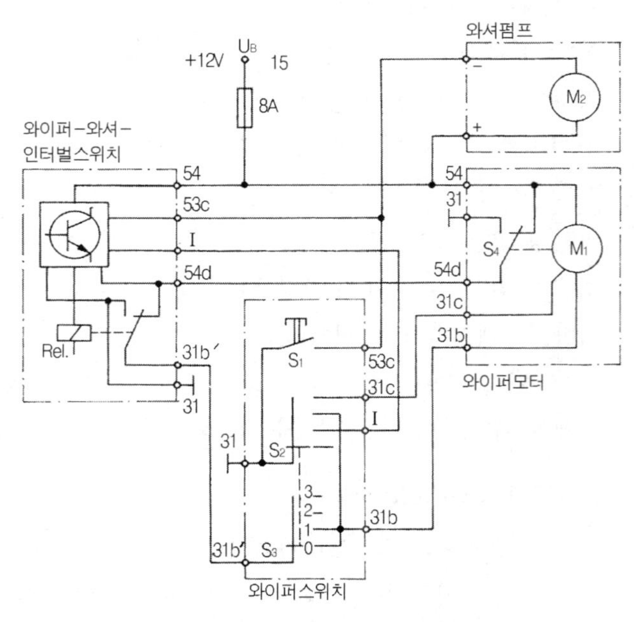

그림 12-9 와이퍼-인터벌-릴레이(와이퍼모터는 항상 (+)극과 연결)

와이퍼블레이드 동작시간간격을 제어할 때(인터벌 동작 시), 와이퍼스위치 S2와 S3은 위치 1에

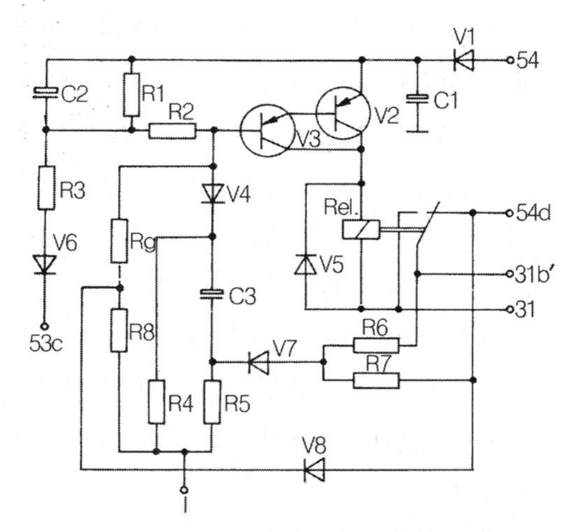

그림 12-10 와이퍼-인터벌-릴레이의 전자회로

있다. 이때 저항 R4와 R5(그림 12-10)는 단자 I를 거쳐, 단자 31과 연결된다. 그러므로 인터벌 동작 시 릴레이 접점은 곧바로 흡인되고, 와이퍼모터는 닦기동작을 시작한다. 와이퍼모터가 닦기동작을 시작한 다음, 정위치 정지스위치는 절환되고, 이때 단자 54d와 접지단자가 연결된다. 저항 R6과 R7은 (−)극에 병렬로 결선되어 있다.

이어서 다이오드 V7이 차단되고, 콘덴서 C3은 저항 R5를 거쳐 한계값까지 곧바로 충전된다. 1회전 후 정위치 정지스위치 S4는 다시 단자 54와 연결된다. 이로 인해 저항 R7은 갑자기 (+)극과 연결되어, 저항 R6과 R7은 다이오드 V7을 거쳐 저항 R4와 분압기를 형성한다. 저항 R5에서의 전압강하는 콘덴서 C3에서의 충전전압에 부가된다. 따라서 트랜지스터 V3의 베이스는 양(+)의 퍼텐셜이 되므로 트랜지스터는 곧바로 차단된다. 트랜지스터 V2가 동시에 차단되므로 릴레이도 차단되고, 와이퍼모터는 제동되어 정위치에 정지한다.

이제 시작되는 와이퍼 휴지기간 동안, 저항 R5에서의 전압강하는 닫혀있는 릴레이접점을 통해 다시 상승한다. 그리고 콘덴서 C3은 트랜지스터 V3에 충분한 부(−)의 퍼텐셜이 존재할 때까지 저항 R4와 R5를 통해 방전한다. 그러면 트랜지스터 V2와 V3은 도통되고, 와이퍼는 다시 동작한다.(인터벌 동작 반복)

와이퍼 스위치 S1을 작동시킬 때 와셔모터 M2도 작동한다. 이때 콘덴서 C2는 저항 R3과 다이오드 V6을 거쳐 충전된다. 그러면 트랜지스터 V2와 V3은 잠시 후 와이퍼모터를 'ON' 시킨다. 즉, 릴레이 코일의 흡인전압을 초과하면 곧바로 작동한다.

와이퍼 스위치 S1이 열린 다음에도 릴레이는 수 초 동안 즉, 콘덴서 C2가 릴레이 코일의 차단전압 하한값보다 낮아질 때까지 방전하는 동안, 흡인상태를 더 유지한다. 릴레이가 차단되면, 와이퍼모터 M1은 정위치에 도달할 때 스위치 S4에 의해 제동, 정지된다.

(3) 전자식 윈드쉴드 와이퍼

전자식 윈드쉴드 와이퍼 시스템은 1~2개의 역전 가능한 DC-모터와 크랭크기구로 구성된다. 제어 일렉트로닉은 와이퍼모터의 기어기구 커버에 내장되어 있다. 인터벌회로에는 광전센서를 이용한다.

① 광전센서(optical sensors)의 구조 및 작동원리

● 레인센서(rain sensors)

이 센서는 빛을 방출하는 LED와 빛을 수신하는 포토-다이오드로 구성되어 있다. 변화된 반사에 근거하여 즉, 결과적으로 유입되는 빛의 감소에 근거하여 ECU는 전조등의 오염, 유리의 파손 또는 윈드쉴드 상의 빗방울 등을 감지한다.

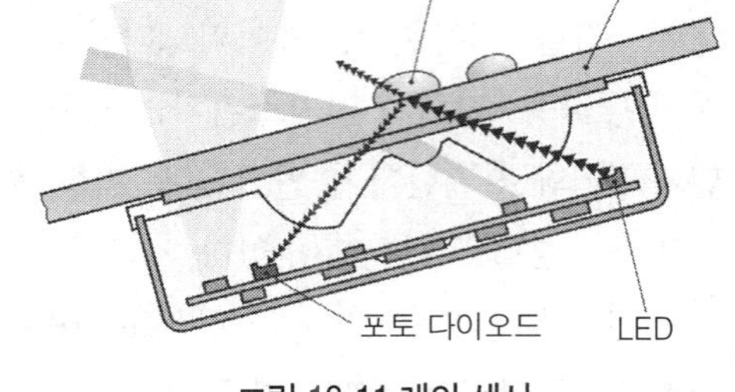

그림 12-11 레인 센서

와이퍼의 자동 활성화를 위해 레인센서로, 또는 제논 전조등의 자동청소를 위해 오염감지센서로서 사용된다.

● 레인/드라이빙 라이트 센서

(Rain/driving light sensor : RLS)

기본적인 작동원리는 1세대 레인센서와 같다. 다만 광센서를 2개 대신에 4개를 사용한다. 비(rain) 감지기능은 유리 대 공기 경계표면에 대한 전반사 원리에 근거를 두고 있다.

윈드쉴드가 깨끗하고 건조할 경우에는, 레인/드라이빙 라이트 센서로부터 발신된 적외선이 모두 반사된다. →전반사(全反射 : total reflection).

이 적외선은 가시광선이 아니므로 인간의 육안으로는 볼 수 없다.

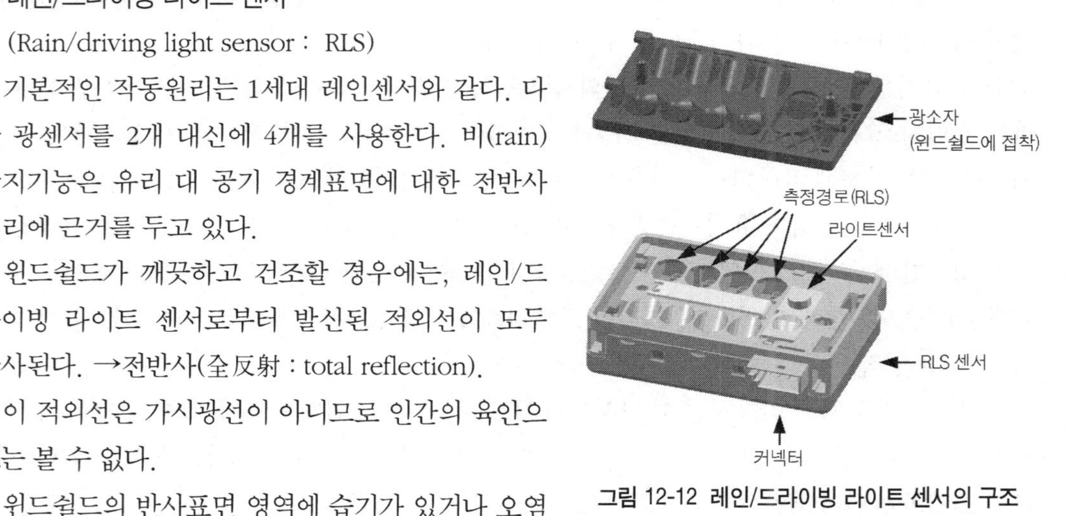

그림 12-12 레인/드라이빙 라이트 센서의 구조

윈드쉴드의 반사표면 영역에 습기가 있거나 오염되었을 경우에는, 적외선의 일부만 반사된다. 결과적으로 발신기로부터 발신된 적외선의 일부만 수신기에 도달한다.

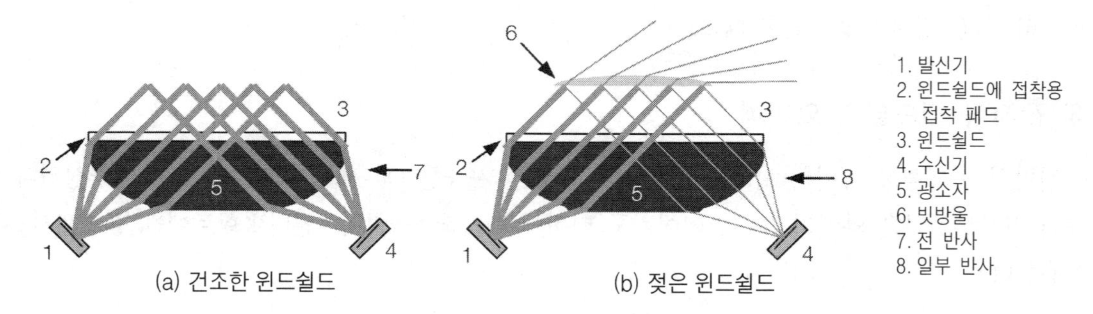

그림 12-13 레인/드라이빙-라이트 센서의 작동원리

② 와이퍼 모터의 회전방향 전환 원리

와이퍼모터의 회전방향을 바꾸어 와이퍼암의 창닦기 동작을 수행한다. 와이퍼모터에 인가되는 전압의 극성은 와이퍼암의 역전위치에서 전자적으로 바뀐다.(극성 역전)

와이퍼모터와 기어기구에 홀센서를 부착하여 위치와 속도를 감지한다.

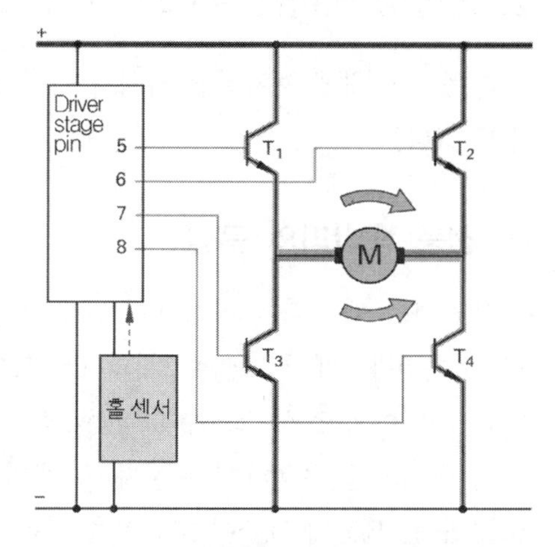

그림 12-14 와이퍼모터의 회전방향 전환의 원리

● 시계방향 회전

구동단계는 핀 5와 핀 8을 통해 트랜지스터 T1과 T4를 트리거링시켜 제어한다. 동작전류는 트랜지스터 T1로부터 모터와 트랜지스터 T4를 거쳐 접지된다.

● 반시계방향 회전

구동단계는 핀 6과 7을 통해 트랜지스터 T2와 T3을 트리거링시켜 제어한다. 동작전류는 트랜지스터 T2로부터 모터와 트랜지스터 T3를 거쳐 접지된다. 와이퍼모터는 CAN-인터페이스를 통해 창닦기 명령을 수신한다. 제 2의 모터(슬레이브)가 설치되어 있을 경우, 제 2의 모터는 제 1 모터(마스터)로부터 직렬, 단선 인터페이스를 거쳐 창닦기 명령을 수신한다.

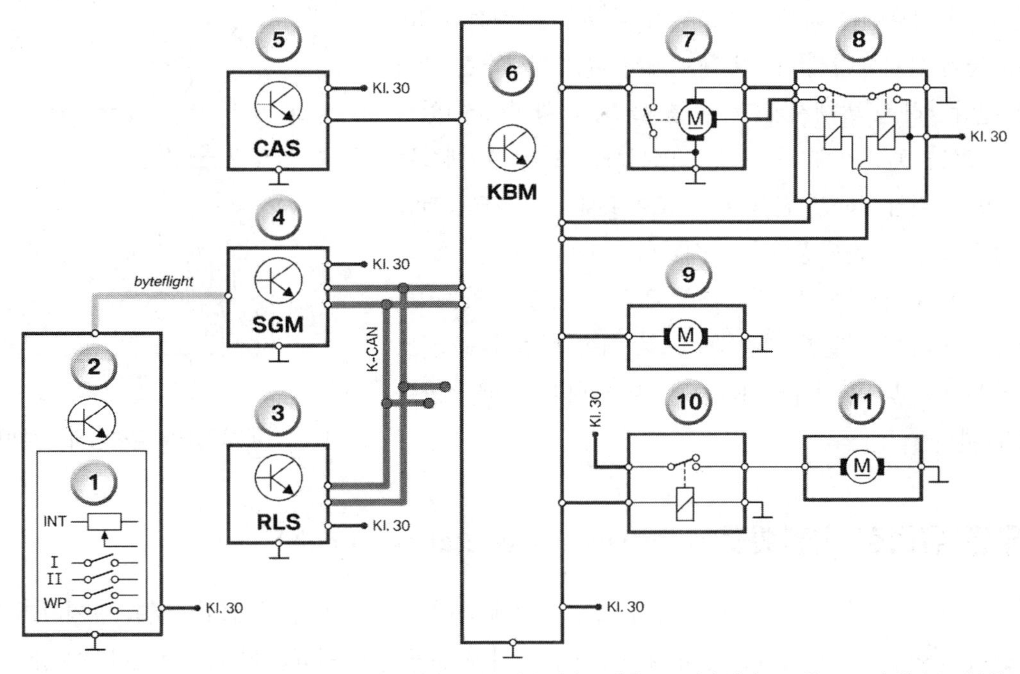

1. 스티어링 컬럼 스토크 2. 스티어링 컬럼 스위치 클러스터 3. 레인/라이트 센서 4.안전/게이트 모듈 5. 카 엑세스 시스템 6. 베이직 보디 모듈 7.와이퍼 모터 8. 와이퍼/와셔 릴레이 9. 와셔액 펌프 10. 전조등 세척 시스템 릴레이 11. 전조등세척 펌프

그림 12-15 전자식 와이퍼/와셔 시스템 회로도(예)

2. 전동식 백미러(electric adjustable exterior mirror)

자동차 실내에 설치된 스위치로 백미러를 최적 위치로 조정할 수 있으며, 주차상태에서는 접을 수도 있다.

(1) 전동 백미러의 구성

운전자가 백미러를 조정하기 위해 조정 스위치를 조작하면, 이 정보는 도어(door) 제어유닛으로 전송된다. 제어유닛은 2개의 DC-모터를 좌회전 및 우회전하도록 제어한다. DC-모터는 웜(worm)기어와 조정 스크루를 통해 백미러를 4개의 운동방향 중 어느 한 방향으로 움직이게 한다. 선택 스위치를 사용하여 운전자 측 백미러 또는 동승자 측 백미러를 선택한다. 일반적으로 서리 또는 수분 때문에 거울이 흐려지는 것을 방지할 목적으로 거울에 열선을 내장한다.

(2) 전동식 백미러의 작동원리

도어(door)-ECU는 흔히 전압 코딩(coding) 방식으로 작동시킨다. 컨트롤 스위치를 사용하여 4개의 병렬결선된 접점 스위치 중 하나를 닫는다. 그러면 도어-ECU로 가는 회로가 닫힌다. 각 회로에는 저항값의 크기가 다른 저항(배선만, R_1, R_2, R_3)들이 설치되어 있다. 각 회로에서 이들 저항들은 각기 다른 전압강하를 발생시킨다. 예를 들면, 저항이 들어있지 않은 회로는 0V, R_1에서는 1.3V, R_2에서는 2.7V, R_3에서는 4V 등으로 전압강하가 발생한다. 도어-ECU는 인가된 전압으로부터 원하는 운동방향을 인식한다. 이제 작동전류를 해당 DC-모터로 공급한다. 컨트롤 스위치를 누르고 있는 한, 해당 DC-모터는 동일한 회전방향으로 계속 회전한다. 컨트롤 스위치로부터 제어유닛까지는 단지 1개의 (+)배선만을 필요로 한다.

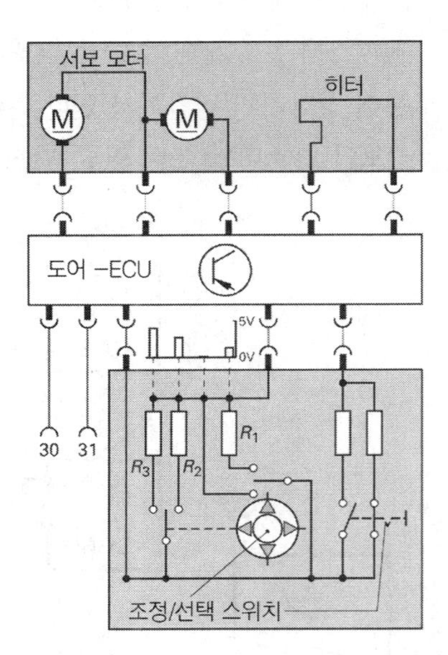

그림 12-16(a) 전동식 백미러의 회로(예)

3. 후면 유리창 가열회로(rear windshield heating circuit)

후면 창유리 가열회로는 눈이나 서리 또는 습기에 의해 후면 시야가 방해되는 것을 방지하기 위한 안전장치이다. 먼저 열선을 창유리에 깔고, 그 위에 투명 실크 인쇄하여 접착하였다. 이 방식은 열선에 고장이 있을 경우, 수리하기가 용이하다는 이점이 있다.

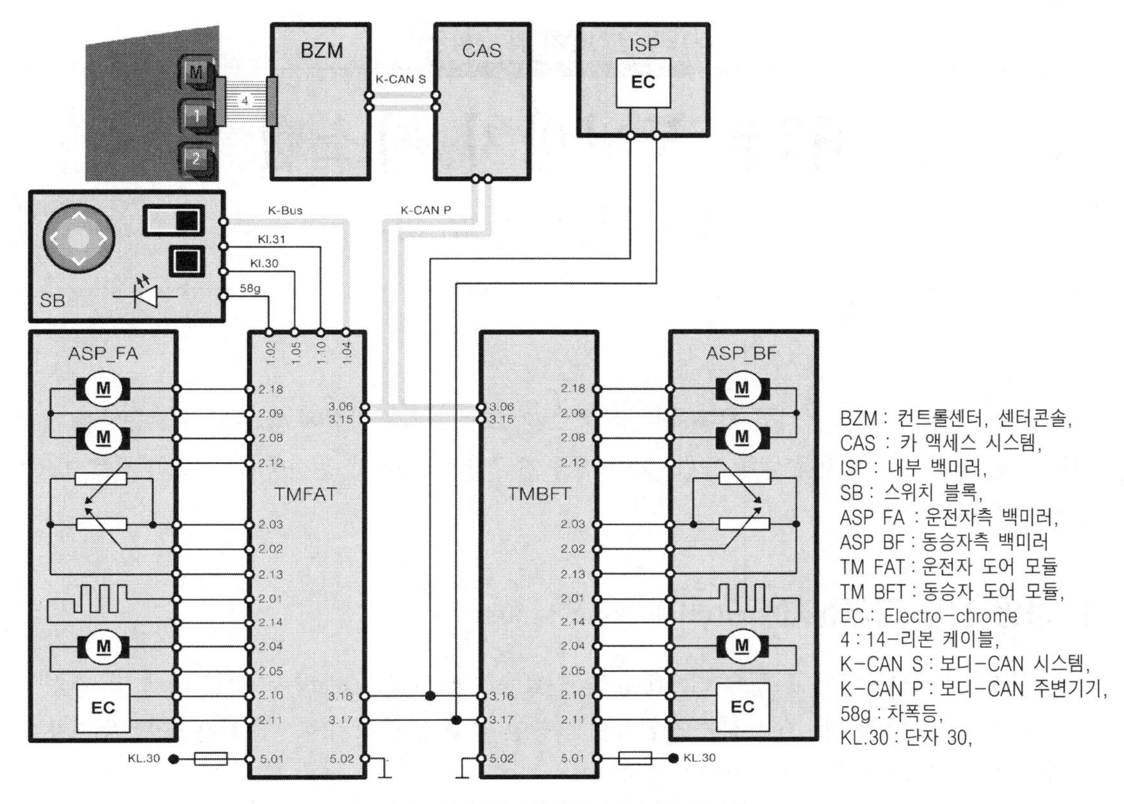

그림 12-16(b) 전동식 백미러의 블록선도(예)

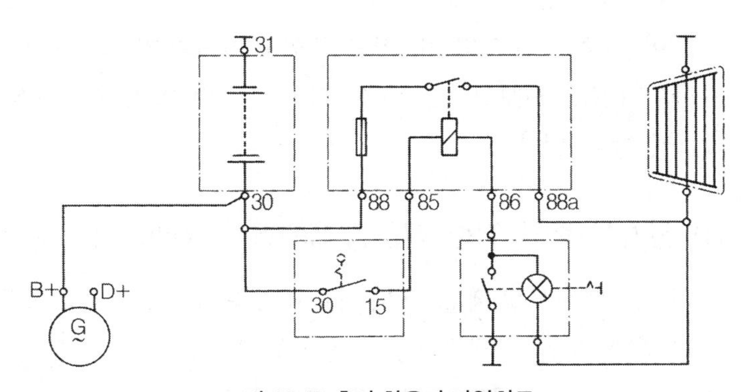

그림 12-17 후면 창유리 가열회로

열선은 모두 병렬로 연결되어 있으며, 니켈 도금된 얇은 구리선이다. 열선을 수리할 때는 단선된 부분을 제거하고, 직경 0.1~0.2mm 정도의 구리선을 깨끗하게 용접해야 한다. 12V식에서 열선의 출력은 약 90~168W 정도이다.

그림 12-17은 창유리 가열 회로도이다. 열선은 전류릴레이를 거쳐 결선되어 있다. 릴레이는 직접 발전기의 D+ 단자 또는 키 스위치(단자 15) 바로 다음에 연결한다. 그 이유는 기관운전 중 발전기가 발전하는 동안에만 열선을 가열하도록 하기 위해서이다. 열선에 소비되는 에너지를 축전지로부터만 공급받는다면, 축전지는 짧은 시간 내에 방전되고 만다. 열선을 가열할 경우, 대부분 컨트롤램프가 점등되도록 한다.

제12장 안전장치 및 편의장치

제3절 도난방지 시스템

(Anti-theft system)

도난방지 시스템은 자동차와 자동차 부품의 도난, 그리고 접근권한이 없는 자가 자동차를 사용하는 것을 방지하는 장치들 예를 들면, 중앙 집중 잠금장치, 자동차 운전방지 시스템, 경보시스템 등을 포괄한다.

1. 중앙 집중 잠금장치(central locking system)

이 시스템은 모든 도어, 트렁크 리드(lid) 및 연료주입구 커버 등의 잠금, 잠금 해제 및 이중 잠금 등의 기능을 수행한다. 중앙 집중 잠금장치는 중앙 집중 잠금 위치(예 : 운전자 도어, 동승자 도어 또는 트렁크 리드)에서 항상 작동시킬 수 있다.

자동차의 편의/안전사양에 따라서는, 중앙 집중 잠금장치는 키를 빼낸 후에도 일정 시간(예 : 60초) 동안, 선루프(sunroof) 또는 파워 윈도우를 계속 작동하도록 한다.

도어, 트렁크 리드 및 연료탱크 주입구 커버의 자물쇠를 잠그거나 잠금을 해제하기 위해서는 액추에이터 또는 서보모터를 사용한다. 작동방법에 따라 전기식과 전자/공압식 중앙 집중 잠금장치로 구분할 수 있다.

(1) 전기식 중앙 집중 잠금장치(electric central locking system)

이 시스템에서는 예를 들면, 자동차 도어의 기본적인 잠금 및 잠금 해제기능은 전기식 액추에이터의 서보모터를 통해서 수행한다. 대부분 2개의 스위치에 의해 작동이 시작되는데, 스위치 1개는 도어로크에, 다른 1개는 액추에이터에 설치되어 있다.

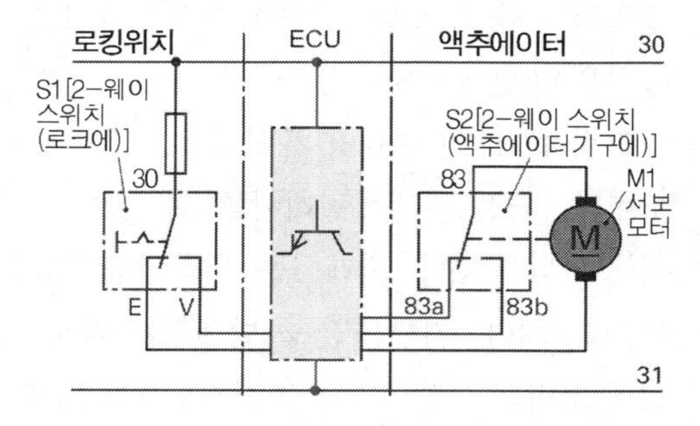

그림 12-18 중앙장금장치 회로
(서보모터 및 2개의 2-웨이 스위치 포함)

그림 12-18은 단순화한 회로이다. 키를 돌렸을 때, 로크(lock)와 스위치 S1은 기계적으로 작동한

다. 이와 같은 기계적 작동은 각각의 로크 예를 들면, 운전자 도어 로크 또는 동승자 도어 로크에서 이루어진다. 이와 같은 방법으로 중앙잠금장치에 관여하는 모든 서보모터를 ECU를 통해서 작동시킬 수 있다. 스위치 S1에는 2개의 위치, 잠금(V)과 잠금해제(E)가 있다. 스위치 S2는 대부분 액추에이터에 내장되어 있으며, 서보모터로부터 링키지 또는 기어기구를 거쳐 작동된다. 스위치는 2개의 스위칭 위치를 가진 최종위치 스위치로서 서보모터를 'ON' 또는 'OFF'시킨다.

제어신호는 배선 또는 버스 시스템(CAN-버스 또는 멀티플렉서)을 통해 ECU에 전송된다.

① 잠금(locking)의 원리

키를 돌리면, 단자 30(축전지 +)과 스위치 S1의 단자 V(잠금)가 서로 연결된다. 이 제어펄스는 ECU가 단자 83a에 전류를 공급하도록 한다. 서보모터 M1은 작동한다. 스위치 S2에서는, 단자 83a와 83은 잠금과정이 종료될 때까지 연결된 상태를 유지하며, 서보모터 M1에 의해 단자 83a와 83의 연결은 차단된다.

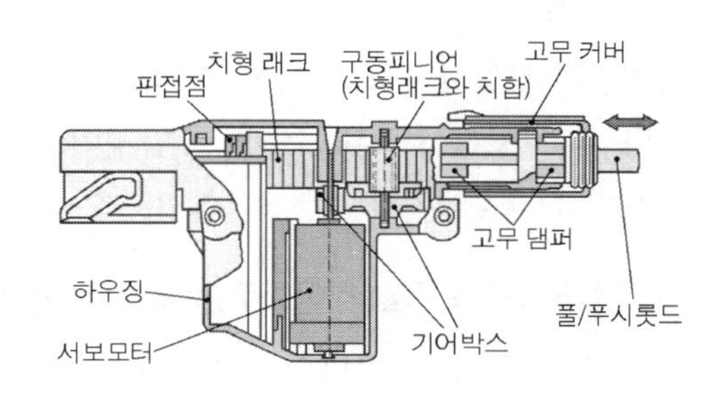

그림 12-19 중앙 집중 잠금장치용 전기식 액추에이터

② 잠금 해제(unlocking)의 원리

키를 반대방향으로 돌리면, 단자 30과 스위치 S1의 단자 E(잠금해제)가 서로 연결된다. 이 제어펄스는 ECU가 단자 83b에 전류를 공급하도록 한다. 이제 서보모터 M1은 반대방향으로 작동한다. 스위치 S2에서, 단자 83b와 83은 잠금해제과정이 완전히 종료될 까지 연결된 상태를 계속 유지하며, 서보모터 M1에 의해 단자 83b와 단자 83 사이의 연결은 차단된다. 서보모터 M1은 정지한다.

③ 전기식 액추에이터

전기식 액추에이터는 잠금과 잠금해제를 실행한다. 서보모터의 피니언은 기어(gear)기구를 통해 래크(rack)의 구동 피니언과 기계적으로 결합되어 있다. 로크(lock)를 키로 기계적으로 중앙잠금장치의 잠금개소에서 작동시키면, 예를 들어 잠금을 해제하면, 풀/푸시(pull/push)롯드는 운동을 래크와 다수의 기어휠을 통해 액추에이터에 전달한다. 이와 같은 동작이 이루어졌을 때, 2-웨이(way) 스위치(S2)는 기계적으로 잠금해제를 위한 최종위치에 세팅된다. 서보모터에는 더 이상 전기가 공급되지 않는다.

잠금해제 제어펄스는 핀 접점을 통해 ECU에 전송된다. 나머지 액추에이터의 서보모터에 전류가 공급되어, 잠금해제 과정이 실행된다.

(2) 전기/공압식 중앙 집중 잠금장치(electro-pneumatic central locking system)

이 시스템은 제어전류회로와 공압 제어회로를 포함하고 있다.

① 제어전류회로

ECU는 공압제어 유닛을 통해 공압식 싱글-루프(single-loop) 제어회로를 통제한다. 도어로크에서 도어를 잠그는 방향으로 키를 돌리면, 마이크로-스위치가 작동한다. ECU는 이 신호를 받아 다른 모든 로크(locks)의 공압제어 유닛을 작동시킨다.

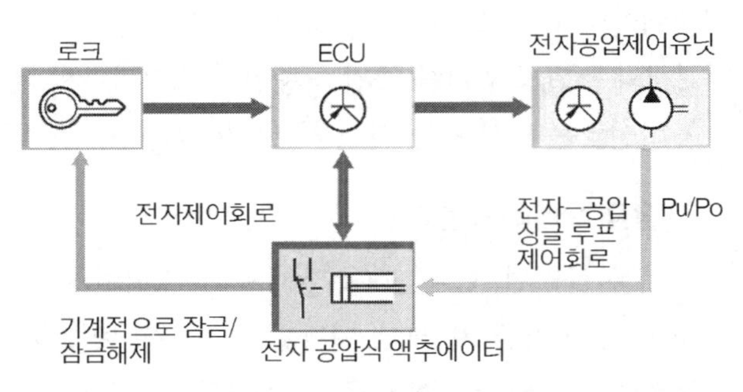

그림 12-20 전자-공압식 중앙집중 잠금장치의 회로(예)

② 싱글 - 루프 공압 제어회로(pneumatic single-loop control circuit)

이 제어회로는 하나의 라인에 압력 또는 진공을 공급하여 액추에이터를 작동시킨다. 예를 들어 자동차의 잠금을 해제하고자 할 경우에는 라인에 압력을, 잠그고자 할 경우에는 라인에 진공을 작용시킨다.

③ 전자 - 공압식 액추에이터

잠금을 필요로 하는 모든 도어들에 각각 설치되어 있으며, 잠금 및 잠금해제 과정을 수행한다. 잠금/잠금해제 과정에 따라, 공압제어유닛에 의해 생성된 압력 또는 진공은 액추에이터의 압력실 또는 진공실의 막(diaphragm)에 작용한다. 이 막과 로크는 풀/푸시(pull/push) 롯드에 연결되어 있다. 따라서 잠금과정은 키를 사용하여 링키지를 작동시키거나 또는 공압을 이용하여 실행할 수 있다. 자동차가 잠긴 상태일 때, 액추에이터의 마이크로-스위치는 ECU에 접지신호를 전송한다. 자동차에 침입하려고 시도하면, (+)신호가 액추에이터에 내장된 해당 마이크로-스위치를 거쳐 ECU에 전송된다. ECU는 이에 반응한다. 안전 코일에 자장이 형성되고, 로킹핀은 풀/푸시롯드의 그루브에 강제로 삽입된다. 동시에, 공압제어유닛은 진공을 공급하도록 스위치 ON된다. 로크는 잠긴 상태를 유지한다.

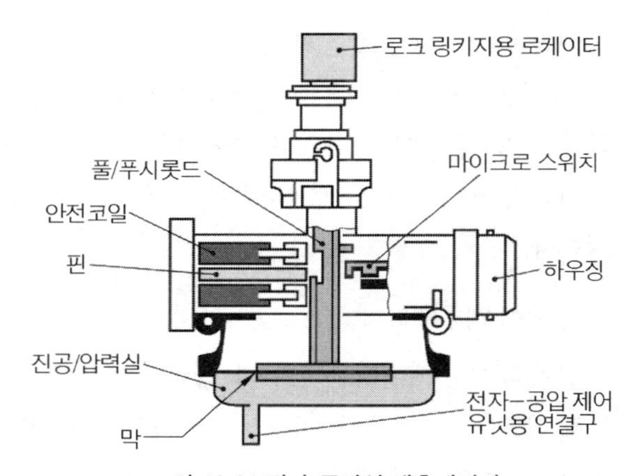

그림 12-21 전자-공압식 액추에이터

④ **전자 / 공압식 액추에이터의 작동원리**

- 공압을 이용한 잠금해제 : 막에 압력이 작용하면, 풀/푸시 롯드는 위쪽으로 밀려간다. 따라서 로크는 링키지를 통해 기계적으로 잠금해제된다.
- 진공을 이용한 잠금 : 막에 진공이 작용하면, 풀/푸시 롯드는 아래쪽으로 이동한다. 로크는 링키지를 통해 기계적으로 잠긴다.
- 공압 제어유닛 : 전기회로(인터페이스)와 듀얼 - 압력펌프로 구성된다. 전기회로는 ECU로부터 제어명령을 전달받아, 이를 듀얼-압력펌프에 전달한다.
- 듀얼-압력펌프 : 임펠러의 회전방향을 바꾸어 압력 또는 진공을 생성하는 베인(vane)펌프이다. 반시계방향으로 회전하면 압력을, 시계방향으로 회전하면 진공을 생성한다.

(3) 중앙 집중 잠금장치의 조작 방식

중앙 집중 잠금장치의 조작방식에는 4가지가 있다.

- 기계식 키를 사용하는 방식
- 적외선 원격제어 방식
- 무선 주파수 원격제어 방식
- 자기 트리거링 기능을 갖춘 무선 주파수 원격제어 방식(keyless-go)

① **기계식 키를 사용하는 방식(mechanical key system)**

이 시스템에서는 어느 한 개소(통상적으로 운전자 도어 또는 트렁크 리드)에 키를 삽입하여, 자물쇠의 날름쇠 기구 안에서 돌려 기계적으로 잠금을 해제하거나 잠근다. 동시에 전기 스위치는 서보모터용 또는 공압 액추에이터용 제어신호를 공급한다. 나머지 다른 도어들에서도 잠그거나 잠금을 해제할 수 있다.

② **적외선 원격제어 방식(infrared remote control system)**

이 시스템의 경우는 적외선 신호를 이용하여 약 6m까지의 거리에서 로크들을 잠그거나 또는 잠금을 해제할 수 있다.

이 시스템은 다음과 같은 부품들로 구성되어 있다.

- 트랜스미터 키(transmitter key) : 송신기(transmitter)는 전기적으로 부호화된 데이터를 다른 장소로 송출하도록 설계된 회로 또는 전자장치이다.
- 적외선 ECU
- 조합기능을 포함하고 있는 제어유닛
- 로크(lock) 상태 피드백 릴레이
- 수신 유닛(예 : 실내 백미러에 위치)

- 공압 제어유닛
- 액추에이터

작동원리는 다음과 같다.

적외선 발신기(예 : 송신기 키에 내장)는 적외선 주파수 영역의 광신호를 수신기에 전달한다. 수신기와 연결되어 있는 적외선 ECU는 로크(lock) 상태 피드백 릴레이를 통해 자동차 도어가 잠겨 있는지 또는 잠금이 해제되어 있는지의 여부를 감지한다. 자동차의 자물쇠가 잠기면, 이 사실을 신호(예 : 방향등을 이용한 점멸코드)로 운전자에게 알려 준다.

동시에 이 정보는 조합기능을 포함하고 있는 ECU에 전송된다. ECU는 CAN-버스를 통해 공압제어유닛과 연결되어 있다. 전자-공압식 중앙 집중 잠금장치에서, 공압 제어유닛은 잠금 또는 잠금해제를 가능하게 하는 압력 또는 진공을 생성한다.

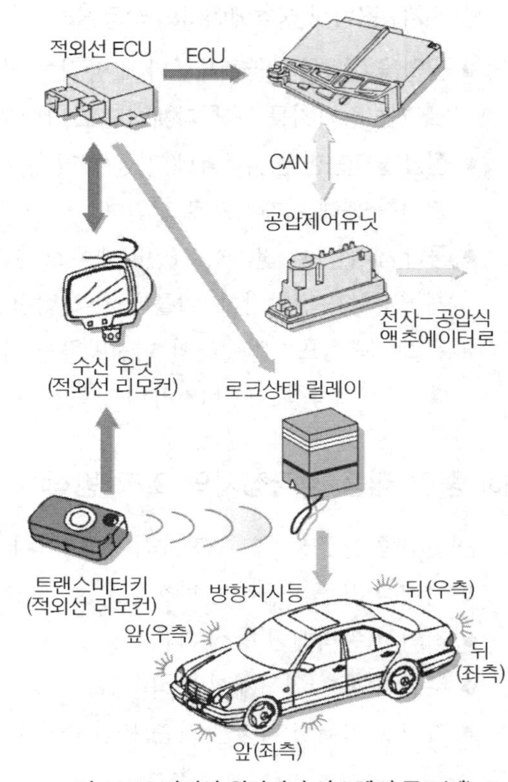

그림 12-22 적외선 원격제어 시스템의 구조(예)

③ **무선 주파수 원격제어 방식**(radio-frequency remote control system)

액추에이터를 작동시키기 위해 무선신호 시스템을 사용할 수도 있다. 라디오파의 경우, 발신기가 직접적으로 수신기를 향할 필요가 없다. 잠금과정의 시작 및 경보시스템의 활성화를 은밀하게 실행할 수 있다. 라디오파는 접근권한이 없는 사람에 의한 신호의 해독을 방지하는 능력이 우수하다. 또 코드 자체를 더욱더 복잡한 구조로 구성할 수도 있다.

④ **자기작동기능을 갖춘 무선 주파수 원격제어 방식**(keyless-go)

운전자가 승차하기 전에 반드시 손에 키를 가지고 있어야 할 필요가 없다. 운전자가 전자 - 키를 소지하고 있는 상태에서 도어핸들을 잡기만하면 된다. 도어핸들에 내장된 용량센서(capacitive sensor)가 자동차에 진입하고자하는 의사를 확인하고, ECU에 진

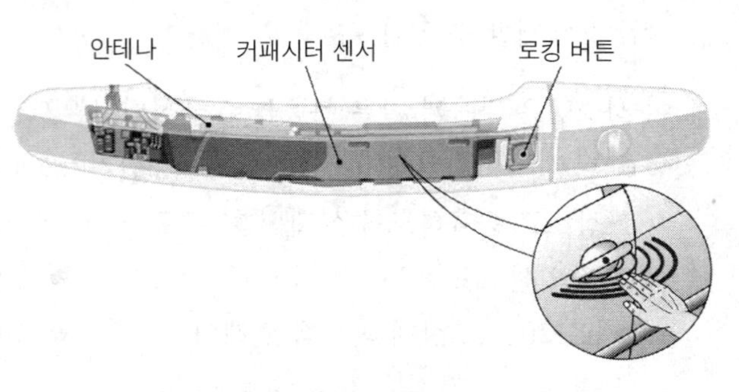

그림 12-23 도어 핸들의 접촉에 의한 잠금해제

입권한 및 시동권한에 대한 신호를 전송한다. 이제 전자-키에 내장된 트랜스폰더의 유도식(inductive) 조회가 시작된다. 진입권한이 승인될 경우, 자동차 도어는 열린다. 도어핸들의 잠금버튼을 누르면 도어의 잠금과정은 활성화된다.

참고

- **트랜스폰더(transponder)** : 원래는 항공기, 인공위성(통신위성, 기상위성 등) 등과 지구국과의 사이의 무선통신에 사용되는 응답기로서, 질문기(interrogator)에서 발사되는 신호를 수신하여 응답신호를 발신하는 장치로서 주로 레이더, 위성통신 등에 사용하였다.

2. 자동차 운전방지 시스템(vehicle immobiliser)

이 시스템은 권한이 없는 사람이 자동차를 작동시키는 것을 방지하는 시스템으로서, 로크(lock) 시스템을 보완하는 기능을 한다. 이 시스템을 반드시 갖추도록 법제화하는 나라들이 증가하고 있다. 자동차 운전방지 시스템은 컨트롤유닛, 그리고 트랜스폰더(transponder) 또는 트랜스미터(transmitter)로 구성되어 있다. 이들 트랜스폰더나 트랜스미터를 전자-키 또는 칩-카드에 집적시킬 수도 있다.

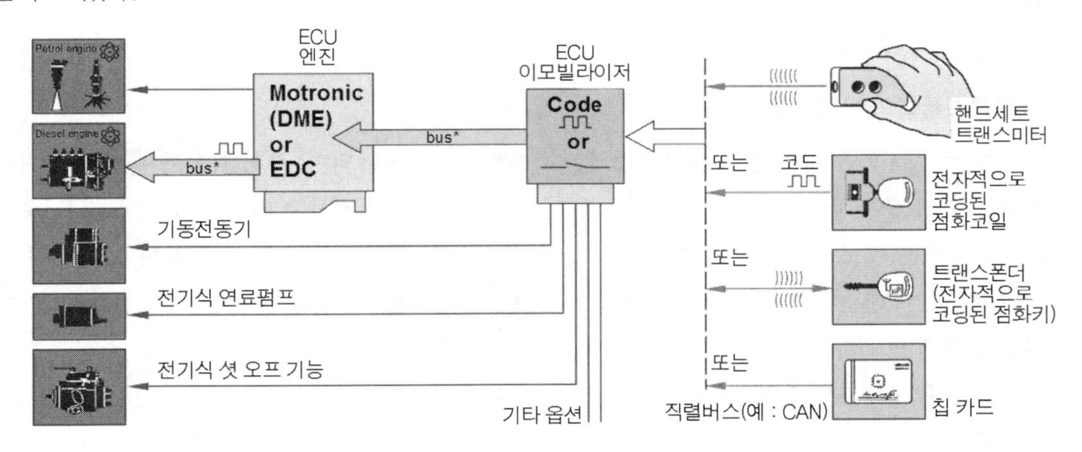

그림 12-24 자동차 운전방지 시스템 개략도(예)

자동차 운전방지 시스템을 활성화(activation)시키는 방법은 다음과 같다.

① **자동차 키로 잠그기**

ECU는 도난방지 시스템의 활성화를 위한 정보를 도어 접점 스위치로부터 수신한다.

② **무선 주파수 원격제어 기능으로 잠그기**

수신기는 트랜스미터(transmitter)로부터의 적외선 신호 또는 무선신호를 전기신호로 변환시켜, 이 전기신호를 도난방지 시스템을 활성화시키는 ECU로 전송한다.

(1) 트랜스폰더(transponder : transmitter와 responder의 합성어)

① **트랜스폰더의 구조**

유리 캡슐에 들어있는 마이크로 - 칩, 그리고 유도코일로 구성되어 있다. 트랜스폰더는 점화-로크(ignition lock)에 집적되어 있는 유도코일로부터 에너지를 공급받는다. 마이크로-칩에는 생산 시에 삭제 불가능한, 고유의 코드번호(ID-번호)가 배정되어 있다. 동시에 코드를 변경할 수 있도록 하기 위해서 프로그래밍이 가능한 메모리(EEPROM)를 갖추고 있다.

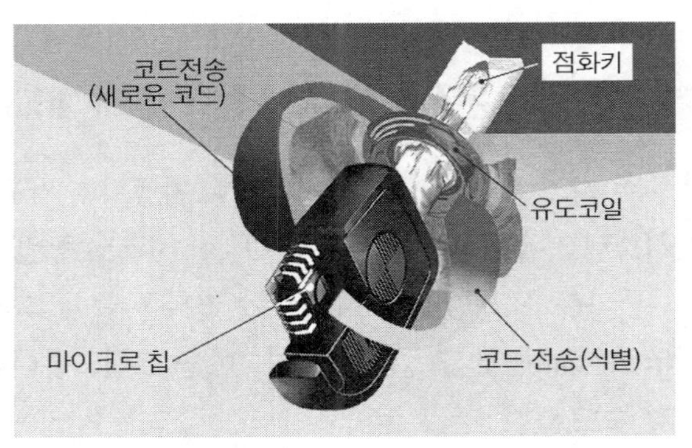

그림 12-25 트랜스폰더(transponder)

② **트랜스폰더의 작동 원리**

점화-로크에 키를 삽입한 다음에 키를 돌리면 에너지가 전달되며, 즉시 자동차 운전방지 시스템 ECU의 질문과정이 시작된다. 트랜스폰더는 질문신호를 감지하고 자신의 ID-코드를 전송한다. 이 코드는 메모리에 저장되어 있는 코드와 비교된다. 코드가 유효하면, 자동차 운전방지 시스템 ECU는 코딩된 디지털 신호를, 예를 들면 CAN-버스를 통해서, 엔진-ECU에 전달한다. 이 신호를 엔진-ECU가 인식하면, 기관은 시동이 가능한 상태가 된다.

코드가 유효하지 않으면, 기관시동은 불가능하게 된다.

동시에, 운전방지 시스템 ECU는 트랜스폰더의 프로그래밍이 가능한 부분에 저장된 새로운 코드를 무작위로 생성한다.(코드 변경 과정). 이와 같은 방법으로 매번 기관을 시동할 때마다 유효한 새로운 코드를 키에 저장한다. 이때 기존의 코드는 무효화된다.

(2) 키리스-고(keyless-go)

이 시스템에서, 운전자는 전자 점화키, 예를 들면 트랜스폰더 기능 및 원격제어 기능을 갖춘 칩-카드 또는 키를 반드시 소지하고 있어야 한다. 그러나 조작할 필요는 없다.

① **키리스-고(keyless-go)의 기능**

점화키를 작동시키지 않고도 다음과 같은 기능들을 수행할 수 있다.

- 자동차 도어의 개폐
- 스타트/스톱 버튼을 이용하여 기관의 시동 또는 정지
- 스티어링 컬럼 로크의 잠금 및 잠금 해제

그림 12-26 칩-카드와 스타트/스톱 버튼

② **키리스-고(keyless-go)의 작동원리**

- 감지(detection)

이는 접근 권한이 있는 점화키의 감지를 의미한다. 이를 위해 자동차 내부와 외부에 안테나가 설치되어 있다. 이들은 ID-번호와 코딩되어 있는 식별요청(identification request)을 포함하고 있는 무선신호를 트랜스폰더에 전송한다. 식별이 성공하면, 예를 들면 도어는 잠금이 해제된다.

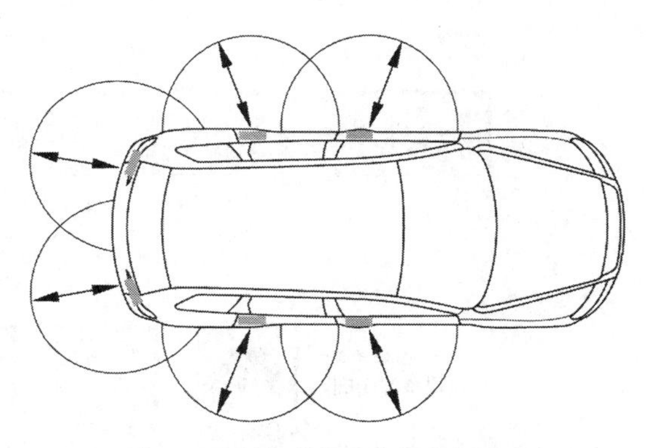

그림 12-27 내부/외부 영역의 감지-안테나

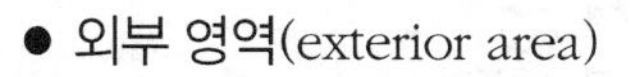

- 외부 영역(exterior area)

잠금 및 잠금해제 과정을 담당한다. 키가 이 범위 내에 있을 경우에만, 잠금 및 잠금해제된다.

- 내부 영역(interior area)

자동차의 시동 및 주행을 담당한다. 이 기능을 위해서는 유효한 트랜스폰더 기능이 내장되어 있는 점화키가 접근승인/시동승인용 슬롯(slot)에 삽입되어 있을 수 있다. 그러나 삽입되어 있지 않더라도 스타트-버튼을 조작하였을 때 유도성(inductive) 조회가 내부 안테나를 거쳐 점화키에 전달될 수 있도록 차실 내부에만 있으면 된다. 긍정적인 식별이 이루어지면, 기관은 시동된다. 기관이 시동됨과 동시에 스티어링 컬럼의 잠금도 해제된다. 시동할 때 운전자는 반드시 브레이크페달 또는 클러치페달을 밟은 상태에서 시동해야만 한다.

3. 경보시스템(alarm system)

경보시스템은, 접근권한이 없는 자의 간섭 또는 침입이 있을 경우에, 광학 경고신호 및 음향 경고신호를 작동시킨다.

경보시스템은 다음과 같은 부품들로 구성된다.

- 원격제어기(리모컨)
- ECU(전원포함)
- 신호 경음기
- 시동 시스템
- 상태 디스플레이
- 위치센서(휠 도난방지 및 견인 방지용)
- 적외선 센서 또는 초음파 센서(내부 감시용)
- 접점 스위치들(예 : 도어, 보닛, 트렁크 리드/테일 게이트, 글러브 박스/사물함 용)

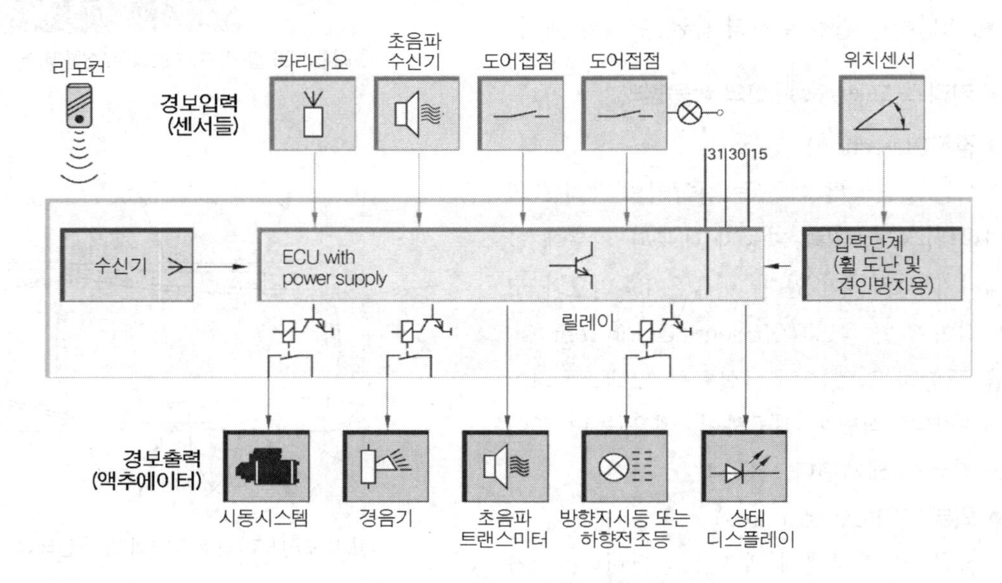

그림 12-28 경보시스템의 블록선도(예)

(1) 경보시스템의 작동원리

경보시스템을 활성화시키면, ECU는 도어, 윈도우, 슬라이딩 선루프, 보닛/테일 게이트 등이 닫혀있는지의 여부를 해당 접점 스위치를 통해 점검한다. 경보시스템은 모든 접점 스위치가 닫혀있는 상태에 필요한 요구조건들을 충족시키고 있음을 확인하면, 약 10~20초 후에 무장상태에 진입한다. 경보시스템은 예를 들면, LED를 점멸하여 시스템이 무장된 상태임을 운전자에게 알려준다.

경보는 아래와 같은 경우에 울리게 된다.

① 도어, 트렁크리드, 테일-게이트 또는 보닛이 승인되지 않은 상태에서 열릴 때
② 권한이 없는 자의 차실 내부 침입
③ 접근권한이 없는 자에 의한 점화 'ON'
④ 효력이 없는 트랜스폰더 코드가 들어있는 키를 점화로크에 삽입하였을 때
⑤ 침입감시센서가 제거되었을 때

⑥ 센터콘솔박스가 열렸을 때
⑦ 경음기가 제거되었을 때
⑧ 일시적으로 ECU에 전원공급이 중단되었을 때
⑨ 주차 상태에서 차체의 자세에 변위가 생겼을 때

시스템이 작동되면, 경보신호는 추가 설치된 신호경음기, 비상경고시스템의 점멸방향등 및 실내등을 이용하여 보완할 수 있다. 경보지속기간은 각 국가의 법규에 따라 제한된다. 예를 들면, 신호경음은 30초 동안 지속시킬 수 있으며, 전조등 및 방향지시등의 점멸은 30초 이상 지속시킬 수 있다. 동시에 운전방지시스템(장착되었을 경우)은 기관의 시동을 방지한다.

도난방지시스템은 리모컨(remote controller)의 해지버튼을 누르면, 스위치 'OFF' 된다.

로크-실린더(lock cylinder)를 기계적으로 잠금을 해제하는 비상개방의 경우에는, 설정된 시간(예 : 15초)이 경과한 후에 키를 점화로크에 삽입하여야 한다. 그렇게 하지 않으면, 경보가 울리게 된다.

(2) 차실 내부 감시

경보시스템이 무장되면, 경보시스템의 감시센서도 감시를 시작한다.

감시센서로는 적외선 센서 및 초음파 센서가 사용된다.

① 적외선 센서를 이용하여 차실 내부를 감시하는 경우

적외선 센서는 움직이는 열원(예 : 사람)에 반응하여, 경보를 작동시킨다. 따라서 누군가가 비정상적인 방법으로 차실 내부에 침입하면 경보가 울리게 된다.

② 초음파 센서(ultrasonic sensor)를 이용하여 차실 내부를 감시하는 경우

차실 내부에 설치된 초음파 발신기가 차실 내부에서 주파수 약 20kHz의 초음파 장(ultrasonic field)을 형성한다. 이 영역 내에서의 압력맥동, 예를 들면 윈도유리의 파손 또는 외부로부터 침입에 의해 초음파 장의 압력에 변화가 발생하면 초음파센서가 이를 감지한다. 평가전자회로는 경보를 발령한다.

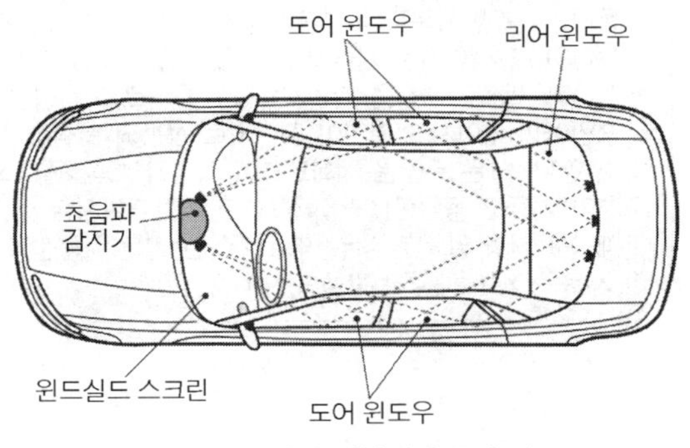

그림 12-29 차실 내부의 초음파 필드

보조 히터가 설치되어 있는 경우, 따뜻한 공기의 흐름이 경보를 작동시킬 수 있기 때문에 경보시스템의 감도를 보조 히터에 맞추어 조정해야 한다.

(3) 휠 도난방지 및 견인방지 시스템

이 시스템은 경사도센서(tilt sensor) 및 평가유닛으로 구성되어 있다. 시스템이 무장될 때 주차된 상태의 차량위치가 기준위치(zero position)로 프로그래밍된다. 차량의 위치에 변화가 발생하면 경보가 발령된다.

주차된 위치에서의 정상적인 자세변화(예 : 타이어 공기압 손실, 차량의 흔들림, 연약한 지반 등)는 경보를 발령하지 않는다.

(4) 부품 보호

예를 들면, 기관-ECU와 같은 부품을 승인절차를 밟지 않고 제거하면, 부품의 완벽한 기능은 더 이상 보장되지 않는다. 이런 부품은 다시 장착해도 더 이상 사용할 수 없다.

참고

● 도난방지 시스템 정비 시 유의사항

시스템은 자기진단능력을 가지고 있으며, 제작사 고유의 시험장비 및 진단 장비를 이용하여 점검, 수리 및 초기화시킬 수 있다.

도난방지 경보시스템에서의 수리, 조정 및 서비스 작업 시, 형식에 따라서 제작사의 규정 및 안전기준을 준수해야 하며, 세심한 주의를 기울여야 한다.

예를 들면, 자동차에서 키, 로크 실린더 또는 엔진-ECU를 신품으로 교환해야 할 경우에는, 해당 부품을 주문할 때 구입자의 신분증 및 자동차등록증 복사본을 요구하는 경우도 있다. 또 처리과정을 문서화하고, 증명서류는 날짜를 기입하여 저장하도록 하는 경우도 있다.

새로운 교환부품을 설치한 다음에는, 진단기를 사용하여 시스템을 작동상태('시스템 이네이블' 명령 및/또는 초기화)로 복구해야 한다. 최신 자동차에서는 새로운 전자 식별자를 가진 다른 ECU에 배정을 요구하기도 한다. 추가로 자동차 키를 모두 교체하고 학습시키도록 하는 경우도 있다.

자동차의 형식에 따라서는, 수리 중에 제작사와 온라인-연결을 통해 또는 제작사로부터 PIN-번호를 받도록 요구하는 경우도 있다.

PIN은 비밀번호로서 딜러코드(dealer code) 및 날짜가 포함되어 있다. 정비공장은 제작사에 인터넷 또는 팩스를 통해 PIN을 요구한다. 이 PIN-번호는 해당 정비공장에만 그리고 특정한 제한시간(예 : 24시간) 동안만 유효하다.

온라인 승인. 자동차가 진단기를 통해 제작사의 온라인에 연결된 경우에만 가능하다.

온라인 조회를 하는 기술자는 ID 및 비밀번호를 가지고 있어야 한다. 자동차와 설치된 교환부품은 진단기를 통해 제작사에 스스로 자신을 확인시킨다. 추가로 고객성명, ID-번호, 국적 등을 입력해야 한다.

승인이 이루어지고 확인이 진단기로 전송되면 작업은 종료된다.

이 경우, 모든 키들은 점화로크에 삽입하고 점화를 스위치 'ON'하면 초기화된다.

추가 키들도 동일한 승인과정을 거쳐 초기화시킬 수 있다.

새로운 키가 필요할 경우, 새로 주문한 키들은 공장에서부터 해당 자동차에 맞추어 절삭되고 전자적으로 코딩된다. 이 새로운 키는 해당 차량용으로만 승인된다.

제13장

계측 테크닉

Measuring techniques: Messtechnik

제13장 계측 테크닉

제1절 계측 테크닉 개요
(Introduction to measuring techniques)

1. 관련 용어

(1) 계측(計測, measuring : Messen)

계측 또는 측정(測定)은 물리량(예 : 길이, 질량, 시간, 힘, 온도, 전류 또는 분자량, 광도 등)의 크기를 숫자로 표시하는 과정이다.

계측한 또는 측정한 물리량은 목적에 맞는 단위를 사용하여 서로 비교할 수 있다. 단위로는 [m](meter), [kg](kilo-gram), [s](second), [N](newton), [K](kelvin), [A](ampere), [mol](mole), [cd](candela) 등 기본단위, 유도단위 그리고 보조단위들을 사용한다.

(2) 계수(計數, count : Zählen)

계수과정을 통해 동종의 갯수 또는 사건의 수, 예를 들면 전기펄스의 수나 코일의 권수에서부터, 핵분열 시의 분잣수까지를 파악할 수 있다. 계수체계는 10진법, 60진법, 2진법, 16진법 등 목적에 따라 다양하게 선택, 사용할 수 있다.

(3) 시험(試驗, test or examine : Prüfen)

시험을 통해 시험대상(또는 대상물)이 규정된(또는 예측한) 고유특성을 가지고 있는지의 여부를 판정한다. 시험은 시험기(tester)를 이용하여 객관적(objective)으로, 또는 지각(知覺)을 이용하여 주관적(subjective)으로 수행한다.

시험결과는 예를 들어 "점화코일의 2차전압은 30kV를 계속 유지한다." "전선의 저항값은 규정 한계값 2Ω±0.1Ω 이내이다." "발전기 베어링의 소음은 너무 크다.(청각을 이용한 시험)" 등등으로 표시할 수 있다.

(4) 캘리브레이션 (calibration : Kalibrieren(Einmessen))

계측기의 표시값을 측정대상(물)의 크기(양)에 일치, 변화시키는 과정을 말한다. 예를 들면, "전압계의 표시눈금 하나는 5V로 한다."는 식으로 눈금을 '캘리브레이션'한다.

(5) 보정 (補正, adjust : Justireren(Abgleichen)

보정이란 계측기 또는 계측장치가 가능한 한, 실제값과 편차가 적은 값을 지시 또는 출력하도록 계측기를 조정하는 작업을 말한다. 예를 들면, 계측기의 전위차계의 탭(tap)을 돌려, 권선의 길이를 변화시켜 권선저항을 정확한 값으로 보정한다.

(6) 검정 (檢定, standardization : Eichen)

검정이란 정부 또는 정부가 인정하는 표준기관(Bureau of Standards)의 당국자가 검정표준 계측기로 정해진 순서에 따라, 검정대상 계측기의 정확도를 검사, 확인하는 것을 말한다. 검정에 합격하면 인증(서)을 교부하는 것이 일반적인 관례이다.

기술상 용어로는 캘리브레이션을 검정 또는 보정의 의미로 사용하기도 한다.

2. 전기 계측기의 지시방법에 따른 분류

(1) 아날로그(analog) 계측기* (그림 13-1a)

측정대상의 양에 대응해서 출력(지시값)이 시간에 따라 연속적으로 변화하는, 그대로를 지시하는 계측기를 말한다. 대부분 지침이 눈금판(scale)** 위를 연속적으로 왕복운동하면서 출력(측정값)을 지시한다.

(2) 디지털(digital)*** 계측기 (그림 13-1b)

측정값을 규정된 방법에 따라 세분하고, 이를 숫자로 변환시켜 지시하는 계측기를 말한다. 일반적으로 아날로그 입력을 A/D-변환기에서 필요한 형태로 변환시킨 다음, 숫자로 표시한다. 계기(눈금) 판독 상의 오류가 없다는 점이 장점이다.

---

* 아날로그(analog) : 그리스어 = 비슷한, 상응하는
** 스칼라(scala) : 라틴어 = 계단, 사다리, (스케일의 어원)
*** 디지투수(digitus) : 라틴어 = 손가락, 디지털의 어원

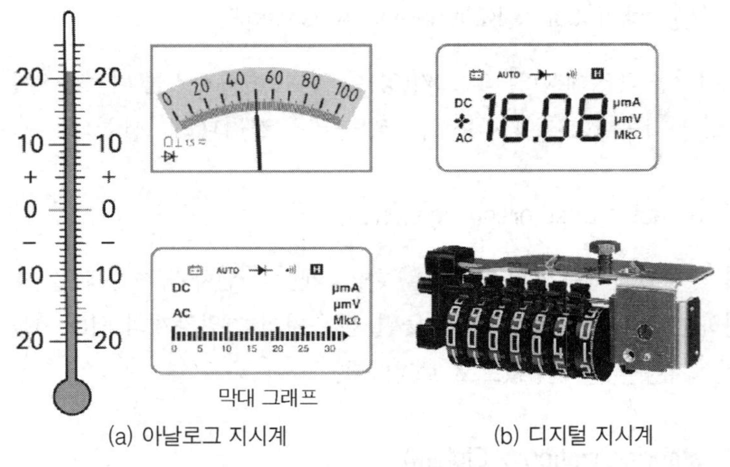

(a) 아날로그 지시계 (b) 디지털 지시계

그림 13-1 아날로그 지시계 및 디지털 지시계

3. 전기 계측기의 동작원리에 따른 분류

전기 계측기를 동작원리에 따라 분류하면 표 3-1과 같다.

〔표 13-1〕 **전기 계측기의 동작원리에 따른 분류**

계기 형태	기호	동작 원리	용도
가동 코일형		영구자석과 가동코일에 흐르는 전류의 전자력에 의한 토크를 이용	직류용
가동 철편형		전류가 흐르는 고정코일 내의 철편의 자기력의 토크를 이용	교류용
전류역계형		고정코일의 자계 내에서 가동코일에 발생되는 토크를 이용	직/교류 양용
정류형		반도체 정류기 등으로 정류하여 가동코일형 계기로서 측정	교류 전용
열전형		제벡 효과에 의한 열기전력을 이용	직/교류 양용
정전형		전극 간의 정전력을 토크에 이용	직/교류 양용
유도형		유도전류와 이동자계 사이의 전자력을 토크에 이용	교류 전용
진동편형		기계적 진동의 공진을 이용	교류 전용

제13장 계측 테크닉

제2절 주요 계측기
(important testers)

1. 아날로그 계측기(Analogue testers)

계측값(예 : 전압)의 크기는, 계측기 지침(needle)의 편향(偏向)운동으로 변환된다. 이때 지침은 스케일(scale) 상에서 계측값의 크기에 상응하는 값을 가리킨다.

지침의 편향운동 관찰자는 지침의 아날로그 지시값을 눈으로 확인, 숫자(digit)로 변환시킨다. 즉, 이때 관찰자는 아날로그 값을 숫자값으로 변환시키는 아날로그/디지털 변환기(A/D-converter)의 기능을 수행한다. 지침형 계측기 및 아날로그 오실로스코프는 대표적인 아날로그 계측기이다.

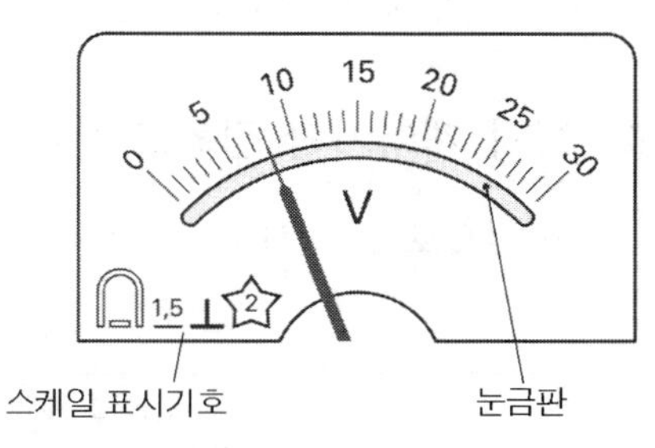

그림 13-2 아날로그 계측값 지시계

(1) 아날로그 계측기의 특성 표시(표 13-2 참조)

아날로그 계측기의 스케일(scale) 근처에 표시된 기호 및 숫자들은 계측 요소들에 대한 보다 상세한 정보(예 : 작동원리, 정확도 등급, 전류의 종류, 보관자세, 테스트 전압 등)를 나타낸다.

〔표 13-2〕 아날로그 계측기 스케일 상의 표시기호(예)

기호	사용 지침	기호	사용 지침
⊥	사용위치(수직)	⊓	사용위치(수평)
∠60°	사용위치(경사위치) (예 : 경사 60 °)	⚠	"주의" 사용지침에 유의
☆ ☆(2)	측정전압 500V 측정전압 (예 : 2000V)	1.5	계측기 정밀도(예 : ±1.5%)

자동차기술에서 사용하는 아날로그 계측기는 대부분 가동(moving)-코일형이다. 이 형식의 계측기는 주로 직류전류와 직류전압을 측정하도록 설계되어 있다. 교류를 측정하기 위해서는 정류기회로(rectifier circuit)를 추가해야 한다.

가동코일형 계측기의 장점은 다음과 같다.

① 감도가 높다.
② 자체 소비전력이 아주 적다.(5mW 이하)
③ 눈금을 직선적(linear)으로, 그리고 동일한 간격으로 할 수 있다;
(코일의 자력이 전류에 비례하여 직선적으로 증가하므로)
④ 정류장치 또는 열변환기를 추가하면, 고주파수의 교류도 측정할 수 있다.
⑤ 외부자계(또는 전계)의 영향을 적게 받는다.; 자체 자계 때문에.
⑥ 전류의 방향에 따라 회전토크의 방향이 바뀐다. 즉, 0점은 계기판의 중앙에 위치한다.

(2) 전기 계측기의 정확도

일반적으로 전기 계측기의 정확도는 표 13-3과 같이 분류할 수 있다.

〔표 13-3〕 전기 계측기의 정확도

	고정밀 계기			일반용 계기			
등급	0.1	0.2	0.5	1.0	1.5	2.5	5.0
지시 오차	±0.1%	±0.2%	±0.5%	±1%	±1.5%	±2.5%	±5%
영향 오차	±0.1%	±0.2%	±0.5%	±1%	±1.5%	±2.5%	±5%

(3) 아날로그 계측기의 지시오차

실제로는 측정오류를 피할 수 없다. 아날로그 계측기에서의 측정오류에는 측정자의 판독오류, 그리고 정격온도, 정격주파수, 외부자계, 정전계 및 보관자세 등의 영향에 의한 영향오차, 시스템적 오류(예 : 전압오류회로 대신에 전류오류회로의 사용), 계기오차(제작공차 및 계기 결함) 등이 있을 수 있다.

그러나 측정자의 판독오류나 시스템 오류는 피할 수 있기 때문에 오차계산에 포함하지 않는다. 영향오차는 측정기의 사용조건에 포함되지 않았을 경우에는 이를 고려해야 한다.

오차계산에는 일반적으로 지시오차(= 허용 절대오차)만을 고려한다.

① $\text{절대 지시오차} = \dfrac{\text{정확도 등급} \times \text{계측기의 측정범위 정격값}}{100}$

② $\text{상대 오차} = \dfrac{\text{절대 지시 오차}}{\text{실제 값}} \times 100\%$

③ 실제값의 지시 하한값 = 실제 값 − 절대 지시오차

④ 실제값의 지시 상한값 = 실제 값 + 절대 지시오차

예를 들어 정확도 등급 1.5는 지시오차가 측정범위 최대값의 ±1.5%임을 의미한다.(표 13-2, 13-3 참조). 정확도 등급 1.5인 아날로그계측기는 스케일의 측정범위 최대값이 15V라면, 실제값에 상관없이 지시오차는 ±0.225V이다. 따라서 이 측정범위에서 실제값 12V에 대한 지시값은 11.775V부터 12.225V까지로서, 상대오차는 ±1.88%이다. 또 이 측정범위에서 실제값 1V에 대한 지시값은 0.775V부터 1.225V까지로서, 상대오차는 ±22.5%가 된다.

결과적으로, 상대오차(=절대 백분율 오차)는 실제전압 12V의 경우에는 12V±1.88%, 실제전압 1V의 경우에는 1V±22.5%가 된다.

또 하나의 예를 들면, 정확도 등급 0.2인 계측기에서 측정범위 150V인 경우, 측정값에 상관없이 ±0.3V(150V의 ±0.2%)의 지시오차를 감수해야 한다. 그러므로 실제전압 10V의 경우에는 9.7V~10.3V, 실제전압 100V의 경우에는 99.7V~100.3V 범위를 지시하게 된다. 이 경우, 상대오차는 각각 ±3% 또는 ±0.3%가 된다.

그러므로 아날로그 멀티미터에서 상대오차를 최대한 줄이기 위해서는 측정 지시값이 측정스케일의 끝에서부터 1/3 범위 이내에 오도록 측정 스케일을 선택하는 것이 좋다.

예제1 정확도 등급 0.5, 측정범위 250V인 아날로그 전압계로 실제값 200V와 100V를 측정할 경우의 절대오차와 상대오차는 각각 얼마인가?

【풀이】 $\text{절대오차} = \pm 0.5\% \times 250\text{V} = \pm 1.25[\text{V}]$

$$\text{상대오차} = \frac{\text{절대오차}}{\text{실제값}} = \frac{\pm 1.25\text{V}}{200\text{V}} \times 100\% = \pm 0.625\% \text{ (실제값 200V의 경우)}$$

$$= \frac{\pm 1.25\text{V}}{100\text{V}} \times 100\% = \pm 1.25\% \text{ (실제값 100V의 경우)}$$

2. 디지털 계측기(digital testers)

계측값(예 : 전압)의 크기가 표시창에 일련의 숫자로 직접 표시된다. 즉, 계측값은 계측기에 내장된 아날로그/디지털 변환기(A/D converter)에 의해 숫자(digit)로 변환되어, 표시창에 나타난다.

(1) 디지털 계측기의 특징

디지털 계측기는 계측값의 판독이 아주 쉽다. 더 나아가 아날로그 계측기에 비해 분해능

(resolution)이 더 높다. 즉, 스케일 상의 두 점 사이의 계측값을 추정할 필요가 없다. 디지털 계측기는 통상적으로 1초 당 2회의 계측을 수행한다. 따라서 극히 짧은 시간 동안에 계측이 이루어지고, 계측값은 임시로 저장된다. 2회 계측의 평균값이 화면에 나타난다. 대부분 계측할 때마다 값이 다르게 나타나기 때문에, 계측과 지시가 연속적으로 이루어지며 마지막 지시값은 점멸한다.

반면에 계측값의 급격한 변동이나 계측값의 편차의 폭을 감지하는 것은 불가능하다. 그러나 일부 계측의 경우에는 계측값의 편차의 폭을 측정해야 할 필요가 있다. 이런 경우에는 아날로그 계측기 또는 아날로그 지시계가 부가된 디지털 계측기를 사용한다.

부가된 아날로그 지시계는 측정값이 변할 때마다 예를 들어 길이가 변화하는 막대 그라프를 디스플레이 패널(display panel)에 나타낸다. 이 경우 초당 25회 또는 그 이상의 측정이 수행되며, 그 값이 지시된다. 관찰자는 계측이 연속적으로 이루어지는 것으로 느끼게 된다.

(2) 디지털 계측기 디스플레이의 자릿수 및 분해능

간단한 형식의 디지털 계측기는 $3\frac{1}{2}$자릿수, 고급 계측기는 $6\frac{1}{2}$자릿수를 가지고 있다. $3\frac{1}{2}$자릿수는 4개의 숫자를 나타내지만, 디스플레이된 첫째 자릿수는 9에 이르지 못한다.

첫째 자릿수는 제한된 숫자범위 즉, 0에서 1까지, 또는 0에서 3까지로 한정된다. 그러나 그 이하의 자릿수는 각각 수열의 최댓값까지 사용된다.(예 : 1999 또는 3999)

$3\frac{1}{2}$ 자릿수(예)	* 3 자릿수	디스플레이 : 000에서 999까지
	* 1/2 자릿수	디스플레이 : 첫째 자릿수는 0 또는 1
	* 3 1/2 자릿수	디스플레이 : 0000에서 1999까지

만약에 이 값을 초과하면 계측범위는 대부분 자동적으로 변환된다.

(3) 디지털 계측기의 측정 오류

디지털 계측기는 가끔 계측이 부정확하더라도 계측값이 숫자로 나타나기 때문에 정확한 값으로 오인할 수 있다. 그러므로 계측기 제작사가 제시한 허용오차를 항상 고려해야 한다.

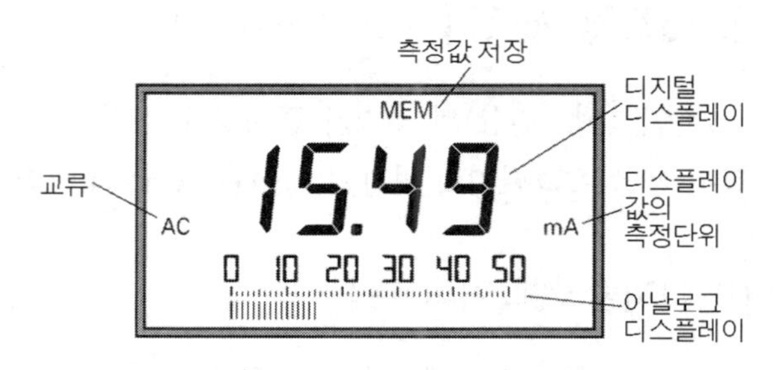

그림 13-3 디지털 지시계(아날로그 디스플레이 포함)

허용오차는 예를 들면 "0.25% ± 1Digit"는 2가지 정보를 포함하고 있다. 여기서 백분율

(±0.25%)은 측정 스케일의 최대값이 아니라 실제 지시된 측정값을 기준으로 하는 지시오차이다. 백분율 오차에 추가로 소위 “디지털 오차” 정보가 주어진다. 디지털 오차는 지시값의 끝자리 수가 위 또는 아래로 변하는 것을 말한다.

예를 들면, 측정범위 20V, 지시오차 0.25%±1Digit, 지시값 12V일 경우, 허용오차는 ±30mV (12V의 ±0.25%)가 된다. $3\frac{1}{2}$ 자릿수 멀티미터라면 지시값은 11.97V~12.03V이다. 여기에 디지털 오류 “±1Digit”를 고려하면 지시값은 11.96V~12.04V가 된다. 따라서 총 지시값 오차의 백분율은 지시값의 ±0.33%가 된다.

동일한 측정범위에서 전압 1V의 백분율 오차 0.25%는 무시할 수 있다. 이유는 ±2.5mV에 불과하며 지시계에 지시되지도 않기 때문이다. 그러나 여기서 “디지털 오류”는 아주 중요하다. 지시값이 0.99V~1.01V 사이일 수 있기 때문이다. 이 경우는 지시오차 1%에 해당한다.

측정값(지시값) M, 정확도 등급 k, 마지막 자릿수 지시의 불확실성 z(예 : ±1 digit~±5 digit), 디지털 지시계의 분해능을 l이라고 하면, 지시오차(F)는 다음 식으로 구한다.

$$F=\frac{k \cdot M}{100}+z \cdot l$$

예제 $3\frac{1}{2}$ 자릿수를 가진 디지털 전압계에서 $k=0.2$, $z=\pm 3$digit, 지시전압은 100.0V이다. 분해능 l과 지시오차 F는?

【풀이】 a) 분해능 l은 지시값 100.0V로부터 0.1V임을 확인할 수 있다.
(지시값의 끝자리가 소수점 첫째자리까지이므로 분해능은 0.1V임)

b) $F=\frac{k \cdot M}{100}+z \cdot l == \frac{0.2 \times 100.0\text{V}}{100}+3 \times 0.1\text{V} = \pm 0.5\text{V}$

3. 멀티미터(multimeter)

(1) 아날로그 멀티미터(Analogue multimeter)

이 계측기는 직류와 교류에서 전압과 전류 계측용으로 적합하다. 이 계측기로 저항을 측정할 경우에는, 전압과 전류를 측정하여 저항을 계산하는 간접적인 측정방법만을 사용할 수 있다. 따라서 전원용 배터리를 필요로 한다.

아날로그멀티미터는 저항 R을 통하여 흐르는 전류 I를 측정한다. 옴의 법칙에 따르면 전류는 저항의 역수에 비례한다.($I \sim 1/R$) 저항값 스케일은 이 법칙에 따라 설계되어 있기 때문에, 결과적으로 스케일은 선형(linear)이 아니다. 저항값이 무한대일 경우에는 판독이 불가능하며, 저항값이 0일 경우에 지침은 스케일을 벗어난다.

저항값의 계측범위는 계수 1,000 단위로 확장 시켜, [Ω], [kΩ], [MΩ] 범위에서 측정할 수 있도록 설계되어 있다.

> 계측값의 크기를 알 수 없을 경우에는 항상, 먼저 가장 큰 계측범위를 선택한다. 이어서 지침이 계측 스케일의 1/3 범위에서 측정값을 지시하도록 계측범위 선택스위치로 최종 계측범위를 선택한다.

계측값은 스케일에서 판독한 눈금수를 총 눈금수로 나눈 다음에 범위선택 스위치에 제시된 단위와 계수를 곱하여 구한다. 예를 들어 지침의 지시값 38눈금, 총 눈금수 50, 범위선택 스위치 0.05A라면, 측정 지시값은 (38/50) × 0.05A = 0.038 [A] 가 된다.

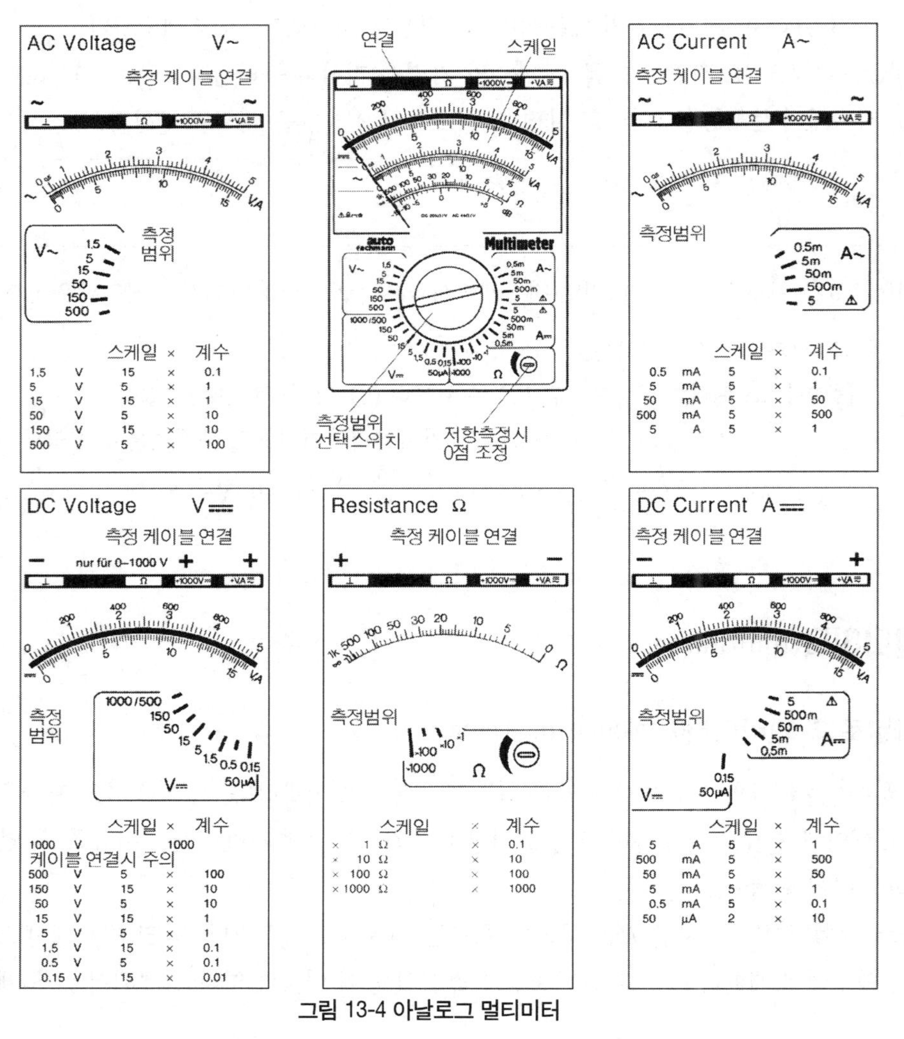

그림 13-4 아날로그 멀티미터

(2) 디지털 멀티미터(digital multimeter)

용도는 아날로그 멀티미터와 같다. 정밀도가 높으면서도 상대적으로 튼튼하게 그리고 낮은 비용으로 생산할 수 있다는 점이 장점이다.

센트럴 스위치로 계측범위 및 계측기능(예 : 다이오드 테스트)을 선택, 작동시킬 수 있다. 고급 디지털 멀티미터의 경우, 계측범위가 자동적으로 절환되기도 한다.

전자 퓨즈(fuse)는 계측기를 과부하로부터 보호하는 기능을 수행한다. 디지털멀티미터는 이 외에도 경우에 따라서는 측정값을 저장할 수도 있으며, 호환 인터페이스를 이용하면 컴퓨터(PC)와 연결하여 측정 데이터를 처리할 수도 있다.

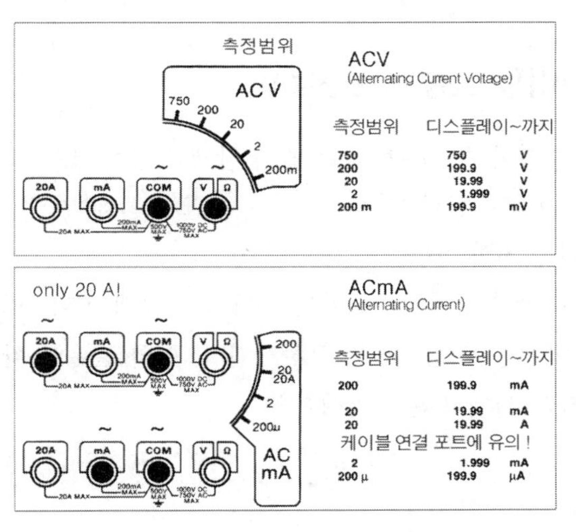

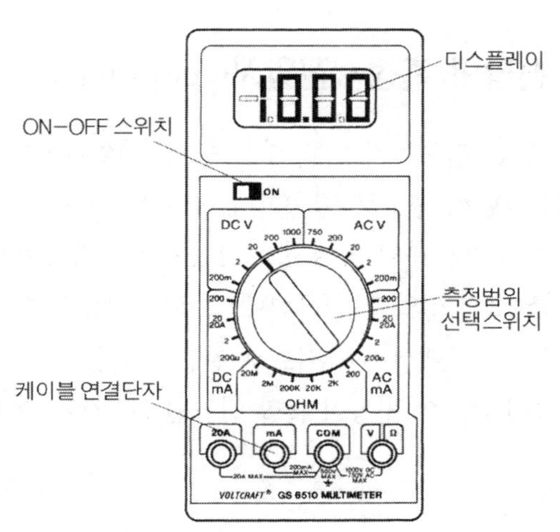

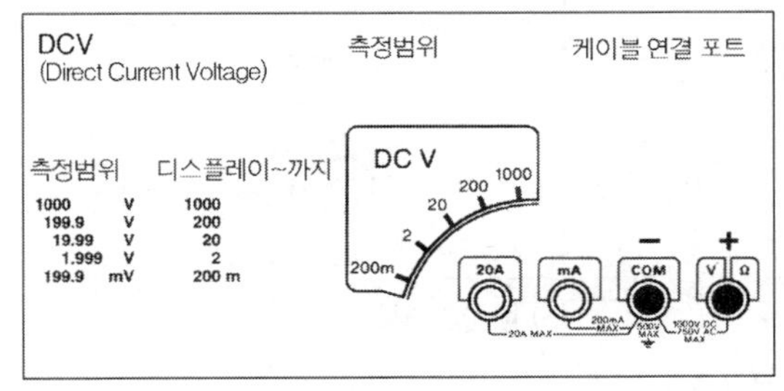

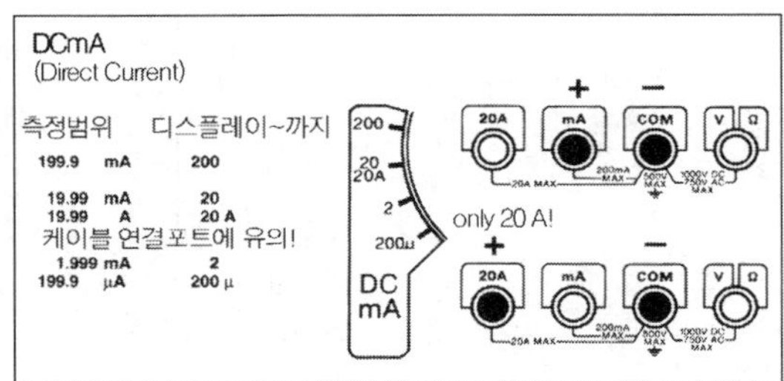

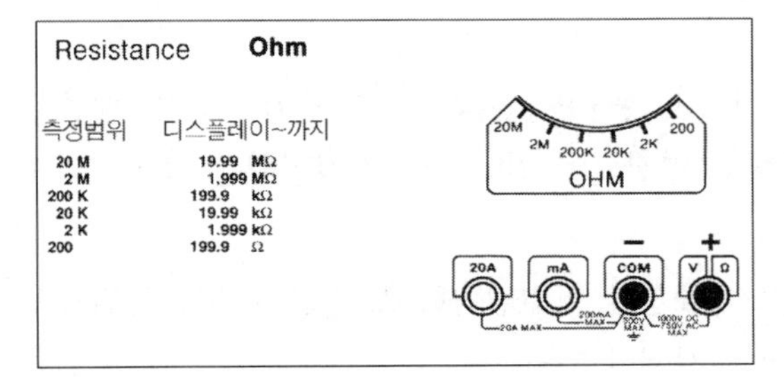

그림 13-5 디지털 멀티미터

제13장 계측 테크닉

제3절 전기회로에서의 측정
(Measuring in electric circuits)

1. 전압의 측정- 전압계(voltmeter : Ⓥ)이용 (그림 13-6 참조)

전압은 전위차가 서로 다른 두 점 사이에서만 측정이 가능하기 때문에, 전압계를 부하 또는 전원의 양단에 병렬로 접속한다. 즉, 전압계의 (+)단자를 전원 또는 부하의 (+)단자 쪽에 연결한다. 전압계는 부하와 병렬로 연결되므로 저항이 아주 커야 한다.

아날로그-전압계는 자신에 흐르는 전류I_i 즉, $I_i = (U_B/R_i)$로 전원에 부하를 가하게 된다. 또 전원과 도선에서 추가적으로 전압강하가 발생되어, 전원전압 U_B를 강하시킨다. 이와 같은 오차는 특히 다수의 저항이 혼합 연결된 회로(예 : 전자회로)에서 흔히 발생한다.

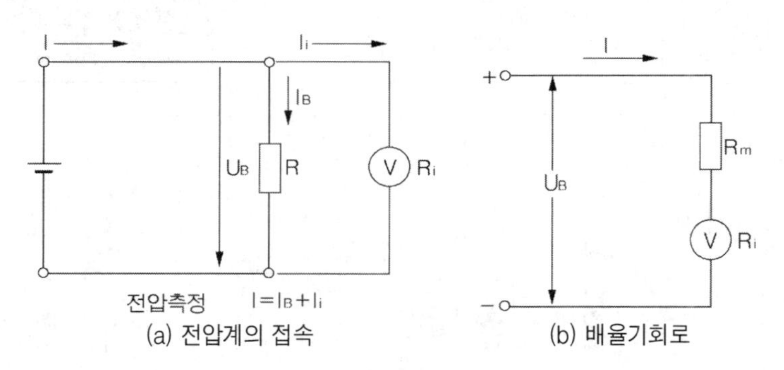

(a) 전압계의 접속　　(b) 배율기회로

그림 13-6 전압측정

전압계의 최대눈금보다 큰 전압을 측정하고자 할 경우에는 그림 13-6(b)와 같은 배율기(multiplier)를 사용한다. 배율기란 전압계와 직렬로 연결되어 전압계의 측정범위를 확장시키는 기능을 하는 저항기(=저항)를 말한다.

내부저항 $R_i[\Omega]$인 전압계에 저항값 $R_m[\Omega]$인 배율기를 직렬접속하고, 전압 $U[\mathrm{V}]$를 인가할 때, 전압계에 부하되는 전압 $U_i[\mathrm{V}]$는 다음 식으로 표시된다.

저항의 직렬회로에서 합성저항(R)은 '$R = R_1 + R_2 + \cdots\cdots$' 이므로

따라서 합성저항은 $R = (R_i + R_m)$ ······························ ①

총 전압은 $U = I \cdot R = I \cdot (R_i + R_m)$ ······························ ②

총 전류는 $I = \dfrac{U}{R_i + R_m}$ ······························ ③

전압계에 걸리는 전압은 '$U_i = I \cdot R_i$'에 I 대신 식 ③을 대입, 정리하면

$$U_i = I \cdot R_i = \frac{U}{R_i + R_m} \cdot R_i = U\left(\frac{R_i}{R_i + R_m}\right) \quad \cdots\cdots ④$$

따라서 총 인가전압 U와 전압계 부하전압 U_i의 관계는 식 ④를 U에 관하여 정리하면

$$U = \left(1 + \frac{R_m}{R_i}\right) \cdot U_i = m \cdot U_i$$

여기서 $m = \left(1 + \dfrac{R_m}{R_i}\right)$(배율기의 배율)

즉, 전압계에 배율기(R_m)를 직렬로 접속하면, 전압계 지시값의 m배 만큼의 전압을 측정할 수 있다. 만약 전압계 내부에 배율기회로가 내장되어 있을 경우, 배율기회로의 저항값을 변화시켜(측정범위 절환 노브(knob)를 돌려), 전압계의 측정범위를 변화시킬 수 있다.(그림 13-6(b)참조)

교류전압을 측정하기 위해서는 직류전압계에 정류기(=정류 다이오드)를 연결하여 측정한다. 그리고 맥류에서 교류성분만 측정하고자 할 때는 전압계와 직렬로 콘덴서(보통 0.1μF)를 연결한다. 콘덴서는 직류에 대해 무한대의 저항을 가지나, 교류에 대해서는 저항값이 거의 0이므로 교류성분을 측정할 수 있다. 교류 전압계의 내부에는 콘덴서가 연결되어 있다.

● 전압 측정의 실제

전기/전자 시스템에서 가장 빈번하게 발생하는 고장원인 중의 하나는 플러그-인 커넥터의 고장이다(약 60%까지). 예를 들어, 플러그-인 커넥터가 부식되었다면, 전압을 측정하여 고장을 확인할 수 있다. 플러그-인 커넥터에서의 전압강하를 측정한다. 만약에 전압이 0V라면, 플러그-인 커넥터는 정상이다. 만약에 전압이 0V 이상이면, 플러그-인 커넥터는 부식된 것이다. → 반드시 교체해야 한다. 예를 들어 와이퍼 모터회로에서 플러그-인 커넥터의 부식 때문에 플러그-인 커넥터에서의 전력강하가 11.5W라면, 이 에너지는 열로 변환되어 배선에 화재를 일으킬 수 있다. 그리고 성능저하에 의해 와이퍼 모터의 작동은 현저하게 침해를 받게 된다. 접점에서의 저항이 증대되면, 흐르는 전류는 감소한다.

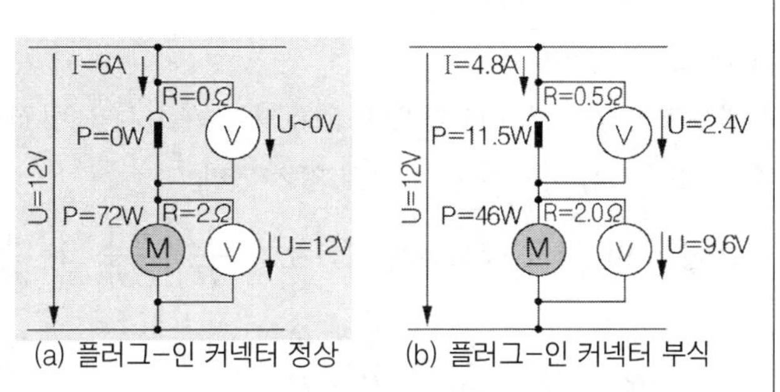

참고그림 1 플러그-인 커넥터에서의 전압 측정

2. DC-전류의 측정 - 전류계(DC-ammeter : Ⓐ)이용(그림 13-7 참조)

전류계를 부하에 또는 전원의 공급선이나 복귀선에 직렬로 연결한다. 그 이유는 측정하고자 하는 회로의 전류가 전류계를 통과해야만 하기 때문이다. 이때 전류계의 (+)단자는 반드시 전원의 (+) 단자에 연결해야 한다. 만약에 부주의로 전류계를 전압계처럼 병렬로 연결하면, 측정 소자의 내부저항이 적을 경우에는 단락의 원인이 될 수 있다. 이는 전류계 및 측정하고자 하는 전지/전자 부품에 수리 불가능한 치명적인 손상을 유발할 수 있다.

전류계도 가동코일형 계기의 일종이다. 전류계의 내부저항 R_i는 아주 작다. 그러나 정확한 측정을 하기 위해서는 부하저항 R을 고려해야 한다. 즉, 전류계의 내부저항 R_i에서의 전압강하 '$U_i = I \cdot R_i$' 가 부하에 영향을 미쳐서는 안 된다. 측정오차가 1% 이상이 되지 않도록 하려면, 내부저항 R_i는 부하저항 R의 1/100을 초과해서는 안 된다. 전류계의 내부저항 R_i는 전류계 제작 시에 결정된다. 그러나 분류기(shunt resistor)를 사용하여 사용자가 전류계의 저항값을 결정할 수 있다.

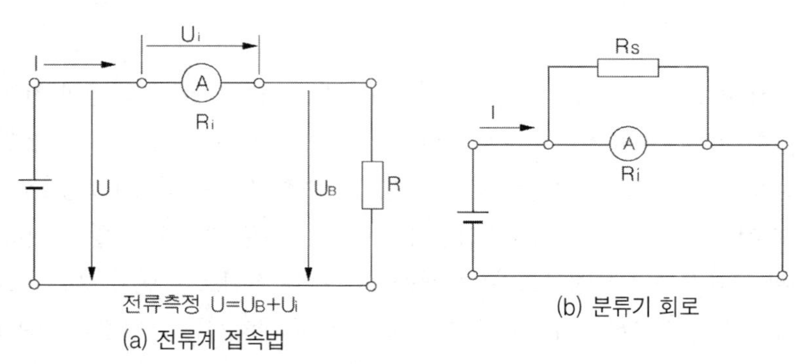

(a) 전류계 접속법 (b) 분류기 회로

그림 13-7 직류전류의 측정

분류기란 전류계와 병렬로 접속시켜, 전류계의 측정범위를 확대시키는 데 사용되는 저항(resistor)을 말한다.

내부저항 $R_i[\Omega]$인 전류계에 분류저항 $R_s[\Omega]$을 병렬접속하고, 전류 $I[A]$를 흘릴 경우, 전류계에 흐르는 전류 I_i는 다음 식으로 표시된다.

저항의 병렬회로에서 합성저항 R은 $\frac{1}{R} = \frac{1}{R_1} + \frac{1}{R_2} + \cdots\cdots$ 이므로

$$\frac{1}{R} = \frac{1}{R_s} + \frac{1}{R_i} = \frac{R_i + R_s}{R_s \cdot R_i}$$

따라서 $R = (R_s \cdot R_i) \cdot \frac{1}{R_i + R_s}$ .... ①

옴의 법칙을 이용하여 '$U = I \cdot R$'에 R대신 식 ①을 대입하면,

$$U = I \cdot R = I \cdot (R_s \cdot R_i) \cdot \frac{1}{R_i + R_s} \quad \cdots\cdots ②$$

전류계에 흐르는 전류 $I_i = (U/R_i)$에 U대신에 식 ②를 대입하여

$$I_i = U \cdot \frac{1}{R_i} = I \cdot (R_s \cdot R_i) \cdot \frac{1}{R_i + R_s} \cdot \frac{1}{R_i} = I \cdot R_s \cdot \frac{1}{R_i + R_s} \quad \cdots ③$$

따라서 총 전류 I와 전류계를 통과하는 전류 I_i 의 관계는 식 ③을 I에 관하여 정리하면

$$I = \left(1 + \frac{R_i}{R_s}\right) \cdot I_i = n \cdot I_i$$

여기서 $n = \left(1 + \frac{R_i}{R_s}\right)$(분류기의 배율)

즉, 전류계에 분류기 R_s을 병렬연결하면, 전류계 지시값의 n배의 전류를 측정할 수 있다. 만약 전류계 내부에 분류기회로가 내장되어 있을 경우, 분류기회로의 저항값을 변화시켜(측정범위 절환 노브(knob)를 돌려), 전류계의 측정범위를 변화시킬 수 있다.(그림 13-7(b)참조)

3. 전기저항의 측정 - 저항계(Ohm-meter : Ω) 이용

저항값은 저항계로 직접 측정하거나 간접적인 방법으로 측정한다.

(1) 저항계(Ohm-meter ; Ω)를 이용한 직접 측정

부품 또는 부하를 전원으로부터 분리한 다음에, 저항계를 부품(=저항)에 병렬로 연결해야 한다. 그렇게 하지 않을 경우, 저항계는 파손되어, 사용할 수 없게 될 수 있다.

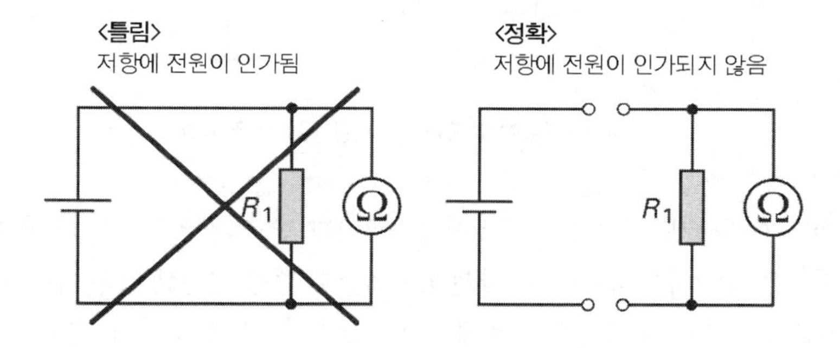

그림 13-8 저항의 직접 측정(영 전위에 유의)

측정해야 할 저항이 제 2의 저항과 병렬로 연결되어 있다면, 측정해야 할 저항을 회로로부터 분리해야 한다. 연결된 상태로 측정할 경우, 측정값에 오류가 발생한다.

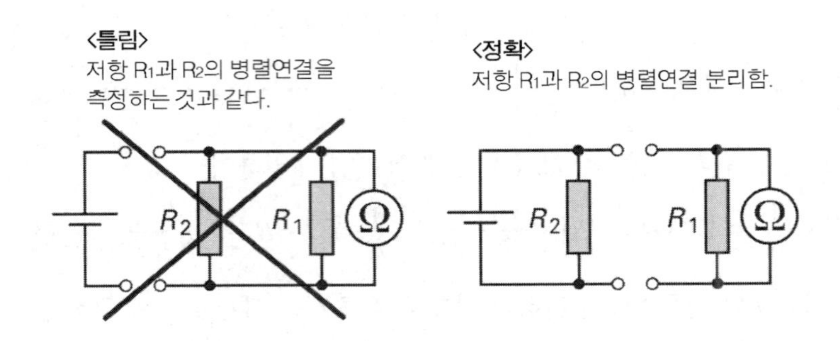

그림 13-9 저항의 직접 측정(병렬연결에 유의)

저항값이 작을 경우, 직접측정은 매우 부정확하다. 그 이유는 저항계에 병렬로 연결된 내부저항이 측정을 왜곡시키기 때문이다.

저항계로는 저항값을 근사적으로 측정할 수 있다. 따라서 저항계는 규정값에 대한 대략적인 편차여부를 확인하고자 할 때, 또는 회로의 단선여부를 확인하고자 할 때에만 사용해야 한다. 즉, 보다 정밀한 측정을 하고자 할 때는 브리지회로를 이용해야 한다.

저항계는 내부에 전원(예 : 1.5V), 감도 높은 전류계, 그리고 비교표준저항(그림 13-10의 R_E) 등을 갖추고 있다. 저항계의 두 리드(lead)선을 저항(R_X)의 양단에 접속하면, 내부의 비교표준저항(R_E)과 직렬로 결선된다.

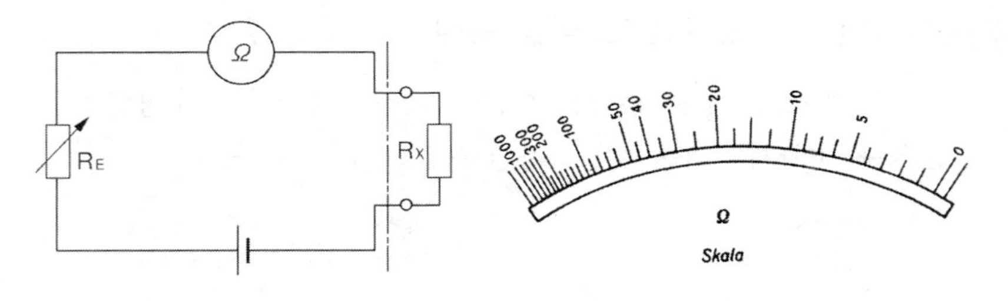

그림 13-10 저항계 회로와 측정저항 R_X 의 결선(예)

저항계의 전원을 'ON'시키고 두 리드(lead)선을 단락시키면, 지침은 계기판의 한쪽 끝을 지시한다. 이 위치가 저항값 0[Ω]에 대응된다. 저항계 자체전압이 항상 일정한 것은 아니다. 따라서 측정할 때마다 두 리드(lead)선을 단락시킨 상태에서 비교표준저항을 변화시켜 0점(zero point)을 먼저 조정하여야 한다. 두 리드(lead)선의 단락을 제거하면 지침은 앞에서와는 반대방향의 끝으로 되돌아간다. 이 위치가 저항값 무한대(∞)이다.

계기의 캘리브레이션은 저항값을 알고 있는 저항을 두 리드(lead)선 사이에 연결하고, 그 때 지침이 지시하는 위치에 눈금을 매기는 방법으로 한다.(그림 13-10(b)참조)

저항값을 더 정확하게 측정하려면, 브릿지회로 또는 브릿지회로가 내장된 저항계를 이용해야 한다.

> ● 저항 측정의 실제
>
> 가끔 부정확한 저항은 고장의 원인이다. 점화코일, 유도형 펄스 발생기, 연료분사밸브, 릴레이와 같은 전기 부품에서는 저항을 측정한다. 생산회사의 규정값에 비해 측정한 저항값이 현저하게 높으면, 부품에 개회로가 있음을 의미한다. 만약에 저항값이 너무 낮을 경우에는, 코일의 권선에 단락이 있음을 의미한다.
>
> 예를 들어 점화코일에서 1차권선의 저항값은 단자 1과 단자 15 사이에서 측정한다. 그리고 2차권선의 저항값은 단자 1과 단자 4 사이에서 측정한다.

(2) 저항의 간접 측정

이 방법은 저항기에서의 전류와 전압을 측정하여 옴의 법칙에 따라 저항값을 계산으로 구하는 방법이다. 저항의 간접측정에는 전류오류 회로와 전압오류 회로가 이용된다.

① 전압 오류회로

전류계를 이용하여 저항기(R)에 실제로 흐르는 전류를 측정한다. 한편 전압계는 전류계에서의 전압강하(U_{iA})에 의해 너무 높은 전압(U)을 나타낸다. 따라서 옴의 법칙을 이용하여 계산한 저항값은 실제보다 큰 값이 된다.

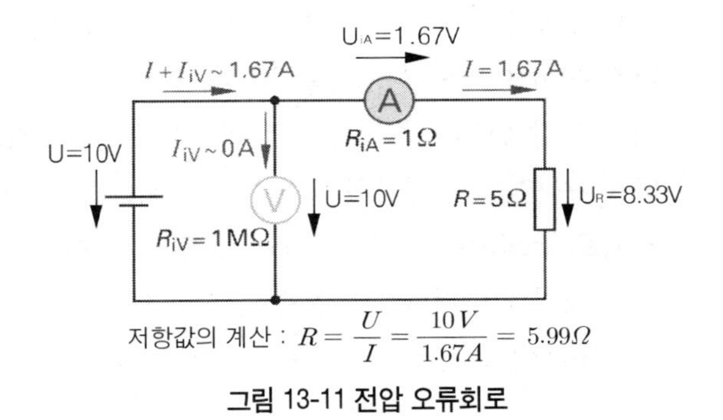

그림 13-11 전압 오류회로

측정하고자 하는 저항기(R)의 저항값이 전류계의 내부저항값(R_{iA})보다 현저하게 클 경우에는 전류계의 내부저항을 무시할 수 있다.

> 전압 오류회로를 이용하여 저항값이 큰 저항기의 저항값을 정확하게 측정할 수 있다.

② 전류 오류회로

전압계를 이용하여 저항에 실제로 인가된 전압을 측정한다. 그러나 전류계는 전압계를 통해 흐르는 전류(I_{iV})에 비해 아주 큰 전류(I)를 나타낸다. 따라서 옴의 법칙을 이용하여 저항값을 계산하면, 실제보다 작은 값이 얻어진다.

그림 13-12 전류 오류회로

전압계를 통과하는 전류가 측정해야 할 저항을 통해서 흐르는 전류에 비해 작다면, 예를 들어 디지털 전압계에서 전압계를 통해 흐르는 전류는 고려할 필요가 없다. 전압계의 내부저항(R_{iV})보다 측정해야 할 저항기(R)의 저항값이 아주 낮다면, 전압계를 통해서는 전류의 극히 일부만 흐르기 때문이다. 이 경우에 전류오류(=전류누설)는 무시해도 좋다.

> 전류 오류회로를 이용하여 저항값이 작은 저항기의 저항값을 정확하게 측정할 수 있다.

4. 후크미터(hook meter)를 이용한 측정

전기회로를 열거나 분리하지 않고 전류를 측정하기 위해서, 후크미터를 사용한다. 교류나 직류를 측정할 때는 전선 하나만을, 누설전류를 측정할 때는 공급전선 모두를 측정헤드로 감싸야 한다.

(1) 후크미터로 교류 측정

도선에 흐르는 교류는 도선의 주위에 자장을 형성하는데, 이 자장을 이용하여 전류를 측정한다. 전류가 흐르는 도선을 후크미터의 측정헤드로 감싼다. 측정헤드는 클램프(clamp)형으로 열고 닫을 수 있다. 전류변환기는 폐자로(閉磁路)를 형성하는 철심과 코일로 구성되어 있다. 도선의 전자기장(電磁氣場)은 코일에 전류의 세기에 비례하는 전압을 유도한다.

0.1mA에서부터 1,000A까지 다양한 제품이 공급되고 있다.

그림 13-13 후크미터(hook meter)

(2) 후크미터로 직류 측정

전류의 세기에 비례해서 전압을 생성하는 홀(Hall)-센서를 이용한 후크미터로 직류를 측정한다. 홀-센서를 사용하는 후크미터로는 직류와 교류 외에도 비사인파 교류의 실효값을 측정할 수 있다.

(3) 후크미터로 누설전류의 측정

정밀 후크미터를 이용하면, 전기장치나 전기부하의 미세한 누설전류도 측정할 수 있다. 이때 전력공급선 모두를 후크미터의 클램프로 감싸야 한다. 이때 후크미터에는 공급전류와 복귀전류의 합이 계산된다. 이 합계값이 0(zero)이 아니면 즉, 그 차이가 누설전류로 지시된다.

> ● 전류 측정의 실제
>
> 전류측정은 전류측정기를 회로에 직렬로 결선하여 측정하거나, 또는 배선을 분리하지 않고 배선에 후크미터를 걸어 측정한다. 예를 들어 교류발전기를 점검하기 위해서, 축전지 (+)배선에 후크미터를 클램핑하여 축전지 충전전류를 측정할 수 있다. 후크미터를 사용할 때, 후크미터의 클램프에 표시된 화살표는 반드시 전류가 흐르는 방향과 일치해야 한다.

제13장 계측 테크닉

제4절 오실로스코프와 브릿지회로
(oscilloscope and bridge circuits)

1. 아날로그 오실로스코프(analogue oscilloscope)

아날로그 오실로스코프는 센서 신호 또는 점화전압의 흐름과 같이, 연속적이면서도 주기적으로 반복되는 전기적인 과정을 그래픽의 형태로 빠르게 나타내거나 측정할 수 있는 아날로그 계측기이다. 파형의 시간적 변화과정은 음극선 튜브의 지시화면에 나타난다. 아날로그 오실로스코프에는 2가지의 진행과정을 동시에 디스플레이할 수 있는 2-채널식 또는 듀얼-트레이스(dual trace) 오실로스코프가 있다.

비-반복적인 과정을 나타낼 필요가 있을 경우, 메모리식 오실로스코프를 사용한다. 측정과정을 저장하였다가, 나중에 고정된 화상으로 다시 불러낼 수 있다.

(1) 아날로그 오실로스코프 개요

아날로그 오실로스코프에서는 전압에 의해 제어되는 전자빔(electronic beam)을 육안으로 확인할 수 있다. 전자빔은 관성의 영향을 거의 받지 않으며, 빛의 속도와 거의 같은 속도로 진행한다. 따라서 오실로스코프를 이용하면 지침형 계측기에 비해 전압의 시간적 변화과정을 빠르고, 정확하게(0.1mV까지) 나타낼 수 있다.

아날로그 오실로스코프의 가장 주요한 부분은 음극선관(cathode ray tube: CRT)이다. 발명자의 이름을 붙여 브라운관(Braun tube)*이라고도 한다. 브라운관(Braun tube)은 전자빔의 진로를 전기장이나 자기장으로 편향시킨 다음, 형광화면에 충돌시켜, 화상이 나타나도록 하는 전자관(electron tube)이다.

브라운관의 주요 구조는 그림 13-14와 같이 곤봉모양의 진공유리관 속에 설치된 전자총, 편향판, 그리고 형광막 등으로 구성되어 있다. 그리고 전자총에는 전자를 방출하는 음극(cathode), 방

---

* Karl Ferdinand Braun : 독일 물리학자(1850~1918)

출전자량을 제어하여 밝기를 제어하는 베넬트 실린더(Wehnelt cylinder)*, 전자를 집속, 가속하는 전자렌즈(=양극 제어 그리드), 수직/수평 편향판 등이 포함되어 있다.

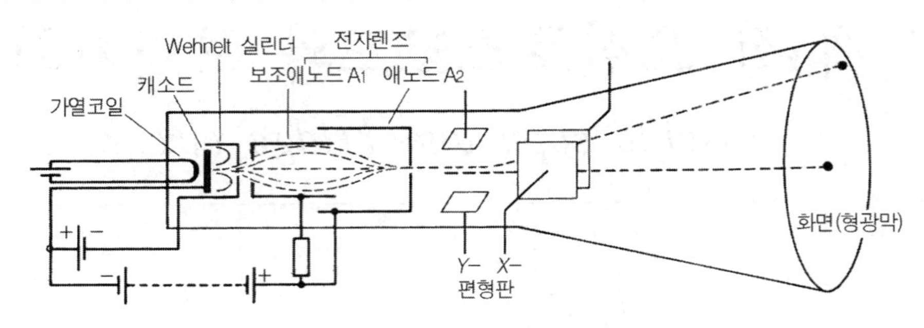

그림 13-14 음극선관(CRT)의 기본구조

(2) 음극선관(cathode ray tube : CRT)의 구조 및 작동원리 (그림 13-14참조)

음극선관은 편향방법에 따라 정전편향 음극선관과 전자편향 음극선관으로 구분한다. 오실로스코프는 대부분 정전편향 방식이, 텔레비전(TV)과 점화 오실로스코프는 전자편향 방식이 주로 이용된다. 원리는 같으므로 정전편향 방식을 예로 들어 설명한다.

음극으로부터 방출된 전자는 전자렌즈(=양극)에 의해 집속, 가속되어 형광막에 충돌하게 된다. 전자가 고속으로 형광막에 충돌하면, 형광막에 도포된 형광물질은 빛을 발생시키고, 우리는 그 빛을 육안으로 볼 수 있게 된다. 전자총을 벗어난 전자빔은 편향판에 의해 그 진로가 편향된다. 즉, 전자빔은 편향정도에 따라 화면의 어느 부분에라도 도달할 수 있다.

① 음극(cathode)

음극은 니켈 관(nickel tube)으로 그 내부에는 가열 필라멘트가 절연, 설치되어 있고, 외부표면에는 음극산화물 예를 들면, 산화바륨(Barium oxide) 또는 산화스트론튬(Strontium oxide)이 도포되어 있다. 이 물질들은 음극이 약 800℃ 정도로 적열되면, 충분한 양의 전자를 방출하는 특성을 가지고 있다. → 열전자 방출(therm-ionic emission)

② 베넬트 실린더(Wehnelt cylinder) → 음극 제어 그리드

음극에 씌워진 원통형의 실린더로서 제어 그리드와 같은 기능을 한다. 베넬트 실린더의 중앙에 뚫려 있는 구멍을 통해 전자가 다음 단계로 방출되게 된다. 베넬트 실린더에는 음극(cathode)에 대해 (－)전압이 인가되어 있다. 따라서 음극으로부터 방출된 전자는 이 (－)전압에 의해 제동될 뿐만 아니라, 전압이 충분히 높을 경우 다시 음극으로 되돌아가게 된다. 즉 베

* Arthur Wehnelt : 독일 물리학자(1871～1944)

넬트 실린더의 전위(직류 약 0～60V)를 가변시켜, 방출전자량을 조절하는 방법으로 화면의 밝기(=휘도)를 제어한다.

> 베넬트 실린더(Wehnelt cylinder)의 (−)전압은 화면의 밝기를 제어한다.

참고 오실로스코프에서는 강도조절(INTENS) 노브(knob)로 베넬트 실린더에 인가된 (−)전압을 조정한다.

③ 전자렌즈(electron lens) → 양극 제어그리드

전자렌즈는 그림 13-14에서 A1, A2로 표시된 2개의 원통형 실린더를 말한다. 이 양극(anode) 제어 그리드에는 높은 전압(2～80kV)이 인가되어 있다. 음극으로부터 방출된 전자빔은 양극 제어 그리드의 전자렌즈작용에 의해 초점이 조정된다. 그리고 동시에 양극에 흡인되어 가속된다.

> 양극 제어그리드(=초점점극 또는 전자렌즈)의 전압을 조절하여, 전자빔을 집속한다.

참고 오실로스코프에서는 초점(FOCUS) 조정 노브로 초점전극(보조양극 A1)의 전압을 조절하여 초점을 조절한다.

④ 편향판

전자총과 화면 사이에 설치된 편향판에 의해 전자빔은 편향된다. 이 편향판은 2쌍이 연이어 서로 직각이 되게 설치되어 있다. 수직방향(Y방향)으로의 편향은 수직 편향판(Y1, Y2)에 의해, 수평방향(X방향)으로의 편향은 수평 편향판(X1, X2)에 의해 이루어진다.

- 수직 편향판(Y1, Y2)에 직류전압이 인가되면, 작은 전자빔은 전압이 (+)일 경우에는 중심으로부터 위로, 전압이 (−)일 경우에는 아래로 편향되어 그 자리에 점으로 나타난다.
  직류전압 대신에 교류전압이 인가되면 수직선으로 나타난다.

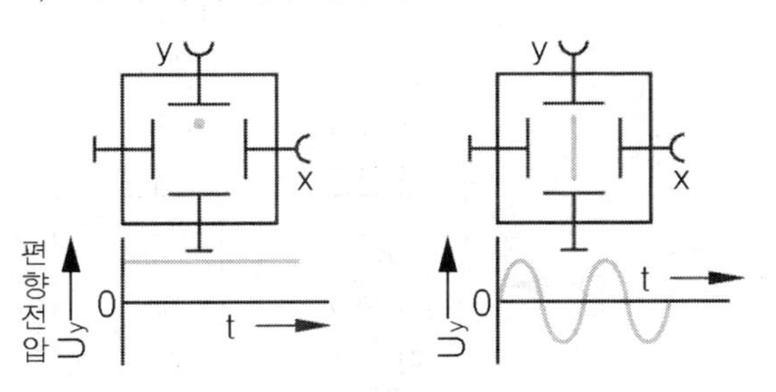

그림 13-15 수직 편향판의 작동원리

- 수평 편향판(X1, X2)에 직류전압이 인가되면, 전압의 극성에 따라 전자빔은 화면상에서 좌측 또는 우측으로 이동하여 점으로 나타난다. 직류 대신에 일정한 형태로 변화하는 전압(예 : 톱니파 전압)이 인가되면, 전자빔은 화면에 수평선으

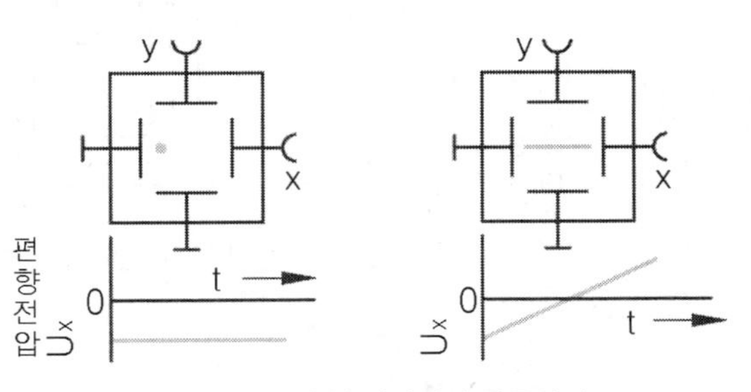

그림 13-16 수평 편향판의 작동원리

로 나타난다.

- 측정전압을 수직편향판(Y1, Y2)에 인가하고, 수평편향 전압으로서 톱니파전압을 수평편향판(x1, X2)에 인가하면, 실제 측정전압의 실시간 변화과정을 화면에서 볼 수 있다.

(3) 오실로스코프의 트리거링(triggering)

시간-기준 스위프(time-base sweep)는 항상 동일한 측정전압수준(신호전압)으로 시작해야만 오실로스코프의 화면에 정지영상이 나타난다. 시간-기준 스위프는 트리거 펄스에 의해 시작된다. 시간-기준 스위프는 톱니파를 발생시킨다. 즉, 1주기에 전자빔은 화면의 위로, 그리고 다시 아래로 이동한다.

트리거 펄스는 시간-기준 스위프 제네레이터 자신이(내부 트리거링), 또는 외부로부터의 전압펄스로 생성시킬 수 있다(외부 트리거링).

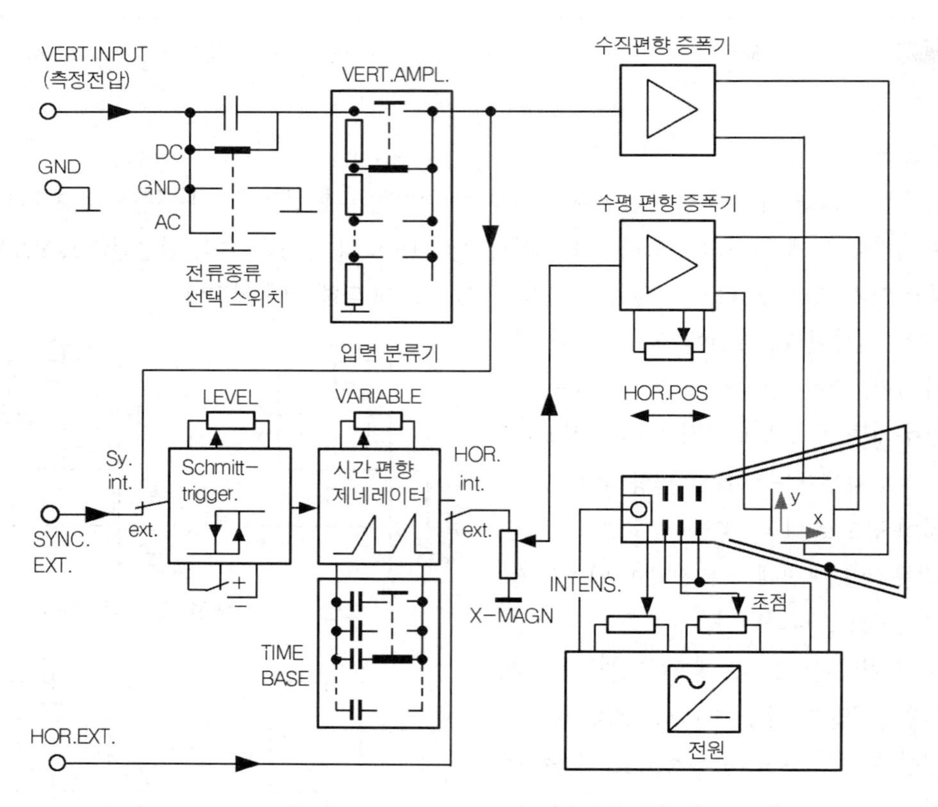

그림 13-17 오실로스코프의 개략적인 회로도

참고

전자방출(electron emission)

물질에 에너지를 가하여 물질 내의 전자를 자유공간으로 방출시키는 것.

① **열전자 방출(thermionic emission)**

금속(예: 텅스텐, 토륨-텅스텐, 산화물음극 등)을 고온으로 가열시키면 전도전자의 에너지가 증대되어, 그 중 일부가(탈출준위를 넘어서) 금속체 밖으로 방출되는 현상. 이때 방출된 전자를 열전자(therm-ion)라 한다. 오실로스코프는 열전자 방출현상을 이용한 계기이다.

② **전기장 방출(electronic field emission)**

금속 표면에 108[V/m]정도의 강한 전기장을 가하면 상온에서도 전자가 방출되는 현상. 전자의 방출량은 온도와는 무관하고 전기장의 강도에 따라 변화한다.

③ **2차 전자방출(secondary electron emission)**

외부에서 금속(예: 은-마그네슘) 표면에 전자를 충돌시키면 금속 내의 자유전자가 충돌한 전자로부터 탈출에너지를 공급받아, 외부로 탈출하는 현상.

④ **광전자 방출(photoelectric emission)**

도체에 빛을 비추면, 그 표면에서 전자가 방출되는 현상. 이때 방출된 전자를 광전자(photoelectron)라 한다. 빛은 일정한 크기의 에너지를 가진 입자들의 집합으로서, 이 입자들의 집합을 광양자(light quantum)라 한다.

전자의 운동 → 편향(deflection)

① 전기장 내에서 전자의 속도는 극판 간의 전위차의 제곱근에 비례한다. 그리고 전자를 평등 전기장 내에 직각방향으로 진입시키면 전자는 양극판 쪽으로 휘어져 포물선을 그리게 된다. 이를 정전편향(electrostatic deflection)이라 하고, 극판을 편향판이라 한다. 편향거리는 편향판에 인가된 전압에 비례한다.

② 자기장 내에서 자기장의 방향과 직교하는 전자는 플레밍의 왼손법칙에 따른 힘을 받아 원운동, 각 θ로 진입하면 나선(螺線)운동한다.

전자 빔(electron beam) 또는 음극선(cathode ray)

평등 전기장 내에서 다량의 방출전자가 같은 방향(양극을 향해)으로 고속으로 진행할 때, 이 전자들의 흐름을 전자빔(electron beam)이라 한다.

전자 렌즈(electron lens)

전자의 흐름에 전장이나 자장을 가하여, 전자빔을 집속시키거나 발산시킬 수 있는 장치로서, 광학렌즈에 대응되는 개념이다. 그림과 같이 한 쌍의 실린더형 전극 A1, A2사이에 전압이 인가되면, 점선방향으로 전기력선이 발생된다. 이 전기력선에 대해 반대방향으로부터 전자빔을 통과시키면, 전자빔은 궤도가 휘어져 그 모양이 마치 렌즈를 통과한 빛처럼 한 점에 모이게 된다. 초점거리의 조절은 전위차를 변화시키면 된다.

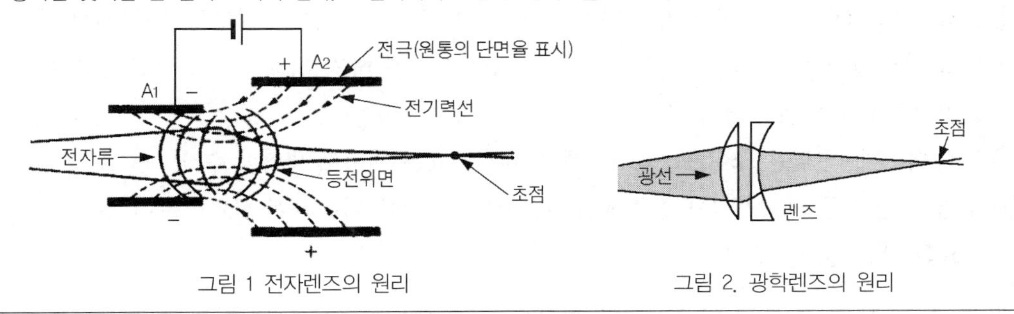

그림 1 전자렌즈의 원리

그림 2. 광학렌즈의 원리

(4) 오실로스코프의 조작요소들

오실로스코프의 조작패널의 각 조작요소의 명칭은 국가에 상관없이 대부분 모두 영어로 표기되어 있으며, 거의 표준화되어 있다.(그림 13-18 참조)

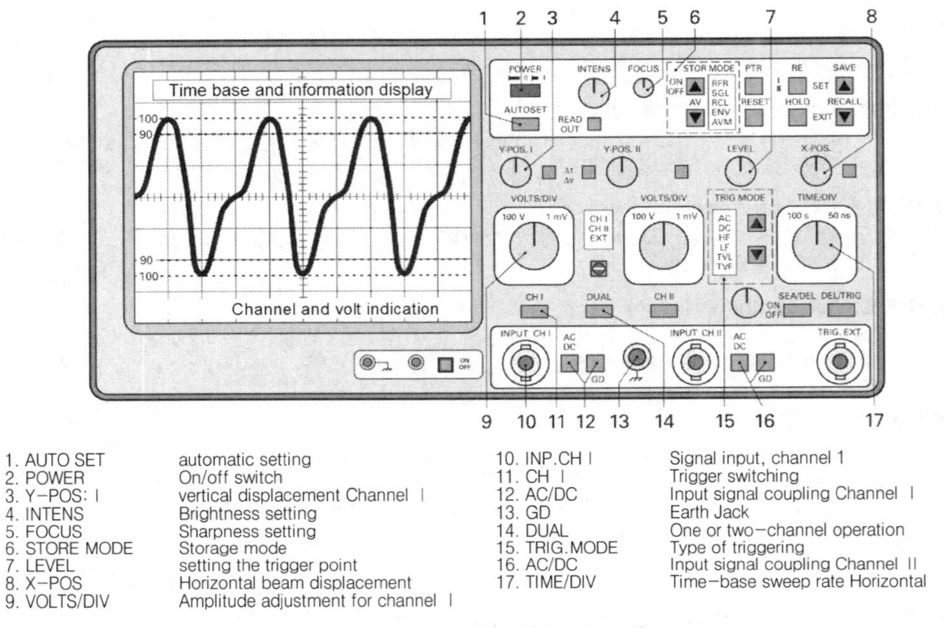

그림 13-18 2-채널 오실로스코프(예)

(5) 오실로스코프를 이용한 측정(기본적으로 전압 측정)

오실로스코프로 측정할 때는 다음 사항에 유의하여야 한다.

① 측정대상과 오실로스코프의 접지 잭(jack), 신호입력채널 I 또는 II를 연결한다.

② 로타리 노브(3)로 신호의 크기에 따라 전체신호를 화면에서 볼 수 있도록, 화면에서 디스플레이 화상의 중성축(영점선)을 조정한다. 이 조정작업을 하기 위해서는 입력선택 스위치(9)는 접지전위(GD)에 맞추어져 있어야 한다.

③ 그런 다음에 더 높은 스위프(sweep) 계수(9)(예 ; 100V/cm)로 세팅할 수 있다.

④ 수평 시간-기준 스위프 속도는 TIME/DIV 스위치(17)를 이용하여 신호화상이 정지할 때까지 필요한 만큼 변화시킨다.

대다수의 오실로스코프는 하우징이 주전원의 보호접지와 연결되어 있다. 측정해야 할 대상을 교류 50V 이상으로 작동시켜야 할 필요가 있을 경우에는, 안전상의 문제 때문에 주 어댑터 유닛 또는 절연 트랜스포머(transformer)를 반드시 사용해야 한다.

직류전압 측정		
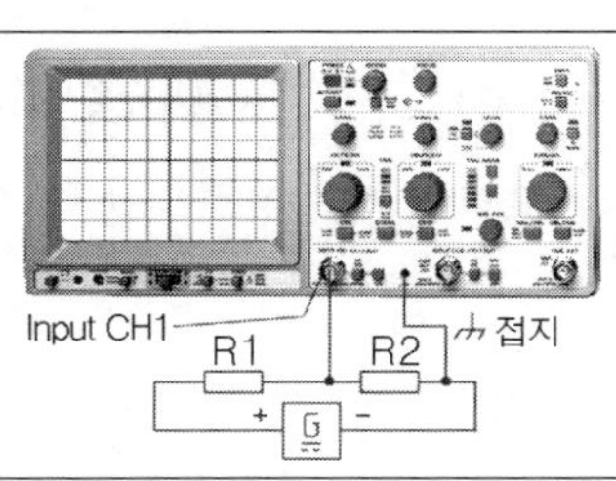	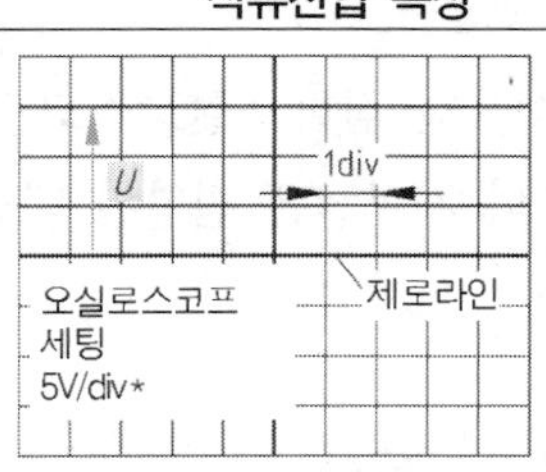	직류전압은 위치 DC에서 측정한다. 【예】 직류전압 U : $U=\frac{5V}{div}\cdot 3div=15V$
교류전압 $\dot{U}$ 와 주기 T의 측정, 전압 U와 주파수 f 계산		
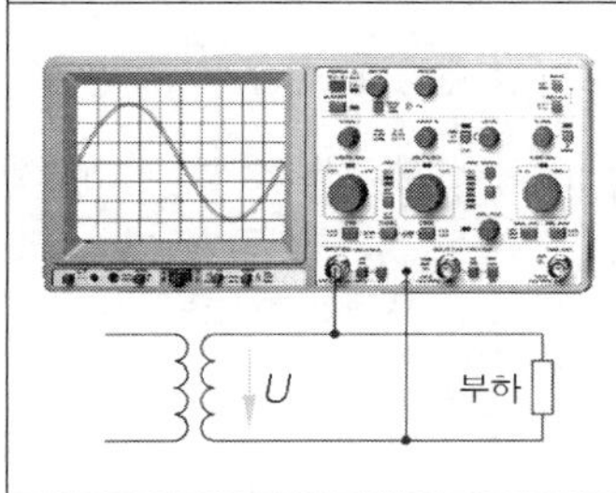	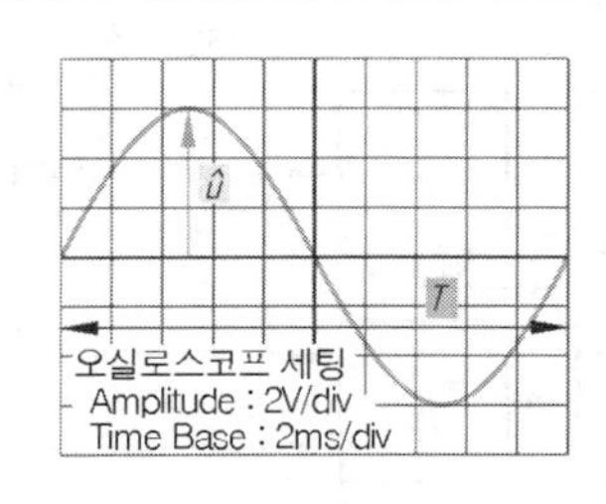	교류전압은 위치 AC에서 측정한다. 【예】 $\dot{U}=\frac{2V}{div}\cdot 3div=6V$ $U=\frac{\dot{U}}{\sqrt{2}}=\frac{6V}{\sqrt{2}}=4.2V$ $T=\frac{2ms}{div}\cdot 10div=20ms$ $f=\frac{1}{T}=\frac{1}{20ms}=50Hz$
전류의 계산		
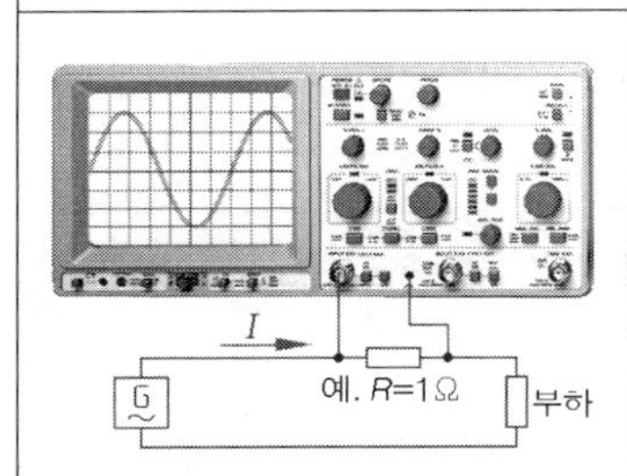	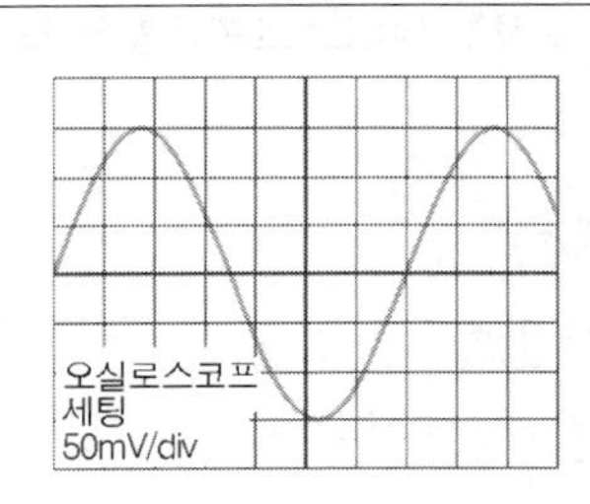	저항값을 알고 있을 경우 전압을 측정하여 전류를 계산한다.(옴의 법칙 이용) 【예】 $\dot{U}=\frac{50mV}{div}\cdot 3div=150mV=0.15V$ $U=\frac{\dot{U}}{\sqrt{2}}=\frac{0.15V}{\sqrt{2}}=0.1V$ $I=\frac{U}{R}=\frac{0.1V}{1\Omega}=0.1A$
위상차 φ의 측정		
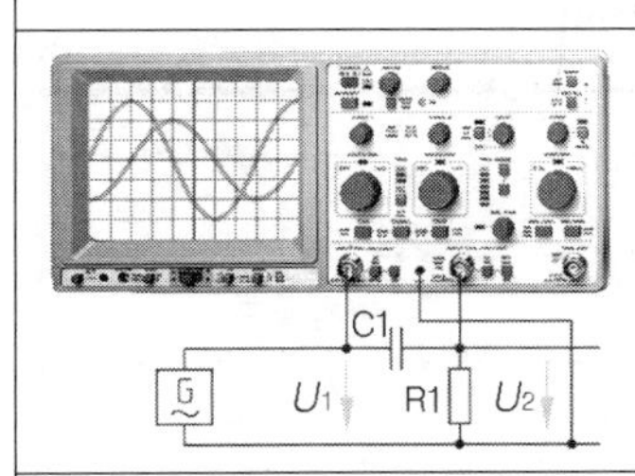	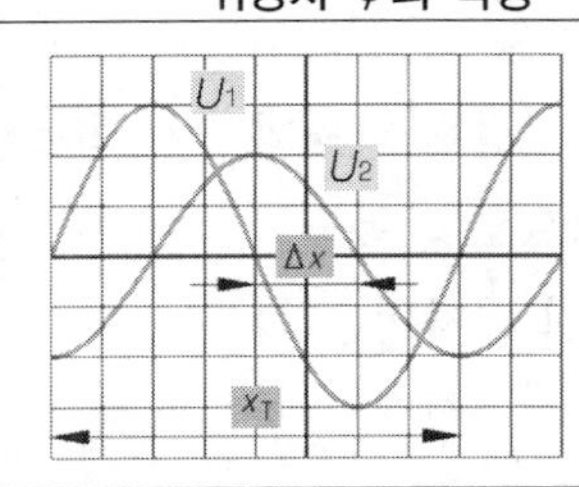	화면에서 간격 $\Delta X \triangleq \varphi$을 측정하고 길이 X_T를 이용하여 이를 분할한다. 【예】 $\phi=\frac{\Delta X\cdot 360^\circ}{X_T}=\frac{(2div\cdot 360^\circ)}{8div}=90^\circ$
위상 증분에서 점화각 α를 측정		
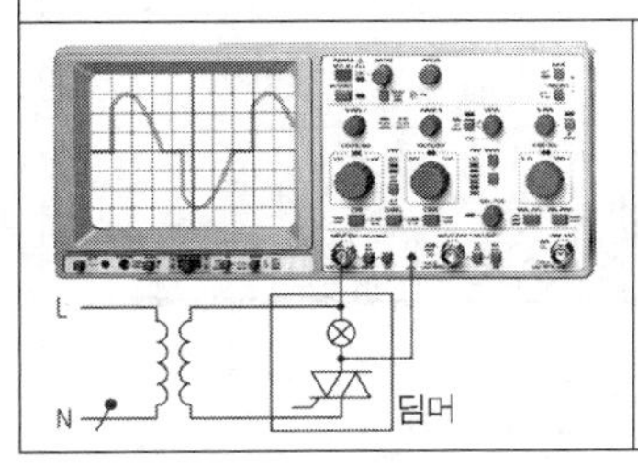	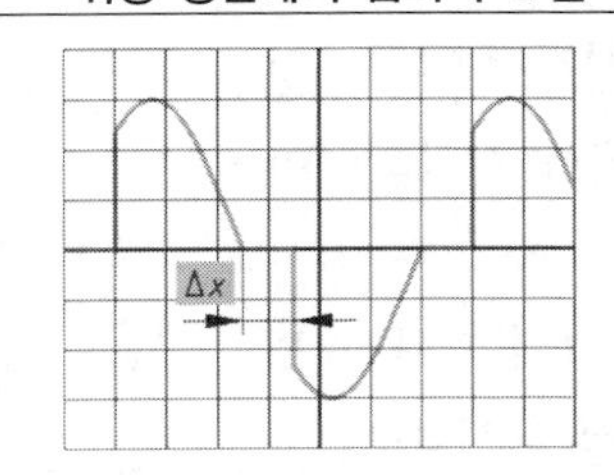	측정개체(예 : 딤머)에서 트랜스포머를 통해 측정한다. 점화각을 결정할 경우, 위상차를 측정할 때와 같은 방법으로 결정한다. 【예】 $\alpha=\frac{(\Delta X\cdot 360^\circ)}{X_T}=\frac{(1div\cdot 360^\circ)}{7div}=51^\circ$

그림 13-19 오실로스코프를 이용한 측정 (예)

(6) 점화 오실로스코프

그림 13-20은 전자편향 브라운관을 이용한 점화오실로스코프의 블록선도이다. 전자편향 브라운관과 앞서 설명한 정전편향 브라운관의 차이점은 편향판 대신에 편향코일을 사용한다는 점이다. 또 다른 차이점은 없다.

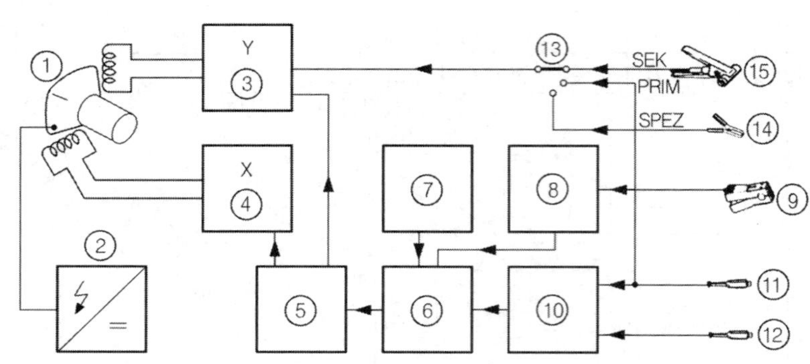

그림 13-20 점화오실로스코프의 블록선도

① 점화파형의 시간편향(그림 13-20 참조)

점화파형의 시간적 변화과정 즉, 시간편향은 X-편향 증폭기(=또는 X-편향코일)에 의해서 제어된다. 즉 X-코일은 한 실린더의 점화파형 또는 여러 실린더의 점화파형을 기관회전속도에 관계없이, 연속적으로 화면에 나타내는 기능을 한다. 고정된 파형화면을 얻기 위해서는 이 과정이 연속적으로 반복되어야 한다. 즉, 화면의 왼 쪽에서 시작된 전자빔은 화면의 오른 쪽에 도달하면, 곧바로 다시 파형 시작점으로 복귀해야 한다. 그리고 복귀과정 중 전자빔은 어두운 상태를 유지해야 한다. 또 시간적 편향과정은 항상 전압변화과정의 동일시점에서 시작되어야 한다. -트리거링(triggering).

트리거 신호로는 점화코일 (−)단자의 드웰각 펄스(11), 또는 1번 실린더의 점화케이블의 신호(15)가 이용된다.

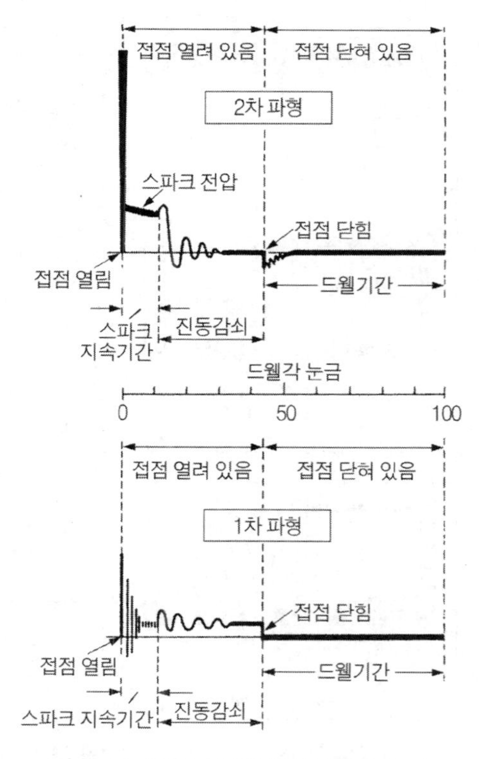

그림 13-21 축전지 점화장치의 점화파형(정상)

파형선택 스위치의 위치에 따라 직렬파형, 병렬파형 또는 중복파형을 얻을 수 있다.

② 점화파형의 전압편향(그림 13-20, -21 참조)

이 기능은 Y-편향 증폭기(= 또는 Y-편향코일)가 담당한다. Y-편향 증폭기에 연결되는 입력 픽업(pick-up)에는 1차 픽업, 2차 픽업, 그리고 스페셜 픽업 등이 있다. 1차 픽업으로는 점화 1차전압을, 2차 픽업으로는 점화 2차전압을 각각 측정할 수 있다. 일반적으로 1차파형 화면은 0～400V까지, 2차파형 화면은 0～20kV 또는 0～40kV까지 나타낸다.

스페셜 픽업으로는 발전기전압, 점화장치 센서전압, 또는 가솔린 분사밸브전압 등을 측정할 수 있다. 측정전압범위는 0～20V 정도이다.

드웰각은 점화 1차파형과 2차파형에서 모두 판독할 수 있다. 그림 13-21은 정상상태의 축전지 점화장치의 점화파형이다. 판독/고장진단 방법은 '제 7장 점화장치'에서 설명한다.

2. 디지털 오실로스코프(digital oscilloscope)

디지털 오실로스코프에서는 아날로그신호를 디지털 신호로 변환시킨다. 따라서 디지털 데이터의 저장, 가공, 전송이 가능하다는 장점이 있다.

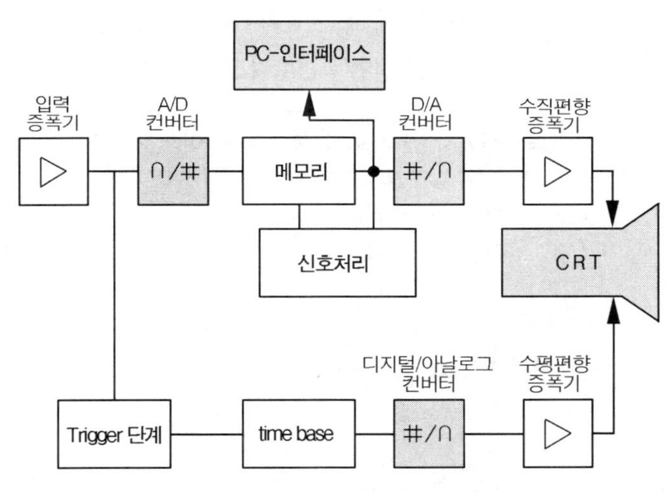

그림 13-22 디지털 메모리 오실로스코프(구조)

디지털 오실로스코프 또는 디지털-메모리 오실로스코프는 아날로그 오실로스코프에 비해 추가로 A/D-컨버터, D/A-컨버터 및 메모리를 갖추고 있다. 디지털 메모리 오실로스코프에서는 지시해야 할 신호들의 데이터를 메모리(RAM)에 저장하며, 또 신호를 채취(sampling)하여 계량화(計量化)한다. 신호를 채취할 때는 일정한 시간간격으로 지시해야 할 신호의 진폭값을 취득한다. 가능한 샘플링속도는 1GS/s(Giga samples per second) 정도이다. 진폭값은 계량화 과정에서 A/D-컨버터를 거쳐 2진수로 변환된다. 데이터가 반도체 메모리에 저장되면, 이를 판독하여 화면에 나타낼 수 있다. 또 인터페이스를 이용하여 PC에 전송할 수도 있다.

디지털 오실로스코프에서 신호는 입력단자부터 A/D-컨버터까지는 아날로그로, A/D-컨버터로부터 디스플레이 유닛까지는 디지털로 전송된다. 따라서 디스플레이-화면은 간단한 모니터 또는 LCD-모니터로 대체되었다.

3. 저항기를 이용한 브릿지(bridge) 회로

(1) 직류측정 브릿지(DC measuring bridge) → 저항의 측정

전류와 전압을 동시에 측정하여 간접적으로 저항값을 확인할 수 있다. 아주 정확한 측정방법은 저항값을 이미 알고 있는 정밀저항기와 저항값을 측정하고자 하는 저항기를 비교하는 방법이다. - 직류측정 브릿지의 원리

① 휘트스톤 브릿지(Wheatstone bridge)(그림 13-23 참조)

측정 브릿지는 병렬 결선된 2개의 분압기로 구성된다. 그중 하나는 저항값을 측정해야 할 저항 R_X와 비교저항 R_V가 직렬로 결선되어 있다. 그리고 다른 하나의 분압기는 전위차계(potentiometer) 또는 탭(tap)이 달린 슬라이드 와이어(slide wire)이다.

브릿지회로의 중앙에는 정밀도가 높은 전압계(0점이 중앙에 위치)가 설치되어 있다. 전압계의 지침이 어느 방향으로도 편향되지 않고, 중앙(0점)에 위치하게 하면 브릿지는 평형 된다. 브릿지의 평형은 전위차계 또는 슬라이더의 탭을 돌려서 달성한다. → 0점 평형.

그러면 전압 U_X는 전압 U_a와 같고, 또 전압 U_V는 전압 U_b와 같게 된다.

> 평형 브릿지에서 위 지로의 총 전압은 아래 지로에서와 같은 비율로 분할된다.

$$\frac{U_X}{U_V} = \frac{U_a}{U_b} \quad \rightarrow \quad \frac{R_X}{R_V} = \frac{a}{b} \quad \rightarrow \quad R_X = \frac{a}{b} \cdot R_V$$

측정결과는 전원전압(U)과는 무관하다. 그 이유는 전원전압(U)의 변화는 브릿지회로에서의 전압강하비(voltage-drop ratio)에 영향을 미치지 않기 때문이다.

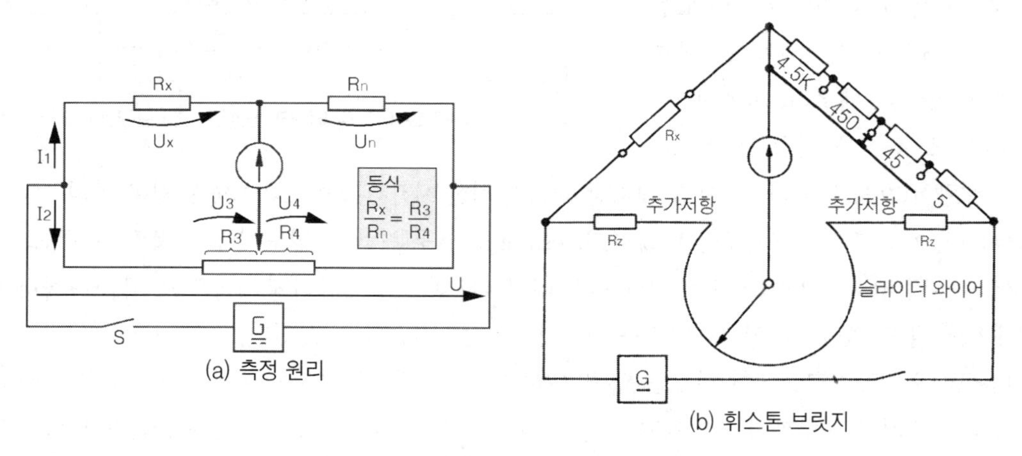

그림 13-23 간단한 측정 브릿지(Wheatstone bridge)

슬라이드 와이어회로(그림 13-23(b))에서 슬라이드 와이어는 전 길이에 걸쳐서 직경이 일정하고, 또 저항값은 와이어의 길이에 비례한다. 따라서 슬라이더(slider)는 정확하게 저항을 분할하게 된다. 비교저항 R_V는 절환이 가능한 보통 저항(normal resistor)이다. 따라서 비교저항 R_V는 미지의 저항 R_X와의 편차가 그리 크지 않다. 즉, 브리지 평형 시에 슬라이더는 슬라이드 와이어 중앙으로부터 그리 멀리 위치하지 않게 된다. 슬라이드 와이어의 양단 가까이에 슬라이더가 위치하면, 측정오차는 커진다.

휘트스톤 브릿지(예 : Wheatstone bridge)* 를 이용하면, 약 1Ω ~ 10MΩ까지의 저항을 오차 ±0.01% 범위 내에서 측정할 수 있다. 브릿지회로를 이용한 저항측정기(그림 13-23(b))는 노브(knob)를 돌려 슬라이더의 위치를 조정할 수 있다. 그리고 슬라이더는 측정값을 직접 판독할 수 있도록 스케일(scale) 상에 설치된다.

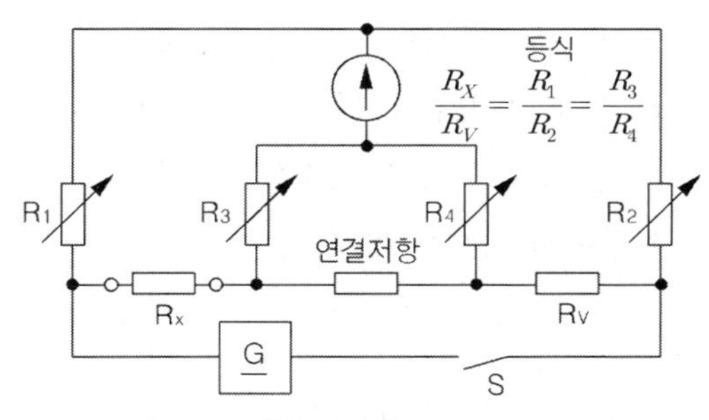

그림 13-24 더블 브릿지(Thomson bridge)

② **더블 브릿지**(Thomson bridge)(**그림** 13-24)

측정하고자 하는 저항기의 저항값이 아주 작을 경우에, 도선과 접촉단자 사이의 저항 때문에 측정값이 부정확하게 되기 쉽다. 이 경우에는 더블-브릿지 회로(Thomson bridge)**를 이용하면, 그와 같은 영향을 제거할 수 있다. 톰슨 브릿지는 약 0.1mΩ에서 약 10Ω까지의 저항을 정확히 측정할 수 있다. 이 브릿지회로는 측정해야 할 저항 R_X와 저항값을 알고 있는 저항 R_V, 예를 들면 부하능력이 충분한 보통저항을 비교한다.

더블-브릿지 회로(그림 13-24)에서 평형이 이루어지면, 저항 R_X와 R_V사이에 설치된 연결저항에서의 전압강하는 저항 R_3과 R_4에 의해, 저항 R_1과 R_2에 의한 총 전압분할비와 같은 비율로 분할된다. 즉, 아래와 같은 수식으로 표시할 수 있다.

$$\frac{R_X}{R_V} = \frac{R_1}{R_2} = \frac{R_3}{R_4}$$

(2) **교류측정 브릿지**(AC measuring bridge) (**그림** 13-25, -26 **참조**)

커패시턴스 측정 브릿지와 인덕턴스 측정 브릿지는 주로 음성주파수 영역(예 : 800Hz)의 교류전압으로 작동시킨다.

---

* Charles Wheatstone : 영국 물리학자(1802 ~ 1875)

** William Thomson : 영국 물리학자(1824 ~ 1907)

① **커패시턴스** (capacitance) **측정 브릿지 - 빈 브릿지** (Wien bridge)(**그림** 13-25)

커패시턴스 측정 브릿지회로는 비교표준으로 주로 커패시턴스를 포함하고 있다. 정확한 용량의 콘덴서는 정밀 인덕턴스에 비해 생산이 용이하다. 커패시턴스의 측정은 주로 빈-브릿지(Wien bridge)*를 이용한다.

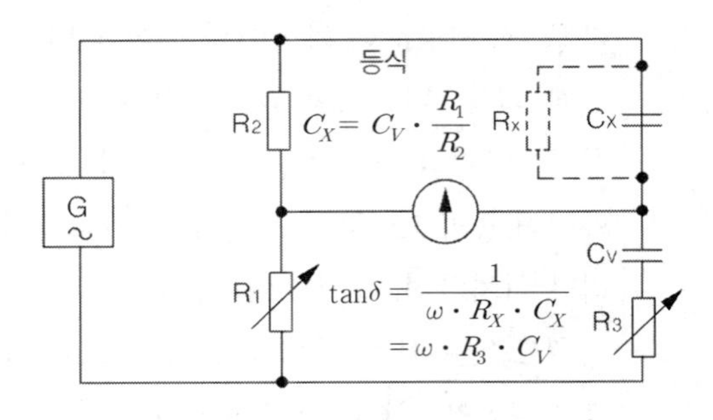

그림 13-25 빈-브릿지(Wien bridge)

그림 13-25에서 커패시턴스 C_X와 C_V는 저항 R_1을 변화시켜서, C_X에서의 콘덴서 손실은 저항 R_X를 변화시켜서 보정한다. 정확한 평형상태가 이루어지면, 미지의 커패시턴스 C_X와 커패시턴스 역률(dielectric loss factor : Verlustfaktor) $\tan\delta$는 다음 식으로 구한다. → 유전손실계수(dielectric loss factor)

$$C_X = C_V \cdot \frac{R_1}{R_2} \qquad \tan\delta = \omega \cdot R_3 \cdot C_V$$

측정범위는 100pF ~ 100 μF까지, 오차한계는 약 ±0.1% 정도이다.

② **인덕턴스** (inductance) **측정 브릿지 - 맥스웰 브릿지** (Maxwell bridge)(**그림** 13-26)

인덕턴스를 측정할 때는 그림 13-26과 같은 맥스웰 브릿지(Maxwell bridge)**를 이용한다. 커패시턴스와 인덕턴스의 역위상 때문에 측정해야 할 인덕턴스, 그리고 브릿지회로에서 서로 대향 위치에 설치된 전위차계와 비교 콘덴서의 병렬회로가 있다. 저항 R_1과 R_2를 변화시켜 평형을 이루면, 미지의 인덕턴스 L_X와 손실계수 $\tan\delta$는 다음 식으로 구한다.

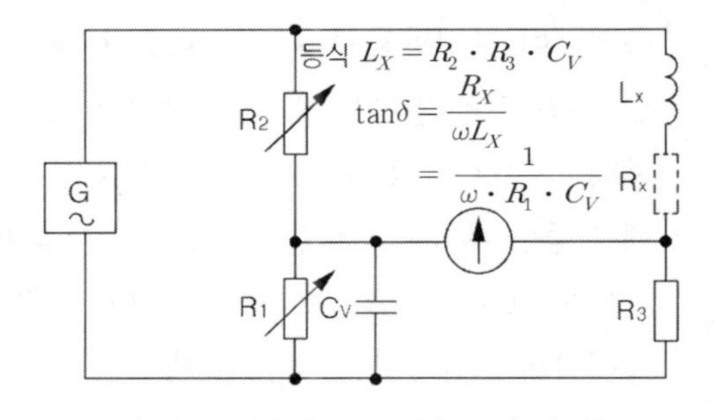

그림 13-26 인덕턴스 브릿지(Maxwell bridge)

$$L_X = R_2 \cdot R_3 \cdot C_V \qquad \tan\delta = \frac{1}{\omega \cdot R_1 \cdot C_V}$$

측정범위는 0.01mH ~ 10H(henry)까지, 측정오차는 ±1% 정도이다. 일반 교류측정 브릿지는 인덕턴스 측정에서 커패시턴스 측정으로 절환할 수 있다. NF(저주파수)-증폭기로 그 감도를 높일 수 있으며, 0점 인디케이터로서 전압계 대신에 청진기가 적당하다. 전자 오실로스코프를 0점 인디케이터로 사용할 수 있다. 오실로스코프의 화면에서는 과진동도 확인할 수 있다.

---

* Wilhelm Wien : 독일 물리학자(1864 ~ 1928)
** James Clerk Maxwell : 영국 물리학자(1831 ~ 1879)

supplement

그리스 문자와 표시사항

대문자	소문자	명칭	사용되고 있는 표시사항
A	α	알파(alpha)	각도, 면적, 계수, 감쇠 상수, 흡수율, 베이스 접지전류 이득
B	β	베타(beta)	각도, 플럭스 밀도, 위상 상수, 이미터 접지전류 이득
Γ	γ	감마(gamma)	각도, 도전율
Δ	δ	델타(delta)	각도, 변분(變分)
E	ε	엡실론(epsilon)	자연 대수의 밑수, 전계 강도
Z	ζ	지타(zeta)	임피던스(대문자), 계수, 좌표
H	η	이타(eta)	히스테리시스 계수, 효율, 표면 전하 밀도
Θ	θ	시타(theta)	온도, 위상각, 시상수, 각도
I	ι	요타(iota)	단위 벡터
K	κ	카파(kappa)	유전 계수, 서셉티빌리티
Λ	λ	람다(lambda)	파장, 감쇠 상수
M	μ	뮤(mu)	마이크로, 증폭률, 투자율
N	ν	뉴(nu)	
Ξ	ξ	크사이(xi)	좌표
O	o	오미크론(Omicron)	
Π	π	파이(pi)	원주율
P	ρ	로(rho)	저항률, 좌표, 밀도
Σ	σ	시그마(sigma)	도합(대문자), 전기 도전도, 누설 계수, 표면 전하 밀도, 복소수 전파(電播)상수
T	τ	타우(tau)	시상수, 시간, 위상 변위 밀도, 전송률
Υ	υ	입실론(upsilon)	
Φ	φ	파이(phi)	각도, 자속, 스칼라 전위(대문자), 광속
X	χ	카이(khi)	각도, 전기 서셉티빌리티
Ψ	ψ	프사이(psi)	유전속, 위상차, 좌표, 각도
Ω	ω	오메가(omega)	각속도, 저항(대문자), 입체각(대문자)

【주】 (대문자)로 표시한 것 외에는 모두 소문자를 사용한다.

supplement

기본 물리상수(Fundamental physical constants)

양		기호	값	단위	불확실도 (ppm)
일반	광속(진공에서)	c	299 792 458	$m \cdot s^{-1}$	0
	진공투자율	μ_0	$4\pi \times 10^{-7}$	$N \cdot A^{-2}$	0
	진공유전율($1/\mu_0 c^2$)	ε_0	8.854 187 817 …	$10^{-12}\ F \cdot m^{-1}$	0
	플랑크 상수	h	6.626 075 5(40) 4.135 669 2(12)	$10^{-34}\ J \cdot s$ $10^{-15}\ eV \cdot s$	0.60 0.30
	$h/2\pi$	$\hbar$	1.054 572 66(63) 6.582 122 0(20)	$10^{-34} J \cdot s$ $10^{-16} eV \cdot s$	0.60 0.30
	기본 전하량	e	1.602 177 33(49)	$10^{-19}\ C$	0.30
	아보가드로 수	N_A	6.022 136 7(36)	$10^{23}\ mol^{-1}$	0.59
	원자질량단위 $[1u = 1/12m(^{12}C)]$	u	1.660 540 2(10)	$10^{-27}\ kg$	0.59
	패러데이 상수($N_A e$)	F	96 485.309(29)	$C \cdot mol^{-1}$	0.30
	뉴턴 중력상수	G	6.672 59(85)	$10^{-11}\ m^3 \cdot kg^{-1} \cdot s^{-2}$	128
입자 전자	전자 비전하	$-e/m_e$	−1.758 819 62(53)	$10^{11}\ C \cdot kg^{-1}$	0.30
	전자 질량	m_e	9.109 389 7(54) 5.485 799 03(13)	$10^{-31}\ kg$ $10^{-4}\ u$	0.59 0.023
	1전자 볼트$[(e/C)J]$	eV	1.602 177 33(49)	$10^{-19}\ J$	0.30
중성자	중성자 질량	m_n	1.674 928 6(10) 1.008 664 904(14)	$10^{-27}\ kg$ u	0.59 0.014
양성자	양성자 질량	m_P	1.672 623 1(10) 1.007 276 470(12)	$10^{-27}\ kg$ u	0.59 0.012
	양성자와 전자의 질량비	m_P/m_e	1 836.152 701(37)		0.020
열	몰 기체 상수	R	8.314 510(70)	$J \cdot mol^{-1} \cdot K^{-1}$	8.4
	볼츠만 상수(R/N_A)	k	1.380 658(12)	$10^{-23} J \cdot K^{-1}$	8.5
	이상기체의 몰 부피 ($T = 273.15K,\ P = 101325P_a$)	V_m	0.022 414 10(19)	$m^3 \cdot mol^{-1}$	8.4
	1차 복사 상수($2\pi hc^2$)	c_1	3.741 774 9(22)	$10^{-16} W \cdot m^2$	0.60
	2차 복사 상수(hc/k)	c_2	0.014 387 69(12)	$m \cdot K$	8.4
	스테판-볼츠만 상수 $[(\pi^2/60)k^4/h^3c^2]$	σ	5.670 51(19)	$10^{-8} W \cdot m^{-2} \cdot K^{-4}$	34

【주】 이 표에 사용된 단위는 국제단위계(SI)이며, 각 값들의 끝부분( )는 마지막 2자리수에서의 표준편차이다.
* 1, 2차 복사상수식에서 c는 진공에서의 광속임.

참고문헌

•Henning Wallentowitz/Konrad Reif(Hrsg.) Handbuch Kfz-Electronik, 1. Auflage, Vieweg Verlag, Wiesbaden 2006.

•Konrad Reif(Hrsg), Automobilelektronik, 3., Auflage, Vieweg+Teubner, Wiesbaden 2008.

•Konrad Reif(Hrsg), Konventioneller Antriebastrang und Hybridantiebe, Vieweg+Teubner, Wiesbaden 2010.

•Konrad Reif(Hrsg), Batterien, Bordnetze und Vernetzung, Vieweg+Teubner, Wiesbaden 2010.

•Mamfred Krueger, Grundlagen der Kfz-elektronik, 2., Auflage, Der Karl Hanser Verlag, Muechen 2008.

•Hans-Hermann Braess(Hrsg.)/Ulrich Seiffert(Hrsg), Vieveg Handbuch Kraftfahrzeugtechnik, 3. Auflage, Vieweg Verlag, Wiesbaden 2003.

•Roert Bosch GmbH(Hrsg.) Autoelektrik/Autoelektronik, 5., Auflage, GWV Fachverlag, Wiesbaden, 2007.

•R. Gscheidle(Lektorat), Fachkunde Kraftfahrzeugtechnik 29. Auflage, Verlag Europa-Lehrmittel, Haan-Gruiten 2009.

•Ottmar Sirch und 46 Mitautoren, Elektrik/Elektronik in Hybrid- und Elektrofahrzeugen, Expert Verlag, Renningen, 2009.

•Kai Borgeest, Elektronik in der Fahrzeugtechnik, 1. Auflage, Vieweg Verlag, Wiesbaden 2008.

•Gerik, Bruhn, Danner, Kraftfahrzeugtechnik 2,. Auflage, Westermann Schulbuchverlag GmbH, Braunschweig 2008.

•J rgen Kasedorf/Richard Koch, Kfz-Elektrik 15. berarbeitete Auflage, Vogel Buchverlag, W rzburg 2007.

•Anton Herner/Hans-Juergen Riehl, Elektrik, Elektronik, 2. Auflage, Vogel Buchverlag, Wuerzburg, 2006.

•Bernad Baeker(Hrsg.) und 62 Mitautoren, Moderne Elektronik im Kraftfahrzeug, Expert Verlag, Renningen, 2006.

•Anton Herner, Kfz-Elektronik 1, 2. berarbeitete Auflage. Vogel Buchverlag, W rzburg 2005.

•Anton Herner, Kfz-Elektronik 2, 1. berarbeitete Auflage. Vogel Buchverlag, W rzburg 2006.

•Klaus Tkotz(Lektorat), Fachkunde Elektrotechnik 24. berarbeitete Auflage, Verlag Europa-Lehrmittel, Haan-Gruiten 2004.

•Heinz Wenzl, Batterietechnik, Expert Verlag, Renningen, 1999.

•D. Sperling, Kraftfahrzeug-Elektronik 1. Auflage, Verlag Technik GmbH, Berlin 1991.

•Karl-Heinz Wagener, Elektrofachkunde der kraftfahrzeugtechnik 7., Auflage, Winklers Verlag Gebrueder Grimn, Darmstadt 1991.

•V.A.W. Hillier, Fundamentals of Automotive Electronics Stanley Thornes(Publishers) Ltd, Leckhampton 1989.

•M.Horner & W.Lindemann, Der Autoelektriker (Grundlagen und Praxis der Kraftfahrzeug-elektrik) Kohl+Noltemeyer Verlag GmbH, Dossenheim/Heidelberg 1987.

•K. Hamann & W.Lindemann, Der Auto-Elektriker Band 2.Elektronik im Kfz, Kohl+Noltemeyer Verlag GmbH, Dossenheim/Heidelberg 1987.

•James E. Duffy, Modern Automotive Technology, The Goodheart-Willcox Co, Inc. Iiiinos, 2000.

•Jack Erjavec, Robert Scharff, Automotive Technology, Delmar Publishers Inc. New York, 1992.

•William L. Husselbee, Automotive Computer Control Systems(Fundamentals and Service) Harcourty Brace Jovanovich, Publishers , New York 1989.

•William B. Ribbens, Understanding Automotive Electronics 4th Ed., Howard W. Sam & Co. Carmel, IN

1992.
•Grob, Basic Electronics 6th. Edition, McGRAW-Hill Book Company, New York 1989.
•Robert Boylestad & Louis Nashelsky, Electronic Devices and Circuit Theory 3rd Ed., Prentice-Hall,INC., Englewood Cliffs, New Jersey 1982.
•H.Lindner & H. Brauer und C. Lehmann, Taschenbuch der Elektronik und Elektronik, Fachbuchverlag Leipzig 1991.
•Buschmann / Koessler, Handbuch der Kfz-technik Band 1. 2, Wilhelm Heyne Verlag, M nchen 1976.
•Bussien, Automobiltechnisches Handbuch 18.Auflage, 2 B nde, Cram-Verlag, Berlin 1965.
•William H. Crouse Automotive Electronics and Electrical Equipment 10th Edition, McGRAW-HILL BOOK COMPANY 1986.
•H.Beyer, R.Grimme, Fachkenntnisse f r Kfz-mechaniker(Technologie) Verlag Handwerk und Technik, Hamburg 1986.
•Friedrich Niese, Kraftfahrzeugtechnik 3.Auflage, Verlag Ernst Klett, Stuttgart 1984.
•Werner Schwoch, Das Fachbuch vom Automobil Georg Westermann Verlag, Braunschweig 1976.
•Hans J rg Leyhausen, Die Meisterpr fung im Kfz-Handwerk 1,2 10.Auflage, Vogel-Buch-verlag, W rzburg 1987.
•Hamann, Fachkunde Kfz-Elektrik Verlag H.Stam GmbH, K ln-Porz 1986.
•Kraftfahrtechnisches Taschenbuch 25.Auflage, Robert Bosch GmbH, Plochingen 2003.
•Bosch Technische Unterrichtung Robert Bosch GmbH, Stuttgart
* Sicherheits- und Komfort-Elektronik im Kfz.
* Schaltzeichnen und Schaltplaene f r Kfz.
* Interference Suppression
* Z ndkerzen
* Batteriez ndung
* Drehstrom-Generatoren
* Startanlagen
* Storage Batteries
* LH-Jetronic
* Motronic
* Engine Electronics
* Emission Control for Spark-Ignition System
* Electronics and Micro-computers
* Sensoren
•김재휘, 자동차공학 시리즈 3, 자동차 전기/전자, 중원사 1993
•ATZ, Franckh,sche Verlagshandlung, Stuttgart 1982-2010.
•MTZ, Franckh,sche Verlagshandlung, Stuttgart 1985-2010.
•Repair Manuals from Automobile Companies
* 기아, 르노삼성. 지엠대우, 현대, BMW, DAIMLER BENZ, FORD, GM, MAZDA, MITSUBISH, PEUGEOT, TOYOTA, VOLVO, VW.(가나다, 알파벳순)

Index

찾아보기

ㅅ

ㅇ

ㅈ

ㅎ

기타

■ 저자(Author)

공학박사 **김 재 휘**(Kim, Chae-Hwi)

ex-Prof. Dr. - Ing. Kim, Chae-Hwi
Incheon College KOREA POLYTECHNIC Ⅱ. Dept. of Automobile Technique
E-mail : chkim11@gmail.com

최신자동차공학시리즈-3

◈ 첨단 자동차전기 · 전자

정가 30,000원

2011년 2월 10일 초판 발행
2016년 2월 15일 제3판 2쇄
2019년 4월 1일 제3판 3쇄
2025년 1월 5일 제4판 2쇄

엮 은 이 : 김 재 휘
발 행 인 : 김 길 현
발 행 처 : (주)골든벨
등 록 : 제 1987-000018호

I S B N : 978-89-7971-626-9
I S B N : 978-89-7971-623-8(세트)

㊀ 04316 서울특별시 용산구 원효로 245(원효로 1가 53-1) 골든벨빌딩 5~6F
TEL : 영업부 (02) 713-4135／편집부 (02) 713-7452 • FAX : (02) 718-5510
E-mail : 7134135@naver.com • http : // www.gbbook.co.kr
※ 파본은 구입하신 서점에서 교환해 드립니다.